天文望远镜

原理和设计

程景全 著

南京大学出版社

图书在版编目(CIP)数据

天文望远镜原理和设计 / 程景全著. — 南京：南京大学出版社，2020.1(2022.9 重印)
ISBN 978-7-305-22230-6

Ⅰ. ①天… Ⅱ. ①程… Ⅲ. ①天文望远镜—理论 ②天文望远镜—设计 Ⅳ. ①TH751

中国版本图书馆 CIP 数据核字(2019)第 097536 号

出版发行 南京大学出版社
社 址 南京市汉口路 22 号 邮 编 210093
出 版 人 金鑫荣

书 名 天文望远镜原理和设计
著 者 程景全
责任编辑 王南雁 编辑热线 025-83595840

照 排 南京开卷文化传媒有限公司
印 刷 南京爱德印刷有限公司
开 本 787×1092 1/16 印张 32.75 字数 757 千
版 次 2020 年 1 月第 1 版 2022 年 9 月第 2 次印刷
ISBN 978-7-305-22230-6
定 价 158.00 元

网 址:http://www.njupco.com
官方微博:http://weibo.com/njupco
官方微信号:njupress
销售咨询热线:(025)83594756

前 言

人类最初在地球上的出现，大约发生在200万年以前。人类是一种特殊的生命体，他们在生产和生活的演化过程中，通过直立行走，节约了体力，解放了双手，体力和智力不断地发展，开始本能地希望熟悉和了解自身所处的这个神奇的宇宙，从而很早就开始了一些最原始的天文观察活动。古人类的天文观察都是用眼睛直接进行的。人的眼睛就是一具小的光学望远镜，它的通光口径由瞳孔控制，在2毫米与8毫米之间变化。在黑暗的环境中，人眼可以看到天空中数以千计的天体。

太阳的东升西落，使白天、黑夜交替，形成了时间中“一天”的时间概念；月亮的圆缺形成了时间中“一月”的时间概念。经过长期观察，古人类发现白天在“一天”中所占的时间份额的周期变化，形成了时间中“一年”的时间概念。在观察中，他们有意识地在地面上刻画多种多样的记号和建造各种各样的设施。这些残存的设施就是人类最早的天文观测设备。

古中国人是最早进行天文观测并且最早记录天文现象的。2001年河南舞阳贾湖发现了8 000年前的裴李岗文化遗址，其中出土了有名的贾湖契刻符号，这是世界上最早的文字符号。中国在天体记录中很早就采用了精确的赤道坐标系。中国最早的月蚀记录出现于公元前2136年，而最早的超新星记录出现于公元前1054年。

在古巴比伦地区，出土了一些公元前1800年左右刻有天文图像的陶板。古巴比伦人是太阳的崇拜者，他们在天体记录中采用了黄道坐标系。黄道是相对于地球所看到的太阳运动轨迹，它不能正确反映恒星天体相对于地球的运动规律。

在黄帝纪年以后，中国就设立了专门的司天官羲和，负责对天象的观察、测量和解释。羲和常年使用圭表来测量太阳影子的长度和方向。在公元前4世纪的中国史书中就有了“立圆为浑”的记载。这里的“浑”就是世界上最早的天文仪器——浑仪。在西方，后来也发展出了非常相似的浑仪。到公元13世纪，西方也开始使用赤道坐标系，其后西方的天文仪器有了快速发展。第谷在16世纪末已经制造了一批十分精密的目视天文仪器。

威尼斯人于1350年发明了凸透镜，于1450年发明了凹透镜，以凹透镜为主的眼镜制造业很快发展起来，这时发明光学望远镜的条件已经成熟。荷兰人于1608年发明了光学望远镜。不过最近的发现认为英国人在1550年左右发明了反射望远镜。伽利略于1609年制造了第一台天文光学望远镜。

天文光学望远镜的出现使天文观测出现了革命性变革。人类对宇宙知识的掌握量呈指数量级增长。望远镜的早期发展历史是欧洲工业革命历史的一部分。在荷兰、意大利、波兰及德国，光学折射望远镜技术很快成熟起来。而英国则将光学反射望远镜的口径从几个厘米发展到1.22米(1789年)和1.84米(1845年)。当时美国刚刚度过它的70岁生日,无论科学技术、工业水平还是综合国力,均远远落后于欧洲。然而来自欧洲的移民利用他们带来的技术相继制造出当时口径最大的折射和反射望远镜。1887 年制造了 91 厘米折射望远镜,1897 年制造了 1.01 米折射望远镜,1917 年制造了2.54米反射望远镜,1948 年制造了 5 米反射望远镜。同样在美国,1931 年诞生了射电望远镜,将天文观测范围延伸到无线电波段。很快望远镜开始应用于电磁波的所有频段。1969 年苏联制造了 6 米反射光学望远镜。到 20 世纪末,美国和欧洲制造了一批新一代的 8 至 10 米反射光学望远镜。

当今世界,后进的中国正高速发展,它的基础设施建设、工业制造、科学研究突飞猛进。在天文望远镜方面,中国完成了世界上口径最大的 500 米固定天线射电望远镜。110 米可动射电望远镜、60 米毫米波望远镜、2.5 米大视场光学望远镜和 12 米拼合镜面望远镜均在紧张设计中。同时进行的还有雄心勃勃的空间光学望远镜、空间伽马射线望远镜和空间引力波望远镜工程。天文望远镜的复兴是不是预示着整个国家国力的复兴? 让我们拭目以待。

正是在这个令人欢欣鼓舞的背景下,南京大学出版社隆重推出了最新版本的《天文望远镜原理和设计》。相对于已经出版的版本,新版本增加了很多新的内容,全面覆盖了各种各样天文望远镜的技术和理论,将是一本十分实用的天文望远镜的教材和参考书。

本书的创意最初来自英国一个十分有名的天文学家——前皇家天文学家、原格林尼治天文台台长格雷翰·史密斯教授。1978 年,他带领英国一个天文代表团访问南京,当时中国方面负责接待的是中国科学院紫金山天文台台长张钰哲教授。中方对望远镜的总体设计十分重视,因此有意聘请他担任中方一名望远镜总体设计研究生的导师。那时格林尼治天文台正在进行一台 4.2 米光学望远镜的设计,史密斯教授欣然接受了中方的这个请求。1979 年,经过一系列的考试和选拔,我顺利抵达英国格林尼治天文台成为史密斯台长的学生、英国皇家协会的访问学者。史密斯教授培养研究生有他独有的方法。他不具体指导,而是通过天文台的望远镜专家来指导。史密斯的一个口头禅是:要想成为望远镜方面的专家,就先写出一本望远镜方面的书。同时他安排了我去爱丁堡天文台和卢瑟福实验室的访问。我在爱丁堡天文台是研究红外望远镜,在卢瑟福实验室是研究毫米波望远镜。这两次访问的结果出人意料,我一个月的爱丁堡天文台之行解决了英国 3.8 米红外望远镜的指向精度问题,而卢瑟福实验室的访问是我进入毫米波望远镜领域的第一步。两年后,我的中国大口径光学望远镜设计书顺利完成。1984 年,本人在英国获得博士学位。

回中国以后,我担任中国科学院第一届天文委员会委员,同时担任紫金山天文台 13.7 米毫米波望远镜的工程副总指挥,顺利地完成了该望远镜的安装工作。1986 年,著名的天文学家蒋世仰计划出版一本天体物理观测方法的教材,其中有一章专门介绍天文望远镜。本人荣幸地被他邀请,写作该书的天文望远镜部分。鉴于当时的条件,书稿仍然是在标准的方格纸上完成的,所有的插图也都是手绘在一张张的描图纸上。后来,这本重要教材因为缺少经费一直没有出版。1986 年后,我写的望远镜这一章的复印件在科学院研究生中得到广泛流传,并受到好评。1991 年,我应邀在贝尔实验室作学术报告,当时诺贝尔奖获得者罗伯特·威尔逊教授称赞我是懂望远镜的学者,并推荐我参加了世界上规模巨大的阿塔卡马大毫米波阵的工作。

2000年前夕，紫金山天文台首席科学家杨戢希望获得天文望远镜方面的教材，但当时无论国内外，均没有一本合适的天文望远镜教材。当他看到这份复印稿件后，感到十分满意。他立即建议将原稿由他的秘书整理到计算机中，再让我修订后在中国出版。经过修改并增加很多新内容以后，《天文望远镜原理和设计》于2003年出版。这本书很快就成为销售量最大的天文书籍之一。

中文版发行后，该书的广泛流传引起了斯普林格《天体物理和空间科学》丛书总编辑博托教授的关注。2004年，我和斯普林格出版社签订了该书的翻译和出版合同，2009年该书英文版正式出版。很快这本书就成为世界上非常重要的一本天文望远镜的教材和参考书。当年国际天文学联合会在巴西举行年会，斯普林格出版社在会展中心展出了一系列最新的天文书籍，这本天文望远镜的书广受欢迎。

相对于早期版本，本书增加了许多新内容。在电磁波望远镜方面，全面介绍了射电波、毫米波、光学、X射线和γ射线望远镜。在非电磁波望远镜方面，全面介绍了最新发展的引力波、宇宙线和暗物质望远镜。同时着重介绍了与天文望远镜相关的各种最新技术。这些技术包括主动光学和自适应光学技术、天文干涉仪技术、大气断层成像技术、人造激光星技术、结构保形技术、振动补偿和隔离技术、精密传感器技术、掠射光学技术、编码孔口径成像技术等。这本书可以作为天文学、光学、物理学、空间科学、精密测量等专业的科技工作者的教材或者重要参考书。

本书的出版得到贤妻杨明珍的鼓励与帮助，得到中国科学院紫金山天文台、中国科学院南京天文仪器有限公司等很多单位以及很多科学家的帮助。对此，作者表示由衷的感谢。

作者 2019 年于南京

中文第一版前言

这是一本全面介绍各类天文望远镜原理和设计的专著。众所周知，作为人类探索宏观世界最主要的工具，天文望远镜是一个复杂的系统工程。纵观其演变过程，它的发展事实上反映了所在时代工程科学可能达到的最高设计水平。为了反映当代最新科学技术成就的利用与影响，本书在系统阐述各个波段天文望远镜的原理和设计的同时，着重介绍了与之相关的最新技术。这些技术中既有专门用于天文、通信、航天、遥感、军事、高能物理和大气科学前沿领域的，也有可广泛用于其他工业领域的。专门用于天文、通信、航天、军事等领域的最新技术有主动光学技术、自适应光学技术、人造激光星技术、斑点干涉技术、振幅干涉技术、全息面形检测技术、红外调制技术、光学桁架技术、广谱平面天线技术、隐形技术等。而广泛用于其他工业领域的高新技术有光学镜面的加工技术、镜面的支承技术、空气和静压轴承的技术、六杆式万向平台的技术、精密编码器技术、结构的动态模拟技术、结构振动控制技术、结构保形设计技术、激光测距技术、激光横向定位技术、大视场后向反射器技术、碳纤维合成材料技术、倾斜仪、加速度仪的技术、精密面形加工技术、X 射线成像技术、雷电保护技术、三维面形干涉测量技术等。此外，本书还对风、温度、地震对结构的影响进行了详细的讨论，对大型精密结构的基础设计也作了一定的介绍。

本书的写作过程前后近十五年，作者几易其稿，尽最大可能采用最好的论证和最通俗的语言来解释较深的电磁波理论。本书囊括了作者的所有的经验和实践，除可供天文、通信、航天、遥感、光学、结构、军事、高能物理和大气科学科研、工程技术人员和大专院校师生使用外，亦可供普通的机械、测量和相关工业部门科技人员参考。

在本书的写作过程中，作者曾得益于和多位学者、同仁及朋友的交流。谨借此机会由衷感谢杨戟、蒋世仰、叶彬浔、王绶琯、崔向群、蔡贤德、程景云、范章云、黄克谅、程海蓉、孙艳、徐火旺、谢晓云、梁明、陈磊等学者的帮助和鼓励。本书初稿和送审稿均经北京天文台资深研究员蒋世仰认真审阅校核。作者感谢众多的学术机构和出版社允许作者复制大量插图。本书的出版获得了中国国家天文台的财政支持，得到了出版社的大力帮助，在此一并致谢。

作者 2002 年 12 月于美国

英文第一版前言

天文学的发展受益于众多经典和现代的天文望远镜的建设。现代天文望远镜不但应用于从10米波长的射电波一直到1×10^{-19}米波长的γ射线之间的全部电磁波频段，而且应用于引力波、宇宙线和暗物质等其他的特殊频段。电磁波和其他的波或者粒子具有非常广阔的能量密度范围。具有非常高能量的宇宙线粒子常常要比人类所能够产生的——比如在费米实验室的加速器中所产生的最大能量——还要大上十几亿倍，而一些非常轻的暗物质的微粒所具有的极其微小的能量则要比现存的最精确的量子探测装置的探测极限还要小。现代的天文望远镜常常体积很大，造价很贵，而且结构非常复杂。它们有巨大的外形尺寸，制造时需要非常先进的技术和大量的资金。因为天文学家总是希望直接对宇宙的大尺度进行测量，所以他们需要巨大的建设规模，由此而来，现代天文学学科被公认为所谓的"大学科"。

在过去的400多年中，天文望远镜的尺寸，它们所使用的波或者粒子的形式，它们所覆盖的频谱范围都得到了极大的拓展。现在大型光学望远镜的口径已经达到10米(78平方米)。而在世界范围内总的光学接收面积在过去的20年中已经增长了3倍。在射电波段，最大的单一望远镜依然是300米直径的阿雷西博望远镜(大约为70 000平方米)。不过在中国，另一个更大的500米口径的固定球面射电望远镜正在建设之中。在干涉仪方面，现在最大的是位于美国新墨西哥州的甚大望远镜阵(大约13 000平方米)。而现在正在建设中的阿塔卡马毫米波阵的接收面积是6 000平方米。在引力波的接收上，激光干涉引力波天文台共有两台各具有两个长4千米的干涉长臂的望远镜。这个仪器所能够达到的灵敏度高达10^{-20}。在宇宙线的探测上，皮埃尔·俄歇天文台拥有30个荧光探测器和1 600个切伦科夫水箱探测器，占地面积达到6 000平方千米。在暗物质的探测方面，几千个探测器分布在南极地表以下从1 400米到2 400米深的冰层之中。同时在世界上很多地方的地下或者水下分布着很多的探测器。它们有很多是工作于绝对温度20毫开至40毫开之间。

目前正在计划中的光学望远镜已经达到42米的口径，射电天线阵的总接收面积已经达到1平方千米。空间望远镜的口径为6.5米。同时，很灵敏的引力波望远镜、大型的宇宙线望远镜和极其灵敏的暗物质望远镜都正在建设之中。大的口径面积、低的接收器的温度和十分复杂的现代技术极大提高了望远镜的灵敏度。这些就保证了对更暗淡的、更远的天体的探测能力以及所获得的天体图像的清晰度。不仅仅是望远镜的大小和精度具有重要的意义，天文望远镜还必须具有多项功能——既具有很好的频谱分辨率，又具有极高的时间分辨率。

天文干涉仪最早是在射电波范围内实现的。现在甚大阵已经可以获得50微角秒的分辨率。而甚长基线阵的最高分辨能力则是这个数字的千分之一。在光学波段，干涉仪同样获得了长足的发展。天文望远镜中的另一个重要的成果则是主动光学和自适应光学。因为主动光学和自适应光学可以使一大批的大口径望远镜获得衍射极限所定义的光学分辨率。在对非电磁波的探测中，超低温的应用、振动的控制、对干扰的自适应的补偿、超导跃迁点传感器以及超导量子干涉装置的应用大大地改进了仪器的灵敏度和测量精度。所有这些都将很多方面的技术发展到了极限点。总的来讲，现代望远镜工程和一般的工业工程有很大的区别，望远镜工程总是需要大量的研究工作和最新的技术发展为支撑。

要用一本书来全面概括天文望远镜发展的众多领域和获得的激动人心的成果是十分困难的事情。作者的意图是向读者全面地一步一步地介绍各种天文望远镜的基本原理、必要的理论和有关的技术。通过这本书，读者可以直接进入天文望远镜的前沿领域。这本书特别重视对相关技术的介绍。这些技术包括主动光学和自适应光学、人造引导星、斑点、麦克尔逊、斐索、能量和振幅干涉仪、口径综合、全息面形测量、红外信号调制、光学桁架、宽频平面天线、隐形面形设计、激光干涉仪、切伦科夫荧光探测器、大视场后向反射器、波阵面、曲率和相位差传感器、X 射线和 γ 射线的成像、触动器、精密测量系统等。本书对这些技术及其理论基础都进行了详细的介绍。望远镜的各个专门部件的设计原理分别在相关的章节中进行了讨论。所有这些原理常常可以直接应用到其他的望远镜之中。所以望远镜的设计者应当全面地阅读本书的所有章节。

本书的前身是作者 1986 年在中国南京为研究生所写的讲稿。这份讲稿在研究生中得到了一定的传播。本书的中文版于 2003 年出版。中文版的发行很快受到了中国天文界的广泛的欢迎。同时在英语国家，一部分研究生希望能够获得本书的英文版本。英文版的翻译工作开始于 2005 年，书的基本结构没有变化。这本书仍然是面向天文学、光学、粒子物理、仪器、空间科学和其他领域的研究生、科学家和工程师。本书为他们提供了望远镜仪器的原理、设计方法及限制，并为望远镜的设计工程和艰深的物理原理提供了一座连接的桥梁。在翻译的过程中，很多专家和朋友在技术和语言上均提供了很大的帮助。没有这些帮助，翻译工作是不能顺利完成的。

2008 年 12 月于美国

目　录

第一章　光学天文望远镜基础

在自然科学中，天文学是一门十分独特的学科，它的研究对象一般距离我们生活的地球十分遥远。和地球最临近的天体是月亮，它和地球的距离是地球直径的 60 倍。地球直径 6 371 千米，月地距离是 384 400 千米。地球所环绕的恒星是太阳。太阳距地球 1.4×10^{8} 千米。地球和最近的恒星——半人马座 α 星C的距离是 4.22 光年，合 4×10^{13} 千米。太阳是银河系中的一员，银河系本身有 10^{11} 颗恒星。从太阳到银河系的中心的距离是 2.5×10^{17} 千米。银河系是本地星系团中的一员，地球与最临近的另一个星系团——室女星系团的距离是 5×10^{20} 千米。整个宇宙有无数星系团和超星系团，它们分布在一个超大尺寸的空间内。对这样巨大辽阔的空间尺度，我们如何来认识了解它们呢？很显然，实地考察是不现实的。所以天文学的所有知识和发展几乎全部是通过天文观察获得的。

天文观察开始于人类的远古时代，当时是借助于眼睛实现的。最近 400 多年，人类发明了各种各样的天文望远镜，天文学家主要借助于天文望远镜来观察和研究我们所身处的广阔而深邃的宇宙。

本书前六章讨论光学天文望远镜，其中前五章介绍地面光学天文望远镜，第六章介绍空间光学天文望远镜。在第一章中，我们回顾光学天文望远镜的历史，讨论天文学对光学天文望远镜的三大要求，即分辨率、聚光本领和视场的范围。本章还总结了地球大气对地面天文观察的影响，介绍了望远镜的光学系统、像差，主要改正镜的设计，光线追迹和评价函数的原理。在后一部分，则介绍了现代光学理论、光学传递函数、空间频率、斯特列尔比等重要概念。这些概念同样也适用于其他类型的电磁波天文望远镜。

1.1　光学天文望远镜的发展

可见光(visible light，VIS)是人类直接能够感受到的电磁波辐射。它的波长大约从 390 纳米一直延伸到 750 纳米(1 纳米等于 10^{-9} 米)，正好覆盖了地球大气层可以透过的电磁波范围。在长波段，可见光和红外线相连；在短波段，它和紫外线相连。人的眼睛是可见光辐射能收集器和探测器相结合的复杂器官。作为可见光能量探测器，人眼十分灵敏。如果在 100 毫秒时间内，对人眼连续发射 7 个波长约为 500 纳米的光子，则人眼就可以产生视觉(Schnapf，1987)。人眼中柱状细胞在黑暗环境下十分灵敏，单个光子就有可能使柱状细胞产生视觉反应，当亮度增加时，锥状细胞参与视觉工作。柱状细胞最大灵敏度波长为 507 纳米，锥状细胞最大灵敏度波长为 555 纳米。作为辐射能收集器，人眼的聚光能力十分有限。人的瞳孔可根据环境亮度自动调节，瞳孔的最大直径仅仅是 6 毫米左右，因此它只能收集到任一发光体辐射中很小一个立体角内的能量。人眼内部光敏细胞之间的距离大约为 2.5 微米，所以眼睛的角分辨率大约是 1 角分。为了检测或探测极其微弱的可见光辐射，为了将两个十分接近的天体辐射源分辨开来，人类只有借助于光学天文望远镜。

光学望远镜的发明至今仍然是一个有争议的问题。一种说法是：1608 年 10 月一名叫利普希(Lippershey)的荷兰眼镜商的学徒，将一块凸透镜放置在另一块凹透镜前方一定距离上，这位学徒突然发现远处教堂顶上的十字架变得十分清晰，从而诞生了世界上第一具光学望远镜。现在新的研究表明，望远镜的发明可能发生在这个事件的 50 多年以前。在英国首都伦敦有一个叫伦纳德·迪格斯(Digges)的数学家，他发明了由一块目镜和一面反射镜所组成的光学望远镜。1571 年他的儿子留下了一份非常详细的望远镜使用说明，那时候伽利略才刚刚 7 岁。

无论光学望远镜是谁发明的，无可争辩的是伽利略(Galileo)最早制成了第一台专门用于天文研究的天文光学望远镜。1609 年 7 月伽利略制造了一具口径很小，放大倍数仅为 3.3 倍的光学望远镜。利用这台望远镜，他获得了十分突出的观察成果。这种由一片凸透镜和一片凹透镜所组成的光学望远镜被称为伽利略光学望远镜(图 1.1(a))。在这种望远镜中，前面的凸透镜离目标天体距离比较近，被称为物镜，后面的凹透镜离眼睛比较近，被称为目镜。在伽利略光学望远镜中，凹透镜的虚焦点正好位于凸透镜的实焦点上。利用这种望远镜系统所生产的双筒望远镜常常用于观察歌舞剧，被称为歌剧望远镜。

1611 年开普勒(Kepler)发明了另一种折射光学望远镜。这种望远镜由两片凸透镜组成，被称为开普勒望远镜(图 1.1(b))。在这种望远镜中，物镜和目镜的焦点正好重合。开普勒望远镜镜筒比较长，视场也大一些，但是它所形成的像是倒立的。不过倒像对天文观察影响不大。

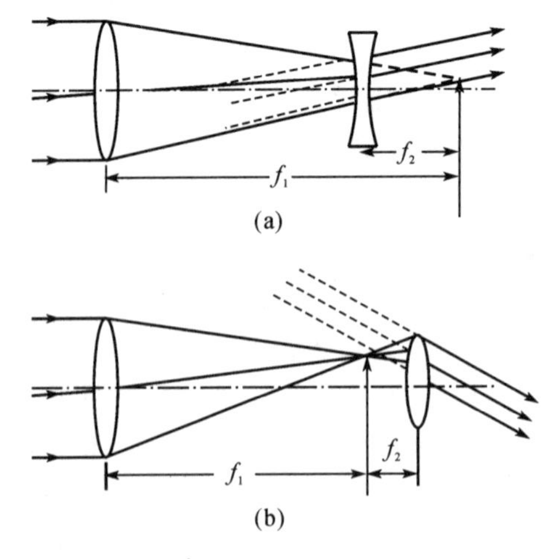

图 1.1 伽利略望远镜(a)和开普勒望远镜(b)的光学系统

早期用眼睛观察的天文光学望远镜是一种无焦(afocal)系统。在无焦系统中，来自恒星和离开目镜的光线都是平行光。这种系统没有聚焦性能，它的重要指标是角放大倍数。角放大倍数，简称放大倍数，是指像和物相对于眼睛所形成的张角之比。它的值正好等于物镜和目镜的焦距比。一般来说，开普勒望远镜比伽利略望远镜的角放大倍数大一些。

现代光学天文望远镜不用眼睛观察，而是常常在物镜焦面上直接成像，这种光学天文望远镜没有目镜，是一种有焦光学系统。对于这种光学天文望远镜，一般不使用角放大倍数这个参数，而使用角分辨率来描述它的成像特性。光学天文望远镜的角分辨率是指分开两个十分接近天体的能力。望远镜的角分辨率将在后面 1.2.1 节中详细讨论。不过角放大倍数的概念仍然使用在望远镜的副镜上。

早期天文光学望远镜由球面透镜构成，由于玻璃折射率和光波波长相关，望远镜的成像质量受到球差和色差的影响。为了减少球差和色差，赫维留（J. Herelius）和惠更斯（Huygens）提出了应用曲率小的透镜的方法。这使得折射光学天文望远镜的镜筒一度越来越长。1655 年一台口径 5 厘米的光学天文望远镜镜筒竟长达 5 米。而赫维留竟然制造了一台镜筒长度为 46 米的折射光学天文望远镜。

1664 年格里高利（J. Gregory）提出了运用圆锥曲面反射镜来制造没有色差和球差的反射光学望远镜的方案，这种格里高利光学系统的主镜是抛物面，副镜是椭球面。不过当时无法加工抛物面和椭球凹面镜。所以并没有真正建成这种望远镜。1670 年 1 月，牛顿错误地选择了一个球面主镜的光学系统，制成了一台焦距 1.2 米的、球差十分严重的反射光学望远镜。同期，卡塞格林（Cassegrain）又提出了一种由抛物面和双曲面镜组成的反射光学望远镜，这就是现在广泛使用的卡塞格林光学望远镜。反射光学望远镜排除了色差影响，缩短了镜筒长度。但是反射望远镜对镜面加工要求更为苛刻，镜面材料需要足够的硬度和相当的反射率。从这个意义上讲，反射光学天文望远镜的制造要比折射光学天文望远镜更为困难。真正第一台抛物面主镜的牛顿式反射望远镜是 1722 年由哈德利制造的，这是一台口径 15.24 厘米，主镜为抛物面，焦比为 10 的反射光学天文望远镜。

1672 年牛顿根据他对可见光色散的研究，武断地提出“进一步改善折射望远镜的性能是绝不可能的”论断。经过 57 年，1729 年数学家霍尔（Hall）发明了消色差复合透镜。这个透镜包括两部分，一部分是折射率小的凸透镜，另一部分是折射率大的凹透镜。后来多隆德（J. Dollond）了解到这个重要发明，1758 年也同样制造出消色差透镜。多隆德并因此成为英国皇家协会会员。1761 年消色差透镜开始应用于天文光学望远镜中。消色差透镜的应用极大地改善了折射光学望远镜的性能，使望远镜长度缩小到原来的十分之一以下。折射光学望远镜因此恢复生机。现在消色差透镜包括普通消色差（achromatic）透镜和复消色差（apochromatic）透镜两种。普通消色差透镜可以将两种颜色的光聚焦在一个焦面上，而复消色差透镜则可以将三种颜色的光同时聚焦在一个焦面上。

开普勒光学望远镜所形成的是倒像，对日常使用非常不便。1854 年波罗（Porro）发明了一种含两个棱镜的转像装置来实现对物体成正像。1880 年前后，利用一片屋脊棱镜来实现转像的双筒望远镜诞生了，这就是延续至今的军用双筒光学望远镜系统。

折射光学望远镜在十九世纪有很大的发展。1888 年加州利克天文台建成了 91.44 厘米的折射光学望远镜。1895 年叶凯士天文台建成了世界上口径最大的 1 米折射光学望远镜。

在折射光学望远镜发展的同时，建造大型反射光学望远镜的努力并没有中止。著名的天文学家赫歇尔（Hershel）从制造折射光学望远镜开始，进入制造反射光学天文望远镜领域。1789 年他完成了一台口径 1.22 米的反射光学望远镜。1845 年贵族出身的罗斯

(Ross)建成了口径 1.8 米的反射光学望远镜。早期反射光学望远镜使用铜锡合金镜面。1856 年法国傅科为巴黎天文台成功制造了一台玻璃镀银镜面的反射光学天文望远镜。20 世纪以后,反射光学天文望远镜的口径不断增大。1917 年威尔逊山天文台建成口径 2.54 米胡克反射光学望远镜。1934 年真空镀铝方法诞生。使用铝反射层,望远镜效率获得极大提高。1948 年美国帕洛马山天文台建成口径 5 米海尔反射光学望远镜。这台望远镜是经典光学天文望远镜的发展顶峰。

20 世纪初光学天文望远镜分出了三个分支:天体测量望远镜、太阳望远镜和大视场望远镜。天体测量望远镜要求有精确的恒星定位性能,在它的视场内常常同时包括互成一个固定角度的两个天区。天体的精确坐标则通过大量的天体坐标信息经过反复迭代来获得。太阳望远镜则希望避免温度变形和杂散光对成像质量的影响,这种望远镜常常采用格里高利光学系统,在主镜焦点上放置视场光阑和反光镜将大部分的热量反射出光路,同时在主镜面(望远镜的入瞳面)的像面(出瞳面)上引入一个口径较小的李奥(Lyot)光阑,以阻止杂散光的通过。大视场望远镜则要求它的可用视场至少在 1 度以上,这样一次曝光可以获得很多天体的信息。大视场望远镜早期使用 R－C 光学系统,同时消球差、彗差和像散。1931 年施密特(Schmidt)发明了球面主镜的折反射(catadioptric)望远镜,称为施密特望远镜。施密特望远镜视场大,达到 6×6 平方度。后来威尔斯特洛普(Willstrop)又设计了一种含三个反射镜的大视场望远镜,这种望远镜镜筒长,视场可以达到 3 度。光学专家梁明改善了它的设计,将镜筒长度减到一半,形成短筒型三镜面望远镜。

20 世纪 60 年代,光学天文望远镜的发展进入一个新时期。1969 年苏联专门天体物理天文台建成了 6 米光学天文望远镜。这台望远镜第一次使用了地平式支架装置,比较赤道式装置,新装置将望远镜的质量直接传递到地面。在赤道式装置中,赤纬轴轴承要承受方向不断变化的结构质量,而高度轴轴承承受的是一个固定的结构质量。新的支架设计使更大望远镜的建设成为可能。1979 年包括有六面 1.8 米子镜面的 4.5 米多镜面望远镜(MMT)在美国建成,虽然 1998 年这台望远镜被改造为 6.5 米单镜面望远镜。它的地平和多镜面设计对现代光学天文望远镜的发展具有很大影响。

1990 年美国 2.4 米哈勃空间望远镜升空。这是第一台重要的空间望远镜。在哈勃望远镜上,镜面的背面安装有 24 个力触动器,它的原意是用它们改变镜面形状,改善望远镜像质。这是在空间主动控制镜面形状的尝试。第一台成功的主动光学望远镜建成于 1989 年,是欧洲南方天文台首次建成的一台可以主动控制镜面形状的 3.58 米新技术望远镜(NTT)。天文光学望远镜进入了主动和自适应光学的发展时期。1992 年一台 10 米拼合镜面凯克(Keck)望远镜建成,它的主镜包括 36 面 1.8 米的正六边形子镜,这是现代光学天文望远镜发展上的重要一步。

1997 年 9.2 米固定高度角拼合球面望远镜(HET)建成。1998 年第二台凯克望远镜建成。

1999 年 8.2 米昴星团(Subaru)望远镜和 8 米双子座(Gemini)北方望远镜建成。2000 年包括四台 8.2 米望远镜的欧洲南方天文台甚大望远镜(VLT)建成。2002 年 8 米双子座南方望远镜建成。这 7 台大口径望远镜均采用薄镜面技术。

2000 年和 2002 年两台 6.5 米蜂窝镜面麦哲伦望远镜建成。2003 年 6 米水银镜面望远镜在加拿大建成。2008 年大型双筒望远镜（LBT）建成，它包括两面 8.4 米蜂窝镜面主镜。这台望远镜和欧洲甚大望远镜目标类似，最终将成为光学成像干涉仪。

2003 年西班牙 10.4 米拼合镜面望远镜（GTC）建成。2005 年 9.2 米固定高度角南非拼合球面望远镜（SALT）建成。2008 年中国 4 米拼合镜面多目标光纤光谱望远镜（LAMOST）建成。

与此同时，又建成了一批 4 米级望远镜，它们分别是美国空军 3.67 米先进电光系统望远镜（EOS，1996）、南方天体物理研究中心 4.1 米光学望远镜（SOAR，2002）、4.1 米光学红外望远镜（VISTA，2009）、美国空军 3.5 米三镜面大视场望远镜（DSST，2010）、发现频道 4.3 米光学望远镜（2012）和印度 3.6 米光学望远镜（2016）。

目前正在建造有 8 米大视场巡天望远镜（LSST）、4 米新技术太阳望远镜（ATST）、22 米大型麦哲伦望远镜（GMT），30 米拼合镜面望远镜（TMT）和欧洲 40 米级极大望远镜（ELT）。后面三台望远镜将是下一代巨型光学天文望远镜。

随着现代计算机和控制系统的迅猛发展，主动光学很快就延伸到了高时间频率区域，成为自适应光学。20 世纪 70～80 年代用恒星波阵面作为参考面的自适应光学首先在军事部门展开。使用自然星不能够覆盖整个天空，1985 年富瓦和拉贝里（Foy and Labeyrie，1985）提出了使用人造激光星的建议。很快美国军方实现了使用人造激光星的自适应光学。1989 年欧洲南方天文台在天文界首先实现使用恒星的自适应光学。人造激光星的使用扩大了所观察天区的范围，但是所校正的视场大小仍然有限。随后又发展了使用多个激光星、大气断面成像和多层共轭自适应光学技术，使所能校正的视场大大扩展。自适应光学对波阵面的改正常常在望远镜焦点后实现，这种方法增加了反射面的数量，光子损失很大。一种极薄的自适应变形副镜的诞生避免了附加反射面的光能损失。2000 年 MMT 望远镜首先发展了自适应变形副镜的新技术，以后 LBT 也使用了这种变形副镜。

光学干涉仪技术和天文望远镜是同时发展的。1868 年斐索（Fizeau）提出了利用分离的口径来测量恒星直径的方法。1891 年迈克尔逊利用主镜面上两个子口径实现了这种干涉技术，被称为迈克尔逊天体干涉仪。光学干涉仪的实现困难很大，而射电干涉仪的实现相对容易得多。1945 年帕塞利用一台射电天线和它自身在海平面上的像首先实现在射电波段的电磁波干涉，很快在射电领域又实现了口径综合的成像方法。

1956 年布朗（Brown）和特威斯（Twiss）研制出光学强度干涉仪。1970 年拉贝里发展了光学斑点干涉技术。1976 年拉贝里研制出由两个分离望远镜形成的迈克尔逊光学天文干涉仪。1995 年剑桥综合口径望远镜首次获得由分离镜面通过光学斐索干涉的天体图像。

和射电干涉仪不同，光学天文干涉中积分时间受到大气扰动的影响，仅仅为几个毫秒，所以获得光子的数目十分有限，已经进入量子光学领域。根据不确定性原理，天文学家不能同时测量到光的相位和振幅。同时受到光的频谱宽度的限制，仪器的相干长度，即所允许的光程差，十分有限。至今光学天文干涉仪的发展仍然存在很大困难，正期待理论和技术上的新突破。

光学天文望远镜的发展为天文学家提供了越来越大的集光口径和越来越高的角分辨

率，从而为人类捕捉到越来越多的天体光学信息。同时光学天文望远镜的发展也促进了光学设计、光学制造、结构设计、传感器、触动器、控制和接收器系统的自身发展，在这些相关的技术领域带来了革命性的变革。

1.2 天文学对光学天文望远镜的要求

光学天文望远镜的三个基本要求分别是：很高的角分辨率，很大的聚光能力和较大的有效视场。当光学天文望远镜获得星像以后，第一个需要解答的问题是：这个星像所代表的是一个单一天体，还是由多个角距离很近的天体所形成的系统呢？如果要分解两个非常近的天体，就需要望远镜有极高的角分辨率。第二个需要解答的问题是：这个望远镜能不能获得非常遥远或者非常暗弱的天体星像呢？抛开望远镜自身的效率，一台望远镜所能够接收的光子数和它的口径面积成正比。地面上单位面积接收到的从天体发出的光子数和天体视亮度成正比，和地球到天体的距离平方成反比。地面上来自非常遥远或者非常暗弱天体的光子数极为稀少，所以望远镜必须具有足够大的口径。除了大的口径外，望远镜的自身效率、观测台址的质量及透明度也和望远镜的聚光能力直接相关。光学天文望远镜成像的第三个问题是：在同一次观察中，可以同时获得多少个天体的信息呢？要同时获得很多的星像信息，必须具有较大的视场。在这一节中将分别对这几方面的问题进行讨论。

1.2.1 角分辨率和大气扰动

望远镜的角分辨率，或空间分辨率，是指望远镜分开两个相邻天体位置能力的指标。影响望远镜角分辨率的因素有三个，它们分别是望远镜口径的衍射，光学系统的像差和大气扰动。

现代光学是从理想的高斯光学发展起来的。在高斯光学中，一个单独的物点经过这种理想光学系统成像以后，会形成一个单独的完美像点。高斯光学实际是真实的光学系统的第一次近似，所以它又被称为近轴光学或者一阶光学系统。在高斯光学系统中不存在任何像差。

在光学系统中什么是像差呢？所谓像差是指一个实际光学系统所形成的像和一个理想的高斯系统所形成的像在几何形状上的差别。这种像差也被称为几何像差。几何像差可以用多项式形式表示，如果仅仅考虑像差表达式中的前几项，即物点和像点的坐标展开式的三次方项，这时存在的像差称为初级像差，又称为三级（三次方）像差。这种仅仅考虑初级像差光学系统的第二次近似就是经典光学系统。在经典光学系统中，不存在任何高级像差。

几何光学是在经典光学基础上对实际光学系统的第三次近似，几何光学严格遵循光的直线传播和折反射定理，它实际上考虑了光学系统的所有几何像差。但是它没有考虑由于光的波动性，即光的干涉和衍射所引起的像斑特点。如果把光的波动特性同时考虑进来，则形成对实际光学系统的第四次近似。这次近似被称为物理光学。在物理光学系统中，不但存在几何像差，而且入射光瞳的衍射效应也被包含在内。对于常用的光学望远镜来说,第四次近似似乎已经是足够的了。

对光学系统的第五次近似将包括量子光学在内的光的所有特点。在这次近似中,光是作为一个个量子化的光子来进行探讨和研究的。这些光子具有各自固定的不连续的能量。同时单个光子在空间的位置和动量不可能同时准确地被测量,我们所能获得的仅仅是它出现在某一位置或状态上的概率。光子的这种量子特点在杨氏双缝干涉仪中曾经引起过很大的争论。单个光子在双缝干涉中还具有路线和位置不确定(delocalized)等一些奇怪的波动特点(粒子波)。它可能会同时通过双缝中的两个缝隙,而只有在到达了成像面以后才会具有确定的位置。同时根据量子理论,电磁场具有零点能量(zero-point energy)。根据不确定原则,场的真空能量相当于半个光子的能量。因为是半个光子,它既不能被吸收,又不能被消除。所以在对光子的测量中,不可避免地总是存在噪声。量子光学在光学天文干涉仪中起着非常重要的作用。在射电领域,光子能量低,光子数多,量子效应不明显,则不需要考虑它的量子效应。

望远镜光学系统的误差包括几何像差和口径衍射两个部分。几何像差会导致星像能量分散,星像中心点亮度降低。像差种类和分布将在后面讨论,这一节主要讨论望远镜中的口径场衍射和地球大气扰动对望远镜角分辨率的影响。

1.2.1.1　口径场传播和夫琅和费衍射

如果存在一个均匀照明的口径场以及平面电磁波的传播方向,当口径面尺寸远大于电磁波的半个波长时,沿着前进方向,将会产生几个辐射区域(图 1.2)。开始是近场区,近场区的起点距口径场大于一个波长,近场区的最远点连接菲涅耳(Fresnel)区,距口径面距离为

$$d_{\mathrm{n}} = 0.62\left(\frac{d^3}{\lambda}\right)^{1/2} \tag{1.1}$$

式中 d 是口径面直径,λ 是波长。在近场区,口径场上的辐射能量在空间将重新分配,波束范围将有所扩大,原来十分均匀的能量分布变得起伏不平。在近场区前面,是菲涅耳区。菲涅耳衍射区分为两个部分:接近近场区的部分和距离口径面很远的部分。前者也

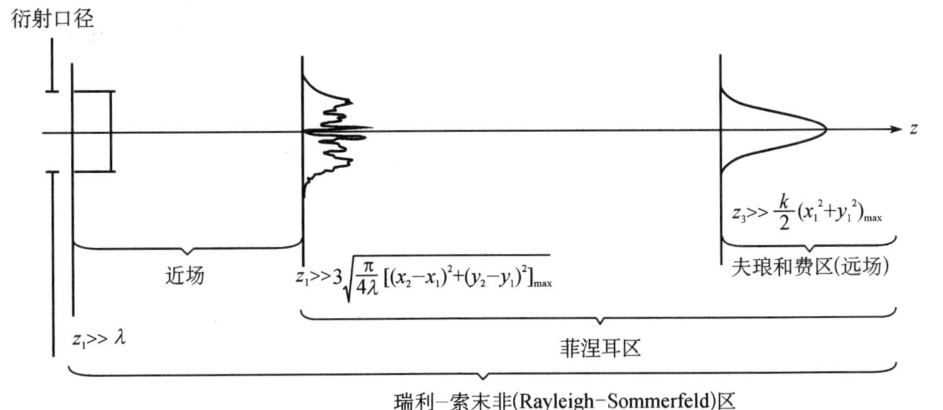

图 1.2　辐射传播的近场区、菲涅耳区和远场区

常常被称为近场区，距离口径面很远的则被称为远场区或者夫琅和费(Fraunhofer)衍射区。夫琅和费衍射区距口径面的距离为

$$d_{\mathrm{f}}=2\left(\frac{d^2}{\lambda}\right) \tag{1.2}$$

在望远镜焦点上的辐射分布就等于口径场在远场区的辐射情况。如果应用量子理论，可以为口径场的衍射像斑做出一个初步估计。在测不准定理中海森伯格提出光子动量误差和位置误差的乘积将大于或者等于普朗克常数，即 $\Delta p\Delta x\geqslant h$。而在口径面上光子之间的最大位置误差等于口径直径 $\Delta x=D$。由于光子动量是普朗克常数和波长的比 $p=h/\lambda$。则有动量误差 $\Delta p\geqslant h/D$。由于动量和动量误差相互正交，所以光子可能的速度方向应该等于动量误差和动量的矢量差，即 $\theta=\Delta p/p\geqslant\lambda/D$。这个值应该就是口径场在远场的像斑角直径，即口径场的最小角分辨率。

应用经典方法求解远场衍射斑大小，需要引入衍射的概念。根据物理光学，光的传播不但具有几何光学的特性，而且具有波动光学的特性。当光作为波传播的时候，它遵循矢量叠加的原理。当两束从同一个光源发出的光波(即相干光)同相位传播时，波峰和波峰会叠加起来，使它们的总强度即振幅的平方，会超过每束光线的强度和。而当两束光波的相位正好相差 180 度时，波峰和波谷会叠加起来，使它们的和处处等于零。这种特有的现象就称为干涉。

一般来讲，当两束同一光源的光波经过不同的路径后再会合起来而产生的效应称为干涉；而在连续的光波中因为遇到边界、障碍或者小孔时，其中光波的一部分和另一部分会合起来而产生矢量叠加就称之为衍射。干涉和衍射之间没有严格分界。衍射中的一个特例是光栅衍射，光栅衍射实际和干涉非常类似。

由于存在衍射，点光源通过望远镜所形成的像，即使在没有像差的情况下，也并不是一个高斯像点，而是一个斑。这个衍射斑的大小决定了望远镜的分辨极限。这个衍射斑有很多不同的名称，如夫琅和费斑、远场方向图、点分布函数、艾里斑或者能量分布函数。光波在口径场上的分布具有振幅和相位，衍射斑也包括振幅和相位。

在光学系统中，口径(即入瞳)一般是指空间中决定进入焦点的光束大小的平面区域。它常常是主镜面沿光轴方向上的投影。简单地说，口径场的夫琅和费衍射斑就是该口径场函数的傅立叶(Fourier)变换。

考虑一个口径场 S 的夫琅和费像斑，S 中任一面积元 $\mathrm{d}S=\mathrm{d}x\mathrm{d}y$ 的辐射会对空间中某一方向 P 产生一定作用(图 1.3)。这个作用包括两个部分：第一是将这部分场强 $F(x,y)\mathrm{d}x\mathrm{d}y$ 进行传递，第二是产生一个附加的相位值 $(2\pi/\lambda)(lx+my)$。这里 $F(x,y)$ 是口径场函数，(l,m,n) 为矢量 P 的方向余弦，λ 为电磁波波长。这样在 (l,m) 方向上的衍射斑复数函数即(Graham Smith and Thompson，1988)

$$A(l,m)=C\iint\limits_{\text{Aperture}}F(x,y)\exp\left[-\frac{2\pi\mathrm{i}}{\lambda}(lx+my)\right]\cdot\mathrm{d}x\mathrm{d}y \tag{1.3}$$

公式中 $\mathrm{i}^2=-1$，C 是一个常数，量纲是[长度]$^{-2}$。公式中振幅部分的贡献为 $F(x,y)\mathrm{d}x\mathrm{d}y$，相位部分为 $F(x,y)\mathrm{d}x\mathrm{d}y$ 的原有相位加上因光程 $QQ'=lx+my$ 所引起的附加相

位。这一公式就是二维复数函数 $F(x,y)$ 的傅立叶变换公式。口径场中 x/λ 和 y/λ 是以波长为单位的长度变量，在衍射斑上 l 和 m 是以与口径场法线方向的夹角正弦值为单位的角度变量。

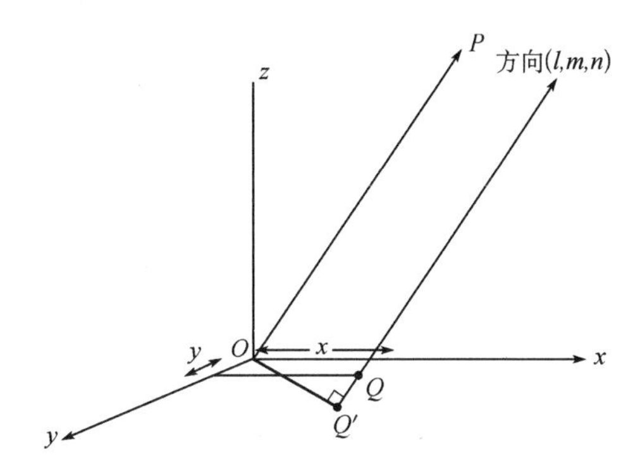

图 1.3　口径场任一面积元 dS 对空间某一方向 P 的贡献

对于一个长方形口径，如果边长为 a 和 b，口径场振幅均匀分布并且有 $F(x,y)=F_0$，则它的衍射斑为

$$A(l,m)=C\cdot F_0 ab\,\frac{\sin(\pi la/\lambda)}{\pi la/\lambda}\,\frac{\sin(\pi mb/\lambda)}{\pi mb/\lambda} \tag{1.4}$$

对于一个半径为 a 的圆形口径场，常常用极坐标 (r,θ) 表示。同样在衍射图中的极坐标为 (w,φ)，其中 $r\cos\theta=x$；$r\sin\theta=y$；$w\cos\varphi=l$；$w\sin\varphi=m$；$w=\sqrt{l^2+m^2}$ 是方向 $P(l,m,n)$ 与口径法线方向夹角的正弦值。圆形口径场的衍射斑函数为

$$A(w,\varphi)=C\cdot F_0\int_0^a\int_0^{2\pi}\exp\left[-\frac{2\pi i}{\lambda}rw\cos(\theta-\varphi)\right]\cdot r\mathrm{d}r\mathrm{d}\theta \tag{1.5}$$

即

$$A(w,\varphi)=A(0,0)\,\frac{2J_1(2\pi aw/\lambda)}{2\pi aw/\lambda} \tag{1.6}$$

式中 $A(0,0)$ 是衍射斑中心点的振幅，$J_1(x)$ 是 x 的第一阶贝塞尔函数。衍射斑的能量分布则是振幅分布的平方，即

$$I(w,\varphi)=A^2(0,0)\left[\frac{2J_1(2\pi aw/\lambda)}{2\pi aw/\lambda}\right]^2 \tag{1.7}$$

(1.7)式表明圆形口径场的衍射斑是以中心点为圆心的一组明暗相间的图形。这一图形在光学上称为艾里斑(Airy Disk)。艾里斑的振幅和能量曲线如图 1.4 所示，它的第一圈暗环的半径为 $1.22\lambda/d$。

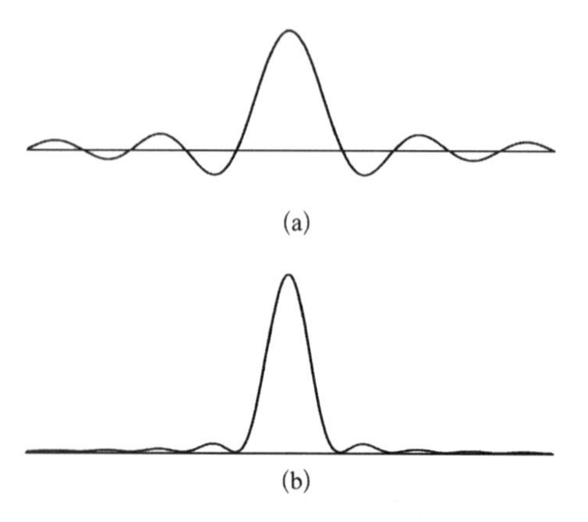

(a)

(b)

图 1.4　圆形口径场的(a)衍射像斑振幅曲线和(b)能量曲线

双反射面望远镜由于副镜的遮挡，衍射斑图形是两个函数的差即

$$A(w,\varphi)=A(0,0)\left[\frac{2J_1(2\pi aw/\lambda)}{2\pi aw/\lambda}-\varepsilon^2\frac{2J_1(2\pi\beta aw/\lambda)}{2\pi\beta aw/\lambda}\right] \tag{1.8}$$

式中 ε 为中央遮挡的相对比例。由 1.8 式可获得衍射斑的能量分布为

$$A^2(w,\varphi)=A^2(0,0)\left[\frac{2J_1(2\pi aw/\lambda)}{2\pi aw/\lambda}-\varepsilon^2\frac{2J_1(2\pi\beta aw/\lambda)}{2\pi a\beta w/\lambda}\right]^2 \tag{1.9}$$

表 1.1　λ=550 纳米时圆环形口径衍射斑第一圈暗环的角直径

中心遮挡比率	0.0	0.1	0.2	0.3	0.4	0.5
第一圈暗环直径(角秒) (D 的单位为厘米)	$13.8/D$	$13.6/D$	$13.2/D$	$12.6/D$	$11.9/D$	$11.3/D$

表 1.2　λ=550 纳米时圆环形口径衍射斑的能量分布(%)

中心遮挡比率	0.0	0.1	0.2	0.3	0.4	0.5
中心亮斑	83.78	81.84	76.38	68.24	58.43	47.86
第一圈亮环	7.21	8.74	13.65	21.71	30.08	34.99
第二圈亮环	2.77	1.90	0.72	0.47	1.75	7.29
第三圈亮环	1.47	2.41	3.98	2.52	0.39	0.17

表 1.1 和 1.2 列出当 $\lambda=550$ 纳米时各种中心遮挡比对第一圈暗环直径和各环能量分配的影响。和圆形口径衍射斑相比，随着中心遮挡的增大，衍射斑第一圈暗环条纹逐渐向中心移动，中心亮斑的总能量也逐渐减少。

利用傅立叶变换可以求出各种组合口径场的衍射像斑形状，图 1.5 为一干涉望远镜阵的口径分布以及其所对应的衍射像斑图形。该望远镜阵由 7 个子镜面组成。在光学中，通过改变口径场函数中振幅和相位来改变望远镜衍射像斑的形状和大小的方法被称为切趾法(apodization)。这种方法对地外行星的观测有着十分重要的意义。切趾法将在后面进行讨论。

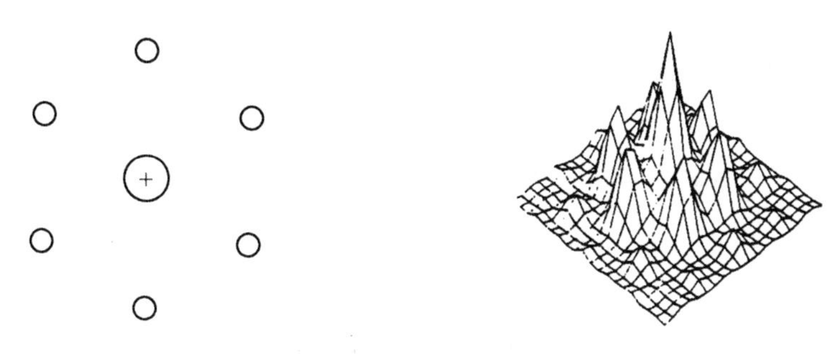

图 1.5　组合口径场及其衍射像斑的形状

1.2.1.2　分辨率判别准则

望远镜的分辨率是望远镜所能够分辨的最小空间角度。根据口径场强度衍射斑的图形，就可以基本确定望远镜的理论空间分辨率。如何决定这个很小的空间角度呢？一种经典的判断办法是利用两个强度相等的衍射斑，使这两个像斑之间的距离逐渐地减小，而达到一个刚刚可以分辨开的距离。在现代光学理论中由于引进了空间截止频率的概念，它所定义的理论空间分辨率和经典天文学中的空间分辨率有所不同。口径的空间截止频率将在 1.4 节中讨论。

经典的分辨率判别准则有三种，即瑞利（Rayleigh）准则、斯帕罗（Sparrow）准则和道斯（Dawes）准则。

瑞利准则影响最大，应用最广。瑞利 1879 年建议当两个等强像斑中的一个主强度极大正好与另一个像斑的第一圈暗环相重合，就称这两个像斑刚刚被分辨开（图 1.6(a)）。这就是瑞利准则。在瑞利准则条件下，复合像斑中心点的亮度是单个像斑最大亮度的 0.735 倍。

斯帕罗准则不是很严格。将两个等强像斑尽量接近，当接近到像中心的暗淡点刚刚消失而不能再靠近的时候，就称两个像斑刚刚被分开（图 1.6(c)）。这时如果再继续靠近，则复合像斑只有一个明亮峰值。斯帕罗准则是人为可分辨像斑的极限情况。道斯准则与前两种准则不同，是天文学家道斯经过长时间研究确定的，它介于两种分辨准则之

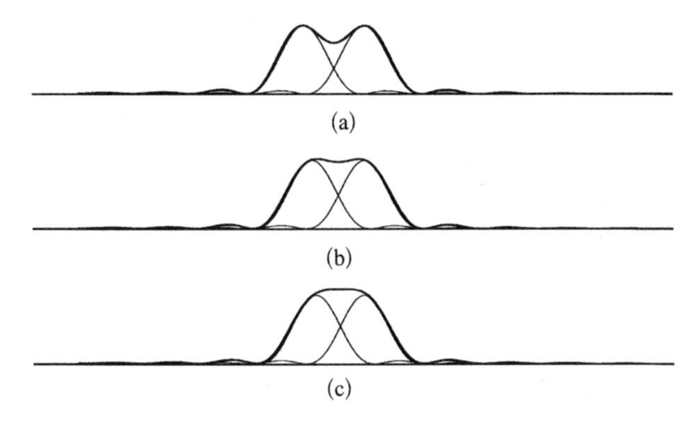

图 1.6　天文学中三种分辨准则：(a) 瑞利准则，(b) 道斯准则和 (c) 斯帕罗准则

间。在这种准则条件下，复合像斑中心点刚刚有一个暗淡的斑点，可以为人眼所觉察(图1.6(b))。事实上，道斯准则的分辨能力和口径的空间截止频率十分吻合。对于圆形口径来说，瑞利、道斯和斯帕罗准则所对应的分辨率 q_r、q_d、q_s 分别为

$$q_r = 1.22\frac{\lambda}{D} \tag{1.10}$$

$$q_d = 1.02\frac{\lambda}{D} \tag{1.11}$$

$$q_s = 0.95\frac{\lambda}{D} \tag{1.12}$$

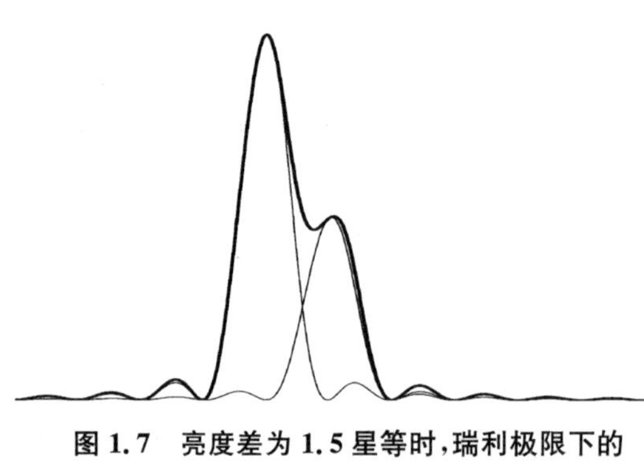

图 1.7 亮度差为 1.5 星等时，瑞利极限下的复合像斑的亮度分布

对于具有中心遮挡的环形口径，由于中心亮斑直径的减小，相应的空间分辨率也将有所提高。原则上这些分辨准则也适用于非等强像斑的分辨，图 1.7 是两个亮度相差 1.5 星等的星，在瑞利极限下复合像斑的亮度分布。这时在主次极大之间有一明显的暗淡点，可以很容易地进行分辨。应该指出由于数字图像处理技术的发展，望远镜成像的理论分辨率已经高于一般接受的瑞利准则，而接近于在目视观察中不易达到的斯帕罗准则。而更高的空间分辨率则要求望远镜有更大的口径、更合理的口径场分布以及特别的图像处理方法。

1.2.1.3 大气宁静度

应用普遍接受的瑞利准则，可以计算出各种口径所对应的理论空间分辨率。对于波长为 550 纳米的可见光，帕洛玛山天文台 5 米海尔光学望远镜的理论分辨率为 $\omega=0.028$ 角秒。然而实际上 5 米海尔望远镜仅仅能够分辨角距离为 1 角秒左右的相邻天体。这是什么原因呢？原来在地面光学天文望远镜中，望远镜的衍射极限通常是不能实现的。大气扰动，即大气宁静度(seeing)，是影响地面天文光学望远镜分辨能力的最主要限制因素。大气宁静度是描述经过大气层后星像不规则运动和弥散范围大小的物理量。与之密切相关的另一个概念是大气闪烁(scintillation)。大气闪烁是指经过大气层后星像亮度迅速变化、忽明忽暗的现象。大气宁静度和大气闪烁都是因为地球大气扰动而形成的。

在温度 300 K、一个标准大气压的条件下，地球大气层中所有气体的厚度在 1 000 km 以上，大气层中氮气和氧气最多。标准大气压是指海平面上的大气压，从海平面向上，每上升约 18 千米，大气压就降低到原来的 1/10。同样大气密度也不断降低，大气密度是温度和气压的函数。一般气体的折射率和 1 之间的差值与气体密度成正比。大气扰动是由于大气层中温度、压力和湿度存在差别，而引起大气密度和折射率改变，形成扰动的结果。

大气扰动会产生不同频率的风,而不同的风频又激发了不同线尺度的湍流。在同一个湍流旋涡内温度是相同的,但是在不同的湍流旋涡内温度是不同的。这种温度的分布引起了大气折射率的变化。折射率变化的线尺度可以是几毫米、几米、十几米甚至达到几百米,形成了大气层对星光折射的随机影响。大气扰动的时间尺度为毫秒级,它和光的时间周期 10^{-15} 秒相差很大。大气层在很短的时间尺度内是固定不变的,而且大气扰动所引起的绝对的光程差和电磁波的频率基本上没有关系。在光学波段,大气扰动的影响很大;而在射电频段,大气扰动的影响很小。

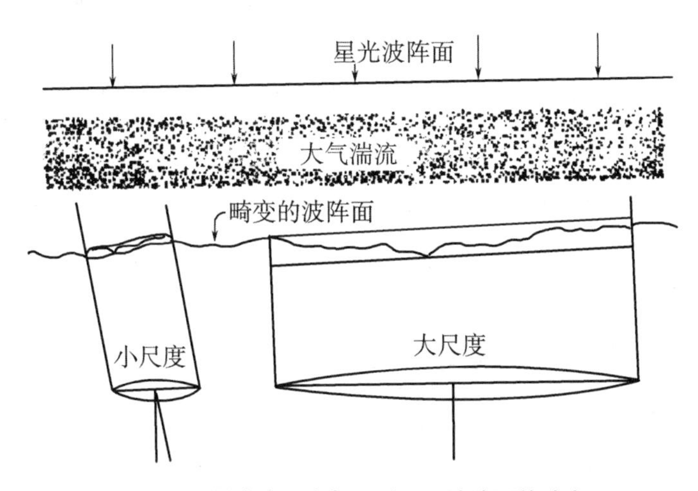

图 1.8　星光穿透大气层后平面波阵面的畸变

来自天空的星光可以用光线表示,光线表示光的传播方向。星光也可以用光波表示。用光波表示时,空间中具有相同相位的点的结合就被称为光的波阵面,光的波阵面和光线传播方向相垂直。在临近点光源的区域,理想波阵面是一个个围绕着光源的同心球面。当距离点光源非常远的时候,理想波阵面是一个个和光线方向相垂直的平面。图 1.8 表示从大气层外射入的一束星光,当星光穿透扰动的大气层后,原始的平面波阵面将发生畸变。从较大的线尺度范围看波前的畸变幅度较大,但星光的偏转角小。从较小的线尺度范围看星光偏转角较大,但波前的畸变幅度小。即大口径望远镜像斑弥散大,但像点的位置稳定;而小口径望远镜则像斑比较明锐,但像点位置会不断跳动。由于风力的影响,大气湍流会迅速移入或移出望远镜的上方,波阵面的形状就会发生变化。当这种湍流旋涡距离望远镜很远时,波阵面形状的变化将引起光程差较大的起伏。对于小口径望远镜来说这种光程差的起伏会使星光不连续,产生像点位置的跳动,这就是大气闪烁。对于大口径望远镜来说所产生波阵面的倾斜相对较小,而畸变则较大,使星像弥散范围扩大,这就是大气宁静度的影响。

小尺度的高层大气的湍流对大气闪烁有较大的影响。而大尺度的中、低层大气,包括地面附近、圆顶室内的大气湍流对大气宁静度有较大的影响。大气宁静度一般用星像弥散斑的直径来表示。地球上不同地点,大气宁静度的数值各不相同,因此大气宁静度数值是衡量天文台台址优劣的最重要的指标。对于高度低的台址,星光要经过比较厚的大气层,大气宁静度较差。这也是天文台台址一般都选在高山顶上的原因。

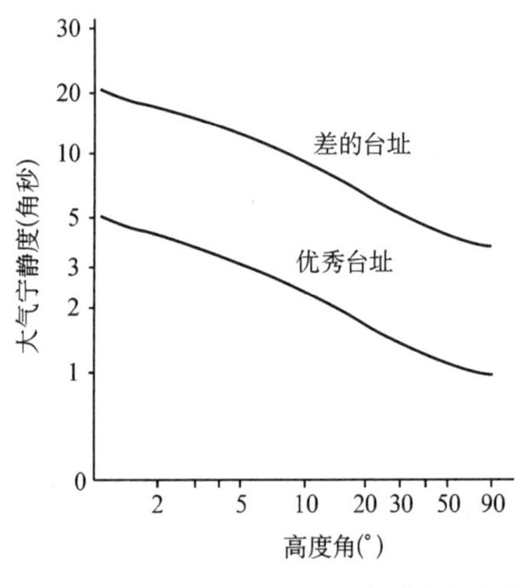

图 1.9　大气宁静度随高度角的变化曲线

优秀天文台台址的大气宁静度应在 0.5 角秒以内，较差的台址的这一数值可能达到 3 到 5 角秒(图 1.9)。地球上最好的天文台台址可能是在南极的高原，南极高原的大气宁静度甚至可以达到 0.15 角秒。地球大气扰动与光线传播方向有关，当入射方向接近于地平线时光线穿透大气层的距离很大，大气宁静度会下降。对于大口径望远镜来说，大气宁静度是影响望远镜分辨率的最大限制因素。为了努力提高望远镜的分辨率，必须选用优良的台址，同时要改善望远镜圆顶内的宁静度(1.2.4 节和 2.4.1 节)。提高望远镜分辨率的根本方法是采用自适应光学系统来补偿大气扰动的影响，采用光学天文干涉仪，采用其他高分辨率技术(第四章)，或者将光学天文望远镜直接送入轨道空间(第六章)。

1.2.2　聚光本领和极限星等

望远镜的聚光本领，即灵敏度，是衡量望远镜穿透能力的重要指标。聚光本领强的望远镜能够探测到非常微弱的星光。在光学天文中天体亮度是用星等来表示的。依巴谷(Hipparchus)在公元前 2 世纪把人眼看到的星依其视亮度分为 6 个等级。每一等星的视亮度均是下一等星视亮度的两倍。在十九世纪，天文学家应用现代光度测量方法，对所有星进行了重新校对。星等与星的辐射能强度之间建立了确定的对数关系，即

$$m_1 - m_2 = 2.5\log\frac{f_2}{f_1} \tag{1.13}$$

式中 m 是星等，f 是星的辐射能强度。星等越大，它发出的到达地球表面的光子数就越小。只有聚光本领很大的望远镜才能够探测到星等很大的星所发出的微弱辐射。

当光子数目少时，光的量子特性就会显露出来。这时光子会在随机时间点上降落到接收器一些毫不相关的位置上。这时，仅仅能够计算出光子落到某一特定位置的平均概率，而不能推算出下一个光子会在什么时间、什么位置上出现。这就和刚下雨时，从地面上出现的雨点分布上是完全看不出在哪个位置的上方有一把雨伞一样。当人眼在很黑的环境下完全适应时，就相当于处在这种情况下。这时在视觉停留期内进入眼睛的光子数大约只有 10 个，人眼在这时无法判断光子源的具体方位。当光子数目渐渐增大后，就如同雨点渐渐增多，地面上会显示出上方雨伞的形状，光子源的方向就会明晰起来。因此当光子数太少时，天文望远镜的分辨率是不可靠的。这也是天文学家不断地追求更多光子数的原因。在下面讨论中，均假设在接收器中存在足够多的光子。

在天文观察中，光学望远镜对空间某一天体的聚光本领可以用下式表示，即

$$N(t) = Q \cdot A \cdot t \cdot \Delta\lambda \cdot n_{\mathrm{p}} \tag{1.14}$$

式中 A 是望远镜的口径面积，t 是天文观察的积分时间，$\Delta\lambda$ 是观察的频谱宽度，n_p 是单位时间、单位面积、单位频宽目标天体发出的到达地球表面的光子数，函数 Q 表示望远镜和接收器的综合量子效率。对于天体中的零等星，在标准可见光 V 频段内，每平方厘米、每秒到达大气外层空间的光子数为 $\Delta\lambda \cdot n_p = 1\ 007$。

从(1.14)式可以看出望远镜的聚光本领是口径面积和积分时间的线性函数。在望远镜观察中积分时间常常是有限制的，所以除了提高望远镜和接收器的效率以外，增大望远镜的口径面积是增大聚光本领的根本途径。这也是天文学家不断提出建造新的更大口径的天文望远镜的主要原因。

(1.14)式中函数 Q 包括望远镜本身和接收器的量子效率。相比于照相底片，现代电荷耦合器件(CCD)有非常高的量子效率。影响望远镜本身量子效率的因素包括反射和透射损失。反射望远镜中反射损失是影响望远镜量子效率的主要因素。新鲜的铜合金镜面，反射损失约 45%。随着反射面的锈蚀，它的反射损失不断增加，这种反射损耗是影响早年光学望远镜量子效率的重要因素。早期接收器(人眼和底片)的量子效率也极低。应用化学镀银方法获得的玻璃镜面，反射损耗只有 5%左右(图 1.10)。但是由于空气中硫化物的作用，镀银面将很快暗淡，使反射效率急剧降低。现代反射望远镜几乎无一不采用真空镀铝的镜面。镀铝膜是在小于 0.007 帕斯卡(Pascal)压强的真空室内进行的，镀膜厚度控制在黄光波长的二分之一左右。在这种条件下反射损失在可见光区域将略高于 10%，在 250 纳米的紫外区域，反射损耗约 12%。反射损耗在红外波段不断改善，当波长为1 000纳米时，反射损耗仅仅为 9%，在波长为 50 000 纳米时，反射损耗仅仅为 1%。镀铝的镜面在离开真空室后将迅速氧化，这使镜面的反射损耗略有增加。长时间使用以后，由于灰尘、空气的作用会使反射损耗增加到 15%左右，影响望远镜的正常观察。为了降低镜面的反射损耗，镀铝镜面应该每三至六个月冲洗一次，每隔一两年重镀一次。对于双镜面望远镜，总反射效率是单个反射面效率的乘积。折轴焦点由于多次镜面的反射，使用一般的镀铝镜面将使反射损耗高达 60%以上，因此必须采用更高效率的反射镀层。在紫外和远紫外区域，大部分反射镀膜的反射率急剧下降，只有铂膜和铟膜反射率较高，其应用波长范围可在红外和紫外波段分别延伸至 19 微米和 2.3 微米。

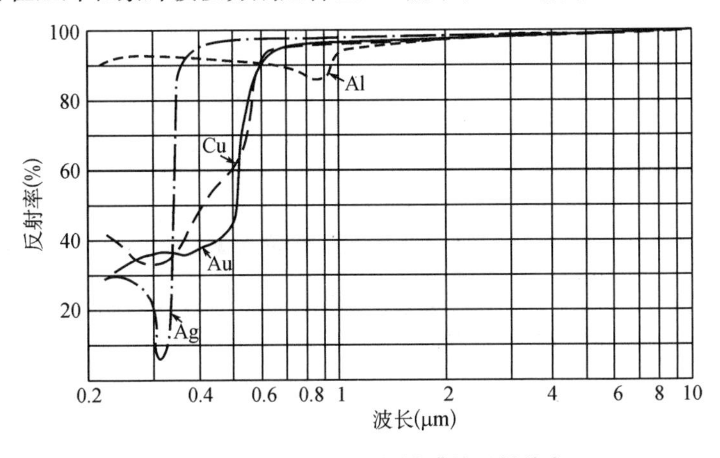

图 1.10　金、银、铜和铝镀膜的反射效率

一般来讲,如果某镀膜层对可见光具有吸收作用,则该膜层的复数折射率为

$$\tilde{n} = n - \mathrm{i}k \tag{1.15}$$

式中 k 为膜层的消光系数,n 为膜层的折射系数。根据这一公式可以确定普通厚反射膜的反射效率为

$$R = \frac{(n-1)^2 + k^2}{(n+1)^2 + k^2} \tag{1.16}$$

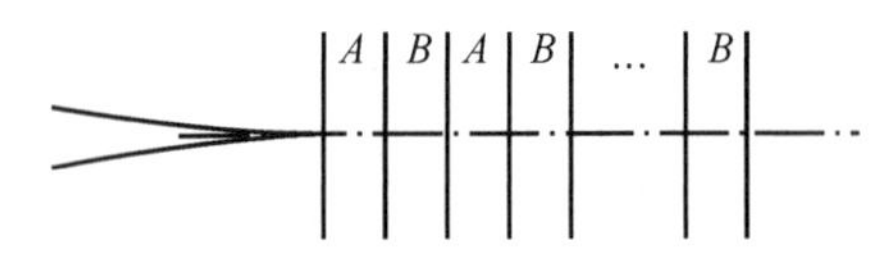

图 1.11　多层电介质干涉薄膜示意图

为了提高镜面的反射效率,可以采用多层电介质干涉薄膜。如果周期性的多层电介质膜是由厚度 A 和 B 各 N 个的周期膜层组成,其 A 和 B 层的折射率分别为 n_A 和 n_B,镜面的折射率为 n,空气的折射率为 n',则最高的反射率将发生在每一层介质的光学厚度均等于波长四分之一的奇数倍的地方,这时总反射率为(图 1.11)

$$R = \left[\frac{n'/n - (n_A/n_B)^{2N}}{n'/n + (n_A/n_B)^{2N}}\right]^2 \tag{1.17}$$

图 1.12 给出了一部分多层电介质镀膜的反射率曲线,它们均可以在很广阔的频段达到 96%以上的高反射率。在同一图表中也列出了一些极低反射率的多层电介质增透膜的反射率曲线。

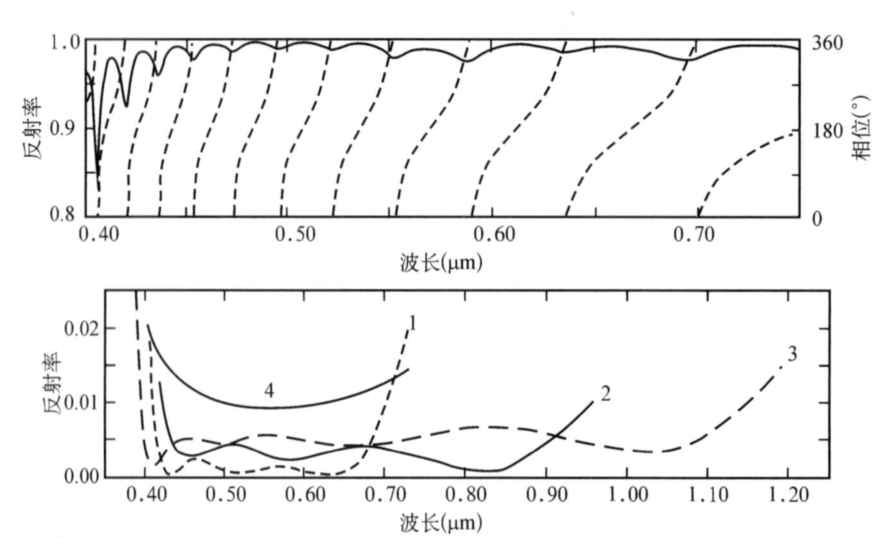

图 1.12　部分多层电介质镀膜的反射率曲线

当在望远镜中引入透镜时,在透镜与空气的表面会因为反射而产生能量损失。在透明介质之间的折射效率可以用下式表示

$$R_t = \left(\frac{n' - n}{n' + n}\right)^2 \tag{1.18}$$

式中 n 和 n' 分别为第一和第二介质的折射率,当光线从空气中直接进入玻璃透镜时,对 n

=1.74 的玻璃因表面反射而引起的损失约等于 7.3%(当 n=1.51 时约等于 4.1%)。由于折射率 n 对各种波长略有差异,所以这种透射损耗在蓝光波段较红光波段略高。通过在透镜表面涂镀四分之一波长的氟化镁(MgF_2)层(n=1.38),这种透射损耗可减少到 1.3%~1.9%。多层介质增透膜的透射率可以达到 99.7%。对于一个或两个很狭窄波段,多层介质增透膜的透射率几乎可以达到 100%。

除了反射和透射的损耗外,望远镜的量子效率还受到在透明介质内部吸收损耗的影响,如果介质的吸收系数为 τ,则介质的透射率为

$$R_t = e^{-\tau \cdot l} \tag{1.19}$$

式中 l 为介质厚度。透射率的倒数称为不透明度,不透明度的以 10 为底的对数称为光学密度。

当望远镜的口径、望远镜和接收器的综合量子效率决定以后,一般就可以确定望远镜的聚光本领。对于天文学家来说这是衡量望远镜穿透能力的主要指标。但是聚光本领和穿透能力,与观察方法也紧密相关。不同的观察方法决定了望远镜不同的穿透能力,也就是说使用不同的观察方法,所探测到的极限星等是不相同的。遵循鲍姆(Baum,1962)、布朗(Brown,1964)、迪斯尼(Disney,1972,1978)的讨论方法,我们在表 1.3 中定义了讨论所使用的参数,同时假定星光的能量分布是一个明锐的正方形面积,省略 $\pi/4$ 的因子。讨论共分为三个方面:(1) 光电测光;(2) CCD 探测;(3) 分光测光。

表 1.3　极限星等讨论中的符号定义

D=望远镜的口径	f=望远镜焦距
t=曝光时间	m=底片最佳曝光时单位面积的光子数
n_p=单位时间、单位面积、单位频段到达地球表面的目标星的光子数目	f_c=光谱仪照相机的焦距
	F_c=光谱仪照相机的焦比
S=单位时间、单位立体角、主镜单位面积、单位频段的背景光源光子数	d=光栅的投影直径
	W=实际光栅的宽度
$\Delta\lambda$=频谱分辨率或频段的宽度	g=光栅每毫米宽度的刻线数
Q=望远镜与接收器的总量子效率	O=光栅使用的级数
p=像元的线尺度	ω=狭缝宽度
β=像元的视场角	B=观察中允许的相对误差
F=望远镜焦比	e=光谱仪的狭缝进光效率

1.2.2.1　光电测光

望远镜在光电测光时,时间 t 内所探测到的星光光子总数为

$$N_0(t) = QD^2 t \cdot \Delta\lambda \cdot n_p \tag{1.20}$$

由于天文探测量的随机(泊松)分布性质,星光测量所引起的误差或测量噪声为

$$\delta N_0(t) = \sqrt{N_0(t)} = \sqrt{QD^2 t \cdot \Delta\lambda \cdot n_p} \tag{1.21}$$

同时探测到的天空背景光的光子数为

$$N_S(t) = \beta^2 S \cdot QD^2 t \cdot \Delta\lambda \tag{1.22}$$

天空背景光的噪声为

$$\delta N_S(t) = \sqrt{N_S(t)} = \sqrt{\beta^2 S \cdot QD^2 t \cdot \Delta\lambda} \tag{1.23}$$

如果 B 为天文观察中可以允许的相对误差值，则

$$B = \delta N / N_0 = (\delta N_0^2 + \delta N_S^2)^{1/2} / N_0 \tag{1.24}$$

考虑以下两种情况：第一，如果星光亮度远远大于天空背景光的亮度($n_p \gg \beta^2 S$)，则望远镜所能够探测到的极限星等(即星的亮度)为

$$1/n_p = B^2 D^2 t \cdot Q \cdot \Delta\lambda \rightarrow D^2 t \tag{1.25}$$

第二，如果天空背景光的亮度远远大于星光亮度，则有

$$1/n_p = B \cdot D \cdot t^{1/2} \cdot Q^{1/2} \cdot \Delta\lambda^{1/2} / (\beta \cdot S^{1/2}) \rightarrow D \cdot t^{1/2} \tag{1.26}$$

(1.25)和(1.26)式表明，应用光电测光的方法，望远镜所能获得的极限星等在天空背景暗的条件下与望远镜口径的平方成比例，但对于暗星的探测，即天空背景光的亮度远远大于星光亮度时则仅仅与口径的一次方成比例。这就是说对于暗星的探测，望远镜穿透能力的增长小于望远镜聚光本领的增长。

在光电测光观测中由于大气宁静度的影响，光阑直径一般取为 10 角秒左右。因此对恒星进行光度观测时，穿透能力从 D^2 变为 D 时所对应的星等一般约为 16.5 等，对于更暗的恒星光电测光工作，望远镜的穿透能力与口径的一次方成比例。

1.2.2.2 CCD 成像

CCD 成像和照相类似，是一种光子成像过程。实际上它的探测原理和光电测光并无实质的差异。上面公式(1.25)或(1.26)对于照相和 CCD 探测也同样是适用的，这时只是目标的立体角相应地要比光电测光时小得多。当望远镜的分辨率以大气宁静度为极限时，β 则相当于 1 角秒。因此穿透能力从 D^2 变为 D 时所对应的星等也大大上升，一般在 20 等左右。当然这是假定大气宁静度的像尺寸正好与 CCD 的像元尺寸相匹配，并且穿透能力的变化是在相同积分时间的条件下进行比较的。在实际上由于动态范围的限制，CCD 并不可能将曝光时间无限制延长，因此总存在一个最佳曝光时间，如果天空背景的曝光强度超过某一最优值时，CCD 的效率就会迅速下降，同样如果达不到这一最优值时，对于暗天体的对比度也会下降。假设 m 是使 CCD 达到最优曝光时单位面积底片所记录的光子数，则

$$mf^2 = QD^2 t_0 \Delta\lambda \cdot S \tag{1.27}$$

式中 t_0 是 CCD 的最优曝光时间，

$$t_0 = mf^2 / (QD^2 \Delta\lambda \cdot S) \tag{1.28}$$

将 t_0 代入 1.26 式内，可以得到在最优曝光情况下的极限星等 $1/n_p$ 为

$$1/n_p = B \cdot m^{1/2} f / (\beta \cdot S) \rightarrow f \tag{1.29}$$

(1.29)式表明在最优曝光条件下，CCD 的极限星等与望远镜的口径无关，仅仅是望远镜焦距的线性函数，不过由于 $t_0 \propto D^{-2}$，因此过小口径的望远镜将需要不实际的过长的曝光时间。

对于较小的焦距，如果以像元大小作为分辨极限，则相应的星光面直径为 $\beta = p/f$，将此关系式代入式 1.29 中，有

$$1/n_{\mathrm{p}} = B \cdot m^{1/2} f^2 / (p \cdot S) \rightarrow f^2 \tag{1.30}$$

同样，在这种情况下，极限星等也与望远镜口径无关，仅仅是望远镜焦距平方的线性函数。根据式 1.29 和 1.30，假设 $\beta = 1.25$ 角秒，$p = 0.18$ 毫米，可以得出望远镜的照相星等和焦距的关系，如图 1.13 所示。图中折线的斜率变化大约发生在 $f = 3$ 米的地方，前半段的斜率等于 5，后半段的斜率为 2.5。

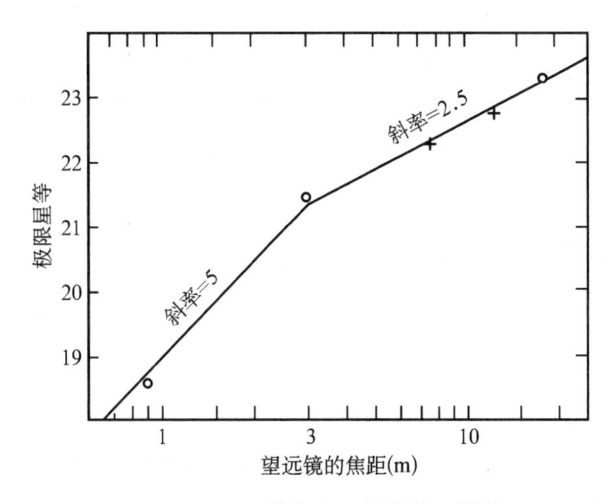

图 1.13　极限星等与望远镜的焦距的关系

当望远镜的观察是在空间进行或者是在地面应用了自适应光学技术以后，因为艾里斑直径与望远镜口径成反比，所以对于点光源来说，望远镜的穿透能力无论是在背景极限或者是高亮度对比的条件下都与望远镜口径的四次方成正比；而对于面光源来说，则仍然与望远镜口径的二次方成正比。从这一点上看，发射空间望远镜以及应用自适应光学技术对于天文学研究有着十分重要的作用。

1.2.2.3　分光测光

图 1.14 是一台分光仪的基本布局。其中准直镜与照相机都是由透镜构成的，色散元件采用光栅。对于角直径为 β 的天体，其在探测器上的单色光的线尺度为 $DF_c\beta$。为了保证分光测光的角分辨率，则应保证

$$f_c \Delta\theta \geqslant D \cdot F_c \beta \tag{1.31}$$

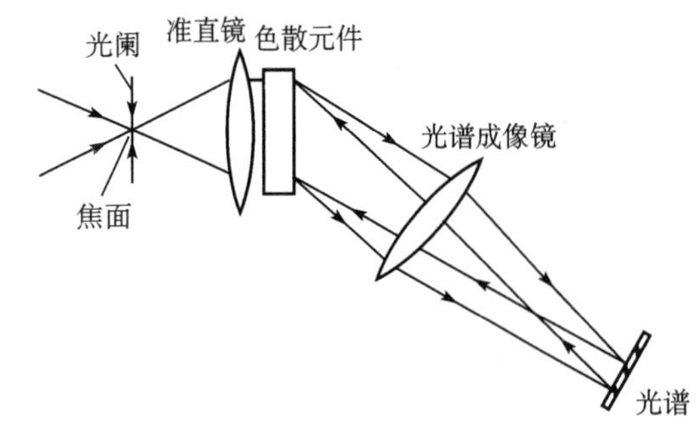

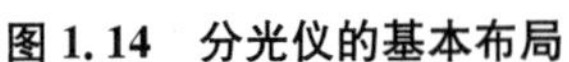
图 1.14　分光仪的基本布局

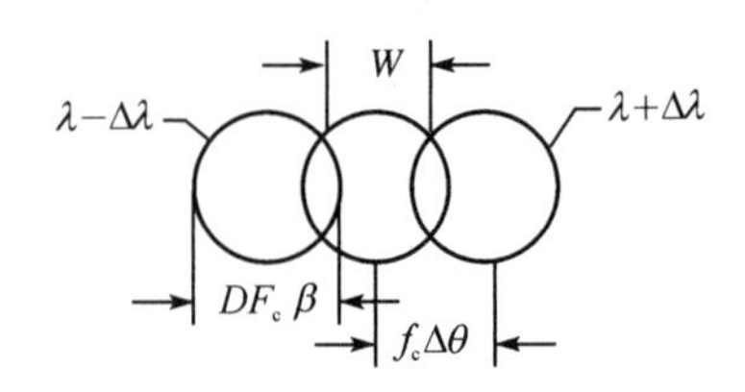

图 1.15　经过色散后的像斑的几何位置

当 $f_c\Delta\theta < DF_c\beta$ 时光谱像就会发生重叠(图 1.15)。这时就必须使狭缝投影宽度$W=f_c\Delta\theta$,从而切去像斑的两侧,使分光仪效率降低。为了使公式(1.31)的条件满足,则往往需要大的光栅尺寸和准直镜口径,实际上这是不容易满足的。从而就产生了下列两种情况:(a)非光栅极限的分光观测和(b)光栅极限的分光观测。在光栅极限情况下,狭缝宽度减小,从而引起分光仪效率降低,新的效率是原有效率的 e 倍,即

$$e = f_c\Delta\theta/(D\cdot F_c\beta) = (W/D)(\Delta\lambda/\beta)O_g \tag{1.32}$$

式中 W 和 O_g 是光栅指标,从这里开始 $\Delta\lambda$ 是光谱分辨率。在以上两种分光观测的条件下,所能探测的极限星等与在光电测光情况下的公式基本一致,只是在光栅极限情况下,公式(1.20)应该写作

$$N_0(t) = eQ\cdot D^2t\cdot\Delta\lambda\cdot n_p \tag{1.33}$$

在上面公式中,$\Delta\lambda$ 是光谱分辨率,而不再是光谱频段。同样公式(1.22)应写作

$$N_S(t) = e\beta^2SQ\cdot D^2t\cdot\Delta\lambda \tag{1.34}$$

在星光亮度大于天空背景亮度的情况下,观测的极限星等为

$$1/n_p = [B^2QDt\cdot(\Delta\lambda)^2]\cdot(W\cdot O_g)\sim Dt \tag{1.35}$$

当星光亮度小于天空背景亮度的情况下,观测的极限星等为

$$1/n_p = [B\cdot Q^{1/2}D^{1/2}t^{1/2}\cdot\Delta\lambda/(\beta^{3/2}S^{1/2})]\cdot(W\cdot O_g)^{1/2}\sim D^{1/2}t^{1/2} \tag{1.36}$$

当然如果在光栅极限情况下应用星光分束器或者应用光纤,将会使因狭缝宽度减小而损失的星光导入缝隙中,则观测的极限星等会有所提高。从上面的分析可以知道光栅指标 WO_g 对于分光测光效率有很大的影响,因此改善光栅指标是提高分光测光效率和极限星等的重要手段。要改善 WO_g,重要的是增大光栅尺寸 W。由于 $W\sim d$,因此也必须相应增大准直镜的口径,这在实际上是有一定困难的。图 1.16 是取光栅指标 $WO_g=100$ 时,不同口径望远镜进行分光测光时 β 和 $\Delta\lambda$ 的关系。大气宁静度极限和光栅极限分别分割了 β-$\Delta\lambda$ 平面,给出了高效率分光测光的特定区域(图中的阴影区)。这个区域从望远镜口径 3 米起一直到大约 5 米处止。但是为了获得很高的光谱分辨率,望远镜的最佳口径则应该在 2 米到 3 米之间。所有这些都决定了分光测光中的效率、极限星等和光谱分

辨率的增长均远远小于聚光能力的增加。

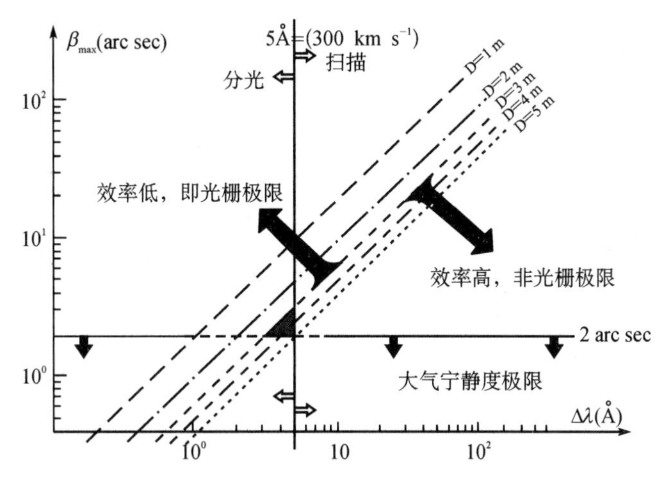

图 1.16　极限星等与望远镜的焦距的关系(Disney,1978)

上面三种情况的分析并不包括在衍射极限情况下以及接收器噪声为主要噪声来源的天文观察情况。表 1.4 共列出了九种天文观察情况下，望远镜的穿透能力、口径和积分时间的关系。很明显在衍射极限情况下，由于星像面积随着望远镜的口径增长而减小，所以穿透能力是口径面积高次方的函数。但是除了空间望远镜，这种情况只适用于特小口径(小于 10 厘米)望远镜，应用斑点遮挡干涉或自适应光学的情况。同样在光学波段接收器噪声常常不是主要问题。这样就剩下了四种最基本的情况。即(1) 星光极限情况($\propto D^2 t$)；(2) 天空背景极限情况($\propto Dt^{1/2}$)；(3) 光栅极限情况 ($\propto Dt$)；(4) 光栅与天空背景的共同极限情况($\propto D^{1/2} t^{1/2}$)。

表 1.4　极限星等与望远镜的口径和积分时间的关系

		目标星的有效角直径		
		大气宁静度极限	光栅极限	衍射极限
噪声来源	星光极限情况	$\propto D^2 t$	$\propto Dt$	$\propto D^4 t$ 到 $D^2 t$ (空间望远镜及自适应光学)
	天空背景极限	$\propto Dt^{1/2}$	$\propto D^{1/2} t^{1/2}$	$\propto D^4 t^{1/2}$(空间望远镜及自适应光学)
	接收器极限	$\propto D^2 t^{1/2}$	$\propto Dt^{1/2}$	$\propto D^2 t^{1/2}$(射电望远镜)

在上述四种观测状态中，状态(1)包括星等亮于 16.5 等时的光电测光、星等亮于 20 等时的 CCD 观测、星等亮于 20 等时的低色散分光和亮的星系核的光谱扫描。状态(2)包括低于 20 星等的照相及 CCD 观测、暗星的低色散光谱工作、低于 16.5 等的光电测光和暗星系的低色散光谱扫描。状态(3)包括亮于 20 星等的中色散和高色散分光以及暗星系的明亮发射线的低色散分光。状态(4)包括所有低亮度天体的光谱工作。通过对表 1.4 的分析可以看出：地面望远镜探测能力的增加并不是与望远镜的聚光本领成正比的。这种探测能力的增长对于大口径仪器比小口径仪器要慢得多。对于给定聚光能力的望远镜，并没有一个明确的极限星等，通过增长曝光时间总可以探测到更暗的天体。另外对于光谱工作、照相工作，中等口径望远镜常常可以发挥很大的集光效

率，而大口径望远镜则受到种种其他条件的限制。

1.2.3 视场和综合效率

天文望远镜作为辐射能收集器主要追求大的聚光本领，然而现代天文光学望远镜同时也是一种成像装置。对于成像装置，视场是衡量其信息传递能力的一个重要指标。大视场可以在同样时间内获取更多的天体信息，从而提高望远镜的效率。

望远镜的视场是由哪些因素决定的呢？像斑大小是影响视场大小的主要因素，另外望远镜的观察方法、接收器的尺寸、像场的渐晕（指视场中不同视场角对应于不同集光面积的现象）以及大气的较差折射（指大气折射率随高度角不同而变化的现象）等也对望远镜的视场尺寸有较大的影响。对于给定的望远镜光学系统，色差和像差是决定像斑尺寸的主要原因。比如在单抛物面反射系统中，彗差是影响视场大小的主要因素，彗差的大小等于 $3\Phi/(16F^2)$。这里 Φ 为半视场角，F 为望远镜焦比，彗差大小的单位和视场角单位相同。图 1.17 给出了这种系统在不同焦比情况下角彗差与半视场角之间的关系，如果所允许的像斑尺寸为 1 角秒，这种系统的有效视场仅仅为几个角分。卡塞格林系统与单反射抛物面系统具有同样的角彗差公式，因此视场大小也受到了限制。而 $R-C$ 系统（参见 1.3.1 节）将有较大的视场，可以达到 30 角分左右。为了增大望远镜的视场，一种有效的办法是引入像场改正镜，采用透镜系统来扩大视场，这样有效视场可以达到1～3 度。在扩大视场的努力中施密特望远镜和三镜面大视场望远镜的出现是两个重要的事件。施密特望远镜的有效视场可以达到 6 度×6 度，三镜面系统的视场可以达到 3.5 度×3.5 度。

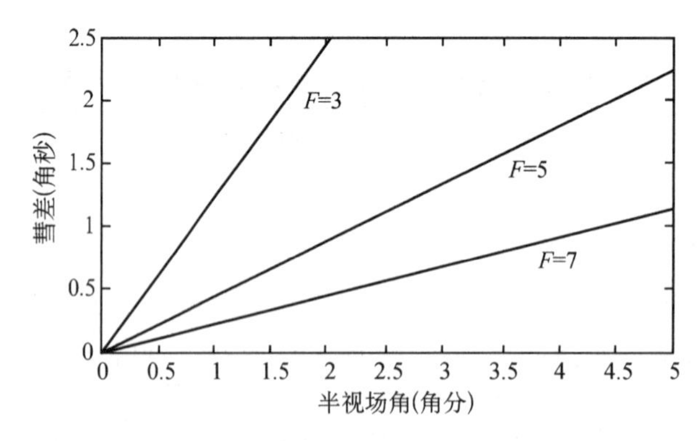

图 1.17 单抛物面系统中不同焦比情况下角彗差与半视场角的关系

由于观察方法的不同，望远镜的具体使用视场也有极大的区别，光电测光仅仅使用了极为有限的视场角范围。CCD 观测则取决于 CCD 芯片的尺寸。在分光测光中除了物端棱镜观测外，可达到的视场均小于望远镜的视场。在物端棱镜观测中，使用一个角度很小的棱镜放置在主镜的前方，可以获得视场中所有星的低色散光谱。在其他分光工作中，由于色散元件尺寸限制，视场大小有很大限制。当色散元件为光栅时，光栅尺寸为 d 时的最大可用视场角 Φ 可表示为

$$\Phi=(d-d_0)/(FD) \tag{1.37}$$

式中 $d_0=L/F$，为零视场时所需的色散元件的尺寸，L 为色散元件和焦面的距离，F 和 D 分别为望远镜的焦比和口径，对于多目标光纤光谱仪，入射缝高同样要受到 d/D 的限制，所能拍摄的天体数仍然有限，不过引入多个色散元件则可以充分利用望远镜的全部有效视场。

像场渐晕对大视场仪器有较大的影响。当半视场角为 θ 时，望远镜的投影面积 $A(\theta)$ 与望远镜垂直照射时的投影面积 $A(0)$ 之比就是渐晕值的量度，由于渐晕引起的星等降低可以用下式表示：

$$\Delta m=-2.5\log[A(\theta)/A(0)] \tag{1.38}$$

由于像场渐晕的存在，光度校正对于大视场望远镜来说十分重要。图 1.18 所示为英国 1.2 米施密特望远镜的视场角与星等下降的关系。施密特望远镜中主镜直径远大于望远镜口径，但仍然存在渐晕的影响。大气较差折射对望远镜的视场也有影响。这是因为在跟踪天体时成像面上会产生比例尺的变化，因此可利用的视场大小受到了限制。

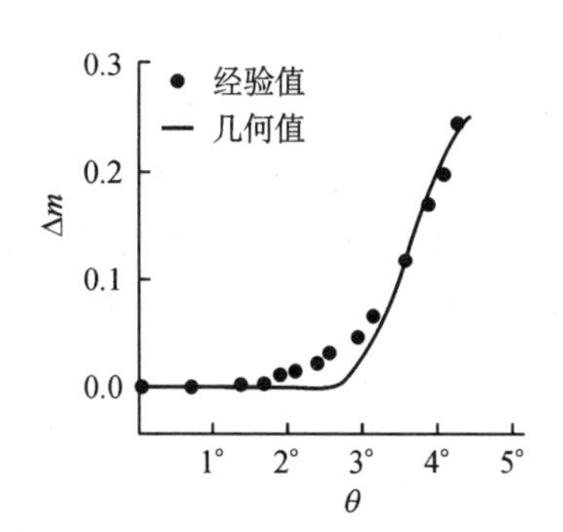

图 1.18　英国 1.2 米施密特望远镜的视场角与星等下降的关系（Dawe,1984）

望远镜的综合效率是一个十分复杂的指标，不同的方法、不同的目的有不同的评价方法。但是最主要的是望远镜的信息传递能力，即集光率（etendue）。集光率是描述一个光学仪器信息传递能力的物理量。它的数值等于口径面积和视场大小的乘积，即$E\sim D^2\Phi^2$。

望远镜的综合效率应该包括它的穿透能力（其表达式为 $E_t\sim D^\alpha\Phi^\beta$，$\alpha$、$\beta$ 根据不同的观察方法和条件而决定，参见极限星等的公式），望远镜的空间分辨率，望远镜的频谱范围和视场的大小。所有这些都和望远镜的成本造价相关。由于望远镜的很多指标都受到大气宁静度的影响，因此台址的选择也是影响望远镜综合效率的重要因素，当然望远镜最后成果的取得最重要的还取决于使用者的智慧和水平，对于中小型望远镜尤其如此。

1.2.4　大气窗口和台址选择

天体辐射覆盖了整个电磁波谱。在地球表面，由于大气层的吸收、反射和散射，在整个电磁波谱内只有两个比较透明的窗口，这就是光学窗口和射电窗口（见图 1.19）。光学窗口从波长 300 纳米开始至 700 纳米为止。在这一频段范围内大气散射不太明显，透射效率高。当波长小于 300 纳米时，天体辐射分别受到氧原子、氧分子和大气臭氧层的强烈吸收，波长较长的也只能透射到地表以上 100 千米至 50 千米处，而不能到达地球表面。当电磁波波长大于 700 纳米时，大气中的水汽分子成为红外辐射的主要吸收体。由于水汽、二氧化碳和臭氧的作用，大气中形成一连串的强烈吸收带，不过也留下一些狭窄的红外窗口。这些透明的窗口主要在 8～13 微米、17～22 微米和 24.5～42 微米等区间。当海拔高度增至 3 500 千米时，由于大气中水汽含量减少，出现了远红外区的一些窗口。这些窗口与邻近的亚毫米波段窗口相连接。关于红外和射电窗口的情况将在后面射电和红外章节进行讨论。

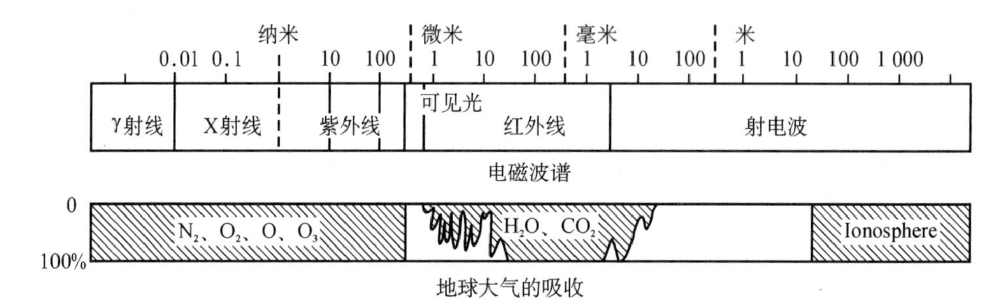

图 1.19　电磁波谱的全部频段和地球大气的吸收

地球大气层的光学窗口为光学天文望远镜的观察提供了极为重要的条件。长期以来，由于地球大气扰动和人类生活的影响，地球上不同地点的天文观测条件是完全不同的。从二十世纪五十年代起，各国天文学家就十分注意选择天文台的优秀台址，以充分发挥天文光学望远镜的最大效率。衡量天文台台址好坏的指标有很多，但是主要有下列几个方面：第一是关于台址大气特点的，这些指标包括无云或少云的天数、大气中水汽含量、大气中雨和雪等沉降物的情况、大气宁静度、大气闪烁、风力、大气消光等。第二是台址的一些地理环境指标，这些包括台址的高度、地形情况、温度情况、沙尘暴情况、地震活动情况等。第三是人类活动的情况，如天光背景和大气污染的情况。第四是台址的其他条件，包括台址经纬度、台址的水电供应、台址的交通和生活设施等。总的来说，大口径光学望远镜台址的确定需要经过长时间的台址资料的积累和分析，特别是要对台址的大气宁静度进行充分的调查。通常口径和宁静度之比是望远镜效率的一个重要指标。罗迪耶(Roddier，1979)也指出对于高分辨率的干涉测量，信噪比的变化与口径和宁静度之比成正相关。因此选择宁静度好的台址对于光学望远镜的天文观察具有十分重要的意义。

大气宁静度的起因在前节中已经讨论过，它的定量描述一般倾向于采用弗里德(Fried)的表达式。当星光透过折射率变化的大气层后，其最大的不受大气扰动影响的望远镜的尺寸，或大气折射率变化的相关长度 r_0 可以表达为

$$r_0 = \left[1.67\lambda^{-2} \cdot \operatorname{arccos}\gamma \int_0^L C_N^2(h)\,\mathrm{d}h\right]^{-3/5} \tag{1.39}$$

式中 λ 为波长，γ 为天顶距，h 为高度，L 为所通过的光程，C_N 为折射率的结构参数，其值与折射率结构函数 D_N 满足以下关系

$$D_N(\vec{\rho}) = \langle |n(\vec{r}) - n(\vec{r}+\vec{\rho})|^2 \rangle = C_N^2 |\vec{\rho}|^{2/3} \tag{1.40}$$

式中 $n(\vec{r})$为折射率的分布，$\vec{\rho}$ 为两个相邻点的方向矢量。在光学波段中 C_N 与温度结构常数 C_T 密切相关，其关系为

$$C_N = 80 \times 10^{-6} pC_T/T^2 \tag{1.41}$$

式中 p 为大气压，单位是毫巴；T 为绝对温度。同样的 C_T 与温度结构函数 D_T 也有相应的关系：

$$D_T(\vec{\rho}) = \langle |T(\vec{r}) - T(\vec{r}+\vec{\rho})|^2 \rangle = C_T^2 |\vec{\rho}|^{2/3} \tag{1.42}$$

通过实地测量 C_T 或 C_N 的数值就可以确定大气宁静度的数值。目前可以应用温度传感器来直接进行 C_T 的测量，也可以应用回声测量方法（echo sounder）、雷达方法和光学传感器的方法来确定 C_N^2 的分布。加拿大-法国-夏威夷天文台分别测量出当地不同高度的 $C_N = 2\times10^{-15}$（$h=0$ 米）和 $C_N \leqslant 1\times10^{-17}$（$h=100\sim150$ 米），因此有 $r_0=0.4$ 角秒。同时该台测出 $C_T^2=0.1℃^{-2/3}$（$h=10$ 米）和 $C_T=0.02℃^{-1/3}$（$h=100\sim150$ 米），因此得到 $r_0=0.3$ 角秒。从这两个数字可以估算出在大气底层 10 米至 150 米的区域，大气宁静度的贡献为 0.3～0.4 角秒。夏威夷高层大气宁静度的估算值为 0.35～0.45 角秒，加上圆顶室宁静度为 0.25 角秒，总的望远镜宁静度为 0.7 角秒左右。图 1.20 给出了实际观察时的大气宁静度的统计分布，其期望值为 0.75 角秒，与上述估计十分相符。最近的研究还表明大气折射率结构常数与大气层高空 2.0×10^4 帕气压处的风速分布相关，因此这种风速也与大气宁静度有直接联系。图 1.21 表示了这种联系的统计规律。通过这种关系，亦可能找到应用气象方法进行台址选择的新途径。

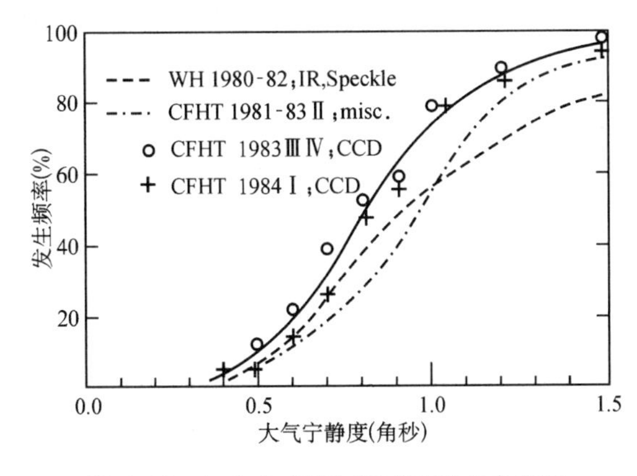

图 1.20　加拿大-法国-夏威夷天文台实际观测时的大气宁静度的统计分布（Racine，1984）

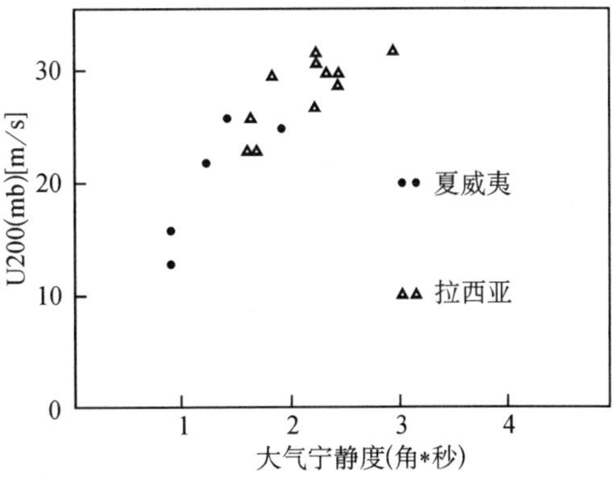

图 1.21　大气宁静度与高空 2.0×10^4 帕气压处的风速分布关系（Vernin，1986）

从已选定的优良台址分布看，它们主要集中在受从西向东的冷洋流控制下的沿海高山地带以及大洋中的孤岛上。这些地方气流平稳，大气宁静度好。同时因为台址高于大气中的气流层，所以晴夜多，水汽含量少，因此也减小了大气对光辐射的吸收和消光作用。优良的台址还必须远离人类活动的地点，以防止人工照明而引起的背景光污染。现在世界上主要的光学台址有夏威夷、智利和西班牙的加纳利岛。因为环境保护的原因，夏威夷的山区已经很难增加新的天文台，所以智利干旱的北部现在成了光学、红外和毫米波望远镜的重要台址。最新的研究证实我国西藏阿里地区也存在良好的天文台址。在地球上，南极高原是水汽含量最低、风力最小的优良台址。不过在南极地区地面边界层内大气宁静度较差，气候寒冷严酷，交通不便，这给天文应用带来一定的困难。

1.3 天文光学基础

1.3.1 光学天文望远镜的基本光路

由于大面积均匀透明材料的制造困难，透射元件的吸收和色散，以及大型透镜边缘支承引起的镜体变形等问题，光学天文望远镜主要采用反射式光学系统。反射式光学系统也广泛应用于射电及其他频段的天文望远镜中。在反射望远镜系统中，焦点位置可以分为主焦点、牛顿焦点、卡塞格林焦点、内史密斯焦点及折轴焦点等系统。这些不同的焦点系统在光路、焦比、像差和镜面位置上均有各自的特点，对此本节将分别予以介绍。

1.3.1.1 主焦点和牛顿焦点

只有一个反射面的主焦(prime)点系统是反射式望远镜最基本的光学系统(见图1.22(a))。根据圆锥曲线的光学性质，当主镜为旋转抛物面时，平行于抛物面轴线的光线将等光程地会聚于抛物面的焦点上，这时的星光在几何光学意义上成完善像。传统的主焦点系统的焦比通常为 $F/1$ 到 $F/5$，大的焦比会使镜筒增长，从而增大望远镜的造价。为了进一步增大望远镜的口径，新一代的天文望远镜将采用 $F/0.5$ 到 $F/1$ 的主焦比。在主焦系统理想的像面上没有球差，轴外彗差是主焦系统的主要像差，彗差值为 $3\omega/(16F^2)$，这里 ω 为半视场角，F 为主镜焦比，彗差和半视场角所用的角度单位相同。主焦系统中像散和场曲与视场角的平方成正比，当视场角大于 4 度时，像散和场曲才会成为主要像差。主焦系统的可用视场很小，一般需要设置像场改正镜以增大视场。在天文望远镜中主焦系统主要用于成像工作。主焦系统的主要优点是光能损失少，但是由于主焦位置处在镜筒前端的入射光路中，因此焦点不易接近，不能装置较大的终端设备。

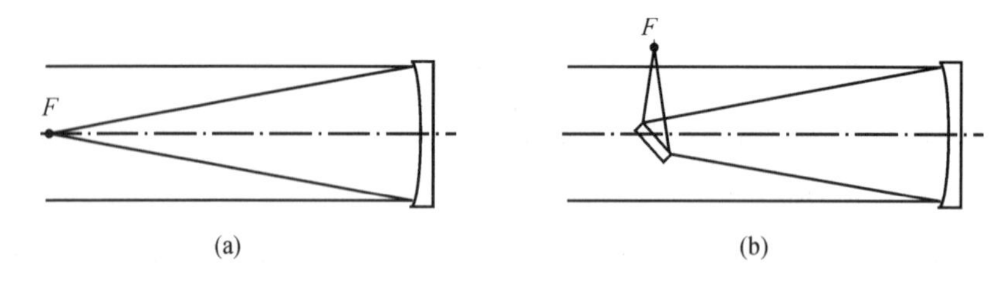

图 1.22 (a)主焦点和(b)牛顿焦点的光学系统

牛顿(Newtonian)焦点与主焦点系统类似，只是增加了一块斜放的平面镜，使像点成像于镜筒的侧面(图 1.22(b))。牛顿焦点的全部性质与主焦点相同，它仅比主焦系统多一块平面镜。牛顿焦点易于接近，观察方便，同时通过转动平面镜，可以取得不同的焦点位置，装置多种终端设备。牛顿焦点主要用于中、小口径的反射式望远镜中。在大口径光学望远镜中为了减轻镜筒顶部的质量，一般不使用牛顿焦点。

1.3.1.2 卡塞格林和内史密斯焦点

在主焦系统的焦点之前放置一块双曲面副镜，就构成了经典的卡塞格林(Cassegrain)系统。卡塞格林焦点通常在主镜的后方(见图 1.23(a))。在卡塞格林焦点系统中，副镜的引入使焦点位置移出入射光路，因此可以安装较大的终端设备。位于主镜后面的焦点有易于接近,操作方便的优点,在天文观测中具有十分重要的地位和作用。卡塞格林焦点系统中,由于副镜的放大作用,焦比一般为 $F/7$ 到 $F/15$,特殊的双镜系统的焦比也可以超出这个范围。

经典卡塞格林望远镜的主镜是抛物面,副镜是双曲面。双曲面中的一个焦点与抛物面的焦点重合,望远镜成像在另一个焦点。和抛物面的主焦系统相似,像面仍然消球差,但是存在彗差,也有像散和场曲。由于卡塞格林系统比主焦系统焦比大,所以可用视场会大一些。主镜为抛物面,副镜为椭球面的系统叫做格里高利系统。从像差情况看,这种系统和卡塞格林系统基本相同。但是它具有真正的主焦点,在太阳望远镜中可以设置反射光阑将大量的热量反射出去。同时在副镜的下方有一个望远镜的出瞳,即主镜的像,因为出瞳上的各点和主镜面上的各点成共轭关系,所以可以在这个位置放置红外摆动镜或者放置改正主镜像差的小改正反射镜。

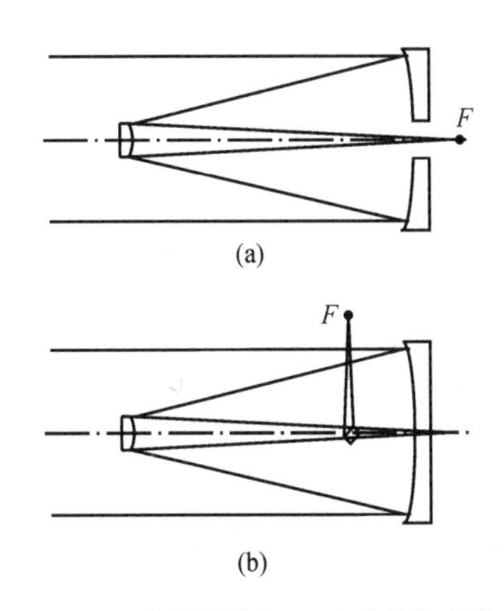

图 1.23　(a) 卡塞格林和(b) 内史密斯光学系统

当光学系统满足阿贝正弦条件时,光线出射角的正弦和入射角的正弦成比例,系统将成理想的高斯像。如果在两镜系统中,同时满足等光程和阿贝正弦条件,这时系统会同时消除球差和彗差,这时系统的主镜和副镜均是双曲面形状。这种系统是由克莱琴(Chretien)提出、里奇(Ritch)研究成功的,被称为 R－C 望远镜系统。R－C 系统的可用视场比一般的卡塞格林系统大很多,如果不使用场镜,像质为 1 角秒时,视场可达 0.2 度。不过在它的视场中仍存在像散和场曲,焦面是弯曲的。使用场镜后,视场可以达到 0.4 度。在 R－C 系统的焦点上存在球差,需要加入改正镜。一种配有改正镜优化后的 R－C 系统视场更大,可达 1 度以上,这种特殊的光学系统称为类 R－C 系统。类 R－C 系统离开改正镜后将不能进行 CCD 直接观察。双镜面系统还有其他的主、副面形状,如主镜或副镜是球面的特殊形式,这些系统存在各自的局限性。

在双镜面系统中添加一块倾斜 45 度的平面镜,可以将卡塞格林焦点移到光路以外,这就是内史密斯(Nasmyth)焦点(见图 1.23(b))。内史密斯焦点在地平式望远镜中有广泛的应用。该焦点的受力条件不随镜筒的运动而变化,特别适宜安装大的精密仪器。

1.3.1.3　折轴焦点

为了放置稳定的不随望远镜本体运动的大型终端设备,可以应用数面反射镜将光线沿望远镜轴线引出,抵达位于望远镜极轴或者地平轴延长线上的一个静止的焦点。这种焦点称为折轴焦点(图 1.24)。折轴焦点焦比很大,焦点远离望远镜本体。折轴焦点仪器犹如一个实验室,输入的是天体的光辐射,输出的是星光的频谱或者其他的辐射特性。在折轴系统中反射镜通常为平面镜,但有时为了和卡塞格林焦点共用副镜也可以使用椭球面来改变光束的焦比。

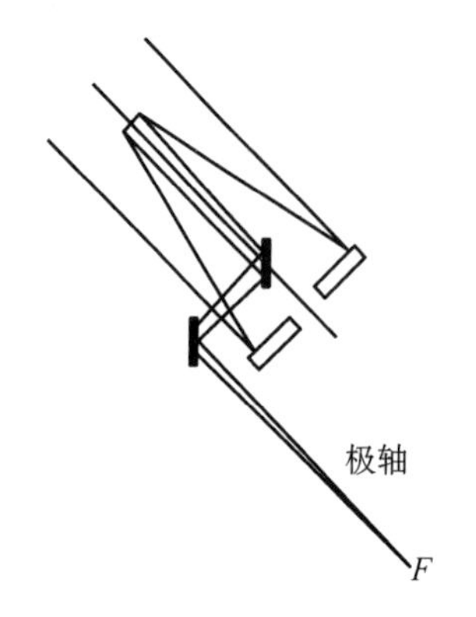

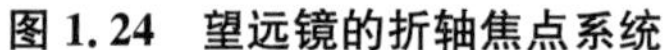

图 1.24　望远镜的折轴焦点系统

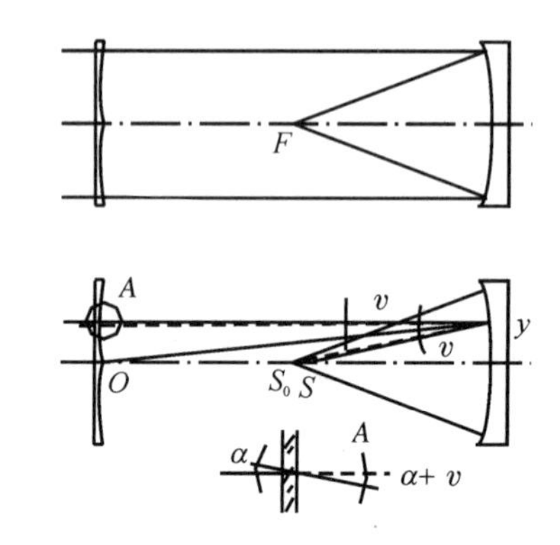

图 1.25　施密特望远镜的折反射光学系统

1.3.1.4　施密特望远镜

上面介绍的望远镜焦点系统的一个共同特点就是望远镜可用视场很小，一般不适宜进行巡天工作。真正的突破发生在 1931 年，这一年施密特(Schmidt)发明了一种视场很大的折反射望远镜，即施密特望远镜(图 1.25)。施密特望远镜的有效视场可以达到 5×5 度范围。施密特望远镜的主镜是球面，相对于球心，球面具有完美的对称性。所以施密特将望远镜入瞳设在主镜的球心，这样对不同方向的入射光除了光阑的投影略有差别外，成像条件完全相同，在光轴和光轴外的星像不存在差异。球面主镜具有球差和场曲，为了改正球差，引进了一块与平板玻璃差别很小的非球面改正透镜，即施密特改正板。施密特改正板的一面是平面，另一面的形状可以由几何光学直接导出。

设距离主光轴 y_0 处的平行光与主光轴会聚于 S_0 点，则任意高度 y 处的平行光与主光轴的交点 S 满足

$$SS_0 = \frac{y^2 - y_0^2}{4R} \tag{1.43}$$

式中 R 为球面主镜的半径。为了补偿这一球差，必须引入一个小的角度改正 θ

$$\theta = \frac{y^3 - y_0^2 y}{R^3} \tag{1.44}$$

设 n 是改正板的玻璃折射率，则改正板在该处的斜率应该为

$$\frac{\mathrm{d}x}{\mathrm{d}y} = \alpha = \frac{\theta}{n-1} \tag{1.45}$$

这块非消色差施密特改正板的曲面形状由下式表示，即

$$x = \frac{y^4 - 2y_0^2 y^2}{4(n-1)R^3} \tag{1.46}$$

同理可以推导出消色差的改正板的形状，这时改正镜必须使用两片折射率不同的玻璃。使用非消色差改正板，为了使色差最小，可取 $y_0 = \sqrt{3}D/4$，D 是改正板直径。为了使望远镜有较大的无晕视场，施密特望远镜中球面主镜直径远远大于改正板直径。施密特望远镜的规

格常常记为 $a/b/c$，a 表示改正板直径，b 表示球面主镜直径，而 c 表示望远镜焦距。施密特望远镜视场大，光能损失小，改正板也比一般透镜薄，因此直径可以做到 1.2 米。

施密特望远镜的焦面不是平面，如果想获得平面焦面，可以再加入一片场镜。配合物端棱镜和光纤摄谱仪，施密特望远镜可以进行十分有效的多目标光谱工作。施密特望远镜也可以用在成像要求较低的场合，在 γ 射线和宇宙线的探测中，有一种超广角的，像质要求低的荧光望远镜也是施密特望远镜的一种形式(第 11.2.3 节)。

在 21 世纪以前建造的大视场望远镜几乎全部是施密特望远镜。施密特望远镜有很多优点，它的缺点是：(a) 改正镜形状特殊，较难加工和支承；(b) 焦面是球面；(c) 焦面位于光路之中，有挡光现象；(d) 镜筒长，是焦距的两倍。由于改正镜的变形问题，世界上最大的施密特望远镜是 1.4 米口径。但是这台望远镜的性能并不很好，所以施密特望远镜的最大口径几乎是 1.2 米。2008 年中国建成一台 4 米反射式施密特望远镜。在这台反射施密特望远镜中，必须实时控制改正反射面的面形，因而采用主动光学系统。

1940 年马克苏托夫(Maksutov)也发明了一种大视场天文望远镜，即马克苏托夫望远镜。这种系统的改正透镜是新月形自消色差透镜。这个改正透镜厚度大，不适宜于大口径望远镜。现在马克苏托夫望远镜仅仅用于天文爱好者之中。

1.3.1.4 三镜面大视场望远镜

20 世纪的后期，为了达到天文巡天的要求，光学专家对反射望远镜进行了深入研究。先后发展了大视场主焦改正镜，发展了类 R－C 光学系统，同时发展了一种三反射镜面大视场光学系统。各种改正镜的设计将在后面讨论，本节主要介绍三镜面大视场望远镜。

三镜面的早期系统中，主镜和副镜形成一个无焦的光束压缩器。在这个系统中，主镜是一面凹抛物面，副镜是一面共焦的凸抛物面，而第三镜是一个曲率中心位于副镜顶点的球面镜。这种系统和没有改正镜的施密特望远镜十分相似。保卢-贝克(Paul-Baker)改进后的系统中副镜曲率和第三镜相同(Wilson, 2004)，从而使系统消球差、彗差和像散。新系统存在场曲并具有大的中心遮挡，视场可以达到 1 平方度。威尔斯特洛普(Willstrop) 将第三镜向主镜背后移动，使望远镜的焦面落在主镜平面上。为了实现更大的视场，对主镜形状也进行了优化，但保留了部分场曲。威尔斯特洛普的三镜面系统如图 1.26(a)所示，其中主镜为准抛物面，副镜为准凸球面，第三镜是准凹球面。由于有较大余地进行系统优化，这种系统可以获得 4×4 度的有效视场。因为不存在透射元件，可能获得很大的集光面积。但是这种望远镜的镜筒很长。2010 年美国空军耗资 1.1 亿美元制造一台 3.5 米三镜面长筒望远镜(DSST)，视场达 3.5 度。梁明(2005)进一步改进了三镜系统，设计出一种短筒三镜面望远镜。在新设计中，第三镜前移到主镜平面，主镜和第三镜连成一体，形成一个单一连续的镜面。而望远镜的焦面则位于副镜面的附近(图 1.26(b))。这种设计结构紧凑，镜筒长度减少了一半，已经应用于 8.4 米大口径巡天望远镜(Large Synoptic Survey Telescope, LSST) 中，其角视场为 3.1 度，它是世界上具有最大集光率(etendue)的光学仪器，其集光量为 319 $m^2 deg^2$。

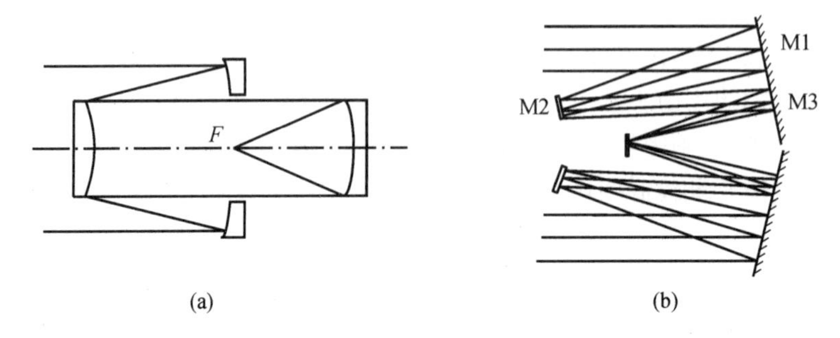

图 1.26　维尔斯特罗普的三反射镜系统(a)和新的短筒三镜系统(b)

1.3.1.6　折叠式光学系统

随着望远镜口径的增大,望远镜的镜筒会变得很长。镜筒的质量,成本以及其变形均是长度的三次方,而惯性矩则是长度高次方的函数。因此,使用折叠式光学系统,缩短镜筒长度,就有很大优点。折叠式系统是在主光路中插入平面镜,从而使副镜和主镜处在几乎相同的位置上,导致镜筒长度减少一半。

图 1.27 是一台折叠式格里高利系统。这里主副镜形成一个连续表面。如果这个系统用于红外波段,那么该复合镜面可以利用铝材金刚石车削获得。这种十分紧凑的光学系统可以作为非常灵敏的红外导航传感器。

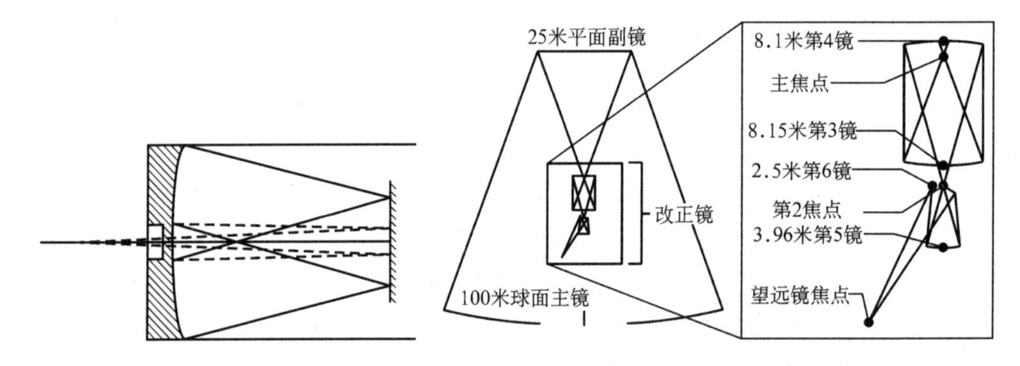

图 1.27　折叠式的格里高利系统

图 1.28　欧洲南方天文台的 100 米超大望远镜的折叠式主焦系统(Dierickx, 2004)

欧洲南方天文台在口径 100 米超大天文望远镜的设计方案中也采用了折叠式主焦光学系统,如图 1.28 所示。在这一设计中,一面平面镜将主镜筒长度减少三分之一,使成像面处于主镜和平面镜之间。主镜的球差是通过四块反射镜面组成的改正镜组来校正的。不过这个雄心勃勃的方案已经为一个相对保守的 40 米级欧洲甚大望远镜所取代。

除了折叠式的光学系统以外,在 X 射线望远镜中还广泛使用掠射式光学系统(10.2.2 节),以提高望远镜的反射效率。

1.3.1.7　衍射式光学系统

在空间望远镜中,有一种非常特殊的衍射式光学系统(diffractive optics)。已有的衍射式光学系统有菲涅耳透镜和光子筛(photon sieves)。菲涅耳透镜是由一个个具有半波长相位差的圆环形锯齿形透镜构成的,这些透镜带共同在焦点上成实像。由于这种透镜使用的材料要比普通透镜少得多,所以可以用来制造大口径望远镜。

在菲涅耳透镜中,包含一个个同心圆环,这些圆环被称为菲涅耳带。总的圆环数目为 $N=D^2/(8\lambda F)$,式中 D 是直径,F 是焦距。菲涅耳透镜具有成本低,质量轻和制造要求低的特点。一般来说,菲涅耳透镜仅适用于一定的波长。对其他波长,它的焦距是不同的。菲涅耳透镜的主要缺陷是它的色差,不过通过成像数据的后处理,已经可以获得各个频段的成像信息(Lo and Arenberg, 2006)。

光子筛,又称为菲涅耳板,是通过在一个不透明的平板或薄膜上形成一圈圈透光和不透光圆环带所形成的菲涅耳式成像系统。不过在光子筛中,这些透明圆环带是由一个个密集的透明小孔组成的,同样光子筛可以在焦点上成像。在光子筛中,小孔是不均匀分布的,它们互相不连通,所以光子筛的结构整体性好。在光子筛中,小孔直径随着它们距离中心点半径的增大而减小。小孔中心和光子筛中心点的距离由 $r_n^2=2F\lambda+\lambda^2$ 来决定,式中 F 是焦距,而每个环上孔的直径为 $w=\lambda F/(2r_n)$。现在已经制成的光子筛小孔总数达一千万个(Anderson and Tullson, 2006)。

在本书中还介绍了其他一些非常特殊的光学系统,如在切伦科夫望远镜中利用球面子镜拼合成抛物面形状的 Davis-Cotton 光学系统(10.3.6 节);在 X 射线望远镜中利用球面镜、圆锥面镜或平面镜所形成的光学成像系统(10.2.5 节);以及在 γ 射线成像望远镜中所采用的特殊的编码口径(coded aperture)系统(10.3.2 节)。编码孔口径相当于针孔照相机,是一种非聚焦的光学系统,它的口径面由透明和不透明的单元组成,天体图像是由成像面上的复杂图像通过计算机计算而获得的,是计算照相法的一种形式。这种光学系统可以在背景光干扰强的高能区域使用。

1.3.2　像差和基本计算公式

高斯光学,即一阶光学或近轴光学,有一个基本的假设,就是所有通过光学系统的光线都是横向尺寸小的近轴光线。但是在实际光学系统中,如果 P 点是物空间的一点,P' 点是它的像点,那么从 P 点发出的通过光阑的所有光线,并不严格地通过 P' 点,它们将会聚于接近 P' 点的一个小区域。实际光学系统即使不考虑衍射,所获得也不是一个点像。这种实际光学系统形成的像和高斯像的差别就称为像差,即几何像差。高斯像点所对应的波阵面叫高斯波阵面。实际波阵面和高斯波阵面之差称为波阵面差,即波像差。由于光线垂直于波阵面,所以几何像差和波像差的斜率成正比。对于一个旋转对称的光学系统,如果 $\eta O\xi$ 为物空间坐标平面,$yO'z$ 为像空间坐标平面,则可以得出波像差表达式中可能出现的各项及它们所对应的像差规律。对于物空间的任意一点 $P(\eta,\xi)$ 发出最后通过 $P'(y,z)$ 光线的波像差 W,它必然是 P、P' 两点坐标的函数,即

$$W=W(\eta,\xi,y,z) \tag{1.47}$$

由于系统的旋转对称性，实际上只有矢径$\overline{OP}=r$，$\overline{O'P'}=r'$和两个极角φ与ψ之差会影响波像差的值。取下列的三个变量项，即

$$\begin{aligned} R &= \eta^2+\xi^2=r^2 \\ R' &= y^2+z^2=r'^2 \\ u &= y\eta+z\xi=r\cdot r'\cos(\varphi-\psi) \end{aligned} \tag{1.48}$$

因此，波像差W可以表达成上述三变量的幂级数，取幂级数中含R、R'和u的平方的六项记为

$$W_1=\frac{A}{4}R^2+\frac{B}{4}R'^2+C\cdot u^2+\frac{D}{2}R\cdot R'+ER\cdot u+FR'\cdot u \tag{1.49}$$

这是光学系统像差数值的第一组，称为初级像差。在波像差W的幂级数展开式中，含R、R'和u的零次方和一次方的项则表示光学系统成完善高斯像，而三次方以上的项就称为系统的高级像差。根据几何像差和波像差的关系，有

$$\begin{aligned} k\cdot T_{Ay} &= \frac{\partial W}{\partial y} \\ k\cdot T_{Az} &= \frac{\partial W}{\partial z} \end{aligned} \tag{1.50}$$

式中k为常数。假设物点处在子午面内(轴外物点的主光线与光学系统主轴所构成的平面，称为光学系统成像的子午面)，$\xi=0$，则可得初级几何像差的表达式为

$$\begin{aligned} k\cdot T_{Ay} &= By(y^2+z^2)+F\eta(3y^2+z^2)+(2C+D)\eta^2y+E\eta^3 \\ k\cdot T_{Az} &= Bz(y^2+z^2)+2F\eta yz+D\eta^2z \end{aligned} \tag{1.51}$$

公式(1.51)中系数A消失，同时各项均是坐标的三次项。因此初级像差又称为三级像差。B,C,D,E,F是英美澳光学界通常使用的像差系数。(1.51)式的另一种表达式为

$$\begin{aligned} k\cdot T_{Ay} &= S_{\mathrm{I}}y(y^2+z^2)+S_{\mathrm{II}}\eta(3y^2+z^2)+(3S_{\mathrm{III}}+S_{\mathrm{IV}})\eta^2y+S_{\mathrm{V}}\eta^3 \\ k\cdot T_{Az} &= S_{\mathrm{I}}z(y^2+z^2)+2S_{\mathrm{II}}\eta yz+(S_{\mathrm{III}}+S_{\mathrm{IV}})\eta^2z \end{aligned} \tag{1.52}$$

(1.52)式中系数S_{I}到S_{V}分别被称为球差、彗差、像散、场曲和畸变系数，各对应项也就表示相对应的像差。S_{I}到S_{V}是俄、中和欧洲大陆光学界通常使用的像差系数。

光学系统由于不同波长的光具有不同的折射率，因此在波像差表达式中应该还有下列的平方项，即

$$W_{0c}=\frac{1}{2}C_{\mathrm{I}}(y^2+z^2)+C_{\mathrm{II}}\eta y \tag{1.53}$$

式中C_{I}和C_{II}分别是轴向和横向色差系数，横向色差即倍率色差。初级像差和色差构成了几何像差的最主要贡献。

1.3.2.1　球差

在几何像差(1.52)式中第一项是球差，由于该项不出现物坐标η，因此在视场内球差

的影响是一个常数。换句话说球差是轴上物点成像所形成的像差。用极坐标表示几何像差中的这一项，有

$$
\begin{aligned}
k \cdot T_{Ay} &= S_{\mathrm{I}} r'^{3} \sin\psi \\
k \cdot T_{Az} &= S_{\mathrm{I}} r'^{3} \cos\psi
\end{aligned}
\tag{1.54}
$$

由上式有

$$
(kT_{Ay})^2 + (kT_{az})^2 = S_{\mathrm{I}}^2 r'^{6} \tag{1.55}
$$

(1.55)式表示像的球差是一组半径迅速增长的同心圆，像斑半径与 S_{I} 成正比，与 r'^3 成正比。如果将像斑等分为五个间隔相等的圆环，则光阑中所有光线的 34％将集中于面积仅为像斑总面积 4％的第一圆环中，其他各环的光线将分别为 20％、17％、15％和 14％。这里没有考虑像的衍射效应。如果像平面沿光轴来回移动，则像斑大小将不断变化。

图 1.29 中 F 为高斯近轴像点，则像的轴向球差 δ 就等于光瞳边缘光线与光轴的交点到高斯像点的距离。当像平面沿光轴移到 H_1 时，像斑尺寸最小，该点距高斯像点平面的距离为 $3\delta/4$。移动像平面位置相当于在球差分布公式 1.54 中增加一个线性项。图 1.30 左侧表示在高斯像平面上的球差弥散情况，图 1.30 右侧则表示增加了一个线性项后其曲线的变化。选择恰当的线性量贡献可以大大减小像斑的尺寸(像斑尺寸可以减小到原来的$\frac{1}{4}$)。不过球差中像斑最明亮的位置并不是像斑尺寸最小的位置，而是图 1.29 中的 H_2 点。

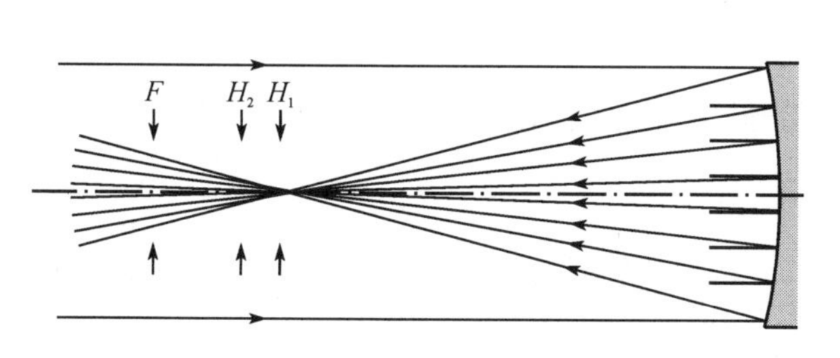

图 1.29　球差沿光轴的像斑分布

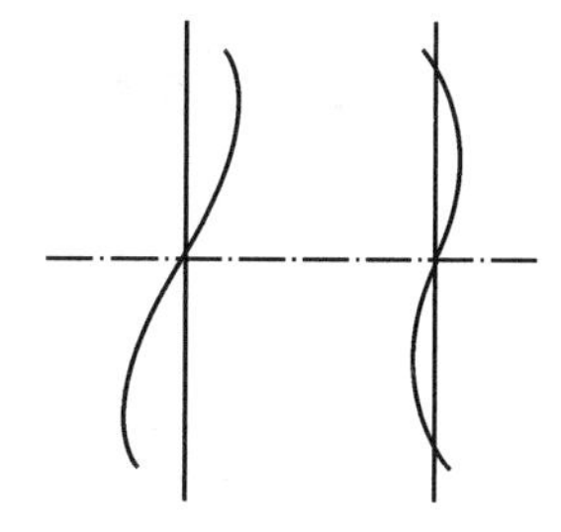

图 1.30　移动像平面位置和球差分布的变化

1.3.2.2　彗差

几何像差表达式中的第二项就是彗差的贡献，为

$$
\begin{aligned}
k \cdot T_{Ay} &= S_{\mathrm{II}} \eta (3y^2 + z^2) \\
k \cdot T_{Az} &= 2 S_{\mathrm{II}} \eta y z
\end{aligned}
\tag{1.56}
$$

类似地进行坐标变换可得

$$
(kT_{Ay} - 2S_{\mathrm{II}} \eta \cdot r'^2)^2 + (kT_{Az})^2 = (S_{\mathrm{II}} \eta \cdot r'^2)^2 \tag{1.57}
$$

上式表示对应于 r' 等于常数的光线，所得的像仍然分布在同一个圆周上，该圆周的半径与 r'^2 成正比，其圆心和高斯像点的距离为 $2S_{\mathrm{II}}\eta r'^2/k$。因此彗差图形是一个密集于 60°夹角内

的一个个圆周上的光斑。彗差最明显的特点是它的不对称性。和球差不同，彗差的像斑不能通过移动像平面位置的方法来加以改善。轴对称系统的彗差是视场角的线性函数。图1.31所示为具有彗差的像斑宽度分布的情况。在子午面上彗差的值称为子午彗差，在弧矢面上的则称为弧矢彗差。所谓弧矢面就是同时垂直于像平面和子午面的平面。一般子午彗差的数值是弧矢彗差的三倍。另一个衡量彗差的指标是彗差系数，其值为

$$OSC' = \frac{3S_{\mathrm{II}}r'^2}{k} \tag{1.58}$$

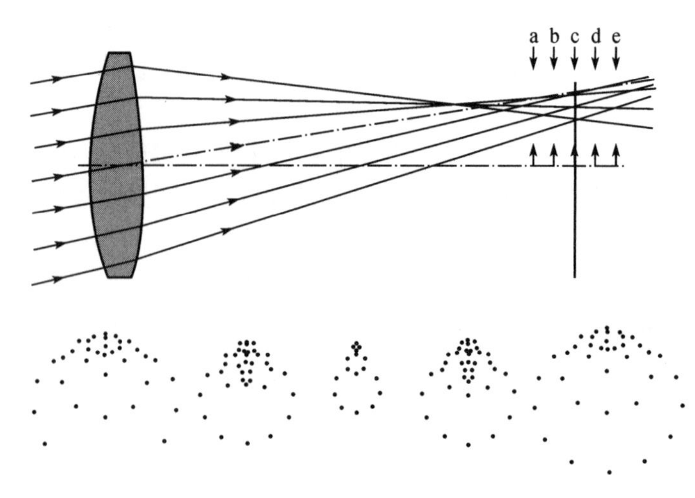

图 1.31　彗差沿光轴的像斑分布

1.3.2.3　像散和场曲

公式(1.52)中如果 S_{I}、S_{II}和 S_{V} 同时等于零，则几何像差是 y 或 z 的线性函数，经过简化合并后可得

$$\left[\frac{kT_{Ay}}{(3S_{\mathrm{III}}+S_{\mathrm{IV}})\eta^2 r'}\right]^2 + \left[\frac{kT_{Az}}{(S_{\mathrm{III}}+S_{\mathrm{IV}})\eta^2 r'}\right]^2 = 1 \tag{1.59}$$

这时的像斑是一个亮度均匀的椭圆，椭圆的长轴和短轴都与 η^2 和 r'成正比。如果成像面沿光轴前后移动，通过选择轴向移动量可以分别使 $T_{Ay}=0$ 或者 $T_{Az}=0$，从而得到互相垂直的两根焦线：子午与弧矢焦线。像散的最小弥散斑就位于子午和弧矢焦线之间。轴对称系统的像散是视场角的二次方函数。如果 $S_{\mathrm{III}}=0$，这时的子午与弧矢焦线相重合成为一个点，像散消失。而 S_{IV}项称为场曲系数，它主要影响理想焦面的曲率。专门用于改正场曲的改正镜称为场镜。

1.3.2.4　畸变

当 $S_{\mathrm{V}}\neq 0$ 而其他像差系数均为零时，几何像差表达式中的一项 kT_{Az} 为零，而另一项为

$$kT_{Ay} = S_{\mathrm{V}}\eta^3 \tag{1.60}$$

这个公式表明成像点产生了位移，移动量是 η^3 的函数。这并不是简单的放大率变化，而

是一种像差,称为畸变。图 1.32 分别表示两种畸变的影响,图中正方形是物的形状,而具有畸变的像有两种:(a)桶形畸变和(b)枕形畸变。

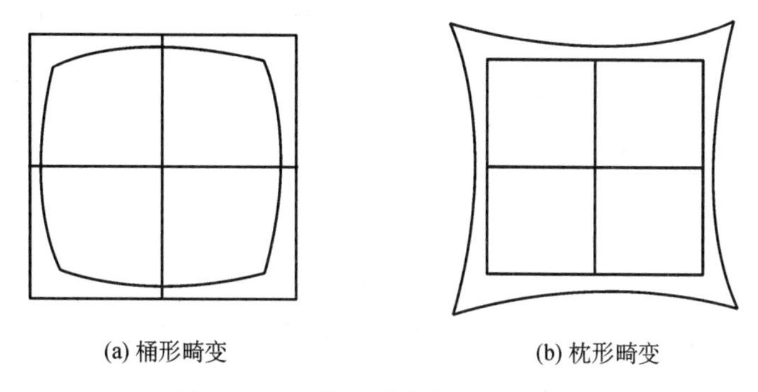

图 1.32　(a)桶形畸变和(b)枕形畸变

1.3.3　望远镜系统的主要像差公式

和其他光学系统一样,天文望远镜中总像差是所有折反射面像差贡献之和。由于望远镜系统常常使用较多的非球面,同时物点位于无穷远,因此其像差系数的公式比较其他光学系统仍有显著的差别。沿用天文望远镜常用的表达方法,任意曲率半径为 r 的球面,均可以表示为:

$$x=\frac{1}{2r}(y^2+z^2)+\frac{1}{8r^3}(y^2+z^2)^2+\frac{1}{16r^5}(y^2+z^2)^3+\cdots \tag{1.61}$$

对于轴对称的旋转面则可以表示为下列近似的形式:

$$y^2+z^2=2rx-kx^2+\alpha x^3+\beta x^4+\gamma x^5 \tag{1.62}$$

将这种近似形式代入公式(1.61)有:

$$x=A(y^2+z^2)+B(y^2+z^2)^2+C(y^2+z^2)^3+D(y^2+z^2)^4+E(y^2+z^2)^5+\cdots \tag{1.63}$$

上面两个公式中各个系数的关系为

$$A=\frac{1}{2r}$$

$$B=\frac{k}{8r^3}$$

$$C=\frac{k^2-\alpha r}{16r^5}$$

$$D=\frac{5k^3-10\alpha rk-4\beta r^2}{128r^7}$$

$$E=\frac{7k^4-21\alpha rk^2-12\beta r^2k+6\alpha^2r^2-4\gamma r^3}{256r^9}$$

$$
\begin{aligned}
r &= \frac{1}{2A} \\
k &= \frac{B}{A^3} \\
\alpha &= \frac{2B^2 - CA}{A^5} \\
\beta &= \frac{5BCA - 5B^3 - A^2 D}{A^7} \\
\gamma &= \frac{14B^4 - 21B^2 CA + 6A^2 BD + 3A^2 C^2 - A^3 E}{A^9}
\end{aligned}
\tag{1.64}
$$

结合公式(1.61),可以用如下表达式来表示任意旋转非球面(Wilson,2004):

$$
x = \frac{1}{2r}(y^2 + z^2) + \frac{1}{8r^3}(1 + b_s)(y^2 + z^2)^2 + \cdots \tag{1.65}
$$

式中系数 b_s 为圆锥曲线常数(conic constant)。非球面的另一种表达方法是定义偏心率 ε,圆锥曲线常数和偏心率之间有 $b_s = -\varepsilon^2$。偏心率是根据椭圆的偏心程度来定义的,如果一个椭圆的两个半轴分别为 a_1 和 a_2,并且有 $a_1 > a_2$,则有 $(a_1/a_2)^2 = 1/(1-\varepsilon^2)$。在圆锥曲线中,$b_s = 0$ 时为球面,$b_s = 1$ 时为抛物面,$-1 < b_s < 0$ 时为椭圆面,$b_s < -1$ 时为双曲面,$b_s > 0$ 时为偏球面。另一种非球面的表示方法是定义非球面系数 G,$G = b_s/(8r^3)$。非球面系数用于仅仅含有 r^4 项的表面时,它是指该项的系数。在具有顶点曲率半径的系统中应用非球面系数 G 时,由于像差值在归一化处理时的具体考虑,其像差值的具体表示比较容易发生差错,应该特别慎重。这上面的公式中高次项对初级像差没有任何影响,可以不予考虑。如果引进焦距 f,则公式(1.65)可写为

$$
x = \frac{1}{4f}(y^2 + z^2) + \frac{1}{64f^3}(1 + b_s)(y^2 + z^2)^2 + \cdots \tag{1.66}
$$

对于非球面的具体像差值的计算,不少光学专家应用解析方法进行了大量推导。这些推导的基本原理是首先求出波像差,然后把波像差的表达式写成式(1.49)的形式,通过比较各项的系数,得出非球面的具体像差值。非球面的波像差计算是求出从物点到像点的所有光线和主光线的光程差。所谓的主光线(principle ray)是指通过光瞳中心的光线,它可以看作整个光束的中心线。主光线有时又称为第一辅助光线。相应的第二辅助光线则是指从物面中心向着光瞳的边缘发出的光线,第二辅助光线又称为边缘光线(marginal ray)。目前计算机的应用使这种计算变得十分简单。这里仅给出单反射面的像差系数的公式(Wilson,1996):

$$
\begin{aligned}
S_{\mathrm{I}} &= -\left(\frac{y_1}{f_1}\right)^4 \frac{f_1}{4}(1 + b_1) \\
S_{\mathrm{II}} &= -\left(\frac{y_1}{f_1}\right)^3 \frac{1}{4}[2f_1 - s_{p1}(1 + b_1)]u_{p1} \\
S_{\mathrm{III}} &= -\left(\frac{y_1}{f_1}\right)\frac{1}{4f_1}[4f_1(f_1 - d) + s_{p1}{}^2(1 + b_1)]u_{p1}^2 \\
S_{\mathrm{IV}} &= +\frac{H^2}{f_1}
\end{aligned}
\tag{1.67}
$$

在上述各式中 b_1 是主反射面的圆锥曲线常数，f_1 为反射面的焦距，y_1 为第二辅助光线的入射高，s_{p1} 为入射光瞳和反射面的距离，这一距离与入射光线方向相同时为正，反之为负。$H=nu\eta$ 为拉格朗日不变量(图 1.33)，在望远镜系统中拉格朗日不变量 $H=nyu_{\mathrm{p}}$，这里 n 是介质折射率，u_{p} 是主光线的入射角，y 是半口径尺寸。式中下标 1 是指主镜面。

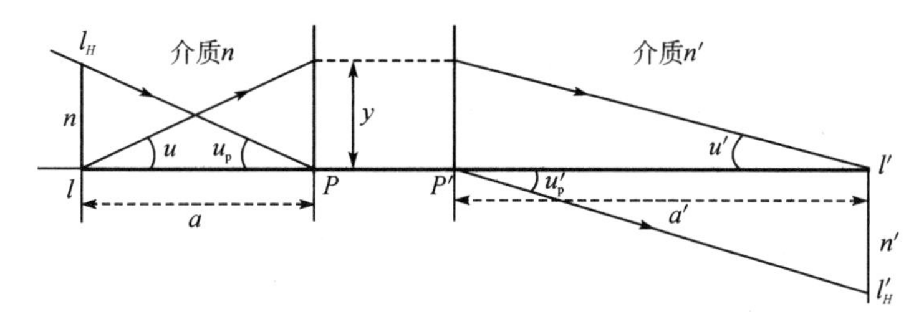

图 1.33　计算拉格朗日不变量的参数(Wilson,1968)

实际光学系统中通常对一些参数作归一化处理，这时下列参数定义为

$$
\begin{aligned}
y_1 &= +1 \\
u_{p1} &= +1 \\
f &= \pm 1 \\
H &= -1
\end{aligned}
\tag{1.68}
$$

通过上面公式，对单一反射面，如果光瞳位置和反射面相重合，则像差系数为

$$
\begin{aligned}
S_{\mathrm{I}} &= 1/4(1+b_1) \\
S_{\mathrm{II}} &= 1/2 \\
S_{\mathrm{III}} &= 1 \\
S_{\mathrm{IV}} &= -1
\end{aligned}
\tag{1.69}
$$

从上式可知单一反射面，当入瞳与反射面重合时，只有球差与反射面的圆锥曲线常数相关，而其他像差均有其固定数值。为了使球差消失，必须取圆锥曲线常数为－1，这时反射面为抛物面。抛物面镜的主要像差是彗差，当视场角增大后，才会产生极大的像散和场曲。

上面公式没有包括移动光阑位置对像差的影响。如果移动光阑位置，则有下列像差公式：

$$
\begin{aligned}
\delta \cdot S_{\mathrm{II}} &= s_{\mathrm{p1}} \cdot S_{\mathrm{I}} \\
\delta \cdot S_{\mathrm{III}} &= 2s_{\mathrm{p1}} \cdot S_{\mathrm{II}} + s_{\mathrm{p1}}^2 S_{\mathrm{I}}
\end{aligned}
\tag{1.70}
$$

通过移动光阑可以达到消彗差的目的。对球面主镜，如果将光阑位置移于主镜的球心处，则可以获得消彗差的效果，这就是施密特望远镜的设计原理。

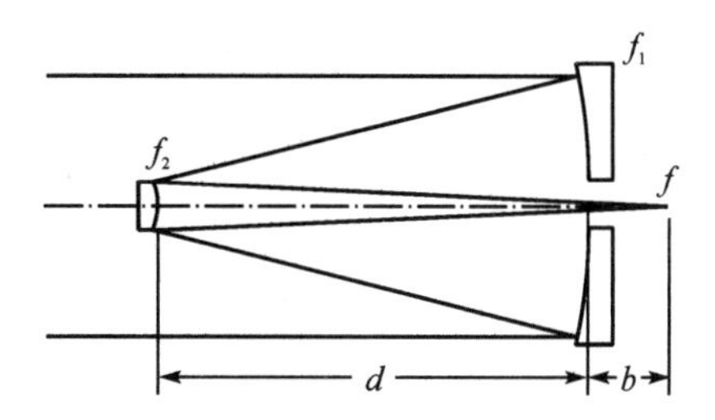

图 1.34　双反射面望远镜系统的基本参数

双反射面望远镜具有如图 1.34 的基本安排，用 f_1 和 f_2 分别表示主镜和副镜的焦距，则系统焦距 f 由下

式确定：

$$\frac{1}{f}=\frac{1}{f_1}+\frac{1}{f_2}-\frac{d}{f_1\cdot f_2} \tag{1.71}$$

如果 m 表示副镜放大率，副镜放大率等于系统焦距和主镜焦距之比，$f=mf_1$，d 表示主副镜之间的距离，则像差系数为(Wilson，1968)

$$\begin{aligned}
S_{\mathrm{I}} &= \left(\frac{y_1}{4}\right)^4(-f\zeta+L\xi)\\
S_{\mathrm{II}} &= \left(\frac{y_1}{4}\right)^3\left[-\mathrm{d}\xi-\frac{f}{2}-\frac{s_{p1}}{f}(-f\zeta+L\xi)\right]u_{p1}\\
S_{\mathrm{III}} &= \left(\frac{y_1}{4}\right)^2\left[\frac{f}{L}(f+d)+\frac{d^2}{L}\xi+s_{p1}\left(1+\frac{2d}{f}\xi\right)+\left(\frac{s_{p1}}{f}\right)^2(-f\zeta+L\xi)\right]u_{p1}^2\\
S_{\mathrm{IV}} &= H^2\left[\left(\frac{m}{f}\right)-\left(\frac{m+1}{f-md}\right)\right]\\
\zeta &= \frac{m^3}{4}(1+b_1)\\
\xi &= \frac{(m+1)^3}{4}\left[\left(\frac{m-1}{m+1}\right)^2+b_2\right]\\
L &= f-md
\end{aligned} \tag{1.72}$$

式中 b_1，b_2 分别是主、副镜的圆锥曲线常数。注意在后面公式中将使用没有下标的 b 来表示主镜到系统焦点的距离(见图 1.34)。上面公式仅考虑了光瞳与主镜重合的情况，$s_{p1}=0$。

如果主镜为抛物面，即 $b_1=-1$，为了消球差，则

$$b_2=-\left(\frac{m-1}{m+1}\right)^2=-\frac{(f-f_1)^2}{(f+f_1)^2} \tag{1.73}$$

这就是经典的卡塞格林系统，这时 $m<0$。而当 $m>0$ 时，则为格里高利系统，这时副镜为椭球面。这两种系统的彗差和主焦点系统相同，均为 1/2。这两个系统的像散值为 $-m/(1-mb/f)\approx -m$，比相同焦距的单镜面系统的像散值要大。

在双镜面系统中，一种同时消除球差与彗差的卡氏系统称为 R－C 系统。由公式(1.72)，令 $S_{\mathrm{I}}=S_{\mathrm{II}}=0$，则可解得

$$\begin{aligned}
b_1 &= \frac{2(1-mb/f)}{m^3(1-b/f)}-1\\
b_2 &= -\frac{(m-1)[m^2(1-b/f)+1+b/f]}{(m+1)^3(1-b/f)}
\end{aligned} \tag{1.74}$$

由上式知这一系统中主副镜均为双曲面。这种系统的主要像差为像散，其数值为

$$S_{\mathrm{III}}=\frac{2(1+b/f)-4m}{4(1-mb/f)} \tag{1.75}$$

这一像散值也不是很大。所以 R－C 系统的可用视场可以达到 40 角分左右，远远大于经

典的卡塞格林系统。

应用同样的方法，令 $S_1=0$，同时 $b_1=0$ 或 $b_2=0$，则可以解出主镜或副镜为球面时其他镜面的圆锥曲线常数。主镜为球面时，副镜的圆锥曲线常数为

$$\begin{aligned} b_1 &= 0 \\ b_2 &= -\frac{(m-1)[(m^2-1)(1-mb/f)+m^3]}{(m+1)^3(1-mb/f)} \end{aligned} \tag{1.76}$$

而副镜为球面时，主镜的圆锥曲线常数为

$$\begin{aligned} b_1 &= -\left(1+\frac{(m^2-1)(1-mb/f)}{m^3}\right) \\ b_2 &= 0 \end{aligned} \tag{1.77}$$

通过对各种系统像差的计算，可以了解各种望远镜的初级像差的情况，同时也可以正确认识望远镜设计和像场改正器设计的指导思想。

在双反射面望远镜系统中，除了公式 1.71 的关系以外，还存在下列各参数之间的关系

$$\begin{aligned} (f+f_1)d &= f_1(f-b) \\ -(f-f_1)f_2 &= f_1(d+b) \\ -(f-f_1)f_2 &= f(f_1-d) \end{aligned} \tag{1.78}$$

如果在角直径 2ϕ 上没有渐晕，设主镜的直径为 D，则副镜的直径至少应为

$$(d+b)D/f+2d\phi = (f_1+b)D/(f_1+f)+2d\phi \tag{1.79}$$

1.3.4　像场改正器的设计

1.3.4.1　主焦像场改正器

公式(1.69)表明，不管主镜是抛物面还是双曲面，在焦面上均存在彗差。彗差大小与焦比的三次方成反比，因此影响可用视场的范围。双曲面主镜有球差，当主焦比小于 $F/4$ 时，主焦点就很难直接用于观察工作。这时必须使用像场改正镜。初期的主焦像场改正镜用于抛物面主镜，其目的是改正彗差。

罗斯(Ross，1935)首先提出了改正色差的重要理论，即不可能利用两个分离透镜同时对轴向和径向色差进行改正。对于一个透镜组，如果两个透镜的轴向色差分别为 $(C_1)_1$ 和 $(C_1)_2$，则系统的轴向和径向色差分别是(Wilson，1968)

$$\begin{aligned} \sum C_1 &= (C_1)_1+(C_1)_2 \\ \sum C_2 &= [E_1(C_1)_1+E_2(C_1)_2]H \\ E &= \frac{1}{H^2}\frac{y_p}{y} \end{aligned} \tag{1.80}$$

式中 y_p 和 y 是第一和第二辅助光线在改正透镜上的高度，H 是拉格朗日不变量，对归一化光学系统，拉格朗日不变量等于 1。由于这个原因，同时实现对轴向和径向色差改正的

系统中的两个透镜必须是光焦度为零,同时它们之间的距离也须为零。在实际情况下,这样的透镜组是不存在的。

基于这个原因,罗斯提出了由两片光焦度数值相等、方向相反的透镜来构成改正镜。这种透镜组由于总光焦度为零,所以不影响原主镜面的焦距,这样也不会引入附加色差。这样的透镜组放置于焦点附近,透镜组的尺寸较小。在这样的系统中如果同时消去球差和彗差,即 $S_{\mathrm{I}}=S_{\mathrm{II}}=0$,所引起的像散很大,严重影响了改正镜的效果。为此罗斯提出,如果在这样的系统中,同时实现消去彗差和像散,即有 $S_{\mathrm{II}}=S_{\mathrm{III}}=0$,但是保留一定的球差,则由像差公式可解得:

$$(S_{\mathrm{I}})_{\mathrm{cor}}=f\left(\frac{1+E}{E^2}\right)=g\left(\frac{f}{f-g}\right)^2\approx g\left(\frac{f}{f-g}\right)$$

$$(S_{\mathrm{V}})_{\mathrm{cor}}\propto\left(\frac{f-g}{g}\right)^2 \tag{1.81}$$

式中 g 是透镜组到焦点的距离,$E=(f-g)/g$ 是透镜组偏离焦点的参数。在 S_{I} 表达式中的最后一项是假设主镜本身的像散可以忽略的情况。从这一公式出发,为了减少 S_{I} 的数值必须尽力减少 g 的数值,这就希望改正透镜组尽量靠近焦面。这一方面使畸变增大,影响了可用视场。另一方面使改正透镜的形状凹凸得很厉害,从而会产生高级像差。为此罗斯提出了三透镜型的主焦改正镜系统(图 1.35(a))。在这一系统中靠近主镜一侧增加了一片深度较大的弯月形透镜用以校正双透镜组所引起的球差。

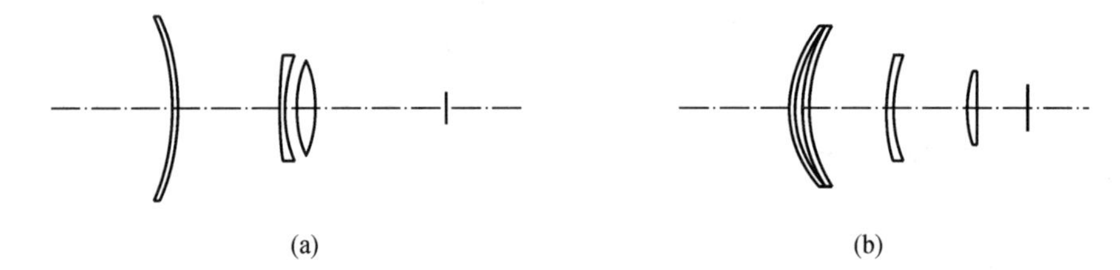

图 1.35 罗斯的三透镜型(a)和温的四透镜型的主焦改正镜系统(Wynne,1967)(b)

这种主焦改正镜具有较大的视场,但是仍然难以满足小焦比照相的需要。通过增厚弯月形透镜,或者选用高折射率玻璃,可以改善这种改正镜的效果,但是这样又限制了望远镜在短波段的工作。为此温(Wynne,1967)提出了四透镜的改正镜系统(图 1.35(b))。在四透镜的改正镜中,共包含有两组总光焦度为零的透镜组,从而有较大的自由度可以同时消去了焦点上的球差、彗差和像散。设下标 A、B 分别表示透镜组 A 和 B 的像差系数,而加上右上撇则表示透镜组相对于主镜光阑的像差系数的贡献,根据消球差、彗差和像散的要求,应该有:

$$\begin{aligned}
&{}_{\mathrm{B}}S_{\mathrm{I}}=-{}_{\mathrm{A}}S_{\mathrm{I}}\\
&{}_{\mathrm{A}}S'_{\mathrm{II}}={}_{\mathrm{A}}S_{\mathrm{II}}+E_{\mathrm{A}}\cdot{}_{\mathrm{A}}S_{\mathrm{I}}=1/4\\
&{}_{\mathrm{B}}S'_{\mathrm{II}}={}_{\mathrm{B}}S_{\mathrm{II}}+E_{\mathrm{B}}\cdot{}_{\mathrm{B}}S_{\mathrm{I}}={}_{\mathrm{B}}S_{\mathrm{II}}-E_{\mathrm{B}}\cdot{}_{\mathrm{A}}S_{\mathrm{I}}=1/4\\
&{}_{\mathrm{A}}S'_{\mathrm{III}}+{}_{\mathrm{B}}S'_{\mathrm{III}}=2E_{\mathrm{A}}\cdot{}_{\mathrm{A}}S_{\mathrm{II}}+2E_{\mathrm{B}}\cdot{}_{\mathrm{B}}S_{\mathrm{II}}+{}_{\mathrm{A}}S_{\mathrm{I}}(E_{\mathrm{A}}^2-E_{\mathrm{B}}^2)=0
\end{aligned} \tag{1.82}$$

式中 E_{A} 和 E_{B} 分别为透镜组偏离焦点的参数, $E=d/h_{\mathrm{M}}h_{\mathrm{L}}$,$d$ 为主镜和透镜组的距离,

h_M 和 h_L 分别表示第二辅助光线在主镜和透镜组上的高度。这里已经假设这两组透镜分别修正同等分量的彗差，同时忽略了原有抛物面主镜所具有的像散。则可解得：

$$
\begin{aligned}
{}_{A}S_{\mathrm{I}} &= -{}_{B}S_{\mathrm{I}} = \frac{1}{2(E_A - E_B)} \\
{}_{A}S_{\mathrm{II}} &= -{}_{B}S_{\mathrm{II}} = -\frac{E_A + E_B}{4(E_A - E_B)}
\end{aligned}
\tag{1.83}
$$

这种改正镜要求两透镜组必须相距一定距离以免每一组透镜的像差过大。为了减小高阶色差的影响，改正镜各透镜应该选用低色散玻璃材料。

对于主镜不是抛物面的望远镜系统，由于主镜有一定的球差，相比抛物面主镜，其像场改正镜的设计会更简单一些。图 1.36 是两种 R－C 望远镜的主焦像场改正镜。图中(a)含两片透镜，(b)含三片透镜。英澳望远镜建成了一个具有±30 角分视场的 3 镜片主焦改正镜。这些改正镜具有按比例缩放的特点，改正镜尺寸相对主镜越大，星像改正的效果就越好。

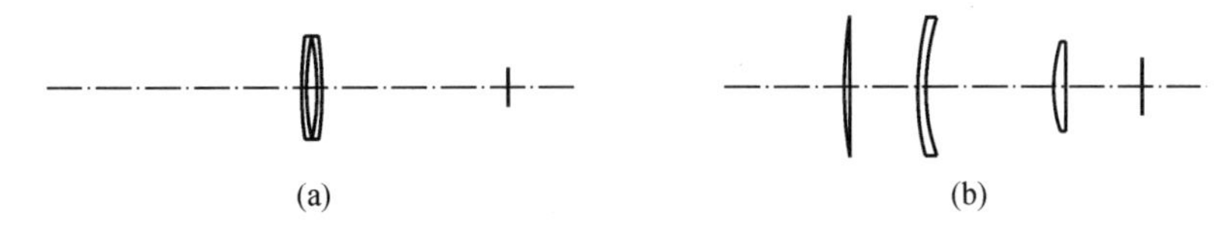

图 1.36　R－C 望远镜的主焦透镜式改正镜

上述改正镜均为球面镜构成，这些球面透镜加工简单。随着非球面加工技术的提高，非球面也开始应用于改正镜中。非球面改正镜是由保尔(Paul)提出，后迈内尔(Meinel)和旮斯瓜热(Gascogne)等分别发展了多种非球面改正镜。图 1.37 是几种非球面主焦改正镜系统，(a)是 R－C 系统双曲面主镜的单片改正镜。这种改正镜可以消球差和彗差，不过像散值却远大于双曲面自身的像散，因此视场有限制。常用的是 3 片或 4 片型改正镜。在使用非球面改正镜时常常使它仅产生球差，这种非球面板就是施密特改正板。由公式(1.70)和(1.72)，双反射面系统和一个邻近光瞳的非球面板的总像差分别为(Wilson，1996)：

$$
\begin{aligned}
S_{\mathrm{I}} &= \left(\frac{y_1}{4}\right)^4 (-f\zeta + L\xi + \delta S_{\mathrm{I}}^*) \\
S_{\mathrm{II}} &= \left(\frac{y_1}{4}\right)^3 \left[-d\xi - \frac{f}{2} + \frac{s_{pl}}{f}\delta S_{\mathrm{I}}^*\right] u_{p1} \\
S_{\mathrm{III}} &= \left(\frac{y_1}{4}\right)^2 \left[\frac{f}{L}(f+d) + \frac{d^2}{L}\xi + \left(\frac{s_{pl}}{f}\right)^2 \delta S_{\mathrm{I}}^*\right] u_{p1}^2 \\
L &= f - md
\end{aligned}
\tag{1.84}
$$

式中 δS_{I}^* 是非球面板对球差的贡献，s_{pl} 为非球面板和主镜的距离，d 为主副镜之间的距离，当光线首先射到主镜而后射到非球面板时，这一距离为正值，反之为负值。上面公式可以推广到使用多个非球面板的情况。在设计非球面板改正镜时，上面三个公式应该同时为零。最简单的非球面改正板厚度是中心距四次方的曲面，有 $t=Gr^4$，这里 G 是非球面系数。如果玻璃折射率为 n，它产生的球差为

$$\delta S_{\mathrm{I}}^{*} = 8(n-1)Gy^{4} \tag{1.85}$$

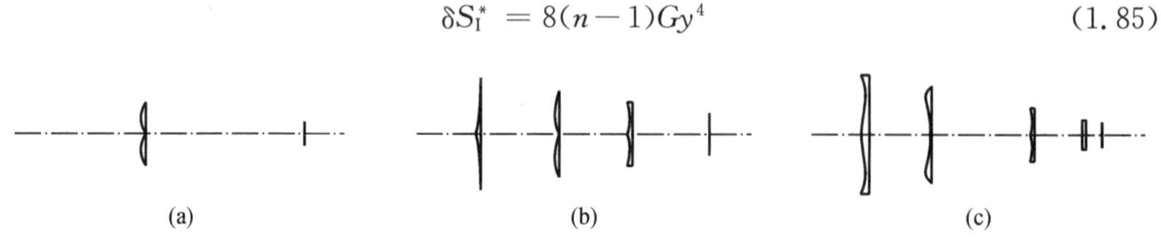

图 1.37　非球面板改正镜系统

因为非球面板并不位于光瞳面，所以它的球差贡献还要乘上因子 l/f，l 是非球面改正板到焦点的距离，f 为系统焦距。对于单一主镜情况，在公式 1.84 中有：

$$m = -1, L = f, d = 0, \xi = 0, u_{p1} = 1 \tag{1.86}$$

记

$$s_{pl}/f = E \tag{1.87}$$

对参数进行归一化处理，有 $f = y_1 = u_{p1} = 1$。这样如果有三块非球面改正板，整个系统的主焦点的像差应该为：

$$\begin{aligned} S_1 + S_2 + S_3 &= f\zeta \\ E_1 S_1 + E_2 S_2 + E_3 S_3 &= f/2 \\ E_1^2 S_1 + E_2^2 S_2 + E_3^2 S_3 &= -f \end{aligned} \tag{1.88}$$

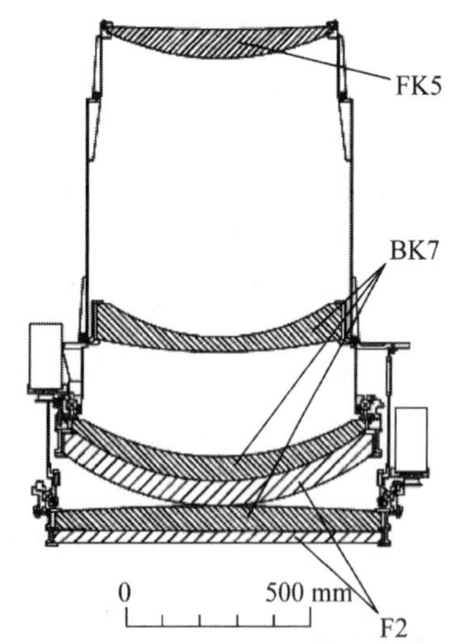

图 1.38　英澳望远镜 2 度视场改正镜，改正镜的第一和第二透镜构成大气较差棱透镜式改正镜(Lewis, 2002)

求解这组方程，可以求出三片改正板需要的球差值，从而确定各改正板的形状。当改正镜系统要求消除场曲，则可以考虑非球面板的顶点曲率，一般使用最后一片非球面板的形状来同时消除场曲。比较球面透镜的改正镜系统，非球面板改正镜可以实现在较宽的或全频段上获得 1 度以上的大视场。

光学改正镜需要十分均匀透明的玻璃材料。早期改正镜受到透镜玻璃材料大小的限制。1974 年，3.8 米英国-澳大利亚光学望远镜主焦点改正镜的最大透镜是 0.5 米口径，1979 年使用的是 0.75 米口径，直到 1993 年，才首次使用直径 0.9 米的透镜(Lewis, 2002)，21 世纪以后一些改正镜透镜的口径已经达到 1.5 米直径(Cuby, et al., 1998)。

由于透镜曲率大，为了节约材料，透镜毛坯常采用坯料在凸模上热蠕变成形。这种方法的缺点是容易引起内部应力。图 1.38 所示是英澳望远镜的 2 度视场的像场改正镜，注意其中的第一和第二透镜构成透棱镜大气色散改正镜。大气色散改正镜的设计将在后面章节介绍。

1.3.4.2　卡塞格林焦点像场改正镜

与主焦像场改正镜相似，卡塞格林焦点像场改正镜包含有两至三片透镜（见图 1.39）。当视场增大时，需要在改正镜系统中增加透镜的数目。经典卡塞格林系统是严格消球差的，即 $S_{\mathrm{I}}=0$，但存在严重的彗差，所以两透镜型的改正镜仍难以获得 1 度以上的视场。

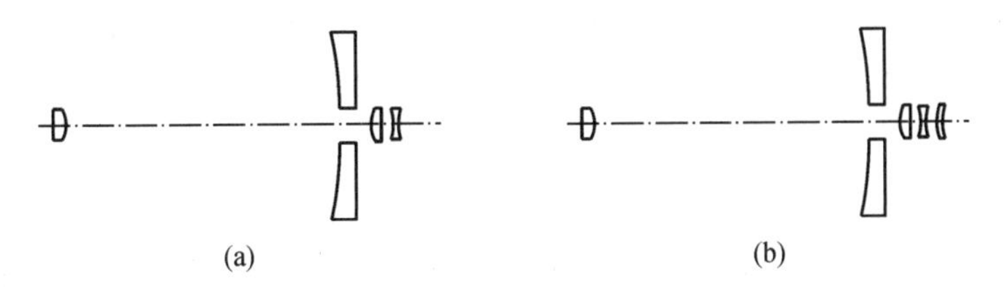

图 1.39　透镜型的卡焦改正镜系统

对于 R－C 系统，由于在焦点上实现了 $S_{\mathrm{I}}=S_2=0$，因此三级像差的校正工作相对容易，像场改正的效果也要好些。如果 R－C 像场改正器包含三片透镜，则可以同时消除畸变，视场可以达到 1 度。像场改正的效果和主镜偏心率相关，当偏心率 e_1^2 从 1 不断增大时，像场改正的效果将不断改善。

当主、副镜的形状没有限制，同时去掉改正镜后的望远镜允许有球差和彗差，像场改正器将在主镜偏心率 $e_1^2>1$ 的某一数值上获得最佳效果，这种经过优化的望远镜系统被称为类 R－C 系统。类 R－C 系统加入像场改正器以后，有效视场将大于 1 度。当采用折射率不同的透镜组成改正镜，单色光的性能可以校正得很好。

在非球面板卡塞格林改正镜方面，国外主要集中于类 R－C 系统方面。南京天文光学技术研究所系统地研究了类 R－C、R－C、经典卡塞格林和球面主镜等系统。这些系统的非球面板改正器分别包括一片、两片和三片非球面板附加一片场镜。特别有意义的是，球面主镜系统加上三片非球面板可以获得很大的视场，这时并不需要专门的场镜。球面主镜系统的有效视场也接近 40 角分。

在卡塞格林焦点改正镜的设计上，影响较大的 2.5 米斯隆望远镜的改正镜包括两个非球面板，它的第一块板和主镜的顶点邻近，而第二块板则和焦点相接近。它们实现了 2.5 度的照相视场和 3 度的光纤光谱视场。VISTA 4 米望远镜采用了具有 4 面透镜的改正镜，获得 2.5 度的视场。

1.3.4.3　场曲改正镜

在光学系统中，场曲是一种十分常见的像差。它起源于透镜成像的基本规律，对于同一透镜，距离远的物体成近像，而距离近的物体成远像。在同一平面上的轴上点离透镜中心近，所以成像点远；而轴外点离透镜中心远，因此一个平面天体经过透镜所成的像将分布在一个球面上。这种弯曲的像面常称为佩兹瓦尔（Petzval）曲面。

1839 年佩兹瓦尔证实，对于一个光学镜面组合，如果没有其他像差，那么它的像场的曲率为：$\frac{1}{\rho}=\sum\frac{\Phi}{n\cdot n'}$，其中 $\Phi=\frac{n-n'}{r}$，式中 n 为玻璃折射率，n' 为大气折射率，r 为曲面的曲率半径，ρ 为像场弯曲的曲率半径，$\sum \frac{\Phi}{n \cdot n'}$ 被称为佩兹瓦尔和。佩兹瓦尔证明在光学系统中，佩兹瓦尔和与孔径、光阑位置、透镜厚度、镜片间的间隙等因素完全无关。一个由多个薄镜片构成的光学系统，其佩兹瓦尔和为 $\sum \frac{\Phi}{n}$，其中 Φ 是薄镜片的度数。对于反射光学望远镜，同样存在类似的公式。

为了消除场曲，可以使用以下方法来减小佩兹瓦尔和：(1) 利用厚的弯月形镜片；(2) 利用间隔较大的正、负透镜组，为了消色差，需要加强负镜片度数，从而减少佩兹瓦尔和；(3) 利用冕玻璃和燧石玻璃的组合。这种减小佩兹瓦尔和的镜片就是场曲改正镜。

1.3.4.4 大气色散改正镜

在前面的章节中，已经讨论了地球大气所引起的大气宁静度和大气闪烁现象。大气折射和大气色散是地球大气所引起的另外两种效应。大气折射是光线或者电磁波在经过大气时，因为大气密度的变化是高度角的函数，所引起的偏离直线的现象。发生这种折射的原因是因为随着空气密度的增加，空气的折射率会不断增加，而光线在空气中的传播速度会不断减小。由于这个原因，光线倾斜进入大气层后会不断向下弯曲。如果光线垂直于大气层，它的弯曲量为零，相对于观察者，它将仍然保持直线传播的状态。然而当光线以一定的夹角进入大气层，光线就会向下再弯曲一个角度，使得它所代表的光源看起来要比它实际上在天空中的位置高出一个角度。当望远镜使用较大视场时，在焦面上的天体就存在着不同的大气折射量。

在光学波段，天顶的星所产生的大气折射是零，天顶角小于 45°时，大气折射量均小于 1′。当天体的高度角是 10°(天顶角 80°)、气温是 10℃ 、大气压为 1013.25 hPa 时，大气折射是 5.3′；高度角是 5°，大气折射就上升到 9.9′；当高度角为 2°时，大气折射就上升到 18.4′；当高度角为零时，大气折射就上升到 35.4′。

萨目德森(Saemundsson, 1986)推导出根据天体的真实位置求出的大气折射公式：

$$R = 1.02\cot[h + 10.3/(h + 5.11)] \quad (R \text{ in arcmin and } h \text{ in degrees}) \tag{1.89}$$

除了大气引起的折射，可见光经过大气以后，还会产生色散，使不同颜色的光产生不同的折射量。总的来讲，波长短的光(如蓝光或者紫光)会产生比波长长的光(如橙光或者红光)更多的折射量。这样不同颜色的像点会在一条线上分布开来，严重影响大视场中的照相工作。

通过天体的高度角的视位置或者天体的真实位置来计算大气折射量的公式为(Bennett, 1982; Saemundsson, 1986)：

$$R = \cot\left(h_a + \frac{7.31}{h_a + 4.4}\right)$$
$$R = 1.02\cot\left(h + \frac{10.3}{h + 5.11}\right) \tag{1.90}$$

式中 h_a 和 h 分别是用度数表示的高度角的视位置或者天体的真实位置，这时大气压为 101.0 kPa，而温度为 10℃；对于不同的气压和温度，大气折射量的公式需要乘上以下因子：

$$\frac{P}{101}\frac{283}{273+T} \tag{1.91}$$

上面的折射量公式适用于波长为 500 nm 的光，对其他波长的光，修正量的公式为(Filippenko，1982)

$$\Delta R(\lambda)=R(\lambda)-R(500)\approx 206\ 265(n(\lambda)-n(500))\tan z \tag{1.92}$$

在天文学中，光线在地球大气层中所通过的光程常常用一个专门的单位来表示，它就是大气质量(air mass)。在天顶的天体所经过的光程是 1 个大气质量。随着天顶角的增加，光线所经过的光程也会不断增加。当天顶角较小时，相对的大气质量可以表示为 $X=\sec z$，式中 z 是天顶角。当天顶角为 60 度时，所经过的光程是 2 个大气质量。大气质量的比较精确的公式为

$$X=\sec z_t[1-0.001\ 2(\sec^2 z_t-1)] \tag{1.93}$$

图 1.40 是不同天顶角的星像所产生的色散情况的图像。当天顶角为 75 度时，星像的长度为 2.04 角秒。为了克服由于天顶角所造成的色散以及在一个大视场中的较差折射，有必要使用大气色散改正镜(atmospheric dispersion compensator or corrector，ADC)。

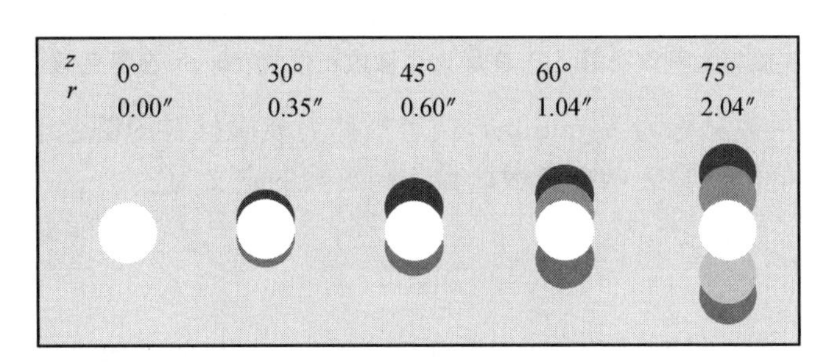

图 1.40　星像在不同天顶角时所形成的色散（Kopon，2012）

最简单的大气色散改正镜是工作在会聚或者发射光束中的一种线性装置(linear ADC，LADC，图 1.41)。这种装置由两片分离的薄棱镜构成，两个棱镜具有相同的棱镜角和折射率，它们沿着光轴对称分布。它们之中的一个位置固定，另一个可以在光轴上平行移动。当两片棱镜互相接触时，形成一块平板玻璃，消色散能力为零，当两片棱镜之间的距离达到最大值时，消色散的能力也达到最大值。

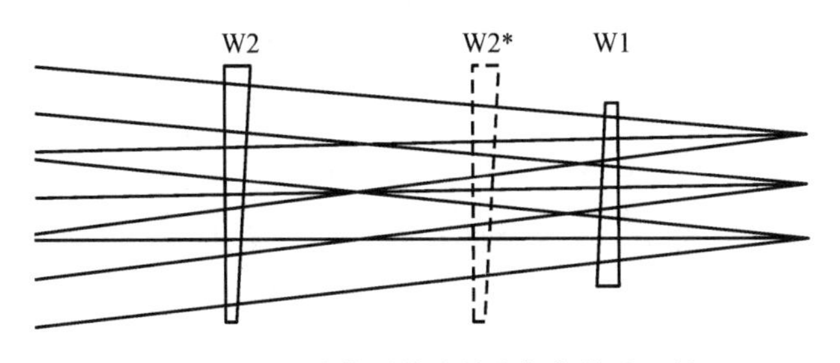

图 1.41　一种典型的线性大气色散改正镜

比较起来使用更多的是旋转大气色散改正镜(RADC)。旋转大气色散改正镜是用于

平行光内，或者是缓慢会聚的光束之中。最简单的旋转大气色散改正镜包括两组完全相同的、反向旋转的棱镜组，这样可以在任何天顶角上提供对大气色散的补偿。这种 RADC 的单元常常称为 Resley 棱镜。

最近在大视场望远镜中，也常常使用一种由 Amici 棱镜构成的旋转大气色散改正镜。这种装置包括两组完全相同的棱镜。它们中的每一组均包含两片反向胶结的棱镜片，两片棱镜的材料不同，对于 D 谱线它们的折射率相似，但是具有不同的色散能力，即不同的阿贝数。这种旋转大气色散改正镜当它们的顶角处于相同的位置时，具有最大的色散改正能力，而当它们的顶角处于 180 度位置时，具有最小的色散改正能力(图 1.42)。

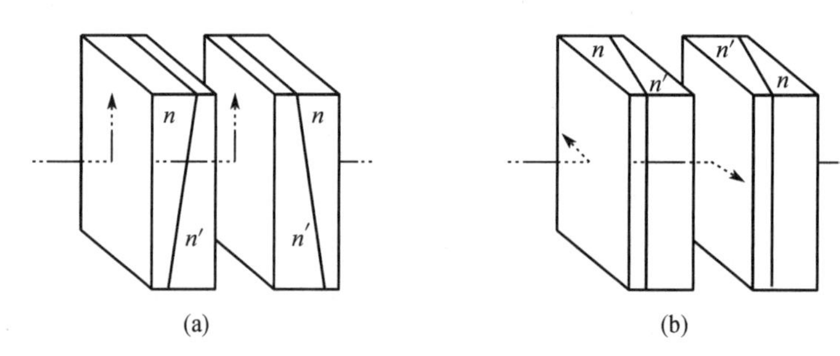

图 1.42　旋转大气改正镜 (a) 在最大色散改正位置，和 (b)在零色散改正位置

在光学中，阿贝数又称为 V-number，或者被称为玻璃材料的倒色散系数。高阿贝数表示低色散能力，低阿贝数表示高色散能力。阿贝数的定义为：

$$V_D = \frac{n_D - 1}{n_F - n_C} \tag{1.94}$$

式中 n_D、n_F和 n_C 分别是材料对 Fraunhofer D(589.3 nm)、F(486.1 nm)和 C(656.3 nm)线的折射率。高色散的火石玻璃的 $V<55$，而低色散的冕牌玻璃具有较大的阿贝数。

根据折射定理，当光线垂直于棱镜的一个面入射时，色散角为：

$$\delta = \alpha(n-1)(V_1^{-1} - V_2^{-1}) \tag{1.95}$$

式中 α 是棱镜的棱角，n 是棱镜的折射率。如果棱镜围绕入射光线旋转，出射光线就形成一个以光轴为中心的圆锥体，圆锥体的半顶角就是棱镜的折射角。这时，如果增加另一个相同的棱镜，则最后的折射角就等于两个棱镜的折射角之和。如果在两个方向上的折射角分别是 δ_x 和 δ_y，则棱镜组的总折射角为：

$$\begin{aligned} \delta_x &= \delta(\cos A_1 + \cos A_2) \\ \delta_y &= \delta(\sin A_1 + \sin A_2) \end{aligned} \tag{1.96}$$

式中 A_1 和 A_2分别是第一和第二个棱镜的折射角。如果 $A_1=-A_2$则可以在 X 轴上进行扫描，而它不存在 Y 轴的任何折射。如果 $A_1=90°-A_2$ 则它们在 X 和 Y 轴的折射就完全相同。如果 $A_1=180°-A_2$ 则它可以在 Y 轴上扫描，用以补偿大气色散。如果$A_1=A_2$则最大补偿角为 2δ。

近来，一种新发展的大气色散改正镜包括两组平板，而每个平板是由三块不同材料制成的棱镜(图 1.43)。有的甚至包括 4 块棱镜(Kopon et al.，2008)。

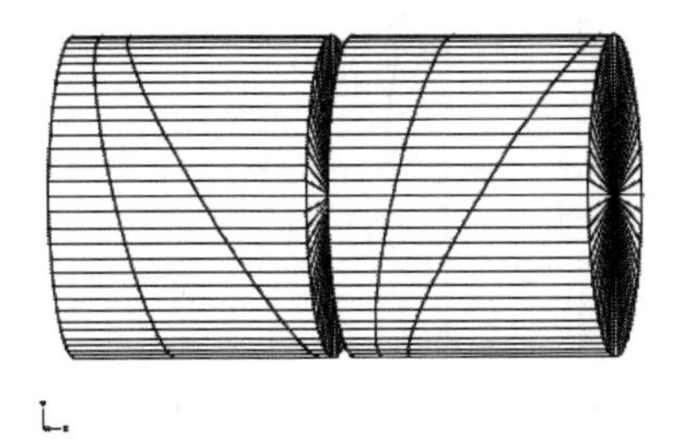

图 1.43　由两组三棱镜组构成的大气色散改正镜(Kopon，2012)

上面提到的大气色散改正镜常常由于像场大小以及改正镜尺寸限制的原因,不能直接应用于大视场的改正镜中。另外在会聚的光束中引进任何新的折射零件均会引进一定大小和形状的像差,主要是球差和纵向色差,这些像差必须在设计中进行校正。

为了避免产生这些像差，1986 年苏定强设计出由两片倾斜剖开的、不同材料的半透镜组成的透棱镜(lensm)的大气色散改正镜(图 1.44)。1993 年,温(Wynne)也设计了新月形复合透棱镜改正镜(图 1.45)。

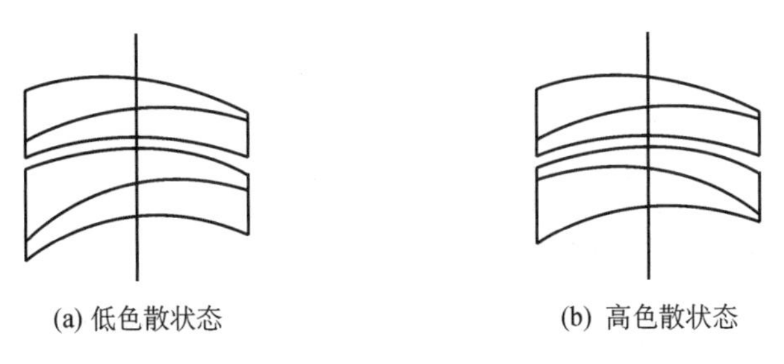

图 1.44　用于大气色散改正的透棱镜组合改正镜

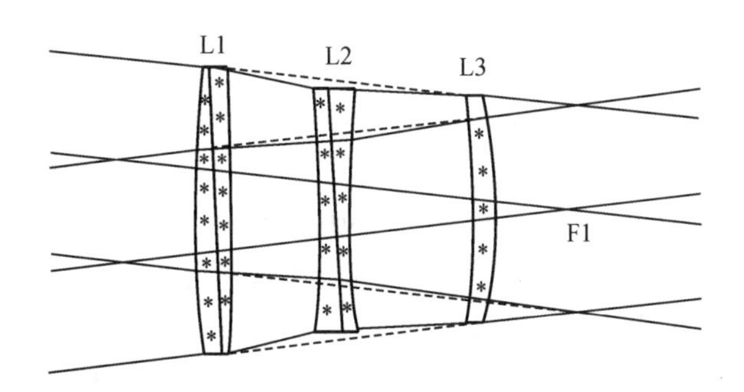

图 1.45　有透棱镜的像场改正镜 (Filippenko，1982)

在历史上,早在 1869 年,艾利的助手就利用两个曲率半径相等的平凹和平凸透镜的相对位移来形成不同角度的棱镜的补偿方法来克服大气色散(图 1.46)。

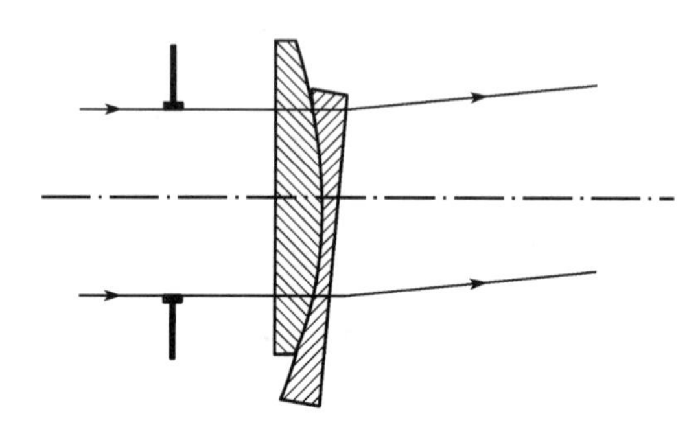

图 1.46　早年发明的移动平凹、平凸透镜补偿大气色散的方法

事实上，任何光学系统，只要有两个分离的透镜，都可以用它们的位置的变化，来实现对大气色散的部分补偿。图 1.47 是 Vista 望远镜利用悬臂梁的镜面支承的变形来修正大气色散的改正镜结构，VISTA 望远镜具有 2.5 度的视场，是一台新一代的光学望远镜。

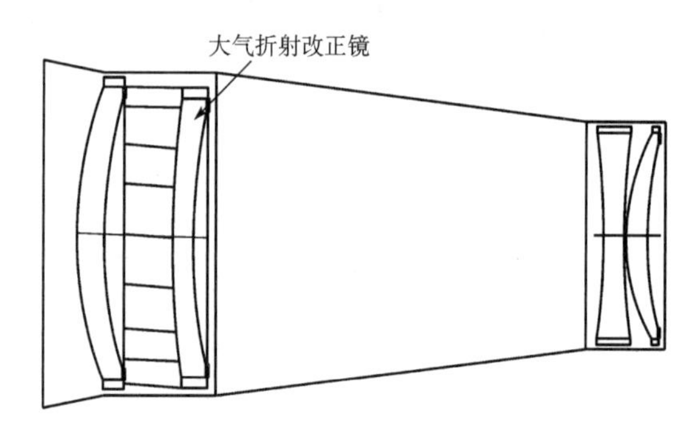

图 1.47　Vista 望远镜的被动式大气色散改正装置（Gillingham and Saunders，2014）

1.3.5　光线追踪、点图和评价函数

前面小节中对望远镜像差的讨论，仅仅涉及系统中的初级像差。系统中高级像差的计算常常牵涉十分繁杂的运算和推导，至今难以应用于对光学系统成像情况的评估。光学设计唯一可靠的评估方法是精确确定每一根光线经过光学系统后的准确位置，即通过光线追踪来了解光学系统在几何光学条件下的成像情况。通过光线追踪还可以获得光程差分布情况，从而应用于波像差的贴合，计算出真实的几何像差。

最早的光线追踪计算公式是赛得(Seidle)于 1866 年提出的，当时的公式只适用于球面折射面，以后很多光学专家分别推导了不同条件下不同形式的各组公式。现代计算机的发展使得光线追踪的问题不仅仅应用于光学领域，而且广泛地应用于计算机图像显示等其他领域。总的来说，现代光线追踪包括以下几方面的内容：(1) 根据光线的原点和方向，确定空间光线与有关表面交点的坐标；(2) 确定有关表面在交点处的法线方向，应用折反射定理求出入射光线折反射后的方向；(3) 这时光线与表面的交点就变成光线的新原点，从而继续新的光线追踪。

光线追踪第一个任务是确定起始于某一原点 $X_0=(x_0,y_0,z_0)^T$ 并具有方向 $X_d=(x_d,y_d,z_d)^T$ 的光线的简单表达式，这里方向矢量是归一化矢量。这个光线的表达式为：

$$x = x_d t + x_0$$
$$y = y_d t + y_0$$
$$z = z_d t + z_0 \tag{1.97}$$

该方程可以简化为 $X = X_d t + X_0$。对于任意曲面，其公式为

$$F(x, y, z) = 0 \tag{1.98}$$

那么该光线和这个曲面的交点处的参数 t 值应该满足下列方程：

$$F(x_d t + x_0, y_d t + y_0, z_d t + z_0) = 0 \tag{1.99}$$

这个方程可能有 n 个解。在光线追踪中，我们所感兴趣的只是所有解中间的最小的正解。这个解所表示的就是光线和表面的第一个交点。

用代数方法求解上面的方程应该根据方程性质来进行。对于高次方程，有时可以应用迭代方法来求解。下面讨论几个典型情况。如果表面是一个平面，其方程为

$$ax + by + cz + d = 0 \tag{1.100}$$

这时交点的解为

$$t = \frac{ax_0 + by_0 + cz_0 + d}{ax_d + by_d + cz_d + d} \tag{1.101}$$

当表面是平面时，表面方程也可以表示为 $\boldsymbol{N} \cdot \boldsymbol{p} = c$，式中 $\boldsymbol{N}$ 是平面的法线矢量，$\boldsymbol{p}$ 是坐标原点到平面上一点的矢量，c 是一常数。则光线与平面的交点坐标为

$$S = \frac{c - \boldsymbol{N} \cdot \boldsymbol{X}_0}{\boldsymbol{N} \cdot \boldsymbol{X}_d} \tag{1.102}$$

对于一个二次方程所表示的曲面：

$$ax^2 + 2bxy + 2cxz + 2dx + ey^2 + 2fyz + 2gy + hz^2 + 2iz + j = 0 \tag{1.103}$$

上面的方程可以写为

$$\boldsymbol{X}^{\mathrm{T}} \boldsymbol{Q} \boldsymbol{X} = 0 \tag{1.104}$$

式中：

$$\boldsymbol{X} = \begin{bmatrix} x \\ y \\ z \end{bmatrix}$$

$$\boldsymbol{Q} = \begin{bmatrix} a & b & c & d \\ b & e & f & g \\ c & f & h & i \\ d & g & i & j \end{bmatrix} \tag{1.105}$$

这时相应的交点的求解方程为：

$$At^2 + Bt + C = 0 \tag{1.106}$$

式中的系数是求解的关键，它们分别为：

$$A = \boldsymbol{X}_d^{\mathrm{T}}\boldsymbol{Q}\boldsymbol{X}_d, B = 2\boldsymbol{X}_d^{\mathrm{T}}\boldsymbol{Q}\boldsymbol{X}_0, C = \boldsymbol{X}_0^{\mathrm{T}}\boldsymbol{Q}\boldsymbol{X}_0 \tag{1.107}$$

对于一些典型的二次曲面其解的形式要简单得多。如球面的情况，设球心为 $\boldsymbol{X}_s(x_s, y_s, z_s)$，半径为 S_r，则求解方程的系数为

$$\begin{aligned} A &= x_d^2 + y_d^2 + z_d^2 = 1 \\ B &= 2(x_d(x_0 - x_s) + y_d(y_0 - y_s) + z_d(z_0 - z_s)) \\ C &= (x_0 - x_s)^2 + (y_0 - y_s)^2 + (z_0 - z_s)^2 - S_r^2 \end{aligned} \tag{1.108}$$

当折射面是由下列方程表示时，

$$F = x^2 + y^2 + z^2 - 2rx - e^2x = 0 \tag{1.109}$$

则

$$\begin{aligned} A &= x_d^2 + y_d^2 + z_d^2 \\ B &= 2(x_0x_d + y_0y_d + z_0z_d) - 2rx_d - e^2x_d \\ C &= x_0^2 + y_0^2 + z_0^2 - 2rx_0 - e^2x_0 \end{aligned} \tag{1.110}$$

上面介绍的是光线追踪的代数方法，在实际光学程序中应用几何方法往往更加有效。应用几何方法求解从一点出发的光线和一球面的交点时，可以首先形成两个三角形。第一个三角形是 AOP，A 是光线的起点，O 是球面的球心，P 是光线和球面的交点。第二个三角形是 OPD，D 是在光线传播方向上的一点，同时 OD 垂直于 PD。AD 线段的长度可以用 AO 矢量和归一化后的光线方向矢量的点乘积来表示。在三角形 AOD 中，球心到光线距离的平方是 AO^2 与 OD^2 的差。有了这个球心到光线的距离，就可以判断该光线和球面是否相交，如果相交则可以很快地通过三角形 ODP 的关系找到光线和球面交点的位置。在三角形 ODP 中，OP 等于表面的曲率半径，它的平方等于其他两边的平方和。对于非球面的情况，也可以利用类似的方法反复迭代来求得交点位置。

在求得光线和表面的交点后，交点处的表面法线方向是很容易求得的，后面的工作是利用折反射定理来求出折反射光线的方向。如果我们用 $\boldsymbol{I}$ 表示归一化后的入射方向，用 $\boldsymbol{R}$ 表示归一化后的反射方向，用 $\boldsymbol{T}$ 表示归一化后的折射方向，那么简单的折反射公式就是(Glassner，1989，图 1.48)：

$$\begin{aligned} &\boldsymbol{R} = \boldsymbol{I} - 2(\boldsymbol{N} \cdot \boldsymbol{I})\boldsymbol{N} \\ &\boldsymbol{T} = n_{12}\boldsymbol{I} + (n_{12}C_1 - C_2)\boldsymbol{N} \\ &n_{12} = n_2/n_1, \\ &C_1 = \cos\theta_1 = \boldsymbol{N} \cdot (-\boldsymbol{I}), \\ &C_2 = \cos\theta_2 = \sqrt{1 - n_{12}^2(C_1^2 - 1)} \end{aligned} \tag{1.111}$$

式中 n_1 和 n_2 分别是第一和第二介质的折射率，$\boldsymbol{N}$ 是表面的法线矢量。

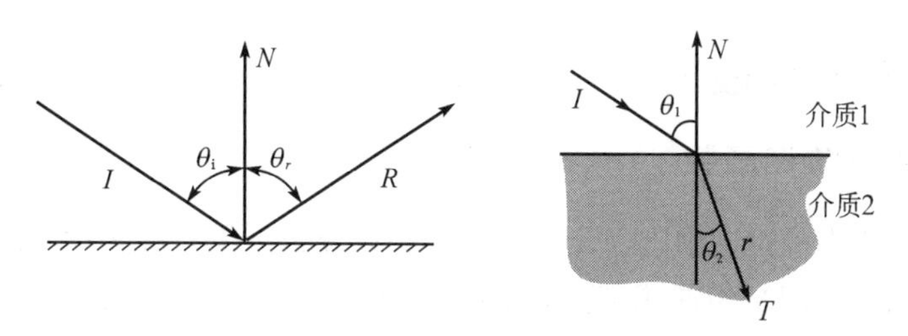

图 1.48　折反射表面的光线追踪

通过对各条光线的空间追踪不难获得每条光线与像平面的交点分布情况。如果选取由一物点发出的在光瞳上具有一定分布的光线，经过光线追踪，求出这些光线与像平面上交点的分布，这个分布图就叫作这一光学系统对该物点成像的点图或点列图。计算点列图时一般取光线在入瞳面上均匀分布，同时考虑副镜的遮挡。通过点列图可以清楚地了解像斑的具体情况。由于光线在入射光瞳上接近于均匀分布，所以像斑上点的密度就表示了像能量密度的分布。在光学设计中各种波长和视场角下的点图是评价光学系统成像质量的重要手段，同时也是修改光学系统的重要依据。光线追踪不但可以用于光学设计，还可以用于对系统杂散光情况的了解。这时要引进漫反射的光线追踪，并采用从像点逆向追踪的方法。

在光学系统优化设计的过程中，对于光学系统的成像质量需要一个具体的数学量来表示，这一数学量就称为光学系统的评价函数。评价函数的形式可以有不同的表达式，但是它基本上包含有两方面的内容。第一是各种条件下点图的弥散程度用点图中各点在加权情况下对点图重心的距离的平方和来表示。第二是在视场角情况下点图重心与视场角的比例失调的情况。综合这两个方面的因素就可以得到评价函数的一般表达式（苏，1983）：

$$
\begin{aligned}
\Phi &= \frac{1}{1+\eta}(\Phi_1 + \eta\Phi_2) \\
\Phi_1 &= \frac{1}{n\sum_{j=1}^{e} a_j \sum_{\lambda=1}^{S} I_\lambda} \sum_{j=1}^{e} a_j \sum_{\lambda=1}^{S} I_\lambda \sum_{k=1}^{n} \left[(y-y_0)^2 + z^2\right] \\
\Phi_2 &= \frac{1}{\sum_{j=1}^{e} b_j} \sum_{j=1}^{e} \left(\frac{\sum_{\lambda=1}^{S} I_\lambda \sum_{k=1}^{n} y}{n\sum_{\lambda=1}^{S} I_\lambda} - \frac{\sum_{j=1}^{e} y_c b_j \tan w_j}{\sum_{j=1}^{e} b_j \tan^2 w_j} \tan w_j \right)^2 b_j
\end{aligned}
\tag{1.112}
$$

式中 e 为视场角的个数，S 为波长的种类，n 为每个视场角 W_j 处空间光线的根数，a_j、b_j、η 和 I_λ 为相应的权重。一般光学系统的评价函数是通过在最佳像面上的点图分析获得的。从 1.108 式可以看出在光学系统的优化过程中，评价函数的目标值就是该函数的最小值。通过空间光线追踪，点图的分析，评价函数的优化，现代光学设计已经完全不同于传统的光学设计方法，这种新的方法已经设计出一批质量优良，结构合理的光学系统，对望远镜的发展起着十分重要的作用。

1.4 现代光学理论

1.4.1 光学传递函数

在望远镜分辨率的讨论中已经介绍了口径场点分布函数的概念。现代光学理论中的另一个重要概念就是调制传递函数(modulation transfer function)。实际上调制传递函数是光学传递函数中模的部分,光学传递函数的另一部分是相位传递函数(phase transfer function),相位传递函数是它的相位部分。如果相位传递函数为零,则光学传递函数就等于调制传递函数。

传递函数一般用来描述线性时间不变系统(linear time-invariant system, LTI)的特性。所谓线性是指系统的输入和输出量满足叠加定理。也就是说如果某一个输入量是两个子输入量的和,那么系统在这个输入量的作用下所产生的输出量也将是该系统在这两个子输入量的作用下所分别获得的两个输出量的和。所谓时不变是指如果输入量存在一个时间延迟,所产生的输出量将与原来所产生的输出量完全相同,并且它也同样在时间上有一个相同的延迟。在这样线性的、时间不变的系统中,如果输入量是一个时间极短、同时具有单位面积的脉冲函数,那么它的输出则是系统的脉冲响应函数。系统的传递函数是脉冲响应函数的拉普拉斯变换。系统的输出量可以用脉冲响应函数与输入量函数在时间域的卷积来获得。在拉普拉斯空间,输出量就是传递函数和输入量的乘积。

对一个稳态线性时不变系统,如果它的输入或输出量均可以用复数周期矢量,即具有频率、振幅和相位的相位子(phasor) 来表示,那么这个系统的传递函数就可以用输出和输入量的傅立叶变换的比值表示。傅立叶变换是拉普拉斯变换的一个特殊情况,这时原来拉普拉斯变换中的实数部分消失,只保留了虚数部分。也就是去除了它的时间变化部分,而只保留了系统稳态响应。这时传递函数常常被称为系统频率响应。系统频率响应包括两个频率域的分量,一是振幅,另一个是相位。

光学系统常常被看作是线性、空间不变的、非相干(incoherent)的系统。所谓空间不变是和时间不变相对应的,不过这时的输入和输出是发生在空间域内的现象。即当物在空间域内的位置发生变化后,它的像的特点并没有发生任何变化,但是像的空间位置却随着物的空间位置的变化而发生相应的变化。所谓非相干则是指从物空间光源的任何两个不同发光点上所发出的光之间并不存在稳定的相位关系,所以它们之间不能产生干涉,而只有从光源上同一个发光点所发出的光才能够产生干涉。在这种条件下,系统的光学传递函数就是输出和输入量的傅立叶变换的比值。而这个傅立叶平面是在空间频率域上,而不是在时间频率域上。和非相干光相对的是相干(coherent)光。所谓相干包括空间相干(spatially coherence)和时间相干(temporal coherence)。如果一个面光源,在这个光源的一个区域内的所有点上发出的光的波阵面均非常精确地同样进行振动,它们的频率和相位完完全全是相同的,那么我们就称这个光源是空间相干的(spatially coherent)。如果光源不但有如上特性,而且还具有非常稳定的频率,以至于经过很长的一段时间以后,它们的相对相位仍然是完全不变的,那么我们就称它们还具有时间相干性。一般说来,相干的波之间可以发生干涉，而非相干的波之间则不会产生干涉。而介于两者之间的则可能在一定程度上产生干涉，这个干涉程度被称为相干度。

和时间频率类似，空间频率是用来描写一个函数在空间尺度范围内产生重复次数的情况。空间频率可以用来描述一个平面物，一个平面光源，或者一个平面像的细节。因为任何物或像均可以看作是由无穷多个空间频率的不同强度分布的集合。如果 p_0 是某一个物或者像上强度变化的周期，那么相应的空间频率 ν_0 就是单位长度和这个周期的比值。空间频率的单位是长度的倒数。在天文上长度常常是角度的正弦值，而在小角度时，正弦值和角度值相等，所以空间频率的单位也可以是角度的倒数。

光学调制传递函数和对比度(contrast)的变化或调制相关。在空间某个频率上，对比度的定义是 $C(\nu_0)=(l_{\max}-l_{\min})/(l_{\max}+l_{\min})$(图 1.49(a))。而光学调制传递函数就是像和物在空间频率上输入和输出值的对比度的比值：

$$\mathrm{MTF}(\nu_0)=\frac{C_{\mathrm{i}}(\nu_0)}{C_{\mathrm{o}}(\nu_0)} \tag{1.113}$$

如果光学系统是一个理想系统，则对于所有的空间频率调制传递函数的值 $\mathrm{MTF}(\nu)\equiv 1$。但对于没有光强放大机制的实际成像的光学系统，则永远有 $\mathrm{MTF}(\nu)<1$(图 1.49(b))。只有当 $\nu\to 0$ 时，$\mathrm{MTF}(\nu)\to 1$。而当 ν 趋向于系统的分辨极限时，则 $\mathrm{MTF}(\nu)\to 0$。这个分辨极限所对应的空间频率，我们就叫做该系统的截止频率 ν_{c}。在光学成像的过程中，空间频率高于截止频率 ν_c 的所有物的信息将全部消失。因为在像空间不存在任何高于截止频率的频率，所以在很多情况下常常使用归一化的空间频率，即 $\nu_n=\nu/\nu_c$。

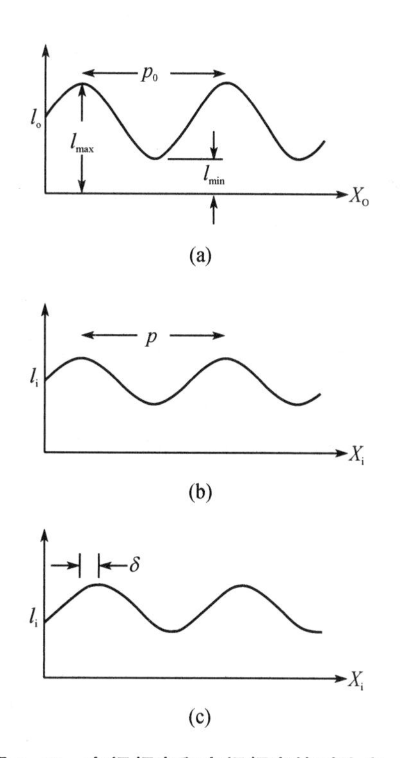

图 1.49　空间频率和空间频率的对比度

如果一个系统，它除了会改变空间频率对比度以外，还会使空间频率上的明暗条纹产生横向的位置移动 δ(图 1.49(c))，则其相位传递函数就不为零，即：

$$\mathrm{PTF}(\nu_0)=\frac{2\pi\delta}{p_0} \tag{1.114}$$

则该系统的光学传递函数为

$$\mathrm{OTF}(\nu)=\mathrm{MTF}(\nu)\exp[\mathrm{i}\,\mathrm{PTF}(\nu_0)] \tag{1.115}$$

在信息和图像的傅立叶变换即频率谱的表述中，频率谱的振幅和相位有着不同的地位和作用。在很多情况下，信息中最重要的特点并不是由频率谱的振幅值来保存的，而是由它的相位值来保存的。很多例子表明，单纯利用频率谱的振幅，很难获得原来信息的基本特点，而单纯通过频率谱的相位，却可以获得原来信息的很多重要特点。研究表明如果要恢复原来信息的均方根误差值，相位在数字化过程中应该比振幅的位数平均多 1.37 到 2 位。从相关性方面来说，相位值和原来信息的相关度十分接近，而振幅值和原来信息的相关度则差距很大。如果原来的信息是一幅两维图像，那么在原来信息的傅立叶变换中，几乎所有事件的位置均反映在它的频率谱的相位部分。具体在图像上，这些事件就是一些线条，一些点，或者其他局部范围的图像特征。这些事件的空间位置上的变化，在频率谱的振幅图中没有任何显示。而在相位上，就表示为一个固定的相位增加量。同时在振幅上，一般图像会在某一个高频率有截止的倾向，而在相位上则重点显示了高频的一些特征，如点、线或者其他的图像轮廓。在声音信息中，如果是非常短的声音，相位的重要性比较小，而对于较长的声音，它的相位中就保存了原来声音中的最主要的信息(Oppenheim and Lim，1981)。

在线性时不变系统中，脉冲响应函数和传递函数是拉普拉斯变换对。在光学系统中，点分布函数和光学传递函数是傅立叶变换对。一个点光源就相当于在时间域内的一个脉冲函数。总的来说，在光学系统中，物、像、点分布函数和光学传递函数之间总存在着下列的关系：

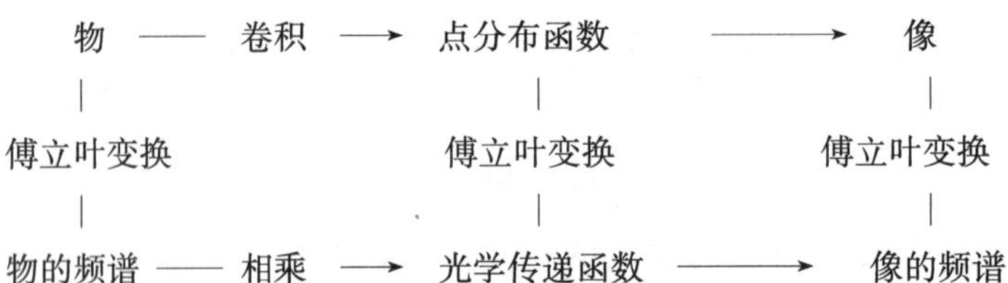

一个与点分布函数相关的参数是点分布函数在一定角半径内的能量(encircled energy)。要求解这个参数，必须首先计算点分布函数的总能量，然后用角半径内的能量和这个总能量来相除。

如果用口径场复数函数 $P(x,y)$ 来求解光学传递函数，则光学传递函数是口径场函数在口径范围内的自相关积分，即(图 1.50)

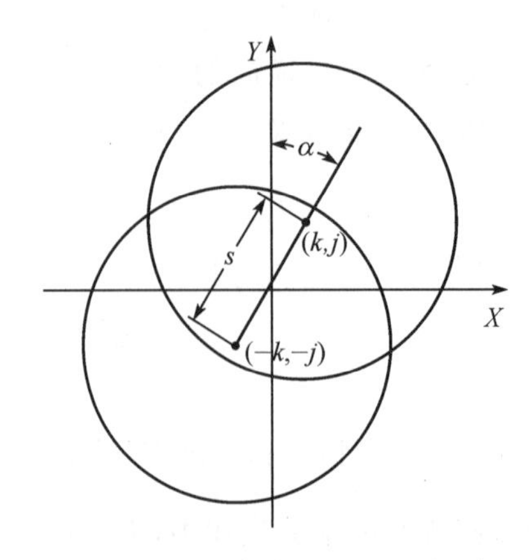

图 1.50 口径场函数自相关积分的坐标系统

$$\mathrm{OTF}(k,j)=\frac{\int_{-1}^{1}\int_{-1}^{1}P^{*}(X+k,Y+j)P(X-k,Y-j)\mathrm{d}X\mathrm{d}Y}{\int_{-1}^{1}\int_{-1}^{1}[P(X,Y)]^{2}\mathrm{d}X\mathrm{d}Y} \tag{1.116}$$

式中在 X-Y 坐标上口径场 P 的中心与它的共轭口径场 P^* 的中心距为 s。它们的中心点的连线与 y 轴的交角为 α。这时的面积分是在相互重合的区域内进行的。在光学传递函数的表达式中 $k=(s/2)\sin\alpha, j=(s/2)\cos\alpha$。当 $s=1$ 时，取截止频率的值 $\nu_n=2s/\lambda$。

为了确定在光学传递函数中是否存在相位传递函数，有下面的一些判断准则：(1) 如果在口径场上任何点的相位均为零，则不存在相位传递函数；(2) 如果口径场函数是厄密(Hermitian)函数，即它的复数共轭函数等于它变量符号改变了以后的原函数，那么它的相位传递函数将不存在；(3) 如果口径场的相位函数和振幅函数都是偶函数，那么一定存在相位传递函数。总结一下现代光学中有关的重要函数的概念，我们可以看出它们之间有下列的关系，即

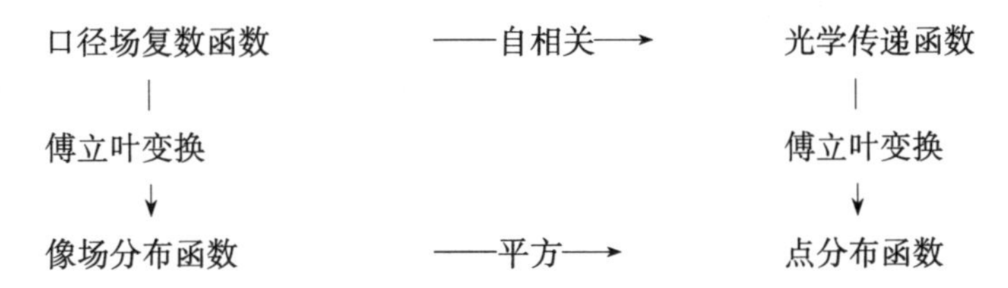

在上面四种函数中两两互为傅立叶变换对，但是它们之间的差别是十分明显的。以光学传递函数与点分布函数为例，点分布函数是一个实数函数，而光学传递函数或者是实数函数，或者是一个特殊的复数函数，即厄密函数，它的傅立叶变换永远是实数函数。像场分布函数有两个部分，即振幅分布函数和相位分布函数。光学传递函数通常是一闭区间函数，而点分布函数则是一个开区间函数。同样口径场函数也常常是一闭区间函数，而像场分布函数则是一个开区间函数。当用开区间函数来求闭区间函数时，如果仅仅在有限区域积分，则会引入相当的误差。

当我们应用点分布函数来求光学传递函数时，积分过程不可能在无穷边界内进行。这时点分布函数被截止，如果求解的光学传递函数仍然是在 $\nu=0$ 时作归一处理，则在其空间频率上会产生很大的误差。为了减小这一误差，应该用点分布函数所截取的总能量来进行光学传递函数的归一化处理(见图 1.51)。当截取半径为 3 个艾里斑半径时，则截取的总能量为像点实际总能量的 0.943 倍，这样归一化处理可以使误差大大减小。另外采样频率也会影响光学传递函数在高频部分的误差。一般在每一个艾里斑半径上应该有 10 至 20 个采样点，以保证光学传递函数的精度。

点分布函数和光学传递函数互为傅立叶变换对。光学传递函数具有对称性，它或为实数函数，这时相位传递函数消失；或为厄密函数，这时调制传递函数是偶函数，而相位传递函数是奇函数。点分布函数总是实数函数。当光学传递函数是厄密函数时，点分布函数不是偶函数，反之则始终为偶函数。只要口径场上的相位 $W(\rho,\theta)=0$，则不论口径场边界是如何不规则，所获得的点分布函数就总是一个偶函数。

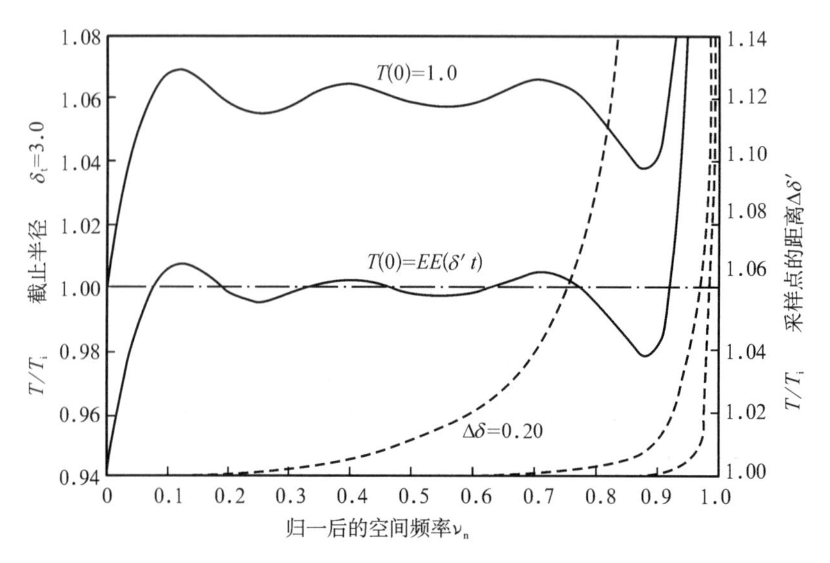

图 1.51　利用点分布函数求调制传递函数不同归一处理时的误差（虚线是不同的采样距离所引起的误差）(Wetherell,1980)

口径场函数与像场分布函数互为傅立叶变换对。所以可以用像场分布函数来计算口径场函数，这就是射电天线全息检测面板表面误差的方法。在使用这种方法时，他们采用了一种叫尼奎斯特(Nyquist)的采样方法，采样区间比较大，采样频率较低。采样区间可以达到 100 个主瓣宽度，采样频率大约是半个主瓣宽度。对于圆形口径，调制传递函数具有如下的形式(见图 1.52)：

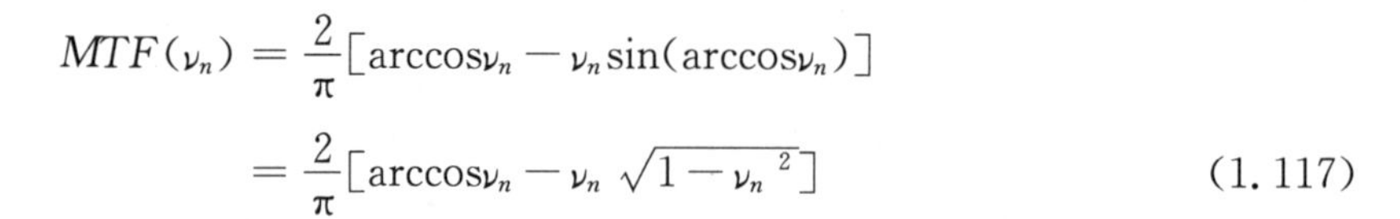

$$MTF(\nu_n) = \frac{2}{\pi}[\arccos\nu_n - \nu_n \sin(\arccos\nu_n)]$$
$$= \frac{2}{\pi}[\arccos\nu_n - \nu_n \sqrt{1-\nu_n{}^2}] \tag{1.117}$$

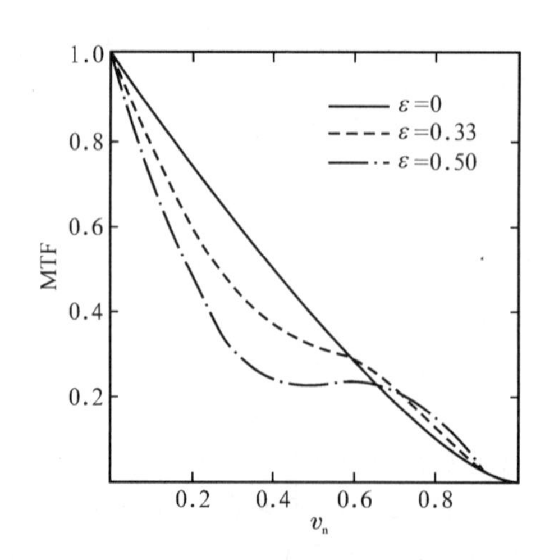

图 1.52　中心遮挡率为 ε 的圆形口径的调制传递函数

对于有中心遮挡并且遮挡率为 ε 的圆形口径，则有

$$MTF(\nu_n) = \frac{2}{\pi}\frac{A+B+C}{1-\varepsilon^2}$$

$$A = [\arccos\nu_n - \nu_n\sqrt{1-\nu_n{}^2}]$$

$$B = \begin{cases} \varepsilon^2[\arccos(\nu_n/\varepsilon) - (\nu_n/\varepsilon)\sqrt{1-(\nu_n/\varepsilon)^2}] & 0 \leqslant \nu_n \leqslant \varepsilon \\ 0 & \nu_n > \varepsilon \end{cases}$$

$$C = \begin{cases} -\pi\varepsilon^2 & 0 \leqslant \nu_n \leqslant (1-\varepsilon)/2 \\ -\pi\varepsilon^2 + \left\{\varepsilon\sin X + \frac{X}{2}(1+\varepsilon^2) - (1-\varepsilon^2)\tan^{-1}\left[\frac{1+\varepsilon}{1-\varepsilon}\tan\frac{X}{2}\right]\right\} & 1-\varepsilon \leqslant 2\nu_n \leqslant 1+\varepsilon \\ 0 & 2\nu_n > 1+\varepsilon \end{cases}$$

$$X = \arccos\frac{1+\varepsilon^2-4\nu_n^2}{2\varepsilon} \tag{1.118}$$

1.4.2　波像差和调制传递函数

使用调制传递函数的最大优点就是光学系统中总调制传递函数的值是各分部调制传递函数之乘积。即

$$T = T_1 T_2 T_3 T_4 \cdots \tag{1.119}$$

同样在系统中的,如果有多个互相独立的,影响传递函数的因素,则总调制传递函数等于各因素的调制传递函数之乘积,即

$$T = T_d T_f T_r T_p \cdots \tag{1.120}$$

式中的下标 d 表示口径,f 为几何像差,r 为随机分布的波差,p 为指向误差。用这种方法可以把复杂的波像差分解成相对简单的波形。同样也可以将 T_d 理解为理想光学系统的传递函数,而实际光学系统的传递函数则是这个理想系统传递函数与一系列衰减(degradation)函数的乘积。光学系统的所有几何像差均可以用口径场上波阵面相位差来表示,这样很容易计算它们相应的调制传递函数,并且用图像来表示。图 1.53 列出了一些几何像差的调制传递函数。图 1.54 是离焦误差和口径本身所引起的调制传递函数的图形。这时调制传递函数在一些频率上可能取负值,这种现象被称为分辨率畸形(spurious resolution)。分辨率畸形可以看作相位发生 180 度变化,从而引起正负号的对换,在实际情况下就是空间频率条纹中明暗条纹的位置产生对调。举例来说如果在物空间是五条明条纹夹在四条暗条纹之间,则在像空间就是四条明条纹夹在五条暗条纹之间。

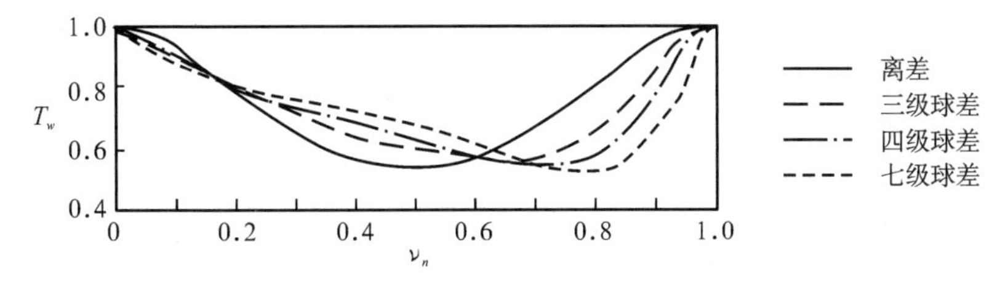

图 1.53　一些几何像差的调制传递函数(Wetherell,1980)

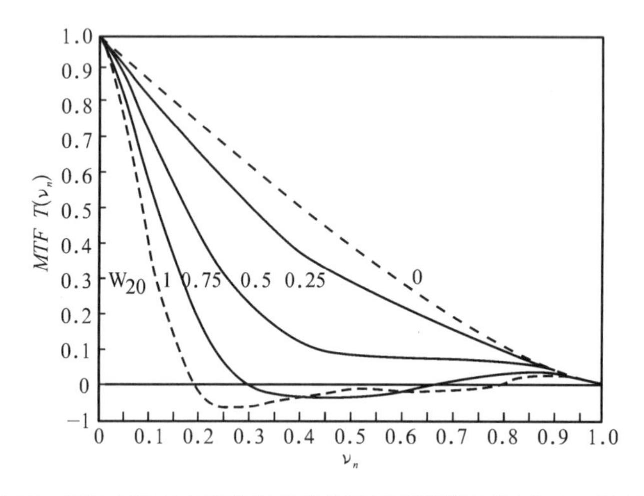

图 1.54　圆形口径加上离焦相位差后的调制传递函数(Wetherell,1980)

一部分几何像差是旋转对称的,可以只用一条曲线来表示它的调制传递函数。但是另一部分是非旋转对称的,必须用一组曲线来表示它的调制传递函数。图 1.55 所示是彗差和像散的调制传递函数的曲线。

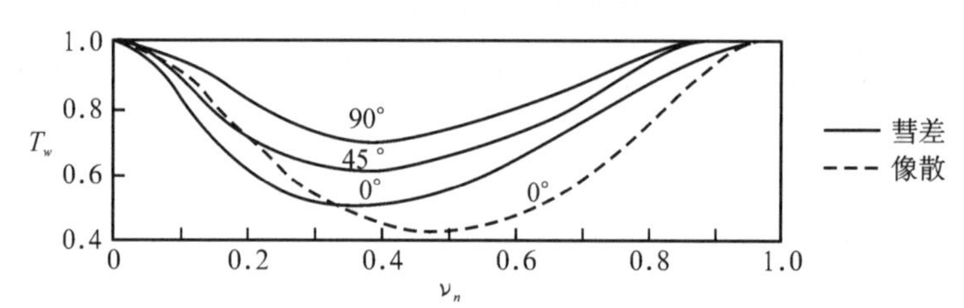

图 1.55　彗差和像散的调制传递函数(Wetherell,1980)

在总波阵面误差中减去所有的初级像差,剩下的就是高空间频率上的随机误差。这种误差在空间频率一般大于五个周期。比如 2.4 米望远镜在口径上有周期为 1 毫米形状误差,则这个误差在半径方向上的空间频率则是 1 200 周,这种高频率的空间误差也叫波纹差(ripple)。奥涅耳(O'nell,1963)对这种波纹型误差进行过统计分析,确定的调制传递函数为

$$\mathrm{MTF}_m = \exp[-k^2\omega_m^2(1-C(\nu))] \tag{1.121}$$

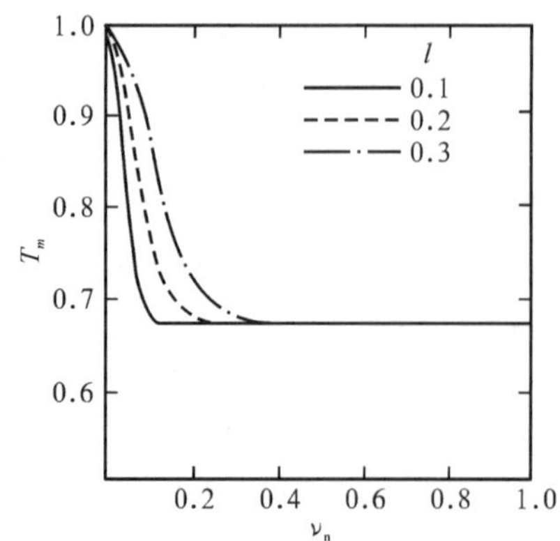

图 1.56　均方根为 0.1 波长的波纹型误差的衰减函数,l 是相关长度(Schroeder,2000)

式中 $k=2\pi/\lambda$,ω_m 是空间频率中值上的均方根波阵面误差,$C(\nu)$是归一化后波阵面误差的自相关函数。一般情况下波阵面随机误差的自相关函数是高斯函数,即 $C(\nu)=\exp[-4\nu_n^2/l^2]$,$\nu_n$ 是归一化的空间频率,l 是以镜面半径归一化后的相关长度。l 的倒数就是波纹差的空间频率。这种波纹差的传递函数同样被称为衰减函数,其值如图 1.56 所示。

空间频率更高的随机误差称为微波纹差(micro-ripple)。这时归一化的相关长度 $l\rightarrow 0$,它的传递函数为:

$$\mathrm{MTF}_h = \exp[-k^2\omega_h^2] \tag{1.122}$$

MTF_m 和 MTF_h 的乘积是所有高频随机误差的传递函数。

另一种波阵面误差是指整个波阵面的随机摆动，这种摆动会引起像的位置变化，而引起随机指向误差。这种误差可以用旋转对称的随机函数表示：

$$P_r = \exp[-\alpha^2/2\sigma'^2] \tag{1.123}$$

式中 σ' 是随机函数的标准误差，α 为像的平均移动量，均用角度值表示。将 σ' 归一化有 $\sigma=\sigma' D/\lambda$。所以随机指向误差的传递函数为

$$\mathrm{MTF}_p(\nu_n) = \exp[-2\pi^2\sigma^2\nu_n^2] \tag{1.124}$$

从上式可知，空间频率增大时随机指向误差的传递函数 $\mathrm{MTF}_p(\nu_n)$ 的值会减少。随机指向误差的效果是使星像能量分布更均匀，它的高频细节会消失。

在圆口径传递函数的表达式中已经引入了中心遮挡的因素，但仍有必要讨论一下中心遮挡的传递函数（见图 1.57）。中心遮挡的传递函数比较复杂，但是在 $\nu_n \geqslant (1-\varepsilon)/2$ 时：

$$\mathrm{MTF}_\varepsilon(\nu_n) = (1-\varepsilon^2)^{-1} \tag{1.125}$$

从公式和传递函数的图形中，可以发现中心遮挡的传递函数在高频部分的数值会大于 1，这意味着中心遮挡对点分布函数的能量分布和波阵面误差不同，它会提高星像的分辨率。从数学上讲，这时像场的能量分布是两个贝塞尔函数互相比拼的结果，它们中一个是口径的函数，一个是遮挡部分的函数。这样像场能量会从一个亮环转移到另一个亮环，从而使高频部分的细节得到加强。

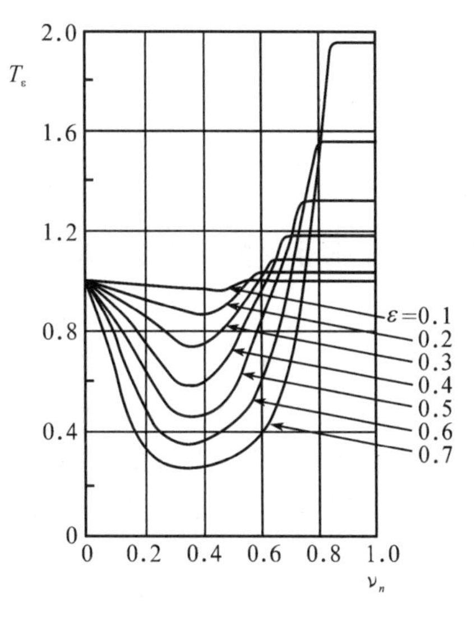

图 1.57　中心遮挡的传递函数（Wetherell，1980）

1.4.3　斯特列尔比（Strehl ratio）

斯特列尔比是有像差的光学系统中点分布函数最高点能量与相应的理想光学系统点分布函数最高点能量之比。斯特列尔比也可以从实际和理想光学系统的调制传递函数中求得。它等于两个调制传递函数曲线下面的面积之比：

$$S_t = \frac{\int \mathrm{MTF}(\nu)\mathrm{d}\nu}{\int \mathrm{MTF}_i(\nu)\mathrm{d}\nu} \tag{1.126}$$

式中 $\mathrm{MTF}_i(\nu)$ 是理想系统的调制传递函数，而 $\mathrm{MTF}(\nu)$ 是实际系统的调制传递函数。由于振幅分布函数是点分布函数的平方根，同时是口径场函数的傅立叶变换，所以斯特列尔

比等于口径场在零空间的频率，即 $\exp[-2\pi i(\nu_x x+\nu_y y)]=1$ 时的傅立叶变换：

$$S_t=\frac{1}{\pi^2}\left|\int_0^{2\pi}\int_0^1 \exp(2\pi\cdot iW(\rho,\theta))\rho\,d\rho\,d\theta\right|^2 \tag{1.127}$$

式中 $W(\rho,\theta)$ 是口径场的相位。当相位差很小，斯特列尔比可以取上式泰勒级数的前两项：

$$S_t\cong\exp\left[-\left(\frac{2\pi}{\lambda}\sigma\right)^2\right]\approx 1-\left(\frac{2\pi}{\lambda}\sigma\right)^2 \tag{1.128}$$

式中 σ 是波阵面的均方根相位差。当均方根相位差为 $\lambda/14$ 的时候，斯特列尔比等于 0.8。当波阵面均方根相位差较小（$\sigma<\lambda/\pi$），就是弱像差的情况，这时点分布函数基本上仍然是在衍射斑的区域内。不过在它的中心点，能量最大值会下降，而像点的角直径会增大（Dalrymple，2002）：

$$\theta=\frac{\theta_D}{\sqrt{S_t}}\cong 2.4\frac{\lambda}{D}\sqrt{e^{\varphi^2}-1} \tag{1.129}$$

式中 θ_D 是口径衍射极限时的像斑张角，$\theta_D\cong 2.4\lambda/D$。利用实际像点的张角值，则有

$$S_t=\left(\frac{\theta_D}{\theta}\right)^2 \tag{1.130}$$

当受到大气扰动，波阵面误差大（$\sigma\geqslant\lambda/\pi$）的时候，光学系统是处在强像差区域内，这时像的中心区就变得十分模糊。由于能量重新分布，这时不存在艾里斑的暗条纹，像斑是由散射能量和噪声形成的。这时的系统调制传递函数等于

$$\mathrm{MTF}=\mathrm{MTF}_i\exp\left[-\left(\frac{2\pi\sigma\cdot R}{\lambda l_z}\right)^2\right] \tag{1.131}$$

式中 MTF_i 是理想系统的调制传递函数，l_z 是光程上的相关长度（2.4.1 节），R 是和口径直径相关的长度。它的点分布函数是一个高斯函数：

$$\mathrm{PSF}(r)=\frac{1}{2\pi\xi^2}\exp\left[-\left(\frac{r}{\sqrt{2}\xi}\right)^2\right],\quad \xi=\frac{\sqrt{2}\sigma F}{l_z} \tag{1.132}$$

式中 r 是像平面上的半径，F 是系统焦距。它的含有 $p\%$ 能量的像斑角直径为：

$$\theta_{p\%}=\frac{4\sigma}{l_z}\sqrt{-\ln(1-p)} \tag{1.133}$$

含有 50% 能量的像斑角直径 $\theta_{50\%}=3.33\sigma/l_z$。这时斯特列尔比 $S_t\approx(l_z/\sigma)^2$。波阵面相关长度对斯特列尔比有很大影响，作为极限的情况，如果相关长度等于口径尺寸，那么像面将会倾斜。

1.4.4 星像的空间频率

为了简单易懂，本节中部分公式和讨论均假设口径和星像是一维函数。实际上，所有

望远镜的口径和像均是二维平面函数，不过二维公式的推导和一维的原理完全相同。读者可以很容易地将一维的公式推广到二维的情况中去。

由于望远镜的夫朗和弗辐射场 $A(\sin\varphi)$ 与望远镜的口径场 $P(x_\lambda)$ 互为傅立叶变换对，则在一维情况下有

$$A(\sin\varphi) = \int_{-\infty}^{\infty} P(x_\lambda) \cdot e^{i2\pi \cdot x_\lambda \sin\varphi} dx_\lambda$$

$$P(x_\lambda) = \int_{-\infty}^{\infty} A(\sin\varphi) \cdot e^{-i2\pi \cdot x_\lambda \sin\varphi} d\sin\varphi \tag{1.134}$$

式中 $x_\lambda = x/\lambda$ 是一维空间频率。因为望远镜口径场是有界的，其夫朗和弗像场$A(\sin\varphi)$可以用 $A(\varphi)$来表示，有

$$A(\varphi) = \int_{-a_\lambda/2}^{+a_\lambda/2} P(x_\lambda) \cdot e^{i2\pi \cdot x_\lambda \sin\varphi} dx_\lambda \tag{1.135}$$

式中 $a_\lambda = a/\lambda$ 为口径场的宽度。在光学望远镜中口径场是均匀照明的，在射电望远镜中口径场可能有边缘衰减，因此其远场方向图与光学望远镜中的点分布函数略有不同。

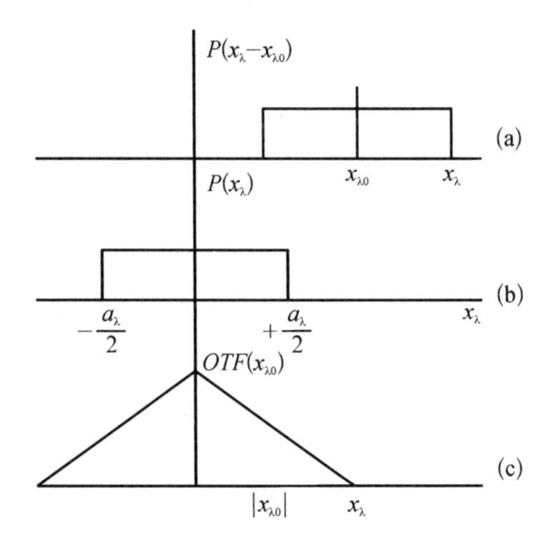

图 1.58　口径场复数函数的自相关(Kraus,1986)

望远镜光学传递函数等于口径场复数函数的自相关(Kraus,1986)：

$$\mathrm{OTF}(x_{\lambda 0}) = \int_{-a_\lambda/2}^{+a_\lambda/2} P(x_\lambda - x_{\lambda 0}) P^*(x_\lambda) dx_\lambda \tag{1.136}$$

式中 $\mathrm{OTF}(x_{\lambda 0})$是像斑强度的傅立叶变换(图 1.58(c))，$P(x_\lambda)$是口径场分布(图 1.58(b))。当位移 $x_{\lambda 0}$ 大于口径宽度 a_λ 时自相关函数为零。如果天体源的亮度分布为$B(\varphi_0)$，则在空间频率域的像应该是天体源的亮度分布的傅立叶变换与光学传递函数的积：

$$\bar{S}(x_\lambda) = \bar{B}(x_\lambda) OTF(x_\lambda) \tag{1.137}$$

这个公式表明望远镜的作用实际是一个空间频率滤波器。在天体源中高于截止频率的任何细节均消失，所保存的仅仅是天体源中小于空间截止频率上的光学信息。

为了获得天体源中更多的光学信息，可以借助天文干涉仪（见图 1.59）。如果在干涉仪中两个口径的距离为 s_λ，而口径直径为 a_λ，则这种干涉仪的截止空间频率为：

$$x_{\lambda c} = a_\lambda + s_\lambda \tag{1.138}$$

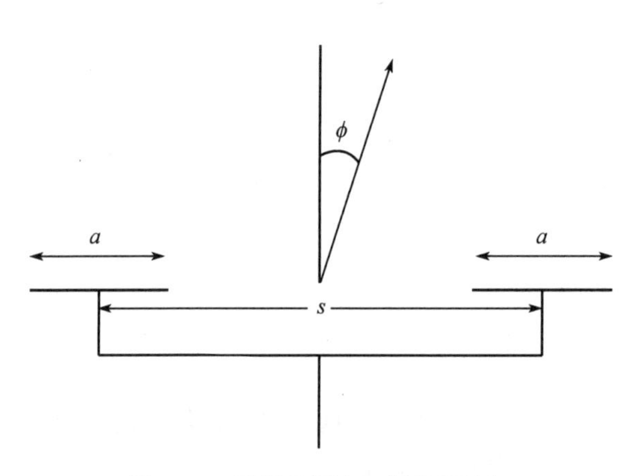

图 1.59 简单的两个口径的干涉仪

空间截止频率越大，保存的信息越多，所以可以分辨出更多的细节。两个口径组成的干涉仪所产生的夫朗和弗辐射场为（见图 1.60）

$$A(\varphi) = A_n(\varphi)\cos(\pi s_\lambda \sin\varphi) \tag{1.139}$$

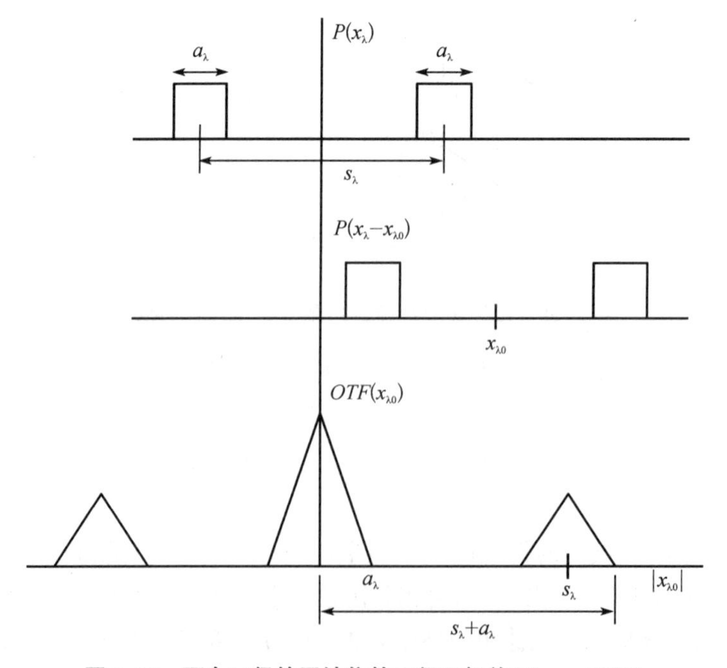

图 1.60 两个口径的干涉仪的口径互相关（Kraus，1986）

式中 $A_n(\varphi)$是归一化的单口径的夫朗和弗辐射场。两个口径干涉仪的强度分布为(见图 1.60(a))

$$|A(\varphi)|^2 = |A_n(\varphi)|^2 \cos^2(\pi s_\lambda \sin\varphi) = |A_n(\varphi)|^2[1+\cos(2\pi s_\lambda \sin\varphi)]/2 \quad (1.140)$$

这个公式表示干涉仪所形成的像斑是一组经过调制以后的条纹(图 1.61(c))。调制后的条纹宽度就是干涉仪基线所对应的空间频率 s_λ 的倒数(图 1.61(b)),但是它的振幅受到了单个口径点分布函数的调制(图 1.61(a))。

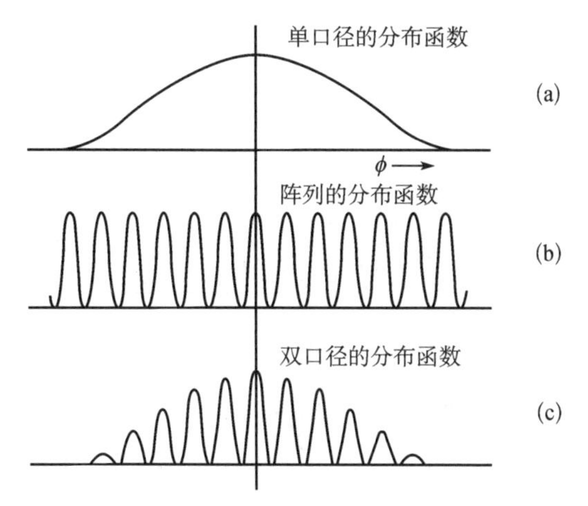

图 1.61　(a)单个口径;(b)双缝干涉仪和(c)双口径干涉仪的点分布函数 (Kraus,1986)

利用干涉仪对某一天体源观测,其像斑应该是干涉仪点分布函数和天体源强度分布的卷积,即(Kraus, 1996)

$$\begin{aligned} S(\varphi_0, s_\lambda) &= |A_n(\varphi)|^2 \int_{-\alpha/2}^{\alpha/2} B(\varphi)[1+\cos(2\pi s_\lambda \sin(\varphi_0-\varphi))]\mathrm{d}\varphi \\ &= |A_n(\varphi)|^2\{S_0 + \int_{-\alpha/2}^{\alpha/2} B(\varphi)\cos(2\pi s_\lambda \sin(\varphi_0-\varphi))\mathrm{d}\varphi\} \end{aligned} \quad (1.141)$$

式中 α 是天体源张角,S_0 为源的能量密度,φ_0 为像平面上的角位移。如果天体源张角远小于 s_λ 的倒数,则星像条纹和口径场的衍射强度分布相同。如果天体源张角略小于 s_λ 的倒数,则星像条纹对比度会大大减小。如果天体源张角正好等于 s_λ 的倒数,则星像条纹完全消失(图 1.62)。在上一公式中,第一项是常数,而第二项可以表示为

$$\begin{aligned} V(\varphi_0, s_\lambda) &= \frac{1}{S_0}\int_{-\alpha/2}^{\alpha/2} B(\varphi)\cos(2\pi s_\lambda \sin(\varphi_0-\varphi))\mathrm{d}\varphi \\ &= \frac{1}{S_0}[\cos 2\pi s_\lambda \varphi_0 \int_{-\alpha/2}^{\alpha/2} B(\varphi)\cos 2\pi s_\lambda \sin\varphi \mathrm{d}\varphi + \sin 2\pi s_\lambda \varphi_0 \int_{-\alpha/2}^{\alpha/2} B(\varphi)\sin 2\pi s_\lambda \sin\varphi \mathrm{d}\varphi] \end{aligned}$$

(1.142)

式中的变量也可以表示成位移 $\Delta\varphi_0$ 的余弦函数,有

$$V(\varphi_0, s_\lambda) = V_0(s_\lambda)\cos(2\pi s_\lambda(\varphi_0 - \Delta\varphi_0))$$
$$= V_0(s_\lambda)[\cos 2\pi s_\lambda\varphi_0 \cos 2\pi s_\lambda \Delta\varphi_0 + \sin 2\pi s_\lambda\varphi_0 \sin 2\pi s_\lambda \Delta\varphi_0] \quad (1.143)$$

式中的 $V_0(s_\lambda)$ 代表星像条纹的振幅又叫做条纹的能见度(visibility),它是基线长度 s_λ 的函数。从上式可以得到下面的重要公式:

$$V_0(s_\lambda)\cos 2\pi s_\lambda \Delta\varphi_0 = \frac{1}{S_0}\int_{-\alpha/2}^{\alpha/2} B(\varphi)\cos 2\pi s_\lambda \varphi \mathrm{d}\varphi$$
$$V_0(s_\lambda)\sin 2\pi s_\lambda \Delta\varphi_0 = \frac{1}{S_0}\int_{-\alpha/2}^{\alpha/2} B(\varphi)\sin 2\pi s_\lambda \varphi \mathrm{d}\varphi \quad (1.144)$$

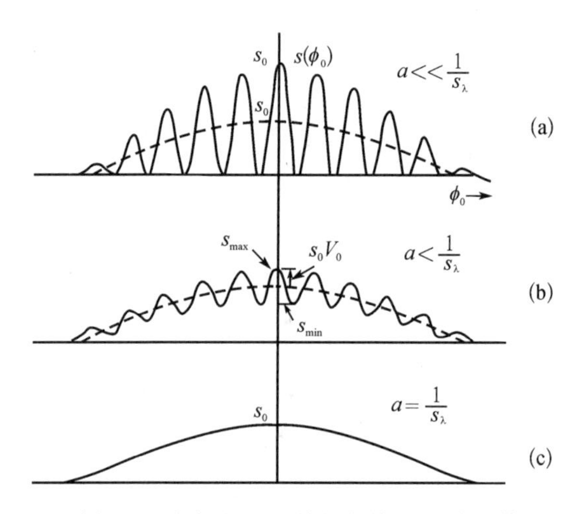

图 1.62　(a)点源,(b)张角小于 s_λ 的倒数的和(c)张角等于 s_λ 的倒数的天体源所形成的干涉条纹(Kraus,1986)

从而有

$$V_0(s_\lambda)e^{i2\pi s_\lambda \Delta\varphi_0} = \frac{1}{S_0}\int_{-\alpha/2}^{\alpha/2} B(\varphi)e^{i2\pi s_\lambda \varphi}\mathrm{d}\varphi \quad (1.145)$$

式中的 $V_0(s_\lambda)\exp(i2\pi s_\lambda\Delta\varphi_0)$ 叫做复数能见度函数。上面公式对于展源也同样适用,因此可以记为:

$$V_0(s_\lambda)e^{i2\pi s_\lambda \Delta\varphi_0} = \frac{1}{S_0}\int_{-\infty}^{\infty} B(\varphi)e^{i2\pi s_\lambda \varphi}\mathrm{d}\varphi \quad (1.146)$$

这个公式表示能见度复数函数是天体源强度分布傅立叶变换,反过来也一样,复数能见度函数的反傅立叶变换就是天体源强度分布。

$$B(\varphi_0) = (s_\lambda)e^{i2\pi s_\lambda \Delta\varphi_0} = S_0\int_{-\infty}^{\infty} V_0(s_\lambda)e^{-i2\pi s_\lambda(\varphi_0 - \Delta\varphi_0)}\mathrm{d}s_\lambda \quad (1.147)$$

对于对称分布的天体源,条纹位移值为零或者为半个条纹($\Delta\varphi_0 = s_\lambda/2$)。

在射电相关干涉仪中，相对于每个基线的复数能见度函数的值都可以一一测量出来，然后通过傅立叶变换去获得天体源的亮度分布。空间频率和望远镜的基线长度成比例，而波长和基线长度的比就是空间角尺度的大小。在空间频率范围内，单口径望远镜在空间频率为零时系统响应是 1，频率响应随频率的增加而减小（图 1.63）。对于相关干涉仪，频率响应则集中在一个个的带区内，它的响应峰值分别对应于它们单元之间的不同基线的长度。然而当空间频率为零时，它却没有任何响应，所以天体源中大尺度的信息反而丧失了。

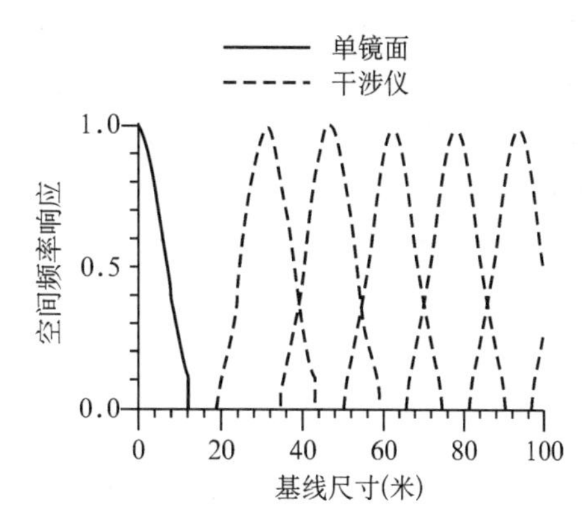

图 1.63　单镜面（实线）和相关干涉仪（虚线）的空间频率响应（Emerson，2005）

考虑真实的二维分布的情况，能见度函数是在两个方向上尺度的函数。天体源的强度分布的公式为

$$B(x,y)=\int_{-\infty}^{\infty}\int_{-\infty}^{\infty}V(u,v)\mathrm{e}^{-\mathrm{j}2\pi(ux+vy)}\mathrm{d}u\mathrm{d}v \tag{1.148}$$

式中的 $u=s_{\lambda x}$，$v=s_{\lambda y}$ 分别是口径场在 x 和 y 方向上的间距，而 $x=\cos\alpha$ 和 $y=\cos\beta$ 分别是相对于这两个方向的角度的方向余弦。用这种方法来实现成像的方法在射电天文学中叫口径综合方法。为了获得好的图像，它需要很好的 u-v 分布。比较之下光学上的口径综合要比射电上困难很多，有关试验还正在开展。

前面讨论的能见度函数是单色光条件下的定义，当频谱有一定宽度时，该函数将受到一个 $\sin(\pi\tau\Delta(c/\lambda))/(\pi\tau\Delta(c/\lambda))$ 函数的调制，条纹的能见度将迅速下降，式中 τ 是两信号的时间延迟，$\Delta(c/\lambda)$ 是频谱宽度。频谱宽度的影响以及光的空间和时间相干理论将在第五章 5.5.1 节讨论，十分重要的 Weiner-Khinchin 和 Van Cittert-Zernike 理论将在第八章 8.3.3 节中介绍。

1.4.5　拼合镜面的成像特点

拼合镜面和其他形式的主镜系统将在第二章讨论，本节仅讨论拼合镜面的成像特点。对于一个理想的拼合镜面，它的点分布函数为（Yaitskova，2003）

$$\begin{aligned}\mathrm{PSF}(w)&=\left(\frac{AN}{\lambda F}\right)^2\left|\frac{1}{N}\sum_{j=1-N}\exp\left(\mathrm{i}\frac{2\pi}{\lambda F}\vec{w}\cdot\vec{r}\right)\right|^2\times\left|\frac{1}{A}\int\theta(\xi)\exp\left(\mathrm{i}\frac{2\pi}{\lambda F}\vec{w}\cdot\vec{\xi}\right)\mathrm{d}^2\vec{\xi}\right|^2\\&=\left(\frac{AN}{\lambda F}\right)^2\mathrm{GF}(w)\cdot\mathrm{PSF}_{\mathrm{seg}}(w)\end{aligned} \tag{1.149}$$

式中 $\vec{w}$ 是像面上的位置矢量，$\vec{\xi}=\vec{x}-\vec{r}_j$ 是特定六边形镜面单元的局部位置矢量，$\theta_j(\vec{x}-\vec{r}_j)=1$ 表示在这个镜面单元内，而 $\theta_j(\vec{x}-\vec{r}_j)=0$ 表示不在这个镜面单元内，$A=\sqrt{3}d^2/2$ 是镜面单元的面积，d 是两个相邻单元之间的距离，N 是单元编号，λ 是波长，f 是焦距，

PSF_{seg}是单个镜面的点分布函数，而 GF 是一栅格形函数，它是表示拼合子镜面中心点的周期性栅格函数的傅立叶变换。这个函数 GF 以及 PSF_{seg}，在位置为 $w=0$ 时总是取最大值 1。而子镜面的点分布函数的零点和这个栅格函数的其他最大值相重合，这样只能看到唯一的主亮点。

如果围绕镜面中心的六边形子镜面共有 M 圈，那么子镜面总数将是 $N=3M(M+1)+1$。则：

$$\mathrm{GF}(w)=\left\{\begin{array}{l}\sin[(3M+1)\beta+(M+1)\sqrt{3}\alpha] \\ \times\dfrac{\sin[M(\beta-\sqrt{3}\alpha)]}{N\sin(2\beta)\sin(\beta-\sqrt{3}\alpha)}+\sin[(3M+2)\beta-M\sqrt{3}\alpha] \\ \times\dfrac{\sin[(M+1)(\beta+\sqrt{3}\alpha)]}{N\sin(2\beta)\sin(\beta+\sqrt{3}\alpha)}\end{array}\right\}^{2} \tag{1.150}$$

式中 $\alpha=(\pi d/2\lambda F)w_x$ 和 $\beta=(\pi d/2\lambda F)w_y$ 是在像平面上的归一化坐标。这个函数在像平面上具有两倍于 $\pi/3$ 角度的对称性。而子镜面的场分布（field pattern）函数为（Yaitskova，2003）：

$$\begin{aligned}\mathrm{FPF}(w)=\frac{1}{2\sqrt{3}\alpha}\Big[&\sin(\sqrt{3}\alpha-\beta)\,\mathrm{sinc}\left(\frac{\alpha}{\sqrt{3}}+\beta\right)\\&+\sin(\sqrt{3}\alpha+\beta)\,\mathrm{sinc}\left(\frac{\alpha}{\sqrt{3}}-\beta\right)\Big]\end{aligned} \tag{1.151}$$

在像平面上两个相互垂直的方向上子镜的点分布函数为

$$\begin{aligned}\mathrm{PSF}_{seg}(\alpha)&=\frac{\sin(\alpha/\sqrt{3})\sin(\alpha\sqrt{3})}{\alpha^2}\\ \mathrm{PSF}_{seg}(\beta)&=\frac{1-\cos(2\beta)+2\beta\sin(2\beta)}{6\beta^2}\end{aligned} \tag{1.152}$$

如果子镜面位置具有随机分布且平均值为零的轴向误差（piston error），子镜面的点分布函数将不受影响，不过栅格函数 GF 将产生变化，从而引进杂乱的光斑噪声。这时主光斑的角直径可以用子镜面点分布函数 PSF_{seg}的半高全宽（FWHM）表示，它和轴向误差的具体数值无关，它约等于（Yaitskova，2003）

$$\varepsilon_{\mathrm{speckle}}\approx 2.9\lambda/\pi d \tag{1.153}$$

如果 $d=1.5$ m，$\lambda=0.5$ μm，这个角度是 0.07″。由于斑点噪声的存在，斯特列尔比会减少。当子镜瞬间随机轴向相位误差为 δ_j 时，它的斯特列尔比为

$$S_t=\frac{1}{N}\left[1+\frac{2}{N}\sum_{j>1}^{N}\cos(\delta_j-\delta_1)\right] \tag{1.154}$$

当子镜随机轴向相位误差是完全独立的，并且具有平均值为零的高斯分布，那么斯特列尔比为

$$S_t = \frac{1}{N}[1+(N-1)e^{-\varphi^2}] \tag{1.155}$$

式中 φ 是口径场波阵面均方根差。这时像点平均亮度和中心点最高亮度的比为(Yaitskova，2003)

$$R_a = \frac{1-e^{-\varphi^2}}{1+(N-1)e^{-\varphi^2}} \tag{1.156}$$

当子镜面具有随机倾斜误差(tip-tilt error)时，拼合镜面的成像要复杂些。这时它的点分布函数也可以表示成几项乘积的形式，即各子镜点分布函数的非相关叠加以及子镜面之间的相互干涉。当子镜面之间仅仅存在微弱相干，而子镜面的倾斜误差随机分布且数值大时，子镜面之间的相干可以忽略不计。这时观察到总点分布函数就是各个具有倾斜角的 N 个子镜面点分布函数的叠加。不过当子镜面数量不断增加以后，它的第二项对总点分布函数的贡献将很快增加。这种情况也可以看作一个栅格函数和一个经过修改以后的子镜面点分布函数的乘积。这个修改以后的子镜面点分布函数 PSF'_{seg} 是子镜面的振幅分布函数(1.151)式和一个与倾斜相位误差的分布密切相关的 Q 函数乘积的平方：

$$\mathrm{PSF}'_{seg}(\vec{w},\varphi) = \left| \int FPF(\vec{\omega}')Q(\varphi,\vec{w}-\vec{\omega}')d^2\vec{\omega}' \right|^2 \tag{1.157}$$

当倾斜相位误差具有高斯分布时，这个 Q 函数为：

$$Q(\varphi,\vec{w}-\vec{w}') = \left(\frac{2\pi}{\lambda F}\right)^2 \frac{d^2}{2\pi(2.7\varphi)^2} \times \exp\left[-\left(\frac{2\pi}{\lambda F}\right)^2 \frac{(\vec{w}-\vec{w})^2 d^2}{2(2.7\varphi)^2}\right] \tag{1.158}$$

这时斯特列尔比和子镜面数量有直接关联，其表达式为(Yaitskova，2003)

$$S_t(\varphi) \approx 1-\varphi^2+\frac{\varphi^2}{4}\left(2.34+\frac{2}{N}\right) \tag{1.159}$$

参考文献

Anderson, G. and Tullson, D., 2006, Photon sieve telescope, SPIE Proc. 6265, 626523.

Bahner, K., 1968, Large and very large telescope projects and consideration, ESO Bulletin, No, 5.

Barlow, B. V., 1975, The astronomical telescope, Wykeham Publications (London) Ltd, London.

Baum, W. A., 1962, The detection and measurement of faint astronomical sources, in 'Astronomical techniques' (W. A. Hiltner, ed.), Chicago.

Bennett, G. G., 1982, The Calculation of Astronomical Refraction in Marine Navigation, Journal of Navigation, 35: 255-259.

Born, M. and Wolf, E., 1980, Principles of Optics, 6th. Ed. Pergamon Press, Oxford.

Bowen, I. S., 1964, Telescopes, AJ, Vol. 69, p816.

Breckinridge, J. B., 2011, Basic optics for astronomical sciences, SPIE press.

Cao, C., 1986, Optical system for large field telescopes, Conference on large field telescope design, Nanjing Astronomical Instrument Institute.

Cheng, Jingquan and Liang, Ming, 1990, High image quality Mersenne-Schmidt telescope, SPIE Proc., On Advanced technology telescope (IV), Vol 1236.

Cheng, Jingquan, 1988, Field of view, star guiding and general design of large Schmidt telescope, Proc. of ESO Conference on VLT and their instruments, Munich, Germany.

Cuby J. G.. et al. ,Handling atmospheric dispersion and differential refraction effects in large-field multi-objects spectroscopic observations, spie vol 3355, 1998.

Dalrymple, N. E. , 2002, Mirror seeing, ATST project CDR report #0003, NOAO.

Dawe, J. A. , 1984, The determination of the vignetting function of a Schmidt telescope, in 'Astronomy with Schmidt telescopes' (Capaccioli, M. , ed.), E. Reidel Pub. Co.

Dierickx, P. et al. , 2004, OWL phase A, status report, Proc. SPIE 5489.

Disney, M. J. , 1972, Optical arrays, Mon. Not. RAS. , Vol. 160, pp 213 - 232.

Disney, M. J. , 1978, Optical telescope of the future, ESO Conf. Proc. 23, pp 145 - 163.

Enmark, A. and Andersen, T. , 2011, Integrated modeling of telescopes.

Emerson, D. , 2005, Lecture notes of NRAO summer school.

Filippenko, A. V. , 1982, The importance of atmosphere differential diffraction in spectrophotometry, Pub Astron Soc Pacific, 94,715 - 721.

Foy, R. and Labeyrie, A. , 1985, Feasibility of adaptive telescope with laser probe, Astronomy and Astrophysics, Vol 152, p. L29.

Gascoigne, C. S. R. , 1968, Some recent advances in the optics of large telescopes, Quart. J. RAS. , Vol . 9, p18.

Gascoigne, C. S. R. , 1973, Recent advances in Astronomical optics, Applied Optics, Vol. 12, p1419.

Gillingham P. and Saunders, W. , 2014, A wide field corrector with loss-less and purely passive atmospheric dispersion correction, proc. spie 915161.

Glassner, A. S. , 1989, An introduction to ray tracing, Academic press, London.

Hecht, H. and Zajac, A. , 1974, Optics, Addison-Wesley Pub. Co, London.

Jiang, S. 1986, Review of multi-object spectroscope, Conference on large field telescope, Nanjing Astronomical Instrument Institute.

Kopon, D. , et al. , 2008, An advanced atmosphere dispersion corrector: the Magellan Visible AO camera, SPIE, 7015, 70156M.

Kopon, D. , 2012, The optical design of a visible adaptive optics for the Magellan telescope, Ph. D. thesis, the University of Arizona.

Kraus, J. D. , 1986, Radio Astronomy, Cygnus-Quasar Books, Powell, Ohio.

Learner, R. , 1980, Astronomy through the telescope, Evans brothers, London.

Liang, M. , et al. , 2005, The LSST optical system, Bulletin of the American Astronomical Society, Vol. 37, p 2005.

Lewis, I. J. , et al. , 2002, The Anglo-Australian Telescope 2DF facility, Mon Not R Astron Soc, 333, 279 - 298.

Lo, A. S. and Arenberg, J. , 2006, New architectures for space astronomical telescopes using Fresnel optics, SPIE Proc. 6265, 626522.

Oppenheim A. V. and J. S. Lim, 1981,The importance of phase in signals, Proc. EEEE, 69, 529.

Parks, R. E. and Honeycutt, K. , 1998, Novel kinematic equatorial primary mirror mount, SPIE Proc. , Vol. 3352, p 537.

Pawsey, J. L. , Payne-Scott, and McCready, L. L. , 1946, Radio frenquency energy from the sun, Nature, 157, 158.

Racine, R. , 1984, Astronomical seeing at Mauna Kea and in particular at the CFHT, IAU Colloq. No 79, p 235.

Reynolds, G. O. et al. , 1989, The new physical optics notebook: tutorials in Fourier optics, SPIE and American Institute of Physics.

Roddier, F. , 1984, Measuring atmospheric seeing, in IAU Coll. No. 79 (ed. M. H. Ulrich and K. Kjar) Garching bei Munchen.

Sæmundsson, þorsteinn, 1986, Astronomical Refraction, Sky and Telescope, 72: 70.

Schnapf, J. L. and Baylor, D. A. , 1987, How photoreceptor cells respond to light, Scientific American, Vol. 256, April, pp 40 - 47.

Schroeder, D. J. , 2000, Astronomical optics, Academic Press.

Shao, Lian-zhen and Su, Ding-qiang, 1983, Improvement of chromatic aberration of an aspherical plate corrector for prime focus, Optica Acta, Vol. 30, pp 1267 - 1272.

Slyusarev, G. G. , 1984, Aberration and optical design theory, 2nd. ed. , Adam Hilger Ltd. , Bristol.

Steward, E. G. , 1983, Fourier optics: an introduction, Ellis Horwood Limited, Chichester.

Stoltzmann, D. E. , 1983, Resolution criteria for diffraction-limited telescopes, Sky & Telescope, Vol. 65, pp 176 - 181.

Su, Ding-qiang, 1963, Discussion on corrector design for reflecting telescope system, Acta Astronomia, 11.

Su, Ding-qiang, 1986, A new type of field corrector, Astron. Astrophys. , 156, 381.

Su, Ding-qiang, et al. , 1967, Automatic design of corrector system for Cassegrain telescopes, Acta Astronomia, 17.

Su, Ding-qiang et al. , 1983, spot diagram and lest square optimization, Nanjing Astronomical Instrument Institute.

Su, Ding-qiang and Wang, Lan-juan, 1982, A flat-field reflecting focal reducer, Optioa Acta, Vol. 29 pp 391 - 394.

Su, Ding-qiang and Wang, Yan-lan, 1974, Optimization of abrreations for astronomical optical system, Acta Astronomia, 15.

Su Ding-qiang and Ming Liang, 1986, Lens-prizm corrector for Ritchey-Chretien and quasi Ritchey-Chretien foci, Proc. Spie- 628, 479.

Vernin, J. , 1986, Astronomical site selection, a new meteorological approach, SPIE Proc. , Vol. 628, p 142.

Wetherell, W. B. , 1974, Image quality criteria for the Large Space Telescope, in 'Space optics' (ed. B. J. Thompson and R. R. Shannon), National Academy of Science, Washington.

Wetherell, W. B. , 1980, The calculation of image quality, in 'Applied optics and optical engineering', Vol. 8, Academic Press, New York.

Willstroop, R. V. , 1984, The Mersenne-Schmidt telescope, in: IAU Coll. No. 79 (ed. M. H. Ulrich and K. Kjar), Garching bei Munchen.

Wilson, R. N, 1968, Corrector systems for Cassegrain Telescopes, Applied Optics, Vol. 7.

Wilson, R. N, 2004, Reflecting telescope optics I, 2nd edition, Springer, Berlin.

Wynne, C. G. , 1967, Afocal correctors for Paraboliodal mirrors, Applied Optics, Vol. 6.

Wynne, C. G. , 1993, A new form of atmosphere dispersion corrector, Mon Not R Astron Soc, 262, 741 - 748.

Yaitskova, N., et al., 2003, Analytical study of diffraction effects in extremely large segmented telescopes, J. Opt. Soc. Am. A, Vol. 20, pp 1563 - 1575.

Yi, M., 1982, Design of aspherical correctors for Cassegrain system, Acta Astronomia, 23, p 398.

贝卡拉,1981,光学的新面貌,科学出版社,北京.

李良德,1986,光度学漫谈,光的世界,No. 2.

王之江,1965,光学设计理论基础,科学出版社,北京.

林友苞,1960,光学设计导论,国防工业出版社,北京.

威尔福特,1982,对称光学系统的象差,科学出版社,北京.

苏定强,1963,在各类反射望远镜定系统中设计改正透镜的初步讨论,天文学报,Vol. 11.

苏定强,王亚男,1974,天文光学系统象差的自动校正,天文学报,Vol. 15.

苏定强,俞新木,王兰娟,叶稚凤,1976,卡塞格林望远镜改正透镜系统的自动设计,天文学报,Vol. 17.

羿美良,1982,卡塞格林系统非球面板像场改正器的设计和研究,天文学报,Vol. 23, p398.

苏定强,王亚男,羿美良,1983,点图评价函数和阻尼最小二乘法 ,南京天文仪器厂.

曹昌新,1986,大视场天文望远镜的光学系统,1986 年大视场望远镜会议,南京天文仪器厂.

蒋世仰,1986,多目标摄谱技术的现状和前景,1986 年大视场望远镜会议,南京天文仪器厂.

第二章　光学望远镜镜面设计

光学天文望远镜最重要的部分是它的主反射面。主反射面连同其他反射面和改正镜共同形成一个完善的波阵面相位调制器,将来自星光的平直波阵面改变为会聚于望远镜焦点的球面波阵面,从而在焦点上成像,而主镜镜面就是直接支持主反射面的重要部件。本章讨论了天文学观察对光学镜面的要求和各种减少镜面质量的方法,对各种不同的镜面形式、镜面材料、镜面成形方法、镜面抛光、镜面检测和镜面表面镀膜等进行了全面介绍,对镜面定位和支承的原理和方法、镜面宁静度和望远镜杂散光的控制也进行了充分讨论。本章讨论的重点放在了现代大型光学望远镜的各种镜面设计和镜面材料选择,分别介绍了薄镜面、新月形等厚镜面、蜂窝镜面、拼合镜面以及多镜面望远镜的安排和特点。对镜面支承的讨论包括对定位支承和浮动支承的介绍。2003 年,本书作者首次介绍了六杆平台式镜面定位支承的理论和方法,在过去十多年内这种支承方法已经有了长足的发展。在本章最后,望远镜杂散光的讨论中,还介绍了基于双方向反射分布函数(bidirectional reflection distribution function, BRDF)的散射理论。

2.1　光学镜面的设计要求

2.1.1　镜面面形的基本要求

天文光学望远镜包含很多重要部件,是一种十分灵敏的光能收集器。其中,反射镜面是最重要的部件。反射镜面的大小、表面反射率以及镜面形状误差直接影响着望远镜辐射能收集的效率。镜面的表面精度和波阵面误差直接相关,从而影响望远镜的斯特列尔比。

为了获得非常明锐的星像,光学望远镜的反射镜面必须有着极高的表面精度。理想反射镜面的形状通过光学设计、光线追迹和系统优化获得,对应于这一理想形状的像斑在几何光学上是一个尺寸很小的光斑。这个光斑所对应的是一个在光瞳面上的理想的高斯平面波。但是实际使用的光学镜面存在光学加工误差、镜面支承变形、温度所引起的变形以及其他缺陷,镜面形状相对于这一理想形状必然有一定误差。这一镜面表面形状误差经光学反射而加倍,引起望远镜所传递的波阵面产生相位误差,使望远镜在焦点上形成一个非理想像斑。

一般来讲,光学镜面误差或者波阵面误差是用它表面上的各点坐标和一个理想镜面或波阵面来比较,用两者之间距离的均方根(root main square)值来表示。镜面误差是波阵面误差的一半,常常被称为半波阵面误差(half wavefront error)。从统计学观点出发,实际望远镜镜面和它的最佳贴合理想表面之间的平均距离应该是零,而误差的均方根值就是实际表面和理想表面距离的标准误差(standard deviation),均方根差的平方称为方差(variance)。均方根差和最大误差(peak error)之间的比值与误差分布有关。对均匀分布的误差,最大误差约是均方根差的两倍;对三角形周期分布的误差,最大误差是均方根差的3.46倍;对正弦分布的误差,最大误差是均方根差的2.83倍;而对高斯分布的误差,则不存在误差的最大值,典型的高斯分布的最大误差是均方根差的6~8倍。当存在多个互相独立,即互相正交的误差影响因素时,总均方根误差是每一个因素方差和的平方根(root sum square,rss)。

根据电磁波传输理论,当电磁波的波阵面偏离理想高斯球面时,电磁波的能量将会重新分布,这种能量重新分布的结果是像斑明锐度降低,弥散斑增大,在焦点处的光能减弱。

在一个轴对称系统中,一个圆形口径在空间一点 P 的辐射能量为

$$I(P)=\left(\frac{Aa^2}{\lambda R^2}\right)^2\left|\int_0^1\int_0^{2\pi}\mathrm{e}^{\mathrm{i}(2\pi\varphi/\lambda-v\rho\cos(\theta-\psi)-1/2u\rho^2)}\rho\,\mathrm{d}\rho\,\mathrm{d}\theta\right|^2 \tag{2.1}$$

式中 A 是口径场上光的振幅,φ 为波阵面误差,a 为口径场半径,ρ、θ 为口径场坐标,r、ψ 为像场坐标,z 为口径场和像场间的距离,R 为口径场到点 P 的距离。式中 $u=\frac{2\pi}{\lambda}\left(\frac{a}{R}\right)^2 z$,$v=\frac{2\pi}{\lambda}\left(\frac{a}{R}\right)r$。如果在口径面上没有波阵面误差,则最高能量像点会落在口径场轴线上,并且最高能量为

$$I_{\varphi=0}(P_{r=0})=\pi^2\left(\frac{Aa^2}{\lambda R^2}\right)^2=\left(\frac{\pi^2A^4}{\lambda^2R^2}\right)I_{z=0} \tag{2.2}$$

式中理想像点的最大光强是口径场上光强的 $[a^2/(\lambda R)]^2$ 倍,这个数值被称为菲涅耳系数。菲涅耳系数表明口径越大,波长越小,焦距越小的光学系统可以获得最大的像点光强。(2.1)式和(2.2)式之比就是斯特列尔比。

对于波阵面误差较小的情况,如同在像差理论中讨论的一样,可以去掉波阵面误差中的一次和二次项,即倾斜项和焦点的位移项。这时波阵面差只剩下以焦点为球心的剩余误差。因此可以得出斯特列尔比为

$$S=\frac{I(P)}{I_{\varphi=0}(P_{r=0})}=\frac{1}{\pi^2}\left|\int_0^1\int_0^{2\pi}\mathrm{e}^{\mathrm{i}k\varphi_P}\rho\,\mathrm{d}\rho\,\mathrm{d}\theta\right|^2 \tag{2.3}$$

式中 φ_P 是实际波阵面和高斯波阵面之间的偏差,设 $\overline{\varphi^n}$ 为波形偏差 φ 的 n 次方的平均值,即

$$\overline{\varphi^n}=\frac{\int_0^1\int_0^{2\pi}\varphi^n\rho\,\mathrm{d}\rho\,\mathrm{d}\theta}{\int_0^1\int_0^{2\pi}\rho\,\mathrm{d}\rho\,\mathrm{d}\theta}=\frac{1}{\pi}\int_0^1\int_0^{2\pi}\varphi^n\rho\,\mathrm{d}\rho\,\mathrm{d}\theta \tag{2.4}$$

则波阵面形状的方差 $(\Delta\varphi)^2$ 就等于

$$(\Delta\varphi)^2=\frac{\int_0^1\int_0^{2\pi}(\varphi-\overline{\varphi})^2\rho\,\mathrm{d}\rho\,\mathrm{d}\theta}{\int_0^1\int_0^{2\pi}\rho\,\mathrm{d}\rho\,\mathrm{d}\theta}=\overline{\varphi^2}-(\overline{\varphi})^2 \tag{2.5}$$

当波阵面均方差 $\Delta\varphi<\lambda/2\pi$ 的时候，像点光强近似等于

$$S=1-\left(\frac{2\pi}{\lambda}\right)^2(\Delta\varphi)^2\approx\exp\left[-\left(\frac{2\pi}{\lambda}\right)^2(\varphi_P)^2\right] \tag{2.6}$$

这一表达式与上一章介绍的表达式完全相同。这里所指的是波阵面误差小，分布随机，相关尺度小，没有重复误差并且一阶导数连续的情况。这时的星像的能量减少与误差的具体形式及分布状况无关。但是当误差大时，这个公式存在一定的偏差。

表 2.1　波形均方偏差和系统归一化的像点光强之间的关系

$\Delta\varphi$	$\lambda/10$	$\lambda/12$	$\lambda/14$	$\lambda/16$	$\lambda/18$	$\lambda/20$	$\lambda/22$	$\lambda/24$
S	0.674	0.760	0.817	0.857	0.885	0.906	0.921	0.933

公式(2.6)给出了光学系统由于波阵面偏差所引起的像点光强的散射损失，同时也给出了实际反射镜面所允许的表面形状误差的准则。反射面面形所允许的误差是波阵面误差的一半。表 2.1 列出了波形均方偏差和系统像点相对光强之间的关系。通常所允许的像点光强为理想光强的 67%，则反射镜面的表面均方根偏差应该不大于波长的二十分之一。

地面光学天文望远镜，除非使用自适应光学，所获得的星像全部是以大气宁静度为极限的。为了满足天文台台址所可能的最小大气宁静度的要求，充分发挥望远镜的使用效率，传统反射镜面的精度应能保证全部光能量的 90%集中于最好的大气宁静度的角直径范围内，能量的 80%集中于角直径 0.15 到 0.3 角秒范围内。对于空间望远镜或者自适应光学望远镜，可以观察到艾里斑的细节。镜面误差通常是波长的四十分之一以下。希望的几何像斑在 0.02 角秒左右。由于镜面表面偏离理想表面的要求极高，所以精确的镜面加工和正确的镜面支承是空间望远镜设计和制造中的一个重要课题。在天文光学中，常常使用和像点半功率主瓣宽度相关的弗里德(Fried)常数来作为表面误差的标准。比如大气相关长度，即 Fried 常数为 60 厘米时，所对应的星像半功率主瓣宽度为 0.17 角秒。大气相关长度为 10 厘米时，星像半功率主瓣宽度则是 1 角秒。

2.1.2　镜面误差和镜面支承系统

光学望远镜中主镜镜面误差有三个来源：镜面加工误差、镜面支承误差和其他如温度变化所引起的误差。镜面加工会在抛光和检验之后产生固定的镜面误差，镜面支承常常会产生与高度角相关的重力误差，而其他因素则包括温度变化、传感器和触动器形成的误差。当望远镜指向不同高度方向时，镜面受到的重力在轴向和径向的分量将不断变化，给望远镜镜面在这两个方向上的支承增加了困难。

2.1.2.1 镜面的轴向支承

镜面的直径和厚度之比(径厚比,aspect ratio)是镜面支承设计的一个重要参数。径厚比越小,镜面质量越大,因此成本也就越高。经典的镜面采用的径厚比在 6 到 8 之间。这种厚的镜面比较容易支承,但是其很大的热惯性和重力惯性给设计者增加了很大的麻烦。天文望远镜中最早使用薄镜面是 1973 年建成的英国 3.8 米红外望远镜。它的径厚比是 16。随着径厚比的增加,镜面支承系统的设计就变得十分重要,镜面支承系统对镜面形状的影响将十分敏感。

当镜面的径厚比较大时,薄镜面在轴向支承系统条件下的变形可以用经典的薄板理论来计算。一块薄板的变形常常是它的直径和厚度的函数,在望远镜镜面支承中,被称为比例尺定理(scaling law)。比例尺定理表明,在相同的支承条件下,镜面表面均方根误差和直径的 4 次方成正比,和厚度的平方成反比(Cheng and Humphries, 1982)。即如果已经知道某一镜面的表面变形误差,则可以推算出不同直径、不同厚度的镜面在相同支承条件下的变形。

图 2.1 是根据一些镜面变形情况画出的镜面表面均方差在不同支承环数的情况下与镜面直径和镜面径厚比(d/t)之间的关系。图中的四组曲线分别代表镜面在 1 环、2 环、3 环和 4 环支承条件下,镜面表面均方根误差的变化规律。这里的数据分别来自一些已知的望远镜数据以及应用有限元计算的结果。由于数据来源不同,支承位置、支承环作用力

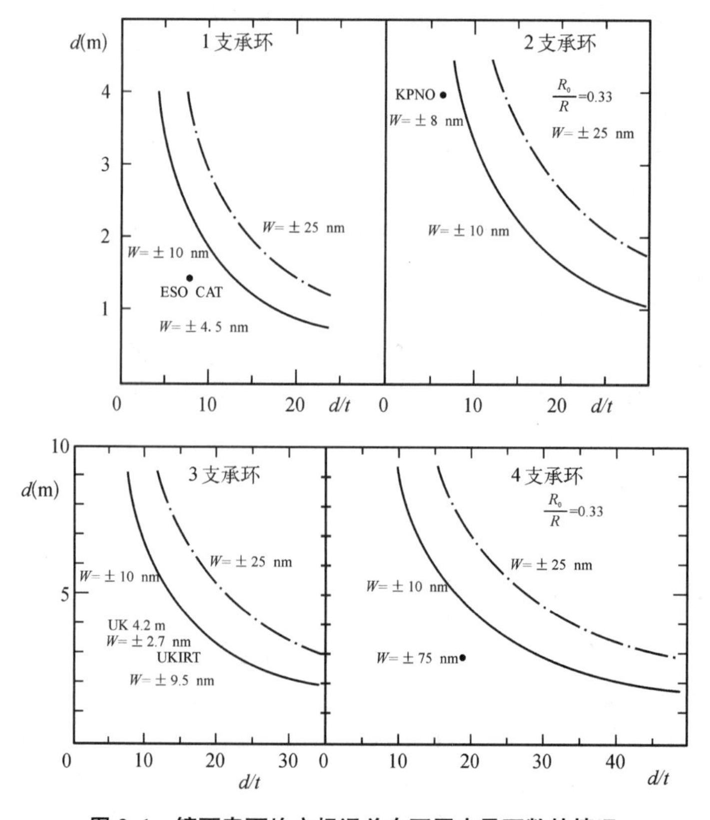

图 2.1 镜面表面均方根误差在不同支承环数的情况

的情况与优化程度各不相同，所以各曲线之间的严格比较是不精确的。但是这组曲线仍然可以用来预测不同镜面在不同的轴向支承的情况下所可能产生的表面变形均方差。在变形要求确定后，这些曲线可以用来决定某一镜面所需要的支承环数目。

为了更精确地研究镜面在不同轴向支承条件下的变形情况。必须回到薄板理论，根据这一理论，任一薄板或镜面在其自重作用下的表面均方根变形均可表示为

$$\delta_{\mathrm{rms}} = \xi \frac{q}{D} A^2 \tag{2.7}$$

式中 A 是薄板面积，q 是单位面积自重载荷，D 是抗弯刚度，而 ξ 是表示支承效率的常数。如果薄板总共有 N 个支承点，那么表示每一个支承点平均支承效率的公式可写作

$$\delta_{\mathrm{rms}} = \gamma_N \frac{q}{D} \left(\frac{A}{N}\right)^2 \tag{2.8}$$

实际支承系统中每个支承点的支承效率各不相同，特别是处于边缘的支承点，由于边缘效应，变形会增大，支承效率会降低。因此实际支承系统中每个支承点的支承效率将接近而难于达到某一理想效率值。如果 $A \to \infty, N \to \infty$，则支承点附近的变形就仅仅取决于支承点的排列以及每个支承点所对应的支承面积（A/N）。这时的最大支承效率就是这一理想的极限效率。为了求出这一极限情况，考虑如图 2.2 所示的三种最基本的支承阵列。为了求解这三种阵列情况下的支承效率常数 γ_∞，可以采用线性叠加的方法。这三个常数值分别为（Nelson，1982）：

$$\begin{aligned} \gamma_{\mathrm{triangular}} &= 1.19 \times 10^{-3} \\ \gamma_{\mathrm{square}} &= 1.33 \times 10^{-3} \\ \gamma_{\mathrm{hexagonal}} &= 2.36 \times 10^{-3} \end{aligned} \tag{2.9}$$

这三种支承下的最大变形量分别为 4.95×10^{-3}，5.80×10^{-3}，9.70×10^{-3}。很明显三角形阵列是效率最高的支承点布置形式，而 $\gamma_{\mathrm{triangular}}$ 则可以作为讨论镜面轴向支承效率的一个标准。

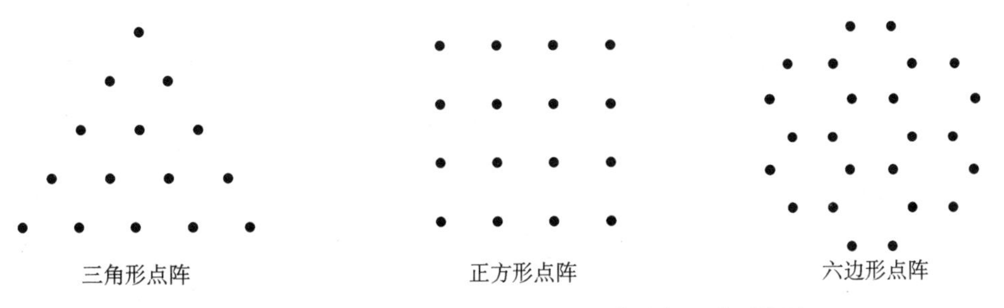

图 2.2　三种最基本的阵列：三角形、正方形和六边形阵列

回到圆形薄板在点支承情况下的变形，设某一圆形薄板在 $n(i=1,\cdots,n)$ 环的支承下，每环各含有 k_i 个支承点，各环承受圆板载荷的权重为 ε_i，各环支承点的方位偏转角为 φ_i，则圆板表面总变形可以表示为（Nelson，1982）

$$\delta_{rms}(r,\theta)=\sum_{i}^{n}\varepsilon_i\delta_i(k_i,\beta_i,r,\theta-\varphi_i) \tag{2.10}$$

式中 β_i 为各环的相对支承半径。为了计算简便，可以分别求出圆板在第 i 环单独支承下的薄板变形，也就是公式 2.10 中的 δ_i。然后根据不同环的权重 ε_i 叠加起来。δ_i 的表达式可以展开为角度值和相对半径的泽尼克(Zernike)级数(泽尼克级数和傅立叶级数类似，是在圆面上以角度和半径不断细分的级数形式)。但是当 n 增大时，δ_{rms} 的表达式十分繁杂，运算量极大，β_i 的逐步优化也是十分复杂的事情。

相对来说一环数个支承点是最简单的情况，这时需要优化的参数只有两个，一个是支承点所在的相对半径，另一个是支承点数。图 2.3 给出了一环数点支承情况下相对支承半径和表面均方根误差之间的关系。

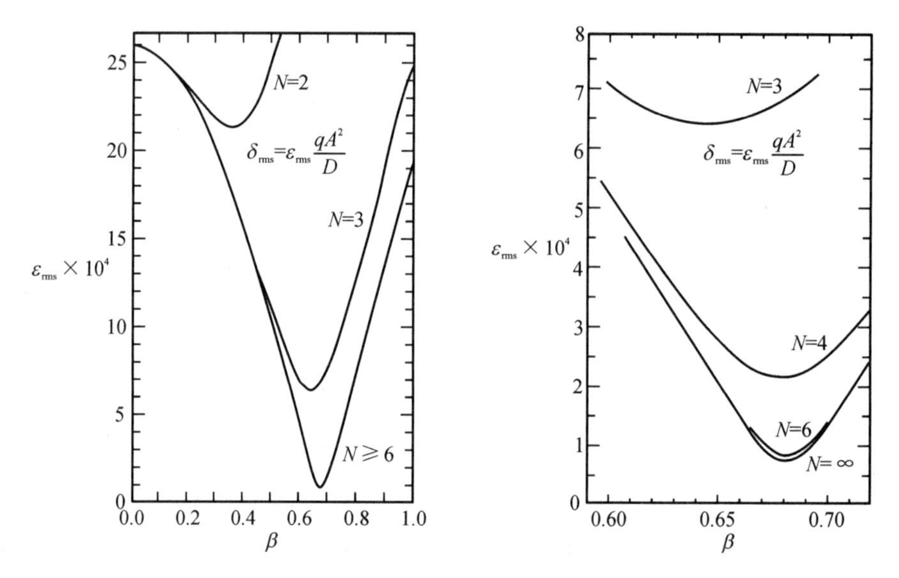

图 2.3 一环数点支承情况下相对支承半径和表面均方根误差之间的关系(Nelson,1982)

当只有 1 个点支承时，支承半径无需优化，支承常数 $\xi=\gamma_1=2.62\times10^{-3}$。当支承点数增加为 2 时，则支承点的半径就需要优化。这时的最佳支承半径大约在 $\beta_2=0.35$ 的地方，支承常数为 $\xi=2.16\times10^{-3}$，而每一支承点的效率是 $\gamma_2=2^2\cdot\xi$。相对一点支承，多点支承的效率大大下降。从图 2.3 中可以看出当支承点数目增至 6 时，其表面变形已经十分接近一环连续支承($N=\infty$)的情况，这时 $\xi=0.07\times10^{-3}$，而 $\gamma_6=2.50\times10^{-3}$。继续增加一环之中的支承点数，表面均方差仅略有降低，而每一支承点的支承效率则大大降低。在连续环支承情况下，最佳相对支承半径为 $\beta=0.683$。处于最佳支承半径下圆板表面均方根误差仅仅是连续环外边缘支承条件下的 4%。对于光学镜面，这是一个重大改善，可见支承点的优化工作具有十分重要的意义。

当圆板在两环支承条件下，它的表面变形与圆板材料有关，取材料泊松比 $\nu=0.25$。如果在一环 6 点的支承上加上中心一点，就得到 7 点支承。通过优化可得到最佳支承条件，这时支承效率 $\xi=0.045\times10^{-3}$，$\gamma_7=2.40\times10^{-3}$。两环 8 点支承是最不理想的支承形式,从未被采用过。真正意义上的两环支承含有 9 个支承点,但是 9 点支承仍难以形成完整的三角形点格布局。所以这时表面均方差比较 7 点支承改善很小,而每个支承点的支承效率则大大下降(见图 2.4)。比较完整的三角形点格结构由 12 个支承点组成,这种结构表面变形很小,而且每个支承点的支承效率也大为提高。这时 $\xi=0.013\times10^{-3}$,$\gamma_{12}=1.88\times10^{-3}$。注意这时 γ_{12} 仅仅是 $\gamma_{\text{triangular}}$ 的 1.6 倍。

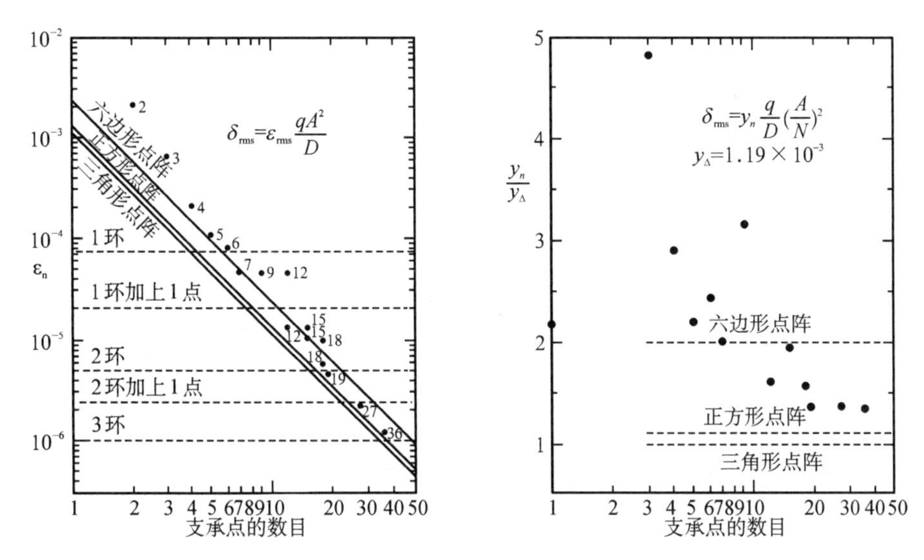

图 2.4　各种支承条件下表面的均方根差和支承效率(Nelson,1982)

采用 15 点支承,γ_{15} 值较大。当 $N=18$ 时,支承效率又大大改善,如果在 18 点两环支承中加上位于圆心的第 19 点,则支承系统的 ξ 和 γ_{19} 均明显减小。以后随着支承点的增加,ξ 不断下降,而 γ_N 则不断接近于 $\gamma_{\text{triangular}}$。在镜面 36 点最佳支承中 $\gamma_{36}=1.4\gamma_{\text{triangular}}$。不过由于支承点数目的增加,优化参数会增多,必须十分细心才能使支承结构优化。这时参数的微小变化都可能引起表面变形较大的改变。图 2.4 给出了在各种最佳支承状态下,支承常数 γ_N 和 $\gamma_{\text{triangular}}$ 的比值以及变形常数 γ 的数值变化规律。

对于大型薄镜面,支承点的数目 N 与平均支承面积成反比,仅考虑镜面厚度 t,有

$$\delta_{\text{rms}}\sim\frac{1}{(tN)^2}\tag{2.11}$$

因此可以通过增大支承点数或增大镜面厚度来改善镜面的变形情况。如果希望保持镜面的表面变形误差,镜面厚度的减小可以用增加支承点数的方法来补偿。增加支承点数目,实际是减小支承点之间的距离。以支承效率最高的三角形点列支承讨论,如果取材料的 $E=9.2\times10^{10}\,\text{N}\cdot\text{m}^{-2}$,$\nu=0.25$ 和 $\rho=2\,500\ \text{kg}\cdot\text{m}^{-3}$(cer-vit 材料),则镜面厚度 t,支承点之间的距离 b 和表面均方根误差 ω 的关系如图 2.5 所表示。

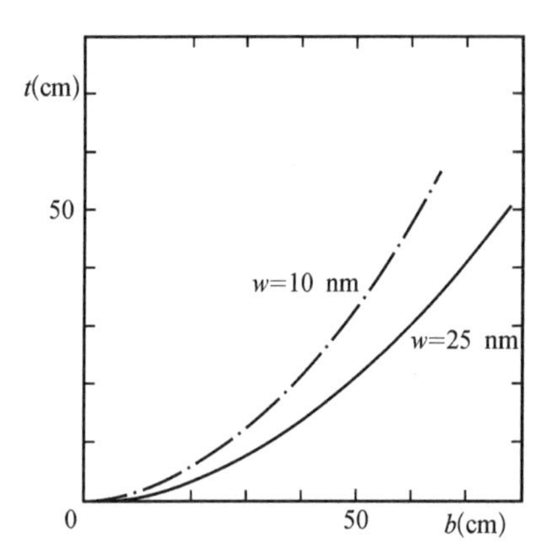

图 2.5　镜面厚度，支承点之间的距离和表面均方根误差的关系

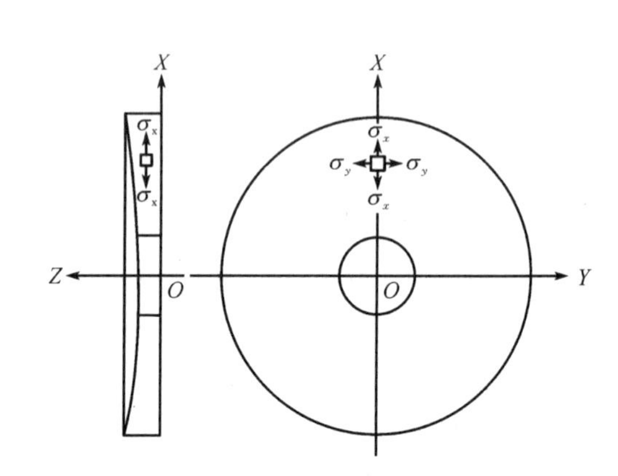

图 2.6　径向支承下的镜面应力分布

2.1.2.2　镜面径向支承

底面为平面的径向支承所引起的镜面最大变形发生在望远镜指向地平方向的时候。这时镜面重力载荷和支承力同处在垂直于镜面轴线的方向(图 2.6)。镜面表面变形发生在 Z 方向上，是镜面重力和支承力所产生的泊松比效应，应变分量 ε_z 为

$$\varepsilon_z = -\frac{\nu}{E}(\sigma_x + \sigma_y) \tag{2.12}$$

式中 σ_x 和 σ_y 分别是镜面在 X 和 Y 方向的应力。除了镜面材料弹性模量 E 和泊松比 ν 外，应力分量 σ_x 是重力载荷与支承力的作用，σ_y 取决于径向支承条件。

图 2.7 是三种典型径向支承的受力状况。图中(a)为径向水银带支承情况，(b)为径向余弦推力支承情况和(c)为竖直方向推拉支承情况。在竖直方向推拉支承中所有的支承力都平行于 X 轴。这三种支承状况下镜面应力 Y 方向分量为

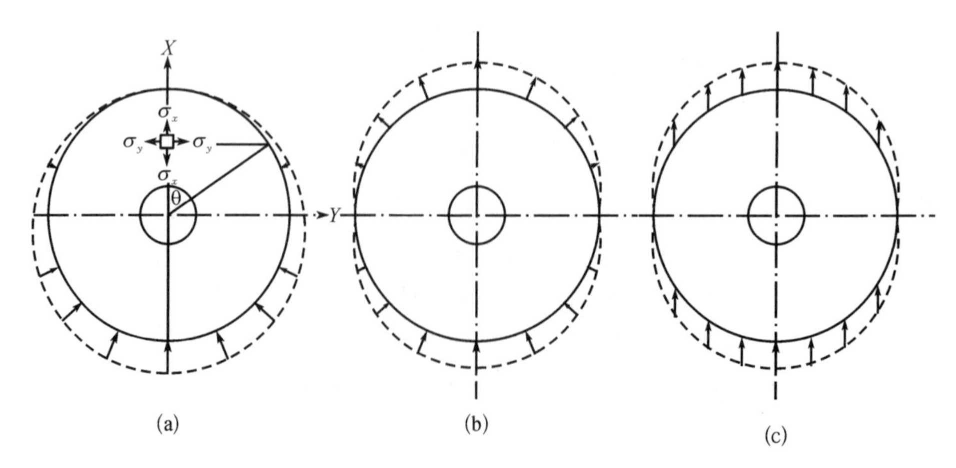

图 2.7　(a)水银带，(b)余弦推力和(c)竖直方向的推拉支承

$$\left.\begin{aligned}\sigma_{y1} &= -k_a(1-\cos\theta)\sin\theta \quad &\text{(a)}\\ \sigma_{y2} &= k_b\cos\theta\sin\theta \quad &\text{(b)}\\ \sigma_{y3} &= 0 \quad &\text{(c)}\end{aligned}\right\} \tag{2.13}$$

式中 θ 是极角，k_a 和 k_b 是正常数。(a)和(b)两种情况时镜面应力分量 σ_x 和 σ_y 都是压应力，具有相同的符号。因此(c)镜面支承时将具有最小的表面变形。

为了考察泊松比的作用，如图 2.8 所示截取一平底镜面在竖直对称面上的一小带区，因为镜厚 $z=(x^2/(4F))+t_0$，泊松比变形为 $w=z\cdot\varepsilon_z$，因此得到镜面表面变形为

$$w=\frac{\nu\rho g}{E}\left(\frac{R_0}{12fd}+R_0t_0\right)-\frac{\nu\rho g t_0}{E}\cdot x-\frac{\nu\rho g}{12Efd}\cdot x^3 \tag{2.14}$$

式中 ρ 为镜面密度，t_0 为镜面中心厚度，F 为镜面焦比，g 为重力加速度，d 为镜面直径。式中第一项是常数，第二项是一次项，均不影响波阵面形状。仅仅第三项会引起像散，这种最大的有害变形发生在镜面边缘 $x=d/2$ 外，数值为

$$w_{\max}=\frac{\nu\rho g}{96Ef}\cdot d^2 \tag{2.15}$$

如果取材料的 $E=9.2\times10^{10}\,\mathrm{N\cdot m^{-2}}$，$\nu=0.25$ 和 $\rho=2\,500\,\mathrm{kg\cdot m^{-3}}$(cer-vit 材料)，则可以画出最大变形、焦比和口径之间的关系(图 2.9)。这种径向支承所引起的有害变形与望远镜主焦比成反比，与口径平方成正比。由于变形值小，一般情况下并不构成对像质的严重威胁。这是径向支承不如轴向支承要求苛刻的一个原因。

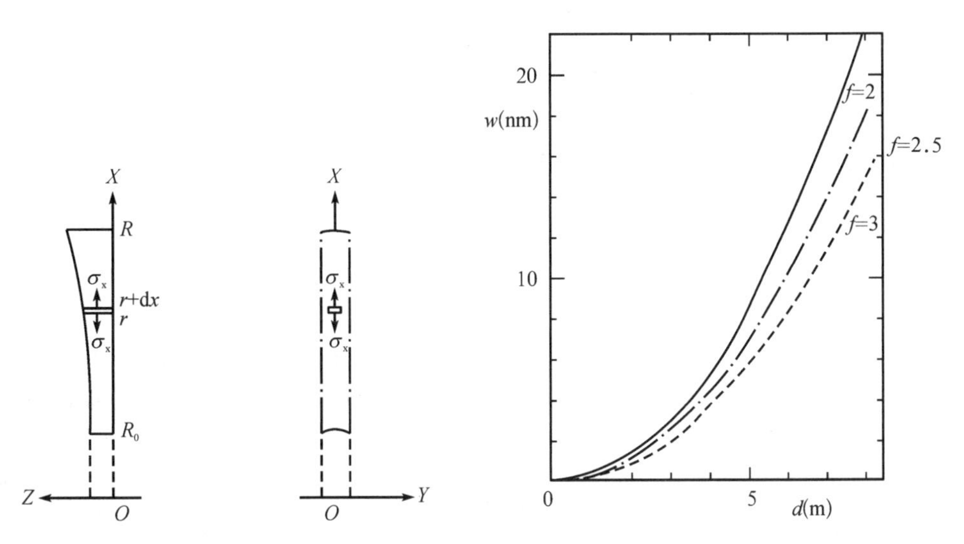

图 2.8　竖直方向推拉支承下的镜面应力　　**图 2.9　竖直方向推拉支承下的镜面变形**

2.1.2.3　新月形镜面的径向支承

薄镜面中镜面上表面偏离平面的矢高为 $S=d/(16f)$，所以镜面的各个区域具有不同的时间常数。为了避免镜面的温度变形，降低镜坯质量，薄镜面常常被制成等厚的新月形状。新月形镜面各个区域具有完全相同的时间常数，不过它的径向支承常常比平凹镜面

的支承复杂很多。这主要是因为装置在镜面侧面的径向支承难以通过镜面重心，镜面因此会承受一个附加力矩，会引起一个较大变形。镜面在泊松比效应下的变形一般很小，同时这种变形包括常数项和线性项的贡献。而镜面在弯矩作用下的变形大，这种变形和镜面直径的高次方相关。为了减小镜面因弯矩产生的变形，可以在镜面背后增设深入镜体内部的径向支承机构，减小各支承与镜面重心之间的距离，但是这样就会增加支承机械的复杂性。对于口径大，径厚比大，焦距小的镜面尤其如此。

对于新月形镜面的径向支承，斯瓦辛格(Schwesinger，1991)提出了在径向支承结构中同时引入径向、切向和轴向力的新思想。首先，他通过增加切向支承力来改善镜面的变形，然后他又通过增加轴向支承力来平衡镜面质量所引起的弯矩。

径向支承情况下的镜面变形可以表示为类傅立叶级数形式，如

$$w(r,\theta) = \sum w_n(r)(a_n\cos n\theta + b_n\sin n\theta) \tag{2.16}$$

式中 r 是相对半径，θ 是极角。当支承点分布在镜面边缘时，相对半径为 1。根据这个公式，当模态 $n=1$ 时，镜面变形最理想，仅仅产生十分均匀的倾斜，不破坏镜面形状。在力学领域，薄镜面的受力和变形满足线性系统理论。当镜面受到一个可以分解为类傅立叶级数的力时，镜面所产生的变形将同样可以分解为一个类傅立叶级数的形式。反之亦然。为了使镜面在径向支承时变形最小，就应该在镜面变形公式中尽量消除 $n=1$ 模态以外的力和力矩的贡献。在传统的径向推拉支承中，径向推拉力的变化规律符合 $n=1$ 模态形式，为 $P_r(\theta)=P_r\cos\theta$。所以在这种形式支承力作用下，主要变形也具有同样的函数形式。如果在镜面切线方向上也施加一个类似的正弦变化的力，如 $P_t(\theta)=P_t\sin\theta$，那么它对镜面变形的作用同样满足上面的准则。所以一个理想径向支承力的函数应该是这两个方向力的矢量和。

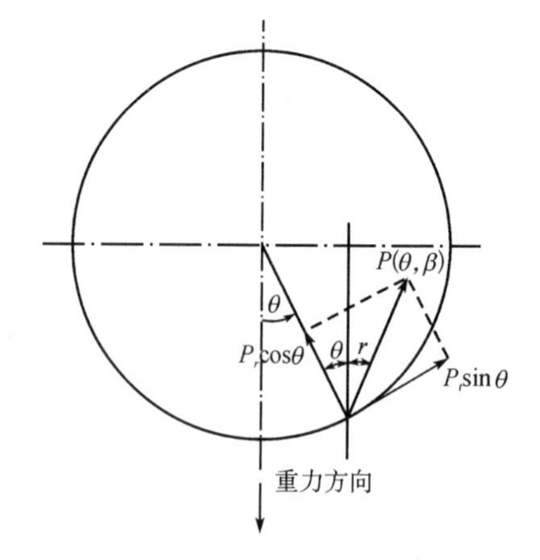

图 2.10　符合斯瓦辛格准则的侧支承中的径向分量和切向分量支承力函数(Schwesinger，1991)

传统的竖直方向的推拉支承中已经包含了这两种分力的组合。为了进一步改善镜面的表面变形，可以继续优化支承力中径向分力和切向分力的比例，进一步增加切向支承力的部分，则有可能获得更加理想的镜面表面变形。记 P_r 为径向分量所支承的镜面质量，P_t 为切向分量所支承的镜面质量(图 2.10)，则可以定义一个切向分量常数：

$$\beta = \frac{P_t}{P_t + P_r} \tag{2.17}$$

在纯径向推拉力支承中，这个常数 $\beta=0$。在竖直推拉力支承中，$\beta=0.5$。在 8 米新月形的薄镜面侧支承的研究中，斯瓦辛格发现，当采用竖直推拉支承时，镜面表面误差仍然很大，均方根达 4.08 微米。在增大这个常数以后，镜面表面误差迅速减少。$\beta=0.752\ 9$ 时，他

获得了最小镜面误差，数值仅仅为 8.9 纳米。在这个条件下，侧支承力在口径面方向上的合力如图 2.11 所示。对不同镜面，合力的方向和大小可能会不同。但总的来说，支承径向和切向力的合力在镜面下部是从重力线向外侧倾斜，在镜面上部是从外侧向重力线倾斜。这时支承力的方向和竖直线之间的夹角为：

$$\tan\gamma = \frac{2\beta - 1}{(1-\beta)\cot\theta + \beta\tan\theta} \quad (2.18)$$

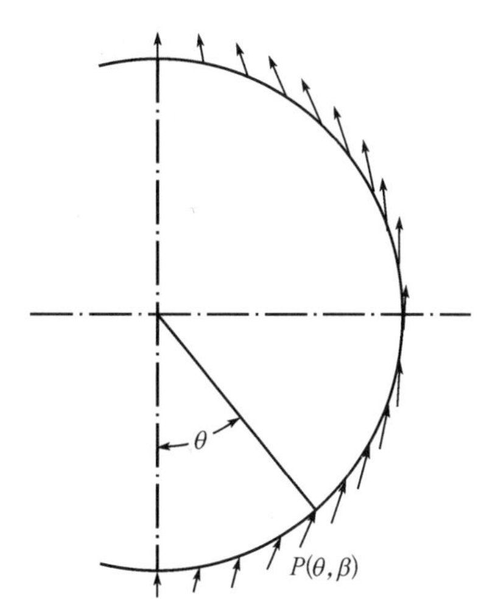

图 2.11 适用于新月形薄镜面的新推拉支承力的方向(Schwesinger，1991)

在新月形镜面的侧支承中，力支承点分布在镜面的外圆周，偏离所支承的镜面重心，这时支承力和镜面重力会产生一个向后翻转的力矩。为了平衡这个翻转力矩，可以在侧支承上再增加一个轴向分量。这个轴向分量的大小同样是支承点圆周角的函数，它们正好可以平衡这个翻转力矩。所以新的侧支承合力并不是严格和光轴正交的。在镜面下方，支承合力倾斜偏向于镜面的背后，在镜面上方，支承合力偏向于镜面的前方向。现在这种特殊的径向支承结构已经应用于不少大口径，薄镜面的支承中。

2.1.2.4 大口径蜂窝镜面的径向支承

蜂窝镜面的结构特点将在第 2.2.3 节中详细介绍。在大口径的蜂窝镜面中，常常使用热膨胀系数较大的硼玻璃材料，所以这种镜面必须在强制通风的条件下工作。为了保持蜂窝镜面十分均匀的热时间常数，大口径蜂窝镜面的外侧圆周面常常不是特别的厚实和坚固。这时，脆弱的侧表面上将不能够承受镜面的全部质量。为了避免在玻璃中产生很大的应力(大于 0.7 MPa)，大蜂窝镜面的径向支承就不可能像实心镜面一样，安排在镜面的外侧圆周面上，这就产生了位于镜体背面的特殊的轴向和径向合一的镜面支承系统。

这种大蜂窝镜面背面的主动支承系统包括两个部分：第一是大量可以施加轴向力和非轴向力的力触动器，其中少数触动器仅仅施加轴向力(图 2.12)；第二是不承受任何镜面质量的六杆支承的定位系统。典型的力触动器包括三个胶粘在镜面背后的力分布环，支承力分布环的力分布器和两个可以施加互成一定角度力的力触动器(图 2.13)。

在典型的设计中，每个力触动器可以提供 3 000 N 的轴向力和 2 100 N 的径向力。通过调整所有这些力触动器所施加力的大小，可以实现镜面系统中镜面重力和支承力在轴向和径向的合力和合力矩的平衡。如果对触动器力的分布进行进一步优化，则可以实现每一个触动器施加的力均为最小值的理想状况。同时，决定镜面位置的六杆支承定位系统将不承受任何的镜面质量(2.3.4.2 节)。现在这种特殊的镜面支承系统已经用于一系列口径 6.5 米和 8.4 米的大蜂窝镜面之中。

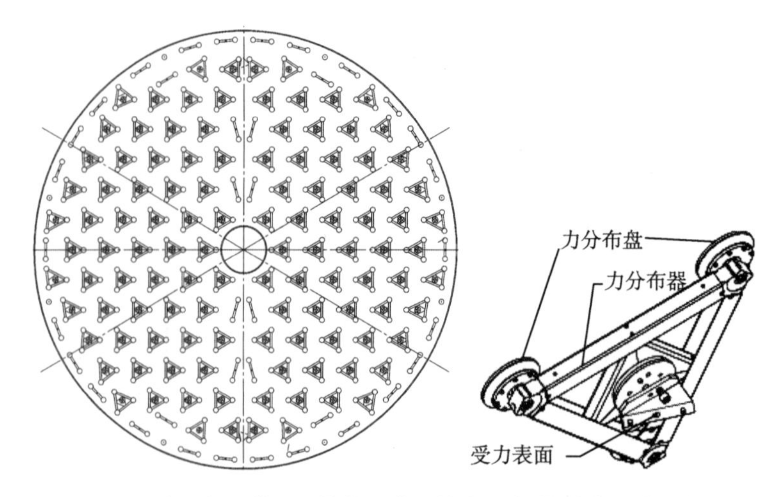

图 2.12　大口径双筒望远镜镜面背面的力分布器，大部分力分布器有三个力分布环（Asheby et al. ,2008）

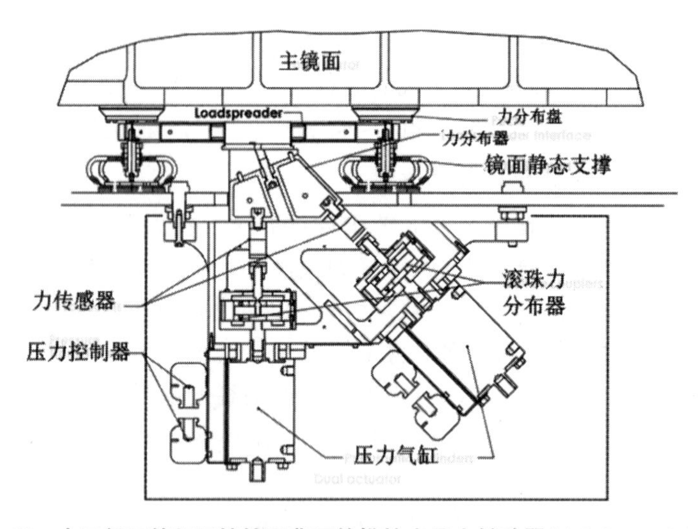

图 2.13　大口径双筒望远镜镜面背面的推拉支承力触动器（Asheby et al. ,2008）

2.1.3　镜面误差的贴合和斜率误差的表示

在口径面上，理想的对应于高斯像点的波阵面是一个平面。对一个实际波阵面必然存在无数组与之相近的理想高斯波阵面，不过其中只有一个高斯波阵面和实际波阵面具有最小的偏差，这一高斯波阵面就称为最佳贴合波阵面。实际波阵面和最佳贴合波阵面之差就是波形差。波形差和波长比就是相位差。半波长波形差相当于 180 度相位差。由于反射，镜面形状引起的波形差是镜面误差的两倍。相对于望远镜镜面坐标系，最佳贴合波阵面有三大变化，即坐标原点平移、坐标系旋转及焦点位置的改变。在实际应用中，特别是在多环支承情况下，同时考虑这三种变化会给分析优化工作带来困难。光学望远镜中一种简捷方法就是仅考虑坐标系平移所形成的最佳贴合理想反射面。这时在计算中可以用镜面表面变形的平均值来表示这一理想反射面，使优化和计算的工作量大大降低。前面章节所给出的波形均方根差 δ_{rms} 就是这样获得的。详细的抛物面镜面的贴合公式见 8.1.4 节的讨论。

镜面变形除了用均方根差表示外也常常用镜面不平度或斜率误差（slope error）表示，镜面不平度是对镜面在大尺度上调制的描述，它代表了镜面各区间表面起伏的波长（或周期）。这个波长常常在几厘米或几十个厘米范围。因为镜面存在不平度，所以反射后的波阵面会产生误差。波阵面误差是不平度误差的两倍。不平度误差使像斑尺寸增大，星像分辨率降低。不平度的角度值和像斑角尺寸成比例。最大像斑尺寸大约等于镜面斜率误差的四倍。使用斜率误差有一定的局限性，当镜面表面起伏的波长和光波长相当的时候，比如从光学镜面发展到红外镜面的时候，几何光学的理论就不再适用，这时表面斜率误差的影响将大大减小。

通常镜面不平度 S 与镜面均方根差成正比，与镜面有效支承距离 u 成反比。一般有效支承距离定义为 $N\pi u^2 = A$。由公式(2.8)有

$$S = \eta_N \frac{q}{D} \left(\frac{A}{N}\right)^{3/2} \sim \frac{1}{t^2} \left(\frac{A}{N}\right)^{3/2} \tag{2.19}$$

式中常数 η_N 可通过计算获得。在很多场合为了求出最大表面不平度，比例系数 η_N 可以由下式给出：

$$\eta_N = 9\gamma_N \tag{2.20}$$

2.2　减轻镜面质量的意义和途径

2.2.1　减轻镜面质量的必要性

光学望远镜中主镜镜面是最重要的部件。主镜镜面有很高的精度，它的质量和造价是望远镜总质量和总造价的决定因素。首先，主镜室质量和主镜质量直接相关，主镜室通过支承机构支承主镜，多数支承机构是浮动式的，支点位置的变化不会传递到主镜的位置上。但是任何机构都有它的动态范围，所以主镜室必须有足够刚度，使镜室变形不超过支承系统的动态范围。镜室线尺度一般大于主镜尺度，镜室材料比重也常常大于主镜材料比重，因此镜室包括其支承机械的总质量要大于主镜质量。相应的，镜筒结构必须支持主镜及镜室，在镜筒的另一端还有副镜或主焦设备，加上可能的卡焦接收设备，因此镜筒质量比主镜面和镜室总质量大得多。望远镜的机架及其他硬件结构质量都直接或间接与主镜的质量相关。在工程中结构质量和造价有直接的比例关系，其比例常数表示结构精度和结构复杂程度。因此，减轻主镜质量对于减轻望远镜整体质量，降低望远镜成本具有十分重要的意义。表 2.2 列出了传统光学望远镜各基本部件质量与主镜质量的比例关系。从表中可以看出减轻主镜质量，即使主镜及主镜支承结构的造价会因此相对增大，仍然会对降低望远镜的总造价有极大意义。从另一个角度看，随着望远镜口径的不断增大，只有不断减轻主镜的相对质量，才能使特大口径的下一代望远镜计划有实施的现实可能性。

表 2.2 望远镜中各主要部件的质量比例

部件名称	相对质量
主镜	1.0
主镜室	1.5～3.3
镜筒	3.5～10.0
叉臂装置	6.0～16.5
基座	6.0～20.0
合计	18.0～50.0

几十年来,减轻望远镜主镜质量已经成为望远镜设计人员的重要研究课题。目前已经发展的减轻主镜质量的方法有:(a) 采用薄型镜面,(b) 采用浇铸或熔合蜂窝形镜面,(c) 建造多镜面望远镜,(d) 建造拼合镜面望远镜,(e) 采用薄金属镜面、碳纤维镜面及其他特殊形式的镜面等。当望远镜口径在 10 米之内时,所有这些方法均是可行的方案。但是当望远镜口径远大于 10 米的时候,建造拼合镜面望远镜或者建造薄膜镜面可能是更为现实的一种途径。

2.2.2 薄镜面

任何薄镜面均可以通过增加支承点数目,减小支承点之间距离来减小镜面表面的变形。从理论上讲主镜径厚比可以越来越大。现有的大口径光学望远镜的径厚比已经超过 40,而等厚弯月形镜面的径厚比已经超过 110。不过,除非采用在望远镜台址上浇铸镜面的方法,使用大口径薄镜面的一个基本限制是大镜面的运输能力。

使用薄镜面的关键是它的支承机构设计和制造,此外主镜装拆方法,在装拆中主镜承受的应力,主镜的固有频率及支承结构中的摩擦系数等因素也限制了镜面径厚比的增长。

望远镜主镜在工作状态下的应力常常微不足道,但是在装拆主镜时镜面可能达到很高的应力水平,圆形镜面在吊装过程中的最大应力为:

$$\sigma_{\max} = Kq\frac{d^2}{t} \tag{2.21}$$

式中 K 是一常数,它决定于镜面吊装条件,t 为镜面厚度,d 为镜面直径,q 为镜面材料比重。公式 2.21 的严格条件要求起吊力作用于镜面的中性层,即镜面中在径向不承受拉伸和压缩的中性面层。如果起吊力作用于镜面底面,使用这一公式可以对最大应力水平进行估计。小口径望远镜可以应用中心孔来进行吊装,这时起吊力作用在镜面内孔附近的底面上。设镜面材料比重 $q=$ 2 500 kg · m^{-3} 和泊松比 $\nu=0.3$,图 2.14 为不同径厚比镜面直径和最大应力之间的关系。图中还标出了微晶玻璃材料的最大许容应力,这一应力为 3×10^6 N · m^{-2},从图中可知大型薄镜面在内孔

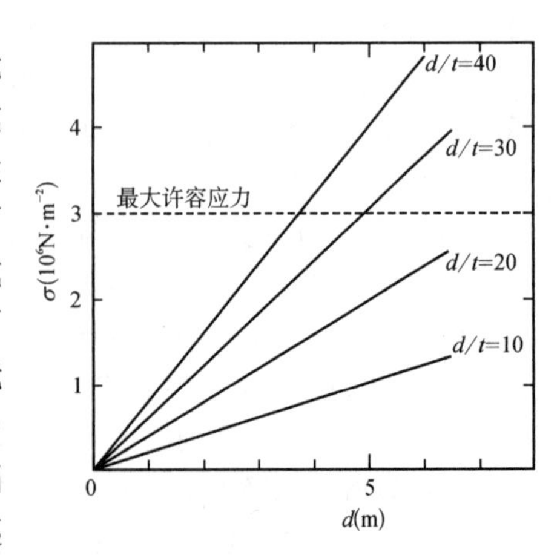

图 2.14 不同径厚比镜面直径和最大应力之间的关系

起吊时最大应力将超过材料的最大许容应力。这时可考虑将起吊力移至镜面外圈。当起吊力作用于镜面外圈时，镜面最大应力与内圈起吊时相同，均为切向应力，但是其数值约减小一半(图2.15)。图中 g 是重力加速度，ρ 为材料比重，σ_r 为径向应力，σ_t 为切向应力。进一步减小最大应力，可以在镜面中部某一圆周进行支承。当支承力作用于镜面半径为 0.67R 位置时，其应力仅仅是内孔起吊时的十分之一。不过这时最大应力不是切向应力，而是径向应力。同时最大应力也从内孔转移到支承圈上。一般情况下薄镜面在一圈支承下起吊，只要支承半径适宜，常常是安全的。但是这种吊装支承介于复杂的镜面支承之间，在实现上比较困难。一种常用的办法是将主镜与镜室结合起来作为一个整体进行装拆，这就增大了镜面安全因素。另外，利用多点摇板或者真空橡胶吸盘支承也常常是可行的。

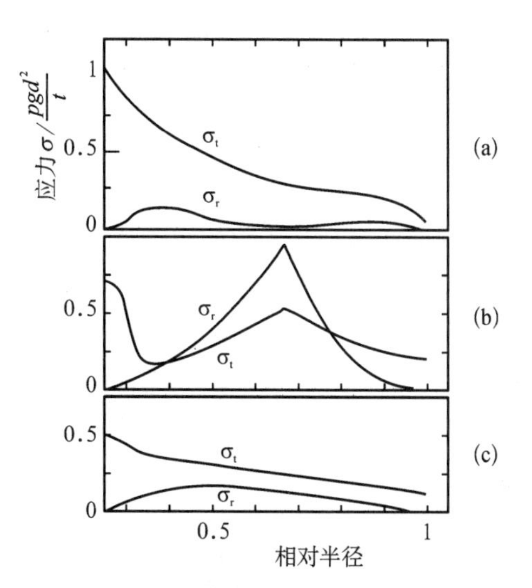

图 2.15　(a)在内孔，(b)0.67 圆半径和(c)外圈起吊时的镜面应力分布

外界干扰对镜面，特别是对大口径镜面的影响主要来自风荷。为了减小圆顶室的宁静度，望远镜有越来越暴露的趋向，这样风荷就会对镜面表面形状产生影响。薄镜面支承系统包括很多支承点，各支承点分别承担镜面一部分的质量。但是绝大多数支承点是浮动的，它们不能承受额外的载荷。整个镜面一般只有三个定位点是固定的，这些定位点可以承受有限的外界额外载荷，如果 3 个支承点位于相距 120°的镜面外缘，在外界载荷 P 的作用下镜面的最大变形为：

$$w_{\max} = 1.9 \times 10^{-3} \frac{\pi P d^4}{t^3} \tag{2.22}$$

上式表明风力引起的镜面变形是径厚比三次方的函数，特薄的大镜面很难承受这种似乎不大的载荷。为了增大承受外界干扰的能力，应该对定位点位置进行优化，这时表面变形可以减少到上式的四分之一。进一步改善镜面在风荷下的性能，可以使用六个定位点或采用主动光学控制系统。

主镜固有频率由下式给出：

$$n_R = \frac{2\varphi \cdot t}{\pi \cdot d^2} \sqrt{\frac{E}{12(1-\nu)\rho}} \tag{2.23}$$

式中 φ 决定于镜面振型。当镜面定位点处于同一圆周时，仅存在一个节圆(节圆是振动中位移为零的圆周)，φ 值为 9.1。如果镜面材料为微晶玻璃，则：

$$n_R = 1.14 \times 10^4 \frac{t}{d^2} (\text{Hz}) \tag{2.24}$$

式中 d 和 t 以米为单位。当三个支承点位于镜面边缘，径厚比为 20 和直径为 5 m 时，

$n_R=100$ Hz；当径厚比为 50 和直径为 5 m 时，$n_R=27$ Hz。将三个支承点移到 $0.7R$ 时，固有频率会减少到原来的四分之一。如果考虑支承点的刚度，镜面轴向振型的公式为(Hill，1995)

$$K_i = (2\pi\nu)^2 m/3\,000 \tag{2.25}$$

式中 m 是单位为千克的镜面质量，ν 是频率，K_i是单位为 N/mm 的支承点刚度。过小的轴向振动频率是不可取的。大的支承点刚度可以减少风力和触动器误差所引起的位移和振动。

支承系统的摩擦系数也影响镜面直径和径厚比的选择，平衡重杠杆系统的摩擦系数为 0.1%至 0.3%，因此镜面的直径和径厚比必须满足

$$d^2/t \leqslant 2\,500 \text{ cm} \tag{2.26}$$

气垫支承装置的摩擦系数为 0.01%时，上式右端常数变为 25 000 cm。除了以上限制，镜面浇铸，加工和运输都对大型薄镜面的使用提出限制，更大的镜厚比则要求对有关技术作进一步的改进。

2.2.3 蜂窝镜面的设计

采用蜂窝镜面是另一种减轻主镜质量的方法。蜂窝镜面质量轻、强度高、刚度大，1979 年利用空间项目多余的 6 面 1.8 米蜂窝镜面，建成了多镜面望远镜(MMT)。1999 年多镜面望远镜改造为单镜面的 6.5 米蜂窝镜面望远镜。最大的蜂窝镜面是 8.4 米口径。

早期的蜂窝镜面是用机械钻孔加工或者在浇铸时在镜面底部放置柱状填料直接成形，后来采用了将熔石英薄板结构在高温下熔融的方法。蜂窝镜面的迅速发展是在亚利桑那大学镜面实验室成立以后，该实验室发展了一种高温抛物面硼玻璃蜂窝镜面的旋转浇铸技术。这种技术包括镜面直接成形，镜体采用价格便宜的硼玻璃材料，大大降低了镜面生产成本，提高了镜面质量。普通玻璃的热膨胀系数大约是 9×10^{-6}/℃，硼玻璃的热膨胀系数是普通玻璃的三分之一。

在制造大口径蜂窝玻璃时，镜面实验室采用硼玻璃材料，当硼玻璃完全熔化(1 178℃)的时候，浇铸炉体作匀速的每分钟几转的转动，这时玻璃液体表面自然形成抛物面形状，这个过程和水银镜面望远镜的原理是相同的。在旋转时液体表面形成抛物面形状的公式是 $y=\frac{\omega^2}{2g}x^2$，式中 ω 是转速，g 是重力加速度。在液态向固态转变时，要将温度迅速降低到 900 ℃，使硼玻璃熔液越过它的结晶温度，直接固化为十分均匀的玻璃体。当玻璃固化以后，需要经过一段长达数月缓慢的降温阶段，以消除玻璃材料中的内应力，从而获得十分理想的蜂窝镜面。蜂窝镜面在工作时需要向镜体背面的小孔喷射冷却空气。蜂窝镜面望远镜的天文观察经验表明这种镜面热容量低，镜面宁静度好，常常可以获得 0.5 角秒的优秀星像。

蜂窝镜面的刚度与相同厚度实心镜面的几乎相当，而它的质量仅仅是实心镜面质量很小的一部分。根据各向同性的夹层板理论，蜂窝结构的抗弯刚度大约为

$$D = \frac{E(h+t)t^2}{2(1-\nu^2)} \tag{2.27}$$

式中 t 是上下面板的厚度，h 是蜂窝层的厚度。这一刚度仅略小于相同厚度实心板的抗弯刚度。但是蜂窝板的质量却仅为实心板的$(2t+\alpha h)/(2t+h)$，这里 $\alpha \ll 1$ 是蜂窝层的相对密度。

蜂窝镜面具有极小的热惯性。蜂窝镜面中蜂窝层壁厚很小，一般只有 28 毫米，所以热惯性小，温度时间常数只有 1 小时，因此镜体内的温度梯度小（小于 0.2 K）。如果在镜体蜂窝中强制通风，则可能使镜体内的温度梯度进一步降低。当材料仅在一个面冷却时，物体的时间常数 τ 由下式决定：

$$\tau = \frac{\rho \cdot c \cdot t^2}{\lambda} \tag{2.28}$$

对于硼玻璃，密度 $\rho = 2\ 230\ \mathrm{kg \cdot m^{-3}}$，比热 $c = 1\ 047\ \mathrm{J/(kg \cdot K)}$，热传导系数 $\lambda = 1.13\ \mathrm{W/(m \cdot K)}$，$t$ 为物体厚度。如果希望 $\tau = 1\ 000\ \mathrm{s}$，则 $t \sim 2.2\ \mathrm{cm}$。在这种条件下，如果冷却速率取 0.5 K/h，则镜面温度滞后仅为 0.25 K 左右。因此镜面温度梯度不会严重影响成像质量。不过为了满足冷却速率 $\tau = 1\ 000\ \mathrm{s}$ 的要求，必须采用强制通风冷却。在强制通风条件下，由于能量守恒，有（Hill，1995）

$$m_g \dot{T}_g c_g = \dot{m}_a c_a (T_{\mathrm{exit}} - T_{\mathrm{input}}) \tag{2.29}$$

式中的下标 g 和 a 分布表示玻璃和空气，T 是温度，T_{exit} 和 T_{input} 是出口和进口处的空气温度。空气的比热容是 $c_a = 77\ \mathrm{J/(kg \cdot K)}$，所以通风时的热时间常数由下列公式给出：

$$\dot{m}_a = \frac{m_g c_g}{\tau \cdot c_a \eta} \tag{2.30}$$

式中 $\eta = 0.7$ 是在强制通风情况下的热传导系数，而 τ 则是该条件下的热时间常数。设镜面表面对应的面密度为 $200\ \mathrm{kg/m^2}$，则气流的总流量应保证在每平方米表面上不低于 $0.3\ \mathrm{m^3/s}$。确定蜂窝六角的尺寸可以根据表面玻璃层的最大加工变形。对于给定的支承质量，六边形结构有最大的抗弯刚度。在蜂窝结构的表面中心点的最大变形为：

$$w = 0.001\ 11 \frac{qb^4}{D} \tag{2.31}$$

式中 q 取抛光过程中的平均压力，b 是蜂窝中两对边之间的距离，D 是表面层的抗弯刚度。在抛光过程中的平均压力为 $q = 0.084\ \mathrm{N/cm^2}$，镜面表面厚度为 2 厘米，中心点的变形取波长的 1/20，则 b 的值就可以确定了。至于蜂窝镜面的厚度则取决于镜面的总变形量，镜面的总变形量一般不超过表层厚度的 1/4。由于通风设施全部安排在镜面底部，所以在口径不大时，蜂窝镜面的安装并不特别复杂。图 2.16 是一个直径 1.8 米的蜂窝镜面及其支承系统，图中标出了轴向和径向支承的位置。但是当蜂窝镜面的口径在 6.5 米以上时，单薄的镜面侧壁已经不能够承受镜面的所有质量，所以在镜面底部轴向支承的受力点上还增加了供侧支承使用的倾斜加力装置。镜面重心与底部加力点之间所形成的力矩将由底部轴向支承所形成的反力矩来抵消，使镜面所受力和力矩达到平衡(第 2.1.2.4 节)。

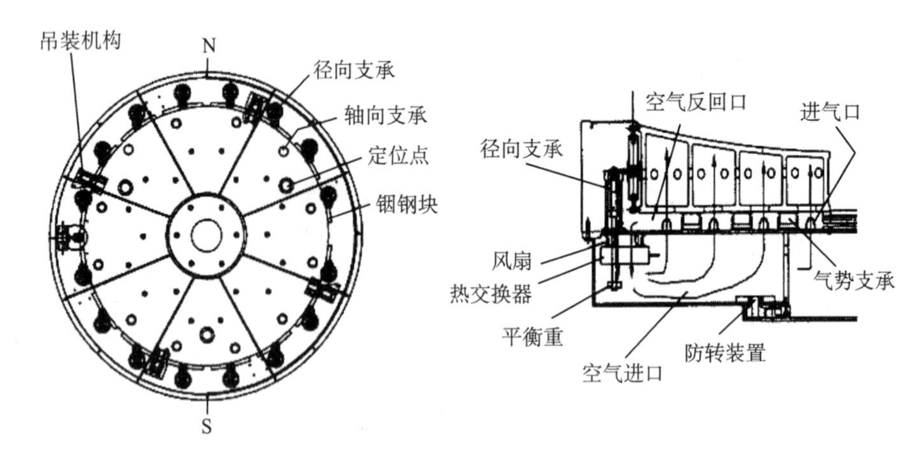

图 2.16　直径为 1.8 米的蜂窝镜面及其支承系统(West,1997)

2.2.4　多镜面望远镜的结构

1979 年美国建成了一台等效口径为 4.5 米的多镜面望远镜(MMT)。这台望远镜包含六个独立的镜面,每块镜面直径 1.8 米。六个主镜面连同 6 个副镜,构成了六个望远镜系统。这些系统用坚固的镜筒支架牢固地连接在一起,形成六个独立的焦点。同时有光学零件可以将所有焦点的能量全部集中在一个新焦点上,形成衍射极限的像斑。

这种多镜面望远镜为减轻主镜质量又提供了一种新途径。图 2.17 是这种新型望远镜的布局。在这种望远镜中,移开到达共同焦点的反射镜后,每一个镜面的光将会聚在各自的焦点上。望远镜分为 6 个子系统独立工作,对同一天区的不同天体进行观测或者对同一天体在不同频段上进行观测。当每一个镜面的光都会聚到共同焦点时,则望远镜有较大的,相当于 4.5 米口径的集光能力。

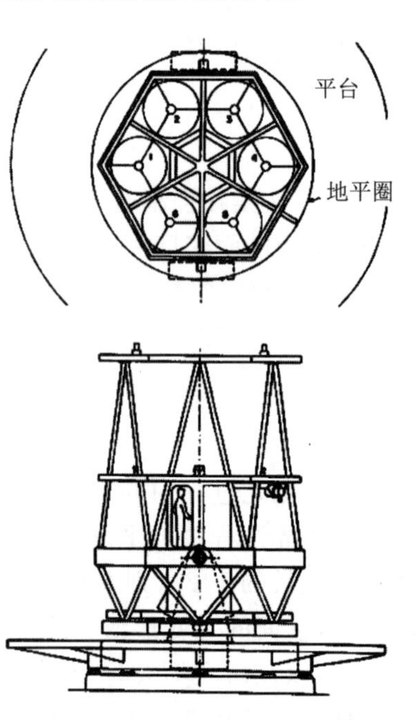

图 2.17　美国 4.5 米的多镜面望远镜

由于多镜面望远镜中每个镜面的面积是望远镜总面积的 $1/n$,因此当单个镜面采用固定的径厚比时,相对于通常的单镜面望远镜来说,望远镜主镜的质量减轻了 $1/\sqrt{n}$。多镜面望远镜有很多优点:它的镜筒结构短而粗,有很好的刚度,并因此减小了圆顶尺寸。

另外由于望远镜中六个镜面之间的距离较大,所以在作为干涉仪时,望远镜比单个大镜面的分辨率要高很多。在做单星光谱工作时,由于六个焦点可以沿光谱仪狭缝方向排列,因此避免了大口径望远镜光谱工作中的光能损失。

这台望远镜的原有设想是将所有望远镜的光集中聚焦在一个共同焦点上,形成一个斐塞型的光学干涉仪。由于这台望远镜各子望远镜结构会产生相对位置的变化，同时它缺乏精密的光程平衡装置或光学延迟线，所以它很难实现对光辐射的同相位干涉，很难获得衍射极限下的像斑。另外每一镜面在共同焦点上所成的像面互成一个角度，因此多镜面望远镜只能利用十分有限的望远镜视场。经过十九年的使用后，美国多镜面望远镜在 1998 年被改装成一个单镜面 6.5 米望远镜。不过，具有同样原理，含两个 8.4 米子望远镜，最大基线为 14.4 米的大口径双筒望远镜(LBT)已经在 2008 年建成。

2.2.5 拼合镜面望远镜(SMT)

减轻主镜质量，实现甚大口径光学望远镜的一种最重要途径是采用拼合镜面的望远镜结构。和多镜面望远镜不同，拼合镜面是用多块镜面共同组成一大块主镜面，所有的镜面在一个焦点共同聚焦，成像。比较多镜面望远镜，拼合镜面望远镜可以获得较大视场，并且易于实现各子镜面上光辐射的相位干涉。

应用拼合镜面的优点是极大地减轻了主镜质量。拼合镜面望远镜由很多子镜面来构成一个大主镜，例如美国两台十米凯克望远镜(Keck Telescope)主镜均包含 36 块六边形子镜面，子镜面直径是 1.8 米，厚度为 8.7 厘米(见图 2.18)。由于镜面变形正比于镜面直径的四次方，子镜面的支承系统并不像大口径薄镜面那样复杂。同时由于镜面单元较小，镜面、镜面支承机构以及镜面运输成本均大大降低。

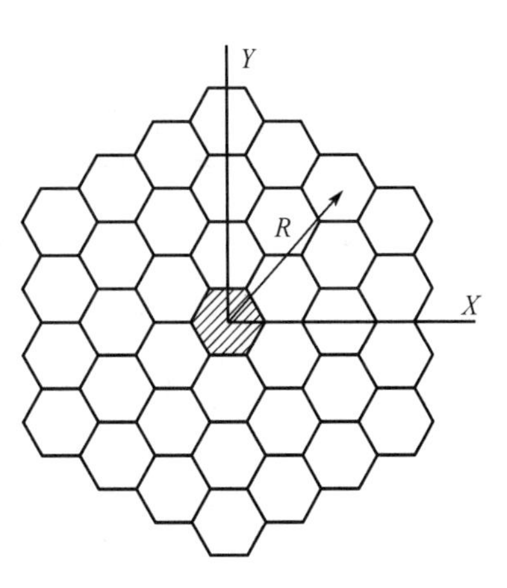

图 2.18 美国十米望远镜的主镜

拼合镜面望远镜中主镜的形状可以是球面，也可以是抛物面。主镜为球面的拼合镜面望远镜有美国 HHT 和南非 SALT。主镜为抛物面的有凯克望远镜和西班牙的 GTC 望远镜。正在设计的 TMT，GMT 和 ELT 也都是主镜为抛物面的拼合镜面望远镜。

当主镜为球面时，各面子镜均具有相同的形状，镜面成本低。但是它需要一个特殊的主焦改正镜，这种望远镜的使用受到诸多限制。比较通用的仍然是主镜为抛物面的拼合镜面望远镜。对抛物面的主镜面，各个子镜面的形状将不再是轴对称的，而是远离轴线的，表面的一部分。这时子镜面加工将是拼合镜面望远镜的一个难题。另外子镜面相对位置的控制也是这种望远镜成败的关键，这方面的内容将在第 4.4.2 节中加以介绍。在本节中仅简单介绍离轴抛物面子镜面加工的基本原理和方法。

对于二次旋转面(即圆锥曲面)，其面形方程可表达为(Nelson et al.，1985)

$$Z(X,Y) = \frac{1}{K+1}\left[k - \left[k^2 - (K+1)(X^2+Y^2)\right]^{1/2}\right]$$

$$Z = \frac{1}{2k}(X^2+Y^2) + \frac{1+K}{8k^3}(X^2+Y^2)^2 + \frac{(1+K)^2}{16k^5}(X^2+Y^2)^3$$

$$+\frac{5(1+K)^3}{128k^7}(X^2+Y^2)^4+\cdots \tag{2.32}$$

这里 k 为旋转面顶点处的曲率半径，K 为旋转面的圆锥曲面常数，坐标系中 Z 轴为旋转面的对称轴，O 点为旋转面顶点。当这个坐标系为新的原点位于子镜面中心的偏轴坐标系 $P-xyz$（图 2.19）所代替时，原来子镜面上的偏轴曲面仍可以用三角形级数形式来表示，即

$$z=\sum_{ij}\alpha_{ij}\rho^i\cos j\theta \ (i\geqslant j\geqslant 0, i-j=\text{偶数} \tag{2.33}$$

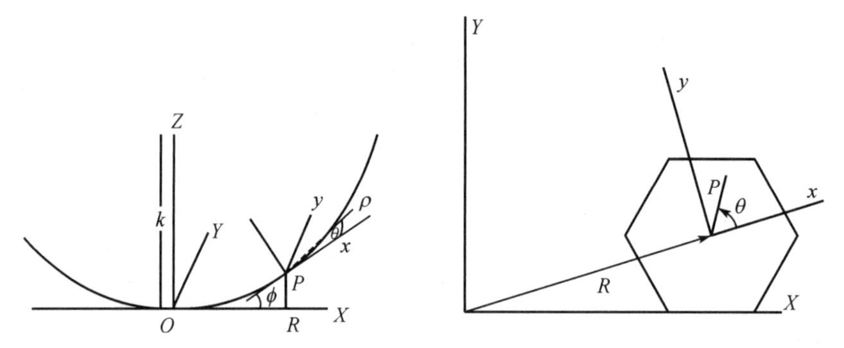

图 2.19　旋转二次曲面的坐标关系

在这一类傅立叶变换的表达式中，前几项的系数有如下形式：

$$\begin{aligned}
\alpha_{20}&=\frac{a^2}{k}\left[\frac{2-K\varepsilon^2}{4(1-K\varepsilon^2)^{3/2}}\right] \quad \text{（离焦量）}\\
\alpha_{22}&=\frac{a^2}{k}\left[\frac{K\varepsilon^2}{4(1-K\varepsilon^2)^{3/2}}\right] \quad \text{（像散）}\\
\alpha_{31}&=\frac{a^3}{k^2}\left[\frac{K\varepsilon[1-(K+1)\varepsilon^2]^{1/2}(4-K\varepsilon^2)}{8(1-K\varepsilon^2)^3}\right] \quad \text{（慧差）}\\
\alpha_{33}&=\frac{a^3}{k^2}\left[\frac{K^2\varepsilon^3[1-(K+1)\varepsilon^2]^{1/2}}{8(1-K\varepsilon^2)^3}\right]\\
\alpha_{40}&=\frac{a^4}{k^3}\left[\frac{8(1+K)-24K\varepsilon^2+3K^2\varepsilon^4(1-3K)-K^3\varepsilon^6(2-K)}{64(1-K\varepsilon^2)^{9/2}}\right] \quad \text{（球差）}\\
\alpha_{42}&=\frac{a^4}{k^3}\left[\frac{K\varepsilon^2[2(1+3K)-(9+7K)K\varepsilon^2+(2+K)K^2\varepsilon^4]}{64(1-K\varepsilon^2)^{9/2}}\right]\\
\alpha_{44}&=\frac{a^4}{k^3}\left[\frac{K\varepsilon^2[1+5K-K\varepsilon^2(6+5K)]}{64(1-K\varepsilon^2)^{9/2}}\right]
\end{aligned} \tag{2.34}$$

公式中 a 为六边形镜面的投影半径，且 $\rho=(x^2+y^2)^{1/2}/a$，式中 $\theta=\arctan(y/x)$，$\varepsilon=R/k$。各项系数的一般表达式为

$$\alpha_{ij}\approx a^i\varepsilon^j/k^{i-1} \tag{2.35}$$

当 $i>4$ 时，就我们关心的偏轴六边形抛物面面形来说，各个高次项的贡献都很小，可以忽略不计。用以上类傅立叶级数形式表示的镜面可以通过施加弹性变形的方法，使之成为

一个对称的球面面形。对于球面面形，$K=0$，所以仅有的系数为 $\alpha_{20}=a^2/(2k)$ 和 $\alpha_{40}=a^4/(8k^3)$。为此，将上述表达式与最接近的球面表达式相减，则可以求出镜面在加工过程中所需要的变形量。记这一变形量为(Lublinean and Nelson，1980)

$$w=\sum_{ij}a_{ij}\rho^{i}\cos j\theta \tag{2.36}$$

$$w\approx\alpha_{20}\rho^2+\alpha_{22}\rho^2\cos 2\theta+\alpha_{31}\rho^3\cos\theta+\alpha_{33}\rho^3\cos 3\theta+\alpha_{40}\rho^4+\alpha_{42}\rho^4\cos 2\theta$$

根据薄板弹性变形理论可以求出获得上列变形量所需要施加的力和力矩的形式。这些力和力矩包括分布于圆板侧面的剪力和力矩，以及分布在圆板面上的分布载荷。它们均具有相对应的级数形式：

$$\begin{aligned}
&M(\theta)=M_0+\sum_n(M_n\cos n\theta+\bar{M}_n\cos n\theta)\\
&V(\theta)=V_0+\sum_n(V_n\cos n\theta+\bar{V}_n\cos n\theta)\\
&q(r,\theta)=q_0+q_1 r\cos n\theta+q_2 r\sin\theta\\
&V_0=-q_0/2\\
&M_1+aV_1=-q_1a^3/4\\
&\bar{M}_1+a\bar{V}_1=-q_2a^3/4
\end{aligned} \tag{2.37}$$

通过上述变换，可以求出这些表达式中的相应系数，它们分别为

$$\begin{aligned}
&M_0=\frac{D}{a^2}[(2+\nu)\alpha_{20}+4(3+\nu)\alpha_{40}]\\
&V_0=-\frac{D}{a^3}(32\alpha_{40})\\
&M_1=\frac{D}{a^2}[2(3+\nu)\alpha_{31}+4(5+\nu)\alpha_{51}]\\
&V_1=-\frac{D}{a^3}[2(3+\nu)\alpha_{31}+4(17+\nu)\alpha_{51}]\\
&M_n=\frac{D}{a^2}[(1-\nu)n(n-1)\alpha_{nn}+(n+1)[n+2-\nu(n-2)]\alpha_{n+2,n}]\\
&V_n=\frac{D}{a^3}[(1-\nu)n^2(n-1)\alpha_{nn}+(n+1)(n-4-\nu n)\alpha_{n+2,n}]\\
&q_0=64D\alpha_{40}/a^4\\
&q_1=192D\alpha_{51}/a^5\\
&q_2=192D\beta_{51}/a^5
\end{aligned} \tag{2.38}$$

式中 D 和 ν 分别是镜面抗弯刚度和泊松比(Lublinear，1980)。如果在变形量表达式中存在正弦项，则在力矩、剪力和分布载荷的表达式中也要增加相应的正弦项贡献。经过这一变换，复杂的离轴抛物面的加工问题就转变为一个球面的加工问题，所不同的是在镜面加工过程中需要对镜面施加给定的力矩、剪力和分布载荷。镜面边缘的剪力和力矩可以用

图 2.20 所示的方法施加，而分布载荷则可以应用弹性底支承来实现。子镜面在承受给定应力情况下加工成球面形状并释放应力后就会恢复到所需的离轴抛物面的形状。而所加工镜面和理想镜面的差别则可以用逐次逼近的方法进行改善。在光学工业中，这种特殊的加工方法被称为预应力光学加工。历史上，预应力加工最先用于施密特改正板的加工中。为了实现拼合子镜面的批量生产，可以使用环形抛光机来加工子镜面。这时子镜面将安装在专门的夹具上，夹具对镜面施加所需要的力和力矩。

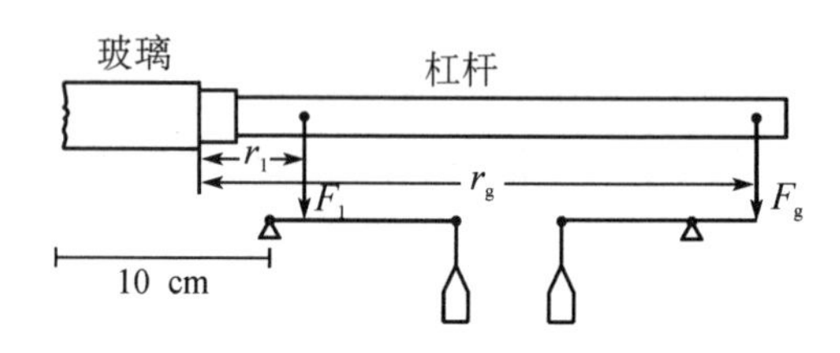

图 2.20　镜面在加工过程中所加的剪力和力矩

2.2.6　金属和其他轻型镜面

传统的镜面材料包括微晶玻璃、熔融石英和其他玻璃类材料。非传统的包括金属、合金、碳化硅和碳纤维增强复合材料。另外利用旋转的液体水银也可以形成液体镜面。采用非传统材料的主要考虑是它们的质量和成本。镜面材料的特性将在下一节讨论。

早期的光学反射望远镜采用比较容易熔化的金属或者铜锡合金材料作为主反射镜的材料。这种材料硬度低，抛光表面会很快变暗，反射效率也低。从 19 世纪末开始反射镜的镜体普遍使用玻璃材料。玻璃表面十分平滑，膨胀系数相对比较小。最近使用金属镜面的尝试包括意大利的两台望远镜，一个是 1.5 米，另一个是 1.4 米金属镜面。金属镜面的热敏感度比硼玻璃材料低。它的高热传导率减少了镜面内的温度梯度。但是大的热膨胀系数会产生大的表面误差。

合适的金属材料包括铝、钢、钛、铍和它们的合金。铝的刚度低，但是可以在其表面镀上磷镍合金层。经过表面镀层后，镜面可以抛光，获得光学镜面的光洁度。对铝材的直接抛光的试验也有很大进展，应用中国墨汁作为抛光过程中的润滑剂，铝表面可以获得高的平滑度。钢或者不锈钢也是很好的镜面材料。不锈钢经过硬合金涂镀后，可以抛光到光学表面的精度。铍和钛镜面已经使用在空间红外望远镜上，铍是韦布空间望远镜的镜面材料。

金属镜面一般采用浇铸方法，但是一种微量沉积式的焊接方法显然有希望用于大口径金属镜面的加工。在金属镜面使用中最大的问题是变形翘曲。金属镜面的翘曲有多种原因，其镜面形状和热处理加工方法是两个最主要的原因。不均匀、不对称的镜面形状将产生明显的翘曲现象，因此金属镜面宜采用等厚的弯月形截面形状。意大利的 1.4 米铝镜经过十多年的使用，总翘曲量仅仅相当于一个波长，至今仍可使用。如果在镜面上采用主动支承装置，那么金属镜面就可能应用到大镜面上。金属镜面价格最便宜，制造最简单。由于镜面稳定性的试验需要很长的时间尺度，因此大型金属镜面的实际应用还要长时间的努力。

碳纤维合成材料是一种新的镜面材料。碳纤维合成镜面的复制技术是望远镜领域内的新成果。经过近三十年的努力，复制的碳纤维合成镜面可以应用于毫米波、光学、红外和 X 射线等多个领域。碳纤维合成镜面具有质量轻、稳定性好、成本低等优点。复制的镜面很轻,可以达到每平方米几千克的质量。

镜面复制是利用精确的玻璃模具来实现的。镜面复制中的主要问题是树脂体积在固化时的收缩,树脂的收缩率大,从而使镜面表面产生误差。在复制中要尽量减少树脂的含量。镜面复制中的另一个问题是树脂内的气泡,气泡会降低复制面的平滑度,影响镜体强度。镜体内纤维互相重叠会在镜面上产生纤维影像。实践证明复制镜面的镜面粗糙度常常小于玻璃模具的粗糙度。在复制尺寸小的镜面时,镜面可以由数层单一方向的碳纤维材料构成,每一层和它的相邻层的方向不同。树脂中的气体和水是以液体形式出现,在固化时会形成有害的气泡。尺寸大的镜面要采用弯月形的三明治结构以保证镜面形状的稳定性。这种三明治结构的上下面均具有相同曲率,中间的芯层则是大量长度相同的碳纤维合成圆筒。由于圆筒的长度一致,所以在镜面表面不会产生这些小圆筒的影子。在具体复制过程中,可以用分层加压固化的方法。为了获得高稳定性的反射面,高压力、高纤维比是十分重要的。为了获得高的表面精度,增加富树脂层十分必要。在放置碳纤维时,要用小面积的纤维片来拼合尺寸大的曲面,要保持各纤维层的平整。当复制面达到所需厚度,胶结中间小圆柱和后底板。这时应注意在后底板相应于圆柱的位置上钻孔,以避免小圆柱中空气压力变化而产生影像。为了顺利脱模,可以使用硅油或者硬脂酸锌等脱模剂,或者在镜面和模具之间引进压力空气。在脱模时可以使用真空吸盘,通过底面的排气孔可以使真空吸附力直接作用在镜面前表面的背后,以避免镜面受到不均匀的拉应力而产生表面变形。碳纤维复合材料镜面的复制技术在很大程度上要依靠模具的精度和技术熟练程度,不存在不可逾越的难度。复制镜面可以达到和模具几乎相当的表面精度。复合材料镜面的技术也可以用于主动光学中的变形镜面的制造。碳纤维合成材料对镀铝层的附着力比较差。为了增加铝在碳纤维合成镜面上的附着力,常常先在碳纤维材料上镀一层镍或铬,然后再镀上铝。对于长期在露天工作的镜面,在铝层上面还要再镀上薄薄的SiO_2层来保护镜面镀层。在复制镜面时,也可以用纳米碳管来代替纤维材料。

另一种合成镜面的复制采用在模具表面电铸镍铬层的途径。电铸层常常仅有0.3毫米的厚度。电铸层和模具之间有较大的吸附力,为了防止在脱模时的表面变形,需要在镜面边缘电铸上一圈高度达1厘米的加强筋,最后用环氧树脂将金属电铸层和碳纤维材料的镜体胶结起来。这种方法也需要考虑脱模的问题。

在利用碳增强纤维材料作为镜面材料的努力方面也出现了一些复合结构的新思想。一种典型的复合结构由碳纤维鸡蛋格的主结构构成。从鸡蛋格结构上利用可调的支承杆支持着一个很薄的玻璃镜面。

碳化硅是一种新发现的镜面材料。它是一种地球上原来不存在的分子,其分子形式和金刚石十分类似,不过其中半数的碳原子为硅原子所代替。碳化硅可以用于制造光学和红外镜面。碳化硅颗粒本身是一种磨料。但是经过热压,化学蒸气沉淀或者是化学反应合成可以形成碳化硅的镜坯。有一种制造镜坯的方法是通过对碳化硅粉末加上静压力而首先获得一个软镜坯,这种软镜坯被称为“绿体”。它可以被加工,改变形状。当镜坯达到所需要的形状以后,再通过2 000 ℃的热压,形成可以进行抛光的镜体。在化学蒸气沉淀中,气体的化合物和热的石墨表面发生作用形成固态晶体材料。这个过程一般比较慢,但是会产生百分之百的纯净碳化硅化合物。用这种方法可以制成形状特殊的镜面。不过碳化硅镜面硬度很高，研磨和抛光的时间比微晶玻璃要长三倍，比熔融石英要长两倍。对于碳化硅镜面的磨制，只有金刚石粉才能发挥作用。使用化学反应合成碳化硅，首先要进行化学筛选(leaching)以获得高等级碳化硅。化学筛选方法是利用液体来提取固体成分。这样碳化硅粉末连同半液体的硅胶通过模压成为所需要的形状。最后将碳化硅胶体加热到 950 ℃，使其他材料挥发。制造大镜体一般可以使用几块碳化硅胶体，组装后加工成形。最后将组合镜体放置在甲烷气体中加热至 1 550 ℃。这时碳原子会沉浸在熔融的硅材料之中，将所有的空隙全部填平。使用这种方法可以生产出 83%纯度的碳化硅镜体。而这种镜体可以磨制到 1 纳米的表面光洁度。

在望远镜镜面研究中，最值得一提的是旋转水银镜面的试验。这种镜面本身就是一个充满水银的，匀速转动的大水银盘。这种水银镜面成本低，装置简单，有较大的反射率(～80%)，可能获得大的集光面积。水银镜面的转动速度 ω 与焦距 F 有直接联系，即 $F=g/(2\omega^2)$，g是当地的重力加速度值。但是这种镜面也有很大的局限性：第一，它的安装地点必须远离城市和任何振动源；第二，镜面的旋转必须十分均匀；第三，镜面只能用于指向天顶的位置；第四，由于水银黏度低，其口径大小有一个极限。另外水银的蒸发，空气中的硫磷化物和微风都会对镜面反射率和镜面宁静度产生影响，不过这个方面可以用加盖一层薄膜的方法来解决。现在加拿大已经提出了一个包括 66 面口径 6.15 米的水银镜面阵列(Large Aperture Mirror Array)的计划。

表 2.3 列出了一些常用镜面材料的特性比较，镜面材料特性的具体讨论将在下一节中进行。另外在镜面的支承中，还大量使用铟钢等材料作为镜面的连接件。铟钢的膨胀系数很低，但仍需要适当的热处理。正确的铟钢热处理工艺为：在惰性气体中升温至 850 ℃，每 1 英寸厚度要维持温度 30 分钟，然后用水进行正火。最后，再在惰性气体中升温至 315 ℃，并在空气中冷却完成回火。

表 2.3　常用镜面材料的特性比较

	铝	钢	铟钢	硼玻璃	熔融石英	微晶玻璃	碳增强纤维	碳化硅	钛
膨胀系数 $\alpha(\times 10^6\ K^{-1})$	23	11	1	3.2	0.05	0.05	0.2	2	12
导热系数 $\lambda(W/(m\cdot K))$	227	251	10	1.13	1.31	1.61	10	150	21.9
比热 $c(J/(kg\cdot K))$	879	418	500	1047	770	821	712	670	523
比重 $\rho(kg/m^3)$	2 700	7 750	8 130	2 230	2 200	2 530	1 800	3 410	4 650
热扩散率 $\delta=\lambda/c\rho$ $(\times 10^{-6})$	95	6.5	2.5	0.48	0.77	0.79	7.8	0.86	9.0

续表

	铝	钢	铟钢	硼玻璃	熔融石英	微晶玻璃	碳增强纤维	碳化硅	钛
热敏系数 δ/α	4.16	0.59	2.46	0.15	15.4	15.8	39.0	0.43	0.75
弹性模量 $E(\times10^9\ \mathrm{N/m^2})$	72	210	145	68	66	91	105	430	100
泊松比 ν	0.34	0.28	0.30	0.20	0.17	0.24	0.32	0.15	0.36
抗弯刚度 $E/\rho g(1-\nu^2)$ $(\times10^4)$	307	299	199	322	315	389	662	1726	252

超低膨胀材料的膨胀系数是 0.2 ppm。

2.3 光学镜面的加工和支承

2.3.1 光学镜面的材料特性

为了获得并保持镜面稳定、精确的表面形状，光学镜面材料应该具有一定的特殊性质。现有的望远镜镜面材料主要是硼玻璃、微晶玻璃、熔融石英、超低膨胀材料、碳化硅、一些金属和碳纤维材料。

光学镜面对镜面材料的要求是什么呢？概括起来，光学镜面材料应该有以下几个特点：(1) 极好的形状稳定性，使镜面长期保持十分精确的镜面形状；(2) 热膨胀系数接近于零，使镜面形状不受环境温度的影响；(3) 应该具有一定硬度和强度，以承受加工及运输时的应力；(4) 应该可以进行抛光并在真空室中进行镀膜。上列各点中镜面表面硬度一项也可以通过镀硬金属层的方法解决。表 2.3 列出了常用镜面材料的机械性能和热性能。在镜面设计时应该从经济和性能等方面进行综合考虑采用适当的镜面材料。比如在地面光学望远镜中主要镜面材料仍然是硼玻璃、微晶玻璃、熔融石英和一些金属材料。一些轻型、刚度质量比很高的材料，如铍和碳化硅，则在空间望远镜中获得广泛应用。

镜面材料特性中的一个就是镜面材料所能获得的表面平滑度，或者称为表面粗糙度(roughness)。所谓表面粗糙度是指镜面在极高空间频率上表面高度的均方根误差。镜面粗糙度的测量是一件十分细致的工作，它需要极高的空间频率，如 100～200 $\mu\mathrm{m}^{-1}$。表面粗糙度直接影响镜面的散射。在光学波段，表面总积分散射(Total Intergrated Scattering, TIS)为

$$\mathrm{TIS}=\left(\frac{4\pi\sigma}{\lambda}\right)^2 \tag{2.39}$$

式中 σ 为表面粗糙度。这一公式和斯特列尔比公式一致。由于 TIS 与波长平方成反比，所以在光学和紫外波段，望远镜镜面都要求有极小的表面粗糙度(如图 2.21)。

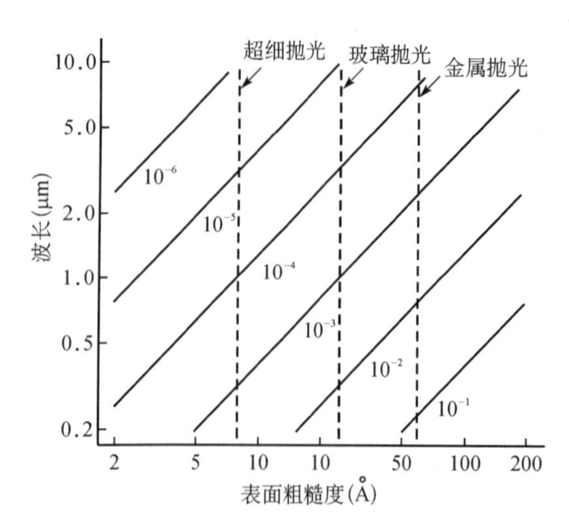

图 2.21　表面粗糙度和镜面的散射

镜面表面粗糙度和材料及加工方法有关。超细抛光的玻璃材料包括熔融石英、硼玻璃可以达到 8 Å 的表面粗糙度，一般抛光可以达到 25 Å 左右的粗糙度。对于金属材料，不锈钢约为 40 Å，铟钢约为 47 Å，铝约为 53 Å。一般镜面要求的总散射约为 10^{-3}。在其他材料中，碳化硅材料可以达到 12 Å 的表面粗糙度。这些数据是应用传统精细抛光技术时获得的。具体镜面材料的表面粗糙度可参见本书表 10.1。

硼玻璃材料是一种膨胀系数较低的玻璃材料，在微晶玻璃和熔融石英（fused silica or fused quartz）材料问世之前它是光学望远镜镜面的唯一理想材料。目前它主要应用于大型蜂窝镜面的制造中。但是硼玻璃材料在低温情况下有极小的膨胀系数。如果温度在 40K 时，硼玻璃材料的膨胀系数仅为 $0.8\times10^{-6}\mathrm{K}^{-1}$。微晶玻璃是在玻璃熔化时加入作为晶化核的化学添加剂，同时通过温度控制使玻璃内产生微型晶体而形成的。微晶玻璃的性质与它的晶体体积比相关，晶体体积比高，膨胀系数小，所以它可能有极低的热膨胀系数。但是微晶玻璃的使用受到了制造工艺的限制。在玻璃结晶时要产生应力，第一，它很难获得极薄的，厚度不均匀的大口径镜胚；第二，它不能像硼玻璃、熔融石英和超低膨胀材料那样由几个部件熔合成特别的形状。熔融石英及超低膨胀的熔融石英是重要的制造特大薄镜面的材料。熔融石英是利用石英晶体在 2 000℃的高温下经过熔化获得的。在熔化时它的黏度很大，流动性很差，所以只能生产体积不大的镜块。不过它们可以在高温下将不同镜块熔合在一起，熔合的关键是避免镜块和镜块之间的材料流动。它的镜坯是半透明或不透明的。在哈勃空间望远镜中，它被应用于蜂窝形主镜的制造。空间望远镜直径 2.4 米的主镜面由五个部件熔合而成。这五个部件分别是上、下表面，内、外环面和中间蜂窝状隔板层（如图 2.22 所示）。熔合过程是在 1 500℃的高温下进行的。最近昴星座望远镜和双子座望远镜中的特大薄镜面主镜也是由一块块六边形子镜面熔合而成的。这些子镜面首先熔合成一个大型平坦的镜坯，然后放置在一个凸模具上。再将平坦镜坯不断地加热到材料软化时的温度，然后降低温度，升高温度，如此反复使之逐渐成为理想的弯月形形状。由于在这种镜面中含有多个子镜面，各个子镜面由于原料和加工条件的差异，它们的热膨胀系数可能有微小的差别，所以在熔合成大镜面之前，应该对各子镜面在大镜面上的位置进行优化，使得镜面在加工和工作温度的条件下（大概有 25 ℃差异）相对表面误差最小，并使

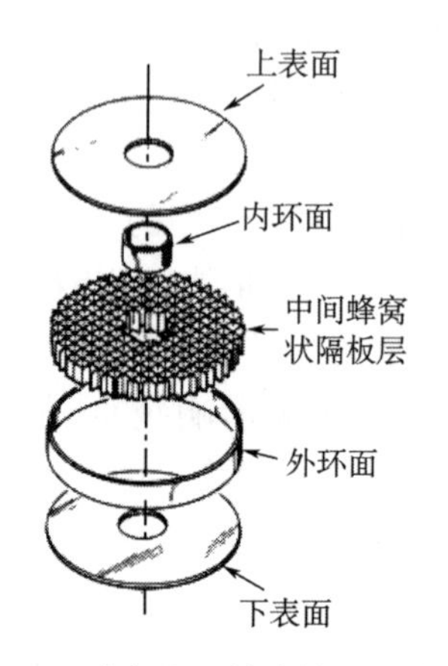

图 2.22　空间望远镜主镜的五个部件

得镜面在具有轴向温度梯度时(典型的温度梯度为 3 ℃),镜面表面误差最小。

2.3.2 光学镜面的加工

在金属镜面的加工领域内,金刚石高速切削是一种十分有效的方法。金刚石高速切削可以达到 3 μm 的表面精度和小于 1 μm 的表面粗糙度。金刚石高速切削需要使用装有空气轴承的精密加工机床。用这种方法加工的镜面可以用于红外波段的光学器件,但是对于光学镜面特别是大口径光学镜面的要求还相差甚远。

玻璃类的光学镜面的精加工主要是指细磨和抛光的过程。在细磨和抛光过程中,镜面成分的磨削速度可以看作四种因素的函数。这四种因素分别是:磨具对镜面的压力,磨具和镜面的相对速度,磨具和镜面的接触面积以及磨料的机械性质。一般来讲,改善四种因素中的任一个因素均可以提高镜面磨削的效率。一个简单的模型可以将磨削效率看作前三个因素的线性函数。这是镜面磨削的基本理论。对于球面光学表面的磨制一般没有太大的困难。但是对于抛物面形状,我们很难做到磨具与镜面在任何位置上均保持面形的接触。由于抛物面偏离球面的程度可以表示为 $0.000\ 32D/F^3$,所以口径 D 大,焦比 F 小的主镜磨制困难较大。对于大型薄镜面,其磨制和抛光的困难就更大了。

现代天文非球面镜的磨制可以归纳为三大类。第一类是比较传统的经典方法,第二类是采用可以变形的磨具,第三类是在加工过程中使镜面受力而发生变形,当加工完成以后,去掉所加上的力或力矩,镜面就变为所希望的形状。

第一类镜面加工中磨具又可以分为大、中和小口径三种。利用大口径磨具磨制球面比较简单,由于接触面积大,效率也高。但是当镜面偏离球面较大时,磨具与镜面的接触面积要经过计算和设计,接触面大小和形状与磨具摆幅也密切相关。这时磨具的沥青表面会根据镜面在某一环区所需要的磨削量刻成特别的图案。大口径磨具比较难加工口径大、焦比小的镜面。这时中口径磨具就可以发挥作用。中口径磨具对镜面可以进行局部修整。但是中口径磨具之下的镜面部分并不是轴对称的,为了解决这一问题就是使磨料仅仅在磨具理想的方向上流动,从而避免在其他方向上的磨削。这种方法的作用是很有限的。在大口径镜面的加工过程中有经验的光学技工将会使用小磨具。目前利用现代计算机控制小磨具的磨制方法十分普遍也非常有效。但是小磨具的一个主要缺点是镜面表面的高频率误差。这种高频率误差是很难修正的。不管是大磨具、中磨具,还是小磨具,有一点十分重要,就是镜面在磨具和自身质量下的变形。这对薄镜面的加工尤为重要。在国外一些大型薄镜面的加工中不少采用了分离式气垫的支承系统,所有的气垫在圆周方向上共分为三组,在三组气垫之间利用阀门来控制系统的阻尼。支承气垫的设计要保证气垫在不同位置时均提供相同的支承力。在气垫支承下,镜面的局部变形很小保证了镜面在加工后的表面精度。在蜂窝镜面的磨制过程中因为镜面上表面很薄,在加工过程中具有弹性,容易在镜面上产生蜂窝影子(print through)。这时可以利用真空式磨具。在磨制过程中通过不断对磨削面抽真空,可以使磨具质量的作用减小到零,消除了镜面上的影子(图 2.23)。

第二类磨削方法中磨具变形又分为两种。一种是通过磨具本身的设计而得到的效果，它没有主动的变形或加力机构。英国的布朗(Brown，1986)在 4.2 米望远镜镜面的加工中设计了一个大磨具，这个磨具的加强筋由一圈圈的圆环构成，磨具中没有任何径向的加强筋，同时他将各个加强筋环的底部设计得很薄，这样的磨具径向刚度很低，而在圆周方向的刚度高。在模具上利用沙袋直接加压，沙袋的质量使磨具尽量贴合在非球面镜面上。第二种方法是采用主动变形或加力装置。在磨制梵蒂冈 $f/1$ 镜面时安杰(Angel)采用了主动控制的变形磨具，磨具上有加力变形的装置，磨具的形状在计算机控制下随磨具的位置和方向变化而变化，取得了很好的效果。

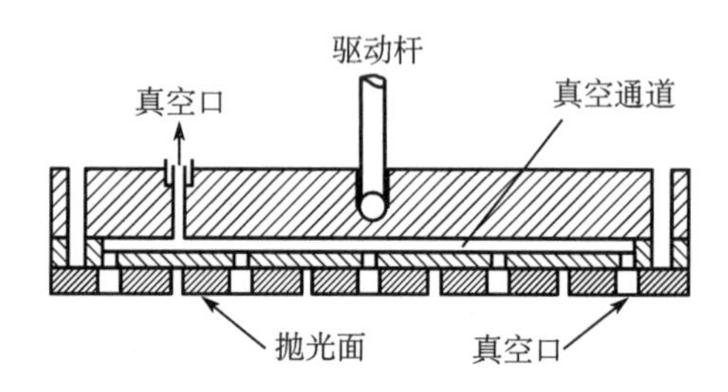

图 2.23　蜂窝镜面磨制过程中的真空式的磨具

第三类磨削方法的指导思想是通过对镜面变形使得所要求复杂的镜面形状得到简化，从而方便了镜面加工。简单的例子是将所需要的镜面形状在一定的应力状态下，变形为简单的球面。在这个球面加工好以后，解除对这个镜体的应力约束，此时，原来的球面就会恢复变成所需要的非球面的形式。这种方法早期用于施密特改正板的磨制，近来更多地应用在拼合镜面中离轴抛物面的磨制。由于在镜面变形时会引起附加应力，所以这种方法也称为应力抛光。对于口径极大的拼合镜面望远镜，研究表明子镜面的主要形状误差来自像散，而其他各项的误差贡献均十分微弱。这种简单的像散误差可以很容易地通过在一个直径上施加力矩的方法来完全消除。这就简化了应力抛光中的工装设计。

除了传统非球面镜面加工方法外，一种用于平板加工的工艺对天文镜面的加工也有着十分重要的作用。这就是环抛机加工方法。在环抛机加工中，平板浮动在均匀转动的平面磨具之上，随着磨具运动在原地转动。平板外侧有固定镜面的圆环限制它相对于地面的运动。在大型拼合镜面的加工中，常常要加工很多曲率半径大的近似于球面的曲面。这时也可以使用这种环抛机加工方法，这时磨具在运动的时候应该有一个标准的球面对磨具进行修整。环抛方法利用镜面自身重力来获得磨削时的镇压力，这种力比较均匀，容易实现自动化。应用这种方法难以获得非球面面形，但是如果非球面度比较低，可以用于它们的初加工，进一步的抛光借助于其他方法。

一种利用磁流变液进行的非接触式精细磨削也是光学非球面加工的新方法。铁磁流体(ferrofluid)实际上是在液体中间悬浮着无数的磁性微粒的一种材料。在铁磁流体之中，磁流变液(magneto-rheological fluid)是指某些性质会随着外界磁场的存在而显著变化的液体，是近年来新发展的一种新型液体材料。不过在一些专门领域内，常常又把铁磁流体和磁流变液区分开来，这时铁磁流体是专指液体中的磁性微粒很小(纳米级)，在磁场的作用下液体的特性没有显著改变的液体。而磁流变液是指液体中磁性微粒稍微大一些(微米级)，在磁场的作用下，液体的黏度和剪切应力会产生很大变化的液体。在磁场的作用下，它们甚至可以固化成半液体或者固体的形式。在这种特殊的光学抛光机中，光学元件和磨头相距一定距离，不互相接触。当它们之间没有磁场时，它们的相对运动不产生磨削效应。当在它们之间引入磁场时，半固化的液体有一定的剪切应力，从而达到光学表面的精细抛光的目的。

离子和等离子体抛光也是天文镜面加工的重要方法。离子和等离子体抛光在镜面加工中主要用于精确镜面的最后修整。离子抛光是一种高速离子轰击的过程。在离子抛光之前镜面应该有很低的粗糙度，也就是说镜面应该经过抛光。离子抛光是在真空中进行的。在离子抛光中，镜面材料的去除由离子束轰击函数(beam removal function)来表述。离子抛光是一种不接触的加工方法。镜面材料的去除速度与镜面原有形状无关。通常镜面在离子加工时工作面向下。离子加工的精度可以达到 0.02 个光波长。它的最大限制是真空室的大小。离子抛光通常用于薄镜面的最后修正。

等离子体(plasma)抛光实际上是一种借助等离子体引起的化学侵蚀过程，它的机理与离子抛光是不一样的。这种抛光过程中加入的气体在等离子体束的作用下与镜面材料作用形成一种活性强的物质，从而从镜面上去除镜体。对于熔融石英镜面，这种反应是：

$$CF_4 + SiO_2 \longrightarrow SiF_4 + CO_2 \tag{2.40}$$

在等离子体抛光中等离子体束本身还具有一定能量，使化学反应加速。等离子体抛光可以在弱真空中进行。它可以获得精确的镜面形状，它比离子抛光的效率高。

在本节中镜面加工的讨论主要是指玻璃镜面的加工，其他镜面加工方法主要是镜面复制方法，关于复制方法读者可以参考 2.2.6 节中的讨论。

2.3.3 光学镜面的镀膜

真空镀膜是提高镜面反射效率的最重要方法。一般情况下，每隔半年或者稍长一段时间，镜面就需要重新镀膜一次。传统镀膜方法是辐射或蒸发镀膜(radiation coating or deposition)，在真空情况下使铝丝熔化，铝原子辐射蒸发，沉淀到镜面表面。在镀膜之前要去除旧镀膜层，清洗镜面。镜面清洗过程是一个化学过程，一般使用清洁剂或硫酸和铬酸的混合物，具体的酸性化合物要根据镀层的性质来确定。酸洗以后要用水清洗。在清洗过程中应保持镜面潮湿，清洗结束后再用气刀使镜面干燥。在一些天文台还采用干冰作为镜面清洗剂和干燥剂。

真空镀膜室是一个桶型耐压容器，在真空室内镜面常常是竖直放置的。当镜面竖直放置时，金属熔丝不会掉在镜面上。一般金属熔丝等距离地放置在镜面边缘。镀膜时镜室内保持真空，气压在10^{-4}毫米汞柱到10^{-5}毫米汞柱或者更低一些。在镀膜时纯铝的金属熔丝安放在螺旋形的加热钨丝上。在真空中钨丝熔化的温度为 1 900℃，而金属铝600℃时就熔化，熔化的铝液黏附在红热的钨丝上，到 1 200℃时，金属铝升华，向空间辐射蒸发。蒸发的铝分子沿直线射向各个方向，沉淀在镜面之上。除了金属铝以外，还可以使用其他熔点低的金属进行镜面辐射镀膜。

在光学波段，天文望远镜镜面广泛使用金属铝膜。但是在红外波段，金或银有更好的反射率。真空辐射镀银面有明显缺点，镀银层和玻璃材料结合不牢，银表面会氧化发黑。这种情况下必须采用新的真空溅射镀膜方法(sputtering coating)。真空溅射镀膜的镀层材料包括金属、氧化物和绝缘材料等。为了使镀银层的附着力提高，可以在玻璃表面和镀银层间加镀增加附着力的粘接层。为了避免镀银面的氧化，增加使用寿命，可以在镀银层上镀上保护层。粘接层可以是金属 Cr 或 Ni，保护层是氧化物 Al_2O_3 或 SiO_x。这种氧化物对光线有吸收作用，所以镀层必须很薄。真空溅射镀膜的缺点是该设备包含有内部电场，结构比较复杂，而且镀膜速度较慢。

真空溅射镀膜是在真空压力容器中进行的，容器中必须有少量惰性气体（在溅射镀 Cr 或 Ni 时，使用氮气；而当镀其他镀层时，则使用氩气），容器中主要部件是溅射磁控管。溅射磁控管包括一个通水致冷的，由镀层材料形成的靶标（target）阴极和一个反向电极，阳极。当磁控管在阴阳极之间加上电压以后，就形成一个电场。在靶标阴极背面有强磁材料，从而在阴极前方形成了一个弧线形的磁场，这一磁场会使游离电子产生偏转，集中在阴极板附近，在阴极前方形成一个等离子态区域。当惰性气体的电子被剥离后，在电场作用下，等离子区内的气体离子会不断撞击阴极，使阴极靶标内的粒子逸出阴极表面，形成溅射现象。由于这些粒子附着在镜面表面时比辐射蒸发的粒子有高得多的能量，所以它们会形成附着力高的镀层。辐射镀膜的能量在零点几个电子伏特，而溅射的粒子能量在十几个电子伏特。在溅射镀膜过程中，镀层的材料选择不受材料熔点的限制，有多种选择性。

在双子座望远镜的真空室内，共有三组磁控管，每个磁控管的尺寸是 1.8 米长，0.3 米宽。磁控管上有扇形窗口，以控制镜面镀层形状。在喷镀中，大的镜面需要不停地进行匀速旋转以获得均匀的镀层。

双子座望远镜采用了具有四层不同材料薄膜的银反射面，它们分别是厚度 5 纳米的氮镍铬（$NiCrN_x$）的下附着层，厚度 120 纳米的银（Ag）反射层，厚度 0.5 纳米的氮镍铬的上附着层和厚度 85 纳米的氮化硅（SiN_x）保护层（Boccas，2004）。这种反射层在红外频段有非常低的辐射系数。注意这里附着层是一种磁性材料，对光线有吸收。所以上附着层的厚度不能太厚。双子座望远镜工作在 0.4 微米及以上的红外波段。这时银镀层具有最高的反射率。如果波长 10 微米，银和铝的反射率分别是 99.5% 和 98.7%。因为 $1-R=e$，那么三面银镜面的辐射吸收量仅仅是三面铝镜面的辐射吸收量的 0.38 倍。因为望远镜灵敏度与辐射吸收的平方根成反比，所以镀银镜面的灵敏度为镀铝镜面望远镜的1.6 倍。其他金属，如金或铂膜也常用于 X 射线镜面上。真空镀层厚度的测量是采用在标准晶体样片的表面镀膜，然后比较镀膜前后样片谐振频率的变化来实现的。

2.3.4 光学镜面的支承结构

镜面支承的基本要求是保持镜面稳定的表面形状和它在望远镜中稳定的相对位置，以避免受到重力、风力、望远镜运动的加速度影响。镜面支承分为定位支承和浮动支承。镜面的相对位置是由少数定位支承点所决定的。这些定位支承点以及相关的位移传感器不分担或者只分担极少部分的镜面质量。而绝大部分的镜面质量则是由浮动支承所承担的，这样就避免了镜面形状的改变。镜面浮动支承的效果相当于镜面浮动在与它同密度的液体之中，这种支承不会产生镜面的表面变形。由于镜面重力方向会随着高度角变化而变化，重力可以分解为轴向力和径向力，镜面的定位和浮动支承系统中，可能同时包括轴向和径向两个支承系统。

2.3.4.1　光学镜面的定位支承

任何刚体都具有六个自由度，三个移动自由度和三个转动自由度。定位支承的目的就是约束这六个自由度。最理想的镜面支承是静定支承，即仅仅对镜面施加正好六个自由度的约束。这六个约束可以施加在一个点上，也可以分散在几个点，或者分为轴向和径向的定位约束组合。三点轴向定位支承是常用的定位约束支承系统。摇板支承是一种三点轴向定位支承和轴向浮动支承合二为一的系统，它是由三个轴向定位点出发，分别用轴承支承一层层的摇动杆或者摇动板来平衡支承六点、九点、十八点甚至三十六点的一种镜面支承机构。为了防止摇板机构的自重在水平指向时对镜面的作用力，各层使用的轴承位置应该位于所对应的摇板部分的自身重心上。三组人字桁架支承也是一种常用的定位支承。它可以用于轴向定位或者径向定位。注意在桁架中传递力的杆件常常需要增加在两个与之垂直的方向上的柔性关节(flextures)。变异的人字桁架具有梯形的形状，它可以使该桁架将支承力传递到镜面内部。最多点约束的镜面定位支承采用六杆平台的结构，它存在六个约束点，分别形成多个稳定的三角形。多点镜面约束可以使镜面获得较高的谐振频率，这对于大口径镜面的稳定性是十分重要的。

在天文光学望远镜中镜面不希望承受附加的应力，因此在镜面空间定位中，必须十分注意镜面定位点的选择。镜面定位点可以选在镜面外侧，可以选在镜面半径中央，也可以选择在镜面内孔附近。镜室和镜面材料常常不同，因此它们膨胀系数的差别是镜面定位点选择的关键。除了选用膨胀系数相近的材料以外，定位支承常常在较小的中心镜孔附近，定位装置采用摩擦力小的点、线或者弹性接触方法，使用弹簧和扭力弹簧，支承装置应该在非约束的自由度上采用柔性设计，或者配备滚珠轴承来解放定位点的非约束自由度。有的望远镜还采用了空气轴承作为轴向定位支承点。为了保护宝贵的镜面，现代主动式的定位支承装置中除了上述的要求外，还设计了位移和载荷测量仪，载荷控制机构，配置自重变形补偿机构，位移补偿装置和过载保护机构等。

哈勃空间望远镜镜筒是由零膨胀碳纤维复合材料桁架制成，和镜面熔融石英膨胀系数基本相同，使用镜筒桁架作为镜面轴向定位不会因为温度变化而产生镜面变形。这时镜面定位在外边缘三个点上。在空间望远镜的计算中，为了减少温度效应所引起的定位点移动，空间望远镜镜室采用了钛合金柔性双层结构。空间望远镜工作时没有重力影响，定位点不承受温度应力，不过它必须承受火箭发射时加速度频谱的冲击。

对于镜室为钢结构的大型地面望远镜，因为热膨胀所引起的镜面切向应力是一个重要问题，因此定位支承往往选择在镜面的内孔面上。这种支承点不承受或仅承受很小的镜面质量。镜面的内孔支承已经运用于许多中等口径望远镜中。在内孔定位支承的设计中，轴向定位和径向定位都应该设计为一圈线接触，以减少定位点和镜面之间的摩擦力或力矩。在径向定位中定位点应该接近镜面的重心平面。一般情况下，径向定位结构是一个从轴向定位平面上延伸出的圆筒结构，圆筒面和镜面不接触，在圆筒的上方有一个略大于圆筒外径的球面定位面。为了减少热膨胀引起过大的定位应力，圆筒和圆球面的圆周上有数个开口以降低定位面在径向刚度。

对于小口径的光学镜面，镜面定位点可以位于半径的中部，例如一些望远镜的副镜支承就是这样。当镜面口径稍大时这种镜面的三点定位支承同样要注意热膨胀系数的差别所引起的问题。一种在切向引入簧片的三点定位支承应用很广。这种支承可以吸收因为镜面和镜室膨胀系数的差别所引起的应力。三点支承可以利用杠杆原理演变为摇板支承的结构。对于薄镜面，摇板支承同样有热膨胀问题。不但三个主支承点要避免热膨胀问题，而且摇板本身也应选用与镜面膨胀系数相同的材料。在摇板设计中，铟钢是常用的选择材料。

大口径的定位支承常常在镜面半径的中部，如果使用三个点作为轴向定位，常常采用球面和镜面接触。因为温度的变化会使支承点在镜面背面滑动，所以在球面的支承架上连接有滚珠轴承，以释放支承点在转动方向上的自由度。在利用平面空气轴承的定位点上，也常常有球面气垫层以保证接触面的水平度。

大型地面望远镜的径向定位一般选择在镜面外侧。这种径向定位支承常常采用一种切向连杆结构。这种结构包括三根切向连杆，连杆一端连接镜面，一端连接镜室，沿同一个方向在径向支承着镜面。另一种径向定位是沿切向用预应力钢绳将镜面上的三个点和镜室连接起来，钢绳在两个方向上推拉镜面。这种径向定位支承允许镜室较大的尺寸变化。当镜面倾斜时，会产生托力去抵消镜面重力的径向分力，镜面位置不受温度和镜室膨胀的影响。

另一种新型的定位支承是从六杆平台发展起来的支承形式(Parks，1998)。六杆平台的基本原理将在下一章中详细讨论。利用两端带万向节(即柔性扭转连接)，可以转动的六根杆件能够实现对一个平台的稳定支承，从而实现对平台六个自由度的约束。望远镜镜面也可以利用这一形式实现支承。如果采用六个支承点，则支承半径是镜面半径的 0.67 倍左右。这种支承的轴向力稳定、均匀。图 2.24 所示为这种定位支承的结构。这种结构由于支承杆的长度比较大，所以在温度变化时会产生镜面的轴向移动。为了减少这种影响，可以采用成 90°弯曲的杆件，这时镜室与镜面的距离就会大大减少。六杆支承结构在承受镜面的径向载荷时会引起像散，所以一般不适用于镜面径向的支承。帕克斯(Parks)和邵还将这一基本原理推广到 18 点支承的情况，在 18 点支承的情况下镜面的支承半径分别是 0.408 和 0.817，外圈有 12 个支承点，内圈有 6 个支承点。在镜面的 18 点支承中 18 点共分为三组，每一组有个 6 支承点，采用一个六杆支承装置，每一个支承点均支承着相同的镜面质量。为了避免镜面的过度定位，在连接每一个六杆支承装置时采用了钢丝绳连接。这样镜面正好固定了全部六个自由度，实现了稳定的支承。在这种镜面支承中每一组的下支承点都集中到钢丝绳的附近，以减少支承结构的质量。在设计六杆支承时要注意不要使所有杆件相交于同一个点。如果所有杆件相交于同一个点，这个六杆装置就会不稳定。在六杆装置中只要选定杆件的长度和位置，镜面的轴向支承力均保持相等和恒定，这是这一装置的重要优点。图 2.25 中所示为这种 18 点支承的结构，在这一镜室结构设计中径向支承利用了预应力钢丝绳的装置。

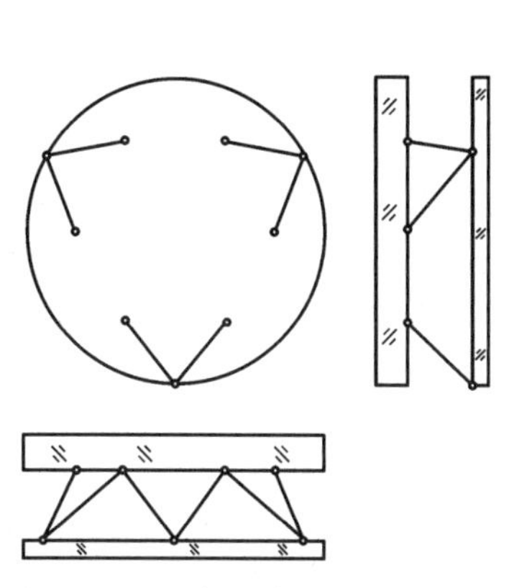

图 2.24　六杆平台式的镜面轴向支承的结构(Parks,1998)

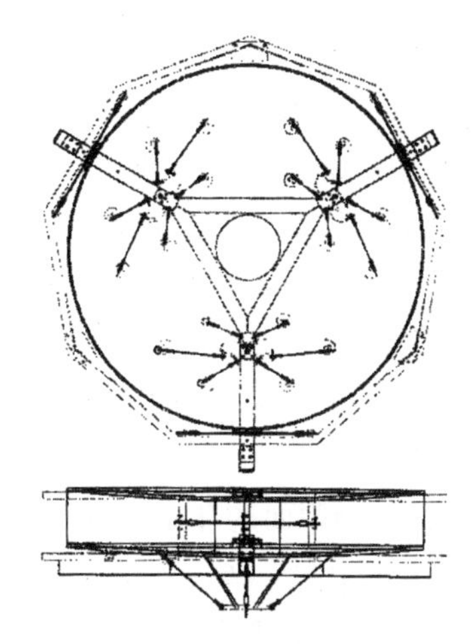

图 2.25　18 点六杆支承的装置,注意径向支承采用了预应力钢丝绳(Parks,1998)

2.3.4.2　大口径蜂窝镜面的定位支承

大口径蜂窝镜面体积大,相对强度低,采用六点定位支承可以使镜面系统拥有较高的谐振频率。8.4 米口径,三镜面巡天望远镜 LSST 就采用了新发展的六杆平台的定位支承。这台望远镜的镜室采用了空间桁架的结构,镜筒通过四个点连接着镜室的主十字梁。从十字梁的底部对称分布的六个定位点上支承着六根定位杆(图 2.26)。定位杆的上部和镜面的底部连接以决定镜面的位置。在风力影响下或者在望远镜快动时,六根定位杆会承受一部分风力或者惯性力,但是当定位杆内的力传感器获得所受力的信息后,控制系统会将这些力的作用分散到镜面的非定位支承系统中,所以六根定位杆很快就几乎不承受任何镜面载荷。

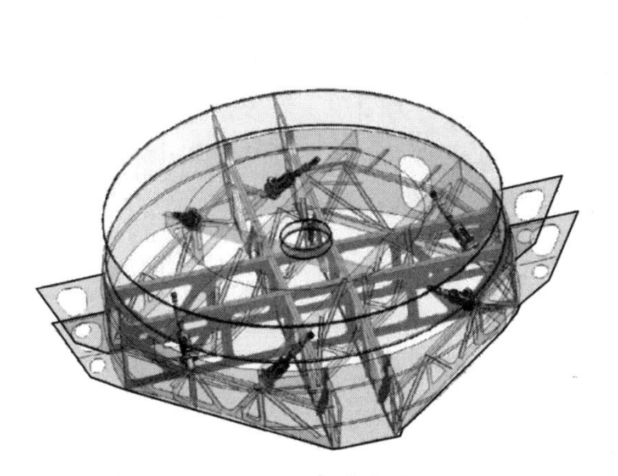

图 2.26　LSST8.4 米蜂窝镜面的定位支承结构(DeVries, 2010)

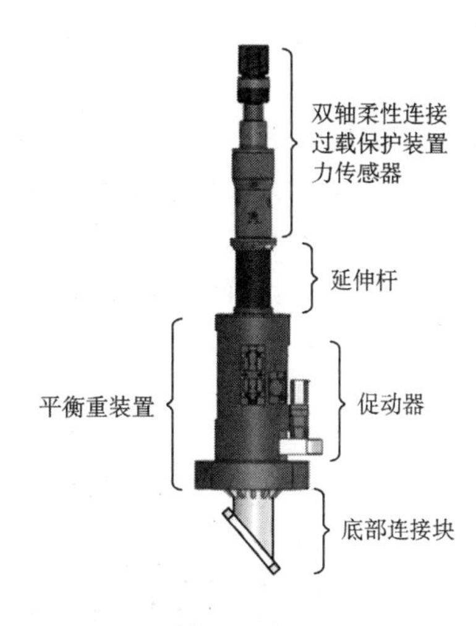

图 2.27　LSST8.4 米定位杆结构(DeVries, 2010)

在每一个定位杆(图 2.27)内,有位移传感器(LVDT)测量杆件的长度,同时有位移触动器来保持杆件恒定的长度。位移触动器是由步进电机和行星齿轮带动的消齿隙滚珠丝杆。在位移触动器的上部有过载保护机构和上下两端的防止产生弯转力矩的柔性连接。柔性连接是由互相垂直的,可以产生任意角度弯曲的两个薄片构成,起到万向接头的作用。这个结构常常被称为双轴柔性接头(biaxial flexure)。过载保护机构是两个直径不同的互相抵消的气动压力活塞装置。它的目的是限制定位杆承受力始终小于这两个活塞所产生的压力差。在正常情况下,定位杆有很好的刚度。但是在过载的情况下,刚度消失,允许定位杆的长度发生变化。在定位杆的上部,还连接着一个直径较大的外套筒,外套筒的下部是一个平衡重。这个平衡重装置的目的是抵消和补偿由于杆件自重所引起的定位杆的弯曲。

2.3.4.3 光学镜面的非定位支承

除了摇板式镜面支承外,大部分定位支承都不能承受很大的镜面重力,镜面重力一般总是由非定位支承来承担的。非定位支承主要有两大类:一种是机械式,一种是压力式。机械式的非定位支承一般指杠杆式支承。由于杠杆式结构所产生的浮力正好随镜面高度角呈正弦变化,这和镜面重力的分力变化规律相同。所以这种结构一般不需要附加的调节机构。同时由于杠杆的放大作用,重锤总重力远远小于镜面重力。摩擦力是杠杆结构误差的主要问题。机械式的非定位支承可以用于轴向和径向支承。对于薄镜面的径向支承,凯克望远镜采用了一种薄簧片来传递杠杆的浮力(图 2.28),这样可以避免杠杆机械的轴向移动所引起的支承力误差。在压力式的非定位支承中气垫是一种常用的轴向支承形式。气垫和镜面底部有固定的接触面积,通过改变气垫内的压力可以调节支承力大小,所以气垫式轴向支承还需要一个压力调节器以保证气压随高度角正弦而变化。这种调节器结构并不是很复杂。对于镜面的径向支承,一种压力式的支承机构称为水银袋支承。在水银袋支承中镜面的圆周用一环形水银袋包围起来,当镜面在竖直方向时,镜面如同沉浸在水银液体之中受到水银的浮力。浮力大小可以通过调节水银袋和镜面侧面接触的宽度来实现。另一种压力式的支承是应用真空来支承副镜重力的轴向分力,这种支承原理和其他气垫支承完全相同。在光学镜面支承系统中还可以使用力传感器来实测各个支承点受力的情况。简单的力传感器是一种应力放大装置,在应力放大部分利用应力片来测量微小应力变化以获得受力情况。力传感器的使用也使主动控制变得更为简单。新发展的镜面支承均是配置有力传感器和力触动器的主动支承。通过主动支承,大部分的镜面加工和支承误差均可以获得补偿,从而大大降低了镜面加工的难度和成本。

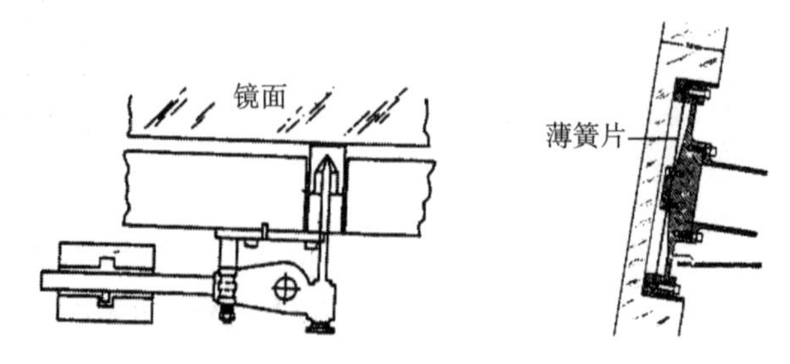

图 2.28 轴向和径向的杠杆式的支承结构(Keck)

2.4　光学镜面的检测

2.4.1　镜面检测方法

天文望远镜对光学镜面有十分严格的要求，它的表面必须平滑，同时不能够偏离所需要的标准形状。如果表面光洁度不高，会产生散射，损失星光能量；如果镜面偏离所需要的形状，星光的像将不明锐，像的能量不集中。因此在光学加工过程中，精确地确定镜面的表面形状有着十分重大的意义。这项工作称之为光学镜面检测，光学镜面的加工精度完全取决于光学镜面的检测精度。镜面检测按检测手段可以分为非干涉检测和干涉检测，其中干涉检测又包括普通干涉、移相干涉等，普通和移相干涉包括斐索、泰曼、马赫·曾德等。按测量原理则有归零检测，子口径缝合和软件光学测试系统等。全息条纹检测是归零检测中的一种。

经典检测全部属于非干涉检测，它们包括傅科（Foucault）刀口法、细丝（wire）检测、朗奇（Ronchi）光栅法、焦散（caustic）检验方法和肖克-哈特曼方法。新近发展的软件光学测试方法（software configurable optical test system，SCOTS），又称为条纹反射法，也是非干涉检测方法。经典检测一般不能定量表述镜面形状，因此不适用于现代光学望远镜的镜面检测。现代望远镜镜面常常使用新近发展的一些方法，即全息补偿、移相干涉、动态移相方法和子口径缝合方法。

不管经典方法，还是现代方法，光学检测均需要一个参考表面，如果参考面是一个球面或者平面，检测就相当容易。反之就要将非球面、非平面的参考波阵面转变为球面或平面形状。这个转变在光学上被称为归零方法。归零法可以利用圆锥曲线的特点，在光路中使用小透镜或透镜组。透镜方法成本低，但是所要求的位置精度高。现代光学测量常常使用计算机全息图（computer generated holograph，CGH）装置来代替这些归零透镜或反射镜。

2.4.2　计算机全息图检测方法

计算机全息是利用计算机、电子束或激光所绘制的光学衍射图形，这种图形可以被认为是一种故意“扭曲”的光栅，它利用刻线频率的空间变化产生需要的波前。它可以是透射式的，也可以是反射式的。CGH 最突出的优点是在复杂波前产生方面具有极大的灵活性，并且对于离轴非球面或者自由曲面，其检验能力与检验具有旋转对称性的镜面一样（徐秋云，2015）。

利用 CGH 检验凹非球面的典型光路如图 2.29，激光经显微物镜和针孔后，形成点光源，产生一个标准球面波，入射到带有 CGH 图的补偿镜上，由全息图的 1 级衍射光产生标准的、待检测的非球面波阵面（图 2.29）。设计时使照明光经过带有全息图的透镜后，沿表面法线方向垂直照射在待检测非球面上，由非球面反射的波前再次经过 CGH 衍射后，其中 1 级衍射光成为检验波，最后由成像物镜成像到 CCD 探测器上，在反射光会聚处加上光阑，过滤掉其他级次的杂射光。

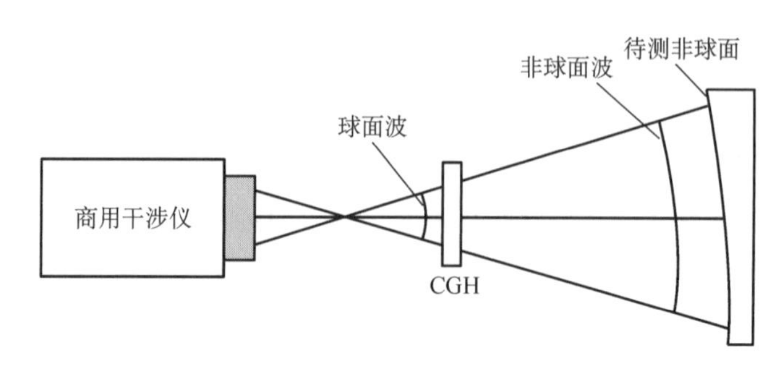

图 2.29　CGH 检测非球面镜的典型装置

全息图的打印精度直接影响非球面的检测精度，在干涉图上一个条纹宽度的几分之一就代表波阵面几分之一波长的误差。在检测中，全息图与被测量镜面应该放置于光学系统的共轭面上。这样全息图上的倾斜误差可以通过简单转动成像面来得到补偿。因为在全息图上会产生不同级的衍射，所以要使用空间滤波器去选择所需要的衍射。相比较获得全息图的光学系统，最后的成像镜和空间滤波器这两个器件是检测系统所独有的。

计算机全息图检测方法实际上是一种摩尔条纹方法，所获得的是全息图条纹和实际波阵面条纹所形成的摩尔条纹。摩尔条纹具有高的对比度。对于十分复杂的非球面形状，也可以使用部分归零的全息图来研究镜面的误差。全息图方法的主要误差包括条纹平移和倾斜，以及比例尺误差。CGH 克服了光学全息法需要参考非球面实体的困难，是非球面干涉检验方法的一个重大突破。空间光调制器与 CGH 的结合，也使得非球面的实时检测得以实现，并具有相当大的发展潜力和应用前景。

随着非球面光学元件的广泛应用，对其检测的要求也将越来越高。归零检测法在非球面的干涉测量中一直占据主导地位，特别是高精度非球面的最终检验，归零检验是必不可少的。到目前为止，要想得到高精度的检测结果，零位检验始终是必须遵守的原则，不管是用刀口法还是干涉法。

2.4.3　移相干涉仪和动态移相干涉仪

马拉卡拉(Malacara，2007)将早期牛顿环称为牛顿光学干涉仪。在牛顿环方法中，参考面和被检测表面必须紧密接触，它们之间的间隙仅仅几个波长。所以使用这种方法有很大限制。真正的干涉仪是一种斐索型仪器，它采用单色激光光源。在干涉仪中，参考面和被测镜面之间存在较大间隙。图 2.30 和 2.31 分别是用于检测平面和球面的斐索干涉仪。斐索干涉仪需要十分标准的参考镜面。对非球面进行干涉检测时，也需要有一个将非球面波转化为球面波的归零(nulling)装置。

在过去的半个世纪，光学干涉仪已经获得广泛应用，通过干涉图像，光学专家可以了解镜面偏离参考面的误差。然而光学专家并不满足仅仅获得静态干涉图像，他们需要更直观，更精确的表面误差情况。为此，他们很快发展了新的移相干涉仪(phase shift interferometer)。

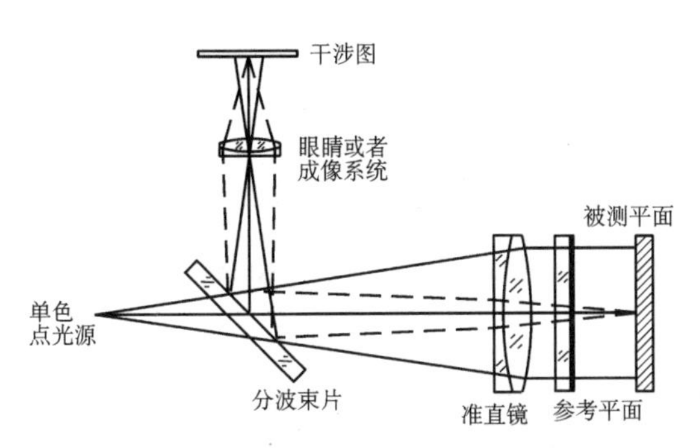

图 2.30　检测平面镜的斐索光学干涉仪

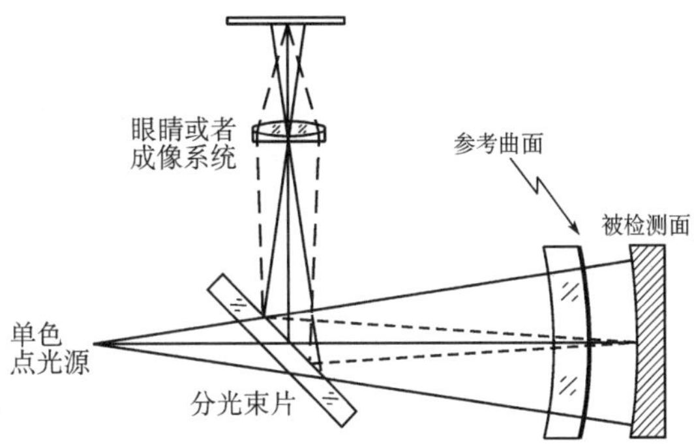

图 2.31　检查凹球面的斐索光学干涉仪

移相干涉仪的目的就是采集两个光束之间一系列的干涉图像。在这些干涉图中，两束光的相位发生有规则的变化，并引起光场中每一个像素的光强发生变化。依靠这种变化，可以十分准确地确定镜面上各个点的精确位置。移相干涉仪的精度远远超过传统的静态干涉仪，达到 $\lambda/1\,000$ 以上。同时它得到的干涉图有更高的对比度。

在移相干涉中，两束光线干涉的基本方程是

$$I(x,y)=I_{dc}+I_{ac}\cos[\varphi(x,y)+a(t)] \tag{2.41}$$

式中 I_{dc} 是背景，I_{ac} 是对比，而 $\varphi(x,y)$ 则是所要寻找的相位。最后 $a(t)$ 是移相量。根据移相干涉测量的原理，每个测量点的光强随着移相量的正弦变化。如果移相量之间的间隔是 90°，则四次相位移动后所测量的空间光强分别是

$$\begin{aligned}
I_1(x,y)&=I_{dc}+I_{ac}\cos[\varphi(x,y)]\\
I_2(x,y)&=I_{dc}-I_{ac}\sin[\varphi(x,y)]\\
I_3(x,y)&=I_{dc}-I_{ac}\cos[\varphi(x,y)]\\
I_4(x,y)&=I_{dc}+I_{ac}\sin[\varphi(x,y)]\\
\tan[\varphi(x,y)]&=\frac{I_4(x,y)-I_2(x,y)}{I_1(x,y)-I_3(x,y)}
\end{aligned} \tag{2.42}$$

上面的公式虽然十分简单，但是它对获取干涉图的精确数值十分重要。经过计算机的一系列的加减运算，数据中的很多固有噪声和接收器上增益变化会相互抵消。当相位决定以后，就可以获得镜面表面的高度函数 $h(x,y)$：

$$h(x,y)=\frac{\lambda}{4\pi}\varphi(x,y) \tag{2.43}$$

这里是假设镜面在曲面的法线方向上进行测量的。

20 世纪 60 年代，当移相干涉仪刚发明的时候，因为没有大的固体接收器阵列，所以移相干涉仪实际上是不能实现应用的。那时的计算机体积巨大，功能十分有限。到 70 年代，还只是一些国家的保密单位有足够的钱，可以制造真正的移相干涉仪。不过到 80 年代以后，移相干涉仪逐步变成镜面测量的标准仪器。

在很多情况下，特别是大口径望远镜的镜面测量常常是在它的加工地点进行。这些

地点难免会有振动，同时空气中也有尘埃和烟雾。为此就产生了对振动不敏感的动态移相干涉仪。

移相干涉仪在时域进行移相最常用的元件是压电晶体，它们的使用方法非常简单。其中压电陶瓷移相器使用最广，通过间隙式地在移相器上改变外加电压，引入步进的相移。假如电压被设定为连续变化，就可以得到连续函数形态的相移。图 2.32 为两种常用的移相干涉仪：Mach-Zehnder 移相干涉仪(a)和 Fizeau 移相干涉仪(b)的结构图。

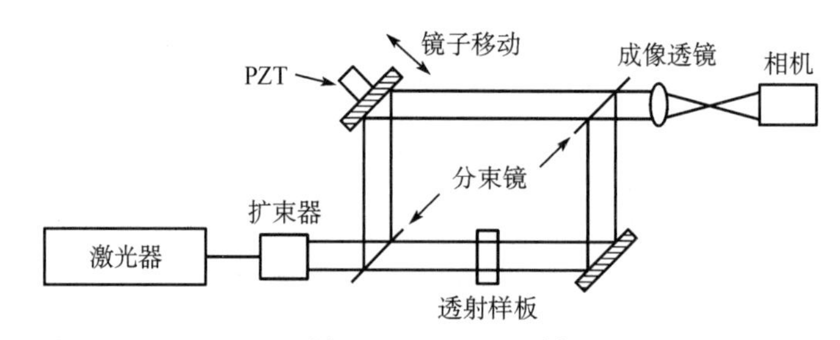

(a) Mach−Zehnder 干涉仪

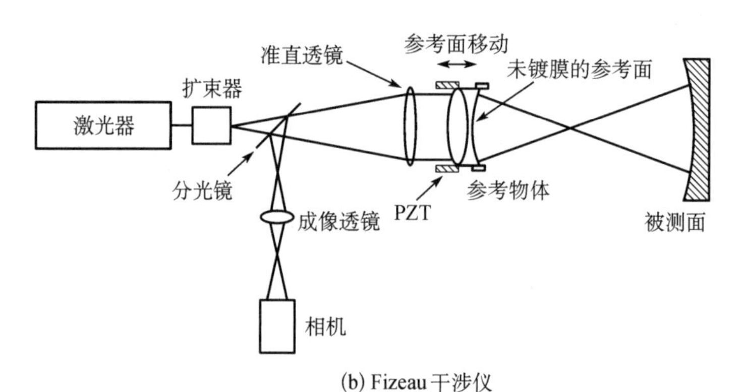

(b) Fizeau 干涉仪

图 2.32　两种干涉仪的压电晶体移相结构

在 5 步一个周期的移相干涉算法中，同时存在着两个似乎不同的相位求解的表达式：

$$\tan[\varphi(x,y)] = \frac{2(I_2 - I_4)}{I_1 - 2I_3 + I_5}$$
$$\tan[\varphi(x,y) + \pi/4] = \frac{I_1 + 2I_2 - 2I_3 - 2I_4 + I_5}{I_1 - 2I_2 - 2I_3 + 2I_4 + I_5} \tag{2.44}$$

然而从所产生的结果上看，除了增加一个角度旋转外，相位的大小则是完全相同的。这是因为在 5 步算法中，第一和第五两步具有同样的信号。所以如果仅仅用前 4 步计算则公式为

$$\tan[\varphi(x,y)] = \frac{I_2 - I_4}{I_1 - I_3} \tag{2.45}$$

总结一下移相干涉的特点为：数据数字化，定量化，数据量大；测量精度高，重复性好；波阵面可以用数学公式来拟合，可以消除系统误差。移相干涉仪有很多优点，但是它必须在稳定的环境中使用。对于存在振动或者不稳定因素的环境，由于所获得的信息是分次

曝光获得的，它们之间的实际相位差就常常带有较大的误差，从而严重影响镜面形状的测量。这时就必须使用动态移相干涉仪。动态移相干涉仪和简单的移相干涉仪的结构基本相同，图 2.33 所示是一种泰曼动态移相干涉仪。它所不同的是在获得光场相位时，会将原来只有一个像元所接收的信息分解为四个子像元。在这四个子像元中，一个用来直接记录原有的信息，而另外三个则借用偏振片和波片将光场在该点的相位分别推迟 1/4，1/2 和 3/4 个波长。这样通过一次曝光，就同时获得光场在四个不同相位情况下的所有信息。由于这个原因，这种仪器的测量精度将不受任何环境振动的影响。

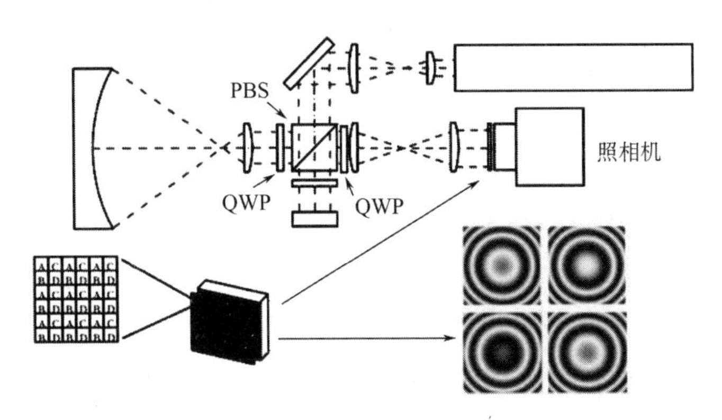

图 2.33 动态移相干涉仪

2.4.4 子口径缝合(Subaperture Stitiching,SAS)检验方法

使用归零改正镜进行镜面检测要求有很高的改正镜位置精度，这样会导致制造成本的增加。为了避免这一缺点，光学工业界一直在探索一种比较通用的，不需要归零改正镜的特大口径非球面镜的检测方法。早期发展的是一种子口径检测(subaperture test，SAT)方法。子口径检测方法就是将通常检测小口径球面的斐索干涉仪对大镜面的局部区域分别进行镜面干涉测量，这时由于检测的部分范围较小，各子镜区域是用相对于它的最佳贴合球面进行比较，干涉条纹的动态范围相对较大，可以获得镜面较为精确的干涉图。不过这时所获得的干涉图会因为干涉仪较小的参考镜面相对于大镜面不准直而产生的平移和旋转的误差，所以需要特别的方法将干涉图用特殊的程序无缝地缝合起来，精确确定大镜面表面形状。这种数学方法常常是一种最小二乘法的自动优化的测量程序，可以极大地减少由于定位所引起的误差。

子口径测试方法大多是用 Zernike 正交多项式来描述波阵面函数，这种算法在运行速度上是一般算法的 2～4 倍。21 世纪随着计算机控制和数据处理技术的不断发展，子口径测试技术不断完善。子口径拼接法从开始各子口径之间互不重叠，发展到各子口径之间重叠一小部分；从开始只是应用于大口径平面检测，发展到对大口径非球面镜的检测；从开始的理论研究，发展到现在的工程应用阶段。子口径拼接法将在大口径天文望远镜高精度检测方面发挥出更为突出的作用。

子口径拼接法常见的有圆形和环形子口径拼接两种。圆形子口径拼接法的示意图如图 2.34。由于移动干涉仪将影响干涉仪的内部光路,在实验室中通常把待测元件放在一个精密二维移动平台上,对每个区域进行检测,这就要求位移平台的精度高于所使用的干涉仪的空间分辨力。两次检测得到的重叠区域,在理想情况下重叠部分的面形应该是相同的。但是由于元件移动带来的误差,如移动和倾斜误差,使得两次测得的面形数值不同。

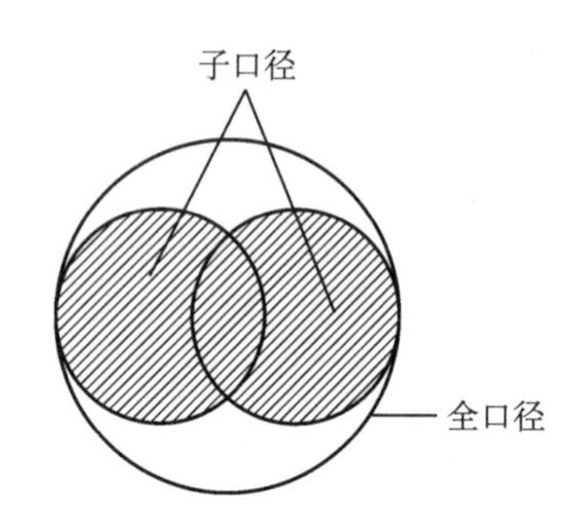

图 2.34　圆形子口径拼接示意图

假设两次测量的面形分布分别为 $W_1(x,y)$ 和 $W_2(x,y)$,两者之间可以如下表示:

$$W_2(x,y) = a_1x + a_2y + a_3 + W_1(x,y) \tag{2.46}$$

式中,a_1表示 x 轴方向上的倾斜因子,a_2表示 y 轴方向上的倾斜因子,a_3表示 z 轴方向上的离焦量。只需要在重叠区任取若干坐标点,即可以利用最小二乘法原理求解出 a_1、a_2、a_3三个未知量。这样可以以其中任一个子口径作为基准,对其余子口径的数据进行处理即可以实现镜面形状的拼接。

环形子口径拼接法的示意图如右。拼接算法同样采用 Zernike 多项式来描述波阵面,由于 Zernike 多项式在环带上描述被测波面有局限性,也可以使用离散相位值的算法。这时一般要求环带之间存在一定的重叠区域。使用环带子口径拼接法来测量非球面可以扩大干涉仪的动态范围(图 2.35)。但本质上仍然是全口径测量,横向分辨率仍然得不到改善,因此并不具有太多的优势。

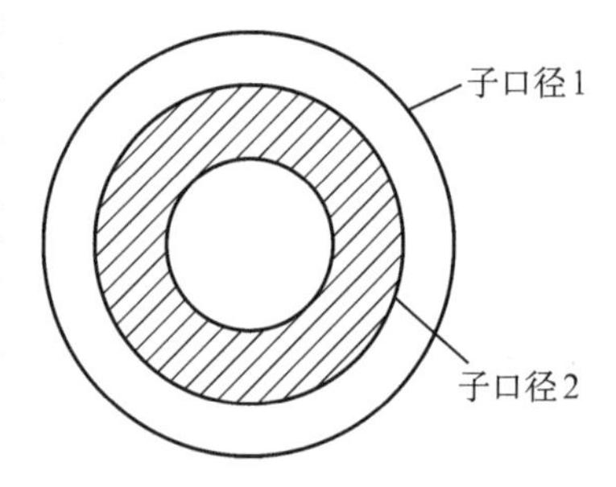

图 2.35　环形子口径拼接示意图

子口径拼接算法的根本问题就是要将各个子口径的测量数据变换到一个统一的坐标系中,即通过算法找出各个子口径的平移、倾斜和离焦量的大小,从而予以补偿。

2.4.5　软件光学检测方法

软件光学检测方法,全称为软件配置光学检测系统(software configurable optical test system,SCOTS),又称为条纹反射法,是一种新型、方便、精确的非球面反射镜的检测方法。它的基本原理是基于对条纹的几何反射,光学条纹被光学表面反射后会发生变形,再根据系统结构参量以及光学反射定理计算被测量镜面的法线。可以将它理解为逆哈特曼方法。

这种方法需要使用一个带摄像头的笔记本计算机。然后将这个计算机的屏幕上所呈现的条纹照射在被检测反射镜面后,经反射在摄像头上成像。通过条纹的位置和摄像机的坐标,可以确定镜面上各点的斜率分布。如果反过来看,光线似乎是从照相机的光瞳中心点出发,发射到被测镜面上,然后反射到计算机屏幕之上,形成条纹。这个摄像机的光瞳中心相当于哈特曼检测中的点光源，而计算机屏幕就相当于检测中的离焦成像面（图2.36）。由于摄像机成像面上记录了镜面反射后的光斑位置，这就提供了镜面上所测量斜率的点在被测镜面光瞳上的坐标。这相当于哈特曼方法中一系列的小孔位置。每一个照亮的照相机像元均对应于镜面上的一个点。和哈特曼检测中屏幕小孔内的不同点可能会产生几个临近的像斑一样，在计算机屏幕上临近的几个亮点会同时照亮镜面上的一个点，这时几个点的平均坐标可以用来进行镜面斜率的计算。

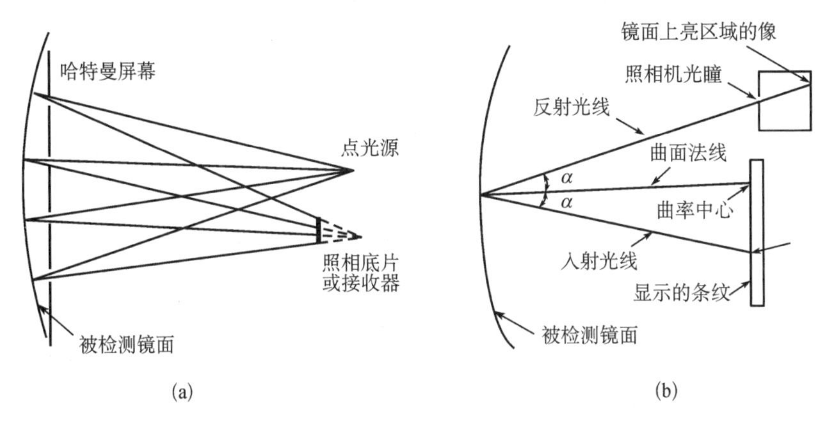

图 2.36　(a)哈特曼检测方法和(b)软件光学检测方法的相似性

如果知道计算机屏幕上的条纹位置、摄像机焦面上的条纹像和被测量镜面表面的坐标，那么镜面各点斜率可以通过相似三角形中边长成比例的方法给出。具体地讲，如果计算机屏幕上每次只显示一个亮点，那么经镜面反射后在照相机成像面上就会出现一个相应的光斑点。从计算机屏幕光点到镜面的入射角应该等于从镜面到照相机成像面光斑的反射角。而分开入射角和反射角的直线就是镜面表面的法线。镜面这一点的斜率可以表示为：

$$\omega_x(x_m, y_m) = \frac{\dfrac{x_m - x_{\text{screen}}}{d_{m2\text{screen}}} + \dfrac{x_m - x_{\text{camera}}}{d_{m2\text{camera}}}}{\dfrac{z_{m2\text{screen}} - \omega(x_m, y_m)}{d_{m2\text{screen}}} + \dfrac{z_{m2\text{camera}} - \omega(x_m, y_m)}{d_{m2\text{camera}}}}$$

$$\omega_y(x_m, y_m) = \frac{\dfrac{y_m - y_{\text{screen}}}{d_{m2\text{screen}}} + \dfrac{y_m - y_{\text{camera}}}{d_{m2\text{camera}}}}{\dfrac{z_{m2\text{screen}} - \omega(x_m, y_m)}{d_{m2\text{screen}}} + \dfrac{z_{m2\text{camera}} - \omega(x_m, y_m)}{d_{m2\text{camera}}}} \tag{2.47}$$

和其他检测方法相似，这种方法也是在镜面曲率中心进行，它可以获得较高的镜面精度。图 2.37 所示是用这种方法检测 8.4 米大镜面的光学布置，这是一面大口径偏轴抛物面镜。它采用了一面口径 3.9 米的球面镜反射来减小检测空间的高度。其他光学镜面检测方法包括第四章中介绍的波阵面传感器，相位差传感器和第五章中介绍的光学传递函数差分检验方法。（2.4 节的合作作者为刘强）

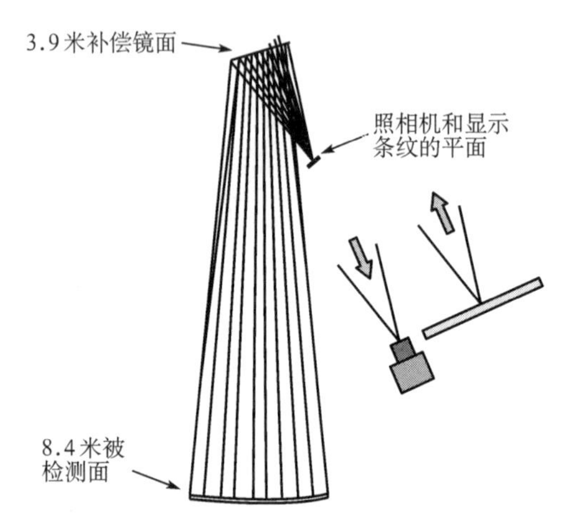

图 2.37　用软件光学检测方法对 8.4 米镜面的检测

2.5　镜面宁静度和杂散光的控制

2.5.1　镜面宁静度

镜面宁静度是由于镜面附近光路上空气密度不均匀产生的。温度不均匀性是空气密度和折射率变化的主要原因。当镜面和它周围空气温度不同的时候，空气会产生对流来减少这种不均匀性。热对流有两种：一种是自然对流，另一种是强制对流。自然对流会产生大尺度气泡，而强制对流的边界层很薄，产生的旋涡空间尺度小，时间尺度也小(图 2.38)。气体热对流形式可以用 Froude 常数来表示。这个常数是 Reynolds 常数的平方和 Grashof 常数的比(流体常数的定义参见 9.1.3 节)(Dalrymple，2002)：

$$\mathrm{Fr}=\frac{\mathrm{Re}^2}{\mathrm{Gr}}=\left(\frac{VL}{v}\right)^2\frac{\rho\cdot v^2}{\Delta\rho g L^3}=\frac{\rho V^2}{\Delta\rho g L}\quad(2.48)$$

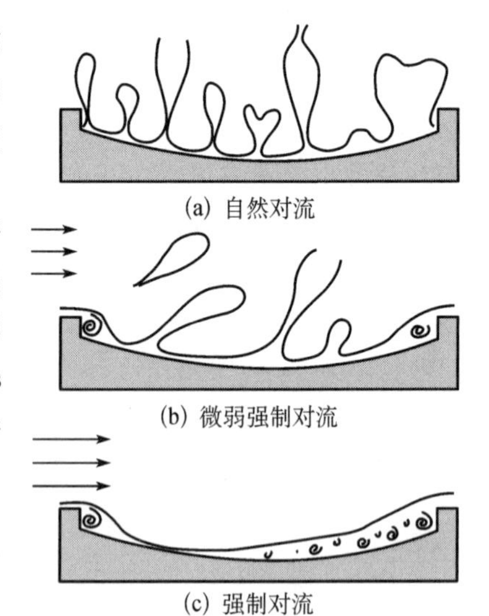

图 2.38　镜面表面在强制对流和自然对流时的气流的情况(Dalrymple，2002)

式中 V 是气流速度，L 为长度尺度，v 为空气动力学黏度，ρ 为空气密度，g 为重力加速度，$\Delta\rho$ 为空气密度的变化范围。当 $\mathrm{Fr}\gg 1$，主要是强制对流；当 $\mathrm{Fr}\ll 1$ 时，主要是自然对流。当 $\mathrm{Fr}=1$ 时，是一种混合对流状态。当镜面温度高时，长度尺度是镜面直径，$L=D$。如果气压恒定，有 $\Delta\rho/\rho=\Delta T/T$，这里 T 是温度，而 ΔT 是温度差。

空气密度的变化对光线有不同的影响。对小尺度的气流，它将散射能量，主要引起系统斯特列尔比的下降。对于中尺度的气流，光线散射会引起星像模糊，导致分辨率下降和对比度下降。对于大尺度的气流，则会产生光线倾斜而引起像的位置变化和跳动。真实情况常常是这三种情况的叠加。快速运动的摆动镜(tip-tilt mirror)可以消除像位置的跳动(4.6.4 节)。镜面对流最好保持在强制对流的状态,这时气流边界层尺度比较小而且比较平滑,对像质影响小。

由于空气密度变化所产生的波阵面方差为:

$$\sigma^2 = 2G^2 \int_0^{L_{opt}} \langle \rho'^2 \rangle l_z \mathrm{d}z \tag{2.49}$$

式中 G 是 Gladstone-Dale 参数(在光学波段 $G=0.22\ \mathrm{cm^3/g}$),ρ'是密度起伏,它常常是总密度变化量 $\Delta\rho$ 的 10%,$\rho'=0.1\rho\Delta T/T$, l_z是光轴方向上的相关长度, L_{opt}是总的经过空气扰动层的长度。Gladstone-Dale 参数是空气折射率与 1 的差和空气密度的比。在很多情况下,$l_z=0.1\sim0.2L_{opt}$。总的经过空气扰动层的长度和镜面以上的扰动层厚度相关,它的尺度和镜面直径相等或者更大一些。扰动层的厚度公式是:

$$L_{opt} = 0.184 \frac{L^{1.5}\Delta T_C^{0.5}}{V} + 0.0392 \frac{L^{0.8}}{V^{0.2}} \tag{2.50}$$

式中 L 是热镜面的长度(m),ΔT_C 是在这个长度上的平均温度差(℃),V 是风速(m/s)。对一个 4 米直径在自然对流条件下的镜面,如果波长 $\lambda=550$ nm,那么所产生的相位差是

$$\varphi = \frac{2\pi\sigma}{\lambda} \approx 0.2\pi\rho \cdot G \frac{\Delta T}{T} \frac{\sqrt{2l_z L_{opt}}}{\lambda} \approx 0.48\pi\Delta T \tag{2.51}$$

在强制对流情况下,扰动层厚度要小得多。这时边界层厚度为:

$$\delta = 0.37\,\mathrm{Re}_x^{-0.2} x;\quad \mathrm{Re}_x > 10^5 \tag{2.52}$$

当风速为 1 m/s,并有长度尺度 $x=4$ m,这时边界层厚度为 12 cm。高的风速会进一步减少这个厚度。总的讲 $L_{opt}=\delta$,而 $l_z=0.1\delta$。这时的波阵面相位差要比自然对流时的下降 1 到 2 个数量级。

在自然对流情况下,当温度变化为 $\Delta T=1$ K,波阵面相位差小($\sigma<\lambda/\pi$),镜面宁静度的张角为

$$\theta_M = \frac{\theta_D}{\sqrt{S}} \tag{2.53}$$

式中 θ_D 是衍射极限时的像面张角,$\theta_D=2.4\lambda/D$,而 S 是斯特列尔比。斯特列尔比在弱像差时是:

$$S = \exp\left[-\left(\frac{2\pi}{\lambda}\sigma\right)^2\right] = \mathrm{e}^{-\varphi^2} \tag{2.54}$$

所以镜面宁静度是 $\theta_M \approx 0.2''$。

在强像差区域,点分布函数的中心核是模糊的,它们为散射光以及噪声所充斥。这时包含有全部能量的 p %的角半径为

$$\theta_{M,p\%} = \frac{4\sigma}{l_z}\sqrt{-\ln(1-p)} \tag{2.55}$$

对于 $p=50\%$，$\theta_{M,50\%}=3.33\sigma/l_z$。如果温度变化量为 $\Delta T=2$ K，这时波阵面误差值较大($\sigma\geqslant\lambda/\pi$)，则镜面宁静度为

$$\theta_{50\%}\approx 0.45'' \tag{2.56}$$

Racine (Dalrymple，2002) 有另一个关于镜面宁静度的公式，为 $\theta=0.4\,(T_M-T_e)^{1.2}$，这里 T_M 是镜面温度，T_e是空气温度。图 2.39 显示镜面宁静度也是镜面温度和空气温度之差值的函数。

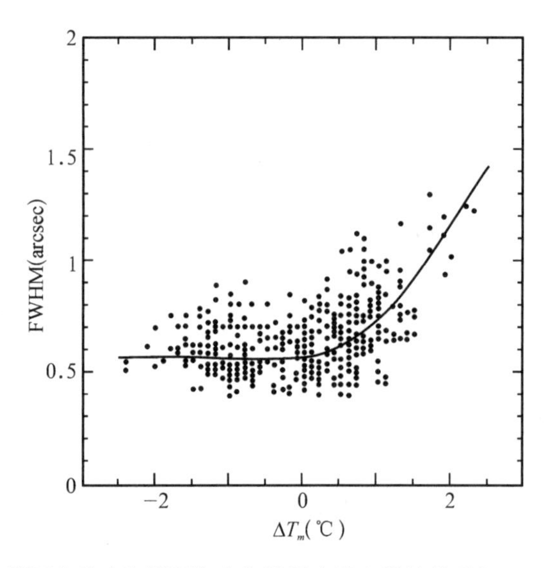

图 2.39　镜面宁静度和镜面与空气的温度差之间的关系(Mountain 1994)

2.5.2　杂散光的控制

杂散光是指任何到达接收器的来自天体目标源以外的光。杂散光增加了不需要的背景噪声，降低了光学望远镜的灵敏度。对于光学望远镜来说，杂散光应该包括来自视场之外的天体源的光以及来自视场之内但是没有进入焦平面上应有位置的光。这两种杂散光都称为轴外光源。要克服杂散光影响，应该设计必要的遮光罩和一些在镜筒内壁反射掠射光的光阑。光线追迹是预测杂散光的一种重要方法。但是在红外和毫米波望远镜中，望远镜本身结构包括遮光罩和光阑的辐射是杂散光的主要来源。为了克服热辐射影响，红外和毫米波望远镜采用了一种简洁的光学设计，不采用任何遮光罩。

从焦面开始的光线追迹是预测和消除杂散光的一种最有效的方法。在光学系统设计中，光线追迹常常是从目标空间开始的。这种方法对于杂散光预测是不利的。从焦面上开始的光线追迹相当于从接收器向外看。它的第一步就是决定那些在接收器可以看到的但是不在视场之内的光源。为了阻挡这些光源，应该设计必要的遮光罩和一些防止镜筒内壁反射掠射光的光阑。下一步就是去发现接收器可以看得到的任何光源目标或者是通过光学表面反射所看到的任何光源目标，这些光源称为关键目标(critical objects)。以后就是要发现能看到的任何被杂散光所照明的目标，这些目标称为照明目标(illuminated objects)。如果一个目标既是关键目标又是照明目标，那它就属于第一阶杂散光路。这些

目标必须去除或将它们遮挡。这样杂散光总量会缩小到原来的$\frac{1}{100}$以上。对不是第一阶杂散光路的，能量大的也必须去除或者将它们遮挡。第二阶杂散光路的目标数常常很大，需要进一步的光线追迹。

杂散光光线追迹的程序常常采用 Monte Carlo 方法。这时需要在给定面积上利用随机量生成器确定代表该区域随机光线的方向和起点。在光线追迹过程中，光线每一次和一个表面相遇，就会发生反射、折射或者散射。如果次级光线来自某一目标，那么这个目标和第一阶接触面的亮度将可计算出来。从而将第一阶目标能量用这个表面的散射量给出。这个过程和计算机三维图像显示的亮度计算基本相同。该过程因为要计算光线和表面的交点需耗费很多时间。为了加速这个过程，可以(1) 使用更快的计算机；(2) 使用特别的硬件，如并行处理器；(3) 使用效率高的算法；以及(4) 减少光线和表面交点的计算。减少交点的计算可以采用自适应的深度控制、空间体积的捆绑和只计算第一交点的方法。

2.5.2.1 遮光罩和光阑

在光学系统中，有不同的光阑(stop)或光瞳(pupil)。所谓光阑，就是光学系统中限制光线通过范围的任何圆孔。口径光阑就是由透镜或者反射镜边框所形成的光阑。而光瞳常常是口径光阑的像。入瞳起着限制进入望远镜系统光束大小的作用。在这些光束以外的目标是不能进入接收器的。光学望远镜的入瞳常常就是主镜边框。然而在红外望远镜中，入瞳常常在副镜的位置。像场光阑用来限制视场的大小，这种光阑位于望远镜的焦面或者焦面的像面上。

望远镜的遮光罩通常是圆锥形或者圆柱形，它的作用是挡住不必要的光线。为了进一步地抑制散射光，遮光罩面向接收器的边缘常常设计成一圈圈的同心环(vanes)。它的作用是阻止光线经可能的内表面掠射进入视场。卡塞格林系统的遮光罩常常包括两个部分。一部分在副镜附近，而另一部分在主镜前(图 2.40)。它的遮光罩尺寸由下式决定(Bely, 2003)：

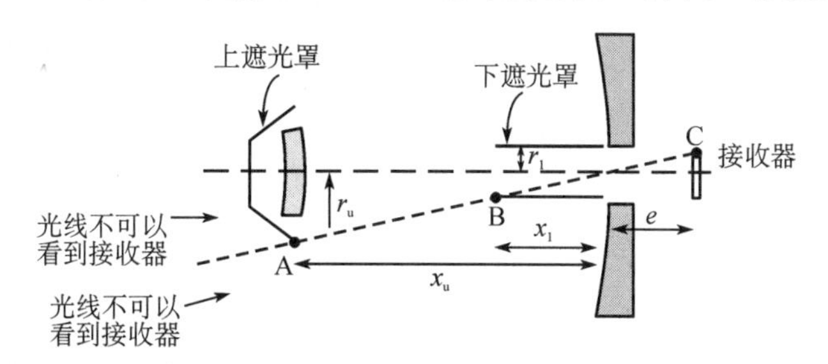

图 2.40 卡塞格林系统的遮光罩设计(Bely, 2003)

$$
\begin{aligned}
x_u &= \frac{-b-\sqrt{b^2-4ac}}{2a} \\
r_u &= x_u(\theta-\theta_0)+\theta_0 f_1 \\
x_l &= \frac{-c_1b_2+b_1c_2}{a_1b_2-a_2b_1} \\
r_l &= \frac{-c_1a_2+c_2a_1}{b_1a_2-b_2a_1}
\end{aligned}
\tag{2.57}
$$

式中 f_1 是主镜焦距，θ_0 是要保护的半角度。其他参数是：

$$
\begin{aligned}
&\theta_0 = D/2f_1 \\
&a = \theta_0^2(f_1+e)2(m+1)+\theta_0\theta(f_1+e)(mf_1(m-1)-e(m+1)) \\
&b = -(f_1+e)2\theta_0^2((2m+1)f_1-e)-\theta_0\theta(f_1+e)(2mf_1+e^2) \\
&\qquad +f_1\theta^2(f_1^2(m^3-3m^2)-2f_1e(m^2-m)+e^2(m+1)) \\
&c = \theta_0^2(f_1+e)2f_1(mf_1-e) \\
&\qquad -f_1\theta^2(3mf_1+2f_1^2e(m^2-m)-f_1e^2(m^2-m)-e^3) \\
&a_1 = \theta_0(f_1+e)-\theta(m^2f_1+e) \\
&b_1 = -(f_1+e)m \\
&c_1 = \theta_0(f_1+e)e+\theta(m^2f_1^2-e^2) \\
&a_2 = \theta_0x_u-\theta_0f_1-f_1\theta \\
&b_2 = -f_1 \\
&c_2 = -\theta_0f_1x_u+\theta_0f_1^2
\end{aligned}
\tag{2.58}
$$

这里 D 是主镜直径，m 是副镜放大率。遮光罩的表面通常为防止散射光而涂成黑色。这些涂层并不能全部吸收所有的光线。在垂直入射的情况下，吸收率是某个常数。而在其他角度，会发生漫散射。当入射角接近 90°时，漫反射率要比正常反射时大很多。这就是在遮光罩内表面上必须添加垂直于表面挡板(vane) 的原因。

2.5.2.2 表面的散射

反射和散射是表面光学中两个不同但又相互联系的概念。反射发生在理想反射面或光学镜面 (图 2.41(a)) 上，它遵守反射定理。望远镜光学系统的设计就是基于这种镜面反射来进行的。而表面散射则是一个更广泛的概念，它适用于任何表面。它的特性是用一个称为双方向反射分布函数(bidirectional reflective distribution function，BRDF) 来描述的。双方向反射分布函数是单位角面积散射的辐射量和在该方向上经过投影角度余弦加权后的表面辐射的比。对于不同角度的观察者来说，单位表面面积在不同角度的投影是表面面积和投影角余弦的乘积。BRDF 的表达式是 (Bennett，1999)：

$$
\mathrm{BRDF} = \frac{\mathrm{d}E_s/(A\cos\theta_s\mathrm{d}\Omega_s)}{E_i/A} \approx \frac{E_s/\Omega_s}{E_i\cos\theta_s} \tag{2.59}
$$

这里 E_s是在散射角 θ_s方向上在立体角 Ω_s上的能量，A 是散射表面上产生散射光的面积，而 E_i是在该点总的辐射能量。

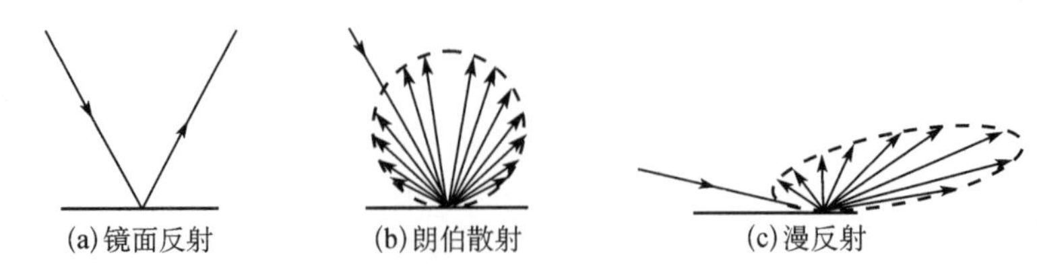

图 2.41 表面的反射和散射(Bely，2003)

如果一个表面在各个方向上有完全均匀的散射，那么散射光强度就等于散射方向角余弦的函数。这种散射被称为均匀散射或者朗伯(Lambertian)散射(图 2.14(b))。均匀散射中散射光强是一个常数，它的值和方向无关，因此它的双方向反射分布函数为 $\mathrm{BRDF}=(1/\pi)sr^{-1}$，这里 s 是光源强度，r 是观察点到光源的距离。

BRDF 的一个重要特性就是它的值和极角余弦的乘积在半球表面的积分值永远小于或等于 1。这个积分值等于表面的总反射率，或者称为表面总积分散射值(total integrated scattering，TIS)：

$$\int_{\Omega}\mathrm{BRDF}\cos\theta\cdot\mathrm{d}\Omega=\iint\mathrm{BRDF}\cos\theta\sin\theta\cdot\mathrm{d}\theta\cdot\mathrm{d}\varphi\leqslant 1 \tag{2.60}$$

总积分散射值的概念在表面反射效率中有十分重要的作用。另一个相关的参数是双方向散射分布函数(bidirectional scattering distribution function，BSDF)，它是单位立体角上散射能量和入射能量的比：

$$\mathrm{BSDF}=\frac{\mathrm{d}E_s/\mathrm{d}\Omega_s}{E_i}\approx\frac{E_s/\Omega_s}{E_i} \tag{2.61}$$

双方向散射分布函数实际上是使用角度余弦改正后的散射能量，而不是从单纯表面入射能量得出的单位立体角的散射值。

望远镜上的所有表面均介于完全反射和均匀散射的两种特性之间。它的散射光主要集中在邻近反射角的方向，不过在其他角度上还有相当的散射能量。从单位表面面积 $\mathrm{d}A$ 散射在一个单位立体角 $\mathrm{d}\Omega$ 上的总能量可以表示为

$$\mathrm{d}\Phi=\mathrm{BRDF}\cdot E_i\mathrm{d}A\cos\theta_i\cos\theta_s\mathrm{d}\Omega \tag{2.62}$$

式中 θ_i 是入射角，E_i 是入射能量密度。双方向反射分布函数值与极化和波长是相关的。一个完美表面会产生光学反射，这时在反射方向上的双方向反射分布函数是无穷大。对于透镜和窗口，可以用双方向透射分布函数(bidirectional transmission distribution function，BTDF)来表示。如果一个表面的双方向反射分布函数是已知的，那么从这个表面散射到其他表面上的能量就可以求出。它等于

$$\begin{gathered}P_c=\pi\cdot P_s(\mathrm{BRDF})(\mathrm{GCF})\\ \mathrm{GCF}=A_c\,\frac{\cos\theta_s\cos\theta_c}{\pi\cdot R_{sc}}\end{gathered} \tag{2.63}$$

式中 P_s是散射表面上的入射能量，R_{sc}是两个表面之间的距离，θ_s 是散射角度，θ_c 是散射方向角，GCF 为几何形状因子(geometry configuration factor)。

镜面双方向反射分布函数和镜面的粗糙度相关。在红外波段，镜面灰尘也是散射的主要因素。灰尘百分比和清洁度相关。对于大光学镜面，清洁度高于 500 是不实际的。这时候的灰尘覆盖率是 1%。双方向反射分布函数在大口径射电望远镜上也有重要的应用，它可以用于计算太阳光经过反射后的能量集中程度。

2.5.3 太阳望远镜和日冕仪的设计

太阳望远镜是光学望远镜的一个非常重要的分支。太阳望远镜的观察对象是延展型

的、非常强的太阳光源，所以大部分太阳望远镜和天文学家在夜晚所使用的天文望远镜有很大区别。

小口径折射光学望远镜可以直接作为太阳望远镜来使用，这时太阳像常常通过调整目镜的位置，投影在望远镜后面的一个屏幕上。直径 0.5 米以上的太阳望远镜常常是一个位置固定的焦距很长的折射望远镜，或者是长焦距的反射望远镜。使用长焦距可以让太阳光的热量逐渐被环境吸收。在望远镜光学系统之前的装置是一面在黄道极轴上匀速旋转的定日镜(heliostat)或者是由两面反射镜所组成的定天镜(coelostats)。大口径太阳望远镜常常使用格里高利系统，这种系统有一个实在的主焦点，天文学家可以在这个焦点上放置光阑将绝大部分太阳光能反射出去，减少后部分光学系统中的热量和光通量。

早期对太阳黑子的观察所需要的仪器和普通的折射光学望远镜毫无区别，只是太阳光太强烈，所以需要将目镜位置从物镜焦点处移出以获得在后方屏幕上的太阳像。1817年夫琅和费对太阳光谱的观察开辟了天体物理新学科。1861 年照相术开始应用于太阳成像。19 世纪后期，法国默冬天文台建成了一些大口径、水平放置的、固定式太阳光谱仪和太阳成像仪。由于太阳在天球上的赤纬坐标几乎是固定的，所以这些仪器可以使用定天镜将太阳光引进到望远镜中。20 世纪初，世界各地相继建成了一批这种形式的水平固定太阳望远镜。

水平固定太阳望远镜受到大气扰动的严重影响，仪器宁静度不好。海尔在威尔逊山上建造的第一台太阳光谱仪就是从叶凯士天文台搬去的水平放置太阳望远镜。不久他又建造了一台高 18 米竖直放置的太阳塔。在塔的顶部是望远镜物镜以及引进太阳光的定天镜，而光谱仪又深深地埋在地下室内。超长的竖直通道和地下低温在望远镜内形成了稳定的层流，吸收了大部分太阳热量，改进了仪器宁静度。

很快他又建成了一台规模更大的太阳塔，这个太阳塔高度 47 米，它的光谱仪位于地下 23 米的深处。塔式太阳望远镜因此形成风气，流行于太阳天文界。1930 年代，德国在波士坦建成了十分有名的爱因斯坦太阳塔(图 2.42)。不过这台仪器的光谱仪仍然是水平放置的。1963 年德国又建成一台口径 35 厘米、没有保护圆顶的折轴太阳望远镜。它通过两面平面镜在折轴焦点上形成一个稳定不动的太阳像，同时有一个同样稳定的光谱仪。

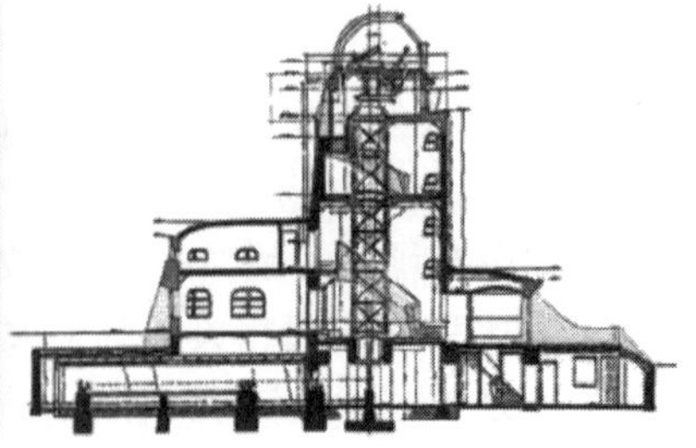

图 2.42　爱因斯坦太阳塔的外观和结构(van der Luhe, 2009)

20 世纪 30 年代，法国天文学家李奥(Lyot, 1939)发明了可以观察日冕层的太阳仪器。这样对太阳的观查包括了对光球、对色球以及对它大气外层的日冕的观测。光球是太阳大气的最下层，然后是色球，最后才是日冕。日冕层从距离太阳表面0.3个太阳半径延伸至几个太阳半径。不过在平时，色球和日冕均淹没在强烈的太阳辐射所形成的蓝天之中。太阳的光球和日冕的光能对比度达到10^6。只有将太阳本体的光遮挡以后，才能对色球和日冕部分进行天文观测。所以天文学家常常等待日全食的短短几分钟的宝贵时间。日冕仪(coronagraph)在望远镜的焦面上将太阳本体全部遮挡住，但是这样做并不能获得很高的动态范围。对李奥来讲，必须想尽一切方法来压抑杂散光。他通过一系列措施成功地做到了这一点(图2.43)。这些措施分别是：(1) 使用抛光非常平滑的单一透镜作为望远镜的物镜；(2) 在物镜焦点上用一个平面或者圆锥形的反射光阑将太阳表面的光线引进一个热量收集器中；(3) 在光阑后面使用场镜形成和物镜相共轭的像；(4) 在出瞳面上使用比场镜口径小的李奥光阑来挡住由主镜边缘所衍射的杂散光；(5) 使用光阑来阻挡从边缘和弯曲表面反射的杂光；(6) 使用一个准直镜形成日冕的像。采取这些措施后，他可以观察到十分暗淡的日冕。现在这种方法已经成功地应用在很多地面和空间仪器中。

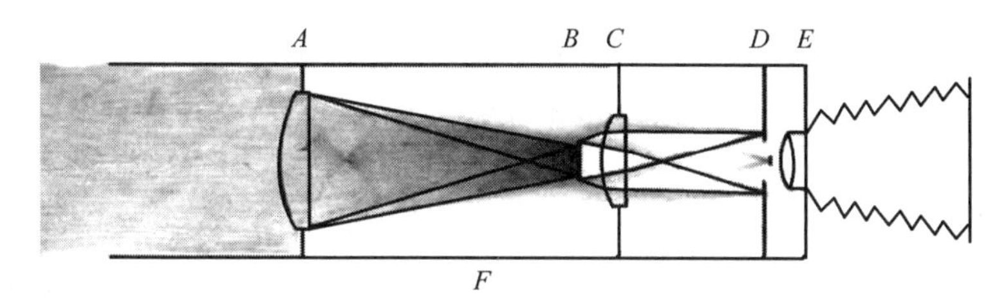

图2.43　李奥的日冕仪光路手稿(Bely, 2003)

在光学望远镜中，望远镜和仪器内部的空气扰动程度常常被称为望远镜宁静度。望远镜宁静度是影响星像质量的一个重要原因。在太阳望远镜中，太阳光能量集中，仪器内部的空气扰动变得更严重，所以在太阳望远镜中，需要特别注意对温度和气流的控制。在太阳望远镜中，2角秒的宁静度已经被认为是很好的，1角秒或更小的宁静度是非常少见的。1950年McMath第一个在太阳光谱仪中引入真空管道。后来这个思想被应用于1.6米基特峰的太阳塔的设计上。但是不知什么原因，1.6米的真空管道从来没有真正被使用过。第一个使用真空管道的是1969年建设的0.61米加州真空太阳望远镜。以后真空管道又被使用在新墨西哥州的真空太阳塔中。几乎同时欧洲也建造了两台0.45米的真空太阳望远镜。这些望远镜很快证明了这种方法的成功。新墨西哥州的太阳塔经常获得小于1角秒的星像质量。后来建设的一批口径小于1米的太阳望远镜均是真空望远镜。其中有一台因为窗口玻璃不能承受大的应力，所以使用了充有氦气的镜筒。氦气的折射率很低，同时导热系数高，所以可以用来代替真空镜筒。

使用真空镜筒有口径极限，这个极限基本上是1米。这时玻璃窗口变得很厚，同时会产生透明度的差别和部分像差。所以现在建设的太阳望远镜又不再使用真空镜筒，而趋向于使用开放式的镜筒和开放式的圆顶，让风力来消除镜面宁静度的影响。这种望远镜包括0.45米的荷兰开放望远镜。现在1米级的望远镜的分辨率可以达到0.1角秒。在这样的细节上，太阳表面随时都在变化，所以需要更大口径的望远镜。新建的1.5米格瑞高望远镜采用了薄镜面，可以对镜面进行冷却。1.6米新太阳望远镜首次采用了偏轴的光学设计，使背景噪声更低。另一台 1.8 米太阳望远镜正在中国建造。在太阳望远镜中口径最大的是正在建设的 4 米新技术太阳望远镜（ATST）。这也是一台偏轴格里高利望远镜，主镜是从一面 12 米直径的大抛物面上切取出来的 4 米口径。之所以要采用偏轴设计，是因为它将被用于对日冕的观测，所以需要一个没有遮挡的光瞳和非常平滑的主镜面。为了限制镜面宁静度，镜面的温度不能够超过环境温度 2 ℃，所以它不但要对主镜进行水冷却，同时还要对主焦点上的反射光阑进行水冷却。在新技术太阳望远镜的建设过程中，欧洲天文学家也正在计划一台 4 米口径的欧洲太阳望远镜。

为了减少太阳望远镜中聚焦引起的热量高度集中对仪器的破坏和对望远镜内部宁静度的影响，太阳望远镜常常使用大焦比，在镜筒的周围使用水循环的降温散热系统，使用真空或充氦的镜筒，使用特别的反射器并吸收太阳热量，限制视场并制冷的去热光阑（heat stop）和李奥光阑（Lyot stop）。在太阳望远镜中，反射面的清洁度，折射材料的透明均匀度要求很高，以防止热量在反射面上或者折射面内部的局部点上高度集中。太阳望远镜的内部要全部涂黑，以防止散射光的存在。

太阳望远镜包括色球望远镜和日冕仪。在地球上的日冕仪由于受到大气上层严重的瑞利散射，所以必须采用特殊的光阑来抑制接近于太阳方向的散射光。太阳中的磁场活动很强烈，专门用于对太阳磁场观测的仪器称为太阳磁场望远镜。这些磁场望远镜应用有名的磁光谱效应（程景全，2006）来观察光谱线在磁场中产生分裂的现象。

现存的日冕仪的设计大多采用法国光学家李奥的标准设计（图 2.44）。这个设计采用了三个透镜，分别是 L_1、L_2 和 L_3，从而形成两个瞳面（入瞳面和它的像）以及两个焦平面。在这个光路的第一个焦平面上，中间布置了一个太阳光球的中心遮挡板（occulting mask）以阻止它的光进入最后的焦平面，人为地制造一个日食。遮挡板可以是一个有冷却装置的倾斜反射面，也可以是一个圆锥形的反射体，将太阳的能量全部反射出去。同时在入瞳面的像上，再加上一个阻挡任何衍射光线通过中心遮挡板的瞳环。消除杂散光是日冕仪的重要任务，这是因为日冕上的光度仅仅是太阳光球上的光度的 10^{-6}。对于寻找地外行星的星冕仪，这个光度之间的差别将是 10^9 的大小。

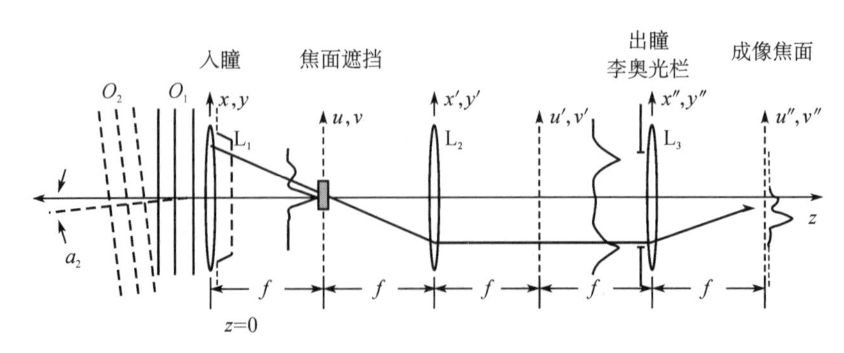

图 2.44　使用三个透镜的日冕仪光学布置图

参考文献

Asheby, D. S. et al., 2008, The Large Binocular Telescope primary mirror support control system description and current performance results, SPIE 7018,70184c.

Bely, P., 2003, The design and construction of large optical telescopes, Springer, New York.

Bennett, J. M. and Mattsson L., 1999, Introduction to surface roughness and scattering, 2nd edition, Optical Society of America, Washington DC.
Boccas, M., et al., 2004, Coating the 8 m Gemini telescopes with protected silver, SPIE proc. 5494, 239 - 253.
Cheng, J. and Humphries, C. M., 1982, Thin mirrors for large optical telescope, Vistas in astronomy, Vol. 26, pp15 - 35.
Classen, J. and Sperling, N., 1981, Telescopes for the record, Sky and Telescope, vol. 61, Apr. 1981, p. 303 - 307.
Dalrymple, N. E., 2002, Mirror seeing, ATST project report ♯0003, NOAO.
Van der luhe, O., 2009, History of solar telescope, Exp Astron, 25, 193 - 207.
DeVries, J. et al., 2010, LSST telescope primary/tertiary mirror hardpoints, SPIE 7739, 77391J.
ESO, 1986, Very Large Telescope Project, ESO's proposal for the 16 meters very large telescope, Venice workshop, 29, Sep. - 2, Oct.
Hill, J. M., 1995, Mirror support system for large honeycomb mirrors, UA - 95 - 02, Large Binocular Telescope tech memo, steward observatory, University of Arizona.
Lubliner, J. and Nelson, J. E., 1980, Stressed mirror polishing 1, a technique for producing nonaxisymmetric mirrors, Applied Optics, 19, 2332.
Lyot, M. B., 1939, Mon Not. R. Astron Soc., 99, 580.
Mountain, M. et al., 1994, The Gemini 8-m telescopes project, SPIE Vol. 2199, pp41 - 55.
Nelson, J. E., Lubliner, J. and Mast, T. S., 1982, Telescope mirror supports: plate deflection on point supports, UC TMT Report No. 74, The University of California.
Nelson, J. E., Mast, T. S. and Faber, S. M., 1985, The Design of the Keck observatory and telescope, Keck Observatory Report No. 90, the University of California and California Institute of Technology.
Parks, R. E. and Honeycutt, K., 1998, Novel kinematic equatorial primary mirror mount, SPIE Vol. 3352, pp537 - 543.
Schwesinger, G., 1991, Lateral support of very large telescope mirrors by edge forces only, J. Mod. Opt. 38, 1507 - 1516.
Su, P. et. al. 2010, SCOTS, a computerized reverse Hartmann test, Applied Optics Vol. 49, No. 23 p4404 - 4412.
Swings, J. P. and Kjar, K. (ed), 1983, ESO's Very Large Telescope, Cargese, May.
West, S. C. et al., 1997, Progress at Vatican Advanced technology telescope, SPIE Proc. Vol. 2871, pp74 - 83.
Wilson, R. N., 2003, Reflecting telescope optics, II, Springer.
北京力学研究所,1977,夹层板壳的弯曲,稳定和振动,科学出版社,北京.
加斯基尔,1981,线性系统.傅立叶变换.光学,人民教育出版社,北京.
蒋世仰,1981,大型光学望远镜发展的现状与动向,自然杂志, 4,46 - 49.
王建国,1984,非球面加工方法,研究生毕业论文,中国科学院紫金山天文台,南京天文仪器厂.
徐秋云,计算全息在高精度天文镜面检测中的应用研究,中国科学院南京天文光学技术研究所,博士后出站报告,2015.
程景全,2006,高新技术中的磁学和磁应用,中国科学技术出版社.

第三章　天文望远镜的结构和控制

本章全面地讨论了天文望远镜各个部件的结构设计和分析。在机架部分，充分讨论了各种不同的机架设计，重点介绍了地平式天文望远镜的特点，及其坐标变换和天顶盲区的确定方法。同时介绍了六杆万向平台式的机架结构和相关原理。本章还讨论了镜筒设计、副镜四翼梁、轴承、编码器、传动系统和控制系统的设计特点。在角度编码器部分，重点介绍了提高编码器分辨率的方法，同时讨论了望远镜指向、跟踪、导星和指向校正的公式。本章最后部分讨论了望远镜静动态结构分析，风和地震对望远镜结构设计的影响，对振动控制和望远镜基础的设计也进行了讨论。本章介绍的内容对其他类型天文望远镜的设计具有同样重要的意义。

3.1　望远镜的机架结构

3.1.1　赤道式天文望远镜

现存的数十台五米以下的大、中型经典天文望远镜，仅仅为数甚少地应用了地平式机架结构，而绝大多数，包括 5 米海尔光学望远镜和 47 米绿岸射电望远镜，都采用了赤道式机架结构。赤道式机架结构的主要特点是其传动轴中的一根与地球自转轴相平行，这根轴称为赤经轴或极轴。赤道式望远镜中的另一根轴与赤经轴相互垂直，称为赤纬轴。赤道式望远镜的最大优点就是天体视运动可以很容易地利用赤经轴的匀速转动来补偿。在赤道式望远镜的视场上星体位置没有相对转动，同时赤道式望远镜在观察条件最好的天顶位置没有盲区。

赤道式望远镜分为非对称和对称两种装置。非对称赤道式装置(图 3.1(a))又分为：(1) 德国式和(2) 英国式装置。德国式装置的极轴是一个悬臂梁，它的赤纬轴位于极轴的外侧，为了平衡镜筒重力，极轴的另一侧配置有平衡重。这种装置常用于镜筒长的折射光学望远镜及小口径反射望远镜。英国式装置将极轴沿着图中虚线向上延伸并在它的前端增加了另一个极轴轴承。极轴不再是悬臂梁，有较大的抗弯强度。英国式装置可以用于口径较大的光学望远镜，但是望远镜的极点天区被极轴前轴承遮挡，不适于纬度高的天文台。

非对称赤道装置由于镜筒悬挂在极轴的一侧，镜筒受力及变形情况复杂，极轴还要支承平衡重重力，因此不适宜于大口径望远镜。大口径赤道式望远镜均采用对称式的设计，对称式赤道装置分为三大类：(1) 叉式(fork)、(2) 轭式(yoke)和(3) 马蹄式装置。叉式装置(图 3.1(b))的极轴轴承配置在镜筒的同一侧。和英国式装置类似，轭式装置是将叉式装置的叉臂向外延伸，并在前方增加另一个极轴轴承。马蹄式装置(图 3.1(c))中，叉臂的宽度增大，在叉臂的前面增加了一个马蹄形的液压轴承环。

轭式装置是一种英国式装置，镜筒轴线与极轴轴线重合，不能对极区进行天文观测。为了实现对极区的观测，可以将镜筒轴线移出极轴轴线。叉式装置又分为一般叉式和极盘叉式，叉式装置中叉臂短而粗，适用于较大的口径。同时它没有天区遮挡，可以用于高纬度天文台。极盘叉式中支承点在叉臂底部圆盘形的液压轴承上。马蹄式装置包括一般马蹄式和马蹄轭式。这种装置使用沉重坚实的马蹄支承镜筒，适用于大型赤道式望远镜。马蹄旋转半径大，望远镜结构沉重，最大的赤道式五米海尔望远镜就是这种马蹄式结构(3.2.4 节)。

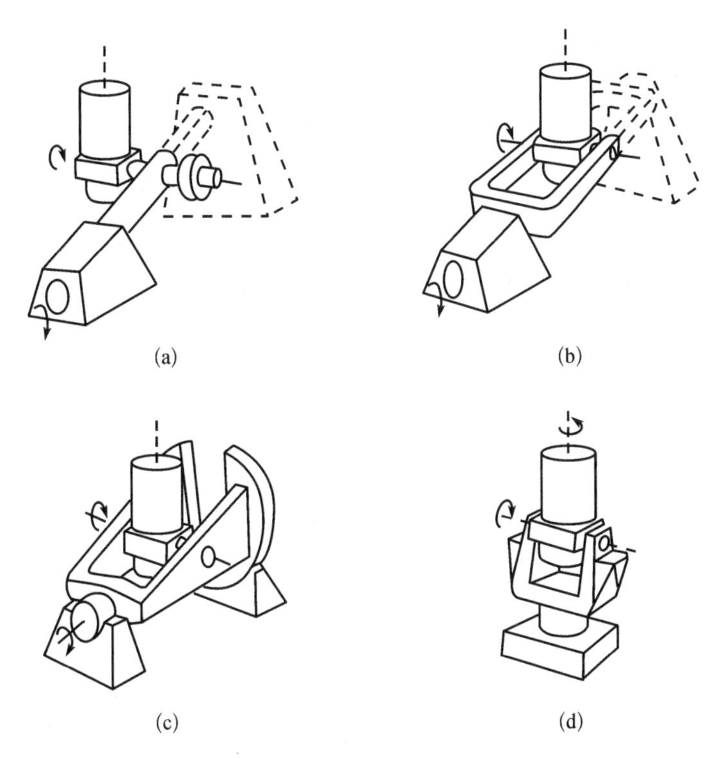

图 3.1　(a) 非对称赤道式望远镜装置，(b) 叉式和轭式望远镜装置，(c) 马蹄式望远镜装置和(d) 地平式望远镜装置

3.1.2　地平式天文望远镜

3.1.2.1　地平式望远镜的力学优越性

在赤道式望远镜中，使用最广泛的是叉式装置，非对称装置仅仅使用于小口径望远镜中。不过赤道叉式望远镜中叉臂在不同时角时有着不同的受力情况(图 3.2)。在零小时位置，望远镜位于子午面内，两叉臂受力和变形相对于子午面是对称的；而在六小时位置时原来平行于支承叉臂所在面的弯矩改变为垂直于对称面的弯矩，这时叉臂的受力和变形不再对称。叉臂变形会使望远镜中两轴轴线不正交，引起望远镜的指向和跟踪误差。简单力学分析表明，为了保持叉臂相同角变形量，叉臂质量和尺寸必须随叉臂长度的四次方而变化①，而叉臂长度和望远镜口径成正比，因此会产生非常庞大的望远镜结构。有名的 5 米赤道式望远镜液压轴承竟达 14 米之巨。

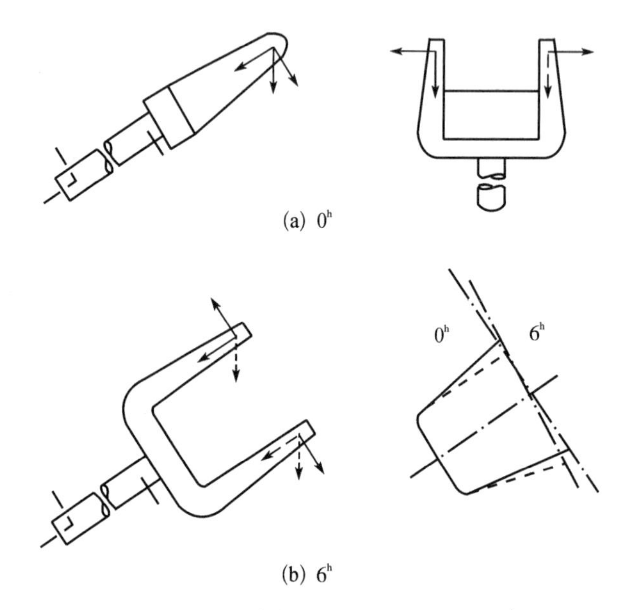

(a) 0^h

(b) 6^h

图 3.2　支承叉臂在不同时角位置的受力情况

地平式望远镜可以看作极轴为竖直方向的赤道式装置(图 3.1(d))。这个简单变化使得它的叉臂不承受任何弯矩作用，作用在叉臂上的力是压应力和剪切力。镜筒重力直接施加在高度轴，沿叉臂传递到方位轴承和地面。而镜筒弯曲仅仅发生在子午平面的方向上。整个望远镜轴系所受到的力为恒定力，不因望远镜指向而改变，这大大减少了望远镜质量和成本。

对天文望远镜来说，弯曲和扭转是最不利的变形，而压缩和剪切则不引起指向上的误差。同时材料的压缩强度要远远大于它的抗弯强度，所以压缩和剪切变形量很小。因为这个原因，巨大而笨重的射电望远镜早在二十世纪五十年代就开始采用地平式装置。地平式装置的大型光学望远镜的第一次使用是在苏联六米光学望远镜中。现在制造的所有大口径天文望远镜无一不采用了地平式装置。

地平式装置回转半径小，可以使用尺寸小的圆顶或紧凑的，跟随望远镜转动的方形望远镜观测室。地平式望远镜的安装地点与台址的地理纬度无关。

3.1.2.2　地平式望远镜的坐标转换及天顶盲区

赤道坐标系是描述天体位置最常用的坐标系。赤道坐标系基本上是将地球纬度和经

---

①　如果叉臂的长度为 L，截面尺度为 $d\times d$，则悬臂式杆件在叉臂末端引起的角度变形将正比于 L^3/d^2。如果杆件长度增加一倍，则截面尺度 d 应该增大到 $2^{3/2}$ 倍，对于赤道式装置来说，两侧叉臂的两个方向的线尺度都应相应增大，所以叉臂的总质量应该是原质量的 $2\times2^{3/2}\times2^{3/2}=2^4$ 倍。以上的推导同样可以推广到中空的矩形截面以及更一般的中空截面。对于地平式承受弯矩的部件，往往只需要在一个方向增加刚度，因此支承构件的质量和尺度的变化是支承件长度变化的 2.5 次方，这是因为 $2\times2^{3/2}=2^{5/2}$。

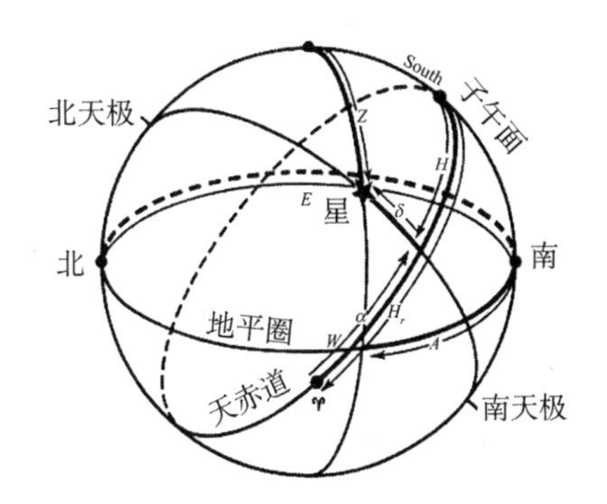

图3.3　赤道坐标和地平坐标的关系

度坐标直接投影到天球形成的。地球上的纬度变成赤纬，地球上的经度变成赤经，或称时角。而天体的时角就是从春分点向东到达该天体之间的角度。春分点是在天赤道上太阳在3月份所经过的地点。对于赤道式望远镜，星的本地时角就是本地恒星时和星的时角的差。如果极轴以周日运动的速度旋转，那么星的位置在望远镜的视场内将保持不变。

地平式望远镜使用地平坐标系，这是一种本地的水平坐标系。当地的地平面将天空分割成上下两个半球，上半球的顶点就是天顶。地平坐标系中，高度角从地平面向上测量，方位坐标是从正北点向东测量。高度角和天顶距互补，它们的和是90°。地平式望远镜各运动轴线与地球自转轴不再平行，因此天体视运动不能简单地用一根轴的旋转运动来补偿，应用球面三角可以导出天球中赤道和地平坐标之间的关系式(图3.3)：

$$\tan A = \frac{\sin t}{-\sin\phi\cos t + \cos\phi\tan\delta}$$
$$\cos Z = \sin\phi\sin\delta + \cos\phi\cos\delta\cos t \tag{3.1}$$

式中 A 和 Z 表示地平坐标的方位角和天顶距，ϕ 为地理纬度，δ 和 t 分别为赤纬和时角。由于方位角和天顶距的这种复杂函数关系，因此地平式望远镜在跟踪天体周日运动时，方位和高度轴均应作非匀速运动，其运动速度公式为：

$$\frac{\mathrm{d}Z}{\mathrm{d}t} = \cos\phi\sin A$$
$$\frac{\mathrm{d}A}{\mathrm{d}t} = \frac{\sin\phi\sin Z + \cos Z\cos A\cos\phi}{\sin Z} \tag{3.2}$$

从公式(3.2)，还可以导出每轴的加速度公式，它们是：

$$\frac{\mathrm{d}^2 Z}{\mathrm{d}t^2} = \cos\phi\cos A\left[\sin\phi + \frac{\cos\phi\cos A}{\tan Z}\right]$$
$$\frac{\mathrm{d}^2 A}{\mathrm{d}t^2} = -\frac{\cos\phi\sin A}{\sin^2 Z}[\sin Z\cos Z\sin\phi + \cos\phi\cos A(1+\cos^2 Z)] \tag{3.3}$$

从上述公式出发，地平加速度在通过子午面时会产生符号变化，同时在接近天顶时会达到一个很高的数值(图3.4(b))。通过计算机控制，可以使地平式望远镜实现对目标天体的寻找、定位和跟踪。不过由于望远镜速度和加速度的限制，地平式望远镜在天顶附近一个小区域内无法对天体进行跟踪观测，这一小区域就是地平式望远镜的天顶盲区。

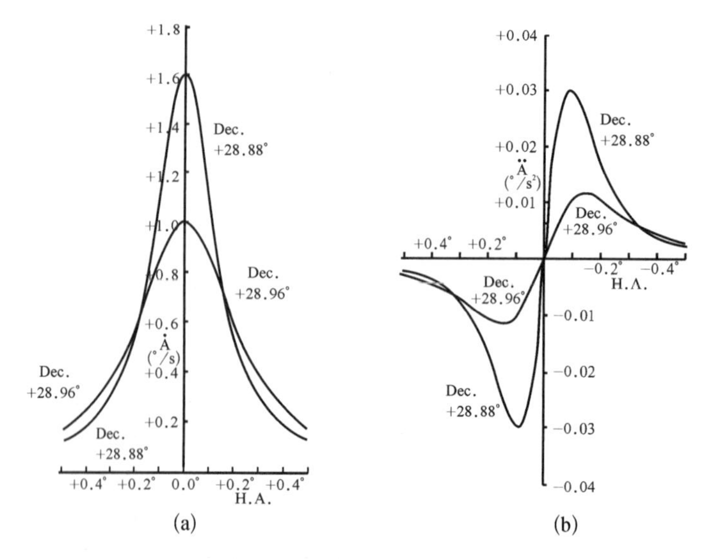

图 3.4　纬度28.75°时距天顶0.1°和0.2°的天体(a)方位角速度和(b)方位角加速度与时角的关系(Watson,1978)

天顶盲区是由多种因素决定的，但主要是由等方位角速度曲线、等方位角加速度曲线和最高快动角速度曲线所确定。所谓盲区就是这几组曲线的包络线所围成的区域。天顶盲区更直观的描述是这样的：当一天体正好通过天顶时，在此瞬间其方位角将变化 180°，这对任何地平式望远镜都是办不到的，因此就形成了围绕天顶点的一小块盲区。图 3.4 表示了纬度28.75°时距天顶0.1°和0.2°天体快动时的方位角速度、方位角加速度与时角的关系。地平式望远镜在跟踪天体时，在子午面东部某一点以前和天体视运动同步，直到公式(3.2)中的速度达到最大地平速度。利用天体实际地平速度，当天体赤纬在下列范围时，望远镜就不可能继续跟踪这个天体(Borkowski, 1987)：

$$\phi - \arctan\frac{\cos\phi}{|V| - \sin\phi} < \delta < \phi + \arctan\frac{\cos\phi}{|V| + \sin\phi} \tag{3.4}$$

式中 V 是最大地平跟踪速度。这个公式决定了盲区在南北方向上的范围。但是要确切给出盲区的大小和形状，还必须描绘出前面所讲的三组曲线。等方位角速度曲线图给出了天顶附近具有相同方位角速度的点的位置，曲线图由下列公式决定：

$$\tan Z = \frac{\cos\phi}{\dfrac{\dot{A}}{\omega} + \sin\phi}\cos A \tag{3.5}$$

式中 ω 为恒星视运动角速度。等方位角速度曲线族图如图 3.5(a)所示，是一组东西对称，南北近似对称的曲线族。当方位和方位角速度一定时，对于不同纬度，ϕ 值是不相同的。$\phi=0$ 时，$Z=\arctan(\cos A \cdot \omega/\dot{A})$，当 $\phi=90°$时，$Z=0$。等方位角加速度曲线族由下列公式决定：

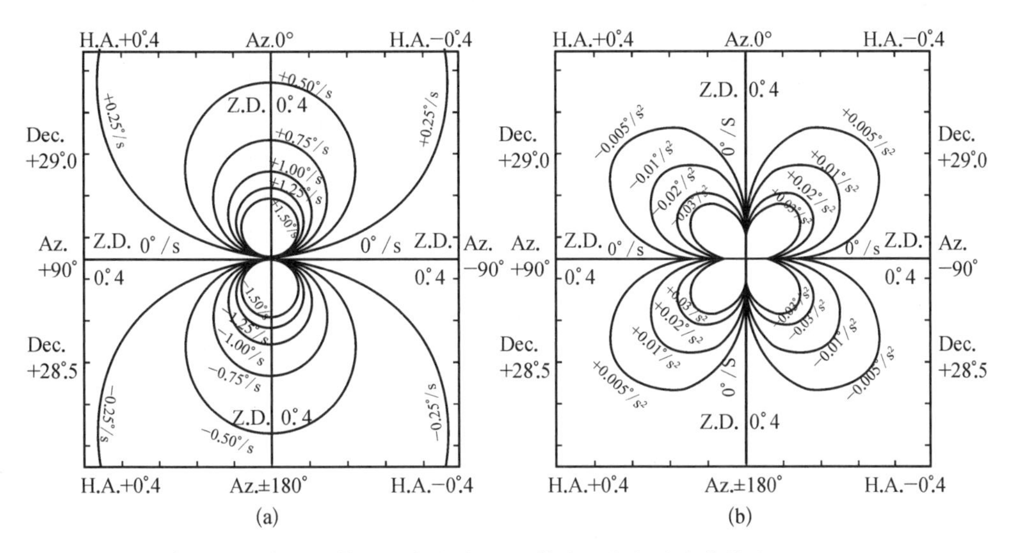

图 3.5　纬度 28.75°时(a)等方位角速度和(b)等方位角加速度曲线族图(Watson,1978)

$$\sin(2A)\cos^2\phi\cos^2 Z-\frac{1}{2}\sin A\sin(2\phi)\cos Z+\frac{1}{2}\sin(2A)\cos^2\phi+\frac{\ddot{A}}{\omega^2}=0 \quad (3.6)$$

等方位角加速度曲线族图如图 3.5(b)所示,是一组四叶玫瑰线族。有了图 3.5 就可以大致确定盲区的大小。但是实际盲区还要考虑最高快动速度的盲区范围。快动盲区是这样确定的,当望远镜跟踪天体穿越盲区时望远镜首先以最大的快动加速度加速至最高快动速度,然后穿越盲区。在子午面的另一侧再迅速减速并与天体重新会合。设在脱离跟踪的时间内天体的时角变化为 H,由快动角速度曲线图 3.6 有

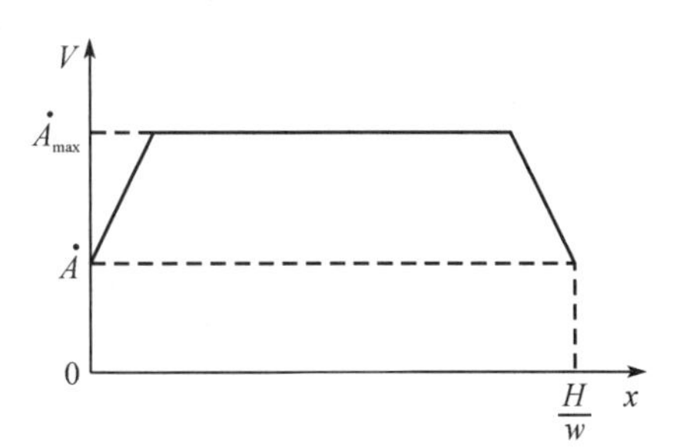

图 3.6　望远镜跟踪天体穿越盲区时快动角速度曲线图

$$\frac{H}{\omega}=\frac{A}{\dot{A}_{max}}+2\frac{\dot{A}_{max}-\dot{A}}{\ddot{A}_{max}}-\frac{\dot{A}^2{}_{max}-\dot{A}^2}{\ddot{A}_{max}\dot{A}_{max}} \quad (3.7)$$

由上式,忽略小量,有

$$\cos Z=\cos A\tan\phi+\sin A\sec\phi\cot\left(\frac{A\omega}{\dot{A}_{max}}\right) \quad (3.8)$$

根据公式(3.7)即可作出最高快动角速度曲线族图(图 3.7)。由图 3.5 和 3.7 叠加起来后根据望远镜的最大快动角速度、最大跟踪角速度和最大角加速度就可以精确确定盲区的大小和形状。反之亦可以从上述各曲线族的关系中合理地决定望远镜的最大角速度和最大角加速度。一般来说盲区直径不是很大,但是若想非常接近天顶点,则所要求的速度和加速度的值将会迅速增加。

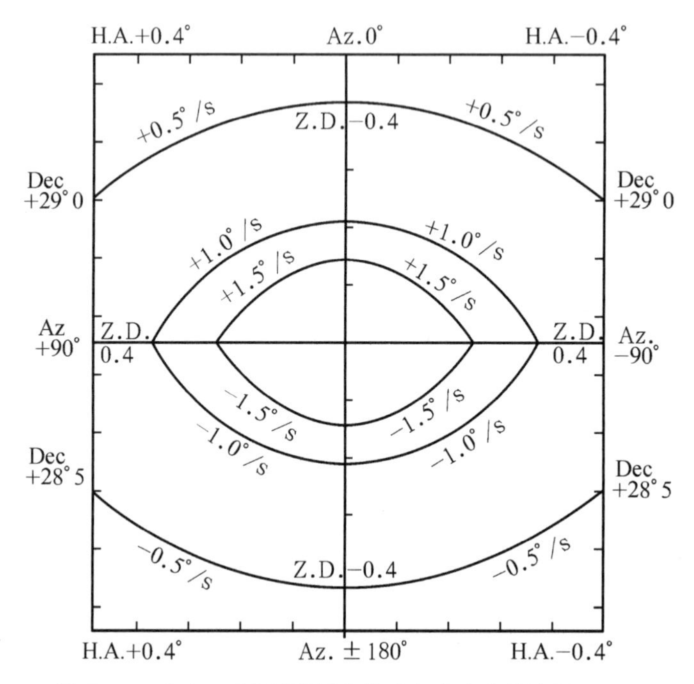

图 3.7　纬度 28.75°时天顶盲区的最高快动角速度曲线族图(Watson,1978)

3.1.2.3　像场旋转和像场消转装置

采用地平式装置除了方位和高度轴需要用计算机进行实时控制以外,还有一个像场旋转的问题。当望远镜对天体实施跟踪时,像场中星的位置将随之改变。这一改变通常用星位角 p 来表示,星位角的位置及变化速度由下述公式决定:

$$\tan p = \frac{\sin t}{\tan\phi\cos\delta - \sin\delta\cos t}$$
$$\frac{\mathrm{d}p}{\mathrm{d}t} = -\frac{\cos\phi\cos A}{\sin Z} \tag{3.9}$$

当地平式望远镜用于视场工作时为了获得稳定的、质量优良的星像,必须对视场旋转进行补偿。卡塞格林焦点的补偿装置比较简单,因为卡焦接收器可以根据公式 3.9 所给的位置和速度相对于镜筒进行旋转运动。但是在内史密斯焦点,接收仪器往往比较重,因此必须配备专门的像场消转装置。

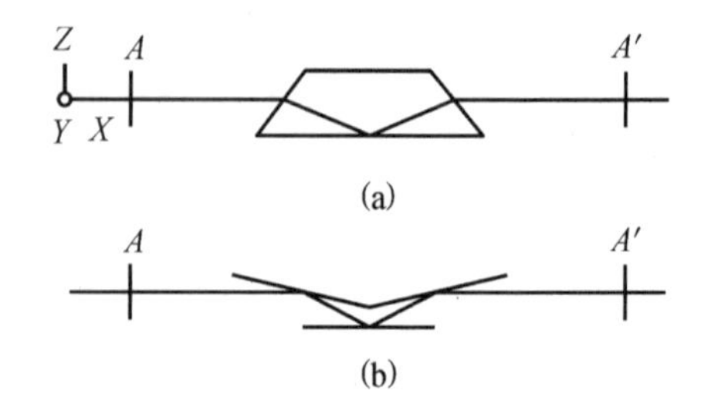

图 3.8　(a)折射式和(b)反射式的像场消转装置

像场消转装置有折射式和反射式两种,折射式装置是采用一只道威棱镜(图 3.8(a)),反射式装置则由三面反射镜构成(图 3.8(b)),称为 K 镜系统。在像场消转装置中如果入射向量 $\bar{A}$ 具有转角 θ,而消转装置相应转动 $\theta/2$,则由棱镜传递公式可以得到出射向量 $\bar{A}'$ 的转角及其坐标系的关系。设 R^1 为棱镜的作用矩阵，S、S^{-1}分别是棱镜的坐标转换矩阵，则：

$$\bar{A}' = S^{-1}R^{n}S \cdot \bar{A}, \quad \bar{A} = \begin{bmatrix} 0 \\ \sin\theta \\ -\cos\theta \end{bmatrix}$$

$$R^{n} = R^{1} = \begin{bmatrix} 1 & 0 & 0 \\ 0 & 1 & 0 \\ 0 & 0 & -1 \end{bmatrix}, \quad S = \begin{bmatrix} 1 & 0 & 0 \\ 0 & \cos\theta/2 & \sin\theta/2 \\ 0 & -\sin\theta/2 & \cos\theta/2 \end{bmatrix} \tag{3.10}$$

所以

$$\bar{A}' = \begin{bmatrix} 0 \\ 0 \\ 1 \end{bmatrix} \tag{3.11}$$

即出射星像并不发生任何旋转，对于K镜系统的像场消转装置，作用矩阵 R^{n} 与 R^{1} 相等，所以实际效果是一致的。在很多情况下，像场旋转的校正也可以利用数据的后处理来实现。

3.1.3　六杆万向平台式天文望远镜

1965年斯图尔特(D. Stewart)发表了关于六杆万向平台的论文，提出了六杆万向平台机构的理论。由于这个原因这种六杆机构通常都称为斯图尔特平台(Stewart platform)。这种支承机构的最大优点是它仅仅通过六根杆件的长度变化就可以实现所支承的平台在各个方向上的所有运动，即三个方向上的平移和三个方向上的旋转运动。这简单的六根杆件可以代替方位轴和高度轴机构以及一个二维的 X-Y 平台和一个 Z 方向的线性运动机构。同时由于这六根杆件可以形成三个三角形，所以这种结构具有极高的刚度和稳定性。这种平台最先主要用于飞行模拟装置，现在已在其他领域有很多应用。1998年第一台应用六杆万向平台装置的2米光学望远镜在德国建成(如图3.9所示)。在这台望远镜中除了各杆内部有长度传感器外，还配置了精密陀螺仪以保证其指向精度，并大量应用了碳纤维合成材料。

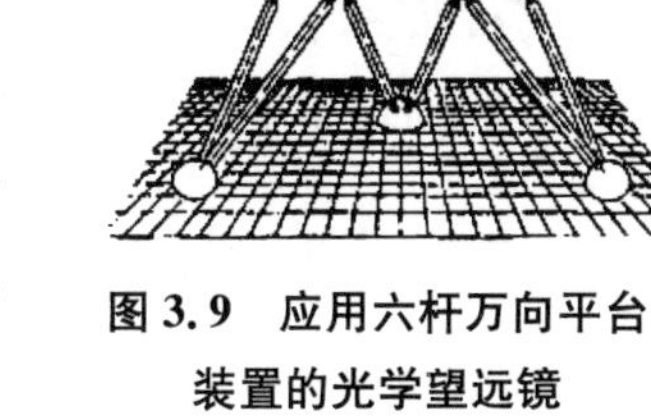

图3.9　应用六杆万向平台装置的光学望远镜

六杆万向平台装置的基本原理来源于格罗津斯基(Grodzinski，1953)的一个关于连杆机构自由度的重要公式：

$$F = 6(n-1) - \sum_{1}^{g}(6-f) \tag{3.12}$$

式中 F 是系统总自由度，f 为系统每一个联结点的自由度，n 为系统单个部件的数量，g 为系统联结点的数量。在六杆万向平台装置中，杆件的下端联结点有两个自由度，也就是说杆件可以围绕其下端联结点在两个方向上自由转动。杆件的中部联结点有一个自由度，即杆件可以调节其长度。杆件的上端联结点有三个自由度，允许平台在任何方向的转动。

当六杆万向平台装置锁定位置时，杆件的下端联结点只有一个自由度，也就是说杆件可以围绕其下端联结点在一个方向上自由转动。杆件中部联结点自由度消失，这时杆件长度已经固定。杆件上端联结点仍有三个自由度，仍然允许平台在任何方向的转动。

六杆万向平台装置的每一根杆件实际上是两个部件，加上上下平台，一共有 14 个部件。应用格罗津斯基关于连杆机构自由度的公式，六杆万向平台装置在没有锁定之前，它的总自由度为：

$$F = 6(14-1)-(6\times 18-36) = 6 \tag{3.13}$$

而在六杆万向平台装置锁定之后，它的总自由度为：

$$F = 6(14-1)-(6\times 18-30) = 0 \tag{3.14}$$

格罗津斯基公式的上列结果有力地证明了在六杆万向平台装置中，其平台可以实现任何方向上的运动，即三个方向上(x,y,z)的线性运动和三个旋转方向上(θ,ϕ,ψ)的旋转运动。这种简单装置从而可以代替一系列的转动和移动装置，简化望远镜的机械结构，因此有很大的发展空间。

但是这种平台结构也有一定的限制，它在一定位置时可能产生不稳定的状态。比如支承杆和上平台处在同一平面时，该结构就不稳定。当六杆的延长线相交于一点时，平台会锁死。

如果取上平台中位于正三角形顶端的三个点来表示上平台的运动，我们可以获得平台运动和三个顶点运动的关系。假设 X,Y,Z 是三个顶点的平移运动，那么这三个顶点的平移运动可以分解为两部分，即 x,y,z 和 fx,fy,fz。其中 x,y,z 部分是由于平台平移运动所引起的，而 fx_i,fy_i,fz_i 则是由于平台旋转运动 θ,ϕ,ψ 所引起的，因此有

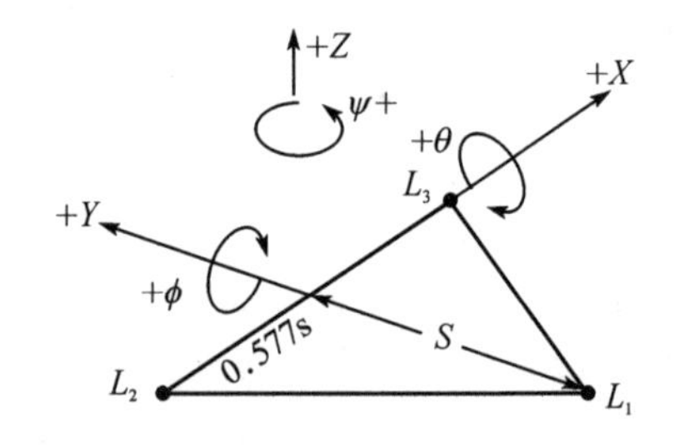

图 3.10　平台运动和三个顶点运动的关系

$$\begin{aligned} X &= x + fx \\ Y &= y + fy \\ Z &= z + fz \end{aligned} \tag{3.15}$$

三个顶点的平移运动部分 x,y,z 和平台的平移运动同步。如果用下标 i 表示顶点 L_i 上的位移(图 3.10)，则 fx_i,fy_i,fz_i 与平台旋转运动的关系由下式决定：

$$\begin{aligned} fx_1 &= +S\sin\psi\cos\theta \\ fy_1 &= +S(1-\cos\psi\cos\theta) \end{aligned}$$

$$
\begin{aligned}
fz_1 &= -S\sin\theta \\
fx_2 &= +0.577S(1-\cos\psi\cos\phi+\sin\phi\sin\theta\cos\psi) \\
fy_2 &= -0.577S(\sin\psi\cos\phi+\sin\phi\sin\theta\cos\psi) \\
fz_2 &= +0.577S\sin\phi\cos\theta \\
fx_3 &= -0.577S(1-\cos\psi\cos\phi+\sin\phi\sin\psi\cos\theta) \\
fy_3 &= +0.577S(\sin\psi\cos\phi+\sin\phi\sin\theta\cos\psi) \\
fz_3 &= -0.577S\sin\phi\cos\theta
\end{aligned}
\tag{3.16}
$$

这种通过平台运动来确定各个杆件运动的方法叫做坐标反推法。这种方法比较容易，而坐标正推法就比较困难。下面我们就来讨论通过杆件运动来确定平台运动的坐标正推法的公式。如图 3.11 所示，六杆万向平台装置有上下两个平台，从下平台的固定坐标转换为上平台的移动坐标的变换可以用矩阵 $[T_b^e]$ 来表示：

$$
[T_b^e]=\begin{bmatrix}[R_b^e] & P_b^e \\ 0 & 1\end{bmatrix}=\begin{bmatrix}n_x & o_x & a_x & p_x \\ n_y & o_y & a_y & p_y \\ n_z & o_z & a_z & p_z \\ 0 & 0 & 0 & 1\end{bmatrix} \tag{3.17}
$$

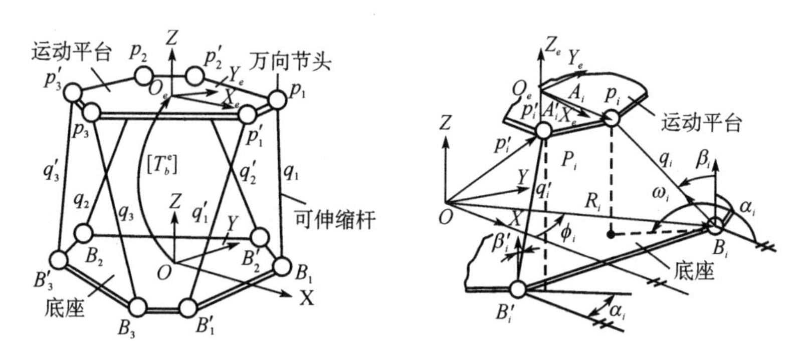

图 3.11　六杆万向平台装置中顶点的几何位置(Shi，1992)

式中$[R_b^e]$是旋转矩阵，P_b^e 是平移矩阵。如图 3.11 所示，考虑三个结点 p_i，它们的位置可以用下式表示：

$$
p_i = B_i + w_i q_i \tag{3.18}
$$

式中 $B_i=\overline{OB_i}$，是一个常数矢量，固定在平台的底部；q_i 是杆件的长度；w_i 是杆件的方向矢量。

$$
B_i=\begin{bmatrix}R_i\cos\phi_i \\ R_i\sin\phi_i \\ 0\end{bmatrix} \tag{3.19}
$$

各杆的方向矢量有

$$w_i = \begin{bmatrix} \sin\beta_i \cos\alpha_i \\ \sin\beta_i \sin\alpha_i \\ \cos\beta_i \end{bmatrix} \tag{3.20}$$

将上面的关系代入(3.18)式,有

$$p_i = \begin{bmatrix} R_i \cos\phi_i + q_i \sin\beta_i \cos\alpha_i \\ R_i \cos\phi_i + q_i \sin\beta_i \sin\alpha_i \\ q_i \cos\beta_i \end{bmatrix} \tag{3.21}$$

对上式微分就是三个顶点的速度,有

$$v_{p_i} = \frac{\mathrm{d}p_i}{\mathrm{d}t} = \begin{bmatrix} \dot{q}_i \sin\beta_i \cos\alpha_i + q_i \dot{\beta} \cos\beta_i \cos\alpha_i - q_i \dot{\alpha} \sin\beta_i \sin\alpha_i \\ \dot{q}_i \sin\beta_i \sin\alpha_i + q_i \dot{\beta} \cos\beta_i \sin\alpha_i - q_i \dot{\alpha} \sin\beta_i \cos\alpha_i \\ \dot{q}_i \cos\beta_i - q_i \dot{\beta}_i \sin\beta \end{bmatrix} \tag{3.22}$$

通过三个顶点的速度,可以求出上平台坐标系的线速度。假设坐标系的原点位于 p_i 所形成三角形的重心,有

$$v_0 = \frac{\mathrm{d}p_0}{\mathrm{d}t} = \frac{1}{3} \frac{\mathrm{d}}{\mathrm{d}t} \sum_{i=1}^{3} p_i = \frac{1}{3} \sum_{i=1}^{3} v_{p_i} \tag{3.23}$$

三个顶点的速度同时可以表示为坐标系原点的线速度 v_0 和角速度 ω 的和:

$$v_{p_i} = [R_b^e][\omega]A_i + v_0 \tag{3.24}$$

式中 $A_i = [A_1, A_2, A_3]$ 是三个顶点在上平台坐标系上的位置矢量。而角速度 ω 为

$$[\omega] = \begin{bmatrix} 0 & -\omega_z & \omega_y \\ \omega_z & 0 & -\omega_x \\ -\omega_y & \omega_x & 0 \end{bmatrix} \tag{3.25}$$

如果用 $[C]$ 来表示 $(v_{p_1}, v_{p_2}, v_{p_3}) - (v_0, v_0, v_0)$,(3.24)式可以表示为 $[R_b^e]^T[C] = [\omega][A]$。则平台的角速度 ω 可以用下列三个公式来表示:

$$\begin{aligned} a_z C_{12} + a_y C_{22} + a_z C_{33} &= \omega_y A_{2x} - \omega_x A_{2y} \\ a_x C_{13} + a_y C_{23} + a_z C_{33} &= \omega_y A_{3x} - \omega_x A_{3y} \\ n_x C_{11} + n_y C_{21} + n_z C_{31} &= \omega_z A_{1y} \end{aligned} \tag{3.26}$$

在上一组方程式中仍然有六个未知数,它们是角度的变化率 $\dot{\alpha}_i$ 和 $\dot{\beta}_i$,因此求解还需要六个方程。其中三个可以从刚体运动的速度制约方程得到,它们分别是(见图 3.12)

$$v_{p1} \cdot (p_1 - p_2) = v_{p2} \cdot (p_1 - p_2)$$
$$v_{p2} \cdot (p_2 - p_3) = v_{p3} \cdot (p_2 - p_3)$$

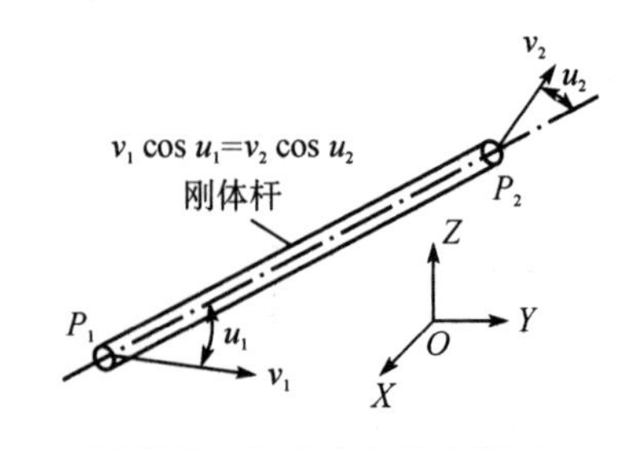

图 3.12　刚体运动的速度制约方程(Shi,1992)

$$v_{p3}\cdot(p_3-p_1)=v_{p1}\cdot(p_3-p_1) \tag{3.27}$$

余下的三个方程可以用另外三个顶点的速度来得到：

$$\dot{q}'_i=v_{p'_i}\cdot w'_i \tag{3.28}$$

式中 $w'_i=(\sin\beta'_i\cos\alpha'_i,\sin\beta'_i\sin\alpha'_i,\cos\beta'_i)$。

$$v_{p'_i}=[R_b^e][\omega]A'_i+v_0 \tag{3.29}$$

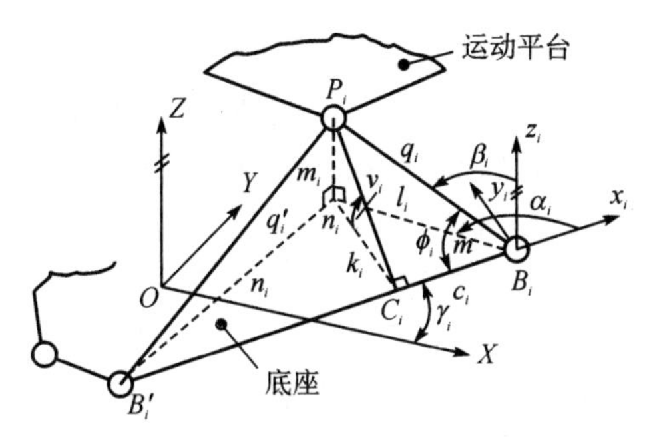

图 3.13　上接点只有三个的特殊六杆万向平台装置(Shi,1992)

对于如图 3.13 所示的特殊六杆万向平台装置，如果杆件的上接点只有三个，方程的形式会简单一些，它们是

$$p_i=\begin{bmatrix}R\cos\Phi_i+q_iF_{1i}\cos\gamma_i-q_iF_{2i}\sin\gamma_i\cos\theta_i\\ R\sin\Phi_i+q_iF_{1i}\sin\gamma_i-q_iF_{1i}\cos\gamma_i\cos\theta_i\\ q_iF_{2i}\sin\theta_i\end{bmatrix} \tag{3.30}$$

$$F_{1i}=\cos\phi_i=\frac{q_i^2+b_i^2-q'^2_i}{2b_iq_i}$$

$$F_{2i}=\sin\phi_i=\left[1-\left(\frac{q_i^2+b_i^2-q'^2_i}{2b_iq_i}\right)^2\right]^{1/2} \tag{3.31}$$

对上式微分，有

$$v_{p_i}=\begin{bmatrix}-\cos\gamma_i(\dot{q}_iF_{1i}+q_i\dot{F}_{1i})-\sin\gamma_i(q_iF_{2i}\cos\theta_i+q_i\dot{F}_{2i}\cos\theta_i-q_iF_{2i}\cos\theta_i\dot{\theta})\\ -\sin\gamma_i(\dot{q}_iF_{1i}+q_i\dot{F}_{1i})+\cos\gamma_i(q_iF_{2i}\cos\theta_i+q_i\dot{F}_{2i}\cos\theta_i-q_iF_{2i}\cos\theta_i\dot{\theta})\\ \dot{q}_iF_{2i}\sin\theta_i+q_iF_{2i}\sin\theta_i-q_iF_{2i}\cos\theta_i\dot{\theta}\end{bmatrix} \tag{3.32}$$

$$\dot{F}_{1i}=\frac{2q_i(q_i\dot{q}_i-q'_i\dot{q}'_i)-\dot{q}_i(q_i^2+b_i^2-q'^2_i)}{2b_iq_i^2}$$

$$\dot{F}_{2i}=-\frac{2q_i(q_i\dot{q}_i-q'_i\dot{q}'_i)-\dot{q}_i(q_i^2+b_i^2-q'^2_i)}{2q_i\left[4b_i^2q_i^2-(q_i^2+b_i^2-q'^2_i)^2\right]^{1/2}} \tag{3.33}$$

上面这些方程再加上刚体运动的速度制约方程就可决定平台的运动。这种平台已经用于一些望远镜的镜面定位和副镜结构之中。在光学镜面的支承中这种平台也有新的应用，帕克斯(Parks，1998)应用这种机构实现了光学镜面的六点、十八点的支承，机构巧妙而且简单(见 2.3.4 节)。近年来这种支承形式已经推广到大口径蜂窝镜面的定位功能上。

3.1.4 固定镜面和固定高度角装置

为了节约制造成本，一些望远镜采用了固定镜面或者固定高度角的支承装置。早期的记录星体穿过子午线，从而精确确定时间的照相天顶筒就是一台将镜面固定在天顶方向的固定镜面望远镜，有名的水银镜面望远镜也是固定镜面望远镜。在射电天文中，500 米 FAST 是主动镜面望远镜，而 300 米 Arecibo 望远镜却是固定镜面望远镜。这两台望远镜对天体的跟踪是通过位于望远镜顶部接收器的运动来实现的。固定镜面装置也用于很多太阳望远镜或者太阳塔上，它们的主镜固定，而对太阳的跟踪是通过一对定日镜的转动来实现的。固定镜面装置实际上是固定高度角装置的一个特殊情况。

固定高度角望远镜是从早期的六分仪发展而来的。HET(Hobby-Eberly Telescope)望远镜是第一台使用这种装置的大口径光学望远镜。在这台望远镜中，主镜通过几个液压轴承固定在一个特定的高度角上，而镜筒只能在方位上作不连续的运动，观测时停留在几个固定方向上。不管在固定镜面，还是固定高度角望远镜中，主镜相对于重力方向是不变化的，所以大大简化了镜面的支承和控制。

还有两台重要望远镜也是采用固定镜面或者固定高度角的装置。它们是 4 米反射施密特望远镜 LAMOST 和南非大望远镜 SALT。LAMOST 又称为郭守敬望远镜，它有一个固定的 6.67 米拼合球面主镜。它的 4.4 米施密特改正镜也是一块拼合镜面，这个镜面用作定天镜来跟踪天体。HET 和 SALT 的固定高度角为 55°，它们通过移动接收器在 12°的范围内对天体实现跟踪，两台望远镜均使用液压轴承在方位上实现跳动。它们的天区范围十分有限，其成本大约是普通望远镜的 20%。

3.2 望远镜的镜筒和其他结构设计

3.2.1 望远镜镜筒的误差要求

镜筒在光学天文望远镜中起着十分重要的作用。它连接望远镜的主镜和副镜，并保证主副镜的相对位置。小型光学望远镜的镜筒是真正的圆筒形，但是当重力和镜筒轴线垂直时镜筒的两侧会发生下沉，并向相反方向偏摆。镜筒的一端是主镜，另一端为副镜，这种偏斜作用会相互叠加，从而引起望远镜的指向误差并在像场上产生彗差。主副镜镜面相对位置的改变所引起的指向误差由下式表示：

$$\delta = u_1/f - (m-1)(u_2 + r_2\theta)/f \tag{3.34}$$

式中 u_1 和 u_2 是主镜和副镜相对于望远镜焦点的位移，θ 为主副镜之间的相对转角。f

为系统焦距，m 为副镜放大率，r_2 为副镜的顶点曲率半径。在望远镜中由于重力所引起的指向精度有一定的规律，可以利用计算机对其进行校正，或者用导星装置加以抵消。但是由于主副镜的位置变化，望远镜在视场中会产生彗差。这个影响就比较难以克服，所以我们要特别注意望远镜光学元件的相对位置。主副镜位置误差所引起的彗差大小是

$$l_c = \frac{3(m-1)^2}{32F^2 f}[(e_2^2(m-1)+m+1)u+(m^2+1)r_2\theta] \tag{3.35}$$

式中 u 是主镜和副镜的相对位移，F 为系统焦比，e_2^2 为副镜的偏心率。注意这一公式并不包括系统本身的固有彗差。由于主副镜位置变化所引起的彗差与系统固有彗差不同，这种新加的彗差在视场上是均匀分布的，而卡塞格林系统的固有彗差与视场角有密切联系，随视场角增大而增大。在 R-C 系统中由于主副镜面都是双曲面，所以理想的 R-C 系统不存在彗差。上面两个公式总共有两或三项，所以某一项的增加可以利用其他项的减少来补偿，这就是零彗差结构设计的基本思想。当副镜位移是不可避免时，我们可以使副镜产生一定有利的偏转，从而改正指向误差或者校正彗差。这对于镜筒设计和摆动副镜的旋转中心的确定有着很大的意义。

在两镜系统中主副镜间的轴向位移 δl 会引起相应焦点平面上的轴向位移 δf。其关系式为

$$\delta f = (m^2+1)\delta l \tag{3.36}$$

应用波像差方法来确定主副镜位置的允差公式，它的基本原理和射电望远镜中确定主副镜位置允差的理论相同，可以参考后面第八章 8.1.5 节中的讨论。

3.2.2　望远镜的镜筒设计

经典光学望远镜的镜筒一般采用 A 字型桁架结构，这种结构是由赛吕里耶(Serrurier)提出并应用于美国 5 米海尔望远镜上，称为赛吕里耶桁架(图 3.14a)。在这种设计中从镜筒中心块的四个顶点各向着主镜和副镜的方向伸出四个 A 字形的桁架结构。这些桁架在中心块的交点正好通过中心块的支承平面，以避免在中心块上产生附加力矩。当重力方向与镜筒轴线重合时，主副镜 A 字形的桁架会同时下沉，但是镜筒轴线保持不变，不产生指向误差。当重力与镜筒轴线垂直时，由于镜筒上下两个面上的 A 字形桁架不支持主副镜重力，它们长度不变，保证了主副镜室只产生平行移动，而不产生镜面转动，镜筒两侧的 A 桁架支持主副镜的重力。赛吕里耶桁架的设计是使主副镜产生相同的下沉量。这样望远镜在所有方向上均不会引起指向误差和因主副镜位置变化所产生的彗差。

设主镜或副镜的载荷为 W，A 字形桁架的截面积为 A，镜筒中心块到镜面的长度为 L，中心块的宽度为 D，则重力垂直于镜筒轴线时镜室位移量为

$$\delta = \frac{[(D/2)^2+L^2]W/4}{AED/2} = \frac{[(D/2)^2+L^2]W}{2AED} \tag{3.37}$$

式中 E 是材料的杨氏模量。在主副镜的桁架设计中，只要根据主副镜质量和桁架长度来决定桁架截面积，就可以保证主副镜之间的相对位置保持不变。

由于这种 A 桁架结构位移是长度平方的函数，一般情况下副镜支承杆会又大又粗，这增加了镜筒质量，同时产生了不理想的结构热性能。由于在重力作用下镜筒变形是有规律的，现代大口径望远镜在副镜机构中增加了在各个方向上的微调机构，通过计算机进行控制，所以现在镜筒设计可以不采用赛吕里耶桁架。一些望远镜仅仅在上部采用 A 桁架，而下部主镜室是用平行杆件支承。

为了改善镜面宁静度，一些主镜甚至高于中心块平面，使自然风顺利地通过主镜表面，保持主镜较低温度。还有一些望远镜甚至采用倒立的 A 桁架，以获得高强度的副镜框架(图 3.14(b))。副镜微调机构常常使用六杆式的平台机构。

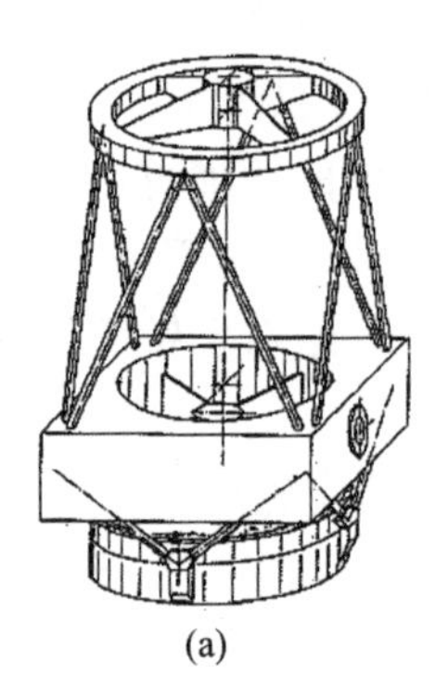

(a)

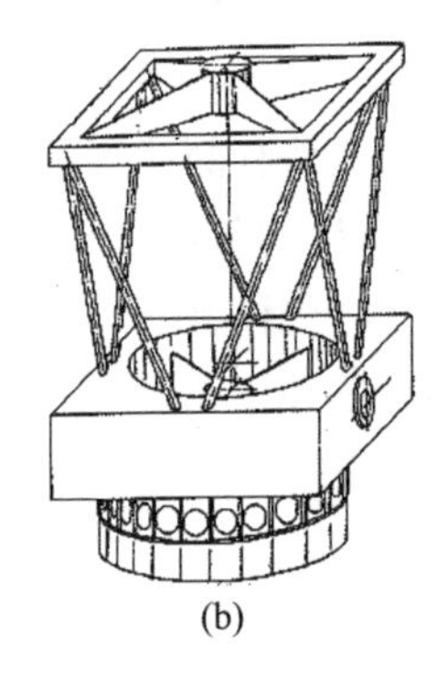

(b)

图 3.14 (a) 传统的和 (b) 倒置的 A 桁架镜筒设计

为了改善支承桁架的热性能和机械性能，不少大口径望远镜的副镜支承使用了双层 A 桁架结构，即在一截 A 桁架上面再加一截 A 桁架。这样桁架截面积及桁架质量均大为降低，热性能也大大改进。凯克(Keck)10 米望远镜就采用了这种双层 A 桁架设计(图 3.15)。

图 3.15 Keck 10 米望远镜结构 (Keck)

具有分布载荷同时在两端点有集中载荷的悬臂梁的谐振频率为(Schneermann，1986)

$$f=\frac{1}{L^2}\sqrt{\frac{EA}{\rho I}\frac{1}{(1+0.23m_c/m)}} \quad (3.38)$$

式中 E 是杨氏模量，I 为梁的惯性矩，A 为截面面积，L 为长度，ρ 为材料密度，m 为分布载荷，m_c 为集中载荷。

一般情况下镜筒中高度轴承安排在中心块外侧，这时中心块弯曲和下沉不可避免。如果将轴承位置移入中心块内，这时镜筒中心块就不会产生变形。镜筒是望远镜中重要部件，在镜筒设计中要消除不需要的应力，以保证望远镜的性能。

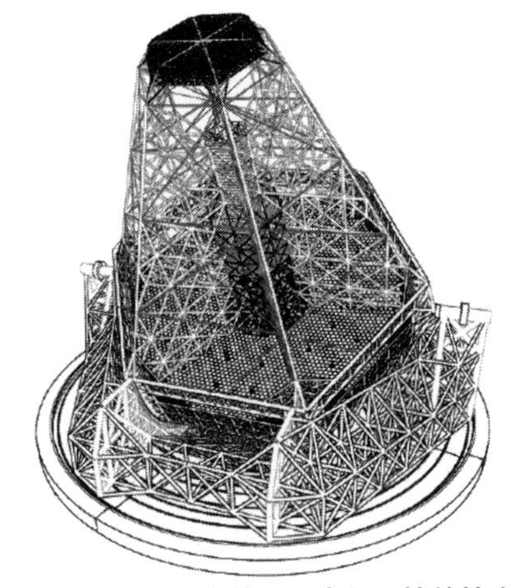

图 3.16 曾经提出的 100 米望远镜的镜室和它的准直结构(Brunetto, 2004)

主镜室位于镜筒下方,通常由圆柱形侧面和平底板构成。镜室提供主镜的轴向和径向支承。在多数望远镜上,镜室同时支承卡焦仪器。

为了获得最高的强度和质量比,空间望远镜和极大口径拼合镜面望远镜的主镜室常常和射电望远镜的类似,是一个空间桁架结构。这样支承副镜的桁架变成了馈源支承的形式,这些支承杆直接连接在主镜室的桁架上被称为准直结构。图 3.16 是欧洲南方天文台曾经提出的 100 米口径巨大望远镜的镜室和它的准直结构的示意图。主镜面由一块块子镜面组成,每个子镜面由桁架上面的三个节点支承。大型桁架不管在室内还是室外都会产生温度梯度。这些温度误差导致位移误差,所以主动调节子镜面是十分必要的。大型室外桁架温度梯度所引起的误差将在 9.1.2 节中讨论。

3.2.3 副镜的四翼梁设计

为了支承副镜重力,镜筒上方常常采用四翼十字形中心支承结构(如图 3.14(a)所示)。这种结构稳定性好,中心遮挡小,易于加工和装配。

经典四翼梁结构中心对称,呈十字形,由薄板形成支承结构。薄片在镜筒轴向即高度方向上尺寸大,在横向即宽度方向上尺寸小。不过这种结构形式抗扭转刚度很小。它的谐振频率为(Cheng,1988)

$$f = \frac{1}{\pi}\sqrt{[(4EI/L) + (12EIr^2/L^3)/J} \tag{3.39}$$

这里 E 是杨氏模量,I 是梁的惯性矩,L 是梁的长度,J 是副镜装置的惯量,r 是副镜装置的半径。当望远镜口径增大时,四翼梁叶片长度增加,它的刚度会减少。为了保持同样的谐振频率,四翼梁片的厚度应以口径的 5/3 次方增长,这对望远镜的中心遮挡十分不利。一种改进的方法是加上预应力,加有预应力的四翼梁结构的谐振频率为(Bely,2003)

$$\begin{gathered} f = f_0\sqrt{(1+P)/P_{\text{Euler}}} \\ P_{\text{Euler}} = \pi^2 EI/L^2 \end{gathered} \tag{3.40}$$

式中 f_0是没有预应力时的谐振频率,P 是预应力,P_{Euler}是梁的欧拉极限。然而通过增加预应力来实现谐振频率的增加,效果十分有限。

为了解决这个问题,新四翼梁设计均采用偏置结构,即相对的两片支承梁会错开一个小的距离,而两对支承梁因相互错开所形成的力矩正好相互抵消(图 3.17(a))。这种新偏置结构有极大的抗扭转刚度。计算表明当四翼梁偏置角为 1.13°,则结构的谐振频率就会增大百分之四十。在极端情况下,偏置角可以达到 45°(图 3.17(b))。

四翼梁设计中为了支承副镜重力,每一片梁均是由上下两个叶片构成一组垂直于镜筒轴线的 A 字形桁架。当副镜机构重心正好通过四翼梁中心线时,上下两叶片大小将完全相同,这时副镜不产生偏斜。而当副镜机构的重心不通过四翼梁中心线时,上下两个叶片的截面积应该通过计算获得,以保证副镜不产生偏斜,这时偏向重心一侧的叶片将具有较大横截面积。

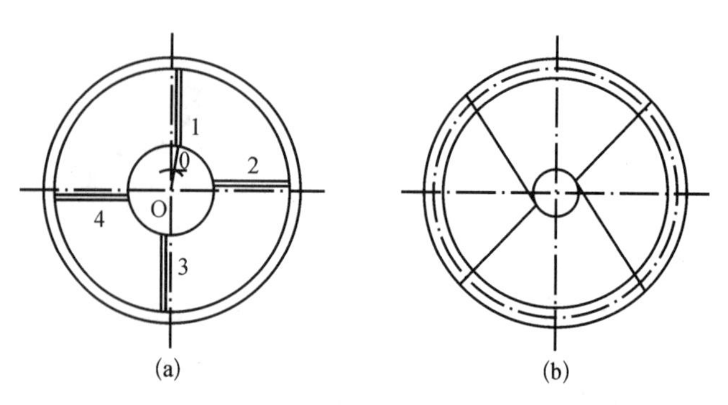

图 3.17　副镜支承的偏置式的四翼梁结构

除了四翼梁结构的改进外,一些望远镜还将支持四翼梁的大副镜圆环改为正方形结构(图 3.14(b)),这样副镜支承的大正方形外圈与四翼梁的叶片正好组成四个结构非常稳定的三角形,可以减轻镜筒顶端质量,增加镜筒稳定性。对于特大口径望远镜的副镜支承,需要考虑使用高强度碳纤维复合材料或者应用阻尼防振的措施。

3.2.4　望远镜轴承的设计

中小型光学望远镜均使用滚珠轴承来减小传动系统的摩擦系数。滚珠轴承的摩擦系数一般在 0.001 到 0.003 之间。如果望远镜光束不通过高度轴承,高度轴承口径小,摩擦力矩小,可以使用滚珠轴承。高度轴承可以安置在镜筒中心块内,两个轴承的中心线平分镜筒上下桁架的四个支点。由于高度轴会弯曲,高度轴承要采用滚柱或滚珠调心轴承,这种轴承会自动调心,允许一定的轴承孔准直误差,允许轴和轴座的变形。高度轴承对望远镜的稳定指向十分重要。合理设计的高度轴和轴座之间可以不使用焊接,而在端部采用螺钉通过法兰板连接。高度轴可以设计成空心管形,这种高度轴在自身重力下会弯曲,不利于轴承的安装。为了克服这一问题,在轴承安装之前应该在轴管法兰板的外侧安装一个平衡重使高度轴受到一个反力矩而保持轴管的水平方向。

高度轴承的径向跳动是望远镜镜筒位置不稳定的主要因素。一般大口径轴承在径向均有一定间隙,这种径向间隙由于镜筒重力会大大增加,消除这种间隙的方法是对高度轴承施加预应力。没有预应力的高度轴承不可能保证望远镜指向的稳定性。预应力的大小应该消除轴承原有间隙和由于镜筒重力所产生的附加间隙。这种预应力可以利用推挤轴承内锥套的方法来实现。轴承内锥套位于轴承和轴之间,内锥套的上下表面应该有油槽。在施加预应力时,应该同时挤压润滑油,减少摩擦阻力。在轴承安装时可以用手转动轴承最上和最下的两个滚子,最上滚子刚刚可以转动时就是零预应力的情况。在推进内锥套的时候要使用三个千分表测量轴承内圈和轴承端面之间的距离,使内锥套端面和轴承端面始终保持同等距离。

一般情况下高度轴是这样安装的，首先将镜筒放置在地平旋转平台的正上方但高于工作位置 15 厘米的地方。将高度轴轴承首先安装到镜筒中心块两侧的位置上，轴承的外圈分别用法兰板和油封圈在内外侧定位，同时使轴承内圈处于高度轴中心位置。然后将高度轴头及其支架连同平衡重一起起吊，在起吊中可以用水平仪检测高度轴的水平情况。这时相应的内油封圈应该已经安装在主轴上。当高度轴向轴承圈移动的时候，用直尺检查轴和轴承圈之间的间隙，使其上下左右大致相同。当高度轴管全部进入轴承圈内后，可以将轴承内锥套推压进轴承和轴之间，轴承内锥套内外应该涂抹机油，推压可以借助于小法兰片和固定在主轴头上的螺钉来实现。对于大口径高度轴承，应该在锥套上部注油螺纹口使用高压油泵将润滑油挤压到内锥套上下表面。注入高压油对于轴承预应力有十分重要的作用。内锥套将挤压扩张轴承内圈，当轴承有一定预应力时，用手转动最上和最下的两个滚子，上滚子刚刚可以转动时是轴承零预应力的情况。为了精确确定施加预应力的大小，这时应该安装三个千分表，准确测量法兰片所推进的距离。这个距离可以根据计算求得。施加足够预应力之后，就可以安装轴承的其他零件。在一侧的轴承安装之后就可以在轴承座的下方垫上垫块，松下吊装绳，拆除该侧高度轴的平衡重，将主轴与法兰盘固定起来。同样可以安装另一侧轴承。两侧轴承全部完成以后，就可以进行镜筒和两侧轴座的下降工作。在两侧轴座下降的时候，一般要同时借助于千斤顶和吊车，还要将高度轴的定位销插上，同时在中心块和轴座之间垫上硬木块。

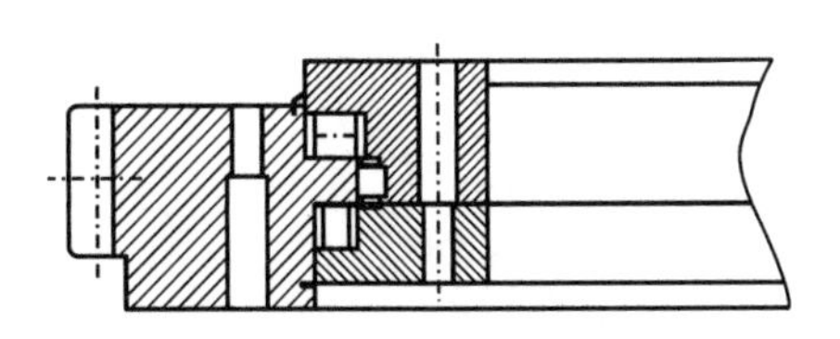

图 3.18　典型的三滚柱地平轴承结构

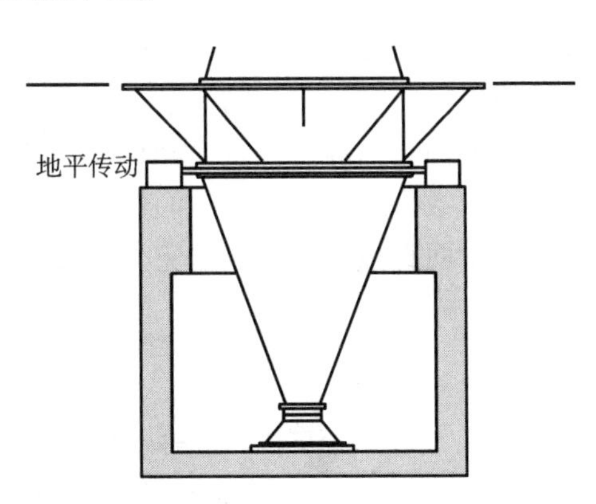

图 3.19　使用轴向推力轴承，圆柱面和具有预压力的径向滚子的地平轴承结构

地平轴承中三滚柱轴承具有最好的抗翻转性能(图 3.18)。不过大口径的滚珠或者滚柱轴承造价昂贵，摩擦力矩也相当大。一种新的地平方位轴承设计采用一个小口径推力轴承加上一个小口径径向轴承和一个精密加工的大型外圆柱面(图 3.19)。小推力轴承和径向轴承位于地平轴的下部，起着定位和承受轴向载荷的作用。而在其上部的大型圆柱面上有几对固定在某一弹性框架上的滚子压迫在大圆柱面外侧，通过滚子的预应力及其转动来实现地平轴承的定位和转动。不过这里所用滚子的预应力是十分重要的，没有这个预应力，这一地平轴承就没有径向刚度。这种新型轴承结构已经用于 WIYN 和 ARC 两台 3.5 米光学望远镜。在一些射电望远镜中，地平方位轴承也采用了类似的结构设计。对于特大口径光学望远镜，由于地平方位轴承的载荷相当大，所以只有采用承载力很大的静压轴承。

静压轴承是在一对平滑表面之间压入油状黏稠液体所构成的，这种油状液体支承载荷，同时起到润滑轴承面的作用。静压轴承的主要优点是：(1) 非常小的摩擦系数；(2) 轴承润滑面的高刚度；(3) 可以承载很大的载荷；(4) 静压轴承垫片制造简单；(5) 比较滚珠轴承，静压轴承可以允许比较大的尺寸误差。但是静压轴承也有明显缺点。这些缺点是：(1) 轴承面刚度要求很高。一般静压轴承只有三四个轴承压垫，支承力集中，不像滚珠轴承有较大的接触面积，载荷分布比较均匀。(2) 静压轴承有一套复杂的液压装置。(3) 静压轴承会产生较大热量，可能使望远镜结构局部升温。静压轴承单位时间内所产生的热量 $\mathrm{d}Q/\mathrm{d}t$ 由下式给出：

$$\frac{\mathrm{d}Q}{\mathrm{d}t}=\frac{\mathrm{d}V}{\mathrm{d}t}\cdot\Delta P \tag{3.41}$$

式中 $\mathrm{d}V/\mathrm{d}t$ 是单位时间通过静压轴承液体的体积，ΔP 是静压轴承上所产生的压力差。如果通过轴承的液体流量是 8.19 $\mathrm{cm^3/s}$，轴承压力差为 24.6 $\mathrm{kg/cm^2}$，则将会产生 20 W 热量。(4) 润滑液黏度与温度有关。由于静压轴承在运行中会产生较大热量，液体的流量和压力差都有可能发生变化。

静压轴承一般由轴承面和油垫所构成，轴承油垫可以自行准直。这样当轴承面发生移动时油垫仍然可以贴合到轴承面上(图 3.20)。这对轴承的长期使用是十分重要的。油垫的自准直性能可以用一个球面形状的底面来实现。有时静压轴承干脆就设计成双层静压油垫以保证轴承垫片的自准直性能。油垫数目一般以所限制的自由度来决定，但有时为了增加油垫的静压力，也采取增加油垫数目的方法，这时油垫数目可能超过其所限制的自由度的数目。静压轴承的油垫通常用较软的青铜材料作为内衬。这主要是因为一旦油垫与轴承面直接接触可以避免十分昂贵的轴承面的损坏。

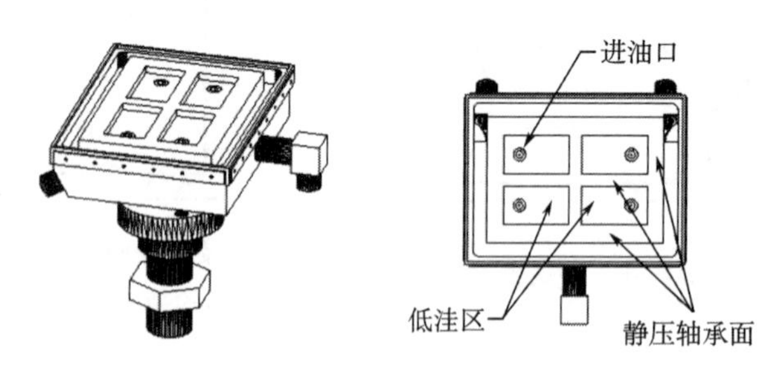

图 3.20　静压轴承的油垫设计(Eaton, 2000)

在静压轴承设计中润滑油的黏度或黏滞率是一个很重要的概念。与固体受到剪切时一样，油的黏度与固体的剪切弹性模量相当。在剪切过程中剪切变形 δ 可以表示为 $Fh/(AG)$，F 是剪切力，h 是变形块的高度，A 是剪切面积，而 G 就是剪切弹性模量。而在流体剪切的情况下流体某一表面相对另一表面的速度 U 可以表示为 $Fh/(A\mu)$，式中 μ 就是液体或气体的黏度，其单位为牛顿秒/平方米，或者叫帕斯卡秒。帕斯卡秒(Pascal-second)又称为泊(Poise, P)，比较实用的单位是 cP(centipoise)，它等于千分之一个帕斯卡秒，即 1 cP=1 mPa・s。这里的黏度又称为绝对黏度。绝对黏度与其比重的比叫做动黏度，或者叫动黏滞率。动黏度的单位为平方厘米/秒，又称为斯托克斯(1 St=1 cm^2/s)。

一般机油的黏度在 100～1 000 cP 之间。空气黏度则等于 170×10^{-4} cP，它是机油黏度的万分之一上下。黏度随温度变化的程度由黏度指数表示，黏度指数越高，黏度随温度变化就越小。由上面对黏度的定义可以得出静压轴承摩擦力 F 的公式(Eaton，2000)：

$$F=\frac{UA\mu}{h} \tag{3.42}$$

这里 U 是轴承面的线速度，A 为静压轴承的有效面积，h 为油膜厚度。静压轴承的油膜厚度和轴承的相对速度无关，它的公式是(Bely，2003)

$$h=\sqrt[3]{12\frac{Q\mu\cdot l}{b\Delta p}} \tag{3.43}$$

式中 Q 是流量，Δp 为轴承间隙中的压力差，l 为间隙的长度，b 是间隙的宽度。轴承的刚度公式是

$$k=3\frac{W}{h}(1-\beta) \tag{3.44}$$

式中 W 是载荷，h 是油膜厚度，β 是轴承垫的压力比，即当载荷升高后在低洼区的实际压力和所需要的提升载荷的理论压力之比。当油膜厚度为 50 微米时，典型的压力比为 0.7。另一个重要公式是油压变化的公式，这一公式是

$$\frac{\mathrm{d}P}{\mathrm{d}l}=\frac{12\mu}{wh^3}\frac{\mathrm{d}V}{\mathrm{d}t} \tag{3.45}$$

式中 w 是流体流动面的宽度，$\mathrm{d}V/\mathrm{d}t$ 是流体的流量。一般通过一些微细管道，或者两个圆柱间的小间隙，或者一个微小的开口来调节流体的压力。在微细管道，两个圆柱间的间隙，或者一个微小开口上流体的压力损耗 δP 为

$$\delta P=\frac{8L\mu}{\pi R^4}\frac{\mathrm{d}V}{\mathrm{d}t}$$

$$\delta P=6\frac{L\mu}{\pi R\delta R^3}\frac{\mathrm{d}V}{\mathrm{d}t}$$

$$\delta P=\frac{\gamma}{169d^4}\left(\frac{\mathrm{d}V}{\mathrm{d}t}\right)^2 \tag{3.46}$$

式中 L 是微细管道长度，R 是微细管道半径或者是平均半径，δR 是同心圆柱的半径差，γ 是流体密度，d 是小孔直径。

新的 VLT 望远镜方位轴承的油膜厚度约为 50 μm，它的刚度为 5 kN/μm。其摩擦力矩仅仅为 100～200 N·m。静压轴承摩擦力极小，阻尼小，这对望远镜的控制是不利的。为了增大系统阻尼，5 米帕拿马望远镜在极轴北侧轴承上增加了一个小摩擦轮来改善望远镜的阻尼性能。现代光学望远镜可以通过引入电磁场的方法改善其静压轴承的阻尼性能。如果在运动部件中引进一个固定磁场，则在运动部件中的任何金属体内，总会产生一种表面电流，这种表面电流形成的磁场产生反向的阻尼力。

实际应用中，静压轴承油垫有一个凹陷的静压区，静压区的大小应该考虑系统总载荷与液体的压力，即在静压情况下可以使轴承面离开油垫。而边缘凸起的面积在不使用的时候要接触轴承面，则应有较高的精度与平滑度。为了减小温度升高对望远镜运动的影响，一般将油冷却以后再送入望远镜的静压轴承之中。

静压轴承的讨论同样可以应用于对空气轴承的情况，空气轴承的原理与静压轴承完全相同，只是空气黏度极低，而空气轴承的工作压力也是静压轴承的几分之一，所以空气轴承的间隙是静压轴承的 15%左右，大约只有 10 μm 大小。空气轴承刚度很高，但是其轴承面的精度要求也很高。同时空气轴承对气流的清洁度有较高的要求。在天文望远镜领域，空气轴承可以用于天文干涉仪中的相位补偿机构，另外在毫米波精密面板加工中，常常要使用空气轴承支承的高速刀具。

3.2.5 望远镜的静态结构分析

3.2.5.1 有限元法简介

望远镜结构分析是望远镜设计的关键。过去结构分析一直依靠传统的解析方法。随着计算机的发展，有限元法已经成为望远镜设计的必须工具。有限元法的基础就是结构的弹性变形理论。在有限元法中一个具体的结构要进行抽象，简化成由一块块小单元组成的模型。这些模型再加上边界条件和外界载荷就可以经过分析得出各个单元所构成模型的变形、应力等情况，从而可以预测具体结构的性能。静态有限元法的核心方程就是

$$[K]\{u\} = \{F\} \tag{3.47}$$

式中$[K]$称为刚度矩阵，$\{u\}$称为位移矩阵，$\{F\}$称为外力矩阵。这一方程表示在静止状态下总外力与结构变形力相平衡。以图 3.21 中的杆单元为例，在静态平衡条件下总的合力应该为零，所以 $F_2 = -F_1$。在 F_1、F_2 的作用下，杆件产生应变 ε_x，即在 x 方向上的变形：

$$\varepsilon_x = \frac{\Delta L}{L} = \frac{u_2 - u_1}{L} \tag{3.48}$$

式中 u_1 和 u_2 是杆件两端在外力作用下的位移。在材料力学中应力 σ_x 和应变 ε_x 有下列关系：

$$\sigma_x = E\varepsilon_x \tag{3.49}$$

式中 E 就是材料的弹性模量。由应力定义可知在杆两端的应力值为

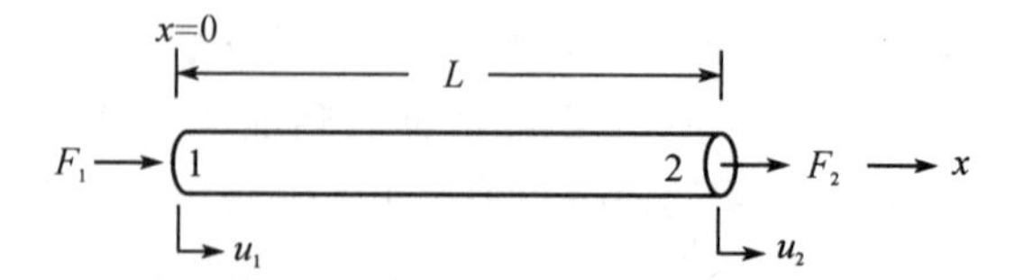

图 3.21 杆单元的外力与结构的变形力的平衡

$$\sigma_x = \frac{-F_1}{A}$$

$$\sigma_x = \frac{-F_2}{A} \tag{3.50}$$

综合上述几式，就有

$$-F_1 = \frac{EA}{L}u_2 - \frac{EA}{L}u_1$$

$$-F_2 = \frac{EA}{L}u_2 - \frac{EA}{L}u_1 \tag{3.51}$$

这就是这一杆件的位移方程：

$$\frac{EA}{L}\begin{bmatrix} 1 & -1 \\ -1 & 1 \end{bmatrix}\begin{Bmatrix} u_1 \\ u_2 \end{Bmatrix} = \begin{Bmatrix} F_1 \\ F_2 \end{Bmatrix} \tag{3.52}$$

即

$$[K_i]\{u\} = \{F_i\} \tag{3.53}$$

式中$[K_i]$称为第 i 个单元的刚度矩阵。而系统刚度矩阵就是由各个单元矩阵组合而成的。在单一杆件系统的位移方程中如果 u_i 被边界条件所限制，则通过方程可以求出另一个位移值。

对于一个结构，整个结构可以用很多小单元来描写，整个结构模型的刚度矩阵就是各个单元刚度矩阵的结合，当外力加入时就可以获得与单元平衡方程相似的线性方程组。在一般线性的、静态结构分析中有三个重要前提：(1) 结构材料均为弹性材料；(2) 结构的变形属于小变形；(3) 外力和载荷是缓慢作用在结构上的。目前已经有多种有限元分析软件，它们可以提供不同的单元和载荷，计算出结构的变形、应力或其他结构参数。

随着有限元方法的发展，也可以进行一些非线性的静态结构分析。这些分析包括：(1) 状态变化，比如一个绳索从松弛状态改变为张紧状态或者从分离到接触。(2) 几何非线性，比如大变形或者大转动。(3) 材料非线性，比如应力和应变的非线性或者温度引起的材料性质的变化。

3.2.5.2　望远镜静态结构分析的要求

望远镜的静态结构分析包括主镜和副镜的变形分析、光学元件相对位置的分析。在望远镜静态结构分析中应该十分注意模型的可靠性，在平板模型中，三角形单元板没有考虑板内的应力变化，因此它的刚度要比实际情况要大。另外所有的板模型均只有五个自由度，它们没有在板平面的转动自由度。而所有体模型均只有三个自由度，它们没有节点转动自由度。当一维的杆件与这些二维或三维的模型相连接时，结构相应的刚度就可能产生误差。为了使结构分析更加可信，应用邻近点的线位移来代替所缺少的转动自由度。

在结构分析中轴承的模型十分重要。轴承，特别是大轴承，不但具有轴向刚度，还具有抗翻转刚度。在具体模型上要根据这些参数来决定所用的单元参数。一种轴承模型是将两个轴承圈的结构安置在同一个坐标平面内，然后在两个轴承圈之间用 $2n$ 个弹簧单元分别在轴向和径向将两圈之间的对应点连接起来。也就是说有 n 个弹簧单元在轴向，有 n 个弹簧单元在径向。对于径向载荷，如果轴承的径向刚度是 K，则每一个子弹簧的刚度 K_i 应满足下列方程：

$$K = 2\sum K_i \cos \frac{2\pi \cdot n}{N} \tag{3.54}$$

对于大轴承，如果抗翻转的刚度是 K_m，则每一个子弹簧的轴向刚度 K_{mi} 应满足下列方程：

$$K_m = \left(\frac{d}{2}\right)^2 \sum_{n=-N/4}^{\pm N/4} K_{mi} \cos \frac{2\pi}{n} \tag{3.55}$$

式中 d 是轴承直径。

当结构中使用了不同膨胀系数的材料时，结构的热分析是十分重要的。结构的热分析包括两种情况，一种是存在温度差情况下的分析，一种是整体温度发生变化时的分析。在结构设计中要注意避免双金属效应。在连接不同膨胀系数材料时，应该考虑在相对尺寸发生变化方向保持一定的自由度。在使用不同面板和衬里材料所组成的三明治构件时，要特别考虑它们的热变形。一般来说，只要是不对称的三明治结构，它们的形状在温度变化时总是不稳定的。这一点将在第九章中进行详细的讨论。

综合模型是结构分析中的重要组成部分。结构和光学的综合分析可以预测光学系统在外力情况下的光学性能。在这个分析中，结构变形要表示为 Zernike 多项式的形式。然后将这个变形量叠加到原来的光学系统中，再运用光线追迹来确定像斑和光学系统的指向。在大口径拼合镜面的重力变形中，常常存在具有相关性的不断重复的变形图样，这时简单地使用口径面的相位函数进行傅立叶变换来求得点分布函数可能并不能反映真正像的能量分布。这是因为重复的表面面形误差会产生严重的散射或者在像面产生衍射效应。同样，这时表面均方根误差和斯特列尔比的简单关系也可能不存在，相比较而言，光线追迹所获得的像斑能量分布要准确些。在结构和光学的综合分析中，如果要估计一些随机误差，比如说位置和尺寸的误差影响，则可以使用蒙特卡罗（Monte Carlo）方法来进行。这时，必须使用随机数的生成器。以 0 和 1 为界的随机数和误差范围的乘积提供了可能的随机误差，通过这个误差可以获得系统的光学性能，然后重复这个计算就可以决定系统的性能区域。结构的动态分析将在 3.4.2 节中讨论。

3.3 望远镜驱动和控制

3.3.1 望远镜的基本运动方式

光学望远镜的基本要求就是要具有非常高精度的指向和跟踪性能。为此必须经常地更新指向公式中的系统参数，这就要求望远镜在每天晚上开始观测时能够迅速地在天空中校正近百颗星的位置。为了这些目的，光学望远镜需要实现如下几种基本运动方式：

3.3.1.1　快动(slewing)

望远镜快动的目的是将望远镜从收藏位置迅速移向目标天体，或者从一部分天区指向新的天区。快动的另一个作用是用于改变望远镜位置以便更换仪器或机械部件。快动最大速度一般取每轴 1～3(°/s)。快动最大加速度是0.1～0.3($°/s^2$)。大口径的望远镜通常有较小的快动速度和快动加速度。一般从静止到快动最大速度的过程不应该超过 6 秒。当紧急制动时，望远镜的惯性运动不应该超过 2°。特别用途的望远镜，比如对近地目标跟踪的望远镜，则需要很高的快动速度和快动加速度。

3.3.1.2　寻星

望远镜寻星发生在当望远镜距离目标星仅仅为几十角秒的地方。望远镜寻星或定位运动速度一般为 2′/s，这时所产生的误差称为盲目指向误差(blind pointing error)。盲目指向误差在指向模型更新后一般为±1″以下，从而使目标天体进入望远镜视场中部。指向精度差的望远镜将给天文学家搜寻正确的目标天体带来困难。如果目标天体很暗弱，或者是一个分布源(不是点源)，这时就需要在目标附近找一个亮的参考星。这个目标则是通过这个参考星偏置一个角度来瞄准的，这个偏置是通过望远镜开环系统来实现的，也叫做盲目偏置(blind offsetting)，盲目偏置的精度大约是 0.1″。上面讨论的是地面光学望远镜的精度要求，空间光学望远镜常常要比地面望远镜的要求高一个数量级。

3.3.1.3　导星

在导星时，望远镜的视场运动和目标天体运动完全同步。使用导星装置可以实现闭环控制，比寻星系统有更好的性能，所以导星系统的精度很高，达到 0.1″～0.02″以下。导星的目的是使目标天体进入并且保持在视场正中央。导星又叫跟踪，赤道式望远镜的跟踪速度为 15″/s。地平式望远镜的跟踪速度由下式给出：

$$T^2 = \left(\frac{\mathrm{d}A}{\mathrm{d}t}\right)^2 \cos^2 Z + \left(\frac{\mathrm{d}Z}{\mathrm{d}t}\right)^2 = \left(\frac{\mathrm{d}h}{\mathrm{d}t}\right)^2 \cos^2\delta + \left(\frac{\mathrm{d}\delta}{\mathrm{d}t}\right)^2 \approx \omega^2 \cos^2\delta \tag{3.56}$$

式中 ω 为天体周日运动速度。一般最大方位跟踪速度为 0.5～1(°/s)，最大高度跟踪速度为 15″/s，最大跟踪方位加速度为±0.02$°/s^2$。跟踪误差由下式给出：

$$\varepsilon^2 = (\Delta A)^2 \cos^2 Z + (\Delta Z)^2 \tag{3.57}$$

在接近天顶区时 $\cos Z$ 较小，而 A 和($\mathrm{d}A/\mathrm{d}t$) 会出现较大的绝对误差。

望远镜除了这三种基本运动方式以外，根据天文观测的需要，还可能有下列特殊的运动方式。

3.3.1.4　扫描

有些望远镜希望对某一天区进行逐点扫描，扫描的方式可以是逐行来回扫描，也可以是从中心呈螺旋线逐圈向外扫描。扫描的速度决定于接收器所需要的积分时间。扫描的速率可以达到 20″/s。

3.3.1.5 偏摆

在一些天文观测中，信号常常埋没在噪声之中，所以希望整个望远镜或者它的副镜在天区两个目标星或两个点之间进行来回观测，即偏摆。摆动角度在几个角秒或角分之间，摆动速度则应该等于最大定位速度。射电天文望远镜所需要的摆动角度常常更大。

3.3.1.6 全天区运动

地平式望远镜常常希望指向天区的所有位置即全天区运动。同时考虑观测的方便在地平方位上则需要达到或者超过360°的运转，而在高度轴上需要在 0°至90°全行程的运动。

所有这些望远镜的运动方式中均要求望远镜运动平稳、精确、重复性高。这就给望远镜的传动机构和控制系统提出了极高的要求。

3.3.2 传动机构设计的基本动向

早期的赤道式望远镜常常使用精密蜗轮来实现均匀恒定的极轴转动。精密蜗轮的优越性是精度高，传动十分平滑，传动链短，具有高刚度和高负载，以及负载不平衡的承受能力。它的弱点是低传动效率(14%～15%)，高加工成本，蜗轮尺寸有限制，有较高的准直要求和运动具有方向性，即自锁的性能。因为它的自锁，所以需要设计特别的缓冲装置来吸收速度突然变化所产生的动量。蜗轮系统很难满足现代伺服控制需要线性响应的系统要求。

从 20 世纪中期起，大口径光学和射电天文望远镜都不再使用蜗轮传动。不少 4 米级光学望远镜采用了正齿轮或者斜齿轮驱动。正齿轮或斜齿轮具有很高的传动效率(85%)，没有自锁问题。齿轮的齿隙可以通过一对力矩偏置的小齿轮组来消除。在这种传动装置中，两个小齿轮在传动的过程中有一个恒定力矩差，当齿轮不运动的时候，两个小齿轮上的力矩大小相等，方向相反，从而消除了传动中的齿轮间隙。

齿轮传动系统是一个线性系统，容易实现对它的运动控制。在传动控制系统中，存在高精度的角度编码器，因此不再对齿轮本身有过高的精度要求，这时的主要要求是齿轮传动平滑。齿轮成本仍比较高，所以后来在望远镜中又逐渐引进了摩擦轮传动系统。

摩擦轮传动是一种新型传动装置。摩擦轮传动运行十分平稳，成本低，甚至比齿轮传动的精度高。摩擦轮传动可以获得很大的减速比，进而增强传动链的刚度。在摩擦轮传动系统中，小滚子压在望远镜轴的大摩擦轮上，利用摩擦力来传递所需要的运动。

为了使小滚轮在大摩擦轮上不产生任何的跳动，应该对它们之间的接触应力进行优化。小滚轮如果有径向跳动，那么摩擦轮之间的距离会变化，从而改变它们之间的接触应力。如果摩擦轮材料的泊松比为 0.3，摩擦轮传动中最大接触应力可以由下式给出：

$$\tau_{\max} = 0.418\left[\frac{PE(1/r_1 + 1/r_2)}{L}\right] \tag{3.58}$$

式中 P 是镇压力，E 是弹性模量，r_1 和 r_2 是摩擦轮的曲率半径，L 是摩擦轮间的接触长度。通常这个镇压力是由压在小滚轮上面的加力滚轮来提供的，这样可以避免小滚轮的位置变化。大小滚轮之间过高的镇压力会引起摩擦轮的破坏，同时不足的接触应力则可能产生滚轮的爬行而导致误差。摩擦轮之间最佳的应力值必须通过实验来获得。

由滚轮轴的不平行所引起的轴向爬行现象是最有害的，它会引起传动中的跳动。当轴向爬行积累到一定数值后，小滚子在恢复力作用下会产生跳动，回到原来的位置，这种跳动还会破坏轴的表面形状。小滚轮常常用较软的材料，同时还要保证它和大摩擦轮轴线的平行度。

在摩擦传动设计中的另一个考虑是对外界干扰的抵抗能力，比如风荷会引起传动链中力矩的波动，传动力矩应该大于干扰力矩。在摩擦传动中应该设计制动装置。这对高度轴传动尤为重要。当应用多个摩擦滚子驱动一个摩擦轮时可以应用分离伺服控制系统以保证望远镜转动的同心度，排除因温度等原因而引起的定位误差。在摩擦轮表面设计自动清洁系统也是十分重要的，这样可以及时地排除灰尘和外来物的集聚。

直接应用大型力矩电机驱动也是传动系统发展的新动向。直接驱动消除了所有的传动链，提供了刚度最高的运动系统。对于小口径望远镜，在市场上直接有电机供应。对于大口径望远镜，所需要的电机要特别定制。这些非接触式的电机包括有多个 1 米长的磁轨道定子和相对的有一定线圈的动子。动定子之间的间隔在几毫米。

直接电机驱动没有运动部件，没有摩擦，没有任何跳动，它要求精度低，维修费用低，增加了结构在轴锁定时的谐振频率。在直接传动中，传动力是分散的，而不是集中在一个点上，所以结构变形量很小。不过这种传动成本高，有力矩波动(ripple)和电磁场咬死(cogging)的现象。这种咬死的现象是在速度低的时候因为磁场之间干扰而产生的转动障碍，使用倾斜形状的定子或动子会减少这种现象。一般力矩波动和咬死所引起的误差在 1%以下。

3.3.3　望远镜的轴角位置指示

近代精密仪器工业已经为天文望远镜的轴角系统提供了一系列的轴角位置指示装置。这些传感器装置包括光电编码器、圆感应同步器、光栅带尺和陀螺仪。

3.3.3.1　光电编码器

光电编码器是一种二进制光电位置指示器，其基本原理是在玻璃圆盘上刻写不同等分、明暗相间的条纹，然后通过光电元件取得轴的角度位置的二进制数字信号，最后进行解码获得位置的绝对值或相对值。绝对编码器的码形总是唯一的，这种码形给出了轴角的绝对位置。而增量编码器只能提供角度的变化量。

光电编码器由光源、码盘和光电接收器所组成。码盘是编码器中最重要的器件。在绝对编码器中，每一圈码环表示了一个位数的分辨率，当码盘位数增加时，编码器的直径和成本就迅速地增加。图 3.22 是一个八位编码器的码盘和编码器的工作原理。这里的码盘是一种自然码盘。因为这种码盘在角度改变时，超过一圈的码盘信息会发生变化，当码盘上有污点时，这种码盘就容易产生错码现象。

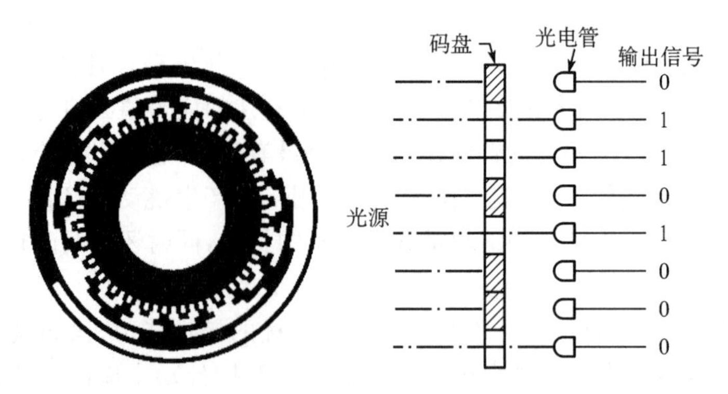

图 3.22　一个八位编码器的(a)码盘和(b)编码器的工作原理图

为了改变自然码盘的这个问题，可以用一种叫做格瑞码(Gray)的码盘(见图 3.23(a))。当角度变化时，这种码盘每一次都仅仅改变一个码圈上的数码，非常不易产生错码现象。格瑞码的规律是这样的：(a) 一位的格瑞码仅仅有两个字符，即 0 和 1；(b) 而 n 位的格瑞码的前 2^{n-1} 个字符就等于($n-1$)位格瑞码的字符，不过要在它们的前面加上一个 0；(c) 而后面的 2^{n-1} 个字符就以相反序列排列为($n-1$)位的字符，不过在它们的前面都要加上一个 1。比如一个 1 位格瑞码的码盘是这样安排的：为 0，1；2 位的为 00，01，11，10；而 3 位的为 000，001，011，010，110，111，101，100；4 位的为 0000，0001，0011，0010，0110，0111，0101，0100，1100，1101，1111，1110，1010，1011，1001，1000。利用逻辑电路可以很容易地将码盘信息转变成二进制的数码信息。

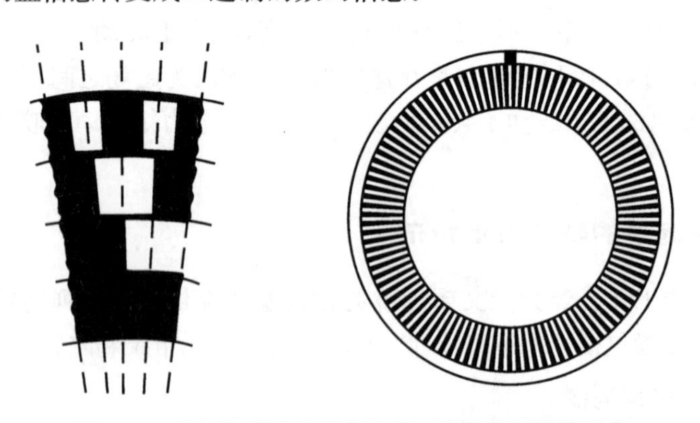

图 3.23　(a) 格瑞码的码盘和(b) 增量编码器的码盘

光电编码器的另一类是增量编码器。增量编码器的码盘如图 3.23(b)所示。它的码盘仅仅是由一组明暗相间的条纹所构成，其输出信号是正弦波或者方波形式，而其分辨率则取决于条纹数量。一般来讲，同样分辨率的增量编码器要比绝对编码器便宜得多。

如果只有一圈条纹，很难确定码盘转动的方向，它仅仅可以测量速度，所以增量码盘又叫测速码盘(tachometer-type)。如果在光盘上增加几圈码带，那么既可以知道运动方向，又可以提高分辨精度，这种至少有两组码带的增量编码称为正交码，两组编码之间相位相差 90 度。通常增量码盘有如图 3.24 所示的三个输出信号，它们中的两个是正交码输出，另一个则是亮度指示码的输出。这样不但可以给出码盘运动的角度和大小，而且可以给出码盘运动的方向。

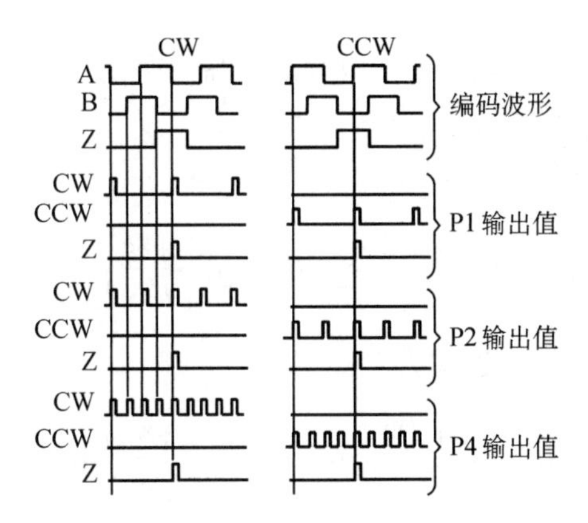

图 3.24 增量编码器码盘脉冲信息细分的工作原理，图中 Z 表示零位

码盘运动方向由顺时针（CW）和逆时针（CCW）的增减计数确定，当第一组码盘的相位领先于第二组码盘的相位时，顺时针增减计数器计数；反之逆时针增减计数器计数。在 P1 通道中，每个周期即第一码盘领先于第二码盘时计一次数，在 P2 通道中，每个周期计数两次，即第一码盘无论是领先或者落后第二码盘均要计数。而在 P4 通道中，两个码盘的所有相位变化都要进行计数。这样在这些通道中的信息就可以再分解为两倍或四倍的精细信号从而提高编码器的分辨本领。如果光栅码盘的质量好，这种精细的四倍信号可以精确到每一个信号脉冲的二分之一。另外这种编码器常常有一个定位脉冲（index pulse），它可以用于校正和重新设置编码器的零点。

为了获得更为精细的分辨本领，可以采用一种专门的光栅读头（图 3.25），在旋转光栅的后面加上了一个小的子光栅，当相干光照射在光栅盘上时，在子光栅面上的光强为（leki，1999）

$$E_1(\xi) = \frac{\mathrm{i}}{\lambda Z}\exp\left(\frac{\mathrm{i}2\pi Z}{\lambda}\right)t_1(x)\int\exp\left(\mathrm{i}\,\frac{2\pi}{\lambda}\,\frac{(x-\xi)^2}{2Z}\right)\mathrm{d}x \tag{3.59}$$

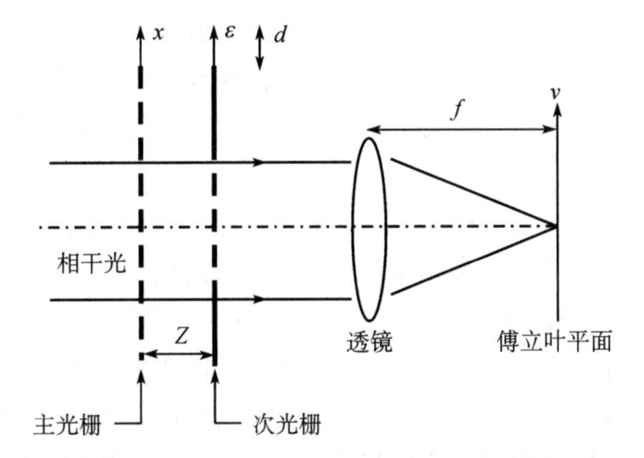

图 3.25 增量编码器中子光栅码盘细分的工作原理图（leki，1999）

式中 t_1 是子光栅的透射率。如果第一个光栅的周期是 P，第二个光栅的周期也是 P。用 $\omega=v/\lambda f$ 作为在焦面上的空间频率，则在焦面上的光能量为：

$$|E_2(\xi)|^2=\left|\frac{1}{Z}\iint t_1(x)t_2(\xi)\exp\left[\mathrm{i}2\pi\left(\frac{(x-\xi)^2}{2Z}-\omega\xi\right)\right]\mathrm{d}x\right|^2 \tag{3.60}$$

如果用傅立叶级数来表示 $t_2(\xi)$，有

$$t_2(\xi)=\sum_{k=-\infty}^{\infty}{}_2C_k\exp\left(\frac{\mathrm{i}2\pi k\xi}{P}\right) \tag{3.61}$$

式中${}_2C_k$ 是傅立叶系数，它的表达式为

$${}_2C_k=\frac{1}{P}\int_{-P/2}^{P/2}t_2(t)\exp\left(-\frac{\mathrm{i}2\pi kt}{P}\right)\mathrm{d}t \tag{3.62}$$

如果 L 是小光栅的长度，$M=\lambda Z/P^2$，则双光栅引起的光强为：

$$\left|E_2\left(\frac{n}{P}\right)\right|^2=\frac{PL}{Z^{1/2}}\left|\sum_{k=-\infty}^{\infty}{}_1C_{n-k\,2}C_k\exp\left[-\mathrm{i}\pi(n-k)\left(\frac{2d}{P}+M(n-k)\right)\right]\right|^2 \tag{3.63}$$

式中 d 是光栅之间在 x 方向的相对位移。

$$\begin{aligned}|E_2|^2\approx&\frac{1}{12}+{}_1C_{1\,2}C_1\cos\left(\frac{2\pi d}{P}\right)\cos(\pi M)+\sum_{k=3,5,7,9\cdots}^{\infty}{}_1C_{k2}C_k\cos\left(k\,\frac{2\pi d}{P}\right)\cos(\pi k^2M)\\&+2\sum_{k=1,3,5,7,9\cdots}^{\infty}{}_1C_{k\,2}^2C_k^2\cos\left(k\,\frac{2\pi d}{P}\right)+\sum_{m=1}^{\infty}\sum_{k=1,3,5,7\cdots}^{\infty}{}_1C_{k1}C_{m2}C_{k2}C_m\\&\times\left[\cos\left((k+m)\,\frac{2\pi d}{P}\right)+\cos\left((k-m)\,\frac{2\pi d}{P}\right)\right]\cos[\pi M(k^2-m^2)]\\&(m=1,3,5,7,\cdots;k=1,3,5,7\cdots)>m\end{aligned} \tag{3.64}$$

当 $M=0$ 时这一信号的光能量可以表示为一个级数形式。如果只取前面两项，则焦点的光能是 d 的余弦函数。这样通过电细分，我们还可能获得更为精细的分辨精度。在实际应用中可以用四组子光栅，同时用于上下两组条纹上以提高电细分的精度。但是正如图 3.26 所示周期光栅的焦点能量并不是真正的余弦曲线，所以如果采用如图 3.27 所示的调制子光栅，其焦点能量才是一条真正的余弦曲线，则细分后的精度就会更为精确。另外应用调制平行光源的方法，使用两个面积不同的面光源也可以使焦点能量成为正确的余弦函数。

通过应用不同分辨率增量光栅的组合，获得不同频率的正弦和余弦值，就可制成精度非常高的绝对编码器。一般这种高精度的绝对编码器有多个码道，它们分别是直流参考码，以及 3～15 位的正余弦增量码。这种绝对编码器成本要低一些。

现代光栅技术结合 CCD 像元本身的精度也可以极大地提高光电编码器的精度。一个 16 位的增量编码器，如在其码盘上加上 16 位的绝对码图案，通过 CCD 使增量码两相邻条纹同时成像，则 CCD 会给出码盘的精确位置，甚至于获得 24 位以上绝对编码器的精度，这是十分重要的技术进展。

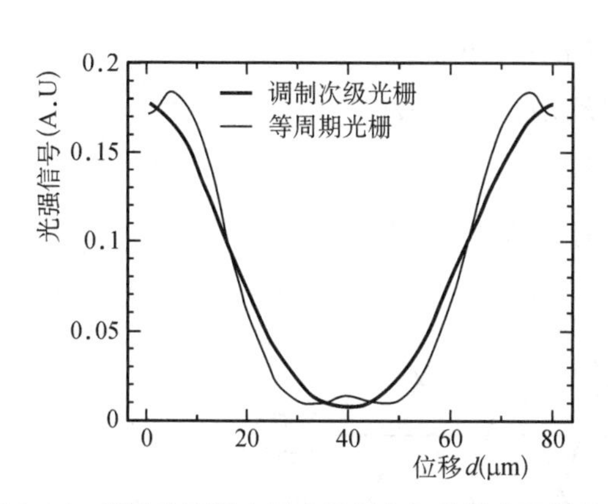

图 3.26　增量编码器中子光栅码盘细分的光强信号和位移的关系，A. U 表示任意单位（Ieki，1999）

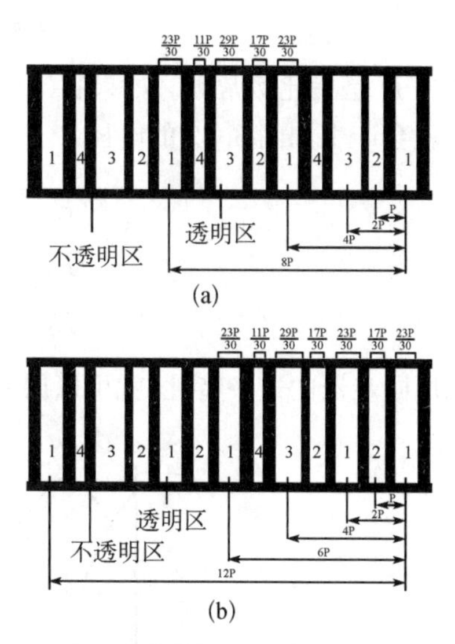

图 3.27　增量编码器的两种调制子光栅的光栅具体尺寸（Ieki，1999）

3.3.3.2　圆感应同步器

在光学望远镜上普遍采用的另一种轴角编码装置是圆感应同步器（inductosyns）。与光电编码器不同，圆感应同步器不是一种数字装置，而是一种模拟装置。在模拟装置中，数值的变化是连续的，而不是跳动式的。

圆感应同步器是一个多极的同步器和分解器的结合。和线性变量差分变压器（linear variable differential transformer，LVDT）相似，同步器是一个旋转变化差分变压器（图 3.28），它由定子和动子所组成。它的动子上只有一个线圈，而在它的定子上，有 n 个线圈

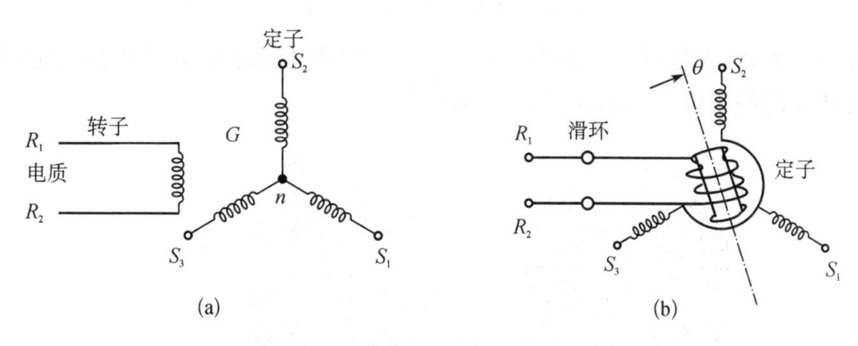

图 3.28　圆感应同步器的基本原理

构成 $2n$ 个磁极。它的每一个线圈之间的夹角是$360°/n$。在动子中输入交流电压$e_r(t)=E_r\sin\omega_c t$，并且动子轴线和定子的零点偏离一定角度 θ 时，在定子上的各个线圈内就会输出正弦函数的电压。如图 3.29 所示，有

$$E_{S1}=KE_r\cos(\theta-240°)$$
$$E_{S2}=KE_r\cos\theta$$

$$E_{S3} = KE_r\cos(\theta - 120°) \tag{3.65}$$

式中 K 是一比例常数。如果将定子上的线圈如图 3.28 中所示互相连接起来，则在定子上就会产生如图 3.29 的电压：

$$E_{S1,S2} = \sqrt{3}KE_r\cos(\theta + 240°)$$
$$E_{S2,S3} = \sqrt{3}KE_r\cos(\theta + 120°)$$
$$E_{S3,S1} = \sqrt{3}KE_r\cos\theta \tag{3.66}$$

利用同步器的这一特性，就可以用来测定微小角度的变化。

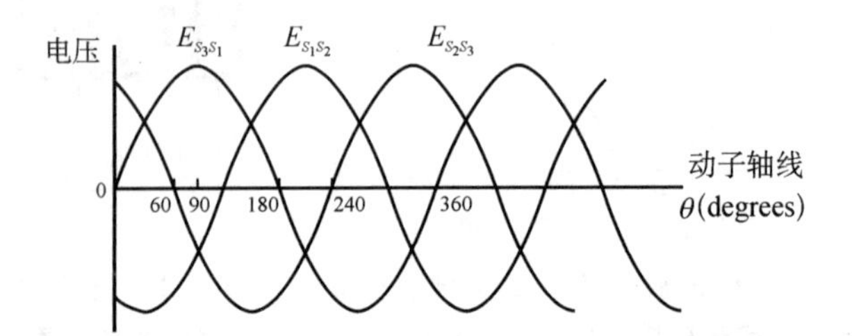

图 3.29　圆感应同步器定子上各个线圈内的输出电压

如图 3.30 所示，和同步器相似，如果定子只有一个线圈，而动子有两个相互垂直的线圈，这种旋转变压器就是分解器。分解器的优点是在动子上不但输出了角度正弦值，而且输出了它的余弦值。

圆感应同步器的定子和动子是有多个线圈的圆盘，它们之间的间隙很小。在定子和动子上的任何两个线圈之间的距离相等。因此线圈上的正弦和余弦分量的电压为：

$$U_{12} = KU_1\sin(2\pi \cdot x/p)$$
$$U_{22} = KU_1\cos(2\pi \cdot x/p) \tag{3.67}$$

式中 x 是线性距离，p 是周期。圆感应同步器是一种增量编码器，在使用圆感应同步器时为了测定角度的绝对位置，还要加上一个粗码盘。

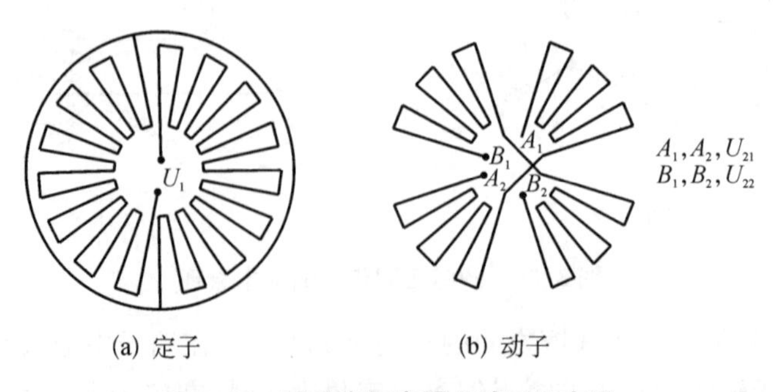

图 3.30　圆感应同步器上动子和定子

比较光电编码器，圆感应同步器的线圈动定盘比较便宜，同时它对环境要求低，可以用于温度变化和有振动的场合。但是它的缺点是当正弦和余弦信号的振幅有误差时，可能会误读为相位误差，这样振幅误差常常被解读为位置误差。美国多镜面望远镜和国立射电天文台已经发展了在 24 位码盘上用于减少这种误差效应的线路。应用光电编码器在控制回路中要采用数模转换装置，而圆感应同步器则可以直接用于同步驱动的控制。

3.3.3.3　其他的角度传感器

光栅带尺加上摩尔条纹读数器的轴角指示方法是近年新发展起来的，这种方法已经应用于英国 4.2 米赫歇尔光学望远镜上。摩尔条纹读数器是一种和光栅带尺成一个小角度的扫描光栅。这种光栅带尺的精度约为 1 微米，一般是均匀地粘贴在大型驱动轮的边缘，并通过摩尔条纹给出高达 0.05″的分辨精度。光栅带尺的缺点是不能保证全部光栅条纹距离的一致性，这需要在计算机控制中使用列表法予以校正。在望远镜中光栅带尺常应用于位置的绝对定标。

望远镜绝对定位精度是为了准确寻星、定位的需要，而增量定位则是为了精确导星的要求，因此增量编码器要求有较高的分辨精度。绝对编码器可以直接与望远镜传动轴连接，这时位置指示没有其他的误差因素。有的时候由于编码器位数较低或者望远镜传动轴需要通过光线，也可以将编码器装置在第一级齿轮副上。这时编码器的分辨精度得到放大，但同时齿轮误差也将影响角度绝对值显示的精度，这一误差对绝对位置定标有很大的影响。

近年来，有不少望远镜采用了分辨精度高的增量放大指示装置，使用重复性极好的装置，如高灵敏度的水平仪或者特别的光栅刻线来提供轴角位置的绝对零点，这样就不再需要昂贵的绝对编码器了。在一些较新的望远镜中还利用精密电磁开关、斜度仪、分解器，或者光盘上的刻线来作为轴角绝对位置的编码。使用电磁开关或者邻近仪的重复性精度约为 1 微米，在这种设计中每隔 10 或者 15 度就安装一个精密电磁开关。在每一个精密电磁开关之间，使用增量编码器，甚至可以使用摩擦面放大来带动一个低位的增量编码器。这种设计的成本要比其他设计成本更低。

测速计是另外一种传感器，它直接连在电机轴上。测速计上的电压和电机的速度成正比，测速计的信号可以直接用在速度反馈环中。但是测速计中并没有任何角度位置的信息。

各种编码器都要进行正确的安装，才能发挥其分辨精度。当编码器和轴连接时，最重要的就是要避免在编码器轴上施加任何力和力矩。因此编码器的联轴器应该在轴向和径向上强度低，具有柔性，而在圆周方向上强度很高，保证角度显示的精度。

对于新型六杆平台式的望远镜，由于不存在独立的方位轴和高度轴，则必须使用陀螺仪作为测角装置。空间望远镜的结构也必须使用陀螺仪。陀螺仪将在第 6.2.1 节中介绍。

3.3.4　望远镜指向误差的校正

通过轴角位置指示器确定了望远镜各轴的精确位置之后，望远镜往往仍然难于实现对天球中天体的精确定位。望远镜的指示位置和天体实际位置的误差称为指向误差。望远镜的指向误差是由很多原因形成的。这些原因包括大气折射、望远镜制造和装配误差、望远镜结构的重力变形以及望远镜因为温度变化或温度梯度所引起的变形误差。在所有误差原因中绝大多数均有特殊的规律，它们具有重复性的特点，从而可以利用误差改正公式来修正。不过也有很多因素具有随机变化的特点，因此是不能够改正的，这些因素包括运动链中的空回、齿隙和结构中的迟滞效应等等。

指向误差的校正有两个主要途径，一个是物理方法，一个是数学方法。物理方法是具体地研究形成指向误差的各种原因的规律，特别是贡献大的原因的具体规律。在这些规律中，望远镜结构原因是很主要的，而大气折射的规律则已经为大家所熟悉。望远镜的结构原因包括轴系误差、轴系不正交度、镜筒弯沉、叉臂或轭架的变形等。如果获得了各种误差规律中所有线性相关的函数表达形式，那么总指向误差就是所有这些函数的和。

这些函数的系数可以用于对天体位置的校正。应用这种误差校正方法，函数形式明确，函数项数较少，各个函数均有其物理意义，因此在求解函数系数过程中收敛较快，误差修正的效果明显。这种误差校正方法所使用的函数项一般是高度角和方位角倍数的正弦、余弦和它们的乘积。比如说在方位轴承下有三个支承点，则其高度角误差就可能有方位角的二分之三的倍数的余弦项。

利用数学误差修正的方法，不是通过对具体误差原因的分析，而是从总的 A,Z,Δ_{Ai} 和 A,Z,Δ_{Zi} 的三维坐标出发，通过数学方法把误差表达成为多个线性正交函数的和。然后再用最小二乘法求出望远镜试观测数据的最佳拟合曲面，得出望远镜误差修正函数的表达式。这种方法由于不知道修正函数的具体形式，因而需要确定较多函数项的系数，从而成为多变量函数的优化问题。

赤道式望远镜的指向常常用时角 t 和赤纬 δ 来表示，典型的误差校正公式为：

$$\begin{aligned}\Delta_\delta &= a_{10} + a_{11}\sin t + a_{12}\cos t + a_{13}\sin\delta + a_{14}\cos\delta + a_{15}\cos t\sin\delta \\ &\quad + a_{16}\cos t\,\sin^2 t + a_{17}\,\cos^3 t \\ \Delta_t &= a_{20} + a_{21}\sin t + a_{22}\sin\delta + a_{23}\cos\delta + a_{24}\sin t\cos t + a_{25}\sin t\tan\delta \\ &\quad + a_{26}\cos t\tan\delta + a_{27}\,\sin^3 t\tan\delta + a_{28}\,\cos^2 t\sin t\tan\delta\end{aligned} \tag{3.68}$$

在这个公式中，a_{10}，a_{11}，a_{12}，a_{20}，a_{25}，a_{26}项是极轴误差项，a_{16}，a_{17}，a_{24}，a_{27}，a_{28}项是叉臂变形的误差项，a_{22}，a_{23}是极轴和赤纬轴的正交项，a_{13}，a_{15}是镜筒变形的误差项。对于英国式的支承，由于极轴两端在温度变化后，高度角会有变化，所以还要加上温度变化项。另外编码器的细分码如果是 n 位，则指向上会有周期为 $\pi/2^{n-1}$的误差。

一种流行的地平式天文望远镜的指向误差校正公式为

$$\begin{aligned}\Delta_A &= -\mathrm{IA} - \mathrm{CA}\sec E - \mathrm{NPAE}\tan E - \mathrm{AN}\sin A\tan E \\ &\quad - \mathrm{AW}\cos A\tan E - \mathrm{ACEC}\cos A - \mathrm{ACES}\sin A + \Delta A_{\mathrm{obs}}\sec E \\ \Delta_E &= \mathrm{IE} - \mathrm{AN}\cos A + \mathrm{AW}\sin A + \mathrm{HEEC}\cos E \\ &\quad + \mathrm{HEES}\sin E + \Delta E_{\mathrm{obs}} + R\end{aligned} \tag{3.69}$$

式中 A 是地平角，E 是高度角，IA、IE 是编码器的零点偏置，AZN、EZN 是地平轴的南北偏置，AZE、EZE 是地平轴的东西偏置，CA 是镜筒轴和高度轴的不正交性，NPAE 是高度轴和地平轴的不正交性，AN 和 AW 是地平轴在南北和东西方向上的倾斜，ACEC 和 ACES 是地平轴偏斜的余弦和正弦部分，HEEC 和 HEES 镜筒偏斜的余弦和正弦部分，ΔA_{obs}、ΔE_{obs} 是已经加上的改正，R 是大气折射系数。有一些公式还使用正切来代替正弦函数。

当求得指向误差后，所需要的编码器的角度是：

$$A = A_{\text{demand}} + \Delta_A$$
$$E = E_{\text{demand}} + \Delta_E \tag{3.70}$$

式中 A_{demand} 和 E_{demand} 是星表上的天体坐标。

应该指出总指向误差包括地平和高度两个方向的误差，其值为

$$\Delta = [(\Delta_A \cos E)^2 + \Delta_{E^2}]^{1/2} \tag{3.71}$$

如果望远镜在和高度轴垂直方向上也有误差 Δ_{EL}，则总误差为

$$\Delta = [(\Delta_A \cos E)^2 + \Delta_{E^2} + (\Delta_{EL} \sin E)^2 - \Delta_A \Delta_{EL} \sin 2E]^{1/2} \tag{3.72}$$

在上面指向改正的讨论中，我们没有讨论大气折射的误差。大气折射误差的简单公式是

$$\Delta Z = 60 \frac{P}{760} \frac{273}{273 + T} \tan Z \tag{3.73}$$

式中 Z 是天顶距；P 是大气压，以毫米汞柱为单位；T 是绝对温度。精确的大气折射的表达式可参考相关资料（Yan，1996）。

3.3.5 望远镜的伺服控制

现代天文望远镜要求极高的指向和跟踪精度，这是任何位置开环控制系统所难以实现的。所谓开环系统是指，系统输出量对系统输入量没有任何影响。经典光学望远镜使用精度极高的蜗轮或齿轮，但是仍不能使望远镜的指向精度达到我们所要求的角秒级。为了提高望远镜的指向和跟踪精度，现代望远镜几乎无一例外地应用了闭环伺服控制系统。所谓闭环控制系统，就是通过传感器对输出量测量值的反馈来影响输入量的控制系统。

现代控制系统中所采用的传递函数通常用拉普拉斯变换来表示。在拉普拉斯变换中如果原函数为 $f(t)$，则其拉普拉斯变换为

$$F(s) = \int_0^{\infty} f(t) e^{-st} dt \tag{3.74}$$

拉普拉斯变换又记作 $F(s) = L[f(t)]$，这里变量 s 叫做拉普拉斯算子，本身是一个复数。在拉普拉斯变换中单位步进函数的拉普拉斯变换是 $1/s$。指数函数 e^{-at} 的拉普拉斯变换是 $1/(s+a)$。函数 $f(t)$ 的 n 阶微分的拉普拉斯变换是 $s^n F(s) - s^{n-1} f(0) - s^{s-1} f^{(1)}(0) - \cdots - s f^{(n-2)}(0) - f^{(n-1)}(0)$。函数 $f(t)$ 的 n 阶积分的拉普拉斯变换是 $F(s)/s^n$ 。

对于一个简单的弹簧、质量和阻尼的系统（如图 3.31 所示），其运动方程为

$$mx'' + bx' + kx = u(t) \tag{3.75}$$

这时如果在质量上有一个测速计，则测速计的方程为

$$y(t) = px(t) \tag{3.76}$$

对上面的方程进行拉普拉斯变换，有

$$(ms^2 + bs + k)x(s) = u(s)$$
$$y(s) = px(s) \tag{3.77}$$

这里 $s=\sigma+i\omega$ 是一个复数变量。这些方程就给出了系统的传递函数：

$$G(s) = \frac{x(s)}{u(s)} = \frac{1}{ms^2 + bs + k}$$
$$H(s) = \frac{y(s)}{x(s)} = p \tag{3.78}$$

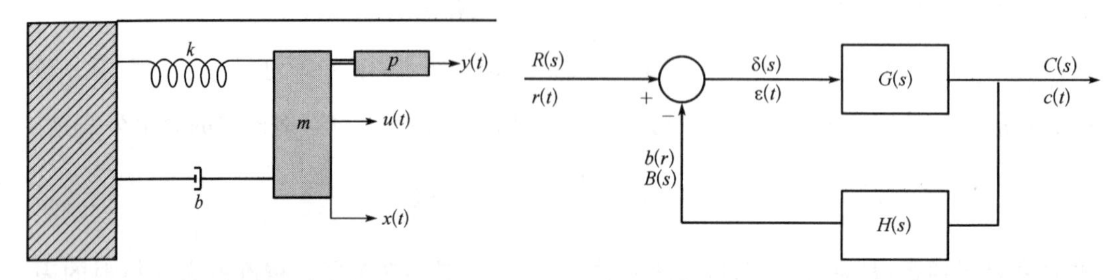

图 3.31　简单的弹簧、质量和阻尼的系统　　**图 3.32　典型的反馈控制系统的方框图**

有了传递函数，任何系统均可以用方框图来表示。在方框图中通常还有一些数学运算的符号。上面公式表示的是开环系统，而望远镜运动所采用的伺服控制系统一般是闭环系统，它包括一个或数个反馈控制环路。典型的反馈控制系统的方框图如图 3.32 所示。图中 $C(s)$为被控制量，被控制量的值通过反馈机构向后馈送，它经过 $H(s)$后输出，该输出量同外部要求的值 $R(s)$进行比较，比较所得的差即为误差量 $\delta(s)$。为了构成闭环系统，$\delta(s)$送给控制器，其传递函数为 $G(s)$，以便修正输出量 $R(s)$，从而使误差量减少。这种反馈控制系统的传递函数为：

$$M(s) = \frac{C(s)}{R(s)} = \frac{G(s)}{1 + G(s)H(s)} \tag{3.79}$$

机械、液压或者其他系统仅仅是传动机构的一部分。不过它们的性能完全可以用电子电路来表示，并且和控制电路结合起来形成一组数的表达式。这样传动系统的性能可以通过改变电路来获得。一般在经典控制中共有三种不同的控制器，它们就是正比控制器、正比积分控制器和正比积分微分控制器。

正比控制器根据反馈的误差成比例地调整输出量，正比积分控制器根据误差大小和持续时间来调整输出量，而正比积分微分控制器不但根据误差大小和持续时间，还根据输出量的变化速度来调整最后的输出量。这种正比积分微分控制器的规律是

$$u = K_p e + k_i \int e \mathrm{d}t + K_d \frac{\mathrm{d}e}{\mathrm{d}t} \tag{3.80}$$

这里 u 是修正的指令信号，e 是误差，K_p、K_i 和 K_d 分别是正比、积分和微分的增益。传统的正比控制器的频带宽度有限，因为当增益小时，系统响应很慢，而增益大时系统又不稳定。这里增益和系统滞后的响应直接有关，小的增益有很大的滞后。它能够校正低频的误差，但是不能够校正高频的误差。而正比积分微分控制器则避免了在误差大的时候产

生积分值的溢出而引起的过度校正的情况，所以可以在较宽的频段上获得快速响应。

计算机的应用在反馈控制中产生了两个变化：第一，控制的数据是分离的而不是连续的。第二，一些必需的电子硬件可以由计算机的计算来代替。数字控制完全可以代替甚至会比模拟控制更好。现代光学望远镜的反馈控制更加复杂也更加精确，它通常包括位置控制环、速度控制环和力矩或者电流控制环。

一般来说，望远镜的电流反馈环和伺服放大器连接在一起。速度环是一个正比积分微分环，用以来抑制一对电机中在不需要的方向上的谐振模，起着一个低通滤波器的作用。在步进响应中，应该包括一个对加速度的限制。望远镜的位置环对望远镜的指向精度有直接影响。它常常是一个正比积分微分环或者是包括一些信号前馈环的组合。在组合控制环中，当位置误差小的时候，就使用正比控制来减少外界干扰的影响，同时前馈环根据运动的轨迹计算出未来位置和速度，作为指令来避免低频域的谐振现象。

在控制系统中，位置信号由编码器或感应同步器给出，速度信号由直流测速发电机给出，而力矩信号由测量串联在电机线路中的电阻电压给出。这些检测的信号通过模数转换后与指令比较产生误差信号，这些误差信号输入到可逆计数器并通过数模转换进行对误差的校正。这种系统的难点是如何取得瞬时响应和稳态性能的平衡。

为了进一步提高望远镜的传动精度，现代望远镜采用了如下的方法：(1) 提高采集信息的频率；(2) 使用如在导星系统中的极大或者极小值的控制方法；(3) 使用状态空间控制，以利用更多的传感器信息；(4) 采用自适应控制或者动态控制器比如卡尔门滤波器。这种滤波器会不断地更新系统增益以获得望远镜的最好性能。如使用光电导星实现精确跟踪。提高取样频率可以减少因为时间延迟而带来的误差。而采用极值控制方法，可以改变在经典控制中相应于一定输入量，其性能函数改变不明显的弱点。这种控制方法的应用将在光电导星一节(3.3.6 节)中进行介绍。

状态空间控制系统(state space controller)是根据运动数学模型实行仿真控制。在系统中对运动摩擦力矩，电机负载等进行模型模拟。这种控制系统的特点是将有关的信息全部加以利用，然后通过状态方程和输出值方程将运动系统和影响它们的全部因素都联系起来。状态方程和输出值方程的形式是

$$\begin{aligned} \dot{x}(t) &= Ax(t) + Bu(t) + Ew(t) \\ y(t) &= Cx(t) + Du(t) + Fw(t) \end{aligned} \tag{3.81}$$

式中 $x(t)$是状态变量，$u(t)$是输入量，$w(t)$是干扰量，而 $y(t)$是输出量，输出量是系统和外部世界的联系。应用状态空间方程方法，前面的弹簧、质量和阻尼的系统就可以写成

$$\begin{bmatrix} \dot{x}_1 \\ \dot{x}_2 \end{bmatrix} = \begin{bmatrix} 0 & 1 \\ -\dfrac{k}{m} & -\dfrac{b}{m} \end{bmatrix} \begin{bmatrix} x_1 \\ x_2 \end{bmatrix} + \begin{bmatrix} 0 \\ \dfrac{1}{m} \end{bmatrix} u$$

$$y = [p \quad 0] \begin{bmatrix} x_1 \\ x_2 \end{bmatrix} \tag{3.82}$$

式中 $x_1 = x(t)$，$x_2 = \dot{x}(t)$。这个公式中的三个系数矩阵有时也叫 ABC 矩阵。不过如果闭环的信息是来自编码器，而不是星光本身，那么这仍然是一个开环系统。为了闭合控制

环，则必须使用光电导星，从而满足天文学对光学望远镜的指向和跟踪的高要求。

在一些现代望远镜上已经使用了以卡尔门滤波器为代表的自适应，即动态控制系统(Crassidis，2004)。卡尔门滤波器是一种从一系列不完全的，有噪声的测量数据中来估计动态系统的状态，通过不断迭代来提高性能的一种有效的滤波器。在状态空间公式中使用的卡尔门滤波器常常叫做线性正交估计(linear quadratic estimation, LQE)。使用卡尔门滤波器的反馈控制被称为线性正交调节器(linear quadratic regulator, LQR)。在这个调节器中，成本函数是剩余误差，而所使用的方法是高斯最早提出的最小二乘法。线性正交估计和线性正交调节器的结合称为线性正交高斯(linear quadratic Gaussian, LQG)控制系统。在 LQG 中系统增益会根据对系统状态的测量而不断地进行更新。卡尔门滤波器是一种非常有效的是自适应控制系统。Gawronski(2007) 对 LQG 系统进行了深入研究并将其应用于大型室外天线的控制上。利用 LQG 的速度和位置控制，在有干扰情况下的指向性能要比在速度和位置环上使用正比积分控制好一百倍以上。

在现代望远镜控制系统中，越来越多的控制功能由计算机实现。大量的控制电路增加了计算机与望远镜各个部分的连接线路。这些电路是望远镜中故障最高的部分。因此望远镜控制系统的一个动向是通过广泛应用微处理机(microprocessor)或分部计算机实现智能分布。这些微处理机就位于所控制元件的附近，十分接近于环路中的电机、测速机、编码器以及其他装置，从而使电路长度缩短，使接头数量和结构简化。这样系统就实现了机电一体化。当某一部分需要检查时，可以单独地对其进行测试。整个微处理机只需要两路电缆，一是动力供应，另一个是传递数据和指令。微处理机之间并不发生横向联系，而是通过中央计算机联系。实现智能分布的另一个优点是所有的控制均由微处理机实现，这样主计算机就可以用于重要数据的采集和图像处理。

望远镜控制系统的另一个新进展是实现望远镜的远距离观测。天文学家通过计算机网可以对远在数百万米以外的望远镜实现实时控制。这种远距离控制减少了天文学家的旅行，提高了望远镜运行效率，从总预算上起到了节约开支的作用。

3.3.6 光电导星

如果不使用光电导星，望远镜的控制系统最高也只能实现编码器分辨率所决定的指向精度。其他误差，包括光学变形、机械准直误差、温度误差等，也会产生可以校正的，或者不可以校正的指向精度。但是只要不采用引导星，这种控制系统仍然是开环系统，而开环控制的精度是十分有限的。

在一定时间范围内偏离目标星的残余指向误差就是跟踪误差。如果这种误差小于点分布函数半功率宽度的话，那么短时间内对像质影响不明显，然而长时间或者多次曝光时所需要的跟踪精度是非常高的。幸运的是在望远镜视场内的星提供了对指向精度最后的认证，因此在跟踪时可以实现控制环的闭合，这时所利用的星就称为引导星。而有引导星的跟踪就称为导星。导星装置就是一种自动地保持引导星位置不变的装置。

在光电导星中，导星系统所获得的信息输入到主控制环或者是专门的小摆镜附加控制环中，以获得更高的指向精度。小摆镜的惯性小、响应快，可以克服因为大气扰动或风所带来的高频误差。小摆镜装置将在 4.6.3 节中讨论。

不使用导星装置所获得的指向精度一般为 0.8～0.5 角秒，使用导星装置以后，地面天文望远镜的指向精度可达 0.1～0.02 角秒，空间望远镜可达（在 1 000 秒的时间内）0.004角秒。未来空间望远镜需要 0.1 毫角秒的指向精度，这将不可能依靠陀螺仪来实现，因为陀螺仪的漂移常常是 1～1.5 每秒微角秒，只能通过导星装置获得。

在光学望远镜中使用导星技术并不是现在才开始的。早期的导星是通过和照相望远镜相平行的目视望远镜来实现的。观测者用手动来实现微量的望远镜位置变化。这种导星系统存在目视望远镜和照相望远镜光轴之间的指向误差。在电子接收器发明以后，就可以使用同一视场内的星来进行导星，这样就可以达到极高的跟踪精度。

仅仅使用一颗星，视场有可能会围绕这颗星产生旋转。为了克服这个缺点，可以使用相距较远的两颗星，这种导星装置又称为反视场旋转装置。当引导星就是目标星本身时，就不需要这种反视场旋转装置。不过像场的反视场旋转也可以通过计算机的软件来实现。

精确的光电导星是一种不断地实现星像平衡的装置。早期的四棱体反射镜式的连续导星（continuous balance with pyramid reflector）主要包括一个棱锥形的四面反射体和四个对称放置的光电管（如图 3.33 所示）。当星光落在导星装置中心时，由反射体反射到各个光电管中的光强相等，而当星光偏离这一中心时，各光电管中的光强就会发生变化，从而发出指令使望远镜重新对准目标星。这种方法的最大缺点是各光电管可能具有不同的特性曲线，因此难以调整，产生明显的误差。

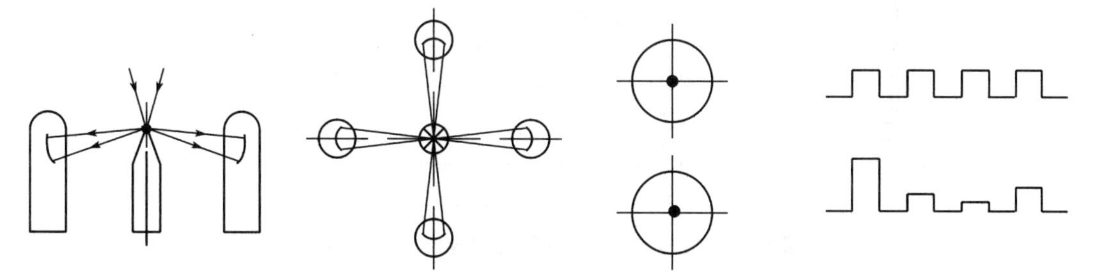

图 3.33　四棱体反射镜式的连续导星　　**图 3.34　四象限式光电管电流输出的波形**

其他光电导星装置包括半圆片光通量调制导星装置。这种装置包括一组法布里透镜和一个绕光轴均匀旋转的半圆形遮光片。当来自星光的像正好与光轴重合时，半圆片调制后的光能量不含有任何交流变化成分，其数值正好等于全部光能量的一半。当星像偏离系统光轴时，则光能量出现交变量。这一交变量的幅值和相位分别给出了星光偏离的位移和方向。通过对这一信号的分析，则可以驱动执行机构，重新捕捉目标星。四象限式光电管是一种常用的导星装置，它的工作原理见图 3.34，当星像正好通过四象限管中央的时候，电流输出的波形如图 3.34 右上方所示，而当星像偏离中心时，则电流输出如图 3.34 右下方所示。光点重心和各象限电流的关系由下式给出：

$$\begin{aligned} I_x &= I_1 + I_2 - I_3 - I_4 \\ I_y &= I_1 - I_2 - I_3 + I_4 \end{aligned} \tag{3.83}$$

现在的光电导星是直接通过 CCD 像元来实现的，它们具有更大的灵活性和精确性，而且不需要任何运动部件。CCD 片阵含有较多的像元，可以精确地计算出星像重心的位置(参见公式(4.4))。通过比较星像重心位置的变化,就可以同时达到导星和补偿像场旋转的作用,这对地平式望远镜的接收器是十分重要的。CCD导星精度可以达到像元大小的十分之一。这样就可以保证现代望远镜所需要的长时间或者多次重复曝光的要求。开放的导星软件包括美国国家光学天文台的图像处理和分析软件(Image Reduction and Analysis Facility, IRAF)。

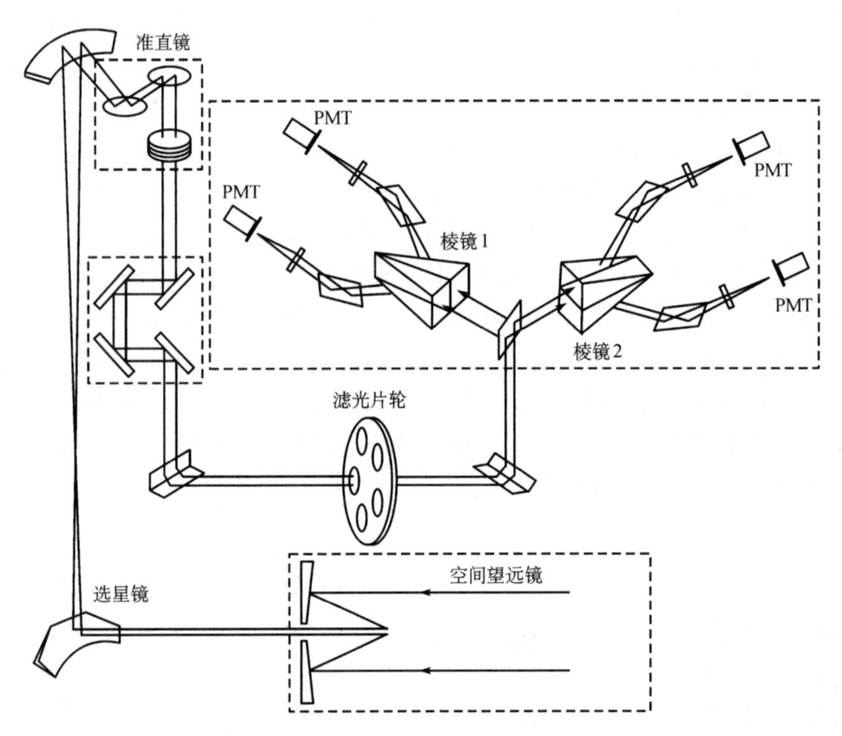

图3.35 哈勃望远镜上的精确制导传感器(STSCI)

最精确的导星装置是微角秒级的剪切干涉波阵面斜率仪,在哈勃望远镜上就使用了这种传感器(图3.35)。这种传感器有一个极化分光片,这个分光片将准直镜后面的星光光束分解为两个不同的极化方向,然后每一束光均通过由两个直角棱镜胶合在一起的电介质波束分离器,称为Koester棱镜。这个电介质层使入射光等量地在分离器上透射和反射,不过透射光相对于反射光有90度相位延迟。这样透射光和反射光之间就会产生干涉,它们干涉后所获得的总能量和波阵面斜率直接相关(Hu,2007)。当进入两个子棱镜部分的光有四分之一波长的误差时,一个输出值为极大,而另一个的输出值为零。由于这个特别的导星装置,哈勃望远镜获得了很多非常有价值的长时间、多次曝光的天文图像。

由于天体目标总是极其暗弱,一般的工业电视不能满足天文的使用要求,必须使用积分数字电视。积分数字电视的基本原理是:经过模数转换器使电视信号数字化,并储存于存储器中。这种信号经存储和运算便得到积分效果,因而存储器中的信号信噪比大为提高。最后存储器中的信号再经数模转换并以一定比例与同步信号混合后,就可以输入电视中获得显示。由于实际积分周期要大于摄像机的帧周期,因此在显示器中能够获得较暗星像。在积分数字电视中,积分周期可以调整使之适应星像显示的需要。这些就是电视监视的工作原理。而在存储器运算中，将新的信号和存储信号进行比较，同时输出控制信号实现望远镜指向校正，则电视装置就可以实现导星目的。

3.4 望远镜的动态结构分析

3.4.1 风和地震波的能量谱

3.4.1.1 风的随机特性

风是空气流动所产生的一种自然现象，它有两个重要参量，一个是方向，另一个是速度。风是一种随机现象，就是说在任一时刻，它的方向和速度都是不确定的。风的速度包括两个部分的和，一部分是平均速度 V_m，另一部分是随机变化的速度 $v(t)$：

$$V(t) = V_m + v(t) \tag{3.84}$$

风的平均速度是距离地面高度 z 的函数，它与地表粗糙度 z_0 也有关系：

$$V_m(z) = V(z_{\mathrm{ref}})\ln(z/z_0)/\ln(z_{\mathrm{ref}}/z_0) \tag{3.85}$$

式中 $V(z_{\mathrm{ref}})$是参考高度上的风速。表 3.1 列出了不同地面的粗糙度。

表 3.1 不同地区地表的粗糙度

	开阔地	农业区	乡村
地表的粗糙度 z_0	0.01	0.05	0.3

对于随机变化的风速，可以用能量谱描述。风的能量谱 $S_v(f)$是风在各个频率上的能量分布，对风的能量谱积分就可以得到风的方差值 σ_v^2。方差值的平方根就是标准误差。如果随机变量服从高斯分布，那么风速落在 V_i 和 V_m 之间的概率是

$$P(V_i \sim V_m) = \frac{1}{\sigma_v\sqrt{2\pi}}\exp\left[-\frac{(V_i - V_m)^2}{2\sigma_v^2}\right] \tag{3.86}$$

具体说，落在$-\sigma_v$ 和σ_v 之间的概率是 68.3%，落在$-2\sigma_v$ 和 $2\sigma_v$ 之间的概率是 95.4%，落在$-3\sigma_v$ 和 $3\sigma_v$ 之间的概率是 99.7%。

风的功率谱有不同模型，不同模型对应不同能量谱公式，最常用的是达文波特(Davenport)功率谱，达文波特功率谱在高频区功率比较小，之后西缪(Simiu)对这方面进行了修正，称为斯密由功率谱。斯密由功率谱公式为(见图 3.36)

$$S(f) = (V_*^2/f)[200n/(1+50n)^{5/3}] \tag{3.87}$$

式中 $V_* = V(z)/2.5\ln(z/z_0)$是风的剪切速度，$n = fz/V(z)$，f 是频率。注意功率谱与风速平方成正比。斯密由功率谱的另一种表达式为

$$\frac{fS(f)}{V_*^2} = \frac{200n}{(1+50n)^{5/3}} \tag{3.88}$$

风的剪切速度和风的方差值 σ_v^2 有着直接关系，有

$$6V_*^2 = \sigma_v^2 = \int_0^\infty S(f)\mathrm{d}f \tag{3.89}$$

风的风头压力可用下式表示：

$$P = \frac{1}{2}\rho V^2 \tag{3.90}$$

式中ρ是空气密度，注意空气密度是海拔高度的函数，比如在海平面上当风速为10 m/s时，其风头压力为61 N/m²，而在海拔5 000米高时，其风头压力仅是38 N/m²。

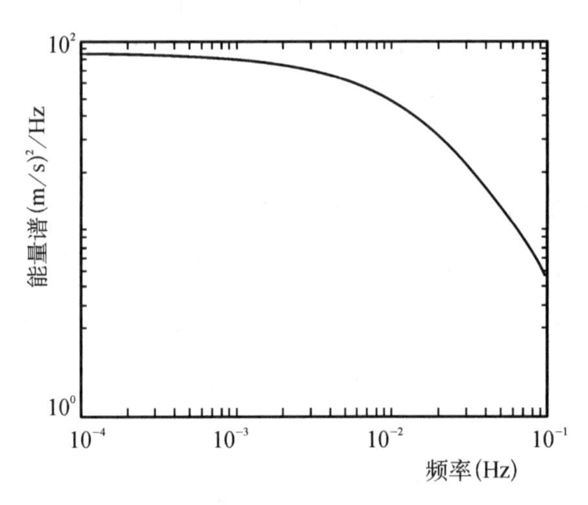

图 3.36　风的斯密由能量谱曲线

3.4.1.2　风对物体的作用力

风对物体作用力是风压P、物体对风的截面积A和物体形状的函数：

$$F = C_D PA = \frac{1}{2}C_D A\rho V^2 \tag{3.91}$$

式中C_D是物体形状和风的动态性能的参数，称作风阻系数。在考虑平均风速和随机风速共同作用时，有两种方法：一种是求出等效风速，用等效风速来求风对物体的作用力；另一种是利用风的能量谱来求随机风速对物体的作用加上平均风速对物体的作用。这两种方法的原理和公式将分别讨论。

因为风是一种随机事件，假设它服从高斯分布，则随机风速的概率可以用下式表示：

$$f(v) = \frac{1}{\sigma\sqrt{2\pi}}\exp\left[-\frac{(v-V_m)^2}{2\sigma_v^2}\right] \tag{3.92}$$

式中V_m是平均风速，σ_v是风速标准误差，它们的值为

$$V_m = \int_{-\infty}^{\infty} vf(v)\mathrm{d}v$$

$$\sigma_v^2 = \int_{-\infty}^{\infty} (v - V_m)^2 f(v) \mathrm{d}v \tag{3.93}$$

考虑风对物体的作用力与风压成比例，因此它可以写成 Kv^2 的形式。这样风对物体的作用力的平均值和标准误差可以表示为

$$F_m = \int_{-\infty}^{\infty} Kv^2 f(v) \mathrm{d}v = K[V_m^2 + \sigma_v^2]$$

$$\sigma_p^2 = \int_{-\infty}^{\infty} (Kv^2 - F_m)^2 f(v) \mathrm{d}v = K^2 \sigma_v^2 [4V_m^2 + 2\sigma_v^2] \tag{3.94}$$

风对物体的总作用一般用其均方根值来表示。而风对物体作用力的均方根值包括两部分：一部分是风的作用力的平均值，另一部分是其随机部分，随机部分用标准误差来表示。两者的均方根值就是风的总作用力的均方根值：

$$P_{\mathrm{rms}} = K\,[V_m^4 + 6V_m^2 \sigma_v^2 + 3\sigma_v^4]^{1/2} \tag{3.95}$$

如果把括号中的值用一个假设的等效风速来代替，则这个等效风速是

$$V_{\mathrm{equ}} = [V_m^4 + 6V_m^2 \sigma_v^2 + 3\sigma_v^4]^{1/4} \tag{3.96}$$

这个等效风速仅比风的平均速度略大一点，这是由风的随机特性决定的。从另一角度看，一个有一定面积的物体，当风的速度在物体上一点达到其峰值时，在其他各点的风速一般不可能同时到达峰值。也就是说随机变量和的均方差一般小于单个变量的均方差之和。

另一种求出随机风速对物体作用力的方法用下列公式表示（参见图 3.37）：

$$\begin{aligned} F(t) &= \frac{1}{2} \rho A C_D\,(V_m + v(t))^2 \\ &= \frac{1}{2} \rho A C_D V_m^2 + \rho A C_D V_m v(t) + \frac{1}{2} \rho A C_D v\,(t)^2 \end{aligned} \tag{3.97}$$

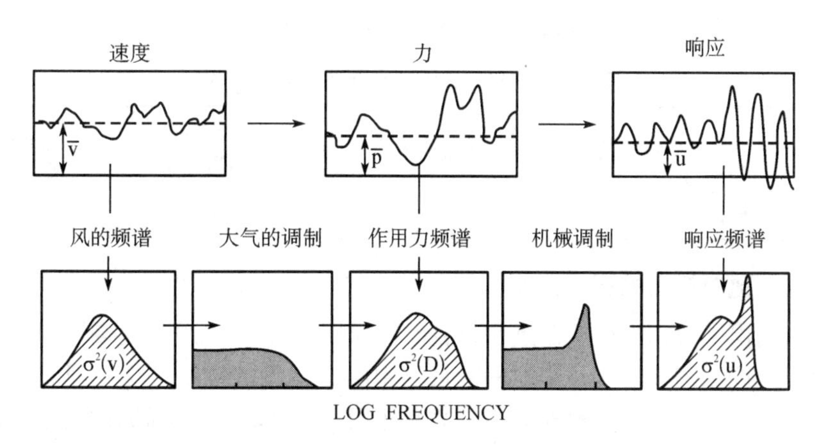

图 3.37　计算风对结构的动态作用过程

在上式中，第一项就是静态风速的作用力，第二项就是动态作用力的值，而第三项值很小，

一般可以不考虑。第一项的计算十分简单,第二项计算中必须引进一些新概念。首先引进作用力频谱的概念。由上式中的第二项,作用力频谱为

$$S_D(f) = (\rho A C_D V_m)^2 S(f) \tag{3.98}$$

式中 $S(f)$是风的频谱。对于大型结构,由于它自身尺寸很接近风的波长 $f\sqrt{A}/V_m \approx 1$,这时的作用力频谱还要加上一个空气动力响应因子(admittance) $|X_{\text{aero}}(f)|^2$,但是空气动力响应因子的大部分值均为 1,有

$$S_D(f) = |X_{\text{aero}}(f)|^2 (\rho A C_D V_m)^2 S(f) \tag{3.99}$$

在有限元公式中,通过作用力频谱 $S_D(f)$可以直接求出结构的响应频谱 $S_R(f)$:

$$S_R(f) = [H]^2 S_D(f) \tag{3.100}$$

式中$[H]$是结构传递函数矩阵。知道了结构的响应频谱,通过在频率上积分,就可以获得动态作用力对结构的影响。动态作用力对结构的影响加上平均风速对结构的影响就是总的风对结构的影响。

用这种方法来计算动态作用力对结构影响有一个很大的优点,它可以知道这些影响和频率的关系,同时我们还可以预测到通过控制系统,哪些频率的影响可以进行补偿。关于如何从作用力频谱 $S_D(f)$求出结构响应频谱 $S_R(f)$,我们将在下一节中进行讨论。

3.4.1.3 细长杆的涡旋谐振(Vortex shedding resonance)

风对结构影响的另一个必须考虑的问题是细长杆的涡旋谐振,在设计中应该尽力避免发生涡旋谐振现象。涡旋谐振是由在细长杆下游交替变化的低压区所形成的。涡旋谐振频率和风速以及 Strouhal 数成正比,和长杆直径成反比。当 Reynolds 数很大时,Strouhal 数的值是 0.12(Sarioglu,2000)。细长杆谐振产生的条件是

$$V_{\sigma} \approx 0.447 \Lambda (d/L)^2 \tag{3.101}$$

式中 V_{σ}是产生振动的风速,单位是 m/s,d 是杆的直径,L 是杆的长度,直径和长度使用相同单位,Λ 是一个决定于支承条件的常数,见表 3.2 所示。

表 3.2 细长杆谐振的支承条件和常数 Λ

支承条件	一端固定	两端简支承	一端固定 一端简支承	两端固定
Λ	10 600	29 800	46 500	67 400

3.4.1.4 风对镜面的压力分布

图 3.38 列出了镜面在两个高度角位置时的风压分布,一个位置是高度角 90 度,另一个是高度角 45 度。图中数字是以风的能量谱中的最高值进行归一化处理的。考虑风对望远镜影响时,还要考虑圆顶室对风力的衰减作用,正常圆顶室对风力的衰减大约是使风力减小到原来的$\frac{1}{8}$。同时圆顶室尺寸会使一定风速在某个频率上产生谐振。圆顶使风力减小的同时也使风能从低频向高频转移,这在设计中是需要注意的。

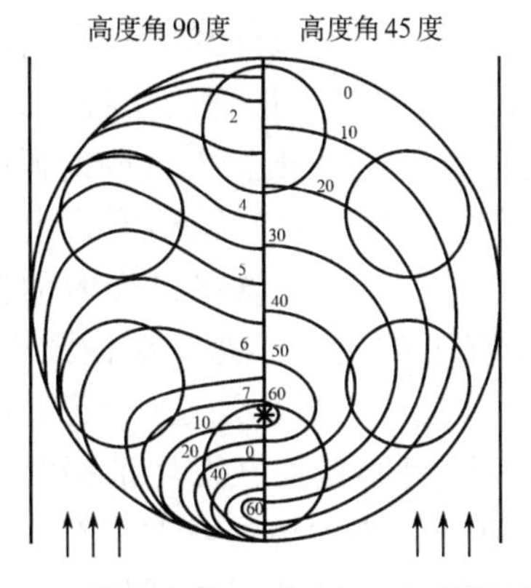

图 3.38　高度角为 90 度和 45 度时镜面上的风压的分布(Forbes,1982)

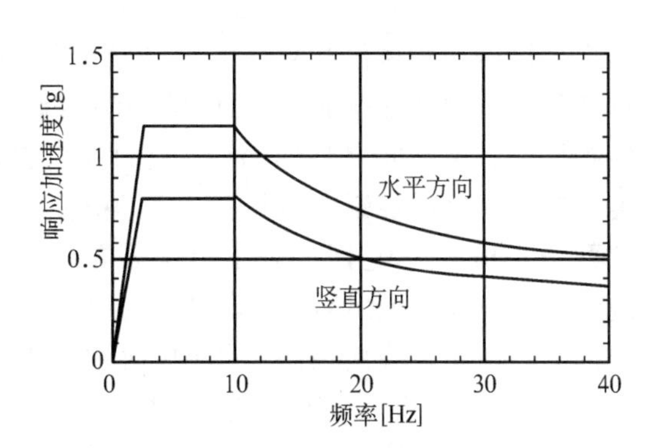

图 3.39　典型的地震波的响应谱

3.4.1.5　地震的响应谱

地震随机运动可以用其加速度频谱表示,地震运动一般有三个方向分量,两个是水平方向,一个是竖直方向。地震运动的加速度频谱是一种地震波的响应谱即地震波对于单一的弹簧质量系统所产生的最大影响。地震波响应谱的平方是地震能量谱。这个能量谱是频率的函数,同时也与系统阻尼相关,一般情况下采用的阻尼值为 1%。典型的地震波响应谱的图形如图 3.39 所示,在这个图中最大地表加速度为 0.3g,但是在 2 到 10 赫兹之间,相对于地表加速度,它们有一个较大的放大系数。地震的震级是一种常用的衡量地震大小的表示方法。里氏震级 M 的公式为(见表 3.3)

$$\log_{10} E_f = 11.4 + 1.5M \tag{3.102}$$

式中 E_f 表示断裂带所释放的能量,单位为焦耳。一般来讲,5 级以上的地震会产生很大破坏。地震震级和最大地表加速度有着密切联系,震级愈大,地表加速度就愈大。

表 3.3　最大地表加速度和地震的震级关系

地震的震级	最大地表加速度	时间间隔(秒)
5.0	0.09	2
5.5	0.15	6
6.0	0.22	12
6.5	0.29	18
7.0	0.37	24
7.5	0.45	30
8.0	0.50	34
8.5	0.50	37

3.4.2　望远镜的动态模拟

光学望远镜的动态模拟是一个十分重要的议题。动态模拟包括模态分析、瞬时响应、强制振动和频率响应等多种分析形式。模态分析是动态分析的第一步，它给出结构发生谐振的频率值和它所对应的结构振型，当外部输入振动具有这些特定频率时，即使信号振幅非常微弱，长时间的强制振动均可能引起结构的损害。这些谐振频率和结构振型各不相同，但是任何结构的复杂振动均是由这些基本的振动形式组合形成的。在望远镜的控制中应该极力避免这些频率输入振动。同时这些谐振时的振动形式两两互相正交，它们代表了结构需要最少外力情况下的变形形态。谐振频率越低，复制它的弯曲振型所需要的外力就越小。在光学望远镜中，主动校正光学像差的一个便捷途径就是在镜面轴向支承中，通过支承力的调整，复制镜面在发生谐振时的各种弯曲振型，然后通过将不同镜面弯曲振型组合起来以补偿望远镜本身的固有像差。振型研究的另一个作用是可以正确地安排传感器的位置，这些传感器的理想位置是在各个振型的重要节点附近。

总之通过动态模拟，可以清楚地了解光学望远镜在不同条件下的振动状态。这对于大型光学和射电望远镜的控制和使用是十分重要的。

3.4.2.1 正交模的分析

正交模分析的目的是了解结构的动态性能和谐振频率，从而估计出结构在动态载荷下的振动情况。正交模分析同时可以为进一步的瞬时动态分析提供必要的准备。

考虑结构的动态方程：

$$[M]\{\ddot{u}\}+[K]\{u\}=0 \tag{3.103}$$

式中$[M]$是质量矩阵，$[K]$是强度矩阵，$\{u\}$是位移。这个方程的解为

$$\{u\}=\{\phi\}e^{i\omega t} \tag{3.104}$$

将上式代入方程(3.103)中，有

$$([K]-\omega^2[M])\{\phi\}=0 \tag{3.105}$$

这是一个特征值方程，它的不寻常解所对应的 ω 和 $\{\phi\}$ 值分别是结构的谐振圆频率和模的形状。谐振圆频率是谐振频率和 2π 的乘积。对于含有 n 个自由度并且在每一个自由度上有着相关质量的结构，它共有 n 个谐振频率以及相对应数目的振动模。当结构发生振动时，它的任何复杂的振动形状均是各种振动模形状的线性组合。由于这些振动模具有正交性，镜面的任何复杂变形均可以用这些基础模的线性组合来获得。所以在实现主动光学时可以先获得实现这些振动模形状时的镜面受力情况，然后将这些简单模型的受力情况进行线性组合获得所需要校正的望远镜像差的镜面变形。

如同在静态结构分析中可以使用矩阵分部的方法，在正交模分析的时候，也可以使用矩阵分部的方法。这样大结构就可以用小矩阵运算来求得它的谐振频率和模的形状。设 u_0 是可以免去的自由度，也可以是结构内部细节上节点的自由度或节点转动自由度，它们所对应的外力 P_0 一般为零。由

$$\begin{bmatrix} K_{00} & K_{0a} \\ K_{0a}^{T} & K_{aa} \end{bmatrix}\begin{Bmatrix} u_o \\ u_a \end{Bmatrix}=\begin{Bmatrix} P_0 \\ P_a \end{Bmatrix} \tag{3.106}$$

有

$$\begin{aligned}&\{u_0\}=[G_{oa}]\{u_a\}\\&[G_{0a}]=-[K_{00}]^{-1}[K_{0a}]\\&\{u\}=\begin{Bmatrix}u_0\\u_a\end{Bmatrix}=\begin{Bmatrix}G_{oa}\\I\end{Bmatrix}\{u_a\}\end{aligned}\tag{3.107}$$

从而所有自由度均可以用 u_a 来表示，这一点和静态分析是一致的。

3.4.2.2　瞬时响应分析

瞬时响应分析有两种：一种是直接迭代法，另一种是通过模的形态来求解瞬时响应。直接迭代法实际上是求解下列方程：

$$[M]\{\ddot{u}(t)\}+[B]\{\dot{u}(t)\}+[K]\{u(t)\}=\{P(t)\}\tag{3.108}$$

式中 $[B]$ 是阻尼，$\{P(t)\}$ 是外力。这个方程可以用下面的方法来求解：

$$\begin{aligned}&\{\dot{u}_n\}=\frac{1}{2\Delta t}\{u_{n+1}-u_{n-1}\}\\&\{\ddot{u}_n\}=\frac{1}{\Delta t^2}\{u_{n+1}-2u_n+u_{n-1}\}\end{aligned}\tag{3.109}$$

将上面的公式代入前面的微分方程(3.108)，得

$$\begin{aligned}&[A_1]\{u_{n+1}\}=[A_2]+[A_3]\{u_n\}+[A_4]\{u_{n-1}\}\\&[A_1]=[M/\Delta t^2+B/2\Delta t+K/3]\\&[A_2]=1/3\{P_{n+1}+P_n+P_{n-1}\}\\&[A_3]=[2M/\Delta t^2-K/3]\\&[A_4]=[-M/\Delta t^2+B/\Delta t-K/3]\end{aligned}\tag{3.110}$$

通过模的形态来求解瞬时响应是这样进行的。首先将物理坐标位移 u 转化为模态空间的坐标位移 ξ：

$$\{u\}=[\phi]\{\xi\}\tag{3.111}$$

这里 $[\phi]$ 是由各个频率所对应的模矢量组成的矩阵。在运动方程中暂时不考虑阻尼项，并用模态空间的坐标代入运动方程：

$$[M][\phi]\{\ddot{\xi}\}+[K][\phi]\{\xi\}=\{P(t)\}\tag{3.112}$$

每一项乘上 $[\phi^{\mathrm{T}}]$：

$$[\phi^{\mathrm{T}}][M][\phi]\{\ddot{\xi}\}+[\phi^{\mathrm{T}}][K][\phi]\{\xi\}=[\phi^{\mathrm{T}}]\{P(t)\}\tag{3.113}$$

上面的公式就是一个单独的二次方程，不过这里的质量是模态空间的质量，这里的刚度是模态空间的刚度：

$$m_i\,\ddot{\xi}+k_i\xi=p_i(t)\tag{3.114}$$

如果有阻尼项 B，那么在阻尼项的前后分别乘以 ϕ^{T} 和 ϕ 就可以得到模态空间的阻尼：

$$\phi^{\mathrm{T}}B\phi \tag{3.115}$$

方程(3.112)和(3.113)同样可以用上面迭代法中的公式(3.108)来求解。如果阻尼项是模态阻尼，则运动方程可以写为

$$\ddot{\xi}+(b/m)\dot{\xi}+\omega^2\xi=p(t)/m \tag{3.116}$$

这个公式的解为

$$\begin{aligned}\xi(t)=&\ \mathrm{e}^{-bt/2m}\left[\xi_0\cos\omega t+\frac{\dot{\xi}_0+(b/2m)\xi_0}{\omega}\right]\\&+\mathrm{e}^{-bt/2m}\frac{1}{m\omega}\int_0^t\mathrm{e}^{-b\tau/2m}p(\tau)\sin\omega(t-\tau)\mathrm{d}\tau\end{aligned} \tag{3.117}$$

在一般情况下，因为没有初始条件存在，所以第一项的值为零。

3.4.2.3 频率响应分析

频率响应分析是瞬时响应分析的一种特殊情况。在频率响应分析中，外力是一种在频率域上的振荡。这种频率响应可以是结构上某一点的位移，也可以是某一部件的应力等。这种频率响应是一个复数函数，它有振幅和相位两个部分。

频率响应分析也有两种：一种是直接的方法，另一种是通过模态空间转换的方法。频率响应分析的基本方程是

$$[-\omega^2M+\mathrm{i}\omega B+K]\{u(\omega)\}=\{P(\omega)\} \tag{3.118}$$

通过模态空间的转换用 ξ 表示模态空间的位移，方程就变得十分简单：

$$\xi=\frac{p}{-\omega^2m+\mathrm{i}\omega b+k} \tag{3.119}$$

图 3.40 所示是在一个平板上进行频率响应的试验装置及其记录的结果。从结果上看当外力的频率不断增加的时候，板上所测试点的位移将不断变化，并且在四个频率的数值上达到最大值。这四个频率所对应的就是这个平板的谐振频率。频率响应的振幅曲线如图 3.41 所示。为了清楚地了解峰值附近振幅响应的情况，在进行计算的时候应在峰值附近的区间增大频率采样的数目。一般来说，在峰值附近的半功率区间内应该至少有 5 个采样点。

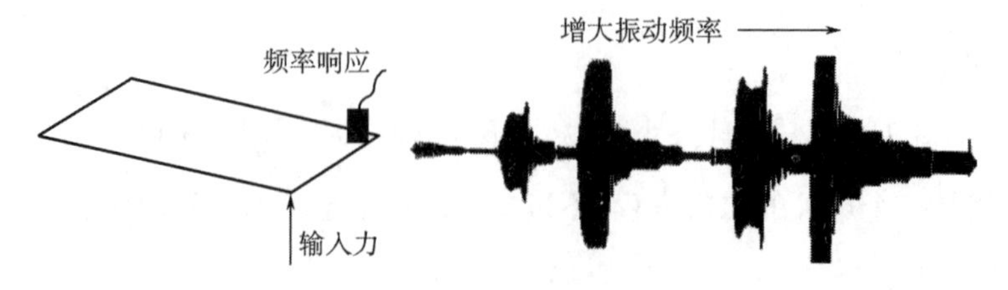

图 3.40 在一个平板上进行频率响应的试验及其结果(Avitabile,2001)

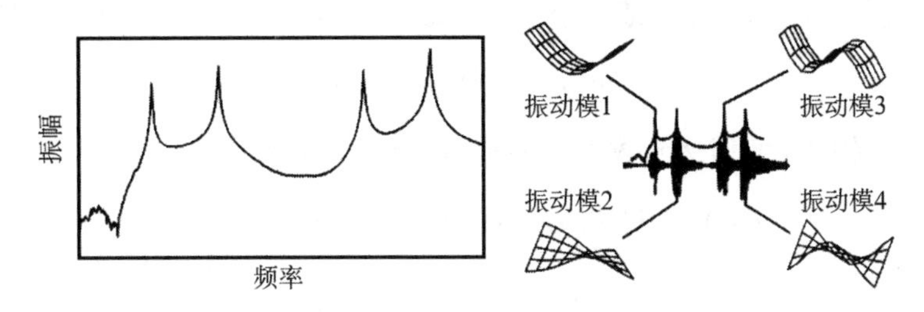

图 3.41　平板频率响应的振幅曲线及其和平板的振动模的关系(Avitabile,2001)

3.4.2.4　强制振动分析

强制振动的典型例子就是地震引起的振动。在这种情况下最有效的方法就是在结构的基础上加上一个很大的质量,然后在这个质量点上施加所需要的力。一般这个附加的质量应该是结构总质量的一百万倍左右。强制振动所施加的作用可以是加速度,可以是速度,也可以是位移。如果施加的作用是加速度,则加速度的值等于

$$\ddot{u}_b = \frac{1}{M_L}P \tag{3.120}$$

式中 M_L 是所加的一个很大的质量。当用函数 F 来表示加速度的时候,P 的值就等于 F。当 F 表示速度的时候,P 的值就等于

$$\begin{aligned} &P = (F_N - F_{N-1})/\Delta t && t_N \neq 0 \\ &P = 0 && t_N = 0 \end{aligned} \tag{3.121}$$

当 F 表示位移的时候,P 的值就等于:

$$\begin{aligned} &P = \frac{2}{\Delta t_1 + \Delta t_2}\left(\frac{F_N - F_{N-1}}{\Delta t_2} - \frac{F_{N-1} - F_{N-2}}{\Delta t_1}\right) && t_N \neq 0 \\ &P = 0 && t_N = 0 \end{aligned} \tag{3.122}$$

3.4.2.5　频谱响应分析

频谱响应分析主要用于结构对于随机作用力的影响分析。这里的作用力是一个广义的概念,它可以是力,也可以是加速度或其他作用。对于随机作用的描述,有下面几个概念,一个是自相关函数,一个是能量谱,这两个量互为福里哀变换。自相关函数的定义为

$$R(\tau) = \lim_{T\to\infty} \frac{1}{T}\int_0^T u(t)u(t-\tau)\mathrm{d}t \tag{3.123}$$

能量谱的定义为

$$S(\omega) = \lim_{T\to\infty} \frac{2}{T}\left|\int_0^T u(t)\mathrm{e}^{-i\omega t}\,\mathrm{d}t\right|^2 \tag{3.124}$$

而随机作用的均方值为

$$\bar{u}^2 = R(0) = \frac{1}{2\pi}\int_0^\infty S(\omega)\mathrm{d}\omega \tag{3.125}$$

从频率响应分析可以知道，对于某一个作用 $F(\omega)$，物体会有一个响应 $u(\omega)$，即

$$u(\omega) = H(\omega)F(\omega) \tag{3.126}$$

式中 $H(\omega)$是频率响应的传递函数。如果有多个作用力，则

$$u(\omega) = H_a(\omega)F_a(\omega) + H_b(\omega)F_b(\omega) + \cdots \tag{3.127}$$

应用矩阵的形式，有

$$u(\omega) = [H_a(\omega)H_b(\omega)\cdots]\begin{bmatrix} F_a(\omega) \\ F_b(\omega) \\ \cdots \end{bmatrix} \tag{3.128}$$

在很多的情况下，响应值可以用它的自相关能量谱来表示，有

$$S_{uu} = [H_a(\omega)H_b(\omega)\cdots]\begin{bmatrix} F_a(\omega) \\ F_b(\omega) \\ \cdots \end{bmatrix}[F_a^*(\omega)F_b^*(\omega)\cdots]\begin{bmatrix} H_a^*(\omega) \\ H_b^*(\omega) \\ \cdots \end{bmatrix} \tag{3.129}$$

由于每一个作用的频谱分别为

$$\begin{aligned} S_{aa} &= [F_a(\omega)][F_a^*(\omega)] \\ S_{ab} &= [F_a(\omega)][F_b^*(\omega)] \\ S_{bb} &= [F_b(\omega)][F_b^*(\omega)] \end{aligned} \tag{3.130}$$

所以总的频谱响应的公式为

$$S_{uu} = [H_a(\omega)H_b(\omega)\cdots]\begin{bmatrix} S_{aa} & S_{ab} & \cdots \\ S_{ba} & S_{bb} & \cdots \\ \vdots & \vdots & \vdots \end{bmatrix}\begin{bmatrix} H_a^*(\omega) \\ H_b^*(\omega) \\ \vdots \end{bmatrix} \tag{3.131}$$

在这一公式中有

$$\begin{aligned} S_{ab} &= S_{ba}^* \\ S_{aa}, S_{bb} &= \text{real} \geqslant 0 \end{aligned} \tag{3.132}$$

3.4.3 望远镜的结构控制模拟

望远镜结构控制模拟的基础是状态空间方程。结构的状态空间方程是从有限元方程获得的。如果在结构方程中引进驱动力或者载荷 Bu，这就可以获得结构的运动方程。同时如果在结构中安置一定的传感器，我们就可以获得 y 值的方程，这些 y 值可能是电机的转速、地平和高度角的读数，也可能是主副镜的相对位置。

$$\begin{aligned} M\ddot{q} + Kq &= Bu \\ y &= C_{oq}q + C_{ov}\dot{q} \end{aligned} \tag{3.133}$$

同样我们把物理坐标转换到模态空间的坐标中去，同时加上模的阻尼项，则有

$$\ddot{q}_m + 2Z\Omega\dot{q}_m + \Omega^2 q_m = M_m^{-1}\Phi^T Bu \\ y = C_{oq}\Phi q_m + C_{ov}\Phi\dot{q}_m \tag{3.134}$$

式中 Ω 是结构的谐振频率，Φ 是模的形状，M_m 是模的质量，$2Z\Omega/M_m{}^{-1}$ 是模的阻尼。

如果定义 $x_1 = q_m$ 和 $x_2 = \dot{q}_m$ 为状态变量，则系统的状态方程为

$$\dot{x}_1 = x_2 \\ \dot{x}_2 = -\Omega^2 x_1 - 2Z\Omega x_2 + M_m^{-1}\Phi Bu \\ y = C_{oq}\Phi x_1 + C_{ov}\Phi x_2 \tag{3.135}$$

通常状态方程可以记成 $\dot{x} = Ax + Bu$ 和 $y = Cx$ 的形式，则系数 A、B、C 为

$$A = \begin{bmatrix} 0 & I \\ -\Omega^2 & -2Z\Omega \end{bmatrix} \quad B = \begin{bmatrix} 0 \\ M_m^{-1}\Phi^T B \end{bmatrix} \\ C = [C_{oq}\Phi, C_{ov}\Phi] \tag{3.136}$$

在组成状态方程的时候，重要的是正确地给出输入信号和输出量与结构节点坐标的关系。同时控制系统也可以用状态空间方程来表示输入信号和输出量的关系。通过这两组状态空间方程，就可以预测望远镜的工作特性。在模拟过程中，风的载荷、轴承的摩擦力均可考虑进去。

3.4.4 望远镜的振动控制

3.4.4.1 质量阻尼调制

质量调制的原理相当简单，以单质量和单弹簧的弹性系统为例，如果在其质量上再加一个单质量和单弹簧的弹性系统，那么新组成的系统就具有两个谐振频率。这时如果新加上的子弹性系统和原来的母弹性系统具有相同的谐振频率，那么新组成系统的两个谐振频率正好位于母系统的谐振频率的两侧。两个谐振频率之间的距离与母子系统的质量比有关，质量比愈大，则两个谐振频率之间的距离就愈小。在这种情况下，母系统的质量频率响应曲线与原有的完全不一样，位于原谐振频率处的响应值为零，而位于新谐振频率处的响应值为无穷大。也就是说原有的结构在原谐振频率的振动激发下将保持静止状态，这就是动力吸收器的原理。用运动方程来表示，我们有(图 3.42)：

$$M\ddot{x} + Kx + k(x - y) = Qe^{ip_0 t} \\ m\ddot{y} + k(y - x) = 0 \tag{3.137}$$

图中 $q(t) = Qe^{ip_0 t}$。当 $\Delta \neq 0$ 时上式的解可以表示为

$$x = \frac{Q}{K}\frac{f^2 - p^2}{\Delta}e^{ip_0 t} \\ y = \frac{Q}{K}\frac{f^2}{\Delta}e^{ip_0 t} \tag{3.138}$$

式中 $\Delta = (1 - p^2)(f^2 - p^2) - \nu p^2 f^2$，$p = p_0/\omega_0$，并且 $\omega_0 = \sqrt{K/M}$ 为母系统的频率，$f_0 =$

$\sqrt{k/m}$ 为动力吸收器的频率，$\nu = m/M$ 为相对质量，$f^2 = f_0^2/\omega_0^2$ 为调制系数。当 $\Delta = 0$ 时(3.137)式无解，新的谐振频率分别是

$$\omega_{1,2} = \sqrt{[[1+f^2(1+\nu) \pm \sqrt{[1+f^2(1+\nu)]^2 - 4f^2}]/2]} \tag{3.139}$$

动力吸收器仅仅适用于一个特定的振动频率，同时它对结构和吸收器的谐振频率有较高的要求。当振动源的频率与新的谐振频率相同时，构件的振动反而会增大。

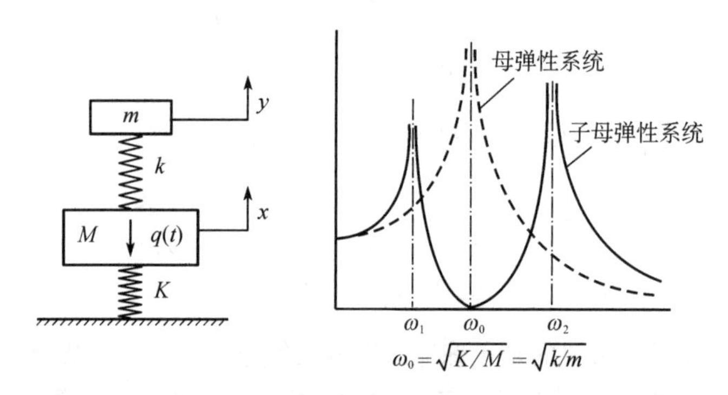

图 3.42　两个质量和两个弹簧的弹性系统和它的频率响应曲线

在动力吸收器的基础上加上阻尼，情况就大为改善，这就是阻尼调制器的原理。阻尼调制器的阻尼可以来自物体的表面摩擦，来自橡胶材料的内摩擦以及金属在磁场中的运动所产生的表面电流的效应。增加了阻尼以后，结构的频率响应曲线将大为改变，用运动方程来表示有：

$$\begin{aligned} M\ddot{x} + Kx + k(x-y) + \mu_0(\dot{x}-\dot{y}) &= Qp^{\alpha}\mathrm{e}^{\mathrm{i}p_0 t} \\ m\ddot{y} + k(y-x) + \mu_0(\dot{y}-\dot{x}) &= 0 \end{aligned} \tag{3.140}$$

在这组方程中，我们引入了振动源振幅的变化 p^{α}，μ_0 是吸收器的阻尼。上式的解可以表示为

$$\begin{aligned} x &= \frac{Q}{K}p^{\alpha}\frac{f^2 - p^2 - \mathrm{i}\mu p}{b_1 + \mathrm{i}\mu p b_2}\mathrm{e}^{\mathrm{i}p_0 t} \\ y &= \frac{Q}{K}p^{\alpha}\frac{f^2 + \mathrm{i}\mu p}{b_1 + \mathrm{i}\mu p b_2}\mathrm{e}^{\mathrm{i}p_0 t} \end{aligned} \tag{3.141}$$

式中引用了前面的符号定义，并有 $b_1 = (1-p^2)(f^2-p^2) - \nu p^2 f^2$，$b_2 = 1 - p^2(1+\nu)$，$\mu = \mu_0/(m\omega_0)$。注意式中的振幅系数本身也是复数。从这些方程可以作出频率响应的曲线图 3.43。由图中可以看出在加上阻尼后，两个无穷大的尖峰随之消失，代之而来的是一个驼峰式的曲线。有趣的是对于一定的母子系统的质量比，不同阻尼的响应曲线均通过两个不变的点。因此通过优化，可以在很大的频率范围内使结构的响应值均小于一定的值。在曲线优化的条件下阻尼器的频率往往接近但是并不等于原结构的谐振频率，而且所需要的阻尼也较小，过大的阻尼就等于没有阻尼器的效果。质量阻尼调制也可以使用下一小节中提到的有机聚合物材料，如硅橡胶等。有机聚合物材料有弹性同时又提供阻尼，通过计算可以使有机聚合物材料作为一个有阻尼的弹簧，然后调制所加的质量块来达

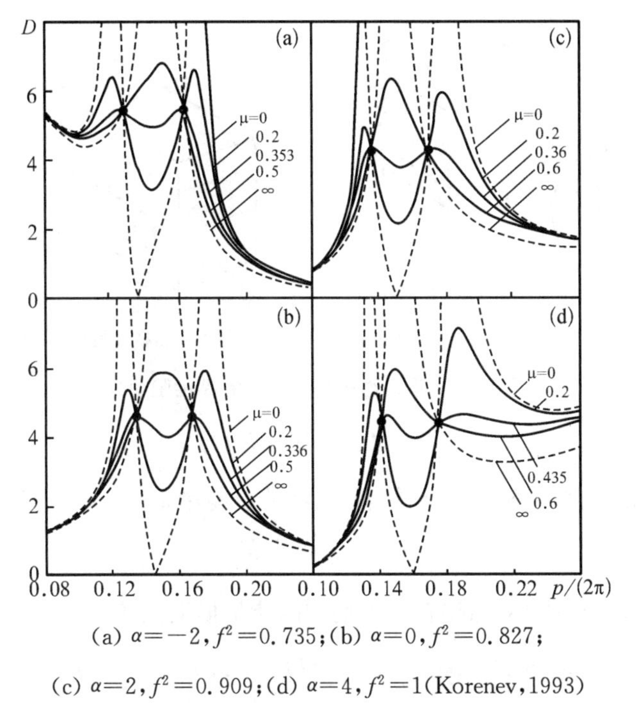

(a) $\alpha=-2, f^2=0.735$；(b) $\alpha=0, f^2=0.827$；

(c) $\alpha=2, f^2=0.909$；(d) $\alpha=4, f^2=1$(Korenev, 1993)

图 3.43　当 $\nu=0.1$ 时，不同阻尼 μ、不同振幅 α 的频率响应曲线

到减振的目的，这种方法已经大量应用于航空工业和其他工业中，典型的应用是计算机硬盘探头的悬臂和航空发动机的连接法兰盘。为了获得好的阻尼效果，质量阻尼调制装置一般位于结构振动的节点上。

3.4.4.2　黏性阻尼层的应用

黏性阻尼层是由一种特殊的有机聚合物弹塑性材料构成的。这种材料含有很多长链状的有机分子，它们在变形的时候能将机械能转化为热能，我们常用的沥青就是一种这样的特殊材料。它已经广泛地应用于汽车前盖板的减振方面，硅橡胶也是一种这样的材料。这种材料的应力和应变的关系可以用复数函数来表示，即

$$\sigma = (E' + \mathrm{i}E'')\varepsilon = E'(1 + \mathrm{i}\eta)\varepsilon \tag{3.142}$$

式中 σ 是应力，ε 是应变，E' 是储存弹性模量，E'' 是损耗弹性模量，η 是损耗比例。这种特殊材料的最大优点就是它的很大的损耗比例。用另一种表达方法来说，这种材料有很高的材料阻尼。由于这种材料的储存弹性模量很小，所以它们不适合用于承受载荷的情况。

非制约式的黏性阻尼层就是简单地在结构材料上加上的一层黏性阻尼材料。如图 3.44(a)所示，图中下层为结构材料，它的弹性模量是 E。当交变的外力加在这个结构上时，应变和力的关系为

$$P = b\varepsilon\left[(Eh + E't)^2 + (E''t)^2\right]^{1/2} \tag{3.143}$$

式中 b 和 t 是阻尼层的宽度和厚度，$E' + \mathrm{i}E''$ 是阻尼层的弹性模量，h 是结构层的厚度。这个结构储存的总能量是

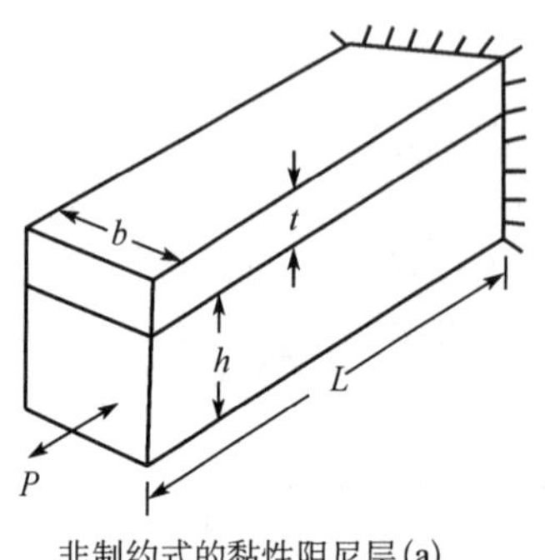

非制约式的黏性阻尼层(a)

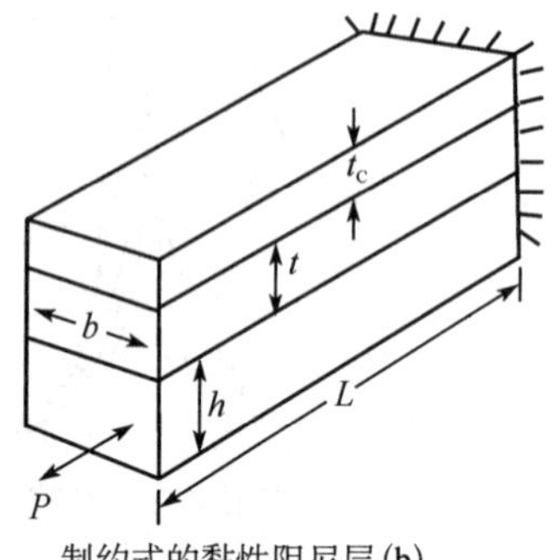

制约式的黏性阻尼层(b)

图 3.44 非制约式和制约式的黏性阻尼层

$$U_s = bL\varepsilon^2(Eh + E't)/2 \tag{3.144}$$

式中 L 是阻尼层的长度。而在一个周期所损耗的总能量是

$$D_s = \pi bLt\varepsilon^2 E'' \tag{3.145}$$

注意阻尼层的弹性模量很小,结构在一周期中的能量损失比例是

$$\eta_s = D_s/2\pi U_s = tE''/(Eh + E't) \approx tE''/Eh \tag{3.146}$$

这个比值很小,这是一种不经济的阻尼方法。为此我们应该采用制约式的黏性阻尼层。制约式的黏性阻尼层(图 3.44(b))就是在阻尼材料的上面再加一层和结构材料相同的薄片,这层薄片的一端固定,一端自由伸展。当交变的力加到主结构材料时,这时阻尼层承受着剪切力,其应变从固定端的零值逐渐地增加,其值为

$$\varepsilon = x\delta/tL \quad 0 \leqslant x \leqslant L \tag{3.147}$$

这里 δ 是结构材料在外端部的位移。如果剪切阻尼层的剪切弹性模量是 $G=G'+\mathrm{i}G''$,则在一周内所损耗的总能量是:

$$D_s = \pi G''\delta^2 Lb/3t \tag{3.148}$$

这个结构储存的总能量是:

$$U_s = (Eh/2 + G'L^2/6t)b\delta^2/L \tag{3.149}$$

注意到阻尼材料的弹性模量很小,这个结构在一周期中的能量损失的比例是:

$$\eta_s = \pi EG''L^2/3Eth \tag{3.150}$$

因为结构的长度 L 要比厚度 t 和 h 大得多,所以这种制约式的黏性阻尼层可以产生很大的阻尼。一个主要问题是阻尼层的长度有一定的限制,长度太大,端部的位移太大,会使阻尼层破坏。这时可以采用分段制约式的黏性阻尼层的方法,或者采用多层制约式的黏性阻尼层的方法。这种阻尼方法已经用于一些红外望远镜的副镜十字支承上了。

3.4.4.3 运动曲线的优化

望远镜振动的一个重要来源是其传动部件本身。当电机起动时,电机的运动可能包

含很广阔的频率范围，就可能激发结构的振动。根据傅立叶变换，一个脉冲函数包含了从负无穷到正无穷的所有频率范围。为了减少激发的频率范围，一种电路设计方法就是采用滤波装置。另一种方法是使运动曲线优化，从而减少所激发的高频部分的能量。最简单的运动曲线优化是把简单的步进函数分解为两个振幅减半的步进函数，并且使第一个步进函数所产生的振动与第二个步进函数所产生的振动相互抵消。也就是说这两个步进函数的间隔正好是半个波长。在应用这个方法时必须了解结构的最低谐振频率。还有一种方法是在传统的反馈系统中引进运动曲线的优化。一种简单优化后的运动速度和位移曲线如图 3.45 所示，其目的是减少结构的振动。另外一种曲线优化的方法是增加一个曲线发生器，将加速度、速度和位移的运动曲线进行规定，然后前馈(feedforward)到控制系统的各个结点上来执行这些曲线，这种系统的主要缺点是系统缺少抗外界干扰的能力。一种非常理想化的运动曲线是使速度曲线成为高斯曲线，这时候加速度和位移曲线均为误差函数(erf)曲线的一部分。以下就是这种速度、位移和加速度的数学方程表达式：

$$
\begin{aligned}
V(t) &= \frac{1}{t_0\sqrt{\pi}}\exp\left(-\frac{t^2}{t_0^2}\right) \\
S(t) &= \frac{1}{2}(1-\mathrm{erf}(t/t_0)) \\
A(t) &= \frac{-2t}{t_0^3\sqrt{\pi}}\exp\left(-\frac{t^2}{t_0^2}\right)
\end{aligned}
\tag{3.151}
$$

在上面的表达式中，t_0 是这个函数周期的四分之一。这些函数的傅立叶变换可以反映它们在频率上的能量分布。计算表明这三个函数的傅立叶变换系数均随着频率的增加而以指数形式急剧下降。其中位移和速度函数的傅立叶变换系数在频率为 0 时为最大，而加速度函数的傅立叶变换系数在频率为 $1/4t_0$ 时取最大值。但是当频率为 $1/t_0$ 时，加速度

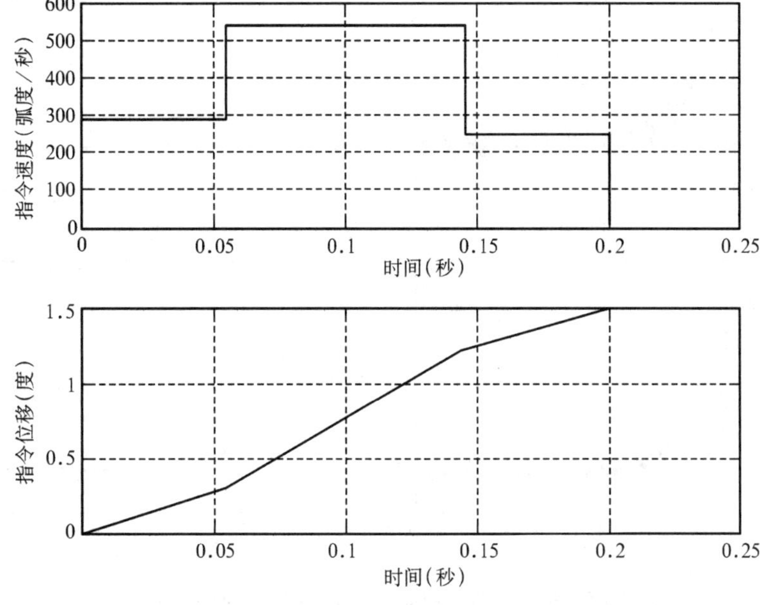

图 3.45　一种优化后的速度曲线(上)和位移曲线(下)(Anderson,2000)

函数的傅立叶变换的能量已经下降到它的峰值的 0.1%以下。如果我们仅仅用有限频宽的福里哀系数通过反变换来求出原来的函数，我们可以发现当截止频率为 $0.8/t_0$ 时，反变换的误差小于10^{-5}，而当截止频率为 $1/t_0$ 时，反变换的误差小于10^{-9}。也就是说应用这种运动曲线实现控制可以避免引起任何高频的结构振动，这可能是一种有前景的振动控制的方法。在红外和毫米波段为了消除背景噪声的影响，要使用摆动副镜的机构。这些机构的摆动常常会引起望远镜的振动。在这种机构中一种有效的减振方法是在副镜的相反方向上增加一个动量相同的重块，在副镜摆动的同时使重块向相反的方向作同样的运动。这样由于副镜运动所引起的对结构的作用力将获得抵消，整个结构将不产生任何振动。详细的讨论参见第九章 9.2.3 节。

3.4.5 自适应控制中的卡尔门滤波器

在现代的自适应控制理论中，序列状态的估计(sequential state estimation)和滤波器(filter)是同义词(Crassidis, 2004)。滤波器经常用于某一个时刻的估计值是基于前一个时刻的测量值的情况。这种序列估计不但可以重新建立状态变量的值，它同时可以将测量中的噪声进行过滤。

假设有一个线性系统，它的状态方程是

$$\begin{aligned} \dot{x}(t) &= Fx(t),\ x(0) = 1 \\ \breve{y}(t) &= Hx(t) + v(t) \end{aligned} \tag{3.152}$$

这里的第三个公式表示对状态的同步测量。$v(t)$是一个平均值为零的噪声高斯分布。如果 $F=-1$，$H=1$，而且噪声的标准误差为 0.05。对这个过程的测量如图 3.46 所示。

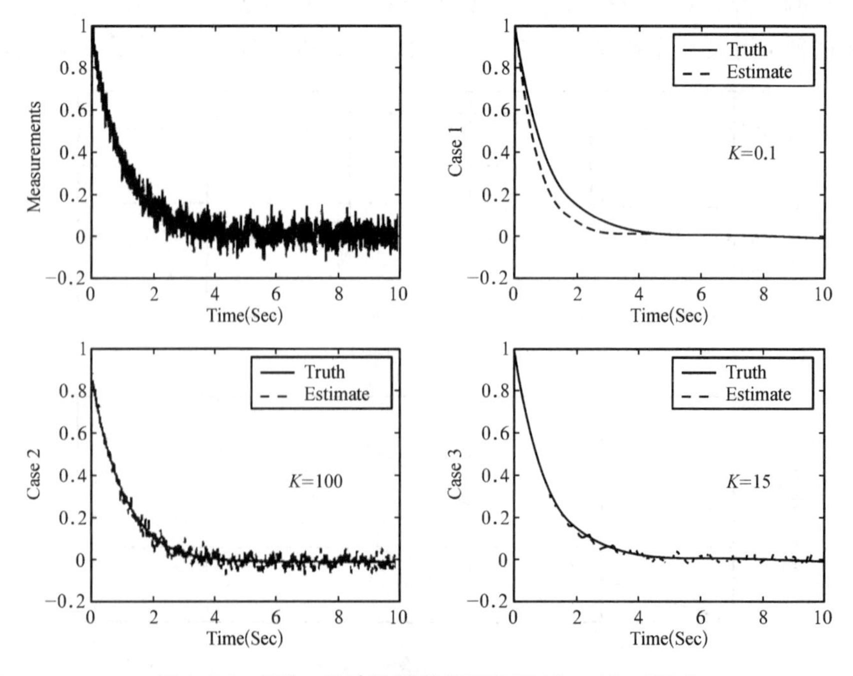

图 3.46 各种一阶滤波器的使用结果(Crassidis, 2004)

对这样的系统，真实的动态模型是未知的，我们的目的是要对这个系统的状态通过有限的测量值来进行估计。由于不知道系统的真正参数，我们假设 F 的值是一个假想的 $\bar{F}=1.5$时，代入上面的公式中，所获得的估计值距离实际值很远。在控制领域中，当发现问题的时候，就必须使用反馈回路。当使用反馈回路以后，状态方程和输出方程分别是

$$\begin{aligned} \dot{\hat{x}}(t) &= \bar{F}x(t) + K[\breve{y}(t) - \bar{H}\hat{x}(t)],\ \hat{x}(0) = 1 \\ \hat{y}(t) &= \bar{H}\hat{x}(t) \end{aligned} \tag{3.153}$$

这里 $\hat{x}(t)$是 $x(t)$的估计值，K 是一个常数的增益值，$\bar{H}=H=1$。不同的增益所产生的结果大为不同。取三种情况：(a) $K=0.1$，(b) $K=100$，(c) $K=15$，它们的结果在图 3.46 中进行了显示。这个简单的例子表明：当增益低的时候，测量结果的趋势所产生的作用小，系统的估计值主要依靠模型的正确与否。如果模型错了，估计值就相差多(case 1)。当增益高的时候，测量值趋势的作用就愈来愈大。如果增益值很大，那么所假设的模型作用就变得很小(case 2)，这就是频率域的方法。其中式 $E=\bar{F}-K\bar{H}$ 表示滤波器的动态特性(filter dynamics)，它是系统时间常数的倒数。这个式子的绝对值是滤波器的边缘频率。当增益大的时候，这个截止频率就高，频宽就大，同时也使得更多的高频噪声进入估计值之中。相反，频宽会降低，滤波器中的噪声就少。一个恰当的增益是实现对系统进行最佳估计的关键。

在状态空间方程中，常常有输入量 $\boldsymbol{u}$。则一个闭环控制系统的方程是

$$\begin{aligned} \dot{\hat{\boldsymbol{x}}} &= \bar{F}\hat{\boldsymbol{x}} + B\boldsymbol{u} + K[\breve{\boldsymbol{y}} - H\hat{\boldsymbol{x}}] \\ \hat{\boldsymbol{y}} &= H\hat{\boldsymbol{x}} \end{aligned} \tag{3.154}$$

上面的公式所表示的真正的模型是

$$\begin{aligned} \dot{\boldsymbol{x}} &= F\boldsymbol{x} + B\boldsymbol{u} \\ \boldsymbol{y} &= H\boldsymbol{x} \end{aligned} \tag{3.155}$$

由于输出量的测量中存在噪声，所以实际的测量值是

$$\breve{\boldsymbol{y}} = H\boldsymbol{x} + \boldsymbol{v} \tag{3.156}$$

为了了解状态估计中的误差，我们引进状态的估计值和它的真实值之差

$$\Delta\boldsymbol{x} = \hat{\boldsymbol{x}} - \boldsymbol{x} \tag{3.157}$$

结合系统的状态方程，估计误差的方程是

$$\partial\Delta\boldsymbol{x}/\partial t = (F - KH)\Delta\boldsymbol{x} + K\boldsymbol{v} \tag{3.158}$$

注意这个方程已经和系统输入量 $\boldsymbol{u}$ 没有任何关系，同时这个方程和系统的状态方程具有相同的形式。很明显增益值的选择必须要使 $F-KH$ 稳定。如果这个值稳定的话，同时测量值的误差小，那么不管初始误差的大小，误差都会逐步地衰减成为零。从公式(3.158)的最后一项看，如果增益 K 大，那么滤波器的特征值(poles)就快，但是高频噪声

就成了主要的噪声来源。如果增益太小，那么系统的时间常数会很大，要经过很长的时间误差才逐渐衰减。

为了求解这个最佳的增益，必须了解一个关于矩阵的定理。对一个正方形的矩阵 A，如果存在一个矢量 $\boldsymbol{p}$ 和一个标量 λ，使得

$$A\boldsymbol{p} = \lambda\boldsymbol{p} \tag{3.159}$$

那么这个矢量就是这个矩阵的一个特征矢量，这个标量就是这个矩阵的特征值。矩阵的特征矢量不是唯一的，通常我们用归一化后的矢量来表示。为了求得上面方程的特征值，矩阵$(\lambda I-A)$必须是奇异的，即

$$\det(\lambda I - A) = \lambda^n + \alpha_1\lambda^{n-1} + \cdots + \alpha_{n-1}\lambda + \alpha_n = 0 \tag{3.160}$$

这个方程一般称为矩阵的特征(characteristic)方程。和这个方程相关的是矩阵的另一个特征方程，这就是有名的 Cayley-Hamilton 定理。这个定理指明每个阶 n 的矩阵均满足它的另一个特征方程的形式：

$$A^n + \alpha_1 A^{n-1} + \cdots + \alpha_{n-1}A + \alpha_n I = 0 \tag{3.161}$$

如果 $E=F-KH$ 是一个 3 阶的正方形矩阵，那么

$$d(E) = E^3 + \alpha_1 E^2 + \alpha_2 E + \alpha_3 I = 0 \tag{3.162}$$

根据 E 这个矩阵的定义，可以得到

$$\begin{aligned} E^3 &= F^3 - KHF^2 - EKHF - E^2KH \\ E^2 &= F^2 - KHF - EKH \end{aligned} \tag{3.163}$$

将上面的结果代入矩阵的特征方程之中，有

$$\begin{aligned} &F^3 + \alpha_1 F^2 + \alpha_2 F + \alpha_3 I - KH(E^2 + \alpha_1 E + \alpha_2 I) - \\ &KHF(E + \alpha_1 I) - KHF^2 = 0 \end{aligned} \tag{3.164}$$

在这个式子里，前面的四项可以写作 $d(F)$，所以上面公式可以简化为

$$d(F) = [K(E^2 + \alpha_1 E + \alpha_2), K(E + \alpha_1), K]\begin{bmatrix} H \\ HF \\ HF^2 \end{bmatrix} \tag{3.165}$$

从这里可以求出增益值 K：

$$K = d(F)\begin{bmatrix} H \\ HF \\ HF^2 \end{bmatrix}^{-1}\begin{bmatrix} 0 \\ 0 \\ 1 \end{bmatrix} \tag{3.166}$$

这个公式的一般形式应该是

$$K = d(F)\begin{bmatrix} H \\ HF \\ \vdots \\ HF^{n-1} \end{bmatrix}^{-1}\begin{bmatrix} 0 \\ 0 \\ \vdots \\ 1 \end{bmatrix} = d(F)O^{-1}\begin{bmatrix} 0 \\ 0 \\ \vdots \\ 1 \end{bmatrix} \tag{3.167}$$

这里的矩阵 O 在控制系统的研究中有着十分重要的作用，它又被称为系统的可观察性矩阵(observability matrix)，这个公式也称为 Ackermann 公式。

回到标准的状态空间方程中，如果不考虑输入量的贡献，则它的形式是一个齐次的微分方程组的形式：

$$\dot{\boldsymbol{x}}(t) = F(t)\boldsymbol{x}(t) \tag{3.168}$$

要求解这样的方程，实际上是求解一个状态变换矩阵，通过这个矩阵，原始的状态将为新的状态所代替。即

$$\boldsymbol{x}(t) = \Phi(t, t_0)\boldsymbol{x}(t_0) \tag{3.169}$$

这个状态变换矩阵存在下面的几个特点：

$$\begin{aligned} &\Phi(t_0, t_0) = I \\ &\Phi(t_0, t) = \Phi^{-1}(t, t_0) \\ &\Phi(t_2, t_0) = \Phi(t_2, t_1)\Phi(t_1, t_0) \end{aligned} \tag{3.170}$$

如果将这个变换矩阵的定义代入微分方程，有

$$\dot{\Phi}(t, t_0)\boldsymbol{x}(t_0) = F(t)\Phi(t, t_0)\boldsymbol{x}(t_0) \tag{3.171}$$

这个微分方程的解为

$$\Phi(t, t_0) = I + \int_{t_0}^{t} F(\tau)\Phi(\tau, t_0)\mathrm{d}\tau \tag{3.172}$$

这是一个非常特别的函数，在等式右侧的积分号里面同样存在这个函数。如果不断地将函数本身的值代入到积分号里面，则可以得到这个函数的解：

$$\begin{aligned} \Phi(t, t_0) = I &+ \int_{t_0}^{t} F(\tau)\mathrm{d}\tau + \int_{t_0}^{t} F(\tau_1)\int_{t_0}^{\tau_1} F(\tau_2)\mathrm{d}\tau_2\mathrm{d}\tau_1 \\ &+ \int_{t_0}^{t} F(\tau_1)\int_{t_0}^{\tau_1} F(\tau_2)\int_{t_0}^{\tau_3} F(\tau_3)\mathrm{d}\tau_3\mathrm{d}\tau_2\mathrm{d}\tau_1 + \cdots \end{aligned} \tag{3.173}$$

对于 F 是常数的特殊情况，这个变换矩阵是一个指数函数：

$$\begin{aligned} \Phi(t, t_0) = I &+ F(t - t_0) + \frac{1}{2 \cdot 1}F^2(t - t_0)^2 + \cdots \\ &+ \frac{1}{n \cdot (n-1)\cdots 2 \cdot 1}F^n(t - t_0)^n + \cdots = \mathrm{e}^{F(t-t_0)} \end{aligned} \tag{3.174}$$

如果 F 不是常数，则变换矩阵的一般形式为

$$\Phi(t,t_0)=I+\sum_i l_i(t)=I+\sum_j \frac{(t-t_0)^j}{j\cdot(j-1)\cdots 2\cdot 1}\frac{\mathrm{d}^j\Phi}{\mathrm{d}t^j}\bigg|_{t=t_0}$$

$$\begin{aligned}
&l_1(t)=\int_{t_0}^{t}F(\tau)\mathrm{d}\tau\\
&l_2(t)=\int_{t_0}^{t}F(\tau)l_1(\tau)\mathrm{d}\tau\\
&l_i(t)=\int_{t_0}^{t}F(\tau)l_{i-1}(\tau)\mathrm{d}\tau
\end{aligned}\tag{3.175}$$

写成微分的形式，有

$$\begin{aligned}
&\frac{\mathrm{d}\Phi}{\mathrm{d}t}=F\Phi\\
&\frac{\mathrm{d}\Phi}{\mathrm{d}t}\bigg|_{t=t_0}=F(t_0)\\
&\frac{\mathrm{d}^2\Phi}{\mathrm{d}t^2}=\frac{\mathrm{d}F}{\mathrm{d}t}\Phi+F\frac{\mathrm{d}\Phi}{\mathrm{d}t}\\
&\frac{d^2\Phi}{\mathrm{d}t^2}\bigg|_{t=t_0}=\frac{\mathrm{d}F}{\mathrm{d}t}\bigg|_{t=t_0}+F^2(t_0)\\
&\cdots
\end{aligned}\tag{3.176}$$

如果状态方程中存在输入量的贡献，则状态空间方程为

$$\dot{\boldsymbol{x}}(t)=F(t)\boldsymbol{x}(t)+B(t)\boldsymbol{u}(t)\tag{3.177}$$

它的解为

$$\boldsymbol{x}(t)=\Phi(t,t_0)\boldsymbol{x}(t_0)+\int_{t_0}^{t}\Phi(t,\tau)B(\tau)\boldsymbol{u}(\tau)\mathrm{d}\tau\tag{3.178}$$

将上面的公式应用到离散时间系列中取值的情况，则预估值的方程为

$$\begin{aligned}
\hat{\boldsymbol{x}}_{k+1}^{-}&=\Phi\cdot\hat{\boldsymbol{x}}_k^{+}+\Gamma\boldsymbol{u}_k\\
\hat{\boldsymbol{x}}_k^{+}&=\hat{\boldsymbol{x}}_k^{-}+K[\breve{\boldsymbol{y}}_k-H\hat{\boldsymbol{x}}_k^{-}]
\end{aligned}\tag{3.179}$$

这时相应的增益计算公式为：

$$K=d(\Phi)\begin{bmatrix}H\Phi\\H\Phi^2\\\vdots\\H\Phi^n\end{bmatrix}^{-1}\begin{bmatrix}0\\0\\\vdots\\1\end{bmatrix}=d(\Phi)\Phi^{-1}O_d{}^{-1}\begin{bmatrix}0\\0\\\vdots\\1\end{bmatrix}\tag{3.180}$$

从这些知识出发，可以得到离散序列估计的一般公式，这些公式就称为线性卡尔门滤波器的公式(表 3.4)。

表 3.4　离散系列的线性卡尔门滤波器的公式

Model	$x_{k+1}=\Phi_k x_k+\Gamma_k u_k+\gamma_k W_k, W_k \sim N(0,Q_k)$ $\tilde{y}_k=H_k x_k+v_k, v_k \sim N(0,R_k)$
Initialize	$\hat{x}(t_0)=\hat{x}_0$ $P_0=E\{\tilde{x}(t_0)\tilde{x}^{\mathrm{T}}(t_0)\}$
Gain	$K_k=P_k^- H_k^{\mathrm{T}}[H_k P_k^- H_k^{\mathrm{T}}+R_k]^{-1}$
Update	$\hat{x}_k^+=\hat{x}_k^-+K_k[\tilde{y}_k-H_k\hat{x}_k^-]$ $P_k^+=[I-K_k H_k]P_k^-$
Propagation	$\hat{x}_{k+1}^-=\Phi_k\hat{x}_k^++\Gamma_k u_k$ $P_{k+1}^-=\Phi_k P_k^+\Phi_k^{\mathrm{T}}+\gamma_k Q_k\gamma_k^{\mathrm{T}}$

这里的 P_0 是状态的初始值和真实值之差的协方差。

在这个公式中，传递方程需要进行 $n\times n$ 次的矩阵变换。在线性系统中，状态误差的协方差很快就会达到一个稳定值。因此可以用稳态的协方差计算一个稳定的增益值，从而减少计算的负担。这种稳定增益的卡尔门滤波器的公式如表 3.5 所示。

表 3.5　稳定增益的卡尔门滤波器的公式

Model	$x_{k+1}=\Phi x_k+\Gamma u_k+\gamma W_k, W_k \sim N(0,Q)$ $\tilde{y}_k=Hx_k+v_k, v_k \sim N(0,R)$
Initialize	$\hat{x}(t_0)=\hat{x}_0$
Gain	$K=PH^{\mathrm{T}}[HPH^{\mathrm{T}}+R]^{-1}$
Covariance	$P=\Phi P\Phi^{\mathrm{T}}-\Phi PH^{\mathrm{T}}[HPH^{\mathrm{T}}+R]^{-1}HP\Phi^{\mathrm{T}}+\gamma Q\gamma^{\mathrm{T}}$
Estimate	$\hat{x}_{k+1}=\Phi\hat{x}_k+\Gamma u_k+\Phi K[\tilde{y}_k-H\hat{x}_k]$

3.4.6　望远镜的基础设计

精密机械的基础设计是一门专门学科，这里不准备作详细讨论，仅介绍一些基本公式和必要的知识。望远镜的基础通常是由圆或方形的钢筋水泥块构成，如果望远镜高出地面，那么在地下的水泥基础之上要建造一些钢筋水泥块柱，然后再在这些钢筋水泥块柱上建设平台。对于要求很高、质量大的结构则应在它们圆形或者方形的钢筋水泥块基础下面再浇灌一系列钢筋水泥立柱以增加基础强度。一般这些立柱应该到达土壤性能好的底层。在基础结构分析中，露出地面部分的强度计算和一般结构分析完全相同，而地面以下部分的计算则大不一样。在地面以下部分的计算中，土壤的剪切模量 G 和泊松比 ν 具有决定作用。另外基础表面面积是其稳定性的最主要因素，表面面积大，加上好的土壤性能就保证一个稳定的基础设计。对于望远镜来说基础设计最重要的并不是它的承载能力，而是它的弹性系数，特别是会引起结构振动或指向误差的动态弹性系数。对于简单的圆形基础，如果半径是 r，它在地面以下的高度是 h，那它在垂直方向和水平方向的动态弹性系数分别是(Arya，1984)

$$k_v = \frac{4Gr}{1-\nu}\left[1+0.6(1-\nu)\left(\frac{h}{r}\right)\right]$$
$$k_z = \frac{32(1-\nu)Gr}{7-8\nu}\left[1+0.55(2-\nu)\left(\frac{h}{r}\right)\right] \tag{3.181}$$

在扭转方面，其上下翻动方向上和扭转方向上的动态弹性系数分别是

$$k_\phi = \frac{8Gr^3}{3(1-\nu)}\left[1+1.2(1-\nu)\left(\frac{h}{r}\right)+0.2(2-\nu)\left(\frac{h}{r}\right)^3\right]$$
$$k_\theta = \frac{16Gr^3}{3} \tag{3.182}$$

对于长方形基础，如果在其上下翻转方向上的长度是 L，而在另一个方向上的长度是 B，那么同样可以用等效半径的方法根据上面公式来计算它在各个方向上的动态弹性系数。这种长方形基础在各个强度方向上的等效半径的公式分别是

$$r_{v,z} = \sqrt{BL/\pi}$$
$$r_\phi = \sqrt[4]{BL^3/\pi} \tag{3.183}$$
$$r_\theta = \sqrt[4]{BL(B^2+L^2)/6\pi}$$

有了上面的公式，我们也可以用动态弹性系数相加的方法来计算复杂地基结构的动态弹性系数。比如一个完全在地下的复合基础，其上部是一个圆形，并且在大圆板状的平台下有一圈立柱，那么它的总抗翻转的动态强度应该等于其上部圆板状平台的抗翻转动态强度加上半径平方和各立柱在垂直方向动态强度的积。不过，过于密集的立柱会减小土壤的剪切强度。通过将基础的弹性系数加到望远镜的有限元模型中，结构分析计算的结果将更为精确。表 3.6 列出了典型的土壤剪切模量和泊松比，这里的剪切模量是指动态剪切模量，静态的剪切模量要比这里的值小得多。在动态剪切模量小的时候，静态的剪切模量大约是动态剪切模量的二十分之一，而当动态剪切模量大的时候，静态的剪切模量大约是动态剪切模量的二分之一。为了对土壤参数有一个概念，我们列出美国新墨西哥州的地面情况。在新墨西哥州的地面，土壤性质随深度增加而各不相同。从地表到两米深，其土壤的动态剪切模量 G 大致为 7×10^6 N/m^2，它的泊松比 ν 为 0.15。而当深度增加到 7 米时，其土壤动态剪切模量 G 大致为 2×10^7 N/m^2，它的泊松比 ν 为 0.32。当深度继续增加，其土壤动态剪切模量 G 大致为 3.5×10^7 N/m^2，它的泊松比 ν 为 0.06。

表 3.6　土壤的动态剪切模量和泊松比(Arya, 1984)

土壤情况	剪切模量	土壤情况	泊松比
软质泥土	$17\sim28\times10^6$ N/m^2	含水土壤	0.45～0.50
坚实泥土	$56\sim112\times10^6$ N/m^2	潮湿土壤	0.35～0.45
坚硬泥土	$\geqslant112\times10^6$ N/m^2	紧密砂子或石子	0.4～0.5
紧密砂子	$28\sim84\times10^6$ N/m^2	坚实砂子或石子	0.3～0.4
坚实砂子	$56\sim112\times10^6$ N/m^2	河底沉积土	0.3～0.4
坚实石子	$84\sim140\times10^6$ N/m^2		
坚硬石子	$112\sim224\times10^6$ N/m^2		

参考文献

Anderson, T, 1998, A first study of MMA antenna offset performance, ALMA memo, 231, National Radio Astronomy Observatory, US.

Arya, S., O'Neill, M., and Pincus, G., 1984, Design of structures and foundations for vibrating machines, Gulf Publishing Co., Houston, Texas.

Avitabile, A., 2001, Experimental modal analysis, Sound & Vibration, Vol. 35, No. 1.

Bely, P. Y., 2003, The design and construction of large optical telescopes, Springer, New York.

Borkowski, K. M., 1987, Near zenith tracking limits for altitude-azimuth telescopes, Acta Astronomica, Poland, 37, pp79 - 88.

Brunetto, E., et al., 2004, OWL, opto-mechanics, phase A, Proc. SPIE 5489.

Chatfield, Chris, 1996, The analysis of time series, an introduction, 5th edition, Chapman & Hall / CRC, London.

Cheng, Jingquan, 1987, Pointing error correction for 3.8m United Kingdom Infrared Telescope, Acta astronomia sinica, Vol 28, No. 3, Nanjing, China.

Cheng, Jingquan, 1994, Damping and vibration control, ALMA memo 125, National Radio Astronomy Observatory, US.

Cheng, Jingquan, 2006, Principles and applications of magnetism, Chinese science and technology press, Beijing, China, in Chinese.

Cheng, Jingquan and Li, Guoping, 1988, Mechanical properties of crossed-vane type supporting structure, Astronomical instrument and technology, Nanjing, China.

Cheng, Jingquan and Xu, Xinqi, 1986, Some problems of alt-azimuth mounting telescopes, Progress in Astronomy, Vol. 4, No. 4, Shanghai, China.

Crassidis, J. L. and Junkins, J. L., 2004, Optimal estimation of dynamic system, Chapman & Hall/ CRC, London.

Davenport, A. G., 1961, The spectrum of horizontal gustiness near the ground in high winds, Quarterly J of the Royal Meteorological Society, Vol. 87, p194.

Dyrbye, D., and Hansen, S. O., 1996, Wind loads on structure, John Wiley &Sons, New York.

Eaton, J. A., 2000, Report on application of hydrostatic bearings to the azimuth axis of the TSU 2m telescope.

Forbes, F. and Gaber, G., 1982, Wind loading of large astronomical telescopes, SPIE Vol. 332, pp198 - 205.

Gawronski, W., 2007, Control and pointing chanllenges of large antennas and telescopes. IEEE Trans. On control system technology, Vol. 15, p276.

Gawronski, W. and Souccar, K., 2003, Control systems of the Large Millimeter Telescope, IPN Progress Report 42 - 154, JPL, NASA.

Haojian, Yan, 1996, A new expression for astronomical refraction, Astro. J., 112, p1312.

Hu, Qiqian, 2007, General design of astronomical telescopes, Nanjing Institute of Astronomical Optical Technology.

http://coe.tsuniv.edu/eaton/eng_t13_brngrep.html.

Ieki, A., et al., 1999, Optical encoder using a slit-width-modulated grating, J. of Modern optics, Vol. 46, No. 1 pp1 - 14.

Juvinall, R. C. and Marchek, K. M., 1991, Fundamentals of machine component design, John Wiley

& Sons, New York.

Koch, F. , 1997, Analysis concepts for large telescope structures under earthquake load, SPIE Vol. 2871, p117.

Koch, F. , 2008, private communication.

Korenev, B. G. and Reznikov, L. M. , 1993, Dynamic vibration absorbers, John Wiley & sons, New York.

Mangum, J. , G. , 2001, A telescope pointing algorithm for ALMA, ALMA memo. 366, National Radio Astronomy Observatory.

Mangum, J. , G. , 2005, ALMA notes, NRAO.

Richter, C. F. , 1958, Elementary seismology, Freeman, San Francisco.

Sarioglu, M. and Yavuz, T. , 2000, Vortex shedding from circular and rectangular cylinders placed horizontally in a turbulent flow, Tur. J Engin Envirn Sci, 24, 217 - 228.

Schneermann, M. W. , 1986, Structural design concepts for the 8 - meter unit telescopes of the ESO - VLT, SPIE Proc. , Vol 628, p412.

Shi, X. , and Fenton, R. G. , 1992, Solution to the forward instantaneous kinematics for a general 6 - dof Stewart platform, Mech. Mach. Theory, Vol. 27, No. 3, pp251 - 259.

Simiu, E. 1974, Wind spectra and dynamic alongwind response, J. of Structural div. , ASCE, p1897, ST_9.

Simiu, E. and Scanlan H. , 1986, Wind effects on structure, John Wiley & Sons, New York.

Stewart, D. , 1966, A platform with six degrees of freedom, Proc. Instn Mech. Engrs, Vol. 180, Part 1 No. 15, p371.

Tedesco, J. W. et al. , 1999, Structural dynamics, theory and applications, Addison-Wesley, Montlo Park, California.

Wallace, P. T. , 2000, Manual of TPOINT software.

Watson, F. G. , 1978, The zenithal blind spot of a computer-controlled alt-azimuth telescope, MNRAS, Vol. 183.

程景全,徐欣圻,1986,地平式天文望远镜的有关问题,天文学进展,Vol. 4, pp69 - 80.

程景全,李国平,1988,四翼梁式十字形中心支承的力学特性,天文仪器和技术,第一期,南京天文仪器厂.

程景全,1987,英国 3.8 米红外望远镜指向误差的校正,天文学报,28,p308.

第四章　主动光学和自适应光学

这一章是本书中最重要的一章，它包括主动光学和自适应光学的讨论。本章的讨论涉及了主动光学和自适应光学的所有领域和成就。它们包括波阵面传感器、曲率传感器、相位传感器、各种触动器、变形镜面、小摆镜、自适应副镜、精密测量系统、激光引导星、大气断层成像、多层共轭和多目标自适应光学等等。

4.1　主动光学和自适应光学的基本原理

主动光学和自适应光学是现代控制理论在天文光学领域内的具体应用，是近年来天文光学领域内最为振奋人心的成就。在经典光学系统中光学信息的接收和传递是被动地依赖系统中各个元件面形和位置的稳定性和精确性，来克服因为重力或温度而产生的误差，它没有一种内在的光学修正机构来改善系统的性能。这种被动的系统需要使用刚度很高的结构和膨胀系数很低的镜面材料。因此望远镜的质量和成本几乎是其口径的三次方的函数。同时这种被动光学系统不可能消除因为光波本身即光波从光源到该系统的传播而引起的缺陷和误差。对于天文望远镜来说，经典光学望远镜是不能逾越大气宁静度所给定的分辨极限的。

为了大幅度地降低望远镜的质量和成本，轻巧的光学系统加上可以实时调整光学元件形状的装置，逐步可以抵消因为重力和温度所产生的系统误差。这些在低频时间段(从直流到三十分之一赫兹)里对镜面形状和镜面之间距离的调整机构就是最初的主动光学系统。主动光学系统星像的截止值正好对应于大气宁静度像斑。主动光学的工作开始于20世纪60年代，经过近30年的发展，1989年欧洲南方天文台建造了第一台3.5米新技术望远镜。1992年主动光学技术再一次应用于10米凯克拼合镜面望远镜之中。主动光学技术可以用来克服望远镜中从静态到几赫兹频率之内的一些误差。

如果将主动光学技术向高频方向延伸，那么风和大气对望远镜成像的影响就可能获得补偿，这种新的补偿系统就是自适应光学系统。自适应光学系统不仅补偿了望远镜本身的缺陷，甚至能够补偿传递到该系统的天体光波的缺陷，从而可以获得望远镜衍射极限所代表的星像质量。

主动光学和自适应光学分别属于两个不同的领域。相对于被动光学系统，自适应光学也是主动光学的一部分。但是从主动控制的理论来看，为了补偿光学信息在高时间频率上的缺陷和误差，在控制系统中必须提高采样频率，这样的控制机制属于自适应控制的范畴，因此主动光学中的这一部分被称为自适应光学。目前的倾向是将光学系统控制过程中，凡是用于补偿光学信息低频缺陷和误差的归于主动光学，而将那些补偿高频缺陷和误差的归于自适应光学。这样的定义使得主动光学和自适应光学同属于一个较大领域，十分有利于我们的讨论和阐述。

早期的自适应光学使用自然星进行波阵面探测，自然星所覆盖的天区范围十分有限，所用视场的大小取决于等晕斑(isoplanatic patch)的大小，经过大气的等晕斑尺寸很小，所以可用视场也很小。所谓等晕斑就是在视场中一个很小区域内，大气扰动可以近似地表示为一个常数，也就是说，这个区间内的星光几乎通过同一个大气扰动区域。因此当这个区域内的一个点的大气扰动获得补偿以后，所有这个区域内的星像大气扰动均得到了补偿。

应用激光星作为引导星开始于20世纪90年代，激光星放置在观察天体的附近，使天区覆盖增大。为了增大自适应光学的可用视场，可以采用多个激光星、大气断面成像、多层共轭、多目标以及地面层自适应光学的方法，使望远镜在全天区和全视场的自适应光学成为可能。

主动光学和自适应光学十分相似，它们都属于闭环控制的光学系统。在这种系统中望远镜成像误差的具体情况，可利用一定的手段探测出来。这种探测出来的信号，通过放大和处理进入执行机构，来校正或者补偿这种成像误差，使望远镜系统获得最好的像质。这种像质的极限情况是由望远镜的衍射极限所决定的。

在望远镜的成像过程中，有很多因素会影响望远镜的成像质量。这些因素有：

(a) 光学设计残余像差；

(b) 光学加工误差；

(c) 光学镜面支承系统误差，光学部件的位置误差及跟踪、指向引起的误差；

(d) 在(c)中列出的实际偏差的长时间变化；

(e) 光学元件的热变形所引起的误差；

(f) 光学元件长时间材料性质的变化或结构变形(镜面翘曲)；

(g) 空气或大气的效应，即圆顶、望远镜和大气宁静度；

(h) 光学元件在风力下的变形；

(i) 结构或镜面谐振引起的高频误差。

以上因素都影响望远镜成像，对波阵面有很大影响。因此在望远镜中主动光学和自适应光学主要就是用于校正这种波阵面的相位误差。在这些因素中由于误差来源和性质各不相同，因此它们具有完全不同的时间尺度和频率范围。

这些误差的频率范围分别为：

(1) 直流分量：如(a)和(b)中的误差；

(2) 极低频分量：如(f)中的变化具有很长的时间尺度；

(3) 低频分量：如(d)所代表的变化，以数月或数十天为时间尺度；还有(e)中的变化也很慢，频率低；

(4) 中频分量：如(c)中的误差具有交变分量，这种交变分量在跟踪时具有10^{-3} Hz的数量级，在寻星时具有10^{-2} Hz或以上的数量级；还有(h)中的作用包含从0.1 Hz到2 Hz的频率范围；

(5) 高频分量：如(i)中的误差，其频率范围从5 Hz到100 Hz；另外(g)中的误差也有很宽的频率范围，范围从 0.02 Hz 到 1 000 Hz。

在光学望远镜系统中，中低频误差引起的星像波阵面的变化一般可以应用改变主镜形状，调整镜面的相对位置来加以修正。因此主动光学一般是指通过主动控制主镜形状，来修正星像波阵面误差的方法和装置。对于单一主镜的情况，镜面的变形可以通过在它的背面施加力触动器来实现。对于拼合镜面，必须对子镜面的位置进行实时控制。

自适应光学专门用以修正从低频到高频很广阔的频段上星像的波阵面误差。在这种情况下，为了获得预期的响应，必须配备专门的补偿元件。这种补偿元件必须惯量小，响应快。因此自适应光学主要是指通过增加专门补偿元件来补偿星像波阵面在较高时间频率上误差的方法和装置。目前这种补偿元件一般采用小口径的摆动镜，具有压电晶体或其他装置的可调节的变形镜面。从改正误差的来源上看主动光学主要用于改善望远镜自身的成像质量，而自适应光学则主要用于对大气扰动所引起的星像波阵面的误差进行补偿。

应用傅立叶光学的基本概念，如果 $T(\nu)$ 是望远镜在理想星光条件下的光学传递函数，$\langle A(\nu)\rangle$ 表示相对长时间大气扰动的影响，即大气层平均光学传递函数，ν 表示空间频率。则在较长曝光条件下，星光经过望远镜的光学传递函数为

$$G(\nu) = T(\nu) \cdot \langle A(\nu)\rangle \tag{4.1}$$

这里的较长曝光时间是指曝光时间长度比传递中波阵面扰动的特征时间长。对于主动光学来说，闭环控制的目的就是使 $T(\nu)$ 成为望远镜口径场的傅立叶变换 $D(\nu)$，即口径场的光学传递函数。这样主动光学系统的传递函数主要决定于大气层的光学传递函数。而对于自适应光学系统来说，则相当于在系统中再增加一个滤波项 $F(\nu)$，使 $F(\nu)$ 的值等于

$$F(\nu) = D(\nu)[T(\nu)]^{-1} \tag{4.2}$$

则代表像斑辐射分布的光学传递数就正好等于望远镜口径场所代表的传递函数，即

$$G_0(\nu) = D(\nu) \tag{4.3}$$

式中 $G_0(\nu)$ 所对应的就是望远镜口径场的衍射极限。望远镜像质好坏也可以用斯特列尔比来表示。这一比值与望远镜口径大小无关，因此可以更好地评价自适应光学系统波阵面补偿的情况，在衍射极限下的斯特列尔比值是 1。

在一些主动光学装置中，对于重力和温度等可以预见的因素，可以使用开环控制的补偿装置，这种控制可以是一种表格式的调制，不过大部分主动光学和自适应光学都使用了闭环控制系统。闭环环路有两种，一种是区间环路，另一种是系统环路。主动光学望远镜大多使用区间环路，而自适应光学望远镜则更多地使用系统环路。

在系统闭环环路中，所反馈的信号是利用波阵面传感器所获得的引导星波阵面误差。这个信息经过实时计算机的处理，对各个触动器发出指令。在主动光学中，一般取样频率比较低，而在自适应光学中，取样频率则比较高。高频的波阵面检测常常需要足够的光通量，因此所观察的星光亮度有一个下限。

在主动光学望远镜中常常依靠很多的区间环路，这些区间环路被称为精密测量系统

(metrology system)。这些精密测量系统包括对距离、位移、角度、像的位置和光程等的测量系统。应用主动光学,光学主镜镜面的形状可以通过控制安置在镜面背后的触动器而改变,这种装置特别适合于薄镜面情况。但是这种主动控制镜面形状的方法难以消除镜面表面在高空间频率上的误差,因此主动光学的镜面要平滑、均匀,没有微波纹误差。

对于自适应光学系统,由于代表大气宁静度的弗里德常数是波长的 6/5 次方,所以大气引起的波阵面斜率变化量对不同波长的光几乎都是相同的。由于波阵面变形量相同,对于波长长的光,所引起的波阵面相位误差小,而对于波长短的光,所引起的波阵面相位误差大。因此经过自适应光学系统,波长长的光所获得的像质较好。在很多红外仪器中,波阵面检测常常使用波长短的光波,而在成像系统中则使用红外长波,所获得的自适应像质很好。在自适应光学中,由于波阵面检测要有足够数量的光子,引导星的星等(小于 13 等)有所限制,这就限制了天区覆盖。同时传统自适应光学的视场也受到大气齐明角的严重限制。

为了扩展天区覆盖,可以使用人造激光星。人造激光星可以形成在天区的任何位置。不过人造激光星对大气扰动的补偿具有圆锥效应,波阵面补偿不够精确。要克服这一点,可以使用多个激光星。多个激光星的波阵面分析可以产生大气扰动的三维图像,这就是大气断面成像技术。大气断面成像和在不同共轭面上使用变形镜形成了有名的多层共轭自适应光学(multi-conjugate adaptive optics, MCAO)。这种新技术的可用视场不受大气齐明角的影响,可以达到整个视场的区域。

4.2 波阵面传感器

波阵面测量的传感器包括:波阵面传感器、曲率传感器和相位(差)传感器。波阵面传感器直接测量波阵面的误差,曲率传感器通过测量波阵面曲率和波阵面边缘斜率来确定波阵面误差,而相位差传感器则提供拼合镜面中两个相邻镜面之间的轴向(piston) 相位误差。波阵面传感器将在这一节中讨论,而相位传感器和曲率传感器将分别在 4.5 节和 4.6 节中讨论。

波阵面误差的实时检测是主动光学和自适应光学中十分重要的一环。波阵面传感器可以安排在出瞳面上,也可以安排在焦平面上。哈特曼-肖克波阵面探测器安排在出瞳面上,被称为直接波阵面检测方法。曲率传感器安排在焦平面上,为非直接波阵面检测方法。其他的非直接检测方法包括相位反推法(phase retrieval)、相位分散法(phase diversity)、多抖动(multi-dither)技术以及 Gerchberg-Saxton 的迭代变换算法(iterative transform algorithms)。一种适用于拼合镜面的非直接检测方法是差分光学传递函数(differential optical transfer function, dOTF)(Codona, 2013),这种方法将在第六章空间望远镜中介绍。在波阵面误差测量中,一个特别要注意的问题是要避免非同一光路(non-common-path, NCP)所形成的误差,因为在局部光路中像差和渐晕情况常常和主镜口径面上的波阵面是不同的。

利用迭代方法进行相位反推是利用像斑的反傅立叶变换。相位分散法则是利用两个分离的像斑(其中一个在焦面上,而另一个距离焦平面一个已知的距离)来获得星像的相位分布情况。多抖动技术则是通过对相位进行高频调制而实现的。这些方法非常类似于曲率传感器(第 4.6 节)和离焦全息方法(第 9.4.1 节)。

对于波阵面误差探测器的基本要求是能够在一定时间尺度内,提供相当精确的波阵面误差。波阵面误差的灵敏度和精确度一般为 0.1 到 0.03 角秒,它的空间分辨率和主镜面所使用的触动器的数量相配备,而其采样时间在自适应光学系统中为 0.01 秒以下,在主动光学系统中这个时间可以大很多。

在天文光学领域,除了引进人造激光星外,波阵面误差探测器只能使用天然参考源,比如星光。在使用自然星光时应尽量使用高量子效率的光能接收器,尽量使用非相干源可见光中的所有频段,以增加其极限星等的探测能力。

波阵面探测器常常利用几何光学或者干涉方法来测量波阵面的斜率。在几何光学中光线方向始终垂直于波阵面,这些光线的方向可以通过对子光瞳的光聚焦来获得。使用几何光学方法的波阵面探测器包括哈特曼波阵面探测器、金字塔棱镜波阵面探测器等。使用干涉方法,原有波阵面的振幅被分解、变换,原来的波阵面和新生的波阵面之间发生干涉从而获得它的斜率信息。使用干涉方法的探测器包括横向剪切干涉仪、相位对比探测仪等。

不管使用什么方法,波阵面探测器仅仅提供各个子口径上的波阵面斜率,波阵面的最后形状是通过一个个子口径将它们的斜率线连接起来而获得的(图 4.1)。

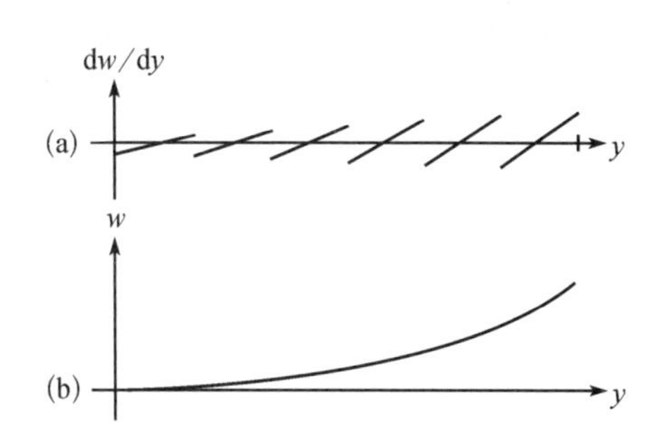

图 4.1　从局部波阵面斜率来构建整个波阵面

根据误差信息的探测位置,波阵面误差探测器又分为三种类型。第一类包括哈特曼波前探测器,是在光瞳平面上采样。由于口径场中的每一子口径均使用一组独立的成像系统,因此需要一个参考定标波阵面。第二类包括交流外差式的横向剪切干涉仪,是在焦点引进一种透射率不均匀的遮挡板,从而使波阵面的相位差转变为采样集收器所在光瞳面上的强度变化。在这种探测器中,不需要定标波阵面。第三类是在像平面上检测,利用尝试方法确定波阵面相位误差。这种方法效率很低,局限性大,只能用于校正或补偿低频率的波阵面误差。

4.2.1　哈特曼-肖克波阵面探测器

哈特曼-肖克波阵面探测器(Hartmann-Shack wavefront sensor)是一种经过改进的哈特曼检测方法。它的工作原理是在望远镜出瞳面上安置一个子透镜阵,这个透镜阵将各子瞳面上的光分别聚焦在像平面上。如果波阵面有误差,通过子透镜所形成的像将偏离它们各自的子焦点,子透镜像和子透镜焦点的位移与波阵面的斜率成正比。

为了防止子透镜组本身焦点的误差,在探测器中使用了一个参考光源,发出一组角度略微倾斜的光束。这些光束的焦点就是子透镜的焦点。如图 4.2 所示,在 CCD 探测器上,整个像场内的十分整齐的方形点阵来自参考光源,而来自星光的子像点则成像在一个圆形区域内。这种光点阵之间的差别就代表了望远镜所传递的波阵面上各个子光瞳上的相位差。

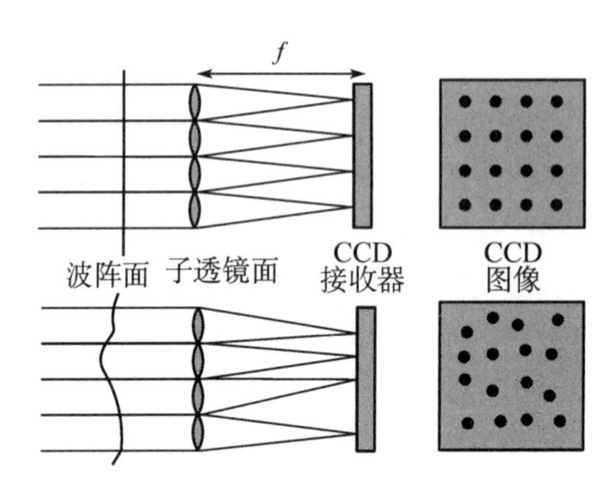

图 4.2 哈特曼-肖克检测方法的工作原理(Max, 2003)

在具体计算波阵面相位差时,整个出瞳要全部取样一次,然后求出各个子光瞳所代表区域的平均误差的估计值。子透镜像的位置可以通过四象限的方法或者求像重心的方法来算出。四象限接收器的方法已经在 3.3.6 节中进行了讨论。当波阵面相位误差是 $\phi(\vec{r})$ 的时候,在 CCD 上用求重心的方法来估计焦点位置 x 和它的理论精度 σ_x^2 为(Cao, 1994)

$$x = \frac{\lambda}{2\pi \cdot S}\int_{\text{subaperture}} \frac{\partial\phi(\vec{r})}{\partial r_x}\mathrm{d}\,\vec{r} \tag{4.4}$$

$$x = \frac{\sum_{i,j} x_{ij} I_{ij}}{\sum_{i,j} I_{ij}}$$

$$\sigma_x^2 = \frac{\sigma_\eta^2 L}{\langle I_T\rangle^2}\,\frac{L^2-1}{12}$$

式中 S 是出瞳函数,I_{ij} 是探测器上像元的光强,σ_η 是像元的噪声,$\langle I_T\rangle$ 是星光总的平均亮度,L 是像长度上所覆盖的像元数目。实际上出瞳函数对入射波波阵面起着平滑的作用。

由于大气扰动在一个圆形口径 d 上所形成的斜率标准误差是 (Tatarskii,1971)

$$\langle S_j^2\rangle = 0.98\,\frac{6.88}{4\pi^2}\lambda^2 d^{-1/3} r_0^{-5/3} \tag{4.5}$$

同时因为弗里德(Fried)常数 r_0 和波长的 6/5 次方成正比,所以这个标准误差的值和波长无关。这就表明哈特曼-肖克传感器是一个消色差的装置。因为子镜有一种聚焦作用,所以这种传感器可以用于频谱比较宽的光源,从而对暗星相当灵敏。

为了估计光子噪声所产生的误差,假设 β 是子透镜的成像半径。对于点光源,当子透镜尺寸小于 Fried 常数 r_0 时,$\beta=\lambda/d$;当子透镜尺寸大于这个常数时,$\beta=\lambda/r_0$。像的强度是由概率密度函数决定的。由于曝光时每一个到达焦面的光子位置误差为 β,子透镜像重心的位置误差为 $\beta/n^{1/2}$,通过重复测量所获得的结果仍然是相同的,乘以这个波阵面斜率可以获得这个子瞳面上的以空间角平方为单位的相位标准误差:

$$\langle \varepsilon_{\text{phot}}^2 \rangle = \frac{4\pi^2}{n}\left(\frac{\beta d}{\lambda}\right)^2 \tag{4.6}$$

由于光子流量 n 和子瞳口径平方 d^2 成正比，当光子噪声恒定时，哈特曼-肖克传感器的误差和子瞳面的大小无关。当然，这个结果仅仅适用于理想的接收器，在实际使用 CCD 的情况下，常常选用较大的子光瞳口径，从而可以用于比较暗的引导星。

哈特曼-肖克传感器是自适应光学中最常用的波阵面传感器，它的最大精度可以达到 $\lambda/40$。由于这个传感器所测量的是斜率，不是相位，所以它不能直接应用在拼合镜面望远镜上。在拼合镜面的瞳面上，波阵面是不连续的。

哈特曼-肖克传感器同样可以应用于目标天体不是点源，而是扩展源的太阳望远镜中。在这种情况下，我们不是去确定单个子瞳面的焦点位置，而是通过不同的子瞳面所形成像的互相关函数值来确定波阵面的斜率变化。这里互相关函数之间的距离就代表每个子瞳面波阵面的斜率，通过这个斜率值可以进而获得波阵面的误差。

4.2.2　金字塔棱镜传感器

拉加佐尼(Ragazzoni，1996)发明了金字塔棱镜传感器。如图 4.3 所示，这种传感器是在星像的焦点上放置一个小金字塔棱镜，这时焦点和棱镜顶点重合。经过切割的星像经过准直镜，成像在出瞳面上。由于金字塔棱镜的顶角接近 90 度，所以棱镜四个锥面会在不远的距离上形成四个入瞳面的像。

这种方法是刀口方法的延伸，棱镜的边缘就如同傅科检验用的刀口，只要有光线偏离其应有的位置，在瞳面上就会出现光强起伏。当光线重新聚集在出瞳面上时，每一个出瞳面的光强分布就直接和波阵面的斜率相关。如果哈特曼-肖克传感器中相对于每个子透镜的照相机上有 4 个像元来决定波阵面的斜率，那么在金字塔棱镜传感器中，这 4 个像元就分别位于它们所形成的 4 个入瞳面像上的相应于这个子透镜的位置上。对于理想的波阵面，4 个瞳面上的像均匀一致。如果在入瞳中某一位置波阵面存在一个斜率，则 4 个像中相应的位置上，光的强度将不再均匀一致。

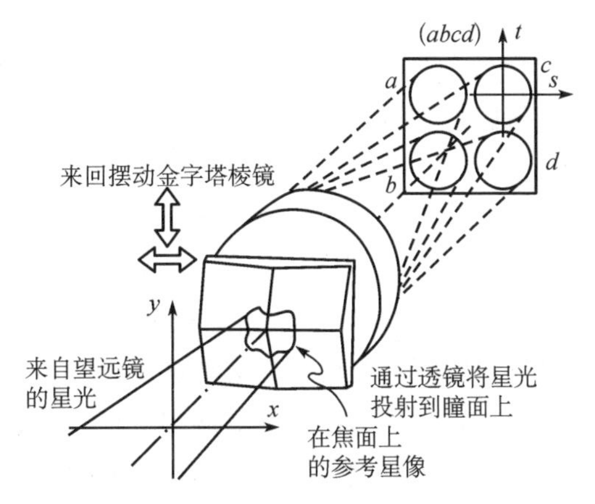

图 4.3　金字塔棱镜波阵面传感器(Ragazzoni，1996)

如果波阵面函数是 W，则棱镜每个面上像的亮度分布与波阵面函数梯度 ∇W 相关。

如果重新聚焦的出瞳面坐标是(s, t)，而相对应的像平面上的坐标为(x, y)，有

$$x=\frac{\partial W}{\partial s}F, \quad y=\frac{\partial W}{\partial t}F \tag{4.7}$$

式中 F 是出瞳面和焦面的距离。当棱镜在 x 和 y 方向上进行调制或者利用出瞳面上的摇摆镜使星点在棱镜上移动的时候，就可以获得四个像面上的相对强度变化。如果所调制的振幅大于像斑的大小，那么相对的强度变化为

$$I_{ab}(s, t)=I_0(s, t)T\left(\frac{\partial W(s, t)}{\partial s}F\right) \tag{4.8}$$

式中 I_{ab} 是出瞳 a 和 b 中光强度的总和。在方向 t 上，光强变化的情况也是如此。在计算过程中，大气闪烁效应可以用波阵面的微分值来消除，这个微分值就是相对应光瞳像之间的差值。如果四个光强函数 a、b、c 和 d 都是线性的，那么波阵面在某一个方向上的微分值为

$$\frac{\partial W(s, t)}{\partial s}=\sin\left[\frac{\pi}{2}\frac{(a+b)-(c+d)}{a+b+c+d}\right]\frac{R}{F}=\frac{R}{F}\sin\left(\frac{\pi}{2}S_s\right) \tag{4.9}$$

这个微分值是调制振幅的函数，而另一个方向上的微分值也具有相同形式。这种传感器的一个重要优点是可以利用调制振幅大小来调整它测量的灵敏度。通常随着波阵面误差改正，主动光学或者自适应光学所需要的波阵面灵敏度也会相应地逐渐增大，所以这种传感器的性能在闭环控制回路中要比普通哈特曼-肖克传感器要好。从几何光学的角度上，所使用的棱镜必须要进行调制，如果不调制的话，一些信号函数值 S_x 有可能是无穷大，则只能获得它们的符号即方向值。

然而，如果考虑到衍射效应，那么这个棱镜实际上可以看作四个直角形的空间滤波器。每一个滤波器相当于坐标系中的一个象限，它只允许这个象限中的光通过，而不允许其他三个象限中的光通过。因此四个出瞳面上的光强分布为

$$I_i(x, y)\propto FT^{-1}[H_i(f_x, f_y)FT(P(x, y)\exp(\mathrm{i}\phi(x, y)))] \tag{4.10}$$

式中 H_i 是相对应的空间象限滤波器，$P(x, y)$ 和 $\phi(x, y)$ 是入瞳平面上的波阵面振幅和相位。因此，从金字塔棱镜传感器获得的信号是 (Costa，2000；2002)

$$S_x(x_p, y_p)\propto\int_{-B(y_b)}^{B(y_p)}\frac{\sin(\phi(x, y_p)-\phi(x_p, y_p))}{2\pi(x-x_p)}\frac{\sin(a_u(x-x_p))}{x-x_p}\mathrm{d}x \tag{4.11}$$

式中 a_u 是所施加的角度调制量，B 是和坐标轴相垂直的边界线。这里所获得的信号实际上是正比于两个函数项乘积值的积分，其中一个函数是一个弦 $y=y_p$ 上的两个点相位差的正弦和这两个点之间的距离的比，而另一项就是调制量项。在第一项中，相对较远的点因为它们之间的距离大，所以它们的权重很小。而当相位差很小的时候，正弦函数的值则可以用它的角度值来代替，即

$$\sin[\phi(x, y_p)-\phi(x_p, y_p)]=\phi(x, y_p)-\phi(x_p, y_p) \tag{4.12}$$

因此这个传感器可以看作一个线性系统。从另一个角度来看，如果光瞳上的相位是两部分的和，即高空间频率部分和低空间频率部分，那么这个相位差的正弦值可以表达为

$$\sin[\phi(x)-\phi(x_p)] = \sin[\phi_L(x)-\phi_L(x_p)]\cos[\phi_H(x)-\phi_H(x_p)] + \sin[\phi_H(x)-\phi_H(x_p)]\cos[\phi_L(x)-\phi_L(x_p)] \tag{4.13}$$

如果相位变化非常快，那么在第一项中，除非两个点相距很近，相位差的余弦项就冲散了其正弦项的贡献。在这种情况下，因为积分范围内的两点之间较大距离上的正弦值很大，所以它对积分值的贡献就由于余弦值的作用而减小，但是它的值并不等于零。所以这个高频项实际上起了一个调制作用，和积分号中的脉冲函数一样，使这个系统成为一个线性系统。在一个闭环控制环内，传感器不需要进行额外的调制。

作为一个波阵面检测器，每一个金字塔棱镜传感器的体积都很小，它们可以在焦平面上来主动寻找星像。这特别适合于受等晕区控制的多个引导星的情况。关于金字塔棱镜作为拼合镜面的相位传感器的讨论见第 4.5.5 节。

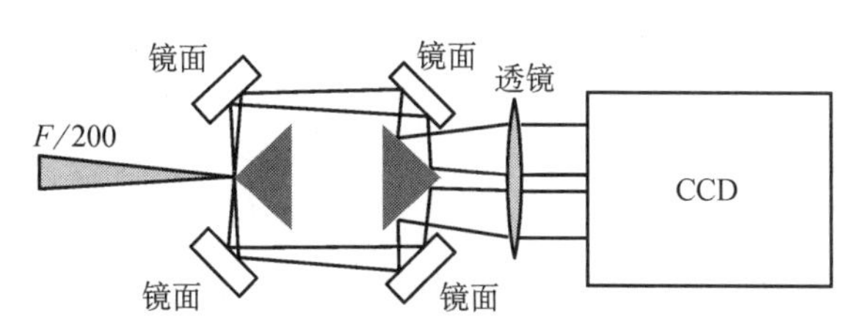

图 4.4　反射式金字塔棱镜组波阵面传感器(de Man，2003)

金字塔棱镜的大顶角比较难加工。一种避免加工困难的方法是使用两个顶角相近的小顶角棱镜组来代替。这两个棱镜背靠背放置，因此它们的效果和一个顶角接近 180 度的棱镜相同。在一种设计中，使用了一个半顶角为 30 度的棱镜和一个为 28.338 度的棱镜(Esposito，2003)，这样所形成的复合棱镜组的等效半顶角是 $\delta=\alpha_1(n_1-1)-\alpha_2(n_2-1)$，式中 α_i 和 n_i 分别是两个棱镜的半顶角和折射率。另一种方法是采用两个反射金字塔棱镜组来组成这种特殊的波阵面传感器(de Man，2003)，如图 4.4 所示。

一种新的生产这种金字塔棱镜的方法叫深度 X 射线光刻(Ghigo，2003)。棱镜所使用的材料是聚甲基丙烯酸甲酯(PMMA)，它具有高的分子质量和很强的对 X 射线的阻力。在加工中，将 PMMA 的板材(大约是 500 μm 厚度)放置在一个转盘上，然后用一个抛光的刀口放置在板材上面来阻挡 X 射线。用同步器中产生的，平行照射的 X 射线在一个倾斜的角度上对刀口后面的材料进行照射。当一个面照射之后，旋转 90 度，再照射另一个面。直到所有四个面全部照射以后，使用化学溶液将照射后的材料进行溶解。一般每一面照射时间为 1 小时，而溶解时间需要 24 小时。在加工中，刀口的不平度非常重要，必须在 10～20 nm 之间。PMMA 在波长 589 nm 时的折射率为 1.491。

4.2.3　干涉仪式波阵面传感器

剪切干涉仪式波阵面传感器的基本原理和第 5.6 节所讨论的振幅干涉仪非常相似。在剪切干涉仪中，光束振幅被分裂形成两束光，其中一束光经过变换，最后这两束光相干形成干涉条纹以获得波阵面上的相位。

一个典型的干涉仪式波阵面传感器是径向旋转光栅干涉仪(rotating radial grating interferometer)。在这种干涉仪中，星光成像在旋转的径向光栅上，星像点偏离光栅旋转

中心，当光栅以一定角速度旋转时，波阵面实现了横向剪切，从而引起接收器上的光强变化。如果在望远镜出瞳面上波阵面函数的相位和振幅分别为 $\phi(x, y)$ 和 $A(x, y)$，则光辐射可以表示为

$$u(x, y) = A(x, y)\exp(-\mathrm{i}k\phi(x, y)) \tag{4.14}$$

图 4.5 中透镜 L_1 的作用是使焦面上产生 $U(x, y)$ 的傅立叶变换，这个变换正好落在透射率变化为 $M(x_0, t)$ 的移动光栅上。经过光栅后的光辐射振幅分布为

$$U(x_0, y_0, t) = \widetilde{U}(x_0, y_0)M(x_0, t) \tag{4.15}$$

式中 $\widetilde{U}(x_0, y_0)$ 是 $U(x, y)$ 的傅立叶变换。这时透镜 L_2 的作用是使像成在出瞳像面 D 上，因此探测器上的光强为

$$I(x, y, t) = |U'(x_0, y_0, t)|^2 \tag{4.16}$$

式中 $U'(x_0, y_0, t)$ 是$\widetilde{U}(x_0, y_0)$ 和 $M(x_0, t)$ 的傅立叶变换的卷积。对于透射率为正弦函数的旋转光栅，光强函数为

$$I(x, y, t) = \frac{1}{2} + \gamma\left(\frac{1}{2}\right)\cos\{k[\phi(x-s, y) - \phi(x+s, y)] + 2\omega t\} \tag{4.17}$$

式中 $\omega = 2\pi v/g$ 是调制频率，v 是光栅线速度，g 是光栅周期，γ 是星光的相干程度。这时相干的剪切波阵面正好是光栅 ± 1 阶的衍射图像，剪切量为 $s = \lambda Z/g$。在接收器上光强的相位差就表示这两个剪切面的光程差，当剪切量小时，它和波阵面的斜率误差（slope error）成正比。由于缺少另一个方向上的剪切，因此还需要另一个完全相同的装置来检测其垂直方向上的相位误差。这种径向旋转光栅干涉仪的改进方法是一种章动式光栅干涉仪（nutated image grating interferometer），在这种干涉仪中，像点在一个旋转镜面的反射下不停地在光栅平面内移动，因此一个径向光栅可以切割像所有的方向，从而可以用一个单独的装置来代替固定式像点干涉仪中互相垂直方向上的两台装置。在这类波阵面误差探测器中，还有一种新近发展的“软刀口旋转探测器”（rotating soft knife-edge），这种方法具有和旋转光栅相同的原理。

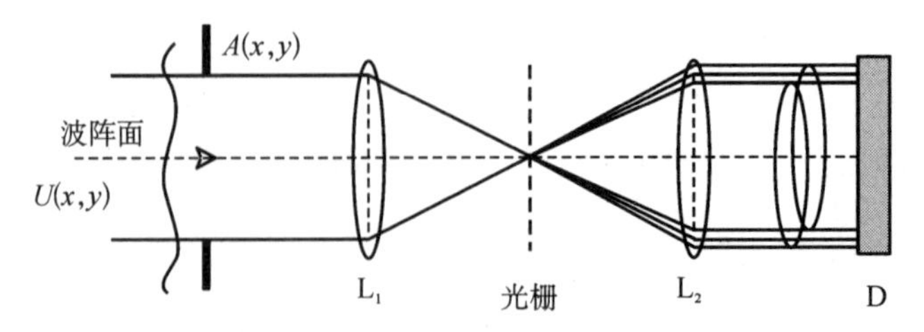

图 4.5　移动光栅剪切干涉仪所产生的时间调制（Hardy，1977）

4.2.4　相位对比波阵面传感器

相位对比波阵面传感器（phase contrast wavefront sensor），或者四象限相位遮挡传感器

(quadrant phase mask sensor) 是从 Zernike 在显微镜上观察透明目标时所产生的相位对比技术发展起来的(Bloemhof, 2004)。这个技术可以通过傅立叶平面上的相位移动来观察小的相位变化。在正常情况下,当对光瞳面再成像时,仅仅记录的是它的强度,即振幅的平方,而相位信息被丢失了。在这个传感器中,在焦面上像中心的 $\sim\lambda/D$ 面积部分引入了 $\pi/2$ 相位移动,这里 D 是望远镜的口径。这个装置相当于一个低通滤波器,将波阵面中的高频部分过滤掉了,而边缘较高频的光线则没有变化(图 4.6)。经过这个变化,高阶的光线和相位后移后的零级光线在瞳面上相干涉,形成一个新的相位分部条纹。

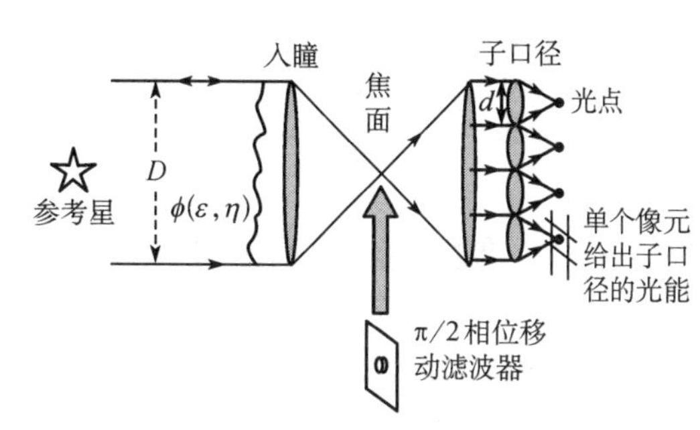

图 4.6　相位对比波阵面传感器(Bloemhof, 2004)

在望远镜中光线可以表示为 $A\exp(i\phi)$,这里 A 是振幅,ϕ 是波阵面的相位。如果相位值很小($\phi<\pi/3$),这个指数函数可以表达为一个多项式形式 $\exp(i\phi)\sim 1+i\phi$。这个表达式表示一个波阵面的相位可以表达为两个部分,一个是比较大的、不产生衍射的部分,这部分正好聚焦在焦点;而另一部分是和焦点上的部分有 90 度相位差、可以产生衍射效应的部分。

在焦面上,不产生衍射部分的光线集中在像点中心约 λ/D 大小的区域,而产生衍射部分的光线则分布在焦点之外的区域。如果用一个具有 90 度相位延迟的相位延迟器放置在像点中心的 λ/D 部分,那么这个光线中不产生衍射的部分将会有 90 度的相位延迟,和产生衍射部分的光线具有相同的相位。

这种相位延迟可以用一个具有 90 度相位光程、具有像点衍射极限大小的电介质片来实现。当这个电介质片加入到像点中心的时候,中心部分的相位就会产生四分之一波长的延迟。当这些光线和衍射部分的光线在光瞳平面上成像时,相位信号就变成可以观测到的微小的星像强度的变化。这个强度变化将和 $1\pm 2\phi$ 的值成正比,式中正负号对应于中心光线在相位上延迟或是提早于衍射。

相位对比传感器和哈特曼-肖克传感器十分类似。然而在每个子光瞳的焦面上,这种仪器只需要 1 个像元用于记录光强,而不像哈特曼-肖克传感器至少需要 4 个像元用于记录波阵面的斜率,所以 CCD 的读出误差比较小。

电介质材料的频率宽度比较狭窄,一种新的设计可以使其在很宽的频率范围内工作。因为一个很薄的分光片上的透射光和反射光之间的相位差正好是 $\pi/2$,所以可以在焦面上用一个 50/50 的分光片来制成相位对比传感器(图 4.7)。从分光片上获得的两束光分别反射到一个薄的双面镜的正反两面,在镜面的像点位置,有一个衍射像大小

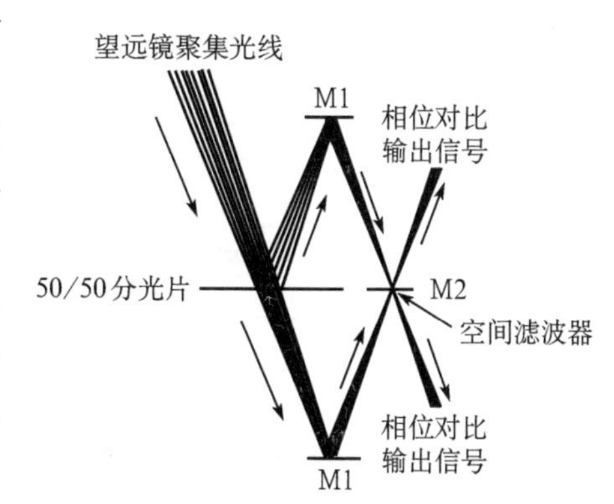

图 4.7　宽频相位对比传感器的装置(Bloemhof, 2004)

的小孔，则经过这个镜面的光线就是所需要的中心光线和有90度相位延迟的光线。通过在瞳面上再成像就可以获得波阵面的相位分布。如果把两个面上的光通过光电装置进行合成，信号的信噪比就会增加。

4.3 触动器、变形镜、相位校正器和精密测量装置

获得波阵面误差以后，重要的工作就是去补偿这个误差从而获得更好的星像质量。不管是主动光学还是自适应光学，都需要一些补偿波阵面误差的装置。在主动光学中这些装置就是主动镜面的执行机构，主要是位移触动器、力矩触动器和力触动器。这些触动器使镜面产生位移或者产生表面变形。在自适应光学中，这些装置包括相位校正器、摆动镜、变形镜和自适应副镜。因为摆动镜和薄膜镜面相似，仅仅校正波阵面中贡献相当大的前几项低阶误差项，而自适应副镜仅仅用于少数望远镜中，所以摆动镜和自适应副镜将分别在4.6.3和4.8.3节中进行介绍。在本节中还会介绍望远镜中的精确度量装置。

4.3.1 触动器

机械式的镜面触动器是从镜面支承装置中发展起来的。被动的镜面支承装置可以提供固定的支承力和支承位置。这种重力补偿装置常常是一些杠杆平衡重或者是气垫装置。触动器实际是一种特殊的可以改变镜面受力状态的镜面支承装置。由于这种受力状态的改变，镜面形状和镜面位置的变化正好补偿了波阵面中的部分误差。

主动光学系统中的力触动器主要用于薄镜面望远镜。图4.8是两种典型的力触动器。在这种触动器中，杠杆臂上的电机起着调节可动平衡重位置的作用，可动平衡重位置的改变使镜面所受到的支承力大小产生变化。而支承点下的力传感器(load cell)则起着监测和反馈输出力大小的作用。另一种力触动器包含有两个层次，其中一个层次是一个被动液压装置，它用于支承固定的轴向载荷，而另一个层次是电机驱动的弹簧，用于主动光学附加力的补偿。

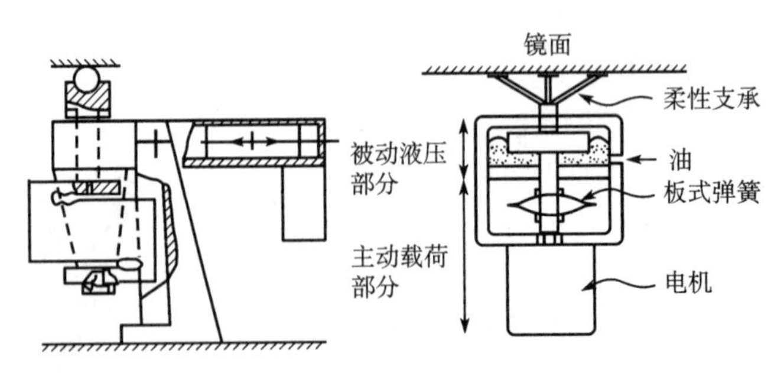

图4.8 典型的力触动器(ESO)

还有一种气动压力型触动器可以获得很高精度的压力输出。这种触动器包括上下两组加力装置。每一组加力装置包括上下两个气室，采用差压方法提供支承力和支承强度。上面一组提供稳定的镜面支承力，而下面一组提供可以调节的镜面主动变形支承力，两组力叠加后同时施加于镜面底部，这样所获得的力可以达到很高的精确度、灵敏度和很大的

动态范围。力触动器比较容易设计，在触动器上的力传感器可以测量对镜面所施加的力，并且反馈这个力的信息。

为了防止触动器对镜面产生摩擦力矩，触动器与镜面的接触部分通常使用由钢质的球面或者相互垂直的薄片形成的柔性连接，以避免触动器和镜面之间产生不需要的弯曲力矩。在弹性变形区间，薄镜面的变形和它所受到的力呈线性关系。当镜面很薄的时候，变形的交叉效应很小，镜面的总变形就等于所有力触动器所产生的变形总和。

力矩触动器和力触动器十分类似。如果在镜面背后胶接两个方块，分别在这两个方块上施加一定的力，则在镜面上就会产生一定的力矩。力矩触动器常用于拼合镜面上的离轴抛物面的预应力抛光之中。

相比于力和力矩触动器，位移触动器的设计要难得多。位移触动器需要在支承力变化的情况下均保持精确的镜面位置精度。拼合镜面的主动光学就需要这种位移触动器。在拼合镜面系统中，各个子镜面的位置需要调整到工作波长(10～50 nm)的几分之一。同时，整个系统还需要十分稳定、精确、可靠，用以作为一个被动的镜面支承系统。

凯克望远镜使用的位移型触动器如图 4.9 所示。这种传动机构包括一个精密滚珠丝杠来产生所需要的位移。而外界载荷的变化可以通过其中的弹簧和液压装置来加以调节，所以不影响它的位置精确度。在这个装置中，电机后面的编码器可以提供位移值的执行情况。为了获得精确的位移执行量，这种触动器的分辨率是 4 nm，它的调节范围是 1 mm。

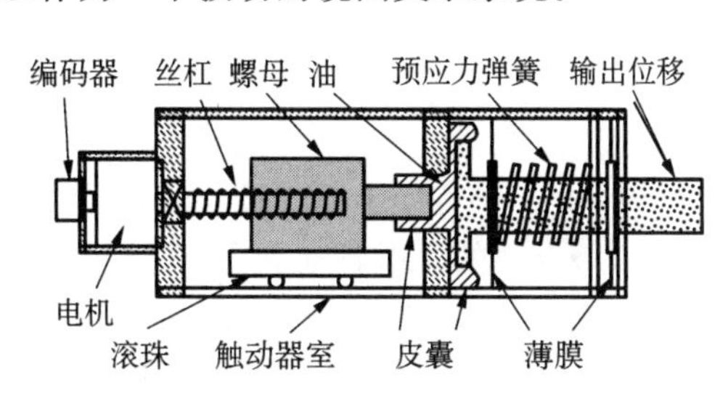

图 4.9　典型的位移触动器(Keck)

在哈勃空间望远镜上使用的位移触动器需要在绝对温度 40 开的低温环境下工作。这个触动器包括一对步进电机和丝杠装置，两个装置一前一后，中间是一个差分弹簧联轴节。在这两个装置中，一个是粗调装置，另一个是细调装置。

4.3.2　变形镜

在自适应光学中使用的小变形镜常常是由很多压电陶瓷驱动器或者其他静电驱动器带动薄玻璃面的变形所构成的。在变形镜中镜面表面可以是连续的，也可以是不连续的。在表面不连续的变形镜中，子镜元可以由单一触动器驱动，子镜面没有倾斜自由度，这样产生的波阵面是不连续的。要改善这种情况，每一个子镜元需要三组触动器来驱动。如果镜面表面是连续的，它在波阵面补偿上的能力通常是具有相同触动器数量的不连续表面的变形镜的四分之一到八分之一。

在压电触动器中通常有两种伸缩效应：压电效应和电致伸缩效应。压电效应是具有电极化性质的铁电材料所具有的一种特性。铁电材料包括压电材料、热电材料和液晶材料。PZT(zirconate titanate)就是一种特殊的铁电材料，也是压电材料。在这种材料上施加应变会产生电压，同样施加电压会使材料产生应变。这种电压和应变是线性关系，但是有较大的迟滞性。和压电效应不同，电致伸缩效应是铁电材料所共有的特点。比如 PMN (lead magnesium niobate)就是铁电材料，它就具有这种效应。在铁电材料上施加电压的时候会产生应变，但是不存在相反的效应。电致伸缩效应所产生的位移和电压平方成正比，并且具有很好的重复性。由于压电材料是铁电材料的一个分支，所以压电材料会同时具有压电和电致伸缩两种效应。另一种铁电材料是液晶材料，它在自适应光学中可以用于相位改正。

PZT ($Pb(Zr, Ti)O_3$) 晶体具有很强的压电效应，这种效应具有方向性，所以常常用张量来表示。在高度方向上的电场强度 E_3 所产生的相对高度的变化为

$$\frac{\Delta h}{h} = d_{33}E_3 \tag{4.18}$$

式中 h 是压电陶瓷的高度，d_{33} 是高度方向上的压电系数，下标 3 表示 z 轴方向。如果施加的电压是 $V_3 = E_3 h$，那么

$$\Delta h = d_{33}V_3 \tag{4.19}$$

这里 d_{33} 的值通常是 $0.3 \sim 0.8\ \mu\text{m/kV}$。如果电场施加在 x 轴方向，那么

$$\frac{\Delta h}{h} = d_{31}E_1 \qquad \Delta h = \frac{h}{w}d_{31}V_1 \tag{4.20}$$

式中 w 是 x 轴方向上的长度，d_{31} 和 d_{33} 的符号相反，其大小大致是 d_{33} 的 3/8。由这些公式可知，最有效的压电触动器应该是由一组压电材料在高度方向上叠合起来组成。

PMN ($Pb(Mg_{1/3}Nb_{2/3})O_3$)材料具有电致伸缩效应。比较 PZT 触动器，在相同位移的条件下，PMN 材料所需要的电压较低。它的相对变形是和电压平方成正比：

$$\frac{\Delta h}{h} = aE^2 = a\left(\frac{V}{h}\right)^2 \tag{4.21}$$

压电晶体所产生的变形可能同时包括压电和电致伸缩两种效应。压电效应需要材料自身具有电极化的特点，而电致伸缩效应则不要求这一点。电致伸缩效应的迟滞性很小($<3\%$)，所以电致伸缩效应的触动器比较稳定，不容易老化，但是它常常有较强的温度干扰。

如果在一个小薄镜面的背后胶接一个个小磁体，并且在它后面的镜室上胶接相应的小线圈，也可以形成一个适用的变形镜。另一种变形镜尺寸很小，它是采用半导体光刻技术加工的，被称为微镜阵列(micromirror array)或微电子机械系统(micro electronic mechanical system, MEMS)。这种微镜阵列的面积利用率高($>95\%$)，具有较大的位移变化范围(5～10 μm)、很小的像元尺寸(<200 μm)、很快的时间响应。这种变形镜的潜在成本低，很可能会成为变形镜的主要形式。

如果将两片大小相同、极化相反的压电材料胶接在一起，同时在胶接面上安装一个控制电极，则可以形成双压电晶体变形镜。双压电晶体变形镜和薄膜变形镜的特性相似，将在 4.6.3 节中介绍，它们常常用于波阵面的曲率补偿。

4.3.3 液晶相位改正器

液晶相位改正器或者液晶相位调制器是一种新发展的自适应光学器件，它能够部分

代替自适应光学中的变形镜。液晶体是一种介于液体和固体之间的相态。在固态时，分子具有位置性和方向性，而在液态时，分子的这两种特性将全部消失。然而在液晶态时，分子的位置性消失，但保持了它的方向性。当一些液体分子呈圆柱形状，同时具有电极化特性，那么它就具有双折射特性。这样线偏振光在经过这种材料时，平行于分子主轴的正常光有一定折射率，而垂直于分子主轴的非常光则有另一种折射率。当光线介于两者之间时，其折射率为

$$n(z)=\frac{n_e^* n_o}{(n_e^2\sin^2\theta+n_o^2\cos^2\theta)^{1/2}} \tag{4.22}$$

式中 n_o 和 n_e 分别是正常光和非正常光的折射率，θ 是入射光线和分子主轴之间的夹角。折射率是一个复数，星号表示它的共轭复数。

液晶相位改正器和液晶显示十分相似。当液晶材料像三明治一样夹在有固定距离的两块玻璃之间时，三明治内部的玻璃表面有一层使分子整齐排列的涂层。在液晶显示中，两个相对的玻璃内层的分子排列正好相互垂直，而在相位改正器中两面玻璃上的分子排列互相平行。由于玻璃上常有透明材料的 ITO(Indium Tin Oxide)电极，当玻璃两侧存在电场时，液晶分子的排列就会发生变化，如图 4.10 所示，分子的倾斜角度和电场强度有关。这时线偏振光经过这个装置后的相位变化为 (Restaino，2003)

$$\Delta\phi=\frac{2\pi}{\lambda}\int_{-d/2}^{d/2}[n(z)-n]\mathrm{d}z+\langle\Delta\phi\rangle_{\mathrm{thermal}} \tag{4.23}$$

式中 d 是改正器中液晶体溶液的厚度，通常是几微米，n 是没有外电场存在时的折射率，式中最后一项 $\Delta\phi$ 受温度的影响，通常是 1.7×10^{-7} 弧度数量级，可以忽略不计。相位改正器需要使用线偏振光，如果是非偏振光，则需要两个同样的改正器。另一种方法是在改正器的前面贴上一个四分之一的波片，同时在改正器的后面贴上一个镜面，当光线经过相位改正器时，一个偏振光的相位发生延迟。而经过镜面反射后，另一个偏振光的相位也会产生延迟。液晶相位改正器的缺点是它的时间响应比较慢，不能应用于大气宁静度差的台址。

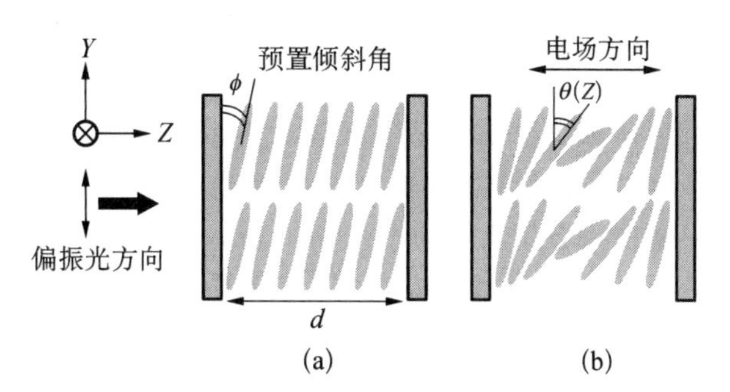

图 4.10　液晶晶体在没有电场(a)和有电场存在时(b)的分子排列

4.3.4　精密计量系统

主动光学和自适应光学系统利用波阵面传感器来实现总体的控制闭环。如果没有波阵面传感器，就只能够形成局部的闭环控制系统，这时的反馈信息主要来自精密计量系统

(metrology)。这种计量系统可以是位移传感器、斜度仪、加速度仪,也可以是光程测量系统,或者是温度等环境传感器。射电望远镜、光学导星望远镜也可以成为这个计量系统的一部分。射电望远镜中激光测距仪和四象限接收器将在 8.2.4 节讨论。而温度和斜度传感器将在 9.2.4 节讨论。

在拼合镜面望远镜中,主动光学主要依靠各个子镜面之间的精确位移传感器。凯克望远镜使用了一种电容式位移传感器(图 4.11),用于对位移触动器的位移值进行反馈。这种传感器包括上下两块低膨胀陶瓷或石英块,在陶瓷或石英块上镀金属镀层形成一个十分灵敏的电容器。通过对电容器电容的测量来获得各子镜面位移的信息,类似的电容式位移传感器也使用在自适应副镜系统中。

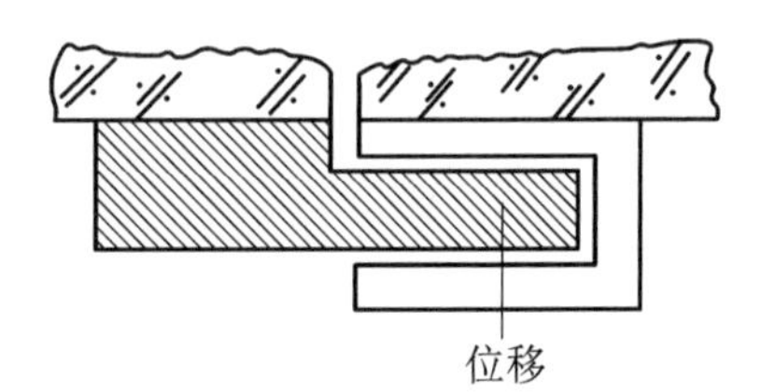

图 4.11 电容式位移传感器的示意图

一种改进后的电容式位移传感器是在相邻两块子镜面的侧面镀上金属薄膜,一个侧面镀层是一个大正方形,而另一个侧面镀层为上下两个长方形,这样可以形成两个电容器。所以两个镜面之间的位移可以用差分电容值来获得,它同时也提供了镜面相对倾斜的信息。

一个类似的电感式位移测量系统也应用于拼合镜面子面板高度测量装置之中。在这种传感器中,子镜面的一个侧面镀上了一组平面线圈,而另一个子镜面的侧面则镀上了上下分离的两个面积较小的平面线圈,上下两个线圈的圈数相等,方向相反。当两个镜面正好处在同一个水平位置时,尽管两个小线圈中均有等量的交流电流通过,由于差分效应,大线圈内将不产生任何感应电压。这种传感器比电容式传感器有更大的优越性,它对空气中的水汽含量很不敏感。

对于多镜面望远镜,各个子主镜的位置和各子望远镜的光程差都严重地影响各个子望远镜的相位干涉,因此必须采用另外的特殊传感装置。在这种装置中,通过在共同焦点处引入新的氙灯光源和在两个主镜面之间倒置的抛物面望远镜,可以在倒置望远镜的焦面上形成干涉条纹,这样可以通过干涉条纹偏离程度确定各子望远镜之间的相位差,即各子望远镜之间的相对位置误差。图 4.12 是这一装置中倒置望远镜的示意图。

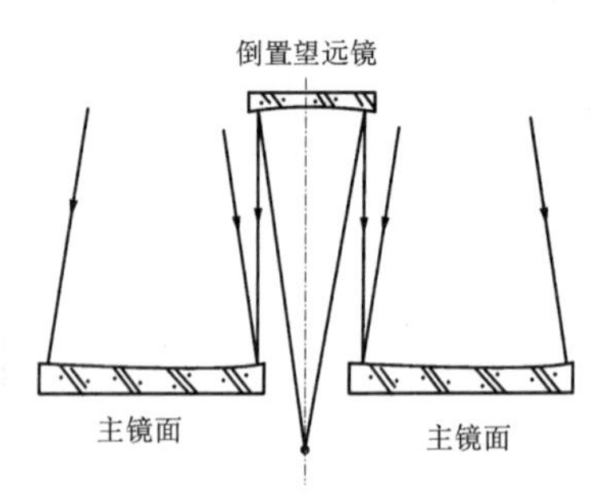

图 4.12 早期多镜面望远镜中镜面间位移测量的倒置望远镜

有时候,触动器本身就包括有各种专门的传感器,这些传感器可以在局部形成当地反馈回路。

4.4 主动光学系统

4.4.1 单镜面系统的主动光学

主动光学望远镜的控制系统包括两种不同类型:用于单一镜面的面形控制和用于拼合镜面的镜面控制。两种控制系统在执行机构选择上也不相同,前者使用力触动器,而后者使用位移触动器。它们的主动控制过程也略有差异。

在单一镜面光学望远镜中(见图 4.13),主动光学控制系统包括波阵面传感器、控制计算机以及主镜和副镜上的触动器。这里波阵面误差表示成类泽尼克(Zernike)多项式或者镜面谐振时的弯曲振型的形式。类 Zernike 多项式中,各个低频分量均具有特定的物理意义(表 4.1)。而由于大气中引起光程差的统计规律的影响,高频分量对系统像差起着较小的影响因而常常被省略掉。由这些误差表达式,计算机根据薄板理论给出所需要的触动器输出量来补偿这个误差,整个控制系统是闭环的。

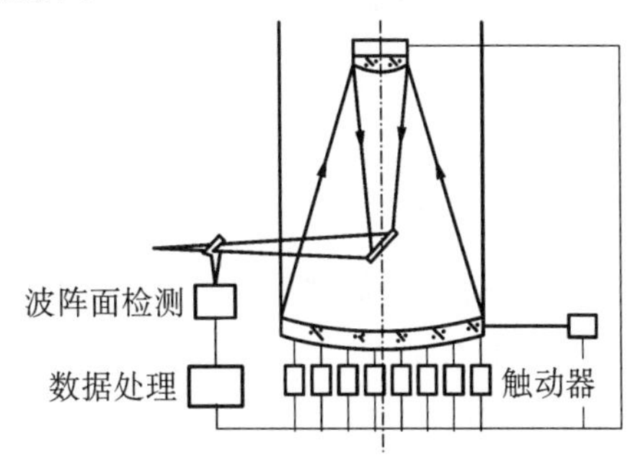

图 4.13　单主镜望远镜的主动控制示意图

表 4.1　类 Zernike 多项式中各个低频项的物理意义

项目	物理意义	产生原因
a	常数项	
$br\cos(\phi+\theta_1)$	径向离焦	指向或跟踪
cr^2	轴向离焦	聚焦误差
$dr^3\cos(\phi+\theta_1)$	离心彗差	镜面离轴
er^4	三级球差	轴向支承
fr^6	五级球差	轴向支承
$gr^2\cos(2\phi+\theta_2)$	三级像散	轴向支承
$hr^5\cos(3\phi+\theta_3)$	三角形彗差	定位点支承误差
$ir^2\cos(4\phi+\theta_4)$	四边形像散	

表 4.1 列出了低阶的一些 Zernike 项,一般归一化的各项(Noll, 1975)的形式为

$$\begin{aligned} Z_{\text{even},j}(m\neq 0) &= \sqrt{n+1}\cdot R_n^m(r)\sqrt{2}\cos m\theta \\ Z_{\text{odd},j}(m\neq 0) &= \sqrt{n+1}\cdot R_n^m(r)\sqrt{2}\sin m\theta \\ Z_j(m=0) &= \sqrt{n+1}\cdot R_n^0(r) \\ R_n^m(r) &= \sum_{s=0}^{(n-m)/2}\frac{(-1)^s(n-s)!}{s![(n+m)/2-s]![(n-m)/2-s]!}r^{n-2s} \end{aligned} \tag{4.24}$$

式中 n 是在半径方向上的自由度,m 是地平转动方向上的频率,它们都是整数。并且 $m\leqslant n$, $n-|m|=$ 偶数,当 $n-|m|=$ 奇数时,径向多项式的系数为零。而 j 称为模数,它是 n 和 m 的函数。

当使用镜面谐振时的弯曲振型的时候,同样可以取谐振频率低的一些振型,这些振型仅需要非常小的支承力变化来获得,而所需要的最小镜面支承力是通过力的优化后获得的。因为镜面的弯曲振型均互相正交,所以通过它们可以合成任何复杂的镜面变形形状,从而补偿任何波阵面误差的面形。

4.4.2 拼合镜面系统的主动光学

在拼合镜面望远镜中，主动光学控制过程略有不同，这时主要的控制目的是保证各个子镜面的正确位置。每个子镜面有三个可控制的自由度，对于由 N 个子镜面构成的望远镜，总共有 $3N$ 个需要主动控制的自由度。为了决定整个镜面的指向和位置，需要锁定三个主动控制触动器，因此共剩下 $(3N-3)$ 个自由度来决定每一个子镜面的位置，这 $(3N-3)$ 个自由度的位置误差值将由镜面之间的位移传感器来测定。通常这些位移传感器的数目远远大于镜面自由度的数目，这时多余的位移传感器将作为备用或用于校核。

图 4.14 表示了美国 10 m 凯克望远镜位移传感器的布局。这个望远镜的总自由度为 105，而位移传感器的总数为 168。因为传感器数目大于总自由度，利用最小二乘法可以获得所需要触动器的调整量。

假设全部子镜面都处于正确位置，这时各个位移传感器的读数值应该为零。而当镜面受到干扰、各镜面指向不同方向时，焦面上就会出现 N 个子像点（几何光学情况）。也就是说由于镜面位置的误差，总像斑增大，这个像斑的均方根半径就可以作为评价镜面控制的标准。

假设整个理想镜面位置是一个在 x - y 平面上的平坦表面，每个位移传感器的读数值就是相邻两子镜面的高度差，即

$$S_j = \Delta Z \tag{4.25}$$

如果子镜面处于正确位置，镜面上三个位移触动器的位置值则为 $P_{ij} = 0$，这里 j 是子镜面的编号，$i = 1, 2, 3$ 代表三个位移触动器机构。当三个位移触动器产生位移误差时，镜面上各点的高度值等于

$$Z_j = \alpha_j x + \beta_j y + \gamma_j t \tag{4.26}$$

其中

$$\alpha_j = \frac{1}{3t}(2P_{1j} - P_{2j} - P_{3j})$$

$$\beta_j = \frac{1}{\sqrt{3}t}(P_{2j} - P_{3j})$$

$$\gamma_j = \frac{1}{3t}(P_{1j} + P_{2j} + P_{3j})$$

式中 t 是三个位移触动器到镜面中心的距离（图 4.14）。各位移传感器读数值与位移触动器的位置关系为

$$S_j = \sum_n A_{jn} P_n \tag{4.27}$$

矩阵 A_{jn} 的值决定于几何参数，j 表示位移传感器的编号，n 为位移触动器的编号。A_{jn} 是一个稀疏矩阵，其中大部分元素为零。通过求解方程组(4.27)就可以得出位移触动器需要

补偿的位移量。

在实际控制过程中，矩阵 A_{jn} 的值全部存贮在计算机中，只要给定 S_j 值，就可以计算出需要的 P_n 值。这个计算值再和波阵面误差检测信号综合处理，从而控制各个子镜面的位置，达到拼合镜面望远镜主动控制的目的。

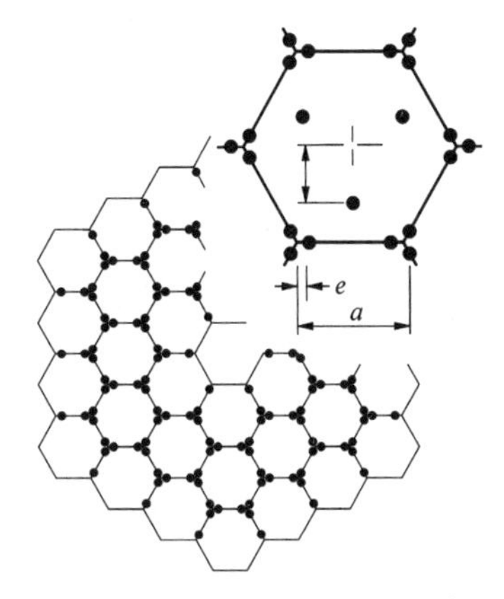

图 4.14　10 m 凯克望远镜位移传感器和位移触动器的布局(Keck, 1985)

在拼合镜面望远镜的主动控制中，不同阶段有不同的控制要求。在子镜面调整的初期，仅仅要求各镜面共焦，而不要求光的相干，这时像斑的大小或者单个子镜面的波阵面传感器可以作为镜面调整的依据，调整后的各个子镜面将没有任何倾斜的误差；而在最后阶段，所有的子镜面不但要求共焦，而且要实现相干。这时的关键是取得相对平行的各子镜面之间的轴向相位误差(piston error)。检测轴向相位误差的传感器称为相位差传感器(phasing sensor)。获得子镜面之间的相位差后，各个子镜将利用位移触动器调整它们的位置，这个调整过程要重复进行以获得最好的整个镜面的均方根误差。

在没有大气扰动的情况下，共焦的子镜面所产生的像是由子镜面的艾里斑尺寸所决定的，但是对于共相位望远镜来说，像斑尺寸是由望远镜整个大镜面的艾里斑尺寸所决定的，这时的星像将非常锐利。

4.5　相位差传感器

4.5.1　色散条纹相位差传感器

相位差传感器是拼合镜面所必需的一种传感器。为了实现各子镜面共相位的要求，必须测量两个相邻子镜面之间的相位差。相位差传感器有多种形式，其中的一种是色散条纹相位差传感器。

色散条纹相位差传感器的基本部件是透射光栅棱镜(grism)，它专门用在子镜面共相位的初调阶段(Shi,2003)。光栅棱镜是一种在棱镜面刻有光栅的棱镜元件。色散条纹相位差传感器可以测量出两个镜面之间超过 2π 弧度的相位误差，这远远超出了一般波阵面传感器所能够测量的相位差范围。波阵面误差具有周期性，一旦相位差超过 2π 弧度，它们就会和小于 2π 弧度的误差叠加在一起，不容易分辨。

色散条纹相位差传感器是在焦点成像后，经过准直镜的光路中加入光栅棱镜形成的(图 4.15)。透射光栅棱镜在色散方向 x 的波长散射是

$$\lambda(x) = \lambda_0 + \frac{\partial \lambda}{\partial x} = \lambda_0 + C_0 x \tag{4.28}$$

式中 λ_0 是中心波长，C_0 是线色散系数。如果两个子镜面之间只有相对相位差，两部分光线的相干叠加会在谱面上形成强度的条纹。在频谱任意点上的光强 $E(x)$ 是两个不同相位

光的叠加：

$$\begin{aligned} E(x) &= E_1 e^{i[(2\pi/\lambda(x))\cdot L]} + E_2 e^{i[(2\pi/\lambda(x))\cdot(L+\delta L)]} \\ &= E e^{i[(2\pi/\lambda(x))\cdot L]}(1 + e^{i[(2\pi/\lambda(x))\delta L]}) \end{aligned} \tag{4.29}$$

式中 E_1 和 E_2 分别是两个子镜面上反射的光强，当两个子镜面面积相同时，有 $E_1 = E_2 = E$，L 是衍射长度，而 δL 是两块子镜面波阵面之间的光程差。

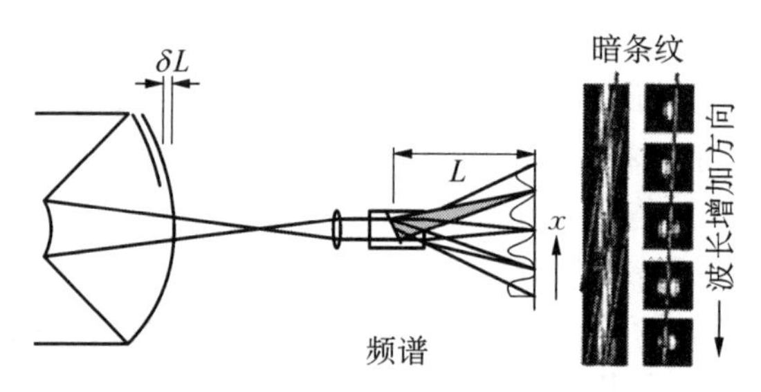

图 4.15　色散条纹相位差传感器的示意图(Redding, 2000)

色散以后的频谱图形，决定于它们的频率和两块子镜的相位差，来自子镜的波阵面之间的光线如果同相位则相互加强，如果反相位则相互抵消。这样在点分布函数上，就会出现周期性的明暗条纹。在色散方向上，条纹强度的分布为

$$I(x, y) = I_0\left[1 + \gamma\cos\left(2\pi\frac{\delta L}{\lambda(x)} + \phi_0(y)\right)\right] \tag{4.30}$$

式中 $I(x, y)$ 是 x 方向上的色散条纹光强，γ 是条纹的能见度，而 ϕ_0 是一个相位常数，它取决于 y 方向获得条纹的具体位置。条纹方向和子镜面之间间隙的方向相关，最好的条纹对比度发生在色散方向和子镜面之间间隙方向相同的时候。大的相位误差会产生比较多的条纹，如果相位差很小，也可能仅产生半个或者不完整的条纹。通常要对每一行条纹进行平均，来决定公式中右边各项的值。当两子镜面是共相位时，整个频谱是同相位地叠加而产生的，所以没有任何调制的痕迹。如果相位差很小，可以人为地加上一个固定的相位差，来使这个传感器产生可以辨别出的条纹。

在子镜面共相位的初调阶段，最大的可以探测到的相位差至少是一个焦点深度(depth of focus)，焦点深度的定义是 $\pm 2\lambda F^2$，这里 F 是主镜面的焦比。

在实际检测中，色散条纹传感器上的分布并不是理想的余弦曲线。所获得的信号会受到光栅棱镜效率、检测效率、光源频率等多种因素的影响，所有这些都是不希望出现的特点。因此有必要获得一个将视场中的光强叠加起来的定标光谱，这样可以去掉频谱中的一些缺陷。

4.5.2　样板式相位差传感器

样板式(template)相位差传感器，又称为相位差照相机，是凯克望远镜在早期估计子镜面之间相位差所发展起来的(Chanan, 1998, 2000)。这个传感器基本上就是一个肖克-哈特曼仪器，但是在它的透镜组之前的出瞳面上加了一个挡光板。这个挡板上有一个个圆心正好位于相邻子镜边缘正中的小圆孔，这里孔的对准是一件非常关键的工作。这个

子口径直径大约是 12 厘米，它小于波长为 500 纳米时的大气相关长度(约为 20 厘米)。

子镜面之间的间隙用一个宽度为 30 毫米的十字线挡住，这样就保证了测量结果在任何情况下对大气扰动不敏感。然后将仪器测量的结果和一组计算好的理论衍射图像进行比较。仪器的子透镜组也可以用棱镜组或者物镜和棱镜组来代替，后者具有更好的像值和更大的焦比。

如果 ρ 是子出瞳面上的位置矢量，w 是像平面上的位置矢量，在子瞳面上，(η, ξ) 形成一个直角坐标系。如果子瞳面的一半的相位是 $\delta/2$，而另一半是 $-\delta/2$，在子瞳面上的复数场矢量是

$$P(\rho, k\delta) = \begin{cases} \exp(\mathrm{i}k\delta) & \eta \geqslant 0 \\ \exp(-\mathrm{i}k\delta) & \eta < 0 \end{cases} \tag{4.31}$$

式中 $k = 2\pi/\lambda$，而像的复数函数是口径场的傅立叶变换：

$$A(w, k\delta) = \frac{1}{\pi a^2}\int_0^{\pi}\int_0^{a}\exp(\mathrm{i}k\delta)\exp(\mathrm{i}k\rho\cdot w)\rho\mathrm{d}\rho\mathrm{d}\theta + \frac{1}{\pi a^2}\int_{-\pi}^{0}\int_0^{a}\exp(-\mathrm{i}k\delta)\exp(\mathrm{i}k\rho\cdot w)\rho\mathrm{d}\rho\mathrm{d}\theta \tag{4.32}$$

式中 a 是子口径半径，(ρ, θ) 是子瞳面上的极坐标。如果不考虑十字线很小的影响，那么像场的虚数部分会消失，有

$$A(w, k\delta) = \frac{1}{\pi a^2}\int_0^{\pi}\int_0^{a}\cos(k\delta + k\rho\cdot w)\rho\mathrm{d}\rho\mathrm{d}\theta \tag{4.33}$$

像面强度是

$$I(w, k\delta) = A^2(w, k\delta) \tag{4.34}$$

当两个子镜面是同相位的时候，像面强度是

$$I(w, 0) = \left[\frac{2J_1(kaw)}{kaw}\right]^2 \tag{4.35}$$

如果两个子镜面的相位差为 $\delta = \lambda/4$，正好 $k\delta = \pi/2$，所以

$$A\left(w, \frac{\pi}{4}\right) = \frac{2}{\pi}\int_0^{\pi}\frac{u\cos u - \sin u}{u^2}\mathrm{d}\theta \tag{4.36}$$

$$u = kaw\cos(\theta - \psi)$$

式中 (w, ψ) 是像平面上的极坐标。对任意的 δ，像的图形可以用上面两个公式表示：

$$I(w, k\delta) = \left[(\cos k\delta)A(w, 0) + (\sin k\delta)A\left(w, \frac{\pi}{2}\right)\right]^2 \tag{4.37}$$

图 4.16 是 11 种等间隔的不同相位差情况下的理论衍射斑图形。如果将这些图形储存在计算机中，利用这个传感器就可以通过比较图像的形状来确定子镜面之间的相位差。在

上面讨论中，所用的光应该是窄频宽的单色光。

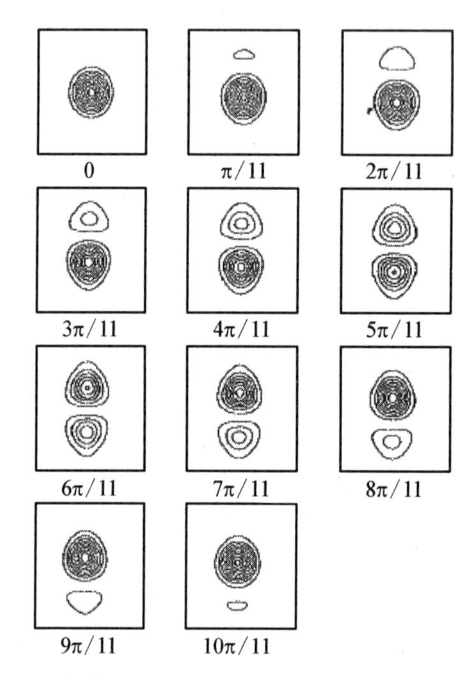

图 4.16　圆形孔径中两个半圆具有不同相位差时的单色光衍射图像(Chanan，1998)

上面公式 4.37 表示的衍射图像是一个周期为 $\lambda/2$ 的周期函数，所以它只能够探测到半波长内的相位差。

如果所使用的光具有一定的波长范围 $\Delta\lambda \approx 2\pi\Delta k/k$，并且不存在 $\Delta\lambda \ll \lambda^2/2\delta$，那么公式(4.36)必须在整个 k 上积分。最简单的情况是相对比较小的波长范围 $\Delta\lambda \ll \lambda$，在这种情况下，函数 $A(w, k\delta)$ 可以在 k 区间中点来求值，所有的三角函数在 k 范围内取平均值。如果 k 的频段是一个高斯分布：

$$g(k) = \frac{1}{\sqrt{2\pi\sigma_k^2}}\exp\left(-\frac{(k-k_0)^2}{2\sigma_k^2}\right) \tag{4.38}$$

在这个分布中，半极大的带宽(FWHM)是 $\Delta k = [8\ln(2)]^{1/2}\sigma_k$。通过在 k 上取平均，得到

$$\begin{aligned}
\langle I(w, k\delta)\rangle &= \alpha_1 A^2(w, 0) + \alpha_2 A(w, 0)A\left(w, \frac{\pi}{2}\right) + \alpha_3 A^2\left(w, \frac{\pi}{2}\right)\\
\alpha_1 &= \frac{1}{2}[1+\exp(-2\sigma_k^2\delta^2)\cos 2k_0\delta]\\
\alpha_2 &= \exp(-2\sigma_k^2\delta^2)\sin 2k_0\delta\\
\alpha_3 &= \frac{1}{2}[1-\exp(-2\sigma_k^2\delta^2)\cos 2k_0\delta]
\end{aligned} \tag{4.39}$$

如果 $\sigma_k\delta \to 0$，这就是窄波段的情况。如果 $\sigma_k\delta \to \infty$，那么子瞳内的两个半圆区域的光只是简单地进行非相干叠加，可以得到：

$$I(w, \infty)=\frac{1}{2}\left[I(w, 0)+I\left(w, \frac{\pi}{2}\right)\right] \tag{4.40}$$

在这个宽频段的公式中，当 $\sigma_k\delta$ 变大时，衍射条纹的细节逐渐被掩盖。在这种情况下，所能检查相位差的长度范围(或者叫相干长度)是

$$l=\lambda^2/2\Delta\lambda=1.334/\sigma_k \tag{4.41}$$

对 10 nm 频宽、中心波长是 891 nm 的情况，相干长度为 $l=40\ \mu\text{m}$。图 4.17 是典型的宽频系列衍射像的图形，这些方框边长是 4 arcsec。利用窄频段或者宽频段的样板，可以测量拼合镜面之间的相位差。

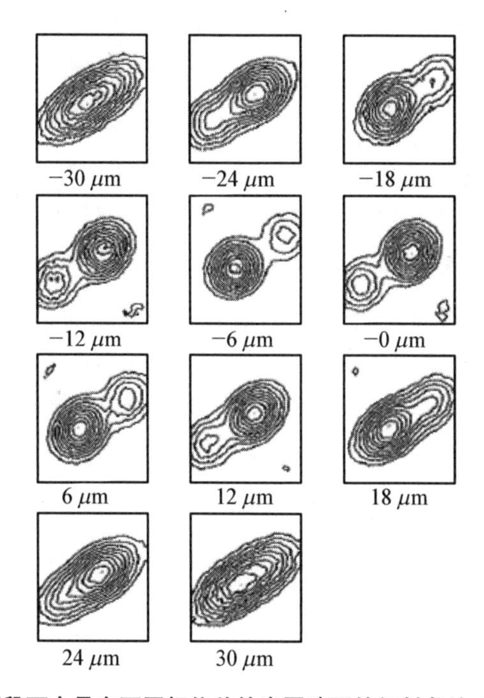

图 4.17　宽频段两个具有不同相位差的半圆瞳面的衍射条纹 (Chanan, 1998)

还有一种增加所测量相位差范围的方法是利用两个十分接近的窄频段测量结果，这就和 3.3.3 节中讨论的编码技术相似。这个方法的缺点是要将子光瞳的挡板进行十分精确的对准，否则所获得的图像就会和样板不相符合。

4.5.3　杨-肖克-哈特曼相位差传感器

杨-肖克-哈特曼相位差传感器是从杨-哈特曼传感器发展起来的(图 4.18)。它们都利用了哈特曼传感器的透镜组。在杨-哈特曼相位差传感器中，有一片挡板放置在出瞳面上，在它的后面是衍射元件，比如光栅。衍射后相邻子镜的一阶中央光线，经透镜成像；而零阶光线则独立成像，提供波阵面斜率的信息。相邻子镜的第一阶光线叠加起来形成杨氏干涉条纹：

$$I(x)=1+\cos(2\pi\delta/\lambda)=1+\cos\phi \tag{4.42}$$

通过这个公式，可以计算出相邻两子镜面之间的相位差。杨-哈特曼传感器的优点是计算简单，充分利用子镜面的面积，同时允许较大的准直误差。然而在共相位调整过程中，必须分别使用具有不同波长的光源。另外它还存在其他误差，使衍射图形产生变化，使定标产生困难。

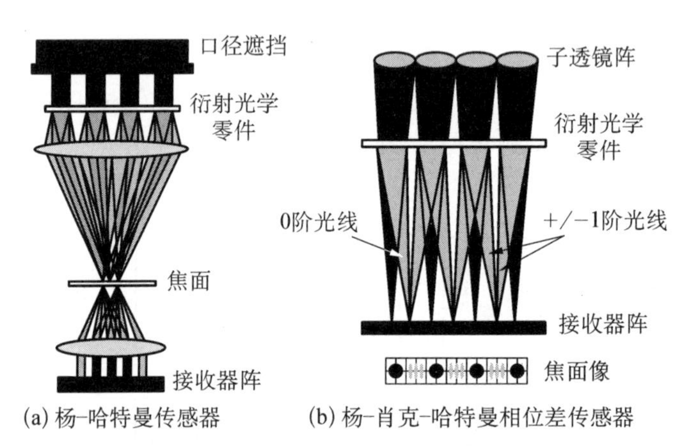

图 4.18 (a)杨-哈特曼传感器和(b)杨-肖克-哈特曼相位差传感器(Walker, 2001)

杨-肖克-哈特曼传感器和其他相位传感器类似(Walker, 2001)，在子透镜后面均是衍射器件。这样零阶光线则用于测量波阵面斜率，而相邻两子镜面的一阶分量则重合起来产生干涉条纹来确定它们之间的相位差。和杨-哈特曼传感器类似，相位差的测量也可以利用差分方法，使用一组不同波长的光。

4.5.4 马赫-曾德尔相位差传感器

马赫-曾德尔相位差传感器(图 4.19, Yaitskova, 2005)利用分光片将光束一分为二，然后在其中一束光的焦点上放置一个小孔光阑作为一个空间滤波器。经过小孔的参考光和另一束光产生干涉。由于小孔大小和大气宁静度相当，所以这个参考光束是原光束经过一个低通滤波器所形成的光束。

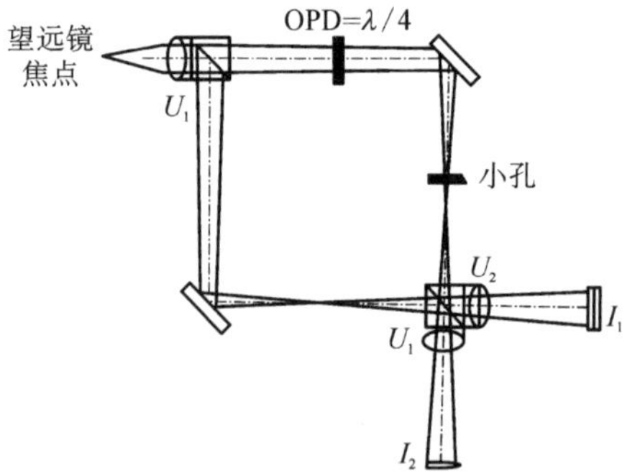

图 4.19 马赫-曾德尔相位差传感器的示意图(Yaitskova, 2005)

如果 $U_1(\xi)$ 和 $U_2(\xi)$ 分别是两束光在出瞳面上的复数振幅，那么它们在焦面上的复数振幅就是它们的傅立叶变换 $u_1(w)$ 和 $u_2(w)$。在参考光束中，由于有一个滤波器，所以

$$U_2(\xi) = \frac{1}{\lambda}\int u_1(w)t(w)\exp\left(-\mathrm{i}\,\frac{2\pi}{\lambda}w\xi\right)\mathrm{d}^2 w \tag{4.43}$$

式中 λ 是波长，$t(w)$ 是焦面上的滤波器函数。$t(w)$ 的傅立叶变换是 $T(\xi)$，上面公式就等同于

$$U_2(\xi) = \frac{1}{\lambda}\int U_1(\xi')T(\xi-\xi')\mathrm{d}^2\xi' \tag{4.44}$$

传感器所输出的两束光分别是

$$I_1(\xi) = \frac{1}{2}\{|U_1(\xi)|^2 + |U_2(\xi)|^2 + 2\mathrm{Re}[U_1^*(\xi)U_2(\xi)\exp(\mathrm{i}\theta)]\}$$
$$I_2(\xi) = \frac{1}{2}\{|U_1(\xi)|^2 + |U_2(\xi)|^2 - 2\mathrm{Re}[U_1^*(\xi)U_2(\xi)\exp(\mathrm{i}\theta)]\} \tag{4.45}$$

式中 θ 为仪器两臂之间的相位移动，Re 表示复数函数的实数部分。为了提高仪器灵敏度，可以使用两个输出信号的差值。如果滤波器函数，即小孔，是一个半功率宽度为 a 的高斯函数，那么孔的口径场形状为

$$t(w) = \exp[-(2\sqrt{\ln 2}w/a)^2] \approx \exp[-(w/0.6a)^2] \tag{4.46}$$

在传统的 Mach-Zehnder 干涉仪中，小孔要小于艾里斑的尺寸 $(a \ll \lambda/D)$，这里的 D 是光瞳直径。这样衍射波是一个实数函数：

$$U_2(x) \approx u_1(0)\frac{1}{l\sqrt{\pi}}\exp[-(x/l)^2] = D\sqrt{S_t}\frac{1}{l\sqrt{\pi}}\exp[-(x/l)^2] \tag{4.47}$$
$$l = \lambda/0.6\pi a$$

式中 S_t 是斯特列尔比。如果入射波的相位分布为 $\phi(x)$，则

$$U_1^*(x)U_2(x) \approx D\sqrt{S_t}\frac{1}{l\sqrt{\pi}}\exp[-\mathrm{i}\phi(x)] \tag{4.48}$$

这时的输出值为

$$S(x) \approx D\sqrt{S_t}\frac{1}{l\sqrt{\pi}}\cos[\theta - \phi(x)] \tag{4.49}$$

如果两臂之间的相位延迟是固定的，$\theta = \pi/2$，对于小相位差 $\phi(x)$，

$$S(x) \approx D\sqrt{S_t}\frac{1}{l\sqrt{\pi}}\phi(x) \tag{4.50}$$

如果使用很大的孔并且 $a \gg \lambda/D$，情况就不同了。$U_1(x)$ 可以用泰勒级数来表示

$$U_1(x') = U_1(x) + \sum \frac{1}{n!}\frac{\mathrm{d}^n U_1}{\mathrm{d}x^n}\bigg|_x (x'-x)^n \tag{4.51}$$

因此，$U_2(x)$ 为

$$U_2(x) = U_1(x) + \frac{1}{l\sqrt{\pi}}\sum \frac{1}{n!}\frac{\mathrm{d}^n U_1}{\mathrm{d}x^n}\bigg|_x \int_{-\infty}^{\infty}\exp[-(x'/l)^2]\cdot(x')^n\mathrm{d}x' \tag{4.52}$$

表达式最后一项中，所有奇数项值均为零。而 $n = 2m$ 的所有偶数项的积分均和 l^{2m} 成正比。如果 $U_1(x)$ 函数在区间 l 上没有显著变化，可以仅保留其中的两项：

$$U_2(x) = U_1(x)\left\{1 - \frac{l^2}{4}\left(\frac{\mathrm{d}\phi}{\mathrm{d}x}\right)^2 + \mathrm{i}\frac{l^2}{4}\frac{\mathrm{d}^2\phi}{\mathrm{d}x^2}\right\} \tag{4.53}$$

这时的输出信号为

$$S(x) = \left[2 - \frac{l^2}{2}\left(\frac{\mathrm{d}\phi}{\mathrm{d}x}\right)^2\right]\cos\theta - \left(\frac{l^2}{2}\frac{\mathrm{d}^2\phi}{\mathrm{d}x^2}\right)\sin\theta \tag{4.54}$$

这个表达式显示当两臂之间没有相位差时,仪器所测量的是波阵面斜率的平方,而相位差为 $\pi/2$ 时,它所测量的是曲率。上面公式在应用于拼合镜面时的条件是 $a \gg \lambda/0.6\pi d$, d 是子镜面直径的大小。

当在两个子镜面之间存在相位差时,其输出信号为

$$
\begin{aligned}
S(x) = &\left\{\sin(\Delta\phi)\operatorname{sign}(x)\left[1-\Phi\left(\frac{0.6\pi a|x|}{\lambda}\right)\right]\right\}\sin\theta \\
&-\left\{2-[1-\cos(\Delta\phi)]\left[1-\Phi\left(\frac{0.6\pi a|x|}{\lambda}\right)\right]\right\}\cos\theta
\end{aligned}
\tag{4.55}
$$

式中 $\Delta\phi$ 是两个子镜面之间的相位差跃迁,而 $\Phi(x)$ 是误差函数。如果两臂之间的相位差为 $\pi/2$,输出信号为

$$
\begin{aligned}
S(x) &= \sin(\Delta\phi)\operatorname{sign}(x)\left[1-\Phi\left(\frac{0.6\pi a|x|}{\lambda}\right)\right] \\
\Phi\left(\frac{0.6\pi a|x|}{\lambda}\right) &= \frac{1.2\pi a}{\lambda\sqrt{\pi}}\int_0^x \exp\left[-\left(\frac{0.6\pi a}{\lambda}\right)^2 x'^2\right]\mathrm{d}x'
\end{aligned}
\tag{4.56}
$$

如果子镜面之间的夹缝处于 $x=0$ 上,信号的形状将如图 4.20 所示,图中给出两种不同的孔函数形式。这种传感器存在很多限制,其中包括孔的位置和子镜面边缘的条件、夹缝大小、子镜面之间的相位差和倾斜误差、镜面的边缘面形误差和大气扰动等等。

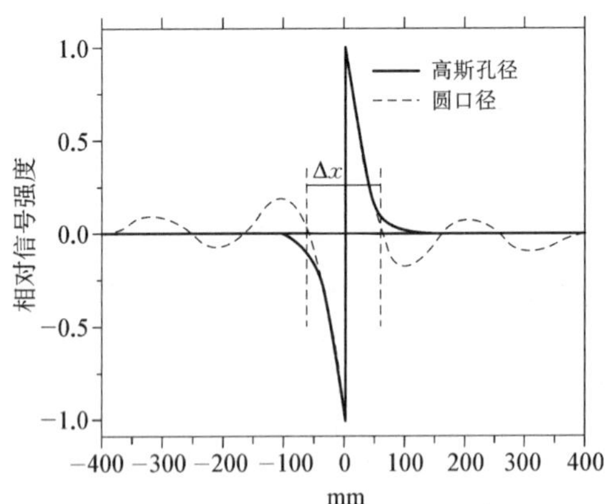

图 4.20 当相邻子镜相位差为四分之一波长时,马赫-曾德尔所获得的干涉条纹形状,实线代表高斯形小孔形状,而虚线代表简单小孔形状 (Yaitskova, 2005)

4.5.5 金字塔棱镜相位差传感器

作为波阵面传感器,当相位差小于四分之一波长时,金字塔棱镜也可以作为相位差传感器来使用。如果相邻子镜面之间的轴向位置误差为 δ,波阵面传感器的输出信号是:

$$
S = C + A\sin\left[2\pi\frac{2\delta}{\lambda}\right] \tag{4.57}
$$

式中 λ 是波长, C 和 A 是常数。这时如果再使用另一个波长 $\lambda+\Delta\lambda$ 重复进行测量,仪器的等

价波长为 $\lambda(\lambda+\Delta\lambda)/\Delta\lambda$，这是一个相当大的波长。这就是金字塔棱镜相位差传感器的原理基础。另一种金字塔棱镜相位差传感器是依靠对波长或者子镜面的扫描来实现的。使用金字塔棱镜相位差传感器的优点是它能够同时测量相邻子镜面之间的轴向相位差以及相位差的倾斜分量。

4.6　曲率传感器和摆镜补偿装置

4.6.1　曲率传感器和摆镜补偿装置

上一节中讨论的主动光学补偿装置几乎全部集中在主镜支承上，这种改变主镜形状的补偿装置频率低，一般不超过望远镜的固有谐振频率，因此所获得的星像质量(DIQ, Delivered Image Quality)也较差。星像质量一般用像斑图中能量减少到一半时两点的张角即半功率张角(FWHM)的大小来表示。

为了提高地面光学望远镜的星像质量，必须对由于大气扰动所造成的波阵面误差进行补偿。如果没有比较复杂和昂贵的变形镜，如何来进行这种补偿呢？这时可以仅仅考虑对波阵面误差中的前几项进行补偿，所需要的则是相对简单的摆动镜(tip-tilt mirror)、双晶体变形镜、薄膜反射镜，或者是可以摆动和调整的副镜。经过这种补偿，所剩余的大气扰动波阵面误差就会小很多(见4.7节的表4.2)。

对应于这种对部分波阵面进行补偿的专用触动器是一些专用的波阵面传感器。这种传感器可以获得波阵面的拉普拉斯分量，即其曲率值和口径边缘上的斜率值，故称为曲率传感器。拉普拉斯值是波阵面函数的二次微分。

有了波阵面的曲率值和口径边缘上的斜率值，波阵面函数可以通过求解 Poisson 方程来获得。但是由于斜率和曲率再加上离焦已经代表了 Zernike 多项式的最前面几项，这几项的误差并不需要使用自适应光学中的变形镜来补偿，而可以简单地通过改变副镜的位置、在光路中引入可以高速摆动的小摆镜，或者使用薄膜镜来实现补偿。这种曲率补偿正好介于简单的主动光学和十分复杂的自适应光学之间，可以低成本、高效率地改善光学天文望远镜的成像质量。波阵面的曲率补偿可以极大地提高大口径望远镜($\geqslant 4$ m)在红外区域的星像质量，同时对小口径望远镜的光学观察也有很大的改善作用。它同时可以补偿因为风所引起副镜振动的影响，可以消除主副镜和镜筒上热效应的影响及一部分的大气扰动所引起的波阵面误差。

4.6.2　双星像曲率传感器

罗迪耶(Roddiers, 1988; 1993)首先提出了利用焦前和焦后双星像的分析来获得波阵面曲率信息的理论。这个理论要点是：如果 I_1 和 I_2 分别是相距焦平面为 l 的焦前和焦后的像强度分布(图4.21)，则在物空间它们分别对应于入瞳面前和入瞳面后，与入瞳面相距为 Δz 的两个平面上的辐射强度分布。假设望远镜的焦距为 f，则 $\Delta z = f(f-l)/kl$，这里 k 是波数。

根据辐射传输理论，平行光在沿光轴 z 传输时，它的照度变化为

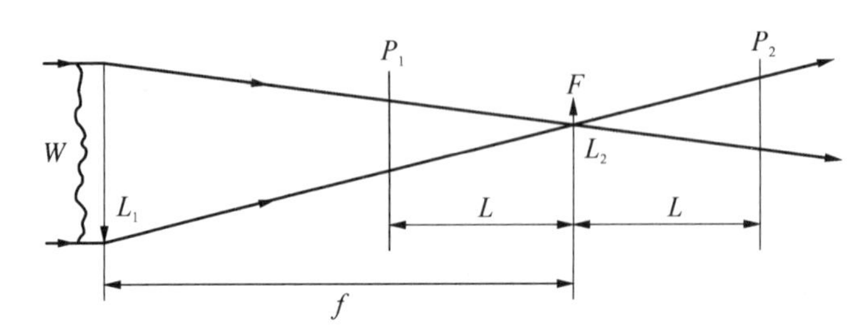

图 4.21 焦点前后两个平面 P_1 和 P_2 上的光强差代表了波阵面上曲率分布(Roddier,1988)

$$\frac{\partial I}{\partial z} = -(\nabla I \cdot \nabla W + I\nabla^2 W) \tag{4.58}$$

式中 $I(x, y, z)$ 是光线的亮度分布,$W(x, y)$ 是波阵面函数,∇是$(\partial/\partial x, \partial/\partial y)$ 微分算子。在入瞳面上亮度相对均匀,其值在口径之内为 I_0,在口径之外为 0。在这个入瞳平面上,亮度的变化大部分为 0,只有在口径边缘处为$\nabla I = -I_0\ \vec{n}\delta_c$,这里 δ_c 是狄拉克脉冲函数,其值在边缘上为 1,而在其他部分均为 0,$\vec{n}$ 是垂直于口径边缘并且方向朝外的单位矢量。将这个特点代入上式,因此有

$$\frac{\partial I}{\partial z} = I_0\frac{\partial W}{\partial n}\delta_c - I_0 P\nabla^2 W \tag{4.59}$$

式中 $P(x, y)$ 是在口径内均为 1、在口径外均为 0 的特定函数。而表达式 $\partial W/\partial n = \vec{n}\cdot\nabla W$ 是波阵面垂直于口径边缘方向的微分。在几何光学的近似情况下,前后离焦面上的亮度分布分别是

$$I_1 = I_0 - \frac{\partial I}{\partial z}\Delta z, \quad I_2 = I_0 + \frac{\partial I}{\partial z}\Delta z \tag{4.60}$$

如果将焦前和焦后像的亮度分布相加,相减,并且相除,可以获得它们的对比度:

$$S = \frac{I_1 - I_2}{I_1 + I_2} = \frac{f(f-l)}{l}\left(\frac{\partial W}{\partial n}\delta_c - P\nabla^2 W\right) \tag{4.61}$$

这个公式成立的条件是

$$\frac{\lambda(f-l)}{l} \ll r_0^2 \ll R^2$$

式中 r_0 是光强变化的相关长度,而 R 是望远镜半径。上式表明,通过对焦前焦后星像的分析,所获得的结果将包括两部分:一部分与口径边缘上斜率成正比,另一部分与波阵面面形的拉普拉斯变换成正比。这两项互不重叠,利用这两项的信息可以直接求解出波阵面函数。但是在实际应用中,通常可以不求出波阵面函数,而直接利用这个拉普拉斯变换,即波阵面曲率,来达到减小波阵面误差的目的。这种特殊的波阵面误差检测装置被称为双星像曲率传感器(curvature sensor)。

波阵面曲率检测有几个优点。第一,这种方法所检测的是曲率场这样的一个标量场,在标量场上检测每一点只需要一次测量,不像斜率需要获得两个方向上的分量,进行两次

测量。第二,由于扰动,波阵面的频谱将以 $k^{-11/3}$ 的量下降,这里 $k=2\pi/\lambda$ 是波数,而波阵面曲率的频谱仅以 $k^{1/3}$ 的量下降,这个下降值是一根十分平滑的曲线。这样在两个点上,曲率波动的相关量就很小。而斜率测量情况就不是这样,它们各个点之间的相关量大,互相影响十分明显。第三,在波阵面斜率的测量过程中,相关时间长,而在曲率测量过程中,相关时间很短,所以波阵面曲率测量可以有很高的时间精度。

在望远镜上有几种同时获得焦前和焦后像的方法。一种利用分光片和光学延迟器来实现,可以将两个像同时成像在一个接收器上;另一种采用在焦点前后振动的薄膜反射镜,它可以交替获得焦前和焦后的两个像,这种装置可以达到比较高的采样频率。对于大视场望远镜,部分 CCD 像元可以分别安排在焦前和焦后的位置,从而用许多星像的平均值获得星像的亮度值。

4.6.3　单星像波阵面和曲率传感器

双星像曲率测量方法可以用单星像曲率测量来代替。它们的基本原理完全相同。当光线通过入瞳面上的某一个点 r 后,经过一段距离 l 到达焦面后的一个平面时,它的光强相对于该像面上光强平均值的变化量也具有公式(4.61)所表示的形式(Hickson,1994)。这时,光强的变化和波阵面的相位都是光瞳面上坐标点的函数。

离焦像面上引起光强重新分布的主要原因是波阵面曲率。大气闪烁也会引起离焦像面上的光强变化,大气闪烁是由大气扰动层的厚度变化引起的,入射光能量具有空间起伏效应。在双星像传感器中,曲率信号是用焦前焦后的两个星像相减产生的,因此大气闪烁的效应正好相互抵消,而曲率效应因为大小相等、符号相反,反而得到加强。

大气闪烁和扰动层厚度相关。大气扰动层常常是几千米厚,这个厚度要比从瞳面到像面的距离 $f-l$ 大很多。所以这种大气闪烁效应对于瞳面附近的或者焦点附近像的影响都是相同的。根据这个理论,波阵面曲率就可以从单一的离焦像面上提取。这个技术是用某一个时刻的星像光强减去一个较长时间段的平均光强值来获得光强的变化量,这个平均光强值将储存在计算机中。在像面边缘,光强变化代表了波阵面斜率的变化。

单像面曲率传感器比双像面曲率传感器更简单,由于不需要分开的接收器和分波束片,所以信噪比有很大改善,所使用的像面和焦点的距离也不需要十分精确。

曲率传感器输出的是波阵面曲率和边缘斜率。在很多情况下,当不使用变形镜补偿的时候,并不需要波阵面上的相位值。小摆动镜或者薄膜变形镜就是曲率补偿装置。因为波阵面相位可以从它的梯度中提取,所以曲率传感器也可以直接用作波阵面传感器。

这种直接波阵面测量方法和相位提取 (phase retrieval) 方法是完全不同的。相位提取方法是在焦面上进行,它需要在焦点或者焦点附近的点光源的像。它是利用契伯格和撒克斯顿算法(Gerchberg and Saxton algorithm) (Gerchberg et al.,1972)进行迭代实现的。

和任何干涉仪一样,相位提取方法对于振动和光程扰动十分敏感,所以在地面光学望远镜中只适用于很长的波段。而从曲率信息来获得波阵面相位的方法却可以用于地面光学望远镜中长时间曝光的宽频段工作之中。这种几何光学方法和哈特曼方法相似,较好的结果需要较大的离焦量。它的观测结果和镜面准直及镜面形状误差有关。这种方法曾被称为目镜测试(eye-piece test)或者焦前焦后测试方法(inside-and-outside test)。

从光强分布得到了相应的拉普拉斯公式，求解这个微分方程就可以获得波阵面的相位信息。这个方程有几种求解方法。第一种是直接用积分方法来求解。Roddier(1991)发表了又一种基于傅立叶变换的迭代求解方法。这种方法的基础就是拉普拉斯算子 $\nabla^2=\partial^2/\partial x^2+\partial^2/\partial y^2$，即相当于在傅立叶平面上乘以一个变量 u^2+v^2，这里的 u 和 v 是傅立叶平面上的变量。因此先通过拉普拉斯的傅立叶变换除以 u^2+v^2 后，这个新函数的反傅立叶变换就是所需要的波阵面函数，即 $FT^{-1}\{FT[\nabla^2 W]/(u^2+v^2)\}$。这个方法可以用于没有边界的波阵面，所以波阵面的拉普拉斯还必须要乘以一个口径传递函数。在傅立叶平面上，这就相当于和口径函数的傅立叶变换进行卷积运算。这时，上面的反傅立叶变换的简单公式不成立，必须对边界条件进行适当处理。

这种处理的方法是：先建立代表波阵面斜率的两个数组，分别是 $\partial W/\partial x$ 和 $\partial W/\partial y$。这两个数组在光瞳之内取一定的值，在光瞳之外取零值。当这些数组经过傅立叶变换后，x 斜率的傅立叶变换乘上 u，而 y 斜率的傅立叶变换乘上 v。获得的两个数组相加后，在除了原点的地方均除以 u^2+v^2。因为我们想求得平均值为零的解，所以我们将原点取为零值，然后进行反傅立叶变换。下一步就是在这个估计值上取 x 和 y 方向上的微分。一般情况，这个结果和原来假设的数组是不同的。这两数组之间的均方差代表了波阵面在重建过程中的误差。因此这个方法要将原来口径内的数据重新放回去，并保持口径外所获得的数据不变，再进行迭代直到所得到的误差渐渐减小，从而求得波阵面函数。

一种最新的和主动光学方法相似的方法是反复地对离焦像面上的像差进行补偿。这个过程一直进行到像面剩余像差被噪声信号掩盖为止。具体计算过程如下。

根据几何像差的定义，像点某位置的偏差和相位斜率成正比。所以在像面上光线的新位置是

$$\begin{cases} x'=x+C\partial W(x,\ y)/\partial x \\ y'=y+C\partial W(x,\ y)/\partial y \end{cases}$$

如果 $I(x,\ y)$ 是在 N 点上的光强，而 $I'(x,\ y)$ 是与其相对应的 N' 点上的光强，则由于光能守衡，所以有

$$\begin{aligned} & I(x,\ y)\mathrm{d}^2 N = I'(x',\ y')\mathrm{d}^2 N' = I'(x',\ y')J\mathrm{d}^2 N \\ & J=\begin{vmatrix} \partial x'/\partial x & \partial x'/\partial y \\ \partial y'/\partial x & \partial y'/\partial y \end{vmatrix} = \begin{vmatrix} 1+C\partial^2 W/\partial x^2 & C\partial^2 W/\partial xy \\ C\partial^2 W/\partial xy & 1+C\partial^2 W/\partial^2 y \end{vmatrix} \end{aligned} \tag{4.62}$$

所以像的补偿就是将光强从 $I'(x,\ y)$ 点上还原到 $I(x,\ y)$ 光强中去。因为波阵面是用 Zernike 多项式来表示的，所以可以使用雅可比行列式中前 15 项来计算像面逐步改进的情况。而新的波阵面就是剩余像差加上各个补偿项的总和。

在这种情况下，这个传感器就不只是曲率传感器，而是一个波阵面传感器。在射电望远镜中，一个类似技术是用于对望远镜面形进行测量的离焦全息方法(Nikolic，2008)。在这个方法中，望远镜面形误差实际上就是所要求的波阵面在入瞳上的相位分布(9.4.1 节)。

4.6.4 小摆动镜和曲率补偿装置

利用曲率传感器获取边缘上斜率和离焦信息以后，可以驱动小摆镜的角度和位置来改正像点的倾斜和离焦，这样的主动控制系统被称为小摆镜(tip-tilt)装置。小摆镜装置中的信息也可以用于对副镜的控制，以补偿离焦和初级彗差等低阶像差。

利用曲率传感器的曲率信息来实现波阵面的曲率补偿则接近于自适应光学范畴。望远镜中波阵面的曲率补偿通常需要采用双压电晶体(bimorph) 或静电薄膜变形镜。

双压电晶体变形镜是由两层薄的压电晶体材料和中间均匀分布的电极所构成的(图4.22)。压电晶体的轴线和镜面轴线平行，镜面的上下面连接着地线。当在晶体上加电压以后，一层压电晶体的轴线会收缩，而另一层则会膨胀，从而产生一定的表面曲率。这种镜面的变形形状正好可以用泊松方程来表示，即

$$\frac{\partial^2 z'}{\partial t^2} = A\,\nabla^4 z' + B\,\nabla^2 V \tag{4.63}$$

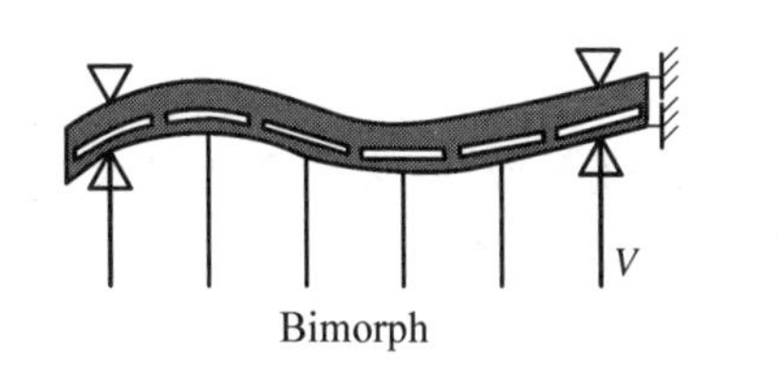

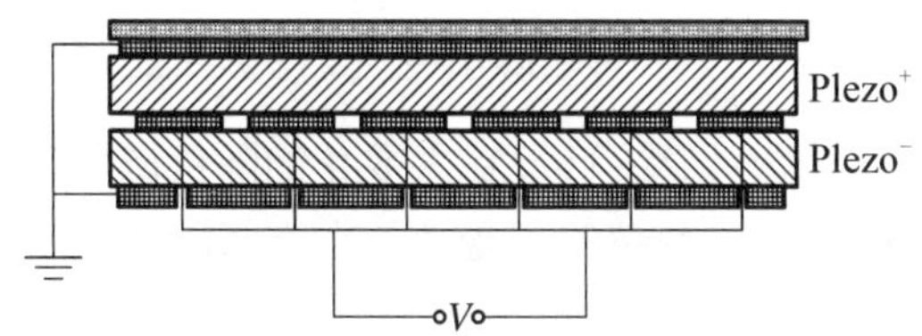

图 4.22　双压电晶体变形镜(Roddier, 1999)

式中 A 和 B 是常数，$z'(x, y, t)$ 是表面的变形，$V(x, y, t)$ 是所加的电压。所以在实际应用中可以把曲率检测的信号直接加到小反射镜的压电晶体上来实现对波阵面曲率的补偿，这样的控制装置原理十分简单。

另一种处于半真空状态的静电驱动的镀铝薄膜变形镜也有类似的特点。在这种变形镜(图 4.23)内，当背后电极上有着不同的电压时，镜面会产生变形，为了使变形具有线性响应，常常对电压进行偏置，半真空室内的气体则起到阻尼作用。这种镜面和双压电晶体镜面相似，镀铝薄膜镜在静电力作用下的变形方程同样是拉普拉斯形式，为

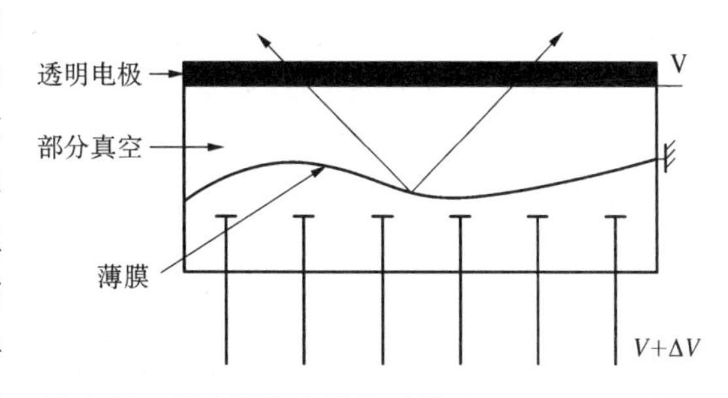

图 4.23　静电薄膜变形反射镜 (Roddier, 1999)

$$\frac{\partial^2 z'}{\partial t^2} = A\,\nabla^2 z' + BP \tag{4.64}$$

式中 A 和 B 是常数，$z'(x, y, t)$ 是镜面表面变形，$P(x, y, t)$ 是所加的静电压。镀铝薄膜镜也可以用作波阵面曲率传感器。这时镀铝薄膜镜放置于望远镜的焦点上，镜面在焦点前后振动，将光线反射到另一个准直镜后经进一步反射，成像于探测器上。这种曲率检测的频率可以很高，达数千赫兹，可以用于自适应光学对大气扰动的补偿。

4.7 大气扰动的补偿和人造激光星

4.7.1 自适应光学对大气扰动的补偿

由于大气扰动的存在，大口径地面光学望远镜不可能达到它们自身口径的衍射极限，只能获得以大气宁静度为极限的星像质量。为了获得超越大气宁静度所决定的星像质量，必须对大气光学场进行详细研究。大气光学场的空间相关函数是复数光波函数的自相关函数(Max，2003)：

$$A(\nu) = C_{\Psi}(\nu) = \langle \Psi(x)\Psi(x+r) \rangle \tag{4.65}$$

式中 $\Psi(x) = \exp[\mathrm{i}\phi(x)]$ 是相位为 $\phi(x) = kz - \omega t$ 的光波函数，式中的尖括号表示取平均值。在这个公式中，空间频率代替了两点之间的长度 r_0，$\nu = 2\pi/r$。空间相关函数常常可以用相位结构函数来表示 $D_{\phi}(r)$：

$$\begin{aligned} C_{\Psi}(\nu) &= \langle \exp\{\mathrm{i}[\phi(x) - \phi(x+r)]\} \rangle \\ &= \exp\{-\langle \mid \phi(x) - \phi(x+r) \mid^2 \rangle / 2\} = \exp\{-D_{\phi}(r)/2\} \end{aligned} \tag{4.66}$$

所谓结构函数就是一些非稳态变化的随机函数的一种特性函数，它表示了随机函数变化的周期性。它的数值等于函数值在空间距离上变化量平方的平均值：

$$D_f(r) = \langle [f(x) - f(x+r)]^2 \rangle \tag{4.67}$$

而随机函数的协方差的定义是：

$$B_f(r) = \langle f(x+r)f(r) \rangle = \int_{-\infty}^{\infty} \mathrm{d}x f(x+r)f(x) \tag{4.68}$$

协方差在一定范围内一般为非零函数，而这个非零的尺度就被称为相关长度。如果变量是大气中各个位置上的速度，那么当 $r = 0$ 时，协方差的值就是结构函数能量密度的两倍。而当距离变得很大的时候，大气中两个点上的速度是互不相关的。结构函数和协方差之间的关系为

$$\begin{aligned} D_f(r) &= \langle (f(x+r) - f(x))^2 \rangle \\ &= 2\langle f(x)^2 \rangle + 2\langle f(x+r)f(x) \rangle \\ &= 2[B_f(0) - B_f(r)] \end{aligned} \tag{4.69}$$

大气作为一种湍流，单位质量的能量 $\propto V^2/2$，而它的速度 V 和空间长度 l 密切相关。因此单位质量、单位时间内能量传播的速率 $\propto \varepsilon = V^2/\tau = V^2/(l/V) = V^3/l$，这里 τ 是时间尺度，而 l 是空间尺度。如果对这个公式重新安排，则有 $V \propto (\varepsilon \cdot l)^{1/3}$。这意味着对大气中一定大小的旋涡，所对应的速度和它的空间尺度的三次方成比例。这就是有名的 Kolmogorov 的比例定理。这个定理适用的最小尺度为 1 到 0.1 毫米，适用的最大尺度为 10～1 000 米。超过了这个范围，这种速度和尺度之间的比例关系就不再存在。在这个区间，能量密度为 $V^2 \propto \varepsilon^{2/3} l^{2/3}$。在一个小的空间频率范围内，湍流速度变化的能量谱密度为

$$S(\nu)\mathrm{d}\nu \propto V^2 \propto \varepsilon^{2/3} l^{2/3} \tag{4.70}$$

因为空间频率 $\nu = 2\pi/l$，在二维情况下，大气中速度变化的能量谱为

$$S(\nu) \propto \nu^{-5/3} \tag{4.71}$$

这个能量谱和频率的关系式就是 Kolmogorov 的 $-5/3$ 次方定理。二维和三维的能量谱之间的关系可以表达为

$$2\pi\nu^2 S_{3\mathrm{d}}(\nu) = S(\nu) \tag{4.72}$$

因此三维的能量谱为

$$S_{3\mathrm{d}}(\nu) \propto \nu^{-11/3} \tag{4.73}$$

速度变化所对应的能量谱在傅立叶平面内。而在物理空间上，结构函数显得更为重要。如果某个函数具有 $S(\nu)$ 这样的能量谱，那么它的结构函数可以表示为

$$D_f(r) = 2\int S(\nu)(1-\mathrm{e}^{\mathrm{i}\nu r})\mathrm{d}^3\nu \tag{4.74}$$

由于一个指数函数的积分仍然是一个指数函数，这样就可以推出函数方次的规律，具体的推导比较复杂。利用二维的能量谱结构，大气中速度结构函数应该为

$$D_V(r) = <[V(x+r)-V(x)]^2> = C_V^2\ |r|^{2/3} \tag{4.75}$$

大气中温度的变化可以从大气中速度的变化推导出来，同样可以得到大气中折射率的变化。因此大气温度和大气折射率结构函数分别是

$$\begin{aligned} D_T(r) &= \langle [T(x+r)-T(x)]^2 \rangle = C_T^2\ |r|^{2/3} \\ D_N(r) &= \langle [N(x+r)-N(x)]^2 \rangle = C_N^2\ |r|^{2/3} = C_N^2(l^2+z^2)^{1/3} \end{aligned} \tag{4.76}$$

因为大气中空气的折射率为

$$n-1 = \frac{77.6\times10^{-6}}{T}(1+7.52\times10^{-3}\lambda^{-2})\left(p+4\,810\,\frac{e}{T}\right) \tag{4.77}$$

式中 p 是气压，单位是 mbar，T 是温度，单位是 K，e 是水汽压力，单位是 mbar。大气折射率结构函数的系数为

$$C_N^2 = \left(77.6\times10^{-6}\,\frac{p}{T^2}\right)C_T^2 \qquad \text{当}\,\lambda = 0.5\ \mu\mathrm{m} \tag{4.78}$$

在夜里，大气折射率结构函数的系数为 $C_N^2 \approx 10^{-13} \sim 10^{-15}\ \mathrm{m}^{-2/3}$。大气折射率和光程的乘积就是相位，所以有

$$\phi(x) = k\int_h^{h+\delta h} \mathrm{d}z \times n(x,\ z) \tag{4.79}$$

所以相位的协方差函数为

$$B_\phi(r) = k^2 \int_h^{h+\delta h} \mathrm{d}z' \int_h^{h+\delta h} \mathrm{d}z'' \langle n(x, z')n(x+r, z'')\rangle$$
$$= k^2 \int_h^{h+\delta h} \mathrm{d}z' \int_{h-z'}^{h+\delta h - z'} \mathrm{d}z B_N(r, z) \approx k^2 \delta h \int_{-\infty}^{\infty} \mathrm{d}z B_N(r, z) \tag{4.80}$$

式中，$B_N(r) = B_N(r, z)$ 是折射率协方差函数，$k = 2\pi/\lambda$ 是波数，h 是大气层高度。因此相位结构函数为

$$D_\phi(r) = k^2 \delta h \int_{-\infty}^{\infty} \mathrm{d}z\, [D_N(r, z) - D_N(0, z)] \tag{4.81}$$

式中 $D_N(r)$ 是折射率结构函数。相位结构函数可以从折射率结构函数中导出：

$$D_\phi(r) = k^2 \delta h C_N^2 \int_{-\infty}^{\infty} \mathrm{d}z[(r^2+z^2)\frac{1}{3} - z^{2/3}]$$
$$= 2.914\left(\frac{2\pi}{\lambda}\right)^2 r^{5/3} \int_0^L C_N^2(h)\mathrm{d}h = A^* r^{5/3} \tag{4.82}$$

式中 L 是地面以上的高度。引进弗里德(Fried)常数 $r_0 = (6.88/A^*)^{3/5}$，这里的 A^* 的定义由上式给出。用空间频率和空间长度表示的相位结构函数的公式为(Fried, 1965)

$$D_\phi(\nu) = 6.88(\lambda\,|\,\nu\,|\,/r_0)^{5/3} \qquad D_\phi(r) = 6.88(r/r_0)^{5/3} \propto r^{5/3} \tag{4.83}$$

弗里德常数又称为大气相关长度，它是光学相位方差值为 1 rad^2 时的横向空间尺度。这时的大气宁静度，即点分布函数的半极大能量宽度为 $0.98\lambda/r_0$。从这个大气相关长度，可以获得由平均风速定义的大气相关时间：

$$\tau_0 \approx 0.3(r_0/\overline{V})$$
$$\overline{V} = [\int \mathrm{d}h \cdot C_N^2(h)\,|\,V(h)\,|^{5/3} / \int \mathrm{d}h \cdot C_N^2(h)]^{3/5} \tag{4.84}$$

大气相关时间是决定自适应光学采样时间长度的最重要因素。它的倒数称为格林伍德(Greenwood)频率，是抵消大气扰动所需要的最低改正频率，在夏威夷山顶，这个最低的时间频率是 20 Hz (Tyson, 2000)。通过大气相关长度可以获得大气齐明角的大小：

$$\theta_0 \approx 0.314\cos\xi\left(\frac{r_0}{\bar{h}}\right)$$
$$\bar{h} = \left(\int \mathrm{d}z \cdot z^{5/3} C_N^2(z) / \int \mathrm{d}z C_N^2(z)\right)^{3/5} \tag{4.85}$$

这里 ξ 是天顶角(Hardy, 1998)，$\bar{h}$ 是典型大气扰动层的特征高度，一般取 5 千米。齐明角大小就相当于斯特列尔比降低到 0.38 时有效视场的大小，这在自适应光学中是一个很重要的参数。如果在自适应光学的改正过程中，所使用的时间延迟值为 τ，那么波阵面的剩余相位方差为 $\sigma^2 = 28.4(\tau/\tau_0)^{5/3}$。如果在改正时所使用的参考星和观察对象的夹角为 θ，那么波阵面的剩余相位方差将为 $\sigma^2 = (\theta/\theta_0)^{5/3}$。

传统上波阵面误差是用入瞳面上的直角坐标位置来表示的，所以被称为分区(zonal)表达式。这些误差也可以用圆周上的极角和半径函数即 Zernike 多项式来表示，在半径上的分划参数为 n，在圆周上的分划参数为 m，它表达式的每一项被称为波阵面误差的一个模，这种表达式就称为模(modal)表达式。Zernike 多项式的表达式为

$$\phi(r,\ \theta) = \sum_j a_j Z_j(r,\ \theta) \tag{4.86}$$

如果波阵面误差来源于大气扰动，那么当前面的第 J 个模被改正以后，所剩余的相位差为

$$\phi_c = \sum_{j=1}^{J} a_j Z_j \tag{4.87}$$

剩余的均方差为

$$\Delta_J = \int \mathrm{d}r W(r) \langle [\phi(r) - \phi_c(r)]^2 \rangle = \langle \phi^2 \rangle - \sum_{j=1}^{J} \langle |a_j|^2 \rangle \tag{4.88}$$

在上式中代入大气相位结构函数，可以解出当前面 J 项被改正以后所剩余的相位方差。这些值已经列于表 4.2 之中。从这个表格中可以看出前面 J 项的贡献，即倾斜和离焦对于星像质量的改善十分重要。这就是为什么要使用小摆动镜主动光学的原因。

表 4.2　Zernike-Kolomogoroff 剩余误差 $\Delta_J = x_j(D/r_0)^{5/3}$

$x_1 = 1.0299$	$x_2 = 0.582$	$x_3 = 0.134$
$x_4 = 0.111$	$x_5 = 0.0880$	$x_6 = 0.0648$
$x_7 = 0.0587$	$x_8 = 0.0525$	$x_9 = 0.0463$
$x_{10} = 0.0401$	$x_{11} = 0.0377$	$x_{12} = 0.0352$
$x_{13} = 0.0328$	$x_{14} = 0.0304$	$x_{15} = 0.0279$
$x_{16} = 0.0267$	$x_{17} = 0.0255$	$x_{18} = 0.0243$
当 $J > 18$ 时　$x_J \approx 0.2944 J^{-\sqrt{3}/2}$		

图 4.24 给出了大气扰动、衍射极限以及望远镜光学传递函数的图形，它们分别对应的是衍射极限、像差极限和大气宁静度极限。对于一个口径为 0.5 米的光学望远镜，衍射极限为每角秒 24 周。然而由于大气扰动产生了随机相位误差从而使得截止频率落在大约每角秒 1 周，即大气宁静度极限上。为了解决这一问题，必须补偿波阵面上的相位误差，从而使光学传递函数在各种取值时均为正值。

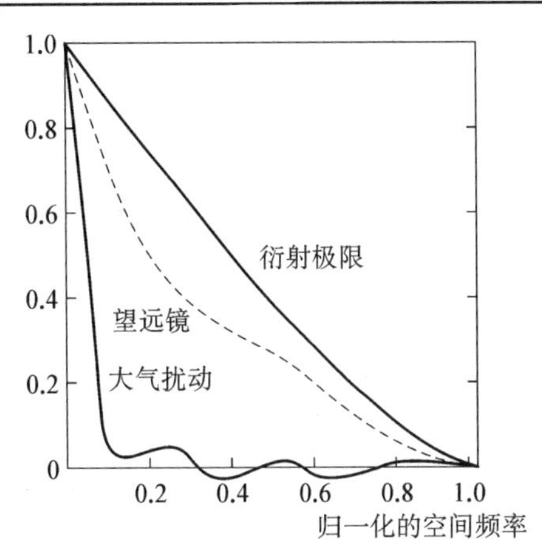

图 4.24　大气扰动、衍射极限以及望远镜的光学传递函数

和主动光学不同，自适应光学需要补偿波阵面上由于高频大气扰动所产生的误差，因此波阵面检测和补偿的时间周期必须小于大气扰动的特

征变化时间为 5 至 10 毫秒。正因为如此,自适应光学中必须使用口径较小、响应时间很快的可变形补偿镜面。这种镜面含有若干个压电晶体(piezoelectric ceramic)组,称为变形镜。变形镜中的压电晶体组,即位移触动器的数目一般取决于弗里德常数 r_0。对于好的台址,r_0 一般等于 10 厘米。这样对于口径为 2.5 米的主镜,压电晶体的数目需要 490 个。除了变形镜以外,自适应光学还有很多方面与主动光学不同。自适应光学检测波阵面误差的采样频率高,因此可以检测的极限星等较低。应用自适应光学的参考星等约为 12 等。而主动光学则根据其采样频率可以达到 17 星等(0.1 赫兹)至 20 星等(0.01 赫兹)。

图 4.25 是一典型的自适应光学反馈补偿系统的示意图。星光 1 经过大气扰动层 2 被光学望远镜 3 收集,到达位于望远镜出瞳上的变形镜 4。经过变形镜以后的光一部分成像于焦点,另一部分进入波阵面的相位检测装置 6。图中相位检测装置包含有两个相同的旋转光栅干涉仪分别检测 X 和 Y 轴上的相位差。检测信号经过计算机 8 进行处理并放大,控制变形镜使波阵面上的相位差得到补偿。

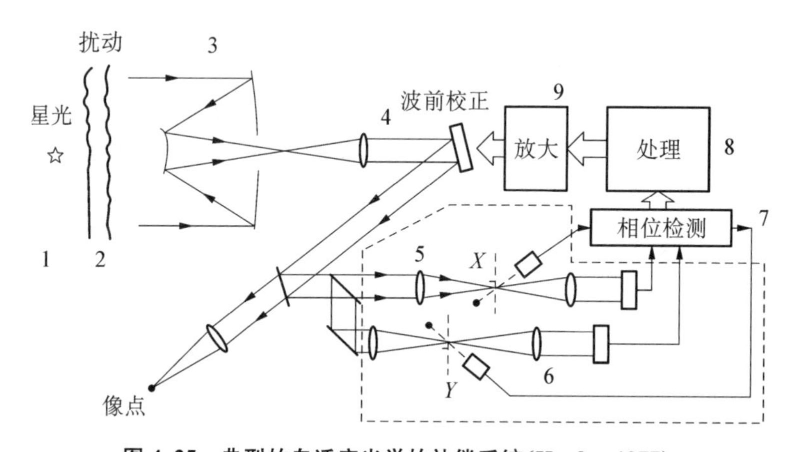

图 4.25　典型的自适应光学的补偿系统(Hardy, 1977)

自适应光学系统的变形镜一般很薄,因此每个位移触动器的响应函数主要集中于执行器的邻近表面,交叉效应很小,这对于数据处理和综合带来了很大好处。自适应光学可以获得极高的空间分辨率和时间分辨率,这对于天文观测是极其重要的。

自适应光学在其他领域也有极其重要的应用前景,它可以用于人眼的视力矫正,自适应光学的普遍应用将会给现代社会带来革命性变革。

4.7.2　人造激光星和自适应光学

在自适应光学的校正中,齐明斑或者等晕斑的直径很小(在可见光范围,在最好的台址上,小于 5 角秒),所以在利用足够亮的天然星光(亮度高于 10 等)进行自适应校正方面有极大的限制。亮度高于 m 等星的平均数目大约为 $3^{0.9m}$ stars/rad^2。在红外波段(波长 1 微米时),等晕斑直径大一些(约 10 角秒),利用自然星进行自适应光学观测仍然存在很大限制,不能对所有天空进行观测。为了补偿这一缺陷,只有借助于人造激光星。

人造激光星是利用高能量激光在大气上层激发散射或谐振形成人造星的一种技术。人造激光星有二种,一种是利用大气层的 10 到 20 千米上空的尘埃和分子所进行的瑞利散射,另一种是利用激光来激发大气中 90 千米高空的钠原子使之产生谐振所形成的。人造激光星是军事部门首先使用的，在军事上主要用于对间谍卫星的精细照相工作。

4.7.2.1　钠激光星和瑞利激光星

钠激光星发明于 1982 年，是美国星球大战项目的产物。钠激光星的波长是 589.2 nm。在激光的激发下，在大气中间层 90 千米的高空，钠原子会再次激发产生钠光，形成一个人造激光星。钠激光星亮度低，不如瑞利星亮，但是它的高度很高。

瑞利激光星发生在大气层 10～20 千米范围，是由大气中的悬浮微粒和尘埃在激光激发下，根据波长的－4 次方规律，所产生的瑞利散射而形成的。通过铜蒸汽的激光激发，它的亮度可以很强，天文学家也打算使用紫外激光来形成这种激光星。不过瑞利激光星的缺点是它的高度低，圆锥效应比较严重，从而限制了它在天文上的使用。

当脉冲激光束聚焦在大气层 10～20 千米范围时，由于气体密度的起伏，会向下产生瑞利散射。根据气象雷达(LIght Detection And Ranging, LIDAR)的理论，这种激光星的亮度和激光发生散射高度处的大气密度成正比。地面上可以接收的光子数由下式给出：

$$F_{\text{Rayleigh}} = \eta T_{\text{A}}^{2} \frac{\sigma_{\text{R}} n_{\text{R}}}{4\pi z_{0}^{2}} \frac{\Delta z \lambda_{\text{LGS}} E}{hc} \tag{4.89}$$

式中 η 是望远镜和接收器的总效率，T_{A} 是从望远镜到激光星的透射率，σ_{R} 是瑞利散射的截面积，n_{R} 是大气密度，Δz 是发生瑞利散射的大气层高度，λ_{LGS} 是激光星波长，z_{0} 是望远镜到激光星的距离，E 是激光能量，h 是普朗克常数，c 是光速。而瑞利散射激光星的截面积和大气密度的乘积大致等于：

$$\sigma_{R} n_{R} \approx 2.0 \times 10^{-4} \exp[-(z_{0} + z_{t})/6)] \tag{4.90}$$

式中 z_{t} 是激光发射地的高度。这里假设激光星的波长为 351 nm。对于口径为 D_{proj} 的激光发射器，大气层中发生瑞利散射的高度为：

$$\Delta z = 4.88 \lambda z_{0}^{2} / (D_{\text{proj}} r_{0}) \tag{4.91}$$

对于口径为 1 米的激光发射器，如果台址高度为 3 千米，则 20 千米高度上的瑞利激光星发生散射光的大气层高度为 33 米。通过这一系列假设，并且设 $\eta = 0.075$，$T_{A} = 0.85$，则望远镜所能收集到的光子能量为 $6.2 \times 10^{5} E$，这里光子能量单位是焦耳/脉冲。对于直径为弗里德常数 r_{0} 的子口径，所收集到的光子数量为 $N_{s} = (\pi/4) r_{0}^{2} F = 1.1 \times 10^{4} E$，如果 $N_{s} = 150$ 光子，所需要的激光发射器能量应为每脉冲 14 mJ。

4.7.2.2　激光星的圆锥效应及其他

人造激光星的一个最大问题就是它的圆锥效应(cone effect)(图 4.26)。圆锥效应又称为非等晕焦面效应(focal anisoplanatism)。利用人造激光星只能补偿从激光星有限高度向下至激光发射口径的圆锥之内的大气所产生的波阵面

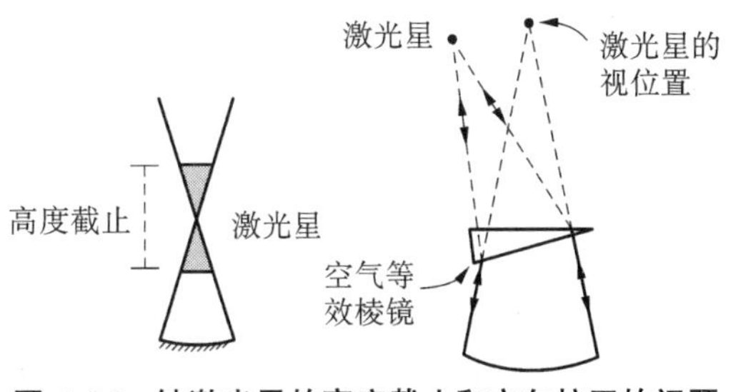

图 4.26　钠激光星的高度截止和方向校正的问题

误差。而剩余的波阵面方差可以用下式表示（Tyson，1997）：

$$\sigma_{\text{cone}}^2 = (D/d_0)^{5/3} \tag{4.92}$$

式中 D 是望远镜的口径，而 d_0 是非等晕焦面参数（单位为米）。d_0 由下式决定：

$$d_0 = \lambda^{6/5} \cos^{3/5}\beta \left(19.77\int \left(\frac{z}{z_{\text{LGS}}}\right)^{5/3} C_n^2(z)\mathrm{d}z\right)^{-3/5} \tag{4.93}$$

式中 z_{LGS} 是人造激光星的高度（单位为千米），β 是天顶距，C_n 是大气折射率结构常数。如果用不同的模型，则 d_0 可以有下列不同的表达形式：

$$\begin{aligned} d_0[\text{HV5/7}] &= 0.018z_{\text{LGS}} + 0.39 \\ d_0[\text{SLC} - \text{Day}] &= 0.041z_{\text{LGS}} + 0.299 \\ d_0[\text{SLC} - \text{Night}] &= 0.046z_{\text{LGS}} + 0.42 \end{aligned} \tag{4.94}$$

如果波阵面误差要求为十分之一个波长，一个 4 米的望远镜就要求 d_0 为 7 米。这就是说人造激光星应该在 143 千米的上空，这是十分不现实的。这时可以使用多个人造激光星，则 d_0 值有

$$d_0[\text{multiple} - \text{star}] = 0.23N_{\text{LGS}} + 0.95 \tag{4.95}$$

式中 N_{LGS} 是人造激光星的数目。

4.7.2 激光星的其他限制

由于瑞利散射可以发生在大气中的任何高度，利用瑞利激光星时一个十分重要的方面就是要去除不需要的散射光子。这种去除某一高度以下光子的方法叫做高度截止（range gating）方法。这个方法对于钠激光星十分重要。对于从大气底层散射的光子，它们到达望远镜的时间要小于从激光星散射的光子到达望远镜的时间，对于 20 千米高度上的瑞利激光星，光子从发射到望远镜的总时间为 132 μs。这种高度截止可以利用电子阀装置以保证在激光发射后 132 μs 再打开波阵面传感器。

钠激光星发生在波长为 589.2 nm 的波段，同样的，望远镜所能收集到的这种激光星上的光子数由下式给出：

$$F_{Sodium} = \eta T_A^2 \frac{\sigma_{\text{Na}}\rho_{\text{col}}}{4\pi z_0^2} \frac{\Delta z \lambda_{\text{LGS}} E}{hc} \tag{4.96}$$

式中 σ_{Na} 是谐振辐射的截面积，ρ_{col} 是大气高层钠原子在单位面积柱体内的丰富度，它的数值在 3×10^9 atom/cm² ～ 1×10^{10} atom/cm² 之间，z_0 是高度，大约是 92 千米。这种激光星辐射截面积与柱体内丰富度的乘积大致等于 0.02。由于钠原子数目有限，所以钠星强度只能够达到每秒 1.9×10^8 光子。同样对于直径为弗里德常数 r_0 的子口径，所收集到光子数量为 $N_s = (\pi/4)r_0^2F = 550E$。如果 $N_s = 150$ 光子，激光的能量应该是每脉冲 272 mJ。

利用激光星的另一个问题是方向校正。如果大气层中波阵面发生倾斜，则激光星的实际位置并不能确定（图 4.26）。在这种情况下只能采用多个人造激光星，在多个波段上进行观察，或者利用邻近的自然星来进行指向控制。多波段的激光星只能在 90 千米的高

空实现，这时必须同时激发钠原子的不同能级，从而产生具有不同大气折射率的谐振光人造星。

在进行大气断层成像和多层共轭自适应光学的时候，需要在视场内有多个人造激光星。如果多个激光星是利用地平式光学望远镜发射的，则需要一种反视场旋转的 K 镜装置来固定激光星在空中的位置。图 4.27 就是计划中的 30 米望远镜的多激光星发射系统。

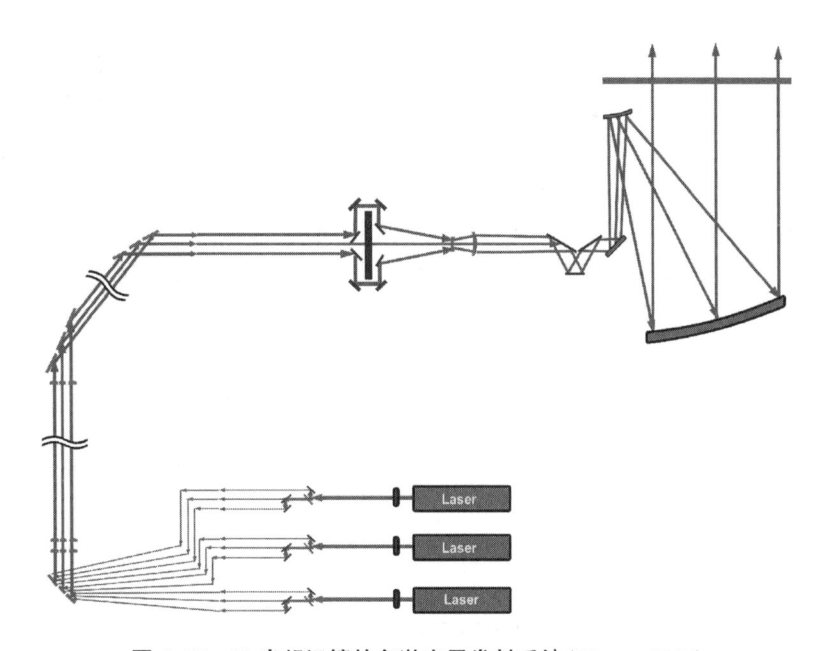

图 4.27 30 米望远镜的多激光星发射系统(Liang, 2004)

4.8 大气断层成像与多层共轭自适应光学

4.8.1 大气断层成像分析

利用波阵面传感器仅仅能够探测到位于望远镜口径正上方圆柱体或者圆锥体内的所有大气扰动的总和。如果星光是从视场的其他方向射来，则可能会通过不同的大气空间，从而引起激光星或自然星所共有的非齐明效应。为了克服这个困难，有必要获得引起波阵面变形的大气扰动的三维分布情况。如果一个视场内存在多个激光星或者自然星，则有可能获得比较详细的大气扰动信息，这时波阵面传感器所获得的波阵面信息是所捕获星体方向上的大气扰动的总和，或者称为投影。而利用多个投影来获得三维信息的方法则称为断层成像技术，这一技术在医学和地质学上有着十分重要的应用。而大气断层成像(atmospheric tomography)则是在天文上通过对多个引导星的波阵面进行分析，来获得大气中各个层次上三维扰动分布的一种特殊技术。

利用投影来获得三维信息的方法中，最常用的是一种特殊的傅立叶变换，即 Radon 变换(Shepp, 1982; Liang, 2000)。但是这个方法要求获得 180 度角度范围内的投影。在天文观测中，这几乎是不可能的，因为天文学家只能对目标天体附近的天区进行观测来获得非常有限的角度范围内大气扰动的投影。

早期的大气断层成像(或者扰动分层成像)是利用传统光线追迹方法将大气空间断层分为一个个子区间(zonal approach)进行的。这时,首先将引导星所通过的大气空间分层,然后在各层每个子区间内定义一个二维数组,来代表这个子区间对波阵面两个方向上的影响。对通过望远镜入瞳面上的每根光线进行追迹,则望远镜入瞳面上每一个点上的波阵面误差就是该光线所经过的大气各层中每个子区间大气扰动的总和。这个波阵面误差可以通过波阵面探测器来获得。

假设每个引导星的总光线数为 N,那么每一个引导星就可以获得 $2N$ 个方程。如果所假设的大气扰动层数目大于1,那么为了求解,所需要引导星的数目也要大于1。利用多个引导星,就可以获得多层大气的扰动状态。在分区间方法中,光线与每一层的交点会偏离所给定的栅格,因此存在一定的误差。为此,Ragazzoni (1999)提出了一种基于Zernike多项式的模态方法(modal approach),来解决这个问题。

利用分区间方法进行波阵面分析要使用直角坐标系,而利用波阵面的模式表达时,则需要使用极坐标系。模数为 Q 的Zernike多项式可以表示为

$$W(\rho,\ \theta) = \sum_{n,\ m=0}^{Q} \rho^n [A_{nm}\cos(m\theta) + B_{nm}\sin(m\theta)] \tag{4.97}$$

这里 $n \geqslant m$,并且 $n-m$ 为偶数(当 $m=0$ 的时候,B_{n0} 无意义)。这个表达式中系数的总数为

$$\frac{(Q+1)^2 + (Q+1)}{2} = \frac{Q^2 + 3Q + 2}{2} \tag{4.98}$$

为了将极坐标转化为直角坐标,需要使用下列正余弦函数的特殊表达式:

$$\begin{aligned} \cos(m\theta) &= \cos^m\theta - \frac{m(m-1)}{1\cdot 2}\cos^{m-2}\theta\sin^2\theta \\ &\quad + \frac{m(m-1)(m-2)(m-3)}{1\cdot 2\cdot 3\cdot 4}\cos^{m-4}\theta\sin^4\theta - \cdots \\ \sin(m\theta) &= m\cos^{m-1}\theta\sin\theta \\ &\quad - \frac{m(m-1)(m-2)}{1\cdot 2\cdot 3}\cos^{m-3}\theta\sin^3\theta + \cdots \end{aligned} \tag{4.99}$$

这些方程的左边是角倍数的余弦,而右边全部是基本角的正弦或余弦的指数项。而这些正弦或余弦项都可以用直角坐标 x 和 y 来表示。因此任何角倍数的正弦或余弦均可以由直角坐标 x 和 y 来表示,为

$$\begin{aligned} \cos(m\theta) &= (x^2+y^2)^{-m/2}[a_{0m}y^m - a_{1m}y^{m-2}x^2 + a_{2m}y^{m-4}x^4 + \cdots] \\ \sin(m\theta) &= (x^2+y^2)^{-m/2}[b_{0m}y^{m-1}x - b_{1m}y^{m-3}x^3 + b_{2m}y^{m-5}x^5 - \cdots] \end{aligned} \tag{4.100}$$

在直角坐标下,波阵面误差的Zernike多项式可以写为

$$\begin{aligned} W(x,\ y) = \sum_{n,\ m=0}^{Q} \{ &(x^2+y^2)^{(n-m)/2}[A_{nm}(a_{0m}y^m \\ &- a_{1m}y^{m-2}x^2 + \cdots) + B_{nm}(b_{0m}y^{m-1}x - b_{1m}y^{m-3}x^3 + \cdots)]\} \end{aligned} \tag{4.101}$$

这个表达式依旧代表一个圆形口径。它的系数与原来 Zernike 多项式公式(4.97)的系数是一样的。通过坐标变换,同样的公式还可以用来表示尺寸不同、圆心不同的口径面。如果口径大小不一样,可以乘上一个常量 k 来代替,如果口径不同心,可以简单地加上一个坐标偏移量(Δx, Δy)。这样任意圆口径都可以表达为

$$W'(x',\ y') = W(\Delta x + kx',\ \Delta y + ky') \tag{4.102}$$

通过上述的坐标变换,就可以解决断层成像的问题。从望远镜入瞳面开始向上,将大气层分为 M 层,如果有 N 个引导星(图 4.28),则每一层都与第 i 个引导星的光线相交于一个特定的圆形口径,另外再假设有一个包围着所有小圆的大圆,该大圆被称为大口径。

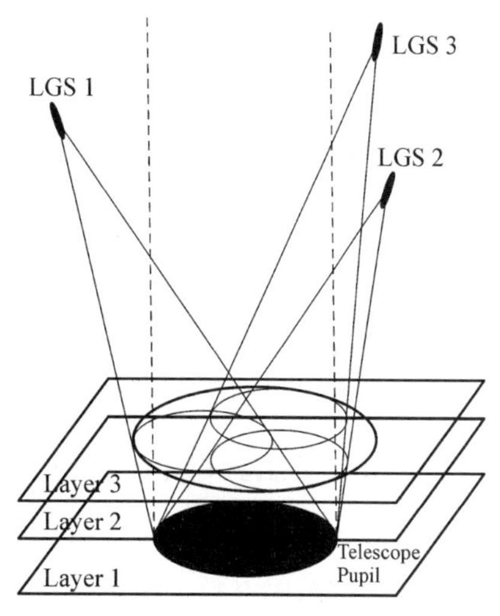

图 4.28　大气分层和每个引导星所形成的小圆面和一层中的大口径圆(Ragazzoni,1999)

对于第 i 个引导星,其口径面上的波阵面相位表达式存在有 p 个 Zernike 系数:

$$L_i = [a_4 \quad a_5 \quad \cdots \quad a_{p+3}]^{\mathrm{T}} \tag{4.103}$$

Zernike 波阵面表达式的前三项系数分别是常数和两个方向上的倾斜项。使用合适的参考波阵面后可以消除这三项。波阵面的总相位是通过各个大气层后的相应系数的总和为

$$L_i = \sum_{j=1}^{M} L_{ij} \tag{4.104}$$

这里 j 是大气断层的编号。类似的,定义每个大气层上大口径的 Zernike 波阵面函数为 W_j, $j = 1, 2, \cdots, M$。第 i 个星对于第 j 层大气的影响为

$$L_{ij} = A_{ij} W_j \tag{4.105}$$

这里 A_{ij} 为一个 $p \times p$ 大小的矩阵,注意这是一个精确的关系式。定义 W_i 是包括所有小口径 L_{ij} 的大口径,由上述公式推导出:

$$L_i = \sum_{j=1}^{M} A_{ij} W_j \tag{4.106}$$

将所有的贡献值累加起来,可以看出:

$$\begin{bmatrix} L_1 \\ L_2 \\ \vdots \\ L_N \end{bmatrix} = \begin{bmatrix} A_{11} & A_{12} & \cdots & A_{1M} \\ A_{21} & A_{22} & \cdots & A_{2M} \\ \vdots & \vdots & \ddots & \vdots \\ A_{N1} & A_{N2} & \cdots & A_{NM} \end{bmatrix} \cdot \begin{bmatrix} W_1 \\ W_2 \\ \vdots \\ W_M \end{bmatrix} \tag{4.107}$$

简写有

$$L = AW \tag{4.108}$$

同样的，第 j 个大口径波阵面的相位公式可以投影到望远镜入瞳面的大口径上：

$$W_{Tj} = T_j W_j \tag{4.109}$$

这里 T_j 也是一个 $d \times p$ 大小的矩阵。望远镜入瞳面上的大口径的波面扰动是所有各层波阵面扰动贡献的总和，它不受齐明区大小的影响。

$$W_T = \sum_{j=1}^{M} W_{Tj} \tag{4.110}$$

简化为

$$W_T = TW \tag{4.111}$$

假如引导星的数目大于大气断层的数目，则可以解决这个逆变换问题。尽管在实际上，大气中存在有无穷多个干扰层，并且波阵面检测的数据也存在噪声。但是通过优化和噪声滤波，可以获得大气三维断层上所有的大气扰动，从而可以不受齐明区大小的限制，对这个目标区内任何目标所受到的大气扰动进行补偿，实现全视场上的自适应光学。

4.8.2 多层共轭自适应光学

单个变形反射镜无法校正视场内等晕区范围以外由大气扰动引起的波阵面变形。为了扩展等晕区范围至整个视场，需要有多个变形反射镜，这些由多个变形反射镜形成的大气扰动校正技术称为多层共轭自适应光学(Multi-Conjugate Adaptive Optics, MCAO)。假如一个同样焦比的透镜放置于望远镜的焦点后面，那么新合成的光学系统就是一个无焦(afocal)系统，这时，这个透镜就成为一个准直镜。对一个无焦系统，望远镜口径面以上物空间的所有平面在准直镜后的像空间都会有各自相应的共轭面，这些共轭面的关系式是(图 4.29)

$$\frac{h'}{f'} = \left(1 + \frac{d}{D}\right) - \left(\frac{d}{D}\right)\frac{h}{f} \tag{4.112}$$

这里 D 和 d 表示望远镜和准直镜的口径，f、f' 是它们的焦距，h、h' 表示望远镜前共轭面距离望远镜口径的距离，望远镜后共轭面距离准直镜的距离。

如果有多层大气扰动影响来自星光的相位，那么就需要在它们相应的共轭面上放置同等数目的变形反射镜。这些变形反射镜可以补偿与它们位置共轭的相应大气层的大气扰动。在这种情况下，自适应光学校正器所校正的范围就不仅仅限于等晕区范围，而是扩展到整个望远镜的视场。这样的系统必须运用多个引导星天体或者多个人造激光星来获取大气扰动的三维详细信息。MCAO 系统可以使得任何地面光学望远镜获得大视场的衍射极限的星像。

多重共轭自适应光学离不开大气断层分析技术。但是，大气断层分析技术并不一定需要多重共轭自适应光学技术。

另一种和多层共轭自适应光学相关的是多目标自适应光学(Multi-Object Adaptive Optics, MOAO)。当望远镜对个别目标进行仔细观察的时候，没有必要对所有视场进行自适应校正，利用视场上的多个波阵面传感器进行大气断层分析以后，只使用一个变形镜

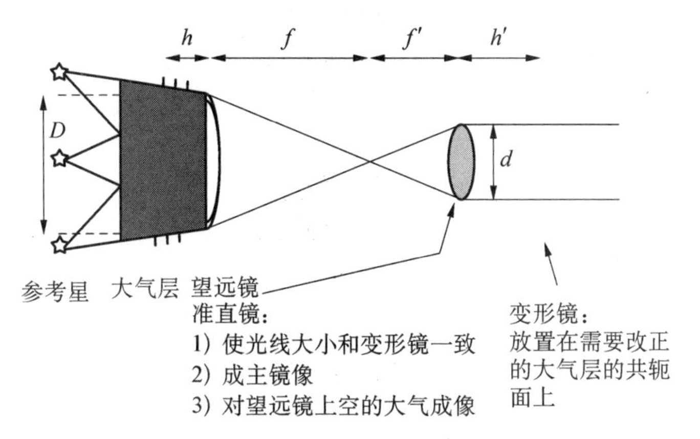

图 4.29　多层共轭自适应光学中望远镜后方的大气层共轭面

对目标所在方向上的大气干扰进行校正，这样对这个特定目标来说，就可以达到衍射极限所决定的分辨率。

还有一种自适应光学技术叫做地面层自适应光学(Ground Layer Adaptive Optics, GLAO)。这种技术和多目标自适应光学十分类似，它同样是在获得大气断层成像以后，只使用一个变形镜专门对地面附近的大气扰动进行自适应校正。地面层的大气扰动对大气宁静度有决定性的影响，常常会使大气宁静度扩大 1.5 到 2 倍，所以使用地面层自适应光学可以获得很大的可观察范围。

4.8.3　自适应副镜的设计

为了能够改正高时间频率的波阵面误差，在自适应光学系统中常使用不同数量的小口径变形镜，这些小镜面对于计算机指令响应迅速。然而在望远镜焦点后面放置的小变形镜面和其他光学元件会大大降低星光的能量，并且会引入偏振和相应的热辐射效应。因此最理想的方法是直接在副镜上实现自适应光学，将副镜本身作为一个变形镜。

使用副镜作为变形镜的好处就是大大减少光学系统中反射面或者透射面的数量，提高整个望远镜的光能收集效率。和正常的自适应装置比较，自适应副镜装置可以减少近 8 面反射或透射面，极大地提高望远镜效率。自适应副镜系统可以在光学和红外区间获得高达 95%的输出效率。而使用小变形镜的望远镜效率在光学波段只能达到 80%，在红外区域达到 93%(Lee, 2000)。

为了生产一个轻的、安静的、快速响应的可变形副镜，同时使镜面变形的相关长度能够和大气的相干尺寸相适应，所采用的镜面必须很薄。这里安静是指镜面的变形不能影响到望远镜的操作。非常薄的镜面具有很低的谐振频率，为了克服这个问题，必须使用薄层空气隙作为振动阻尼。第一个成功的自适应副镜是在新的 6.5 米多镜面望远镜中实现的。

这个副镜直径为 0.642 米，焦比为 1.25，放大率为 12。为了使这样大的镜面迅速地产生变形，所使用的镜面厚度仅仅是 2 毫米，这是一面极薄的大镜面。在光学加工的领域，为了制造这面很薄的大副镜，必须将两块低膨胀系数的玻璃分别磨成相互匹配的正负球面。然后用一种在常温下是液态但是黏度非常高的沥青将这两块正负球面的玻璃坯胶合在一起，胶合沥青层的厚度大约是 0.1 毫米。在这种形式下，两块玻璃牢牢地粘在一起，如同一块玻璃坯一样，可以进行正常磨制加工。而上层玻璃就是我们所需要的薄副镜镜面。当上层玻璃的厚度磨到只有 2 毫米厚的时候，就开始将这个薄片玻璃磨制抛光成理想双曲面的形状。这个所需要的双曲面和它最接近球面的差别大约是 80 微米。

在镜面加工完成以后，为了使这个很薄的镜面和下层玻璃分离开来，需要将这两块玻璃一起放在热油中加热到 120 ℃。这样玻璃中间的沥青层将会熔化而流出，上面的薄镜面就可以分离开来。一般镜面分离后，镜面表面形状会发生较大的变形(微米量级)，但是镜面表面仍然比较平滑，没有高空间频率的表面变形。镜面表面形状误差可以在自适应光学的控制中得到补偿。最后，在这个镜面的前表面镀上铝膜，就得到了一个十分理想的变形副镜。在镜面中心还有一个直径 55 毫米的小孔，用来作为镜面重力的径向支承面。

非常薄的镜面的一个重要问题是镜面谐振。如果镜面在数点上固定，那么它的谐振频率就会提高，谐振振荡的影响就小。不过很可惜的是这个镜面在轴向支承上采用了没有内在刚度的电磁铁力触动器。在这种支承下，所引起的振动频率就等于薄镜面自身的谐振频率。在外力作用下，要很快地控制和改变镜面的形状，镜面就会产生严重的谐振现象，激发数以百计的振型。仅仅在 1 000 赫兹以下，就有 270 个振型，1 000 赫兹是自适应控制所需要的控制频率。为了解决这个困难，在这个很薄镜片的背面放置了另一个和它的背面形状完全相同的厚镜面，并且使背面的这块厚镜面和薄镜面之间的距离保持在 40 微米左右。在这个十分微小的夹层之间，空气正好有足够的黏度来阻碍这个薄镜面的振动，这种情况就如同薄镜面是在糖浆中运动一样。背面的这个厚镜面叫做参考镜面，厚度是 50 毫米，它也是一种低膨胀石英玻璃镜面。

和其他变形镜面不一样，这个副镜的变形是依靠电磁力来实现的。在薄镜面背后共胶黏着 336 个永磁体，在永磁体后面的参考镜面上是一个个的线圈。这些线圈和永磁体的距离是0.2 毫米。在线圈中加上电流以后，就会有电磁力施加在薄镜面上。这些分散分布的电磁力既支持了镜面重力，又可以改变薄镜面的形状。在这个系统中，还有一个很特别的地方，就是薄镜面背面有一层很薄的镀铝层，参考镜面的前表面上也有很多块圆形的镀铬层，这些镀铬层分布在每一个线圈的周围，这样这些镀铬层和薄镜面背面的镀铝层就形成了一个个的小电容器。这些电容器的电容量根据镀层的面积和镀层之间的距离可以准确地计算出来，它们大约是 65 皮法。这些电容器的电容量也通过 40 千赫兹的电流进行准确的测量，通过测量可以知道两个镜面之间的实际距离，其精度达到 3 纳米量级。有了电磁力触动器和电容位移传感器，就可以有目的地控制镜面的形状。

这个薄镜面是利用电磁力支承的，为了防止镜面滑落，在镜面边缘设有四个保护挡板。尽管镜面是由低膨胀的微晶玻璃制造的，但是大的温度变化仍然会影响镜面的形状。所以控制镜面形状的时候，要控制线圈的热效应。电磁铁上的线圈是这个系统的热源，所以每个线圈都是通过导热性能好的铝块和一个位于参考镜面背后的大铝板连接着。这些铝块长度为 10 厘米，厚度为 5 厘米。在大铝板上还加工了很多沟槽，在沟槽的管道中使用一半是蒸馏水、一半是甲醇的液体来进行冷却。这种液体凝固点很低，它不会凝固，同时即使有所泄漏、也会完全蒸发，不会破坏主镜的镜面镀层。

这面变形副镜的336个线圈由168个数字信号处理器来控制，每个处理器控制两个触动器，以保持镜面正确的形状。镜面控制系统是一种正比和正比加微分反馈系统，控制系统的反馈中不包括任何积分的部分，这样它的控制频谱范围比较大。但是当刚度大于或者相当于控制环中增益的时候，仍会出现较大的静态误差，所以在系统中还要加上一个前馈装置来进行力的补偿。这个补偿力的计算是通过刚度矩阵和相应指令变化量的乘积并且考虑系统的增益来获得的。这面副镜在稳态时所达到的最好的表面均方根误差仅仅为88纳米。

应该指出这个薄镜面最终的自适应控制仍然要通过分析一个标准点光源的波阵面来实现。这个标准的点光源可以是一颗自然星，也可以是一颗人造激光星，分析仪器一般是哈特曼干涉仪。当获得大气扰动所产生的波阵面变形以后，计算机很快就会对触动器发出指令，使镜面形状发生变化，从而补偿大气扰动所产生的波阵面变形，使星像达到望远镜口径所对应的衍射极限。

利用这个复杂的副镜装置，天文学家已经取得了很好的观测成果。在8.8微米的红外波段，星像的半能量最大宽度可以达到0.27角秒。这个装置的成功对天文学研究有着很重要的意义，它可以用来观测地外行星以及其他许多很有意义的天文现象。同时它对其他望远镜的设计也有十分重大的影响，在双筒望远镜的设计上也将使用同样的自适应控制的副镜装置。相信在其他大望远镜的设计中，会有越来越多的望远镜采用类似的副镜设计。

参考文献

Aisher, P. L., Crass, J., and Mackay, C., 2012, Wavefront phase retrieval with non-linear curvature sensors, Astro. Phy.

Angel, R., et al., 2002, The 20/20 telescope: MCAO imaging at the individual and combined foci, in Beyond conventional adaptive optics, ed. by Vernet, E. et al, ESO conference proceeding, No 58.

Armitage, J. D. Jr, and Lohmann, A., 1965, Rotary shearing interferometry, Optica Acta, Vol. 2, pp185 - 192.

Barr, L. D. (ed), 1986, Advanced technology optical telescopes III, Proc. of SPIE, Vol. 628, Tuscon.

Bely, P. Y. Editor, 2003, The design and construction of large optical telescopes, Springer, New York.

Bloemhof, E. E. and Wallace, J. K., 2004, Simple broadband implementation of a phase contrast wavefront sensor for adaptive optics, Optics Express, Vol. 12, No 25.

Cao, G. and Yu, Xin, 1994, Optical Engineering, Vol. 33, p2331.

Chanan, G., et al., 1998, Phasing the mirror segments of the Keck telescopes, the broadband phasing algorism, Applied Optics, Vol. 37, 140 - 155.

Chanan, G., et al., 2000, Phasing the mirror segments of the Keck telescopes II, the narrowband phasing algorism, Applied Optics, Vol. 39, 4706 - 4714.

Cheng, Jingquan, 1987, Active optics and adaptive optics, Optical instrument technology, Vol. 4, pp1 - 8.

Classen, J. and Sperling, N., 1981, Telescopes for the record, Sky & telescope, Vol. 61, p303.

Codona, J. L., Optical Engineering, 52, 9, 097105.

Costa, J. et al., 2002, Is there need of any modulation in the pyramid wavefront sensor? Proc. Of SPIE, Vol. 4839, Hawaii.

Darling, D., 2005, http://www.daviddarling.info/encyclopedia/N/nulling.html

De Man, H., Doelman, N. and Krutzen, M., 2003, First results with an adaptive test bench, SPIE Proc. Vol 4839, p121.

Dyck, H. M. and Howell, R. R., 1983, Seeing measurements and Mauna Kea from infrared speckle interferometry, Pub. A. S. Pacific, Vol. 95, pp786 - 791.

Esposito, S. et al., 2000, Closed-loop performance of pyramid wavefront sensor, in SPIE Vol. 4034, Laser Weapons technology, ed. Steiner et al., p434.

Esposito, S. et al., 2003, First light adaptive optics system for large binocular telescope, SPIE Vol. 4839, Adaptive optics system technologies II, p164.

Fried, D. L., 1965, Statistics of a geometric representation of wavefront distortion, JOSA, Vol. 55, p1427 -1435.

Gerchberg, R. W. and Saxton, W. O., 1972, A practical algorithm for the determination of phase from image and diffraction plane pictures, Optik, Vol. 35, 237 - 246.

Ghigo, M. et al., 2001, Construction of a pyramidal wavefront sensor for adaptive optics compensation, in Beyond conventional adaptive optics, ed. Vernet, E. et al, ESO conference proceeding No. 58.

Ghigo, M. et al., 2003, Manufacturing by deep x-ray lithography of pyramid wavefront sensors for astronomical adaptive optics, SPIE Vol. 4839, Adaptive optics system technologies II, p259.

Hardy, J. W. et al., 1977, Real-time atmosphere compensation, JOSA, Vol. 67, pp360 - 369.

Hickson, P. and Burley, G., 1994, Single-image wavefront curvature sensing, SPIE Vol 2201, 549 - 554.

Knox, K. T., 1976, Image retrieval from astronomical speckle patterns, JOSA, Vol. 66, pp1236 - 1239.

Lacour, S.. et al., 2011, Sparse Aperture Masking on Paranal, Messenger, 146, ESO.

Lee, J. H. et al., 2000, Why adaptive secondaries? Publications of Astron. Soci. Of the Pacific, Vol. 112, p97 - 107.

Liang, Ming, 2004, Design note of laser guide star system for TMT.

Liang, Z-P, et al., 2000, Principles of magnetic resonance imaging, a signal processing perspective, IEEE press, New York.

Liu, C. Y. C. and Lohmann, A. W., 1973, High resolution image formation through the turbulent atmosphere, Optics Communications, Vol. 8 (4), pp372.

Lloyd-Hart, M., 2003, Taking the twinkle out of starlight, Spectrum, Dec.

Malacara, D., 1978, Optical shop testing, John Wiley and Sons, New York.

Marriotti, J. M. and Di Benedetto, G. P., 1984, Pathlength stability of synthetic aperture telescopes in the case of the 25 cm CERGA interferometer, in IAU Colloq. No 79(ed. M. - H. Ulrich and K. Kjar), p247.

Martin, B., 2004, private communications.

Max, C., 2003, Lecture notes on adaptive optics, http://www.ucolick.org/~max/289C/ Lectures/

Nikolic, B., et al., 2007, Measurement of antenna surface from In- and out-of-focus beam maps using astronomical sources, A&AP, Vol. 465, 679.

Nisenson, P. and Papeliolios, C., 2001, Detectoion of Earth-like planets using apodized telescope, Astrophy J, 548, L201 - 205.

Noll, R. J., 1976, Zernike polynomials and atmospheric turbulence, JOSA, Vol. 66, p207 - 211.

Ohara, C. M., et al., 2003, PSF monitoring and in-focus wavefront control for NGST, Proc. SPIE,

Vol 4850, p416 - 427.

Pinna, E. et al., 2006, Phase ambiguity solution with the pyramid phasing sensor, SPIE Proc. 6267, 62672Y.

Ragazzoni, R, 1996, Pupil plane wavefront sensing with an oscillating prism, J. of Modern Optics, Vol. 43, pp289 - 293.

Ragazzoni, R., et al., 1999, Modal tomography for adaptive optics, Astro. Astrophys. Vol. 342, L53 - L56.

Ragazzoni, R., et al., 2000, Adaptive corrections available for the whole sky, Nature, Vol. 403, 54 - 56.

Redding, D. et al., 2000, Wavefront control for a segmented deployable space telescope, SPIE 4013.

Restaino, S. R., 2003, On the use of liquid crystals for adaptive optics, in Optical applications of liquid crystals, ed. L. Vicari, IOP Publishing Ltd., Bristol and Philadelphia.

Riccardi, A. et al., 2002, The adaptive secondary mirror for the 6. 5m conversion of the Multiple Mirror Telescope, ESO conf proc. Beyond conventional adaptive optics, ed. Ragazzoni, R., Venice.

Roddier F. and Roddier C., 1991, Wavefront reconstruction using iterative Fourier transforms, Applied Optics, Vol. 30, 1325 - 1327.

Roddier F., 1988, Curvature sensing and compensation: a new concept in adaptive optics, Applied Optics, Vol. 27, 1223 - 1225.

Roddier, C. and Roddier, F., 1979, Image with a coherence interferometer in optical astronomy, in Image formation form coherence functions in astronomy (ed. C. van Schooneveld) Proc. vol. 76, IAU colloq. No. 49, D. Reidel Pub. Co., Dordecht.

Roddier, C. and Roddier, F., 1993, Wavefront reconstruction from defocused images and the test of ground-based optical telescopes, JOSA, A, Vol 10, p2277.

Roddier, F., 1988, Curvature sensing and compensation: a new concept in adaptive optics, Applied Optics, Vol. 27, p1223.

Shepp, L. A., 1982, editor, Computer tomography, Proc. of symposia in applied mathematics, Vol. 27, American Mathematical Society.

Shi, Fang, et al., 2003, Segmented mirror coarse phasing with a dispersed fringe sensor: experiment on NGST's wavefront control testbed, SPIE proc. 4850, p318 - 328.

Tallon, M. and Foy, R., 1990, Adaptive telescope with laser probe: isoplanatism and cone effect, Astro. Astrophys, Vol. 235, 549 - 557.

Tatarskii, V. I., 1971, The effect of the turbulent atmosphere on wave propagation, National technical information service, Springfield VA.

Tyson, R. K., 1997, Principles of adaptive optics, Academic Press, San Diego.

Tyson, R. K., 2000, Introduction to adaptive optics, SPIE Press, Washington.

Ulrich, M. H. and Kjar, K. (ed), 1981, Proc. of ESC conference on: Scientific important of high angular resolution at infrared and optical wavelengths, Garching, March.

Walker, C. B., Stahl, H. P., and Lloyd-Hart, M., 2001, Optical phasing sensors, http://optics.nasa.gov/tech_days/techdays_2001/38_MSFC_Optical_Phasing_Sensors. ppt#421,2,Outline.

Wall J. V., Boksenberg A., Modern technology and its influence on astronomy, Cambridge university press, 1990.

Wilson, R. N., 1982, Image quality consideration in ESC telescope projects, Optica Acta, Vol. 29, pp985 - 992.

Wyngaard, J. C. et al., 1971, Behavior of the refractive-index-structure parameter near the ground, JOSA, Vol. 61 p1646.

Yaitskova, N., et al., 2005, Mach-Zehnder interferometer for piston and tip-tilt sensing in segmented telescope: theory and analytical treatment, J. Opt. Soc. Am. A, Vol. 22, 1094 - 1105.

Zhang, Yuzhe(chief editor), 1982, Astronomy in Chinese encyclopedia, Chinese encyclopedia Publishing Company, Peking.

张钰哲(主编),1982,中国大百科全书.天文学,中国大百科全书出版社,北京.

程景全,1987,主动光学和自适应光学,光仪技术,第四期,pp1 - 8.

第五章　天文光学干涉仪及其他

本章介绍了时间相干和空间相干的概念，讨论了斑点、迈克尔逊、斐索、强度和振幅干涉仪。在探索微弱天体目标方法中，介绍了重要的切趾法和星冕仪的技术。本章包括很多重要的公式和图表，这是第一次将如此众多的新技术和新方法集中在一起，深入浅出地向广大读者介绍。

主动光学和自适应光学为提高望远镜的角分辨率、超越大气宁静度所引起的分辨极限提供了极为重要的途径。在光学和其他波段的天文学中还有一些其他的途径，可以提高望远镜的角分辨率。这些途径在光学波段主要指光学干涉仪、切趾法和星冕仪等新技术，其中干涉仪包括斑点干涉仪、迈克尔逊干涉仪、强度干涉仪和振幅干涉仪等。这些技术对于增强光学望远镜的探测能力、提高光学望远镜的综合性能有着重要的作用。一些和射电望远镜有关的干涉技术，比如相关干涉仪、口径综合技术将在第八章中介绍。

现有的光学干涉仪项目包括 VLTI、CHARA、LBTI、MRO、COAST、GI2T、SUSI、ISI、PTI、NPOI、IOTA 和 Keck 等干涉仪。

5.1　斑点干涉和斑点遮挡

早期的斑点干涉技术(speckle interferometry technique)仅仅是超分辨率技术(1.2.1 节)的一部分，常被称为幸运星像(lucky image)。这种幸运星像技术是采用高速照相机在足够短的时间内(100 ms 或者更短)进行快速曝光，这时大气扰动的贡献不是一个变量，而几乎是一个常数值。在很多这样获得的幸运星像中，将受到大气扰动影响最小的星像斑点图选择出来(大约 10%)，利用平移和相加(shift and add)的方法会产生出高分辨率的星像。

在大气影响最小的幸运星像曝光中，获得口径面上的相位均方根误差在 1 弧度以下($\pi/2$ 弧度为 90°)的幸运星像的概率大致等于(Aisher et al., 2012)

$$P_{lucky} = 5.6\exp\left[-0.1557\left(\frac{D}{r_0}\right)^2\right] \tag{5.1}$$

式中 r_0 是弗里德(Fried)常数，D 是望远镜口径。如果望远镜口径是 2.5 米，弗里德常数是 0.35 米，则获得幸运星像的概率为 0.002。

在幸运星像方法的基础上，1970 年拉贝里(Labeyrie)提出了获得高分辨率星像的斑点干涉技术。在这一技术中，目标函数(星光的能量分布)的自身结构是通过一个个短曝光时间星像的相关函数来确定的。如果 I_0 是理想的天体亮度分布，$\tilde{I}_0$ 是它的空间频率

谱即它的傅立叶变换，那么

$$I_0(x)=\int \tilde{I}_0(\nu)\exp(2\pi i\nu x)\mathrm{d}\nu \tag{5.2}$$

式中 ν 为空间频率。因为大气扰动，长时间曝光将产生模糊不清的像，这时如果获取 n 个短曝光的星像 $I_n(n=1,2,\cdots,m)$，则

$$I_n(x)=\int \tilde{I}_0(\nu)\tilde{F}_n(\nu)\exp(2\pi i\nu x)\mathrm{d}\nu \tag{5.3}$$

式中 $\tilde{F}_n$ 是每一次短曝光时大气的光学传递函数，这里 $\tilde{F}_n$ 在每次曝光中会不断变化。图 5.1 显示了 $\tilde{F}_n$ 其中两次传递函数的实数部分，在图中 ν_A 为望远镜口径的空间截止频率，ν_L 是大气在长时间曝光时的空间截止频率。最右侧上方的图相当于长时间曝光的效果，是许多短时间曝光的平均值。有

$$\begin{aligned} I_L(x)&=\int \tilde{I}_0(\nu)\langle\tilde{F}_n(\nu)\rangle\exp(2\pi i\nu x)\mathrm{d}\nu \\ I_L(x)&=\frac{1}{N}\sum I_n(x) \\ \langle\tilde{F}_n(\nu)\rangle&=\frac{1}{N}\sum \tilde{F}_n(\nu) \end{aligned} \tag{5.4}$$

在大气长时间曝光的传递函数中，存在一个比望远镜衍射极限低得多的空间截止频率。然而，对于短时间曝光的传递函数，大气传递函数的贡献远远超出这个长时间的空间截止频率。不过在这个超出的范围外，短时间传递函数的值会在坐标轴的上下不断摆动。当曝光时间长的时候，传递函数中这一部分的贡献被完全抵消。为了超越这个截止频率的

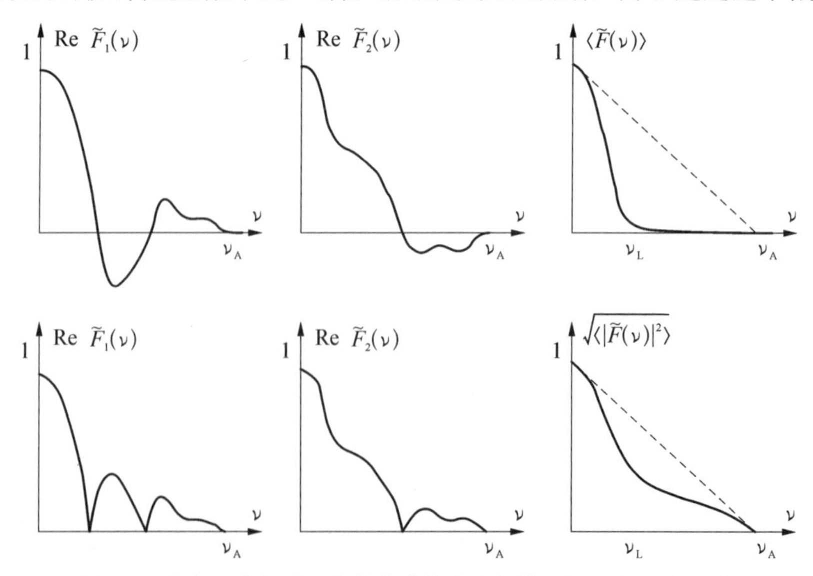

图 5.1　大气层在短时间内的光学传递函数的实数部分，它们的模以及实数部分和模的平均值(Liu and Lohmann，1973)

限制，Labeyrie 从一系列的天体图片中，通过傅立叶变换，获得了它们的能量谱函数：

$$|\widetilde{I}_n(\nu)|^2 = |\widetilde{I}_0(\nu)|^2 |\widetilde{F}_n(\nu)|^2 \tag{5.5}$$

在上面的公式中，并不存在有任何负值的大气调制传递函数。这些星像平均的能量谱为

$$\frac{1}{N}\sum |\widetilde{I}_n(\nu)|^2 = |\widetilde{I}_0(\nu)|^2 \langle |\widetilde{F}_n(\nu)|^2 \rangle \tag{5.6}$$

如果我们测量了一个标准星的大气传递函数平方的平均值$\langle |\widetilde{F}|^2 \rangle$，那么就可能获得目标天体的空间能量谱$|\widetilde{I}_0|^2$。能量谱的傅立叶变换就是目标函数的自相关(8.3.3 节)，即

$$\int |\widetilde{I}(\nu)|^2 \exp(2\pi i\nu x) d\nu = \int I_0(x'+x) I_0(x') dx' \tag{5.7}$$

由这个公式可以获得一定形式的目标天体的理想星像。这些星像不是以大气宁静度为极限，而是以口径衍射为极限。

斑点干涉技术提供了目标星在空间频率上的模，而这个模就等同于迈克尔逊干涉仪中的能见度条纹。然而，在斑点干涉仪中，整个过程实际上并没有发生任何光的干涉。它的条纹是通过相似、但是存在相对位移的星像之间的相关运算而获得的。

对于简单的对称星像，比如双星系统，这种方法可以获得很精确的结果。对于空间分布已经知道的天体，它同样可以应用。然而对于未知的天体，由于缺少变换中的相位信息，仍然很难重建理想的星像。同时当天体空间分布不对称时，这种方法所获得的结果会包括可能不存在的镜像。

虽然十分困难，但仍然可以从短曝光的星像中获得目标天体的相位，这时需要使用一种不同的平均方法即傅立叶变换 $\widetilde{I}_n$ 的自相关函数。这个平均值为(Knox, 1976)

$$\langle \widetilde{I}(\nu) \widetilde{I}^*(\nu+\Delta v) \rangle = \widetilde{I}_0^*(\nu) \widetilde{I}_0(\nu+\Delta v) \langle \widetilde{F}(\nu) \widetilde{F}^*(\nu+\Delta v) \rangle \tag{5.8}$$

这里位移移动量 Δv 要小于$\widetilde{F}(\nu)$ 自相关的宽度。在这种条件下，大气传递函数可以在望远镜衍射极限区内获得正确的数值。这个公式中自相关函数包括了以相位差形式存在的 $\widetilde{I}(\nu)$ 的相位信息。如果 $\theta(\nu)$ 代表目标变换的相位，则 $\widetilde{I}(\nu)$ 自相关函数的相位为

$$\begin{aligned} &\text{phase}[\widetilde{I}(\nu) \widetilde{I}^*(\nu+\Delta v)] \\ &= \theta(\nu+\Delta v) - \theta(\nu) + \text{phase}[\widetilde{F}(\nu) \widetilde{F}^*(\nu+\Delta v)] \end{aligned} \tag{5.9}$$

经过理论分析，Knox (1976) 表明公式中的最后一项，即 $\widetilde{F}(\nu)$ 自相关所引起的相位可以忽略不计，它对图像重建所起的作用很小。为了获得目标天体自己的相位，必须从原点向外将这些相位差加起来。如果相位误差小，相位差可以用微分形式来近似表达：

$$\theta(\nu+\Delta v) - \theta(\nu) \approx \frac{d\theta(\nu)}{d\nu}\Delta v \tag{5.10}$$

相位值的积分形式是

$$\theta(\nu) = \int_0^v \frac{\mathrm{d}\theta(u)}{\mathrm{d}u}\mathrm{d}u \tag{5.11}$$

有了这些相位信息，就可以获得天体的空间分布。

在斑点干涉星像重建的发展过程中，最重要的成就就是发展了斑点遮挡(speckle masking)新技术。这个技术的具体工作步骤是这样的：第一在短时间曝光的目标星像基础上分别求出它们的三重相关值(triple correlation)，同时计算它们的傅立叶变换，即它们的双频谱值(bispectrum)，分别是

$$\begin{aligned} I_n^{(3)}(x, x') &= \int I_n(x'')I_n(x''+x)I_n(x''+x')\mathrm{d}x'' \\ \widetilde{I}_n^{(3)}(u, v) &= \iint I_n^{(3)}(x, x')\exp(-2\pi\mathrm{i}(ux+vx'))\mathrm{d}x\mathrm{d}x' \\ &= \widetilde{I}_n(u)\ \widetilde{I}_n(v)\ \widetilde{I}_n(-u-v) \end{aligned} \tag{5.12}$$

上面公式显示星像的三重相关值和双频谱值均为四维变量的函数。然后再计算三重相关和双频谱的总平均值：

$$\langle \widetilde{I}_n^{(3)}(u, v)\rangle = \frac{1}{N}\sum_{n=1}^{N} \widetilde{I}_n(u)\ \widetilde{I}_n(v)\ \widetilde{I}_n(-u-v) \tag{5.13}$$

经过这样的相关运算，所有的噪声就被抑制了。然后将 $\widetilde{I}_n(u) = \widetilde{O}(u)\ \widetilde{P}_n(u)$ 代入平均的双频谱表达式中：

$$\langle \widetilde{I}_n^{(3)}(u, v)\rangle = \widetilde{O}(u)\ \widetilde{O}(v)\ \widetilde{O}(-u-v)\langle \widetilde{P}_n(u)\ \widetilde{P}_n(v)\ \widetilde{P}_n(-u-v)\rangle \tag{5.14}$$

公式中右方尖括号中的部分称为斑点遮挡传递函数，这个函数在望远镜口径的截止值内是一个正函数。斑点遮挡传递函数可以通过对一个点源的观测来获得。最后根据目标星双频谱的数值，可以同时获得目标频谱 $\widetilde{O}(u)$ 的振幅和相位。这一点可以从图 5.2 (Lohmann et al, 1983)所示的三重相关运算中反映出来。图中(a)是目标函数的图像，(b)是这个函数与经过移动后的原函数的相关运算。这个移动的矢量被称为斑点遮挡矢量，适当地选择这个矢量的大小和方向，它们的自相关函数就变成一个脉冲函数(δ 函数)。而经过再一次的自相关运算，它的三重相关函数就成为原函数本身。有了这些重要的关系，可以看到三重相关函数完整地保留了原来目标天体的振幅和相位，从而可以获得任何形状目标天体的详细信息。由于背景是白噪声，经过相关处理后的相关值均为零，所以这种方法可以从有噪声的微弱信号中获得信号本身。这是天文学中进行相关运算的最大优势。

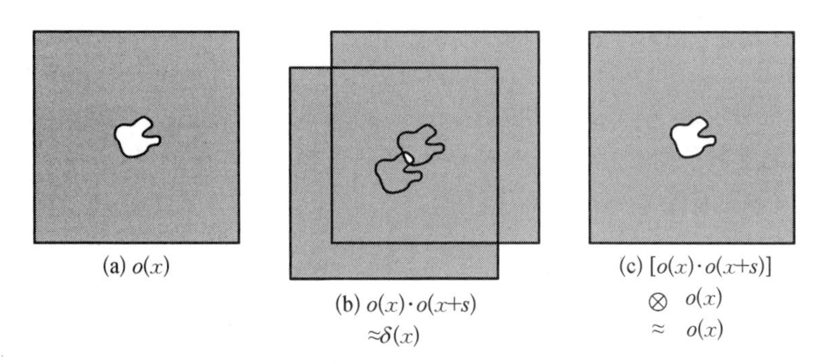

图 5.2 三重相关函数运算的示意图，如果小的遮挡矢量的取值恰当，自相关函数就是一个脉冲函数，而三重相关函数就正好等于目标函数的原值

斑点干涉技术的实现依靠专门的斑点干涉仪。一种利用像增强器的斑点干涉仪如图 5.3 所示，图中在焦平面后是一个显微物镜(2)；(3)是旋转快门，它的转速和开口大小决定了干涉仪每一个光斑像的曝光时间，这个时间在 0.01 至 0.002 秒之间；(4)是大气折射改正棱镜；(5)是滤光器。滤光器的频带宽度 ($\Delta\lambda/\lambda$) 大约等于或小于大气宁静度相关直径和望远镜口径之比，照相机(8)成像必须与旋转快门同步，以便获得多组天体的光斑图像。照相机快门的速度为每秒 30 幅到 100 幅。在获得各组光斑像后，可以利用测量装置通过模拟或者数学方法求出像的自相关函数，从而求出天体在衍射极限下的图像，达到极高的空间分辨率。现在应用斑点干涉技术已经可以获得天体结构中尺度为 1 至 5 毫角秒的细节，它的极限星等也逐渐增大到 20 等左右。

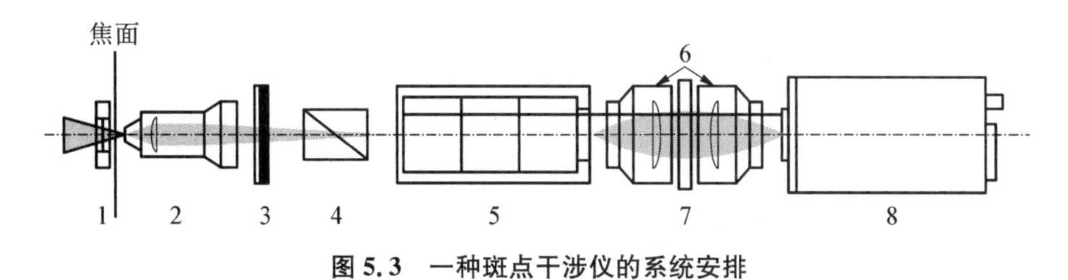

图 5.3 一种斑点干涉仪的系统安排

5.2 迈克尔逊干涉仪

迈克尔逊恒星干涉仪(Michelson interferometer)的基本原理最早是斐索(Fizeau)于 1862 年提出的。1891 年迈克尔逊利用分离的小镜面成功地实现这种干涉，完成了对木星卫星角直径的测量。1907 年迈克尔逊获得诺贝尔奖，这一干涉仪的成功是获奖的重要原因。1945 年马丁·瑞在射电波段利用分离望远镜实现迈克尔逊干涉，1976 年拉贝里在光学波段利用分离望远镜实现同样的迈克尔逊干涉。

在天文上迈克尔逊干涉仪又叫做恒星干涉仪。天文上使用的迈克尔逊干涉仪和光学上使用的迈克尔逊干涉仪有很大区别。光学迈克尔逊干涉仪有两个互相垂直的光臂，它的干涉图可以是同心圆、平行线，也可以是不平行的条纹。这种干涉仪在天文上常常用作望远镜的附属仪器——天文频谱仪。下文中的迈克尔逊干涉仪均指恒星干涉仪。

迈克尔逊干涉仪的基本原理见图 5.4。如果在望远镜的口径上放置两条相距 D 的狭缝，那么具有角直径 ϕ_0 的天体上每一点所发出的光就会在望远镜焦面上形成一条强度为余弦平方分布的明暗条纹。这些明暗条纹会相互叠加形成一组对比度较小且复杂的明暗分布。条纹对比度和狭缝之间的距离及星体角直径相关。在迈克尔逊干涉仪中，光线在出瞳面上产生干涉，因此是一种瞳面干涉仪。

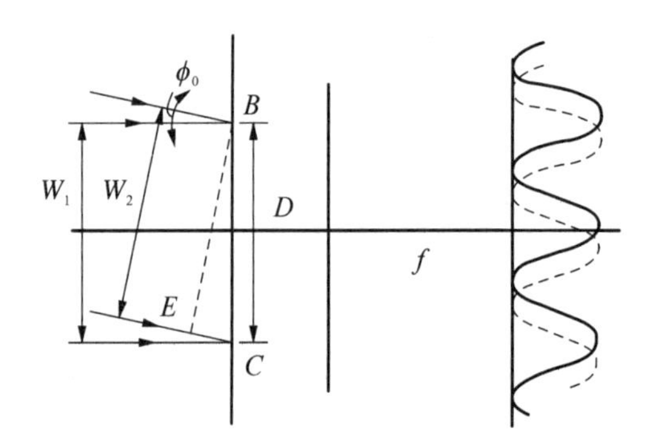

图 5.4　迈克尔逊干涉仪的基本原理

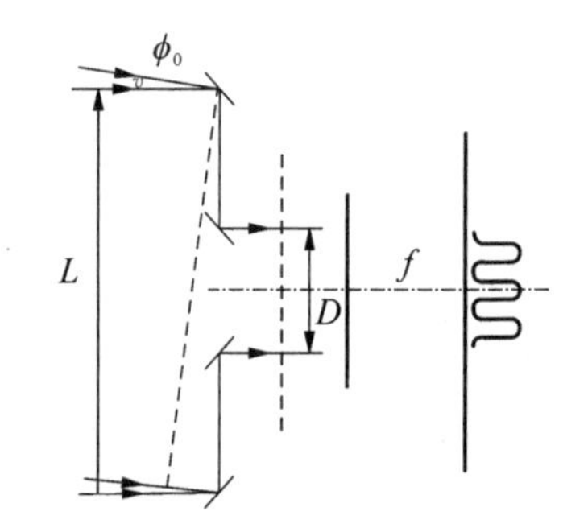

图 5.5　迈克尔逊干涉仪的基本原理

迈克尔逊干涉仪同时是一种“加法(adding)式”的干涉仪。由公式(1.142)，对于对称的天体，它的能见度函数为

$$V_0(s_\lambda)=\pm\frac{1}{S_0}\int_{-\alpha/2}^{\alpha/2}B(\phi)\cos 2\pi s_\lambda\phi\,\mathrm{d}\phi \tag{5.15}$$

式中 S_0 是天体源的能流密度，$B(\phi)$ 是源的光强分布，$s_\lambda=D/\lambda$，α 是源的张角。如果源的光强均匀分布，$\alpha B(\phi)=S_0$，那么上式简化为

$$V_0(s_\lambda)=\pm\frac{\sin 2\pi s_\lambda(\alpha/2)}{2\pi s_\lambda(\alpha/2)} \tag{5.16}$$

如果天体是一个点光源，那么条纹能见度为 1。如果天体角尺寸很大，那么条纹能见度为 0。对于角直径为 ϕ_0 的天体，如果改变 D 的距离，焦面上的条纹对比度会有规律地增减。如果测定条纹对比度增加或减少的周期所相应的 D 的变化量 ΔD，则可以算出星体的角直径。

迈克尔逊干涉仪的基线可以在望远镜口径之内，也可以超过望远镜口径(图 5.5)。在这种仪器中，上式中的 ΔD 可以用 ΔL 来代替。利用这种装置，迈克尔逊获得了0.004 7 角秒的分辨率。

20 世纪 80 年代，法国地球动力学与天文学研究中心(CERGA)研制了一种新型的迈克尔逊干涉仪，这台干涉仪由两台独立的 25 厘米口径的光学望远镜构成，基线长度达到 35 米，并且已经取得干涉测量的结果。两个望远镜可以在精密轨道上移动，望远镜基线处于南北方向。在两个望远镜之间有一块可以移动的精密干涉平台，平台的移动正好可以补偿天体在两侧望远镜中的光程差，这个平台装置称为光程平衡器(optical path length equalizer, OPLE)，或者叫延迟线(delay line)。除非使用折叠式的光学系统，否则不可能获得十分紧凑的光学平衡器。不过这样又会在来回反射中损失很多能量。

这样形成的延迟线常常运行在很长的轨道上，平台通过计算机控制，并且装备了精确的激光干涉测距仪。在平台上装有后向反射器，使用后向反射器可以使轨道长度正好减少一半。后向反射器是由更精密的喇叭线圈或者压电陶瓷来驱动。干涉平台上有合成两束光线使之产生干涉的装置，称为光束合成器(beam combiner)。图 5.6 给出了这种干涉仪的大致布局。图 5.7 是一种棱镜式的光束合成器，这一装置包括一个像场消转棱镜。另一种常用的光束合成器是由一个分光束片形成的，其中一束光透射，另一束光从分光束片的另一面反射后与第一束光发生干涉。当干涉的口径数很多的时候，光束合成器的设计会变得十分复杂。

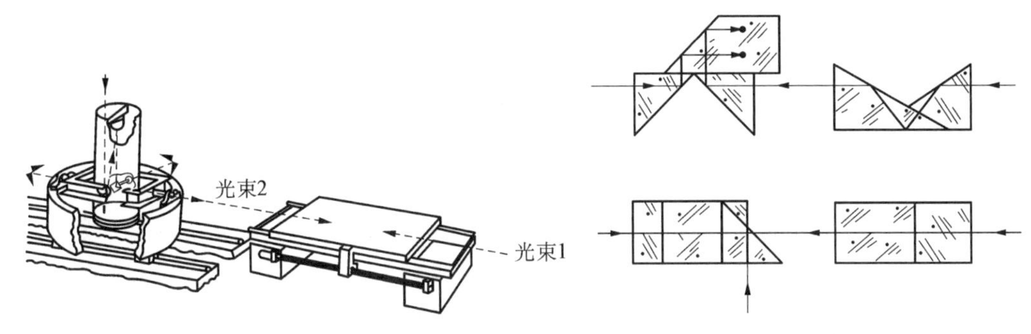

图 5.6　(CERGA)干涉仪的精密干涉平台(Mariotti, 1984)　　**图 5.7　干涉仪的光束合成器**

迈克尔逊干涉仪的最大限制是要求仪器能够获得高精度的光程补偿。在 5.5.1 节中定义了光线的相干长度，它是可能实现干涉的最大允许光程差。在光学波段，相干长度的数值等于：

$$\frac{\lambda^2}{n\Delta\lambda} \tag{5.17}$$

式中 λ 是波长，n 是折射率。如果频谱宽度为埃级，相干长度不过是 1 毫米左右。因此望远镜和干涉平台的运动必须十分精确，要达到微米级的分辨率。同时大气扰动对于长基线光干涉也带来极大困难，大气扰动引起的相位变化值等于

$$\sigma = 2.6\left(\frac{L}{r_0}\right)^{5/6} \tag{5.18}$$

式中 L 是基线长度，r_0 是弗里德常数。弗里德常数是波长的函数，在波长较长时，r_0 值较大。因此在红外或射电波段，比较容易实现迈克尔逊干涉仪的干涉，提供越来越高的角分辨能力。上面这个公式在基线长度小于大气扰动的最大尺度时成立，当其大于最大尺度时，光程差的增加将十分缓慢，最后达到一个截止相位值。

大气宁静度对干涉仪中的每个口径面也会产生影响，当口径面尺寸大于弗里德长度时，光线在同一个口径面上具有不同的光程差。除非对大气扰动所引起的光程差进行自适应补偿，否则迈克尔逊干涉仪的能见度会相应下降。

在干涉仪中光源到各个口径之间的几何光程差常常是基线长度的0至0.9倍。光程平衡器是光学延迟线中最重要的部件。对于口径较大的光学延迟线，为了防止较差折射，要增加大气色散改正镜。更好的方法是将延迟线放置在真空管道之中。这种真空管道对真空度的要求并不很高。图5.8中是两种典型的光程平衡器的设计。这里两束光在分光束片上重新会合。因为反射时有相位的变化，所以分光束片的两个输出量在强度上互补。假设光在反射和折射时没有损失，点光源在延迟线输出上的两个光强分别是

$$\begin{aligned} I_1 &= I_0(1+|\gamma_{12}(0)|\cos\phi(t)) \\ I_2 &= I_0(1-|\gamma_{12}(0)|\cos\phi(t)) \end{aligned} \tag{5.19}$$

式中I_0是入射光的强度，$\gamma_{12}(0)$是它们的相干度，$\phi(t)$是随机的大气引起的相位波动。两个输出光强度差平方的平均值等于两束光之间相干度的平方：

$$\langle (I_1 - I_2)^2 \rangle = 4I_0^2\,|\gamma_{12}(0)|^2\langle\cos^2\phi(t)\rangle = 2I_0^2\,|\gamma_{12}(0)|^2 \tag{5.20}$$

这里的尖角括号表示时间上取平均值。随机数余弦平方的时间平均值是0.5。这个公式表示了如何在光学波段来获得两束光之间的相关度。在射电频段，常常采用相关干涉仪来直接获得同样的数值。相关干涉仪和口径综合望远镜将在8.3.1和8.3.2节中讨论。

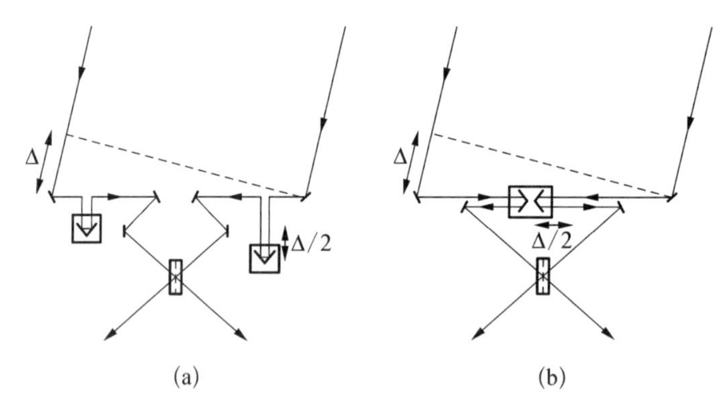

图5.8 两种光学延迟线(a) 双延迟线系统 (b) 差分延迟线系统

另一种光束相关的技术是Shao(Davis，1997)所用过的光程调制技术。在这个技术中，一束光的光程以高度为一个波长的正三角形来调制。在一个循环中，依次将输出的光强放置到四个时间篮子中，分别是A、B、C、D。这样它的相位和振幅分别是

$$\begin{aligned} \text{Phase} &= \arctan\left(\frac{D-B}{C-A}\right) \\ \text{Amplitude} &= \sqrt{(C-A)^2+(D-B)^2} \end{aligned} \tag{5.21}$$

一种特殊的迈克尔逊干涉仪是Bracewell(1979)首先提出的相消干涉仪(nulling interferometer)。相消干涉仪可以用于在很强的恒星附近发现暗弱的地外行星。在一个有两个单元的干涉仪上，相消是通过改变其中一个光束的光程使得在干涉仪中的两束光

之间存在稳定的二分之一波长的光程差，这样在干涉仪所指向的方向上光的强度正好互相抵消。而来自附近θ角外的相对暗弱的行星所反射的光则互相加强。它们的光程差为$\pi+\varphi=\pi+\theta\cdot D/\lambda$，这里$D$是两光束之间的距离，$\varphi=\theta\cdot D/\lambda$是相位(图5.9)。

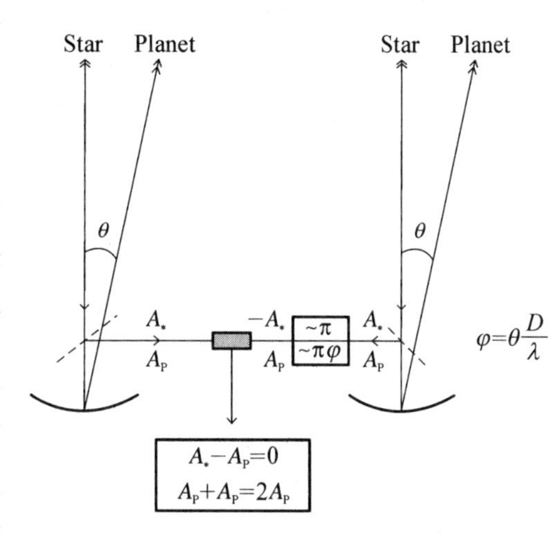

图5.9 相消干涉仪的示意图

太阳望远镜中的日冕仪很类似于相消干涉仪，它能够提供日冕层的详细信息。但是这种仪器是在焦面上遮挡光球来阻止太阳成像，它本质上不是一种相消干涉仪。

在多口径的望远镜阵中，有一种相关干涉仪叫综合口径望远镜。它可以采集各种不同基线所对应的能见度函数，然后通过傅立叶变换获得天区的二维图像。这种技术首先是在射电波段实现的，光学综合口径望远镜的实现仍然有相当的难度。

5.3 斐索成像干涉仪

实现光的干涉有两种方法：一种是通过分解光的振幅，而另一种是通过分解光的波阵面。分解光的振幅通常用分光片的反射和透射来实现，这种干涉仪称为振幅干涉仪。而分解波阵面常常是使用两个口径来实现，这种干涉仪称为波阵面干涉仪。迈克尔逊干涉仪就是一种波阵面干涉仪。

传统的迈克尔逊干涉仪的光束相干是在出瞳面上实现的，所以可以称为瞳面(pupil plane)干涉仪。瞳面干涉仪输出的是条纹亮度。如果光束相干是在焦面上实现的，那么就是一种焦面(imaging plane)干涉仪。焦面干涉仪输出的是干涉图像。斐索成像干涉仪和迈克尔逊干涉仪结构安排基本相同，不同的是前者是一个焦面干涉仪，或者可以称为斐索型的迈克尔逊干涉仪，而后者是一个瞳面干涉仪。

斐索成像干涉仪可以有很多口径面。如果有两个口径面，那么所获得的星像是艾里斑受到杨氏双缝条纹调制所形成的图像。图像中心点的条纹相当于两个波阵面之间不存在任何光程差，在这个点上任何波长的光均会产生振幅叠加现象，因此是消色差的。

迈克尔逊干涉仪应该被称为瞳面型或者迈克尔逊型的迈克尔逊干涉仪。它可以将各个基线的光束两两结合在一起，从而获得能见度函数并实现条纹跟踪。这个能见度值是天体源相对于某一个特定基线的空间频率上的能见度。要获得更多的能见度函数数值，就需要更多的基线。迈克尔逊干涉仪有两个基本限制：非常有限的视场和很难实现光束对之间的变换。在迈克尔逊干涉仪中，接收器所获得的实际是一个能量即光强，而不是真正的条纹。光强大小可以通过改变光程差进行调制。零光程差对应于条纹上一个无色差的点。它的视场角和频谱宽度相关，当相对频宽是0.1时，最多可观察到10根条纹。要获得其他空间频率的能见度，就要改变干涉基线。一个包括30面望远镜的干涉阵共有

435 条基线。改变基线时，非常精确和敏感的光学延迟线也需要改变。目前还没有一种快速的基线和光学延迟线的自动变换装置。

斐索干涉仪的视场较大，它的视场决定于系统轴外光的成像性能。因为斐索干涉仪将光束的结合安排到焦面上，所以在大型干涉仪中，改变所参与的光束就是简单地遮挡或打开一个光路的问题。只要光束之间保持同相位，使用的光束数量将不受限制。在干涉成像中，只要控制好相位，子口径越多，所形成的星像越清晰。现在子口径的数目一般不超过 6 个。子口径数目的一个真正限制是随之而来的，十分复杂的光学延迟线的设计和安排。只有在很少的情况下，一个成像干涉仪可以去除光学延迟线，其中的一种光学延迟线的重要设计就是拉贝里所提议的超级望远镜(Hypertelescope)。

斐索干涉仪的最大难点是子光束的同相位要求。在迈克尔逊干涉仪中，只要对基线和光程差的测量达到波长的几分之一至十几分之一就足够了，光程差进一步的调制可以提供光程差精确的数值。而在斐索干涉仪中，则要求稳定控制所有子光束的相位，否则就不能获得干涉图像。对地面斐索干涉仪，很多因素会影响子光束的相位，大气扰动、大气较差折射等是主要的因素。即使如此，在旧 MMT 望远镜上也曾经获得过轴上和轴外稳定两光束相干图像(Angel, 2002)。在斐索干涉仪的试验早期，可以使用斑点干涉方法获得其口径衍射极限的星像，这也是斐索干涉仪的重要优点之一。

斐索干涉仪也可以用作相消干涉仪。这时像面中心点的相位差被调整为半个波长。1995 年，剑桥光学综合口径望远镜(Cambridge Optical Aperture Synthesis Telescope, COAST) 成功地在焦面上获得光学波段的干涉图像。正在试验的斐索干涉仪有 CHARA(Center for High Angular Resolution Astronomy)和 LBTI(Large Binocular Telescope Interferometer)。美国恒星成像器(Stellar Imager, SI)是一台空间斐索干涉仪，它包括 10 到 30 面 1 米口径的反射镜，最大基线为 500 米，镜面形状可能是球面或平面。由平面镜所形成的干涉条纹将在 9.2.4 节中讨论。

5.4 口径遮挡干涉仪和超级望远镜

5.4.1 口径遮挡干涉仪

口径遮挡干涉仪(aperture masking interferometer)实际上也是一种斑点干涉仪。它可以排除地球大气的影响，而实现由口径尺寸所决定的高角分辨率。它的缺陷就是口径利用率比较低，只能用于对有限亮星的观察。口径遮挡干涉仪的实现是利用口径面上的遮挡板，挡住口径上大部分光线，仅仅允许很少光线通过一系列口径面上的小孔而在焦面成像。这些小孔组合形成了一对对小天文干涉仪，原来望远镜受大气影响的点分布函数，即大气宁静度斑就变成了焦面上互相叠加的一组组干涉条纹。经过遮挡，星像一般可以获得二分之一口径的衍射分辨率。

口径遮挡常常是在副镜表面或者焦面后的瞳面上实现的。口径遮挡干涉仪中，有一种子口径的分布会使得所有口径对所对应的基线(baseline)完全没有重复，这样的口径遮挡称为无冗余口径遮挡 (non-redundant aperture masking)或稀疏口径遮挡(sparse aperture masking)，这两个名字所描述的是一个相同的概念。在无冗余口径遮挡干涉仪中，由于没有任何口径对会重复其他口径对所对应的基线，所以所有口径对产生的条纹具有稳定的相位差。这时任何三个子口径，均可以利用相位闭合来排除大气扰动的影响，精确地确定它们之间的相位值，这就是相位闭合(phase closure)原理。如果 ε 是大气扰动对相位的贡献，而 ϕ 是两个子口径之间的相位差，那么总的相位贡献量为

$$\phi_{123}=\phi_{12}+\phi_{23}+\phi_{31}=\varepsilon_1+\varepsilon_2+\varepsilon_3=0 \tag{5.22}$$

在口径遮挡干涉仪中，为了减少大气扰动的噪声，通过遮挡大部分口径，只记录所选择的少数子口径形成的干涉图像(interferogram)。因为每一对子口径的基线在频率谱上对应一定的空间频率，所以无冗余口径遮挡干涉仪的频率谱就会有相互分离的频率响应。

口径遮挡可以在最小冗余量和最大透光率之间折中，形成对口径的部分冗余遮挡。口径遮挡干涉仪的图像处理类似斑点干涉仪中斑点遮挡(speckle masking)，可以采用三重相关(triple correlation)和双频谱(bispectrum)分析的方法。这样星像的高频部分可以较容易地提取出来。无冗余口径遮挡仅仅使用有限的空间频率，在这些频率上，像的复数振幅通过相位闭合获得了精确测量，它们的相位值十分稳定，可以排除大气和像差的影响。然后通过这些空间频率去重建原来的星像，这样获得的星像常常在某些高空间频率上比利用自适应光学所获得的星像更加清晰(Lacour，2011)。

无冗余口径遮挡的空间频率域又称为傅立叶平面或 $u-\nu$ 平面。这里子口径的位置分布和综合口径干涉仪中子望远镜的位置分布是同样一个问题。如果不考虑地球周日运动对 $u-\nu$ 覆盖的影响，那么每一对子口径就提供正负两条相对应的基线。而所有基线的矢量图就是各个子口径位置的自相关函数图象。比较适用的两种无冗余口径遮挡的图形和它们所对应的 $u-\nu$ 分布见图 5.10。一种是沿圆周分布的边数为质数的多边形顶点上的口径组，另一种是沿三根轴对称分布的具有不同间距的口径组。无冗余口径遮挡的设计也可以参考 γ 射线望远镜中循环差集(cyclic difference set)和均匀冗余阵列的设计。

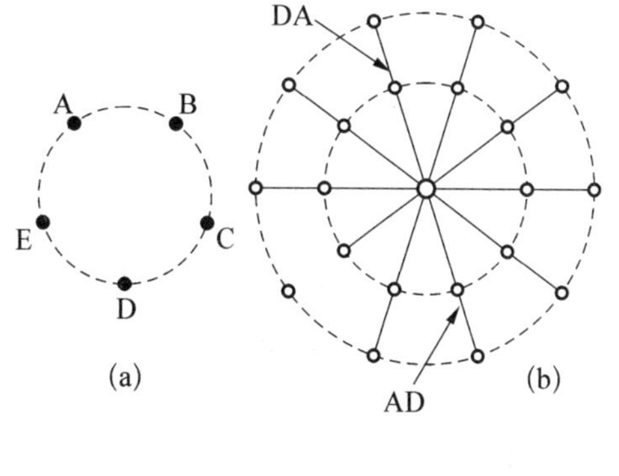

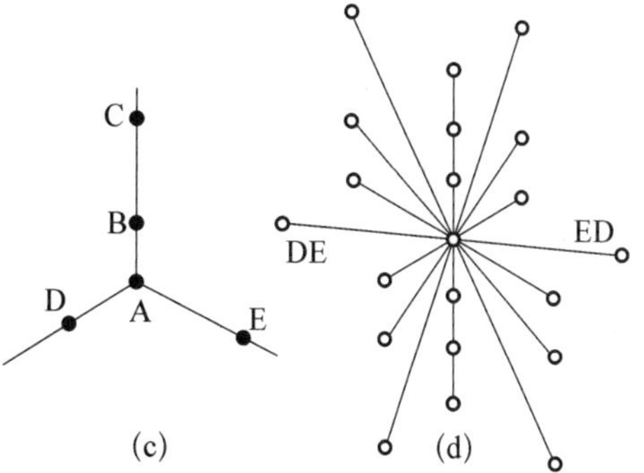

图 5.10 两种无冗余口径遮挡的分布和它们所对应的 $u-\nu$ 平面上的向量分布

5.4.2 超级望远镜

如果在口径遮挡干涉仪中对子口径的相位进行及时控制，这就是一台非常特殊的斐索干涉仪。这种干涉仪存在很多子口径，因为所有的子镜面位于同一个抛物面上，它最重要的特点是不需要光程平衡器，没有任何

光程延迟线。在这种干涉仪的基础上，拉贝里发展了在同一个球面上分布的、数量众多的、相距非常大的稀疏子球面镜面所组成的超级望远镜(hypertelescope)(图 5.11)。由于这样形成的主镜面是一个不连续的巨大球面，它的焦点全部分布在距球心二分之一半径的另一个球面上。这种望远镜可以通过焦点装置的运动来实现对天体的跟踪，唯一需要的是在最后的焦点前增加一个改正球差的装置。在超级望远镜上，这个装置是一对贝壳型的 Mertz 球差改正镜。

在焦点的后面拉贝里使用了一个由倒置的伽利略望远镜阵所组成的稀疏口径密集化装置(图 5.12)。这个装置的小伽利略望远镜的轴线在出瞳上和每个子镜面的轴线相重合。通过这个密集化(densification)装置，在不连续的特大口径上，原来相对于最大基线的口径尺寸非常小的每个子镜面，在望远镜的出瞳位置上所占有的口径尺寸有了很大的提高。反映到整个望远镜的像斑的形状上，集中在中心区的对应于最大口径衍射区的小亮斑没有发生变化，而在中心区周围相对于每个子口径尺寸的，非常暗淡的，很大一个尺寸的衍射环则产生了变化。在加入密集化装置以后，原来很大的，非常暗淡的衍射环尺寸将显著减小，由于能量相对集中，所以这些衍射环亮度相应增大，使像斑明锐。这对于天文观测是非常有意义的(图 5.13)。

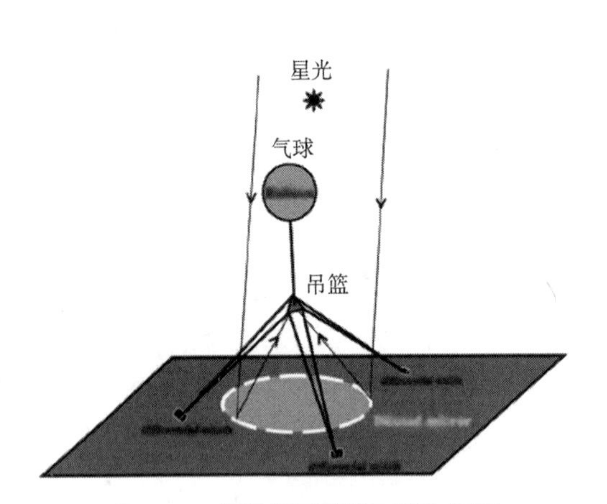

图 5.11　超级望远镜的安排和原理

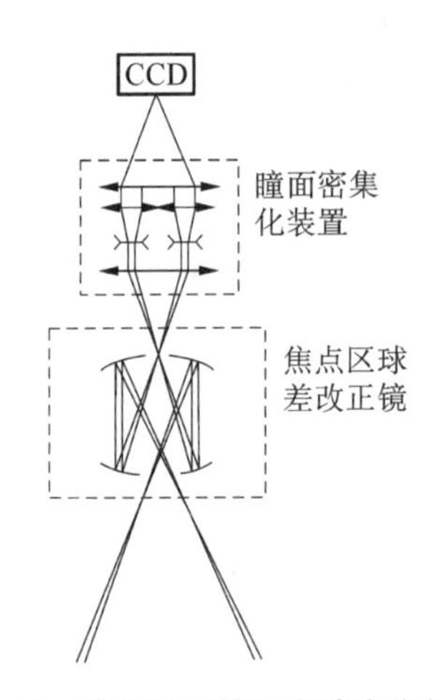

图 5.12　球差改正镜和光瞳密集化装置

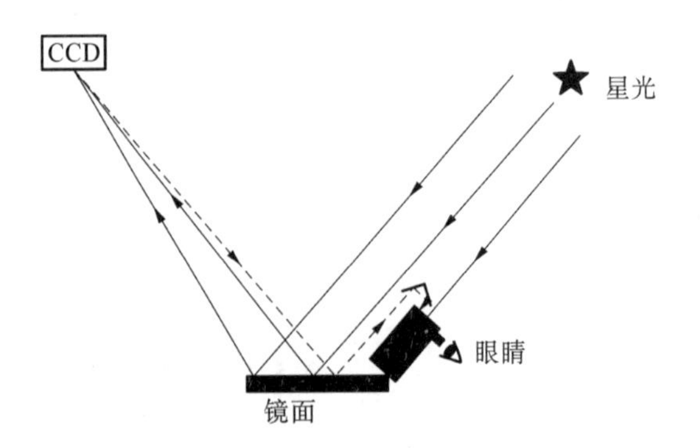

图 5.13　子镜面的寻星和导星方法

超级光学望远镜的实验是从 20 世纪末开始的(Coroller et al., 2004)。这种雄心勃勃的干涉望远镜是一个稀疏的、不连续口径的球面干涉仪。子口径是位于同一个球面上的小球面镜,子镜面尺寸很小,分布在一个山谷中的同一个大球面上。大球面的直径为 17.8 米,它的焦距是 35.6 米。采用球面主镜,镜面容易加工,球面的位置可以通过放置在球心的成像仪器进行校正。采用球面主镜需要在焦点上安置改正镜,这个实验仪器所采用的是面对面放置的两个反射面所形成的改正镜。两片反射改正镜的直径均为 160 毫米,两反射镜之间的距离为 240 毫米,望远镜工作在 600 纳米波段。改正镜和焦点装置位于气球的吊篮之中,气球的工作高度是 140 米。气球下的吊篮位置允许误差为 3 毫米,在这个误差范围内,可以进行短时间快速曝光。

在超级望远镜的实验中,一对 5 厘米的子镜面在 40 厘米的基线距离情况下,获得了长时间的非常稳定的干涉条纹。不过当基线长度发展到原来的 50 倍的时候,对天体的跟踪要求就变得十分苛刻。即使这样,仍然可以进行毫秒级的快速曝光。应该说追求超高分辨率的超级望远镜在思路上是正确的,作为第一步,超级望远镜可以作为斑点干涉仪获得近似于基线衍射极限的分辨率。加上自适应光学,超级望远镜有可能直接获得超高分辨率的天体图像。

5.5　强度干涉仪

5.5.1　强度干涉仪

随着干涉基线的增长,地球大气扰动对相位变化的影响越来越大,因此地面被动式的光学相位干涉实际存在一个极限,这个极限是一百至数百米,相当于不到 1 毫角秒的分辨率。为了获得更高的角分辨率,布朗和颓斯(Hanbury Brown and Twiss, 1954)发明了强度干涉仪(intensity interferometry)。强度干涉仪完全不关心大气或者仪器所引起的相位变化,不寻求来自天体光线之间的干涉,只求天体空间频率上的能量谱。天体空间频率的能量谱正好是天体点分布函数的傅立叶变换,天体空间频率的能量谱是通过光能量的互相关运算来直接获得的。

强度干涉仪的基础是光的相干理论。在物理光学中,光波是一种呈高斯分布的随机变量。它的电矢量可以表示成一系列互相独立并随机分布的,具有振幅、相位和频率的傅立叶分量的集合,用数学公式表示有

$$V^{(r)}(t) = \int_0^\infty a(\nu)\cos(\phi(\nu) - 2\pi\nu t)\mathrm{d}\nu \tag{5.23}$$

用复数形式表示光矢量为

$$V(t) = V^{(r)}(t) + \mathrm{i}V^{(i)}(t) = \int_0^\infty a(\nu)\exp\{\mathrm{i}(\phi(\nu) - 2\pi\nu t)\mathrm{d}\nu\} \tag{5.24}$$

$V^{(i)}(t)$ 是 $V^{(r)}(t)$ 的共轭函数。有时电矢量也用更广阔区间上的积分来表示,有

$$V^{(r)}(t)=\int_{-\infty}^{\infty}v(\nu)\exp[-2\pi i\nu t]d\nu \tag{5.25}$$

这里

$$v(\nu)=\frac{1}{2}a(\nu)\exp\{i\phi(\nu)\} \tag{5.26}$$

$V(t)$是一个随机变量，它在所有的时间区域取值。但是实际情况下，天文观测总是在有限时间区域$-T\leqslant t\leqslant T$内进行的，所以光矢量是一个有界函数$V_T(t)$。光强度的时间平均可以表示为：

$$\begin{gathered}\frac{1}{2}\langle V^*(t)V(t)\rangle=\langle V^{(r)2}(t)\rangle=2\int_0^{\infty}G(\nu)d\nu\\G(\nu)=\lim\frac{|v_T(\nu)|^2}{2T},\quad T\rightarrow\infty\end{gathered} \tag{5.27}$$

式中$G(\nu)d\nu$包括了ν到$\nu+d\nu$之间光辐射所有频率上的分量，它称为光的频（率）谱密度(spectrum density)。用上面同样的公式也可以表示为准单色光(quasi-monochromatic light)的矢量。比如在一个水银灯中有N个基本频率为ν_0的发光源，由于光源分子的随机热运动，所以它们发出光的频率和它们的基本频率间有一个小的频率差。同时这些频率差是随机分布的，它们的相位，因为时间零点的设定，也是随机发生的。

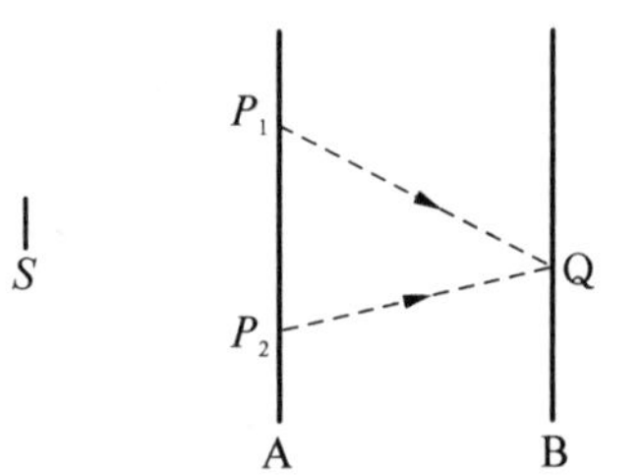

图 5.14　两个小孔将光源的波阵面分解成两个部分

假如从一光源发出的光经过不同路径，如经过一个挡光屏上的两个针孔，而到达一个屏幕上。则在屏幕上的光场等于(图 5.14)

$$V_Q(t)=k_1V_1(t)+k_2V_2(t+\tau) \tag{5.28}$$

式中$V_1(t)$和$V_2(t)$分别是两个针孔上的光场矢量，k_1和k_2分别是两束光的复数振幅传递因子，τ是光线从两个针孔到屏幕的时间差。而屏幕上的光强在省去一个 1/2 因子后为

$$I_Q=\langle V_Q^*(t)V_Q(t)\rangle \tag{5.29}$$

上式可以表示为

$$I_Q=|k_1|^2I_1+|k_2|^2I_2+2\mathrm{Re}[k_1k_2\Gamma_{12}(\tau)] \tag{5.30}$$

式中$\Gamma_{12}(\tau)$是两束光的互相干函数，它的定义为

$$\Gamma_{12}(\tau)=\langle V_1^*(t)V_2(t+\tau)\rangle \tag{5.31}$$

从这个定义有

$$\Gamma_{ii}(0)=\langle V_i^*(t)V_i(t)\rangle=I_i \tag{5.32}$$

如果用无单位的复数互相干度 $\gamma_{12}(\tau)$ 表示有

$$I_Q = |k_1|^2 I_1 + |k_2|^2 I_2 + 2(I_{1Q} I_{2Q})^{1/2} \mathrm{Re}[\gamma_{12}(\tau)] \tag{5.33}$$

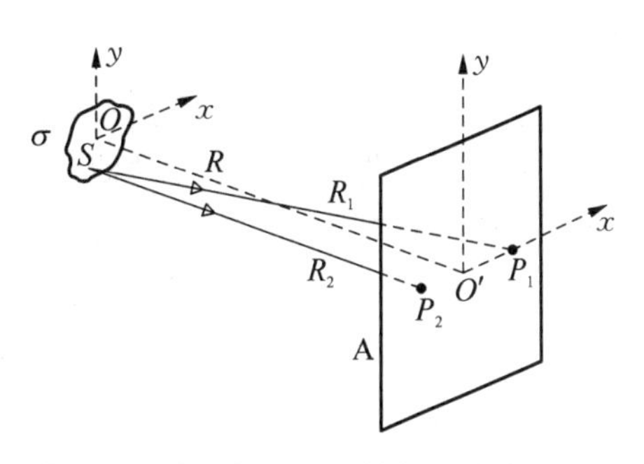

图 5.15　空间相干和源的角尺寸的关系

式中 I_{1Q} 和 I_{2Q} 是从光源 Q 发出的光到达两个小孔时的光强。假设光源是一个小面源(图 5.15),小面源和两个小孔等距,所以它们之间的光程差远小于光的相干长度 $c/\Delta\nu$。同时假设光源是单色光,即 $\Delta\nu/\nu_0 \ll 1$。如果将光源分为一系列很小的子源,第 m 个子源在两个小孔上的场矢量分别为 $V_{m1}(t)$ 和 $V_{m2}(t)$,则它们的互相干函数为

$$\Gamma_{12}(0) = V_1^*(t)V_2(t) = \sum_m V_{m1}V_{m2}(t) + \sum_{m \neq n}\sum V_{m1}(t)V_{n2}(t) \tag{5.34}$$

式中第二项实际上为零,这是因为 $V_{m1}(t)$ 和 $V_{n2}(t)$ 来自不同的、非相干的光源区域,上式即

$$\Gamma_{12}(0) = \sum_m V_{m1}(t)V_{m2}(t) \tag{5.35}$$

如果光源单位面积的光强为 I,而光源到两个小孔的距离分别为 R_1 和 R_2,则

$$\Gamma_{12}(0) = \int_\sigma (I(S)/R_1R_2)\exp[2\pi \mathrm{i}(R_1 - R_2)/\lambda]\mathrm{d}S \tag{5.36}$$

而复数互相干度为

$$\gamma_{12}(0) = (I_1 I_2)^{-1/2} \int_\sigma (I(S)/R_1R_2)\exp[2\pi \mathrm{i}(R_1 - R_2)/\lambda]\mathrm{d}S \tag{5.37}$$

式中 I_1 和 I_2 分别为

$$\begin{aligned} I_1 &= \int_\sigma (I(S)/R_1^2)\mathrm{d}S \\ I_2 &= \int_\sigma (I(S)/R_2^2)\mathrm{d}S \end{aligned} \tag{5.38}$$

假如光源上的 x-y 坐标和挡光屏上的 X-Y 坐标相互平行,并且两个针孔就位于 X 轴上,则

$$R_1 - R_2 \approx (X_1^2 - X_2^2)/2R - (X_1 - X_2)x/R \tag{5.39}$$

如果 $R_1 \approx R_2 \approx R$,有

$$\gamma_{12}(0) = \frac{\exp(\mathrm{i}\psi)\iint_\sigma I(x,\ y)\exp[-2\pi \mathrm{i}(X_1 - X_2)x/\lambda R]\mathrm{d}x\mathrm{d}y}{\iint_\sigma I(x,\ y)\mathrm{d}x\mathrm{d}y}$$

$$\psi = (2\pi/\lambda)[X_1^2 - X_2^2)/2R] \tag{5.40}$$

上式是光的空间相干理论中最重要的表达式(第 8.3.3 节),它表示光的复数空间相干度本身就是归一化后光源强度的傅立叶变换。式中的系数 $\exp(i\psi) = (2\pi/\lambda_0)(OP_1 - OP_2)$ 表示相位的相对移动,在我们所讨论的情况下它恒等于 1。式中 O 是光源坐标系的原点,P_1 和 P_2 是两个小孔的位置,复数相干度就是干涉仪中的能见度函数。

对于光的时间相干,如果从光源发出一束光通过一个半透射半反射分光片 M 同时到达两点 P_1、P_2,这时一定有 $\gamma_{12}(0) = 1$。当将其中一点向后移动一个距离 $\tau \cdot c$,并且不改变它们的空间相干性,但是引进了时间相干的概念(图 5.16)。根据前面的讨论,如果两个点上的场分别是 $V_1(t)$ 和 $V_2(t+\tau)$,则互相干函数为(参考公式 5.35)

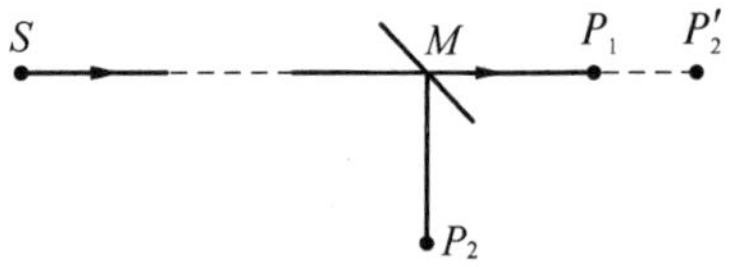

图 5.16 时间相干中一束光线的延迟

$$\Gamma_{12}(\tau) = \langle V_1^*(t) V_2(t+\tau) \rangle = 4\int_0^\infty G_{12}(\nu)\exp(-2\pi i\nu\tau)\mathrm{d}\nu \tag{5.41}$$

而复数相干度则为

$$\gamma_{12}(\tau) = \frac{\int_0^\infty G_{12}(\nu)\exp(-2\pi i\nu\tau)\mathrm{d}\nu}{\int_0^\infty G_{12}(\nu)\mathrm{d}\nu} \tag{5.42}$$

$$G(\nu) = \lim \frac{v_{T1}^*(\nu) v_{T2}(\nu)}{2T}, \quad T \to \infty$$

式中 $G_{12}(\nu)$ 是两束光的互频谱密度(mutual spectrum density),上式表示互相干度是互频谱密度的傅立叶变换。如果两束光的频谱完全相同,则互相干函数就是光的自相关函数。这个公式在数学上严格成立,就是第 8.3.3 节介绍的维金 Wiener-Khinchin 定理。

最简单的情况是当互频谱密度在一个小频谱段 $\Delta\nu$ 是均匀分布的时候,则有下列非常重要的相关度公式:

$$\gamma_{12} = (\sin \pi\nu\tau/\pi\nu\tau)\exp(-2\pi i\nu_0\tau) \tag{5.43}$$

这个调制函数在时间延迟量为 $\tau_0 = 1/\Delta\nu$ 时到达第一个零点。这个时间就是光的相干时间 $\tau_0 = 1/\Delta\nu$,它对应的距离就是光的相干长度 $l_0 = c/\Delta\nu$。超过了相干时间,两束光之间就不会产生干涉条纹。

有了上述理论基础,就可以了解强度干涉仪的工作原理。强度干涉仪和经典观测方法不同,它是通过测量一个部分相干场在两个不同空间位置强度变化的相关性来获得光源的空间能量分布。如果在两个不同的地点对一个面源同时成像,则像的强度可以分别表示为:

$$I_i = V_i^*(t) V_i(t) \tag{5.44}$$

而这两个强度之间的相关量为

$$\begin{aligned}\langle I_1(t)I_2(t+\tau)\rangle &= \langle V_1^*(t)V_1(t)V_2^*(t+\tau)V_2(t+\tau)\rangle \\ &= \langle V_1^{(r)2}(t)V_2^{(r)2}(t+\tau)\rangle + \langle V_1^{(r)2}(t)V_2^{(i)2}(t+\tau)\rangle \\ &\quad + \langle V_1^{(i)2}(t)V_2^{(r)2}(t+\tau)\rangle + \langle V_1^{(i)2}(t)V_2^{(i)2}(t+\tau)\rangle\end{aligned} \tag{5.45}$$

因为 $V_1^{(r)}(t)$、$V_2^{(r)}(t)$、$V_1^{(i)}(t)$ 和 $V_2^{(i)}(t)$ 都是高斯分布的随机变量，因此有

$$\begin{aligned}\langle V_1^{(r)2}(t)V_2^{(r)2}(t+\tau)\rangle &= \frac{1}{4}\bar{I}_1\bar{I}_2 + 2[\langle V_1^{(r)}V_2^{(r)}(t+\tau)\rangle]^2 \\ &= \frac{1}{4}\bar{I}_1\bar{I}_2 + \frac{1}{2}\{\mathrm{Re}[\Gamma_{12}(\tau)]\}^2\end{aligned} \tag{5.46}$$

同样其他各项也可以写成相似的表达式：

$$\begin{aligned}\langle V_1^{(i)2}(t)V_2^{(r)2}(t+\tau)\rangle &= \frac{1}{4}\bar{I}_1\bar{I}_2 + \frac{1}{2}\{\mathrm{Im}[\Gamma_{12}(\tau)]\}^2 \\ \langle V_1^{(r)2}(t)V_2^{(i)2}(t+\tau)\rangle &= \frac{1}{4}\bar{I}_1\bar{I}_2 + \frac{1}{2}\{\mathrm{Im}[\Gamma_{12}(\tau)]\}^2 \\ \langle V_1^{(i)2}(t)V_2^{(i)2}(t+\tau)\rangle &= \frac{1}{4}\bar{I}_1\bar{I}_2 + \frac{1}{2}\{\mathrm{Re}[\Gamma_{12}(\tau)]\}^2\end{aligned} \tag{5.47}$$

将上式代入(5.45)式有

$$\langle I_1(t)I_2(t+\tau)\rangle = \bar{I}_1\bar{I}_2 + \Gamma_{12}^2(\tau) = \bar{I}_1\bar{I}_2[1+|\gamma_{12}(\tau)|^2] \tag{5.48}$$

在观测中感兴趣的是强度相对于它平均值的变化，上式可以写成

$$\langle I_1(t)I_2(t+\tau)\rangle = \bar{I}_1\bar{I}_2 + \langle\Delta I_1(t)\Delta I_2(t)\rangle \tag{5.49}$$

因此有

$$\langle\Delta I_1(t)\Delta I_2(t+\tau)\rangle = |\Gamma_{12}(\tau)|^2 = \bar{I}_1\bar{I}_2|\gamma_{12}(\tau)|^2 \tag{5.50}$$

这个公式是强度干涉仪的基本原理，即部分相干场在两个点上的强度变化是相关的，而且这个相关量和相干度 $\gamma_{12}(\tau)$ 的平方成正比。在本节中所有分析均是在单一线偏振光的情况下获得的，如果是非偏振光则应有

$$\langle\Delta I_1(t)\Delta I_2(t+\tau)\rangle = \frac{1}{2}\bar{I}_1\bar{I}_2|\gamma_{12}(\tau)|^2 \tag{5.51}$$

强度干涉仪的最大优点是完全不要求两个光束的相干。因此强度干涉仪的接收镜面只要能满足将全部反射光集中于一个光电集收器中。这种望远镜对镜面面形的要求与通常的太阳能集收器相似。为了能实现光强的自相关，从而获得星光的空间能量谱，必须有两个相距一定距离的光接收器，在每一个接收器的焦点上配置带有时间控制的光电装置。两个光电集收装置的输出信号在计算机中进行处理，计算出它们之间的相关值，从而确定天体源的空间分布。

1956 年澳大利亚建成了第一台光学强度干涉仪，它包括两个直径 6.5 米的主镜面，主镜面是拼合镜面，每一面主镜有 270 块六边形子镜面，像斑直径大约是 2.5 厘米。两个

接收器可以在直径为188米的圆形轨道上移动,因为是圆形对称轨道,所以不需要专门的光程平衡器。焦点上配有滤光片和光电倍增管,仪器没有光束合成器,根据两个光电倍增管中输出的电流直接进行相关运算。整个仪器露天操作,没有圆顶保护。这一望远镜所测得的天体最小角直径达0.47毫角秒(=0.000 47角秒)。遗憾的是这种仪器使用的频带极窄(约100兆赫兹),只能用于观测数量很少的亮星(星等大于2.5等)。在观测所有亮源以后,这台强度干涉仪被拆除了。

强度干涉仪可以获得极高的角分辨率,但是它也有很大的限制。前面讲过它的极限星等很低。导致极限星等低的第一个原因是使用频带窄。在迈克尔逊干涉仪上使用的频带宽度约等于10 000兆赫兹,而在强度干涉仪仅仅用了约100兆赫兹,这主要是由接收器和相关器的特性所决定的。提高电子器件的频率可以提高信噪比,但是电子信号的带宽很难高于1 GHz,因此它的时间相干性大大减小(~10^{-14}秒),这样就需要足够多的光子流量来获得一定精度的二次相关度。在正常天空亮度的基础上,使用现有的切伦科夫望远镜来测量连续源的角直径所要求的星等约为9等。更高星等就需要更大面积的望远镜,或者更灵敏的接收器、更高的信号频段,或者同时在多个频段工作。原则上可以增宽频带以提高信息量,但是这样就会丧失强度干涉仪的固有优点,使仪器光程受大气影响发生变化。如果电子器件的时间分辨率为10 ns,光在这段时间内将穿越3米,而大气扰动的影响仅仅不过是数毫米,在这种条件下仪器的基线长度可以达到数千米。第二个原因是测量信噪比完全取决于源的光强密度,与频谱宽度无关。当源中包含很亮的发射线时,光强密度大,所接收的光子密度高,量子效应明显,信噪比可以达到发射线温度所相当的量,这时所观测源的亮度可以较低。这对于热星尤其如此,因此强度干涉仪对冷星的观测比较困难。强度干涉仪的信噪比是源温度的函数,10 000开的源,信噪比是200;而20 000开的源,信噪比为1 000。对于温度低的亮源将不能获得好的信噪比。另外的限制是获得信号相关性的困难,往往要经过长时间的观测才能建立起光强信号的相干性。

强度干涉仪可以实现很长基线上的干涉,因此可以利用现存的相距几百米、几千米甚至几万米的望远镜设施,比如γ射线的切伦科夫望远镜(10.3.5节),实现强度干涉。这样,相应的角分辨率可以达到10^{-5}角秒的量级,有可能分辨出更多的天体细节。

5.5.2 频谱型强度干涉仪

在准单色光的讨论中,频谱的相对宽度是决定相干时间的主要因素。频谱宽度越大,它的相干时间就越短。图5.17表示相对频谱宽度为1/6和1/16的包含有20个频率的光所形成波束的形状。这些合成的波束实际上是由一个个的波节(wave group)所组成,在每个波节中,光的振幅从零逐渐增大,然后又逐渐减小到零。如果相对频谱宽度大,波节的长度就小;相对频谱宽度小,波节的长度就较大。在每个波节长度范围内,光的相位相对稳定,而在波节和波节之间,光

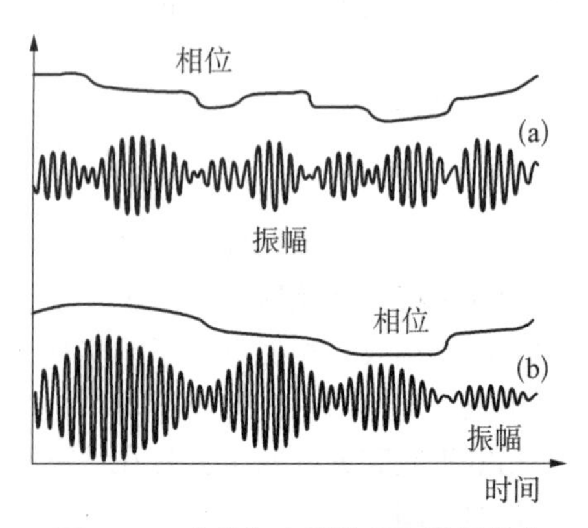

图5.17 准单色光的波节和拍频效应
(a) 频谱宽度为1/6,(b) 频谱宽度为1/16

的相位将产生跳跃。在波动学中，这些波节所代表的低频频率常常称为拍频（beat frequency）。

1957 年，Alford 和 Gold（1958）根据傅立叶函数特点首先发现时间延迟量对这种拍频频谱的调制现象，这种现象被称为 Alford-Gold 效应。

在函数傅立叶变换中，变量的时间延迟会引起其傅立叶变换的附加相位，由于这种附加相位是频率的线性函数，所以在其频率谱上会产生周期性的调制，如图 5.18 所示。如果 $E(t)$ 的傅立叶变换是 $G(w)$，当 $E(t)$ 在时间上有一个移动量 X，那么新函数的傅立叶变换就会增加一个相位因子，即

$$G'(\tau,\ \omega) = e^{-i\omega t}G(\omega) \tag{5.52}$$

将原光束和经过时间延迟后的光束叠加起来，则合成的新光束的频谱为

$$H(\omega) = (e^{i\omega t/2} + e^{-i\omega\tau/2})G(\omega) = 2\cos(\omega\tau/2)G(\omega) \tag{5.53}$$

新的频谱实际上受到一个余弦函数的调制，从而在频谱中形成了一个个周期性的零点。在普通光学干涉仪中，对产生干涉的两个光束的光程差有非常严格的限制，它不能超过该光束的相干长度。而在这种新的频谱型强度干涉仪中，这种光程差的长度几乎是不受限制的。在 Gold 的原始实验中，光束来源于电极间的电弧光，他将一束光直接传送到相关器，而另一束光经过一个远处反射镜的反射后再回到相关器中。两束光之间的光程差高达 64.2 米。后来他们的实验所使用的光程差竟然达到近 300 米长度。

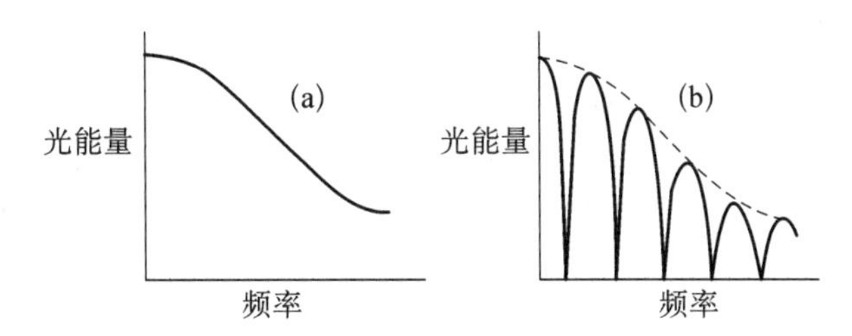

图 5.18　函数的时间延迟所引起的频谱调制效应

Mandel（1962）利用统计光学的理论证明，对于一个稳态光场，两个空间位置上光场互相关运算给出了光场互相关（cross-correlation）函数，即互相干（mutual coherence）函数：

$$\Gamma(x_1,\ x_2,\ \tau) = \langle V(x_1,\ t+\tau)V^*(x_2,\ t)\rangle \tag{5.54}$$

该函数与平均光强的比称为归一化相关度或者相干度函数，即

$$\gamma(x_1,\ x_2,\ \tau) = \Gamma(x_1,\ x_2,\ \tau)/\sqrt{I(x_1)I(x_2)} \tag{5.55}$$

和这个相关度函数密切相关的是归一化的互频谱密度（cross-spectral density）函数：

$$\phi(x_1,\ x_2,\ v) = \lim_{\theta\to\infty}\frac{A(x_1,\ \nu)A^*(x_2,\ \nu)}{\theta\sqrt{I(x_1)/I(x_2)}} \tag{5.56}$$

式中 $A(x_i,\ \nu)$ 是在有限时间范围内光场函数 $V(x_i,\ t,\ \theta)$ 的傅立叶变换。互频谱密度函

数和互相关函数形成傅立叶变换对，这时如果知道其中一个函数的值，就可以同时了解另一个函数。

在一定条件下，总相干度函数可以看作两个不同的相干度函数之积，它们分别是空间相干度函数和时间相干度函数，这个非常特别的性质被称为相干度函数的可分解性(reduction property)：

$$\gamma(x_1, x_2, \tau) = \gamma(x_1, x_2, 0)\gamma(x_1, x_1, \tau) = \gamma(x_1, x_2, 0)\gamma(x_2, x_2, \tau) \tag{5.57}$$

在什么情况下相干度函数具有可分解性呢？这需要引进互频谱纯净度(mutual spectral purity)的概念。一般情况下，两束光程差较大的部分相干光叠加时，会引起频谱的余弦调制，这种现象在 Alford-Gold 效应中已经获得体现。而当光程差较小时，要保证互频谱纯净度的条件是相干度函数具有可分解性，这时的空间位置将保证相干光条纹的最大对比度。

当具有空间相干性的星光经过一定时间延迟以后与原光束相加而形成的新光谱为

$$H(\omega) = G(\omega)\{1 + [2(I_1 I_2)^{1/2}/[I_1 + I_2]\gamma_{12}(0)\cos(\omega\tau/2)\} \tag{5.58}$$

式中 $\gamma_{12}(0)$ 是归一化后，时间差为零的空间相干度。当时间差为 τ 时空间相干度就等于 $\gamma_{12}(\tau) = \gamma_{12}(0)\gamma_{11}(\tau)$。这里的空间相干度实际就是迈克尔逊干涉仪中的对比度函数。

极其重要的是这些效应不但发生在准单色光所处的极高频率范围内，它们同时也发生在低频的拍频区域。这些拍频的频率值就等于频谱宽度范围内不同频率的可见光之间的频率差。光的拍频效应可以通过平方率接收器，即能量接收器，如 CCD 或光电倍增管来实现。如果使用两个相距很远的望远镜来对同一个目标进行测量，然后将所接收的能量相加并进行时间自相关运算，这种自相关函数的傅立叶变换就是光的拍频能量谱。当光程差远远大于大气相干长度时，相干光的拍频频谱上也同样会出现周期性的余弦调制现象。

Borra(2008)进一步验证不仅光的时间相干性可以在拍频频谱的调制中获得体现，同时空间相干性的对比度也直接反映在拍频频谱的调制上。在这种效应中，天体光源中不同点所发出的光之间将不产生相干性，它们之间也不会产生拍频现象。然而非相干星光的能量可以相互叠加。光束的总调制就等于空间相干度和时间调制量的乘积。通过对空间相干度的测量，就可以获得天体源的高分辨率空间分布图形。

和迈克尔逊干涉仪不同，这种频谱型强度干涉仪之间的距离可以是几百或上万千米，同时每个光能接收器(望远镜)的镜面允许有较大的表面误差。如同甚长基线射电干涉仪一样，单个光能接收器可以借助于精确的时钟对目标进行观测，任何观测的能量数据和另一个望远镜所观测的数据叠加起来后进行时间自相关处理，然后进行傅立叶变换，获得拍频的频谱信息。这和传统能量干涉仪通过对两个接收器所获得的光能直接进行相关处理来获得空间相关度是完全不一样的。迈克尔逊干涉仪以及经典的强度干涉仪对光程差均有一个和光谱频宽相关的相干长度的限制，而频谱型的强度干涉仪则完全没有这个限制。

频谱型强度干涉仪最直接的应用可能就是观察引力透镜所产生的双星像效应中的时间延迟量。

5.6　光学振幅干涉仪

和斑点干涉仪相似，振幅干涉仪（amplitude interferometer）也是一种单一口径的干涉技术。在斑点干涉仪中，首先是在焦平面上获得像斑，而在振幅干涉仪中，波阵面通过分波束片或者其他装置分成两束，在出瞳面上原来波阵面和一个经过变换后波阵面之间会产生干涉条纹。对于点光源，振幅干涉所获得的是相干全息图。对于具有一定尺寸的面源，由于来自源上不同点的光线之间不产生相干，所获得的条纹是非相干全息图（incoherent holograph）。振幅干涉仪的另一个名称是非相干全息干涉仪，它是一种瞳面上的干涉仪。

振幅干涉仪的基本原理在 4.2.3 节中已经进行了讨论。其中的剪切干涉仪实现干涉的基本原理如图 5.19 所示。如果原波阵面的相位用 $W(x, y)$ 表示，其振幅部分为 $A(x, y)$，则光辐射可以表示为

$$U(x, y) = A(x, y)\mathrm{e}^{\mathrm{j}kW(x, y)} \tag{5.59}$$

通过剪切后所形成的新波阵面将在某一个坐标上产生位移 s，新波阵面的形状则可以表示为 $W(x+s, y)$。由于原波阵面和新波阵面之间的波形差，则在一定空间可以获得干涉条纹。剪切后的波形差的值为

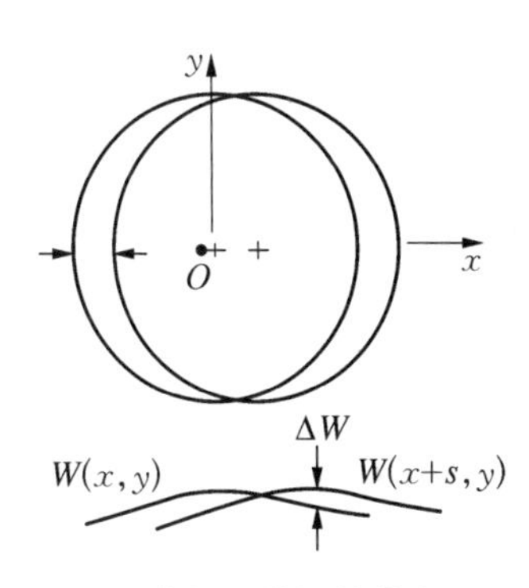

图5.19　剪切干涉仪的基本原理

$$\Delta W = W(x, y) - W(x+s, y) \tag{5.60}$$

则条纹上的光强分布为

$$I(x, y) = 2A(x, y)\left[1+\cos\left(\frac{2\pi}{\lambda}\Delta W\right)\right] \tag{5.61}$$

波阵面的剪切有多种形式，包括径向、反转、镜面和旋转剪切等，在天文上常使用的是镜面剪切和旋转剪切两种。

镜面剪切使用原来的偏轴波阵面和它的镜像波阵面。如果一个偏轴 α 角度的点源波阵面没有任何像差，那么这个波阵面是一个和瞳面有固定倾斜角的平面，当这个波阵面和它的镜像波阵面相干的时候，条纹是间隔为 $\lambda/2\alpha$ 的平行线。假如波阵面的振幅是 1，它的图形是（Roddier，1989）

$$I(\boldsymbol{r}) = \left[1+\cos\left(\frac{2\pi}{\lambda}2\alpha\cdot\boldsymbol{r}\right)\right] \tag{5.62}$$

这两个波阵面之间的差是 $\Delta W = 2r\alpha$。当这个仪器被非相干的分布源 $O(\alpha)$ 照射的时候，它的图像就是这个源上所有点所产生的图像的叠加，有

$$I(\boldsymbol{r}) = \int O(\alpha)[1+\cos(4\pi\alpha\cdot\boldsymbol{r}/\lambda)]\mathrm{d}\alpha \tag{5.63}$$

或者为：

$$I(\boldsymbol{r}) = \widehat{O}(0) + \mathrm{Re}\,\widehat{O}(2\alpha/\lambda) \tag{5.64}$$

式中 $\widehat{O}(\alpha)$ 是目标源亮度分布 $O(\alpha)$ 的傅立叶变换。这个条纹实际包括一个直流项加上一个目标源傅立叶变换的实数部分。如果对这个条纹进行傅立叶变换，可以得到一个在原点的点函数、一个天体源函数 $O(\alpha)$ 以及一个天体源的镜像函数 $O(-\alpha)$。如果这些图像不相互重叠的话，则可以获得源的真正空间分布。

另一种解决的方法是先后获得两组天体源的傅立叶变换条纹：一组是它的实数部分，另一组是它的虚数部分，这可以用在一个波阵面上加一个四分之一波片的方法来获得。不过获得这两组条纹的时间间隔要很短，至少要小于大气扰动的相干时间。这在光学上比较困难，但是在红外上则容易实现。

双傅立叶变换干涉仪（double fourier transform interferometer）是另一种相关的方法，它记录一系列不同相位延迟时的干涉条纹，然后以相位的延迟量作为变量进行傅立叶变换，这样可以得出源的空间频谱信息。

在旋转剪切干涉仪中，必须使用极坐标。它所产生的波阵面的差为

$$\Delta W = W(\rho,\ \theta) - W(\rho,\ \theta + \phi) \tag{5.65}$$

式中 ϕ 是剪切角，如果原来波阵面的表达式是

$$W(\rho,\ \theta) = \sum_{n}^{k} \sum_{l}^{q} \rho^{n} (a_{nl} \cos l\theta + b_{nl} \sin l\theta) \tag{5.66}$$

经过剪切，所有的 $l = 0$ 的项全部消失，而所有的 l 很小的项均可以忽略不计。因此这种技术对望远镜像差和大气扰动很不敏感。

旋转剪切干涉仪可以有不同的装置，图 5.20 是一种基本类型。图中光线经分光束棱镜分成两股，它们分别到达屋脊棱镜 A 和 B，由于 A 棱镜相对于 B 有一个旋转量 ϕ，所以光线在重新会聚后将产生干涉。这种设计的缺点是两束输出光存在各自的极化，影响条纹的清晰度。为了克服这个困难，可以使用小的剪切角，或者在装置中加上滤光片和偏振片。

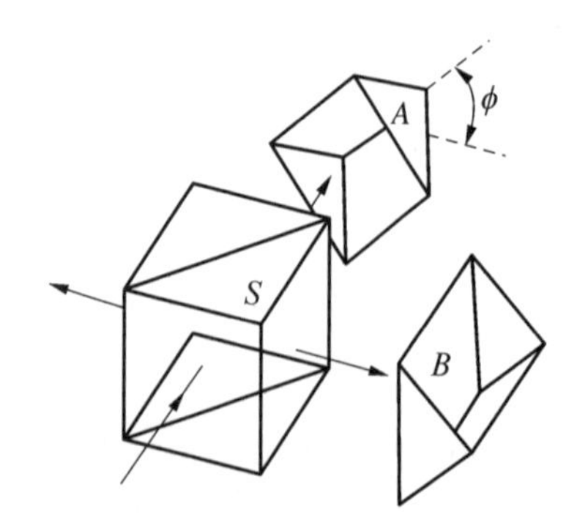

图 5.20　旋转剪切干涉仪：A 为旋转屋脊棱镜 B 为固定屋脊棱镜和 S 为分光束棱镜

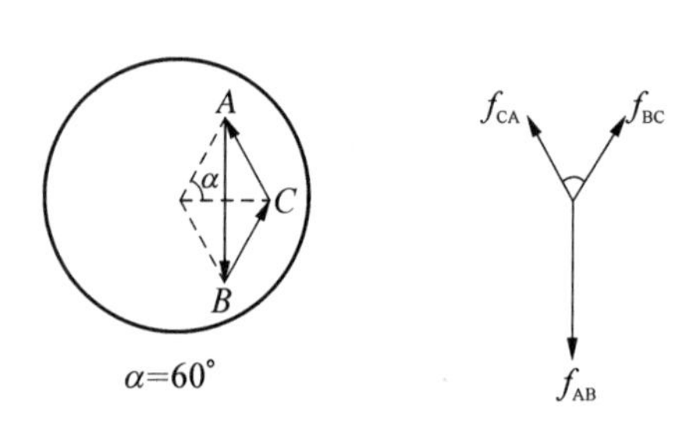

图 5.21　两种干涉图中的相位闭合环

在振幅干涉仪中，有不少方法可以用来估计源的傅立叶变换函数的相位。其中一个方法是在三个重叠的瞳面上同时形成三组具有不同剪切角的剪切干涉条纹。不过三组条纹中一组的相位差正好等于另外两组的相位差之和。另一种方法是同时记录两组干涉条纹，其中一组的剪切角是 α，而另一组的剪切角是 2α。如图 5.21 所示，所测量的频率矢量和相位闭合图相关，这样就减少了星像计算中的噪声。

当应用旋转剪切方法对密近双星进行观察时，每个星体将独立产生一组干涉条纹。而两组干涉条纹由于分别来自不同的光源，仅仅产生强度叠加从而获得双星天体的强度空间分布的傅立叶变换图样。为了获得最大对比度的图像，应该在屋脊棱镜上使用适当的波带片，以保证相干光线具有相同的偏振方向。应用振幅干涉方法的最大问题是其信噪比较低，并随着像原数目平方根的增加而降低。但对于像差很大的系统，像平面上的信噪比较振幅干涉方法所使用的傅立叶平面上的信噪比要严重得多。图 5.22 是应用全息方法成像和直接成像时的光学调制传递函数的比较，图中 ν_c 表示系统的截止频率。在直接成像方法中，只有空间频率极低的一部分的光学信息得到保留，而其他部分则受到了不同幅度的调制，因此要恢复光源的空间分布是十分困难的。而应用全息方法，则截止频率以内的全部信息均得以保存，因此不受像差等因素的影响。

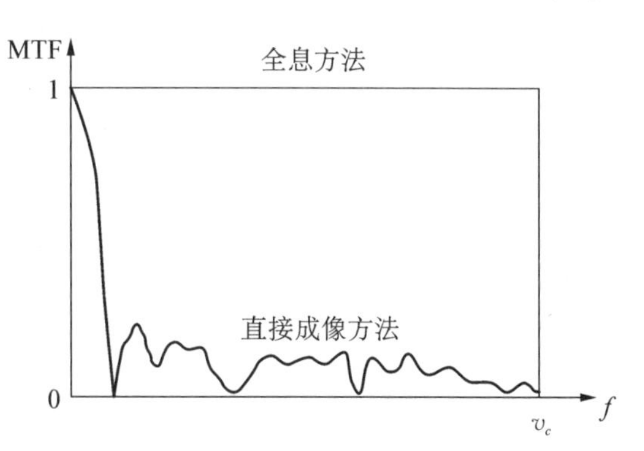

图 5.22 应用全息方法成像和直接成像时的光学调制传递函数

5.7 射电干涉仪和光学干涉仪的区别

在强度干涉仪的讨论中，已经介绍了有关时间相关和空间相关的概念和公式。从数学理论出发，随机变量时间相关值的傅立叶变换就是它的频率能量密度分布函数(power spectrum density)，在数学上该公式是严格存在的，在光学领域这个定理被称为维纳-辛钦(Wiener-Khinchin)定理。而从遥远天空一个面光源出发到达空间不同位置的光场之间的空间相关值，在一定近似条件下，就是光源空间亮度分布的傅立叶变换相对于该空间基线矢量在垂直于光线方向上某相应点上的值。在光学和射电天文上，这就是有名的范西特-泽尼克(Van Cittert-Zernike)定理(见 8.3.3 节)。这里所讲的近似条件在天文观测中基本上是能够满足的。

综合口径干涉仪就是 Van Cittert-Zernike 定理的直接应用。综合口径干涉仪包括有多个天文望远镜，其中任意两个望远镜都可以在与目标光线相垂直的 $u-v$ 平面上组成一对基线。这两个望远镜光场的互相关就等于天体目标空间分布的傅立叶变换在 $u-v$ 平面上一个点的数值。在望远镜阵中，当望远镜光场互相关的值遍布整个 $u-v$ 平面时，通过反傅立叶变换就可以获得天体目标的空间分布。利用这种方法在射电频段已经获得了很多特高分辨率的天文图像。而在光学波段，尽管天文学家和工程师进行了相当的努力，利用口径综合实现特高分辨率的成像仍然是一个非常困难和遥远的目标。

为什么综合口径干涉仪容易在射电波段实现应用？而在光学波段(波长在 0.4 微米到 2.4 微米)却很难实现呢？在本小节中我们将集中讨论这个问题。

总的来讲，光学综合口径和射电综合口径存在三个重要差别：第一个是技术难度，光波的波长很小，仅是射电波长的 10^{-4} 至 10^{-7} 倍。第二个是大气传输的问题，地球大气对光学波阵面的影响远远大于对射电波阵面的影响。第三个是最基本的差别，光学波段所接收的电磁辐射的性质和射电波段所接收的电磁辐射的性质完全不同。其中的关键是后面的两项。

首先大气扰动可以看成一块位于高空一定高度上的相位分布板，这块相位板在风的催动下不停地在望远镜的口径上移动。原来星光平直的波阵面变得高高低低，从而影响了星像的质量。大气扰动的空间分布可以用弗里德常数来表示，以这个空间相关常数为直径的圆周内，波阵面的平均方差正好等于 1 平方弧度。大气中在任意长度上的相位结构函数的值等于该长度与弗里德常数之比的 5/3 次方的 6.88 倍。望远镜的星像质量和大气弗里德常数有直接关系。当望远镜口径小于弗里德常数时，星像的 FWHM 等于波长和口径之比，所成星像为衍射极限像。当望远镜口径等于或大于弗里德常数时，星像的 FWHM 等于波长和弗里德长度比，所成星像是大气宁静度极限像。在光学波段，在好的台址，当波长为 0.5 微米时，弗里德长度是 15 厘米，而在射电波段，22 GHz 时，这个长度是 15 千米。在干涉仪中，有效的口径尺寸是弗里德常数的两倍。大气扰动的时间分布是用大气相关时间来描述的。在一个大气相关时间内，波阵面平均方差的变化也正好是 1 平方弧度。大气相关时间等于弗里德常数和风速之比的 0.314 倍，这个相关时间和波长的 6/5 次方成比例。在好的台址上，波长为 0.5 微米时，大气相关时间是 10 毫秒，而在射电干涉仪中，相位自我校正的时间是几分钟。干涉仪的相干积分时间是不可以超过大气相关时间的。

大气除了在空间和时间上影响波阵面的方差值，同时对视场齐明角的大小也有直接影响。视场中齐明角是指光线传过几乎是相同大气扰动层的一个角度范围，这个角度等于弗里德常数和大气扰动层高度之比。在光学波段，好的台址的齐明角大约是 5 角秒，而在射电波段，这个角度是几度，这个小角度严重限制了参考星选择的范围。

最基本的一个重要问题是在光学波段，干涉仪所研究的光子已经处于量子理论的范畴；而在射电波段，由于光子数目很多，所以仍然属于统计光学的范围。衡量光子是否在量子理论范畴的一个判断准则是它在模态中的占用数(occupation number)是否大于 1，只要这个数字小于 1，就属于量子力学的范畴。在光学波段，这种占用数几乎是 10^{-3} 的数量级，而在射电频段，这种占用数均远远大于 1。在量子态波误差中共有两个分量，一个是波噪声(wave noise)，另一个是起伏噪声(shot noise)。为了对量子态的能量或者振幅进行放大，必须至少在一个模态内引进一个光量子，所以这种光场的任何相干放大都是不可能的。

正是由于这两个最基本的原因，光学天文干涉仪的使用要比射电天文干涉仪困难很多。举一个例子，如果一个光学干涉仪观测的星等为 12 等，弗里德常数是 10 厘米，大气相关时间是 5 毫秒。望远镜的口径是 25 厘米，积分时间是 7.5 毫秒。设相对频宽为

10%，望远镜的总效率也是 10%，这时每个望远镜所探测的光子数仅仅是 4 个。干涉仪的基本观测是条纹、相位和双频谱，不过需要在多次积分中获取它们的平均值。

从技术方面在射电频段普遍采用了外差的方法，将原来高频信号在保留相位的同时转变成低频可以放大的信息，最后将同一个基线上两个低频信号进行相关运算。详细的射电干涉仪的介绍见本书的射电望远镜章节。

而在光学波段，电磁场必须在非常敏感的光学部件中进行传播，并且直接进行光学干涉。非常精确的光学延迟线以及用于补偿大气扰动的自适应光学系统和精确的光学干涉仪等都要求非常高的高新技术。所有这些，都是在最近二十年内才勉强达到的技术，同时随着干涉仪的基线长度、口径大小和延迟线的增加，均要求高新技术产生新的突破。

5.8　光学切趾法和星冕仪

在探寻地外文明的过程中，一种最为可行的方法是对非太阳系的行星进行直接天文观测。由于这些地外行星和它们所围绕的恒星十分接近，在望远镜像平面内，行星的像点常位于恒星像点衍射斑的第二环和第三环之间(0.25 arcsec)。另外行星和恒星之间的光度差很大，是十个数量级左右，在这种很强的恒星光强衍射斑中，就不可能探测到来自行星的微弱光亮。在光学上有两种方法可以使对太阳系外行星的直接观测变为可能，这两种方法就是切趾法(apodization)和使用星冕仪(coronagraph)。

切趾法英文原意是将腿脚部切除的方法，在科技领域又称为变迹法。它是指通过改变某一系统的输入条件，从而使系统输出的数学函数、电子信号、光学传输，或者机械结构的性能或者形状产生一种所需要的性质改变。在光学天文学上，切趾法主要是通过有目的地改变望远镜的口径函数，从而改善天文图像的两个重要特性，即分辨率和对比度，对比度可以用动态范围来描述。利用这种方法，一般可以辨认出处于恒星附近的暗弱行星或暗弱天体。在对地外行星的观测中，行星不容易被观测到。但是如果使用这种方法，暗弱行星的像就有可能区别开，并显示出来。这样就可以对它的组成、温度和大气层情况进行分析。所以说在寻找地外文明、发现地外智慧生命的努力中，切趾法有着十分重要的意义。

如果不考虑地球大气的扰动，望远镜分辨率和望远镜口径相关，口径越大，望远镜分辨率就越高。具体地讲，望远镜分辨率是由它的口径场远场衍射图像决定的。理想的圆口径是艾里斑。艾里斑是一个对称图形，其中心为圆形亮区域，周围是一圈一圈明暗相间、渐渐暗淡下去的圆环。如果它的中心点亮度为 1 的话，那么第一环的亮度是 0.017 5，第二环的亮度是 0.004 2。中心点和第一环的对比度仅仅是 10^2，即两个数量级。中心亮点的大小等于光的波长和主镜直径之比的 1.22 倍，这个数值决定了望远镜可以将相邻天体区别开的能力。在实际观测中，地面天文望远镜还要受到地球大气的干扰，除了口径极小的望远镜外，它所成的像是一个由大气扰动所决定的有固定大小的大气宁静度像斑。

要改变望远镜点分布函数，可以改变光强(振幅)在口径场上的分布，可以改变波阵面在口径上的相位分布，也可以改变口径场的形状。这几种手段都是切趾法中常用的去除或者大幅降低星像外围能量的方法。

5.8.1 相位引导下的振幅分布切趾法

斯莱皮恩(Slepian, 1965)研究了切趾法在一维窄缝和二维圆口径上不改变口径形状和相位分布,只改变口径场振幅分布对点分布函数能量分布的影响,以获得各种产生高对比度像的口径场振幅分布曲线,这就是相位引导下的振幅分布切趾法(phase-induced amplitude apodization, PIAA)(图 5.23)。

在光学望远镜中,来自恒星的光在口径面上是均匀分布的。在射电望远镜中,由于馈源对口径照明有边缘衰减,口径场上的振幅分布是一种类似高斯函数的形式。在射电望远镜辐射方向图中,主副瓣之间具有比艾里斑大的动态范围。

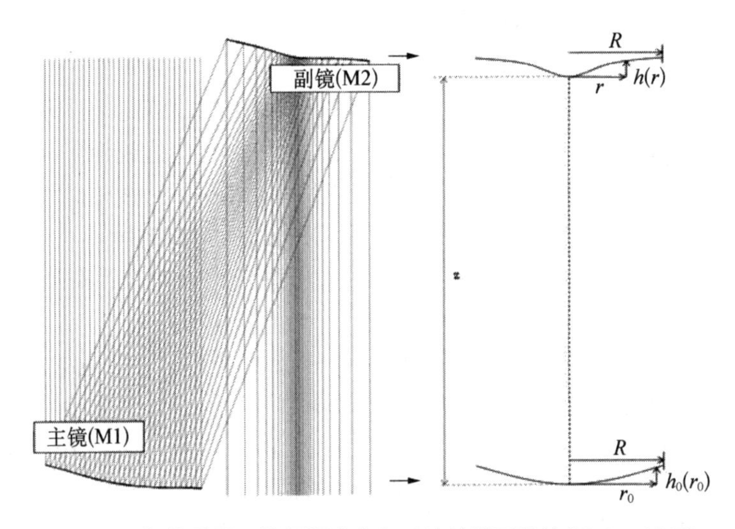

图 5.23 相位引导下的振幅分布切趾法的镜面设计(Cady, 2012)

在光学望远镜中,如果在光路上增加两个特殊镜面,就可以对口径面上的光能振幅分布进行调整,从而获得动态范围大的点分布函数。在这种振幅调整中,第一镜将使口径上均匀分布的光线改变成一个类似于高斯分布的形态;而第二镜的镜面形状则保证反射后的光线不仅具有理想的振幅分布,而且在口径瞳面上具有完全相同的相位。如果在光路中重复使用这一对镜面,则所获得的振幅向中心集中的程度就越高。

这种纯粹应用几何光学中光线追迹方法设计的镜面没有考虑镜面,特别是第一镜的边缘衍射效应。口径场振幅调制方法还可以使用遮挡或者介质吸收的方法来实现,不过这会引起光能量的损失。

5.8.2 光瞳相位调制切趾法

利用光瞳相位调制,不存在光子能量损失,同时可以利用变形镜来实现光瞳上所需要的相位分布,甚至可以在单一象限角内利用一个反对称的空间相位图形来实现。

为了获得所需要的空间相位图形,可以借助于盖师贝格-撒克斯通算法(Gerchberg-Saxton Algorithm)。这是一个应用迭代方法通过口径面边界条件和光强分布来获得所需要焦面上的星像强度分布的方法，用这种方法同样可以获得所需要口径面上的相位分布，在一般情况下，这种迭代是收敛的。一定的口径场的相位分布将对应于一个特定的星像能量分布。在现实中是不存在同一个口径场的相位分布产生两种星像能量分布的情况。

在光瞳相位的计算中，我们要将点分布函数中需要抑制的旁瓣亮度始终取值为零，而允许其他位置的亮度值不断变化。这样经过反复计算就可以获得所需要的口径场上的相位分布。在开始计算的时候，口径场上的相位值一般设定为零或者为很小的随机数。

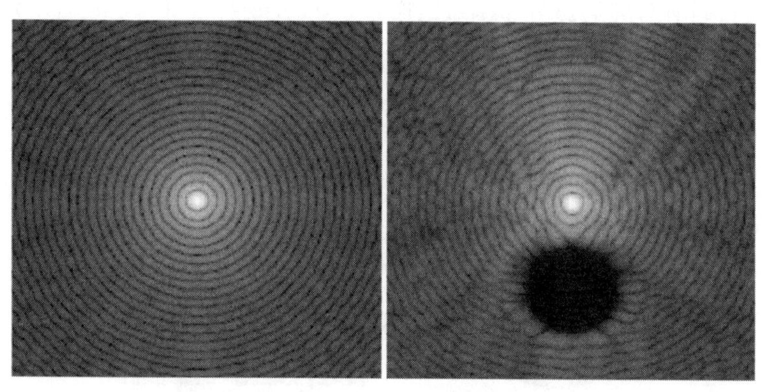

图 5.24　(a)圆形口径的点分布函数；(b)将点分布函数中距中心 $15\lambda/d$，半径为 $5\lambda/d$ 的圆区域设定为光强度为零进行迭代(Kostinski and Yang, 2005)

利用这种计算方法，通过控制变形镜，可以实现焦面上小片区域的光强度仅仅是像斑中心强度的 $10^{-7.5}$ 倍。图 5.24(b)就是使用相位分布方法来实现邻近成像点中心十分暗淡的小区域。

5.8.3　口径变异遮挡切趾法

利用改变口径形状来改变望远镜的点分布函数是很多学者首先考虑的方法。云南天文台刘忠曾提出建造大直径圆环形光学望远镜。相比其他光学望远镜，这种环形望远镜具有角尺度更小的中心亮斑，以及比相同直径望远镜更高的分辨率，这实际上就是一种利用口径形状变化来改变星像形状的方法。另一种复合口径包括两个分离的镜面，外圈是一个外直径为 1、内直径为 0.9 的圆环，内部是一个直径为 0.663 的圆反射面(Angel, 1986)。这种口径组合可以使外圆环所成星像的第二圈亮环和内部圆口径所成星像的第一圈亮环重合。由于对称像斑中奇偶数亮环之间存在 180 度相位差，所以在矢量叠加后，亮度完全抵销，剩下的只有一个中心亮区。这样所获得的点分布函数中心区和它的残余衍射环之间会有很大的对比度，特别适用于对地外行星的观测。如同环形望远镜存在技术困难一样，这种形式的望远镜在制造上仍然存在实现同相位的技术困难。

将圆口径改变为正方形口径也可以使望远镜点分布函数重新分布，它的点分布函数分布在和两条边平行的方向上，在正方形对角线的方向上分布区域很小，从而在这个倾斜方向有相当高的分辨率和动态范围。点分布函数在对角线方向上的强度是 $(\sin\alpha/\alpha)^4$ 的函数，它的能量衰减十分迅速，可以在恒星附近辨认出亮度比为 100 : 1 的行星(Nisenson, 2001)。如果在正方形口径上将振幅改为高斯分布，那么在像的对角线方向上就可以分辨出亮度比为 10^9 ：1 的行星星像。

另一种切趾法是在口径上采用特殊的遮挡，从而产生出特殊形状的出瞳（shaped pupil），使点分布函数产生不均匀变化，在某一特定方向上产生很高的分辨率和很高的动态范围（Kasdin，2003）。图 5.25 是一种称为椭圆波函数（prolated speroidal wave function）的出瞳形状，以及它所对应的点分布函数。使用这种星像分布，在横轴上有很高的分辨率和很大的动态范围。图 5.26 和图 5.27 分别是由多个出瞳开口所形成的组合出瞳形状以及它们所对应的点分布函数的图形（Nisenson and Papeliolios，2001；Kasdin et al.，2003）。

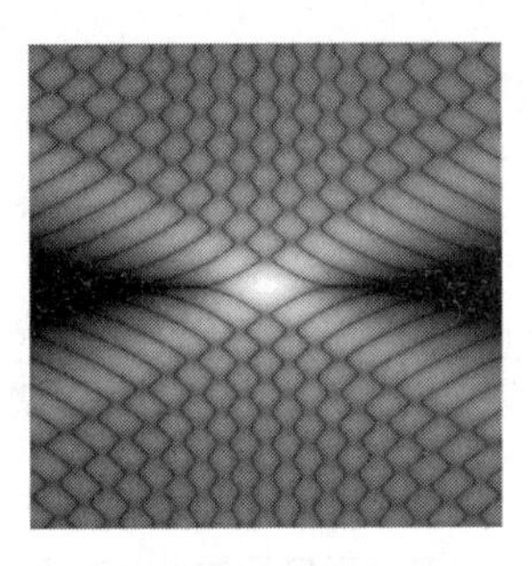

图 5.25　椭圆波函数的出瞳形状和它所对应的点分布函数图形

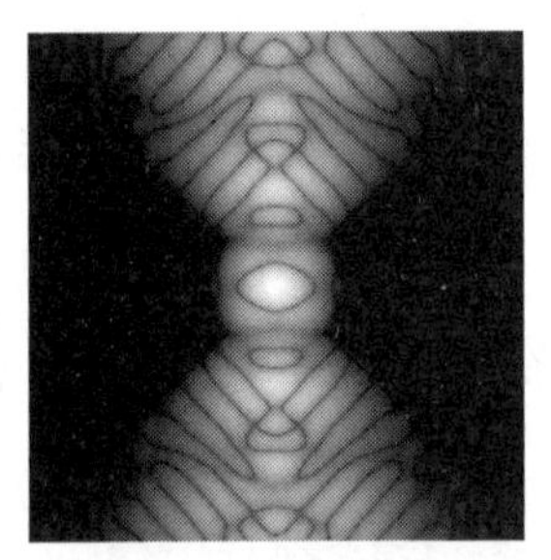

图 5.26　由 6 个开口所形成的出瞳形状和它们所对应的点分布函数图形

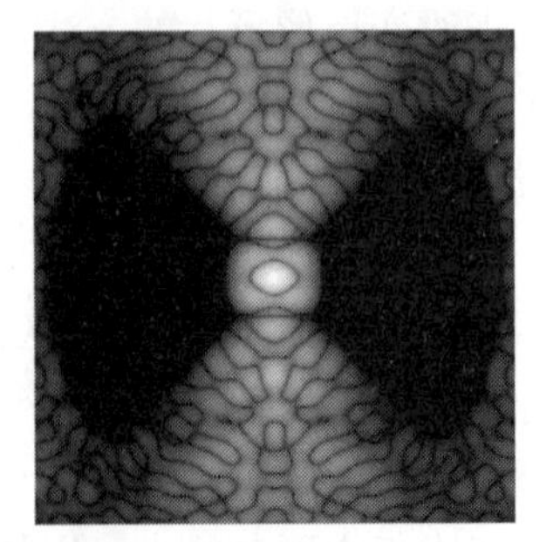

图 5.27　由 8 个开口所形成的出瞳形状和它们所对应的点分布函数图形

在现代光学天文观测中，切趾法常使用在星冕仪中，这时在焦面上采用相位调制的方法将恒星星像进行遮挡，从而实现对其行星的详细观测。日冕仪是遮挡太阳光球专门研究日冕的仪器，星冕仪则是遮挡恒星专门研究行星的仪器。星冕仪中的一种遮挡方法是相位调制法。这种方法是使在艾里斑内光线的相位按照方位角的比例成正比地衰减，这时遮挡板是一个螺旋形透明圆柱体，称为相位遮挡板。这样像斑的中央区域就形成一个没有亮度的暗影(图 5.28)。这种星冕仪也可以用于对地外行星的寻找。

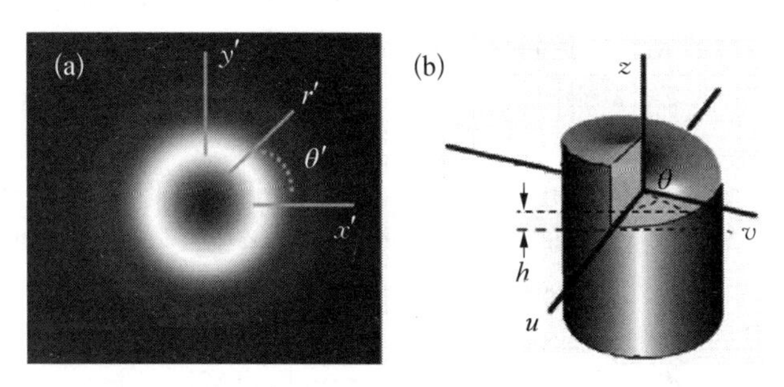

图 5.28　星冕仪中焦面螺旋形遮挡板的遮挡效果(a)和遮挡体的形状(b)(Foo et al.，2005)。

参考文献

Alford and Gold，1958，Laboratory measurement of the velocity of light Am J Physics，26，481.

Angel，R.，et al.，2002，The 20/20 telescope：MCAO imaging at the individual and combined foci，in Beyond conventional adaptive optics，ed. by Vernet，E. et al，ESO conference proceeding，No 58.

Barr，L. D.(ed)，1986，Advanced technology optical telescopes III，Proc. of SPIE，Vol. 628，Tuscon.

Beddoes，D. R. et al.，1976，Speckle interferometry on the 2.5 m Isaac Newton telescope，J. Opt. Soc. Am.，Vol. 11，p1247.

Bely，P. Y. Editor，2003，The design and construction of large optical telescopes，Springer，New York.

Borra，2008，Observation of time delays in gravitational lenses from intensity fluctuations：the coherence function，MNRAS，389，364.

Brown，H. R.，1974，The Intensity Interferometer，Taylor and Francis Halsted Press，London，184 pp.

Brown，H. R. and Twiss，R. Q.，1954，A New Type of Interferometer for Use in Radio Astronomy，Phil. Mag.，45，pp. 663－682.

Cady，E.，2012，Design of mirrors and apodization functions in phase-induced amplitude apodization systems. ArXiv：1206.4088v1.

Cao，G. and Yu，Xin，1994，Optical Engineering，Vol. 33，p2331.

Cheng，Jingquan，1987，Active optics and adaptive optics，Optical instrument technology，Vol. 4，pp1－8.

Classen，J. and Sperling，N.，1981，Telescopes for the record，Sky & telescope，Vol. 61，p303.

Codona，J. L.，Optical Engineering，52，9，097105.

Coroller，H. Le，et al.，2004，Test with a carlina-type hypertelescope prototype，A&A，426，721－728.

Darling，D.，2005，http://www.daviddarling.info/encyclopedia/N/nulling.html

Davis，J.，1997，Observing with optical/infrared long baseline interferometers，in High angular resolution in astrophysics，ed. Largrange，A－M，et al.，Kluwer Academic Publishers，Netherlands.

Dyck，H. M. and Howell，R. R.，1983，Seeing measurements and Mauna Kea from infrared speckle interferometry，Pub. A. S. Pacific，Vol. 95，pp786－791.

Esposito，S. et al.，2003，First light adaptive optics system for large binocular telescope，SPIE Vol. 4839，Adaptive optics system technologies II，p164.

Foo，G. et al.，2005，Optical Vortex coronagraph，Optics letters，Vol 30，3308.

Gerchberg, R. W. and Saxton, W. O., 1972, A practical algorithm for the determination of phase from image and diffraction plane pictures, Optik, Vol. 35, 237 - 246.

Ghigo, M. et al, 2003, Manufacturing by deep x-ray lithography of pyramid wavefront sensors for astronomical adaptive optics, SPIE Vol. 4839, Adaptive optics system technologies II, p259.

Hardy, J. W. et al., 1977, Real-time atmosphere compensation, JOSA, Vol. 67, pp360 - 369.

Kasdin, N. J. et al., 2003, Extrasolar planet finding via optimalapodized and shaped pupil coronagraph, Ap J.

Knox, K. T., 1976, Image retrieval from astronomical speckle patterns, JOSA, Vol. 66, pp1236 - 1239.

Kostinski, A. B. and Yang, W., 2005, Pupil phase apodization for image of faint companions in prescribed regions. J. Modern Optics, 52, 2467 - 2474.

Lacour, S.. et al., 2011, Sparse Aperture Masking on Paranal, Messenger, 146, ESO.,

Liang, Ming, 2004, Design note of laser guide star system for TMT.

Liu, C. Y. C. and Lohmann, A. W., 1973, High resolution image formation through the turbulent atmosphere, Optics Communications, Vol. 8 (4), pp372.

Malacara, D., 1978, Optical shop testing, John Wiley and Sons, New York.

Mandel, N. B., 1962, Concept of Cross-Spectral Purity in Coherence Theory, J. Opt. Soc. Am., 52, 1335.

Marriotti, J. M. and Di Benedetto, G. P., 1984, Pathlength stability of synthetic aperture telescopes in the case of the 25 cm CERGA interferometer, in IAU Colloq. No 79(ed. M. - H. Ulrich and K. Kjar), p247.

Max, C., 2003, Lecture notes on adaptive optics, http://www.ucolick.org/~max/289C/ Lectures/

Nikolic, B., et al., 2007, Measurement of antenna surface from In-and out-of-focus beam maps using astronomical sources, A&AP, Vol. 465, 679.

Nisenson, P. and Papeliolios, C., 2001, Detectoion of Earth-like planets using apodized telescope, Astrophy J, 548, L201 - 205.

Ohara, C. M., et al., 2003, PSF monitoring and in-focus wavefront control for NGST, Proc. SPIE, Vol 4850, p416 - 427.

Pinna, E. et al., 2006, Phase ambiguity solution with the pyramid phasing sensor, SPIE Proc. 6267, 62672Y.

Ragazzoni, R., et al., 2000, Adaptive corrections available for the whole sky, Nature, Vol. 403, 54 - 56.

Redding, D. et al., 2000, Wavefront control for a segmented deployable space telescope, SPIE 4013.

Roddier F. and Roddier C., 1991, Wavefront reconstruction using iterative Fourier transforms, Applied Optics, Vol. 30, 1325 - 1327.

Roddier, C. and Roddier, F., 1979, Image with a coherence interferometer in optical astronomy, in Image formation form coherence functions in astronomy (ed. C. van Schooneveld) Proc. vol. 76, IAU colloq. No. 49, D. Reidel Pub. Co., Dordecht.

Roddier, C. and Roddier, F., 1993, Wavefront reconstruction from defocused images and the test of ground-based optical telescopes, JOSA, A, Vol 10, p2277.

Shi, Fang, et al., 2003, Segmented mirror coarse phasing with a dispersed fringe sensor: experiment on NGST's wavefront control testbed, SPIE proc. 4850, p318 - 328.

Slepian, D., 1965, Analytic solutions of two apodization problems, JOSA, 55, 1110 - 1115.

Tallon, M. and Foy, R., 1990, Adaptive telescope with laser probe: isoplanatism and cone effect,

Astro. Astrophys, Vol. 235, 549 - 557.

Tatarskii, V. I. , 1971, The effect of the turbulent atmosphere on wave propagation, National technical information service, Springfield VA.

Tyson, R. K. , 1997, Principles of adaptive optics, Academic Press, San Diego.

Tyson, R. K. , 2000, Introduction to adaptive optics, SPIE Press, Washington.

Ulrich, M. H. and Kjar, K. (ed), 1981, Proc. of ESC conference on: Scientific important of high angular resolution at infrared and optical wavelengths, Garching, March.

Walker, C. B. , Stahl, H. P. , and Lloyd-Hart, M. , 2001, Optical phasing sensors, http://optics.nasa.gov/tech_days/techdays_2001/38_MSFC_Optical_Phasing_Sensors.ppt#421,2,Outline.

Wall J. V. , Boksenberg A. , 1990, Modern technology and its influence on astronomy, Cambridge university press.

Wilson, R. N. , 1982, Image quality consideration in ESC telescope projects, Optica Acta, Vol. 29, pp985 - 992.

Wyngaard, J. C. et al. , 1971, Behavior of the refractive-index-structure parameter near the ground, JOSA, Vol. 61 p1646.

Yaitskova, N. , et al. , 2005, Mach-Zehnder interferometer for piston and tip-tilt sensing in segmented telescope: theory and analytical treatment, J. Opt. Soc. Am. A, Vol. 22, 1094 - 1105.

Zhang, Yuzhe(chief editor), 1982, Astronomy in Chinese encyclopedia, Chinese encyclopedia Publishing Company, Peking.

张钰哲(主编),1982,中国大百科全书.天文学,中国大百科全书出版社,北京.

程景全,1987,主动光学和自适应光学,光仪技术,第四期,pp1 - 8.

第六章　空间光学望远镜及其发展

对于天文学家、光学专家、射电工程师和物理研究人员来说，空间轨道是一个全新的课题。本章全面介绍各种各样的空间轨道，它们的定义和环境条件包括温度、上层大气的组成、等离子、带电粒子、引力场产生的力矩和大气拖动所引起的力矩等。本章还讨论了空间飞行器的姿态确定和姿态控制，介绍了多种姿态传感器和姿态触动器的结构和安排。在空间望远镜的工程项目中，主要介绍了哈勃空间望远镜和韦布空间望远镜的发展过程，特别介绍了它们的镜面设计情况。对于已经搁置的空间干涉仪计划和相关的其他空间光学红外天文望远镜的发展也进行了简单介绍。

6.1　轨道空间环境及轨道选择

长期以来，人类一直在地球表面生活和工作，人类的天文观测活动也一直是在地球表面进行的。在地球表面的上方，是一层非常浓厚的大气层，地球大气层保护了人类生命生存和生活的自然环境，但是也严重影响着天文观测的效率和频段。在电磁波的很多频段，地球大气层是完全或者部分不透明的，仅仅在光学和射电频段留下了两个透明的或者部分透明的窗口。在光学窗口，地球大气对星光的吸收并不严重，但是大气扰动严重地影响了星光波阵面的相位一致性。在地面上工作的光学天文望远镜除了口径极小的和装备了自适应光学系统外，均不能获得望远镜的衍射极限所确定的分辨能力和成像质量。为了摆脱地球大气层的限制，一个最有效的办法就是将光学天文望远镜送到空间轨道上，发射空间望远镜。这样不但可以获得与理论衍射极限相当的空间分辨率，而且可以在电磁波的所有频道对天体目标进行观测。另一个放置空间天文望远镜的理想位置是月球的表面，在月球上同样没有大气和风的影响。所以月球上的光学望远镜也可以获得和轨道光学望远镜同样的效果。现在一些计划中的光学望远镜就位于月球极点，另一些月球光学望远镜位于月球背面。在月球背面，由于没有人为的射电噪声，所以也适宜安置射电望远镜，以获得非常低的宇宙的早期信号。

要了解空间光学天文望远镜，必须了解空间轨道的状况和环境，飞行器发射时的载荷状况，以及空间飞行器的姿态确定和姿态控制。

6.1.1　空间轨道简介

空间轨道一般指环绕地球的人造地球卫星所运行的轨迹，按卫星运行高度分，卫星轨道有近地轨道(小于 1 000 千米)，中高轨道(1 000 到 35 000 千米之间)和高地轨道(大于 35 000 千米)。按卫星运行轨迹的偏心率分，有圆轨道(偏心率为 0)，近圆轨道(偏心率小于 0.1)和椭圆轨道(偏心率在 0.1 到 1 之间)。按卫星运行轨道的倾角分,有赤道轨道(倾角等于 0 或者 180 度),极地或越极轨道(倾角等于 90 度)和倾斜轨道(倾角不等于 90、0 或者 180 度)。按飞行方向分,有顺行轨道(与地球自转方向相同)和逆行轨道(与地球自转方向相反)。人造地球卫星还有几种特殊轨道:地球同步轨道,地球静止轨道和太阳同步轨道。另外天文望远镜还使用一些比较接近地球的拉格朗日点。这些拉格朗日点是一些特殊的卫星轨道。

1. 近地轨道(low-earth orbit)

近地轨道是指高度非常接近地球表面的轨道。典型近地轨道的飞行高度在 350 千米到 1 400 千米之间。由于轨道接近地球,卫星发射成本低,飞行器运行周期短,运行速度快,一般每天可运行数周。根据开普勒第三定理,卫星运行周期 T 与轨道半长径 a 有下列关系:

$$T^2 = \left(\frac{4\pi^2}{\mu}\right)a^3 \tag{6.1}$$

这里 $\mu = 398\,600.5\ \mathrm{km^3/s^2}$ 是万有引力常数。著名的哈勃空间光学望远镜就工作在这样的轨道上。在这一轨道上,望远镜发射比较容易,同时航天飞机可以到达这一高度对望远镜进行维修。在这一轨道上地球磁场的屏蔽好,宇宙射线对飞行器的影响小。但是这一轨道的视场受到太阳强光的限制,它的通信也受到地球遮挡的影响,要借助其他卫星和地面通信,或者采用不连续通信的方法。另外由于稀薄的高层大气的存在,卫星的寿命比较短。21 世纪初,美国航天飞机停止飞行,哈勃望远镜自身没有携带燃料,所以哈勃望远镜将会在 2025 年前后在地球大气层中坠毁。

2. 地球同步轨道(geosynchronous orbit)

距地球表面高度介于 2 000 千米到 35 786 千米之间的轨道称为中高地球轨道(medium earth orbit)。在中高地球轨道中,地球同步轨道是指周期正好等于一个恒星日的轨道,一个恒星日等于 23 小时 56 分 4 秒。地球同步轨道的半长轴约等于 42 146 千米。

3. 地球静止轨道(geostationary orbit)

在地球同步轨道中,只有一个轨道为正圆形,它的运行平面与地球赤道面相重合,这就是地球静止轨道。当卫星放置于这个轨道时,相对于地球上的观测者,卫星是静止不动的。地球静止轨道距地球表面的高度约 36 000 千米,可以覆盖地球南北半球约 70 度的表面。在地球同步轨道和地球静止轨道上,与地面的通信问题非常简单。

4. 越极轨道(polar orbit)

严格地讲,越极轨道是轨道面与地球赤道面垂直的空间轨道,但在实际应用中,许多夹角接近于 90 度的轨道也叫越极轨道。这种空间轨道的优越性在于:如果轨道周期是一个恒星日的非整数倍时,越极轨道卫星可以扫描地球上的每一个区域。而当轨道周期是恒星日的整数倍时,则越极轨道卫星会周期性地重复经过地球上的同一地区。这个轨道上的卫星可以对地球环境进行详细的监视。

5. 太阳同步轨道(sun-synchoronous orbit)

太阳同步轨道是一种非常特别的越极轨道。地球不是一个理想球体,地球赤道附近的质量要比两极的质量大。这种分布会引起在越极轨道上运行的卫星受到一种向着地球赤道的吸引力。这种吸引力的作用并不是改变轨道的倾角,而是使卫星轨道平面与地球赤道面的交点位置发生改变。这种交点位置的变化取决于卫星高度和轨道倾角。当这两个参数正确选定后,可以做到卫星轨道与地球赤道面交点的位置变化正好是每天一度。这样如果卫星轨道面一开始就与太阳辐射的方向垂直,则这一卫星的轨道面就会始终与太阳辐射的方向垂直而不发生变化。这对于卫星太阳能电池的工作十分有利。而当卫星轨道周期是恒星日的整数倍时,这种卫星就会在每天同一时间通过地球上的同一地点,这种特殊的卫星轨道就叫做太阳同步轨道,太阳同步轨道对地球资源探测有较大的意义。中国的太阳空间望远镜就计划在这一轨道上运行。

6. 拉格朗日点(Lagrangian point)

对于天文望远镜来说,另一类的轨道或点有着更为重要的意义,这就是拉格朗日点,又称为平动点(libration point)。这种不动点是拉格朗日和欧拉先后独立推算出来的。位于这些点上的物体所受到的两体系统的万有引力之和与它的轨道运动所产生的离心力大小相等,方向相反,相对于这个两体系统飞行体是静止的。如图 6.1 所示,拉氏不动点一共有五个,分别称为 L_1 至 L_5。

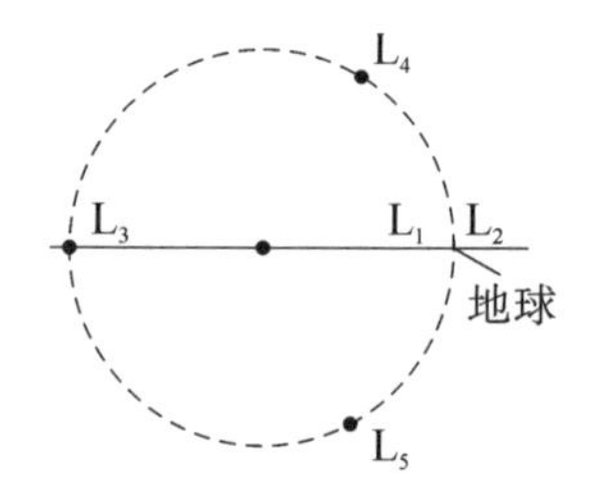

图 6.1 拉格朗日不动点轨道的位置

L_1 位于地球与太阳之间,距离地球约为 150 万千米。L_2 位于日地延长线的地球外侧,L_2 与地球的距离和 L_1 与地球的距离相同。L_3 则位于日地延长线太阳的外侧,L_3 与太阳的距离约等于日地距离。这三个点是亚稳定(metastable)的点,但是在垂直于太阳地球连线的方向上,它们是稳定的。L_4 和 L_5 则位于地球绕太阳的轨道上,L_4 和 L_5 分别与太阳和地球组成等边三角形,L_4 和 L_5 是稳定的拉氏点,所以在这些点上常常聚集一些空间碎片,随着地球一起绕太阳运动。

在这些拉氏点上,飞行器远离温度较高的地球,环境温度低,非常适宜于红外天文望远镜的工作。在这些拉氏点上已经有过一些太阳望远镜,如太阳和日球层探测器(SOHO)就工作在 L_1 点上,6.5 米韦布空间望远镜(JWST)就计划在 L_2 点上(注:已于 2021 年发射)。由于拉氏点距地球较远,所以几乎不可能对这些点上的望远镜进行维修工作。

6.1.2 轨道空间的温度环境

在轨道空间由于缺乏空气或者空气极其稀薄,卫星内部及卫星和其他天体之间的热交换的主要形式为辐射与传导,缺少在地面仪器中起重要作用的空气对流。这一特点加上空间辐射热源的变化巨大,所以空间轨道的温度环境一般十分恶劣。空间飞行的卫星有两个热源:外部热源和内部热源。外部热源包括太阳辐射,内部热源包括地球辐射和太阳照射地球后引起的反射。在轨道上运行时，卫星大部分时间暴露在太阳辐射中，卫星表面不断有热能输入。但是地球的影子可能会挡住太阳辐射，当卫星处于地球本影内，太阳辐射就不能到达卫星表面，仅仅只有地球的辐射能量；当卫星处于地球半影内，只有一部分太阳辐射能够到达卫星表面，再加上地球的辐射能量；在卫星进入或移出地球影子时，卫星表面接收的能量会迅速变化。这种剧烈的能量变化是空间望远镜温度设计的重要考虑。在地球轨道，太阳辐射约为 1 350 W/m^2。轨道空间上一个表面所接收的太阳辐射可以用下式表示：

$$q_s = 1\,350 a_s \cos\psi(\mathrm{W/m^2}) \tag{6.2}$$

式中 a_s 是表面的吸收率，ψ 是太阳辐射与表面法线的夹角。

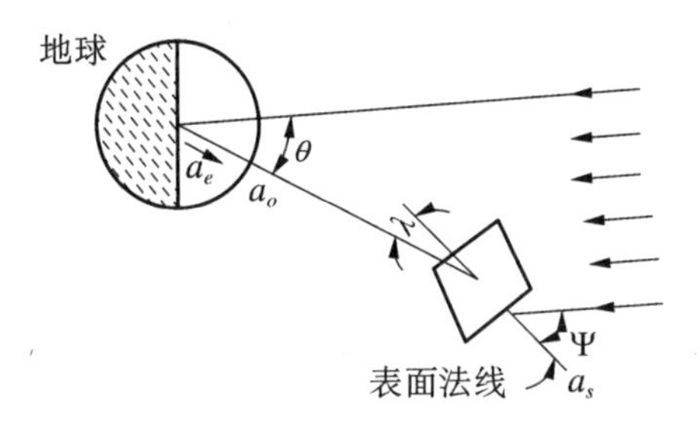

图 6.2　轨道空间表面所接收的太阳与地球辐射(Thornton，1996)

在轨道空间一个表面所接收的地球辐射可以用下式表示(见图 6.2)：

$$q_e = \sigma T_e^4 a_e F \tag{6.3}$$

式中 σ 为波尔兹曼常数，$T_e = 289$ K 为地球的黑体辐射温度，a_e 为表面对地球辐射的吸收率，F 是物体表面位置相对地球位置的照明因子(view factor)。当物体表面只有一面受到地球辐射的影响时其照明因子为(见图 6.3)：

$$F = \cos\lambda/H^2 \tag{6.4}$$

此式成立的条件为 $\lambda + \Phi_m \leqslant \pi/2$。式中 λ 为表面法线与辐射方向间的夹角，Φ_m 为物体中心对地球的半张角，$H = r/R$，r 是物体中心到地球中心的距离，R 是地球半径。而当物体平面在两个方向同时受到地球辐射时，即 $\pi/2 - \Phi_m < \lambda \leqslant \pi/2 + \Phi_m$ 时，照明因子为

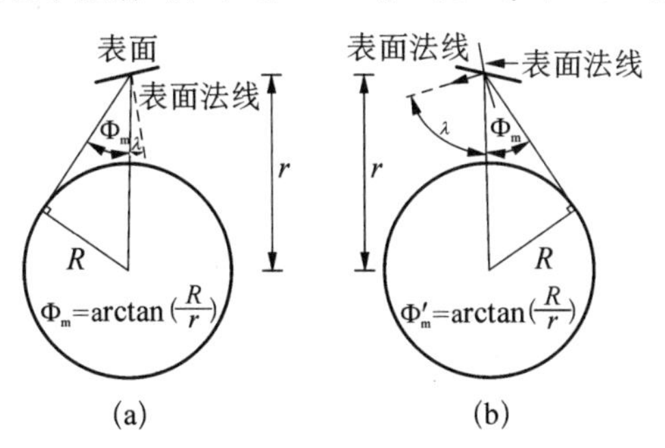

图 6.3　地球辐射时照明因子的计算(Thornton，1996)

$$F = \frac{2}{\pi}\left\{\frac{\pi}{4} - \frac{1}{2}\arcsin\left(\frac{(H^2-1)^{1/2}}{H\sin\lambda}\right) + \frac{1}{2H^2}\left[\cos\lambda\arccos(-(H^2-1)^{1/2}\cos\lambda) - (H^2-1)^{1/2}(1-H^2\cos^2\lambda)^{1/2}\right]\right\} \tag{6.5}$$

地球反照(solar albedo)是地球反射太阳能量引起的。它取决于地球的发射率 AF。地球的发射率受到多种因素的影响,如季节和地理因素,但比较近似的值可以取 AF = 0.36。地球反射太阳能量只发生在地球上白天的一侧,它的量等于

$$q_a = 1\,350(\mathrm{AF})a_s\cos\theta\ (\mathrm{W/m^2}) \tag{6.6}$$

式中 a_s 是表面的吸收率。在轨道上,表面接收的总辐射能为

$$q = q_s + q_e + q_a \tag{6.7}$$

表 6.1 列出了两种不同轨道上表面接收的典型辐射强度。表 6.2 列出了两种不同轨道的周期与穿越地球阴影的时间。对于极地轨道的卫星,由于轨道平面和地球阴影的交角为 τ,则其通过阴影的时间为

$$t_s = \frac{\pi r}{v_s}\left\{1 - \frac{2}{\pi}\left[\arcsin\left(\frac{\sin(\arccos R/r)}{\sin\tau}\right)\right]\right\} \tag{6.8}$$

式中 v_s 表示卫星速度,$v_s = (gR^2/r)^{1/2}$,R 是地球半径,r 是轨道半径。

表 6.1　两种不同轨道上表面接收的典型辐射强度(Thornton, 1996)

	辐射能量强度 W/m²		
轨道名称	太阳辐射	地球辐射	地球反照
近地轨道	1 350	310	380
地球同步轨道	1 350	8	10

表 6.2　两种不同轨道的周期和穿越地球阴影的时间(Thornton, 1996)

		通过时间(s)		
轨道名称	半径(km)	周期(s)	全影	半影
近地轨道	6 878	5 675	21 443	8
地球同步轨道	42 253	85 400	4 167	128

* 表中的数据按参考文件列出。

图 6.4 是一个典型的 43 m 大型空间结构各部分的辐射能的接收情况,图 6.4(a)是在地球同步轨道上的情况,图 6.4(b)是在近地轨道上的情况。从图中可以看出空间结构的辐射能变化相当严重。辐射能变化会引起结构变形,增加构件应力,甚至引起结构振动。所以飞行器绝热层的优化设计以及使用零膨胀系数材料都是十分重要的。

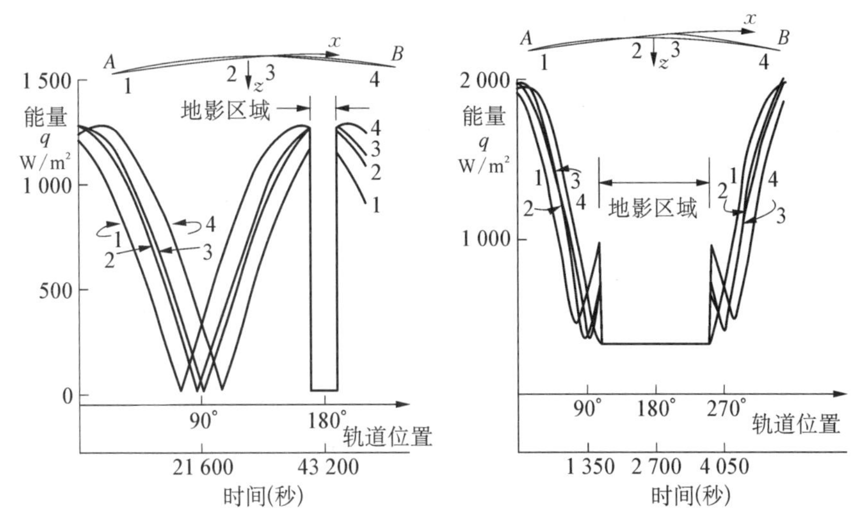

图 6.4 (a)在地球同步轨道和(b)近地轨道上的一个空间结构的各部分辐射能的接收情况(Thornton, 1996)

6.1.3 轨道空间的其他环境

6.1.3.1 大气层对空间飞行器的影响

大气层上部的稀薄气体对空间飞行器将会产生阻力、升力并因摩擦产生热能。同时上层气体元素,如原子氧,会对一些材料产生腐蚀作用。大气阻力对飞行器所产生的加速度可以用下式表示:

$$a_D = -\frac{1}{2}\rho(c_D A/m)v^2 \tag{6.9}$$

式中 ρ 是空气密度,c_D 是阻尼系数,c_D 一般取 2.2,A 是卫星横截面积,m 是卫星质量,v 是卫星的相对速度。一般空气密度大,阻力就越大。所以在近地点距离小于 120 千米的轨道上,卫星寿命很短暂,这些近地轨道对于空间观测没有太大意义。相反如果近地点距离大于 600 千米,空气阻力将会很小,卫星使用寿命会超过 10 年以上。

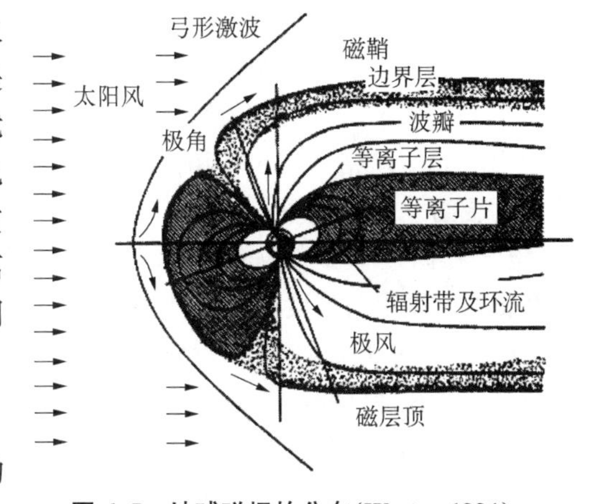

图 6.5 地球磁场的分布(Wertz, 1991)

6.1.3.2 等离子引起的静电效应

地球磁场近似地是一个偶极子场,它的磁场强度由下式给出(见图 6.5):

$$B(R, \lambda) = (1+\sin^2\lambda)^{1/2} B_0/R^3 \tag{6.10}$$

式中 λ 是磁纬度,R 是以地球半径为单位的径向距离,B_0 是地球表面赤道上的磁场强度

($B_0 = 0.32$ G)。由于太阳风和地球磁场的作用,在地球黑暗的一侧有一个延伸很长的磁尾结构。在磁尾中部是一个等离子片,等离子片和太阳风平行,可以延长到 1 000 个地球半径的地方。太阳风能量和地球磁场作用中的一部分能量成为磁尾的磁场能量,而另一部分以太阳磁暴形式出现。这些磁暴会产生高能量 (5 ~ 20 keV) 的等离子体,从而使高空的飞行器表面产生很高的负电压。

6.1.3.3 高空截获的高能粒子

太阳风引起的范艾伦(van Allen)带是在地球大气外俘获了大量高能电子和离子(> 30 keV)所形成的带区。这里的离子主要是指质子,在地球的周围形成质子流。如图 6.6 所示,高能电子主要在 $R_E \sim 1.3$ 和 $R_E \sim 5$ 之间,这里 R_E 是以地球半径所测量的长度。在近地轨道,内辐射带的高能质子是主要的辐射源。电子线路的小型化和数字化使得卫星对离子的辐射特别敏感,卫星上的电路必须进行辐射强化处理,以增加它们抵抗高能粒子的能力。辐射强化的方法有两种:物理方法和逻辑方法。应用物理方法,强化的集成电路是固定在绝缘材料上,而不是固定在半导体基片上。一氧化硅和蓝宝石比半导体材料可以承受更大剂量的高能辐射。

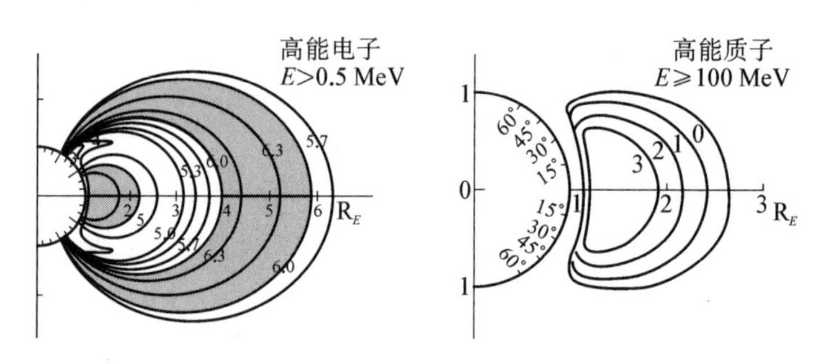

图 6.6 (a)地球附近的高能电子和(b)高能质子的分布(Wertz, 1991)

屏蔽是另一种辐射强化的物理方法。图 6.7 所示是铝屏蔽层厚度和辐射水平的关系。1 rad 是指在每一克材料上引起 100 尔格 (6.25×10^7 MeV) 能量的辐射水平。这里的辐射包括质子、电子和韧致 X 射线辐射。辐射水平在很大程度上与高度相关,当高度低于1 000千米时,其辐射水平以高度的 5 次方增长。在地球同步轨道,高能质子数量少,韧致 X 射线辐射就成为主要的因素。高能辐射有一定的穿透能力,但是低能辐射也能使飞行器的表层升温,破坏表面涂层,这些因素也是要考虑的。

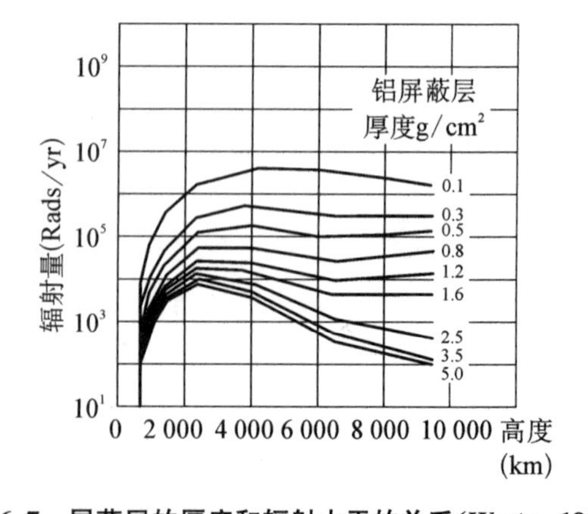

图 6.7 屏蔽层的厚度和辐射水平的关系(Wertz, 1991)

6.1.3.4 太阳粒子流和宇宙射线

太阳粒子流是太阳耀斑爆发时产生的高能粒子流。这种粒子流可以持续几小时至几天，太阳粒子流的发生次数少，但是它可能破坏太阳能电池、引起光电探测器的噪声。宇宙射线是指从太阳系以外进入地球附近的高能粒子。这些粒子的能量可以达到10^{15}电子伏特，它能引起很多半导体集成电路暂时停止工作或者产生永久破坏。这常常是单个事件(single-event phenomenon, SEP)，且这种现象不能预测。宇宙射线也能引起接收器噪声，同样宇宙射线的破坏也很难预测，因此在电路设计上要进行特别的考虑。

6.1.3.5 重力梯度和大气所引起的力矩

在空间望远镜上施加力矩可以引起望远镜的旋转。如同磁体的内磁场在一个不平行的外磁场中会受到使磁体平行于磁场的力矩一样，一个不对称的质量如果它的主质量轴和重力场不平行时，这一质量在重力场中也会受到一个转动力矩，这个力矩就是重力梯度力矩。地球的重力场线是竖直的，它垂直于空间轨道上的水平方向。在这个方向所产生的重力梯度力矩是

$$\tau_g = \frac{3\mu}{R^3} | I_z - I_y | \sin\theta \tag{6.11}$$

式中 μ 是地球的引力常数，R 是轨道半径，I_z 是卫星长轴上的惯性矩，I_y 是卫星其他轴上的惯性矩，θ 是 z 轴相对于天顶在 $x-z$ 平面上的夹角。

大气所引起的力矩是由于近地轨道中的飞行器质量中心偏离几何重心而由空气阻力所引起的。这个力矩为

$$\tau_a = -\frac{1}{2} C_D \rho v^2 \int \boldsymbol{r} \times (\mathbf{N} \cdot \mathbf{V}) \mathbf{V} \mathrm{d}A \tag{6.12}$$

式中间 C_D 是阻尼系数，ρ 是大气密度，v 是飞行器速度，$\boldsymbol{r}$ 是质量中心到表面元 $\mathrm{d}A$ 的矢量，$\mathbf{N}$ 是表面元的外法线方向，$\mathbf{V}$ 是速度矢量。

6.1.3.6 发射过程中的特殊环境

在空间望远镜发射过程中，望远镜除了在空间和质量上受到严格限制外，还会受到其他特殊考验：包括大的温度变化，大的气压变化以及加速度的变化。振动是发射中一个很重要的现象。在发射中温度会升高，负载仓最高温度在到达轨道高度时可能达到 200 度左右。在火箭发射时，外部大气压不断地下降，因此负载仓内外会产生很大的压力差。这些都是设计者应该考虑的问题。不过发射过程中的最大问题还是加速度的变化和所产生的随机振动。这种加速度的变化和随机振动包括轴向和横向两个方向，其中横向加速度和随机振动来源于风的剪切和轨道的校正。这些随机现象可以用振动能量频率谱来表示，图 6.8 所示的就是美国一些火箭引起的振动能量频率谱。在空间轨道上，有一种特殊的重力现象即微重力现象或者称为失重状态。在

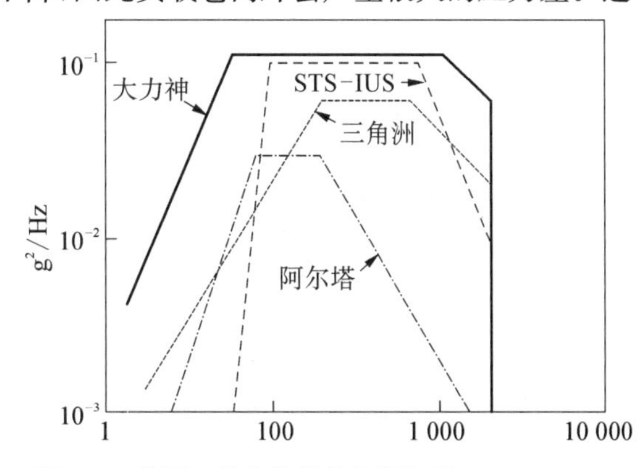

图 6.8 美国一些火箭的能量频率谱(Wertz, 1991)

这种状态下，宇航员所受到的重力很小，甚至是零。他们可以轻松地漂浮在空中，可以移动质量很大的物体。微重力效应并不是因为所受到的重力小而引起的，而是由于在地球轨道上，宇航员本身随着空间飞行器在高度方向上不断自由落体下降而引起的。

地球本身半径是 6 378 千米，对于近地轨道，地球轨道到地球中心的距离和在地面上的人到地球中心的距离相差并不大，在这个高度上，静态的重力应该是地球表面所感受到的 90%左右，而不是接近于零。然而轨道上的人和地面上的人生活的环境是非常不同的。地面上的人所受到的是静态平衡的力学状态，而在地球轨道上，人们除了初始速度外，一直处于一种自由落体状态，从而保持在圆形或者椭圆形轨道上运动。这时除了重力，没有任何其他力作用在人体上，此时重力成为向心力使人体保持相对静止。

6.2 空间望远镜的姿态控制

独立的空间光学天文望远镜是一个结构十分复杂的空间飞行器。除了望远镜系统以外，它一般还包括电源动力系统、姿态控制系统、通信工程系统、指令和数据处理系统、喷气推进系统、温度控制系统和科学仪器系统等部分，其中姿态控制和温度控制系统是相当重要的两个系统。

空间飞行器相对于某一参考系的指向称为飞行器的姿态。空间望远镜的姿态是通过陀螺仪、水平指示仪、太阳传感器、星跟踪器、磁场传感器和全球定位系统接收器等姿态传感器来确定的。这些仪器所获得的信息通过控制系统中的反馈来带动姿态触动器，使飞行器指向所需要的方向。

6.2.1 空间望远镜的姿态传感器

6.2.1.1 陀螺仪

陀螺仪包括位置陀螺仪、速率陀螺仪、光纤陀螺仪、空气轴承陀螺仪、静电悬浮陀螺仪和半球壳谐振陀螺仪等。位置陀螺仪的原理是在高速转动的系统中它的总角动量守恒。如果在这个系统内没有外加的力矩，那么这个系统的方向将始终保持不变，和它所连接的运动框架的方向无关。而速率陀螺仪的原理满足牛顿第二定律，作用力和反作用力大小相等，方向相反，所以一个方向上的动量变化可以用相反方向上的、大小相等的另一个动量加以平衡。在早期哈勃空间望远镜上使用的就是一种机械式的速率陀螺仪。当一个外力矩添加到系统时，这个系统的动量会产生变化，这时可以对力矩进行测量并且用一个弹簧来抵消。而这个所测量的力矩值则进入反馈系统用于指向的改正。哈勃望远镜原来使用了四个这样的陀螺仪，后来逐渐地用半球壳谐振陀螺仪来代替。现在已经证明如果有星跟踪器，只要两个陀螺仪就可以实现对哈勃空间望远镜的姿态控制。

光纤陀螺仪可以是干涉仪式的，也可以是谐振式的。这两种陀螺仪都是基于塞格尼克(Sagnac)效应而设计的(图 6.9)。根据这个效应，如果两个光脉冲在一个静止的环路中沿着相反的方向前进，它们会以相同的速度走过同样的路程。然而当环路相对于它的转轴转动的时候，沿着与环路转动方向相同的光束（透射光束）较相反方向的光束（反射光束）走过一段稍长的光程，这样这两束光之间就会产生干涉现象，根据相干光的强度，就可以计算出光环的转动速度，这就是干涉式陀螺仪。如果两个光束就像 Fabry-Perot 干涉仪一样，始终保持在环路中，那么就会在一定的频率上产生谐振。测量这个谐振的频率偏移，就可以确定光纤环的转速，这就是谐振式陀螺仪。谐振式陀螺仪具有较高的速率分辨能力，常用在空间望远镜的姿态控制上。

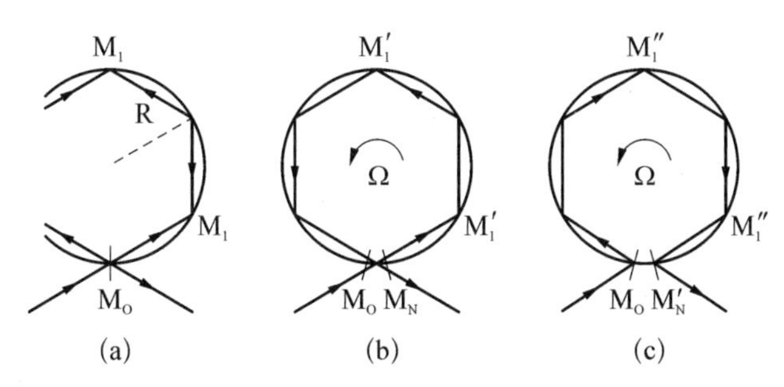

图 6.9　环形干涉仪的光程变化（a）静止时，（b）转动时透射光的光路，（c）转动时反射光的光路

一个典型的光纤陀螺仪包括三个光纤环，三个光纤环之间两两相通，因此第二个环是一个完整的闭合环。首先从激光二极管产生的光束被送入第一个环路，然后通过一个光耦合器进入第二个环路，第二个环路中的反射光和透射光则进入一个光传感器。第二个环路是仪器的主环路，这个环路的两个光耦合器均是非对称的，使得 90%到 99%的光长期停留在环路之内。从第一个光耦合器透射和反射的光将在这个环路内不断相遇，使某一波长的光在环路中谐振。这个波长的光经过另一个光耦合器的透射进入第三个环路。当主环路转动的速度变化时，两个方向上的光束之间的光程差将会变化，使得谐振光的频率产生变化，通过这些变化就可以确定光纤环路的转动速度。

气体轴承和静电支承的球面陀螺仪是一种很精密的仪器（Merhav，1996）。在一般情况下，机械式的陀螺仪都拥有两个轴承，一个用于支承转子的转动，另一个用于支承框架的运动。这些轴承本身有误差，会磨损，从而在测量中产生速率漂移。气体轴承的球面陀螺仪中有一个位于中心的，非常精确的球体。球体通过一层厚度仅为 4 微米的气体轴承支承，这一个轴承就代替了其他陀螺仪中的两组轴承。在球面转子的外面分布在定子上的线圈会产生旋转的磁场，所以转子就像一个感应电机一样，可以达到每分钟 9 000转的速度。这个转子也可以在垂直于其转动方向的另外两个方向上同时转动。在陀螺仪的外壳上装备有传感器来检测转子在这两个方向上的倾斜分量，从而进行精确的位置测量。

静电支承的球面陀螺仪号称是最为精确的仪器。它的转子是一个和它的外壳完全隔离的球体，就像一颗自由旋转的星体，被装置于一个盒子之中，以它自己的角动量不停地旋转。这个球体是一个空心的铍球。它是通过 0.02 毫米厚的空隙用六个均匀分布的电极悬浮在中间，这些电极的电压达到 150 伏特。在球的转动面上，有四个定子的线圈产生旋转磁场，这些磁场在球体的表面感应出表面电流，使得球体产生每分钟达 150 000 转的速度。一旦达到这个速度，电就会被切断。由于球体赤道线上涂有很薄的超导体层，所以球体在和旋转方向相垂直的方向上的任何漂移可以用量子测量装置来测量这个超导环所引起的相应方向上的磁场量的变化，从而获得整个仪器的方位漂移。

不过现在所有这些陀螺仪均被一种新的不包含任何转动部件的半球谐振陀螺仪所取代。这种陀螺仪具有 100%的可靠性，已经应用于几百颗人造卫星上，它的无故障工作时间已经达到千万个小时。

要了解半球谐振陀螺仪，不得不提到一个有名的故事。1890 年的一天，英国一名物理学家布瑞安饭后在饭桌上无意地把玩着一只精致的高脚玻璃酒杯。当玻璃杯受到敲击，杯子会发生振动，在杯口形成固定的节点，振动的声音十分纯洁而悠长。但是当他用手指转动一下杯子的立轴，所发出的声音就会变化并且产生明显的拍频，同时杯口上的振动节点的位置也跟着发生转动。他由此得出一个结论，就是通过测量杯子振动声音的变化或者测量振动节点位置的转动，就可以获得杯子整体转动的情况。就此发现，这位物理学家向剑桥自然哲学学会做了书面报告。

实际上转动中的玻璃杯上振动节点位置变化的基本原因是旋转物体所产生的科里奥利力引起的。这个现象典型的表现就是在地球北半球，气流是向右手方向运动；而在地球南半球，气流是向左手方向运动。这个理论是 1835 年由法国科学家科里奥利提出的。

利用这个原理的陀螺仪研究工作是 1965 年开始的，70 年代初美国已经受理了这种装置的专利。1978 年开始分别研制了蘑菇形和酒杯形两种产品，1983 年制造出初期产品，1984 年后，这种陀螺仪开始用于卫星导航，1985 年苏联出版了《半球陀螺仪》专著。同年中国也开始这方面的研制，到 2000 年半球谐振陀螺仪进入实用阶段。

半球谐振陀螺仪的主要部分是一个固定在中心支柱上的融熔石英半球面薄壳（图 6.10）。薄壳上带有静电，在薄壳的内外侧布置了精密静电驱动和位移测量装置。振荡的半球壳形成四波腹（$n = 2$）的振动图案，当仪器绕其轴线转动时，振动着的四波腹图案的薄壳质量受到科里奥利力的影响，相对于壳体位置产生与仪器转角成比例，但方向相反的一个角度（图 6.11）。这个角度比例非常恒定，称为进动因子，这个因子和半球壳的形状相关，和密度与弹性常数无关。半球面的比例常数是 0.3 左右，它和温度的关系是每度 0.5ppm。比例常数的稳定性决定了这种传感器的优秀性能。

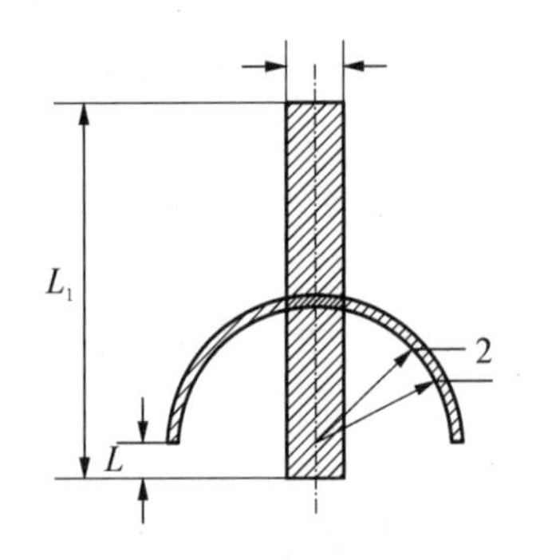

图 6.10　一种半球谐振陀螺仪的结构

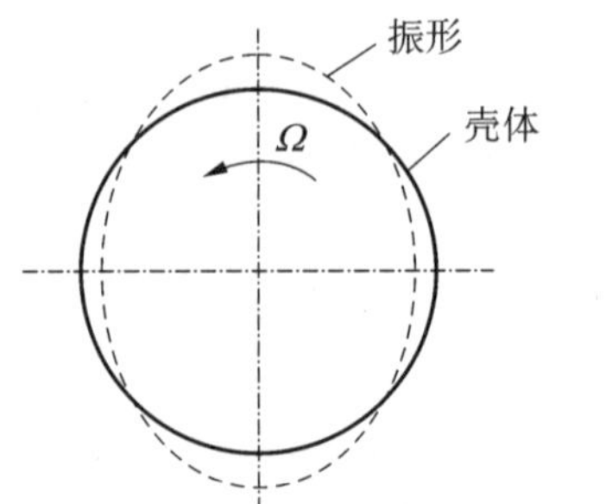

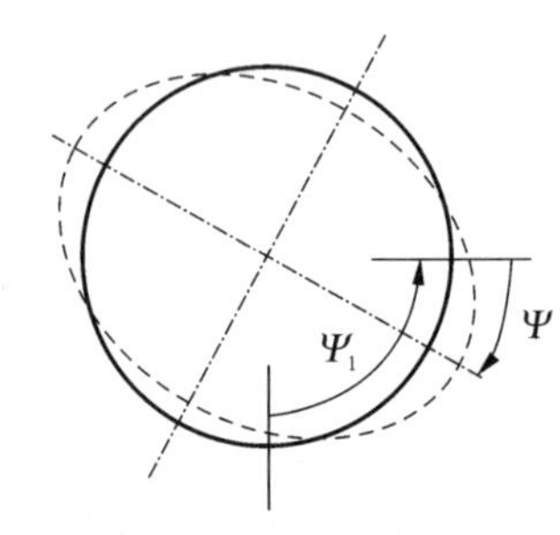

图 6.11　当半球壳体旋转时，赤道圆周上振动节点的变化

这种陀螺仪有两种模式：即开环模式又称全角度模式(whole angle)，和闭环模式又称力平衡模式(force rebalance)。在开环模式中，半球壳通过静电引起振动，半球壳与电极头之间的距离由电容器读出，这样可以获得半球壳振动节点的角度变化。通过对静电电压的调节，可以补偿半球壳振动中的能量损失，从而保持驻波的位置，不产生行波分量。当整个陀螺仪以一定角度旋转时，可以精确地测量由科里奥利力引起的节点位置在反方向上的转角。这个转角与陀螺仪转角比是一个常数，可以在仪器定标时测量出来。在闭环模式中，所施加的力是用来维持半球壳在正常振动时的驻波位置，所以加力点和位移测量点均位于驻波节点之间。陀螺仪转动速度是通过所需要的附加力的大小来求得的。使用这种方法，除了要确定旋转角的比例常数外，还要知道电路放大器的增益，电极和谐振体之间的间隙及对谐振体所施加的偏置电压。

一般来讲，开环模式驻波偏置角的分辨率和角度的读出误差都比较大，而力平衡法则有较好的分辨率和误差抑制能力。

半球谐振陀螺仪在航天工作中发挥了重要作用，在哈勃望远镜的维修中代替了原来机械式的陀螺仪。这种仪器体积小，体积最小的这种仪器可以安装在一根一英寸半的管道中。它的偏置稳定性达到 0.000 08 度/赫兹^2(图 6.12)。

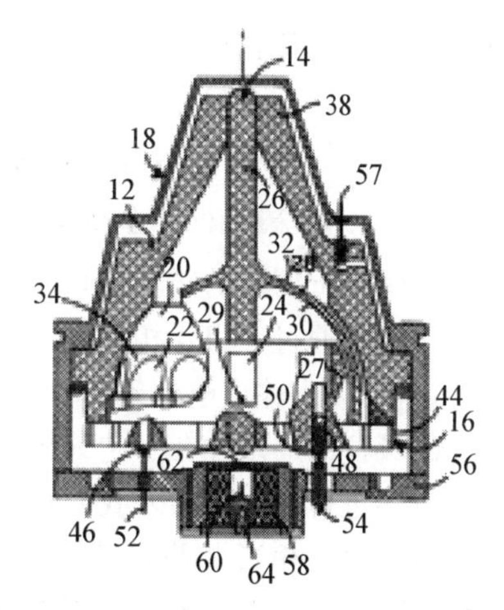

图 6.12　半球谐振陀螺仪的内部结构

使用这种陀螺仪的最有名的案例是近地行星登陆器(NEAR)。2001 年 2 月这台登陆器成功地登上了一颗小行星的表面。以后在环绕土星的飞行器卡西尼及其向土星卫星释放的惠更斯探测器上，也使用了这种陀螺仪。现在这种陀螺仪可以四个一组形成空间惯性参考系单元，从而实现对所有方位运动的自动控制。现在半球谐振陀螺仪已经成为空间惯性系的最主要的仪器。它的主要特点是高精度，极高的可靠性，体积小，质量小，耗电量小，低噪声，稳定的工作性能以及很高的抗辐射能力。从 2001 年至今的短短几年之中，这种陀螺仪仅在美国就使用在 100 多颗卫星之中，总工作时间达到一千五百万小时以上，并且达到了 100％的成功率。

6.2.1.2　星跟踪器

星跟踪器(star tracker)是空间飞行器另一种的姿态传感器。星跟踪器可以提供相对于天球的高精度的、非常稳定的角度方位。星跟踪器通常有较大的视场，大约有 8 度，因此在视场内有很多的星。星跟踪器可以用一个小孔、单片透镜或者两片透镜来收集星光。将这些星的位置和储存在计算机内的星的位置进行比较，就可以决定星跟踪器的指向。星跟踪器是最精确的方位传感器，它的测量不依靠地球、太阳、磁场和卫星的位置，其精度可以达到几个角秒。

星跟踪器有三种形式：星扫描器，利用飞行器的旋转来实现搜寻和扫描的目的；万向节式星跟踪器，利用机械运动来发现所需要的恒星；固定式的星跟踪器，在有限视场内利用电扫描来搜寻恒星。伽利略空间望远镜就采用了太阳传感器、陀螺仪和星跟踪器来精确确定望远镜的方位。除了在卫星和飞行器上的应用以外，星跟踪器也应用在一些军用飞机上。应用星跟踪器的代价是质量的增加，计算能力和动力的需求。新一代的星跟踪器体积小(5×8×8 厘米^3)、质量小(0.3～0.9 千克)、造价低(＄100 000)。

6.2.1.3 地平指示器和太阳传感器

地平指示器(horizen scanner)，又称为地球传感器(earth sensor)，是一个工作在 15 微米波段的红外仪器。这个波段是二氧化碳谱线的范围，而二氧化碳在靠近地球的地方强度分布非常均匀。在这个区域，不论白天或者夜间都很有效，不易和飞行器的反射光相混淆。地平指示器是利用深空中的冷和地球地平线上的热进行对比，来确定地球地平面的方向的。地平指示器有两种，一种是带有旋转头的扫描式的，另一种是固定头的静止式的。当高空云层多的时候，地平指示器的工作性能会受到影响，因此必须有足够的消除太阳光的能力。

太阳传感器(solar sensor)实际上是一个使太阳在 CCD 上成像的针孔照相机，它的视场从几个角分到全天区 360 度。该仪器包括 1 个粗传感器和 4 个精传感器，它可以确定太阳的位置。太阳传感器常常要保持太阳的位置在其视场之内，同时要防止长期太阳的紫外辐射的时效作用，有时需要一定的保护层和挡光光阑。

6.2.1.4 磁场仪和全球定位系统接收器

空间飞行器上的磁场仪(magnetometer)是测量飞行器相对于地球磁场的方位的矢量仪器。它通过三组互相垂直的线圈来磁化其中的磁性棒。它通过在线圈中的正反方向加上电流，读出输出电流确定仪器相对于地球磁场的方位。

磁场仪的局限性在于它只能确定空间两个方向上的方位，而在高度方向上需要由另外的仪器进行测量。另外我们对地球磁场的认识有限，已知的地球磁场的方向和强度的空间分布存在相当误差。由于地球磁场的强度和距离的三次方成反比，所以在距地球 100 万千米以上时，飞行器的残余磁场常常决定磁场仪的强度测量精度。

6.2.2 空间望远镜的姿态触动器

空间望远镜的姿态触动器包括火箭推进器、反作用转轮和磁力矩发生器。火箭推进器是一种质量喷出装置，主要用于对轨道的修正。由于它要释放质量，所以它的寿命有限，因此不能经常用于空间望远镜的指向校正。

反作用转轮(reaction wheel)是一个利用飞轮速度变化来改变飞行器角动量的装置。它们常常装置在相应旋转面的角落上，像无电刷直流电机。空间飞行器的旋转则是通过这些飞轮的加速和减速实现的。这些飞轮的典型转速是每分钟 3 600 转。当飞轮保持这个速度的时候，力矩平衡，所以飞行器没有任何角度变化。而当它加速时，飞行器上就会产生一个方向相反的力矩，而当飞轮回到原来速度的时候，飞行器的运动就会停止。一个飞行器上共需要三组飞轮来控制飞行器在三个方向上的所有运动。

磁力矩发生器是由两组相互垂直的线圈所构成的。当电流施加在一个线圈上的时候，线圈就形成了一个磁极子。这个磁极子会和地球磁场发生作用，从而在飞行器上产生一个力矩，所产生的力矩方向是由磁场方向和磁极子方向的矢量积确定的。

6.3　空间光学望远镜工程

6.3.1　哈勃空间望远镜

迄今最重要的空间望远镜就是美国发射的 2.4 米哈勃(Hubble)空间望远镜。这台空间望远镜的研究工作开始于二十世纪六十年代，由美国国家航空和空间局(NASA)主持。因为这台望远镜可以放置在空间轨道上，也可以放置在月球表面，所以被称为大型空间望远镜(LST)。起初它的口径没有确定。很快波音公司研制了一个 3 米口径的望远镜镜筒。1968 年美国国家科学院正式批准空间望远镜的研究。1975 年由于造价考虑，最后确定望远镜的口径为 2.4 米。当时 3 米望远镜造价估计为 3.34 亿美元，2.4 米为 2.73 亿美元，而 1.8 米为 2.59 亿美元。1977 年美国国会批准了空间望远镜的工程计划。这时 2.4 米望远镜的造价已经变成 4.25 亿至 4.75 亿美元。同年欧洲航天局(ESA)正式参加这一工程，欧洲航天局承担百分之十五的费用。

随着工程的进展，望远镜的造价也不断升高，到 1985 年工程造价达到 11.75 亿美元。1986 年口径 2.4 米的空间望远镜已经建成，这时造价达到 16 亿美元。因为 1986 年初航天飞船的爆炸事件，空间望远镜推迟了送入轨道的时间。1990 年空间望远镜正式通过航天飞船升空，这时总造价是 23.5 亿美元，空间望远镜是一个造价极其昂贵的工程。空间望远镜的维修和运行费用也很昂贵，1993 年空间望远镜进行了第一次空中维修，仅这一次就耗资 10 亿美元。哈勃望远镜是唯一一台进行过空中维修的空间望远镜，它的日常维修费用是每年 2.3 亿美元以上(Petersen，1995)。

空间望远镜的光学镜面是由珀金埃尔默(Perkin Elmer)公司制造的。当时该公司以 0.6 亿和 0.95 亿美元的低标获得副镜和主镜合同。1984 年该公司完成了这两个光学镜面，并声称其质量已经超出合同要求，同时提交了一份高达 3 亿美元的账单。然而珀金埃尔默公司在主镜的加工过程中省掉了一项极为关键的主副镜联合光学检验，仅采用单个镜面的补偿检验方法。在主镜的补偿检验中，技术人员放置补偿镜中的小透镜时，引入了一个 1.3 毫米的位置误差。这个误差使主镜的外边缘产生了过度加工，引起了严重的球差。正是这个关键光学部件使得空间望远镜发射后的像质受到了严重影响。这就形成了空间望远镜发射以后像质模糊的事故。

在空间望远镜发射后不久，就成立了一个专门调查和处理望远镜球差问题的专家小组。1993 年在对空间望远镜进行维修的时候，专门加上了一个补偿望远镜球差的光学系统，在这次维修中还更新了不断振动的太阳能帆板，更新了望远镜上的陀螺仪。以后又三次对这台空间望远镜进行了维修工作，一次是 1997 年，一次是 1999 年，最后一次是 2002 年。在这些维修活动中更换了三个指向陀螺仪，安装了焦点仪器，并且安装了致冷系统。

空间望远镜主镜口径为 2.4 米，质量为 829 千克，主镜是由薄熔融石英板构成的蜂窝形三明治结构。整个主镜由上、下表面，内、外环表面和内部芯格构成(参见图 2.18)。主镜在高温下熔接而成，是一个质量相对比较轻，强度很高，稳定性非常好的结构。主镜的厚度是 46 厘米，单位面积比重为 180 kg/m^2。相应的，整个望远镜的体积是 4.3 m×4.3 m×13.2 m，质量是 11.11 吨。当时发射这台望远镜的航天飞船的容积是 4.6 m×

4.6 m×18.3 m,载质量是 16 吨。空间望远镜主镜加工是在气垫支承下进行的,镜面的均方根误差是 6.3 纳米。由于气垫提供很均匀的支承力,所以镜面加工状态和在空间无重力状态下十分相似。主镜镜面使用了反射率极高的铝镁氟化物镀层,氟化镁对大气上层的原子氧不产生化学反应。哈勃望远镜的主镜造价相当于 2008 年的 \$12 000 000/m^2。与之对比,韦布望远镜的主镜造价为 \$6 000 000/m^2。

哈勃空间望远镜在轨道上运行,它的主镜处于失重状态,不受重力的影响,不需要特别的支承结构,其主镜由边缘三点定位并实现支承。在主镜背面还安装了 24 个试图改变镜面形状的压电晶体主动调节装置,这些主动调节装置均安装在有弹性的镜室支承板上。但是遗憾的是,在无重力的条件下,这些主动调节装置只能产生约 4 500 克的推力,实际上并不能改变这块强度很高的三明治镜面的形状。

哈勃空间望远镜的主镜室由金属钛制成。金属钛强度高、热膨胀系数较低。在设计空间望远镜主镜室同时要考虑到主镜在有重力和产生振动情况下的受力情况。空间望远镜的主镜室是一个双层结构,其上层比较软,以保证在无重力的条件下主镜的支承,下层则刚度很高,用于在有重力和振动情况下的主镜支承。

哈勃空间望远镜的镜筒结构是由碳纤维合成材料制成的,如图 6.13 所示。碳纤维合成材料的特性我们将在后面的第九章 9.3 节中加以介绍。碳纤维合成材料的主要特点是热膨胀系数极低,强度极高。它的热膨胀系数有很强的方向性,在纤维方向上其值一般在零附近,甚至是负值,但是在垂直于纤维的方向上其膨胀率一般很大。对于环形的碳纤维复合材料结构,纤维分布垂直于光轴,其在轴向的膨胀系数比较大。在空间望远镜镜筒设计中为了克服这个问题,采用了优化措施,选用了膨胀系数为负值的轴向杆件,基本实现了整个结构的零膨胀系数。空间望远镜的镜筒共有三层人字架,在第一层人字架中,轴向碳纤维杆的膨胀系数为－0.006～0.04 ppm(ppm 表示百万分之一)。在第二层人字架中,碳纤维杆的膨胀系数为－0.01～0.056 ppm。在第三层人字架中,碳纤维杆的膨胀系数为－0.02～0.14 ppm。除了镜筒结构是由碳纤维合成材料制成外,空间望远镜的所有仪器的光学平台均由碳纤维合成材料制成。在这些碳纤维结构中大量采用了类似中国木结构中榫头的连接方式,利用碳纤维合成材料板作为主要的构件原料。因为在碳纤维结构中不同方向上有不同的膨胀系数,所以除非是对称的碳纤维平板,它们的形状稳定性都很差。使用榫头的连接方式和形状稳定的碳纤维板作为构件,这样整个结构就有很好的尺寸稳定性。在切割碳纤维平板时,一般采用数控高压水枪,以保证切缝形状和尺寸精度。

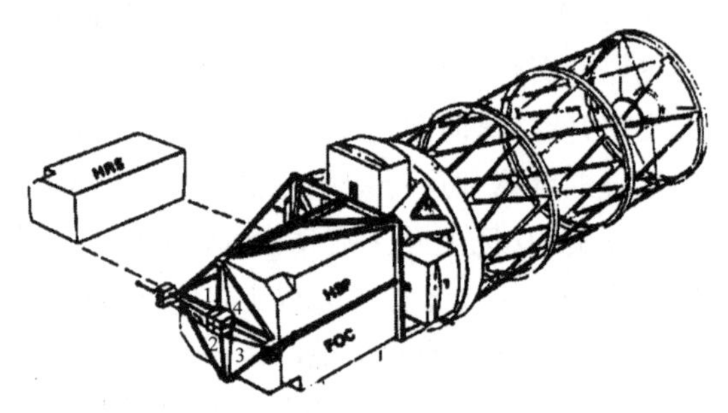

图 6.13　空间望远镜的结构

哈勃空间望远镜的姿态控制包括六个速率陀螺仪,两个星跟踪器和一个干涉导星装置(3.3.6 节)。这个导星装置可以达到 0.007 角秒的指向和定位精度,从而保证空间望远镜极高的分辨本领。和地面光学望远镜不同,为了保护灵敏度极高的接收装置,空间望远镜采用了较长的封闭式镜筒。在镜筒的内壁设有一系列的挡光隔板，并且安装有自动开关的望远镜镜盖。望远镜的外部是多层高效镀铝薄膜式的绝热材料，每层薄膜之间都有隔离用的尼龙丝网。望远镜能源供应由两片 2 400 瓦的太阳能电池片组成。所有控制，导星系统都准备了备用部件，在空间望远镜中为了适应各种天文观测的需要，配备了各种各样的接收仪器，这些仪器在一定的时间周期内可以方便地进行更换。目前配备的仪器有大视场行星照相机，暗弱目标光谱仪，高分辨率光谱仪，高速光度计和暗弱目标照相机。

在哈勃空间望远镜全部太阳能电池展开后，太阳能电池板的尺寸为 2.3 米×11.8 米。为了空间望远镜的维修和保养，哈勃望远镜位于航天飞机可以到达的近地轨道。哈勃望远镜是迄今为止唯一一台由宇航员维修更新过的空间天文望远镜。也正是因为这个原因，哈勃望远镜位于温暖的地球附近，这不但使望远镜的长时间曝光产生困难，同时也使得望远镜的红外性能受到了严重影响。

哈勃空间望远镜的造价大概是地面同口径光学望远镜造价的几十倍。然而，由于它具有极高的分辨本领和探测暗弱星等的能力(较地面望远镜这种能力大约提高了 100 倍)，所以它可以在天文学领域提供不可比拟的信息量。20 世纪末，美国天文学调研委员会在其定期的十年报告中继续要求对下一代空间光学红外望远镜给予特别关注，并不断推荐一台新的 6.5 米级可展开式拼合镜面空间望远镜，以此作为天文学和天体物理学的一个新的重点项目，这就是正在紧张进行的韦布空间红外望远镜工程，这台空间望远镜预计在 2022 年发射升空(注：已于 2021 年 12 月 25 日发射升空)。

6.3.2　依巴谷、开普勒和盖亚空间望远镜

哈勃空间望远镜是一台十分重要的大型天文望远镜，在它之后，又先后发射了几台工作在其他波段的大型天文望远镜，这中间包括爱因斯坦高能天文台(1978)、康普顿 γ 射线天文台(1991)、钱德拉 X 射线天文台(1999)、XMM 牛顿多镜面 X 射线望远镜(1999)、斯皮策空间红外望远镜(2003)、费米 γ 射线空间望远镜(2008)和赫歇尔远红外空间天文台(2009)。在光学天文方面，也发射了一些口径较小的空间望远镜。

在已经发射的空间光学望远镜中，比较重要的是依巴谷天体测量卫星(Hipparcos)(图 6.14)，它的正式名字是高精度天体自行测量卫星(High Precision PARallax COllecting Satellite)。这台望远镜是用于精确确定恒星位置、运动和距离的天体测量仪器。这是一台欧洲空间局设计制造的仪器，其口径为 29 厘米，焦距为 1.4 米，也是一台施密特望远镜。这台望远镜于 1989 年 8 月发射升空，到 1993 年 8 月结束天文观测。

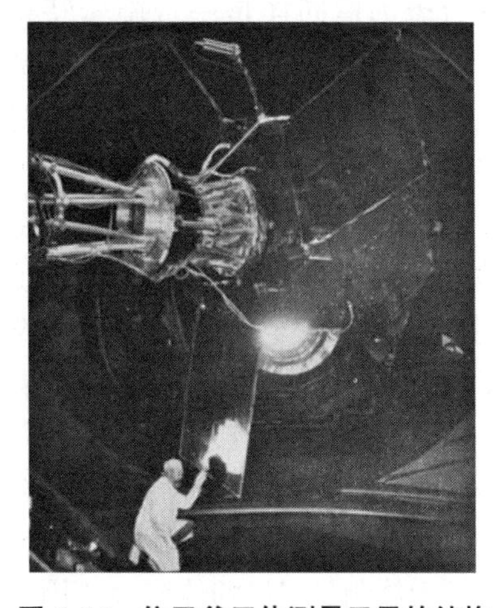

图 6.14　依巴谷天体测量卫星的结构

这台光学望远镜有一个分裂的，成 29 度夹角的反射式改正镜，可以同时观测两个不同的天区范围，使相距 58 度天区的星同时成像在一

个视场之内(图 6.15)。在改正镜之后是折叠反射镜,通过折叠反射镜,光线进入球面主镜,成像在焦面光栅上。这台施密特望远镜的视场角为 1 平方度。视场之内两个星之间的实际张角就等于两个恒星星像之间的张角减去两部分主镜视场之间的角度。在它的视场上,使用了一种周期为 1.208 角秒,即 8.2 微米的,共 2 688 组明暗相间的光栅板来对星光进行调制。用这种方法进行天体测量需要对大量的星进行重复测量,使得星的相互位置形成一个网络,从而用数学迭代方法来确定每个星的位置。这种方法所预期获得的位置精度达到 0.002 角秒,最后所获得的精度达到 0.001 角秒。依巴谷卫星总质量为 1.14 吨。

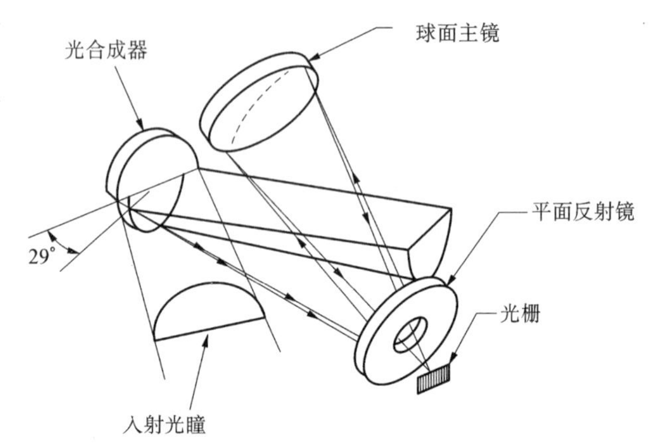

图 6.15　依巴谷天体测量卫星的光学系统

依巴谷卫星计划在地球同步轨道上运行,但是由于发射中的故障,近地点的推力火箭点火失败,使最后的椭圆形轨道的近地点只有 500 千米。这种椭圆形轨道使望远镜效率受到影响,这些影响包括大气层阻力、地球热辐射、范艾伦带辐射、不连续太阳能供应以及中断的地面联系。尽管如此,依巴谷卫星仍然对 120 000 颗恒星进行了精确测定,测定位置精度达到 1 毫角秒,光度精度达到 0.001 5 星等。它的成果将为一整代天文学家所应用。

2009 年美国航空航天局又发射了一台专门探测地外行星的空间望远镜,这就是口径 0.95 米,造价 6 亿美元的开普勒空间望远镜(图 6.16)。这台望远镜同样是一台施密特望远镜,其球面主镜为 1.4 米的蜂窝镜面。开普勒望远镜通过不断地对恒星进行观察,从而发现恒星表面的光度变化,来确定恒星系统内是否存在地外行星。开普勒望远镜一直工作到 2018 年,截至任务终止时共发现了超过 2 600 颗地外行星。

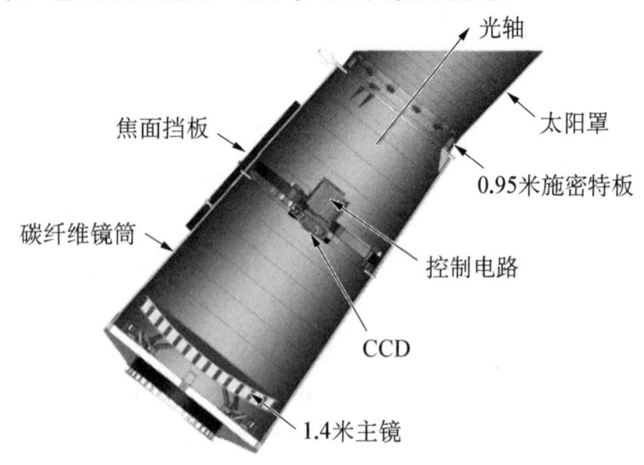

图 6.16　开普勒空间望远镜的结构安排

2013 年欧洲航天局又发射了一台天体测量望远镜,称为盖亚(Gaia)天体测量卫星。1994 年早期卫星全称为“天体物理全天区天体测量干涉仪”(Global Astrometric interferometer for Astrophysics, Gaia),以后这台望远镜并没有采用天文干涉仪的结构。它完全继承了依巴谷天体测量卫星的传统,采用了含有两个分离很大角度的主镜镜面,同时观察角度相距很远的两个天区,以获得高精度的天体位置。这台仪器围绕着与两个分离天区面相垂直的轴线快速转动,同时这个转动轴在其他方向也缓慢地移动,以获得天体在两个方向上的高精度的位置信息。这台望远镜是一个三镜面的消球差和彗差的系统，它将对所有 20 等以下的恒星位置、距离、空间运动和其他物理特性进行观察，获得这些恒星空间运动的三维分布。它的位置测量精度达到百万分之一角秒，距离精度达到百分之一以上，从而为恒星的形成和演化研究提供了大量的分类信息。

这台望远镜在确定天体位置的时候，采用了一种天体测量全天区迭代解（Astrometric Global Iterative Solution，AGIS）的方法。这种方法的重要特点是具有全天区特性的解，它通过单一方程来控制全天区的特征值：（1）目标值的子集；（2）望远镜在天区的实时指向；（3）仪器常数的修正。这种方法所产生的方程组非常巨大，所以只能采用迭代求解的方法。

在扫描天区的时候，实际上获得的是沿着两个固定分离角度（106.5 度）的天区方向（AL 轴线方向）的像元流，它可以转换成观测时的时间 t^{obs}。观测时的时间是一个设定的参数，它是接收机内 CCD 中间一条线所对应的时间。在和 AL 轴线相垂直的 AC 轴上，同样有一个坐标，μ^{obs}。两个坐标上的角度值 $\eta(AL)$ 和 $\zeta(AC)$ 决定了天体相对于卫星坐标系的方向。观测中线的坐标可以用 AC 轴上的坐标值 μ 来描述，写作 $\eta_{fn}(\mu|c)$，$\zeta_{fn}(\mu|c)$，其中 c 是仪器常数的修正参数。

在另一方面，特定的天体目标可以由天文参数和望远镜在该时刻的姿态来获得。这种计算牵涉天文参数的广义相对论的模型到洛伦兹参考系的运动方向，以及参考系姿态的空间转动。该计算可以写成 $\eta(t^{\text{obs}} \mid s,a)$ 和 $\zeta(t^{\text{obs}} \mid s,a)$ 的形式，s 是主子集参考星的天文参数，a 是完整的姿态参数。核心的计算公式就是应用最小二乘法来求解下列方程的最小值：

$$\min_{s,\,a,\,c}\left[\sum_{AL}\frac{[\eta_{fn}(\mu^{\text{obs}}\mid c)-\eta(t^{\text{obs}}\mid s,\,a)]^2}{\sigma_{AL}^2+\sigma_0^2}+\sum_{AC}\frac{[\eta_{fn}(\mu^{\text{obs}}\mid c)-\eta(t^{\text{obs}}\mid s,\,a)]^2}{\sigma_{AC}^2+\sigma_1^2}\right] \tag{6.13}$$

式中 σ_{AL} 和 σ_{AC} 是角度为单位的误差，σ_0 和 σ_1 是其他的误差（Lindegren，2009）。

盖亚天体测量卫星的外形就像一顶尺寸很大的圆柱形礼帽（图 6.17），它运行在远离地球一百五十万千米外的，温度环境十分稳定的拉格朗日 L_2 点上。它的光学系统要求很高，尺寸很大，达到 3 米，它对于长达几个小时的、幅度很小（即使为千分之一度）的温度变化十分敏感。

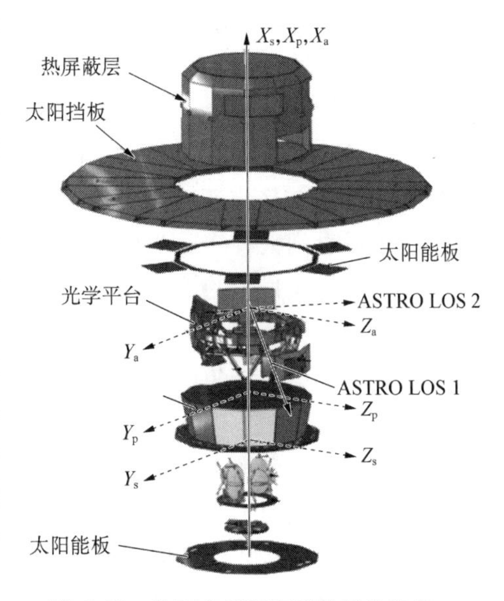

图 6.17　盖亚空间望远镜的结构安排

这台空间望远镜的光学镜面全部是由碳化硅材料制成，镜面安装在环形支架之上。它的光学系统包括两个望远镜（图 6.18），主镜尺寸是 1.45 米×0.5 米，焦距是 35 米。每个系统包括 6 个镜面，第 4 个镜面是光束叠加镜面，第 5 个和第 6 个是共同合用的反射镜面。

这是一台扫描仪器，恒星以恒定的速度（每

秒 60 角秒)通过焦平面上,两组望远镜共同使用一个焦面,而焦平面上的 CCD 是采用时间延迟积分的形式来读出数据的。

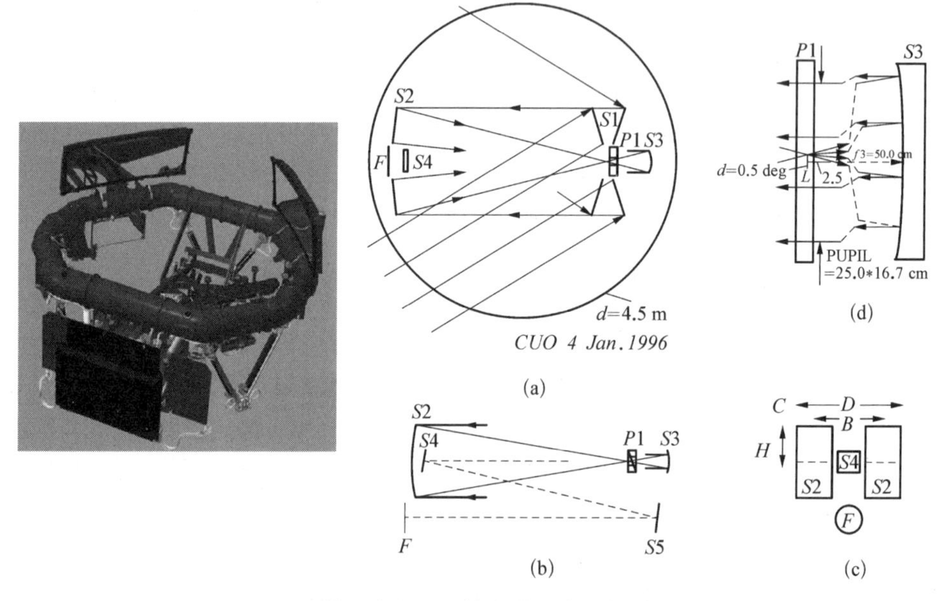

图 6.18 盖亚空间望远镜光学系统的结构和安排

6.3.3 韦布空间望远镜

6.5 米韦布空间红外望远镜(JWST)是美国继哈勃空间望远镜后的又一个大型空间望远镜工程(图 6.19)。韦布望远镜的设计开始于 1996 年,原来的目标是一个测量高红移量的仪器(High Z machine)。在此期间,美国航天航空局全面实行"又快、又好、又省"的工程管理原则。哈勃空间望远镜的观测能力是可以看到大爆炸后 8 亿年所诞生的天体,而韦布望远镜则可以看到大爆炸后 2.5 亿年所诞生的天体。在这一天文目标的影响之下,2002 年韦布空间望远镜工程正式启动。

图 6.19 韦布空间红外望远镜

早期这台望远镜的口径仅为 4 米。由于种种原因,望远镜工程不断推迟,原来预计的发射时间是 2012 年,现在已经推迟到 2022 年发射升空。随着时间推移,韦布望远镜的各项指标也已经完全确定。这是一台口径 6.5 米的拼合镜面红外望远镜,它的波阵面总误差是 40 纳米,预期工作时间为 5～8 年。工程早期成本预算为 5 亿美元,目前它的成本预算已达 87 亿美元,甚至可能达到 100 亿美元。

20 世纪末,美国曾经提出了一系列大型空间项目,其中包括类地行星搜索者(Terrestrial planet finder, TPF)、空间干涉仪工程(Space interferometer mission, SIM)、空间激光干涉仪引力波探测器(Laser interferometer space antenna, LISA)和国际X射线天文台(International X-ray Observatory, IXO),所有这些大型项目由于经济原因,均遭遇到被取消的命运,韦布空间望远镜几乎成为美国空间天文鼎盛时期的一段最后的华章。尽管如此,很多人仍然认为韦布望远镜与价值2 000亿美元的航天飞船和150亿美元的大型超导对撞机一样是美国科学界应该砍掉的一个项目。

韦布空间光学望远镜的工作波长为0.6 μm～28.5 μm。它的轨道位置是在太阳与地球连线之外的拉格朗日点L_2上。该点与地球距离为1.5×10^6千米,这台望远镜与地面的数据通信不存在任何问题。在这个拉格朗日点上,韦布空间望远镜和地球的距离很远,而且距离几乎保持不变,所以可以用一面简单的多层太阳挡光板来避开太阳、地球和月球的强光,以降低望远镜本体的温度。韦布空间红外望远镜可以保持在很低40 K～60 K的温度环境中工作。望远镜的挡光板宽12.2米,长18米,它共有5层,由聚酰亚胺薄膜构成,薄膜的一面镀有铝膜,另一面镀有硅树脂材料。因为在轨道上望远镜与太阳的距离恒定,所以望远镜的太阳能的供应将十分稳定。

在哈勃望远镜上,光学主镜是传统的、被动的、强度高的熔融石英镜面。主镜质量829千克,单位面积质量每平方米183.25千克。但是在韦布空间望远镜中它的主镜则是新一代的薄壁加强筋结构、自适应调整的拼合镜面。镜面单位面积质量为每平方米10到15千克。这个质量包括了各子镜面的支承结构和触动器的质量。也就是说,这个6.5米主镜的质量要比2.4米哈勃望远镜的主镜质量轻十倍以上。镜面的表面误差在24纳米左右,可以保证在波长2微米时达到衍射极限。

韦布空间望远镜的设计受到了发射火箭负载仓的体积限制,研究表明,至少在十多年的期间内,单镜面的4米望远镜可以放置在一个5米直径的火箭负载仓内发射。但即使可以设计一个6米直径的火箭负载仓,也需要在火箭技术上进行相当大的投资。所以任何大于4米口径的空间望远镜,就只能采用拼合镜面的方法。幸运的是因为韦布空间望远镜并不是一台日冕仪,日冕仪需要使用单块的主镜。且拼合镜面的点分布函数对韦布望远镜的影响很小,所以它可以使用拼合镜面。各个子镜面在发射时可以像花瓣一样折叠在火箭负载仓内,发射以后所有镜面逐步展开,再拼合成为一个口径大的主镜面。

为了降低韦布望远镜单位面积的镜面质量(目标为15 kg/m²),在镜面研究中,对低膨胀、比重小的碳纤维材料和铍材料都进行了研究。碳纤维材料可以构成强度高的双层三明治结构。碳纤维材料从常温降低到40至60 K绝对温度时具有最小的体积收缩率,图6.20列出了不同材料从常温到绝对零度所引起的收缩率。

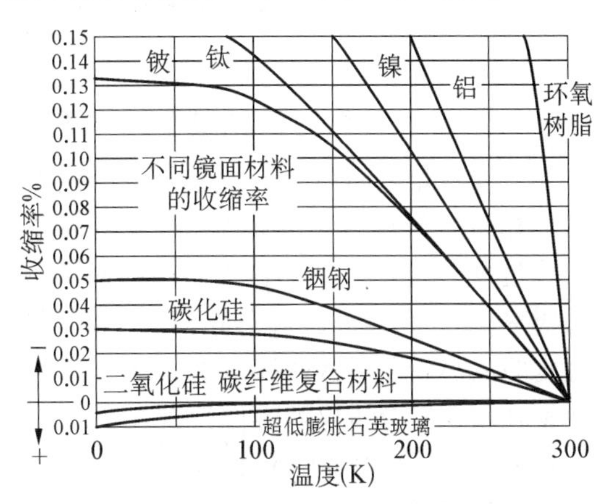

图6.20　不同材料从常温到绝对零度所引起的收缩率(Stockman, 1997)

不过碳纤维制成的光学镜面在尺寸上仍然有很大限制。1987年美国发射了一个直径4.5米、由7面碳纤维复合子镜面组成的空间射电天线,所获得的天线精度只有

0.4 毫米，它的最短工作波长仅仅为 5 毫米。在这个天线中，各个子镜面之间的相对位置精度只有 16 微米。近年来，碳纤维的复制技术有了很大改进。复制的镜面已经用于光学波段，不过这些镜面的最大尺寸仅为 1.5 米。另外碳纤维复合镜面在空间条件，特别是低温条件下的长期稳定性依然没有得到实验证实，距离下一代空间望远镜的要求还相差很远。

在韦布望远镜的研究过程中，一个可能的替代方案是结合薄的玻璃镜面和轻的碳纤维材料支承结构。这就是亚利桑那大学的镜面研究方案，如图 6.21 所示。它包括很薄的玻璃表面和很强固的碳纤维材料底板。非常薄的玻璃是这样加工的：首先将两块玻璃用沥青材料黏合在一起进行加工，使其中的一块成为非常薄的镜面，然后利用温升使薄镜面分离。镜面的表面形状是由一个个的触动器来控制的。镜面直径 2 米，厚度 2 毫米，在重力作用下，镜面表面在触动器的周围有变形。但是在减去镜面自重后，镜面形状十分平坦，因此这种镜面可以用于空间望远镜中。但是应用这种方法，质量是一个问题。另外的问题是镜面精度，拼合镜面各镜面的曲率半径的误差要求很高，不超过 25 微米，对于在 50 K 温度下工作的望远镜来说，这是十分严格的要求。因为镜面是在常温下加工的，假设加工的镜面完全相同，材料性质的微小差别就会引起很大的曲率半径的误差。为了使镜面的形状达到误差要求，主动镜面控制是不可避免的。研究还表明这种镜面的复杂程度和它的大小及其单位面积质量直接相关。一个 2 米试验镜用了 50 个触动器，那么 6.5 米的镜面则需要有十倍数量的触动器。

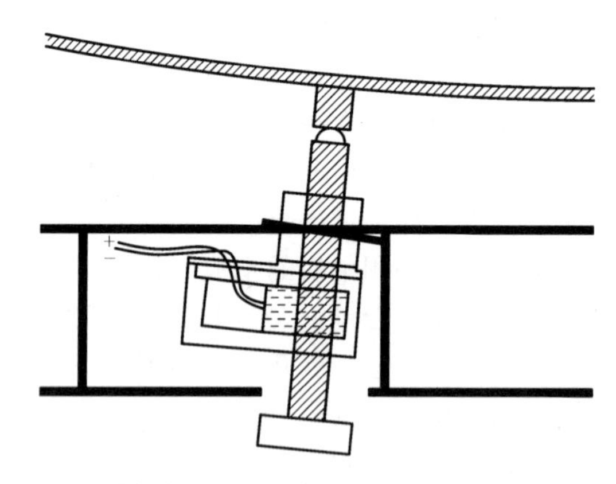

图 6.21　一种韦布空间望远镜的主镜设计方案(Burge，1998)

金属铍是空间镜面的候选材料。这是一种加工时有毒的材料，铍是唯一与陶瓷材料性能相似的金属，它比玻璃硬，比金属铝轻。它的密度为 1 850 kg/m^3，熔点是 1 285 度。比热是每千克每开 1 925 焦耳，导热率是每米每开 216 瓦特，热膨胀系数是 11.4 ppm。光学反射率是 50%，紫外反射率是 55%，红外反射率(10.6 微米)是 98%。图 6.22 是铍在不同温度时的热膨胀系数曲线。这种材料对 X 射线的透过率是同样厚度铝材的 17 倍，所以它常在医疗和分析仪器中作为 X 射线窗口材料。铍作为主镜材料已经成功的应用到空间红外望远镜(SIRTF)和其他空间仪器中。空间红外望远镜主镜直径为 0.85 m，呈凹面形。这面铍镜已经在氦和氮的液态温度下进行了测量，测试结果显示，主镜的面形误差在低温环境下具有很好的重复性，所以可以获得面形的不同于室温的低温测量图。低温时面形的校正因此可以在室温下进行。测试结果显示在 100 K 温度以下，铍镜与铝的热膨胀系数近乎相同，在超过这个温度范围时它们之间的变化量也非常小。这样能够在较低成本的液氮温度下获得大部分相关铍镜的测试信息，而不需要多次进行高成本的液氦温度下的测量。目前，铍已经被确定为韦布望远镜的主镜材料。

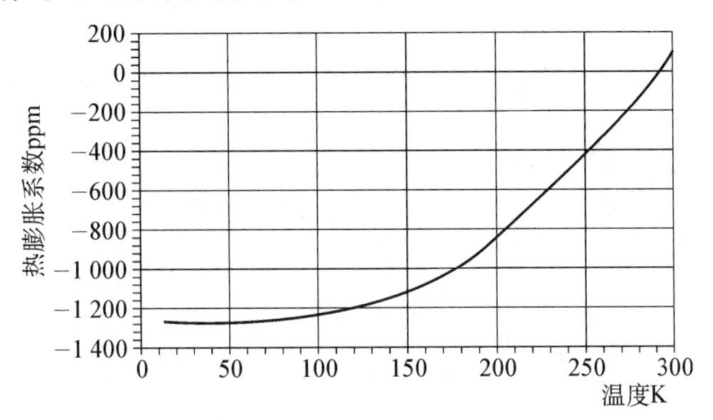

图 6.22　金属铍的热膨胀系数（Parsonage，2004）

铍镜由于在熔炼过程中强度会遭到破坏而不能被铸造，但是铍在固化过程中会产生晶粒结构。为了达到最高的强度，铍颗粒是在带有惰性气体的粉末冶炼中形成的。铍六方晶格各向异性。铍粉需加热到 900℃，在 1 000 个大气压下形成镜胚，这些过程叫做真空热静压工艺。根据颗粒尺寸大小、分布、氧化铍的含量和温度等因素能够产生多种不同特性的铍等级，总的来说，低氧化物含量会产生性能好的铍反射镜。这时铍颗粒尺寸在 40～110 微米之间，其中 99％小于 70 微米。铍颗粒的尺寸能够通过光散射进行测试。

铍镜坯可以通过传统的工艺进行加工，使之轻量化。不过在生产和加工过程中，要非常当心它所产生的细小颗粒（小于 10 微米），这些颗粒会漂浮于空气中，其毒性是致命的。采用湿磨工艺就可以避免这种危险，铍镜能被裸磨到 25 埃的粗糙度，铍镜可以镀镍，镍与铍在热膨胀系数方面十分匹配，而金属镍有着更好的面形精度。

更进一步的提高铍镜的综合性能采用铍镜的轻量化技术。BAT 公司就用这个方法生产了一个实验镜片。在镜片的背部有大量的三角形孔可减少 92％镜坯的质量。这个直径 1.4 米的主镜片几乎不需要面形控制器来控制面形。

如图 6.23 所示，在韦布望远镜中，6.5 米主镜由两圈 18 个六边形子镜面组成，子镜面共包括三种镜面形状。每个子镜面直径为 1.315 米。拼合主镜为椭球面形状，焦比为 1.2；副镜是双曲面形状，焦比为 9；第三镜是椭球面形状。三个镜面共同形成一个消球差、彗差和像散的光学成像系统。韦布望远镜的外围子镜面在望远镜发射时是向中心子镜面折叠后存放的，将望远镜送入空间以后，必须打开子镜面，一开始 18 个子镜面不可能处在它们的理想位置，而是随机处在理想位置的附近。它们会在望远镜的焦面上呈现出 18 个模糊的像斑，子镜面的调整工作就是从这些像斑入手的。

在对子镜面进行控制时，镜面之间的同相位十分重要。同相位的过程分成两个步骤：第一，调整子镜面的斜率，使所有子镜面和它们的理想位置保持相互平行；第二，利用散射条纹相位传感器来测量相邻两个子镜片间的相位误差。这两个步骤是由一个闭环系统在空间环境下来完成的。和哈勃空间望远镜不同，韦布望远镜将位于地球以外的 1.5×10^{6} 千米的

图 6.23 JWST 拼合主镜所采用的子镜面结构（Atkinson，2006）

空间，这个距离相当于五倍地球和月亮的距离。在这样的距离上，没有在空间进行维修的任何安排，所以望远镜的设计和制造必须有高度的可靠性。

韦布空间望远镜早期有过不同的方案，其中一种方案中整个主镜由七面子镜面组成，每个子镜面的尺寸大约为 2.4 米，小于火箭负载仓的直径。共有两种方法来实现镜面在发射时的状态。一种是像花瓣一样将镜面分别向上和向下折叠起来，三面镜子向上，三面镜子向下。应用这种方法，望远镜的打开比较容易。另一种方法是将每一面镜片叠加放在另一面镜片的上面，这时在望远镜打开的时候，镜片要同时进行移动和转动，镜面的定位比较困难。后来的镜面采用了尺寸较小的子镜面，一共是 18 块子镜面分为两圈排列，同样是采用折叠展开的打开方式。

下一代空间望远镜除了在镜面上存在困难和挑战外，在结构的动态分析方面也存在着严重的挑战。望远镜结构要经受发射时的加速度和振动，同时由于从常温到低温的迅速变化，热应力也可能引起结构振动。另外在结构打开时各部件的定位精度和稳定性也是很大的挑战。空间望远镜要求各个转动部件不存在任何迟滞现象。在望远镜打开以后，对望远镜的调整也有很大难度。望远镜子镜面的调整严重地依赖着光学测量的精度，为了顺利地完成这个工作，科学家专门发展了一种韦布望远镜专用的镜面误差测量方法，这就是下面介绍的光学传递函数差分方法。

6.3.4 光学传递函数差分检验方法

光学传递函数差分（differential optical transfer function，dOTF）方法是一种最新发现的，特别适用于拼合镜面望远镜镜面调整的光学检测方法。这是一种专门为韦布望远镜的面板调整而发展的光学检测方法。

光学传递函数差分是一种基于星像的，非迭代的波阵面误差检测方法。由于点分布函数是一个二次方函数，这个函数经过微分以后就成为一个线性函数。从第一章光学传递函数的讨论中可知，点分布函数的傅立叶变换就是光学系统的光学传递函数，也就是说点分布函数和光学传递函数是属于同一个函数的两种不同的表达方式。光学传递函数本身包括两个部分：调制传递函数和相位传递函数。调制传递函数是光学传递函数的模（MTF=abs(OTF)），而相位传递函数是光学传递函数的极角（PTF=−arg(OTF)）。同时光学传递函数又是口径场复数函数的自相关函数，或者称为自相干函数（mutual coherence function，MCF）。光学传递函数是非线性的，而点分布函数是口径场的二次方函数。长期以来，人们通过光学传递函数来了解点分布函数，实际上，如果通过口径场函数来了解光学传递函数的话，会显得更加直观。以往的很多波阵面传感器均是从光学瞳面上来直接测量波阵面，通过子光瞳上的像可以估计出瞳面上的波阵面情况。

口径场复数函数有口径函数和波阵面函数两个部分，这两个部分均可能是复数函数。如果口径函数是 $\Pi(x)$，波阵面函数是 $\psi_0 = a(x)\exp\{i\varphi(x)\}$，那么口径场复数函数为（Codona，2013）

$$\psi(x) = \Pi(x)\psi_0(x) \tag{6.14}$$

光学传递函数可以表达为

$$\mathrm{OTF}(\xi) = \int \psi(x' + \xi/2)\psi^*(x' - \xi/2)\mathrm{d}^2 x(2.58) \tag{6.15}$$

上式可以简化为

$$\mathrm{OTF} = \psi \otimes \psi^* \tag{6.16}$$

式中右边的运算是相关运算。如果在口径场函数上做非常微小的局部变化，$\Pi \to \Pi + \delta\Pi$，那么它会在光学传递函数上产生一个相应的变化：

$$\delta\mathrm{OTF} \to (\psi + \delta\psi) \otimes (\psi + \delta\psi)^* - \psi \otimes \psi^* = \psi \otimes \delta\psi^* + \delta\psi \otimes \psi^* + \delta\psi \otimes \delta\psi^* \tag{6.17}$$

如果口径场函数的改变量 $\delta\psi$ 非常小，局限于一个很小的区域，那么这个变化可以看为一个单位脉冲函数。单位脉冲函数和其他函数的卷积仍然是原函数。所以两个有很小变化的光学传递函数之差就包括一个口径函数的值、它的共轭量以及两个单位脉冲函数的卷积。

图 6.24 列出了这三个区间在函数面上的分布，分别是口径函数的像、口径函数的反射共轭像和单位脉冲函数的二阶叠加像，其中叠加区域处于口径场产生变化的地方。对于口径的大部分区域，口径场函数的形状保持了原有的分布。

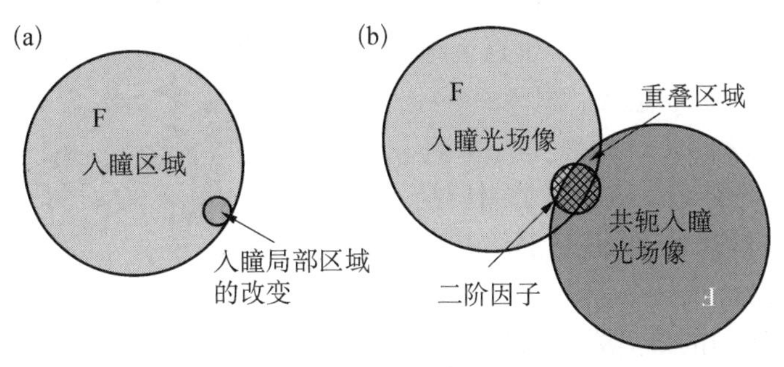

图 6.24　口径场和口径场的相关函数

这种波阵面测量方法特别适用于对拼合镜面望远镜全口径的相位测量。在它的使用上，首先测量原来口径和经过微小改变的新口径的点分布函数。这种测量只需要按照分辨率极限进行取样，不必采用过密的空间频率。注意由于两个口径的光通量的差别，所获得的点分布函数的总能量是不同的。获得点分布函数后，将点分布函数的平方值，采用零值填充方法(zero-padded)进行傅立叶变换，获得光学传递函数。然后传递函数之差就是我们所需要的口径波阵面的图形。

在光学测量中，这种方法的原理和射电天文中离焦点方向图(out-off-focus, OOF)面型测量方法十分类似，离焦方向图方法是通过测量焦点附近不同位置上的方向图来获取口径面上的相位分布的。这就相当于测量两个有微小变化口径的点分布函数来获得口径面上的相位分布。OOF 方法在第九章中有介绍。

6.3.5 空间光学干涉仪

在下一代韦布望远镜研究的同时，美国喷气推进实验室(JPL)还进行着另一个空间工程。这个工程就是现在已经被取消的空间干涉仪计划(Space Interferometry Mission, SIM)，是下一代空间望远镜计划的过渡工程。在这个计划中共有三对 0.3 米口径的光学望远镜。这些望远镜的第一镜具有定天镜的形式。在三对望远镜中，有两对望远镜在观测中对准着亮星获得条纹，从而用于导星并且使整个系统稳定下来。而最后的一对望远镜则用于真正的天文观测。设计中的这几组望远镜有固定的位置，但是它们可以任意组合，以获得不同的基线距离。这个计划的另一个目标是用作光学综合口径成像。这些望远镜之间的最大间隔是 10 米。作为空间光学干涉仪，这个计划的难度很大，方案也一直在变化。开始的计划中有可以移动的望远镜组，而现在的方案则没有任何可以移动的望远镜，难度大为降低。

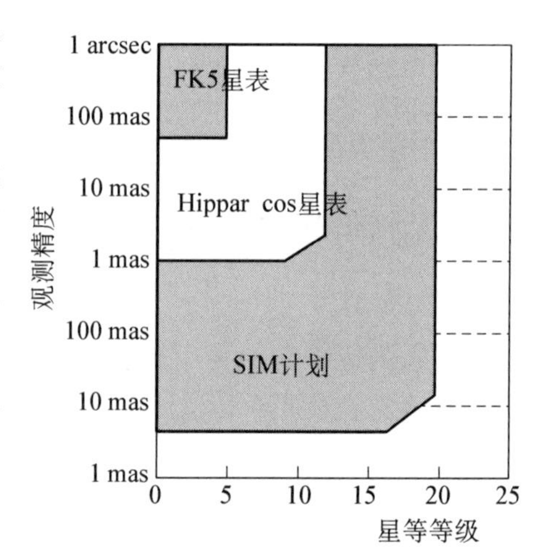

图 6.25 空间干涉仪计划所预期的精度和星等(Shao, 1998)

空间干涉仪计划的绝对指向精度是 4μarcsec，远远超过任何已有星表的观测精度。它的星等观测能力是 20 等，也远远地超过作为星等标准星的等级。图 6.25 列出了 FK5 星表、Hipparcos 星表和 SIM 计划中的精度和星等等级。在这个图中，上部的三个 mas 是指毫角秒，而下部的三个 mas 是指微角秒。

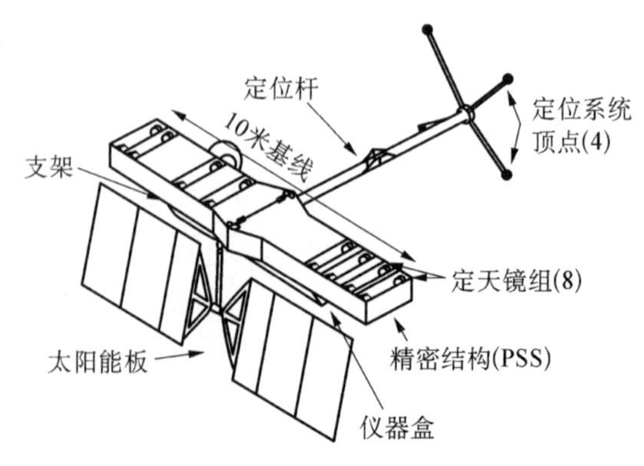

图 6.26 空间干涉仪计划的方案(Unwin, 1998)

空间干涉仪计划的最后方案如图 6.26 所示。在这个方案中一共有 8 个望远镜，其中两个是供备用的。另外在干涉仪的外面有一根长杆，长杆的端部是精密定位系统的四个顶点，整个系统的定位精度小于 1 纳米，即小于 1×10^{-9} 米。这个精密定位系统包括很多套外差式的激光测距仪，这些激光测距仪的原理和后面 8.2.4 节中所讲的激光测距仪相同，只是由于其极高的精度要求，需要使用的频率更高，所以就直接利用了激光本身的频率。同样的，这一频率要与一个相差很小的频率来进行混频，以获得精确的相位变化。用于空间的精密激光测距由于没有大气，所以不存在由于大气折射率的变化所引起的误差，可以获得十分理想的精度。在这个系统中，位于长杆顶端的四个后向反射器是一种特殊设计的后向反射器，叫做双向后向反射器。双向后向反射器的结构如图 6.27 所示。这种双向后向反射器本身就是两个顶点相互重合的普通后向反射器。这两个后向反射器之间有一个固定的夹角，它们有共同的顶点，所以可以同时接收方向不同的两束激光来确定一个三角形的两个边长。如果在同一基线上还有与其他的双向后向反射器所组成的三角形，则可以计算出基线本身的长度变化。这样的激光系统和机械桁架结构有类似之处，有时也叫做光学桁架。

图 6.27　空间干涉仪计划中的双向后向反射器(JPL)

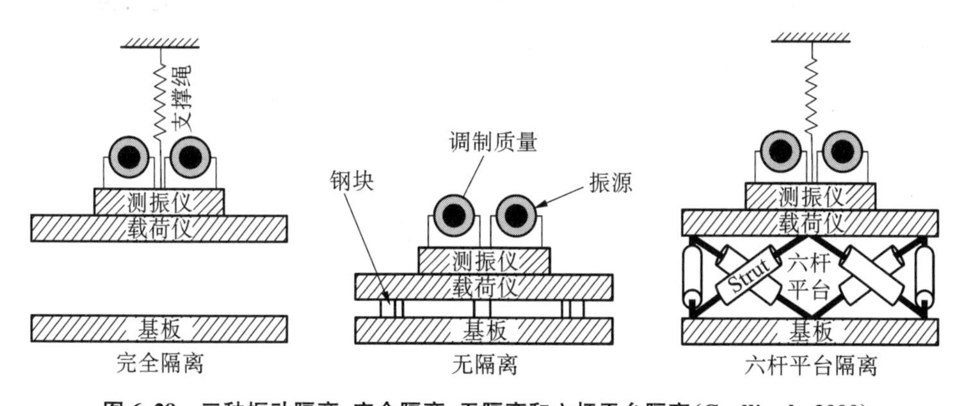

图 6.28　三种振动隔离：完全隔离，无隔离和六杆平台隔离(Goullioud，2000)

在空间干涉仪计划的方案中结构的振动和温度的影响是基线长度变化的最主要原因。而结构振动的原因则可能是由卫星方位控制系统的作用引起的，这几乎是不可避免的。在空间干涉仪的研究中进行了三种振动隔离措施的研究，分别是完全隔离、无隔离和六杆平台隔离(见图 6.28)。研究表明：完全隔离是不现实的，而无隔离即使使用了很复杂的主动防振措施还是不能保证稳定的光学平台，只有主动控制的六杆平台结构才可能获得很好的效果，振动控制的研究还在进行之中。在这一计划中，另一个非常重要的问题是光学延迟线(delay line)的设计。空间干涉仪的光学延迟线十分复杂，有很高的难度，需要使用多级的精密位移补偿机构。

参考文献

Atkinson，C. et al.，2006，Status of the JWST optical telescope element，SPIE proc.，6265，62650T.
Burge，J. H.，et al.，1998，Lightweight mirror technology：using a thin face sheet with active rigid

support, SPIE proc. 3356, p690 - 701.

Codona, J. L. 2013, Differential optical transfer function wavefront sensing, Opt. Eng. 52(9),097105.

Cruise, A. M. et al. , 1998, Principles of space instrument design, Cambridge university press.

Goullioud, R. et al. , 2000, Micro-precision interferometer: scorecard on technology readiness for the space interferometry mission, SPIE proc. 4006, p847.

Kendrick, S. E. et al. , 2003, Lingtweighted beryllium cryogenic mirror for both monolithic and segmented space telescopes, SPIE 4850, p241 - 253.

Lindegren, L. , 2009, GAIA: Astrometric performance and current status of the project, Proc. IAU Symp, No 261, Klioner, S. A. , Seidelman, P. K. , and Soffel, M. H. , eds.

Merhav, S. , 1996, Aerospace sensor systems and applications, Springer, New York.

Nemati, B. , 2006, SIM planetquest: status and recent progress, SPIE proc. 6268, 62680Q.

Parsonage, T. , 2004, JWST Beryllium telescope material and substrate fabrication, SPIE Proc. 5494 - 4, Glasgow, UK.

Petersen, C. C. and Brandt, J. C. , 1995, Hubble vision, Cambridge University press.

Shao, M. , 1998, SIM the space interferometry mission, SPIE 3350, p536.

Stockman, H. S. , 1997, The next generation space telescope, The association of universities for research in astronomy, Inc.

Thornton, E. A. , 1996, Thermal structure for aerospace applications, AIAA series, Virginia.

Unwin, S. C. and Shao, M. , 2000, The space interferometry Mission, SPIE proc. 4006. p754.

Wertz, J. R. and Larson, W. J. , 1991, Space mission analysis and design, Kluwer Academic Publishers, Boston.

第七章　射电天文望远镜基础

本章回顾了射电望远镜的发展，讨论了天文学对射电望远镜的设计要求和台址要求，重点介绍了射电望远镜的基本概念，如天线方向图、天线增益、天线温度、天线效率和天线极化，这些概念对于非天线专业人员是十分重要的。本章还重点介绍了天线光学系统基本参数的选择，最后对偏轴天线系统的极化性能和射电望远镜的接收机系统也进行了介绍。

7.1　射电望远镜的发展历史

空间电磁波辐射包括电分量和磁分量两个部分。这两个分量和辐射的传播方向相垂直，分量之间也相互垂直，并且有 180 度的相位差。电磁波频谱包括了极为广阔的区域(参见表 12.1)，可见光仅仅是其中极为狭窄的一个部分。从波长10^{-3}米开始到10^{5} 米，也就是从频率10^{12}赫兹到10^{3} 赫兹非常广阔的频段，通称为无线电波，或者叫射电波。而射电望远镜则是收集、捕捉天空中这个广阔频段上暗弱辐射的各种工具的总称。射电频段又进一步分为 8 个小的频段：甚低频(VLF)是从 10 到 30 千赫兹；低频(LF)是从 30 到 300 千赫兹(KHz)；中频(MF)是从 300 千赫兹到 3 兆赫兹(MHz)；高频(HF)是从 3 到 30 兆赫兹；甚高频(VHF, Very High Frequency)是从 30 到 328.6 兆赫兹；超高频(UHF, Ultra High Frequency)是从 328.6 兆赫兹到 2.9 吉赫兹(GHz)；甚超高频(SHF, Super High Frequency)是从 2.9 吉赫兹到 30 吉赫兹；极高频(EHF, Extremely High Frequency)是 30 吉赫兹以上。一些常用频段的代号为 L(1～2 GHz)、S(2～4 GHz)、C(4～8 GHz)、X(8～12 GHz)、Ku(12～18 GHz)、K(18～26 GHz)、Ka(26～40 GHz)、V(40～75 GHz)和 W(75～111 GHz) 等。

光学天文望远镜的发展已经有了数百年的历史，相比之下射电天文望远镜的发展则是最近八十多年的事情。射电望远镜，又称为射电天线，是一种高增益的射电信号的收集和检测装置，特别适用于探测微弱的来自遥远天体的射电辐射信号。1928 年央斯基(Jansky)制造了第一台高灵敏的射电望远镜。1932 年他首次收集和探测到来自宇宙深处的射电信号，这标志着射电天文学这一新兴学科的起点。以后雷伯(Reber)将抛物面反射体应用到射电信号的收集中，使得抛物面天线成为射电望远镜中最重要的形式。

射电信号的波长远远大于可见光的波长，因此单个天线仅具有十分可怜的角分辨本领。1945 年波西(Pawsey)利用海平面的反射实现了双天线的干涉，组成了第一个射电干涉仪。这种射电干涉仪可以获得比单个天线高得多的角分辨率。1946 年赖尔(Ryle)用两个天线实现了射电干涉。

20 世纪 50 年代射电望远镜的最重要发展是英国焦吉班克的 76 米大口径天线和澳大利亚悉尼附近的米尔斯十字天线,米尔斯十字天线包括互相正交的两组天线,每一组臂长达 450 米,有相当高的分辨本领。进入 20 世纪 60 年代以后大型天线增长很快,其中比较突出的有美国国立射电天文台的 91 米口径的大型射电望远镜以及位于波多黎各的阿雷西伯(Arecibo)口径为 300 米的固定式射电望远镜。在这期间,冯·霍纳(von Hoerner)经过研究提出了大型天线结构保形设计的思想,为更大口径的可动式射电天线的建设提供了理论基础。1972 年德国马普实验室建成了大口径 100 米射电望远镜。1988 年冬天,美国国家射电天文台 91 米大型望远镜突然损坏,2000 年在该台原址上建成了世界上最大的可动偏轴式的 100 米射电望远镜。2016 年中国成功建设了一台口径达 500 米的具有主动反射面的固定式射电望远镜 FAST。现在新疆天文台计划建设一台世界最大的 110 米可动射电望远镜。

与此同时射电干涉仪的规模也越来越大。1978 年美国在新墨西哥州建成了规模巨大的甚大天线阵(Very Large Array)。甚大天线阵呈"Y"形状,每一根臂的臂长达 21 千米。整个甚大阵包括 27 面可以移动的 25 米天线,从而成为 350 年来世界上最大的天文望远镜。以后美国又建成了横贯美洲大陆的甚长基线干涉仪。这个干涉仪包括 10 台 25 米的天线,分布在从美国东部岛屿到太平洋夏威夷的很大的空间上。在长波方面,中国和印度也相继建成了大型米波综合口径望远镜。20 世纪 80 年代以后澳大利亚的望远镜阵(ATA)建成并投入使用。大型单口径射电望远镜和望远镜阵的建造使天文学家在射电领域获得比可见光领域更高的角分辨本领。现在一个更加雄心勃勃的平方千米阵(square kilometer array, SKA)计划正在设计之中。这个望远镜阵包括低频、中频和高频三个子阵。

在大型射电望远镜建设的同时,从 20 世纪 60 年代起各国天文界逐渐建造了一些中小口径的毫米波/亚毫米波望远镜,使射电望远镜探测的频段向高频段移动。毫米波/亚毫米波望远镜也是射电望远镜的一种,但是由于其特殊要求和设计,有关毫米波/亚毫米波望远镜设计问题将在第九章中专门进行讨论。应该指出所有的天文望远镜特别是它们的原理和结构有很多共同的特点,这些特点中有的已经在光学望远镜的章节中进行了讨论,因此在以后的章节中我们仅仅介绍射电和其他望远镜的特殊结构和性能特点。为了了解射电和其他望远镜的结构问题,读者应该参考其他章节的有关部分,这些章节主要是天文学对天文望远镜的要求、现代光学理论、结构的静态和动态分析及望远镜的驱动和自动控制等。

7.2 天文学对射电望远镜的要求

与光学望远镜类似,天文学对射电望远镜的要求也包括以下几个基本方面,即高灵敏度、高分辨率和高动态范围。不过除了这三个基本要求以外,天文观测还要求射电望远镜具有较宽的工作频率。高灵敏度是所有射电望远镜的共同特点。在射电频段，地球上所能收集到的天体辐射十分微弱。如果以垂直于辐射方向上的单位面积所接收的功率，即能流量密度来表示，即使是天体中最强的射电源，其在地球表面所能得到的流量密度也仅仅是在10^{-20} W m^{-2} Hz^{-1}以下。在射电天文上，流量密度常用专用的流量单位(flux unit)央斯基(Jy)来描述。1 Jy=10^{-26} W m^{-2} Hz^{-1}。典型的天体射电流量是 1 mJy～1 μJy 之间。用流量密度可以给出一些著名射电源的频谱(图 7.1(a))。如果将天体流量密度用波长的 α 次方来表示，则 α 就叫做天体的频谱指数。图 7.1(b)是一些典型的频谱指数曲线。

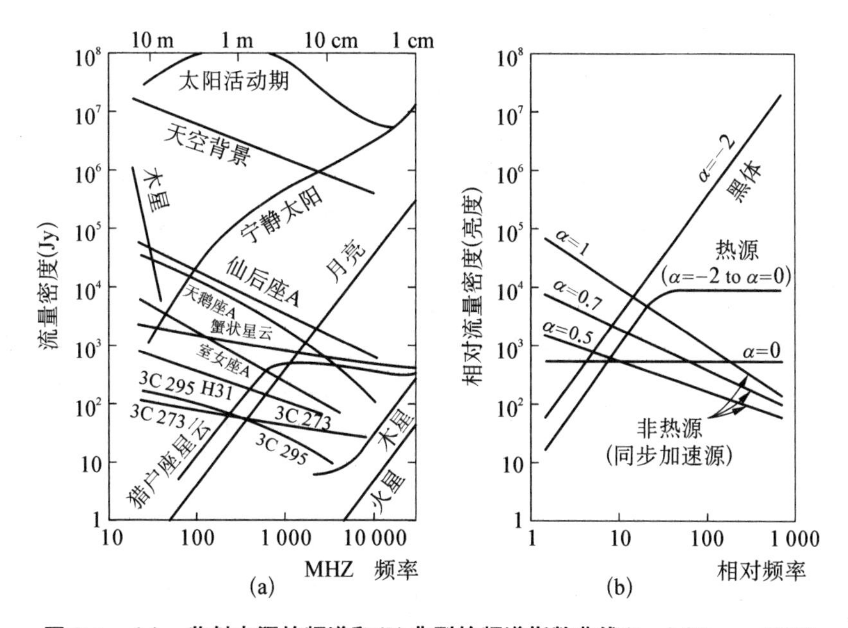

图 7.1 (a)一些射电源的频谱和(b)典型的频谱指数曲线(*l*,*m*)(Kraus,1986)

射电望远镜的灵敏度与很多因素有关。这些因素有天线特性、传播损耗、天线表面精度、接收机系统性能、望远镜的系统噪声和天体信息量的大小。和光学观测不同，射电天文观测常常是接收的噪声占绝对优势，因此随机起伏的大小和信号源的强度本身没有关系。不管有没有射电源或者源的产生机制是什么，随机起伏的大小均围绕着某一平均值。因此射电观察信号的均方根误差与总的积分时间的平方根成反比。这就是说，N 次持续测量精度的平均值将比单次同样时间测量值的精度要提高$\sqrt{N}$倍。

在比较窄的接收机频段内，通常认为射电源的功率谱是均匀的，这时辐射频谱的一些细节将会丢失，因此测量的均方根误差也与接收机带宽的平方根成反比。射电天文望远镜进行测量的均方根误差 ΔT_{rms} 一般可表示为

$$\Delta T_{\mathrm{rms}} = M\frac{T}{\sqrt{\Delta\nu\cdot t}} \tag{7.1}$$

式中 M 是表征接收机类型的常数，T 是系统噪声功率，$\Delta\nu$ 是观测频谱带宽，t 是总的观测时间。射电天文接收机的灵敏度一般取测量均方根误差的 5 倍。如果接收机的起伏按正

常高斯误差函数分布，那么偶然产生这样大的噪声起伏的概率为 6×10^{-6}。在射电天线系统中如果传输效率为 η_t，则可以检测到的天线温度的变化为

$$(\Delta T_a)_{\min} = 5M\frac{T}{\eta_t\cdot\sqrt{\Delta\nu\cdot t}} \tag{7.2}$$

对于面源的观测，在上式中要增加方向图主瓣效率 η_B 的贡献，则公式变为

$$(\Delta T_B)_{\min} = 5M\frac{T}{\eta_t\eta_B\cdot\sqrt{\Delta\nu\cdot t}} \tag{7.3}$$

式中方向图主瓣效率 η_B 为

$$\eta_B = \frac{1}{\lambda^2}\int_{\text{mainlope}} A(l,m)\mathrm{d}\Omega \tag{7.4}$$

$A(l,m)$是相对于(l,m)方向的有效面积。方向图主瓣的概念将在 7.4.1 节中讨论。

当频率低于 5 GHz 时，在所有影响射电天文观测灵敏度的因素中最重要也是不可逾越的极限因素是主瓣方向角内的致淆噪声(confusion noise)(Condon，2002)。致淆噪声是主瓣方向角内非常微弱的辐射源所引起的综合噪声信号。当望远镜跟踪某一个射电源的时候，天线的主瓣将扫过这些致淆噪声源，从而引起天线温度的变化。这个幅度的变化(amplitude of deflection or amplitude difference) 可以表示为一个通过主瓣中心的假想源的流量密度。在主瓣方向角内，流量密度大于某一给定值 S 的微弱辐射源的总数 N 为(von Hoerner，1961)

$$N = \text{const}\cdot S^x \tag{7.5}$$

这里指数 x 决定于所采用的宇宙模型，所以指数 x 的值仍然不能确定，常数 const 可以从实际观测中确定。如果在某射电观测的主瓣立体角内有 n 个流量密度大于 $S_{\lim}$ 的辐射源，那么在主瓣方向角内流量密度大于某一值 S 的辐射源的数目为

$$N = n\left(\frac{S}{S_{\lim}}\right)^x \tag{7.6}$$

在主瓣方向角内流量密度在 S^x 和 S^{x-1}之间的源的数目为

$$\mathrm{d}N = nx\left(\frac{S^{x-1}}{S_{\lim}^x}\right)\mathrm{d}s \tag{7.7}$$

假设所有辐射源的分布都是随机的，则它们的总数应该服从泊松分布的规律，其标准误差等于 $\sqrt{\mathrm{d}N}$。由于这些辐射源所引起的背景辐射同样具有标准误差为$S(\mathrm{d}N)^{1/2}$，遗憾的是上面公式的积分方法可能会发散，而不能求解。

Condon(2002) 指出致淆噪声和望远镜主瓣立体角大小成正比，在厘米波范围内服从频率的−0.76 方定理。高斯主瓣内的致淆噪声的均方根值近似为

$$\frac{\sigma_c}{\text{mJy}\cdot\text{beam}^{-1}} \approx 0.2\left(\frac{\nu}{\text{GHz}}\right)^{-0.76}\left(\frac{\theta_M\theta_m}{\text{arcsec}^2}\right) \tag{7.8}$$

式中 θ_M 和 θ_m 是主瓣的半功率宽度的主半径和次半径。在这个方向上，只可能够探测到强度高于 $5\sigma_c$ 的强射电源。一般在 25 个主瓣面积内才会有一个源的强度大于 $5\sigma_c$，想从致淆噪声中在 25 个主瓣的面积内观测多于一个源的概率几乎为 0。Condon(1974)正给出了当截止幅度变化的指数值在 −3 到 −2 之间时的致淆噪声的误差公式。

射电望远镜的分辨本领决定于望远镜口径和所观测的波长。使用大口径和短波长可以改善望远镜的分辨本领。在光学观测中我们用艾里斑来表达星像辐射能量的分布，在射电观测中所对应的则是辐射方向图和功率方向图(radiation pattern)。对于均匀照明的圆口径，辐射方向图中半功率波瓣宽为 $1.02\lambda/D$，主极大到第一个零点的角距离，即主瓣宽度，为 $1.22\lambda/D$。这个主瓣宽度决定了射电观测的分辨率。

应用射电干涉仪可以进一步改善射电观测的分辨率。射电干涉仪包括相加干涉仪、相关干涉仪和综合口径望远镜等。在非连续口径的望远镜系统中，角分辨率或所能分辨的极限空间频率决定于基线长度和使用波长。这一点在第一章 1.4.4 节和第八章 8.3 节中进行了讨论。由于在射电波段，大气扰动对于辐射传播不像在光学波段中那样严重，大气扰动对射电干涉仪的影响和单个光学望远镜情况相似，射电中的主动光学可以在观测以后通过校正和审核结果来进行。甚长基线的射电干涉仪可以获得比目前光学波段高得多的空间分辨率。

射电干涉仪提供了研究射电源精细结构的最有效途径。一对相距为 D 的干涉仪可以提供相当于条纹间距为 λ/D 的角尺度内的辐射信息，如果存在若干组基线不同的干涉对，则可以提供射电源的不同空间频率上的辐射信息。当信息足够多时，应用口径综合技术，可以实现对射电源精细结构的成图。这些辐射信息往往用能见度函数来表示，能见度函数是源的亮度函数和基线函数之比的傅立叶变换。如果仅考虑一维口径综合的情况，一个基本的两单元干涉仪，其能见度函数(visibility function) $V(S_\lambda)$ 为(公式(1.145))

$$V(S_\lambda) = \int B(\theta)\exp[2\pi i S_\lambda \theta]d\theta \tag{7.9}$$

式中 $B(\theta)$ 是源的亮度分布函数(brightness function)，S_λ 是空间频率。我们只要在一系列不同基线长度上获得函数 $V(S_\lambda)$ 的值，就可以通过傅立叶反变换作出天线主响应区内的天区图像。为了实现这一反变换的过程，非连续口径的射电望远镜应该具有大量的、在平面上均匀分布的基线，以获得不同空间频率上的天区细节。

天文观测对射电望远镜的特殊要求是可以在较宽的工作频率上进行观测。因此抛物面形的天线有着十分重要的意义，它在很宽频率范围内均具有很高的效率。这种类型的射电望远镜，我们将单独予以介绍。

7.3　大气射电窗口和台址选择

在射电频谱范围，从波长为 200 米一直到波长为 1 毫米的区域，地球大气层是透明的或者是部分透明的。长波段的截止频率受到电离层的条件而随时间和地球上的位置变化，这个频率称为电离层临界频率。电离层临界频率和电子密度的平方根成正比，即 $f_{cri}=9\cdot10^{-3}\cdot N^{-1/2}$，这里 N 是以立方厘米为单位的电子密度，频率的单位是兆赫兹。通常临界频率是 9 到 15 兆赫兹，高于这个频率的空间电磁波就可以透过大气层了。

总的来讲，大气层对电磁辐射的影响可以分为以下三个方面：一是分子吸收，二是大气折射，三是大气中微粒的散射。从米波到厘米波的射电频段中，地球大气对电磁辐射的传播影响不大，大气和降雨对电磁波吸收并不明显。但是当频率高于 10 吉赫兹时大气和降雨对电磁波的吸收和散射就变得十分明显，和光学波段相似，大气层同时对射电波的相位产生影响，这种相位波动对干涉仪工作有很大的影响。

甚低频的射电波可以穿过海水，低频的射电波可以穿过砖头和石头。当频率增加，大气吸收就变得明显。在微波和高频区域，主要是大气中的分子谐振吸收。当入射电磁波频率 ν 正好等于大气分子中电子两能级之差时，即

$$E_{high}-E_{low}=h\nu \tag{7.10}$$

时，就会发生分子吸收效应，式中 h 为普朗克常数。在低层大气内，主要的是水分子单体吸收。分子和分子之间的碰撞也扩展了共振吸收的频率范围。图 7.2 给出了影响大气吸收主要气体分子含量与海拔高度的关系。在低层大气中水分子含量很大，吸收效应相当明显。图 7.3 给出了典型大气层的吸收频谱。大气中的水分子通过氢键的作用，组成双分子结构 $(H_2O)_2$ 或三分子结构 $(H_2O)_3$，这种复合分子有它们自身的吸收频谱，其吸收频谱与温度以及氢键强度有关。对于不同的海拔高度，由于水汽含量的差别，吸收频谱也会有很大的不同。图 7.4 是在不同海拔高度上大气吸收的频谱曲线，并列出了其中氧和水分子的吸收线。

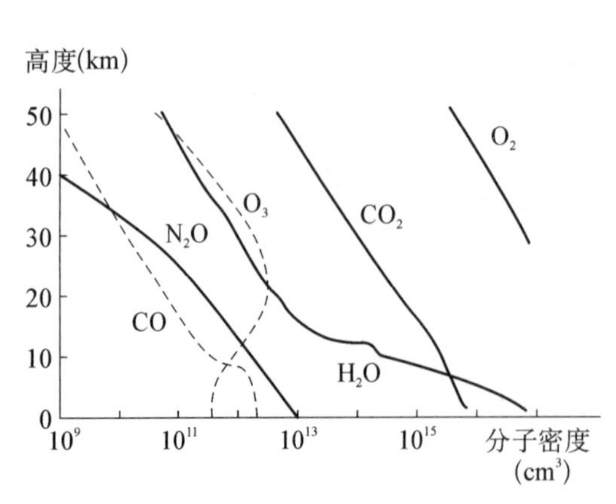

图 7.2　夏季影响大气吸收的主要分子含量与海拔高度的关系

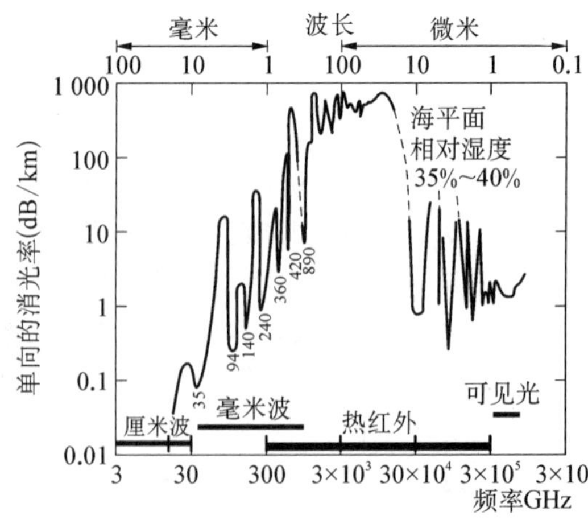

图 7.3　典型大气层的吸收频谱(NASA)

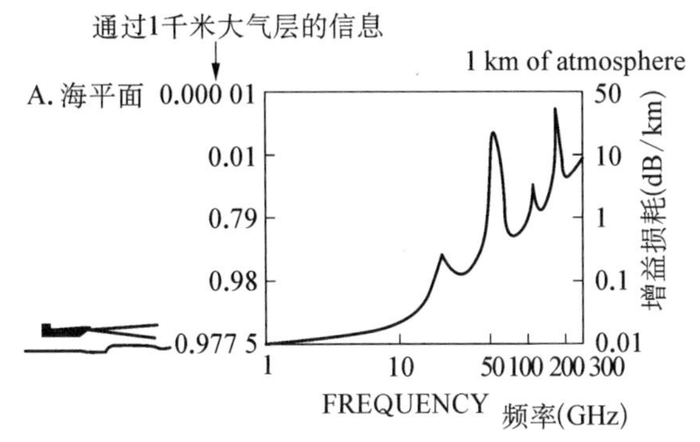

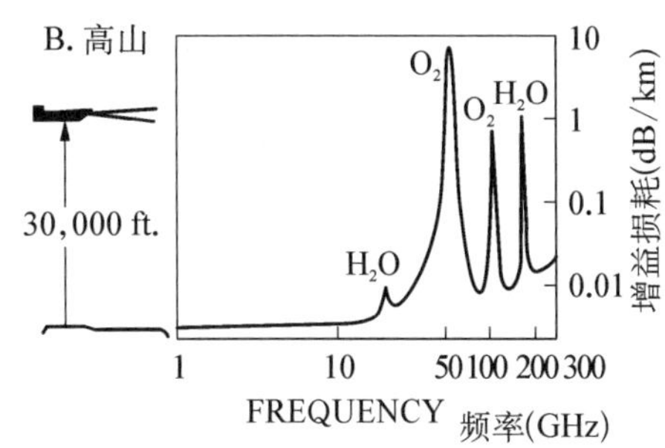

图 7.4　不同海拔高度上大气吸收的频谱曲线(NASA)

大气折射是大气层折射率的改变所引起的现象，这种现象在波长大于几个厘米时对天文观测影响不大。有规则的大气折射仅仅影响射电源的视位置，并可用公式进行修正。在波长较长时，这种视位置的变化可以通过对表层大气性质的测量来进行补偿。在波长较短的时候，大气折射率由下式给出 (Bean,1962)：

$$N = \frac{77.6}{T}\left(p + \frac{4\ 810e}{T}\right) \tag{7.11}$$

式中 T 是温度，单位为 K，p 是气压，单位为毫巴，e 是水气压力，单位为毫巴，这一公式可以适用于频率为 100 GHz 时。当频率为 134 GHz 时大气射电折射率就非常接近于光学折射率，参见第三章的参考文献(Mangum & Yan)。在射电频段，大气中不规则折射率的变化幅度不大，其绝对值和光学观测中情况相似。每相隔 1 千米的距离时，最大的均方根波程差大约是 1 厘米，这相当于 2 角秒的位置误差。而且这种波程差的变化有一定规律(4.1.6 节)，不影响大口径射电望远镜的观测，在毫米波范围，影响会严重一些。

大气中尘埃和微粒的散射、消光是高频辐射传播的一个重要问题。当微粒的折射率与周围区域折射率不同时，就会产生散射。而消光主要是由于折射率中的虚数部分的影响，这时微粒吸收的能量转变为热能。大气层中引起消光现象的微粒主要是液态形式的水，如雨、雾等。而冰，由于其折射率中虚数部分的值很小，所以消光现象仅仅是液态形式的 10%左右，显得不十分重要。雾、云中的水微粒的大小在近毫米波区域远小于波长的尺度，因此它们所引起的消光作用与微粒的大小无关，仅决定于微粒的密度。图 7.5 是在不同条件下雨、雾的消光频谱。图中横坐标是频率，单位是 GHz，纵坐标是增益，单位是 dB/km。图中曲线从上

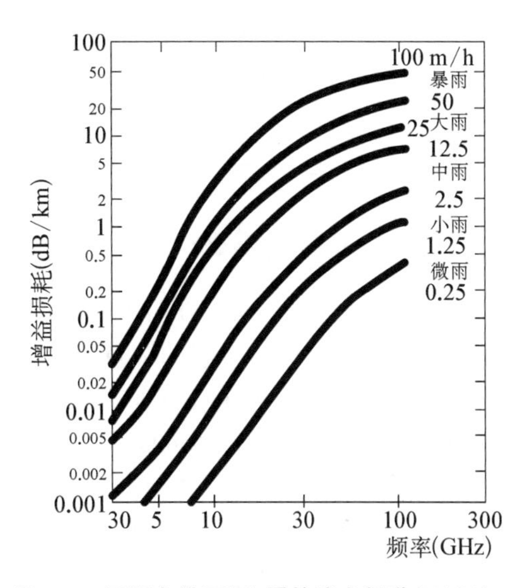

图 7.5　不同条件下雨、雾的消光频谱(NASA)

至下依次为降雨量 100 mm/hr、50 mm/hr、25 mm/hr、12.5 mm/hr、2.5 mm/hr、1.25 mm/hr 和 0.25 mm/hr。对于云雾，如果水汽含量的密度为 1 g/m^3，那么在可见光中能见度为 20 米，相当于800 dB/km，而在射电波段消光系数则小得多。但是随着频率的增大这样的水汽密度的云雾也会越来越严重地影响天文观测。大气中尘埃和微粒的作用还包括因分子辐射引起的随机噪声，这种随机噪声会不断起伏，对天文观测也有很大的影响。

大气窗口的主要问题集中于高频区域，天文台台址的选择也主要是考虑高频区域观测的要求。在低频区域，射电天文台台址应主要避开人为的无线电信号源，而对台址的气候条件没有别的限制。对于高频区域，天文台台址的选择应考虑台址所在地大气层中水汽含量和尘埃的密度情况，一般应选择在远离城市的高山地带。水汽含量是将大气中的所有水的形态集中成液态水后的高度。对于毫米波段观测，台址的水汽含量应在较多的时间保持在 4 毫米以下，而对于亚毫米波段的观测，则水汽含量应在 1 毫米以下。中国 13.7 米毫米波望远镜就坐落在青海高原海拔3 204米的德令哈，英国荷兰的 15 米亚毫米波望远镜则位于天文条件极好的夏威岛的山顶上，而美欧日的阿塔卡马大型毫米波阵(Atacama Large Millimeter Array)则坐落在海拔5 000米的智利北部沙漠之中。表 6.1 给出了三个天文台台址的水汽含量。从这个表可以看出，南极的水汽含量最低，是适宜的红外、毫米波观测的台址。同时南极的风力很小，整年没有降雨，最大的风速不过是 24 m/s。不过南极的温度极低，交通也不方便。

表 7.1　三个天文台台址的水汽含量 (mm) (Lane, 1998)

百分比时间	南极		Mauna Kea		Atacama	
	冬天	夏天	冬天	夏天	冬天	夏天
25%	0.19	0.34	1.05	1.73	0.68	1.1
50%	0.25	0.47	1.65	2.98	1.0	2.0
75%	0.32	0.67	3.15	5.88	1.6	3.7

7.4　射电望远镜的基本参量

7.4.1　天线方向图

天线方向图，又称辐射方向图或远场方向图，是射电望远镜最重要的参数之一。它是表征射电望远镜接收或发射的辐射特性与空间角度关系的图形，和光学中的点分布函数具有类似的特点。由于任意天线系统均具有发射和接收电磁波的互易性，所以射电望远镜的发射方向图也是其接收方向图。

不同形式的天线具有不同的辐射方向图。方向图根据所描述物理量的不同又分为场强方向图、功率方向图和极化方向图。在射电天文学中，方向图常用极坐标表示，通过这种表达方法可以直接看出望远镜对不同方向角的归一化的响应特征。它和光学望远镜中的点分布函数十分类似，但是也存在一些差别。如图 7.6(a)所示，在方向图中包括极大响应方向的叶瓣称为主瓣(major lobe)，在方向图中紧靠主瓣的称为第一旁瓣(sidelobe)，第一旁瓣极大与主极大的相对比值称为旁瓣电平(sidelobe level)。其他旁瓣依次称为第二、第三旁瓣，与主瓣位置相背的则称为后瓣。所有的旁瓣能量都来源于漏失的辐射，它们是从天线主面以外的辐射源传来的有害噪声辐射。

望远镜的方向性可以用半功率主瓣宽度来描述。半功率主瓣宽度是功率方向图中功率值降为极大值的 1/2 时的夹角 θ。同时在射电领域常用分贝值来表示相对功率衰减的情况。分贝值原来是指在一英里电话线上信号的功率衰减。分贝值 $P(\mathrm{dB}) = 10\log_{10}(P_2/P_1)$，$P_2$ 是指输出功率，P_1 是指输入功率，20 dB是指输出功率是原功率的 100 倍。当应用分贝值表示时，半功率宽度是指功率下降至 −3 dB 时的方向角的大小。对于振幅方向图来说，半功率宽度是在振幅下降到 0.707 时方向角的大小。如图 7.6(b) 所示，应用直角坐标来表征方向图，可以精确地确定某一特定方向的天线响应，而应用分贝表示则在方向图中可以获得天线的动态范围。

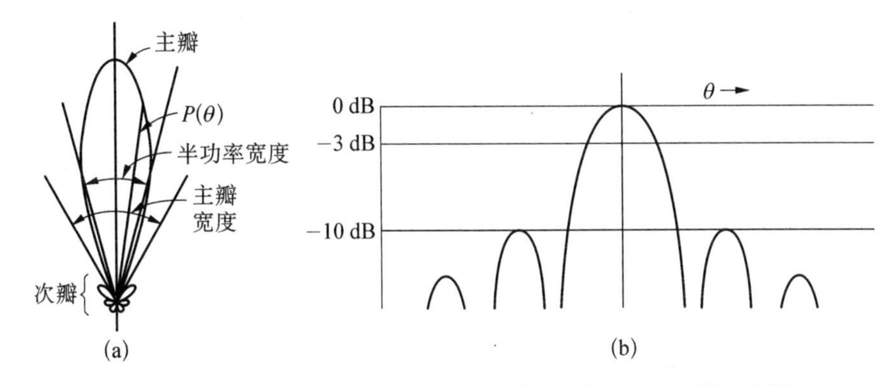

图 7.6 射电望远镜用(a)极坐标和(b)直角坐标表示的天线方向图

7.4.2 增益

射电望远镜的增益是表征射电望远镜集中响应某一特定方向天体辐射能力的参量。它是望远镜在某一特定方向(θ,ϕ)上发出或接收的功率与另一个各向同性的并具有相同辐射功率总值的天线在同一点的辐射功率之比。高增益的天线会在一个特定的方向发出或者接收非常集中的辐射。如果我们定义天线在某个方向上的有效接收面积为 $A(\nu,\theta,\phi)$，这里 ν 是频率，θ 和 ϕ 是方向坐标，那么当这个天线对准一个亮度为 $I(\nu,\theta,\phi)$，张角小于主瓣的射电源时，所接收的功率为

$$P_1 = \int A(\nu,\theta,\phi) I(\nu,\theta,\phi)\,\mathrm{d}\nu\mathrm{d}\Omega \tag{7.12}$$

这个积分是在射电源的张角范围内进行的。归一化以后的功率方向图就是 $P(\nu,\theta,\phi) = A(\nu,\theta,\phi)/A_0$，这里 A_0 是天线相对于主瓣中心点的天线有效面积。在天线理论中，天线的等效张角(beam solid angle)是一个假想的角度，它的定义为

$$\Omega_A(\nu) = \iint P(\nu,\theta,\phi)\,\mathrm{d}\Omega \tag{7.13}$$

式中 $P(\theta,\phi)$是天线归一化后的功率方向图。这里积分是在整个空间角 4π 范围内的积

分。天线等效张角近似地等于方向图中两个互相垂直的平面上的半功率宽度角的乘积。对于发射天线来说，其等效张角就是当该天线全部以主瓣中心的能量进行发射时所需要的总辐射角度的大小。天线的方向性越好，其等效张角就越小。对于各向同性的天线，它的天线等效张角最大，为 4π。

天线的方向增益可以表示为

$$G = \frac{4\pi}{\Omega_A} \tag{7.14}$$

天线增益可以表示为 dBd 或者 dBi，dBd 是相对于一个半波长的偶极子的增益，而 dBi 是相对于一个各向同性的理想天线的增益。一个相当于 20 个波长的八木(Yagi)天线的增益是 20 dBd (7.2.1 节)。把两个八木天线叠加一起，可能会增加 3 dB 的增益，不过究竟是增加还是减少了 3 dB，则要看它们之间的相互耦合。

在天线理论中，一个重要公式就是天线的有效面积和其等效张角的乘积等于波长的平方(Kraus，1986)。即在给定的波长条件下，天线的灵敏度和视场角的大小成反比。一个各向同性的天线可以看到整个天空，它的灵敏度在任何方向上都是相同的。当天线的接收面积增加以后，天线的视场角就不断减小。这样一些大尺度的细节就丢掉了。这一重要的规律仍然对现代的综合口径望远镜有效。

这个关系式也表明了为什么线天线可以在米波天文上有足够的灵敏度。因为天线的有效面积和波长的平方成正比。这些线天线包括偶极子、八木天线、盘绕(spirals)天线和螺旋(helices)天线。中心天线组成的阵可以用于波长短于 1 米的范围。喇叭馈源的照明角比较大，可以用在反射面的焦点上。

对给定能流量的射电源来说，天线的有效面积决定了望远镜所能够接收到的最大的能量。有效面积和实际几何面积之比是天线效率。不过线天线常常没有几何面积。在射电天文上，天线观测到的能量和指向精度有直接的关系，如果指向误差是半功率主瓣宽度的十分之一，那么所获得的强度只有最大强度的 97%。但是在方向图主瓣半功率宽度观测时，如果指向偏离十分之一半功率宽度时，所获得的功率变化率可以高达 30%，这个特性可以用于望远镜指向的定标。

7.4.3 天线温度和噪声温度

7.4.3.1 瑞利-金斯近似

根据普朗克黑体辐射定理，在一定的温度下，从一个黑体所发出的亮度，即单位面积上的强度是

$$B = \frac{2h\nu^3}{c^2}\frac{1}{\exp\left(\frac{h\nu}{kT}\right)-1} \tag{7.15}$$

式中亮度的单位是每平方米、每赫兹、每平方弧度的瓦特数。$h=6.63\times10^{-34}$ Js 是普朗克常数，$k=1.38\times10^{-23}$ J/K 是玻尔兹曼常数，T 是绝对温度。在厘米波的范围内，$h\nu\ll kT$，所以可以将式中的第二个分母利用泰勒(Taylor)级数展开，从而获得在射电波段的

瑞利-金斯(Rayleigh-Jeans)近似(O'Neil，2002)：

$$B=\frac{2kT\nu^2}{c^2}=\frac{2kT}{\lambda^2} \tag{7.16}$$

从一个独立的温度为 T 的射电源发出的在一个立体角内的流量密度为

$$S=\frac{2k}{\lambda^2}\int_{\Omega}T(\theta,\phi)\mathrm{d}\Omega \tag{7.17}$$

如果射电源的亮温度在这个立体角上是恒定的,那么有

$$S=\frac{2kT}{\lambda^2}\Omega \tag{7.18}$$

7.4.3.2　天线温度

当射电望远镜接收来自空中某一非偏振射电源的辐射时,望远镜所接收的总功率可以表示为

$$W=\frac{1}{2}\iint S(\theta,\phi)A(\theta,\phi)\mathrm{d}\Omega \tag{7.19}$$

式中 A 表示望远镜以方向角函数所表示的有效接收面积,S 是射电源的亮度分布,1/2 表示当源为非偏振辐射源时,望远镜只能接收其中一个方向上的偏振辐射,这个积分是在整个空间角的范围中进行的。H. Nyquist 在研究电阻温度效应时,获得了著名的功率和温度之间的线性关系,即

$$W=kT \tag{7.20}$$

式中的比例常数 $k=1.38\times10^{-23}\,\mathrm{W\,Hz^{-1}K^{-1}}$ 是玻尔兹曼常数。根据这个关系式,天线温度的定义是这样一个假想的电阻温度,T_a,它和射电望远镜所接收的总功率的关系为

$$T_a=\frac{1}{2k}\iint S(\theta,\phi)A(\theta,\phi)\mathrm{d}\Omega=\frac{W}{k} \tag{7.21}$$

这里的温度 T_a 仅仅是一种功率电平,它与真实温度毫无关系。如果更形象一点,当射电望远镜观测一个流量密度(flux density)为 S 的源(源的尺寸要远小于天线的辐射角)时,我们将望远镜的馈源用一个电阻来代替,并且调节这个电阻的温度,使得此时所获得的功率和对射电源观测时所获得的功率完全相同,那么这个电阻的温度就等于天线温度。

在射电天文中,以单位立体角中的能流密度来表示的射电源亮度可以用一个相对应的黑体温度来表示,这种表示并不表明射电源本身是一个黑体。这个亮度和温度之间的关系是有名的瑞利-金斯公式。当 $h\nu\ll kT_B$,射电源的亮度是(O'Neil，2002)

$$B\approx 2kT_B/\lambda^2\,(\mathrm{W\cdot m^{-2}Hz^{-1}sr^{-1}}) \tag{7.22}$$

使用表示亮度来表示从射电源所接收的能量,就获得了天线温度的表达式：

$$T_a=\lambda^{-2}\iint T_{source}(\theta,\phi)A(\theta,\phi)\mathrm{d}\theta\mathrm{d}\phi \tag{7.23}$$

7.4.3.3 最小探测温度

在任何相干探测器或者放大器中,最终的探测极限是由量子力学中的测不准原理所决定的。根据能量和时间的乘积必须大于或等于一个常数的关系,可以得出光子数和相位之间存在同样的关系,它们的乘积也必须大于或等于某一个常数。为了保证这个关系式的存在,当探测器中有一定增益的时候,探测器中必然要产生和光子辐射频率相关的量子噪声。这个最小的接收机噪声温度为:

$$T_{\mathrm{rx}}(\mathrm{minimum}) = \frac{h\nu}{k} \tag{7.24}$$

对于测温计一类的非相干接收机,光子的相位是不保存的,所以就不存在这样的噪声极限。对于 100 GHz 的辐射,它的最小噪声温度为 4.8 K,对于 2.6 毫米的波长,最小噪声温度是 5.5 K。

在射电波段所接收的信号常常非常微弱,它的性质像噪声一样,可以用一个温度表示。同样所接收到的噪声也可以用一个相对应的噪声温度来表示。所以在接收机的输出中,包括两个部分:一部分是天体源温度,另一部分是在观测中加上去的噪声温度:

$$W_{\mathrm{tot}} = W_{\mathrm{a}} + W_{\mathrm{sys}} \Rightarrow T_{\mathrm{tot}} = T_{\mathrm{a}} + T_{\mathrm{sys}} \tag{7.25}$$

在观测中,应该尽量地降低系统噪声温度。系统噪声温度根据它们的来源可以分为

$$T_{\mathrm{sys}} = T_{\mathrm{bg}} + T_{\mathrm{sky}} + T_{\mathrm{spill}} + T_{\mathrm{loss}} + T_{\mathrm{cal}} + T_{\mathrm{rx}} \tag{7.26}$$

这里 T_{bg} 是微波或者银河系的背景噪声,T_{sky} 是大气辐射的噪声,T_{spill} 是漏失辐射的噪声,T_{loss} 是馈源损耗噪声,T_{cal} 是附加噪声,T_{rx} 是接收机噪声。前三个噪声和天线的方位相关。漏失辐射和馈源损耗噪声是在天线内部产生的。系统温度根据波长的不同可能为几百开尔文到几十开尔文,对于一个 10 米的天线源的信号或噪声仅有百分之几开尔文的量级。那么究竟是什么来决定最小的可以探测到的辐射呢?在射电天文观测中这是由最小噪声的不确定公式来决定的。

根据尼奎斯特(Nyquist)的采样理论,频率宽度和采样时间的关系为:$\Delta\nu\Delta t = 1$。时间间隔小于 $\Delta t = 1/\Delta\nu$ 内的两个观察样本是相关的,所以在时间 τ 内总共可以有 $N = \tau/\Delta t = \tau\Delta\nu$ 个独立的样本。这时高斯分布的总的误差波动 ΔT(或者是多次采样下观测的灵敏度)应该是单个采样误差的 $1/\sqrt{N}$,有

$$\Delta T = \frac{T_{\mathrm{tot}}}{\sqrt{\Delta\nu\tau}} \tag{7.27}$$

这个误差是决定最小可探测信号的关键,表示在一个标准误差的条件下,可以观测到的辐射温度值。一般真正可以探测到的最小辐射或温度信号常常是这个数值的 3～5 倍。

7.4.3.4 电子系统的噪声系数

在电子系统中常使用噪声系数的概念,假设输入的信噪比为 $S_{\mathrm{i}}/N_{\mathrm{i}}$,而输出的信噪比为 $S_{\mathrm{o}}/N_{\mathrm{o}}$,则称 F 为系统的噪声系数:

$$F = \frac{S_{\mathrm{i}}/N_{\mathrm{i}}}{S_{\mathrm{o}}/N_{\mathrm{o}}} \tag{7.28}$$

对于线性网络系统，总的噪声系数和噪声温度分别为

$$F_{1n}=F_1+\frac{F_2-1}{G_1}+\frac{F_3-1}{G_1G_2}+\cdots+\frac{F_n-1}{G_1G_2\cdots G_{n-1}}$$
$$T_{Nn}=T_{N1}+\frac{T_{N2}}{G_1}+\frac{T_{N3}}{G_1G_2}+\cdots+\frac{T_{Nn}}{G_1G_2\cdots G_{n-1}} \tag{7.29}$$

式中 F_i、G_i 和 T_{Ni} 分别为系统中各网络的噪声系数、增益和噪声温度。

7.3.4.5　系统噪声的消除方法

在天文观测中的系统噪声起着决定性的作用。为了探测极其微弱的射电源，特别是为了消除大气层扰动对射电观测的影响，可以采用对源和天空背景交替观测的方法来降低望远镜的系统噪声。源的温度可以用对源观测的结果（$T_{\rm on}$）减去对背景观测的结果（$T_{\rm off}$）的方法来获得：

$$T_{\rm source}=\left[\frac{T_{\rm on}-T_{\rm off}}{T_{\rm off}}\right]T_{\rm off} \tag{7.30}$$

其他消除系统噪声的方法包括在接收机中插入噪声二极管以及分别观测热的或者冷的黑体的方法。

7.4.4　天线效率

天线效率 η 是天线设计中的一个重要指标，天线效率是由很多因素决定的，可以表示为

$$\eta=\eta_1\eta_2\eta_3\eta_4\cdots\eta_n \tag{7.31}$$

式中 $\eta_1,\eta_2,\cdots,\eta_n$ 分别表示天线口径场效率、天线遮挡效率、天线表面偏差效率、天线各部分位置误差效率等。天线效率的另一种表示是用天线等效面积和天线几何面积之比来表示：

$$\eta=\frac{A_e}{A_g} \tag{7.32}$$

式中 A_e 是天线的等效面积，A_g 是天线口径在垂直于天线电轴平面上投影的几何面积。天线效率、天线增益和天线等效面积均是表征天线接收或者发射电磁辐射能力的特性。

天线的等效面积可以这样来描述：将天线看作一个能量接收器，它所能收集到的一定频段的能量等于入射的单位面积能流密度（flux density）和接收机几何面积的乘积。所以当天线所接收的功率为 P_ν 时，天线的等效面积则等于

$$A_e=\frac{P_\nu}{S_{\rm matched}} \tag{7.33}$$

在天线效率的各主要因素中，口径场效率和表面偏差效率具有特别重要的意义。后者我们将在第八章中叙述，下面主要介绍天线的口径场效率。天线口径场效率是由馈源在口径上的非均匀分布照明所引起的。最大的口径场效率相应于口径场的均匀照明，这时口径场效率为 1。但是口径场的均匀照明会增加望远镜的旁瓣噪声，影响望远镜的信

噪比。除了在一些干涉仪中，有时会采用均匀照明的口径场。这时望远镜中的噪声部分会在相关运算中去除。在实际射电望远镜中，绝大多数的口径场照明分布是不均匀的，原因是① 望远镜馈源的照明方向图不存在明显的相应于口径边缘的截止角，因此辐射泄漏是不可避免的；② 即使存在理想的均匀照明器，在口径面上相同的口径子面积 δA 所对应的照明器上的立体角也各不相同（见图 7.7），这种效应又称为空间衰减（space attenuation）。

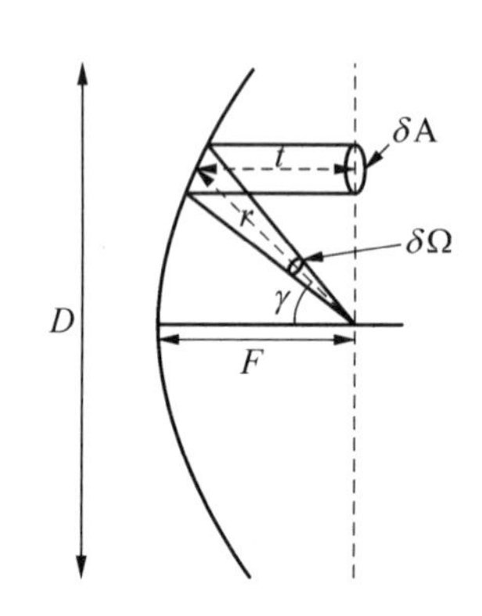

图 7.7 口径面上子面积 δA 和所对应的照明器上的立体角 δΩ 的关系（Christiansen, 1985）

射电望远镜口径场的照明分布常常是一种高斯分布：

$$g_{\text{Gaussian}}(\rho) = \exp\left[-\alpha\left(\frac{r}{r_0}\right)^2\right] \tag{7.34}$$

式中 $\alpha=(T_e/20)\ln 10$，T_e 以 dB 来表示。或者是下面的指数形式分布（Christiansen & Hogbom, 1985）：

$$g(\rho) = K + [1-(\rho/a)^2]^p \tag{7.35}$$

式中 K 和 p 是常数，ρ/a 是相对口径。对于圆形口径，由于 K 和 p 值的不同，即使不考虑其他损耗，望远镜的方向图也将有不同的特性，即不同的口径场效率。图 7.8 表示了口径面上的照明分布函数形式，表 7.2 列出了这种由照明分布决定的天线有关参数。天线口径场效率可由下式决定，即

$$\eta = \frac{\left|\int g(\rho)\rho\mathrm{d}\rho\right|^2}{\int |g(\rho)|^2\rho\mathrm{d}\rho} \tag{7.36}$$

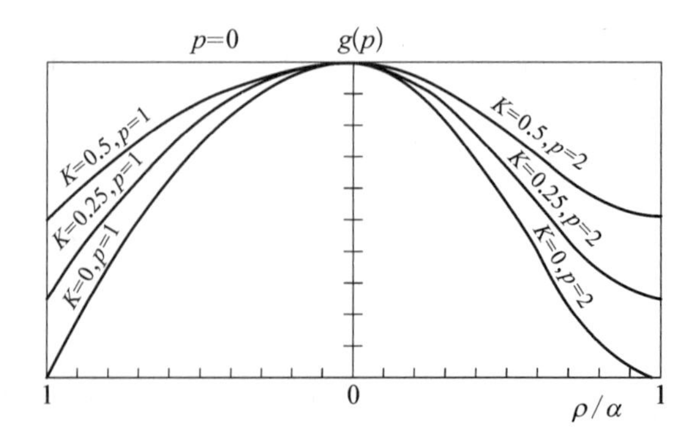

图 7.8 口径面上的照明分布函数（Christiansen, 1985）

表 7.2 照明分布为 $g(\rho)=K-[1-(\rho/a)^2]^p$ 时的口径场特性

K	p	主瓣半功率宽度 λ/D	主极大到第一零点的距离 λ/D	第一旁瓣电平	口径场效率
0	0	1.02	1.22	17.6	100
1	0	1.27	1.62	24.7	75
2	0	1.47	1.03	30.7	55
1	0.25	1.17	1.49	23.7	87
2	0.25	1.23	1.68	32.3	81
1	0.5	1.13	1.33	22.0	92
2	0.5	1.16	1.51	26.5	88

7.4.5 天线的极化特性

电磁波根据其场强矢量极大值点轨迹的大小和方向可以分为线极化、椭圆极化和圆极化三种类型。天线的极化特征就是在极化条件下响应电磁辐射的能力。天线的极化方向如果与电磁辐射的极化方向一致，天线就可以接收到最大能量的电磁辐射，否则就会产生极化损失。极化损失的量可以用极化效率来表示，极化效率就是天线实际接收的辐射能与天线可能接收的最大辐射能之比。

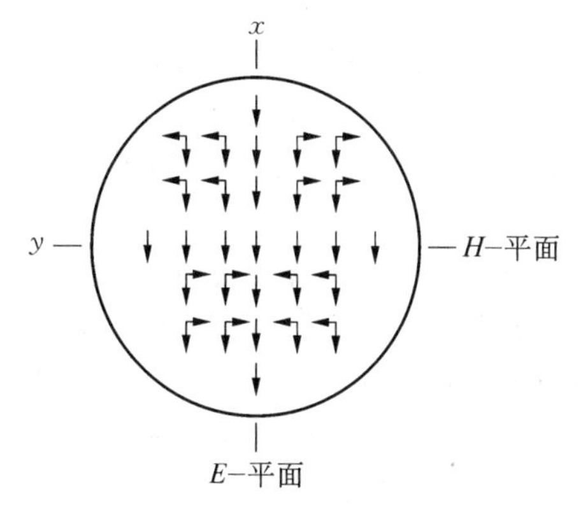

图 7.9 抛物面望远镜的交叉极化在镜面的分布

望远镜的交叉极化(cross-polarization)也是望远镜的一个重要特性。如图 7.9 所示，交叉极化，又称为交叉极化场，是指天线在垂直于某一参考极化面面上的极化分量的响应。与交叉极化相反，同轴极化(co-polarization)是指在平行于参考极化面上的极化分量的响应。在望远镜中交叉极化是特别有害的，它主要的影响是增大旁瓣电平，从而影响望远镜接收的信噪比。对于抛物面天线，由于其主面是一弯曲的表面，因此相应于口径场上不同的点，具有不同的极化特性。根据抛物面表面所对应的边界条件：

$$\boldsymbol{n}\times(\boldsymbol{e}_0+\boldsymbol{e}_1)=0 \tag{7.37}$$

式中 $\boldsymbol{n}$ 为垂直于抛物面表面的单位法矢量，$\boldsymbol{e}_0$ 和 $\boldsymbol{e}_1$ 是其主、次极化的方向矢量。在主极化方向上，电场 E 的分量具有相同的方向，而在次极化或者交叉极化场上，电场的方向在不同象限上具有相反的方向(图 7.10)。由于天线的对称性，在主极化面上交叉极化消失，而在 45 度方向上交叉极化达到极大值。这时交叉极化的旁瓣与主极化方向图的第一个最小点处于同一位置。抛物面望远镜交叉极化所引起的旁瓣电平是望远镜焦比的函

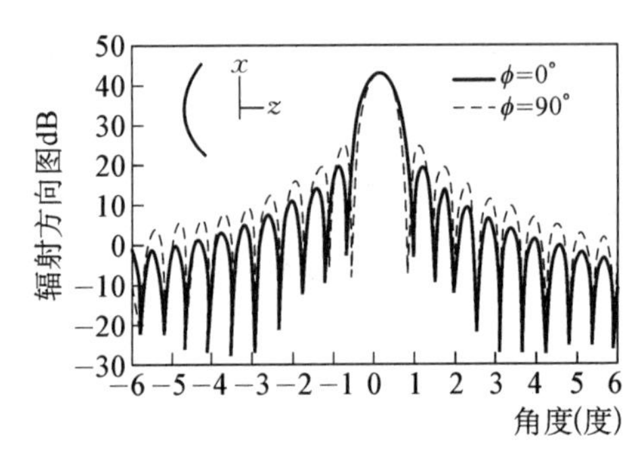

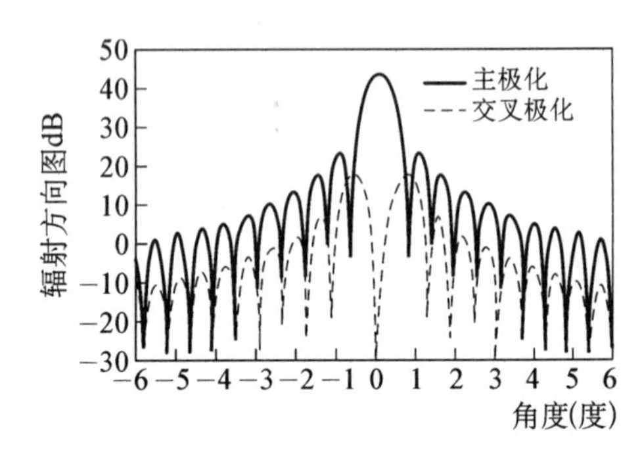

图 7.10 (a)抛物面望远镜在主极化面上辐射方向图和(b)在 45 度和 135 度方向上的主极化和交叉极化的辐射方向图(Stutzman, 1998)

数,焦比越小,交叉极化越严重。当焦比为 0.25 时,交叉极化的电平为−16 dB,当焦比为 0.6 时,电平为−28 dB(图 7.11)。由于交叉极化的存在,当馈源在径向产生位移时,照明分布的对称性消失,交叉极化将更为严重。从图 7.11 中可知,长焦距对于交叉极化的问题是有益的,特别是对于不对称的偏轴型(off-axis)天线结构,旁瓣电平,特别是彗差旁瓣的电平在长焦比时增长很慢。

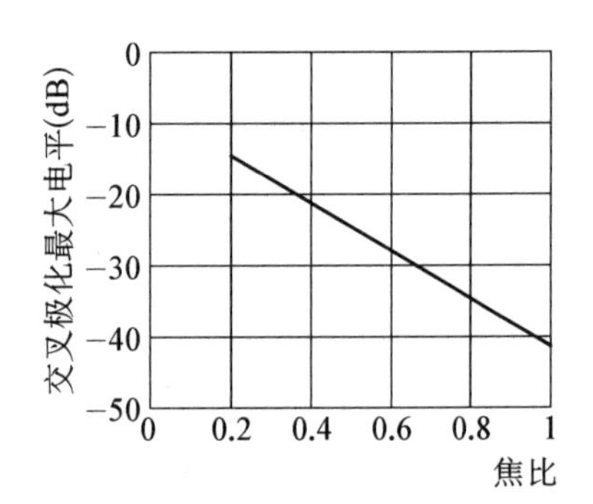

图 7.11 抛物面望远镜交叉极化电平和焦比的关系曲线

天线的极化效率就是在同轴极化条件下响应电磁辐射的能力。射电源常常是非极化源,而馈源只能响应在一个极化方向上的辐射,所以最高的天线效率是 50%。在大多的情况下,交叉极化是有害的,它会降低信噪比。使极化方向图改变形状。

7.4.6 射电望远镜基本参数的选择

在射电望远镜设计中,正确选择望远镜的基本结构和基本参数是一件头等重要的大事。射电望远镜存在各种结构形式(见 8.2.1 节),这里主要讨论应用最广的抛物面射电望远镜。抛物面射电望远镜主要包括单抛物面射电望远镜和双反射面卡塞格林射电望远镜。双反射面格里高利系统和卡塞格林系统有相似的特点。在一些专用的射电或通信天线中,天线结构的设计往往追求最大的增益,因此经常对双反射面天线中的面板进行修正,从而使口径场获得近于均匀的照明分布。但是这样会使天线旁瓣电平增大,所使用的频率范围变小。另外修正后的面形可能会使彗差旁瓣增大,使波束摆动的范围和成像视场受到限制,因此我们不讨论这些特殊目的的天线结构。

7.4.6.1 单抛物面射电望远镜的参数选择

单抛物面射电望远镜是射电天文学中极为重要的辐射能接收设备。在这种望远镜中,接收馈源位于抛物面的主焦点上。图 7.12 给出了在不同焦比情况下,抛物面主焦点对口径边缘的张角,焦比增大,望远镜焦点对口径边缘的张角会减小。对于射电天文望远镜，其主焦比为 $f/0.25$ 至 $f/0.8$。当焦比为 $f/0.43$ 时，主焦点对口径边缘的张角 θ 正好为 60°，馈源对主反射面的张角为 120°。由于抛物面边缘比抛物面中心距离焦点要远得多，所以在口径场面上存在着与 $(a/\rho)^2$ 成比例的空间衰减现象，a 是抛物面的半径，(ρ/a) 为口径场上的相对半径(参见图 7.7)，这种空间衰减现象增大了口径场的边缘照明衰减(tapering)。图 7.12 列出了不同焦比情况下抛物面边缘的空间辐射衰减。如果焦比为 $f/0.43$，边缘的空间衰减为 -2.5 dB。空间衰减的总规律是焦比增大、主面曲率减小、空间衰减减小。抛物面空间衰减的数值必须叠加到馈源的功率方向图中，以求出口径场总的照明分布函数并确定望远镜的口径效率。

射电望远镜中另一个重要考虑是望远镜的泄漏(spillover)功率。泄漏功率是指馈源所接收的反射面以外的辐射。在单抛物面系统中，由于馈源边缘可以看到地球表面，泄漏功率主要来源于地球表面的热辐射，其温度约为 300 K。在卡塞格林系统中，泄漏功率可能来源于温度比较低的天空，比较卡塞格林系统，单抛物面系统的泄漏辐射要严重得多。在这种系统中，泄漏辐射值决定于抛物面的焦比和馈源的设计，一般来讲，焦比为 $f/0.3$ 时，其泄漏值为 4%，随着焦比的增大，泄漏值也会增大，当焦比为 $f/1$ 时，泄漏值为 15%。

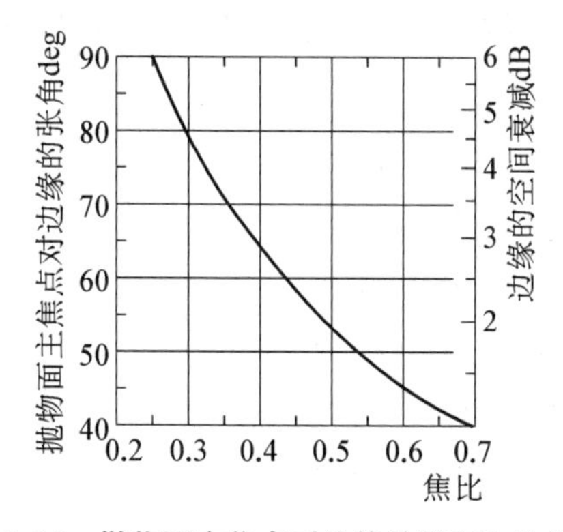

图 7.12　抛物面主焦点对边缘的张角和边缘的空间衰减与焦比的关系(Meeks, 1976)

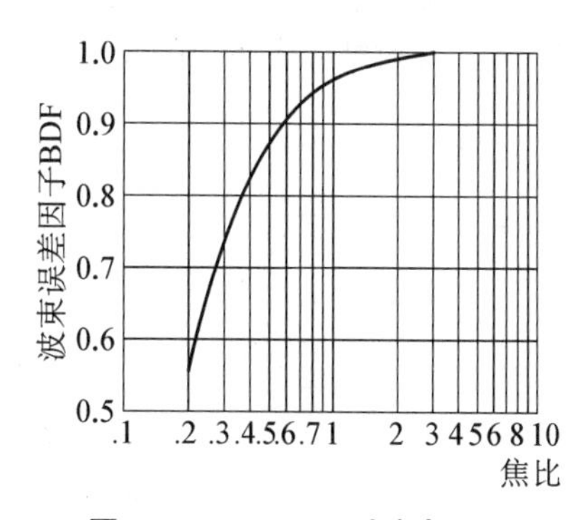

图 7.13　−10 dB 时波束误差因子 BDF 和焦比的关系

馈源位置的角位移会引起波束的角位移，波束位置的位移值 θ_B 与馈源位置的位移值 θ_F 之比就叫做波束误差因子(beam deviation factor, BDF)。对于一个平面反射面，波束误差因子恒等于 1，这是波束误差因子的最大值。在单抛物面望远镜中当角位移很小时，波束误差因子的近似值为

$$\mathrm{BDF} = \frac{1 + 0.36\sqrt{4F}}{1 + \sqrt{4F}} \tag{7.38}$$

式中 F 为抛物面的焦比。图 7.13 是当馈源边缘照明衰减为 -10 dB 时，望远镜焦比和 BDF 的关系。当焦比增大时，抛物面的曲率会减小，BDF 就逐渐接近于 1。当焦比为 0.43 时，BDF = 0.84；而当焦比为 0.8 时，BDF = 0.94。

当馈源在径向产生位移的时候，波束会在相反的方向上发生倾斜，从而降低望远镜的功率增益，并增大主瓣半功率宽度，增大邻近电轴一侧的旁瓣电平即彗差旁瓣。判断因彗差旁瓣引起效应的通常准则是天线 -1 dB 的最大增益的损耗。图 7.14(a)给出了在这一

损耗条件下，焦比和馈源以主瓣半功率宽度数为单位的径向位移之间的关系。从图中可以看出望远镜的线视场大约和焦比的平方成比例，则面视场和焦比的四次方成比例。因此长焦比的望远镜视场较大，对天区扫描和成像工作更加适宜。焦比为 $f/0.43$ 的望远镜可扫描的范围为±4 个主瓣宽度，而焦比为 $f/0.8$ 的望远镜的扫描范围则为±15 个主瓣宽度。

馈源的轴向位移同样会降低增益，增大主瓣半功率宽度及旁瓣电平。图7.14(b)给出了当增益损耗为−1 dB时，馈源轴向位移与望远镜焦比的关系。在图中我们假设口径场的照明分布是二次抛物型函数，可以看出大的焦比可以降低对馈源位置精度的要求。然而任何望远镜的重力变形所引起的馈源位置的变化也均与望远镜的焦比有关，焦比越大，重力引起的馈源位置变化也越大，这也是天线设计中要注意的问题。图 7.15 是当增益损耗为−1 dB时，反射镜边缘变形的波长数和望远镜焦比的关系曲线。图中的曲线是假设抛物面的变形主要引起焦距的变化，从而使望远镜增益下降。从图中可以看出对于小焦比的结构，它的变形对增益的影响不大。而当焦比大于 $f/0.4$ 时，则这一影响几乎是一恒定的数字。当然馈源支承架的变形也会使馈源位置产生变化，从而使望远镜增益下降。这种馈源位置的变化大致是望远镜焦比的线性函数。从图 7.14 中可以看出较大的焦比对馈源的轴向移动很不敏感，因此对馈源支承架的高度要求不必十分严格。

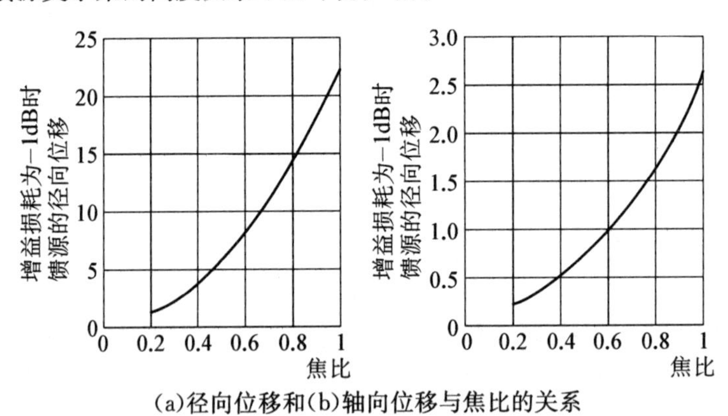

(a)径向位移和(b)轴向位移与焦比的关系

图 7.14 增益损耗为−1 dB 时馈源的位移和焦比的关系(Ulich,1976)

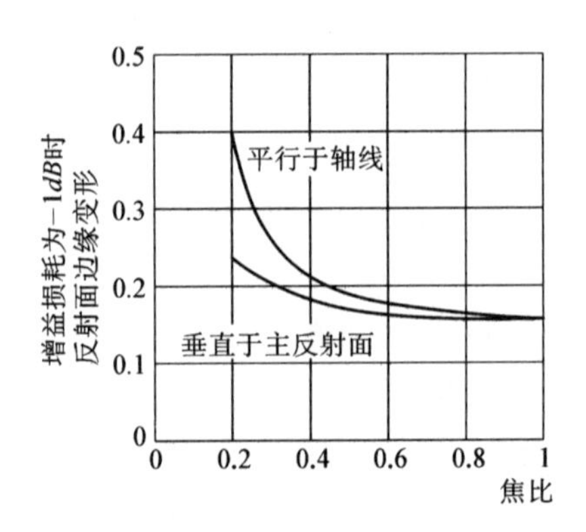

图 7.15 增益损耗为−1 dB 时主反射面边缘变形量和焦比的关系(Ulich,1976)

在主焦点系统中馈源对主面的遮挡很小，其值仅为口径面积的百分之零点几，加上馈源支承架的遮挡一般也仅有 2%～4%。同时应用简单的波导喇叭可以在焦比值为 0.2 到 1 的范围内获得优良的电性能。这些性能包括照明分布、泄漏损耗等。关于单抛物面的极化性能已经在前面小节中进行了讨论。综上所述，对于单抛物面，较大的焦比如0.6～0.8 是比较适宜，但是这样的焦比会使望远镜结构增大，成本增加，对于大口径和需用天线罩的望远镜尤其是这样，因此在望远镜设计中必须同时考虑电性能和结构成本两方面的要求以及望远镜的具体应用。单反射面望远镜主要应用于频率低于200 MHz的天文观测工作，更高频率的天文观测倾向于卡塞格林型的双反射面射电望远镜。

7.4.6.2　卡塞格林望远镜的参数选择

卡塞格林射电望远镜包含一个抛物面主反射面和一个双曲面副反射面(图 7.16)。在卡塞格林望远镜中，主焦点和卡塞格林焦点分别是双曲面副反射面的两个焦点。卡塞格林系统可以用等价的单抛物面系统来代替。等价抛物面的直径与主反射面的直径 D_m 相同，等价抛物面的焦距 F_e 等于主反射面焦距 F_m 和副反射面放大率 m 的乘积。在卡塞格林系统中，存在下列关系式：

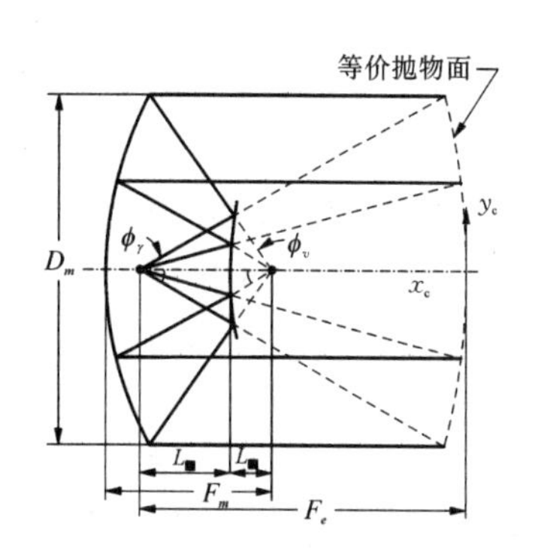

图 7.16　卡塞格林望远镜的光学系统

主反射面的半张角

$$\tan(\phi_v/2) = D_m/(4F_m) \tag{7.39}$$

等效抛物面的半张角

$$\tan(\phi_r/2) = D_m/(4F_e) \tag{7.40}$$

副反射面的半张角

$$\frac{1}{\tan\phi_v} + \frac{1}{\tan\phi_r} = 2F_e/D_s \tag{7.41}$$

副反射面的离心率

$$e = \frac{\sin[(\phi_v + \phi_r)/2]}{\sin[(\phi_v - \phi_r)/2]} \tag{7.42}$$

副反射面的放大率

$$m = \frac{F_e}{F_m} = \frac{\tan(\phi_v/2)}{\tan(\phi_r/2)} = \frac{e+1}{e-1} \tag{7.43}$$

上面的公式中 D_s 是副镜的有效直径。卡塞格林望远镜共有三个几何参数，它们分别是焦比、副反射面直径和放大率。卡塞格林射电望远镜在设计中还应该满足口径场的最小遮挡条件(minimum blockage condition)。在这种条件下，副反射面在主面上的遮挡正好等于馈源口径在主面上的阴影，即(见图 7.17)

$$F_c/F_m \approx kD_f^2/(2F_c\lambda) \approx D_f/D_s' \tag{7.44}$$

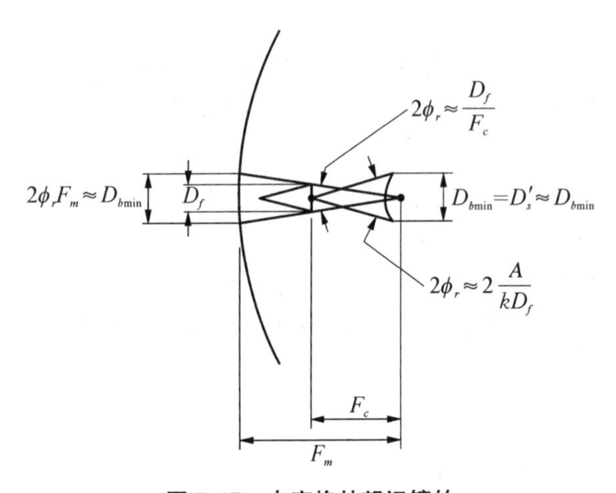

图 7.17 卡塞格林望远镜的最小遮挡条件(Hannan,1961)

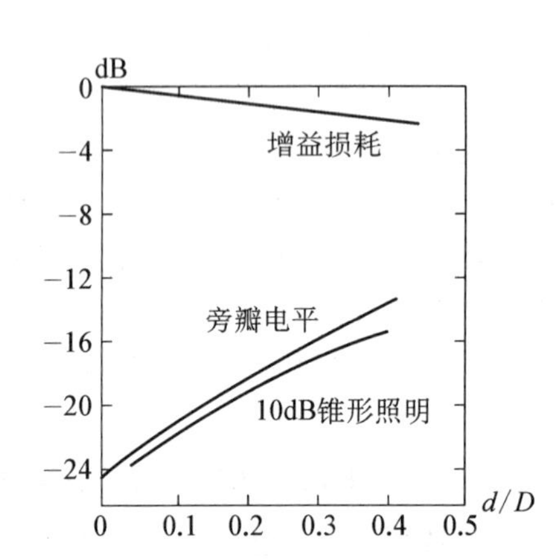

图 7.18 由于口径遮挡所形成的增益损耗和旁瓣电平的增加与遮挡面积的关系

上式中 D_s'是副镜的实际直径,D_f 是馈源的实际直径,k 是馈源的有效直径和它的实际直径之比,一般略小于 1。根据这个条件,如果馈源位于抛物面的顶点,则馈源口径应该等于副面的口径。在卡塞格林系统中,副面口径的决定首先要考虑副面边缘的衍射效应以及所引起的功率泄漏。副面口径至少要取使用波长的十倍,这样我们才能使用几何光学的方法来确定它的影响。另外太小的副面口径或者太大的放大率需要很长的馈源喇叭,这对于望远镜的布局安排和喇叭的制造都是十分不利的。因此实际应用的卡塞格林射电望远镜常常不能满足最小遮挡条件,副面通常较大,馈源喇叭则较小。由于副面的遮挡,望远镜的增益将会下降,同时会引起旁瓣电平的增加。图 7.18 给出了由于中央口径遮挡所引起的望远镜的增益损耗以及旁瓣电平增加和遮挡面积的关系。如果遮挡面积为 1%,则增益下降 3%,旁瓣电平提高 1.5 dB。很明显,大的遮挡面积会大大降低望远镜的性能。除了副面的遮挡,副面支承也会产生对主面的遮挡。这种遮挡共有两种效应,一种是对平面波的遮挡,另一种是对球面波的遮挡。这一点将在第八章的 8.1.6 节中进行详细讨论。

在卡塞格林系统中,由于副面对馈源散射功率的反射,会在接收到的频谱上产生正弦驻波(ripple),这会影响望远镜的谱线观测。图 7.19(a)是这种驻波效应引起的天线温度起伏的百分比和口径遮挡率的关系。图中的数据是在下列条件下给出的,即主面的焦比为 $f/0.43$,副面口径为 0.4 m。波纹效应的幅度随着副面口径的增大而减小。这种波纹效应可以利用装置在副面顶点处的圆锥盘来消除。在卡塞格林系统中,射电馈源的扫描范围并不取决于增益损耗,而是取决于旁瓣电平和泄漏功率。图 7.19(b)给出了在主面的焦比为 $f/0.43$,副镜直径为 0.4 m 时,以主瓣宽度为单位的最大扫描角和中心遮挡之间的关系。图中的上下两曲线分别表示当波长为 $\lambda=1$ mm 与$\lambda=1$ cm 的情况。在卡塞格林焦点上,满足这一极限的馈源簇的直径尺度实际与波长无关,即扫描范围的主瓣宽度的数目与波长的尺度成反比。如果波长一定,扫描角几乎与副面的直径成正比。在最大扫描角时,彗差旁瓣电平的数值(dB)与中央遮挡率的关系见图 7.20,图中的焦比和副面口径等条件与图 7.19 相同。对于直径大的副面遮挡,馈源簇的直径范围受到彗差旁瓣的限制。

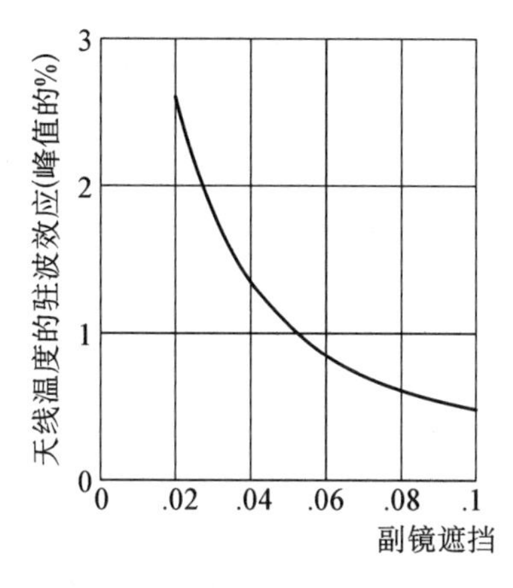

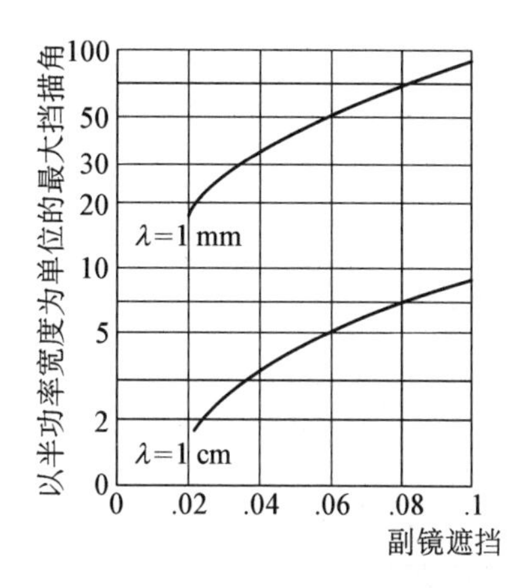

图 7.19　(a)副镜遮挡所引起的天线温度的驻波效应(峰值的%)和(b)副镜遮挡所决定的以半功率宽度为单位的最大挡描角($f/0.43, d=0.4$ m)(Ulich,1976)

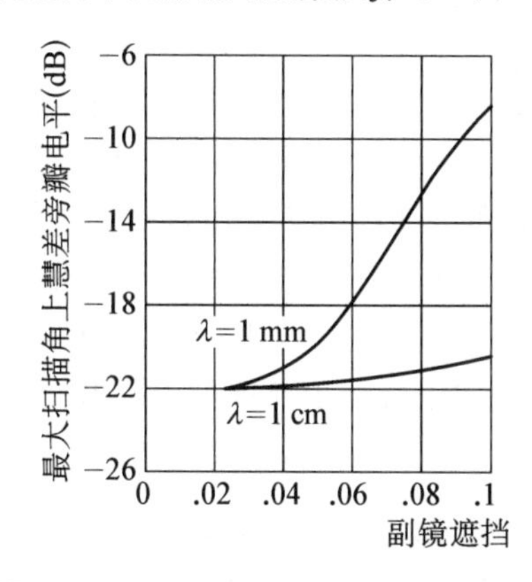

图 7.20　最大扫描角上彗差旁瓣电平(dB)和中央遮挡的关系(Ulich,1976)

在进行高频射电观测中,通过摆动副镜可以消除天空的背景辐射,而为了改正望远镜的指向和相位误差,也要求能够实时控制副镜的位置,摆动副镜。从这个意义上讲副镜的直径要小,惯量要小。在卡塞格林望远镜中交叉极化的影响很小,可以不予考虑。卡塞格林望远镜还有焦点位置容易接近,泄漏功率小,结构比较紧凑等优点。在馈源设计中卡塞格林系统也不会遇到很大的困难,它既可以应用高效率的体积大的喇叭馈源,也可以使用配有相位校正透镜的短的、体积小的馈源。在卡塞格林望远镜的设计中,还必须仔细选择主焦比、卡氏焦点的位置和副面的直径以获得最优的性能,这种选择同时还受到观测方法、机械结构和成本等因素的影响,因此是一个综合考虑的过程。表 7.3 为主焦天线和卡塞格林天线的特性比较。

表 7.3　主焦天线和卡塞格林天线的特性比较

	主焦系统	卡塞格林系统
最大增益时的主焦比	0.35～0.55	0.05～0.40
可选择的参数	主焦距	主焦比 F,副面直径 d,放大率 m
安装附属设备的难易	困难	容易

续表

	主焦系统	卡塞格林系统
馈源直径		是主焦的 m 倍
口径遮挡	小	较大
口径效率	≤55%	～38%
天顶时的噪声温度	30 K	10 K
旁瓣电平	−25 dB	−20 dB～−17 dB
轴向离焦所引起的增益变化		馈源:比主焦系统小 $0.7m^2$ 倍 副面:比主焦中馈源的影响大
径向离焦所引起的彗差效应		在小角度时比主焦系统小 m 倍
径向馈源位移量所引起的半功率宽的倾斜		比主焦系统大 m 倍

6.4.7 偏轴射电望远镜的特性

偏轴射电望远镜是射电望远镜中的一个特殊分支,它具有没有口径遮挡的明显优点,但是偏轴射电望远镜的极化问题比较复杂,因此在设计中应该认真考虑。

主焦式的偏轴射电天线的布局如图 7.21 所示,θ_0 是馈源轴线与反射面轴线的夹角,θ_c 是馈源对主反射面的半张角。在这种系统中一共有三个坐标系,它们分别是(1) 以馈源中心轴线为原点的球面坐标系($\boldsymbol{\rho}'$,$\boldsymbol{\theta}'$,$\boldsymbol{\phi}'$),(2) 以馈源中心为顶点并与其轴线平行的直角坐标系($\boldsymbol{x}'$,$\boldsymbol{y}'$,$\boldsymbol{z}'$)和(3) 以馈源中心为顶点并与主反射面轴线平行的直角坐标系($\boldsymbol{x}$,$\boldsymbol{y}$,$\boldsymbol{z}$)。这三个坐标系的关系为 (*Chu*&*Turrin*,1973)

$$
\begin{aligned}
\boldsymbol{\rho}' &= \sin\theta'\cos\phi' \cdot \boldsymbol{x}' + \sin\theta'\sin\phi' \cdot \boldsymbol{y}' + \cos\theta' \cdot \boldsymbol{z}' \\
\boldsymbol{\theta}' &= \cos\theta'\cos\phi' \cdot \boldsymbol{x}' + \cos\theta'\sin\phi' \cdot \boldsymbol{y}' - \sin\theta' \cdot \boldsymbol{z}' \\
\boldsymbol{\phi}' &= -\sin\phi' \cdot \boldsymbol{x}' + \cos\phi' \cdot \boldsymbol{y}'
\end{aligned}
\tag{7.45}
$$

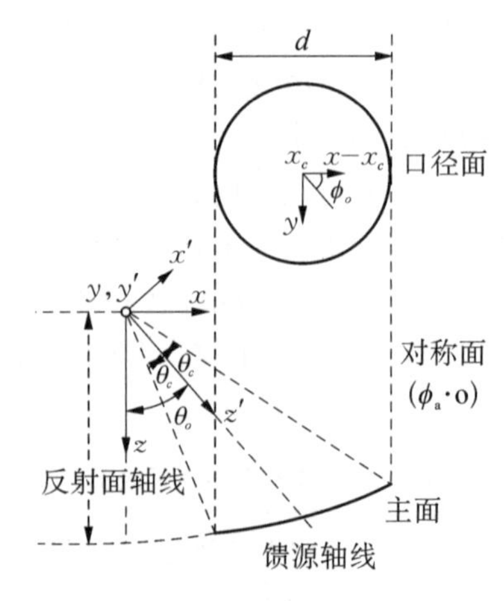

图 7.21 主焦偏轴射电天线的坐标系(Chu and Turrin,1973)

$$\begin{aligned} \boldsymbol{x}' &= \sin\theta_0 \cdot \boldsymbol{x}' - \cos\theta_0 \cdot \boldsymbol{z}' \\ \boldsymbol{y}' &= \boldsymbol{y} \\ \boldsymbol{z}' &= \sin\theta_0 \cdot \boldsymbol{x} + \cos\theta_0 \cdot \boldsymbol{z}' \end{aligned} \tag{7.46}$$

位置矢量$(\boldsymbol{x},\boldsymbol{y},\boldsymbol{z})$和$(\boldsymbol{x}',\boldsymbol{y}',\boldsymbol{z}')$是相同的，所以$\rho \equiv \rho'$。从这些关系出发有

$$\begin{aligned} \sin\theta\cos\phi &= \sin\theta'\sin\phi'\cos\theta_0 + \cos\theta'\sin\theta_0 \\ \sin\theta\cos\phi &= \sin\theta'\sin\phi' \\ \cos\theta &= -\sin\theta'\cos\phi'\sin\theta_0 + \cos\theta'\cos\theta_0 \end{aligned} \tag{7.47}$$

从馈源出发的辐射远场可以表示为

$$E_f = E'_\theta \boldsymbol{\theta}' + E'_\phi \boldsymbol{\phi}' \tag{7.48}$$

这一辐射通过主反射面反射以后的辐射远场为

$$E_r = -E_f + 2\boldsymbol{n}(E_f \cdot \boldsymbol{n}) \tag{7.49}$$

式中$\boldsymbol{n}$是垂直于反射面的单位矢量。考虑到反射面的坐标变换，所以有

$$\begin{aligned} E_r = {} & \frac{\boldsymbol{x}}{t}\{[\sin\theta'\sin\theta_0 - \cos\phi'(1+\cos\theta'\cos\theta_0)]E'_\theta + \sin\phi'(\cos\theta' + \\ & +\cos\theta_0)E'_\phi\} + \frac{\boldsymbol{y}}{t}\{-\sin\phi'(\cos\theta' + \cos\theta_0)E'_\theta + [\sin\theta'\sin\theta_0 - \\ & \cos\phi'(1+\cos\theta'\cos\theta_0)]E'_\phi\} \end{aligned} \tag{7.50}$$

式中$\boldsymbol{n} = -(\boldsymbol{\rho}+\boldsymbol{z})/(2t)^{1/2}$并且$t = 1+\cos\theta'\cos\theta_0 - \sin\theta'\sin\theta_0\cos\phi'$。由于抛物面的聚焦特性，$\boldsymbol{z}$的分量在公式中消失。我们仅考虑对称的馈源辐射的情况，它对应于x或y方向的线极化的表达式为

$$\begin{aligned} E_{fx} &= \frac{F(\theta',\phi')}{\rho}(\cos\phi' \cdot \boldsymbol{\theta}' - \sin\phi' \cdot \boldsymbol{\phi}')\exp(-\mathrm{i}k\rho) \\ E_{fy} &= \frac{F(\theta',\phi')}{\rho}(\sin\phi' \cdot \boldsymbol{\theta}' + \cos\phi' \cdot \boldsymbol{\phi}')\exp(-\mathrm{i}k\rho) \end{aligned} \tag{7.51}$$

如果馈源辐射本身是轴对称的，也就是说$F(\theta',\phi')$与ϕ'无关，这时在主反射面反射后的主极化分量为

$$\begin{aligned} M = E_{rx} \cdot \boldsymbol{x} = E_{ry} \cdot \boldsymbol{y} = {} & \frac{F(\theta',\phi')}{t\rho}[\sin\theta'\sin\theta_0\cos\phi' - \\ & -\sin^2\phi'(\cos\theta_0 + \cos\theta') - \cos^2\phi'(1+\cos\theta_0\cos\theta')] \end{aligned} \tag{7.52}$$

而反射后的交叉极化分量为

$$\begin{aligned} N = E_{rx} \cdot \boldsymbol{y} = -E_{ry} \cdot \boldsymbol{x} = {} & -\frac{F(\theta',\phi')}{t\rho}[\sin\theta'\sin\theta_0\sin\phi' - \\ & -\sin\phi'\cos\phi'(1-\cos\theta_0)(1-\cos\theta')] \end{aligned} \tag{7.53}$$

式中 $M^2+N^2=F^2/\rho^2$。当 $\theta_0=0$ 时，N 分量消失。系统不是偏轴系统，不存在交叉极化。

从上面的结果可以看出主焦式的偏轴射电天线的交叉极化与方向无关，也就是说具有圆极化的辐射经过反射后仍然保持圆极化的形式，但其相位将扭转一个角度 $\arctan(N/M)$。在馈源上，所接收的辐射仍然是圆极化的，在反射中不产生交叉极化，但是会产生小的相位扭转。图 7.22 给出了这种交叉极化和相位扭转的具体数值。

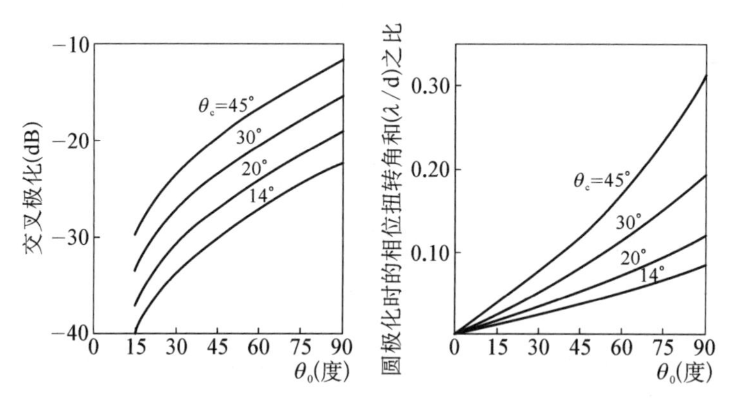

图 7.22　主焦偏轴射电天线的参数 θ_0 和 θ_c 所引起的
(a)交叉极化(dB)和(b)圆极化时的相位扭转角和(λ/d)之比(Chu and Turrin, 1973)

双反射面的偏轴卡塞格林系统一共有三种形式(图 7.23 中从左至右)。第一种形式中卡塞格林焦点位于主反射面的轴线上。这种形式的极化特点与主焦偏轴系统完全相同，只是它的焦比比主焦系统大，所以极化的影响要比主焦系统小。

第二种是一种优化以后的卡塞格林系统。这种系统的主要特点是其副反射面以主焦点为中心向着主面相反的方向转动了一个角度 β，而馈源的本身又向着主面的方向转动了一个角度 θ_β。这时这个系统的等效单抛物面的焦距为(Rusch, 1990)

$$F_{eq}=F\frac{|e^2-1|}{(e^2+1)-2e\cos\beta} \tag{7.54}$$

式中 e 是副面的偏心率，F 是主面的焦距。如果 $\beta=0$，上式就是卡塞格林系统中系统焦距与主焦距的关系式。而这个等效单抛物面的轴线和偏转后副面轴线的夹角 α 和偏转角 β 有着下列关系(见图 7.24)：

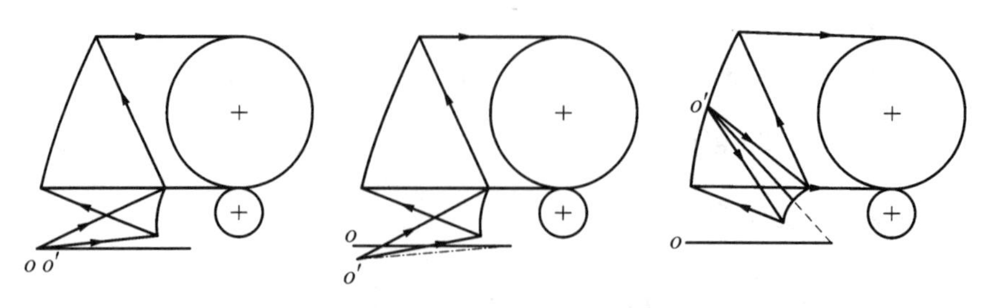

图 7.23　卡塞格林系统偏轴射电天线的三种形式

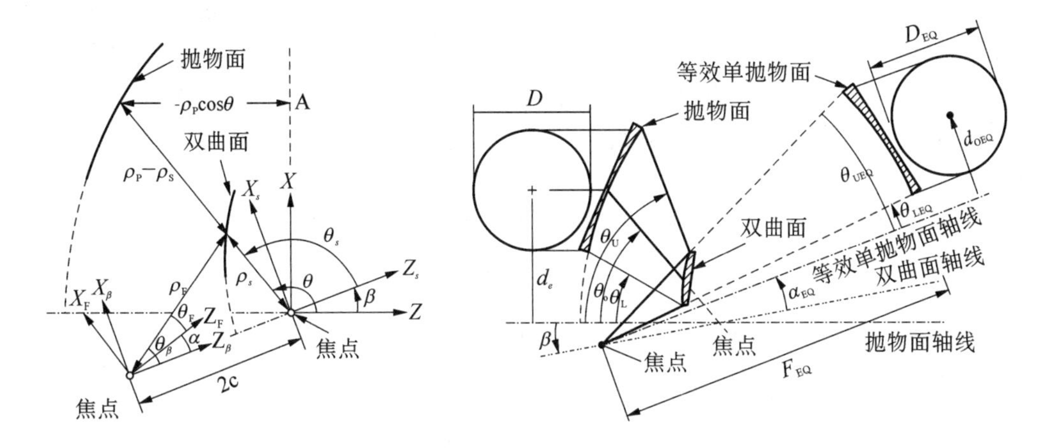

图 7.24　(a)优化后的偏轴射电望远镜的原理和(b)它的等效单抛物面的方法(Rusch,1990)

$$
\begin{aligned}
\tan\frac{\alpha}{2} &= \frac{e+1}{e-1}\tan\frac{\beta}{2} \\
\tan\frac{\beta}{2} &= \left(\frac{e-1}{e+1}\right)^2\tan\frac{\beta-\theta_0}{2}
\end{aligned}
\tag{7.55}
$$

这时馈源的轴线相对于等效单抛物面轴线的夹角为 $\theta_\beta-\alpha$。如果这个夹角为零,即$\theta_\beta=\alpha$时,馈源的轴线相对于其等效单抛物面的轴线就没有任何夹角,也就是说这时它的等效系统是一个轴对称系统,轴对称系统一般不存在严重的交叉极化问题。这种优化的偏轴系统在天文和通信领域有着广泛的应用,是一种十分重要的天线系统。Chang(2006) 指出这种优化后的偏轴系统不存在任何线性像散,所以它的像差和轴对称的等效系统相同,且视场较大。

图 7.23 中的第三种两镜系统是另一种特殊的偏轴系统,叫作开放式(open)的卡塞格林偏轴系统。在这种系统中副镜向着主镜的中心一侧偏转,这个偏转角正好与上述优化系统的转角方向相反,所以这种系统的交叉极化非常严重。交叉极化的值可以通过其等效单抛物面来计算。为了补偿这种系统的交叉极化,可以使用在焦点上增加补偿反射面的方法。

7.4　射电望远镜的接收器

射电望远镜的接收器有两个作用:一个是滤波,一个是探测从天体发出的射电辐射。它的第一部分称为前端(front end),是一个天线喇叭馈源和一个低噪声放大器(low-noise amplifier, LNA)。由于望远镜接收的信号非常微弱,所以放大倍数很大。这样放大器的噪声性能就变得十分重要。这也导致设计者在这方面的不断努力,比如在放大器中使用很特别的三极管以及使用致冷的装置。

一般来说射电望远镜的接收器是一种外差式的结构。它将放大器中射电频率的信号和相位锁定的本振参考信号混合在混频器中。这个混频器是一个非线性元件,同时也是差频发生器(down-converter)。本振信号频率和射电信号频率十分相近,所以从混频器出来的差频的频率低,称为中间频率(intermediate frequency, IF)。在接收器中使用混频器的原因有两个:一个是很难设计和制造在高频率上的放大器、滤波器和其他元件;另外如果在高频上对信号进行放大,那么一部分信号会通过天线发射出去,形成不需要的反馈。

对于一个非线性混频器,它的输入和输出的关系可以表达为

$$F(x) = c_0 + c_1 x + c_2 x^2 + \cdots \tag{7.56}$$

如果两个输入信号的频率不同,那么混频器所输出的信号为

$$\begin{aligned} & F(A\cos(\omega_1 t + \phi_1) + \cos\omega_2 t) \\ = & c_0 + c_1[A\cos(\omega_1 t + \phi_1) + \cos\omega_2 t] + \\ & + c_2[A\cos(\omega_1 t + \phi_1) + \cos\omega_2 t]^2 + \cdots \\ = & c_0 + c_1 A\cos(\omega_1 t + \phi_1) + c_1\cos\omega_2 t + c_2 A^2\cos^2(\omega_1 t + \phi_1) + \\ & + c_2\cos^2\omega_2 t + 2c_2\cos(\omega_1 t + \phi_1)\cos\omega_2 t + \cdots \end{aligned} \tag{7.57}$$

不计常数项和输入频率的倍频项,那么余下的项就是输入频率的差频项:

$$2c_2\cos(\omega_1 t + \phi_1)\sin\omega_2 = c_2\cos[(\omega_1 + \omega_2)t + \phi_1] + c_2\cos[(\omega_1 - \omega_2)t + \phi_1] \tag{7.58}$$

如果在公式(7.57)、(7.58)中过滤掉高频率的所有项,从混频器出来的只有差频,即中频信号。但是在中频信号中,原来的射电频率的相位信息得到了保留。如果观测的频率很高,可以使用两个或者多个本振频率和混频器,这时输出的信号称为低频(low frequency, LF)信号。

混频器输出的信号在后端(back end)再经过放大。通常接收器内的信号是一个和电场成正比的电压值。在不少的情况下,要测量功率,就需要一个和电压的平方成比例的装置,这个装置称为平方律接收器(square-law detector)。平方律接收器具有二极管和电阻的线路,而输入的信号则加载于电阻上。二极管对信号进行整流,使输出的信号和输入的平方值成正比。一般在接收器上,还要对信号进行平均处理。

接收器的最后部分是模数转换器(ADC)。模数转换器将经过积分的功率值转化成数字信号。有时在中频的时候就进行了模数转换,而功率值的计算是通过数字硬件或者软件来进行的。

有的射电望远镜也可以作为雷达接收从天体上反射的射电波,这些射电波是利用望远镜本身发射出去的。

参考文献

Barrs, J. W. M., 2007, Paraboloidal reflector antennas in radio astronomy and communication, theory and practice, Astrophysics and space science library, Vol 348, Springer, London.

Bean, B. R., 1962, Proc. IRE, Vol 50, pp 260 - 273.

Chang, S., 2006, Off-axis reflecting telescope with axially symmetric optical property and its

applications, SPIE 6265, 626548.
Chang, S. and Prata, A. Jr., 2005, Geometrical theory of aberrations near the axis in classical off-axis reflecting telescopes, Optical Society of America Journal, A, 22, 2454 - 2464.
Christiansen, W. N. and Hogbom, J. A., 1985, Radiotelescopes, Cambridge press, Cambridge.
Chu, T. and Turrin, R. H., 1973, Depolarization properties of offset reflector antennas, IEEE Vol. AP - 21, pp 339.
Condon, J. J., 1974, Confusion and flux-density error distributions, Ap J, 188, pp 279 - 286.
Condon, J. J., 2002, Continuum 1: general aspects, in Single-dish radio astronomy: techniques and applications, edited by Stanimirovic, S. et al., ASP Vol. 278, pp155 - 171.
Cuneo, W. J. Jr., (ed), 1980, Active optical devices and applications, Proc. SPIE, Vol. 228.
Emery, R. J. and Zavody, A. M., 1979, Atmospheric propagation in the frequency range 100—1 000 GHz, The radio and electronic engineering Vol. 49, pp370 - 380.
Findlay, J. W., 1971, Filled-aperture antennas for radio astronomy, Annual Review of Astro. & Astroph., Vol. 9, pp272 - 292.
Hannan, P. W, 1961, Microwave antennas derived from Cassegrain telescope, IRE Trans, AP - 9, p140.
Lane, A. P., 1998, Submillimeter transmission at South Pole, in Astrophysics from Antarctica, ASP Conf. Proc. Vol 141, ed. G. Novak and R. H. Landsberg, p. 289.
Meeks, M. L. (ed), 1976, Astrophysics, Part C: radio observations, Academic Press, New York.
O'Neil, K., 2002, Single dish calibration techniques at radio wavelength, in ASP Conf. 273, edited by Stanimirovic et al.
Pawsey, J. L., Payne-Scott, and McCready, L. L., 1946, Radio frenquency energy from the sun, Nature, 157, 158.
Ren, S. Q., 1975, Collection of microwave noise papers, Science press, Beijing.
Roy, A. E. and Clarde, D., 1982, Astronomy: Principle and practice, 2nd ed. Adam Hilger Ltd, Brislol.
Rudge, A. W. et al., 1982, The handbook of antenna design, Peter Peregrinus Ltd, London.
Rusch, W. V. T. et al., 1990, Derivation and application of the equivalent paraboliod for classical offset Cassegrain and Gregorian antennas, IEEE Vol. AP - 38, pp1141 - 1149.
Ruze J., 1968, Feed support blockage loss in parabolic antennas, Microwave J, Vol. 12, 76 - 80.
Ruze, J., 1969, Small displacements in parabolic reflectors, Internal report, Lincoln Lab, MIT.
Ruze, J., 1965, Lateral-feed displacement in a paraboloid, IEEE Trans, AP - 13, pp660 - 665.
Ruze, J., 1966, Antenna tolerance theory —a review, Proc of IEEE, Vol. 54, p633.
Stutzman, W. L. and Thiele, G. A., 1998, Antenna theory and design, John Wiley &Sons, Inc., New York.
Ulich, B. L, 1981, Millimeter wave radio telescopes, gain and pointing characteristic, Intern, J. of Infra & Millimeter waves, Vol. 8, p293.
Williams, W. F, 1965, High efficiency antenna reflector, Microwave J, Vol. 8 pp79 - 82.
Zarghamee, M. S, 1967, On antenna tolerance theory, IEEE Trans, AP - 15, p777.

第八章　射电天文望远镜的设计

这一章是射电望远镜设计中关键的一章。本章第一部分讨论了射电望远镜设计的所有重要问题，如反射面传递损耗、天线误差理论、天线保形设计、天线面形贴合、天线口径遮挡和地面辐射的影响。在讨论的同时，提供了详细的公式推导，读者可以直接在自己的天线设计中应用相关公式。第二部分讨论了典型的天线结构形式、风对天线结构的影响和射电天线主动光学的原理。在天线主动光学讨论中，主要介绍了副镜的控制和主反射面板的调整。最后介绍了射电干涉仪，即射电综合口径望远镜、相关干涉仪及空间相关的理论、甚长基线干涉仪、干涉仪观测后的定标等。所有这些可以保证读者能够很快地进入到这个非常困难而艰深的领域。

8.1　天线的误差理论和保形设计

8.1.1　电磁波透射损耗

抛物面或其他连续面形的射电天线可以有不同的面形形式，它们可以是连续的金属表面，也可以是不连续的金属丝网。一般来讲不连续的金属丝网要比连续的金属表面质量轻、价格低。同时不连续的金属丝网所承受的风阻仅与丝网中金属丝挡风的截面积成正比而与其总有效面积无关，其风阻值要比连续金属表面所承受的风阻低很多。由于这些原因，在用于较长波（波长＞5 cm）范围的射电天线中，其表面一般都采用金属丝网。而短波范围的天线则必须采用连续金属表面。因为在短波范围内，金属丝网有着很大的透射损耗。

如果考虑金属反射面或者金属丝网的反射效率，有必要引进介质特性阻抗（intrinsic impedance）的概念，所谓特性阻抗就是电场和磁场分量的比值。和电阻值不同，特性阻抗同时是电磁波频率的变量。对于导电介质，它的特性阻抗公式是（Christiansen and Hobom, 1985）

$$Z_0 = \left[\frac{\mathrm{i}\omega\mu}{\sigma + \mathrm{i}\omega K}\right]^{1/2} \tag{8.1}$$

式中 σ 是介质导电系数，μ 是相对磁导率，K 是相对电容率，ω 是电磁辐射的圆频率 $\omega = 2\pi\nu$。对于金属有 $Z_0 = [\omega\mu/2\sigma]^{1/2} \cdot (1+\mathrm{i})$。对于金属铜 $Z_0 \approx 2.6\times10^{-7} \cdot \nu^{1/2}(1+\mathrm{i})$。这时如果频率为 $\nu=10^8$ Hz，则 $|Z_0| \approx 3.7\times10^{-3}$ Ω。对于其他金属，其电阻值不会超过铜电阻值的 100 倍，所以它们的特性阻抗在 $\nu=10^8$ Hz 时均小于 0.1 Ω，而在 $\nu=10^{10}$ Hz 时均小于 1 Ω。

自由空间的特性阻抗为 $120\pi=377\ \Omega$。如果用 Z_{01} 和 Z_{02} 分别表示自由空间和金属反射面的特性阻抗，用 V_1、V_1' 和 V_2 分别表示在金属表面上的入射波、反射波和透射波的振幅，则有

$$V_1/(Z_{02}+Z_{01})=V_1'/(Z_{02}-Z_{01})=V_2/2Z_{02} \tag{8.2}$$

式中 $Z_{01}=120\pi\ \Omega$，当金属是铜并且 $\nu=10^8$ Hz，$Z_{02}=2.6\times10^{-3}(1+i)$，则透射损耗仅为 $|V_2|/|V_1|\approx2\times10^{-5}$，相当于 94 dB。对于其他金属，由于其阻抗值均很小，它们的透射损耗也很小。所以射电天线可以使用不同材料的金属面板或者金属镀层，金属镀层的厚度可以很小。

相对于连续金属表面，金属丝网则有较大透射损耗。对于入射波、反射波和透射波来讲，由于金属丝网后面仍然是自由空间，所以这时的 $Z_{02}=Z_{01}\cdot Z_S/(Z_{01}+Z_S)$，这里 Z_S 是金属丝网的特性阻抗。而透射损耗就等于 $V_2/V_1=2Z_{02}/(Z_{02}+Z_{01})=1/(1+Z_{01}/2Z_S)$。金属丝网的特性阻抗包括两个部分，即感性阻抗部分和电阻阻抗部分。金属丝网的电阻阻抗部分一般很小，其主要贡献是感性阻抗的部分，其值为：

$$X_S=\frac{377d\log[d/2\pi r]}{\lambda} \tag{8.3}$$

式中 r 和 d 分别是金属丝的半径和金属丝中心之间的距离，运用这一公式可以算出金属丝网的透射损耗。图 8.1 列出了各种金属丝网透射损耗的精确数值。对于抛物面天线，如果电磁波波阵面与金属丝网有一夹角，则在求透射损耗的公式中，Z_{01}/Z_S 的值还要除以这一夹角的余弦。如果反射面是一铜丝网，铜丝的半径是 1 mm，铜丝之间的间距是 10 mm，在波长为 300 mm 时感性阻抗大约是 6 Ω，其中铜丝网的电阻阻抗值为 0.013 Ω。它的透射损耗值为 $V_2/V_1\approx i/30$，即 30 dB，这一透射损耗是比较小的。从这个例子可以看出即使金属丝网的电阻阻抗值很大，如使用高电阻的不锈钢丝，其电阻值为铜丝的 1 000 倍，其透射损耗也很小。

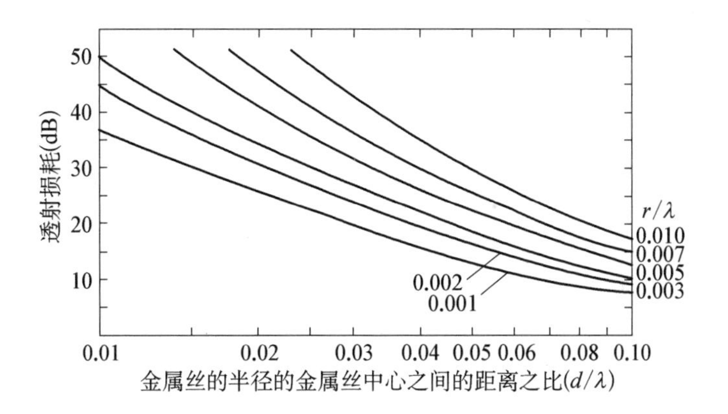

图 8.1　各种金属丝网的透射损耗(Christiansen，1985)

8.1.2 天线的误差理论

天线表面相对于理想形状的偏离会引起其接收或发射电磁波辐射在相位上的偏差。由于反射原因，电磁波辐射在相位上的误差是天线表面误差的两倍。和光学望远镜中的情况相同，口径场中波阵面在相位上的误差会改变其傅立叶变换的函数分布，即引起辐射方向图的变化。一般来说这种变化的结果是使天线增益有所损失，并使方向图恶化。天线表面对理想形状的偏离有多种原因，它可以来自天线背架的误差，天线面板的制造和装调误差，也可以来自重力、风力以及热效率的影响。天线面板的制造和装调所引起的表面误差一般是随机分布的，只能通过统计规律来进行描述。而天线表面在重力、给定风力和温度变化情况下引起的变形则具有各自的规律，并可以通过计算机来进行计算。鲁泽(Ruze)首先给出了表面偏差对辐射方向图和天线增益影响的关系式。鲁泽公式的参量有两个，一个是表面有效偏差的均方根值，另一个是表面偏差的相关半径。如果表面上任一点的偏离都是以零为平均值的单个高斯误差分布的随机函数，而它们的标准误差又正好等于表面偏差的均方根值，同时所有表面偏差仅在很小的区域范围内是相关的，则由基尔霍夫积分公式，天线的增益可以表达为(Ruze，1966)：

$$G(\theta,\phi)=\frac{4\pi}{\lambda^2}\frac{\left|\iint\limits_A f(\vec{r})\mathrm{e}^{\mathrm{i}\vec{k}\cdot\vec{r}}\cdot\mathrm{e}^{\mathrm{i}\delta(\vec{r})}\mathrm{d}s\right|^2}{\iint\limits_A f^2(\vec{r})\mathrm{d}s} \tag{8.4}$$

式中 $f(\vec{r})$ 为口径照明函数，$\vec{k}=2\pi\vec{p}/\lambda$，$\vec{p}$ 是观测方向上的单位矢量，$\vec{r}$ 是口径上的位置矢量，$\delta(\vec{r})$ 是口径上各点的相位差，A 为口径面积，(θ,ϕ) 是所观测的方向(图 8.2)。如果将口径场分为若干个子区域，当口径场上各个区域的贡献没有相位差时，则辐射增益就等于各个子区域在该点的场强和的平方(图 8.3(a))，而当口径场各个子区域存在相位差时，则总的增益就会降低(图 8.3(b))。当相位差函数 $\delta(\vec{r})$ 是以零为平均值的高斯分布，并且这种分布的标准差为 $\sigma(\vec{r})$，假设子区域的相关半径为 c，则任意两点 $\vec{r}_1$ 和 $\vec{r}_2$ 的相位差可表示为：

$$\sigma^2(\vec{r}_1-\vec{r}_2)=[\sigma^2(\vec{r}_1)+\sigma^2(\vec{r}_2)](1-\mathrm{e}^{-\tau^2/c^2}) \tag{8.5}$$

式中 τ 为点 $\vec{r}_1$ 和 $\vec{r}_2$ 之间的距离。当 c 远远小于口径尺寸时，从公式 8.4 可以导出：

$$G(\theta,\phi)=\frac{4\pi}{\lambda^2}\frac{\left|\iint\limits_A f(\vec{r})\mathrm{e}^{-\sigma^2}\cdot\sigma^2\cdot\mathrm{e}^{\mathrm{j}\vec{k}\cdot\vec{r}}\mathrm{d}s\right|^2}{\iint\limits_A f^2(\vec{r})\mathrm{d}s} + \left(\frac{2\pi c}{\lambda}\right)^2\sum_{n=1}^{\infty}\frac{1}{nn!}\mathrm{e}^{-(\pi\cdot c\cdot u/\lambda)^2/n}\frac{\iint\limits_A f^2(\vec{r})\mathrm{e}^{-\sigma^2}(\sigma^2)^n\mathrm{d}s}{\iint\limits_A f^2(\vec{r})\mathrm{d}s} \tag{8.6}$$

式中 $u=\sin\theta$。当 $\sigma(\vec{r})$ 在口径上等于常数 σ 时，则上式可以简化为：

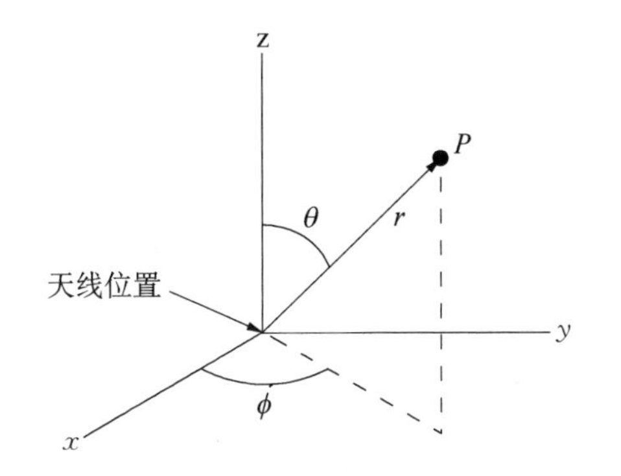

图 8.2　口径位置和观测方向的坐标系统

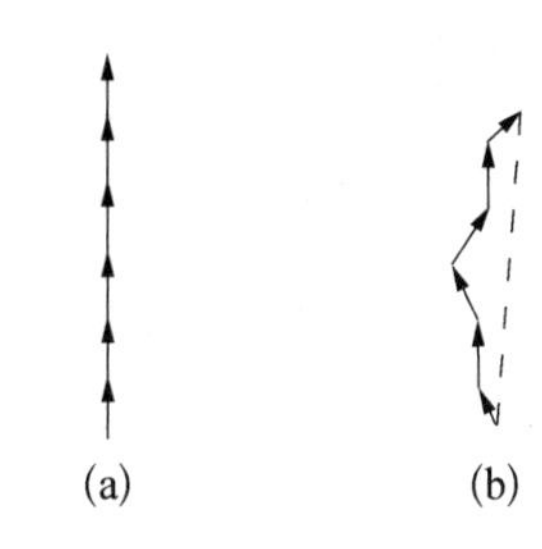

图 8.3　(a) 无相位差和(b) 有相位差情况下辐射矢量的相加

$$G(\theta,\phi)=G_0(\theta,\phi)\mathrm{e}^{-\sigma^2}+\left(\frac{2\pi c}{\lambda}\right)^2\mathrm{e}^{-\sigma^2}\sum_{n-1}^{\infty}\frac{\sigma^{2n}}{n\cdot n!}\mathrm{e}^{-\sigma^2/n} \tag{8.7}$$

式中的 G_0 是没有相位误差时的天线增益，这就是鲁泽公式的表达形式。当相位误差较小时表达式中的第二项也可以忽略，则有：

$$G(\theta,\phi)\approx G_0(\theta,\phi)\mathrm{e}^{-\sigma^2} \tag{8.8}$$

在进行天线设计时，这一简化的公式常作为衡量反射面偏差所引起的功率损失的依据，由上式可知天线表面偏差的效率为：

$$\eta\approx \mathrm{e}^{-\sigma^2} \tag{8.9}$$

如果 ε 是反射面表面的有效误差，这一有效误差满足于：

$$\left(\frac{4\pi\varepsilon}{\lambda}\right)^2=\sigma^2 \tag{8.10}$$

则公式 8.8 可表示为：

$$G=G_0\mathrm{e}^{-(4\pi\varepsilon/\lambda)^2} \tag{8.11}$$

图 8.4(a)是根据公式(8.11)所作的反射面表面有效误差和增益损耗的关系曲线。在一般情况下天线表面最大(峰峰值)误差约为表面均方根误差的三倍。这里讨论的表面有效误差是相对于波阵面误差的贡献，对焦比小的反射面来说，表面的均方根误差并不等于表面的有效误差，当这一表面误差是应用垂直于表面的法向误差或者平行于电轴的轴向误差来表达时，所求出的增益损耗应该乘上一个校正因子 A，校正因子 A 和焦比的关系见图 8.4(b)。

表面有效误差 ε 和反射面轴向误差 Δz 及法向误差 Δn 的关系分别是：

$$\begin{aligned}\varepsilon&=\frac{\Delta z}{1+(r/2f)^2}\\ \varepsilon&=\frac{\Delta n}{\sqrt{1+(r/2f)^2}}\end{aligned} \tag{8.12}$$

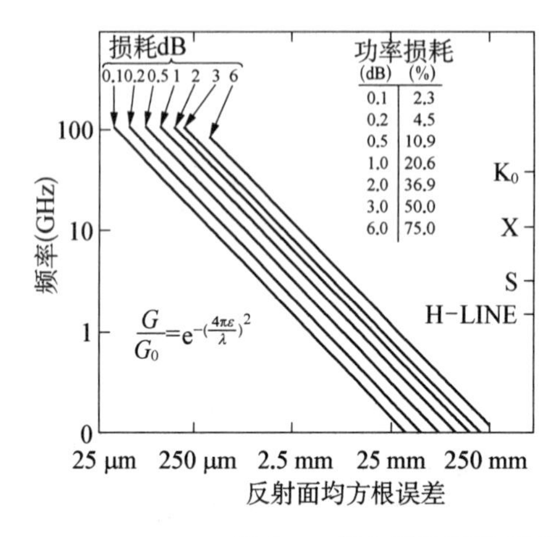

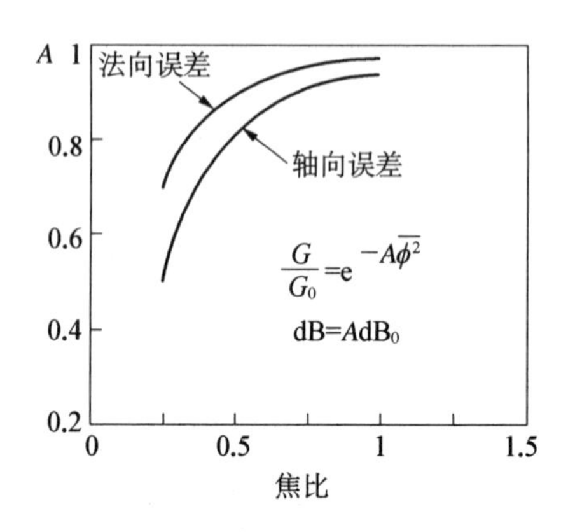

图 8.4 射电望远镜表面误差所引起的(a)增益损耗以及(b)在轴向和法向误差上的校正因子(Ruze,1966)

在天线设计中常用半光程差来代表这里的表面有效误差,它和表面均方根差的关系参见公式(8.39)。从公式(8.11)可以看出天线的最大增益总是发生在波长等于 $\lambda = 4\pi\varepsilon$ 时,这时所产生的损失为 4.3 dB,则天线的增益值为:

$$G_{\max} \approx \frac{1}{43}\left(\frac{D}{\varepsilon}\right)^2 \tag{8.13}$$

当望远镜在口径上的表面偏差不是常数时,只在很少数情况下增益损耗可以确切计算,其增益表达式为

$$G \approx G_0 e^{-(4\pi\varepsilon_0/\lambda)^2} e^{0.25(4\pi\eta_0/\lambda)/4} \tag{8.14}$$

式中

$$\varepsilon_0^2 = \frac{\int_A \varepsilon^2 f(\vec{r})\mathrm{d}s}{\int_A f(\vec{r})\mathrm{d}s}$$
$$\eta_0^4 = \frac{\int_A (\varepsilon^2 - \varepsilon_0^2)^2 f(\vec{r})\mathrm{d}s}{\int_A f(\vec{r})\mathrm{d}s} \tag{8.15}$$

式中 η_0^4 称为表面偏差的二次方差。由(8.14)式可知当表面偏差不是常数时,天线增益将略有下降,但是当表面偏差的分布为口径中心小、边缘大时,增益的下降量极小。表面偏差的不均匀分布将极大地影响主瓣的半功率宽度,当偏差分布中心小、边缘大时,主瓣半功率宽度减小,反之半功率宽度将增大。另外表面偏差的相关半径对天线增益也有影响,相关半径很大时增益将会提高。图 8.5 指出了望远镜的增益损耗 η_A/η_0 和表面有效偏差 ε/λ 及相关半径 r_c 的关系。

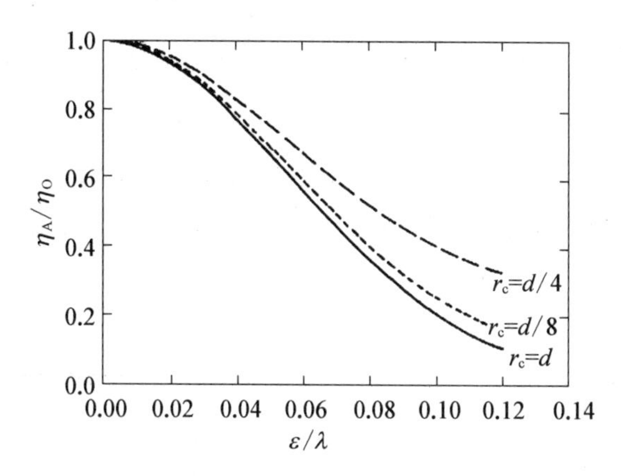

图 8.5 增益、表面有效偏差与相关半径的关系(Ulich,1976)

8.1.3 天线的保形设计

对于抛物面射电天线,不管其形式为主焦,还是卡塞格林系统,反射面表面偏差所引起的增益损耗总是限制天线工作频段的重要原因。冯·霍纳(von Hoerner,1967)根据鲁泽理论总结了天线结构设计的各种自然极限。这些极限分别是:结构的重力极限、温度极限和应力极限。天线结构的应力极限是指结构材料所能承受结构自身重力的能力。设结构材料的极限许用应力为 S_{max},密度为 ρ,如果 h_{max} 是结构的最大高度,则这个最大高度为(von Hoerner,1967)

$$h_{max} = K_1(S/\rho) \tag{8.16}$$

如果系数 $K_1=1$,钢结构的极限高度为 1 800 米,这就是天线结构的第一个应力极限。

天线结构的另一个应力极限是由自重引起的最大变形所决定的。如果天线结构材料的弹性模量为 E,高度为 h,Δh 为自重下引起的变形量,则

$$\Delta h = K_2(h^2\rho/E) \tag{8.17}$$

结构因自重而引起的变形和高度的二次方成正比。当然采用上部小、下部大的结构,可以减小这一变形量,但是这里的结构是不能够转动的。第二个应力极限要比第一个小得多,因此第一个应力极限实际上可以不必考虑。

对于一个两端支承的结构,如果其尺度为 D,并假设因重力变形所产生的均方根误差等于$\frac{1}{16}\lambda$,则这种因重力所引起的极限可以表示为

$$\lambda = 5.3K_3\ (D/10\ 000)^2(\mathrm{cm}) \tag{8.18}$$

式中 D 的单位是厘米,表示望远镜的口径。这一公式就是天线设计中重力极限的表达式。

另一个自然极限是由于结构所存在的温度差作用。如果天线的某一部分比其他部分的温度高 ΔT,则因为材料的膨胀,该部件的尺寸就要增大 $\alpha\Delta T$,α 是材料的热膨胀系

数。这样由于温度差所引起的反射面的表面误差大致等于 $0.03\alpha(\Delta TD/10\ 000)$(cm)。在这个表达式中如果材料为钢铁，温差取为 5℃，则所引起的天线使用极限就等于：

$$\lambda = 2.4(D/10\ 000)(\text{cm}) \tag{8.19}$$

这一公式即天线设计的温度极限表达式。减小环境的温度差，或者采用膨胀系数比钢铁低的其他材料，天线的温度极限也将下降。图 8.6 表示了射电天线设计中的这三种自然极限。

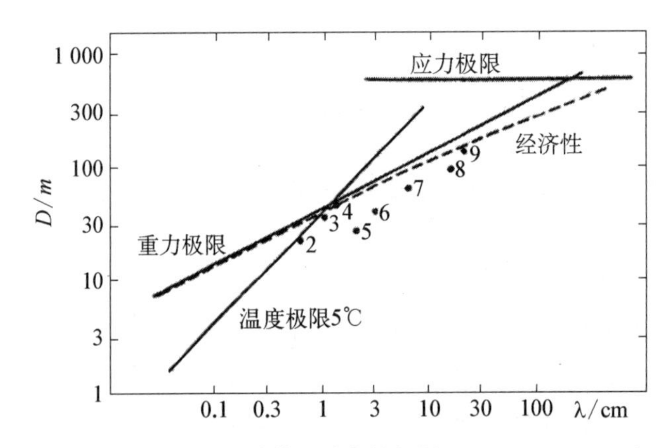

图 8.6　射电天线设计的三种自然极限(von Hoerner, 1967)

在射电天线设计中还有一种自然极限，就是风力的作用。风力的影响有两个方面，第一是由风力引起的结构应力的限制；第二是工作状态下由风力引起的反射面的最大变形的限制。在最大应力限制中，往往将最大风力估计为 100 mph 至 136 mph，在射电天线的应力设计中，同时还应考虑可能的冰雪载荷和沙尘暴的影响。假设结构的长度为 l，它承受的极限负载是 F_{sv}，则在外力 F_{oh} 下的变形为 $\Delta l = (S/E)(F_{oh}/F_{sv})l$，这里 S 是结构材料的许用应力，E 是材料的弹性模量。对于钢材 $S/E = 6.7 \times 10^{-4}$，如果要使 $\Delta l = \lambda/16$，并假设 $l = D/\sqrt{2}$，在工作状态下最大的风力一般取 25 mph 。这时工作波长的极限可表示为：

$$\lambda = 7.5(D/10\ 000)(\text{cm}) \tag{8.20}$$

比较重力变形，小口径天线因风力所引起的结构变形要严重得多。比较温度极限，风力极限也总是比温度极限严重。有两种方法可以减小或避免风力对天线的影响，这两种方法是：(1) 使用金属网状反射面，(2) 使用天线罩或圆顶建筑。

在所有自然极限中，温度和风力所造成的影响均可以通过温度控制和圆顶来避免，而重力作用则始终存在，这就给大口径精密天线的设计带来了很大的困难。如何超越重力这一自然极限呢？一般来讲可以通过下列几个途径：(1) 避免反射面沿高度轴方向的运动；(2) 应用主动光学来补偿天线的表面变形；(3) 使用光学望远镜中的杠杆和平衡装置来支承面板；(4) 采用保形设计方法。在这四种方法中，保形设计的方法是最为经济有效的方法。所谓保形设计的概念是：如果一个结构在外力作用之下，其表面形状能够从一种给定的形状变化为另一个与之属于同一类型的其他形状，则我们称这种结构是保形(homologous)结构，而保形结构的设计过程也称为保形设计。

天线桁架结构为什么可能具有保形性呢？这是因为：第一，假如在没有重力时天线结构是一个精确的旋转抛物面，并且在高度角上的两个不同位置均具有旋转抛物面的形状，则由于外力和变形的线性关系以及力的分解原理，可以保证天线在高度轴上的任意位置均具有旋转抛物面的形状。第二，旋转抛物面的确定要求有 6 个基准点。如果在天线表面上有 S 个接点，同时要在两个高度方向上均保持抛物面的形状，则整个结构的表面点有$(S-6)$个要同时满足两种不同抛物面形状的条件，即共有 $2(S-6)$个约束条件。第三，一个桁架结构如果有 P 个节点，则至少需要 $3(P-2)$个杆件才能形成稳定的结构。对于表面上的 S 个接点，即使没有任何附加的杆件，天线的总杆件数至少应等于$3(S-2)$个，而每一个杆件总有一个自由度可以调整。由于

$$3(S-2)-2(S-6)=S+6>0 \tag{8.21}$$

即变量数大于约束条件的数目，这说明了天线保形设计的问题是可以解决的，保形结构的天线是存在的。天线保形设计的关键是要找出重力作用下的天线面形与一个理想抛物面的误差，知道了这个误差及其分布规律，我们就可以对天线结构进行优化。

任何结构在受力情况下的变形均可以用结构的有限元公式来表示：

$$[K]\{X\}=\{F\} \tag{8.22}$$

式中矩阵$[K]$是结构的刚度矩阵，$\{X\}$是位移矩阵，$\{F\}$是外力矩阵。在天线结构设计中，天线结构的一部分参量如截面积或节点位置等将不断地优化，从而使结构位移矩阵中表面节点上的位移满足保形设计的要求。从数学上讲这是一个满足一定约束条件下的最优化问题。这种优化问题可以应用牛顿法、切割平面法等方法加以解决。但是如同其他非线性多变量问题，优化的过程往往需要较好的初始条件，有些结构形式并不能保证优化问题的收敛，因此在实际天线结构设计中，仍然大量采用尝试的方法。

8.1.4　天线表面的最佳抛物面贴合

在天线的保形设计中，天线表面最佳吻合抛物面的贴合和均方根的计算是两项必不可少的工作。假设天线结构在没有重力时，表面具有下列的理想抛物面形状：

$$X^2+Y^2=4f(Z+c) \tag{8.23}$$

式中 f 为焦距，c 为顶点坐标。在重力作用下天线的结构将发生变化，天线的表面节点将偏离原来的抛物面表面的位置。假设这时存在一个天线表面的最佳吻合抛物面，这个抛物面的顶点为(u_a, v_a, w_a)，焦距变化为 h，相对于原有的抛物面，新的抛物面在 X,Y 方向上产生了一定的旋转量 ϕ_x 和 ϕ_y。设新的最佳抛物面在新的坐标系上表示为：

$$X_1^2+Y_1^2=4f_1(Z_1+c) \tag{8.24}$$

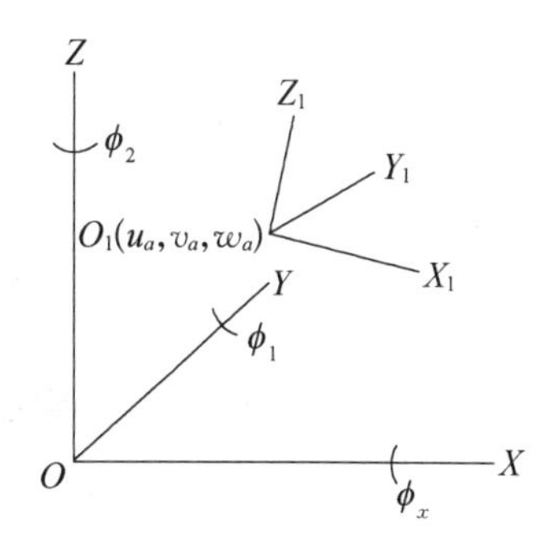

图 8.7　天线表面贴合过程中新旧坐标系的关系

新旧坐标系之间的关系为：

$$X_1=(X-u_a)-(Z+c)\phi_y$$

$$Y_1 = (Y - v_a) + (Z + c)\phi_x$$
$$Z_1 = (Z - w_a) + X\phi_y - Y\phi_x$$
$$f_1 = f + h \tag{8.25}$$

忽略高次项，则新的抛物面在原坐标系的表达式为：

$$\begin{aligned} &X^2 + Y^2 + 2(Z+c)Y\phi_x - 2(Z+c)X\phi_y - 2X(u_a + 2f\phi_y) \\ &- 2Y(v_a - 2f\phi_x) - 4(Z+c)(f+h) + 4fw_a = 0 \end{aligned} \tag{8.26}$$

考虑抛物面上的任一点 i，如果它的坐标为 X_i，Y_i 和 Z_i，则通过该点并垂直于抛物面表面法线的方向余弦为

$$2\cos\alpha_1 = -\frac{X_i}{\sqrt{f(f+Z_i+c)}}$$
$$2\cos\alpha_2 = -\frac{Y_i}{\sqrt{f(f+Z_i+c)}}$$
$$2\cos\alpha_3 = \frac{2f}{\sqrt{f(f+Z_i+c)}} \tag{8.27}$$

假设该点在外力下的位移是 u_i，v_i 和 w_i，而变形后的该点与最佳贴合抛物面的距离为 Δ_i，则有

$$X - (X_i + u_i) = \pm\Delta_i\cos\alpha_1$$
$$Y - (Y_i + v_i) = \pm\Delta_i\cos\alpha_2$$
$$Z - (Z_i + w_i) = \pm\Delta_i\cos\alpha_3 \tag{8.28}$$

式中(X,Y,Z)是最佳吻合抛物面上的点，因此该点应满足方程(8.26)，将公式(8.27)和(8.28)代入(8.26)，同时忽略高阶项，有

$$\begin{aligned} &X_i(u_i - u_a) + Y_i(v_i - v_a) - 2f(w_i - w_a) - 2(Z_i + c)h + Y_i(2f + Z_i + c)\phi_x \\ &- X_i(2f + Z_i + c)\phi_y = \pm\frac{\Delta_i}{2\sqrt{f(f+Z_i+c)}}(X_i^2 + Y_i^2 + 4f^2) \end{aligned}$$

$$\begin{aligned} \Delta_i = \pm\frac{1}{2\sqrt{f(f+Z_i+c)}}[&X_i(u_i - u_a) + Y_i(v_i - v_a) - 2f(w_i - w_a) \\ &- 2(Z_i + c)h + Y_i(2f + Z_i + c)\phi_x - X_i(2f + Z_i + c)\phi_y] \end{aligned} \tag{8.29}$$

对于所有 N 个表面节点，各点到最佳吻合抛物面距离的平方和为

$$G = \sum_{i=1}^{N}\Delta_i^2 \tag{8.30}$$

根据最小二乘法的定义，确定最佳吻合抛物面参数的方程应为

$$\frac{\partial G}{\partial u_a} = \frac{\partial G}{\partial v_a} = \frac{\partial G}{\partial w_a} = \frac{\partial G}{\partial \phi_x} = \frac{\partial G}{\partial \phi_y} = \frac{\partial G}{\partial h} = 0 \tag{8.31}$$

则可以得到下列矩阵方程：

$$\left[\sum_{i}^{N}\frac{1}{2f(f+Z_i+c)}[A]\right]\{x\}=\left\{\sum_{i}^{N}\frac{X_iu_i+X_iv_i-2fw_i}{2f(f+Z_i+c)}\{B\}\right\} \tag{8.32}$$

$$[A]=\begin{bmatrix} X_i^2 & X_iY_i & -2fX_i & 2X_i(Z_i+c) & -X_iY_i(2f+Z_i+c) & X_i^2(2f+Z_i+c) \\ X_iY_i & Y_i^2 & -2fY_i & 2Y_i(Z_i+c) & -Y_i^2(2f+Z_i+c) & X_iY_i(2f+Z_i+c) \\ fX_i & fY_i & -2f^2 & 2f(Z_i+c) & -fY_i(2f+Z_i+c) & fX_i(2f+Z_i+c) \\ X_i(Z_i+c) & Y_i(Z_i+c) & -2f(Z_i+c) & 2(Z_i+c)^2 & -Y_i(Z_i+c)(2f+Z_i+c) & X_i(Z_i+c)(2f+Z_i+c) \\ X_iY_i(2f+Z_i+c) & Y_i^2(2f+Z_i+c) & -2fY_i(2f+Z_i+c) & 2Y_i(Z_i+c)(2f+Z_i+c) & -Y_i^2(2f+Z_i+c)^2 & X_iY_i(2f+Z_i+c)^2 \\ X_i^2(2f+Z_i+c) & X_iY_i(2f+Z_i+c) & -2fX_i(2f+Z_i+c) & 2X_i(Z_i+c)(2f+Z_i+c) & -X_iY_i(2f+Z_i+c)^2 & X_i^2(2f+Z_i+c)^2 \end{bmatrix}$$

$$\{x\}^{-1}=\{u_a \quad v_a \quad w_a \quad h \quad \phi_x \quad \phi_y\}$$
$$\{B\}^{-1}=\{X_i \quad Y_i \quad f \quad Z_i+c \quad Y_i(2f+Z_i+c) \quad X_i(2f+Z_i+c)\} \tag{8.33}$$

在这种条件下表面相对于理想抛物面的均方根距离偏差为

$$\sqrt{\frac{G}{N}}=\sqrt{\frac{1}{N}\sum_{i=1}^{N}\Delta_i^2} \tag{8.34}$$

上面方法所求出的是与变形表面距离最小的最佳吻合抛物面。严格地讲这种方法所得的表面均方根误差并不能代表表面有效偏差。真正的表面均方根误差应该通过优化最小半光程来获得。最小半光程误差和最小表面距离误差有着直接的关系。由图 8.8 所示，最小半光程误差 e 等于

$$e=\Delta\cos\alpha=d_1\cos^2\alpha=\frac{1}{2}(d_1+d_2) \tag{8.35}$$

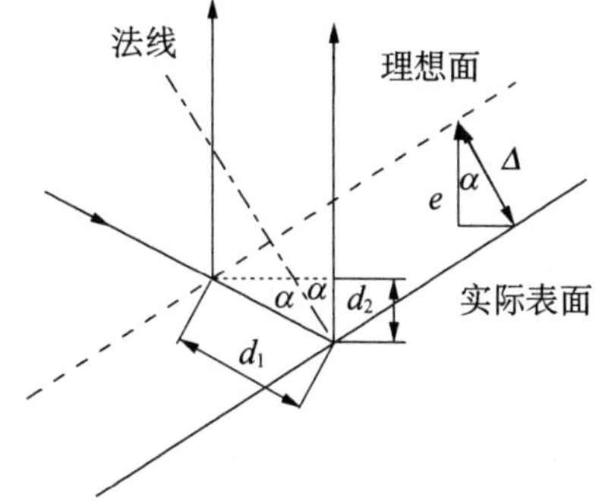

图 8.8　最小半光程误差和最小表面距离误差的关系

角度 α 是表面法线和抛物面轴线的夹角。由于天线口径上馈源的照明是不均匀的,在计算总的半光程误差时还要乘上口径照明的权重函数。

8.1.5 射电望远镜镜面和接收器位置允差

当射电望远镜的镜面和馈源发生相对位置变化时,射电望远镜的辐射方向图就会改变。这种改变一方面会影响天线的增益,另一方面会产生指向误差。一般来讲通过对天线的增益和指向误差的研究可以确定射电望远镜中各个镜面和馈源位置允差的范围。从公式(8.4)出发考虑到更为一般的情况,对于圆形口径并存在着波阵面相位差 $\delta(r,\varphi)$ 的情况,天线的增益为

$$G=\frac{4\pi}{\lambda}\frac{\left|\int_0^{2\pi}\int_0^1 f(r,\varphi)\mathrm{e}^{\mathrm{j}\delta(r,\varphi)}r\mathrm{d}r\mathrm{d}\varphi\right|^2}{\int_0^{2\pi}\int_0^1 f^2(r,\varphi)r\mathrm{d}r\mathrm{d}\varphi} \tag{8.36}$$

式中 $f(r,\varphi)$ 是口径照明函数,r 是归一化后的径向坐标。当相位误差较小的时候,这个增益相对于一个理想的无相位差情况的增益之比为:

$$\frac{G}{G_0}\cong 1-\overline{\delta^2}+\bar{\delta}^2$$

$$\overline{\delta^2}=\frac{\int_0^{2\pi}\int_0^1 f(r,\varphi)\delta^2(r,\varphi)r\mathrm{d}r\mathrm{d}\varphi}{\int_0^{2\pi}\int_0^1 f(r,\varphi)r\mathrm{d}r\mathrm{d}\varphi}$$

$$\bar{\delta}=\frac{\int_0^{2\pi}\int_0^1 f(r,\varphi)\delta(r,\varphi)r\mathrm{d}r\mathrm{d}\varphi}{\int_0^{2\pi}\int_0^1 f(r,\varphi)r\mathrm{d}r\mathrm{d}\varphi} \tag{8.37}$$

为了了解增益的变化,就必须了解相位的分布。对于主焦或卡焦光学系统来说,各部件微小的位置变化所引起的光程差和相位差可以用简单的方法来算出。它们的值如表8.1所示(Lamb):

表 8.1 卡焦光学系统中微小的位置变化所引起的光程差和相位差

	实际光程差	以中心点归零后的相位差
馈源的轴向位移 Δz	$-\Delta z\cos\theta_p$	$\Delta z(1-\cos\theta_f)$
馈源的径向位移 Δr		$-\Delta r\sin\theta_f\cos(\varphi-\varphi_0)$
主反射面的旋转 $\Delta\alpha$		$F\Delta\alpha\left[\frac{r}{F}+\sin\theta_p\right]\cos\varphi$
副面的轴向位移 Δz	$\Delta z(\cos\theta_p+\cos\theta_f)$	$\Delta z[(\cos\theta_p-1)+(\cos\theta_f-1)]$
副面的径向位移 Δx		$-\Delta r[\sin\theta_p-\sin\theta_f]\cos(\varphi-\varphi_0)$
副面的旋转 $\Delta\alpha$		$-(c-a)\Delta\alpha[\sin\theta_p+m\sin\theta_f]\cos(\varphi-\varphi_0)$

在这个表中 F 是主镜的焦距,r 是反射面上一点的径向坐标,θ_p 是主焦点与该点连线和光轴的夹角,θ_f 是通过该点平行于光轴的光反射到卡氏焦点上后的光线和光轴的夹角,m

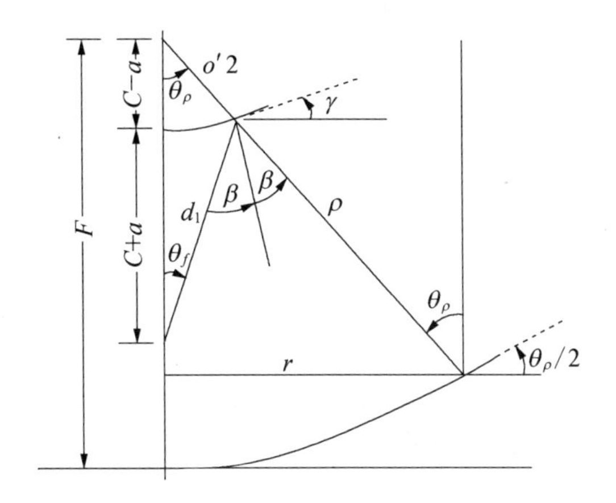

图 8.9　光程差计算中的角度和尺度

是副镜的放大率，$c-a$ 是副镜到主焦点的距离。其中 $\sin\theta_p = (r/F)/[1+(r/2F)^2]$。如果 F_{sys} 表示系统的焦距，系统焦距 $F_{sys}=mF$，则有$\sin\theta_f = (r/F_{sys})/[1+(r/2F_{sys})^2]$(图 8.9)。表中各项的符号十分重要。实际光程值相对于理想的系统相位增加为正，Δz 的正方向与入射到主面的辐射方向相反，径向位移Δr与主面口径面上的x轴有交角φ_0，y轴也在主镜口径面上，各个旋转的角度 $\Delta\alpha$ 的方向为矢量$\vec{z}\times\vec{r}$ 的方向。表中各项的计算比较麻烦但是并不复杂。作为例子这里推导一下副面的轴向位移 Δz 所引起的光程差。设光程差为 l，则

$$l = 2\Delta z\cos\left(\frac{\theta_p-\theta_f}{2}\right)\cos\left(\frac{\theta_p+\theta_f}{2}\right) = \Delta z[\cos\theta_p+\cos\theta_f] \tag{8.38}$$

取中心光线的光程差为基准进行归零处理，则可以推出有表 8.1 中归零后的波阵面相位差的表达式。当馈源有轴向位移时，它所引起的光程差为

$$\varepsilon = \Delta z(1-\cos\theta_f) = \Delta z\,\frac{2\,(r/2F_{sys})^2}{1+(r/2F_{sys})^2} \tag{8.39}$$

在这些表达式中，半径 r 没有进行归一化处理。当馈源有轴向位移时的光程差和相位差是轴对称分布的，并且含有高次项。如果口径照明函数为 $f(r)=1-kr^2$，那么天线增益损耗有简单的形式，为

$$\frac{G}{G_0} = 1-\frac{\left(\dfrac{2\pi\Delta z}{\lambda}\right)^2}{3\left(\dfrac{4F_{sys}}{D}\right)^4}\mathrm{ALAD} \tag{8.40}$$

式中 ALAD 是一个和照明及焦比相关的因子，其值如表 8.2 所示。除了这个因子外，天线的增益损耗和轴向位移的平方成正比，和系统焦距的四次方成反比。当馈源有径向位移时，它所引起的相位差为：

表 8.2　轴向位移时 ALAD 因子和焦比以及照明函数的关系

F_{sys}/D	0.2	0.3	0.5	0.8	1.0	2.0	3.0	5.0
$k=0$	0.14	0.33	0.64	0.84	0.88	0.97	0.99	1.00
$k=0.75$	0.13	0.32	0.58	0.75	0.79	0.86	0.87	0.88
$k=0.90$	0.13	0.30	0.53	0.70	0.75	0.77	0.77	0.77

$$\delta=-\frac{2\pi\Delta r}{\lambda}\sin\theta_f\cos(\varphi-\varphi_0)=-\frac{2\pi\Delta r}{\lambda}\frac{r/F_{sys}}{1+(r/2F_{sys})^2}\cos(\varphi-\varphi_0) \tag{8.41}$$

在这个表达式中相位差并不是轴对称分布的，因此具有方向性。应用同样的口径照明函数，那么天线的增益损耗可以表示为：

$$\frac{G}{G_0}=1-\frac{2\left(\frac{2\pi\Delta x}{\lambda}\right)^2}{\left(\frac{4F_{sys}}{D}\right)^2}\mathrm{ALLD} \tag{8.42}$$

同样的 ALLD 是一个和照明及焦比相关的因子，其数值如表 8.3 所示。

表 8.3　径向位移时 ALLD 因子和焦比以及照明函数的关系

F_{sys}/D	0.2	0.3	0.5	0.8	1.0	2.0	3.0	5.0
$k=0$	0.27	0.49	0.74	0.88	0.93	0.98	0.99	1.00
$k=0.75$	0.26	0.43	0.62	0.72	0.75	0.78	0.79	0.88
$k=0.90$	0.25	0.40	0.57	0.65	0.67	0.71	0.73	0.77

对于其他情况，如副面的移动等情况，其增益损耗关系式并不简单，必须用数值积分来求得。

为了获得因为某个部件的移动或旋转所产生的指向误差，我们可以将口径上的相位差表达成相对于和口径面成一个任意角度 θ' 的平面上的误差形式，然后代入公式 8.38 中，对这个角度求微分，这时增益取极值时的角度 θ_m' 就是这个系统的实际指向角。引进这样的平面不考虑轴对称的分量，则光程差的表达式为

$$\varepsilon=[r\sin\theta'\cos\varphi-\sum_n\delta_n\sin\theta_n\cos\varphi] \tag{8.43}$$

因为有 $\varepsilon=0$，设 $u=\sin\theta'$，有

$$\frac{\partial}{\partial u}\int_0^{2\pi}\int_0^1 f(r)[u-\sum_n\frac{\delta_n}{r}\sin\theta_n]^2\cos^2\varphi\cdot r^3\mathrm{d}r\mathrm{d}\varphi=0 \tag{8.44}$$

这一方程的解为

$$u_m=\sum_n\frac{\delta_n}{f_n}\frac{\int_0^1\frac{f(r)\cdot r^3\mathrm{d}r}{1+(r/2F_n)^2}}{\int_0^1 f(r)\cdot r^3\mathrm{d}r}=\sum_n\frac{\delta_n}{F_n}\mathrm{BDF}_n \tag{8.45}$$

式中 $u_m = \sin\theta_m'$，F_n 是相对应的焦距值，BDF_n 是波束偏差因子等于

$$\mathrm{BDF}_n = \frac{\int_0^1 \frac{f(r) \cdot r^3 \mathrm{d}r}{1 + (r/2F_n)^2}}{\int_0^1 f(r) \cdot r^3 \mathrm{d}r} \tag{8.46}$$

同样的，波束偏差因子是一个和照明及焦比相关的因子，其值如表 8.4 所示。

表 8.4　波束偏差因子和焦比以及照明函数的关系

F_{sys}/D	0.2	0.3	0.5	0.8	1.0	2.0	3.0	5.0
$k=0$	0.51	0.69	0.86	0.94	0.96	0.99	0.99	1.00
$k=0.90$	0.57	0.74	0.88	0.95	0.97	1.00	1.00	1.00

从上面的公式可以看出光学系统中各部件的位置变化所引起的总光程差是每一个因素所引起的实际光程差变化的总和。通过这些光程差的变化，可以获得各个镜面和馈源位置变化所引起的相位差的数值。在计算指向误差的时候，总的指向误差就是各个分项指向误差和。但是在计算总光程差的时候，每一项符号的正负方向十分重要。

图 8.9 所示是另一组指向误差公式的方向表示，如果各个单项所列的方向都是指它的正方向，则可以利用下列这组公式。这个公式中所有来自 X 正方向上的光程是增加的，而在 X 负方向上的光程是减少的。总的指向误差的方向是向左上方为正，向右上方为负。在必要的时候读者应将部件位置的变化所引起的光程差大致地表示出来，看看是哪一侧的光程增加，哪一侧的光程减少，以确定每一项的符号。副镜和馈源的轴向位移不会引起指向的变化。这组指向误差的公式是：

副镜旋转　$$\theta_{hr} = k_1 \arctan\left(\frac{4cb}{F(m+1)}\right)$$

副镜平移　$$\theta_{ht} = k_2 \arctan\left(\frac{h(m-1)}{Fm}\right)$$

馈源平移　$$\theta_{ft} = k_3 \arctan\left(\frac{\mathrm{d}s}{Fm}\right)$$

主镜旋转　$$\theta_{pr} = -(1+k)\gamma$$

主镜平移　$$\theta_{pt} = k \arctan\left(\frac{\mathrm{d}v}{F}\right) \tag{8.47}$$

式中 F 是主镜的焦距，$2c$ 是系统焦点和主焦点的距离，m 是副镜的放大率，k_i 是主镜的波束偏差因子，$k_3 = 1$，b 是副镜的转角，h 是副镜的位移，$\mathrm{d}s$ 是馈源的位移，γ 是主镜的转角，$\mathrm{d}v$ 是主镜的位移。上式中位移的单位和焦距的单位相同，角度单位为弧度，所得的结果也是弧度，为了化为角秒，则应乘上因子 $180 \cdot 3\,600/\pi$（图 8.10）。在一些射电天线指向误差的计算中，风力所引起的指向误差常有这样的情况，就是各个单项误差均有很大的贡献，但是由于它们的方向正好相反，总的指向误差却很小。

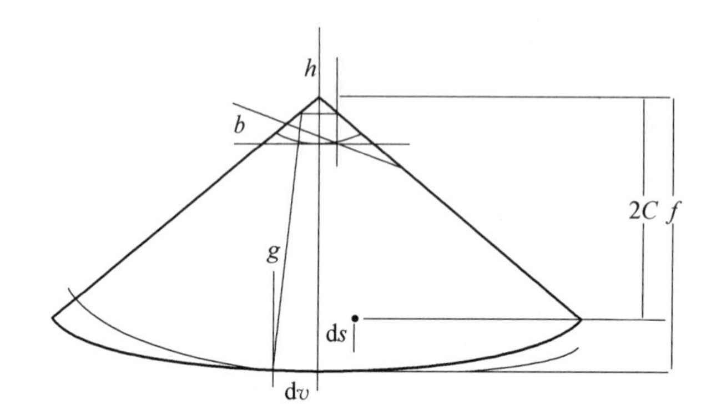

图 8.10 指向误差公式中的符号方向(结果的方向向左上方为正)

8.1.6 副镜支承的口径遮挡和天线噪声

在抛物面天线的设计中除了少数偏轴抛物面天线外均不可避免地有副镜支承的口径遮挡。在主焦点系统中这种遮挡是由馈源等接收系统的支承所引起的。和光学望远镜的四翼梁支承不同,射电望远镜的副镜支承与电磁波的波阵面有一个夹角。因此这种遮挡的计算应该包括两个方面的影响。如图 8.11 所示,其中一个方面是副镜支承与平面波的作用,另一个方面是副镜支承与球面波的作用。当然射电天线遮挡的效率同时与口径照明分布有关。

对于不同的口径照明,其电磁波振幅的表达式为(Cheng & Mangum,1998)

$$E_{\text{uniform}}(r) = 1.0$$
$$E_{\text{taperedgaussian}}(r) = \exp[-\alpha (r/r_0)^2] \tag{8.48}$$

式中

$$\alpha = (T_e/20)\ln 10 \tag{8.49}$$

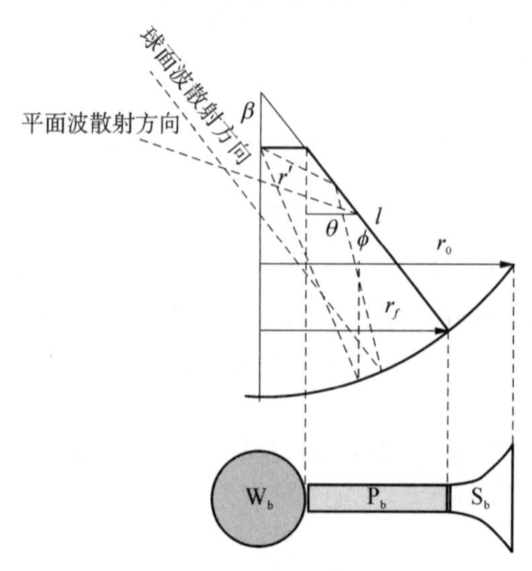

图 8.11 射电天线的副镜支承对电磁波的遮挡(Cheng & Mangum)

T_e 是高斯分布形式的边缘照明衰减(单位为 dB),两个下标分别表示均匀照明和有边缘衰减的照明,r/r_0 是相对口径。副镜本身的遮挡为

$$W_{\text{uniform}} = \pi r_{\text{sub}}^2$$
$$W_{\text{taperedgaussian}} = \pi r_{\text{sub}}^2 \left\{ \frac{1}{\alpha}(1 - \exp[-\alpha (r_{\text{sub}}/r_0)^2] \right\} \tag{8.50}$$

式中 r_{sub}是副镜的半径,r_t 是照明衰减半径,$r_t=r_0/\sqrt{\alpha}$。

副镜支承对平面波的遮挡值为

$$P_{\text{uniform}} = n_{\text{leg}} w(r_f - r_{\text{sub}})$$
$$P_{\text{taperedgaussian}} = \frac{n_{\text{leg}} \sqrt{\pi} w r_t}{2}[\text{erf}(r_f/r_t) - \text{erf}(r_{\text{sub}}/r_t)] \tag{8.51}$$

式中 n_{leg} 是副镜支承杆的数量,r_f 是副镜支承杆底部的半径,w 是副镜支承杆的宽度,式中误差函数的定义为

$$\text{erf}(x) = \frac{2}{\sqrt{\pi}} \int_0^x \mathrm{e}^{-t^2} \mathrm{d}t \tag{8.52}$$

副镜支承对球面波的遮挡比较复杂,这时副镜支承在口径面上的阴影宽度为 $y = \frac{w}{r'}\left(r - fD\tan\beta + \frac{\tan\beta}{4fD}r^2\right)$,应用这一公式对半径的相应区间进行积分可以求得对球面波的遮挡值为

$$S_{\text{uniform}} = \frac{n_{\text{leg}} w}{r'}\left[r_0^2/2 - r_f^2/2 - fD\tan\beta(r_0 - r_f) + \frac{\tan\beta}{12fD}(r_0^3 - r_f^3)\right]$$
$$S_{\text{taperedgaussian}} = \frac{n_{\text{leg}} w}{2r'}[r_t^2\{\exp(-r_f^2/r_t^2) - \exp(-r_0^2/r_t^2) + \frac{\tan\beta}{4fD}[r_f\exp(-r_f^2/r_t^2)$$
$$-r_0\exp(-r_0^2/r_t^2)]\} + \sqrt{\pi}r_t\tan\beta\left(fD - \frac{r_t^2}{8fD}\right)[\text{erf}(r_f/r_t) - \text{erf}(r_0/r_t)]] \tag{8.53}$$

式中 D 是主镜直径,f 是其焦比,β 是副镜支承杆和光轴的夹角,r' 是主焦点和副镜支承杆内侧在平行于口径面上的距离。注意在有边缘衰减的照明情况下,其等效口径面积的表达式为 $A_{\text{collect}} = \pi r_t^2\left[1 - \exp[-\left(\frac{r_0}{r_t}\right)^2]\right]$,式中 $r_t = r_0/\sqrt{\alpha}$ 。

在抛物面天线的设计中,除了副镜支承的口径遮挡外,还应该考虑由于副镜支承所引起的天线噪声。这种噪声的主要来源是地面的热辐射。如果副镜支承杆的底面是一个平面,经过副镜支承杆底面的一次反射,进入主镜并反射到副面,进而进入馈源内的辐射源相对于抛物面光轴的夹角为 $\phi=2\beta$。如果用辐射源相对于望远镜口径面的夹角 θ 来表示,则有 $\theta=90°-2\beta$。图 8.12 给出了这两个角度和副镜支承点位置的关系。随着副镜支承点的外移角度 β 从零增加到 65°,而 θ 角则从 90°减小到负值。在这个图中我们仅仅考虑了副镜支承杆的反射,并没有考虑支承杆反射前可能的在主镜反射面上的反射,在很多

情况下到达馈源的辐射是经过了多次的主镜和副镜支承杆的反射。

为了更好地了解这种多次反射的情况，可以用光线追迹的办法来研究这一问题。图 8.13 所示就是这种光线追迹的结果，图中横坐标 R_ρ 是馈源发出光线的相对夹角，纵坐标是噪声来源和口径面的夹角。同样仍然假设副镜支承杆的底面是一个平面，通过光线追迹总的来讲噪声来源有四种情况：在 A 区光线从馈源经过副面到主面反射后，光线仅经过副镜支承杆一次的反射。这里可以看到当支承杆位置不断外移时，θ 角变得很小可以直接到达地面，这时的噪声来源是噪声高的地表面。在 B 区和 C 区光线从馈源经副面到主面反射后，再经过一次或者二次主镜的反射。在这两个区域辐射的角度值分布在较大的区域，以上各区都是平面波的情况。而在 D 区即球面波情况下光线从馈源直接射到支承杆的底面反射出去，在这个区域所有的辐射均来自噪声低的天空。所以一般我们不考虑球面波引起的噪声。副镜支承靠近中心的噪声较小，而副镜支承接近外边缘的噪声来源于很广的角度范围。

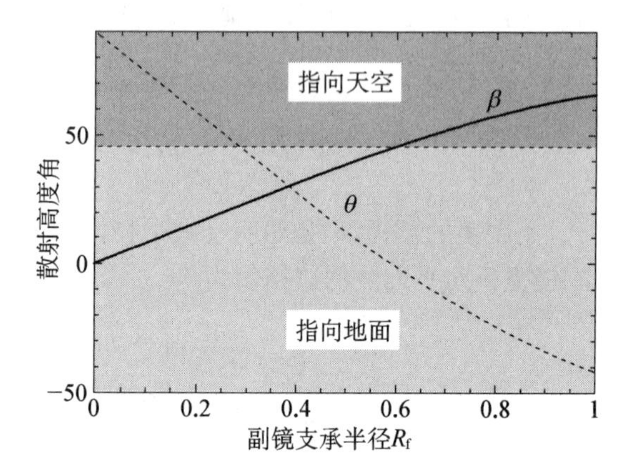

图 8.12　不同 $R_f=r_f/r_0$ 平底面副镜支承时进入馈源的噪声辐射的方向

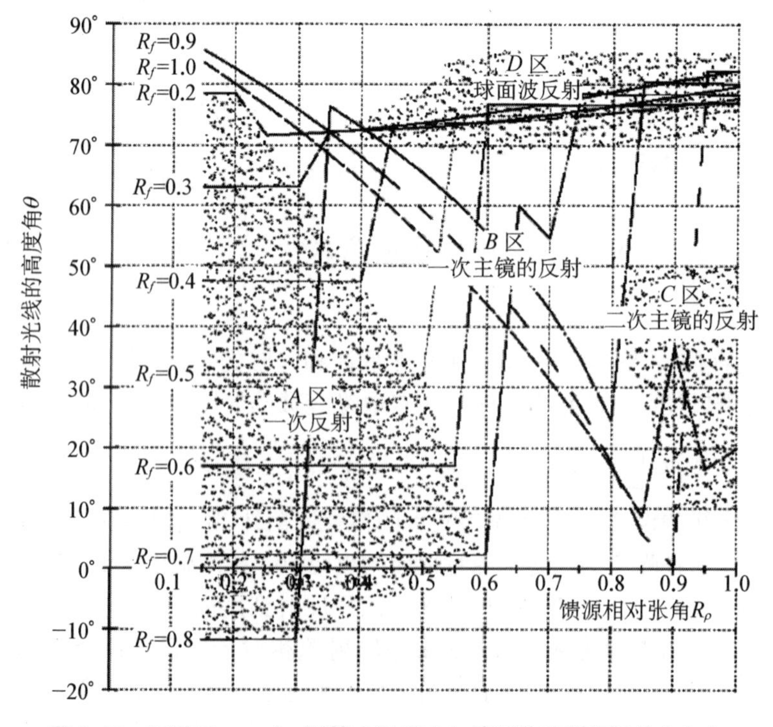

图 8.13　不同 $R_f=r_f/r_0$ 副镜支承时进入馈源的噪声辐射的方向角

以上的讨论都假设支承杆的底面是一个平面。如果支承杆的底面不是平面，而是一个尖角的形状，则其反射的噪声来源就会发生很大的变化。如果支承杆下尖角为 2α，则一次反射后平面波的噪声来源方向 θ 为

$$\theta = 90^\circ - 2\arcsin(\sin\beta \cdot \sin\alpha) \tag{8.54}$$

图 8.14 就是根据这一公式作出的曲线，它给出了不同副镜支承杆的底面半夹角所引起的噪声辐射的方向角。从图中可以看出只要支承杆的底面半夹角较小，所有的噪声辐射都将来自比较冷的天空。这就是隐形技术的要点，它给副镜支承杆的设计带来了很大的方便。

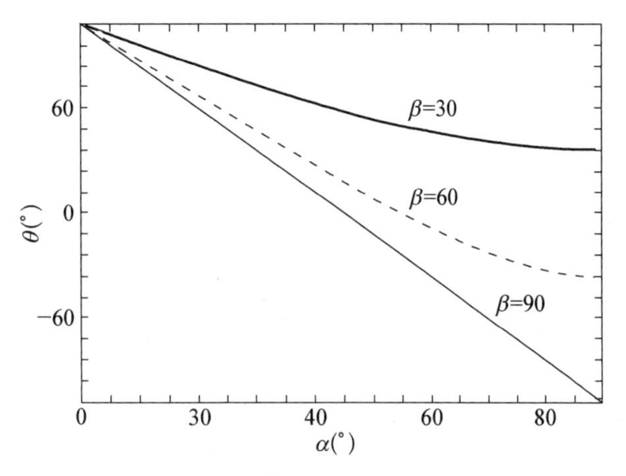

图 8.14　不同副镜支承杆的底面夹角所引起的噪声辐射的方向角

天空的背景噪声温度在不同频率上是不相同的，同时在不同的频率上天空背景噪声也有不同的来源。如图 8.15 所示，对于大部分的天区这种噪声在低频部分主要来自银心和银极区，在波长为 1 米时其噪声温度为数百开，而在波长为 1 厘米时天顶的噪声温度只有 3 K。到了毫米波段这种噪声主要是大气吸收噪声，其温度值在几十开。而地表的温度则几乎是一个常量，大约在 290 K。

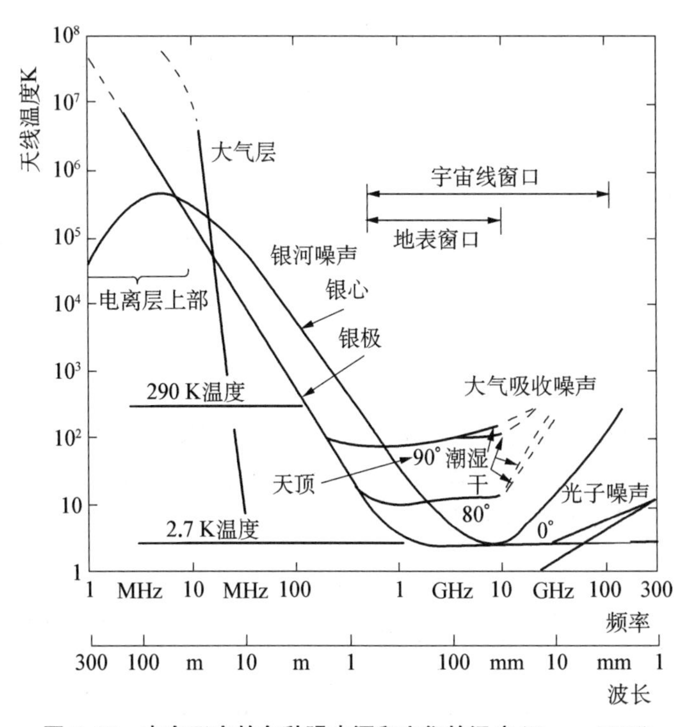

图 8.15　来自天空的各种噪声源和它们的温度（Kraus，1986）

8.1.7 应用光线追迹进行表面贴合

Lamb(1998) 发展了一种新的表面贴合方法。这种方法是利用光线追迹计算光程的方法进行的。抛物反射面产生光程的一般公式是：

$$\begin{aligned}&\text{Path}(x,y,z,\Delta x,\Delta y,\Delta z,\Delta\theta_x,\Delta\theta_y)\\&=\sqrt{(x-\Delta x)^2+(y-\Delta y)^2+(z-f-\Delta z)^2}\\&\quad+[(-z-f)-\sin(\Delta\theta_x)\cdot y-\sin(\Delta\theta_y)\cdot x]\\&\quad+\frac{1}{4f}[(2-\cos(\Delta\theta_x)-\cos(\Delta\theta_y))\cdot(x^2+y^2)]\end{aligned}\tag{8.55}$$

式中 x，y 和 z 是产生变形后的天线面形的坐标，Δx，Δy 和 Δz 是获得最佳增益时所需要的焦点坐标的变化，$\Delta\theta_x$ 和 $\Delta\theta_y$ 是所需要的指向变化。在表面贴合过程中，输入的量是表面的坐标，而要求的量是焦点坐标和指向的变化量。

所谓的光程差就是光线的光程和它们平均光程之间的差：

$$P0=\text{Path}(x,y,z,0,0,0,0,0)-\text{mean}[\text{Path}(x,y,z,0,0,0,0,0)]\tag{8.56}$$

而光程的均方根差就是这些光程差的标准误差：

$$\text{rmserror0}=\text{stdev}(P0)\tag{8.57}$$

从光程差可以获得波阵面在两个方向上的斜率。它们是

$$\begin{aligned}\delta\theta_{x0}&=\text{slope}(y,P0)\\\delta\theta_{y0}&=\text{slope}(x,P0)\end{aligned}\tag{8.58}$$

当波阵面的斜率修正以后，新的光程差公式是

$$P1=P0-\delta\theta_{x0}y-\delta\theta_{y0}x\tag{8.59}$$

式中 $\delta\theta_{x0}$ 和 $\delta\theta_{y0}$ 是初步的指向校正值。经过指向校正，下一步是求出新的焦点位置。为了获得这个位置，需要求出反射后光线和光轴之间夹角(图 8.9)的正余弦值：

$$\begin{aligned}\sin\theta_p(r_p)&=\frac{r_p/f}{1+(r_p/2f)^2}\\\cos\theta_p(r_p)&=\sqrt{1-\sin\theta_p^2(r_p)}\end{aligned}\tag{8.60}$$

为了获得最大增益，必须移动焦点的位置。径向的位置移动可以消除彗差，所以要在光程公式中乘以一个 Ruze 推导出的彗差系数。因为这个焦点移动会引起一个和波束偏差因子相关的指向改变，因此要在光程中减去这个指向改动的贡献。这样径向焦点移动的参数为

$$\Delta x=\frac{\sum_0^K P1_k\cdot\left[\sin\theta_p(\sqrt{x_k^2+y_k^2})\cdot\cos[\arctan(y_k/x_k)]-\frac{\text{BDF}\cdot x_k}{f}\right]}{\sum_0^K\left[\sin\theta_p(\sqrt{x_k^2+y_k^2})\cdot\cos[\arctan(y_k/x_k)]-\frac{\text{BDF}\cdot x_k}{f}\right]^2}$$

$$\Delta y = \frac{\sum_0^K P1_k \cdot \left[\sin\theta_p(\sqrt{x_k^2+y_k^2}) \cdot \sin[\arctan(y_k/x_k)] - \frac{\text{BDF} \cdot y_k}{f}\right]}{\sum_0^K \left[\sin\theta_p(\sqrt{x_k^2+y_k^2}) \cdot \sin[\arctan(y_k/x_k)] - \frac{\text{BDF} \cdot y_k}{f}\right]^2}$$

$$\text{BDF} = \frac{f\sum_0^K [(\sqrt{x_k^2+y_k^2}) \cdot \sin\theta_p(\sqrt{x_k^2+y_k^2})]}{\sum_0^K (x_k^2+y_k^2)} \tag{8.61}$$

望远镜真正的指向变化值的表达式应该减掉这个波束偏差因子的贡献量，为

$$\Delta\theta_x = \delta\theta_{x0} - \frac{\text{BDF} \cdot \Delta y}{f}$$

$$\Delta\theta_y = \delta\theta_{y0} - \frac{\text{BDF} \cdot \Delta x}{f} \tag{8.62}$$

指向校正以后的光程差应该是

$$P2 = \text{Path}(x,y,z,0,0,0,\Delta\theta_x,\Delta\theta_y) - \text{mean}[\text{Path}(x,y,z,0,0,0,\Delta\theta_x,\Delta\theta_y)] \tag{8.63}$$

而光程差的均方根是

$$\text{rmserror2} = \text{stdev}(P2) \tag{8.64}$$

而轴向焦点移动则是从余弦函数的平均值与每一个余弦函数值之差相关的：

$$\Delta z = \frac{\sum_0^K P1_k \cdot [z_{avg} - \cos\theta_p(\sqrt{x_k^2+y_k^2})]}{\sum_0^K [z_{avg} - \cos\theta_p(\sqrt{x_k^2+y_k^2})]^2}$$

$$z_{avg} = \text{mean}[\cos\theta_p(\sqrt{x_k^2+y_k^2})] \tag{8.65}$$

这样就获得了焦点位置的全部移动量，可以用来计算经过指向和焦点位置校正后的光程差和它的均方根误差，它们是

$$P3 = \text{Path}(x,y,z,\Delta x,\Delta y,\Delta z,\Delta\theta_x,\Delta\theta_y) - \text{mean}[\text{Path}(x,y,z,\Delta x,\Delta y,\Delta z,\Delta\theta_x,\Delta\theta_y)]$$

$$\text{rmserror3} = \text{stdev}(P3) \tag{8.66}$$

原则上，这个计算应该再进行迭代，使得光程的均方根差最小。实际上这一过程常常是不需要的。注意这里计算的是光程差，它大约是反射面表面误差的 2 倍。

8.2 射电望远镜的结构设计

8.2.1 射电望远镜的基本结构形式

8.2.1.1 射电天线

射电望远镜是接收微弱信号的一种高增益天线。射电望远镜的主要结构形式是称为连续口径天线的面天线以及由面天线作为基本单元的非连续口径天线。在射电望远镜中一些中、低增益的天线往往只是用作一些面形天线的馈源，或者用这些天线组成庞大的阵列，以获得整个望远镜系统的高增益。

在射电频谱的低频段，用对称振子组成的阵列是射电望远镜的一种基本形式。单个对称振子的辐射方向图是振子长度的函数。当振子长度和波长相比很小的时候，其辐射方向图在图形平面上的半功率宽度为 45°。当振子长度逐渐增大时，半功率宽度逐渐减小，当长度为半个波长时半功率宽度减小到 39°，当长度为一个波长时半功率宽度减小到 23.5°。但是继续增大振子长度，方向图就会复杂化(图 8.16(c))，这对于大部分天线都是不利的。图 8.16 中方向图在垂直于振子的方向上是对称分布的，单个对称振子增益很低(≤4.4 dBi)，方向性也很差。为了获得很高的方向性和较高的功率增益，可以采用对称振子组阵。对称振子的线阵只能在两个方向上改善天线的方向性，使用对称振子的面阵就能在三个方向上获得方向性极好的辐射性能，这种形式的阵列(见图 8.17)是在低频区工作的一种射电望远镜的结构形式。在对称振子主辐射方向的轴线上，有时也常常增加若干个无源振子来作为天线的反射器或导向器，具有反射器和导向器的振子天线也称为八木天线。这种天线可以是射电望远镜阵列的基本单元，也可以成为面形反射式射电望远镜的馈源。

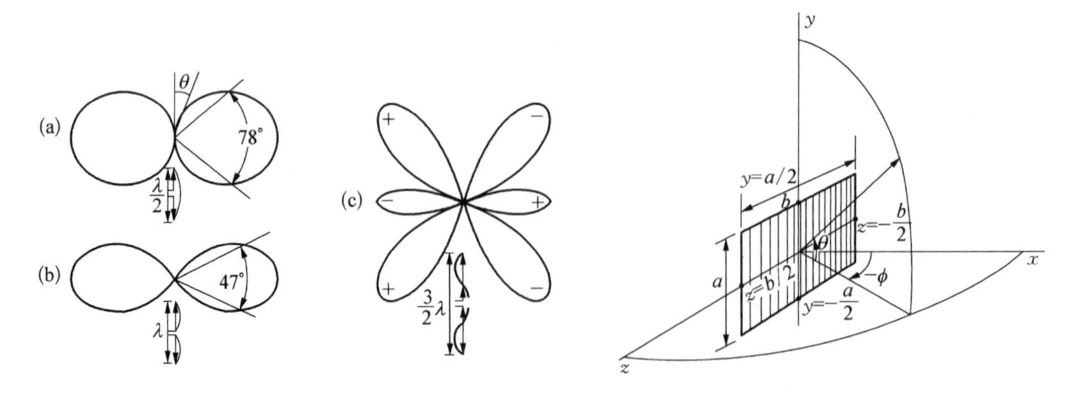

图 8.16 不同长度对称振子的辐射方向图

图 8.17 射电望远镜的天线振子阵列的形式

面形反射式射电望远镜是射电望远镜最基本的形式。根据反射面的个数、形状和安置方式，射电望远镜又可以分为单反射面望远镜和双反射面望远镜；亦可以分为圆形口径抛物面望远镜，柱形反射面望远镜，偏轴式(offset)抛物面望远镜等；同时也可以分为可动式(steerable)射电望远镜和固定式射电望远镜。圆形口径的单抛物面天线和双反射面天线是我们所熟悉的射电望远镜的主要类型。而其他型式的天线结构则是从这两种基本类型中发展起来的。面型射电望远镜包括两个基本部分，一是收集和反射辐射能的反射面部分，另一个称为馈源或照明器。反射面是射电望远镜最主要的部分，它的大小决定了射电望远镜收集辐射能的能力。在射电望远镜中如果反射面是方位俯仰可动的则称为可动式射电望远镜，如果反射面是方位俯仰不动的则称为固定式射电望远镜。固定式射电望远镜有时亦可以利用馈源的移动来实现对天体的跟踪，目前口径最大的固定式望远镜是位于贵州的 500 米口径望远镜（FAST）。这种望远镜的反射面是球形的，它的照明器可以在其焦面上移动（见图 8.18）。

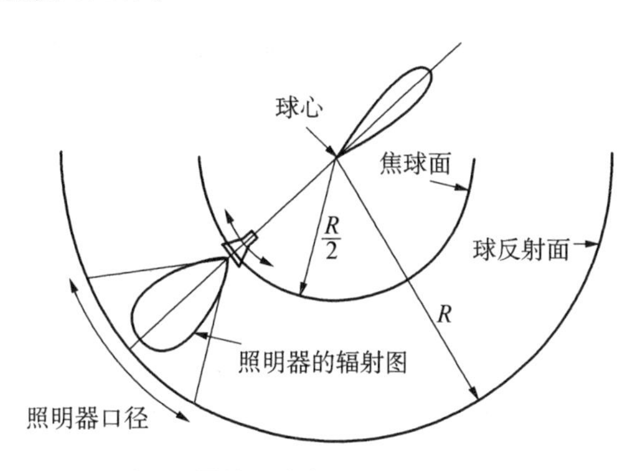

图 8.18 通过照明器的运动来实现跟踪的固定式射电望远镜

另一种固定式望远镜可以称为射电中星仪。其反射面只能作微小变化，因此视场十分有限。这种中星仪式射电望远镜比较有名的有美国俄亥俄州 Kraus 射电望远镜，以及俄罗斯普尔科沃天文台的射电天文望远镜（RATAN - 600）。不过后者有较多的功能，亦可以进行非中星仪式的观测。这两台中星仪也是形状特殊的两台射电望远镜。Kraus 望远镜的主反射面 B 是一个很大的抛物面形的一小部分（图 8.19），而可转动平面镜 C 可以把子午面上的射电信号反射到主反射面上，从而进入望远镜的照明器 A 中。在俄罗斯 RATAN - 600 的设计中，直径 576 米的圆环包括有 995 块平板，每块平板的角度均可以进行调节以适应对不同高度角天体的观测。环形平面镜将辐射会聚在圆柱形的副反射面上，然后聚焦于馈源，这就是图 8.20(a)中的观测情况。RATAN - 600 还可以进行其他形式的观测，如图 8.20(b)和(c)所示。因为这台望远镜具有较大的线尺寸，所以它可以获得很高的分辨率和灵敏度。

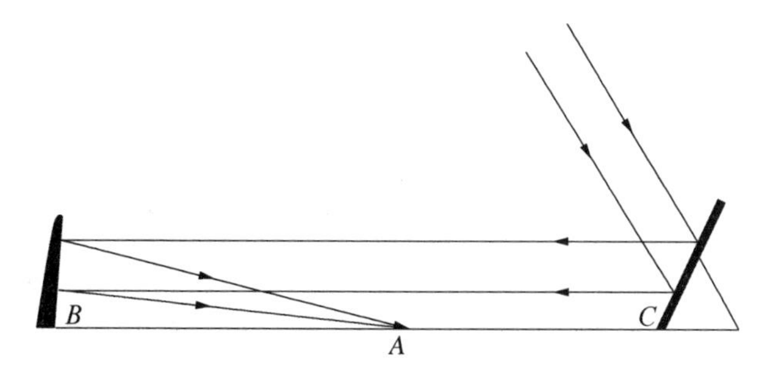

图 8.19 美国俄亥俄州 Kraus 射电望远镜

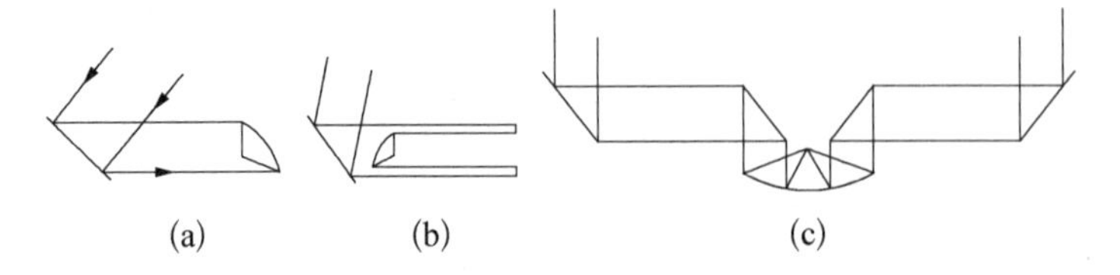

图 8.20 RATAN-600 射电望远镜的主要观测功能

在可动式射电望远镜中除了轴对称的主焦和卡塞格林系统外，还有抛物柱面天线和偏轴式的天线形式。抛物柱面天线如图 8.21 所示，如果将抛物柱面天线建造在适当坡度的南北基线上，则通过抛物柱面天线的旋转运动，天线可以实现对天体的跟踪。而天体在赤纬方向的定位可以通过对天线焦线上各个振子的相位控制来实现。应用可动式的柱面天线可以在较低成本上获得很大的天线接收面积。但是可动式柱面天线必须选择适当的地形条件。另一种可动式射电望远镜是偏轴式的结构，如图 8.22 所示。偏轴式的结构减少或完全消除口径的遮挡问题，从而大大提高了天线的增益。但是偏轴结构有时会引进复杂的极化问题，所以天线的应用范围也受到限制。偏轴式天线的主焦结构应用很少。在利用双镜面系统时，如果馈源位于主面的对称轴线附近，则其极化现象就会减小或者完全消除，因此这种偏轴式结构有比较多的应用。偏轴式结构同样可以用于柱形天线。

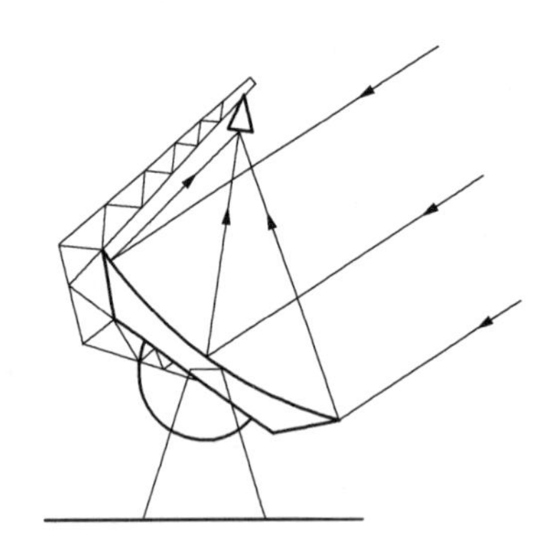

图 8.21 抛物柱面天线的截面图

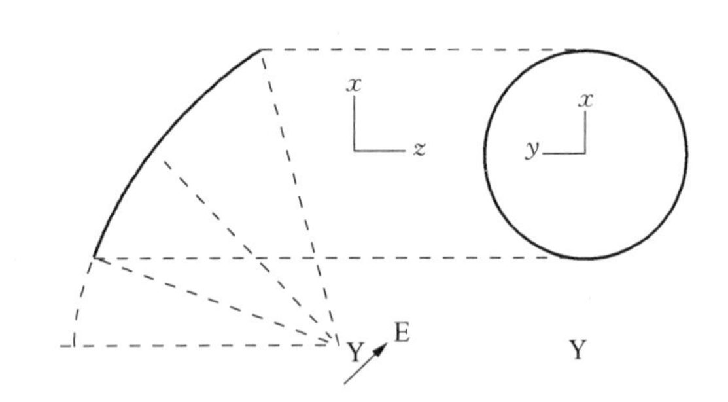

图 8.22 偏轴式射电望远镜的光学系统

8.2.1.2 馈源和馈源喇叭

在所有面形天线中称为馈源的照明器是天线系统中的重要组成部分。最基本的天线照明器就是对称振子。除了对称振子外，在射电望远镜中常用的还有圆柱形螺旋天线(见图 8.23)，圆柱形螺旋天线是一种频带较宽的圆极化天线。圆柱形螺旋天线的辐射性能很大程度上决定于螺旋的直径 C 和波长 λ 之比，其轴向辐射发生在这样的频率范围之内，即

$$0.75 < C/\lambda < 1.25 \tag{8.67}$$

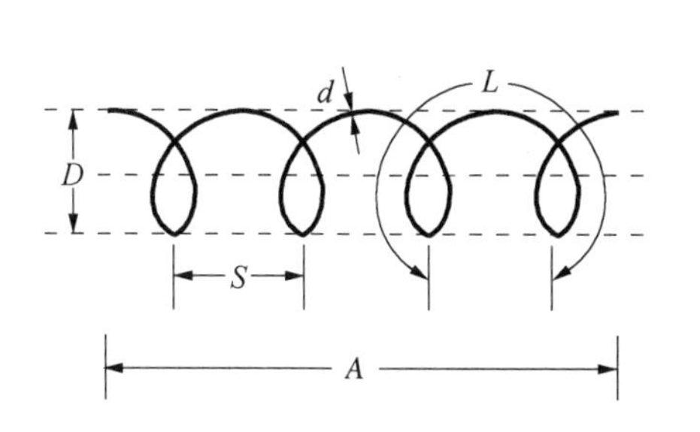

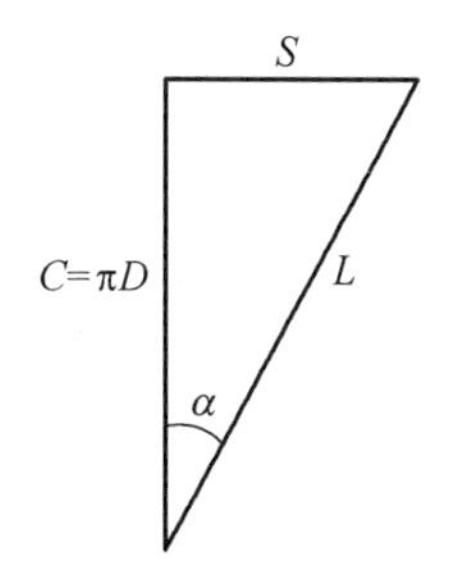

图 8.23　圆柱形螺旋天线及其特征参量

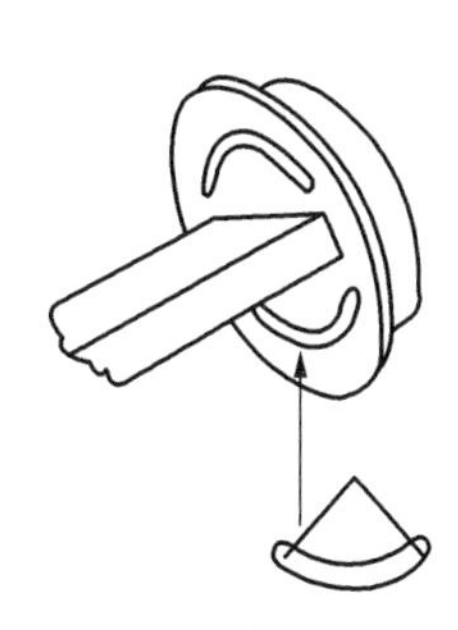

图 8.24　一种空腔式照明器

在射电望远镜中主焦照明器还包括其他一些结构形式。图 8.24 所示是一种空腔式照明器，它的两个开口槽形成一对磁性极子，开口槽的距离必须小于 $\lambda/2$。这种照明器可以用于 X 波段。在射电望远镜中应用最为普遍的是各种喇叭天线，如圆锥喇叭天线、多模喇叭天线和混模(hybrid mode)喇叭天线。喇叭天线的频率特性好，结构也相对简单。特别是混模喇叭天线可以获得轴对称的振幅、相位的辐射特性，在较宽的频带范围内获得良好的电特性，因此成为高频区域射电望远镜的主要照明器种类。圆锥喇叭天线在基模 TE_{11} 激励的情况下对于圆极化的要求是十分有利的，但是这种喇叭的辐射特性与口径密切相关，当口径比波长大的时候，往往不能保证辐射的对称性，而且其交叉极化的性能也与口径边缘的形状密切相关。以上这种主模喇叭的缺点可以为多模喇叭天线所克服。在多模喇叭天线中由于截面和锥角的变化可以激励多个传输模，这些模的合成可以使口径面上获得旋转对称的场，从而提高喇叭天线的增益和对称性(见图 8.25)。混模喇叭天线，又叫波纹喇叭是二十世纪六十年代新发展的一种高效率的天线照明器。在波纹喇叭中壁面呈波纹结构，其边界条件发生了重大变化，从而使 TE 型和 TM 型波具有同样的边界条件，获得对称分布的混模传输。同时波纹喇叭的旁瓣电平极低，因此已经广泛地运用于高效率的射电望远镜中。波纹喇叭有两种类型：一种是小锥角的，另一种是大锥角的，分别如图 8.26(a)和(b)所示，两种类型的辐射特性相似。只是大锥角的喇叭具有球面波辐射特性，而小锥角的则接近于平面波辐射。大锥角波纹喇叭又称为标量喇叭(scalar horn)。

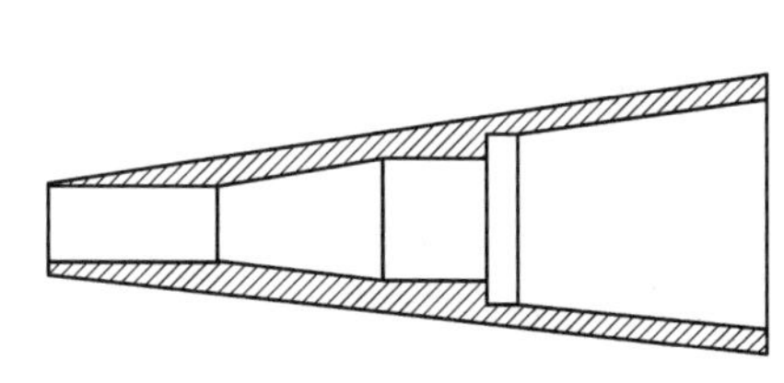

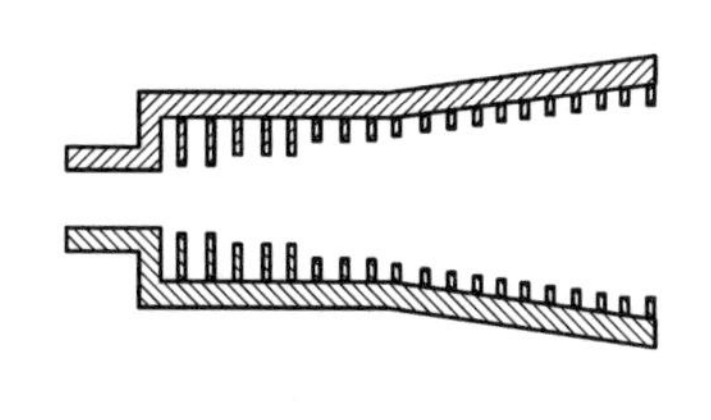

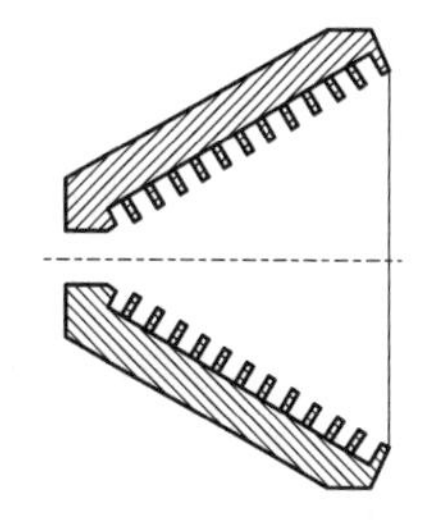

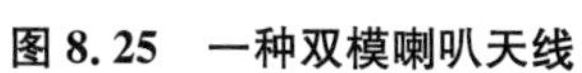

图 8.25　一种双模喇叭天线

图 8.26　波纹喇叭的截面形状：(a) 小锥角，(b) 大锥角

8.2.1.3　射电天线的支架形式

和光学望远镜类似，射电望远镜也具有两种支架形式：赤道式和地平式。不过绝大多数射电望远镜都采用了地平式的支架形式。射电望远镜的地平式支架形式又分为两种类

型，一种是中心轴式(king post)结构，另一种是轮轨式(wheel-and-track)结构。射电望远镜根据其保护情况有露天式的、天线罩式的和圆顶式的。由于成本和天线效率的考虑，露天式望远镜是射电望远镜最主要的形式。露天式望远镜受自然条件的影响必须承受极端的气候条件，因此结构设计要求较高，需要进行较多的分析和模拟。天线罩式望远镜保护了天线结构，因此结构设计要求较低。但是天线罩的吸收、反射和骨架的遮挡使得天线增益降低，噪声增加。这对于高频率(毫米波和亚毫米波)天文观测的影响尤为重要。圆顶式的结构似乎完满地处理了这一矛盾，然而圆顶的造价又要比天线罩的造价高。

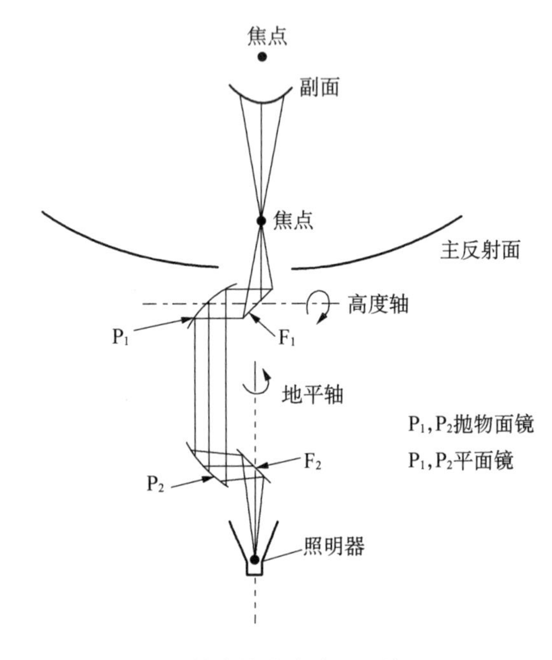

图 8.27　射电望远镜中的波束波导系统(Kelleher，1984)

在轮轨式的支架结构中为了获得静止不动的馈源位置，一种重要的辐射传输系统叫做波束波导系统，图 8.27 中所示是这种系统的结构安排。在这个系统中反射镜组将辐射从卡塞格林焦点转移到固定的馈源相位中心。这种系统有一定的损耗，并比卡塞格林系统有更大的系统噪声，在射电天文望远镜中用得不多。

8.2.2　抛物面射电望远镜的设计

抛物面射电望远镜在结构设计上的很多方面和光学望远镜相同。在前面的章节中对一些结构设计和分析的问题已经作了详细的讨论，因此这里就不再重复，读者可参考相关章节。抛物面射电望远镜的结构主要包括主面、背架、副面及副面支承、馈源舱、高度的俯仰轴及传动和方位轴及传动这几个大的部分。大部分射电望远镜的主面和背架是连在一起的，只有精密的毫米波望远镜需要将面板和背架分开使面板的高度可以调节，以保证面形的高精度。背架的设计是射电望远镜设计中最为重要的部分，所以我们先讨论这一个问题。

背架的主要作用就是保持反射面的精确面形。最简单也是最典型的背架设计就是一个弯月形的双层桁架结构。应该指出任何合理的桁架结构均具有一定程度的保形特点，当口径小的时候背架的设计并不复杂。只有在天线口径较大或者要求精度较高时，所使用的桁架结构才需要进行认真优化，背架设计是天线设计的关键。

在光学望远镜中部件设计的首要考虑是它们的变形情况，这和射电天线的设计不同。射电天线一般结构比较大，它的设计要特别考虑构件的最大应力。在前面光学镜面的讨论中我们已经知道圆板在不同支承半径时板内的应力大小和分布是完全不同的。当圆板在内圈支承时最大应力 σ_t 主要是在圆周方向，而当支承半径移动到圆板半径的 0.67 时圆板的最大应力 σ_r 就变成圆周半径方向上的应力，而其数值仅仅是内圈支承时最大应力的十分之一(图 8.28)。如果最大应力值是内圈支承时的十分之一，那么背架内圈的结构重力就有可能减少到内圈支承时的十分之一。当然由于支承半径的扩大支承结构的刚度也要增大。但是支承结构的刚度可以用增大其高度的方法来实现。由于支承半径比较大，副面及其支承质量可以直接加到背架的支承点上，从而避免了由于副面及其支承质量的非轴对称的性质，使反射面的表面误差增大。

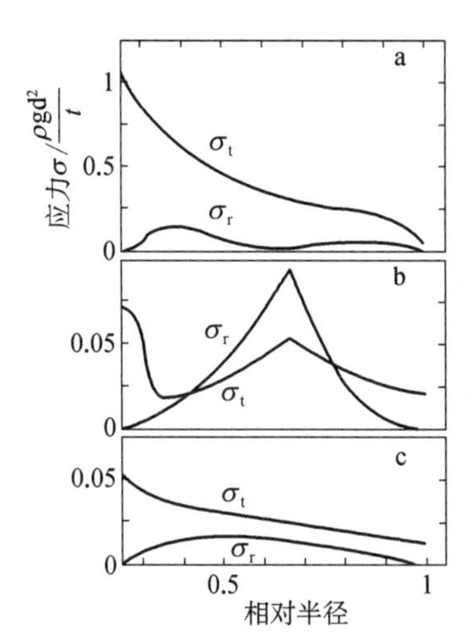

图 8.28　圆板在(a) 内孔，(b) 0.67 圆周，和(c) 外圈支承时的应力分布

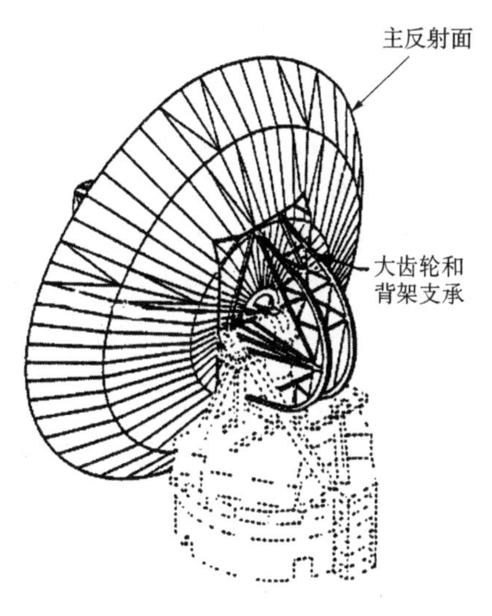

图 8.29　典型射电望远镜的背架结构

不同望远镜可以采用不同的支承结构设计，比较保守的是从高度轴出发采用箱型的中心支承结构。这些箱型支承结构本身就是背架的中心部分，是内圈支承的形式。这种支承形式的优点是背架表面的变形从中心处很小，向外逐渐增大，容易实现反射面的保形。其缺点是结构质量大，成本比较高。在圆形结构的中心部分，径向的杆件十分密集，它们相对应的表面质量却急剧减少，从变形来看这种结构的中心部分是过于结实了，而且这种结构的谐振频率也不是很高。大型射电天线都不同程度地使用比较大的支承半径以减轻结构的质量。这种支承也有多种形式。一种比较普遍采用的是通过中心框架结构来实现支承，这种框架结构除了四个支承点外与背架结构并不接触，框架结构和大齿轮连接在一起，当然这种设计需要避开背架的内圈桁架(图 8.29)。有时该结构的连接点是六个，也有从四点又分出八个支承点的。另外一种很特别的设计是采用一个倒置的四棱锥，从四棱锥的顶点向着背架的支承环成辐射状伸出一组支承杆和背架连接。这个四棱锥的其他四个顶点分别与高度轴和大齿轮相连接，四棱锥的顶点同时和背架的中心连接在一起。在这个设计中高度轴和大齿轮均不与背架直接连接，这样就保证了背架受力的对称性。著名的德国 100 米可动望远镜就是采用了这种设计(图 8.30)。背架的优化是一件艰苦的工作。一种中心支承的背架结构由一根根径向的两维桁架构成。在优化这种结构

时可以在每一片二维桁架上先进行优化，这时与其相连接的环状分布杆件的一半质量应该加到二维桁架的相应点上。对于网状天线表面在背架的中心部分可以采用单层桁架的设计。另外在连接径向结构时采用预应力的金属构件也可以减轻结构的质量，提高结构的刚度。预应力的结构主要用于低频天线，在高频区间温度的变化会使预应力改变，影响表面的精度。

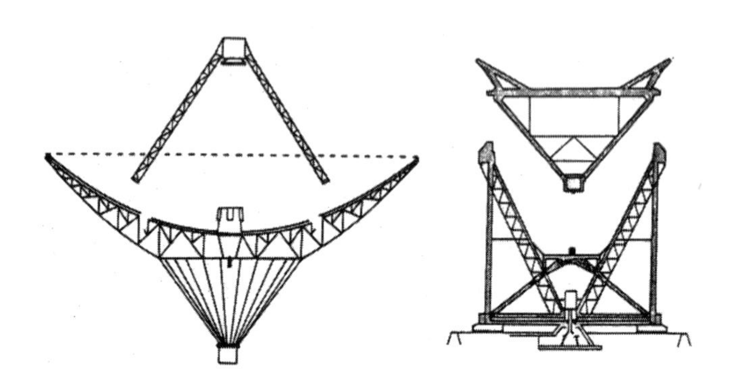

图 8.30 德国 100 米射电望远镜结构的设计(Rohlfs,1986)

在背架设计中高度轴的位置是很重要的。高度轴离背架愈近背架所需要的平衡重就愈少，反之所需要的平衡重就愈多。高度轴的位置同时与天线工作时的最低高度角直接相关，高度轴离背架愈近天线往往就愈难达到很低的高度俯仰角。为克服这个问题高度轴的结构可以设计为不对称的形式，但是不对称的结构会增加相应的平衡重，而且在天文观测时会引进相位的变化。减少平衡重量的一种简单方法是将平衡重安置在很远的后方。这种结构谐振频率低，同时转矩增大。这对于要求高速运动的天线是不利的。天线的方位轴有两种形式：一种是轴承式的，另一种是轮轨式的。方位轴承的抗弯刚度对天线的指向精度有直接的影响。对于大型轮轨式的天线来说高度轴往往用高大的人字形支架来支承。图 8.31 是一个大型天线的人字形支架的侧面和正面的结构图。该结构共有三组轨道轮，成三角形在圆形地平轨道上转动。太阳对大型人字架的热辐射会引起指向误差，这对于精度要求高的天线十分有害。温度对天线的影响随着频率的增高会愈来愈大，所以温度对于毫米波天线的影响也就极为严重。这一点将在第九章中进行详细讨论。另外风力对大型天线也有着极大的影响。风的性质、静态和动态的作用，以及风的谱特征等

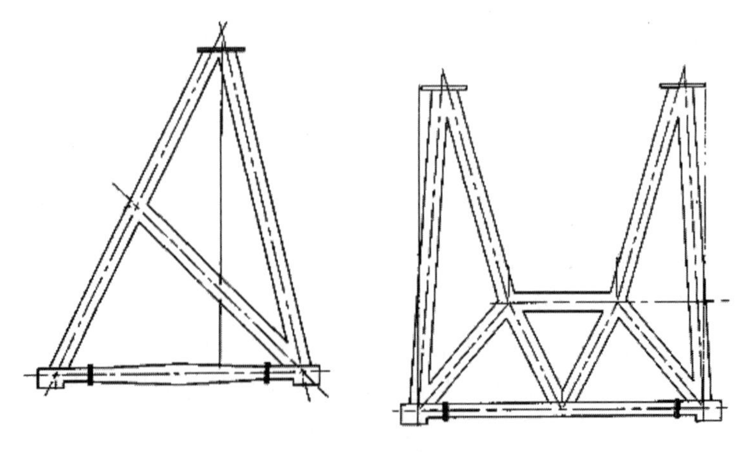

图 8.31 大型轮轨式天线的高度轴支承结构(JPL)

在前面的章节中已经进行了深入的讨论，这些讨论对射电望远镜的结构设计同样是重要的。关于射电望远镜面板的全息测量和面板预调角的问题在第九章中进行讨论。

8.2.3 风对射电望远镜的影响

射电天线是一种特殊的结构形式，它的抛物面主面的面积很大，同时主面在观测中具有不同的高度俯仰角。为了获得风对天线结构的具体作用，在过去的几十年，中外很多研究所进行了不少风洞测试，获得了很多数据。图 8.32 和 8.33 表示了天线主面上的风压分布。图中这些压力值等于天线表面正反两面的压力差，图中的数值以平均风压为单位。这些数值对射电望远镜的结构分析是十分重要的。

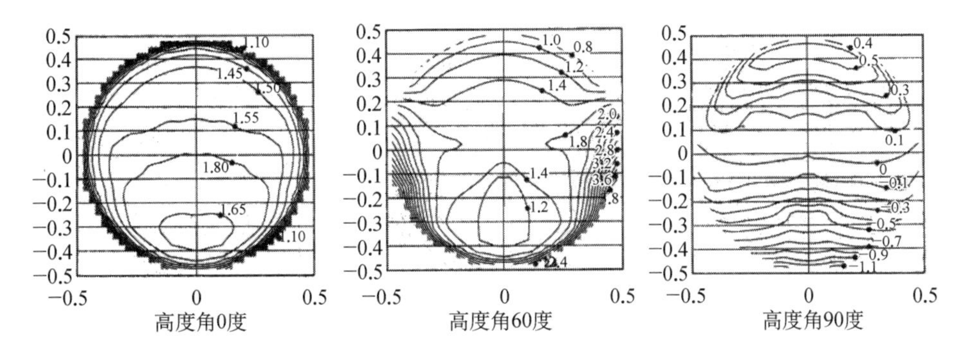

图 8.32　天线口径面上在高度角为 0 度、60 度和 90 度时的风压分布(Levy,1996)

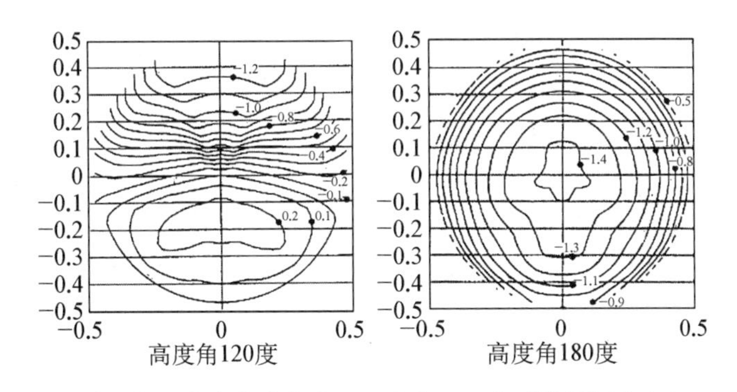

图 8.33　天线口径面上在高度角为 120 度和 180 度时的风压分布(Levy,1996)

除了天线表面的风压以外，风对天线的影响还表现在它对抛物面顶点所产生的合力和合力矩。风对天线的合力和合力矩总共有三个分量，一个是作用于天线顶点的轴向力；一个是作用于顶点的切向力，这个力在低高度角时向着天顶方向；最后一个是作用于天线顶点的翻转力矩。三个分量分别见图 8.34、8.35 和 8.36。这三个分量都是天线主面高度角的函数，其中最大轴向力和最大翻转力矩对结构设计的影响最大。在估算面板所受到的风的最大轴向合力 F_{max} 和最大翻转力矩 M_{max} 时，我们可以采用下列的近似公式：

$$F_{max} = 1.5A\left(\frac{1}{2}\rho V^2\right)$$

$$M_{max} = 0.15DA\left(\frac{1}{2}\rho V^2\right) \tag{8.68}$$

式中 A 是天线的口径面积，D 是天线的直径，ρ 是空气的比重，V 是风的速度。

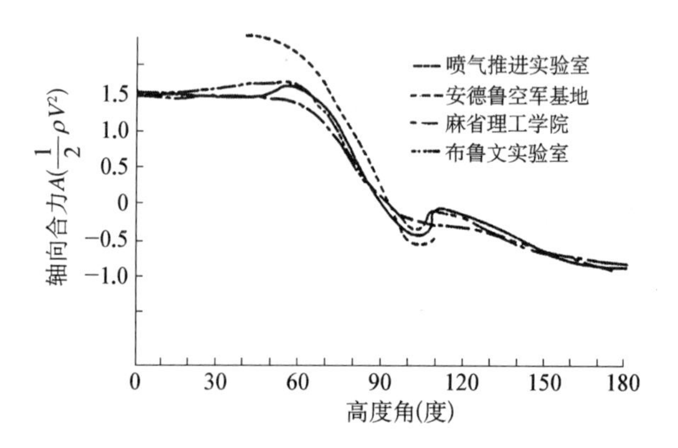

图 8.34　风对天线的轴向合力和高度角的关系(Hirst,1965)

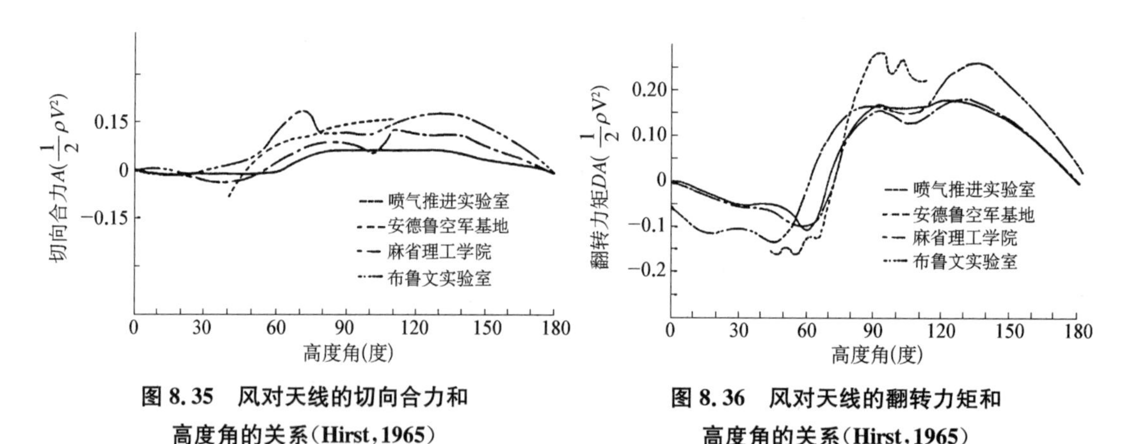

图 8.35　风对天线的切向合力和高度角的关系(Hirst,1965)

图 8.36　风对天线的翻转力矩和高度角的关系(Hirst,1965)

8.2.4　射电望远镜的主动控制

随着技术的发展和进步，射电望远镜的主动控制已经得到一定的应用。目前射电望远镜的主动控制主要用于两个方面，一个是对副镜位置的监视控制，另一个是对主反射面面形的监视控制。对于大型或精密的天线来说副镜的位移对于望远镜的指向和波束形状均有极大的影响。一般来说副镜的转角比较容易监视控制，而了解和补偿副镜的径向位移则比较困难。在一些射电望远镜中采用一种激光四象限位移探测器来了解副镜的径向位移，这种方法将在下面进行介绍。另外为了实现对主反射面面形的控制，必须实时地对主面面形进行检测，在这方面的一个不成功的例子是采用一种激光测距系统。这种激光测距系统原理简单，但是它有着十分重要的应用价值。利用同样的原理这种激光系统还可以用作射电接收器的本振源(signal generator)。

8.2.4.1　激光四象限位移探测器

在第三章中我们已经讨论了象限式光电管在光学望远镜导星方面的作用。激光四象限位移探测器就是在象限式光电导星的原理上发展起来的。图 8.37 是激光四象限位移探测器的基本布局。它的主要部件包括激光发射器、光扩束器、光缩束器、四象限管、运动平台、平台位移传感器和控制环路。

激光四象限位移探测器的设计要点是激光光束的腰宽。激光传播遵循高斯波的原理(参见 9.4.3 节)。由高斯波腰宽的公式:

$$W(z) = W_0 \left[1 + \left(\frac{z\lambda}{\pi W_0^2} \right)^2 \right]^{1/2} \tag{8.69}$$

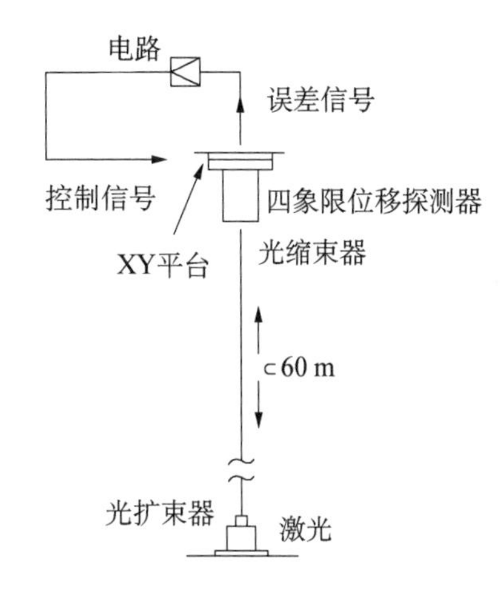

图 8.37　激光四象限位移探测器

式中 W_0 是初始腰宽，z 是传播距离，λ 是波长，$W(z)$ 是距离 z 时的腰宽。为了确定最佳的初始腰宽，对上式微分 $\mathrm{d}W(z)/\mathrm{d}W_0 = 0$，有

$$W_0 = \left(\frac{z\lambda}{\pi} \right)^{1/2} \tag{8.70}$$

当波长为 750 nm，传播距离为 60 米时，可以解出最佳的初始腰宽为 3.45 mm。而激光器发出的宽度一般小于这个数字，因此在激光器的前面要加上一个光扩束器。光扩束器是由两个焦距不等的透镜所构成。当激光光束传播一定的距离后腰宽会增大，这时光缩束器的设计应该考虑到四象限管的最佳位移分辨率。激光光束腰宽缩小的值可以用同样的公式来计算。一般四象限管有一个最小的像斑大小，而最佳分辨率应该发生在光斑尺寸略大于这个像斑尺寸的时候。典型的四象限管光斑半径是 0.5～0.6 mm。为此在四象限管前还要加上光缩束器。四象限管位于光缩束器的出瞳上，这样光缩束器的角度和位置变化就不会影响激光光束的准直性。四象限管的移动范围大概是光斑尺寸的两倍，要增加移动范围就要增大光斑尺寸。在射电望远镜上为了防止室外光线的干扰，在四象限管前还要加上滤光器。一个以激光波长为中心的频宽为 20 nm的滤光器可以有效地避免室外光线的干扰。大气对光束的散射影响较小，大气的吸收大概是 2%。设计激光四象限位移探测器的时候激光能量的损耗是应该注意的问题。激光能量的损耗包括大气吸收、各透镜表面的损耗、滤光器损耗以及四象限探测器表面玻璃的损耗。

在电路方面应对激光光源进行调制使之成为交流信号，同时在四象限探测器上进行同步锁定探测。这样探测的范围仅局限于调制频率的区域，噪声的影响大大降低。通过锁定四象限探测器的中心，可以通过位移传感装置测出天线的副镜机构相对于主反射面的径向位移，从而达到控制副镜位置的目的。

8.2.4.2　激光测距系统

激光测距系统首先用于美国绿岸(Green Bank)100 米望远镜主面面形控制的目的。

绿岸 100 米望远镜(GBT)(见图 8.38)是目前最大的可动偏轴式射电望远镜,它的最短工作波长定在 3 毫米。为了实现这一目标,必须对面形实行实时控制,为此应用了一套极为精确的激光测距系统。这套系统主要包括两个部分:一个是激光测距仪;另一个是后向反射器,后向反射器包括普通型和广角型两种。通过这一望远镜的实际使用,由于激光散射原因,激光测距的效果仍然达不到预期。现在望远镜的面形主要是依靠天文全息方法进行测量,实际上这是一种主动光学的控制系统。

图 8.38 美国绿岸(Green Bank)100 米望远镜(NRAO)

100 米望远镜激光测距仪共有十八台,以望远镜为中心半径为 120 米的地面圆周上有十二台,在高高的馈源支臂上有六台。在地面和望远镜的结构上分布着很多广角型后向反射器。其中有一些后向反射器分别安装在同一位置上下或前后两个面上,起着坐标传递的作用。当然在一定指向位置的时候,激光测距仪并不能同时看到所有广角后向反射器,但是总有一定数量的广角后向反射器在激光测距仪的视野以内。另外在每一块面板的边角上也安装着标准型后向反射器。整个系统的基本原理是通过测量激光测距仪与地面和结构上广角后向反射器的距离,首先确定在馈源支臂上激光测距仪的自身位置。在其自身位置确定后,通过测量每一个面板上的后向反射器到激光测距仪的距离来确定每一块面板的位置从而了解整个主反射面的面形误差。由于激光测距仪也可以决定副反射面的位置和指向,所以这个装置还可以用于确定望远镜的实际指向误差。在绿岸望远镜主面面板的四个角上均安装有位移触动器,确定面板位置后就可以随时进行面板调整。

100 米望远镜激光测距系统如图 8.39 所示。波长为 780 nm 的激光二极管经过调幅,通过准直系统射向远处的后向反射器。激光调幅的频率为 1.5 GHz。经过后向反射器回来的调幅信号经过放大与本振信号相混合。这个本振信号的频率是 1 500.001 MHz,两者相差 1 kHz,混频后所得的信号频率为 1 kHz。这个低频信号的相位与激光从后向反射器回来的调幅信号的相位相同。这个相位值就代表了调幅信号所经过的光程。用这个低频信号和另一个同样频率(1 kHz)本振信号的相位进行比较就可以获得经过后向反射器回来的调幅信号的相位偏移。计算这一相位偏移的时钟信号频率是 20 MHz,这样就可以了解相位差的细节。

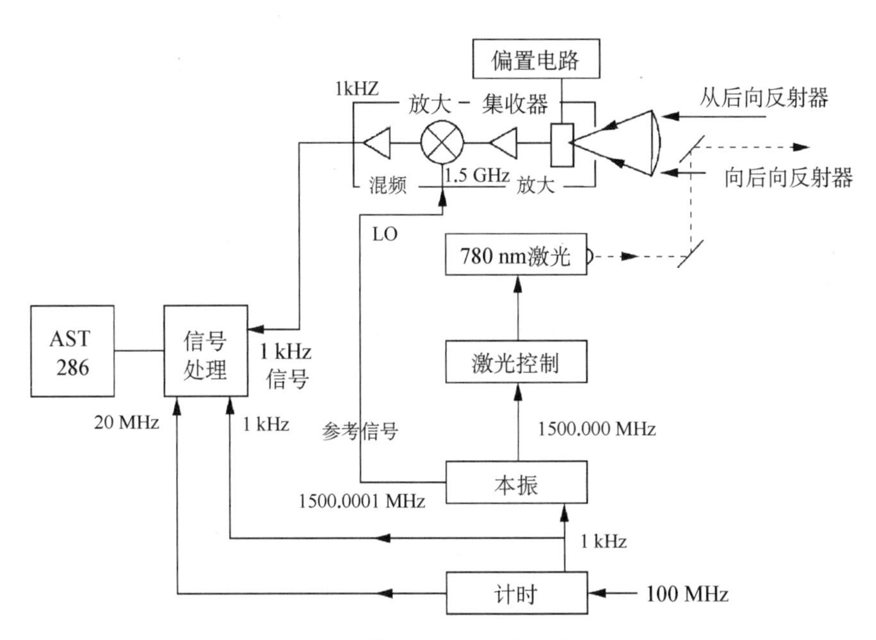

图 8.39 100 米望远镜激光测距系统示意图(Payne,1990)

如果将本振的参考信号相位作为基准,经过混频器后信号的相位就是从反射器回来的调幅信号本身的相位。而这一相位的值就代表了调幅信号即激光光束所经过的距离。设激光测距仪和后向反射器的距离为 d,则总的相位变化为 $2d/\lambda$。因为 $\lambda \ll 2d$,所以在距离的测量上有相对于波长整数倍的不确定性。对于调制频率为 1.5 GHz,则这个不确定性的距离为 10 cm。这个数字对于精密的天线已经是一个很大的距离,它不会对位置测量产生很大的影响。通过所用时钟的频率可以算出这一系统的精度约为 100 μm。为了获得真正的绝对距离,可以采用改变频率的方法。实际上最简单的方法是应用天线高度轴和方位轴的位置建立一个激光测距仪与每一个后向反射器距离的数据库,这样就可以避免这种波长整数倍的距离不确定性。

由于激光经过大气传输,所以空气折射率的变化有着十分重要的影响。空气影响有两个方面:一个是大尺度折射率的变化;另一个是小尺度折射率的变化。大尺度折射率 n_g 的变化有规律可循,这个规律可以表示为下面的公式:

$$n_g = 1 + \frac{n_{g0} - 1}{1 + T/273} \frac{P}{100} - \frac{5.5 \times 10^{-8} e}{1 + T/273} \tag{8.71}$$

式中 T 是摄氏温度,P 是毫米汞柱大气压,e 是以毫米汞柱为单位的水蒸气的气压,n_{g0} 是温度为20℃大气压为 760 毫米汞柱时的大气折射率。温度为20℃时 $\mathrm{d}n_g/\mathrm{d}P = 3.678 \times 10^{-7}$ 。当大气压不变,温度为20℃时有 $\mathrm{d}n_g/\mathrm{d}T = 10^{-6}$。而关系式 $\mathrm{d}n_g/\mathrm{d}e = 0.5 \times 10^{-7}$ 和温度及气压无关。比较起来空气小尺度折射率的变化对测量的精度反而有较大的影响。在 60 米的距离上温度每变化 1℃所引起的距离误差大约为 60 μm。

100 米望远镜激光测距系统当前的绝对测量精度为 50 μm+1 ppm,相对精度为 5 μm+0.2 ppm,ppm 是指所测距离的一百万分之一。激光测距系统的误差主要来自三个方面:

一是电气系统的漂移误差；二是大气平均折射率的误差；三是大气中局部折射率变化的误差。这些误差的总和是 1.5 到 2.5 毫米，其中主要是电气漂移的误差。为了改正电气系统的漂移误差，在激光测距仪的内部通过控制反射镜的方向，可以使激光直接从反射镜进入集收器来进行校正，这时激光通过的距离是恒定的。而大气平均折射率的误差则可以通过在地面已知距离上的测量来进行校正。另外提高采样次数也是提高测量精度的重要手段。不过这里的问题是如何了解标准距离的可靠性，另一个问题是基准点上的高度变化。监视基准点上的高度变化可以应用精度高达 0.01″的液体静压水平仪(hydrostatic level)。在实际系统设计中还要注意避免激光光束返回到激光器中以及电子线路中的电磁干扰。大气折射率和温度、气压有直接的关系，使用高精度的温度传感器也可以对大气折射率有更好的补偿。

在 100 米望远镜激光测距系统中后向反射器是十分重要的器件。标准型的后向反射器是由三个互相正交的反射面所构成的。这种后向反射器可以将光束沿原路反射回去，而后向反射器的顶点到激光测距仪的距离就是所要测量的距离 d，这个距离等于激光走过的路程的一半。图 8.40 表示了这种后向反射器在面板上的位置。面板上的后向反射器和用作面板调整的位移触动器距离很近，通过测量后向反射器的位置就可以知道所需要的位移补偿。很多情况下这种类似的激光测距系统可以用于对大型连续表面的精密测量。此时可以使用一种球形的后向反射器，这个后向反射器的顶点正好位于球心。当球形的后向反射器在被测表面上移动时，激光测距系统就可以迅速地获得所测表面上各点的坐标，然后通过表面贴合和坐标变换得到所测表面精确的形状参数。这种表面测量系统的最大误差是由空气折射率的不稳定所引起的，它通常包括一个固定的误差值和一个与光程长度相关的误差值，在有大气的情况下这一误差是不可避免的。

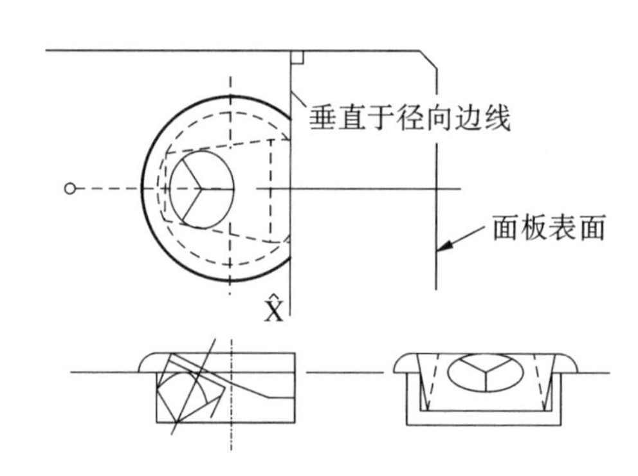

图 8.40　100 米望远镜面板上的后向反射器(NRAO)

在 100 米望远镜中主要的激光测距仪位于馈源支承的顶部，相对于每一块面板的四个角落，激光测距仪和面板的相对角度是恒定的。但是由于望远镜的运动，激光测距仪相对于地面上后向反射器的位置和角度都不是恒定的，它们之间的相对夹角会有很大的变化。这时标准型后向反射器由于它的视场角较小已经不能满足使用的要求，因此必须引进一种新的大视场后向反射器。这种广角后向反射器如图 8.41 所示，它是由两个半径不同的玻璃半球所构成的，这两个半球在球心处结合，同时在球心的平面上有一个光栅。在实际加工中由于玻璃半球胶合时球心位置容易产生误差，比较简单的方法是加工一个小的整球，然后再加工一个凸凹镜，最后用折射率相同的胶黏合起来。这种广角后向反射器的视场很大，可以达到±65°。在这种广角后向反射器中，如果将通过球心的光线作为主光线，那么距离主光线相对高度为 $h(0\leqslant h<1)$的光线反射回原来方向的条件是：

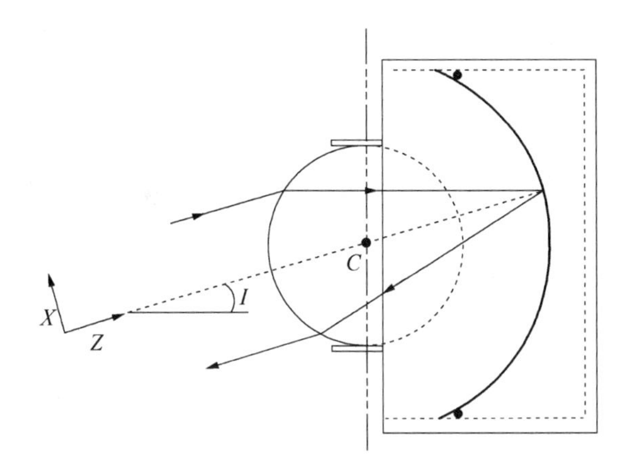

图 8.41　100 米望远镜使用的广角后向反射器(Glodman,1996)

$$R=\frac{\sqrt{1-h^2}+\sqrt{n^2-h^2}}{n^2-1} \tag{8.72}$$

式中 n 是玻璃和空气折射率的比,R 是大半球的相对半径,小半球的半径为 1。从上面的关系式可以知道对于一个固定的 R 值,只有两组光线可以真正实现后向反射:一组是主光线;另一组是相对高度满足上面公式的光线。对于 BK7 玻璃,当激光波长$\lambda=0.78$ nm 时,玻璃和空气折射率之比 $n=1.511\,186/1.000\,290=1.510\,75$,不同 h 值所对应的大半球半径 R 的数值如表 8.5 所示。

表 8.5　光线的相对高度和大半球相对半径的关系

h	0	0.2	0.4	0.6	0.8	0.9	0.96	0.98
R	1.957 9	1.931 8	1.850 8	1.705 1	1.467 3	1.286 1	1.128 0	1.051 8

在 100 米望远镜广角后向反射器中小半球的半径 R_1 是 50 mm,大半球的半径 R_2 是 96.5 mm。设计中 h 值选为 0.208 82。光线追迹的结果表明这种后向反射器小于 h 值的光线倾斜角很小,而大于 h 值的光线则发散得很快。具体在点图上是一个密集的中心区伴随着一个范围较大的暗弱光晕。这种像斑情况和光线的方向无关,而视场角的大小则主要取决于光阑的大小。

由于光线经过后向反射器,所以相对于空气中的基准点,即反射器的球心,光线相当于多走了一段光程。这个光程必须在计算距离的时候减去,多出的光程值为

$$L=n(R_1+R_2)-R_1 \tag{8.73}$$

关于在激光测距系统中光束的扩大和缩小,读者可以参照本节中激光四象限式位移探测器中的方法来设计。

8.3 射电天文干涉仪

8.3.1 射电干涉仪的基本原理

连续口径望远镜的分辨率是口径尺寸和使用波长的函数。由于射电频段的波长是可见光波长的10^5 到10^9 倍，因此单个射电望远镜无法获得和光学望远镜衍射极限相当的分辨本领。为了增加射电望远镜的分辨率，必须使用射电干涉仪。关于干涉仪的理论，读者可以参考第 1.4 和第五章的讨论。在本章中，将对一些和射电干涉仪直接相关的理论再进行一些介绍。

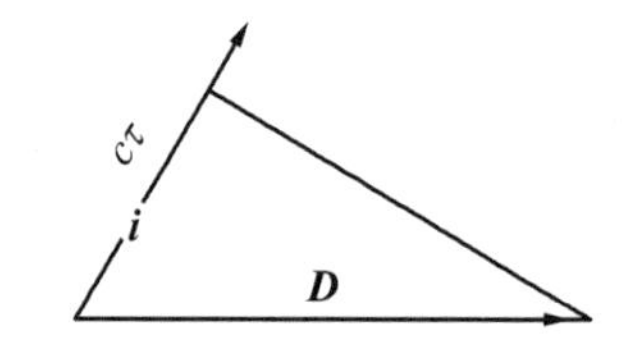

图 8.42 射电干涉仪的基本原理

考虑如图 8.42 的双天线干涉仪，设 $\boldsymbol{D}$ 为天线基线矢量，$\boldsymbol{i}$ 为射电源方向的单位矢量，则相对于同一射电源，一个天线所收到的信号较之另一个天线所收到的信号要延迟一段时间 τ(*Rogers*，*in*:*Meeks*，1976)：

$$\tau = -\frac{(\boldsymbol{D} \cdot \boldsymbol{i})}{c} \tag{8.74}$$

式中 c 是电磁波在真空中的传播速度。上式也可以化为以赤道坐标来表示的形式，即

$$\tau = -\frac{D}{c}[\sin\delta_B \sin\delta_S + \cos\delta_B \cos\delta_S \cos(L_S - L_B)] \tag{8.75}$$

式中 L 和 δ 表示时角和赤纬，下标 B 和 S 表示射电源和基线，当两天线组成干涉仪时其干涉条纹的相位差为：

$$\phi = \omega\tau \tag{8.76}$$

式中 ω 是信号辐射的圆频率，干涉仪的角分辨率为：

$$\frac{\mathrm{d}\phi}{\mathrm{d}\theta} = -\left(\frac{\omega}{c}\right)D_T \tag{8.77}$$

式中 D_T 是基线矢量 $\boldsymbol{D}$ 在垂直于射电源方向上的投影长度。这就是射电干涉测量法的基础。

射电干涉仪有相加干涉仪和相关干涉仪两种。因为对一个特定的源，干涉仪的两个单元所接收的信号有一定的相位差，通过补偿这个相位差，两个信号可以简单地相加在一起而获得一个能见度函数的值。这个能见度函数就是源亮度分布的傅立叶变换(公式 1.146)。相加干涉仪和相控阵(phased array) 的作用是相同的，利用相控阵的一个优点是它可以利用电路调整而不是转动望远镜来实现望远镜阵指向的改变。相加干涉仪和单独在一个机架上由几个口径形成的望远镜的效果完全相同。相加干涉仪的信息包括一个常量和一个与基线相关的项(公式 1.132)。这个和基线相关的项就是能见度函数的值。通过复数的能见度函数，就可以获得源的亮度函数。

如果干涉仪中两个单元的信号不是简单地相加，而是相乘以后取平均值，即进行互相关运算，那么这个干涉仪就是相关干涉仪，相关干涉仪的输出就是能见度的函数值。利用相关干涉仪通过傅立叶反变换来获得源分布图像的阵被称为综合口径或者口径综合(aperture synthesis)望远镜。综合口径望远镜常常有很多的望远镜使得干涉基线可以很好地覆盖 $u-v$ 平面。

在相加干涉仪中，信号包括噪声会简单地相加在一起。在射电天文中，噪声远远大于信号。因为干涉仪两个单元中的噪声之间没有任何的相关性，所以在相关干涉仪中，噪声项的贡献为零，噪声获得了很大的抑制。如果单元中的信号和噪声分别是 V_{is} 和 V_{in} $(i=1, 2)$，那么相加干涉仪和相关干涉仪的输出信号就分别是(Emerson，2005)

$$\langle (V_{1s}+V_{2s}+V_{1n}+V_{2n})^2 \rangle = V_{1s}^2+V_{2s}^2+V_{1n}^2+V_{2n}^2+2V_{1s}V_{2s} \tag{8.78}$$
$$\langle (V_{1s}+V_{1n})(V_{2s}+V_{2n}) \rangle = V_{1s}V_{2s}$$

上面的公式表明，当噪声大的时候，相关干涉仪要比相加干涉仪优越。如果不考虑信号统计上起伏，相关干涉仪是没有噪声的，而相加干涉仪则存在噪声的二次项。

能见度函数是在 $u-v$ 平面上基线矢量的函数。如果所有的能见度函数值都是已知的，源的亮度分布就可以得到。图 8.43 就是一个这样的例子。它表明在射电频段，太阳的表面并没有一个临边增亮的现象。

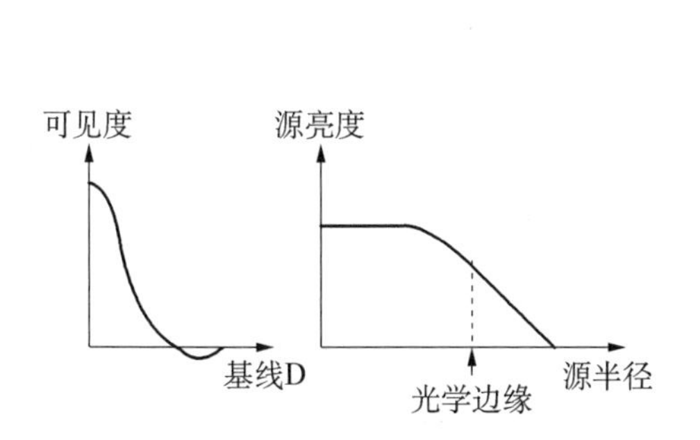

图 8.43　太阳射电辐射的能见度函数和亮度分布

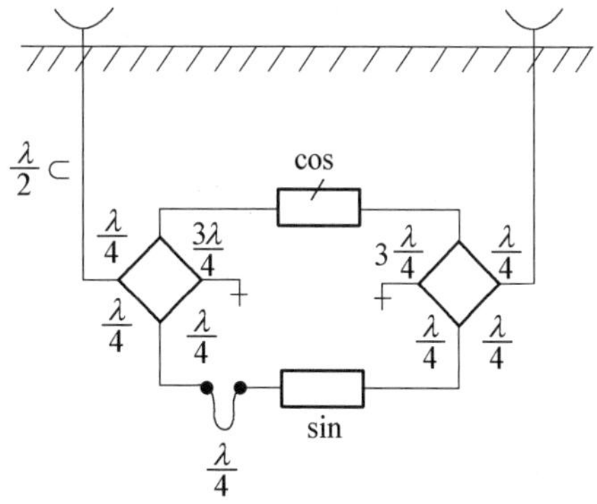

图 8.44　相关正余弦分量的测量回路

两个天线信号的相关量可以通过数字技术或者相位调制(phase switching)来获得。当利用数字技术时，每个天线的模拟输出信号必须首先转换成为数字信号。在模数转换器中采样频率至少要两倍于所使用的频宽，而采样的速度可能会限制所能使用的频宽。

为了避免这种情况，可以采用相位调制技术。使用这种技术，两个单元的信号在取平均值前首先进行相加和相减的运算。而信号的相关量则是两个信号相加值平方的平均值和他们相减值平方的平均值之差。相加的信号很容易取得，在信号相加的线路上引进二分之一波长的延迟量以后就可以获得两信号相减的值。这时相关的信号变成：

$$\langle (V_1+V_2)^2 \rangle - \langle (V_1-V_2)^2 \rangle = 4\langle V_1 \cdot V_2 \rangle \tag{8.79}$$

应用这种方法，可以保持在很宽频段上的信息。

早期的相位调制方法是利用特殊的接收回路来分别测出相关函数的正、余弦分量 $S(\boldsymbol{D})$ 和 $C(\boldsymbol{D})$，由公式：

$$C(\boldsymbol{D}) + \mathrm{i}S(\boldsymbol{D}) = \int_{\varphi} B(\theta)\mathrm{e}^{2\pi \mathrm{i}\boldsymbol{D}/\lambda}\mathrm{d}\theta \tag{8.80}$$

而得到亮度分布 $B(\theta)$ 的值。这种特殊的回路示意图见图 8.44。

8.3.2 综合口径望远镜

综合口径望远镜的基础是相关干涉仪。两束射电波束之间的互相关给出了相对于一个特定基线上能见度函数的值。如果在 u-v 平面上对所有能见度函数取值，那么源的亮度分布就可以通过反傅立叶变换来获得。综合口径望远镜就是这样一个包括很多望远镜单元的成像仪器。

在综合口径望远镜中有两个基本的考虑：第一，所观测的源距离望远镜是很远的，所以所测量的源亮度分布没有第三维，即深度上的细节；第二，所有接收到的辐射均集中在某一个特殊方向附近的一个很小的天区内。这个特定方向称为相位跟踪中心（phase tracking center）。而综合出的图像是在 (l,m) 平面上的。干涉基线有三个分量 (u,v,w)，其中 w 的方向是所观测的方向（图 8.45）。

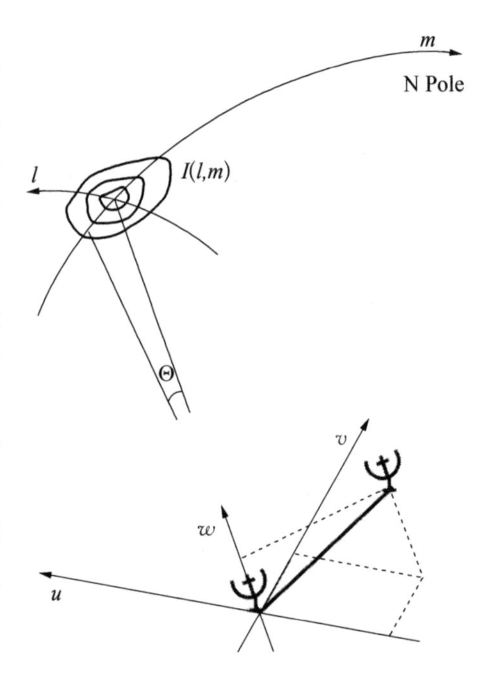

图 8.45 干涉对中的基线和像的坐标关系

如果 L_x，L_y 和 L_z 是相干望远镜单元在直角坐标系上的差值，那么基线的方向矢量 (u,v,w) 是

$$\begin{pmatrix} u \\ v \\ w \end{pmatrix} = \frac{1}{\lambda}\begin{pmatrix} \sin H_0 & \cos H_0 & 0 \\ -\sin\delta_0\cos H_0 & \sin\delta_0\sin H_0 & \cos\delta_0 \\ \cos\delta_0\cos H_0 & -\cos\delta_0\sin H_0 & \sin\delta_0 \end{pmatrix} \cdot \begin{pmatrix} L_x \\ L_y \\ L_z \end{pmatrix} \tag{8.81}$$

式中 H_0 和 δ_0 是相位跟踪中心的时角和赤经，λ 是馈源的中心频率所对应的波长。通过在 u-v 表达式中消除 H_0，我们可以获得这个平面上的椭圆方程（Thompson，2001）：

$$u^2 + \left(\frac{v - (L_z/\lambda)\cos\delta_0}{\sin\delta_0}\right)^2 = \frac{L_x^2 + L_y^2}{\lambda^2} \tag{8.82}$$

这个方程表明当干涉仪在天球上观测某一个点源的时候，地球的转动将使得干涉基线在 $u-v$平面上形成一个椭圆的轨迹(图 8.46)。

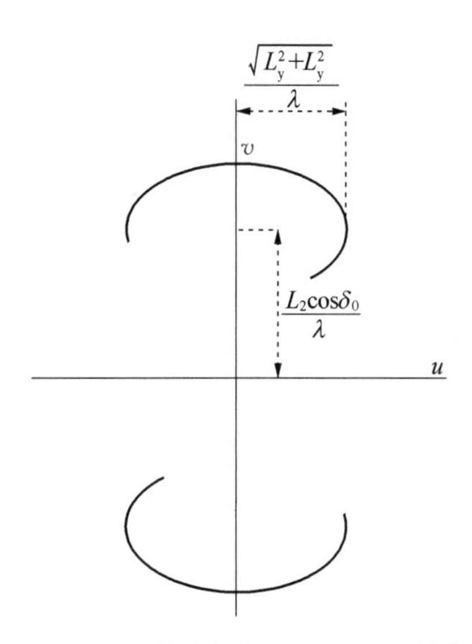

图 8.46 地球旋转所引起的孔径综合的效果

在综合口径望远镜中基线的安排应该尽可能地在 $u-v$ 平面上充分覆盖。在一些阵列中，存在一些具有相同基线的干涉对，这些基线称为重复的基线。重复基线减少了 $u-v$ 平面上的覆盖，但是可以用于对观测结果的校正(calibration)。在五单元的斯坦福射电阵中，天线间的距离比为 1∶1∶4∶3，在一维的方向上获得了最少的重复基线。不过随着计算机的广泛应用，已经没有必要使用纯整数的基线比例。这些整数的基线比例会产生一定的光栅效应，使得旁瓣增大。为了减少一个阵的旁瓣，Kogan (1997) 提出了一种基线优化的方法。在他的方法中，如果阵列中望远镜单元以波长为单位的坐标矢量是 $\boldsymbol{r}_i$，那么阵列的辐射方向图中对应于某一个方向的响应就是

$$P(\boldsymbol{e}) = \frac{1}{N^2}\sum_{k=1}^{N}\sum_{n=1}^{N}\mathrm{e}^{-\mathrm{i}2\pi(\boldsymbol{r}_k-\boldsymbol{r}_n)\boldsymbol{e}} = \frac{1}{N}\sum_{k=1}^{N}\mathrm{e}^{-2\pi\cdot\boldsymbol{r}_k\boldsymbol{e}}\ \frac{1}{N}\sum_{n=1}^{N}\mathrm{e}^{-2\pi\cdot\boldsymbol{r}_n\boldsymbol{e}} = |V(\boldsymbol{e})|^2 \tag{8.83}$$

这里 $\boldsymbol{e}$ 是天空中某一个方向的矢量，而 $V(\boldsymbol{e}) = (1/N)\sum_{n=1}^{N}\mathrm{e}^{-2\pi\cdot\boldsymbol{r}_n\boldsymbol{e}}$ 是振幅方向图，N 是望远镜阵列中单元的数目。因此当其中的一个单元发生变化时，方向图的变化是

$$\frac{\mathrm{d}P_{r_n}(\boldsymbol{e})}{P} = 4\pi(\boldsymbol{e}\cdot\Delta\boldsymbol{r}_n)\frac{\sum_{k=1}^{N}\sin 2\pi(\boldsymbol{r}_k-\boldsymbol{r}_n)\cdot\boldsymbol{e}}{\left|\sum_{n=1}^{N}\mathrm{e}^{\mathrm{i}2\pi\cdot\boldsymbol{r}_n\cdot\boldsymbol{e}}\right|} \tag{8.84}$$

8.3.3 维纳-辛钦和范西特-泽尼克定理

在数学上，一个随机稳态变量的自相关函数和它的能量谱密度之间存在着一个重要关系，即维纳-辛钦〔Wiener-Khinchin (或 Khintchin)〕定理。这个定理表明能量谱密度就是自相关函数的傅立叶变换：

$$S_{xx}(f) = \int_{-\infty}^{\infty} r_{xx}(\tau)\exp(-\mathrm{i}2\pi f\tau)\mathrm{d}\tau \tag{8.85}$$

式中 $r_{xx}(\tau)$是自相关函数，它的定义是

$$r_{xx}(\tau) = \int_{-\infty}^{\infty} x(\tau)x(t-\tau)\mathrm{d}\tau = \langle x(\tau)x(t-\tau)\rangle \tag{8.86}$$

当这个关系式用于电磁波领域时，它被定义为光的时间相干(5.5.1 节)。因此在时间上

电磁波信号的自相关就可以给在频率域上源的光谱。

在5.7节中，也给出了电磁波的空间相干概念，被称为范西特-泽尼克(Van Cittert-Zernike)定理。这个定理表明两个在空间有一定基线距离上光束的互相关函数或者空间相关函数是光源亮度分布的傅立叶变换。这个空间相关函数称为能见度函数(公式(1.146)和(5.45))。在数学上，Wiener-Khinchin 定理是严格成立的，而 Van Cittert-Zernike 定理则是一个近似公式。在这个定理中，有两个基本假设：(a) 所进行的观测是在 $u-v$ 平面上进行的，而所观测的源的距离是无穷远；(b) 空间源的分布仅仅局限在围绕着主瓣方向附近的一个很小的区域(通常小于1度)。

上面两个定理有很重要的频谱宽度的限制。两个光束之间时间差必须小于一个相干时间。相干时间是频谱宽度的倒数，相干时间所对应的距离是相干距离。

使用互相干运算的一个优点是不仅记录了辐射的振幅，而且记录了它的相位。在第9.4.1节中，天线面形的全息测量就是通过对该口径天线的输出和另一个参考喇叭天线输出信号的互相关来获得的。这个参考天线通常是固定的，并且有一个很宽的、平坦的主瓣形状，这样口径天线和参考天线之间的相位差就是口径天线面上的相位分布。通过对互相关函数的傅立叶变换，就获得了被测量天线的口径相位分布，即面板形状误差两倍的值，这种测量方法有很高的测量精度。

8.3.4 定标校正：观测后的主动光学

能见度函数 $V(u,v)$ 和源亮度分布函数 $B(l,m)$ 之间的关系是

$$V(u,v)=\int_{-\infty}^{\infty}\int_{-\infty}^{\infty}B(l,m)\mathrm{e}^{-\mathrm{i}2\pi(ul+vm)}\,\mathrm{d}l\mathrm{d}m \tag{8.87}$$

事实上，天线的主瓣响应会直接对这个公式产生影响。如果包括这个影响，则有

$$V(u,v)=\int_{-\infty}^{\infty}\int_{-\infty}^{\infty}A(l,m)B(l,m)\mathrm{e}^{-\mathrm{i}2\pi(ul+vm)}\,\mathrm{d}l\mathrm{d}m \tag{8.88}$$

式中 $A(l,m)$ 是主瓣的方向响应，$(ul+vm)$ 项是从辐射源到每个天线的几何相位差 $\Delta\phi_g$ (图1.1)。根据公式(8.75)，干涉仪中，基线 (L_x,L_y,L_z) 所对应的总几何相位 ϕ_g，或者几何延迟量 τ_g 是(Fomalont，1999)

$$\phi_g=2\pi\frac{c}{\lambda}\tau_g=\frac{2\pi}{\lambda}(L_x\cos H\cos\delta-L_y\sin H\cos\delta+L_z\sin\delta) \tag{8.89}$$

因此当基线和需要的基线有误差时一阶的从源的方向和一个参考方向之间的几何相位差为

$$\begin{aligned}\Delta\phi_g=2\pi\frac{c}{\lambda}\Delta\tau_g=\frac{2\pi}{\lambda}(&\Delta L_x\cos H\cos\delta-\Delta L_y\sin H\cos\delta+\Delta L_z\sin\delta\\&+\Delta\alpha\cos\delta(L_x\sin H+L_y\cos H)+\Delta\delta(-L_x\cos H\sin\delta\\&+L_y\sin H\sin\delta+L_z\cos\delta))\end{aligned} \tag{8.90}$$

式中 α 和 δ 是真正源的方位。这样所观测到的能见度 $\widetilde{V}_{ij}$ 并不是真正的能见度 V_{ij}。这里 i 和 j 是天线对的编号。通常会假设这两个能见度之间是一个线性关系，即

$$\widetilde{V}_{ij}(t) = g_i(t)g_j^*(t)G_{ij}(t)V_{ij}(t) + \varepsilon_{ij}(t) + \eta_{ij}(t) \tag{8.91}$$

式中 t 是时间，g_i 和 g_j 分别是第 i 个和第 j 个天线所对应的变基线复数增益，G_{ij} 是相对静止基线的复数增益，ε_{ij} 是偏置量，η_{ij} 是复数随机噪声。

在光学口径面上的波阵面误差可以通过波阵面传感器和触动器来校正，所获得的像是无法改变的。这时一般认为大气对振幅值不产生影响。然而在射电领域，主动光学的校正是在观测后而不是观测前进行的。而且这种定标校正包括了能见度函数的振幅和相位两个部分。振幅和增益是相关的，对于一对天线，增益的变化一般不大。

在定标校正中，第一个任务就是对观测结果进行编辑(editing)。这时要校核增益的明显误差。如果望远镜阵中一些或者所有天线的增益在一段时间内不能够确定，那么这部分的数据就应该去除，其他有疑问的数据也要去除。这项工作以前是由天文学家担负的，不过现在已经可以通过软件来执行。

真正的校正工作包括直接校正(direct calibration)，通过射电源进行校正以及自校正(self-calibration)，这些是主动光学中的第一部分。对于综合口径望远镜，所有天线都应该使用同样的设计标准，以保证统一的辐射方向图和统一的指向性能。辐射的振幅应该稳定到百分之几的精度。如果一个干涉对是由不同形式的天线所组成的，那么一定要进行增益及振幅值的校正。当基线投影长度小于天线直径的时候，有可能发生口径遮挡，那么最好的办法就是不使用这组数据。

天线的指向和跟踪精度应该高于主瓣半功率宽度的十分之一，误差大将使望远镜阵的灵敏度降低。公式(8.75)包括了天线对的几何延迟量，但是这并不包括信号通过不同电子线路时的时间差，特别是当频率不同时所产生的时间差。这个可以使用一个强的、孤立源来校正。所需要的延迟量可以进行小幅调整以获得最大的相关性。另外的方法是利用因为延迟所产生的相对于频率的相位斜率来进行校正。当延迟量为最佳的时候，相位的斜率为零。

通过射电源来进行校正是主动光学中最重要的环节，主要用来检测天线对中的相位差。由于没有一个绝对的相位参考，天线的相位偏置可以通过观测一个定标星来确定。这个定标就像是在自适应光学中使用激光星的情况一样。如果一个阵的相位和指向并不稳定，周期性的校正可以用来监视微小的变化。由于定标星的观测和目标星的观测不是同时进行的，所以一些望远镜阵要求天线能够进行快速的摆动(fast switching)。

自校正主要是进行相位校正，虽然振幅在一些情况下也可以通过振幅闭合来校正(Cornwell，1999)。相位自校正和光学中变形镜面的情况相同。自校正包括利用重复基线的校正，利用相位和振幅闭合的校正，以及观测后相位的优化。当天线阵中有重复的基线时，它们可以用于重复基线的校正。当三个基线形成闭合图形时，它们的相位之和应该是零。这些条件可以作为对变量求解的基本约束。对于振幅的闭合，则需要有四个天线单元。通过优化所进行的校正是通过数学的方法来获得最佳的能见度函数。

8.3.5 甚大阵、新甚大阵和平方千米阵

在综合口径方法中还有一种超综合法。在这种方法中基线间距可以改变，同时利用地球的旋转以获得射电观测的理想(u,v)覆盖。最简单的超综合口径干涉仪可以由两个天线单元组成，在一个方向上单元的间距可以改变，而在另一个方向上则利用地球的自转来提供所需要的基线范围。在所有综合口径望远镜中，美国国立射电天文台的甚大阵(VLA)是规模最大的设施。它的天线系统包括27面直径为25米的天线，总的接收面积相当于一台直径为130米的单天线射电望远镜。VLA的整个观测站占地14 000平方米，耗资7 800万美元。VLA的27面天线分别安排在“Y”形的三条铁轨上，其中两臂长21千米，另一臂长19千米。天线的点位共72个，可以形成多种位置组合。27台天线一共可以给出351条基线。应用“Y”形的布局，可以在8小时的观测时间内获得最佳的基线分布。美国甚大阵建成于1981年。现在一个扩大的甚大阵工程EVLA(Expansion of VLA)已经完成。新的甚大阵具有更高的灵敏度和更好的频带覆盖。

另一个同一类型的工程是平方千米阵(Square Kilometer Array, SKA)。它包括三个子阵，分别是高频阵、中频阵和低频阵。它的接收面积达1平方千米，是美国甚大阵面积的近100倍。它的天线数目在1 000面以上。这个巨大天线阵的设计包括一个在低频段工作的平面口径阵，一个较小口径网格表面抛物面的中频天线阵和一个较大口径抛物面的高频天线阵。由于工程的规模庞大，所以第一步是在2025年之前完成低频和中频的平方千米阵的部分。

在平方千米阵的研制过程中，有两种抛物面天线的制造方法引起了注意。它们分别是：利用薄铝板液压成型的技术和整体玻璃钢天线的技术。液压成型的技术已经成功地应用于口径6米的阿伦望远镜阵之中。不过这种技术的模具成本很高，同时当口径达到12到15米的时候，过多的铝板焊接缝也可能导致很大的面形变化。相比较，玻璃钢的技术要相对成熟一些。另一个规模较小的工程是频率捷变太阳射电望远镜(Frequency-Agile Solar Radiotelescope, FASR)，这个工程同样有高、中、低频三个独立的阵。

8.3.6 甚长基线干涉仪

甚长基线干涉仪(very long baseline interferometer)是口径综合方法在极高分辨率上的应用。甚长基线干涉仪有时也称为独立本振干涉仪。它的实质就是用相距非常远的独立的、具有高稳定性的外差振荡器所产生的信号来代替普通干涉仪所用的共同的外差信号，把每台天线接收的高频信号转换为中频信号独立地记录在磁带上，事后通过计算机对这些信号进行相关处理。在甚长基线干涉仪的观测中，相对传播时间的延迟有几个方面的原因，即

$$\tau_t = \tau_g + \tau_c + \tau_i + \tau_p \tag{8.92}$$

其中τ_g是由于基线引起的传播时间延迟，由公式8.74给出。τ_c是两天线站的时间同步误差，τ_i是两站的仪器延迟差(由放大器、波导、电缆、混频器等引起)，τ_p是由于大气、电离层、行星际和恒星际等离子区的传播介质所引起的延迟差。在这四种因素中除了τ_g是

可以预测的外，其他因素均是时间坐标的变量，因此在甚长基线的干涉测量中必须使用精度极高的同步时钟以减小 τ_c 和 τ_i 的贡献，而 τ_p 的贡献则只有通过相位闭合的方法来加以补偿。在相位闭合过程中甚长基线干涉仪的观测站至少要有三个，三个站点观测的相位总是形成闭合环路。但即使如此甚长基线干涉仍要求磁带记录机有较宽的频带，以便于在计算机做相关运算时迅速地进行扫描。

现在甚长基线干涉仪的基线已经达到地球直径的长度，它可以给出高达 0.000 1 角秒的分辨本领。大部分的甚长基线干涉工作是利用分布于各大洲和地区的现有射电望远镜进行的。这种干涉网阵元分布不很理想，(u,v)覆盖较差，使这种技术的进一步发展受到阻碍。为此美国国立射电天文台建造了一个规模巨大的独立干涉系统，这就是甚长基线阵(Very Long Baseline Array)。这个阵共有 10 台 25 米口径的天线，它们组成了从加拿大边境到拉丁美洲维尔京群岛、从美洲大西洋海岸到夏威夷群岛幅员辽阔的大天线阵，这一天线阵的有效直径达 3 000 千米，总造价为 8 000 万美元。

与此同时欧洲的意大利、德国、荷兰、英国、法国、瑞典以及俄罗斯、波兰的一些天文台也联合起来在已有天线基础上组成欧洲的甚长基线干涉网 EVN(European VLBI Network)。参加欧洲网的天线直径从 15 米到 100 米，数目很大，同样分布辽阔，也是一个威力巨大的观测设施。在澳洲一个名叫澳大利亚望远镜的大型射电仪器也已经建成。澳大利亚望远镜(ATA)是综合口径望远镜和甚长基线干涉仪相结合的仪器。它的 6 面 22 米天线组成了最长基线为 6 千米的综合口径望远镜，同时它将现有的两台 64 米天线和一台新建的 22 米天线联结起来，共同组成一个甚长基线干涉仪，这对于高分辨率的南天观测具有十分重要的意义。中国的上海天文台 65 米天线和乌鲁木齐站的 25 米天线加上云南天文台的 40 米天线构成了一个甚长基线干涉仪网。这个网的优点是正处于欧、美、澳甚长基线干涉仪网的中间，所以可以分别和国际上的甚长基线干涉仪进行联合观测，具有十分重要的作用。近年来，毫米波的甚长基线干涉仪也取得了很大的进展，它们具有高达 5×10^{-5} arcsec 的最高分辨率。2019 年由 8 台毫米波望远镜所组成的事件视界望远镜(Event Horizon Telescope, EHT)首次获得了距地球 5 500 万光年的黑洞的精细照片，引起世界的注意。这 8 台望远镜分别是 ALMA、SMA、SPT、SMT、PV(西班牙)、JCMT、LMT 和 APEX，它们全部是毫米波望远镜及望远镜阵。

8.3.7　空间射电干涉仪

由于美国、欧洲、澳洲以及亚洲网的陆续建成和使用，全球性的甚长基线干涉网正在形成，从而使射电天文的地面观测达到了分辨率的极限。要进一步提高分辨本领，就必须将射电望远镜送上太空，这样观测的分辨本领可以提高到 10 至 1 000 倍。1986 年 8 月空间甚长基线干涉的实验借助于一个 4.9 米口径的跟踪和数据传送卫星系统(TDRSS)的天线在美国开展。跟踪和数据传送卫星系统上有两个同样的天线，在实验中一个天线指向目标星，另一个对准地面发出的一束辐射源。后者的目的是了解空间天线相对于地面天线的运动。在这次观测中实现了基线长度为 1.4 个地球直径，观测频率是 2.3 GHz，1987 年观测的频率达到 15 GHz。1997 年 1 月日本制造的 8 米可展开的天线发射升空，这就是甚长基线空间天文台计划(VLBI Space Observatory Program, VSOP)。天线原来计划在 1.6 GHz 到 22 GHz 工作，但是由于高频接收器在发射时毁坏，所以只能在 5 GHz 以下工作。

欧洲空间局和美国宇航局计划了一个名叫 UASAT 的空间射电望远镜，这一望远镜直径为 15 米，具有伞状的可以打开的功能。该望远镜送入空间以后将实现与地面射电望远镜的长基线干涉，从而获得地面上不能达到的分辨率和成像质量。但是这一计划后来被欧洲空间局否决，经过修改成为国际甚长基线干涉卫星（International VLBI Satellite, IVS）。它的频宽从 4.5 GHz 一直延伸到 120 GHz。望远镜的口径在 20 米级别。另外在俄罗斯还有一个计划叫 Radioastron，是一个 10 米的射电天线，可以在 0.3 GHz 到 25 GHz 工作。这个空间射电望远镜已于 2011 年 7 月 18 日发射升空，现在正在进行空间和地面射电干涉仪的正常观测工作。

对于空间射电望远镜或者空间天线来说，天线的质量需重点考虑。为了减轻结构的质量有几种常用的方法：一种是应用质量轻的碳纤维合成材料，这种材料将在下一章中介绍，另一种是采用雨伞式的预应力结构。常用雨伞式结构的主要缺点是外边缘不存在预应力，所以刚度很低，结构不稳定。这时如果在伞状抛物面的外侧引进半径方向上指向中心的预应力，则其外边缘的刚度就会大大提高，使稳定性增加。

还有一种方法是由充气薄膜构成反射面。这种充气薄膜质量极轻并且有一定的稳定性，是十分有前景的选择。但是要实现真正的抛物面面形，所使用的薄膜应该具有从中心向外逐渐增厚的特点，其厚度应满足公式 $t=t_0(1+0.42r/R)$，所以在制造时有一定的困难。另外这种充气式望远镜的空中展开也是一个问题。几年之前美国一个空间充气薄膜毫米波天线就因为发射以后没有完全展开而失败。先进地空射电干涉仪（Advanced Radio Interferometer between Space and Earth, ARISE）是美国宇航局的一个项目，它包括一个 25 米的充气天线，由于技术原因，它的发射日期不断推迟。对于特大型的空间射电望远镜来说，展开式的或者极易装配的空间桁架结构是必然的选择，这方面的研究已经开始并取得了很多成果。

参考文献

Cheng, Jingquan and Chiew, S. P., 1994, Structural aspects of steerable parabolic antenna design, Journal of Institute of engineers, Singapore, Vol 34, No. 5, p47.

Cheng, Jingquan and Mangum, J., 1998, Feed leg blockage and ground pickup for Cassegrain antennas, ALMA memo 197, NRAO.

Cheng, Jingquan, 1984, Steerable parabolic antenna design, Ph D thesis, University of Wales.

Christiansen, W. N. and Hogbom, J. A., 1985, Radiotelescopes, Cambridge University Press, Cambridge, UK.

Cornwell, T. J. and Fomalont, E. B., 1999, Self-calibration, in Synthesis imaging in radio astronomy II, edited by Taylor, G. B. et al., ASP Conference, Vol. 180.

Fomalont, E. B. and Perley, R. A., 1999, Calibration and editing, in Synthesis imaging in radio astronomy II, ed. Taylor, G. B. et al., ASP Conference, Vol. 180.

Gawronski, W., 2007, Control and pointing challenges of large antennas and telescopes, IEEE Trans on Control system technology, Vol. 15, pp276 - 289.

Goldman, M. A., 1996, Ball retro-reflector optics, GBT memo 148, NRAO.

Hirst, H. and McKee, K. E., 1965, Wind forces on parabolic antennas, Microwave Journal, Nov, pp43 - 47.

Kelleher, K. S. and Hyde, G., 1984, Reflector antennas, in Antenna Engineering handbook, ed. Johnson, R. C. and Jasik, H., McGraw Hill Inc.

Kogan, L., 1997, Optimization of an array configuration minimizing side lobes, MMA memo 171, NRAO.

Korolkov, D. V. and Pariiskii, Yu. N., 1979, The Soviet Ratan - 600 Radio telescope, sky and telescope, Apr. pp324 - 329.

Lamb, J. W. & Olver, A. D., 1986, IEE Proceedings, 133, 43.

Lamb, J., 2001, private communication.

Lee, K. F., 1984, Principles of antenna theory, John Wiley &Sons, New York.

Levy, R., 1996, Structural engineering of microwave antennas, IEEE press, New York.

Norrod, R. D., 1996, On possible locations for a GBT quadrant detector, GBT memo 143, NRAO.

Payne, J. and Parker, B., 1990, The laser ranging system for the GBT, GBT memo 57, NRAO.

Rohlfs, K., 1986, Tools of radio astronomy, Springer-Verlag, New York.

Ruze, J., 1966, Antenna tolerance theory-a review, Proc. IEEE, Vol. 54, p633.

Ruze, J., 1969, Small displacement in parabolic reflectors, MIT Lincoln Lab report.

Setti, G. and Wielebinski, R., 1988, European consortium for very long baseline interferometer, an advance science and technology network, Radiosterrenwacht, Netherland.

Smithers, T., 1981, The design of homologically deforming cyclically symmetric structures, Ph. D. thesis, Darwin College, Cambridge.

Thompson, A. R., Moran, J. M. and Swenson, G. W. Jr., 2001, Interferometry and synthesis in radio astronomy, 2nd edition, John Wiley & Sons Inc., New York.

Ulich, B. L., 1976, Optimum radio telescope geometry, NRAO internal report No. 2.

Von Hoerner, S., 1967, Design of large steerable antennas, Astro. J., Vol. 72, p35.

Von Hoerner, S., 1967, Homologous deformations of steerable telescope, Proc, ASCE ST5, pp 461 - 485.

Von Schooneveld, C., (ed.), 1979, Image formation from coherence functions in astronomy, (Astrophysics and space science library) D. Reidel Pub. Company, Dordrecht, Holland.

Whiteoak, J. B., 1987, The Australia telescope project: going along nicely, thank you, Proc of Astro. Soc of Aust.

Whitney, A. R., 1977, Very long baseline interferometer for geology and astronomy, Shanghai Observatory.

Xiang, Deng-lin, 1986, Introduction of radio astronomical method, Purple Mountain Observation.

Zarghamee, M. S., 1967, On antenna tolerance theory, IEEE trans on AP, Vol. AP - 15, p777.

Zhang, De-qi, 1985, Fundamentals of Microwave antennas, Press of Beijing Institute of Technology, Beijing.

第九章　毫米波和亚毫米波望远镜

在室外工作的毫米波和亚毫米波望远镜是望远镜设计上的一个新的挑战。本章详细讨论了室外天线的温度环境以及它们对天线面形和指向精度的影响，并讨论了面板和背架的设计要求。为了实现非常稳定的天线背架结构，要在毫米波和亚毫米波望远镜中使用新的碳增强纤维合成材料，采取隔热措施和强制通风。本章还介绍了毫米波和亚毫米波望远镜中常使用的无反作用力的摆动副镜、传感器和精密测量系统，并且专门讨论了碳纤维合成材料的特点，碳纤维铝蜂窝结构的温度变形，碳纤维和金属的接头。这样读者可以获得对这些陌生领域的基本知识。本章最后介绍了天线全息面形测量、面板调整、准光学系统和平面广谱天线的问题。关于雷击对射电天线的破坏和毫米波望远镜中的主动光学也进行了讨论。本章的内容对极大口径的光学望远镜的设计也有重大意义。

9.1　温度对毫米波和亚毫米波望远镜的影响

二十世纪八十年代以后，由于在接收器方面的飞速发展，毫米波和亚毫米波天文望远镜有了明显的进展。相继有一批口径大，精度高的毫米波望远镜建成并投入使用，这些望远镜有英国和荷兰的 15 m 麦克斯韦(JCMT)望远镜，法国 IRAM 的 6×15 m 毫米波干涉仪和 30 m 毫米波望远镜，日本的 45 m 毫米波望远镜，德国和美国的 10 m 亚毫米波望远镜，瑞典和欧洲南方天文台的 15 m 毫米波望远镜，10.4 m 加州理工大学亚毫米波望远镜，德国的 12 m APEX 毫米波望远镜，10 m 南极亚毫米波望远镜和 50 m 墨西哥和美国大型毫米波望远镜(LMT)。目前更大规模毫米波和亚毫米波望远镜包括美国 8×6 m 亚毫米波阵(SMA)，美国、欧洲和日本联合的 64×12 m 毫米波干涉仪(ALMA)。

9.1.1　毫米波和亚毫米波望远镜的特点

根据天线误差理论，毫米波和亚毫米波望远镜需要很严格的，大约为 15～25 μm 的天线表面误差。由于这样严格的要求，所以这些望远镜的设计和前面两章中讨论的射电望远镜有很大不同，它们具有很多独有的特点，它们工作在很高频率上，常常是没有圆顶或者天线罩保护，为此有必要单独在这一章中进行详细讨论。

从望远镜的分辨率理论来看中等口径的毫米波和亚毫米波望远镜具有很小的波束宽度，其值为几角秒到十几个角秒。在射电望远镜中功率方向图的主瓣形状可以近似地用一个高斯函数来表示，即 $f(x)=\exp[-4\ln(2)x^2]$，这里 x 是半功率宽度的倍数。所以

1/5半功率宽度的指向误差就会引起10%的增益损耗，这一效果就相当于天线表面具有λ/40的表面偏差。所以在毫米和亚毫米波段，望远镜所要求的指向精度大约是1角秒。考虑到暴露在大气中的恶劣条件，这是一个很高的指向要求。同时毫米波和亚毫米波望远镜的使用波长很小，它们所要求的反射面的表面精度就很高，这一般在15～25 μm左右。与光学望远镜不同，在毫米波和亚毫米波范围内不太可能利用星光来进行导星，因此指向要求比光学望远镜还高。

所有这些都使毫米波和亚毫米波望远镜与其他射电望远镜不同，具有十分独有的结构特点。这些特点主要有：稳定的不受温度影响的背架结构、精密的反射面板、稳定的指向和跟踪性能、口径较小易于实现波束摆动的副反射面以及准光学器件在照明器上的应用等。由于毫米波和亚毫米波望远镜的这些显著特点，它们的设计和制造的要求也远比其他射电望远镜要高很多。在下一小节中我们首先讨论温度对天线设计的影响。有关风和地震对天线的影响请参考前面的有关章节。在本节中我们还要对面板和背架的设计和制造进行讨论。

范洪纳给出了射电天线设计的一些自然极限。如图8.6所示，对于毫米波和亚毫米波望远镜来说，口径较大的天线已经超越了钢结构天线的温度极限。对于超越钢结构极限的情况，可以用下列几种方法来加以克服。

(1) 使用低膨胀的结构材料，如碳纤维材料、铟钢等；

(2) 使用绝热的方法，如将天线安置在天线罩内，避免受到太阳的强烈辐射；

(3) 实行主动的温度控制，如采取强制通风，或使用加热装置等；

(4) 实行主动的面形控制，通过实时的面形测量，调整面板的支承。

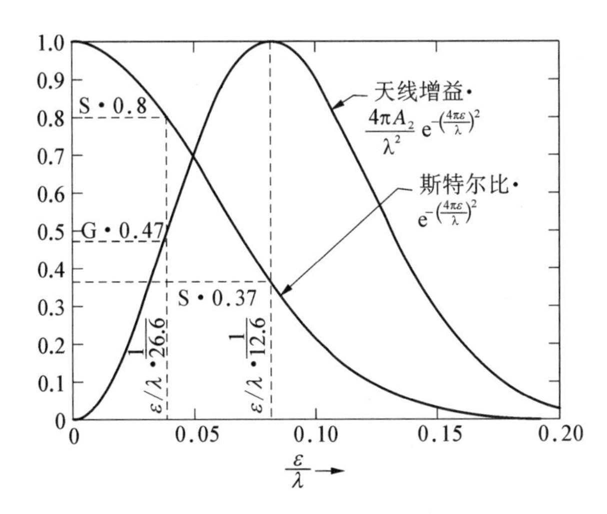

图9.1　表面相对误差和天线增益以及斯特列尔比的关系

在以上这些方法中，除了造价昂贵的第四种方法在美国100 m天线上试验外，大部分方法都已经得到了应用。英国和荷兰的毫米波望远镜安装在天线罩内，避免受到太阳的强烈辐射。美国和德国合作的10 m口径毫米波望远镜采用了碳纤维合成材料制成的背架。而伯克莱的毫米波望远镜则进行了温度控制，采取在背架内强制通风的措施。在加州理工大学的毫米波阵中，他们采取了一种被动式的温度控制的方法，即采用热时间常数小的构件形成敞开式的背架结构，利用自然风力和局部加热器来达到通风和温度控制的目的。应该指出利用天线罩来保护望远镜的方法有很大缺陷。天线罩如果有金属框架就可能会产生遮挡，另外天线罩的蒙皮材料会产生吸收，一般的蒙皮材料的吸收性能随波长的减小而增大，另外蒙皮层的反射效应也十分严重，这种反射效应相对于波长呈周期性起伏。这三者加起来所引起的增益损耗可以达到10%至20%。另外金属框架和蒙皮层也会产生严重的噪声。图9.2是某13.7 m望远镜天线罩所产生的噪声曲线。严重的天线噪声和增益损耗使望远镜的效率受到了很大的影响。在毫米波和亚毫米波望远镜的结构中，碳纤维合成材料由于其优良的热性能有着十分广泛的应用。碳纤维合成材料的特点将在本章第三节中进行讨论。

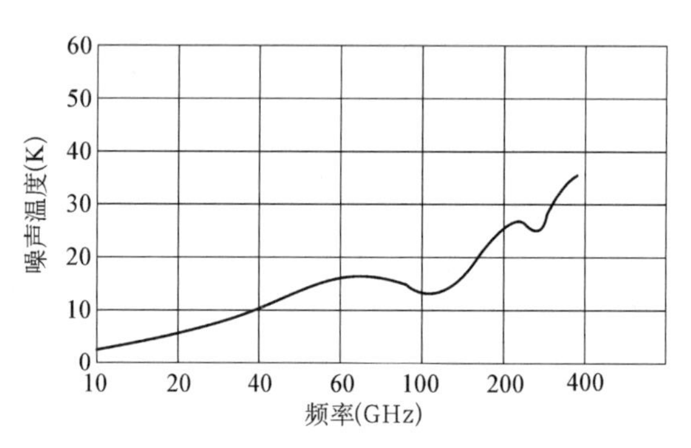

图9.2　某13.7 m望远镜天线罩所产生的噪声

9.1.2　天线温度环境

天线附近的空气可以看成是一个无限大的热库，它的温度对天线温度有着直接影响，它的温度可以用下式表示：

$$T_A(t) = T_{A0} - \delta T_A \cos[\omega(t - t_0)] \tag{9.1}$$

式中 $T_{A0} = \langle T_A(t) \rangle$ 是每天的平均温度。$\omega = 2\pi/24$ h，t_0 是相对于正午温度变化的时间差，一般为1～2 h。天线附近的空气温度的变化范围在−20℃至30℃之间。天线和周围空气温度的交流主要是以对流的形式来完成的。天线上空的天空温度与天线以辐射的形式相互联系，典型的天空温度可以记作：

$$T_S(t) = 0.055\,3 T_A^{1.5}(t) \tag{9.2}$$

天空温度也可以记作：

$$T_S(t) = T_A(t) - \delta T_S \tag{9.3}$$

$\delta T_S \approx 15 \sim 20$℃，天空温度与水汽含量有直接相关。当天线结构与天空有热交换时，主要能量是在波长8～13 μm的红外区域，在这些区间天空的温度比较低，大约为50℃。大地表面的温度是：

$$T_G(t) = T_{G0} - \delta T_G \cos[\omega(t - t_g)] \tag{9.4}$$

式中 $T_{G0} = \langle T_G(t) \rangle$ 是每天的平均温度。$\omega = 2\pi/24$ h，t_g 是相对于正午温度变化的时间差，一般为1～2 h。用天线附近的空气温度来表示大地表面的温度则有：

$$T_G(t) = T_A(t) + \delta T_G \tag{9.5}$$

地面辐射和地表性质有很大的关系。

对于天线结构来说太阳是最重要的也是引起结构产生变形的主要热源。近地轨道的太阳辐射大约是 1 366 W/m^2，在一年的范围内上下波动约 6.9%。如果没有大气吸收，太阳辐射在近地点时是 1 412 W/m^2，在远地点时是 1 321 W/m^2。考虑到大气吸收，对于较高台址太阳的辐射为 $S_0=1\ 290\ W/m^2$。太阳辐射随高度角 $\beta(t)$ 的变化为

$$S(t)=S_0(1+d)e^{-B/\sin\beta(t)} \tag{9.6}$$

式中 $d\approx 0.05$ 是散射因子，$B=0.1$ 是大气透射因子，高度角 $\beta(t)$ 可以用地理纬度和太阳的赤纬来表示。

9.1.3　热量传递公式

热量的传递主要有三种形式：传导、对流和辐射。热传导是热能从高温地区经过介质的分子运动，但是不涉及材料流动，向低温地区传播的过程。对于热传导有

$$q_c=-kA\,dT(x)/dx \tag{9.7}$$

式中 k 是热传导系数，A 是传导面积，x 是能量传递方向上的距离。

辐射是通过电磁波形式所进行的热传导。所有的物体，无论热或者冷，都会以一定的速率向外辐射热能。这个辐射的速率就等于物体的辐射率和黑体辐射能量的乘积。热辐射可以在真空中进行。对于黑体，热辐射的能量为

$$q_r=\sigma eAT^4 \tag{9.8}$$

式中 e 是热辐射系数，A 是辐射面积，$\sigma=5.67\times10^{-8}\ W/m^2K$ 是斯特藩-波耳兹曼常数。热辐射中的另一个重要系数是热吸收系数 a。如果是两个面积为 F_1 和 F_2 的物体之间热辐射，其能量传递为

$$\begin{aligned} q_{r1-2}&=\sigma\cdot e_1a_2(T_1^4-T_2^4)F_1\varphi_{12}\\ \varphi_{12}&=\frac{1}{\pi F_1}\iint\limits_{F_1F_2}\frac{\cos\beta_1\cos\beta_2}{s^2}df_1\,df_2 \end{aligned} \tag{9.9}$$

式中 φ_{12} 是照明因子。对于两个平行面之间的辐射，上式变成

$$q_{r1-2}=\sigma(T_1^4-T_2^4)F[(1/e_1)+(1/e_2)-1] \tag{9.10}$$

热对流是液体或者气体内热的粒子从热的区域向冷的区域流动所形成的热能传播。热对流的公式比较复杂，但是也可以简单地表示为

$$q_{cv}=Ah(T_s-T_a) \tag{9.11}$$

式中 T_s 是物体表面的温度，T_a 是周围气体的温度，A 是表面面积，h 是热传递系数。热传递系数和物体的几何形状、流体的情况、温度、速度及其他的因素相关。为了表述热对流中的热传递系数 h，有必要引进下列几个流体力学中的无单位的特征数，它们分别是 Reynolds 数、Prandtl 数、Grashof 数和 Nusselt 数：

$$\begin{aligned}
\mathrm{Re} &= \frac{VL}{\nu} = \frac{\rho VL}{\mu} \\
\mathrm{Pr} &= \frac{C_p\mu}{\kappa} = \frac{\nu}{\alpha} \\
\mathrm{Gr} &= g\beta\,\frac{(T-T_\infty)L^3}{\nu^2} \\
\mathrm{Nu} &= \frac{VL}{\nu} = \frac{hL}{\kappa}
\end{aligned} \tag{9.12}$$

式中 V 是气流速度，L 是物体长度，ρ 是气体密度，ν 是气体动黏度，μ 是气体绝对黏度，$\mu=\nu\rho$，C_p 是气体比热，α 是气体热扩散率，g 是重力加速度，$T-T_\infty$ 是物体表面和周围气体温度的差别，β 是气体热膨胀系数，κ 是气体热传导率。理想气体的热膨胀系数是其绝对温度的倒数。在这几个特征数中，Nusselt 数与热传递系数 h 有直接的关系。表 9.1 给出了空气在不同温度下的基本参数，图 9.3 给出了空气密度和高度的关系。

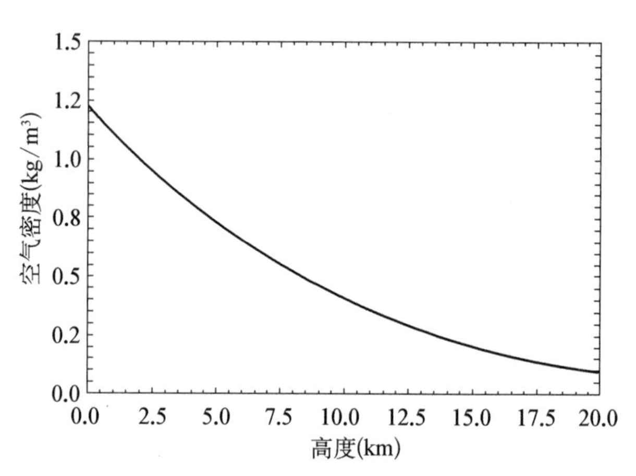

图 9.3　空气密度与高度的关系

表 9.1　空气在不同温度时的参数

温度 T(℃)	ρ kg/m³	C_p J/kg·K	α 10^{-6} m²/s	κ W/m·K	ν 10^{-6} m²/s	μ 10^{-6} Ns/m²	Pr
0	1.252	1 011	19.2	0.023 7	13.9	17.403	0.72
20	1.164	1 012	22.0	0.025 1	15.7	18.275	0.71
40	1.092	1 014	24.8	0.026 5	17.6	19.219	0.71
60	1.025	1 017	27.6	0.027 9	19.4	19.885	0.70

热对流包括自然热对流和强制热对流。在自然对流中，在热源附近的气体受热，比重减少，因此就向上升，而周围的冷气体就进入来代替原来的热气体，这种过程的重复就形成对流。而强制性的对流则因为风或者电扇会产生人为的流动。所以它既包括层流，又包括湍流。从某一点的 Nusselt 数出发就可以得到某一点的热传导系数 h。同样从某一 Nusselt 数的平均值$\overline{\mathrm{Nu}}$出发就可以得到热传导系数的平均值$\bar{h}$。

$$\overline{\mathrm{Nu}} = \frac{\bar{h}_c L}{\kappa} \tag{9.13}$$

对于自然对流，如果一个水平平板表面朝上，并且$10^4 \leqslant \mathrm{GrPr} < 10^7$，有(Incropera，1990)

$$\overline{\mathrm{Nu}} = 0.54\,(\mathrm{GrPr})^{1/4} \tag{9.14}$$

当$10^7 \leqslant \mathrm{GrPr} \leqslant 10^{11}$，有

$$\overline{\mathrm{Nu}} = 0.15\,(\mathrm{GrPr})^{1/3} \tag{9.15}$$

对于自然对流，如一个水平平板表面朝下，并且$10^5 \leqslant \mathrm{GrPr} \leqslant 10^{10}$，有

$$\overline{\mathrm{Nu}} = 0.27\,(\mathrm{GrPr})^{1/4} \tag{9.16}$$

当水平平板在平稳通风时的对流中时，$\mathrm{Re} \leqslant 5 \times 10^5$，则这时的热传导是平稳层流下的传导，并有(Kreith，1986)：

$$\overline{\mathrm{Nu}} = 0.664\,\mathrm{Re}^{0.5}\,\mathrm{Pr}^{1/3} \tag{9.17}$$

当 $\mathrm{Re} > 5 \times 10^5$ 时，这时的热传导既有层流又有湍流，从层流到湍流的分界线在离平板边缘有一定距离的地方，这个距离叫临界距离，这时的热传导是层流和湍流作用的叠合，有：

$$\overline{\mathrm{Nu}} = 0.036(\mathrm{Re}^{0.8} - 23\,200)\,\mathrm{Pr}^{1/3} \tag{9.18}$$

但是在现实的自然风力或者强制通风的情况下，上述这种情况十分少见。在变化的风力作用下，从层流到湍流的分界离平板边缘的距离非常小，以至于可以认为在平板上都是湍流的作用。在这种情况下，当 $5 \times 10^5 < \mathrm{Re} < 5 \times 10^7$ 时有：

$$\overline{\mathrm{Nu}} = 0.036\,\mathrm{Re}^{0.8}\,\mathrm{Pr}^{1/3} \tag{9.19}$$

上述这种从层流到湍流的突变对于海拔很高的一些电器的冷却有着十分重要的影响。由于大气的密度随着高度的增加而减少(图 9.3)，对于 1 米长的平板在风力下的冷却效率的平均数有着一个显著的突变(图 9.4)。由于这一突变，高山上的对流冷却效率要远远低于海平面上的情况。所以很多电器在高山上使用时其功率应该低于它们在海平面时所允许的最大功率，也就是说在高山上使用的各种电器的功率应该有一个折扣。这时电器的设计功率要大于其使用功率，其增加值见表 9.2。

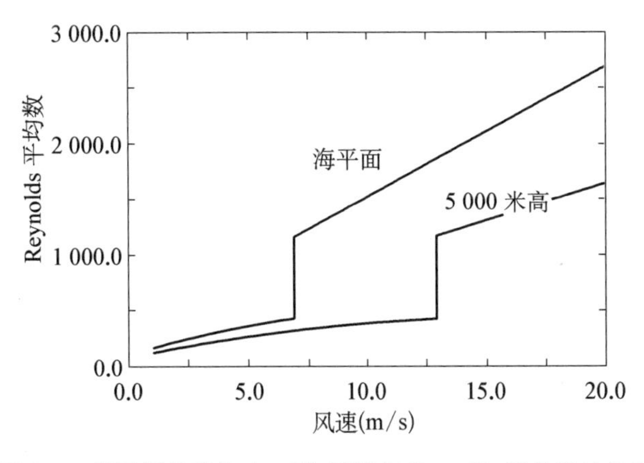

图 9.4　当平板长度为 1 m 时，风速与 Reynolds 平均数的关系

表 9.2　各种电器在高山地带使用时所应增加的功率值

	2 000 米	3 000 米	4 000 米	5 000 米
柴油发动机	25%	40%	55%	70%
空压机	35%	55%	75%	95%
真空泵	20%	30%	40%	50%
传输线路	10%	20%	30%	40%
变压器	5%	15%	25%	35%
电动机	5%	15%	25%	35%

在结束这一部分的时候，还应该介绍一下热时间常数的概念。所谓热时间常数即某一物体在环境温度变化时恢复到环境温度所需要的时间。对于一个一阶线性系统，步进函数的响应可以表示为 1 和一个指数函数的差。系统的时间常数是系统达到最终状态的 63%时的时间值。4 倍的时间常数将达到系统的最终状态的 98.2%。所以热时间常数是系统时间常数的 4 倍。

对于一维热传导来说，有公式 $\dot{T}=(\kappa/C_p\rho)T''$。该公式可以利用分离变量法来求解，壁厚为 W 的物体的两边达到同样温度时的时间为

$$T(x,t)=\sum_{n=1}^{\infty}C_n\sin\left(\frac{n\pi\cdot x}{W}\right)\mathrm{e}^{-(k/\rho C_p)(n\pi/W)^2 t} \tag{9.20}$$

所以热时间常数有下列公式：

$$T=4\rho C_p W^2/\kappa\pi^2 \tag{9.21}$$

式中 ρ 是材料密度，C_p 是比热，κ 是导热率。在一些参考书中，热时间常数也表示为厚度的平方除以材料的热扩散率。而热扩散率$(\kappa/\rho C_p)$是密度、热容量和传导率的函数。对于对流和辐射情况来说，假设物体为一长杆，则有 $T=\rho C_p V/hA$，式中 h 是对流和辐射中的热传导系数，A 是面积，V 是体积。

9.1.4　面板的温度考虑

面板是毫米波和亚毫米波望远镜中的一个很重要的部件。如果望远镜要工作在亚毫米波段，则面板的面形精度应该在 10～30 μm 之间。望远镜的面形精度主要来自两个方面即面板和背架。背架的设计在 9.1.5 和 9.2.2 节中讨论。这一节和 9.2.1 节讨论面板。

望远镜的面板精度包括面板本身和影响面板的其他各种误差的总贡献。它包括面板的加工误差，面板支承误差，面板在重力、风力和温度等载荷作用下的误差以及支承面板的背架所产生的误差。在这些误差中温度所引起的误差是面板误差中很重要的部分。温度所引起的面板误差可以分为两个部分：一个是温度变化所引起的误差，另一个是温度梯度所引起的误差。前者叫绝对温度误差，后者叫温度梯度误差。

9.1.4.1　绝对温度误差

绝对温度误差是由整体温度变化所引起的。对于由相同材料所建造的面板和天线背架结构，整体温度的变化只会改变天线的焦距，这种焦距的变化可以通过移动副镜来补偿。但是如果面板和背架的材料不同，则整体温度的变化就会引起面板表面的变形。设面板和背架的膨胀系数分别是 α_p 和 α_b，那么当温度从 T_0 变化后的面板均方根误差可以表示为：

$$\varepsilon = \frac{|(T_p - T_0)\alpha_p - (T_b - T_0)\alpha_b|}{8\sqrt{3}R_0} d_p^2 \tag{9.22}$$

式中 T_p 和 T_b 分别是面板和背架现在的温度，T_0 是面板和背架原来的温度，R_0 是面板的曲率半径，d_p 是面板线尺度。对于 1 米尺寸的铝质面板，如果曲率半径为 7 米，当背架为钢结构时温度变化 1℃所引起的表面均方根误差为 0.11 微米。考虑到天线可能的温度变化的范围，这一误差是十分严重的。这也是毫米波和亚毫米波望远镜一般均采用抗弯刚度低的面板支承的原因。即使是使用了弯曲刚度较低的面板支承，铝质面板的膨胀和收缩还是要使支承承受一定的弯矩。这个弯矩仍然会使面板变形，因此支承点的刚度应该很低。表 9.3 是一些常用结构材料的热特征。

表 9.3　一些常用结构材料的热特性

材料	$\alpha(\times 10^{-6}\mathrm{K}^{-1})$ 热膨胀系数	$\kappa(\mathrm{W}\cdot\mathrm{m}^{-1}\cdot\mathrm{K}^{-1})$ 热传导系数	$\alpha/\kappa(\times 10^{-7}\mathrm{m}^{-1})$
铝	23	156	1.5
碳纤维合成材料	0～5	4.2	0～12
钢	12	52	2.3
铟钢	0.9	16	0.56

9.1.4.2　温度梯度误差

在阳光照射下面板的上下表面将会产生温度梯度。这种温度梯度会使面板弯曲而产生表面误差。假设面板表面是一个平面，由于温度梯度所产生的面板曲率半径为

$$c = \frac{\Delta T \alpha_p}{t} \tag{9.23}$$

式中 t 是面板厚度，ΔT 是面板上下表面的温度差。而面板上下表面的温度差可以根据通过面板的热能流求得，即

$$\Delta T = \frac{It}{\kappa} \tag{9.24}$$

式中 I 是通过的热能流，κ 是面板材料的热传导系数。从上面两式可知温度梯度所产生的曲率半径实际上与面板的厚度以及面板表面的温度无关，它仅仅是所通过热能流的函数，即

$$c=\frac{\alpha_p I}{\kappa} \tag{9.25}$$

如何求得通过面板的热能流呢？我们必需借助模型的计算。考虑这样的情况：面板在热平衡中输入的能量有太阳的辐射 W_s，输出的能量有面板向空中的辐射 W_r 和面板的上表面对周围空气的对流 W_c，最后剩下的能量 W_i 将通过面板的截面。

$$W_i=W_s+W_r+W_c \tag{9.26}$$

对于非抛光的铝质面板，表面吸收系数等于其辐射系数，它的值为 0.2～0.3，假设空气温度为 300 K，天空温度在红外波段为 50 K。如果面板温度比周围空气的温度高 10 K，则可以估计出热对流和热辐射所带走的能量。

$$\begin{aligned} W_s &= 0.25\times 1\ 200=300\ \mathrm{W/m^2} \\ W_r &= 0.25\times 5.67\times 10^{-8}(310^4-50^4)=130\ \mathrm{W/m^2} \end{aligned} \tag{9.27}$$

为了求出面板材料的热对流系数，必须计算下列参数：

$$\begin{aligned} \mathrm{Re} &= \frac{VL}{\nu}=\frac{\rho VL}{\mu}=\frac{1.164\times 6\times 8}{18.24\times 10^{-6}}=3.063\times 10^6 \\ \mathrm{Gr} &= g\beta\frac{(T-T_\infty)L^3}{\nu^2}=9.8\times\frac{1}{300}\times\frac{10\times 1}{(15.7\times 10^{-4})^2}=13.25\times 10^4 \\ \mathrm{Pr} &= \frac{C_p\mu}{\kappa}=\frac{\nu}{\alpha}=0.71 \end{aligned} \tag{9.28}$$

在自然对流条件下，如果对流发生在一个水平放置的平板的上表面，当$10^4\leqslant \mathrm{GrPr}\leqslant 10^7$时，有(Incropera，1990)

$$\begin{aligned} \overline{\mathrm{Nu}} &= 0.54\ (\mathrm{GrPr})^{1/4}=9.457 \\ h_{c1} &= \overline{\mathrm{Nu}}\kappa/L=9.457\times 0.025\ 1/1=0.237\ \mathrm{W/m^2\cdot K} \end{aligned} \tag{9.29}$$

对于有风时的强制对流，如果对流发生在一个水平放置的平板上表面，并且满足 $5\times 10^5<\mathrm{Re}<5\times 10^7$，则这时的热传导全部都是湍流的作用，并有：

$$\begin{aligned} \overline{\mathrm{Nu}} &= 0.036\ \mathrm{Re}^{0.8}\ \mathrm{Pr}^{1/3}=4\ 961 \\ h_{c1} &= \overline{\mathrm{Nu}}\kappa/L=4\ 961\times 0.025\ 1/8=15.5\ \mathrm{W/m^2\cdot K} \end{aligned} \tag{9.30}$$

一般可以用上面两种条件下的平均值来作为实际的热对流系数，即 8 $\mathrm{W/m^2\cdot K}$。考虑面板附近的温度要大大高于周围空气的温度，所以取对流的温差应该小于 10 K。这样通过面板的热量应该在 100 $\mathrm{W/m^2}$ 到 130 $\mathrm{W/m^2}$ 之间。这时厚度均匀的 1 m 尺寸的铝面板所产生的表面误差为 1.5 μm。对于背面有加强筋的情况，这一误差可能会增加一倍。但是当铝面板是通过环氧树脂和它的加强筋连接时，面板的温度梯度将会急剧增大。若铝蜂窝的面密度系数是 10 到 80，则产生的表面变形将是上述数值的 10 倍到 80 倍，这时表面误差的数值为 15 μm～120 μm。

对于碳纤维面板和铝蜂窝所形成的三明治面板结构，具体的分析比较困难，但是这种复合面板的热膨胀系数大约是 $4.5\times10^{-6}\mathrm{K}^{-1}$。应用铝的热传导系数，有 $\alpha/\kappa=C\times2.9\times10^{-8}\ \mathrm{m/W}$，这里 C 是蜂窝的面密度系数，所以产生的表面误差约为 $0.3C\ \mu\mathrm{m}$。对于碳纤维材料所形成的蜂窝结构，如果其膨胀系数正好是零，则误差很小，非常理想。但是如果碳纤维材料的膨胀系数不是零，而是 $2\times10^{-6}\ \mathrm{K}^{-1}$，则产生的误差就会有 $2C\ \mu\mathrm{m}$，这对毫米波面板来说是一个很大的数值。根据上面的分析机加工成形的铝面板或者是电镀镍的三明治面板是精密的毫米波和亚毫米波望远镜最好的选择。

在毫米波波段由于吸收的原因，面板上不宜使用油漆。但是在其他射电波段使用白色的油漆对于降低面板的绝对温度，改善面板的温度梯度有很大的好处。白色油漆在可见光波段吸收系数很小，但是它在红外波段相当于一个黑体，其辐射系数很高，这样太阳辐射通过面板的热量就会大大降低。

9.1.5　背架的温度考虑

一个简单的结构，如果它的高是 h，宽是 w，材料的热膨胀系数是 α，当结构两端有温度差 Δt 时，结构表面就会产生一个角度：

$$\beta=\frac{\alpha h\Delta t}{w} \tag{9.31}$$

当结构材料是钢时，假设结构的高度等于其宽度，则 $\beta=2.5\Delta t$ (arcsec)，也就是说只要在背架上存在 0.1 度的温度差，背架的表面变形就可能会引起 0.25 arcsec 的指向误差。温度差的来源主要是太阳辐射。为了使温度差减少，在没有辐射源的情况下时间常数就给出了消除温度差所需要的时间。时间常数的公式为

$$\tau=4\rho C_p w^2/\kappa\pi^2 \tag{9.32}$$

式中如果材料是钢，宽度是 4 米，则计算所得的时间常数为 3.3 天。这就是说天线结构不可能自己达到温度平衡，其温度差始终是存在的。在背架结构上理想的温度差分布有三种情况(图 9.5)：(a) 沿背架高度上的温度差；(b) 沿直径方向上的温度差；(c) 沿半径方向上的温度差。沿背架高度上的温度差主要产生焦距的变化，焦距变化的值为

$$\frac{\Delta F}{F}=\frac{2F\alpha\Delta t}{d} \tag{9.33}$$

式中 d 是背架厚度，F 是焦距。这种焦距变化并不产生反射面的表面误差。但是如果调焦的速度低于温度变化的速度，那么也会引起波阵面的变化，产生等价的表面误差，其等价误差值为

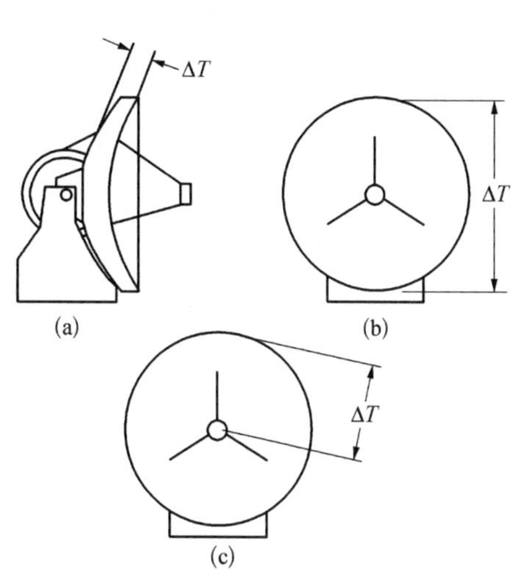

图 9.5　背架结构上理想的温度差分布的三种情况(Lamb)

$$\varepsilon_{\text{eff}} = \frac{0.02}{(F/D)^2}\Delta F \tag{9.34}$$

作为一个例子，如果有焦距 $F=3.2$ m，望远镜的口径 $D=8$ m，背架的厚度 $d=1$ m，$\alpha=12\times10^{-6}\text{K}^{-1}$，则 $\Delta F=250$ μm/K。当副镜没有及时调焦时，引起的等价的表面误差为 $\varepsilon_{\text{eff}}=30$ μm/K。

第二种沿直径方向温度差主要是引起指向的误差，这个指向误差为

$$\Delta\theta = \frac{\alpha d\,\Delta t}{2D} \tag{9.35}$$

应用上面的数据，则有 $\Delta\theta = 0.75$ arcsec/K 。

第三种沿半径方向温度差共有两种效应：一是引起焦距的变化，其变化值为

$$\frac{\Delta F}{F} = \frac{10Fd\alpha\,\Delta t}{D^2} \tag{9.36}$$

二是引起反射面表面的误差，其误差值为

$$\varepsilon = \frac{\alpha d\,\Delta t}{40\sqrt{2}} \tag{9.37}$$

作为例子应用上面同样的数据，有 $\Delta F=18$ μm/K，$\varepsilon=0.2$ μm/K。如果副镜没有及时调焦，则所引起的总的等效表面误差为 $\varepsilon_{\text{eff}}=2$ μm/K。以上的分析只考虑了理想情况下的温度梯度。在实际结构中温度的分布是极为复杂的，特别是一些局部的温度差可能会产生很大的表面变形。过去的几十年人们已经对不少射电望远镜进行了温度测量，取得了天线背架的温度数据。在有微风的情况下加州理工大学的敞开式背架的均方根温度差为 1 K。法国 15 米的天线背架为封闭式的，但是有通风口，其均方根温度差为 0.8～1 K。柏克莱大学的毫米波天线采用了通风和绝热板阻挡太阳的措施，其均方根温度差为0.6～1 K。柏克莱大学的毫米波天线为钢结构背架，计算表明钢结构的 8 米口径的天线因温度原因产生的表面均方根误差大约是 23 μm，产生的指向均方根误差大约是1.4 arcsec，其误差变化的最大速率分别是 14 μm/hr 和 2.5 arcsec/hr。从这些实际经验出发，不少的毫米波和亚毫米波天线背架结构均采用了低膨胀系数的碳纤维材料。

除了背架的温度误差外望远镜高度轴的支承叉臂的温度效应也是十分严重的。首先考虑由高度轴两侧的支承叉臂的温度差所引起的指向误差，前面我们已经列出了一个钢的支承结构由温度差所引起的指向误差的公式。如果结构的高度和宽度相同，则因为两端温度不同所产生的指向误差为 $2.5\Delta t$ arcsec。这就是说每产生 0.1 K 的温度差，结构的指向就要改变 0.25 arcsec。应该指出由于太阳照射引起的温度差是相当大的，即使使用表面抛光的铝膜加上泡沫塑料所形成的高效绝热层，钢叉臂结构在阳光下产生温度差依旧是必然的。考虑下面的数字：

太阳辐射：1 260 W/m^2

总吸收系数：0.04

钢结构壁厚：0.025 m

结构的面积因子：2.4

这里的面积因子表示产生温度升高的结构面积要比太阳所照射的结构面积大。考虑到钢的密度为 7 800 kg/m^3，比热为 418 J/kg·K，结构一侧温度升高 1 开所需要的时间为 2.2 小时。这就是说高度轴叉臂的两侧每半个小时就会产生 0.57 角秒的指向误差。

在望远镜高度轴的指向误差中，另一个更为严重的问题是由于同一侧高度轴支承架两个不同侧面上的温度差所形成的指向误差。这时结构的高度要比其宽度大得多，它所引起的指向误差也就要严重得多，计算表明在太阳照射下每半个小时就会引起十几角秒的指向误差。从这一点看，没有绝热层的支承结构不能够满足毫米波和亚毫米波望远镜的使用要求。为了达到更高的指向精度，在毫米波望远镜的设计中有时还要在高度轴上使用特殊的和叉臂分离的编码器支架或校正编码器的支架，这种支架是由热膨胀系数小的材料所构成的，由于和高度轴的支承臂相分离，因此避免了由于高度轴的变形对编码器的零点的影响，不产生指向误差。

在结束这一小节的时候，还要提一下在毫米波段进行太阳观测的问题。对太阳的观测会引起副面上的热能密度增大。由于聚焦副面上的热能密度是太阳热能密度的很多倍，这种很高的能量密度会对副镜及接收器产生严重影响，甚至可能会破坏副镜以及接收器。在毫米波段，解决这一问题的一种方法是将面板表面加工成特殊形状的波纹以散射强烈的处于短波段的太阳光能量。这些波纹可以是三角形的，也可以是圆弧形的。这种刻纹会增加天线表面的误差，其增加量 ε 与波纹深度 d 的关系为 $d \leqslant \varepsilon/0.298$。圆弧形波纹具有较高的散射效率，当 $\varepsilon = 3\ \mu m$ 时散射的效率可达 0.001 5。另一种解决的方法是对精加工的反射表面进行腐蚀处理。不过这种腐蚀的方法会引起面板的附加变形。通过对腐蚀液浓度的控制，不仅附加的变形、表面散射的效率都可以得到控制，经过腐蚀的面板散射角半功率宽度一般可以达到 40 度左右，这样的面板表面散射和双方向上的反射率分布函数（参考 2.5.2.2 节）都可以满足对太阳的直接观测（Schwab，2008）的要求。对于 12 米天线，副镜上的太阳热能流仅仅是 4 000 W/m^2 左右。

9.2　毫米波和亚毫米波望远镜的结构设计

9.2.1　面板的要求和加工

反射面的表面精度是决定望远镜使用波长的基本条件。根据鲁泽理论在毫米波和亚毫米波段，反射表面均方根误差与口径效率的关系如图 9.6 所示。从图中可以看出反射表面的均方根偏差必须小于或等于 100 μm，望远镜才能正常地工作在毫米波段的区间之内。而反射面偏差只有达到 20 μm 时，望远镜才能工作于大气窗口所限制的亚毫米波段区域。大气射电窗口的最短波长在 0.45 毫米至 0.35 毫米之间。

在长波段的射电望远镜中反射面通常直接固定在背架结构上形成一个整块的反射面。这种整块反射面由于面板在固定时所受到的定位力的影响，反射面表面的精度不可能很高。特别是在温度变化的情况下，由于面板和背架的材料或者它们的温度常数的不同，面板形状将会有较大的变化。这种方法一般不适用于工作在短波段上的射电望远镜，特别不适用于毫米波和亚毫米波望远镜。在毫米波和亚毫米波望远镜中面板经过精密加

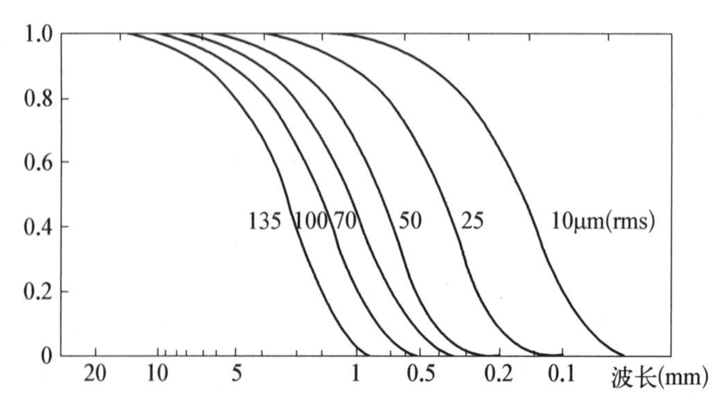

图 9.6　反射表面均方根误差与口径效率的关系

工后，一般通过面板上的几个支承点连接到背架结构上。面板不承受或者承受很少的支承变形。同时通过这些面板支承的调节，可以对面板的位置进行精密调整，使得整个反射面的面形有很高的精度。当面板和背架是由不同材料制作时这些支承结构还能吸收因为温度差别而产生的双金属效应。面板的高度调节一般在面板下部进行，但是现在也有在面板的上部进行调节的支承机构。

影响反射面精度的主要因素除了面板的温度效应以外，就是反射面的加工精度。面板的温度效应和面板的结构有关，而反射面的加工精度主要决定于加工的工艺以及检测的精度。历史上在毫米波和亚毫米波区间内，有各种各样的面板结构和加工方法。毫米波面板的主要结构有：薄铝板加加强筋的结构，薄铝板加铝蜂窝的结构，碳纤维加铝蜂窝的结构和直接机加工的带筋的薄铝板结构。在加工方法上凡是有薄铝皮的面板都是采用铝皮模具拉伸成形的方法，这些模具有钢材料，也有用塑性合成材料的。有一种十分独特的加工方法是采用一种可调节的螺纹床。这种螺纹床上有很多可调节螺杆，每个螺杆的顶部是一个球轴承支承的小平面，这许多的小平面形成的表面面形可以不断地调整，从而使由它所复制的面板达到需要的理想面形。应用碳纤维薄板也要使用模具，非常精密的模具是由玻璃制成的，应用不同的加工方法，一般都可以达到类似的表面精度。关键是加工者的努力程度而不是加工方法本身，随着加工经验的积累面板加工精度将得到提高。在很多场合下模具的精度是面板精度的决定性因素。金属模具的精度有一定的限制，而采用硼玻璃模具则精度会显著提高。保证这种面板加工精度的一个重要方面是避免任何的面板蒙皮的恢复应力。避免恢复应力的一种方法是利用真空吸附使模板和模具紧密贴合。在前面的章节中已经提到，由于环氧树脂的作用，薄铝板所制成的带加强筋的面板具有很大的热变形，所以精密的毫米波面板只有使用直接机加工的带筋薄铝板。直接机加工的带筋薄铝板也有两种：一种是铸造成型后加工，一种是直接用铝板材进行加工。一般铸造成型后加工的方法比较节省，这时面板的反面仅需要对支承点处进行加工，加工量小。这种面板坯料在铸造成型时可以使用负压的方法使面板结构致密，同时在模具中也使用金属冷却面使面板表面的晶粒更加细致紧密。铸造成型后加工的面板质量比较大，一般都在 25 kg/m^2 上下。而用铝板材直接进行加工的面板质量可以很轻，几乎是铸造成型的面板质量的一半。材料一般使用航空铝材比如 6061 - T65，由于反射面表面的厚度一般是 3 毫米，而筋板的厚度仅仅是 1.5 毫米左右，这种用铝板材直接进行加工的面板加工量大，价格较高。面板的正面和背面加工主要是在数控机床上进行的，在对面板正面的加工之前还要进行热处理(图 9.7)。精密的毫米波面板价格很贵，达到每平方米六千美元，面板精度一般在 2～6 μm。

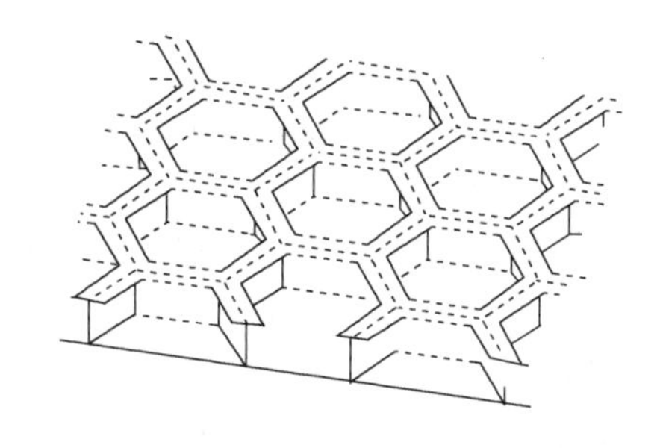

图 9.7　一种用铝板材直接加工的精密面板的背面

不过一些面板的精度中包括了通过个别支承点的调整所能提高的部分。常用的面板有四个支承点，一些很薄的面板也采用五个支承点的设计。但是为了保证面板的加工精度，在面板精加工时一般仅利用三个支承点。为了使加工时的支承不引起面板的附加变形，在面板的每一个支承点上往往固定一个球头，然后使用夹具固定这些球头。面板在加工时还需要有严格的防振措施，避免因为刀具和面板接触所引起的振动。这种振动会影响面板的表面精度。加工时在面板的背面喷上一层减振泡沫塑料或加上一层薄铅皮也可以产生良好的减振效果。另外控制刀具的均匀切削量也是提高面板精度的一个重要方面。面板加工时的温度控制也十分重要，加工面板的机床应保持恒温，在加工时可以实行无人操作，避免人体温度对面板精度的影响。利用数控机床加工面板的背面，面板可以得到很小的表层厚度，大约为 2.5 毫米，而加强筋的厚度也可以为 2 毫米。在加工面板上表面时一般采用单点飞刀切削，飞刀安置在高速转动的空气轴承上。单点飞刀切削还可以在表面形成特殊的波纹以反射太阳光中短波部分的热能。面板在加工后因为应力释放会产生变形，这种变形的规律很难掌握，需要一定的经验。

使用复制方法制造的碳纤维或者金属电铸的面板也应用在毫米波和亚毫米波望远镜中。这时的模具通常由铝或者玻璃制成，面板则是使用蜂窝材料来增加它的稳定性，这种面板精度很高，稳定性也很好。

当面板的形状确定以后，面板的支承和调整装置的设计就变得十分重要。一般面板支承装置应该能够精确地决定面板的高度位置，但是它不能使面板产生不必要的由于温度或其他原因所引起的变形。面板支承装置一般均采用差分螺纹的结构，同时在结构中利用弹簧来消除螺纹空回。面板支承装置可以是手动的，也可以是电动的。在一块面板上一般只有一个支承是刚性的，其他的支承均应该在一定方向上有一定的自由度，以吸收因温度变化所引起的应力变化。现代面板支承还引进自动识别的装置使得面板的调整更为方便快速。

面板加工后的测量主要依靠三坐标的测量仪。测量以后的数据经过贴合而获得表面的误差值。如果在面板上安置一系列的靶标，利用现代照相测量的方法也可以获得面板的精确形状。现代照相测量是在航空测量的原理上发展起来的。现代照相测量用 CCD 照相机在很多不同位置上对面板进行投影成像，然后再用矩阵方程求解的方法算出各个靶标点的坐标位置。这种方法的精度目前可以达到二十五万分之一。照相测量的靶标有好几种，一种是编码靶标，每个靶标是唯一确定的，用于面形位置的确定，一种是球形靶标，它的投影大小不变，用以精确确定照相机的位置，还有一种是尺寸靶标，由低膨胀的材料制成，以确定面形的绝对尺寸。普通靶标是圆形的，以确定表面的形状。所有靶标均由含有高反射率的细微玻璃粒的白漆构成，在CCD上成像时，像的光度值最大，而靶标纸是黑色的，反射率很低。

照相测量的方法也可以用在对射电望远镜的面形测量上。目前还有一种全息测量方法可以实现对面形的测量。这种方法利用了一种特殊的双折射晶体的折射特性。这种双折射晶体在不同频率的电压作用下会产生不同的折射率。如果对晶体同时施加频率为 F 以及 $F\pm\Delta F$ 的电压则晶体将会产生三种折射率。这时如果将平行的激光打到这一晶体上时，从这一晶体上就会产生三束折射光。利用透镜使三束折射光聚焦，同时去掉中间的一个光点，就会形成两个相干的点光源。假设激光本身也进行调制，这两个点光源的光投射到任意曲面上时就可以产生一组组明暗相间的干涉条纹，这些条纹的分布就代表了曲面的形状。应用这种干涉测量方法的最大优点是两个点光源之间的距离可以通过电压的方法任意调节，从而可以得到不同的分辨能力和分辨精度。

在毫米波望远镜中，面板安装以后的初步调整目前还主要依赖于传统的经纬仪加卷尺或者利用精密样板的方法，有的也采用了激光干涉测量的系统。面板初步调整的精度大概是100微米左右。天线面板的最后调整已经广泛应用射电全息检测的方法。这一方法的理论和方法将专门在9.4节中讨论。天线射电全息测量的精度是在10微米左右。而照相测量方法的精度则在这两者之间。

抛物面面板的边长和面积可以用下列公式来精确计算。如果抛物面的焦距为 F，抛物面上的径向坐标为 x，则从原点到该点的弧线长度为

$$L=\frac{1}{4F}\left[x\sqrt{4F^2+x^2}+4F^2\ln\left(\frac{x+\sqrt{x^2+4F^2}}{2F}\right)\right] \tag{9.38}$$

对抛物面上的圆环，如果其外径为 x_2，内径为 x_1，则圆环的面积为

$$S=\frac{8\pi\sqrt{F}}{3}\left[\left(\sqrt{\frac{x_2^2}{4F}+F}\right)^3-\left(\sqrt{\frac{x_1^2}{4F}+F}\right)^3\right] \tag{9.39}$$

9.2.2 背架和其他结构

毫米波和亚毫米波望远镜对背架有着十分高的要求。一般情况下精密的毫米波和亚毫米波望远镜的背架只有用膨胀系数很小的碳纤维合成材料才能满足对其表面面形的严格要求。与钢结构材料完全不同，碳纤维合成材料具有很多独有的特点。碳纤维合成材料的详细讨论将在9.3节中进行。

钢结构的桁架中各个杆件之间可以采用焊接的方法，接头不是一个问题。但是对于碳纤维合成材料的桁架，杆件接头不能够进行焊接，也很难应用同样的材料来制成，常用的接头材料是钢或者铟钢。碳纤维合成材料质量很轻，当使用金属接头时这些接头将成为背架结构的主要质量。接头的另一个问题是其大小。在空间桁架中球形接头的大小由杆件的直径与杆件之间的夹角所决定(图9.8(a))。当杆件之间的夹角较小时为了保证

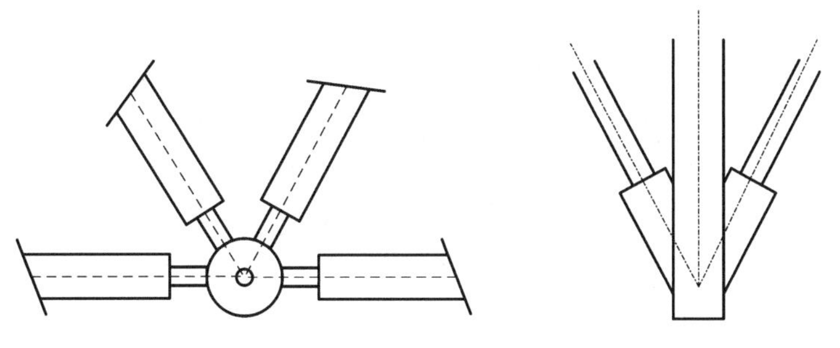

图 9.8　(a) 杆件之间的夹角和球形接头大小的关系　(b) 复合式杆件接头的方法

各个杆件均相交于接头的球心，接头表面的半径就很大，这就大大增加了结构的质量。一种解决这一问题的方法是制作复合式的杆件接头从而使一个接头同时连接两根或更多的相邻杆件(图 9.8(b))。但是这种特殊的接头结构复杂，造价较高。如果接头是由钢材制成的，则所形成的杆件的有效膨胀系数和杆件碳纤维部分长度和接头部分长度之比有关。当杆件总长度比较短的时候这个比值很小，这时它的等效膨胀系数就会很大，这是桁架式背架设计中的一个重要问题。

在精密毫米波和亚毫米波望远镜中为了防止结构变形，杆件接头和连接球之间一般不宜采用焊接的方法，而必须采用一些专用的接头连接形式。在现代建筑结构中已经发展了一些可拆卸的专用接头形式，其中的两种如图 9.9 所示。这两种形式都是用于金属杆件连接的，对于碳纤维的杆件则应该在杆件内壁和接头的外部有较大的胶合表面以保证连接的可靠性。对于只含轴向纤维挤压而成形的碳纤维管件，一般要采用特殊的如图 9.10 所示的连接形式。图 9.10 中 1 是碳纤维管，2 是泡沫塑料，3 是金属外套，4 是金属接头，5 是固紧螺母，6 是固紧螺钉。这种接头使碳纤维管分别在金属外套和金属接头之间实现阶梯式的连接，而外套和接头之间有螺钉连接，结构十分可靠。碳纤维分布在一个方向上的管件有很大的缺陷，它的径向刚度很低并且有很大的膨胀系数。采用简单的胶合方式，当温度变化时碳纤维管可能会膨胀而和金属接头分离。另外单一的胶合层在承受剪切应力时会产生显著的边缘应力集中的现象。简单的增加胶合面的长度往往不能解决应力集中的问题，这时胶合面中间的部分可能完全不承受应力。而应用台阶式的胶合方法则可以极大地改善这种应力集中的状况。

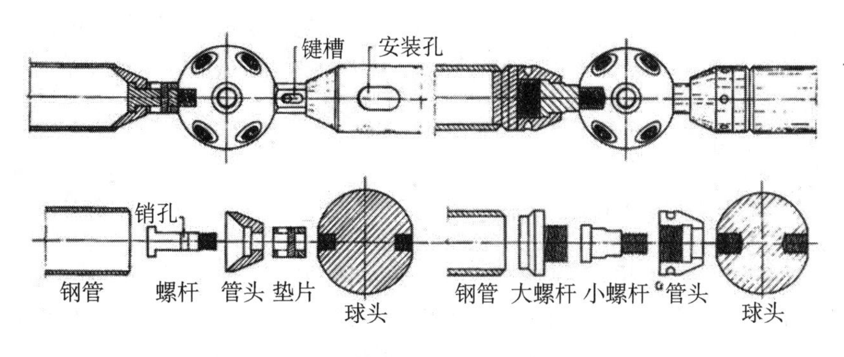

图 9.9　两种可拆卸的专用接头形式(Chiew, 1993)

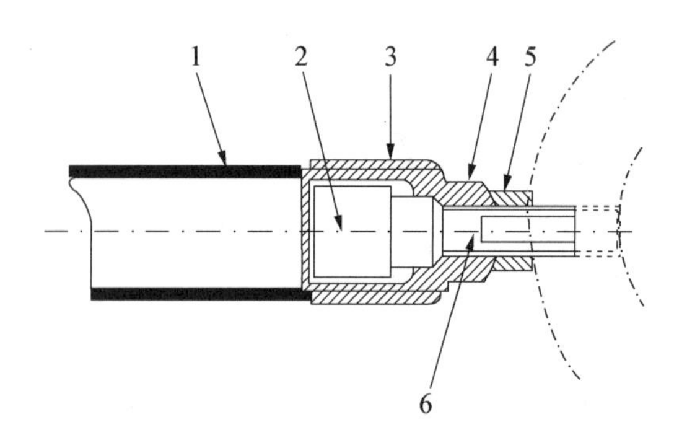

图 9.10　只含轴向纤维的挤压式管件的连接形式(IRAM)

毫米波和亚毫米波望远镜的背架还可以使用碳纤维铝蜂窝的三明治材料来建造。整个背架由一片片扇形的单元连接在一起组成。每个单元是 C 字形的三明治槽状结构。这些单元利用两个侧面来互相连接,另一个面形成背架表面用于支承面板。另一种背架使用了复合结构,它的基本部分是碳纤维管的稀疏桁架结构,为了满足面板支承点的要求在桁架上面再加了一层碳纤维三明治平板。这种结构由于不牵涉复杂形状的三明治材料,所以有很好的热稳定性。当使用低膨胀材料制造的背架时,背架和其他结构的连接要避免因温度而产生的应力和应变。一般低膨胀的背架结构都采用一圈径向刚度很低的轴向薄片来支承。这样的结构安排允许两个部分在直径方向上的膨胀有尺寸差别,但是整个结构保持轴对称的特点。另外一种避免温度应力的连接方法是利用一组可以在径向伸缩的铰链式的接头,这种接头又叫做膨胀接头。

在毫米波望远镜阵中实现相位补偿是一个很重要的问题。天文学家认为最有效的方法是摆动整个望远镜,使望远镜迅速地从目标星指向临近的标准源,然后再迅速地回到这个目标星。在毫米波段一般目标星和标准源的距离在 3°左右,而摆动一个周期的时间愈短愈好,一般在 1.5 s 左右。这样望远镜就要求有较快的加速运动,其运动加速度会达到 $24°/s^2$ 左右。另外,望远镜的快速扫描观测也要求望远镜可以高速运动并改变方向。这就对望远镜的设计提出了很高的要求,望远镜必须有很高的谐振频率。

毫米波望远镜由于减少噪声的原因不太希望有过多在室温工作的镜面,因此常常采用卡塞格林焦点。在焦点位置往往需要一个相对较大的接收器室,接收器室可以作为平衡重的一部分。同时为了控制温度的影响,毫米波望远镜的背架、叉臂和底座的外侧都要采取隔热的措施。隔热层一般和结构有一定的间隔,有时隔热层本身也有间隙允许内外空气的流动。一种新近发展的高效隔热层是一种内装泡沫塑料抽真空的铝薄膜袋形成的板,它的隔热效率很高。

9.2.3　摆动副镜的设计

在射电频段,天文观测的信息通常具有噪声的特性。它们和天线以及在接收器中产生的热噪声几乎没有差别,它们通常都是宽频段的、连续的电磁波辐射。仅仅在分子和原子谱线测量时,会局限在一些特定的频率上。即使如此,这些信息同样具有噪声的特性。这和通信领域完全不同。在通信领域,有用的信号要通过特别的模式进行调制,因此很容易和噪声区别开来。不管是天文或者通信领域，要探测需要的信息，都需要一定的信噪比。由于天体信息稳定，而观测的均方根误差和时间的平方根成反比（公式 7.1），所以天文学家常常通过延长观测时间来改善观测的信噪比。这里一个重要的问题是要假设天线和接收器内的噪声在观测时间内绝对稳定。事实上存在有源器件的接收器内电子线路的增益在长时间内是不可能完全稳定的，因此我们不可能通过无限增长观测时间来改善观测的信噪比。比较幸运的是电路的增益变化相对比较慢，而且它们和频率的平方成反比，Dicke(1946)将接收器在天线源和一个稳定的强度相似的噪声参考源之间不断地摆动，从而可以抑制接收器增益变化的影响。在望远镜焦点放置指向不同的两个喇叭，输出它们之间的振幅差也可以发现新的射电点源。

在毫米波和亚毫米波段大气分子的吸收与散射十分强烈，大气的背景噪声高。为了消除这种背景噪声，毫米波和亚毫米波望远镜常利用副镜摆动的方法，这种副镜摆动的机制与红外观测时的完全相同，而避免了在焦点上需要两个喇叭的问题。这种方法不仅可以观测点源，也可以对面源进行扫描观测（Emerson et al.，1979）。副镜摆动的角度 $\Delta\theta$ 和望远镜的指向角 $\Delta\phi$ 的关系为（Radford，1989）

$$\Delta\phi = \left[R\left(\frac{BDf}{f} - \frac{BDF}{F}\right) - \frac{f}{l}(BDf + BDF)\right]\Delta\theta \tag{9.40}$$

式中 f 和 F 分别是主焦距和系统焦距，BDf 和 BDF 分别是相对于主焦点和系统焦点的波束偏离因子，l 和 R 分别是副面顶点到主焦点以及到副面转动中心的距离。当副镜产生转角时像场会产生彗差，这时优化转动中心的位置可以消除彗差的影响。为了适应副镜摆动的要求，副镜尺寸和质量要小，转动惯量要小。为了减小副镜的转动惯量，很多副镜摆动的转轴并不在最优点，而是十分靠近副镜的顶点。在摆动副镜的设计中最重要的就是减少望远镜本体的振动。副镜摆动的机构有多种形式，总的设计思想是采用补偿的方法使作用于望远镜本体的力减少到最小。

图 9.11 是一种有特色的摆动副镜的设计方案。在这个设计中力马达和副镜分别通过扭力弹簧固定在副镜机构中两个互相平行的轴线上。所谓力马达就是力发生器，它的结构和扬声器的结构相同，就是将一个通电线圈放置在磁场中，通电线圈所受到的力和通过的电流成比例，一般线圈的位置由有阻尼的弹簧片来约束。结构中的扭力弹簧的结构见图 9.12。如果副镜的转矩是 I，力马达的质量是 M，力马达中线圈的质量是 m，马达距中心的距离是 r，那么在副镜摆动时副镜体和马达线圈部分的转矩为 $I+2mr^2$，而马达体的转矩为 $2Mr^2$。考虑到线圈和马达体之间的弹性系数 k_3 和阻尼 b，整个系统就是两个振动系统的耦合体，在马达力的作用下，它的主振型是互相反向的振动。但是在设计中由于两个子系统的频率不完全相同，即 $2k_1/(I+2mr^2) \neq 2k_2/2Mr^2$，设 k_1 和 k_2 分别为相应的两组扭力弹簧的弹性系数，也可能产生小的同向振动的振型。这不是设计者所希望的。整个系统的总转矩为

$$I' = [(I + 2mr^2)2Mr^2]/[(I + 2mr^2) + 2Mr^2)] \tag{9.41}$$

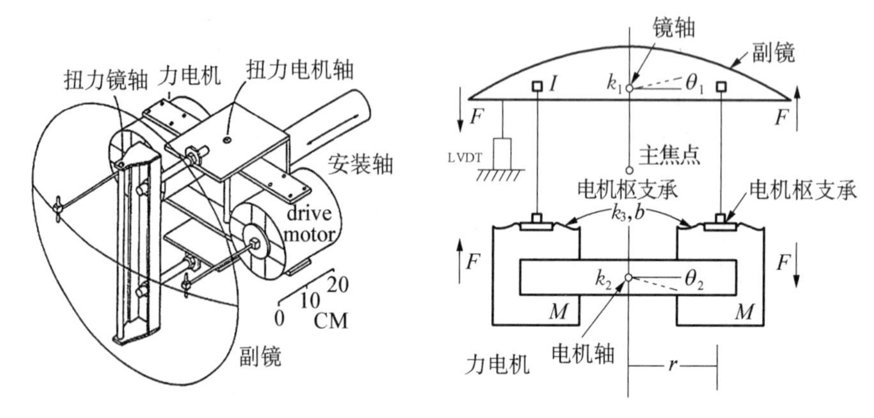

图 9.11　一种摆动副镜的设计方案(Radford,1990)

如果每个力马达的推力为 F,知道了系统的总转矩后就可以计算出摆动副镜时的响应时间。这个响应时间一般以摆动振幅从 10%到 90%所需的时间来计算,即 $t\approx1.1(\Delta\theta I'/2rF)^{1/2}$,这个时间一般是 10 ms 左右。副镜的摆动角度大概是 3°～4°,摆动的频率是 10 Hz。当副镜和马达体反向运动时系统的谐振频率和阻尼分别是 $\omega^2=2k_3r^2/I'$ 和 $\xi^2=b^2r^2/2k_3I'$。图 9.11 中 LVDT 是一个位移传感器,在副镜摆动过程中位移传感器起着反馈控制的作用。摆动副镜控制系统的示意图见图 9.13。控制系统的重点是抑制副镜和马达体同向振动的次振型。为了抑制风对副镜的影响,对总的振动系统增加阻尼是十分必要的。

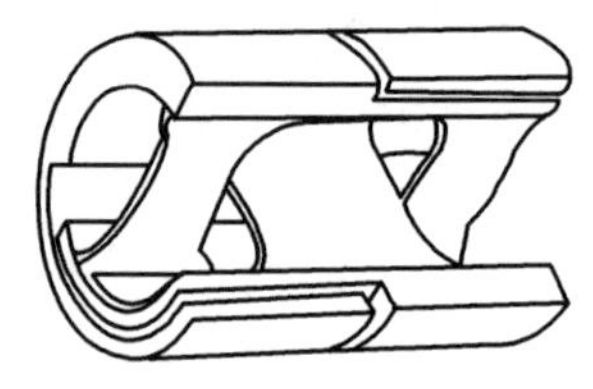

图 9.12　扭力弹簧的结构

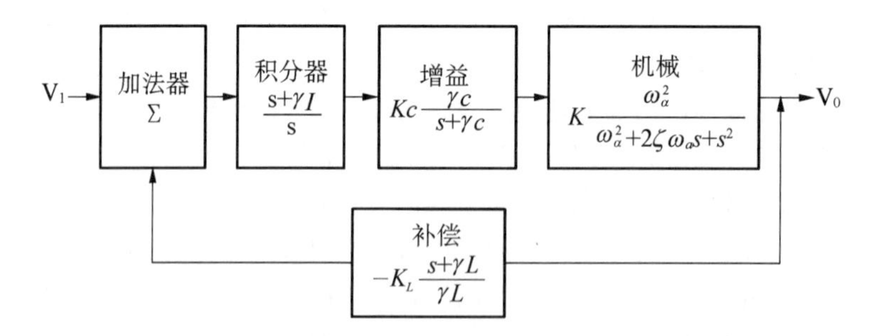

图 9.13　摆动副镜的控制系统(Radford,1990)

9.2.4　传感器、精密计量装置和光学指向望远镜

位于室外的毫米波或者亚毫米波望远镜具有远比天文圆顶内的光学望远镜更为严酷的工作环境。它们所受到的外部干扰包括风、太阳和其他因素都会使望远镜产生某种程度的变形。为了精确地测量毫米波天线中的各种微小结构变化,毫米波天线还常在结构中安装温度传感器、倾斜仪以及加速度仪等,这些相关的传感器构成了天线的精密计量系统。在一些天线上,甚至还安装有光学指向望远镜以改进天线的指向精度。

温度传感器是一种广泛使用的温度检测装置。温度传感器有三种类型:第一种是热电耦式的,第二种是电阻式的(RTD),第三种是热敏电阻式的(thermistor)。温度传感器的原理简单,特别是后两种类型都是根据材料在温度变化时电阻值变化来制造的。不过第二类温度传感器是由金属材料制成的,如铂、镍、铜、铱等,而第三类则是由陶瓷材料制成的。第二类温度传感器的温度系数往往是一个常数,如铂金属为 0.003 85 Ω/(Ω℃),而镍金属的系数为 0.006 17 Ω/(Ω℃)。第三类温度传感器又可以分为两种,一种温度系数为负值(NTC),另一种温度系数为正值(PTC)。望远镜中使用的温度传感器主要是第三种中温度系数为负值的微型传感器。这种传感器的价格比较低,精度也相当高。它主要是由含有过渡金属如锰、钴、铜、镍氧化物的陶瓷材料制成的。一般这种传感器电阻值和温度的关系由下式给出

$$1/T = A + B(\ln R) + C(\ln R)^3 \tag{9.42}$$

式中 T 为开氏温度。使用这个公式精度可以达到温度在 50℃以内误差为±0.005℃。这种传感器的电阻值随温度的变化率一般是在−3%/℃和−6%/℃之间。图 9.14 给出了铂 RTD 和典型的 NTC 温度传感器的温度系数曲线。在使用温度传感器时对传感器进行热浴定标是十分重要的。

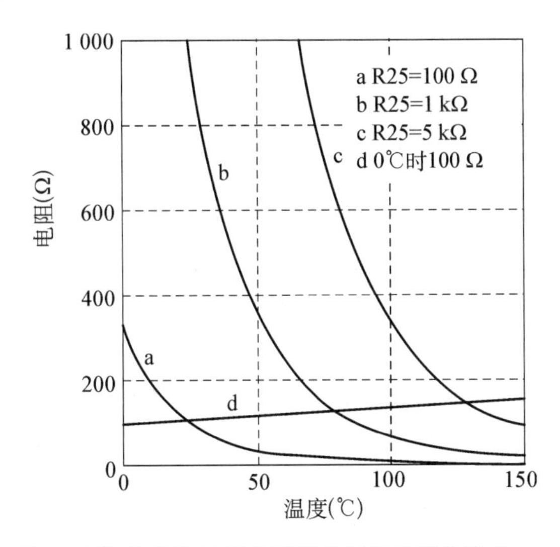

图 9.14 铂 RTD 和典型的 NTC 传感器的温度系数曲线(Lavenuta,1997)

温度传感器通常使用在背架和叉臂结构中,如果利用有限元方法对一些典型的温度分布进行计算,求出典型的温度分布对天线表面的变形、指向和焦距的影响。利用有限元计算的结果列成表格存储在计算机中,则有可能在实际观测中利用所测量的各个位置的温度值贴合这些模型并对其中的一些误差因素进行补偿,从而提高望远镜的性能。不过由于结构部件温度常数的不同和采样的不完整,有时这种补偿并不可行。

倾斜仪是毫米波望远镜中广泛使用的一种角度仪器,它的主要作用是用来检测结构中微小角度的变化。倾斜仪只能用在望远镜方位轴的中心附近,它可以安装在方位轴承

的下方，以了解望远镜从基础到方位轴承下部所有的倾斜量。它也可以安装在方位轴承的上部，以了解方位轴承本身的倾斜量。当倾斜仪安置在远离方位轴中心线的时候，由于望远镜转动时的角速度，倾斜仪本身会受到离心力的作用，产生一个倾斜量，所以倾斜仪的读数是不正确的。

倾斜仪可以是电容式的，也可以是电感式的。一种电感式倾斜仪的示意图见图9.15。当倾斜仪相对于平衡位置有一个角度时摆动的质量块会从平衡位置偏斜。这时位移传感器会检测出它的倾斜量，同时根据这个信息在力矩电机中产生一定的直流电压，使摆动的质量块保持在平衡位置。由于这个倾斜量直接和力矩电机的电压有关，所以输出的电压值应该和角度的正弦值成正比。

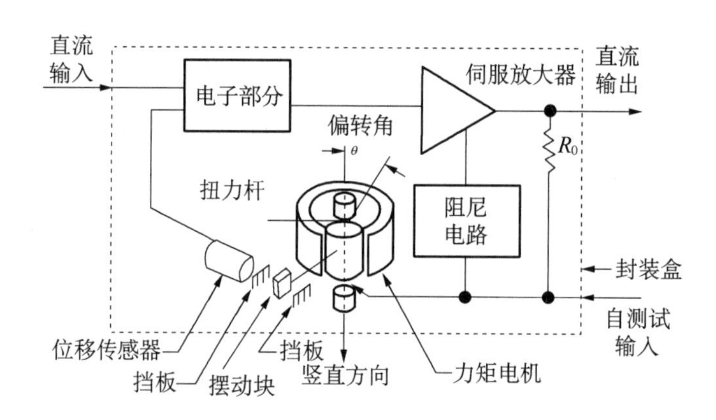

图 9.15　一种电感式倾斜仪的示意图

加速度仪在射电望远镜中正在得到应用，目前主要用于特大天线和需要进行快速摆动的毫米波望远镜中。加速度仪的功能主要是用于精确确定望远镜的运动轨迹，监察望远镜的振动状态。不过要监察望远镜的振动需要精度很高的加速度仪。同样加速度仪可以是电容式的，也可以是电感式的。一种电容式的加速度仪示意图见图 9.16。从图中可以看出加速度仪的主体是一组悬臂支承着的质量块。在质量块的两侧有一组组的电极片，这些电极片和固定在加速度仪侧面的电极片构成一个个电容器。由于在固定的每一对电极片上加上了相位相差 180°的 1 MHz 高频方波，当没有加速度的时候连在质量块上

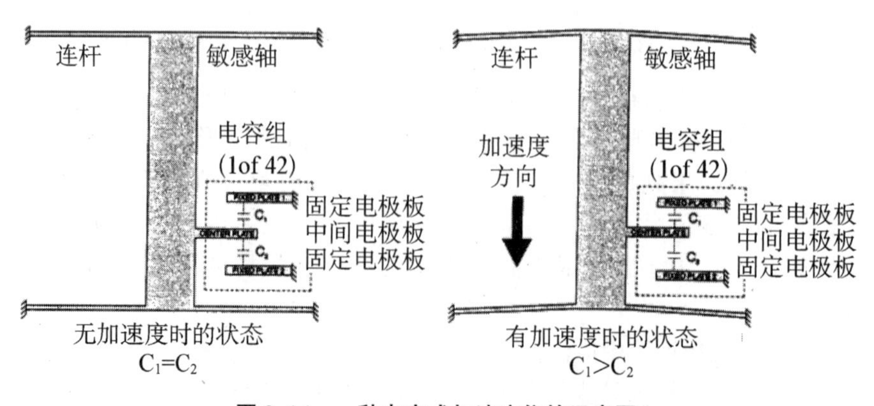

图 9.16　一种电容式加速度仪的示意图

的电极片上就没有电压。而当存在加速度时连在质量块上的电极片上就会产生电压。这种加速度会引起中心电极片位置的变化从而产生一个回复力，使得质量块重新回到原来的平衡位置上来。这个电极片上的电压值就与加速度成比例。

独立的精确参考结构是赤道式光学望远镜中首先使用的。它不承担任何结构重力，所以可以保持一个固定方向，而这个方向则可以作为光学望远镜指向角的参考系。基于相同的原理，一些毫米波望远镜在叉臂的内部用膨胀系数很小的碳合成材料制成一个不承受外部载荷的参考支架，来作为编码器的基准点。这样就避免了叉臂由于风和温度所引起的变形对指向精度的影响。一般参考支架要保持稳定的状态，避免发生谐振。在一些情况下，也可以使用由激光干涉长度仪所形成的光学桁架（第六章）。传感器和这些参考支架组成了望远镜的精密计量系统。对于毫米波和亚毫米波望远镜来说，这些精密计量系统是保证望远镜指向和稳定的重要保证。

在毫米波望远镜上安装光学指向望远镜是近年来的一种趋势。但是光学指向望远镜的光轴往往只代表了毫米波望远镜背架的一部分结构的运动，并不能代表所有的结构变形而引起的电轴变化，所以光学指向望远镜目前只能起参考作用。一般光学指向望远镜均安装在背架中心附近。利用一块高反射率的面板并在副镜表面上局部抛光，也可以使光学指向望远镜的光轴和望远镜的电轴重合，以达到光学导星的目的。

9.2.5　毫米波望远镜中的主动光学

由于射电天线保形设计的广泛应用，天线面形在不同高度角均保持了抛物面的形状，望远镜的性能通过非主动方法获得了极大改善。要进一步地改进望远镜的性能，则需要复杂的主动面形控制，至今主动光学仅在特大的绿岸望远镜中进行了尝试，并没有真正地得到广泛应用。不过在大型毫米波望远镜 LMT 的发展中，应用了一些主动的面板控制。

在毫米波段，由于对望远镜面形的要求很高，主动波阵面补偿十分必要。除了在主镜和副镜上通过面形校正来进行波阵面补偿外，Greve（1996（1），（2）；1994）提出了可以利用距离焦点较近的小口径反射镜的方法。这里的较近和小口径是相对的，它仍然相当于远场的距离，当馈源的口径为 $d\approx10\sim15\lambda$ 时，这个距离大致是 $z=2d^2/\lambda\approx500\lambda$。在这个距离上波阵面的分布和口径场上的分布相似，因此可以较容易地进行彗差和像散的补偿。

像散是一种常见的面板表面面形误差，像散的测量可以通过对点源进行焦前和焦后的波形扫描来获得。一般来说，离焦量不宜太大，大了以后，波形将不是以像散为主，而是以离焦为主，合理的离焦量是两个波长的距离。望远镜的离焦可以通过移动副镜来实现。在望远镜对源进行扫描的过程中，从焦点上的波形很难看出像散的情况，然而稍一离焦，波形在方位和高度方向上就不再是轴对称的了，而像散的量就是波形中分别在方位方向和高度方向上的半功率角 $\theta_a(z)$、$\theta_e(z)$ 之比：

$$A(z/\lambda)=\theta_a(z)/\theta_e(z) \tag{9.43}$$

如果从波阵面的像散表达式出发，相位差为

$$\Phi_{\alpha}(\rho,\varphi)=\alpha'\rho^{2}\cos[2(\varphi-\varphi_{0})]=2\alpha'\rho^{2}\cos^{2}(\varphi-\varphi_{0})-\alpha'\rho^{2} \tag{9.44}$$

式中 $\alpha'=2\pi\alpha/\lambda$ 是无单位的像差系数，α 是波阵面上波形变化的幅度，ρ 是归一化的半径，φ 是口径面上的方位角。离焦引起的波阵面误差可以用半径的平方项来表示。有了口径场上的总相位，望远镜的波形就可以通过傅立叶变换来获得。

如果所用的源是面源，则理想的波形可以用点源的波形和源的能量分布进行卷积来获得。有了实测值和理论值之后，就可以进行像散的校正。校正的方法可以用在小平面镜上贴折射率和空气不同的有机材料来实现，毫米波望远镜像差主动校正的另一个应用是摆动副镜中的彗差校正。由于副镜的摆动偏离了副镜的正确位置，在望远镜中产生了彗差。这个彗差影响了增益，限制了副镜的偏摆角的大小。这一彗差同样可以用上述的方法来加以校正，不过校正镜的进入和退出比较复杂，需要详细的设计。

9.2.6 望远镜的雷电保护

雷电的产生机理是因为天空中存在着大量带电荷的云团，这些云团有带正电荷的，有带负电荷的。带电云团的产生是因为天空中存在着上下高速翻滚的强风。一般带正电荷的主要是处在天空上部的较轻的冰粒，而带负电荷的则是比较重的处在天空下部水珠一样的微粒。当云层中的静电势达到一定数值如数个 MV/m 时，就会发生雷电现象。当这种静电势存在于两云层之间，则会产生云层间的雷电，而当这种静电势存在于云层和地面之间时，则会产生我们所关心的雷电现象。从云层到地表的放电现象可以多次发生，每次放电之间的时间平均是 0.2 s，最长的时间是 1～1.5 s。雷电可能会严重损坏一般钢结构天线的轴承，对于用碳纤维合成材料制成的天线由于其电阻很大将会导致更严重的破坏。

在露天结构中防止雷电的装置主要包括上部的雷电引导装置，中部连接引导的导电系统，以及地面的接地系统和高压自动跳闸装置。另外在结构中应保持所有结构部分的等电位。在有电器的部分，完好的电磁屏蔽也是十分重要。

雷电的产生中没有任何导线，它是经过一种等离子体通道传送的。这个等离子体的通道需要相对较长的时间来形成，大概是 0.01 s，这时通道中的气体温度会达到 5 000～6 000 K以上。通道形成以后会产生第一波放电，第一波放电的电流平均为 30 kA，对于较强的闪电电流会达到 200 kA。第一波放电的时间为 10～100 μs，在第一波放电以后会产生第二波放电。第二波放电的时间极短，大约只有 0.25 μs。第二波放电的电流也小，大约是第一波电流的四分之一。由于第二波时间短暂，电流变化率很高，达10^{11} A/s。在雷电过程中所形成的磁场在 25 kHz 和 1 MHz 之间。

雷电保护主要有两点考虑：第一是设计导引装置将雷电传到地面以下，这就是所说的避雷装置。如果导引装置本身就是结构本体，则应该注意结构本身到地面的电压差应不超过一定的数值。对于在结构体外用避雷针的情况，如果避雷针的高度为 h，则其保护的

半径为(Bazelyan&Raizer,2000)

$$R=(r_s h-h^2)^{1/2} \qquad r_s \geqslant h$$
$$R=r_s \qquad r_s<h \tag{9.45}$$

式中 r_s 是雷电的打击半径,它的值和雷电电流大小有直接的关系,其数值由表 9.4 给出。一个新的保护概念叫滚动球原理(rolling sphere principle)。方法是用直径 20～60 m 的大球滚过结构外面,凡是没有接触的区域都是被保护的部分。直径小的球具有较高的保护作用。

表 9.4　雷电的电流值和打击半径的关系

电流值(kA)	25	50	75	100	125	150	175	200
r_s 最小值(m)	50	80	100	110	120	130	140	150
r_s 最大值(m)	75	150	230	300	370	450	520	600

接地铜线的截面尺寸也应该在 50 mm² 左右。接地的铜带或者铁板应和结构本体以及基础中的钢筋可靠地连接在一起,接地的铁板应做防锈处理。为了估计接地线的电阻,需要测量土壤的电阻率。土壤的电阻率可以从下式求出(Vijayaraghavan, 2004):

$$\rho=2\pi SR \tag{9.46}$$

式中 ρ 是电阻率,单位是 Ω·m, S 是电极之间的距离,单位是 m, 而 R 是所测量的两个电极之间的电阻,单位是 Ω·m。这个公式给出了当电极深度为 0.85S 时的典型电阻率。一个单个的垂直接地杆的电阻是:

$$R_e=\rho/2\pi L[\log(8L/d)-1] \tag{9.47}$$

式中 R_e是接地线的电阻,L 是地线在土中埋藏的深度,d 是地线的直径,单位是 m。如果接地线直径是 16 mm,在地下 3 m,它的电阻大约是土壤电阻率的 1/3,单位是 Ω。土壤的电阻率在不同的地方是不同的,它的值在 10～1 000 Ω·m 之间。对于地下信号电缆的保护可以用在其上部铺设接地线的方法来实现。一根 70 mm² 的铜线可以保护其正下方 90°夹角内的所有传输线。在望远镜的结构中,轴承部分应建立滑动电流通道。

雷电保护的第二个方面是要考虑由于雷电电流所感应的电压以及它所可能产生的影响。如果一个线圈的面积为 A,而它距屏蔽导引层的距离是 d,则当电流通过屏蔽导引层时感应的电压为:

$$u=C_S A\mu_0 \frac{\mathrm{d}H}{\mathrm{d}t}=C_S A\mu_0 \frac{i}{2\pi d}\frac{1}{T} \tag{9.48}$$

式中 $\mu_0=1.256\,6\times10^{-6}$ V·s/(A·m)是磁导率,i 是电流值,T 是电流持续时间,C_S 是屏蔽效率。一般完整的金属盒有很高的屏蔽效率,其数值在 300～1 000 dB。但是有开口的情况其屏蔽效率 SE 会大大减少,其值可以表示为:

$$\mathrm{SE}=20\log\left(\frac{\lambda}{2L}\right)-20\log n \tag{9.49}$$

式中 L 是开口的最大尺寸，λ 是电磁波的波长，n 是尺寸小于二分之一波长的开口的数目。屏蔽效率和开口的尺寸相关，和开口的形状无关。为了保护一些重要的电路装置免于雷电的破坏，双重屏蔽有时是需要的。在一般情况下避雷针的截面尺寸应该是 50 mm^2 以上，长度在 1 m 以上。对于重要部件的屏蔽，铝的屏蔽层应该有 8 mm 的厚度。

9.3 碳纤维合成材料

9.3.1 碳纤维合成材料的性质

碳纤维合成材料是一种新型的高强度材料，它现在已经广泛应用于空间、航空和特种结构等领域。碳元素的比重为 2 268 kg/m^3，由于它的外层电子数的特点可以形成多种不同的结构形式。在碳纤维中碳主要以一种石墨结构的形式出现。这种形式的结构具有高度的各向异性，它在晶格所在平面方向上有极高的强度，而在其垂直方向上则强度很低，在碳纤维中晶格所在的面围绕着纤维轴线平行于外表面一层层地分布，所以碳纤维在轴向有着很高的强度和机械性能。碳纤维的理论轴向强度最高可以达到 1 000 GPa，是钢的弹性模量的近 5 倍，而在其垂直方向上这个值只有 35 GPa。不过普通的碳纤维中这种石墨结构在方向性上总存在缺陷，同时在晶格中可能存在着其他原子，所以强度很难达到或接近它的理论值，一般碳纤维的强度在 200 GPa 和800 GPa 之间。图 9.17 给出了一些碳纤维的轴向弹性模量和极限强度，作为比较也列出了钢、铝和钛的数值。

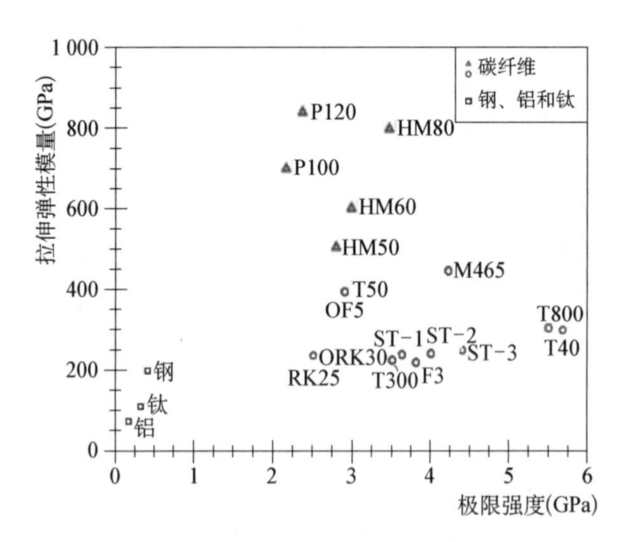

图 9.17 一些碳纤维的拉伸弹性模量和极限强度(Cheng,2000)

所有的碳纤维在轴向都具有很低的负热膨胀系数。碳纤维的热膨胀系数与它们的弹性模量在一定程度上有线性关系。这一关系可以从图 9.18 中看出。但是这种关系在弹性模量小时比较密切，在弹性模量高时就比较松散。正如其机械性能一样，它们在径向的热膨胀系数也比较大，而且为正值，一般是在 5.5×10^{-6}/℃至 8.4×10^{-6}/℃。

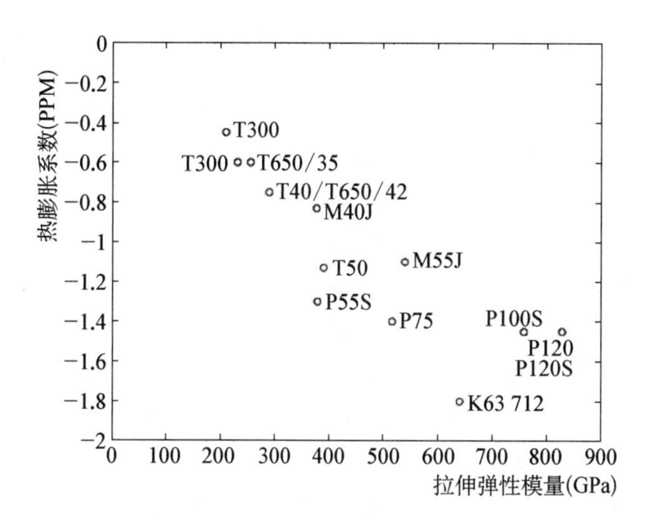

图 9.18 碳纤维的拉伸弹性模量和热膨胀系数的关系(Cheng,2000)

碳纤维材料具有十分优秀的机械性能和热性能。但是单纯的碳纤维不能够承受压应力,因此它自身不能作为一种结构材料。碳纤维复合材料是在碳纤维之间增加了树脂而形成的一种新型材料。但是遗憾的是所有树脂材料的机械性能和热性能都是非常差的(表 9.5)。

表 9.5 典型树脂材料的机械性能和热性能

	弹性模量	极限强度	密度	热膨胀系数
环氧树脂	15～35 GPa	35～85 MPa	1 380 kg/m³	70×10⁻⁶/℃

在最简单的复合材料中所有的碳纤维都是在同一个方向上,这时这种复合材料在纤维方向上的弹性模量由下式给出:

$$E_1 = V_f E_f + (1 - V_f) E_m \tag{9.50}$$

式中 E_f 和 E_m 分别是碳纤维和树脂材料的弹性模量,V_f 是碳纤维的体积比例。碳纤维体积比例的最大值为 70%。而垂直于纤维方向上的弹性模量则由下式给出:

$$E_2 = \frac{1}{V_f / E_f + (1 - V_f) / E_m} \tag{9.51}$$

这种材料在各个方向上的极限强度公式的结构形式和上面的两个公式完全相同。关于各个方向上的热膨胀系数的计算比较复杂,主要是因为碳纤维本身是一种轴对称材料,并不是一种各向同性的材料。轴向及其垂直方向的热膨胀系数的近似公式为

$$\begin{aligned} \alpha_1 &= \frac{\alpha_f E_f V_f + \alpha_m E_m (1 - V_f)}{E_f V_f + (1 - V_f) E_m} \\ \alpha_2 &= [\nu_f V_f + \nu_m (1 - V_f)] \frac{\alpha_f E_f V_f + \alpha_m E_m (1 - V_f)}{E_f V_f + (1 - V_f) E_m} \end{aligned} \tag{9.52}$$

上式中 ν_f 和 ν_m 分别是碳纤维和树脂材料的泊松比,α_f 和 α_m 分别是碳纤维和树脂材料的热膨胀系数。垂直方向的热膨胀系数很接近于树脂的热膨胀系数。比较其他复杂得多的

公式这两个近似公式所得出的热膨胀系数的值比较小。一般复合材料的热膨胀系数应以实测的数值为准。

在单一方向的复合材料中，碳纤维材料在偏轴方向上的机械性能以这个方向与纤维间夹角余弦的四次方迅速下降。图9.19中的曲线就是单一方向和两个或三个方向上有纤维分布的复合材料在不同夹角时的弹性模量。而热膨胀系数随着角度变化的曲线则比较平滑。对于由多层不同方向的碳纤维组成的平板，其机械性能基本上是各层机械性能的叠加。多层碳纤维材料的热膨胀系数有其独特的地方。如果有两层夹角比较小的碳纤维，那么两层纤维对称轴线上的热膨胀系数一般很小，而且可能为负值。当两层纤维间的半夹角为33度时热膨胀系数达最低。在图9.20中的曲线就是两层互成角度的纤维加上在其对称轴上纤维的复合材料的情况，图中的角度是两层纤维之间的半夹角。利用这一点可以设计在一个方向上零膨胀的碳纤维合成结构。图9.19、9.21和9.22分别列出了各种碳纤维复合板的机械性能和热性能。从图中可以看出当碳纤维在不同的方向上同时分布时，它在某一定方向的机械性能会大大减弱，而整块平板在各个方向上的性能差别则大大减小。

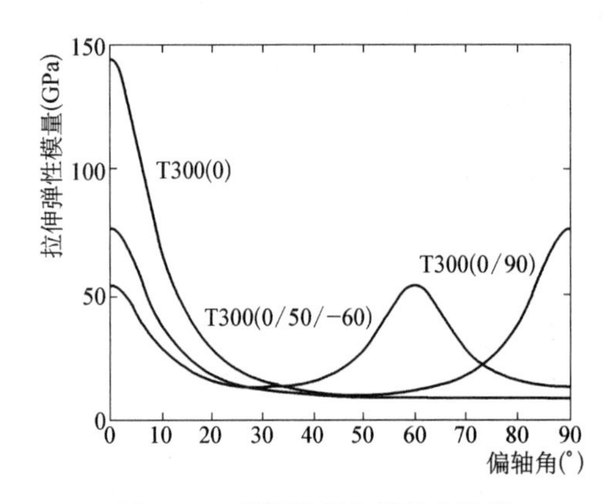

图9.19　碳纤维复合材料在偏轴方向上的强度变化

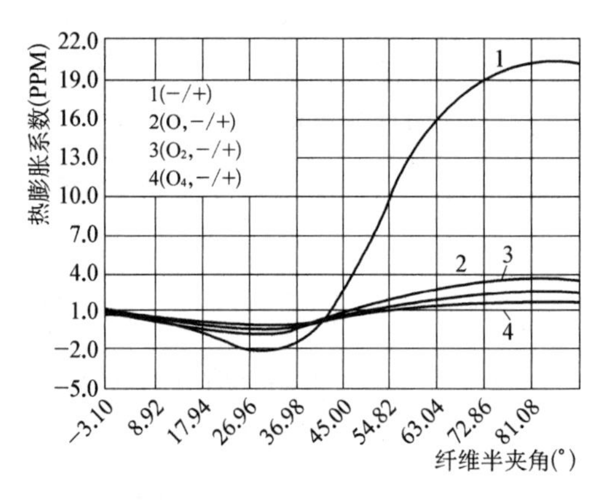

图9.20　小夹角对称分布的碳纤维板在轴线方向的热膨胀系数

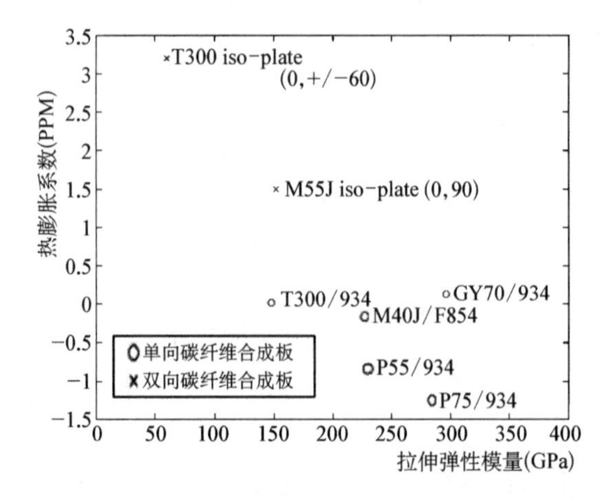

图9.21　一些碳纤维复合材料的拉伸弹性模量和热膨胀系数

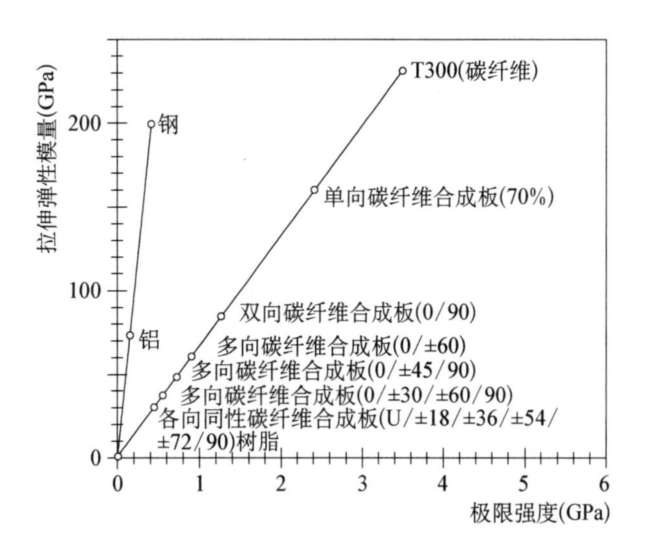

图 9.22　一些碳纤维复合材料的拉伸弹性模量和极限强度

在碳纤维复合材料组成的结构中，要考虑热膨胀系数的搭配，防止纤维的切断，还要注意水汽的侵入等。同时由于时间的作用胶合材料还会产生老化，使其强度降低，一般树脂的强度在 15 年之后就会下降一半。碳纤维复合材料的另一个问题是其形状的稳定性。由于碳纤维复合材料各向异性的热膨胀系数，为了获得稳定的复合结构，所有的纤维分布都必须以其中心平面为对称面，这一点与下一节中分析的情况基本相同。一种以碳纤维平板为材料构成的立体结构可以采用类似榫卯的接合方式。

9.3.2　异形三明治结构的温度变形

三明治结构是一种高效的结构形式，一般由高性能的材料作为它的上下表面，而用质量轻的材料如铝蜂窝或泡沫塑料作为它的内芯。当三明治结构受到外力作用时，它的上下表面主要承受拉伸和压缩，而它的中心部分主要承受剪切应力。一种高性能的三明治结构是用碳纤维复合材料作为它的上下表面，而其内芯则是由铝蜂窝结构组成。为了防止电化学腐蚀，铝和碳纤维之间要用玻璃纤维隔离。这种结构在航天、航空和其他领域有着广泛的应用。在这一节中我们所讨论的就是这种结构的温度效应，其原理也适用于其他形式的复合结构。三明治结构的抗弯刚度可以用下式表示：

$$D=\frac{1}{3}\left[\frac{2E_f}{1-{\nu_f}^2}\left(\frac{3}{4}h_c^2t_f+\frac{3}{2}h_ct_f^2+t_f^3\right)+\frac{E_c}{1-\nu_c^2}\frac{h_c^3}{4}\right] \tag{9.53}$$

式中 E_f，E_c 是表层和内芯的弹性模量，ν_f，ν_c 是表层和内芯的泊松比，t_f，h_c 是表层和内芯的厚度。在通常情况下，有 $E_c \ll E_f$ 和 $t_f \ll h_c$，所以上式可以简化为

$$D=\frac{1}{2}\frac{E_fh_c^2t_f}{1-\nu_f^2} \tag{9.54}$$

三明治结构强度很高，是一种高效率的结构形式。但是异形三明治结构存在温度变形的

问题。异形三明治结构的温度变形是由其本身形状所决定的。如图 9.23 所示的 T 形三明治结构，当温度升高时这一结构中铝蜂窝部分的体积会增大，而碳纤维部分则基本不变。这时它的下部分宽度会增加一个数值，由于上表面的线尺度没有变化，所以整个结构就不能保持原来的形状，而会产生一变形角 θ。这一变形角的量可以很容易地计算出来：

$$\theta \approx d\alpha_{AL}\Delta T/h \tag{9.55}$$

式中 α_{AL} 是铝的热膨胀系数，ΔT 是温度差。对于 L 形的三明治结构（图 9.24），结构的变形可以用同样的方法进行分析。这种结构在相对于 T 形结构的对称面上增加了碳纤维复合材料，所以并不完全等同 T 形结构的情况。这种结构可以从两个方向上看，简单地借用 T 形结构的公式是不精确的。考察在上方拐角的地方，这个局部会产生一种较复杂的变形。但总的趋势是在高度上要抬高一个量：

$$\Delta h = h\alpha_{AL}\Delta T \tag{9.56}$$

同时在这个拐角的另一面也会产生一个局部的变形，这两个局部的变形量和它们所对应侧面的总厚度成正比。由于这个局部变形，利用前面的公式去计算角度变化会产生误差。但是在 $d<h$ 时，用下列公式计算的误差较小，所给出的角度总是小于实际的变形角。

$$\theta \approx d\alpha_{AL}\Delta T/h \tag{9.57}$$

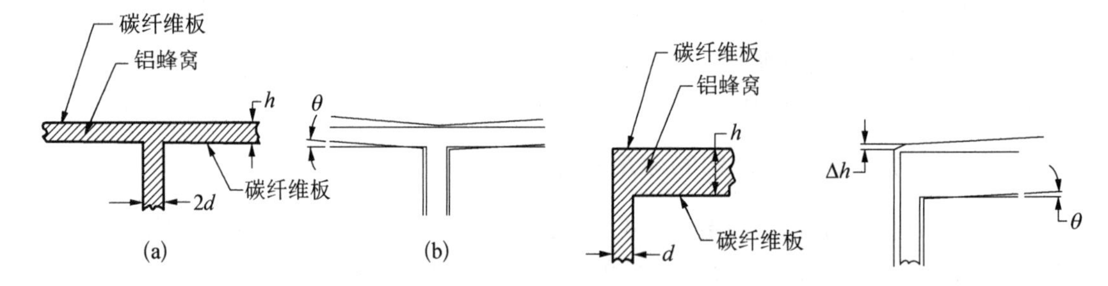

图 9.23　T 形三明治结构的温度变形　　**图 9.24　L 形三明治结构的温度变形**

图 9.25 所示是 C 形槽状的三明治结构，如果两个侧面保持互相平行，温度升高后其上表面就会突起。当 $d<h$ 时，上表面的曲率半径为

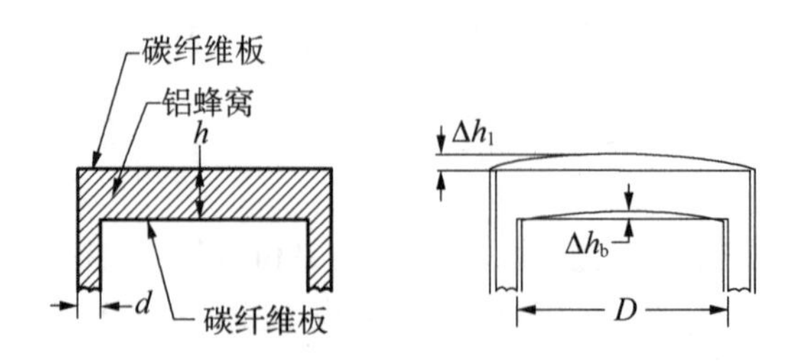

图 9.25　C 形三明治结构的温度变形

$$R = \sqrt{1+\theta^2} \times D/(2+\theta) \tag{9.58}$$

式中的 θ 是由公式 9.57 给出的角度的近似值。而最大的下表面变形量则是

$$\Delta h_b = R - R \times \cos\theta \tag{9.59}$$

最大的上表面变形量是

$$\Delta h_t = \Delta h_b + h\alpha_{\mathrm{AL}}\Delta T \tag{9.60}$$

设 d=0.04 m，h=0.14 m，可以画出上下表面的最大变形量和两侧面间距离的关系，这一关系的曲线如图 9.26 所示。在转角的地方变形复杂，应力集中。为了避免这种变形，需要对这部分的设计进行改变。这一节中提出的理论对 ALMA - US、南极亚毫米波望远镜和 APEX 望远镜的设计发挥了直接的作用。

了解碳纤维结构的各向异性和上述的温度变形后，我们就可以知道在使用碳纤维结构作为光学平台时必须仔细地进行设计。首先作为基本材料的碳纤维结构板应该使纤维分布以板的中心面对称，保证平板的稳定性。然后可以使用做鸡蛋格的方式或者用中国传统的木工工艺使板与板之间实现榫卯相接。只有这样结构才能稳定可靠，达到光学平台的要求。碳纤维结构广泛应用于空间天线表面的制造。在制造天线表面的时候一般先制造一个模具，然后用已经成形的单层碳纤维树脂板，将其切成适当大小的六边形，一块一块地放置在模具上。注意碳纤维的方向在同一层中要保持相同，并且所有六边形的边都要进行修整以保证碳纤维层和模具的形状相贴合。一层排完后，再同样排第二层、第三层等，要注意纤维的角度安排。最后用塑料薄膜覆盖，使用真空方法使碳纤维材料和模具表面紧密贴合，并使其固化。比较保守的固化程序是在 85℃保温 15 小时，然后再用 8 小时缓慢地降温，低温固化后内应力较低。这样制造的天线面一般放置在一个由碳纤维材料制成的鸡蛋格上面。表面精度的最后校正可以通过修整鸡蛋格高度来实现。表面精度的测量可以利用激光测距、照相测量甚至应用经纬仪加带尺来实现。应用这种方法制成的空间天线的表面在不同方向上有不同的抗弯刚度，可以在一定方向上很容易地收卷起来。精密的空间红外和光学镜面要使用玻璃模具，在下表面成形以后，在模具上复制上表面的碳纤维表面后，放置中间夹层。中间夹层常常使用同等高度的短碳纤维圆管，圆管排列在上表层的上面，最后将已成形的下表面覆盖在上面，用真空方法成形固化。碳纤维表面和合成材料芯格构成的三明治结构可以达到 1 kg/m² 的单位面积质量，大量地应用在卫星的太阳能电池板上。

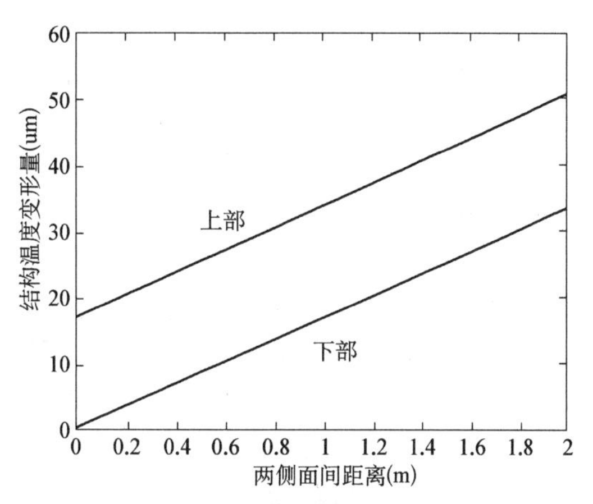

图 9.26　C 形三明治结构温度变形量和两侧面间距离的关系

9.3.3　碳纤维和金属的接头

碳纤维部件根据其纤维比例和种类常常有很高的弹性模量和刚度。钢的弹性模量和强度是 207 和 2 GPa。然而单一方向的 T300 碳纤维管的弹性模量和强度分别是 160 和

270 GPa。高质量的碳纤维的模量和强度就更高。但是碳纤维合成材料中所使用的黏合剂却是非常差的材料，它们的典型的模量和强度仅仅是 2 和 70 MPa。这些厂家或者书本所提供的模量和强度的数据常常是经过实验所破坏的样本平均值，也就是说，在实验中会有 50％的样本破坏(Cheng，2008)。考虑到统计上的不确定性，应该使用平均值减去 3 倍的标准误差，这样才能保证 100％的部件安全。在碳纤维接头的设计上，复杂的事情包括应力的不平均分布，黏合剂的弹塑性特点，周期性载荷的效应，热膨胀的不均匀，黏合剂中的添加剂的寿命，表面处理和固化的过程等。

9.3.3.1 简单接头上的压力分布

如果在金属表面和碳纤维合成材料表面之间加上黏合剂，这就形成了一个简单的搭合接头，这种接头的特点是没有任何紧固件。黏合剂通常的拉伸性能很差，所以接头上力的传递是依靠黏合剂中的剪切力来传递的。如果简单地用剪切力除以剪切面积来求得剪切应力，这就没有考虑到接头中的应力集中的现象。

实际上，很早就发现在接头边缘上存在剪切力集中的现象。通常在离边缘一小段距离的时候，剪切应力会达到一个最大值，然后就会迅速地减小，同时在接头中间部分达到它的最小值。应力最大值常常是平均应力的 4～10 倍。而横向应力在上边缘和下边缘则具有相反的符号，一个是拉伸，另一个是压缩。它们在距离边缘大约一个黏合剂厚度的距离时上下的应力基本相等，而在大约 4 倍距离的时候，它们就基本消失。简单地增加接头的长度并不能降低最大应力(Cheng，2000)，因为接头中间的应力可以是零。但是用边缘薄的楔形接头形状则可以减少其最大应力。

9.3.3.2 树脂的弹塑性特点

树脂材料的特性可以用并联的或者串联的弹簧和阻尼器的模型来描述。最简单的情况有两个弹簧和一个阻尼器，阻尼器的阻尼为 η_1，其中一个弹簧和阻尼器并联。这种结构的应力 σ_0 和应变的响应是(Dean，2004)

$$\varepsilon(t) = \frac{\sigma_0}{E_0} + \frac{\sigma_0}{E_1}[1 - \exp(-t/t_0)] \tag{9.61}$$

这里的损失因子(loss factor)是和松弛时间(relaxation time) t_0 相关的：

$$t_0 = \eta_1 / E_1 \tag{9.62}$$

比较精确的模型具有多个弹簧和阻尼器并联的结构，因此聚合物材料的松弛时间范围比较大。松弛或者蠕变(creep)是材料的一种缓慢地，但不可逆地降低应力的过程。它的发生是在极限应力范围之内长时间承受应力的现象。蠕变应力是

$$\varepsilon(t) = \frac{\sigma_0}{E_1} \exp\,(t/t_0)^m \tag{9.63}$$

这里的指数表明松弛时间的范围比较大。松弛时间和温度、湿度、应力、黏合剂相关(Dean，2004)。松弛时间和一些因素相关的表达式为

$$t_0 = A \cdot (\mathrm{RH}^{-n} + B)\exp(-\alpha\sigma_0^2 - \beta T) \tag{9.64}$$

式中 RH 是相对湿度，T 是绝对温度，σ_0 是应力，α、β、A、B 是常数。小的松弛时间意味着材料迅速老化。

9.3.3.3　树脂接头的疲劳模型

材料的疲劳(fatigue)是材料在周期性载荷下局部破坏的一种过程，这时所对应的应力值小于材料的极限应力。在它的初期材料分子会有位置的移动，然后就会产生不断的撕裂并发生分子链的破坏。材料的疲劳是一种随机现象，即使在非常稳定的环境下，它的产生仍然具有很大的随机性。温度，表面处理，化学物质的存在，剩余应力的大小和连接表面的接触情况都会对疲劳的产生造成影响。

疲劳常常是在材料的结合处开始的。结合处的压力值正处于奇异点上，因此在周期力的作用下，应力会不断地升高。试验表明周期应力的强度，周期的数量，以及应力作用下的停留时间都会对接头的疲劳产生影响(Veer，2004；Wu，2000)。

在材料集合处，它的应力场可以表达为(Wu，2000)

$$\sigma_{ij}^{m} = K_1 r^{\lambda_1 - 1} f^{1m}(\theta) + K_2 r^{\lambda_2 - 1} f^{2m}(\theta) \tag{9.65}$$

式中 K_1 和 K_2 是应力强度，$\lambda_1 - 1$ 和 $\lambda_2 - 1$ 是应力的奇异性(在金属和树脂的 90 度结合处为 -0.032)，r 是围绕奇异点的半径，m 是所连接材料的数目，$f(\theta)$ 是应力的角度变化函数。根据实验，应力的变化量可以表达为周期数和应力停留时间的函数：

$$\Delta K = C_1 - C_2 \log(N) - C_3 \log(\Delta t) \tag{9.66}$$

式中 C_i 是常数，N 是加力的周期数，Δt 是每个周期中力的停留时间。

9.3.3.4　温度应力差产生的破坏

当两种连接材料不同时，温度变化会产生应力差。碳纤维合成材料在纤维方向温度膨胀很小。然而在和纤维垂直的方向上，它的膨胀系数会很大。如果铟钢和单一方向的碳纤维合成材料连接在一起，就会产生很大的温度差应力：

$$\sigma = \Delta\alpha \cdot \Delta T \cdot r \cdot E/d \tag{9.67}$$

式中 $\Delta\alpha$ 是膨胀系数的差，ΔT 是温度差，r 是半径，E 是树脂的弹性模量，d 是树脂层的厚度。温度所引起的破坏还包括树脂熔化、树脂和填料的分离，或者是因为湿度产生的树脂软化等。过低的温度和过分的干燥也会引起树脂材料的硬化或猝裂。

9.3.3.5　化学因素的破坏

黏合剂的作用是通过材料间的渗透和咬合实现机械式的固定或者是通过分子间的吸附而产生黏合。金属是没有空隙的，所以表面分子间的吸引力是最主要的因素。在金属和碳纤维合成材料黏合的时候，一般使用半液体的黏合剂然后经过加热产生化学反应，或者使溶剂蒸发实现固化。为了使连接面可靠，常常需要稀释黏合剂来减少黏合剂的黏度。新的液态环氧树脂的黏度在 15 000 到 50 000 cP 之间，一方面在储存的过程中，稀释溶剂会逐渐地挥发，另一方面稀释溶剂也减少了树脂的比例。

环氧树脂是由极化分子形成的，它对表面的浸透和材料的表面能量相关。金属有很高的表面能量(500 mJ/m^2)。水的表面能量低，约 72 mJ/m^2。蜡的表面能量最低，为

22 mJ/m^2。低能量的液体可以很容易地贴合在高能量的表面上。液态环氧树脂的表面能量是 31 mJ/m^2，它很容易附着在金属表面上。而 Teflon 的表面能量只有18 mJ/m^2，所以只有很少的液体可以附着在它的表面。当高能量的表面上存在一些低能量的材料，比如氧化物和油类污染的时候，它们的吸附能力就大大降低。

表面处理就是要保持表面的化学活力并且清除沉积在表面上的污染。简单的喷砂并不能很好地清除污染，所以碳纤维材料要在喷砂后再用溶剂清洁。

除了使用稀释剂，在树脂中还使用填料和其他添加剂。填料可以减缓固化反应，同时减少温度升高和随之产生的体积收缩。但是一些填料降低弹性模量和强度，一些添加剂可以改变表面的性质，也会影响材料的强度和热冲击性能。在环氧树脂中，有时会加入玻璃细珠以保证树脂层一定的厚度，但是中心玻璃珠的体积却不能承受接头上的负载。

在涂树脂的时候，还常使用底漆（primer，promoter），这些底漆改善了表面的附着力。但是有些底漆含有 10%～30%的滑石粉。因此底漆的厚度要严格控制，不能超过 5～8 μm。

树脂固化反应牵涉分子的聚合和交叉，聚合常常是在较低的温度下进行的，而分子链的交叉是在较高的温度下进行的，固化的程度和树脂的强度有直接联系。电化学反应也是碳纤维材料的一个重要考虑，一般这种材料的表面应该全部密封。

9.3.3.6 其他的破坏因素

接头的设计对它的可靠性有直接影响。一般接头应该避免在黏合剂中产生拉伸应力；应该有最大的结合面积，保持薄的均匀黏合层，防止表面应力的集中。

胶接层的厚度和接头的强度相关，太厚的胶层容易产生蠕动，薄的胶层是比较理想的，但是应该防止胶层干枯的现象。一些标准需要的胶层厚度为 0.33 mm，当胶层厚度为 1 mm 时，强度仅为标准厚度时的 78%，当胶层厚度为 2 mm 时，强度仅为 48%，当胶层厚度为 3 mm 时，强度仅为 36%(Rodriguez，2007)。

如果在固化时，使用了加压的措施，那么复合材料凸出的地方总是受到一定的应力，可能会产生因为应变而引起的形状变化。树脂应该同时涂在接口上的两个表面，在接口处应该去除气泡。整个接头上的树脂应该具有均匀一致的厚度。

9.4 全息检测和准光学理论

9.4.1 全息面形检测

全息检测(holographic measurement)是射电天线面形检测的最重要的方法(Scott，1977)。它的理论基础是通过测量天线远场辐射的振幅和相位来求出它的傅立叶变换，即它的天线口径场的振幅和相位分布，这个口径场的相位分布和天线表面面形的变形正好一一对应。

从理论上讲，天线远场辐射图分布在所有空间角的范围之内。但是在大部分情况下，对远场辐射图在整个空间角的范围内进行测量既不可能也不现实。为了获得口径场在一定空间频率范围内的相位细节，可以在围绕着主瓣的一个很小的区间 $n\theta$ 进行辐射图的测量，这里 $\theta=\lambda/d$ 是天线的主瓣宽度(Baars，2007)，d 是天线的直径。根据 Nyquist 准则，这样就可以获得具有空间分辨率$\sim d/n$的口径场的相位细节。对于大部分的天线，$n=100$一般就足够了。

为了进行全息检测，必须有一个稳定的发射器。这个发射器可以是一个射电点源，或者是卫星上的一个信号，它们一般都位于天线的远场距离上。当使用地面上的射电源时（即距离小于D^2/λ的菲涅耳区域，而不是距离大于$2D^2/\lambda$的远场），往往近场的修正就是必不可少的了（Baars，2007）。同时地面以及附近金属物的反射也是测量中的一个问题。现代的射电源可以使用两个相位锁定的激光源通过混频器来产生，而不需要通过毫米波的振荡器来产生。这样的射电源有两个相近的频率，可以提高相位的精确度。

辐射场的相位是通过两个信号的相关获得的。一个是参考天线的信号，另一个是测量天线的信号。参考天线通常是固定的，不过当测量天线对源进行扫描时，固定的参考天线上会产生一个相对的相位差，这个相位差是天线高度角的函数（图 9.27）。有时也使用一个小的喇叭天线作为参考天线，这种天线的主瓣角度大，振幅平坦。这时，参考天线可以直接装在测量天线馈源的背后。这种全息测量仪器包括两个背靠背安装的馈源，它通常安装在测量天线副镜的位置。

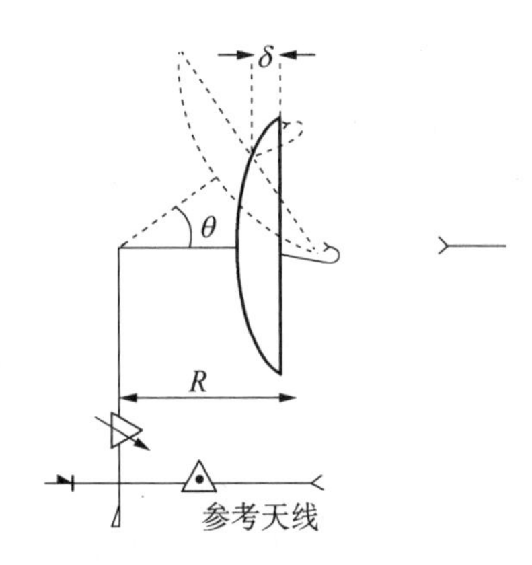

图 9.27　全息检测时主天线和参考天线的相位差（Kitsuregawa，1990）

如果被测量天线接收的信号是$S_1(t)$，参考天线接收的信号是$S_2(t)$，相关接收器将给出两信号的乘积，直接相关处理的结果就是$S_1(t)S_2(t)$。在具体测量中接收器的动态范围以及噪声、泄漏对测量的精度有很大的影响。相关接收器的简单模型如图 9.28(a)所示。在实际接收中天线接收的信号包括两个部分，即辐射信号加上噪声，有（D'Addario，1990）

$$
\begin{aligned}
S_1(t) &= V_1\cos(2\pi f_0 t) + n_1(t) \\
S_2(t) &= V_2\cos(2\pi f_0 t + \phi) + n_2(t)
\end{aligned}
\tag{9.68}
$$

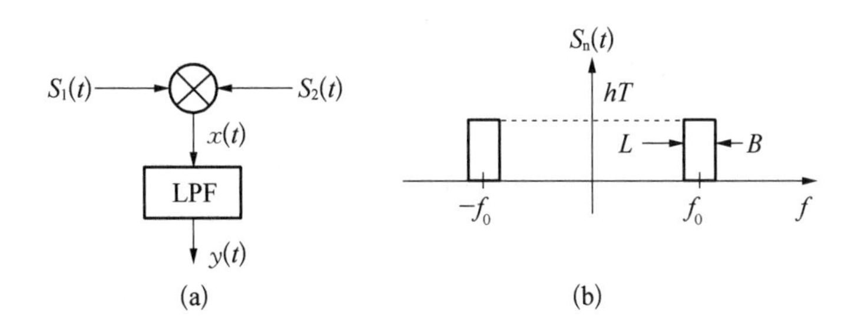

图 9.28　(a) 相关接收器的电路
(b) 通过通道滤波器后的接收器噪声 $n_i(t)$的能量谱（D'Addario，1990）

因为S_1和S_2相关后要通过一低通道滤波器，而$n_1(t)$和$n_2(t)$是随机噪声，所以有：

$$
\begin{aligned}
\langle n_1 \rangle &= \langle n_2 \rangle = 0 \\
\langle n_1^2 \rangle &= KT_{S_1} B \\
\langle n_2^2 \rangle &= KT_{S_2} B
\end{aligned}
\tag{9.69}
$$

式中 B 是频谱宽度，$B<f_0$，如图 9.28(b)所示。两信号相乘后有：

$$
\begin{aligned}
x(t) &= S_1(t)S_2(t) \\
&= V_1V_2\cos(2\pi \cdot f_0t)\cos(2\pi \cdot f_0t+\phi)+n_1(t)n_2(t) \\
&\quad +V_1n_2(t)\cos(2\pi \cdot f_0t)+V_2n_1(t)\cos(2\pi \cdot f_0t+\phi)
\end{aligned}
\tag{9.70}
$$

如果 $X=\langle y(t)\rangle$ 是所需要的信号，则这一信号的均方根差即均方根噪声为：$\sigma=(\langle y^2(t)\rangle-X)^{1/2}$，这里 $y(t)$ 为通过低通滤波器后的输出值。

$$
X=\langle x\rangle=\langle y\rangle=\frac{1}{2}V_1V_2\cos\phi \tag{9.71}
$$

为了得到 σ 的值，我们要求出 $y(t)$ 的能量谱，这可从 $x(t)$ 的能量谱中得到。现在计算 $x(t)$ 的能量谱：

$$
\begin{aligned}
S_x(f) &= \text{F. T.}\{\langle x(t)x(t+\tau)\rangle\} \\
&= \text{F. T.}\Big\{\langle\Big[\frac{1}{2}V_1V_2\cos\phi+\frac{1}{2}V_1V_2\cos(4\pi f_0t+\phi)+n_1(t)n_2(t) \\
&\quad +V_1n_2(t)\cos(2\pi f_0t)+V_2n_1(t)\cos(2\pi f_0t+\varphi)\Big]\times\Big[\frac{1}{2}V_1V_2\cos\varphi \\
&\quad +\frac{1}{2}V_1V_2\cos(4\pi f_0t+4\pi f_0\tau+\varphi)+n_1(t+\tau)n_2(t+\tau) \\
&\quad +V_1n_2(t+\tau)\cos(2\pi f_0t+2\pi f_0\tau)+V_2n_1(t+\tau)\cos(2\pi f_0t+\phi)\Big]\rangle\Big\} \\
&= \text{F. T.}\{\frac{1}{4}V_1^2V_2^2\cos^2\phi+\frac{1}{8}V_1^2V_2^2\cos 4\pi f_0\tau+\rho_1(\tau)\rho_1(\tau) \\
&\quad +V_1^2\rho_2(\tau)\cos(2\pi f_0\tau)+V_2^2\rho_1(\tau)\cos(2\pi f_0\tau)\}
\end{aligned}
\tag{9.72}
$$

式中 F. T. 表示傅立叶变换，$\rho_i(t)=\langle n_i(t)n_i(t+\tau)\rangle$，$i=1,2$。因为噪声的频谱非常简单，同时考虑乘积的傅立叶变换就是傅立叶变换的卷积，式中每一项的傅立叶变换都可以通过分别运算来获得。

$$
\begin{aligned}
S_x(f) &= \frac{1}{4}V_1^2V_2^2\cos^2\phi\cdot\delta(f)+\frac{1}{16}V_1^2V_2^2[\delta(f-2f_0)+\delta(f+2f_0)] \\
&\quad +KT_{S_1}KT_{S_2}B\cdot\text{tri}(f/B)\Big[\frac{1}{2}\text{tri}(f/B)+\frac{1}{4}\text{tri}((f-2f_0)/B)\Big] \\
&\quad +\frac{1}{2}V_1{}^2KT_{S_2}\text{rect}(f/B)+\frac{1}{2}V_2^2KT_{S_1}\text{rect}(f/B)
\end{aligned}
\tag{9.73}
$$

式中 tri 和 rect 分别是三角函数和矩形函数。图 9.29 清楚地表明了能量谱的形状。如果低通道滤波器具有非常理想的矩形带宽 W，则有

$$\begin{aligned}\langle y^2 \rangle &= \int_{-\infty}^{\infty} S_y(f)\mathrm{d}f = \int_{-W}^{W} S_x(f)\mathrm{d}f \\ &= \frac{1}{4}V_1^2V_2^2\cos^2\phi + W(KT_{S1}KT_{S2}B + V_1^2KT_{S2} + V_2^2KT_{S1})\end{aligned} \tag{9.74}$$

所以

$$\sigma = \sqrt{\langle y^2 \rangle - X^2} = \sqrt{W(KT_{S1}KT_{S2}B + V_1^2KT_{S2} + V_2^2KT_{S1})} \tag{9.75}$$

如果使用的是完全相同的接收机，设 $T_{S1} = T_{S2} = N_0/K$，则

$$\sigma_e = \sqrt{W\left(N_0^2B + 2N_0\left(\frac{1}{2}V_1^2 + \frac{1}{2}V_2^2\right)\right)} = \sqrt{\sigma_n^2 + \sigma_1^2 + \sigma_2^2}$$

$$\mathrm{SNR}_e = \frac{X}{\sigma_e} = \sqrt{\frac{\frac{1}{4}V_1^2V_2^2}{W\left[N_0^2B + 2N_0\left(\frac{1}{2}V_1^2 + \frac{1}{2}V_2^2\right)\right]}}\cos\phi \tag{9.76}$$

因为被测天线接收的辐射信号 V_1 项总是很强，所以有

$$\mathrm{SNR}_e \approx \sqrt{\frac{V_2^2}{4WN_0}}\cos\phi \tag{9.77}$$

最后的这一结果说明参考天线的信噪比对总的信噪比起着决定性的作用。

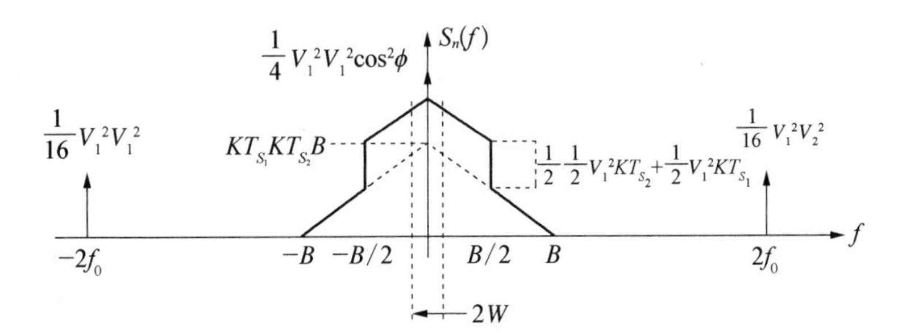

图 9.29　低通滤波器后输出总信号 $x(t)$ 的能量谱（D'Addario, 1990）

参考天线的辐射响应可以表示为

$$E_r(\theta,\phi) = \frac{\mathrm{i}}{\lambda r}\mathrm{e}^{-ikr}g_r(k_x,k_y) = E_0g_r(k_x,k_y) \tag{9.78}$$

式中 $g_r(k_x,k_y)$是已知的。而参考天线和被测天线辐射响应的互相关为

$$EE_r^* = |E_0|^2g(k_x,k_y)g_r^*(k_x,k_y) \tag{9.79}$$

设 M_k 是测量的互相关函数，测量噪声为 ε_k，有

$$M_k = |E_0|^2g(k_x,k_y)g_r^*(k_x,k_y) + \varepsilon_k \tag{9.80}$$

口径场函数的最好估值是

$$\hat{F}(x,y) = \sum_{k=1}^{K} \frac{M_k}{|E_0|^2 g_r^*(k_x,k_y)} e^{i(k_x x+k_y y)} W_k \tag{9.81}$$

式中 W_k 是一个权重函数,它与误差和分辨率的控制有关。这个估值和函数本身的关系是

$$\begin{gathered}\hat{F}(x,y) = F(x,y)^{**} b(x,y) + \delta(x,y) \\ b(x,y) = \sum_{k=1}^{K} e^{i(k_x x+k_y y)} W_k\end{gathered} \tag{9.82}$$

如果$\langle \varepsilon_k \rangle = 0$,式中$\langle \delta(x,y) \rangle = 0$。如果 $k \neq h$ 时,$\langle \varepsilon_k \varepsilon_h \rangle = 0$,则有

$$\langle \delta^2 \rangle = \sum_{k=1}^{K} \left| \frac{W_k}{|E_0|^2 g_r^*(k_x,k_y)} \right|^2 \langle \varepsilon_k^2 \rangle \tag{9.83}$$

如果测量点格的边长为 $\Delta l = \Delta k_x/k$ 和 $\Delta m = \Delta k_y/k$,记 $l = k_x/k, m = k_y/k$,权重函数可取 $W_k = \Delta l \Delta m / \sqrt{1-l^2-m^2}$。这时口径场的方差为

$$\langle \delta^2 \rangle = \left(\frac{\Delta l \Delta m}{|E_0|^2} \right)^2 \sum_{k=1}^{K} \frac{\langle \varepsilon_k^2 \rangle}{|g_r(k_x,k_y)|^2} \tag{9.84}$$

从这个公式,可以估计测量的表面误差为

$$\Delta z = \frac{1}{16\sqrt{2}} \frac{\Delta l \Delta m D^2 K^{1/2} \sigma_{AV}}{\lambda \langle M_0 \rangle} \tag{9.85}$$

式中 σ_{AV}是测量均方根误差,$\langle M_0 \rangle$是轴上点的测量值,D 是口径直径。当口径上的分辨率为 Δ 时

$$\Delta z = \frac{1}{16\sqrt{2}} \frac{\lambda D \sigma_{AV}}{\Delta \langle M_0 \rangle} \tag{9.86}$$

其他的全息面板检测方法包括一种焦点外(Out-Off-Focus, OOF)的方法,即利用离焦的能量辐射图来获得口径场的相位(Nikolic,2007)。这种方法和光学中的单像面曲率传感器的方法十分相似(4.1.5 节)。在这个方法中,同样也是测量能量辐射图,然后通过后处理计算来获得口径上的相位分布。计算中首先假设一个波阵面的相位函数,通常是 Zernike 多项式的形式,不过它需要测量一个焦点上的和一个焦点外的两个能量辐射图。焦点位置变化与其所引起的口径上的相位变化有一定的关系,同时这种小的变化对能量辐射图的影响很大。焦点位置变化与其所引起的口径上的相位变化的关系是:

$$\delta(x,y;dZ) = dZ\left(\frac{1-a^2}{1+a^2} + \frac{1-b^2}{1+b^2} \right) \tag{9.87}$$

式中 dZ 是离焦的距离,$a = r/(2f)$,$b = r/(2F)$,$r = (x^2+y^2)^{1/2}$,f 和 F 是主反射面的焦比和焦距。正离焦相当于将馈源远离主反射面,这时的口径场函数为

$$A(x,y) = \theta(R^2 - x^2 - y^2) I(x,y) \exp[\varphi(x,y) + \delta(x,y;dZ)] \tag{9.88}$$

这里 θ 是 Heaviside 步进函数，它表示在口径边缘内取值。φ 是口径场的相位，R 是主面的半径，I 是离焦时的能量辐射图。总的来讲，这种方法对测量大尺度的形状误差十分有效，但是对小尺度的误差，全息的方法更为有效。另外一种和光学干涉仪类似的角度剪切振幅干涉的方法也可以用于对面形的测量(Baars，2007)。这种测量方法是在天线的焦点之后通过一个偏轴抛物面的反射，获得准直的平行波。在平行波 45 度方向放置介电质的波束分离片。经过分束片的透射和反射，电磁波分别到达两个平面反射镜。然后再经过分束片的透射和反射到达另一个偏轴抛物面，聚焦到新的焦点上。当两个平面反射镜中的一个相对于波阵面的方向有一定的小转角时，就形成了一个振幅剪切干涉仪(Serabyn et al.，1991)。读者可以参考第五章中有关部分的叙述。

9.4.2　天线的面板调整

在上一节中我们讨论了全息检测的方法，通过全息检测我们可以得到天线在某一角度的面板形状。如果用同样的方法对天线进行重复测量，我们就能了解天线在天顶与地平方向上的面形以及与其相对应的半光程差。天线的面板调整就是根据天线在天顶与地平方向的面形误差来进行的。理想的面板调整可以使天线在所工作区间实现很小的表面误差。

天线的表面误差可以用表面各点误差值的均方根表示，这一数值称为表面均方根误差。因为天线结构的变形遵循线性叠加原理，所以在天线任意指向时，天线的面形误差为

$$S_g = D_y\hat{g} \cdot \hat{y} + D_z\hat{g} \cdot \hat{z} \tag{9.89}$$

式中 $\hat{g}$ 为重力加速度矢量，$\hat{y}$，$\hat{z}$ 为地平和天顶方位的单位矢量，x 方向表示方位轴的方向。S_g，D_y 和 D_z 均为天线表面坐标(x,y)的函数。

当天线进行面板调整时，它的效应就相当于在 S_g 式中引入一个新的常数项 T，即

$$S_g = D_y\hat{g} \cdot \hat{y} + D_z\hat{g} \cdot \hat{z} + T \tag{9.90}$$

如果在某一角度 α，面板预调至最佳状态，则 T 值等于

$$T = -D_y\hat{g}_\alpha\hat{y} - D_z\hat{g}_\alpha\hat{z} \tag{9.91}$$

式中 $\hat{g}_\alpha$ 是调整时的重力方向矢量。应用这一调整方法天线表面在该角度时为理想抛物面形状。但是在其他方向的误差将比预调之前更坏，通常的做法是在指向 45°时预调，这时在天顶与地平间的面板最大表面均方根误差大约是$\frac{\sqrt{2}}{2}\sqrt{H_1^2+H_2^2}$。$H_1$ 和 H_2 是面板在地平和天顶时预调前的均方根误差。目前一种新的预调技术是优化一定角度范围内的表面误差，将预调值调至下列数值，即

$$T = -\frac{1}{2}[(\cos\theta_1 + \cos\theta_2)D_y + (\sin\theta_1 + \sin\theta_2)D_z] \tag{9.92}$$

式中 θ_1 和 θ_2 是使用范围两端的高度角。如果这两个角度与地平和天顶的角度吻合，则预调后在地平和天顶时的表面误差的值将正好相等。这个数值等于预调前地平和天顶的表

面误差和的一半即$\frac{1}{2}(H_1+H_2)$。采用这种预调方法将不会出现在某一角度天线表面为理想面形的情况，但是在地平和天顶之间的面板最大误差为$\frac{1}{2}\sqrt{H_1^2+H_2^2}$。这就是说应用这种新方法天线面板的最大误差是原来的$\frac{\sqrt{2}}{2}$。上面的讨论主要应用于轴对称的天线结构，在这种结构中地平和天顶方向上的表面变形 $D_y(x,y)$ 和 $D_z(x,y)$ 的相关性为零。均方根表面误差在预调之后可以由下式表示：

$$\sigma_g^2 = \sum_i^N w_i\,(D_{yi}\hat{g}\cdot\hat{y}+D_{zi}\hat{g}\cdot\hat{z}+T_i)^2 \tag{9.93}$$

式中 w_i 是权重函数。预调值的确定是通过积分后优化而确定的。

9.4.3 准光学理论

在射电波的大多数频段，波长常常远大于接收机的横向尺寸。这时使用的是波导电流(guided current method)方法。当波长减少，和接收机的横向尺寸相当时，这时使用的是波导管传播(guided wave method)方法。如果波长更小的话，需要使用的就是经典光学中的直接波(directed wave methed)方法。在毫米波和亚毫米波波段由于所考虑的波在垂直于传播方向上的尺寸和波长相当，所以也广泛应用准光学(quasi-optics)理论。准光学理论是新近发展起来的一种光学理论。在准光学系统中垂直于波传播方向的场强呈高斯分布，称为高斯波。高斯波的场强为：

$$E(r,z)=E(0,z)\exp\left[-\left(\frac{r}{\omega_0(z)}\right)^2\right] \tag{9.94}$$

式中 z 是高斯波传播方向上的坐标，r 是垂直于波传播方向上的坐标。$\omega_0(z)$称为高斯波的腰宽(beam waist)，它的数值是辐射场强减少到最大场强值的 $1/e$ 时的宽度。在传播过程中高斯波的腰宽不断变化，它的变化规律是(如图 9.30 所示)

$$\omega(z)=\omega_0(0)\left[1+\left(\frac{\lambda z}{\pi\omega_0^2(0)}\right)^2\right]^{0.5} \tag{9.95}$$

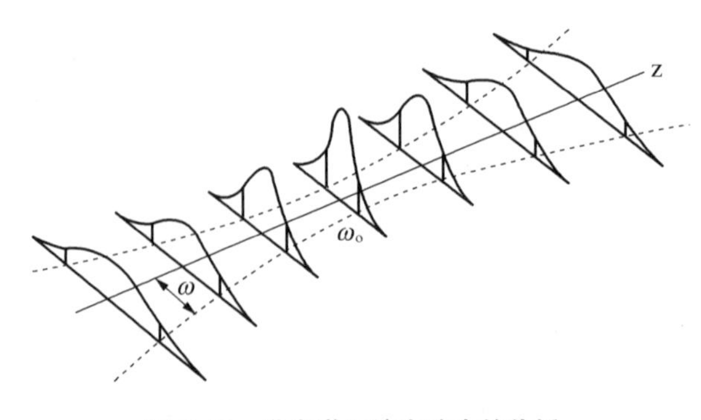

图 9.30 准光学系统中波束的传播

在射电望远镜中，波束腰宽最小的位置一般不在望远镜几何焦点的位置。

同时高斯波的波阵面的曲率半径可以由下式决定：

$$R = z + \frac{1}{z}\left(\frac{\pi\omega_0^2(0)}{\lambda}\right)^2 \tag{9.96}$$

从这些基本定理出发可以得到一些有用的公式，如简单的透镜成像公式：

$$\frac{1}{f} = \frac{1}{R_2} - \frac{1}{R_1} \tag{9.97}$$

这里 R_1 和 R_2 是波前在透镜处的曲率半径，f 是透镜的焦距。和公式(9.96)结合起来就有(如图 9.31 所示)

$$\begin{aligned} R_2 &= d_2 + \frac{1}{d_2}\left(\frac{\pi\omega_2^2}{\lambda}\right)^2 \\ R_1 &= d_1 + \frac{1}{d_1}\left(\frac{\pi\omega_1^2}{\lambda}\right)^2 \end{aligned} \tag{9.98}$$

应用准光学理论同样可以解释有关天线性能的很多问题。另外使用准光学理论所产生的准光学技术和器件在毫米波和亚毫米波波段有很广泛的应用。通过这种理论可以制成各种各样的后向反射器、滤波器、干涉仪等，来代替技术要求十分苛刻的波导装置。其中有很多准光学的器件与工作频率无关，比如准光学的屋脊式反射器就是由两个互相垂直的平面组成，十分简单有效，与后向反射器十分类似。

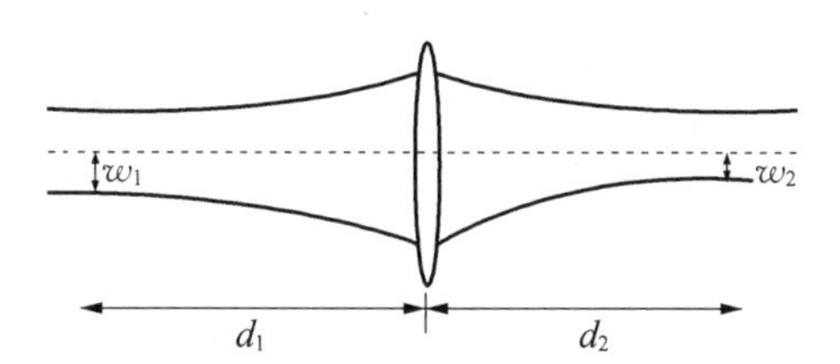

图 9.31　透镜对高斯波的成像

9.4.4　广谱平面天线的应用

广谱平面天线又称为与频率无关(frequency independent)的天线。这种天线是二十世纪六十年代发展起来的。和其他射电天线不同，这是一种完全由角度概念所设计的天线。也就是说这样的天线不存在特征长度的概念，而完全由角度来描述，并且在图案的形式上具有互补性，也就是说其金属部分的图案和其他介质部分的图案完全相同。最早期的广谱天线的设想是从领节式(bowtie)的天线开始的。这种天线是一个在平面中由两根互相正交的直线所形成的图形，但是在其竖直方向上没有主瓣，它的响应是偏离其竖直方向两个对称的旁瓣。另外一种广谱天线是由两个相对的发散型金属带所形成的，这两个金属带围绕着中心点一边旋转，一边向外扩张而形成一个螺旋形的表面天线，这种天线在其竖直方向上有着明显的主瓣。但是在实际情况下这两种天线的尺寸总是有限，而且螺旋状天线具有圆极化的特点，不适于线极化的观测。为此杜哈梅(Duhamel)发展了一种对数周期的齿形结构，改进后的这种天线具有线极化特点，其辐射方向图上有明显的主瓣，这种天线的结构如图 9.32 所示。和简单的振子天线类似，它的每一个齿圈处的特征长度等于这个齿的平均半径。在这种设计中，相邻两个齿的半径之比为一常数。因此如果这种天线在频率 f_1 有响应，那么在频率为 $f_1\tau$，$f_1\tau^2$ 和 $f_1\tau^3$ 时都会有同样的响应。这里 τ 是相邻两个齿的半径比。

这种天线的响应是频率对数的周期函数，所以也称为对数周期天线。由于这种天线的辐射方向图上有明显的主瓣，所以它可以和高斯波进行耦合。但是这种天线的主瓣宽度较大，达到 40 度左右，所以它在毫米波天线中的直接应用也有一定的困难。在毫米波的接收器中可以在这种天线的前面加上一个特别的透镜来改善这种天线的方向性。这种复合的天线方向性强，其结构如图 9.33 所示。应该指出随着技术的进步，广谱平面天线在天文和军事上都有着重要的应用前景。

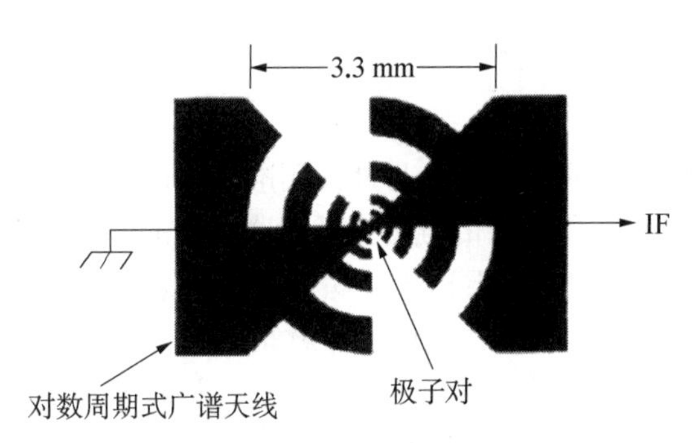

图 9.32 用于 26～260 GHz 的对数周期式广谱天线（Kormanyos，1993）

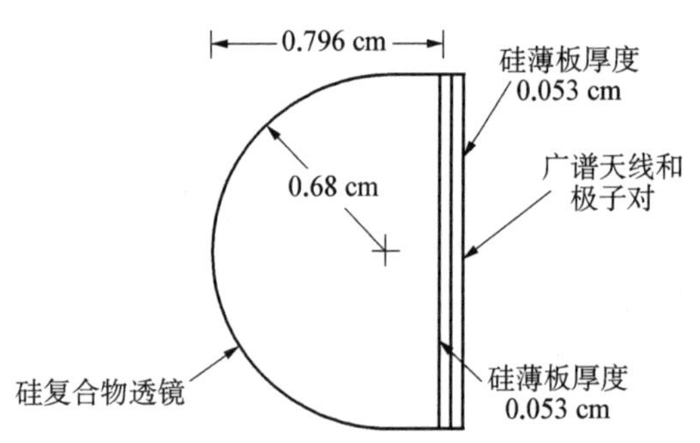

图 9.33 广谱天线和改善其方向性的透镜（Kormanyos，1993）

参考文献

Baars，J. W. M.，1983，Technology of large radio telescopes for millimeter and sub-millimeter wavelength，in Infrared and millimeter waves，Vol. 9，pp 241 - 091.

Baars，J. W. M.，Mezger，P. G.，et al，1983，Design features of a 10m telescope for sub-millimeter astronomy，Advanced technology optical telescope II，Proc of SPIE，Vol. 444.

Baars，J. W. M. et al.，2007，Near field radio holography of large reflector antennas，IEEE，AP.

Bazelyan，E. M. and Raizer，Y. P.，2000，Lightning physics and lightning protection，Institute of physics，London.

Cheng，Jingquan，et al.，1998，12m antenna design for a joint US - European array，SPIE Vol. 3357，pp 671 - 685.

Cheng，Jingquan，1998，Forced air cooling at high altitude，ALMA memo 203，NRAO.

Cheng，Jingquan，2000，Design of carbon fiber composite antenna dishes，SPIE Proc. Vol. 4015，pp 597 - 604.

Cheng，Jingquan，2002，Thermal shape change of some CFRP-aluminum honeycomb sandwiched structures，SPIE Proc. Vol. 4837，Hawaii.

Cheng，Jingquan，2006，ALMA memos 557 - 559，NRAO.

Cheng, Jingquan, et al. 2008, Study on simple CFRP-metal joint failure, SPIE Proc. Vol. 7018 - 130.

Chernenkoff, R. A., 1992, Cyclic creep effects in single-overlap bonded joints under constant-amplitude testing, in Cyclic deformation, fracture, and nondestructive evaluation of advanced materials, ASTM STP 1157, ed. Mitchell, M. R. and Buck, O., American Society for testing and materials, Philadephia, pp 190 - 204.

Chiew, S. P., 1993, Features of local proprietary space-frame systems, Steel news & notes, Vol. 8, No. 2, Singapore structural steel society.

D'Addario, L., 1982, Holographic antenna measurements: further technical considerations, 12m memo 202, NRAO.

Dean, G. D. and Mera, R. D., 2004, Modelling creep in toughened epoxy adhesives, DEPC - MPR 003, June, ISSN: 1744 - 0270, NPL report.

Dicke, R. H., 1946, The measurement of thermal radiation at microwave frequencies, Rev. Sci. Instr. 17, 268 - 275.

Emerson, D. T., U. Klein and C. G. T. Haslam, 1979, A multiple beam technique for over-coming atmospheric limitations to single-dish observations of extended sources, Astron. Astrophys. 76, 92 - 105.

Frostig, Y., Thomsen, O. T., and Mortensen, F., 1999, Analysis of adhesive-bonded joints, square-ended, and spew-fillet—high-order theory approach, Journal of Engineering Mechanics, pp1298 - 1307, Nov.

Goldsmith, P. F., 1982, Quasi-optical techniques, in Infrared and millimeter waves (ed, K. J. Button), Vol. 7, Academic Press.

Goldsmith, P., 1998, Quasi-optical system, Gaussian beams, quasi-optical propagation, and applications, IEEE press, NY.

Greve, A et al., 1992, Thermal behavior of millimeter wavelength radio telescopes, IEEE Trans, AP, Vol. 40, p1375.

Greve, A. et al., 1994, Astigmatism in reflector antennas: measurement and correction, IEEE Trans AP 42, p 1345.

Greve, A. et al., 1996, Coma correction of a wobbling subreflector, IEEE Trans AP 44, p 1642.

Greve, A. et al., 1996, Near-focus active optics: An inexpensive method to improve millimeter-wavelength radio telescope, Radio Science, Vol. 31, p 1053.

Incropera, F. P. and De Witt, D. P., 1990, Introduction to heat transfer, John Wiley & Sons, New York.

Kitsuregawa, K., 1990, Advanced technology in satellite communication antennas, Artech house, Boston.

Kormanyos, B. K. et al., 1993, A planar wideband 80—200 GHz subharmonic receiver, IEEE trans. On microwave theory and technique, Vol. 41, p 1730.

Lamb, J. W., 1992, Thermal considerations for mmA antennas, ALMA memo. 83, NRAO.

Lamb, J. W., 1999a, Optimized optical layout for MMA 12 - m antenna, ALMA memo. 246, NRAO.

Lamb, J. W., 1999b, Scattering of Solar Flux by Panel Grooves, ALMA memo. 256, NRAO.

Lamb, J. W., 2000, Scattering of Solar Flux by Panel Grooves: update, ALMA memo. 329, NRAO.

Lavenuta, G., 1997, Negative temperature coefficient thermistors, Sensors, May, p 46.

Nikolic, B., et al., 2007, Measurement of antenna surface from In-and out-of-focus beam maps using astronomical sources, A&AP, Vol. 465, 679.

Radford, S. J. E., et al, 1990, Nutating subreflector for millimeter wave telescope, Rev. Sci. Instrum., Vol 61, pp 953 - 959.

Rodriguez, T., 2007, Internal report, NRAO.

Scott, P. F. and Ryle, M., 1977, A rapid method for measuring the figure of a radio telescope reflector, Mon. Not. R. Astro. Soc., 178, 539 - 545.

Schwab, Fred and Cheng, Jingquan, 2008, Flux concentration during solar observation for ALMA antennas, ALMA memo. 575, NRAO.

Serabyn, E., T. G. Phillips and C. R. Masson, 1991, Surface figure measurements of radio telescopes with a shearing interferometer, Appl. Optics 30, 1227 - 1241.

Silver, S., 1949, Microwave antenna theory and design, McGraw-Hill, New York, pp 174 - 175.

Veer, F. A. et al., 2004, Failure criteria for transparent acrylic adhesive joints under static, fatigue and creep loading, Proc. of the 15th European conf of advanced fracture mechanics for life and safety assessments (ECF 15), Stockholm, pp1 - 8.

Vijayaraghavan, G. et al., 2004, Practical grounding, bonding, shielding and surge protection, Butterworth-Heinemann, London.

Von Hoerner, S., 1967, Design of large steerable antennas, the Astro. J., Vol. 72, p 35.

Woody, D., et al., 1998, Measurement, Modeling and Adjustment of the 10.4 m Diameter Leighton Telescopes, SPIE proc. 3357, p474.

Wu, Derick, et al., 2000, Prediction of fatigue crack initiation between underfill epoxy and substrate, Electronic components and technology Conference.

第十章　红外、紫外、X 射线和 γ 射线望远镜

本章全面介绍了红外线、紫外线、X 射线和 γ 射线望远镜的设计和它们的基本原理。地球大气层的热辐射严重地影响了地面红外天文观测，所以在红外波段，必须走到海拔高的高山顶上，采用特殊的摆动镜装置和结构设计。为了完全摆脱地球大气辐射和吸收，在红外区域，可以使用球载、机载和空间红外望远镜。在可见光的另一侧，地球大气吸收了来自宇宙的紫外线，X 射线和 γ 射线。本章同时介绍了这些频段的空间望远镜。在 X 射线望远镜中，全面介绍了网格式准直器，聚焦准直器和掠射光学望远镜，重点介绍了各种形式的掠射望远镜，它们的光学安排和设计。在 γ 射线波段，重点介绍了编码孔望远镜、康普顿散射望远镜、电子对望远镜、大气切伦科夫望远镜和广延大气簇射阵列望远镜。所有这些望远镜的原理，包括在大气切伦科夫望远镜中使用的戴维斯克通光学系统，都在本章中进行了讨论。

10.1　红外望远镜

10.1.1　红外望远镜的基本要求

在可见光和亚毫米波段之间存在着一种十分重要的电磁辐射，这就是红外（IR）辐射。红外辐射又称作红外线，它的波长自 0.75 μm 起，至 350 μm 止，与亚毫米波段紧密连接。在天文观测中红外波段和亚毫米波段常常结合在一起讨论。红外波段根据波长的不同，又可以分为三个区域：波长为 0.75～5 μm 为近红外区（NIR），波长为 5～40 μm为中红外区（MWIR），波长为 40～350 μm 为远红外区（FIR）。有时前两个区域也统称为短波红外区（SWIR）。在一些资料中，短波红外和长波红外（LWIR）分别是指波长在 1.4～3 μm 之间和在 8～15 μm 之间的红外辐射。在红外和亚毫米波光学中常常应用波数来定义一些频谱曲线，波数 $\tilde{\nu}$ 的定义是波长 λ 的倒数，它又等于频率 ν 和真空中光速 c 的比：

$$\tilde{\nu} = 1/\lambda = \nu/c \tag{10.1}$$

波数的单位是长度单位的倒数。

红外线是一种热辐射，而它的探测也是一种测定热效应的过程。红外望远镜在探测暗弱红外辐射时的最大限制主要来源于：(a) 红外探测器的灵敏度；(b) 大气传输的影响；(c) 望远镜本身的热辐射。红外探测器的性能不在本书范围之内，所以我们仅讨论后两个方面的影响。

大气层对红外观测的影响有两个方面：第一是大气对红外辐射的调制（或者衰减），其中包括散射和吸收，第二是大气所引起的附加辐射。红外辐射经大气层后有明显的衰减，大气衰减的主要原因是大气中的水蒸气、二氧化碳、臭氧、甲烷、一氧化氮和一氧化碳等的作用。这些分子都是在对流层的顶部以下，根据不同的地点，大约是在7～20 km高度，再进一步向上就是平流层。在红外区域，这些分子有选择性地吸收辐射，而其他的一些分子则使得吸收的谱线展宽。只有在一些很狭窄的频率内，红外线才能够到达地球的表面。

图10.1给出了大气的主要成分在波长1～16 μm区域的红外吸收光谱。图中的太阳光谱是以上各单个光谱的叠加。由于大气吸收的效应红外辐射经过大气层后仅在近、中红外区域有一些可以被利用的窗口。这些窗口在天文学中分别表达为I(0.75～0.92 μm)、J(1.1～1.4 μm)、H(1.45～1.8 μm)、K(1.9～2.5 μm)、L(3.05～4.1 μm)、M(4.5～5.5 μm)和Q(17～28 μm)等光度带。在25 μm以上的区域，除了在34 μm和350 μm波段存在部分窗口外，地表大气层对红外辐射是完全不透明的。图10.2(a)是红外波段在地球上四个高度的透射率。当望远镜升高到28 km的上空时，地球大气就几乎是完全透明的了。因此在绝大部分红外区域的天文观测必须利用飞机、气球、火箭以及空间望远镜来进行。

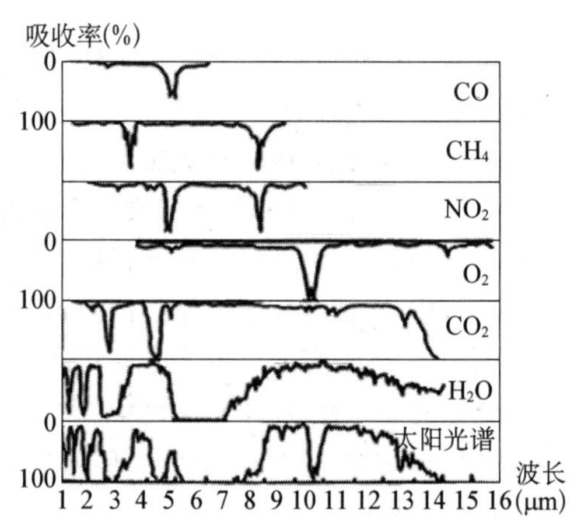

图10.1 大气主要成分在1～16 μm区域的红外吸收光谱

地球大气对红外辐射的另一个影响就是大气本身所产生的辐射，这些辐射要比来自天体的辐射要强很多。这种大气辐射决定了在天文观测时背景噪声的下限。大气的最强的红外辐射发生在波长为10 μm的区间。大气不是一个黑体，大气所发射的能流密度B等于

$$B = \varepsilon \cdot P \tag{10.2}$$

式中P是普朗克函数，这个函数值可以用大气的有效温度来计算，ε是大气的辐射率，黑体的辐射率为1。辐射率和透射率之间的关系是

$$\varepsilon = 1 - T_r \tag{10.3}$$

式中T_r是大气的透射率。图10.2(b)所示为大气在四个不同高度上的辐射率。除了大气的辐射，由于大气密度的迅速起伏，辐射率的变化和在1秒左右时间尺度上光程的变化也会引起红外观测中的“天空噪声”，这些噪声会影响接收器的总功率和相位。天空噪声会在天文观测时产生系统误差。一般认为大气的辐射率约为0.7，而大气在红外波段的温度在赤道大约是300 K，而在两极大约为245 K。

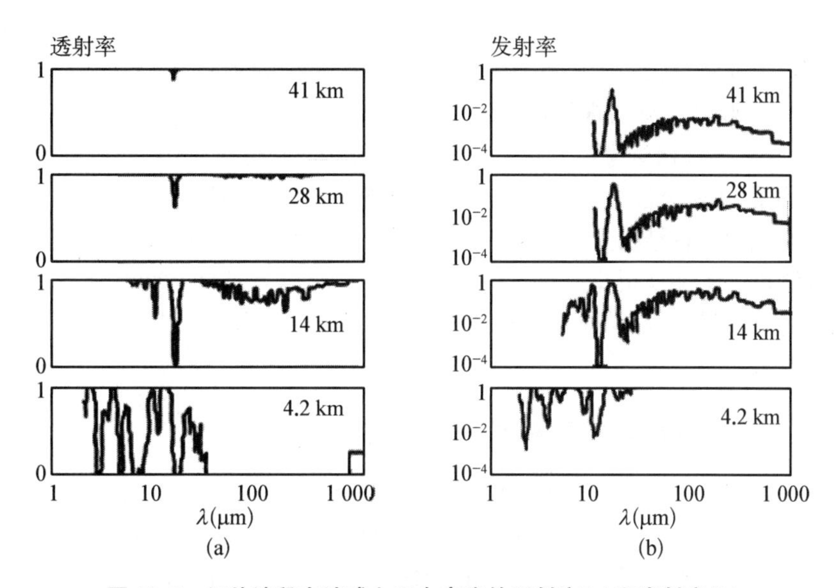

图 10.2　红外波段在地球上四个高度的透射率(a)和发射率(b)

除了大气传输的影响外，望远镜本身的辐射也是天文观测噪声的一个重要来源。对于绝对温度为 T 的黑体，其辐射强度可以由普朗克函数表示：

$$P = \frac{2hc^2/\lambda^5}{e^{hc/\lambda kT} - 1} \tag{10.4}$$

式中 $h = 6.626 \times 10^{-34}$ J · s 为普朗克常数，$k = 1.38 \times 10^{-23}$ J/K 为波尔兹曼常数。普朗克常数是描写量子大小的常数。波尔兹曼常数是物质动能和温度之比。图 10.3 给出了黑体辐射在不同温度下的相对辐射强度。对于温度为 300 K 的物体，其辐射强度曲线的最大值正好落在波长为 10 μm 的红外区域，因此环境温度对红外观测具有较大的影响。

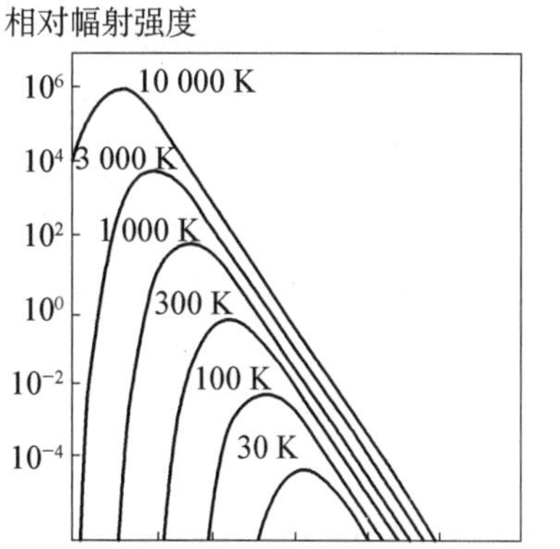

图 10.3　黑体辐射在不同温度下的相对辐射强度

在红外观测中接收到的总背景信号可以表示为

$$S = \varepsilon \cdot \Omega \cdot P(\lambda, T)\Delta\lambda \tag{10.5}$$

式中 Ω 为透过率(throughput)，$\Delta\lambda$ 为频谱宽度。对于具有衍射极限的圆形口径视场，其背景信号为

$$S = \frac{4.45\varepsilon \cdot C_1}{\pi\lambda^2(\exp C_2/\lambda T - 1)} \frac{\Delta\lambda}{\lambda} \tag{10.6}$$

式中 $C_1 = 3.74 \times 10^{-4}$ W · μm^2，$C_2 = 14\ 400$ μm · K。如果波长 $\lambda = 30$ μm，$T = 270$ K，

$\Delta\lambda/\lambda=0.1$，则 $S=1.19\times10^{-10}$ W。这一背景信号常常是望远镜探测信号的10^7 倍。

红外望远镜的背景噪声很强的这一特点决定了对望远镜设计的基本要求。这些基本要求是：(a) 在接收器可见的视场内，要尽量减少发射率较高的任何遮挡物；(b) 在视场内不同点处，应该具有相对稳定的背景信号；(c) 要尽量降低望远镜各部件的温度和温度梯度；(d) 采用摆动和交替观测的装置来减小背景信号的影响等。

因此红外望远镜在结构上并不同于一般的光学望远镜，而简单地应用光学望远镜来进行红外观测也并不能获得十分理想的结果。对于机载、球载和空间红外望远镜，除了这些要求之外还有质量轻、能够遮挡任何来自强红外源的直接辐射以及能够承受极端温度变化等特殊要求。

10.1.2 红外望远镜的结构特点

到二十世纪末，红外探测器的技术有了长足进步。旧的单个像元接收器逐渐被新的二维面阵接收器所取代。这一新技术的发展对红外望远镜的设计产生了很大的影响。现代红外望远镜加上红外 CCD 可以不使用机械摆动镜的装置来抵消天空背景的噪声，同时望远镜的视场也得到增大。然而在红外望远镜设计中减小视场内背景辐射的主要考虑仍然没有变化。

和光学望远镜不同，红外望远镜常采用较大的焦比，这样望远镜的视场角较小。应用较大焦比的另外原因是可以减小主镜中心孔和副镜的尺寸，这样中心孔的热辐射比率会大大降低，副镜尺寸小有利于副镜摆动机构的实现。不过红外望远镜的视场应该大于其口径衍射图中的主极大直径，否则将会损失相当一部分的辐射能量。

随着二维接收器的普遍应用，红外望远镜的焦比和视场可以略微大一些，焦比可以达到 $f/7$。红外望远镜的副镜总是小于满足渐晕效应所需要的尺寸，这样副镜就成为望远镜的入瞳。接收器则能够看到具有很高反射率的主镜和辐射低的天空，而看不到其他的具有室温的目标，比如主镜的镜室和镜筒的框架等。为了减少温度辐射对信号背景的影响，红外望远镜也常常使用阻挡热量的李奥光阑(Loyt stop)。

红外望远镜一般不加装中央挡光筒。中央挡光筒，尤其是黑的挡光筒是红外背景辐射的主要来源。副镜的镜室和副镜的支承机构应该在副镜镜面的后面，这样从这些部件所发出的辐射就不能到达接收器之中。

望远镜的副镜支承架以及望远镜的上端部件应采用抛光镀亮的设计。这是因为不同粗糙度的表面发射率大不相同，图 10.4 给出了不同粗糙度的铝的法向发射率的曲线，粗糙的表面将有很高的发射率。在副镜支承叶片的设计中为了保证在不同的指向具有相同的稳定的背景噪声，常常将其设计成“T”形的截面形状。另外为了减少或消除主镜中心孔的热辐射，一般在相应中心区的地方安置一球面反射镜或者倾斜的平镜面。

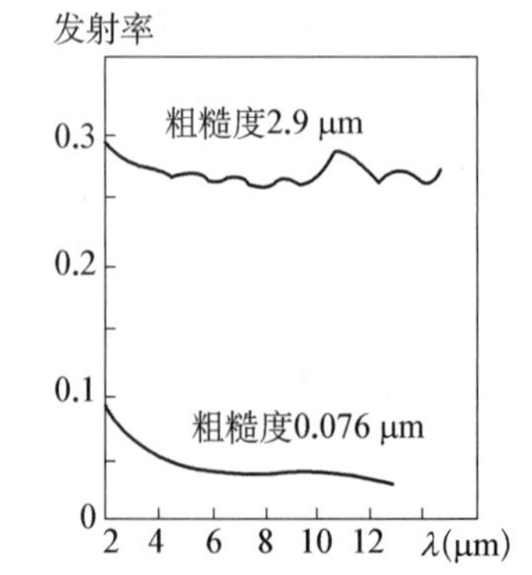

图 10.4 不同表面粗糙度的铝表面的法向发射率(温度 326℃ 时)

红外主镜和副镜应该具有很低的发射率，它们常常使用金或者银的镀层。银的发射率为0.05，而铝的发射率则是0.1。但是单独银的镀层不持久，必须在它的上面加上保护层。金的发射率最低，为0.03。为了进一步地减少镜面的辐射，一些新的红外望远镜在主镜和副镜上使用了用于冷却的热管，一些接近接收器的小镜面还会放置在致冷的杜瓦瓶中。

红外望远镜常使用摆镜的技术来消除天空的背景噪声。使用这种方法的原因是：(a) 对交流信号的放大要比对直流信号的放大容易；(b) 一些接收器只对温度的变化具有响应，如果入射能量没有变化，接收器的读数将会发生漂移现象；(c) 摆镜完全消除了明亮的天空背景噪声。不过利用红外CCD，这种摆动也可以在数据处理时来进行。

利用摆镜技术，两个邻近的天区交替地出现在接收器视场之中，而它们的能量差则可利用相位敏感的整流装置读出。如果两块天区的背景噪声相同，它们会完全抵消。取决于接收器的响应时间，这种摆动的频率一般在1到1 000赫兹之间。机械摆动常常会产生结构振动。副镜摆动机构的设计和毫米波望远镜类似，不过红外望远镜的镜面质量通常较大，要注意力的平衡，或者采用无反作用力的摆镜设计。一些大型红外望远镜副镜的十字支承片上还采用了阻尼的减振方法。使用副镜摆动不引进另外的镜面，所以会有较少的噪声。

除了摆动副镜，还有其他的红外调制方法。如图10.5所示的调制装置中，调制盘(chopper)以一定的速度均匀旋转，接收器交替获得两个天区的信号。另外摆动整个望远镜也是一种辐射调制的方法，这在红外波段实现比较困难。当在远红外进行观测时，两个调制镜可能有不同的温度，同时镜面边缘会产生很强的辐射，或者反射热的目标，从而产生热噪声，同时摆动的角度也会使所使用的两个光束对应于主镜的不同面积。将摆动镜放置在望远镜的出瞳处则会改变这种情况，一些毫米波望远镜在格里高利系统的出瞳处放置摆动镜，这样可以保证两个光束所对应的主镜面积没有任何变化。这种安排可以使用较大的摆动角，同时不会引起背景噪声的变化。

红外观测是一种热响应过程，其副镜摆动频率的选取应使

$$2\pi f\tau \ll 1 \tag{10.7}$$

式中f为调制频率，$\tau=C/G$是接收器的热响应时间，C是接收器材料的热容量，G是材料的热传导率。在调制中应避免50赫兹的整数倍频率以防止来自工频的干扰。在调制过程中，频率也不宜太低，以防$1/f$噪声的增加。在摆动副镜实现调制的时候，为了防止因

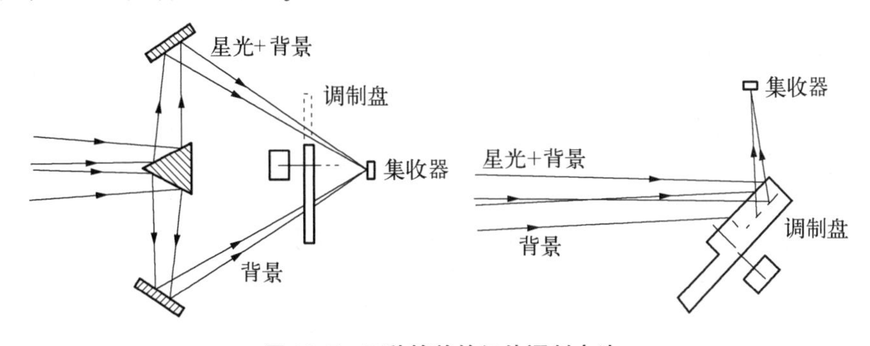

图10.5　两种简单的红外调制方法

为假“信号”引起的误差，有的红外望远镜主镜内安装了热管和导热板(heat pipe and thermal plate)，从而使主镜镜面温度梯度减小。应该指出随着红外 CCD 的大量使用，红外调制技术已经不很重要，但是在毫米波段，这种技术依然十分重要。

在光学望远镜上进行红外观测可以在它的出瞳处使用一个致冷的李奥光阑(Loyt stop)。它会阻隔和吸收不需要的热辐射，降低背景噪声，不过这个光阑的准直十分关键。这种光阑在拼合镜面望远镜上也有重要应用，它可以消除镜面之间的衍射效应。

在摆动副镜的红外望远镜中，主镜自身的温度梯度会引起热辐射有规则的变化而形成观测中的“假信号”(false signal)。这种假信号不同于其他随机背景噪声。第一，它不能采用增加积分时间的方法使信噪比得到改善；第二，它具有非相关性的特性。要抑制和消除这种噪声可以采用定标测量的方法。但最令人棘手的是这种温度梯度在观测时间区间内的变化。这种由于温度差引起的信号偏置值可以表示为

$$\Delta\phi = 4.67\varepsilon\lambda^3 \frac{\Delta\lambda}{\lambda} \frac{\mathrm{d}P}{\mathrm{d}T} \frac{\mathrm{d}S}{S} \Delta T \tag{10.8}$$

式中 P 是普朗克函数，S 是镜面面积，T 是温度。当温度差很小时，可以取普朗克函数的线性部分，有

$$\frac{\mathrm{d}P}{\mathrm{d}T} = \frac{C_1 C_2}{\pi\lambda^6 T^2} \frac{\exp(C_2/\lambda T)}{(\exp(C_2/\lambda T) - 1)^2} (\mathrm{W} \cdot \mu\mathrm{m}^3 \cdot \mathrm{sr}) \tag{10.9}$$

式中 $C_1 = 3.74 \times 10^{-4}\ \mathrm{W} \cdot \mu\mathrm{m}^2$，$C_2 = 14\ 400\ \mu\mathrm{m} \cdot \mathrm{K}$。

红外望远镜的镜面精度要求较低，因此可以采用金属或者其他镜面材料。铍、铝和碳化硅可以用于空间红外望远镜。这些材料的质量和成本要比其他光学材料低。

与可见光观测不同，红外天空背景是一种热辐射效应。在地面观测时白天和黑夜的热辐射差别不大，因此红外望远镜可以在白天和黑夜进行工作。因为在白天工作，望远镜有时不能使用光学导星的方法，因此利用率高的红外望远镜反而要求相对于光学望远镜更高的定位和跟踪精度。

目前地面红外望远镜口径最大为 10 米 Keck 望远镜，机载望远镜口径最大为 2.5 米 SOFIA 望远镜，气球望远镜口径最大为 1 米，火箭望远镜口径最大为 0.15 米。机载以及地面望远镜有较高的指向精度，可以配置不同的附属设备，可靠性强，而球载望远镜则有背景噪声低和载重能力强的优点。

10.1.3 球载和空间红外望远镜

在红外天文观测中，地面望远镜一般只能建在海拔 3 千米的高度，机载望远镜最高不过 25 千米，球载望远镜最高不超过 50 千米，火箭望远镜可以到达 100 千米以上。但是要完全排除大气的影响，就必须将望远镜送入空间。

在早期红外观测的历史上，球载望远镜发挥着十分重要的作用。大型气球有很大的载荷能力。通常气球的自身质量是 5 000 千克，它的体积是 60 000 立方米，它的载荷能力为 100 千克。在气球的下部是用绳子连接的吊篮(gondola)，而球载望远镜就安装在这个吊篮之中。

气球的存在遮挡了球载望远镜的正上方大约20度的天区。如果使用非常长的吊绳，这个遮挡角可以小到2度。在球载望远镜的设计中，吊篮的稳定性是一个重要的设计考虑。球载系统的主要运动是当气球在10～50千米的高度受到平流层风力的影响所产生的运动。当在30千米的高度时，风力会显著增加，典型的风速在这个高度是每小时45千米。而望远镜吊篮必须隔离的是随着整个气球缓慢的旋转运动。这个旋转常常是不均匀的，有时也会有反向运动。这种运动的最大速度是每8分钟旋转一周。吊篮的另一个运动是相对于吊绳的摆动。这个摆动周期大约是15秒。翻转和双摆运动也可能在系统的重心附近产生，这种运动的频率是1到2赫兹。通常吊篮的地平方位稳定性是用磁强计来保证的。而陀螺仪和星跟踪器则用于在地平和高度上的短期的指向校正。

球载望远镜的结构和其他望远镜不同。它们不使用地平式的装置，而往往采用一种三轴装置，即地平、高度和另一个与高度轴相垂直的轴。高度轴位于地平轴的上部，它支承着一个方筐，这个方筐则支承着第三轴。高度轴和第三轴共同决定望远镜的高度角。

球载望远镜尺寸小，造价也低，适合于刚开始进行高空红外观测的时期。机载望远镜相对较大，同时成本也高，常常是高空红外观测的主要工具。

两台机载望远镜之一是柯伊伯机载天文台(Kuiper Airborne Observatory)，柯伊伯机载天文台又称为KAO。这台机载望远镜口径为91厘米，安装在一架C－141运输机上。它飞行于对流层以上高度为13千米的平流层之中。由于飞机的飞行高度为13千米，它排除了99.5%大气中的水蒸气，可以观测到更长的波段。

整个望远镜架设在四个减振器上，而望远镜装置又浮动在一个球面的空气轴承上，这样飞机振动对望远镜的影响很小。望远镜利用陀螺仪和导星系统来实现精确的指向，精度达到2角秒。从望远镜中出来的光经过机舱隔层的平面镜反射到飞机内部的仪器中。柯伊伯机载天文台于1995年结束观测。

2009年开始工作的另一台比较重要的机载望远镜是平流层红外天文台(Stratospheric Observatory For Infrared Astronomy)，这个机载天文台又简称SOFIA。它的有效口径为2.5米，是美、德两国联合研制的。它的主镜很大，口径为2.7米，副镜只有0.4米。整个望远镜放置在一架波音747－SP飞机上，工作在0.3微米和1.6毫米之间的波段。

这个机载望远镜安置在飞机后仓的前部，通过一个窗口进行观察。望远镜的使用天区为高度角20度和60度之间。它的指向精度为1角秒，跟踪精度为0.5角秒。在它的飞行高度上，典型的大气宁静度对长波段直到15微米均可以获得衍射极限的星像。望远镜的振动控制和KAO相似。

红外望远镜卫星，即空间红外望远镜，开始于二十世纪八十年代，它完全消除了地球大气的影响。另外，空间红外望远镜常常将望远镜的镜面制冷到很低的温度，因此具有更低的背景噪声。

空间红外望远镜初期的口径很小。1983年1月，美、英、荷三个国家才将一台较大的红外天文望远镜送上了地球轨道。这台红外望远镜称为红外天文卫星(IRAS)，如图10.6所示。红外天文卫星口径57厘米，焦比为$f/9.6$，视场为30角分。在这台望远镜中美国负责致冷的望远镜和探测器，望远镜上总共携带了72千克的液态氦，可以使镜体冷却到10 K左右；荷兰负责卫星体；英国负责地面控制。在望远镜的焦面上有用于巡天的探测器,有用于位置重建的光学星传感器、低分辨率的光谱仪和摆动式的光度计。红外天文卫星当年 2 月 8 日正式工作,至 11 月 21 日因液氮全部耗光而停止工作,前后共有九个多月,观测了 95%的天空,取得了大约 350 000 颗红外星的资料,使得星表的数量增加了 70%。

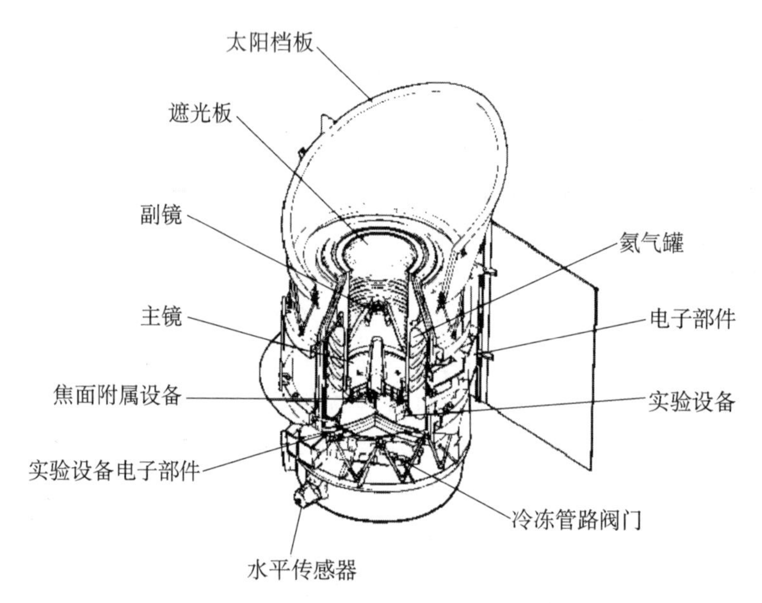

图 10.6　IRAS 红外天文卫星(NASA)

自 IRAS 以后,还有一些小型的红外天文卫星,比较大的是红外空间天文台(ISO)。红外空间天文台也是一台 60 cm 的、致冷的、焦比为 $f/15$ 的 R－C 系统望远镜。它携带了 2 200 L 的液态氦,于 1995 年 11 月升空。1996 年 5 月底望远镜无意中指向了地球,使仪器温度一下子升高了 10 K。但是这一望远镜的使用寿命仍远远超过了预期的 18 个月。在以后的天文卫星中,中途空间实验 MSX(Midcourse Space Experiment)上也有较大的红外望远镜。

如图 10.7 所示,斯皮策空间望远镜(Spitzer Space Telescope)又称为空间红外望远镜设施(Space Infrared Telescope Facility, SIRTF),是一台 0.85 m 的红外望远镜。它于 2003 年 8 月升空。它主要在 6.5～180 μm 之间的波长区间进行成像和光谱工作。整个望远镜和它的三台仪器均致冷到 5.5 K 的低温。它的使用寿命为 5 年,2009 年 5 月,它所

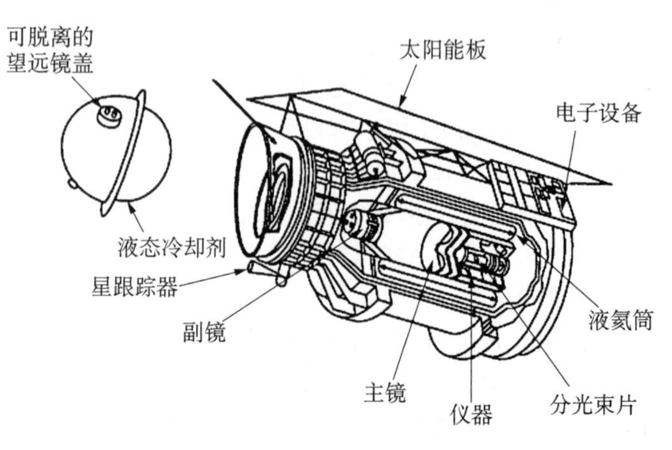

图 10.7　斯皮策空间望远镜的早期设计(NASA)

携带的液氦耗尽；大部分仪器停止工作。但是两台短波红外照相机到2016年仍然继续工作。

红外成像巡天器Astro-F(IRIS，Infrared Imaging Surveyor)是一台日本的空间红外望远镜。它于2005年升空，工作于一个太阳同步的极地轨道，发射以后，望远镜又重新命名为AKARI。这是一台工作于6 K低温，口径70 cm的红外望远镜。2007年8月26日，液态氦用光，望远镜停止工作。这台望远镜完成了对94%天区的远红外巡天，同时对5 000多个天体进行了中红外波段的观测。

在远红外和亚毫米波段，赫歇尔空间天文台(Herschel Space Observatory)，或者叫FIRST(Far Infrared and Submillimeter Telescope)，于2009年5月升空，它位于太阳和地球的L_2点附近，到2013年停止观测。这个望远镜的主镜是由12块碳化硅子面板经过烧结而成，它的直径为3.5 m，是最大的一块碳化硅镜面。为了在加工过程中保持结构的稳定性，增加了一些临时的支承结构，在最后成型的时候，这些临时结构再被加工掉。镜面的最终厚度为3 mm。相比较最后的240 kg的镜面质量，被加工掉的材料质量为480 kg。经过机加工后的镜面精度为170 μm，而最后抛光后的镜面精度为1.5μm，表面的粗糙度为30 nm。整个望远镜波阵面的精度为6 μm，它的质量为315 kg。当然最重要的空间红外望远镜仍然是在第5章中讨论过的韦布望远镜。

10.2 X射线和紫外线望远镜

10.2.1 X射线的基本特性

在电磁波频谱中可见光的紫光一侧存在着波长越来越小，而光子能量越来越高的电磁辐射。邻近紫光部分，波长大约从10 nm至390 nm或者400 nm，称为紫外波段。在近紫外波段(NUV, Near UltraViolet, 200～400 nm)，天文观测和在光学波段的观测几乎完全一样。高能量的紫外线被称为极紫外(EUV，Extreme UltraViolet)，或者是真空紫外(VUV, Vacuum UltraViolet)，它们的波长在10～200 nm，在这一区域，天文观测技术则与X射线区域类似。太阳是紫外辐射的强源，但是紫外波段中波长从310 nm至400 nm的部分，几乎全部为大气所吸收，这种吸收是由于大气中O_3的作用(图10.8)。其他部分的紫外辐射也部分地被吸收。紫外区域的天文观测大部分与可见光相似，不过镜面镀层的吸收是紫外和X射线观测中的一个问题，在采用反射或掠射望远镜时一般要采用吸收率低的镀金或镀铱表面。在波长从10 nm至100 nm的远紫外区(EUV或XUV区)，其观测技术则与X射线区域类似，因此在本书中我们不专

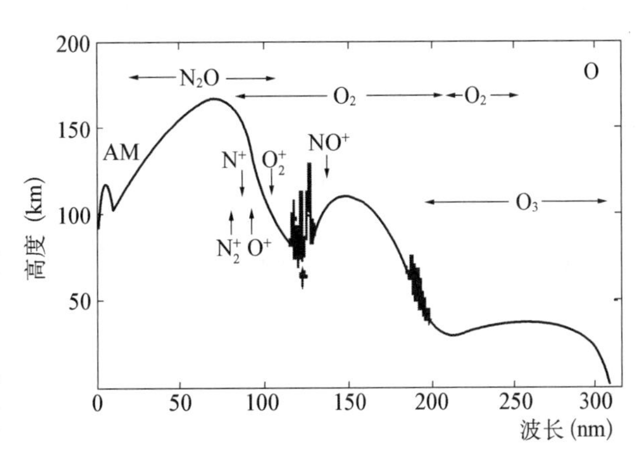

图10.8 在天空中紫外辐射可以到达的高度

门讨论紫外望远镜的问题。然而我们将在后面的第 10.2.6 节中专门介绍空间紫外望远镜工程。

从紫外区域再向外扩展，就是 X 射线区域。X 射线的波长范围从 0.01 nm 一直到 10 nm，这一波长和一般原子的大小大致相当。比较紫外线，X 射线具有更高的能量。在这个区域，电磁波能量是它的一个重要特性，常常用电子伏特（eV）来描述。电子伏特是一个电子通过一个伏特的静电电位在真空中加速以后所具有的能量。它和电磁波波长的关系是：

$$\lambda(\text{nm}) \cdot E(\text{eV}) = 1\,240 \tag{10.10}$$

式中 E 是光子能量。一个电子伏特等于 1.602×10^{-19} J。X 射线按其光子的能量可分为两大类：(a) 软 X 射线，其能量为 120 eV 至 1 200 eV，即波长为 10 nm 至 1 nm；(b) 硬 X 射线，其能量为 1.2 keV 至 120 keV，即波长为 1 nm 至 0.01 nm。不过这种分类并没有严格的准则，在多数文献中 X 射线还包括波长从 0.001 nm 至 0.01 nm 的软 γ 射线的部分。

X 射线的产生机制包括超热（上千万开）的黑体辐射、电子同步辐射、逆康普顿效应和热轫致辐射等。热轫致辐射是在热气体中电子和核产生碰撞使得电子速度迅速改变所产生的辐射。已知的 X 射线源包括太阳、超新星遗迹、脉冲星和类星体等。X 射线以及后面要讲的 γ 射线对原子和分子没有太大的、直接的电离和激发效应。但是当它们与物质相互作用时可能会产生三种效应：光电效应、康普顿效应和电子对效应。光电效应是材料吸收了电磁波，如 X 射线或者可见光的能量以后释放出电子的一种效应。这时所发出的电子被称为光电子。当一个具有一定能量的光子打击到一个静止的电子上时，它的一部分能量和动量传递到电子中去，但是总能量和动量在弹性碰撞中是守恒的。这就是康普顿效应。如果光子的能量多于电子静态质量的两倍（$2m_0c^2 = 1.022$ MeV），那么这个光子就会消失，它的能量就转变为一个电子和正电子对的质量及动量，这就是电子对效应。

在 X 射线区域光电效应和康普顿效应占优势，在 γ 射线的高能区域，电子对效应占优势。正是这些效应，光子在一次作用中损失其全部或大部分能量并发射出电子，从而使辐射强度减弱。物质的总吸收率是这三种效应的总和。图 10.9 为光电效应、康普顿效应和电子对效应所引起的一些物质的总吸收率 τ 和辐射频率 ν 的关系，图中 $\hbar = h/2\pi$ 是狄拉克常数，h 是普朗克常数，$mc^2 = 0.511$ MeV 。从图中可以看出在低频 X 射线部分光电效应是主要的，然后是康普顿效应，只有在高频 γ 射线部分电子对效应才成为主要的因素。

X 射线和 γ 射线与物质作用后的强度减弱可以用下式表示

$$I = I_0 \exp(-ux) \tag{10.11}$$

式中 I_0 是入射光子的强度，x 是物质厚度，u 叫做线性吸收系数，在高频区域，线性吸收系数大致正比于材料的密度。因此在文献中常常提供另一种常数，即质量吸收系数。质量吸收系数的定义为 $u_m=u/\rho$，ρ 为材料密度。

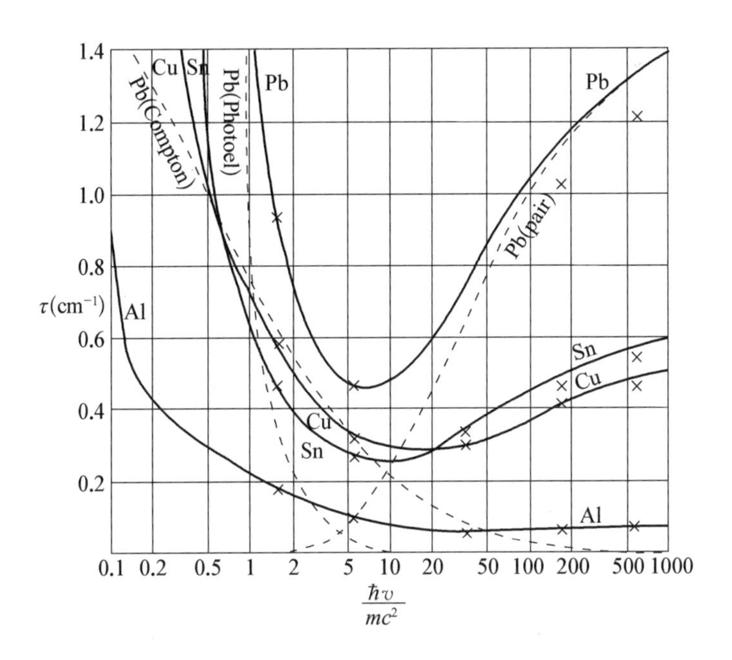

图 10.9　光电效应、康普顿效应和电子对效应所引起的物质的总吸收率(Heitler,1936)

地球大气对 X 射线的吸收根据其能量不同而不同,只有高能量的 X 射线可以到达距地表 20～40 km 的高度(图 10.10)。这就是 X 射线的天文观测必须在火箭和空间进行的原因。不但地球的大气会吸收 X 射线和紫外线,而且星际介质也会产生吸收。所以,大部分漫射的软 X 射线都是来自十几个秒差距(1 parsec＝3.085 68×10¹⁶)的范围之内。

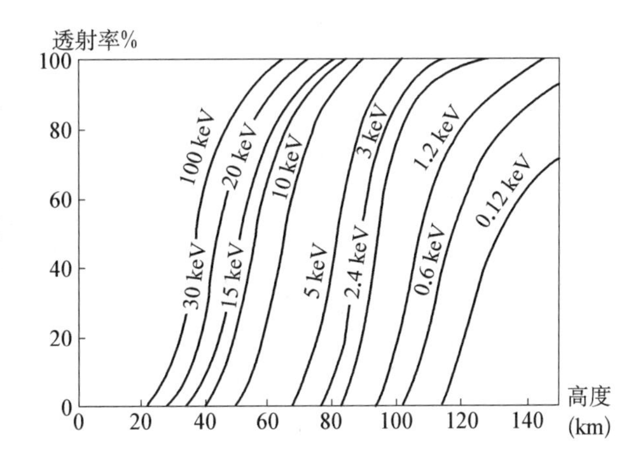

图 10.10　地球大气各高度对 X 射线的透射率

在 X 射线区域,所有材料的折射率均略小于 1,这就使得 X 射线波段的透镜成像系统变得十分困难,同时也使 X 射线的反射成像系统完全不同于其他电磁波段。对于金属材料,当频率比金属传导电子的松弛时间(～10^9 s)要高得多的时候,其复折射率 $n—ik$ 的两个部分的值由下式给出(Bennett,1979):

$$n^2 - k^2 = 1 - \frac{4\pi Ne^2}{m\omega^2} \tag{10.12}$$

式中 n 是复数折射率的实数部分,$n \gg k$,k 是消光系数,是复数折射率的虚数部分,N 是单位体积内有效电子数,m 是电子的有效质量,e 是电子电荷,ω 是入射光子的圆频率。相对于可见光的能量原子核周围的电子均结合得十分紧密,它们不受传导电子的影响。而在

X 射线区域，所有结合能小于 $h\nu$ 的电子均会对材料的复折射率产生贡献，这里 ν 是 X 射线的频率。这时上式中的 N 就等于单位体积内的原子数 η 和材料的原子序数 Z 的乘积，即

$$N = \eta Z \tag{10.13}$$

因为 $k \ll n < 1, n+1 \approx 2$，

$$(n-1) \rightarrow \frac{2\pi\eta Z e^2}{m\omega^2} \quad (\text{当 } N \rightarrow \eta Z) \tag{10.14}$$

为了使$(n-1)$增大则应采用原子序数高的材料。根据折射定理，从反射面表面测量的临界角应等于

$$\phi = \sqrt{2(1-n)} \rightarrow \frac{2e}{\omega}\sqrt{\frac{\pi\eta Z}{m}} \tag{10.15}$$

上面的公式给出了由基本材料常数决定的理论临界角的大小，实际测量的数值和理论值符合得很好(图 10.11)。在 X 射线区域，金属反射面的临界角只有 1°～2°。另一个简化的关于临界角的公式是 $\phi(\text{deg}) \approx \rho^{1/2}/E$，式中 E 是 X 射线光子的能量，单位是 keV，ρ 是密度，单位是 g/cm³。

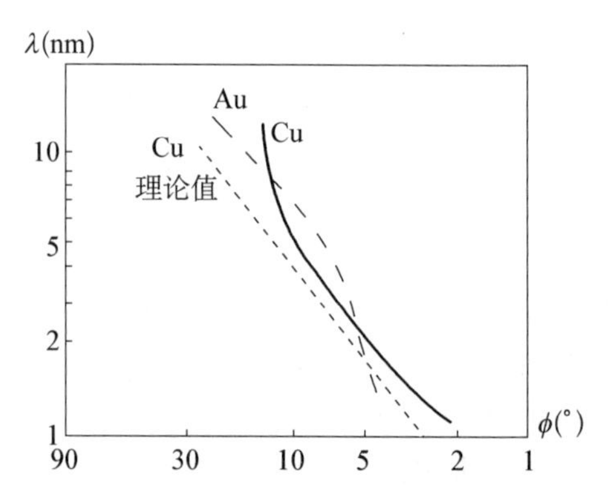

图 10.11　软 X 射线区域金和铜的临界角
(理论值是根据公式 10.15 计算的)

根据标量散射理论，一个表面在可见光区域的总积分散射值是这个面的散射量和它的总反射量的比(Bennett & Mattsson，1999)。总反射量包括正常反射量(符合反射定理的反射量)加上所有的漫反射量(不符合反射定理的散射量)。在 X 射线区域，反射面表面的散射损失十分严重。根据散射理论，总积分散射值(total integrated scattering) 可以表达为表面均方根微粗糙度(微粗糙度类似但是不等于表面的均方根误差，表面误差包括微粗糙度误差加上大尺度上的表面误差)和入射角的函数：

$$\text{TIS} = 1 - \exp\{-[4\pi\delta(\sin\psi)/\lambda]^2\} \approx [4\pi\delta(\sin\psi)/\lambda^2] \tag{10.16}$$

式中 δ 是光学表面均方根粗糙度，ψ 是从反射面表面来测量的入射角。当极化效应忽略不计时，根据这一公式可以作出在不同表面粗糙度和散射损失的情况下，波长和入射角之间的关系，图 10.12 给出了这一关系曲线。从这一曲线可以看出在可见光区域可以用于垂直反射的光学表面，在 X 射线区域仅仅能够应用于很小的掠射角。图中三条曲线中的两条是在表面粗糙度为 1 nm 时，总积分散射值分别是 1%和 10%的情况。图中弯曲的曲线是表面粗糙度为 1 nm 时所实际测量的波长和临界角的关系曲线。使用在 X 射线区域的光学镜面，其表面粗糙度应该在 1 nm 以下。所有这些均决定了 X 射线成像系统的特殊要求。

材料吸收和表面散射使得X射线区域反射只能在掠射角范围内进行。这就导致了掠射望远镜的形成。除了掠射望远镜，在狭窄频谱区间，垂直反射的X射线望远镜常使用多层电介质薄膜反射面，不过这种望远镜的频率范围有很大的限制。

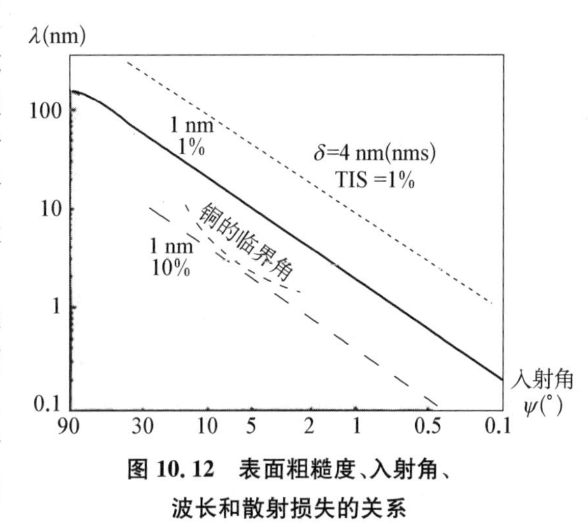

图 10.12　表面粗糙度、入射角、波长和散射损失的关系

为了理解在X射线范围内掠射望远镜对表面微粗糙度的要求，可以将表面粗糙的情况用二维傅立叶级数来表示。它的基本项就是光栅形状，表面的散射效应就是所有这些微光栅作用的和。如果微光栅条纹间距是 d，其空间频率是 $1/d$。在垂直入射时光栅的公式是

$$d = \lambda/\sin\theta \tag{10.17}$$

这里 θ 是从表面法线所测量的散射角，这时 d 的范围可以通过散射角范围来判断。当波长为 500 nm 时，如果散射角在 1°～90°之间，则 d 的范围是在 0.5～28 μm 之间。当光线掠射时，上面的公式可以用下式代替：

$$d = \lambda/\varepsilon \tag{10.18}$$

式中 ε 是从表面来测量的散射角。在X射线区域，波长很小，所以我们所关心的散射角范围也很小，它的范围在角分和角秒之间。如果 $\lambda=1$ nm，那么散射角为 7″时的光栅参数为 $d=28$ μm。而散射角为 7′时的光栅参数为 $d=0.5$ μm。一般来说，抛光的表面具有连续平稳的微粗糙度频谱，因此用于光学的 1 nm 或者更小微粗糙度的表面也能够保证在X射线范围内 1″～1°的散射性能，这就大大地降低了对X射线镜面的要求。但是有多层电介质膜的垂直反射X射线望远镜则要求有很高的表面微粗糙度。表 10.1 给出了几种主要反射面材料的均方根表面粗糙度，这对于X射线成像系统的设计有参考价值。

表 10.1　几种主要镜面材料的表面均方根粗糙度(nm)

材料名称	表面粗糙度上限	表面粗糙度下限	平均值
熔融石英	3.0	0.4	1.3
碳化硅	1.9	0.4	1.0
铜(金刚石车削)	34.0	1.0	4.9
镍	4.4	1.1	1.8
钛	3.9	1.3	2.7

续表

材料名称	表面粗糙度上限	表面粗糙度下限	平均值
铜	6.3	1.3	3.0
铝	8.1	1.9	5.3
铟铜	7.0	2.0	4.7
不锈钢	4.7	3.3	4.0

10.2.2 X射线成像望远镜

任何探测器借助于其自身的机械边框，都具有一定的方向性。但是这种接收器的方向性很差。为了提高方向性，限制视场，可以在探测器前放置机械式的准直器。最简单的准直器是网格式准直器(图 10.13)，另一种比较实际的成像准直器称为"虾眼式"(lobster eye)聚焦准直器(图 10.14)。"虾眼式"准直器有聚焦作用，至今仍为天文学家使用。

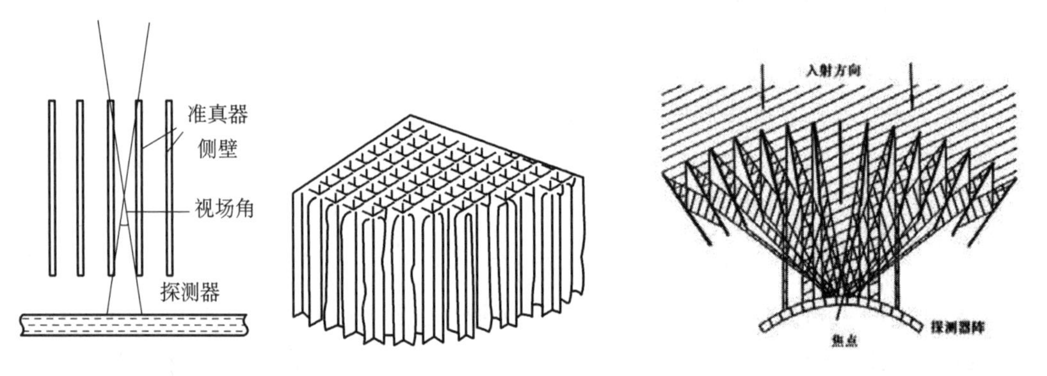

图 10.13 网格式准直器 **图 10.14 "虾眼式"(lobster eye)聚焦准直器**

固定栅格准直器由于存在一定的视场角，所以它的指向精度很低。调制准直器(modulation collimator)由于有多层栅格具有较高的指向精度。这种调制准直器如图 10.15(a)所示包括几组平行丝栅，从而形成一系列重复的窗口，这时观测的角分辨率和图像周期性都决定于丝栅间距以及两丝栅之间的距离。当在丝栅组合中插入新的或者取出丝栅，则分辨率和周期性会不断改变。如果对一个天区进行重复的不同组合的观测，通过计算观测信号的周期性就可以确定 X 射线源的方位。应用这种方法的定位精度可以达到 1 角分以内。

另一种调制准直器叫旋转调制准直器，如图 10.15(b)所示。旋转调制准直器由两组平行丝栅组成，并能绕一垂直轴旋转，这样 X 射线源在探测器上的信号就得到调制，对所得到的信号进行反调制就可以确定射线源的方向。对一个周期为 d 的丝栅，在调制过程中，它的横截面是一组三角函数的波形，可以表示为：

$$M = a_0 + a_1\cos(\boldsymbol{k} \cdot \boldsymbol{x} - \alpha) + \text{high order terms} \tag{10.19}$$

式中 $\boldsymbol{x}$ 是距离子丝栅旋转中心的空间距离，$\boldsymbol{k}$ 是一个矢量，它的方向垂直于丝栅的间隔，而它的大小是 2π 除以丝栅的周期。这个函数总是正值，因为它代表了一种概率。

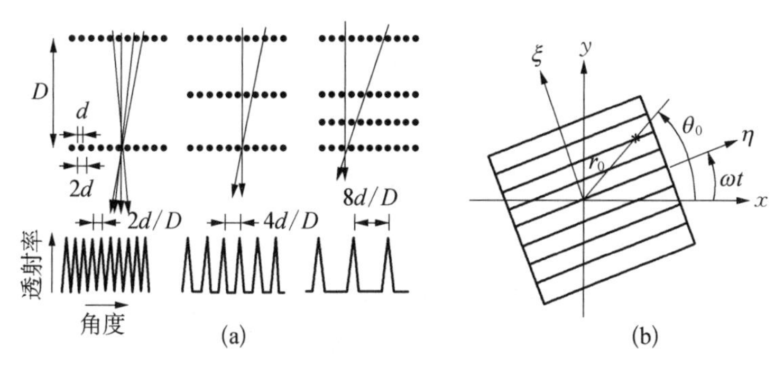

图 10.15 (a) 平行的和(b) 旋转的丝栅调制准直器

当子丝栅旋转的时候，从天空一个点源上发出的X射线会产生一个调制的图形。这个图形可以将点源的位置 $\boldsymbol{x}=(\boldsymbol{x}_0, \boldsymbol{y}_0)$ 代入上面的公式，然后使波矢量 $\boldsymbol{k}$ 旋转一个角度范围 ϕ。准直器的相位是一个已知的方向角函数，表示了旋转轴和准直器之间的一个偏置角。那么X射线的流量就正比于：

$$F = a_0 + a_1 \cos[(2\pi/d)(x_0 \cos\phi + y_0 \sin\phi) + \alpha] \tag{10.20}$$

以上这些简单的准直器曾用于早期的X射线和γ射线望远镜中，但是这些装置很难用于天区的高分辨率和高灵敏度的成像。同时，由于宇宙线粒子的攻击，使准直器上产生很多本底，给数据分析造成困难。新发展的编码孔准直器具有高灵敏度和高分辨率的优点，有希望成为高能电磁波探测器的主力。编码孔准直器将在γ射线望远镜部分介绍。

X射线的真正成像装置是新近发展的掠射望远镜。掠射望远镜(grazing incidence telescope)是沃尔特(Wolter)首先提出的(程景全，1988)，因此它也被称作沃尔特型望远镜，掠射望远镜的基本形式如图10.16所示，注意，它总是包括同轴的两个旋转二次曲面，不存在仅仅有一个反射面的成像仪器。在这种望远镜中所有的入射X光子均以很小的角度掠射反射面，避免了X射线为镜面材料所吸收。经典掠射望远镜的第一个反射面是抛物面的一部分，而该抛物面的焦点位置正好与第二个双曲面的外焦点位置重合，望远镜成像在双曲面的内焦点上。

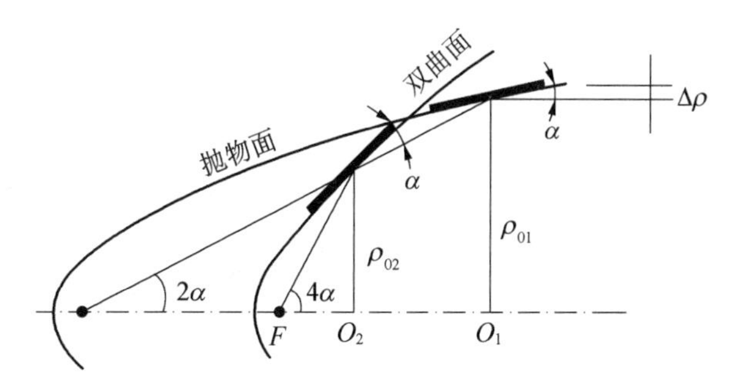

图 10.16 掠射望远镜的基本形式

掠射望远镜的基本参数有四个，其他参数都可以由这四个基本参数所决定。这四个基本参数是：(a) 反射面中心部位的主掠射角 α；(b) 第一反射镜的中心半径 ρ_{01}；(c) 两反射镜的中心间距 d；(d) 望远镜主入射环半宽度 $\Delta\rho$。根据这四个基本参数可以决定望远镜的其他参数。望远镜中二次曲线的表达式为

$$\rho^2 - \rho_0^2 = 2kz - (1-\delta)z^2 \quad (\rho^2 = x^2 + y^2) \tag{10.21}$$

则有关参数为：

$$\rho_{02} = \rho_{01} - d\tan 2\alpha$$

$$k_1 = -\rho_{01}\tan\alpha \qquad k_2 = -\rho_{02}\tan 3\alpha$$

$$\delta_1 = -1 \qquad \delta_2 = -\left[\frac{\sin 2\alpha}{\sin 4\alpha - \sin 2\alpha}\right]^2$$

$$b = \rho_{02}/\tan 4\alpha \qquad f = \rho_{01}\sin 4\alpha$$

图 10.17 和 10.18 是双反射面掠射望远镜的其他形式。图 10.17(a)所示的第二反射镜是一外双曲面镜。图 10.17(b)中两个反射面互相正交，在这种系统中反射面是柱面形状，它的接收效率较高，但是角分辨率较差。图 10.18 是三镜面掠射望远镜的形式。图 10.18(a)中，第一和第二反射镜组成掠射望远镜，而第二和第三反射镜又组成另一个系统。这种三镜系统有较大的轴外像差，但是可以通过改变第一和第二反射镜的参数、形状来改善系统像差。图 10.18(b)中有两个分系统，它包括一个放大率为 10 倍的掠射显微镜。这种系统具有高分辨率，但是其可用视场受到限制。在 X 射线掠射望远镜中由于其波长很小，所以对光程差有很高的要求。不过由于掠射面的法线和光轴的夹角很大，相应的表面误差的要求也不算太高。这一点和在射电望远镜中所讨论的一样，半光程差是表面面形误差和掠射面法线与光轴夹角余弦的乘积。

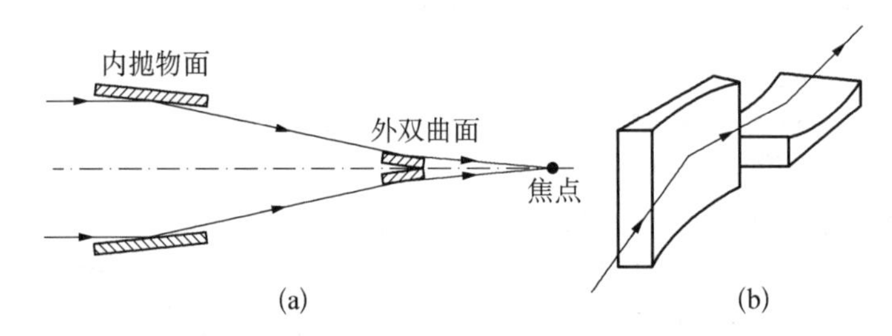

图 10.17　其他形式的双反射面掠射望远镜

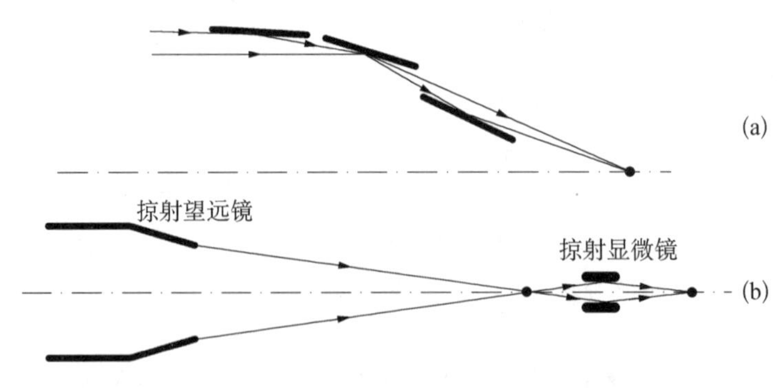

图 10.18　组合式的双反射面掠射望远镜

为了充分利用掠射望远镜很高的分辨率，往往在焦点处安装高分辨率成像器(high resolution imager)。这种成像器包括两个微通道板，一块在前面，另一块在后方。每一个微通道板均含有无数的微型玻璃管。这些玻璃管内壁涂特殊材料，它在受到 X 射线撞击后会发射一个电子。由于在微通道板的上下两面均附加了电压，所以当 X 射线进入微通道时会产生电子，这个电子在电场中沿着管道加速，会在管壁上产生更多的电子，形成电子云。这些电子云落在由密集的平行金属丝（每厘米50线）构成的网格上从而确定X射线的精确方向。

当光子能量大于100 keV的时候，材料的严重吸收使得掠射望远镜也无法使用。所以在硬X射线和γ射线区域，只能使用特殊的编码孔望远镜。编码孔望远镜的设计和原理将在γ射线部分进行讨论。

10.2.3　多层圆锥薄片和多层广谱镀层望远镜

掠射望远镜由于入射角的限制，集收面积十分有限，因此在使用中可以将几组掠射望远镜叠合起来，组成叠合式掠射望远镜（图10.19）。掠射望远镜的镜体可以用金刚石车削方法加工，也可以用光学抛光的方法加工。不过越来越多的掠射镜面使用精密复制方法获得。一种复制方法是使用模具首先进行电铸镀金或者镍，这些表面胶结在碳纤维复合材料的圆环上。使用复制方法，表面的微粗糙度常常会较模具有所提高。

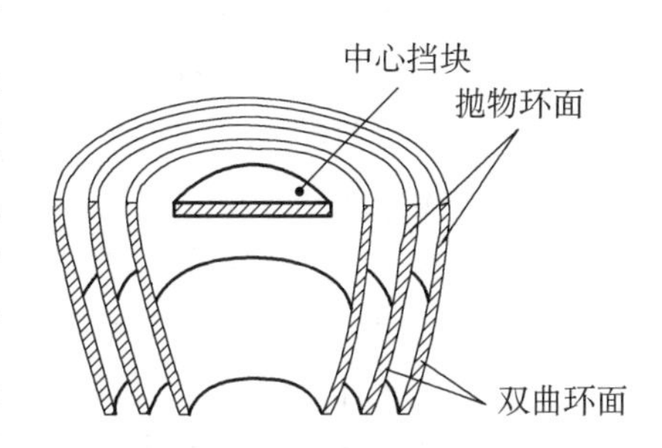

图10.19　叠合式掠射望远镜

不过高的角分辨率所需要的X射线望远镜成本很高，镜面表面要十分精确，镜体要非常稳固。这就要求镜体厚度大，质量大，成本高，同时厚的镜体带来了非常有限的口径利用效率和非常低的望远镜灵敏度。

对于一些需要高灵敏度，而不需要高角分辨率的天文观测来说，天文学家最感兴趣的是如何获得更多的光子。所以传统上的数量很少的、很厚重昂贵的、薄壳式叠合掠射望远镜就逐步让位于质量轻、由多层圆锥薄片构成的、低成本、高口径利用率的新型掠射望远镜（Petre，2010）。多层圆锥薄片望远镜的最主要特点就是它是由很多片投影面积非常小的反射面组成，由于反射面自身很薄，可以在口径面上密集分布，从而获得很高的口径利用率。在这种望远镜中，镜体厚度远远小于相邻反射面之间的间隔。由于望远镜主要考虑的不是高像质，而是低成本和高的集光面积，所以望远镜中的抛物面和双曲面均使用圆锥面来近似代替。用圆锥面替代圆锥曲面的结果会因为镜面长度上不同点处的焦距不等而引起一定的像斑模糊，但是它所带来的优点要远远多于这个缺点。

多层圆锥薄片望远镜拥有很多小薄片反射面，形成了很密集的多层反射环，在一圈薄片和另一圈薄片之间几乎没有任何空隙。由于反射面充分利用了口径的面积，所以在视场上会产生渐晕现象。这种渐晕现象在高能区间会更加严重。当反射面的径向尺寸大于掠射角的一半时，有效通光面积将小于轴向面积的一半。如果用半能量直径来描绘角分辨率，轴外像差和用圆锥面来代替所产生的像斑弥散几乎相同。点光源所成的像会变成椭圆形。

使用圆锥面后，所有薄反射面都可以展开成平面，因此反射面可以进行批量生产。由于反射面轴向没有曲率变化，所以形成的表面很光滑。这些小反射面形成整个圆周，或者是四分之一个圆周的大小。

一般使用的薄片尺寸很小，每一片仅是全部圆周的几十分之一。它们分别插在一根根径向排列的隔离杆之间。在隔离杆上有很多梳子状的径向定位片，以固定这些小反射面。小的反射面可以是薄玻璃片，也可以是薄铝合金片。在加工反射面的时候，可以将0.4 mm厚的薄玻璃片叠合在一起，在大约400 K的高温下，压在或者真空吸附在精密的模具上成形。如果使用铝合金片，成形的温度是200 K左右。有时上下变化的温度可以获得更好的效果。对于铝合金片，要注意反射面弯曲的方向不要和铝片原料所具有的弯曲方向相同。另外铝片原料原来的弯曲面所具有的光洁度远远达不到X射线反射的需要，简单地利用原料表面的光洁度将会使望远镜的散射非常严重。当铝片和玻璃片成形后，需要在它们的表面上喷镀上金属铱、镍或者金来获得高的X射线的反射。然后将其再插入到径向的定位杆之间，形成一个多环的叠合式掠射望远镜。

早期的提高反射面光洁度的方法是将反射面上涂上清漆。这样可以形成很薄的、均匀的平滑涂层，然后用真空挥发的方法镀上密度大的金属层。不过这种涂清漆的方法常常会在表面产生毫米级波纹，影响望远镜的角分辨率。后来又发展了一种环氧树脂的复制方法来解决这个波纹的问题。该方法是首先在玻璃模具上镀上所需要的金属镀层，然后在反射体和镀层上同时喷涂环氧树脂，在真空下将反射体和玻璃模具结合在一起，引入空气后再将它们挤压在一起。当环氧树脂固化以后，从玻璃模具上分离出反射面。玻璃薄反射面的工艺和铝反射面的类似，不过玻璃的成形需要多次的升温和降温的过程。

多层薄片望远镜常常将整个镜体分成完全相同的4份或者几份模块，简化生产过程。安装和准直反射薄片也是很重要的工作。所有的反射薄片，均是利用模块前后的隔离齿条来精确定位，这些齿条空隙也不能太小，否则会使反射面变形。模块的检验可以使用光学聚焦的方法。多层圆锥薄片望远镜于1987年首次使用(图10.20)。

图10.20　多层圆锥薄片望远镜的模块框架和望远镜的外形

能量大于10 keV的X射线成像是非常困难的。在能量大的时候，源的强度迅速衰减，所以需要非常大的集光面积，同时它们所对应的掠射角变得很小，这样就使得镜面的焦距变得很长。镜面的焦距和使用的X射线能量有一种正比关系。另一种方法可以使这个能量上的望远镜焦距变短，这就是使用多层反射镀层(图10.21)。

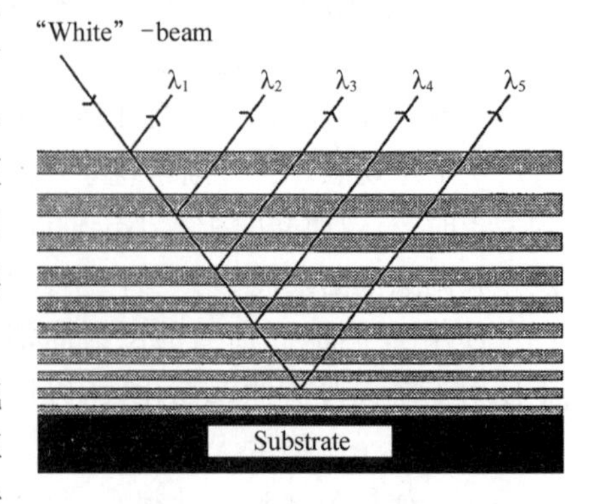

图10.21　分级多层反射薄膜

多层反射膜是由交替的高低原子数材料所构成的镀层，这些镀层常常是几个纳米厚度。镀层的厚度控制是为了在适当的掠射角上实现布拉格散射

(Bragg scattering)。完全一致的多层薄膜仅适用于一段非常窄的能量范围。一种分级的多层(graded multilayers)薄膜可以使用在比较广阔的频谱上,这种薄膜的厚度随着它离表面的距离而不断变化。越是最外层的薄膜,厚度越大,它所反射的 X 射线辐射能量越低。越是能量高的辐射,它所进入的深度越深,它会被底层的、厚度很薄的反射膜所反射。早期的分级多层薄膜的厚度遵循深度的指数函数而变化。后来引入的超级镜面(supermirror)的概念将连续厚度变化的概念改变成组内为相同厚度层,而组与组之间厚度不断变化的分级方法。这种分级方法所获得的 X 射线的反射率和最佳分级方法是相同的。

多层薄膜掠射望远镜,因为它有效面积大,是一种理想的高能 X 射线望远镜。当它的表面采用多层薄膜以后,很适宜于 10 keV 以上的 X 射线的观察。当采用多层薄膜时,可以在玻璃模具上直接镀上多层薄膜,然后再复制在反射镜的表面。

10.2.4 空间 X 射线望远镜

X 射线的天文观测开始于 1949 年。此后 X 射线天文观测的次数不断增加。早期 X 射线观测是用火箭上的探测器,即铍膜或铝膜保护的感光胶片来进行的。金属薄膜的厚度变化可以使所探测的 X 射线的能量产生改变。

1970 年美国宇航局在肯尼亚第一次将两个 X 射线探测器送上了太空,这就是小天文卫星 A(SAS－A),也叫做乌乎鲁(Uhuru)卫星。它所使用的仪器是两个用于 2～20 keV、充满氩气的正比计数器。为了提高它们的角分辨率,同时采用了机械准直器。乌乎鲁卫星工作了三年,取得了 X 射线天文观测的大量资料。

以后,用于 X 射线观测的卫星大量增加,它们有英国羚羊五号(Ariel－5),荷兰天文卫星(ANS),印度的阿里亚哈特(Aryabhat)卫星,美国的维拉(Vela)卫星、小天文卫星 C(SAS－C)、轨道太阳观测站 8 号(OSO－8)以及轨道天文观测站(AO)等。1977 年美国发射了“高能天文观测站 1 号”(HEAO－1),这个天文卫星已经具有相当规模,它的总质量达 175 kg。使用了视场角较小的准直器望远镜,并不是真正的成像望远镜。

1963 年开始了掠射式望远镜的研制。1970 年掠射式望远镜已经得到一系列太阳 X 射线照片。1978 年美国发射了配置有掠射望远镜的“高能天文观测站 2 号”(HEAO－2),又叫爱因斯坦天文台。这一 X 射线望远镜是一个四单元、叠合式的掠射望远镜,口径在 0.5 m 左右。当 X 射线能量低于 0.75 keV 时,它的有效面积为 300 cm^2;当能量低于 2.5 keV 时,有效面积为 200 cm^2;当能量为 3.5 keV 时,有效面积是 50 cm^2。这一望远镜的镜体是玻璃,表面镀有薄层的铬和镍。“高能天文观测站 2 号”于 1983 年 3 月毁坏。

之后的 X 射线望远镜是欧洲航天局主持的欧洲 X 射线天文台卫星(EXOSAT),它包括两台高分辨率掠射成像望远镜。每台掠射望远镜直径为 52 cm,有效口径面积为 90 cm^2,是三单元的组合望远镜。望远镜镜面采用了铍基材料,由环氧树脂复制而成,反射表面镀金。望远镜的质量是 7 kg,焦距为 1 090 mm。望远镜的最小使用波长为 0.83 nm,成像的半能量宽度为 10″,散射损失不超过 6%。欧洲 X 射线观测卫星发展了一套高精度的反射面复制技术、掠射光学检测和校正工艺,为 X 射线望远镜的发展做出了贡献。欧洲 X 射线天文台卫星于 1983 年 5 月升空,1986 年 5 月毁坏。

继 EXOSAT 之后的工程有英国的 X 射线望远镜(XRT)、苏联和平号上的量子舱(Kvant)、日本的 Astro-C 等。比较重要的是德国的 ROSAT(Rontgenstrahlen Satellit),这是一个口径为 80 cm 的四单元掠射望远镜,它的焦距为 2.25 m。望远镜于 1990 年 6 月升空,工作到 1997 年。ROSAT 的规模很大,质量为 2.5 t,尺寸为 2.4 m×4.7 m×8.9 m。ROSAT 是一个十分成功的科学工程,它的巡天获得了十万个 X 射线源的信息。

以后的 X 射线空间望远镜有时变探测器(Rossi X-ray Timing Explorer)及意大利和荷兰的 X 射线天文卫星(SAX)。1999 年 7 月美国发射了一台名为高新 X 射线天体物理台(AXAF)(见图 10.22),后来改名为钱德拉 X 射线天文台(Chandra X-ray Observatory)。这一设备配备有口径为 1.2 m 的六单元叠合式掠射望远镜,望远镜的有效面积达到 1 100 cm²,焦距为 10 m。这是一台威力强大的 X 射线望远镜设施。它的工作范围为 0.1 keV 至 10 keV,视场角 30′,分辨率高达 0.5″,在望远镜的反射面上镀有铱层。它所在的轨道周期为 64 h,轨道是一个偏心率极大的椭圆,可以保证望远镜的连续观测。

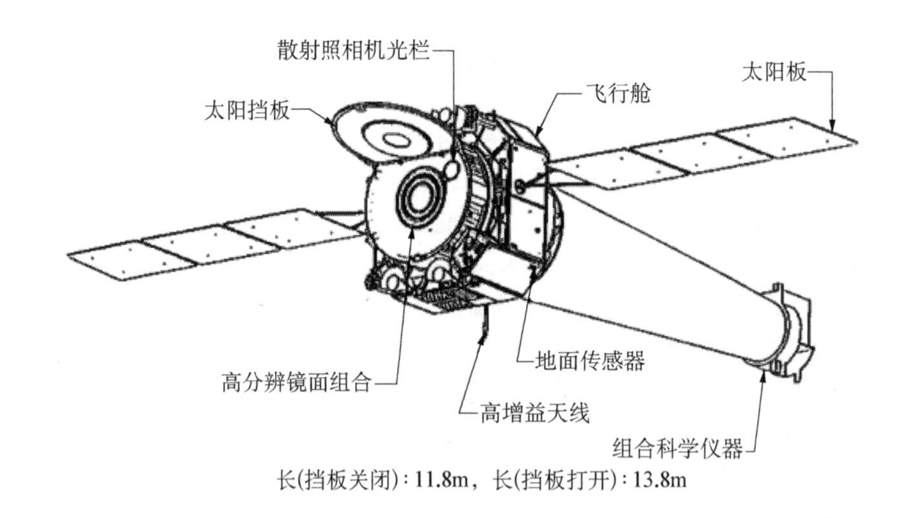

图 10.22 美国的高新 X 射线天体物理台(CXO)

1999 年 12 月欧洲空间局(ESA)发射升空了 X 射线多镜面(X-ray Multi - Mirror)望远镜,又叫 XMM 牛顿天文台,其有效面积达 1 500 cm²,并在望远镜上装置了反射光栅。它们的光谱分辨率可以在 $E/\mathrm{d}E$ 约 20～50 和 $E/\mathrm{d}E$ 约 200～800 的范围内调整。

在 X 射线的成像系统中,在入瞳面要安排很多的遮挡板,而在望远镜后面常常布置有一些电子收集器(electron deflector)。这种电子收集器是一个圆环形的磁场,它可以将光路中的电子从光路中吸引出来。在 XMM 牛顿天文台中,还增加了一个使用反射光栅构成的光谱仪(Lumb,2012)。这个反射光栅系统共有 182 个相同的光栅。这些光栅和同平面的汇聚 X 射线之间形成一个很小的掠射角。所有光栅的衍射焦点都安排在同一个罗兰(Lawland)光谱仪的圆周上(图 10.23)。由于焦点在同一个圆周上,所以使用平面光栅不会引起过多的几何像差。每一个望远镜有六排光栅。严格的讲这些光栅条纹从一端到另一端应该有±10%的周期变化。

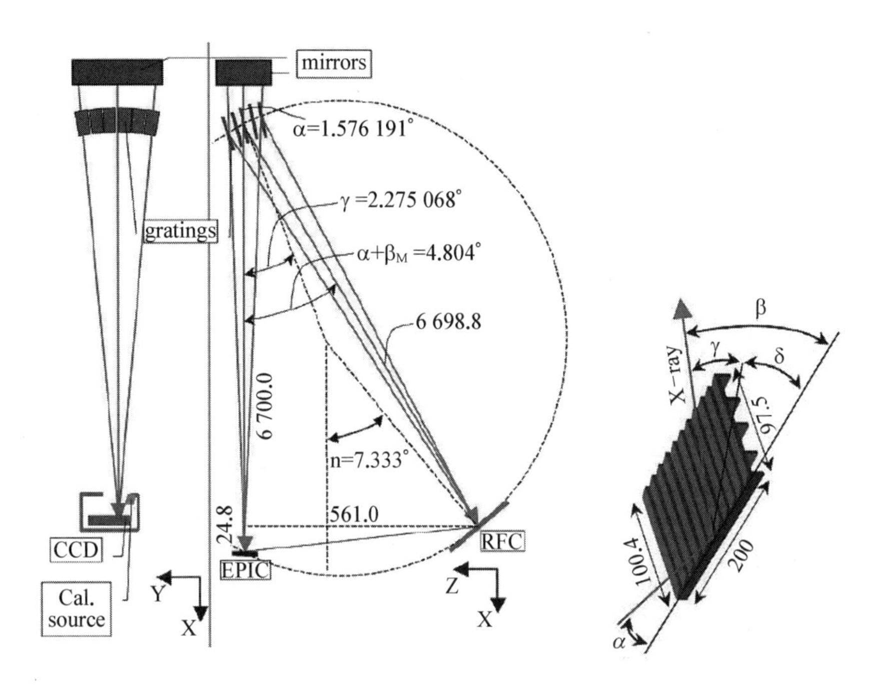

图 10.23　XMM 牛顿天文台中的掠射式罗兰光谱仪及其使用的掠射光栅

2000 年，日本和美国联合试制的低温 X 射线光谱仪（X-Ray Spectrometer）ASTRO-E。这台 X 射线光谱仪仅仅覆盖钱德拉频谱区域的高端，但是它视场很大，其光谱分辨率要高出 5 倍。两年半以后，X 射线光谱仪耗尽了致冷剂，仅有一个低能量 X 射线成像光谱仪和一个硬 X 射线探测器仍然可以工作。

计划中的 X 射线的空间项目包括日本的 ASTRO-H（New Exploration X-ray Telescope，NEXT），欧洲空间局、美国航天局和日本航天局联合试制的国际 X 射线天文台（International X-ray Observatory，IXO）。这些新的望远镜是密集多层薄膜式的叠合掠射望远镜。ASTRO-H 造价 2.7 亿美元，于 2016 年 2 月 17 日升空，9 天以后日本航天局宣布望远镜失去联系。

10.2.5　微角秒 X 射线成像仪

在 X 射线方面，一个雄心勃勃的计划是微角秒 X 射线成像仪（Microarcsecond X-ray Image Mission）。它的干涉基线长度仅仅是 1 米，但是分辨率高达 100 微角秒，比哈勃望远镜高一千倍，比钱德拉望远镜高百万倍。

作为一个衍射极限的干涉仪，这个项目采用了一种十分特殊的分离平面镜的干涉系统（图 10.24）。这些平面镜围绕光学轴线，呈 X 形状排列，形成一个斐索型干涉仪（第 5.3 节）。每个镜面的光束在探测器平面上同相位集合起来，形成复杂的干涉条纹。所形成条纹的间隔和 X 光波长及焦距成正比，和光束之间的距离成反比（图 10.25）。由于使用的是平面镜，所以两个光束的波阵面间存在一个很小的夹角，这样它们形成的条纹就和牛顿环一样是一组具有正弦波形式的平行线。在这个干涉仪中，所有的平面镜被安排在以轴线为中心的圆周上。通过相互垂直直线上的四面镜子将产生一个方格形的点阵图案。随着镜面数量的增加，一开始图形变得较复杂，然后中心光点就逐渐地显露出来(图 10.26)。如果在一个圆周上有 32 面反射镜，所形成的像斑和一个圆口径的衍射像斑十分接近，不过它的分辨率是 $\lambda/2d$，而不是普通圆口径的 λ/d，这里 d 是圆周直径。对于这个干涉仪，如果两颗星之间的距离是 $\lambda/2d$，那么它们的星像就可以分辨开来。

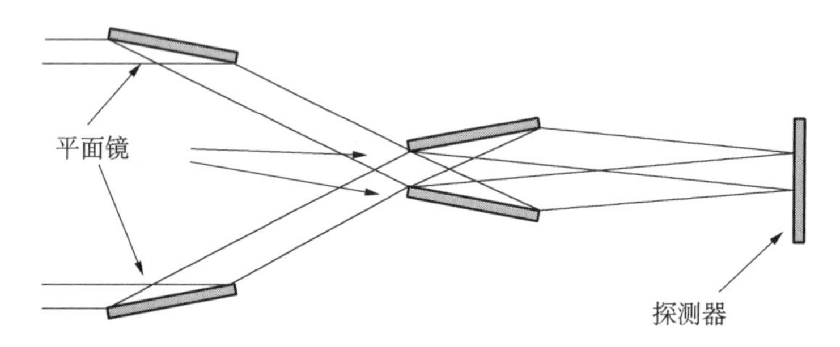

图 10.24　微角秒 X 射线干涉仪的结构安排(NASA)

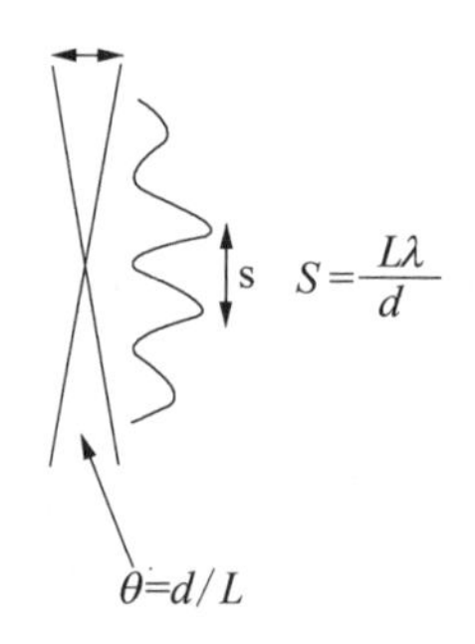

图 10.25　两束具有一定角度的光束所形成的条纹 (NASA)

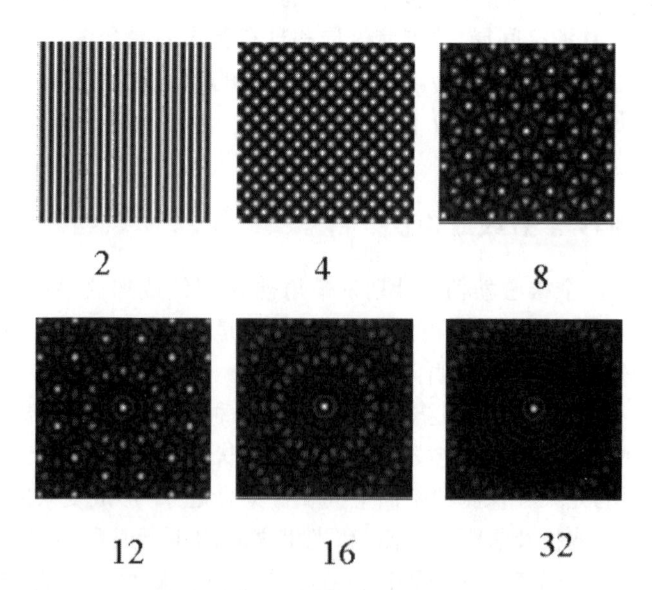

图 10.26　一组不同数量的平面镜的光束所形成的干涉条纹 (NASA)

在预研计划中，这个项目包括两个空间飞行器：一个是它的光学系统，另一个是它的接收器。在光学飞行器上有两圈 64 面平面镜，排列成 X 形状。接收器的飞行器则在光学飞行器后面 450 km 以外。所有镜面宽 3 cm，长 90 cm，它们所在圆周的直径分别是 1.4 m 和 0.3 m。两组镜面之间的距离是 10 m，交叉角为 2″。所有镜面都要调整到它们的零阶光斑正好在接收器的轴线上。在 1 nm X 射线波段，所形成的条纹仅仅是 100 nm。这个计划中，镜面的精确调整是通过一个激光精密测量系统，所需要的精度在 1～10 nm 之间。在实验室中获得的指向稳定性是 300 微角秒，希望在空间可以达到 30 微角秒。目标寻找是采用 X 射线，但是维持它的指向则不能依靠 X 射线而是依靠两个和空间干涉仪工程（第 6.3.3 节）相似的可见光干涉仪。这两个干涉仪互相垂直，保证两个方向上的稳定性。为了保证飞行器的稳定，必须使用激光喷射技术，这种技术所获得的最小推力为几个微牛顿。

在接收器飞行器上，量子测温计的阵列可以提供频谱精度为 $E/\Delta E=100\sim1\,000$。接收器尺寸是 30 mm^2，像元大小为 300 μm。不过这个项目难点太多，所以至今仍然是一个设想。

10.2.6 紫外天文卫星

紫外线，波长大致从 10～91 nm 延伸到 390～400 nm，是非常炙热的天体所发出的辐射。由于大气吸收，在地面上只能观测波长 310 nm 至 390 nm 的紫外辐射，其他波段的观测必须利用空间仪器。二十世纪四十年代开始通过火箭进行紫外探测。1964 年发射了最早的紫外卫星，它的探测器就是一个光电管。1966 年真正用小型望远镜进行紫外观测。轨道天文台 1 号（OAO－1）使用了小望远镜来确定星在紫外部分的能量分布。轨道天文台 1 号是一次失败的试验，它没有向地面发回数据。1968 年 12 月轨道天文台 2 号成功发射并进行紫外巡天，它使用的是一台 20 cm 望远镜。1972 年 8 月轨道天文台 3 号升空，使用的是 80 cm 卡塞格林望远镜即哥白尼望远镜，该望远镜工作了 3 年。除了美国，苏联也发射过紫外卫星。欧洲的紫外卫星是特德 1 号。1972 年 12 月，法国发射了紫外观测的专用卫星（D2B－AURA）。

1979 年国际紫外探测器（IUE）发射升空。这是美欧合作的项目，长度为 4.2 m，质量为 700 kg。图 10.27 所示是它的望远镜和仪器的布局，望远镜工作波长为 115 nm 至 320 nm。以后的紫外卫星有法国苏联合作的 ASTRON，它的工作波长为 150 nm 至 350 nm。1990 年发射了 Astron－1 卫星，上面有一台 0.5 m 望远镜。

在极紫外（EUV）区域观测和在 X 射线区域观测一样，一般材料吸收很强，需要使用多层薄膜的镜面镀层来增加镜面在某一频率上的反射率。比如可以在镜面上交替地镀上 100 层硅和钼，每层的厚度必须小心地控制在 10 nm 左右，这样反射的光正好相差一个波长，从而可以在某一个频率获得大约 50％的反射率。在这个波段，也可以使用掠射望远镜或者衍射光栅的分频方法。1975 年，阿波罗号和和平号进行联合实验计划（ASTP），就使用了一台紫外掠射望远镜。这台望远镜有四个镜体单元，其口径为 37 cm，如图 10.28 所示。由于这一联合实验取得很大成功，后来又发射了两台紫外望远镜。一个是安装在德国 ROSAT 上的英国大视场照相机（wide field camera），另一个就是 1992 年美国发射的极紫外探测器（EUVE）。极紫外探测器安装在一个通用空间舱中，它的掠射望远镜口

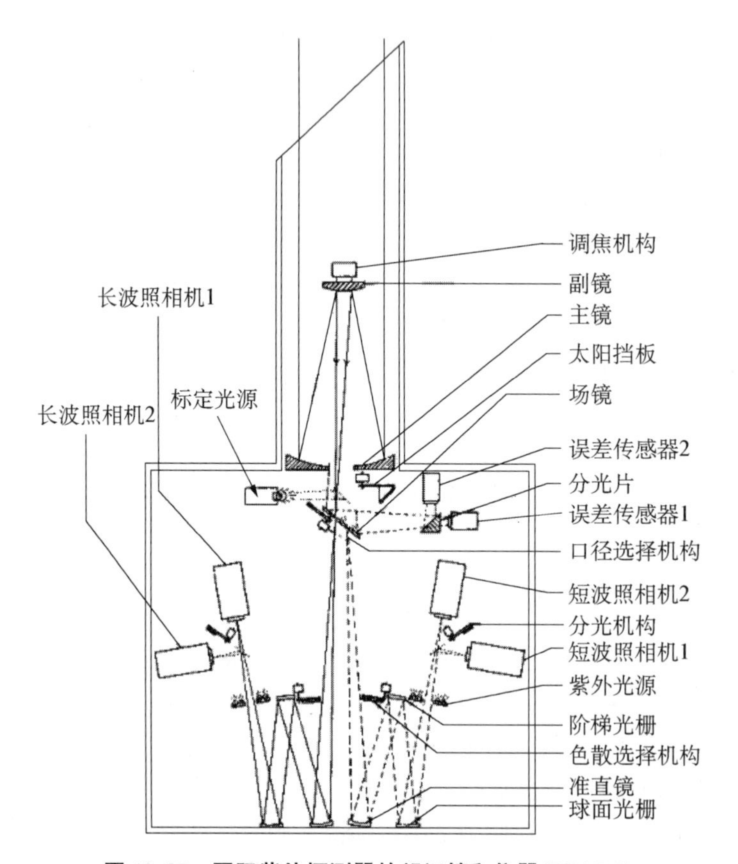

图 10.27　国际紫外探测器的望远镜和仪器(PPARC)

径为 40 cm,镜面是铝制的,镀有金膜以增大反射率。用于极紫外区域观测的还有轨道回收极紫外光谱仪(ORFEUS),这个光谱仪于 1993 年和 1996 年两度升空,它是一台经典的 1 m 望远镜。

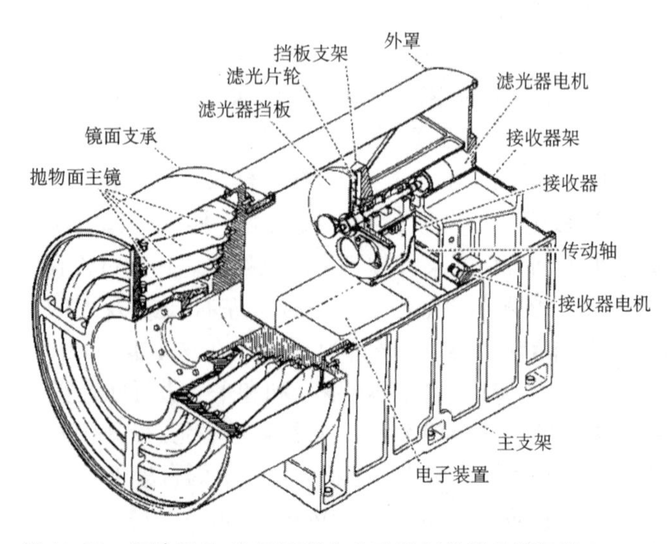

图 10.28　阿波罗号-和平号联合实验计划的紫外望远镜(NASA)

1999年6月发射的远紫外线光谱探测器(FUSE，Far Ultraviolet Spectroscopic Explorer)一直工作到2007年7月。这个望远镜包括四组镜面，镜面是偏轴抛物面。用于短紫外线的镜面采用了碳化硅镀层，而长波段采用了在镀铝面上镀氟化锂的方法。2003年，美国、韩国和法国发射了星系变化探索者(GALEX，GALaxy evolution EXplorer)巡天望远镜，这是一个R-C系统50 cm望远镜，这个望远镜工作了29个月。

10.3　γ射线望远镜

10.3.1　γ射线的基本特点

γ射线是一种高能波段的电磁辐射。γ射线波长很小，一般规定小于0.001 nm，也就是说它的能量总大于1.2 MeV。不过有时候也将波长在0.01 nm到0.001 nm的电磁辐射定义为软γ射线，软γ射线的能量可能小于1.2 MeV。

γ射线的产生直接和一些高能粒子，如宇宙线或高能γ射线与星际粒子或大气分子的碰撞过程联系着。如果碰撞发生在大气层，所产生的γ射线和粒子就叫做次级粒子。γ射线的产生和物质-反物质的湮灭、放射性衰变以及粒子加速过程直接相关。正电子和负电子的碰撞会产生一对γ光子，同样γ光子的碰撞会产生正负电子。因此γ射线是我们了解质量和能量以及物质和反物质之间关系的关键。

γ射线的显著特点是高能量和低吸收。对于能量在10 MeV到10^9 MeV的γ射线，整个宇宙几乎是透明的。它们在穿越银盘直径时仅仅有百分之一的光子会与物质发生作用。然而在天体辐射过程中辐射流量随着能量的上升会下降很快，所以γ射线的流量要比X射线的流量小得多。当能量大于50 MeV时，辐射流量仅仅是$4\times10^{-14}/\mathrm{cm^2\,s\,rad^2}$，这使得γ射线的火箭探测十分困难。另外由于大气次级γ射线及探测器本底γ射线的影响，气球观测也十分困难。能量低于10 GeV的γ射线一般不能穿透大气层，所以γ射线的直接观测只能在山顶、气球和轨道上进行。间接的γ射线的观测是依靠对它们和大气、水、冰或者其他分子的碰撞所产生的次级粒子的探测，所以可以在地面、水下、地下进行。其中的一个效应是切伦科夫效应。切伦科夫效应和切伦科夫望远镜在第10.3.6节讨论。

10.3.2　γ射线编码孔望远镜

10.3.2.1　均匀冗余阵列

γ射线的波长比X射线更短，掠射式望远镜也不能用于γ射线的观测。至今γ射线望远镜只能用各种形式的网格准直器来确定γ射线的入射方向，还没有其他精确定位的途径。网格准直器的特殊情况就是针孔式照相机，针孔式照相机中只有一个网格，即一个光孔。这种针孔照相机的集光面积太小，所以要使用一组特殊编码的小孔。这些光孔排列成一种特殊的几何形式，它们被叫做编码孔。由编码孔准直器所形成的望远镜被称为编码孔望远镜。编码孔望远镜包括两个部分，一个是编码孔口径(coded aperture)，一个是后面的接收器(图10.29)。一般来说，编码孔望远镜相对于针孔照相机的信噪比是针孔照相机的$N^{1/2}$倍，N是编码孔的数量。

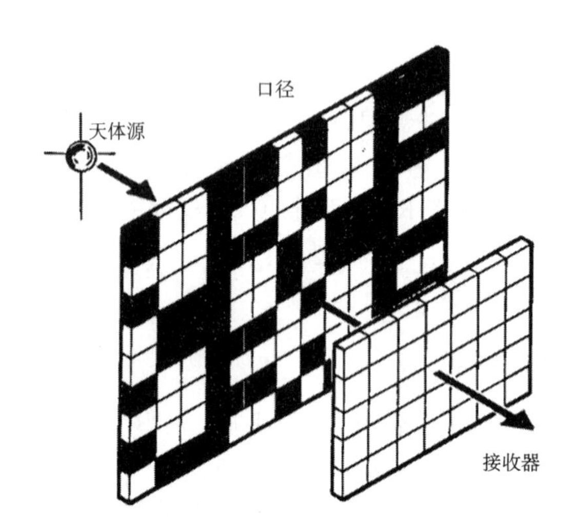

图 10.29　编码口径的原理

当 γ 射线从一个方向通过编码孔口径时，在接收器的表面会形成一种图形，当方向改变的时候，这个图形也会随之改变。所有的编码孔成像器均有它自己的点分布函数，而它所形成的像，则是编码孔板点分布函数和目标源函数的卷积(Fenimore 1978)：

$$P = (O * A) + N \tag{10.22}$$

式中 P 是所获得的像，A 是编码孔分布函数，O 是目标源的分布，N 是噪声，卷积就是相关处理。经过反运算，目标函数的表达式是

$$\hat{O} = \mathrm{R}\bar{\mathrm{F}}^{-1}[\bar{\mathrm{F}}(P)/\bar{\mathrm{F}}(A)] = O + \mathrm{R}\bar{\mathrm{F}}^{-1}[\bar{\mathrm{F}}(N)/\bar{\mathrm{F}}(A)] \tag{10.23}$$

式中的 $\bar{\mathrm{F}}$，$\bar{\mathrm{F}}^{-1}$ 和 R 分别表示傅立叶变换、反傅立叶变换和反转运算。A 常常定义为一个包含 0 和 1 的阵列，它们和口径面上的小孔相对应，0 表示通光单元，1 表示不通光单元。因此 A 的傅立叶变换含有很小的项，这些小的项会在反运算的过程中产生噪声。

为了简化这个过程，可以使用相关运算方法。这样目标函数的反运算公式为

$$\hat{O} = P * G = O * (A * G) + N * G \tag{10.24}$$

式中的 G 称为后处理阵(post-processing array)，它的确定就是要使得卷积 $A * G$ 大约等于一个脉冲函数，即狄拉克(δ)函数。这个函数是除了原点之外全部为零，而原点是 1 或者是一个放大一定倍数的整数。G 阵列通常会在 A 阵列的 1 的位置上取 1，而在 0 的位置上取 -1 值。如果是这样的情况，那么目标函数的重建公式就是

$$\hat{O} = O + N * G \tag{10.25}$$

这时，除了有图像的噪声外，所得到的是一个天体源分布的理想的解。

另一种有效的方法是使编码孔函数的自相关值为 1。在这种情况下，后处理阵就完全不必要了。目标函数就是星像函数和编码孔函数的卷积。要使得编码孔函数(mask function) 的自相关函数是狄拉克函数，理想的孔分布可以从一种循环差集(CDS, Cyclic

Difference Set) 来求出 (Gunson, 1976)。对一个以 n 为基数的整数集,循环差集是一个独特的子集。在数学上,模数为 n 的循环差积($a_1=0, a_2, a_3, \cdots, a_s$)是由 s 个的正整数组成的($s<n$)。所有这些数之间的差值对于模为 n 的余数各不相同,n 就是这个循环差集的模。在循环差集各个数所对应的位置放上通光孔所形成的码板,就是所需要的编码孔函数(In't Zand, 1992)。

用这种方法去获得编码板,首先在码板的面积上均匀地画出 N 个方格。然后在对角线的方向上将 N 个整数沿着对角线从左上向右下安排。如果已经到达最下的一排,则从下一列的第一行重新开始。比如一个基数为 15 的集的数字安排为

[1] [7] [13] [4] [10]
[11] [2] [8] [14] [5]
[6] [12] [3] [9] [15]

如果基数为 15 的循环差集为:1,2,3,5,6,9 和 11,那么就在编码的方格上对应这些数的位置开透明的孔。在仪器中,大的孔眼百分比可以提高编码孔仪器的灵敏度。在设计中,这些孔眼的位置是由计算机求出的。

这种方法在天文上常常被叫非冗余阵列(NonRedundent Array, NRA) 编码孔的排列方法。这种阵列的自相关函数有一个非常突出的中心数值,而在坐标的其他点上的数值则是 0 或者是 1。不过使用这种阵列,在图像重建设时将不可避免地存在噪声。这种阵列是进行射电综合口径干涉仪或者天文光学中口径遮挡干涉仪的口径或阵列的排列方法。但是这种孔径排列的通光效率很低。根据资料,最大的这种阵列仅有 24 个通光孔,通光的面积比仅仅是 0.03。通光孔径少意味着系统信噪比不可能提高。

所以天文学家不得不采用另外一种称为类噪声阵(PseudoNoise Array, PNA)的阵列。如果应用这种阵列来生成编码板和后处理矩阵,那么它们之间的相关也可能是一个比整数 1 大得多的脉冲函数。在类噪声阵中,某两个通孔之间特殊间隔的重复数是一个常数,所以这种阵列也叫均匀冗余阵列(Uniformly Redundant Array, URA)。实际上非冗余阵列和非噪声阵列都是均匀冗余阵列。现代编码孔望远镜的理论基础就是这种拼合起来的均匀冗余阵列。

大口径的均匀冗余阵列所产生的编码孔口径面是由一块块经过错位放置的,完全相同的类噪声阵组成的(Cababro and Woif, 1968; Fenimore and Canon, 1978)。这种阵列的基本单元是一个长为 r,宽为 s 的长方形矩阵。r 和 s 分别是正整数的质数,并且有 $r-s=2$。在这个阵列中,每一个单元的取值为 $A(i,j)=A(I, J)$,这里 I 和 J 分别是 i 和 j 分别除以 r 和 s 值后的余数,即 $I=i \bmod r$ 和 $J=j \bmod s$。

同时有:当 $I=0$ 时,$A(I,J)=0$

当 $J=0$ 和 $I\neq 0$ 时,$A(I,J)=1$

当存在一个整数 x 时,$1\leqslant x<r$,并且 $I=x^2 \bmod r$,则 $C_r(I)=1$

当存在一个整数 y 时,$1\leqslant y<s$,并且 $I=y^2 \bmod s$,则 $C_s(I)=1$

当 $C_r(I)C_s(J)=1$,则 $A(I,J)=1$

否则 $A(I,J)=0$

这种阵列的后处理矩阵为 $G(i,j)$。当 $A(i,j)=1$ 时，$G(i,j)=1$；当 $A(i,j)=0$ 时，$G(i,j)=-1$。经过相关运算，当 $k \bmod s=0$ 并且 $l \bmod s=0$ 时，相关值正比于 $(rs-1)/2$，而在其他位置均恒等于零。

10.3.2.2 改进型的均匀冗余阵列

在均匀冗余阵列编码口径的使用中，星像实际上并不是用口径阵列的自相关获得，而是通过口径阵列和后处理阵列的相关运算来获得的。根据这个思路，一些并不属于类噪声系列的，但是同样具有和均匀冗余阵列相同的编码口径阵列也可以获得非常好的成像效果。所以这个新的类型的阵列被称为改进型的均匀冗余阵列（Modified Uniformly Redundant Array, MURA）。这就增加了 γ 射线望远镜口径形式的选择。

改进型的均匀冗余阵列是由一维的阵列所构成的，它的数组长度是一个质数，并且可以表示为 $4m+1$ 的形式，这里 m 是一个整数。它的长度可以是 5,13,17,29,37……它的前十个系列是：

05 01001

13 01011 00001 101

17 01101 00011 00010 11

29 01001 11101 00010 01000 10111 1001

37 01011 00101 11100 01000 01000 11110 10011 01

41 01101 10011 10000 01010 11010 10000 01110 01101 1

53 01001 01101 11010 11100 00001 10011 00000 01110 10111 01101 001

61 01011 10001 00111 11001 10100 10100 00001 01001 01100 11111 00100 01110 1

73 01111 01011 00100 01011 00011 10100 00100 11110 01000 01011 10001 10100 01001 10101 111

89 01101 10011 11000 01110 11100 10000 00101 01001 10101 10101 10010 10100 00001 00111 01110 00011 11001 1011

这些数组产生的基本规律是：如果 i 等于 0，则第 i 项等于 0。如果数组长度 $4m+1$ 除以 i 所获得的余数是一个整数的平方数，而且 i 不等于 0，则第 i 项等于 1。如果用数组长度除以 i 所获得的余数不是一个整数的平方数，则第 i 项等于 0。注意当质数数组的长度是 $4m+3$ 的话，这样的规律就会产生一个均匀冗余阵列。

在这些改进型均匀冗余阵列中，如果将第一个单元平行转移到系列的正中，那么整个系列的单元安排具有中心对称性。这个对称性决定了这种系列的编码口径可以使用在六边形图形之内。另外，这种改进型均匀冗余阵列还具有互补性，所以我们所使用的后处理阵列也是一个改进型均匀冗余阵列。这种改进型均匀冗余阵列的通光率基本上是 50%。

10.3.2.3 六边形和正方形均匀冗余阵列

从改进型均匀冗余阵列的线阵列到六边形的面阵列需要一定的映像变换。映像变换和前面提到的长方形中数列的排列方法相似，不过它的起点是小六边形的中心点

(图 10.30(a)),然后沿着六边形的一个对角线从中心向六边形的右下角排列。到达六边形的边角后,从六边形右上边的上方沿边线向右下排列。直到右边边界点后,再从起始点的对角线左边紧靠的斜线上部开始,一直到六边形的底边为止。然后再从紧靠着右上方的第二行从左上至右下排列,最后再回到对角线的另一边排列。这种排列被称为六边形均匀冗余阵列(Hexagonal Uniformly Redundant Array, HURA)。如果没有改进型的均匀冗余阵列,要实现一些特殊六边形编码排列是有一定困难的。尽管如此,还有一部分六边形排列不在这两种阵列的范围内。在六边形的排列中,还可以排列 7 个相同的六边形,然后去掉它们的边缘部分,获得一个大的六边形排列。

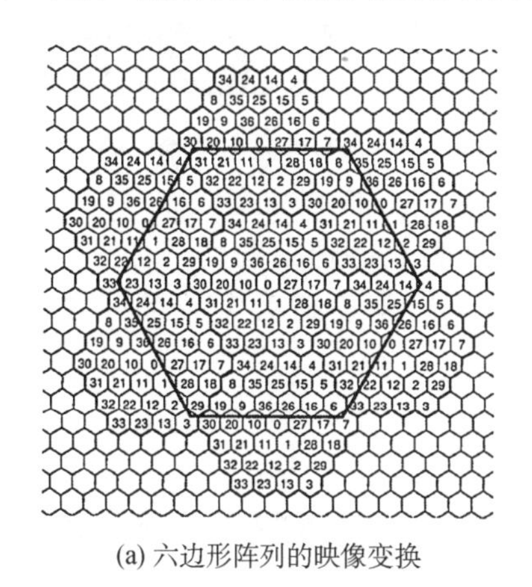

(a) 六边形阵列的映像变换

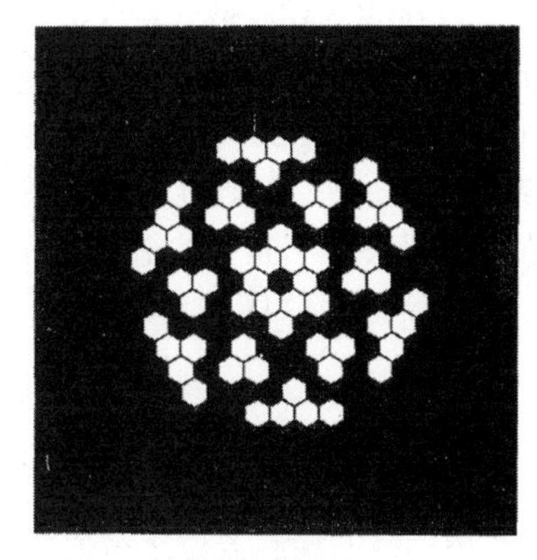

(b) 一种六边形编码口径

图 10.30　(a) 六边形阵列的映像变换　(b) 一种六边形编码口径

这种六边形均匀冗余阵列和改进型均匀冗余阵列的特点完全相同,所以它们的后处理阵列除了最中心的单元外均具有互补性,其最中心的单元永远是一个不通孔。

正方形的编码孔口径的排列(图 10.31)和长方形的排列方法基本相同,它们的图案具有明显的镜面对称的特点。

图 10.31　两种正方形的编码口径图案

编码孔望远镜是一种非聚焦成像系统,它具有很强的抗干扰能力,可以用于背景光很强的高能区域。这种编码孔特点如果使用在普通照相机中,那么在照相后的图像信息中,可以获得并保存使图像中离焦部分重新聚焦的信息。这在照相机行业有很大的应用前景。

在空间中，γ射线爆发是一种罕见现象。为了在低信噪比情况下捕捉这种现象，就必须有大视场照相机。一种广角照相机具有圆顶的形状，在上面有三组对应于不同方向的编码孔，同时有三组接收器。这种照相机的视场角为 $3\pi \cdot rad^2$。它的指向精度可以达到 $1'$。

图 10.32　一种含有非常多个单元的编码孔口径

编码孔望远镜有三个特征角。第一是分辨角，第二是波束张角，第三是波形重复的周期角。正方形的网孔，波束是铅笔式波束(pencil beam)，长方形的网孔，波束是扇形波束(fan beam)。编码孔望远镜的使用范围在低能段决定于光子的衍射，在高能段决定于网格的透射程度。总的来讲这些成像器不仅用于γ射线的区域(0.1～0.5 MeV)，也可以用于硬 X 射线的区域(10～150 keV)。

10.3.3　γ射线探测器

γ射线望远镜的探测器位于编码板的后面。在γ射线的高能区域，网格板本身也会变得透明起来。这时探测器就放置在跟踪器(tracker)之间或它们的后面。跟踪器是一种探测器和定位器相结合的联合体。它可以探测单个光子，并且给出光子的位置。望远镜对跟踪器的要求还包括位置精度、探测次数的响应和能量的分辨率。跟踪器是一种被动装置，它本身也存在探测极限。

现存的γ射线探测器包括闪烁器、正比计数器和云室等。康普顿散射探测器和电子对探测器将在下一节中讨论。闪烁器是一些具有闪烁性能的强碱性卤化盐晶体，比如碘化钠(NaI)、碘化铯(CsI)，常常掺杂有一些活性剂或半导体材料，比如锗、镉锌碲(CdZnTe，CZT)。这些材料在受到高能粒子撞击后会产生带电粒子，这些粒子发出低能量的可见光光子。当作为γ射线探测器时，它们并不直接进行探测。是因为γ射线在闪烁器产生了带电粒子，比如电子和离子或者电子和空穴，这些带电粒子和材料发生作用而产生光子。这些低能光子被光电倍增管(PMTs)所接收。一般来说，半导体材料有很高的能量和空间分辨率，它们的噪声很低。有时半导体闪烁器被列为另一种探测器，被称为固体(solid state)探测器。

编码孔准直器加上 CZT 探测器组成了目前最先进的γ射线观测仪器。在 SWIFTγ射线望远镜中，构成了γ射线爆发的预警望远镜(burst alert telescope)。

10.3.4　康普顿散射和电子对望远镜

在γ射线的中能量(0.5～30 MeV)、高能量(30 MeV～10 GeV) 以及更高能量(40 GeV)区域，可以使用康普顿散射和电子对望远镜来对γ射线进行直接观察。康普顿效应主要发生在中能量区域，而电子对效应则主要发生在高能量或者更高能量的区域。

利用这些效应再加上跟踪器就可以确定入射γ射线的方向和能量。

康普顿散射或者康普顿效应是当γ射线或X射线和材料作用时，它们的光子能量减少，材料中的一个电子获得这部分能量而产生反冲现象。这样能量减少了以后的光子则会沿着与原来不同的方向前进。在整个系统中，总能量守恒。康普顿散射望远镜就是根据这一原理而设计的(图10.33)。

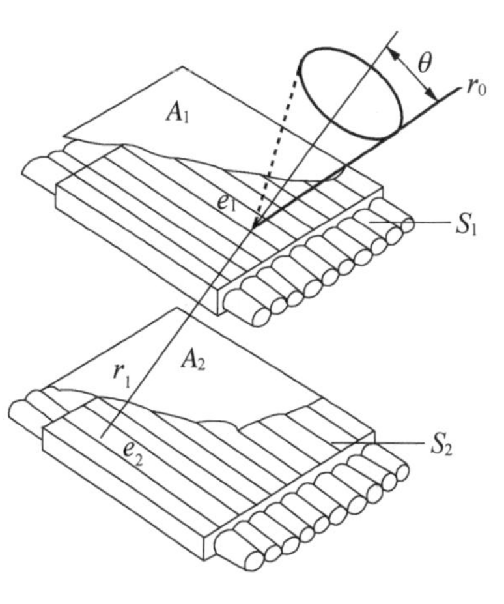

图10.33 康普顿散射望远镜

典型的康普顿散射望远镜是一个两层结构。它的第一层是转换器(converter)，而第二层是吸收器(absorber)。它们都是由闪烁器阵(S_1 和 S_2)构成的，每一层上均有各自的屏蔽层 A_1 和 A_2。当γ射线粒子 r_0 进入闪烁器 S_1 时，会产生一个康普顿电子 e_1，而γ射线光子会改变方向，变成能量低的 r_1 光子，它的方向改变量为 θ，新光子能量变为 E_{r1}。r_1 光子进入下层闪烁器时，再次产生电子 e_2，再次成为 r_2 光子。这一过程可以表达为下列关系式：

$$\begin{aligned} E_r &= E_{r_1} + E_{e_1} \\ E_{r_1} &= E_{r_2} + E_{e_2} \\ \cos\theta &= 1 + mc^2\left(\frac{1}{E_r} - \frac{1}{E_{r_1}}\right) \end{aligned} \tag{10.26}$$

式中 $mc^2=0.511$ MeV。当 r_1 在下层被全吸收时，$E_{r_2}=0$，$E_{r_1}=E_{e_2}$，则

$$\cos\theta = 1 + mc^2\left(\frac{1}{E_{e_1}+E_{e_2}} - \frac{1}{E_{e_2}}\right) \tag{10.27}$$

在康普顿散射时，可以分别用光电管或其他装置来确定上、下闪烁体所产生电子的相对位置和 θ 角的数值。这样就可以确定γ射线的入射方向。不过这个方向在天区上是一个圆环状，γ射线入射的确切方向必须通过环的交叉来最后确定。具体分析这种望远镜数据是困难的。由于闪烁体面积有限而且其探测效率低，所以这种望远镜探测γ光子的效率也很低。望远镜的有效面积是它的探测器的几何面积和产生效应的概率的乘积。

电子对γ射线望远镜如图10.34所示。这个名称是由在高能量区域占主导地位的电子对效应而来的。在电子对效应中，γ射线被转化成正负电子对。电子对望远镜是一个多层结构，其中转换器和跟踪器交替叠加在一起。转换器常常是一种高原子序号的材料，比如铅。转换器提供了产生正负电子对的目标，而跟踪器则探测这个电子对。

图10.34 电子对望远镜

有一种跟踪器是由充满气体，有交叉分布的金属丝组成的火花室。当电子对在转换器中产生后，它们会穿过火花

室而使气体电离。带电荷粒子在跟踪器内转移到金属丝上，使金属丝产生电荷，从而吸引自由电子并产生探测信号。这些信号的轨迹提供了电子对在三维空间的具体路程。另一种跟踪材料是硅条板。在一个平面，硅条板是沿 X 方向，而在另一个平面，硅条板是沿 Y 方向。这样粒子的位置可以比火花室确定得更为精确。通过电子对的方向就可以确定伽马粒子的轨迹。

电子对望远镜底层是一对闪烁器或者精密测温计(calorimeter)，用来确定所探测的 γ 射线的能量。精密测温计在其他粒子和暗物质的探测上也有广泛应用。它们测量由于吸收能量所引起的微小温度的变化。精密测温计的吸收体可以是一块闪烁器或者是液态惰性气体(如氩)，当它们阻挡了粒子的运动时，本身探测器的温度或者能量，就会产生变化。

10.3.5 γ 射线空间望远镜

除了很少数位于高山上的探测器，绝大部分的对 γ 射线的直接观测是在空间轨道上进行的。1967 年发射的轨道太阳天文台 3 号(OSO－3)是最早的 γ 射线天文卫星。这个卫星探测到了银河系漩涡盘方向发出的 50 MeV 的 γ 射线束。1968 年 4 月发射了轨道地球物理天文台 5 号(OGO－5)，1971 年 9 月发射了轨道太阳天文台 7 号(OSO－7)，1972 年 3 月发射了“特德 A”(TD－A)卫星。

后来 1979 年 9 月发射的高能天文观测站 1 号(HEAO－1)，配备有大型的 γ 射线观测望远镜。1989 年 12 月发射了苏联的 Gamma 和 Granat 等卫星。1991 年 4 月发射了康普顿 γ 射线天文台(Compton Gamma Ray Observatory)。后来发射的高能天文观测站 3 号(HEAO－3)则主要用于对能量为 0.6～10 MeV 的 γ 射线的观测工作。在欧洲 COS－B 卫星完成了灵敏度最高的巡天任务。

康普顿 γ 射线天文台是 γ 射线观测的大型卫星，它主要研究 γ 射线谱线和 γ 射线的爆发。它包括四台仪器：BATSE 工作于 0.03～1.2 MeV 的频段，OSSE 工作于0.06～10 MeV 的频段，COMPTEL 工作于 1～30 MeV 的频段，而 EGRET 工作于 20～30 MeV 的频段。

1996 年，高能快速探测器(High Energy Transient Explorer，HETE－1) 发射失败。2000 年又发射了高能快速探测器 2 号，这是一个美国、日本和法国联合试制的仪器，它配置一台 γ 射线光谱仪和一台大视场硬 X 射线编码孔望远镜。2002 年俄罗斯用质子火箭将一台欧洲航天局的国际 γ 射线天体物理实验室(International Gamma-Ray Astrophysics Laboratory，Integral)发射升空。这颗卫星重 4.1 t，可以用于 X 射线和低能量 γ 射线的探测。它包括一台 γ 射线频谱仪，一台 γ 射线编码孔成像望远镜和一台 X 射线编码孔成像望远镜。2004 年 11 月另一颗卫星快速 γ 射线爆发探测器(swift gamma ray burst explorer) 发射升空。它包括三个望远镜，分别是 γ 射线的 BAT，X 射线的 XRT 和紫外线的 UVOT。BAT 的编码孔板是由 5 mm 厚铅板制成的。2008 年 6 月又发射了 γ 射线大面积空间望远镜(Gamma-ray Large Area Space Telescope，GLAST) ，它又称为费米空间望远镜，主要工作在 GeV 频段。

总的来说，空间γ射线望远镜的光子接收面积很小，分辨率也低。当望远镜用于极高能区域时，能探测到伽马光子的机会很少。因此空间γ射线望远镜实际上只能使用到 10 GeV。在很高能量区域的γ射线的观测不得不要依靠地面和空间分布的非直接的γ射线望远镜。地面上这样的γ射线望远镜包括一些位于山顶的γ射线探测仪，大部分的大气切伦科夫望远镜，沿展式的大气簇射阵和荧光探测望远镜。在宇宙线的探测中，荧光探测望远镜发挥了非常重要的作用，所以本书将荧光探测望远镜的讨论安排在宇宙线望远镜的章节内。

10.3.6　大气切伦科夫望远镜

由于在宇宙空间所产生的很高能量光子数目会随着其能量的增加而迅速地降低，所以要捕获这些极高能量γ射线，必须使用很大的集光面积。甚高能(Very High Energy, VHE) 是指介于 10 GeV 到 100 TeV(1 TeV$=10^{12}$ eV) 之间的频段。而超高能(UHE) 是比甚高能还要高的能量范围。为了获得很大的集光面积，地面的非直接γ射线的观测就变得十分必要。在空间，集光面积超过 1 m^2 就非常昂贵，而在地面上则可能获得超过 10 000 m^2 的面积。地面主要的γ射线望远镜包括大气切伦科夫(Cherenkov)望远镜和广延大气簇射阵。这些望远镜是基于切伦科夫效应而设计的，它们并不是直接地对γ射线进行观测，而是对γ射线引起的切伦科夫大气簇射进行观测。大气切伦科夫γ射线望远镜工作在甚高能区域，而广延大气簇射阵则工作在极高能区域。

当高能γ光子进入大气层后会产生正负电子对 e^+ 和 e^-，而这两个正负电子又会发生湮灭产生两个γ光子。新产生的光子只要它们的能量高于 1.022 MeV 就会和空气分子继续发生作用，又会再产生出一对正负电子，这样反复下去一个高能γ光子可能在空气中产生成千上万对正负电子，直到它们的能量消耗干净为止。这样的现象就称为切伦科夫大气簇射(Cherenkov air shower) 或者称为切伦科夫效应。

这样产生的次级粒子，能量可以在 MeV 以上，它们在大气层内以高于大气介质中的光速前进，则在它们前进路线上会产生电磁振荡(shock wave)的激波现象。这些辐射的相干波阵面具有和超声速飞机所产生的声震(sonic boom)一样的现象。这种辐射会引起一种圆锥面形的微弱蓝光，被称为切伦科夫荧光。这种荧光不仅发生在大气中，也发生在冰和水中。这种次生辐射不仅存在于可见光范围，而且存在于射电频段。在射电区域，这种产生低频射电辐射的效应被称为阿思卡亚(Askaryan)效应。阿思卡亚效应在第 11.2.3节中讨论。

不仅γ射线，来源和性质完全不同的宇宙线和中微子也同样会产生切伦科夫效应。这种效应普遍发生在甚高能、超高能和极高能(100 PeV～100 EeV)的宇宙线和中微子之中。宇宙线会产生更多的次级粒子，它们包括正负电子、伽马光子、π 介子、强子和中微子。因此，切伦科夫γ射线望远镜同样可以用于对宇宙线的观测。有时，γ射线、宇宙线和中微子共同使用一个观测设备。γ射线和宇宙线探测的区别将在这一节和第 11 章中讨论。

大气簇射所产生的微弱蓝光的锥体角称为特征角。根据马赫的关系式：

$$\cos\theta = \frac{c}{vn} \tag{10.28}$$

式中 v 是粒子在介质中的速度，n 是介质的折射率，c 是真空中的光速。产生切伦科夫现象的条件是 $v/c > 1/n$。可见光在大气中的消光距离大约是 12 km，在水中大约是 2～3 m，而在纯净的冰中要超过 24 m。所谓消光距离是光的强度减少到原来强度的 $1/e$ 所经过的距离。

大气切伦科夫望远镜是在没有月亮，没有云的夜晚专门观测微弱的切伦科夫蓝光的地面光学望远镜。在大气中只有千分之一的大气簇射起源于 γ 射线，其他的均来自宇宙线。宇宙线粒子产生的光雨又叫做强子辐射雨(hadronic shower)。因为这种次级粒子包括一些强子，比如电子、质子和 π 介子。

图 10.35 给出了 γ 射线和宇宙线所产生的大气簇射的区别。从外形上，γ 射线所产生的大气簇射比较对称、紧凑，在横向方向上动量较小。而强子雨则不对称，在横向方向上分布比较广。在地面上用望远镜去观测的方法就是在大口径光收集器的焦点上利用一个光电管阵来记录大气中的切伦科夫辐射。切伦科夫光雨辐射能量比较集中，如果光雨方向和望远镜轴线方向相同则像斑为圆形，并且像正好位于轴线中心；如果光雨方向和轴线方向相互平行，但是落在一定距离(比如 120 m)之外，则像斑的形状为椭圆形，并且其长轴方向正好向着视场中心。图 10.36 给出了一个成像器的集收光锥在截获光雨后所成像的形状及其长轴的方向。从图中可以看出平行于光轴的像为椭圆形，而且像的短轴短，其长轴指向着视场中心。这一点和强子辐射雨的像几乎相同，但是强子雨的像比较来说不那么集中，其短轴也不那么短，并且其长轴没有固定的方向。

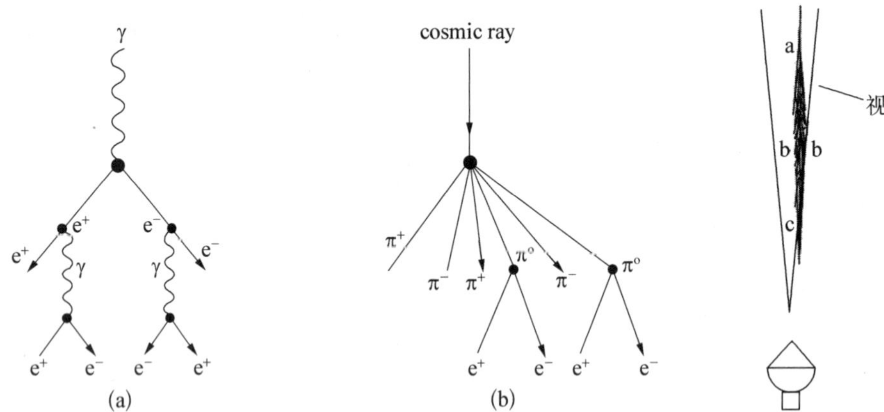

图 10.35 (a) γ 射线和(b) 宇宙线所产生的大气簇射的差别

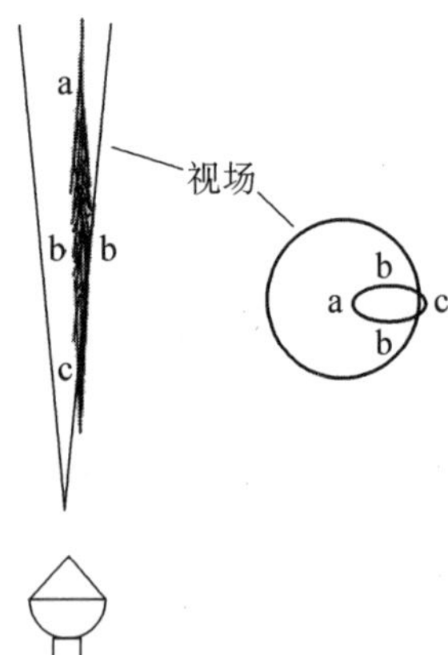

图 10.36 切伦科夫光雨的成像技术(VERITAS, 1999)

地面 γ 射线观测的一个关键就是区分它所产生的切伦科夫光雨和含有中性 π 介子的强子辐射光雨。这在高能天体物理上有非常重要的意义。

大气切伦科夫望远镜又称为成像大气切伦科夫望远镜(IACT)。大气切伦科夫光子的数量是 γ 射线或者宇宙线能量的函数(图 10.37)。因此要探测低能量的大气簇射，需要大面积高效率的望远镜，小望远镜只能够用于探测较高能量的粒子。

MAGIC（Major Atmospheric Gamma Imaging Cherenkov）望远镜是由4台17 m口径的望远镜组成的集光面积为236 m^2 的阵列，其灵敏度是每平方米0.6到1.1个光子，可以探测的最低能量是14 GeV（Magnussen，1997）。VERITAS（Very Energetic Radiation Image Telescope Array System）是一个美国、英国和爱尔兰的联合项目。它有7台10 m望远镜，其灵敏度为每平方米16个光子。HESS（High Energy Stereoscopic System）是一个德国、法国、纳米比亚、南非和英国的联合项目。它也是由10 m望远镜所构成，和VERITAS具有同样的灵敏度。它们所能够探测的最低能量为100 GeV。澳大利亚和日本的项目CANGAROO（Collaboration between Australia and Nippon for a GAmma Ray Observatory in the Outback）包括一些3.8～10 m口径望远镜，它具有最低的探测灵敏度。

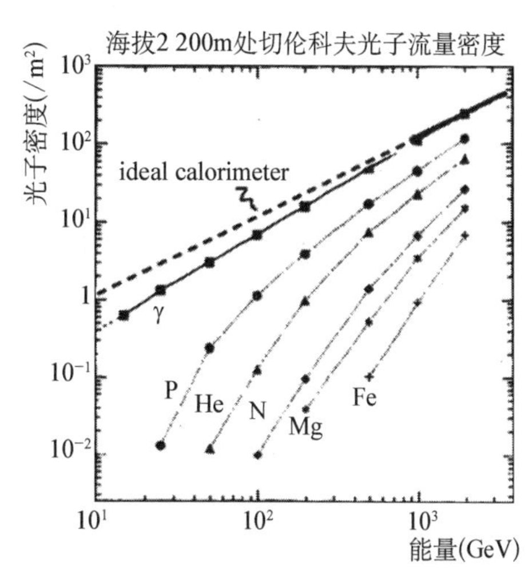

图10.37　在距海平面2 200 m的高度上不同能量的γ射线和宇宙线产生的大气切伦科夫光子（Chantel，1997）

所有这些望远镜的基本单元均是一个光学反射器，而望远镜阵是由多个望远镜组成的阵。为了提高它的探测灵敏度，这些光学反射器的主要考虑就是它们的集光能力，而对于其成像点的大小要求较低。因此它的设计是介于光接收器和光学望远镜之间。切伦科夫望远镜单元一般都采用一种叫戴维斯-克通（Davies-cotton）的特别光学系统。这种光学系统的布局如图10.38所示，它的主镜总体上是一个抛物面的形状，主镜由一个个子镜面所组成，但是每个子镜面都是球面镜面。假如抛物面焦距为 f，则采用球面的曲率半径为 $2f$。这种系统的轴上像比较明锐，而轴外像则比较差。

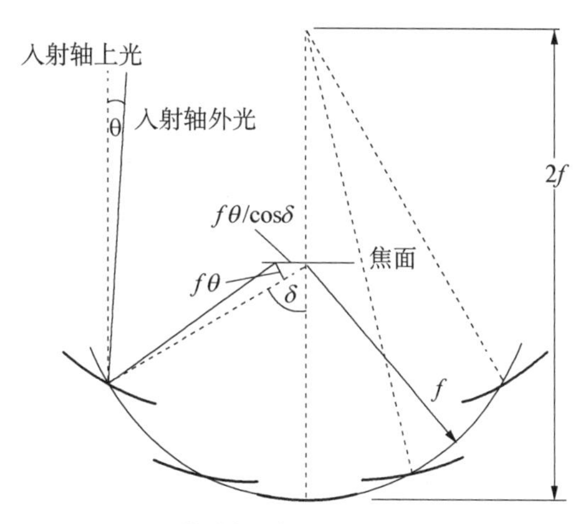

图10.38　戴维斯-克通（Davies-cotton）的光学系统布局图（VERITAS，1999）

从图10.38中可以看出，在焦面边缘的轴外光线与焦平面有一个很大夹角 δ，所以它的像斑就会放大 $1/\cos\delta$ 倍，成像质量会很快下降（见图10.39和图10.40）。对镜面进行校正时，可以在两倍于焦距的地方放置一个后向反射器。由于各个子镜面均是球面，所以整个镜面并不是一个连续表面。但是切伦科夫γ射线望远镜对每个子镜面的质量要求并不高，一般要求80%的光能集中在1 mrad之中，这相当于望远镜均方根像斑为0.28 mrad。

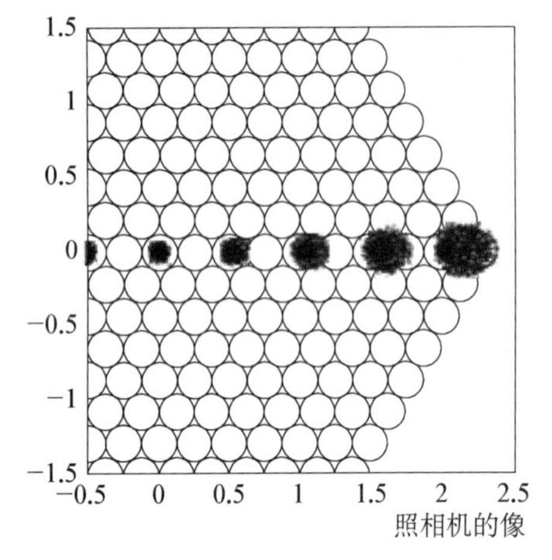

图 10.39 戴维斯-克通(Davies-cotton)的光学系统接收器上的成像质量(VERITAS,1999)

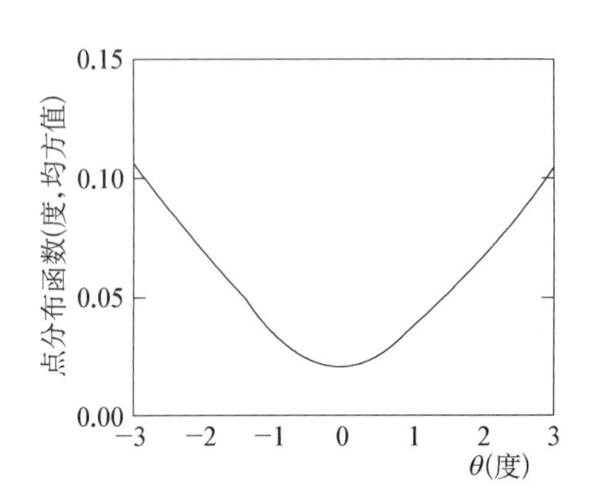

图 10.40 戴维斯-克通(Davies-cotton)的光学系统的点分布函数(VERITAS,1999)

由于这种对子镜面的特别要求,所以可以采用将平板玻璃放在高温下使其变形,贴合到一个曲率半径相同的凸模具表面上的方法来成形,然后进行表面粗略的抛光。当然子镜面也可以用轻结构的铝蜂窝三明治结构,镜面表面用金刚石车削。为了防止露水凝结,在上层铝板的下面可以放置加热电路。切伦科夫 γ 射线望远镜的机械结构和大型射电望远镜的机械结构基本相同,一些切伦科夫 γ 射线望远镜也使用了主动镜面支承。

根据几个位置不同的望远镜单元所形成的光雨像,就可以确定光雨的精确方向。确定光雨方向的方法有两种。一种是集中所有单元的像在一个图形上,然后沿着每个像的主轴线方向进行延伸,就可以确定光雨核的空间位置。不过所有像轴线的延长线常常会有多个交点,这时就需要使用最佳贴合方法。图 10.41(a)就是用这种方法来确定光雨核位置的。另外一种方法是光雨轴投影(shower axis projection)的方法。使用这种方法,空间光雨轴线在每个望远镜的焦面上进行投影,通过使大气簇射宽度不断减小来决定大气簇射光核的方向以及它和每个望远镜单元的接触点。这种方法必须采用所有观测获得的图像。

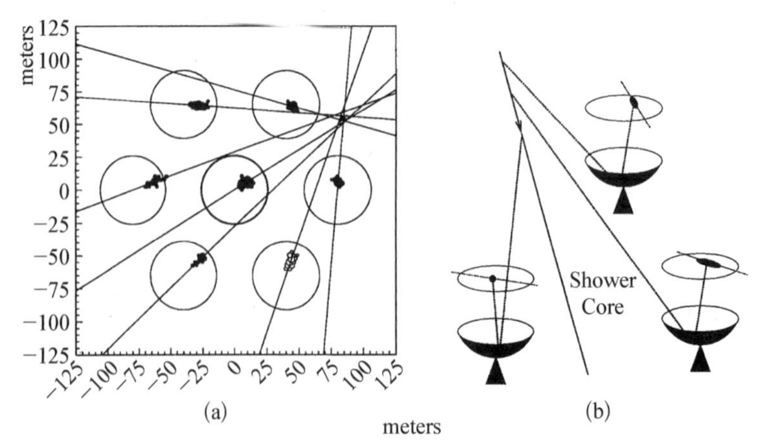

图 10.41 使用(a) 像的集合和(b) 大气簇射轴线投影来重建核心位置的方法

戴维斯-克通系统广泛用于太阳能产业中，作为太阳能收集器的结构形式。类比太阳能收集器大气切伦科夫望远镜也有另一种形式，即太阳塔望远镜。在这种望远镜中，一个个定日镜将大气簇射光线反射到固定在太阳塔上面的副镜，而光电倍增管就放置在焦点上。为了提高利用效率，这种望远镜可以在白天作为太阳能发电装置，而在夜晚作为γ射线的探测器。太阳塔有更大的集光面积，所以可以用于对低能量伽马光子的探测。STACEE(Solar Tower Atmospheric Cherenkov Effect Experiment) 就是位于新墨西哥州的一个设施。

10.3.7　广延大气簇射阵

在超高能γ射线探测中，一种同样利用大气簇射的技术是广延大气簇射阵(Extened Air Shower array, EAS array)。即在地面上用分布面积很大的接收器阵来探测由于γ射线和宇宙线所产生的分散的次级粒子的方法。

采用这种大气簇射阵来观测有两个主要原因。第一，大气切伦科夫望远镜只能在没有月亮、没有云的夜晚才能工作，而这种大气簇射阵则可以连续地不间断地进行观测。这对于观测一些瞬间发生的天文现象，比如γ射线爆，是十分重要的，同时对研究一些较稳定天文现象的变化也有很大的意义。第二，大气切伦科夫望远镜只能在望远镜所指向的方向(±2°)附近工作，而广延大气簇射阵有非常大的视场(>45°)。第三，大气切伦科夫望远镜的探测粒子能量极限低(200 GeV)，而广延大气簇射阵的探测极限要高很多(>50 TeV)。第四，大气切伦科夫望远镜有很好的背景抑制能力(～99%)，而广延大气簇射阵的抑制能力很差(～50%)。

在广延大气簇射阵中，大量的探测器稀疏地分布在很大面积上。这些探测器常常被保护起来以防止低能量光子的干扰，它们专门用于探测在地面高度所存留的大气簇射次级粒子。在广延大气簇射阵中，所用探测器包括带有光电倍增管的塑料荧光剂、水箱或者其他的探测器。而光电倍增管可以记录从荧光剂、水或其他液体中通过切伦科夫效应产生的微光。广延大气簇射阵也可以用于对高能宇宙线的探测。当它们的面积很大，并且同时用于对宇宙线探测的时候，它们常被称为宇宙线望远镜，而不是γ射线望远镜。这主要是由于宇宙线粒子数量要远远高于γ射线光子数量。由于探测器稀疏地分布在很大面积上，应用这种望远镜就更难分辨究竟是宇宙线，还是γ射线的次级粒子了。

宇宙线通常是带电粒子，由于星际磁场的影响，它们来自天空的所有方向，从而成为γ射线观测的背景辐射。在很强的背景中探测高能光子，有下面一些方法：(a) 提高望远镜的角分辨率，所探测区域越小，背景噪声就越小；(b) 在数据处理中应用γ射线雨/强子雨的分离技术。因为γ射线流量低于宇宙线流量三到四个数量级，所以γ射线的背景十分严重。但是宇宙线光雨非常不对称，并且含有强子和介子。虽然并不能完全确定所有大气簇射的来源，但是可以选择一些参数来逐步地减少强子和光子的比例。如果预期背景为B，那么进行M次测量的统计影响因子(significance)大概是$(M-B)/B^{1/2}$。如果进一步进行截止，那么数据的质量因子就可能是$Q=[(M_c-B_c)/B_c^{1/2}]/[(M-B)/B^{1/2}]$。这样的结果将去除99%的强子，而将50%的光子保留了下来。应用这个方法，质量因子可以达到9以上(Mincer，2001)。

MILAGRO(Multi Institution Los Alamos Gamma Ray Observatory)就是一台广延大气簇射阵。它是一个位于海拔高度1.62 km的60 m×80 m×8 m的水池中的装置，在水池中分布有两层光电管，一层在深度1.4 m处共450个，另一层是在深度6 m处共273个。水池上面用黑膜覆盖，避免可见光入射。当大气簇射进入水池以后，次级粒子以超过水中光速的速度运动，因此产生微弱蓝光，这些光子被光电倍增管截获，光子的数量一般是次级粒子数量的5倍，从而间接地探测到γ射线或者宇宙线。

非常大面积的广延大气簇射阵可以工作在超高能区域(100 TeV～100 PeV)，而在高能区域(100 PeV～100 EeV)则往往要同时使用荧光望远镜。由于这种高能量探测器常常是用于对宇宙线的观测，所以面积非常大的大气簇射阵和地面以及空间的荧光望远镜将在下一章讨论。

10.3.8 地面γ射线望远镜

VERITAS大气切伦科夫望远镜阵位于亚利桑那州，它包括7台10 m望远镜。MAGIC位于西班牙，它有2台17 m的主动面形望远镜(图10.42)。MACE(Major Atmospheric Cerenkov telescope Experience)位于印度的北部，包括2台17 m的望远镜，它的能量探测限制是20 GeV。MACE和MUSTQUE(Multi-element Ultra-Sensitive Telescope for Quanta of Ultra-high Energy)都是GRACE(Gamma-Ray Astrophysics Coordinated Experiment)计划的一部分。其他的大气切伦科夫望远镜还有德国、法国、纳米比亚和英国的HESS，它有4台12 m的望远镜。此外有在法国的CAT(Cherenkov Array at Themis)阵和西班牙的CLUE(Cherenkov Light Ultraviolet Experiment)阵。

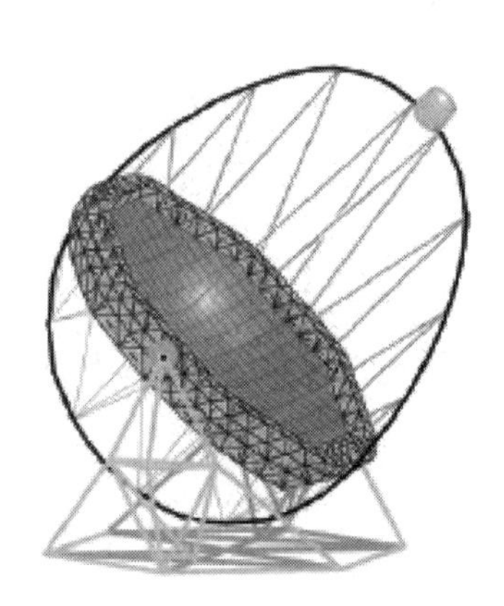

图10.42 MAGIC望远镜的结构(Moralejo，2004)

γ射线太阳塔的项目包括美国的Keck SOLAR TWO和STACEE以及法国的CELESTE。SOLAR TWO第一期有32面定日镜，第二期有64面定日镜。每个镜面的面积是40 m²。反射镜在一个200 m的圆周上分布，中央塔上的副镜是曲率为6 m的球面。STACEE包括48到64面定日镜，每个定日镜的面积是37 m²。这个项目位于新墨西哥州，属于国家太阳能实验中心(NSTTF，National Solar Thermal Test Facility)。

广延大气簇射阵包括MILAGRO和中国西藏高山上的ARGO-YBJ阵(杨八井阵)。杨八井阵的接收器是具有荧光效应的电阻板箱(resistive plate chamber)。其他的大气簇射阵在第十一章中介绍。

参考文献

Bennett, H. E., 1979, Techniques for evaluating the surface finish of x-ray optics, in: proc. of SPIE, Vol. 184, (ed. By: M. Weisskopf).

Bennett, J. M. and Mattsson, L., 1999, Introduction to surface roughness and scattering, 2nd edition,

Optical Society of America, Washington DC.

Calabro D. and Wolf, J. K. Inform. Control 11, 537(1968).

Chantel, M. et al. , 1997, Nucl. Instrum. Methods (Magnussen, N. ,)

Chen, Heng, 1985, Infrared physics, Defense industrial press, Beijing.

Chen, Peisheng, 1978, Photometry and instruments of ground based infrared astronomy, Journal of Yunnan Observatory, No 2.

Cheng, Jingquan, 1988, X-ray imaging optical system, Techniques of Optical Instruments, No 3, pp28 - 34.

Fagio, G. G. , 1979, A review of infrared and sub millimeter astronomy with balloon-borne telescopes, Infrared Physics, Vol. 19, pp341 - 351.

Fazic, G. G. (ed), 1977, Infrared and submillimeter astronomy, proc. Vol. 63, D. Reidel Pub. Co. , Dordrecht.

Fenimore, E. E. and Cannon, T. M. , 1978, Applied Optics, 17, 337.

Fenimore E. E. and Cannon, T. M. Coded aperture imaging with uniformly redundant arrays, Applied Optics,17,377,1978.

Giacconi, R, Harmon, N. F, Lacey, R. F. and Szilagyi, Z. , 1965, Aplanatic telescope for soft X-ray, JOSA, Vol. 55, p345.

Gottesman,S. R. and Fenimore, E. E. , New family of binary arrays for coded aperture imaging, Applied Optics, 28,4344,1989.

Gunson, J. and Polychronopulos, B. , 1976, MNRAS, 177, 485.

Heitler, W. , 1954, The quantum theory of radiation, Third ed. , Oxford university press, UK.

Huang, Tianxiang et al. , 1986, Astronomy beyond visible light, Science Press, Beijing.

In't Zand, J. J. M. , 1992, PhD Thiese, University of Utrecht.

Jet Propulsion Laboratory, 1974, The NASA/JPL 64-meter-diameter antenna at Goldstone,California: project report, Tech memo 33 - 671, NASA.

Kaplan, D. et al. , 1976, A large Infrared telescope for spacelab, Final report, ESA - CR(P)- 833 - Vol. 1.

Kitchin, C. R. , 1984, Astrophysical techniques, Adam Hilger Ltd, Bristol.

Korsch, D. , Wyman, C. and Perry, L. M. , 1979, Influence of alignment and surface defects on the performance of X-ray telescopes, in Proc. of SPIE, Vol. 181(ed. M. Weisskopf).

Lumb D. H. ,. Schartel, N and Janson, F. A. , 2012, XMM - Newton Observatory, Optical Eng. 51, 011009.

Meinel, A B. and Meinel. M. P, 1986, Very large optics of the future, Optics News, Vol. 12, No. 3.

Mincer, A. I. , 2001, Gamma ray astronomy with air shower arrays, CP587, GAMMA2001: Gamma ray astrophysics 2001, ed. by S. Ritz, AIP, New York.

Moralejo, A. et al. , 2004, The MAGIC telescope for gamma-ray astronomy above 30ReV, Mem. S. A. It. , Vol. 75, 232.

Qiang, Zhongyue, 1984, Astronomical infrared detectors, Progress in Astronomy, 12, pp 167 - 177. Swanson, P. N. et al. , 1986, System concept for a moderate cost Large Deployable Reflector (LDR), Optical Engineering, Vol. 25, pp1045 - 1054.

Petre, R. , 2010, Thin shell, segmented X-ray mirrors, X-ray optics and instrumentation, Vol 2010, Article ID 412323.

Traub, W. A. , and Stier M. T. , 1976, Theoretical atmospheric transmission in the mid-and far-infrared at four altitudes, Applied Optics, Vol. 15, pp364 - 377.

Van der Hucht, K. A, and Vaiana, G., (ed.) 1978, New instrumentation for space astronomy, Pergamon Press, Oxford.

VERITAS, 1999, VERITAS proposal, submitted to the Department of Energy by Iowa state University. Purdue University, the Smithsonian Astrophysics Observatory, and Washington University.

Weekes, T. C., 2001, The next generation of ground-based gamma ray telescopes, CP587, GAMMA2001: Gamma ray astrophysics 2001, ed. by S. Ritz, AIP, New York.

Weisskopf, M., 1979, Space optics: imaging X-ray optics workshop, Proc. of SPIE, Vol. 184.

Ye, Zhonghai, 1986, detection techniques for cosmic ray radiations, Science press, Beijing.

陈培生,1978,地面红外天文的光度测量和仪器,云南天文台台刊,第二期.

黄天祥,邹惠成,徐春娴,1986,可见光外天文学,科学出版社,北京.

陈衡,1985,红外物理学,国防工业出版社,北京.

钱忠钰,1984,天文红外探测器,天文学进展,Vol. 2,pp167 - 177.

程景全,1988,X射线成像光学系统,光仪技术,第三期, pp29 - 34.

叶宗海,1986,空间粒子辐射探测技术,科学出版社,北京.

第十一章　引力波、宇宙线和暗物质望远镜

本章全面介绍了现在已经存在的三种非电磁波天文望远镜。这些天文望远镜分别是引力波望远镜、宇宙线望远镜和暗物质望远镜。在讨论这些望远镜的过程中，作者循序渐进地介绍这些望远镜的相关理论、设计原理、结构安排和现存的局限性。在引力波望远镜方面，分别介绍了谐振式和激光干涉仪式两种引力波望远镜，重点介绍了对其结构的振动控制以及它们的最低探测极限。同时也介绍了最新增加的激光能量和激光信号的双回收系统以及对系统参数所引起的不稳定性的抑制。也介绍了利用脉冲星和微波背景辐射的观测进行引力波探测的方法。本章还介绍了其他的引力探测器和空间引力波望远镜的计划。在宇宙线望远镜方面，对大型广延大气簇射阵、光学荧光望远镜、射电荧光望远镜和空间磁谱仪的基本原理进行了充分讨论。在暗物质望远镜的讨论中，重点介绍了对中微子的各种探测方法，包括利用荧光材料、重水、液态氩、高 Z 的中子和射电阿思卡亚效应来探测的方法。在对冷暗物质的探测中，介绍了各种致冷的精密测温计、荧光探测器和谐振腔探测器。本章还介绍了现存的非电磁波望远镜的情况。

11.1　引力波望远镜

在这一章之前，我们所讨论的望远镜都是用于电磁波探测的望远镜。因为电磁波的辐射和电荷的温度变化直接相联系，所以电磁波望远镜为我们了解宇宙提供了十分重要的温度以及气态天体的信息。然而在宇宙中，除了电磁波，仍然存在着同样重要的其他信息载体，它们分别是源自运动着的巨大质量或者能量的引力波，使人类制造的巨型加速器相形见绌的具有极高能量和速度的宇宙线粒子，以及神秘莫测的占据整个宇宙极大部分的暗物质和暗能量。在这一章中，我们将讨论这几种十分重要的非电磁波或粒子的天文望远镜。

11.1.1　引力波理论概述

重力波(gravitational wave)又称为引力波，是爱因斯坦在广义相对论中首先提出的。在爱因斯坦眼中，广阔无垠宇宙中的时间和空间就如同一幅幅平整的布匹一样，但当它们中间存在一定的、高度集中的质量或高度集中的能量时，这些质量或能量就会使其附近的时间和空间发生卷曲，时间和空间场的卷曲就会产生引力。卷曲非常小时，会产生如同太阳系各星球之间由于万有引力而存在的运动现象，这种运动现象可以用经典力学来解释。当这些卷曲很强时，就会呈现出强烈的非线性形式，这时时空的进一步卷曲可以由时空的自身卷曲来产生，而不需要任何附加的质量或能量。黑洞就是这种非线性形式的重要表

现之一。从时间和空间角度来看，黑洞的所在地是时间和空间场中的一个奇点(singularity)。由质量所引起的空间和时间场的曲率变化一般十分微小，不易被人类探测到。但是在特殊情况下，当一个场的曲率迅速变化时，也就是说，当引起时间和空间卷曲的集中质量或者能量的位置迅速发生变化时，这种时空场的卷曲现象就会以光速迅速向四周扩展，它的传播与池塘中水波的传播方式十分类似。这种时空中所发生的波动就是宇宙中另一种十分重要的信息载体，也就是我们所说的引力波。

在自然界中，电磁波是人们熟悉的一种波动形式。电磁波产生于电荷的加速运动，类似的，引力波则产生于质量或能量的加速运动。和电磁波一样，引力波同样以光速在空间迅速传播。电磁波的性质决定于产生它的运动电荷的大小和它们的运动加速度。因此电磁波有各种不同的时间频率、不同的波长、不同的极化、不同的能量，并因此产生不同的特性。引力波的性质同样决定于产生它的运动质量的大小和运动加速度。和电磁波一样，引力波同样存在各种不同的时间频率、不同的振幅、不同的极化。在描述电磁波传播时，可以用光子的运动来代替电磁波(光波)的传播；在描述引力波传播时，也可以用类似的引力所对应的引力子(graviton)来代替引力波的传播。不过，这种用粒子来描述引力波的理论仍然没有得到广泛认同，其中一个重要问题是这种粒子在真空中究竟有没有能量或者质量。

如果利用时间和空间场来描述引力波，平坦的时间和空间场是一个各向同性的坐标系，这个坐标系可以用完全对称的圆球面来表示。在受到引力波影响的情况下，空间和时间场就不再是完全对称的，这时场在某一个方向上会不断地产生压缩和扩张，而在与其垂直的方向上也会不断地产生扩张和压缩。时间和空间场的形状如同一个形状不断变化的球体，从一个椭球，返回到完全对称的球体，再变成长轴在其垂直方向上的另一个椭球，如此不断地向外空间传播。一般来讲，引力波前进的方向和空间时间场的变形方向也正好互相垂直。引力波和电磁波相似，实际上也是一种横波。电磁波由于它的交变电场振动方向的不同而存在不同的极化方向；引力波也存在两个不同的极化方向，其中一个是使空间产生的压缩和扩张方向与坐标轴方向相平行的波动。如果在空间坐标系中，引力波在 Z 轴上传播，那么这时空间的压缩和扩张的方向和 X、Y 轴方向相同，记为引力波的十字形分量 $h_{+}(t)$；而另一个极化分量所产生的扩张和压缩则和 X、Y 坐标轴方向成 45°角，记为引力波的交叉形分量 $h_{\times}(t)$。任何引力波都是这两个分量的代数和，即 $h(t)=C_1h_{+}(t)+C_2h_{\times}(t)$，式中的两个系数决定于引力波的传播方向和坐标系的夹角。不过，引力波真正的传播波形至今仍然没有完全确定，人们对引力波的很多现象仍然在探讨研究之中。

尽管引力波和电磁波十分相似，但它们肯定是两种完全不同的波动形式。首先广义相对论描述的引力波所满足的方程是非线性方程，而电磁波所满足的方程是线性方程。非线性方程不存在线性叠加的性质，求解时要困难得多。在引力波很弱的情况下，可以用近似的线性方程来代替这种非线性方程。引力波能量也要比电磁波的能量微弱得多，据估计，它只有相应电磁波能量的 10^{-38}。因此，只有天文量级质量的加速运动才能够产生可能测量到的引力波。电磁波可以和自然界中很多物质发生作用，而电磁波之间除了相干外，一般很少发生相互作用；引力波则不同，它们几乎不和任何其他物质发生作用，可以说，引力波无声无息地通过地球而不为人们所觉察，但是引力波和引力波之间则会发生相互作用。由于电磁波和物质之间存在一定的相互作用,人们可以发展各种接收面积很大的望远镜来捕获不同频率的电磁波,将它们在很大空间中的能量集中起来,以利于对这些十分微弱信息的测量。然而,由于引力波和物质完全不发生作用,因此人类既不能将微弱的引力波集中起来,也不能直接对引力波进行测量,而只能利用间接方法来探测引力波的存在。这些间接方法包括去测量时间和空间场的周期变形所引起的具有很低谐振频率的机械结构的响应。电磁波的波长常常要比它们源的尺寸小很多,而引力波的波长则常常等于或者大于它们源的尺寸。可以探测到的引力波的频率十分有限,一般不超过 10 kHz。电磁波的流量和它们到源的距离平方成反比,而引力波的应变值或者特征振幅值,则与它们到源的距离直接成反比。

质量的存在会引起空间场的弯曲,所以当光线经过太阳边缘时,太阳可以使光线发生弯曲,这种现象已经得到天文观测的证实。质量的加速运动会产生引力波,但是根据牛顿第三定律,即动量守恒定律,一个质量在一个方向上的加速度必然会伴随着另一个质量在另一个方向上的加速度,而它们的动量,即速度和质量的乘积应该在两个方向上完全相等。从这个意义上讲,这两个质量所产生的引力波也可能会完全抵消。不过如果两个质量的运动并不是在同一连线上,那么这种相互的抵消就不完全,这时就有引力波产生。一种产生引力波的典型运动形式是质量体的旋转运动。这种旋转的质量体可以是一个单一的质量,也可以是一对相关的质量。而引力波的释放与运动着的质量四极矩(quadropole moment)相关,四极矩愈大,所释放的引力波就愈多。球形质量的四极矩为零,而任何偏离球形质量的四极矩均不为零。从这个理论出发,双星系统,特别是邻近合并时的双星系统,是引力波的一个重要来源。根据研究,中子双星合并阶段会产生可以探测的较强的引力波。在黑洞附近及其内部,质量的运动应该呈旋涡状,并且运动速度非常高,所以在黑洞将邻近星球吸入的过程中,应该有相当大的引力波发射出来。另外,超新星爆发、双黑洞合并(blackhole binary coalescence)、宇宙弦(cosmic strings)和宇宙畴壁(domain wall)等都会产生引力波的扩散,成为可能观测到的引力波源。人们对不同天体发出的不同电磁波的观测已经积累了十分宝贵的天文学和物理学知识,而对引力波的观测则可以很好地帮助天文学家了解这些现象背后所对应的天体运动的过程和机制。可以说,引力波望远镜是人类对宇宙进行观测的又一只眼睛。此外,由于人们对引力波本身的性质、特点还有很多不同的看法,所以对引力波的观测就有着更加特殊的意义。

Hulse 和 Taylor (Hulse,1975)、Taylor 和 Weisberg (Taylor,1989) 相继发表了利用脉冲双星的观测来验证引力波存在的文章。他们根据特定的脉冲双星周期随时间的微小变化,指出这种双星运动速度的变化所对应的能量损失正好等于这个系统所释放的引力波的能量。1993 年 Taylor 和 Hulse 因为 1975 年脉冲星的发现和计算相关引力波能量的成就而荣获该年度的诺贝尔奖。从此,天文学家就开始对到达地球的引力波进行实际观测。

对引力波的观测实际上就是对它在接收器中所引起的特征振幅值进行测量。所谓引力波特征振幅就是它所对应的时间空间场的相对应变量。这个应变量十分微小,举例来说,一个质量为 500 t 的铁棒,在飞速旋转时,所产生的引力波引起的特征振幅值仅仅为 10^{-40},这样极其微小的距离变化是无法测量的。而对于位于室女座中的一个中子双星在合并时所产生的引力波来说，它在地球上所产生的特征振幅值约为 10^{-21} 量级，这就和在太阳和地球的距离上来测量一个原子的大小一样，这个量级用现代测量手段还是有可能测量出来的。据估计，到达地球的引力波的最大特征振幅在 10^{-20} 左右，其中黑洞和不对称超新星所发出的引力波具有相对较大的特征振幅，而中子双星所发出的引力波则具有稍小的特征振幅。引力波的特征振幅同时还和引力波源与地球的距离呈反比，对于距离地球小于 1 000 Mpc(1 pc 等于 3.26 光年)的引力源，其特征振幅应该在 10^{-22} 和 10^{-20} 之间。双星型引力波源的引力波频率和它们的旋转周期即它们之间的距离相关。对于距离小于 100 km 的双星，其周期为几秒，引力波的频率大约为 100 Hz；对于距离更小(比如 20 km)，周期也更小的双星，其所产生的引力波的频率大约为 1 000 Hz。

11.1.2 谐振式引力波望远镜

引力波的探测开始于 20 世纪 60 年代，当时美国马里兰大学的 Joseph Weber 利用在空间悬挂着的巨大实心铝圆柱及一系列压电晶体传感器，来测量在引力波影响下材料的应变情况。这种测量方法就和用木锤敲击木琴一样，不过这个铝圆柱受到的是来自引力波的冲击。为了捕获尽可能多的引力波，这些铝圆柱应该具有很大的质量，其自振频率应该在 1 kHz 以上。它们的材料，铝或者铌，有很高的品质因子(品质因子在动态系统中等于阻尼系数的倒数，其数值高表示系统在振动中的能量损失很小)。这就是最早的引力波望远镜。由于这种望远镜是利用质量在引力波影响下产生谐振的原理建造的，所以又称为谐振式的引力波望远镜。其主要问题是它受到很多非引力波的影响，包括地震波动(seismic wave)的干扰、声音引起的空气振动、温度和湿度变化所引起的振动，以及空气中分子的布朗运动引起的振动等。为了排除这些干扰，可以在两个相距很远的地方分别设置两个经过精心振动隔离的、处在低温状态下的、密闭于真空容器中的相同的铝圆柱。关于振动隔离的设计将在下一节讨论。

当一个铝圆柱受到一个很短的(～1 ms)，垂直于圆柱长轴方向的引力波冲击时，这个铝圆柱将以它和引力波频率相关的谐振频率长时间地(～1 hr)保持这个振动。为了记录这些振动，在圆柱上有不少十分精确的应变传感器。这些传感器是具有很低噪声的直流超导量子干涉装置(SQUID)。这些传感器在低温下工作，有着量子化的能量分辨极限和很低的热噪声贡献。Weber 的早期装置包括两个相距 1 000 km 的铝圆柱。他用一个类似地震记录仪的仪器来同时记录铝圆柱的响应。只有当两个铝圆柱同时有响应时，才能记录下它们相应的响应值，这样就排除了许多其他因素影响。该仪器的灵敏度号称达到 10^{-18} 左右。次年，Weber 利用这些数据发表了第一篇关于引力波观测的论文，引起了很大轰动。但是后来发现，他所记录的响应量级远远超过了实际引力波所应该产生的响应。由于多种因素影响，Weber 的仪器所记录的噪声远远大于引力波所引起的响应值。

为了了解仪器的探测能力，如果用 S_h 来表示在铝圆柱中输入噪声量的能量谱(Pizzella，1996)：

$$S_h = \frac{\pi}{8}\frac{kT_e}{MQL^2}\frac{1}{f_0^3} \tag{11.1}$$

式中 k 是波尔兹曼常数，M 是质量，Q 是品质因子，L 是圆柱的长度，T_e 是热动力温度加上从测量传感器传出的反馈（对于 SQUID 传感器，它的反馈影响可以忽略不计），而 f_0 是引力波引起的圆柱谐振频率。如果测量的频宽是 Δf，那么在信噪比为 1 时最小的可测量应变值是

$$h \approx \frac{1}{\tau_g}\sqrt{\frac{S_h}{2\pi\Delta f}} \tag{11.2}$$

式中 τ_g 是信号记录的时间长度。因为谐振圆柱在受到引力波作用时和布朗运动的机理完全相同，所以谐振式探测器的频宽受到传感器和电子放大器噪声的影响。这个频宽是

$$\Delta f = \frac{f_0}{Q}\frac{4T_e}{T_{eff}} \tag{11.3}$$

式中 T_{eff} 是探测器的噪声温度。总结上述公式，所探测的应变最小值应该为

$$h \approx \frac{L}{\tau_g v^2}\sqrt{\frac{kT_{eff}}{M}} \tag{11.4}$$

式中 v 是声音在圆柱材料中的传播速度（对于铝，v=5 400 m/s）。从这个公式看，如果 M=2 300 kg，L=3 m，τ_g=1 ms，那么要观测到从银心来的量级为 2×10^{-18} 的引力波，噪声温度 T_{eff} 只能够是 0.2 K。如果引力波是从室女座传来的话，那么 T_{eff} 只能够是 1.4×10^{-7} K。通过这个计算，可以看到早期的谐振式探测器不能够探测到任何真正的引力波信号。这也是为什么现代谐振式探测器都是在非常低的温度下工作的（0.02～6 K）。从公式 11.3 可以计算出测量时的频宽，如果 f_0 是 1 kHz，$T_{eff}=1.4\times10^{-7}$ K，T_e=0.1 K，并且 $Q=1\times10^7$（铝材料 Al5056 在 100 mK 时 $Q=4\times10^6$），那么 Δf=300 Hz。

使用谐振式探测器，可能探测出引力波的随机背景。引力波的强度 Ω 和应变值 h 的能量谱 S_h 的关系为（Pizzella，1996）

$$\Omega = \frac{4\pi^2}{3}\frac{f^3}{H^2}S_h(f) \tag{11.5}$$

式中 H 是哈勃常数 Hubble constant。在谐振式探测器的设计中，所使用的质量越大，仪器的灵敏度就越高（公式 11.4）。然而所使用的圆柱材料及尺寸决定于成本和频率的限制（所测量的信号频率大约是 1 kHz）。同时探测器的质量和它的横截面积有关，也决定于仪器实际的致冷能力。当探测器质量为 2 300 kg 时，长度是 3 m，直径是60 cm。由于铝材料的杨氏模量是温度的函数，在室温中即 300 K 时其谐振频率是 874 Hz，而在 0.1 K 时，其谐振频率是 920 Hz。

谐振式探测器的关键是如何扩大它的频率宽度。粗看起来，过高的品质因子会限制频宽，但实际上并不是如此。在测量中，引力波所引起的应变，布朗热运动的噪声在接近谐振频率的区域都具有相应的响应。所以仪器信噪比并不直接受到频率宽度的限制，而是受到接收器热噪声的限制。这其中很大的一部分是来自传感器和放大器。这也是为什么要在这些引力波望远镜中使用 SQUID 这样的量子式、微波式、感应式或光学等各种传

感器的原因。

近年来意大利、澳大利亚和美国学者建造了一些更为精确的铝圆柱探测器。这些新的引力波望远镜引进了更复杂的地震波隔离措施，同时排除了声音和温度引起的振动，有的还采用了低温和真空措施以减少测量噪声。这些仪器中，最有名的是位于意大利罗马附近的圆柱式引力波探测器。它的谐振体质量为 2 300 kg，温度保持在 0.1 K。除了圆柱式的探测器，还有一种球形的谐振式探测器，被称为球形天线。这个球形天线比较重，3 m直径的铝球质量达 38 t 可以测量从所有方向传来的引力波。一个球形探测器就相当于 5 个圆柱式探测器。它们对 1 ms 信号的灵敏度为 8×10^{-22}。不过所有这些谐振式仪器的工作频带都很狭窄，限制了它们的应用。尽管如此，一些十分灵敏和精确的谐振式引力波望远镜仍然是现代激光干涉仪式引力波望远镜的辅助验证手段。

11.1.3 激光干涉仪式引力波望远镜

谐振式探测器是通过测量一个连续体内的应变分布和变化来捕捉引力波信息。使用有限元方法，一个连续体可以看做是由一个个小单元组成的，它们之间通过弹簧连接起来。当引力波经过时，空间尺度将按照引力波频率产生周期性变化，使该空间中相隔离的自由质量之间的距离发生变化，这个变化量十分微小。如果在垂直于引力波传播方向的十字形平面上放置两组质量块，那么当引力波通过时，一组质量块之间的距离会增大，而另一组质量块之间的距离会缩小，随后第一组质量块之间的距离会缩小，而第二组质量块之间的距离会增大，如此循环反复。当引力波的传播方向与这两组质量块共面时，在引力波传播方向上的质量块之间的距离就不会变化，而在其垂直方向上的质量块之间的距离仍然会发生周期变化。激光干涉仪式引力波望远镜就是使用十分精密的光学干涉仪来测量这种十分微小的距离变化。

这种新的引力波望远镜又称为激光干涉仪引力波探测仪(laser interferometer gravitational wave detector)，这是一种基于法布里-珀罗(Fabry-Perot)谐振腔的迈克尔逊干涉仪。它可以测量空间相互垂直方向上两组质量块之间的微小距离变化量(见图 11.1)。它的基本结构呈 L 形，包括两个互相垂直、长度几乎相等($L_1\approx L_2=L$)的干涉长臂。长臂的两端分别有两个作为自由质量块的反射镜面。这些反射镜面通过柔软、稳定的石英丝带悬吊在空中。这种单摆结构的摆动频率约为 1 Hz。当引力波通过时，如果引力波频率大于单摆频率，镜面就会按照引力波频率在水平方向来回摆动。当引力波传播方向垂直于仪器平面时，反射镜面会来回前后运动。两臂的长度将产生变化，其中一组镜面之间的距离会增加，而另一组之间的距离会缩短，产生一个长度差 $\Delta L = L_1 - L_2$。测量的这个长度的相对变化就是引力波所具有的特征振幅，即 $h(t) = \Delta L/L$。

激光干涉仪引力波望远镜利用激光干涉原理，通过测量干涉仪两臂长度的微小变化来探测引力波。光程变化等于相位变化，在接收器上会引起光强变化。为了提高仪器的灵敏度，可以在靠近分光片的位置上各加一个半透明镜面，使光线在两个镜面之间来回反射，形成法布里-珀罗谐振腔，这样总光程差将增大数倍，等于 $m\Delta L$。这时干涉仪的实际相位差为

$$\Delta\Phi \approx m\Delta L/\lambda = mhL/\lambda \tag{11.6}$$

使用光电探测器可以检测这个相位差。排除所有可以消除的测量误差，利用光电方法进行检测存在着一个最低的灵敏度极限，这个极限就是所接收的光子随机变量的寄生误差。这个寄生的随机误差值为

$$\Delta\Phi \approx 1/\sqrt{N} \tag{11.7}$$

式中 N 是在积分时间内进入接收器内的光子总数，积分时间大约等于引力波一个周期。这样一个理想仪器所能够探测到引力波特征振幅的最小值为

$$h_{\min} \approx \lambda/(mL\sqrt{N}) \tag{11.8}$$

根据这个公式，如果干涉仪臂长 $L=4$ km，光线来回传播次数 $m=400$，引力波频率为 100 Hz，如果干涉仪镜面的反射率很高，在整个激光传播过程中只有 1%的光子损失，同时在图 11.1 中 R 处是一面高反射率镜面，这样进入干涉仪内的光子数大概是激光功率的 100 倍。对 60 W 功率激光，在 10 ms 积分时间内进入接收器的光子数为 $N\approx 2\times 10^{20}$，则

$$h_{\min} \approx 0.5\ \mu\text{m}/(400 \cdot 4\ \text{km} \cdot \sqrt{2\times 10^{20}}) \approx 10^{-23} \tag{11.9}$$

这个公式就是激光干涉仪引力波天文台可以获得的应变极限。从这个公式可以看出，光程长，可能探测到的引力波的特征振幅就低。不过总的光程也不能太长，太长的光程会影响仪器对较高频率引力波的探测。另外，通过增强激光的能量或者限制频率的宽度，也可以减少光强检测的误差，提高仪器的灵敏度。

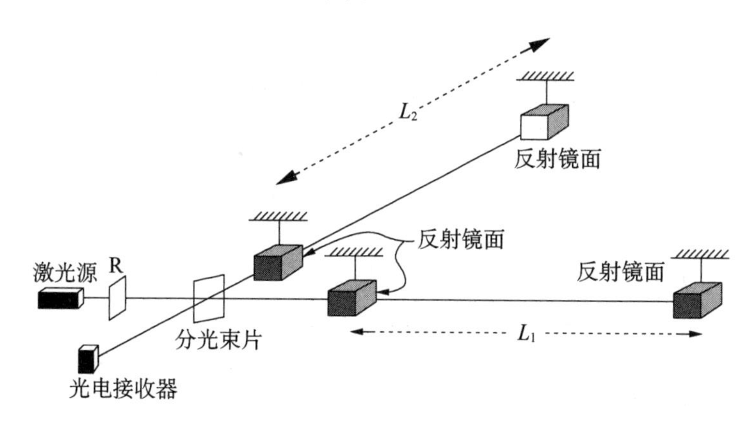

图 11.1　激光干涉仪式引力波望远镜

图 11.2 所示是另一种作为引力波望远镜的激光干涉仪。这是一种具有极化特点的 Sagnac 干涉仪(Beyerdorf，1999)。这种探测器的原理和迈克尔逊干涉仪基本相同。这种光学系统常用在光纤陀螺仪之中。在这种干涉仪中，被分割开的两束光在同一个光路上传播，但是它们的运动方向不同。因为这个原因，它对镜面表面误差和其他缺陷不太敏感。但是这个优点和多光路技术有一定冲突，所以其使用存在一定限制。

与谐振式引力波望远镜相似，激光干涉仪式引力波望远镜的主要噪声来源也包括地震波干扰、悬挂质量的热噪声，以及激光光束所受到的气体分子对相位的影响，所以仪器

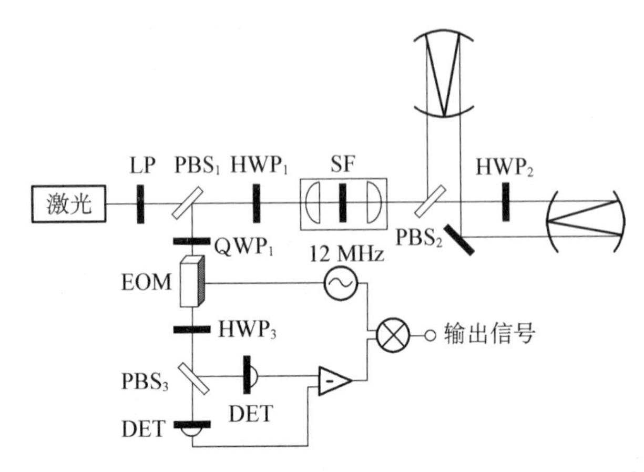

图 11.2　Sagnac 干涉仪的原理（Beyersdorf，1999）

中各个主要部件都需要进行非常严格的振动控制，尤其是作为自由质量块的反射镜面。同时还需要控制镜面所在地的温度和光路中气体分子的影响，为此要抽掉光路中所有气体。激光的频率稳定性和频率宽度也直接影响仪器对基线长度的测量。当然，有一些非高斯性质的其他噪声仍然很难去除。为了最终识别引力波信号的准确性，可以采用在相距很远的地方建造两个同样的仪器，只有当两个仪器同时得到相同信息时，所测量的引力波特征振幅才比较可信。而为了确定引力波的正确来源，则至少需要有 3 个这样的仪器来共同进行引力波的观测。

为了测量试验质量，即反射镜面的微小位移，就要测量这个干涉仪上两臂传输的光束之间的相位之差。干涉仪的输出是输入光束光强和两光束相位差余弦平方的乘积。如果激光系统本身有误差，那么所获得的位移也会有误差。激光误差包括光束光子数的随机误差和光束光压的误差。在整个臂长上光子数的随机误差，即噪声为(de Michele，2001)

$$h_{\mathrm{sh}}(f)=\frac{\delta L}{L}=\frac{1}{L}\sqrt{\frac{kc\lambda}{2\pi T(f)P_{\mathrm{in}}}} \tag{11.10}$$

式中 L 是光臂长度，k 为普朗克常数，c 为光速，λ 为光束波长，$T(f)$ 为系统的传递函数，P_{in} 为输入激光的能量。从该公式可以看到，光子数噪声随着输入激光能量的增加而减少，随着波长的减少而减少。所以在仪器中，应该使用高能量激光来抑制这种光子数的噪声。在新一代引力波望远镜中使用的是波长为 1 064 nm、功率为 200 W 的 Nd:YAG 连续波激光器(Willke，2006)。以后这个激光功率又进一步提高。

光压噪声的表达式为

$$h_{\mathrm{pr}}(f)=\frac{\delta L}{L}=\frac{2}{mf^{2}}\sqrt{\frac{kT(f)P_{\mathrm{in}}}{8\pi^{3}c\lambda}} \tag{11.11}$$

式中 m 是试验镜面的质量。实际激光的读出方差应该是上面两个误差项方差之和。激光方面的其他误差分别来自频率的随机误差、强度误差、指向和角度的变化。一般在激光干涉仪的激光系统中，会有两个输出光束：一个是高能量的，另一个是低能量的。低能量光束将会和谐振腔的一个标准谐振频率进行比较，比较后所获得的误差则输送到一个具有反馈系统的频率稳定器中，用以减少激光频率的噪声。而高能量光束则要首先通过一个用以选择和清洗振动模的仪器(a pre-mode cleaner cavity)和一个对强度进行反馈控制的系统，再进入到光学干涉仪中。这样获得的激光几乎是理想的 TEM_{00} 高斯模振型，同时它的强度噪声也非常非常低。

在激光干涉仪式引力波望远镜中，反射镜面的振动隔离系统十分关键。这种振动隔离结构通常包括振动吸收垫、垂直放置的弹簧、振动隔离框架和双钟摆结构。振动吸收垫的主要原理和常用的光学平台防振垫基本相同，它是一个具有阻尼的弹簧质量系统。它的主要作用是隔离地面传递的所有高于一定频率的振动。通常三个防振垫(stack)形成稳定的三个脚，支承着悬挂有反射镜面的双钟摆支架。防振垫内的主要部件是不锈钢质量块和加入碳粉、具有弹性和阻尼作用的硅橡胶材料。防振垫具有较低的谐振频率和相对高的品质因子。根据振动传递理论，为了实现较好的振动隔离，防振垫中的硅橡胶材料应该有比较小的弹性系数。一般硅橡胶材料阻尼较小，这时可以在硅橡胶成形之前加上一些碳粉来提高它的阻尼系数。如果碳粉质量是总质量的 6%，新的材料的阻尼系数可以从 0.05 提高到 0.08。

简单的防振垫包括一个质量和一个弹簧 (图 11.3(b))，它的传递函数为

$$T = \frac{As + B}{Cs^2 + As + B} \tag{11.12}$$

式中 $A=1/k$，$B=1/d$，$C=M/(dk)$，M 是质量，k 是弹性系数，d 是阻尼系数。在谐振频率以上，这种简单一阶系统的振动衰减与频率成反比。由于在防振垫支承中，仍然存在一个与简单系统串联的另一个弹簧，实际上形成一个新的二阶系统(见图 11.3(c))。这种复合结构的振动隔离会更好，这个新系统的传递函数是

$$T = \frac{As + B}{Ds^3 + Es^2 + As + B} \tag{11.13}$$

式中 $D=M/(kk_d)$，$E=M(k+k_d)/(dkk_d)$，k_d 是与之串联的弹簧的弹性系数。在谐振频率以上，这个新的减振系统的振动衰减和频率二次方成反比，振动隔离的效果更为显著。为了适应高真空度的要求，防振垫常常用金属波纹筒密封起来，这种波纹筒具有很大的扭转强度，可以传递在这个方向上的振动，所以在防振垫的上部还有一个可以扭转的柔性支

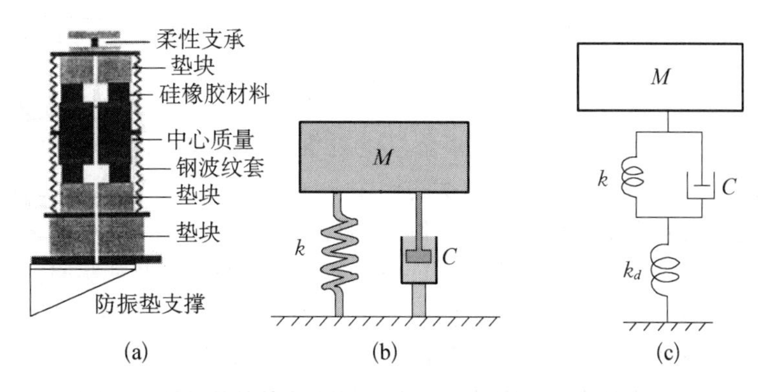

图 11.3　防振垫的基本结构、系统原理及整个支承系统原理图

点结构，以避免在这个方向上的振动传递。

为了获得防振系统中串联的弹簧，引力波望远镜的一些镜面支承系统还引进了悬臂梁式的弹簧。如图 11.4 所示，在真空室金属壁上连接有 3 个防振垫，3 个防振垫的上部连接着一个稳定环，从稳定环的 3 个点，再伸出 3 个类似钓鱼竿的悬臂梁弹簧，然后用 3 根金属丝支承一个质量平台，最后质量平台悬挂反射镜面的双钟摆结构。悬臂梁弹簧弯曲振动的频率为

$$f=\frac{1}{2\pi}\sqrt{\frac{Eah^3}{4ml^3}} \tag{11.14}$$

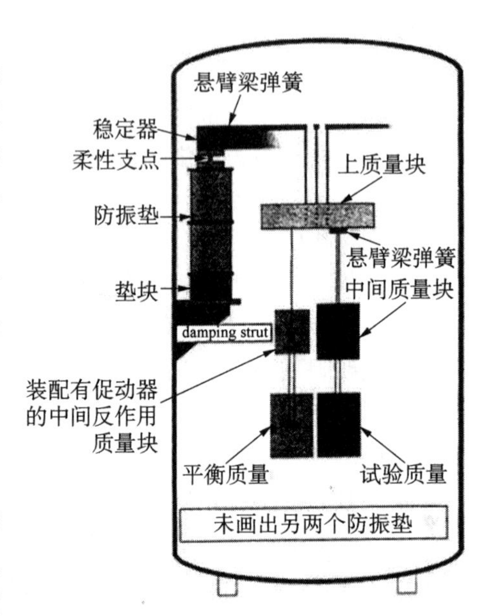

图 11.4 GEO600（德国-英国引力波望远镜）实验质量的振动隔离装置

式中 m 是悬挂质量，E 为弹性模量，a 为梁的宽度，h 为梁的高度，l 为梁的长度。这里频率选择的原则是，在仪器所需要的工作频率上使地震波动在垂直方向上的影响减少到最小。同时在设计中还要注意材料中的最大应力，不使材料发生任何塑性变形。这时所需要的频率值大约是 2.5 Hz，而最大的应力应该不超过许用弹性应力的 50%。悬臂梁一般使用高强度钢材，其阻尼系数非常小。除了这一级悬臂梁支承外，有的设备在双钟摆的支承中再一次采用悬臂梁支承结构。在这一层面，它的谐振频率大约是 2.8 Hz。

双钟摆结构是对地震波动的又一层隔离。从质量平台通过钢丝悬挂着一个中间质量块，在中间质量块的下面再悬挂着十分关键的实验质量，这就是仪器中的反射镜。为了消除热噪声影响，特别是热噪声引起的损耗，实验质量一般用熔融硅材料，同时悬挂的丝带也往往采用硅纤维。更精密的仪器还使用蓝宝石（sapphire）材料，因为蓝宝石具有非常高的品质因子（$\sim10^8$，熔石英的品质因子$\sim10^6$）。在决定这一级材料时，材料的损耗因子（即品质因子的倒数）是很值得考虑的因素。一个单摆系统的损耗因子 $\varphi_{\text{pend}}(\omega)$ 和材料的损耗因子 $\varphi_{\text{mat}}(\omega)$ 直接相关，关系为

$$\varphi_{\text{pend}}(\omega)=\varphi_{\text{mat}}(\omega)\frac{4\sqrt{TEI}}{Mgl} \tag{11.15}$$

式中 T 为悬挂纤维的张力，E 为弹性模量，I 为纤维的惯矩（对圆柱形纤维有 $I=\pi\cdot r^4/4$，r 为纤维的半径），M 为摆的质量，l 为摆的长度。

为了实现对实验质量的反馈主动控制，在双钟摆结构一侧还要悬挂一个相应的装有感应线圈的中间反作用质量块（intermediate reaction mass），以及和实验镜面相平行的反作用质量块（reaction mass）（见图 11.4）。在新一代的实验质量块中，已经使用静电位置控制方法。由于整个系统，特别是实验质量块具有很高的品质因子，所以地震波动有可能在某些频率上会引起仪器谐振。为此，还要对整个装置的其他部分进行反馈控制，以消除

这些振动所产生的影响。当干涉仪实现相位锁定以后,还要采用零点补偿方法精确地获得引力波的特征振幅值。

在仪器设计中,应该尽可能地提高实验质量块的谐振频率,以减少热噪声影响。一个连续体在某一个模态谐振频率 ω_0 时的均方根热噪声位移为 (Bernardini,1999)

$$\sqrt{< z^2 >} = \sqrt{\frac{kT}{m_{\mathrm{eq}}\omega_0^2}} \tag{11.16}$$

式中 k 为玻耳兹曼常数。T 是温度,m_{eq}是该振型对应的模态质量,它的定义为

$$\int_V \sigma \cdot u \mathrm{d}V = \frac{1}{2} m_{\mathrm{eq}}\omega_0^2 z^2 \tag{11.17}$$

式中 σ 和 u 为该模态时的应力和应变,V 是弹性体体积。一般典型热噪声的数量级是 10^{-19} m。经过对钟摆悬挂机构的自适应控制,这一噪声水平可以达到10^{-25} m。

在仪器中整个激光通过的地方要保持超高的真空度,以防止因为空气分子的作用在光子通过时产生不必要的相位误差。为了获得高真空度,所用的管道要事先进行烤制以排除所含有的气体。整个反射镜要非常清洁,防止任何微小的灰尘吸附,以减少光的散射,并且反射镜面要有很高的反射率。另外,在控制中要避免任何力的交叉影响(crosstalk),激光本身的频率必须十分稳定,同时激光光束所产生的辐射光压的变化也会对镜面位置产生影响。所有这些,使得整个激光干涉仪很难实现较长时间的相位锁定。

11.1.4　新一代激光干涉仪引力波望远镜

2015 年 9 月美国在原有的激光干涉仪引力波天文台(Laser Interferometer Gravitational wave Observatory, LIGO)的基础上,经过改造并建成了新一代或者高级引力波天文台(Advanced LIGO)。这一新的望远镜投入观察,很快就探测到了由一对双黑洞合并所发出的引力波信号,从而开创了引力波天文学的新时代。相比较原有的引力波望远镜,新的望远镜在两个十分重要的方面进行了改造和升级,第一,它同时增加了能量和信号的双回收装置(Power and Signal recycling cavities),极大地提高了仪器的信噪比和灵敏度,使仪器的探测范围扩大了近 1 000 倍;第二,它有效地抑制了谐振腔内由三个模态(光,热和机械振动)的耦合所引起的系统参数的不稳定性。

11.1.4.1　双回收谐振腔

在激光干涉仪引力波望远镜中,所测量的空间应变包含有多种多样的噪声。通常这些噪声被简单地分为两类:位移噪声和测量噪声(sensing noises)。位移噪声是试验质量的镜面位移所引起的;而测量噪声则限制了对试验质量块的位移测量的能力。显然这种噪声分类方法很不完美。因为有一些因素既使质量块产生位移,又同时限制了对质量块位移测量的能力,所以比较准确的分类方法是从噪声来源上来分类。这样仪器的噪声就包括原理性的,技术性的和环境因素引起的三个大类。其中原理性的噪声往往可以利用物理公式来计算获得,而这些噪声恰恰是仪器获得很高灵敏度的关键。原理性的噪声包括热噪声和量子噪声。它们的减少常常伴随着仪器的重大改造,比如要增加激光功率,就

要改变试验质量的表面镀层。技术性噪声来源于电子线路，控制环路以及电荷所引起力和位移。这些噪声只要找出来源，就可以一个个地减少，甚至清除。环境噪声包括地震，结构的声频振动，以及磁性所引起的噪声。在新一代引力波望远镜中技术性和环境因素的噪声已经小于原理性噪声的影响。而灵敏度则可能受到一些耦合噪声的影响。一般来说，在狭窄频段上影响灵敏度的因素有激光源的频率纯度，悬挂系统的谐振，定标系统的振动等。这些噪声常常容易排除。而宽频的噪声则会限制系统的灵敏度。

在引力波望远镜中，非常重要的原理性噪声是光子检测中的起伏噪声(shot noise)，它的大小和谐振腔内激光功率的平方根成比例，这是不可能消除的。而仪器信号直接和测量的激光功率成正比。为了提高仪器灵敏度，最简单的方法就是尽量增加系统谐振腔内的激光源功率。这台新的引力波望远镜在第一阶段观察期间所使用的功率是 100 kW，而它的目标功率是 750 kW。提高激光的功率有多种方法，而其中最好的方法就是认真回收，充分利用在仪器中的激光能量，在原有的谐振腔之前，再增加一个能量回收腔。就如同运河中的船闸，可以提升水位，而两级船闸将获得更高的水位。这就是所增加的能量回收(power recycling)技术。

另外望远镜系统灵敏度的进一步改善以及不浪费仪器中的激光能量，也需要使仪器的接收器始终工作在一种“暗条纹”的状态之下，这样仪器输出能量将接近它的最小值。仪器的接收器和激光输入装置成反对称的布局。为此，有必要同时引进信号回收(signal recycling) 技术。这样在原有的相互垂直的法布里－珀罗谐振腔所构成的麦克尔逊干涉仪上，就有必要在分波束片的激光发射器一方和信号接收器的一方再增加两个半反射镜，这两个半反射镜和原有两个谐振腔的第一个镜面一同构成两个附加的激光回收谐振腔，其中一个和激光源直接连接，是能量回收谐振腔，另一个和输出的信号接收器相连接，是信号回收谐振腔。

美国激光干涉仪引力波天文台中由于激光的作用，在实验镜面会产生相应的热噪声。为了减少这种热噪声，需要尽量增大激光光束的面积，这样热噪声会平均地分布在一个较大的面积上。这种热噪声的产生机理是因为激光光束和镜面镀层的电介质，产生非弹性碰撞。实验质量块的热位移直接和光束的面积成反比。在设计中，光束的大小既不能太小，而使镜面的位移过大；也不能使光束的尺寸过大而引起镜面的声频振动和光束的模态耦合，引起系统的不稳定性。在光学谐振腔中，引进很小的不对称性有助于这个系统的稳定。在两个主要的光学谐振腔中，第一面镜面的镀层是第二个镜面镀层的一半。所以光束在第一镜面时，可以使用较小的光束尺寸。这时所产生的热噪声比较小。而在第二镜面时，光束很大，镜面的热噪声同样很小。这样谐振腔的稳定性参数乘积是 0.83，而不是它的极限值 1。由于激光束在主谐振腔内的不断积累，增大了主谐振腔的能量，其增益达到 270。在能量和信号两个谐振腔中，在能量回收镜上的光束直径为 2.2 毫米，在信号回收镜面上的光束直径是 2.1 毫米。而在输入实验质量块上的光束直径则是 5.3 厘米。通过能量回收系统，激光能量在分波束片上的增益达到 40。从而大大降低了起伏噪声的影响。

在改造以前，仪器的激光器输入能量仅仅是 40 W，经过改造以后，在谐振腔内的能量有希望增加到 800～1 000 kW，这样可以大大地提高仪器的灵敏度。为了实现这个目标，在仪器工作状态中，能量回收谐振腔的两条光路要始终保持光程的同相位，这样绝大部分的激光能量将重新进入望远镜的谐振腔系统。而信号回收谐振腔的两条光路要始终保持180度的相位对比，轻微地偏离谐振状态。这个偏离量大概10飞米，实验质量均方根位置差稳定在3纳弧度。输出信号为暗条纹，通过差频同步测量低频波的相位，这样仪器的灵敏度和接收器仪器的工作能量均处于最理想的很低的状态，实现系统的相位锁定。

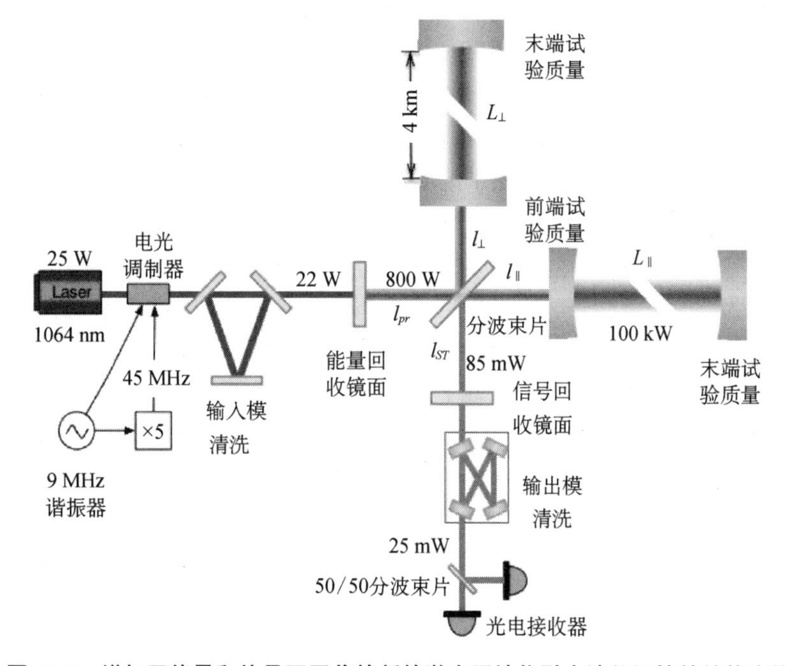

图11.5　增加了能量和信号双回收的新的激光干涉仪引力波望远镜的结构安排

11.1.4.2　对参数引起的不稳定的抑制

经过再一次的改造和升级，新的激光干涉仪引力波望远镜（aLIGO）已经完全不同于原有的激光干涉仪引力波望远镜（LIGO）了。首先它的地震隔离系统更加精细，所以极大地减少了地壳振动的影响。在望远镜观察中，所有的光电探测器均安装在真空之中，以避免引力波在声频区间与环境噪声产生耦合。为了减少量子辐射压力所引起的镜面振动和温度噪声，仪器采用了质量大的实验质量。在镜面的悬挂系统中，采用了多层复摆的设计。为了抵消镜面的微小运动，原有的线圈和磁铁的自适应驱动被新的自适应静电驱动装置所代替。这就避免了磁噪声和引力波的相互耦合。

在任何光学机械结构中，电磁波的压力所引起一个质量块的位移常常是非常微弱，以致于在专门设计的精密实验中，也常常不能被观察到。但是对于一个具有特别高能量的，特别精密的激光干涉仪引力波望远镜来说，这种耦合效应的影响对引力波的测量总是十分重要的。尽管在这种望远镜中它的实验质量块质量很重，并不是像在一些测量光压实验中使用的只有几微克或者几纳克的微型镜面。2001年Braginsky等首先提出由于光学，机械参数的原因，在高精度的引力波望远镜中，高能量的激光束会在实验质量块镜面上产生光机耦合现象，少部分的光能会转变为机械振动能，从而引起的质量块形状的不稳定使振幅越来越大。这种系统的不稳定随着激光能量的增加而增加，从而影响望远镜的探测灵敏度。

简单来讲，参数引起的不稳定性（parametric instabilities，PI）是由于在激光干涉仪引力波望远镜中，激光束的能量很大，接近或者达到1千瓦特的水平。在激光和试验质量块接触的时候，会有大约10毫瓦特的能量会传递到镜面的振动模上，从而在镜面表面产生一定的谐振模形状。

根据光学理论，从宏观角度上讲，当电磁波光子和物质分子或原子碰撞时，一般均会引起弹性散射。散射后的光子将保持光子原有的能量和频率。然而在每一百万个光子中，总会有少量光子，由于某种激发作用会产生非弹性碰撞，散射后的光子具有和入射光子不同的能量和频率。通常，散射光子的频率要比入射光子的频率低。这种在气体中间发生的散射现象常常称为拉曼散射或拉曼效应。产生频率低的光子时，入射光子损失一部分能量，这些损失的能量转化为声频机械振动的声子。在光学中，这种产生低频光子和声子的过程称为 Stokes 过程。而光子吸收声子产生高频光子的过程就称为 Anti-Stokes 过程。声子是一种准粒子，它存在于一些分子结构的晶格中，同时具有能量和准动量。

在激光传递中，经过激光模清洗装置以后，激光束中的光子几乎具有完全相同的频率。激光波束是均匀一致的基本模高斯形状，激光的波阵面和镜面形状十分吻合。而当激光束和镜面发生碰撞作用以后，激光中产生了少量的低频信号，逐步形成微弱的高阶横向模态。同时激光中的部分能量形成声子，激发质量块镜面的机械振动，形成机械振动模态。在一定的条件下，光场高模态的横向截面和试验质量块的机械模的镜面形状具有高度相关性，引起光场越来越多地向机械场传递能量。所传递的能量大小可以用参数增益来表示，为（Evans，2015）

$$R_m = \frac{8\pi Q_m P_{\text{arm}}}{M\omega_m^2 c\lambda} \sum_{n=0}^{\infty} |G_n| B_{m,n}^2 \tag{11-18}$$

公式中 M 是试验镜面质量，c 是光速，λ 是激光波长，ω_m 是机械振动模的圆频率，P_{arm} 是谐振腔中的激光能量，Q_m 是质量块在机械模 m 的品质因子，$B_{m,n}$ 是机械模 m 和光学模 n 之间的重叠因子，G_n 是光学模增益。很明显，随着谐振腔内激光能量的增加，参数引起的不稳定增益也不断增长（增益大于1时表示系统不稳定）。事实上，这种不稳定在早期的实验中已经获得证实。仔细地研究光机系统的不稳定性，必须同时考虑两个因素，一个是谐振腔的谐振条件和质量块镜面的品质因子。根据上面的公式，镜面材料的品质因子越大，有关的光机系统就越不稳定，不稳定的增益就越高。所以在这种情况下，降低镜面材料的品质因子，增加阻尼，或者使用主动抑制，破坏振动模和光学模的相关度的方法均可以消除这种参数不稳定的现象。

在不考虑参数引起的不稳定性以前，一个谐振腔实现稳定光学谐振的条件是系统的稳定因子被调节在0和1之间，通常会使稳定因子调整为

$$0 \leqslant \left(1-\frac{L}{R_1}\right)\left(1-\frac{L}{R_2}\right) \leqslant 1 \tag{11-19}$$

在引力波望远镜的初始运行中，由于激光能量的传输，镜面会产生温度差，从而引起镜面的曲率半径会偏移所设定的数值，这个数值常常是使镜面曲率半径 R_1 和 R_2 保持为

光学臂长 L 的一半。为了保持谐振腔的稳定，在实验质量镜面的侧面常常有一组加热线圈。通过加热线圈主动进行镜面温度调节，以保持原有的镜面曲率半径。

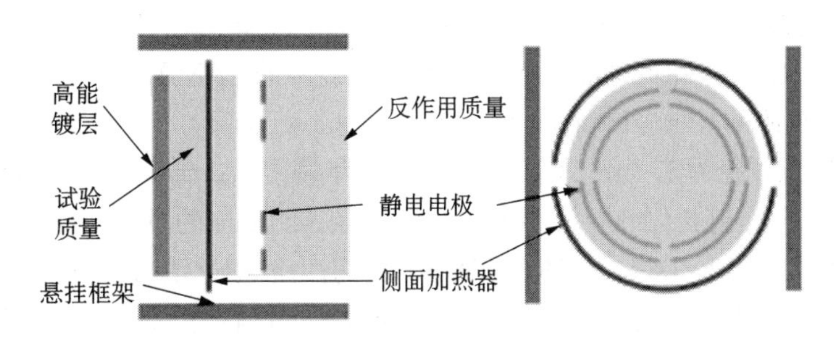

图 11.6　改进后的实验质量和反作用质量的结构安排

当参数引起的不稳定现象证实后，现在发现，有意识地使镜面曲率半径偏离原来的长度，对于抑制系统参数引起的不稳定十分有效。

由于质量块表面镀层的品质因子和参数不稳定增益成正比，所以降低实验质量块的品质因子也是抑制不稳定的一种方法。另外主动的镜面形状控制也可以抑制系统的不稳定性。不过总的来说，在激光高能量的条件下，抑制不稳定是有一定困难的。总的来说，经过升级的引力波天文台已经可以捕获真正的引力波，为新的天文理论提供验证。

11.1.5　重要的引力波望远镜

高温谐振式引力波探测器不具有探测引力波所需要的灵敏度。从 20 世纪 90 年代以来，新建了一批低温谐振式引力波探测器。这些探测器包括工作在 4.2 K 温度的 ALLEGRO (bar-US)，ALTAIR，TOKYO Crab 和 AURIGA (bar-Italy)；工作在 2 K 温度的 EXPLORER (bar-Switzerland)；工作在 0.1 K 温度的 NAUTILUS (bar-Italy)，和工作在 6 K 温度的 NIOBE。这些探测器的理论灵敏度在10^{-18}和10^{-20}之间。但是直到现在，仍然没有证据显示它们已经探测到了任何真正的引力波信号。

20 世纪 70 年代以后，美国和英国的一些天文学家开始了激光干涉仪式引力波望远镜的研究和建设，该工程称为激光干涉仪引力波天文台（Laser Interferomater Gravitational－wave Observatory，LIGO）。该工程于 1991 年获得美国政府的投资，并于 1999 年 11 月建成，耗资 3.65 亿美元。工程在美国圣路易斯安那州和华盛顿州分别建造一个臂展成 L 形，长度为 4 km 的激光干涉仪，两者距离 3 000 km，均通过半透明的镜面内部反射使每一个臂长可增加近 50 倍。光路的管道采用不锈钢钢管，钢管直径为 1.2 m，内部真空度为 10^{-12}个大气压。这是美国科学基金会的一个按时、按预算完成的模范工程。尽管工程的投资非常巨大，但是这个仪器仍然存在严重缺陷。为此该仪器将于 2005 年进行改造，新的仪器被称为高级或新一代引力波天文台(Advanced LIGO)。主要改造工作包括进一步减少地震波噪声、采用高功率的激光器、完全实现闭环控制、采用单晶体的蓝宝石反射镜面。经过这样的努力，整个仪器的灵敏度提高 15 倍以上。最重要的是在升级工作中，一方面增加能量和信号的双回收系统，使仪器输出的相位信号值稳定下来。另一方面克服了由于实验镜面的谐振，实验镜面的曲率半径的变化和激光束横向模的能量分布所引起的参数不稳定性问题，获得了仪器长时间的相位锁定。2015 年终于观测到由两个巨大的、相互旋转的、黑洞合并所发出的引力波，实现了引力波观测的突破，迎来了一个引力波天文学的新时代。

其他国家也相继建设了一些激光干涉仪式引力波望远镜，它们是法国和意大利合作的 VIRGO 望远镜、德国和英国的 GEO600 望远镜、日本的 TAMA300 引力波望远镜和澳大利亚的 AIGO (Australia Interferometr Gravitational Observatory)。VIRGO 望远镜每个臂长是 3 km，真空管道直径为 1.2 m，该项目已于 2003 年竣工(Bernadini, 1999)；德国和英国的 GEO600 望远镜，每个臂长仅 600 m，采用 60 cm 直径、0.8 mm 的波纹型真空管道，该工程也已于 2001 年竣工(Plissi, 1998)；日本的 TAMA300 引力波望远镜，其臂长 300 m，测量精度为 $8\times10^{-19}\mathrm{m/Hz^{1/2}}$，同样已于 2001 年竣工。目前，日本正在计划建造一个新的大规模低温引力波望远镜，称为 LCGT (Large-scale Cryogenic Gravitational wave Telescope)，它将是一个臂长 3 km 的大型仪器。此外，澳大利亚也有建造引力波望远镜的计划，称为 AIGO (Australia Interferometr Gravitational Observatory)。另一个引力波望远镜是印度，他们正在从美国拆装一台小的仪器，准备回印度后安装并进行试验。

然而，建立在地面上的引力波望远镜不可能完全消除地震波动的影响，同时由于质量块之间的距离限制，在引力波探测上有很大的局限性，其频率测量范围一般仅在 10～1 000 Hz之间，这些频率是由能量极大但非常短暂的事件所引起的，所以探测机会很少。为了探测时间尺度更长的，频率更低的引力波，必须使用空间引力波望远镜。空间激光干涉仪天线 LISA (Laser Interferometer Space Antenna)已在计划中，如图 11.7、图 11.8 所示。这是欧洲航天局(ESA)和美国航空航天局(NASA)共同投资的项目，耗资十分巨大。计划中仪器是一个正三角形激光干涉仪，边长为 5 000 000 km，其反射镜面为悬挂在太空中的一个个稳定的质量块，可以在低温下工作，从而有更高的精度、更低的频率范围($10^{-4}\sim10^{-1}$ Hz)。本仪器采用了很多补偿装置来消除光学平台中的振动、温度差别和其他因素的影响。不过真正的困难是如何精确地测量并且保持它的反射面，也就是它的质量达到 10 nm 的位置精度。这需要一系列重力参考系传感器和空间飞行器的微推进器。它的光学系统包括望远镜，光学平台，激光器和激光发射、传播、接收以及光束控制的装置，所有这些装置都固定在由大块玻璃制成的光学平台上。LISA 原计划于 2022 年发射升空，目前因为经济原因，这台空间望远镜项目已经被取消。最近中国中山大学也提出了一个类似的天琴计划，准备建造一台空间引力波望远镜。

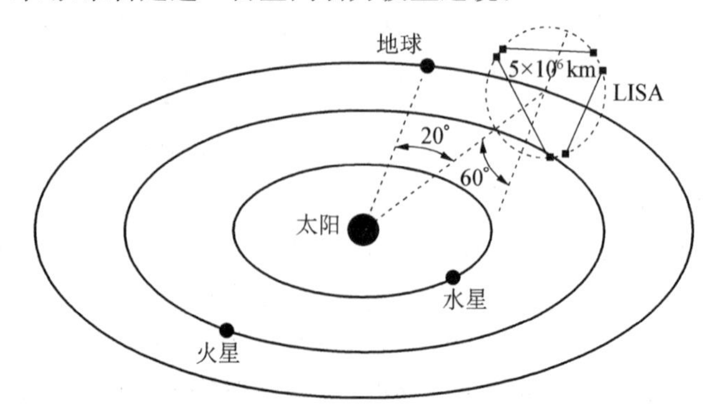

图 11.7　LISA 的运行轨道

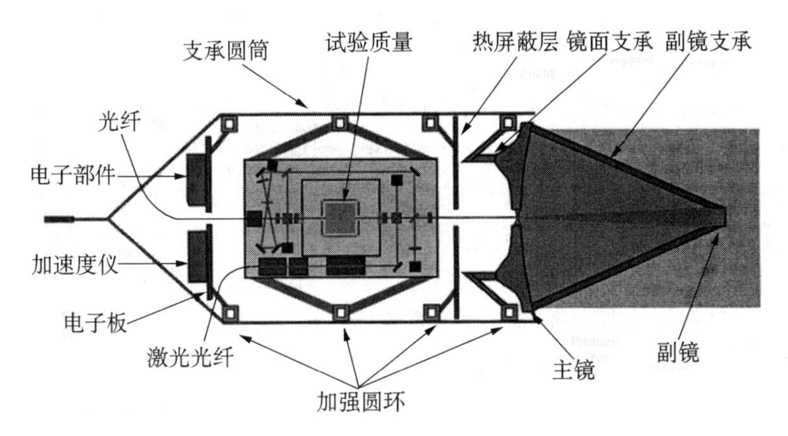

图 11.8 LISA 光学部套示意图

11.1.6 其他引力波和重力望远镜

地面的激光干涉仪引力波望远镜可以探测到相对高频的引力波信号。空间的激光干涉仪引力波望远镜可以探测到较低频的引力波信号。对于更低的在纳赫兹范围内的引力波信号,可以用射电望远镜组成的脉冲星时间阵(pulsar timing array)来探测。利用脉冲星来探测引力波首先是由 Sazhin 和 Detweiler 在 20 世纪 70 年代提出。这种探测引力波的原理是将太阳系和遥远的脉冲星看成一个长臂的两端,而脉冲星则是位于一端的一个时钟。这个时钟发出有规律的信号,由另一端在地球上的观测者在一定时间段 T 接收。当引力波影响到脉冲星或者太阳系的时候,就会引起脉冲星转动频率的很小的变化,这个变化量和所经过的引力波振幅相关。如果脉冲时间的不规则变化量为 e,那么引力波探测的灵敏度应该大于或者等于 e/T,并且探测的频率值可以低到 $1/T$。因为太阳系也受到引力波的影响,所以探测到的引力波振幅应该是脉冲星处和太阳系处的振幅和。要确定每次在脉冲星附近的引力波影响,则需要进行许多类似的对不同脉冲星的观测来首先确定太阳系附近引力波的影响。

在频率极低的引力波探测方面,宇宙微波背景辐射的观测也可以作为引力波的探测器。宇宙微波辐射中的微小温度变化就表示了空间很小的质量分布的变化。总结起来,低温谐振式探测器能够探测到频率为 10^3 Hz 的引力波,地面激光干涉仪的探测频率是在 $10\sim10^3$ Hz,空间激光干涉仪的探测频率是在 $10^{-4}\sim10^{-1}$ Hz,脉冲星观测所获得的频率是 10^{-9} Hz,而微波背景所探测的是大约 10^{-16} Hz。

爱因斯坦的广义相对论不仅包括引力波,而且包括时间和空间的统一性以及空间曲率。已经发射的两颗有名的重力望远镜是重力探测器 A 和 B(Gravity Probe A & B)就是用于后两个方面的。1976 年发射的重力探测器 A 是一颗氢脉泽钟的卫星。通过在地面对卫星发出信号的接收,减去卫星运动所引起的多普勒效应,再和地面上的脉泽钟相比较而获得卫星上的时间。整个观测进行了 1 小时 55 分钟,由于脉泽钟的稳定性,所以测量的精度达到10^{14}。这个探测器的观测证实了爱因斯坦关于重力可以减慢时间的预测。测量值的结果和预测量的误差小于百万分之七十。

2004年发射的重力探测器B的目的是探测地球所引起的周围时空间的卷曲。这个卫星定位于一个地球极点以上600 km的轨道上。爱因斯坦的理论预测在大的质量附近，时空间会发生卷曲，而且在大的转动质量附近，当地的时空间会被质量的转动而拖动。所以这里共有两个效应，一个是由于地球重力所引起的空间卷曲，另一个是由于地球的运动所引起的参考系的拖动。重力探测器B上的仪器包括非常精确的指向望远镜和四个超导陀螺仪。四个陀螺仪可以提供和望远镜指向重复的数据。所有探测陀螺仪全部使用保持在1.7 K低温下的超导体环，同时进行了很好的磁屏蔽。陀螺仪的关键部件是在表面上镀了超导体材料铌的非常标准的熔石英圆球。这些1.5英寸直径的球的尺寸精度达到40个原子的厚度。这些球在陀螺仪中的位置通过主动控制保持始终不变。陀螺仪的精度为0.1 milli-arcsec，这是其他陀螺仪精度的三千万倍。指向望远镜和陀螺仪均精确地指向远处的同一颗星。但是由于时空间的卷曲会使陀螺仪的轴线产生很小的倾斜。这个倾斜值利用超导量子干涉装置(SQUID)来测量，测量的精度为0.000 1″。根据理论推测，轴的漂移为0.001 8°。经过18个月的数据分析，重力探测器B所测量的角度变化和理论值的差别小于1%(图11.9)。

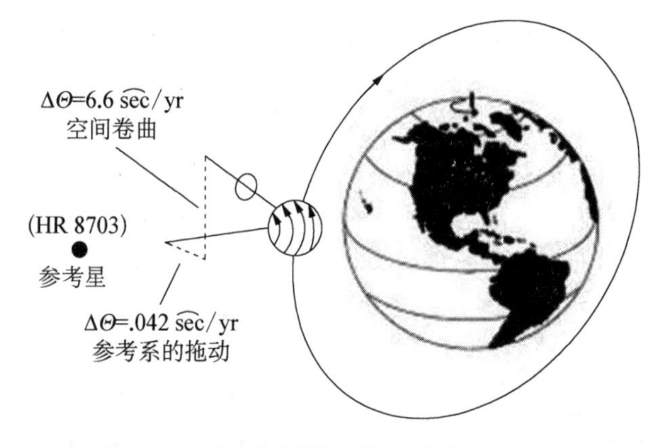

图 11.9 重力探测器B的观测原理(NASA)

11.2 宇宙线望远镜

11.2.1 宇宙线频谱

电磁波和引力波尽管可以看成是由一些特殊粒子所构成的，但是从本质上讲它们是在空间分布的两种不同的物理场。也就是说它们是空间中各个点的有一定特性的物理量。比较起来，宇宙线(cosmic ray)才是真正的一个一个实在的粒子，同时它们中的绝大部分在静止时都具有一定质量。宇宙线，或者宇宙射线，是来自外太空的带电高能次原子粒子。这些粒子包括电子、正电子、质子、离子、反粒子和一些反物质。所谓的反粒子是和粒子相似但是具有相反电荷的粒子，而反物质则是和物质相似，但是和普通物质所带电荷相反的物质。宇宙线的最主要成分是一些元素的原子核，从最轻的氢原子核，即质子，到铁原子的原子核，甚至到更重的原子核。能量最高的宇宙线是一些速度非常接近于光速，在自然界中存在的一些高能量粒子。因为这些粒子带有电荷，所以它们在天体周围的磁场中运动时运动方向会发生改变。因此空间宇宙线的方向随机分布，和它们在空间宇宙线源的方向毫不相干。在一些参考书(Givannelli，2004)中，宇宙线也包括不带任何电荷的 γ 射线和中微子。在这本书中宇宙线只包括带电荷的和不带电荷的亚原子粒子，因此它们只包括电子、质子、中子和离子，而不包括 γ 射线和中微子。

已经测量过的宇宙线的能量分布在 $10^6 \sim 10^{21}$ eV 之间。具有非常高能量的宇宙线粒子的能量和一个运动速度为 160 km/h 的网球的能量几乎相当，但是所有这些能量均压缩在一个原子核之中。大气层以上所记录的宇宙线的能谱覆盖十几个数量级。在 10 MeV 以上，宇宙线的频谱是(Bergstrom，2004)

$$\frac{dN}{dE} \propto E^{-\alpha} \tag{11.20}$$

这里的指数 α 在能量小于 10^{16} eV 的时候是 2.7，而在 $10^{16} \sim 10^{18}$ eV 时是 3。当能量大于 10^{19} eV 的时候，宇宙线的流量会更小。在 10^{18} eV 时，宇宙射线的流量只有每平方千米每年 1 个粒子(图 11.10)。尽管如此，宇宙线的流量仍然是 γ 射线流量的1 000 倍以上。

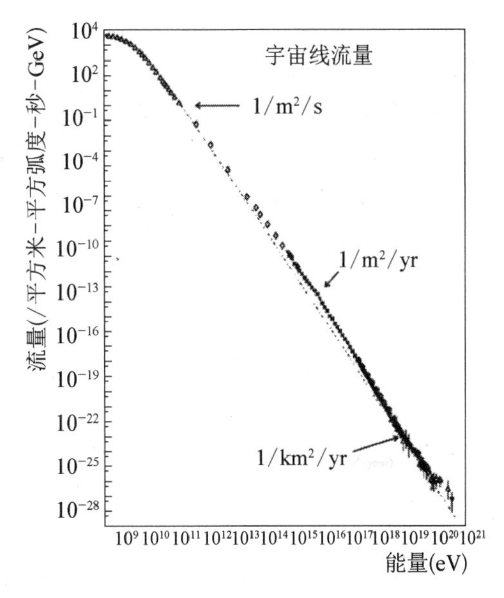

图 11.10　高能宇宙线频谱分布(Springer，2000)

宇宙线探测和 γ 射线探测几乎相同。它可以通过宇宙射线和物质的作用来直接探测，或者通过对次级粒子的探测来间接地观测。宇宙线的次级粒子包括大气簇射中的 γ 射线、介子和中微子等。

空间宇宙线望远镜的接收面积有很大限制，因此只能够应用在相对低能量频段。几乎所有 γ 射线的望远镜都可以用于对宇宙线的探索。然而在超高能量(UHE)和极高能量(EHE)区域，宇宙线本身的流量已经变得非常非常小，从而需要地面上非常大的接收面积来收集宇宙线所产生的次级粒子。这种非直接的宇宙线探测主要依靠的是广延大气簇射望远镜阵(EAS)。所收集到的次级粒子分散在非常广大的区域。因此工作在超高能量以上的设备已经不被叫做 γ 射线望远镜，而是叫宇宙线望远镜。在一些情况下，宇宙线望远镜可以同时用于对中微子的探测。在对中微子进行探测时，所记录的信息必须是从地心方向传来的。因为只有中微子可以很容易地穿过地球而不和物质发生作用，而宇宙射线则会被地球表层所屏蔽。

大部分宇宙线的观测是通过大气切伦科夫效应来实现的。当高能量宇宙线粒子进入大气层以后，会和大气分子的原子核发生作用并失去一部分能量。在高能量水平上，这种相互作用会产生次级粒子，主要的是正、负和中性的 π 介子。这些新产生的粒子会继续和大气分子的原子核发生作用，从而产生更多的粒子。这种粒子数不断倍增的过程称为粒子雨或者叫切伦科夫雨。中性的 π 介子会很快地衰变成两个伽马光子，而伽马光子也会通过电子对效应产生新的正负电子对。而正负电子对经过同步辐射又会产生新的 γ 光子。具有电荷的 π 介子在一定时间后也会产生衰变。当这些 π 介子在衰变之前和大气分子的原子核产生碰撞，会产生出新的 μ 子和中微子。这种粒子雨就像一片不断增大的大饼以接近于真空中的光速，即大于大气中的光速，不断地向地面前进。这个过程会不断地重复直到离子的平均能量减少到 80 eV 以下。在这个能量上，粒子和原子核发生作用会产生对粒子的吸收，粒子雨将会停止。粒子吸收所发生的高度称为粒子雨的极大值。具有高能量的宇宙线所形成的粒子雨的极大值高度很小。在这个时候，虽然粒子雨这个大饼中的粒子数量不再增加，但是粒子间的相互作用会继续使粒子间的距离增加。当这个粒子雨到达地面的时候，这个大饼的尺寸会有几百米以上，它的厚度会达到一到两米。

γ 射线和宇宙线所形成的粒子雨之间的最大区别是粒子雨的组成。γ 射线的粒子雨包括正负电子和伽马光子，而宇宙线的粒子雨则还包括 μ 子、中微子和强子(图 11.11)。所谓的强子是质子、中子和 π 介子。μ 子具有正电荷，而中微子是不带电荷的。μ 子可以用盖格-穆勒(Geiger-Muller) 探测器来观测，而中微子主要是用切伦科夫荧光探测器来观测。在切伦科夫粒子雨中的粒子数量决定于主宇宙射线的能量水平、观测站的高度和粒子雨形成时的起伏效应。宇宙线很难到达地面，它们会在地面以上几万米的高度处和大气原子核发生作用。

因为宇宙线的流量是同等能量的 γ 射线流量的 1 000 倍以上，所以相对低能量的宇宙线可以用 γ 射线望远镜来观测。在地面上，大气切伦科夫望远镜可以用于高能宇宙射线的观测。然而随着能量水平的提高，宇宙射线的流量会变得非常小，这时所需要的望远镜必须具有很大的区域覆盖和非常大的视场。所以在超高能和极高能能量区域，就需要一些专门的宇宙线望远镜，如广延大气簇射望远镜阵和荧光望远镜阵。有时，这两种望远镜也会同时使用。在一些参考书中，还使用极端高能宇宙线(EHECR) 和极端能量宇宙线(EECR)的名称。这些名称是指能量在 1 EeV 和 50 EeV 以上的宇宙线，在这样的能量级上，宇宙线的流量已经少于每平方千米每一百年一次。如果要探测这种宇宙线，则需要有工作在空间的广角荧光望远镜。

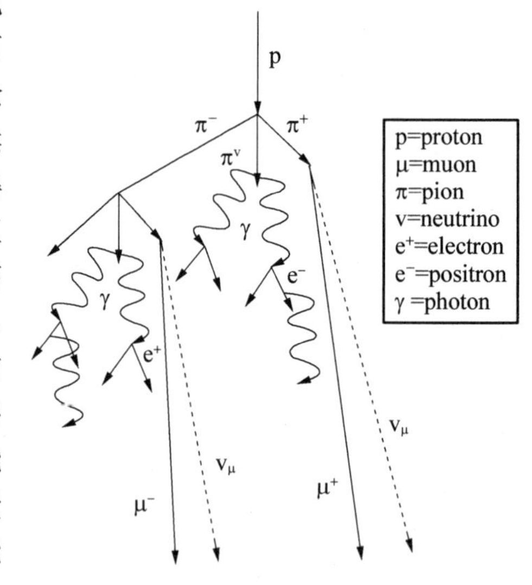

图 11.11　宇宙线大气簇射的组成

11.2.2　广延大气簇射望远镜阵

宇宙线广延大气簇射望远镜阵主要用于极高能的区域。它们或者是在高原地区，或者是在占有很大面积的地区，有一些望远镜甚至安装在地下。在高原或者高山上，所需要的探测器面积可以比较小，这时探测器也叫示踪器(tracker)，包括乳胶室(emulsion chamber)、阻力板室(resistive plate chamber)、迁移室(drift chamber)、蒸汽管(steamer tube)、盖格管和其他的在粒子物理中经常使用的对粒子位置敏感的接收器。这些接收器可以用来确定宇宙线来自的方向。在有的接收器中同时安装有两组闪烁探测器,当它们同时有响应的时候,这个信号就会被确认。一种闪烁光纤描迹器(hodoscope) 是由两层掺杂闪烁材料的聚苯乙烯光纤组成的,一层是在 x 方向,而另一层是在 y 方向。这些光纤的外壁涂有黑色的油墨来对其他光纤实现光学上的隔离,这样就获得了宇宙线所碰撞的确切位置。高海拔的宇宙线望远镜有 ARGO、羊八井、INCA 和玻利维亚的 Chacaltaya 实验室。羊八井望远镜使用了阻力板接收器,而 INCA 则使用了由多层乳胶板和铅板组成的乳胶室。

位于地面的广延大气簇射望远镜阵常常追求更大的接收面积,所以采用了价格低的水、冰或者其他带有光电倍增管的切伦科夫荧光计数器。明野巨型大气簇射阵(Akeno Giant Air Shower Array)就是一台巨大的地面阵,它占地 100 km^2,包括 111 个 2.2 m^2 的探测器和 27 个 μ 子的探测器(2.8~10 m^2 的铁/混凝土吸收器)。

当产生宇宙线大气簇射的时候,在大气簇射的极大值高度,每秒钟会有数以百计的次级粒子到达。但是由这种极高能量的宇宙线所引起的广延大气簇射并不是很多,因此不同信号探测器上的响应认证十分必要。当探测一次比较小的宇宙线光雨时,总的次级粒子数有几千个,通常需要在 10~30 m 的范围内放置数十个或者数百个探测器。而要探测具有十亿个次级粒子的大气簇射时,则需要在大约一千米的范围内放置很多的探测器。

皮埃尔·俄歇(Pierre Auger)天文台是地面上最大的宇宙线望远镜。这个望远镜的两个台址分别是阿根廷的门道萨省的马拉格(Malargue) 和美国犹他州。这个扩展式的大气簇射望远镜阵在每个台址上的面积达到 300 km^2。宇宙线的能量是通过两个扩展式的大气簇射望远镜阵以及相关的大气荧光探测器来测量的。大气荧光探测器或者大气荧光望远镜将在下一节中介绍。在这个望远镜中,一共有 1 600 个相距为 1.5 km 呈三角形阵列排列的水罐切伦科夫探测器。每个水罐的横截面积为 10 m^2。水罐的深度为 1.2 m,各储存有 12 t 纯净水。在每个水罐中安装有 3 组光电倍增管来探测微弱的荧光光路。由于可见光在水中的消光距离通常是 2~3 m,所以水罐横截面积的大小限制了光电倍增管的数量。大的横截面积就需要较多的光电倍增管。在这些水罐探测器上方有 3 个面向下方的 9 英寸光电倍增管。为了避免错误的像斑,在罐子内壁上涂有特殊的散射反射光的材料,这些材料(Tyvek)是由一些方向随机分布的聚乙烯微细纤维所构成的。这些探测器对能量大于 10^{19} eV,天顶角小于 60°的宇宙线是十分有效的。

单极天体物理和宇宙线天文台(MACRO,Monopole Astrophysics and Cosmic Ray Observatory) 是另一个大面积的地下观测装置。它主要用于对宇宙线中一些稀少成分如一些单极核子和中微子的观测。MACRO 位于意大利,距离罗马约 120 km。

11.2.3 宇宙线荧光探测器

使用光电倍增管的水下切伦科夫效应闪烁计数器受到了水中消光效应的强烈影响,所以它的应用受到了严重限制。而这种荧光在空气中的消光长度要大很多,达到近

12 km，所以这种微弱的荧光(波长在 200～450 nm 之间)可以在很远的距离上被光学望远镜所探测。当带电粒子和大气中的氮分子十分接近的时候就会产生这种荧光，这时如果用带有光电倍增管的广角望远镜或照相机，就可以捕获这种大气光雨的轨迹。这种望远镜具有极大的视场，可以覆盖很大的天空区域。这种特殊的用于这个目的的极大视场的光学望远镜称为宇宙线荧光望远镜(cosmic ray fluorescence telescope)，主要用于对极高能量(100 PeV～100 EeV)宇宙线的观测。

宇宙线荧光望远镜的结构有不同的设计形式，最简单的就是一个在焦点放置了光电倍增管的球面镜。如果光斑大小为 1°的话，它可以达到的视场为 15°×15°。这种望远镜已经用于犹他州的 HiRes(High Resolution fly's eye) 工程中。一种改进后的设计是在这个镜面的曲率中心，即球心面上加一个光阑，这样视场可以达到 30°×30°。在皮埃尔·俄歇天文台使用的就是这种设计。它的主镜尺寸为 3.5 m×3.5 m，而光阑的直径为 1.7 m(图 11.12)。

在皮埃尔·俄歇天文台除了扩展式的大气簇射望远镜阵外，一共有 30 台荧光望远镜。每个荧光望远镜覆盖了高度角从 1.7°到 30.3°，地平角达 30°的天区。在它的焦点上有 440 个 40 mm 直径的光电倍增管。望远镜安排得一个紧靠着另一个，形成一个圆弧形的阵列，对 360°的天区进行观测。图 11.12 是这种新的荧光探测器的设计。当光阑尺寸为2.2 m的时候，它的像斑尺寸是 1.5°。还有一种改进后的设计，它在光阑内有两个环状的球面改正镜(图 11.13)，这种望远镜的像斑尺寸仅有 0.55°。

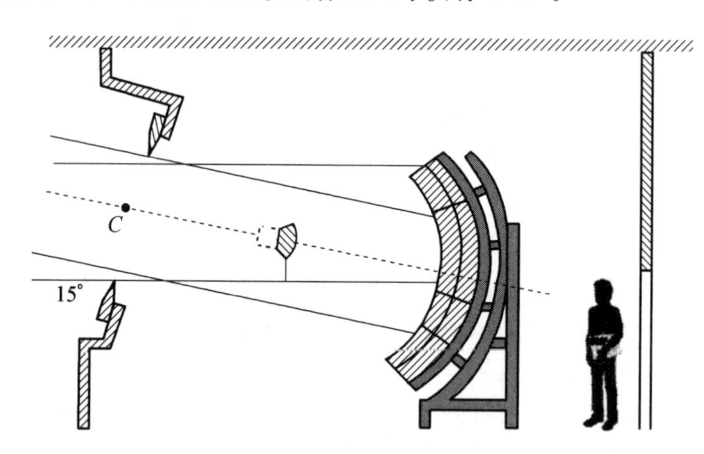

图 11.12 没有改正镜的大视场施密特望远镜(Cordero，2000)

HiRes 项目一共有两个荧光望远镜阵，每个阵列之间的距离是 12.6 km。如果仅使用一个望远镜阵，只能确定荧光所在的平面，而不能确定荧光所来自的方向。当使用两个望远镜阵的时候，荧光的方向就可以完全确定，这种技术被称为立体定位技术(stereo reconstruction technique)。在大望远镜阵(telescope array)的计划中，将包含有 10 个荧光望远镜阵，在每一个阵中，有 40 个望远镜分布在两层的圆环中。这个望远镜阵将包括从高度角 3°到 34°的所有天区，它的天区覆盖面积是 AGASA 项目的 30 倍以上。

如果要获得更大天区覆盖，可以将观测宇宙线的望远镜放置在轨道上。欧洲南方天文台提出的一个新的极端宇宙空间天文台(Extreme Universe Space Observatory) 就是

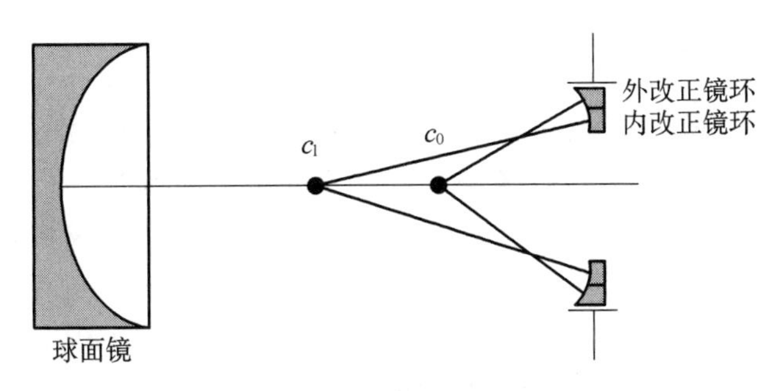

图 11.13　具有环形改正镜的球面望远镜(Cordero et al, 2000)

这样一台望远镜。这是在 380 km 轨道上的一台具有 60°视场的大口径光学望远镜。望远镜实际上是一面 3.5～4 m 的双面菲涅耳透镜,它的像元大小大约是地面上的 1 km 范围。这样的望远镜就可以捕获到十分罕见的极端能量的宇宙线粒子。另一个相似的计划是俄罗斯的 10 m 直径拼合菲涅耳透镜,这同样是一个在轨道上运行的望远镜,它的视场为 15°,名字为 KLYPVE。

宇宙线望远镜同样可以用于对中微子的探测。在探测中微子的时候,荧光锥体来自的方向应该是从地底向上的方向,这样就可以去除宇宙线或者 γ 射线的影响。

在射电频段,当粒子的运动速度高于光在该介质内的速度时,也会产生一种阿斯卡雅(Askaryan) 效应。阿斯卡雅效应和切伦科夫效应类似,当粒子在射电透明的介质内,如盐类、冰或者月岩,以超过光在该介质中的速度前进时,也会产生光雨和次级粒子。这些次级粒子的电荷不具有各向同性的特点,所以就会在射电和微波波段(0.2～1 GHz)产生锥形的相干辐射。到目前为止,已经通过用硅石、岩盐和冰等大块材料观测到超高能量量级(PeV 或者 ZeV)的粒子,包括中微子。在冰中,阿斯卡雅效应的锥顶角为 53°,在岩盐中是 66°。这种效应所产生的电磁波可以从固体中折射到空气中。射电辐射的极化和切伦科夫效应是完全相同的,所以可以以此来发现这种效应的来源。这些射电辐射可以用空间的、地面上的和地下的天线来测量,这些专用的天线也称为射电荧光天线(图 11.14)。

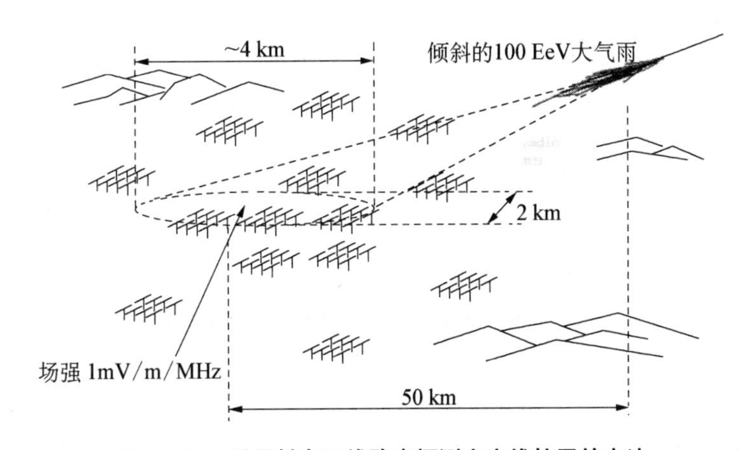

图 11.14　利用射电天线阵来探测宇宙线粒子的方法

11.2.4 宇宙线磁谱仪

传统的依靠能量进行探测的空间粒子探测器的极限在几百兆赫兹，如果粒子的能量高于这个数字，就很难在空间进行直接探测。而空间磁谱仪则提供了一种对能量在几百兆电子伏特到几个太电子伏特粒子可能的测量方法。在可见光波段利用棱镜可以进行分光，在磁场作用下，不同动量的带电粒子将形成不同曲率的路线。在电磁场理论中，动量的定义和经典牛顿力学中的定义是不相同的。粒子的广义动量包括两项：一个是质量和速度的乘积，而另一个是电荷和电磁矢量势的乘积。

$$\boldsymbol{p} = m\boldsymbol{V} + q\boldsymbol{A} \tag{11.21}$$

式中 m 是质量，$\boldsymbol{V}$ 是速度，q 是电荷，而 $\boldsymbol{A}$ 是电磁矢量势。在磁场中，场矢量可以用矢量势来表示，$\boldsymbol{B}=\nabla\times\boldsymbol{A}$。对于高速运动的带电粒子，第一项非常小。而动量变化的速率则是这个粒子在磁场中所受到的力：

$$\mathrm{d}\boldsymbol{p}/\mathrm{d}t = q\boldsymbol{V} \times \boldsymbol{B} \tag{11.22}$$

动量变化速率的绝对值和角速度 $\mathrm{d}\theta/\mathrm{d}t$、线速度 $\mathrm{d}s/\mathrm{d}t$ 以及轨迹的曲率 ρ 相关：

$$\frac{\mathrm{d}|\boldsymbol{p}|}{\mathrm{d}t} = |\boldsymbol{p}|\frac{\mathrm{d}\theta}{\mathrm{d}t} = \frac{|\boldsymbol{p}|}{\rho}\frac{\mathrm{d}s}{\mathrm{d}t} \tag{11.23}$$

当磁场和粒子的速度垂直时，受到的力为

$$\mathrm{d}\boldsymbol{p}/\mathrm{d}t = q|\boldsymbol{B}|\frac{\mathrm{d}s}{\mathrm{d}t} \tag{11.24}$$

这时粒子的动量直接和运动曲率有关：

$$\boldsymbol{p} = q\boldsymbol{B}\rho \tag{11.25}$$

在磁谱仪中配置有一层层的硅材料所组成的示踪器。这些位于磁场中的硅材料层可以探测出带电粒子轨迹弯曲的程度。同时在磁场前后则分别有两个双层的闪烁计数器用来精确记录事件的发生时间，它的精度可以达到 120 fs。通过对粒子电荷量和轨迹曲率的测量，就可以确定电荷动量和电荷符号，这就是现代磁谱仪对宇宙线观测的基本原理。

因为磁谱仪可以确定粒子的能量和电荷量，所以它可以探测反物质。在中微子这种暗物质湮灭时会产生反粒子，比如正电子、反质子和反氘核等。所以磁谱仪也可以通过反物质，间接地探测暗物质。

最重要的磁谱仪就是阿尔法磁谱仪（AMS），它有两个仪器，一个是 AMS-1，另一个是 AMS-2。一号阿尔法磁谱仪在航天飞机上进行了短暂观测。为了防止轨道中无关磁场的影响，整个磁谱仪都用磁性很强的锂铁硼磁性材料进行屏蔽。观测试验于 1998 年进行了十天。二号阿尔法磁谱仪安装在国际空间站上，从 2004 年开始进行了长达三年的观测。这一台磁谱仪的磁场是由超导体形成的。除了硅示踪器和粒子飞行时间记录装置以外，二号阿尔法磁谱仪还载有用于对超光速粒子（ultra-relativistic particle）所产生的瞬时辐射进行探测的探测器。这种瞬时辐射探测器是一组聚丙烯（polypropylene）纤维形成的辐射探测器。这些纤维分别安置在5 248个具有高电压并充满氙气和二氧化碳的微细管子之内。二号阿尔法磁谱仪同时装备有环状的切伦科夫成像计数器和电磁测温计。切伦科夫计数器可以测量超高速运动粒子离开切伦科夫圆锥开口时的速度。切伦科夫辐射器还包括一组气雾室和NaF平板。在探测平面内共有680个多电极的光电倍增管，而电磁测温计则是在一层铅膜上胶连着很多的具有闪烁功能的纤维。

Pamela是另一个类似磁谱仪的仪器。它是由意大利和俄罗斯在2006年合作发射的卫星。

电中性高能原子(energetic neutral atom)也是宇宙线的一种，也是太阳风的组成部分。它们是由等离子体状的离子经过速度慢的原子时，俘获电子形成的。对高能中性原子的探测在高能区域有十分重要的意义。在设计中，高能中性原子的探测器必须防止带电粒子的进入，必须防止光子，特别是高能的紫外光子的进入，必须能够测量原子的能量和质量，必须能够决定中性原子的入射方向，一个典型的电中性高能原子接收器主要包括带有静电隔板的准直器、阻隔光子的金属薄膜、微通道板接收器等重要部件。

11.3　暗物质望远镜

11.3.1　冷和热暗物质

早在十九世纪七十年代，天文学家就已经通过Hα线的红移量来测量河外星系沿着其半径方向上的旋转速度曲线(Rubin & Ford, 1970)。所有这些测量到的，从星系中心到它们边缘的曲线均十分平坦。假如星系中的主要质量就像我们在可见光中所看到的是集中于星系中心，那么它们沿半径上的旋转速度值应该和它们距中心的距离的平方根成反比。所以这种观测结果表明在宇宙中存在着我们看不到的暗物质。

所谓暗物质是指由于其自身不能发射或反射足够强的电磁波，所以很难被直接探索的物质。但是它们的存在却可以利用它们对普通物质的引力效应所确定。现在天文学家，特别是宇宙学家已经通过间接天文观测，比如说通过测量宇宙常数，通过完善大爆炸理论和通过广义相对论等，证实了在宇宙中，普通的可以探测到的物质仅占全部物质的4%左右，另外24%则属于暗物质范围，其余的部分则属于暗能量，暗能量是宇宙中更为特别的部分。由于它们的存在，我们的宇宙才能够不断向外膨胀。

在粒子理论的标准模型中，基本粒子包括两个大家族，即轻子(leptons)和强子(hadrons)。所谓的轻子就是仅会产生弱相互作用的粒子。而强子则又分为介子(mesons)和重子(baryons)两类。这里leptos意思是轻的，mesos意思是中间的，而baryos意思是重的。只有重子，包括电子、中子和质子，才是我们所指的，通常意义上形成宇宙的物质。从这个意义上，所谓的暗物质包括我们不能够探测到的重子和其他的非重子类物质。

非重子类物质粒子可以进一步分为相对论性的和非相对论性的两种。如果粒子的速度十分接近光速，则称为相对论性的，或者称为热的，而那些速度很低的，则称为非相对论性的，或者称为冷的。在一些文献中，用暖性的粒子来表示速度介于热和冷粒子之间的状态。实际上，暖暗物质是冷暗物质的一部分。对暗物质的探索应该包括对难以发现的重子物质、热暗物质和冷暗物质的探索。遗憾的是直至今天，我们仅仅知道中微子是一种热暗物质，而所有其他可能的暗物质粒子则全部是通过理论模型推导出来的。它们的存在对于天文学家来说仍然是一个谜。

重子类暗物质包括仍然没有看到的星际气团，围绕恒星的行星中的物质，死亡后的恒星，褐矮星(brown dwarfs) 或者原始的黑洞。这些隐藏的重子类暗物质大部分存在于星系的晕之中，所以称为晕族大质量致密天体(MACHO, massive compact halo object)。利用引力波望远镜则可能探测到这些难以探测的重子类暗物质。其余暗物质则是非重子类暗物质，中微子是已知的几乎没有质量的非重子类热暗物质。中微子的探测将在下面两小节中介绍。然而，中微子仅仅是暗物质中很小很小的部分，所以天文学家必须不断对非重子类冷暗物质进行探索。

其他理论推测的冷暗物质包括轴粒子(axions)和极轻超对称粒子(Lightest Supersymmetric Particles, LSP)。LSP 包括涉中子(neutralinos)、引力微子(gravitinos)和 S 中微子(s-neutrinos)，也可能包括一些其他粒子。它们的总称是弱相互作用大质量粒子(Weakly Interactive Massive Particles, WIMPs)。所有这些粒子都不是粒子物理标准模型中的成分，但是可以通过对标准模型的延伸来获得这些粒子。许多超对称的模型自然地会产生稳定的涉中子。探测冷暗物质粒子望远镜将在第 11.3.4 节中介绍。

11.3.2 中微子探测方法

中微子是构成宇宙的一种基本粒子，它可能是暗物质的一部分，也是宇宙中最不为人们了解的一种粒子。中微子是泡利在研究中子衰变时首先预测到的，它是中子在 β 衰变时失踪的一部分。中微子本身有一定的能量。它和我们所熟悉的电子类似，但是中微子和电子有一个重要区别，就是中微子不带有任何电荷。由于它是电中性的，所以它和电子或宇宙线不同，不受电磁力的影响。中微子仅受弱作用力的影响，产生弱作用力的尺度远比产生电磁场力的尺度小很多，所以中微子可以在物质中间穿越很长距离，而不留下丝毫踪迹。中微子的探测相对比较困难，它需要很大体积的探测材料或者是很大的中微子流量。中微子常常包含恒星星核中的重要信息，所以它的探测具有特别的意义。比如在太阳中心所产生的中微子经过 8 min 就可以到达地球表面，而在同样地方产生的光子由于漫长的散射则要经过大约一百万年时间才能够到达地球，太阳内部的光子需要经过很漫长的散射过程才能离开太阳。

中微子根据它们所对应的带电粒子的情况可以分为三种：电子型中微子、μ 子型中微子和 τ 子型中微子。证据表明并不存在其他形式的中微子，除非它们和现有的中微子具有完全不同的特点。中微子和宇宙中的暗物质及反物质有直接联系。较轻的中微子已经在高能加速器附近被发现。然而在早期宇宙中应该存在着质量很大的中微子，这些特别重的中微子不可能在能量十分有限的加速器中产生，所以要证实这些中微子的存在就必须对中微子进行观测。中微子本身可能存在着它的反粒子，如果是这样，在双 β 衰变时，反中微子可能会立即被其他中微子所吸收。证实这一点对物质和反物质的不对称理论具有十分重要的意义。

在粒子物理中，常常用横截面积来表示碰撞的有效面积。横截面积的值是这样定义的：如果一个粒子撞击在垂直于它的轨迹，以被撞击粒子为中心的一个圆形面积上，这个撞击效应就会发生;而不在这个圆形面积上时,这个效应就不会发生。那么这个圆形面积的值就是它的横截面积的值。横截面积的值和几何面积没有关系,它和能量相关,能量越大,横截面积的值就越大。比如硼,如果用速度为 1 000 m/s 的中子来撞击,它的横截面积为 1.2×10^{-22} cm^2,而用太阳的中微子来撞击的话,它的横截面积就很小,只有 1.06×10^{-42} cm^2。原子半径常常是在飞米(10^{-15} m)范围之内。

探测中微子的方法有几种。一种是通过具有放射性的化学材料,如^{37}Cl、^{127}I和^{71}Ga。一个充满 C_2Cl_4洗涤剂的大桶埋藏在地下就形成一个探测中微子的望远镜。中微子和放射性材料^{37}Cl的反应为

$$\nu_e + {}^{37}Cl \rightarrow {}^{37}Ar + e^- \tag{11.26}$$

式中 ν_e 是电子型中微子。通过测量稀有同位素^{37}Ar,就可以探测到中微子的出现。第一个中微子探测器就是用这种方法在美国南达科塔州一个矿井中工作的。由于中微子的横截面积很小,所以需要很大体积的液体。使用这种方法时能量截止值为 0.814 MeV,所以只能观测一部分能量较大的太阳中微子。

另外一种探测中微子的方法是用镓探测器,其中的反应为:

$$\nu_e + {}^{71}Ga \rightarrow {}^{71}Ge + e^- \tag{11.27}$$

这种方法的能量截止值很低,大约为 0.233 MeV,所以可以观测到大部分的太阳中微子(能量为 0.1～10 MeV)。意大利的 GALLEX 实验使用了含有 30 t 镓的氯化镓和盐酸溶液,这个试验于 1991 年终止。另外俄罗斯在巴库中微子天文台的 SAGE 试验中使用了含有 55 t 镓的约 3 000 m^3 溶液。

另一种中微子或反中微子的探测方法需要水和氯化镉混合液。当反中微子和物质材料的质子作用时,会产生一个正电子和一个中子。正电子和周围材料中的电子发生湮灭,同时产生两个光子,而中子经过减速以后最终为镉原子核所俘获。这两个光子是在正电子湮灭以后的 15 μs 发出的。利用这个时间差特点,就可以确认发现中微子的效应。

最简单的探测中微子的方法是通过配制有光电倍增管的水桶或水池,这种探测的原理称为弹性散射。在这个过程中,中微子和物质产生散射,从被碰撞的物体中获得能量或给出能量,这时并没有任何的粒子产生或消亡。这种观测可以表示为

$$\nu + e^- \rightarrow \nu + e^- \tag{11.28}$$

这种在碰撞时反弹的电子会发出切伦科夫荧光,而光电倍增管则可以接收这个荧光。并且由于水和冰价格很低,所以这种方法十分诱人。这种方法的缺点是中微子探测的能量极限比较高,大约在 6.5～9 MeV,只能用于探测高能部分的中微子。由于这个原因,太阳中微子的流量大约减少为 10^{-4}。这个方法的另一个缺点是很难区别由于水或冰中的杂质和宇宙线产生作用所形成的 γ 射线的信号。为了消除宇宙射线的影响,可以只记录来自地球中心方向的切伦科夫荧光。

中微子在一定体积水中,在一定时间间隔内所可能产生的作用次数可以表达为

$$N_{\nu \cdot e} = \varphi_\nu \Delta t \sigma_{\nu \cdot e} N_{\text{target}} = \varphi_\nu \Delta t \sigma_{\nu \cdot e} \frac{10MN_{\text{A}}}{A} \tag{11.29}$$

式中 φ_ν 是中微子的流量，Δt 是时间间隔，$\sigma_{\nu \cdot e}$ 是产生作用的横截面积，N_{target} 是接收器电子总数，M 是水的质量，$N_{\text{A}} = 6.022 \times 10^{26}$ kmol^{-1}，水的原子量 $A = 18$ kg/kmol，因子 10 表示一个水分子包含有 10 个电子。中微子的横截面积和其能量相关。中微子相对于普通材料横截面积是 5×10^{-32} $(E_\nu/\text{MeV})^2$ cm^2。这个横截面积是很小的数字。如果中微子流量是 6.5×10^6 cm^{-2}s^{-1}，那么一天时间内，要记录一次中微子作用所需要的水为 0.5×10^6 kg。由于中微子的横截面积随着它的能量会线性增加，当中微子能量为 5 MeV 时，它的横截面积为(Bergstrom，2004)

$$\sigma_{\nu \cdot e} = C_x 9.5 \times 10^{-45} \left(\frac{E_\nu}{1\ \text{MeV}}\right) \text{cm}^2 \tag{11.30}$$

式中 C_x 是和中微子形式相关的一个常数(对于电子型的中微子 $C_x = 1$，对于其他形式的中微子 $C_x = 1/6.2$)，E_ν 是它的能量。

基于这一原理，水或冰的切伦科夫中微子望远镜有着广泛应用。水或冰在紫外和可见光范围内的吸收率低，并且有适宜的折射率。通常光电倍增管是成组地分布在介质之内，它们有很好的时间分辨率(大约 1 ns)。通过对光到达时间的分析可以确定粒子射入的方向。为了避免宇宙射线所产生的 μ 子的影响，中微子望远镜一般建在地下或者海底。μ 子是带电荷的粒子，它不容易穿透很深的介质层，只能到达一定深度。在 1 km 地下，大约每平方厘米每秒范围内仅仅有 4×10^{-8} 这样的粒子能够通过岩石层(Robinson，2003)。如果再深深地向下，就可以保证 99.9%的 μ 子都被岩石层阻挡住。进一步的改善是仅记录来自地球中心方向的效应，这样就消除了宇宙线的全部影响。在中微子的探索中，不仅可以利用光学切伦科夫效应，也可以利用射电阿斯卡雅(Arskaryan)效应。

正如在宇宙线望远镜部分所介绍的，中微子的探索同样可以使用地面上或者轨道上用于探测宇宙线的大气荧光望远镜和射电天线。射电天线可以是现在存在的或者是专用的。在射电频段，如果中微子撞击月球岩石的边缘，圆锥状的射电信号可以用地面上的射电望远镜来接收。如果从地心方向来的中微子撞击到岩石上，所产生的射电信号可以用一个空间射电望远镜来接收。如果中微子所撞击的是地下岩洞里的冰块，那么所产生的射电信号经过折射进入空气，可以用位于岩洞内的射电接收器阵来探测(Gorham，2007)。在冰内，阿斯卡雅效应的锥体角为 53°，在岩盐中，这个角度是 66°。通过这些接收器，可以确定所接收的中微子源的方向。这种射电接收器的设计和切伦科夫望远镜的设计十分类似。在中微子探测中由于多种的包括接收器的原因，虚假的信号是不可避免的。因此常常使用多个独立的接收器同时工作以增加探测的可靠性。表 11.1 给出了中微子探测器的各种类型。

表 11-1　中微子探测器的类型

类型	材料
scintillator　闪烁器	C, H
water Cherenkov　水切伦科夫	H_2O
heavy water 重水	D_2O
liquid argon　液氩	Ar
high Z/neutron　高原子量/中子	NaCl, Pb, Fe
radio-chemical　放射性材料	^{37}Cl, ^{127}I, ^{71}Ga
radio Askaryan effect 阿斯卡雅效应	冰,岩石和盐

11.3.3　中微子望远镜

1969 年在美国 Homestead 矿井中,第一次利用氯同位素液体对电子型中微子进行了探测。它总共用了 615 吨洗涤剂溶液。后来 Gallex 工程使用了 30 吨镉,形成氯化镉和盐酸溶液。这个工程于 1991 年终止。另一个 SAGE 实验工程使用了 55 吨镉,这个工程称为巴库中微子实验室。2002 年加拿大的 SNOLAB 工程在地下 2 200 m 的地方使用了从加拿大原子能公司借出的 1 000 吨重水。

大部分的中微子望远镜是以水或者冰来作为接收介质的。主要的水探测器有夏威夷的 DUMAND(Deep Underwater Muon And Neutrino Detector),希腊的 NESTOR (NEutrinos from Supernova and TeV sources Ocean Range),俄、德和匈牙利的 NT-36 (将来是 NT-200),日本的 KAMIOKANDE (KAMIOKA Nucleon Decay Experiment) 和瑞典的 PAN (Particle Astrophysics in Norrland)。DUMAND2 将 DUMAND 的探测面积扩展到 20 000 m^2。NESTOR 是一个面积达 100 000 m^2的水下中微子望远镜。它在水面以下 4 100 m 的地方包含有很多组的光电探测器。每一组约有 10 个 15 英寸的光电管,其中 6 个分布在第一层,它们的分布半径为 7 m,第二层是在第一层的 3.5 m 以下。每 12 组这样的探测器形成一个高高的塔架,这些塔架均匀分布在望远镜的所有面积上。在海水中切伦科夫荧光的消光距离大约是 2 m。KAMIOKANDE 是另一个重要的地下望远镜,它的探测器总共有 2 140 t 的水。在中微子望远镜中 AMANDA (Antarctic Muon And Neutrino Detector Array) 是最重要的工程,它又称为冰立方。它在南极冰层下 1 400 m 的深处,埋藏有 4 800 个光电倍增管,形成一个切伦科夫荧光望远镜。在南极,只有在 1 400 m 的深处,冰层才变得十分透明。这种透明纯冰的消光距离为 24 m,在冰层内,切伦科夫荧光的锥角为 45°。2003 年中国建立了大亚湾中微子实验室。

另外的中微子望远镜具有不同形式。比如 MUNU (means magnetic moment and neutrino from the Greek) 使用了压缩到 5 bars 的 CF_4气体来作为接收介质。当中微子和气体中的电子撞击时,电子会反弹使气体电离,从而留下它的踪迹。

Radio Ice Cherenkov Experiment (RICE), Fast On-orbit Recording of Transient Events (FORTE), Glodstone Lunar Ultra-high energy neutrino Experiment (GLUE), Saltdome Shower Array (SalSA)和 ANtarctic Impulsive Transient Antenna (ANITA)

是一些利用阿斯卡雅效应的中微子望远镜。

除了地下和海底的设施外，地面和空中的宇宙线望远镜也可以作为中微子的观测设施。当使用这些设施的时候，探测到的荧光必须是来自地下的方向，这样就可以消除宇宙线和 γ 射线的影响。所以中微子望远镜也包括一部分宇宙线望远镜。

11.3.4 τ 子中微子的探测

中微子根据它们所对应的带电粒子的情况分为三种：电子型中微子、μ 子型中微子和 τ 子型中微子。如何来区别这三种形式的中微子呢？这可以从它们的发光模式进行区别，这种方法的可信度达到 25%。

电子型中微子能量最小，转化为电子以后，电子会立即与其它原子相互作用，会连续不断产生具有切伦科夫效应的正负电子对，将能量一下子释放出来，由于每一个粒子都具有切伦科夫光锥，这些光斑叠加起来会形成一个接近圆锥体的区域。而 μ 子型中微子能量比较大，转化成的 μ 子不像电子那样擅长于相互作用，它会在冰中或者水中穿行一段距离，然后再将能量释放出来，形成一个切伦科夫光锥。τ 子型中微子的能量比 μ 子中微子更大，转化为 τ 子之后，大约是电子质量的 3 500 倍。τ 子会迅速衰变，它的出现和消失将分别产生两个连续的光球，被称为 τ 子型中微子的“双爆”现象。

目前所观察到的 τ 子型中微子数量很少。新的大面积的荧光和射电天线设施可以用接近水平方向掠射的切伦科夫效应来探测来自宇宙中的 τ 子型中微子。因为水或冰在紫外和可见光范围内的吸收率低，并且有适宜的折射率，所以水或冰的切任科夫中微子望远镜有广泛应用前景。

在中微子望远镜中，光电倍增管常常分布在介质内，它们具有很好的时间分辨率(大约 1 纳秒)，通过对荧光到达时间的记录，可以确定粒子进入的方向。为了避免宇宙射线所产生的 μ 子的影响，中微子望远镜一般建设在地下或者海底。μ 子是带电荷粒子，它不能穿透很深的介质层，只能到达一定深度。在 1 公里岩石层地下，这种粒子大约是每平方厘米，每秒 4×10^{-8} 个。如果再深一点，就可以保证 99.9% 的 μ 子都被岩石层阻挡。如果想更进一步，排除它的影响，可以仅仅记录来自地球中心方向的切任科夫效应，这就消除了宇宙射线的全部影响。在中微子的探索中，可以利用光学切任科夫效应，也可以利用射电阿斯卡雅效应。

在冰层内，阿斯卡雅效应的锥体角为 53°，在岩盐中，这个角度是 66°。通过这些专用接收器，可以确定所接收的中微子源的方向。

11.3.5 冷暗物质的探测

冷暗物质粒子的直接探测依赖于该粒子在反弹情况下将一部分能量通过弹性散射遗留在地下低噪声接收器的原子核中。而间接的探测是通过探测暗物质在湮灭后的产物。探测暗物质粒子渺中子的一种间接方法就是通过测量当它被控制在影响物体的核，如太阳中心或者银河系中心时，发生衰变所产生的中微子。

11.3.5.1 冷暗物质探测器

当冷暗物质粒子直接撞击到吸收器(absorber)，比如 Ge，Si，sapphire，LiF，AlO_2，

CaW 等的原子核时，由于动量守恒，吸收器材料产生了一个很小的能量增量，这个能量或温度增量可能低于 1 keV。这个增量和该粒子的相对速度 v，粒子撞击角度 θ，粒子质量 m_x 以及吸收器材料的质量 m_N 有关，有

$$E = m_N v^2 (1 - \cos\theta) \left(\frac{m_x}{m_N + m_x} \right)^2 \tag{11.31}$$

这一很小的能量增量（～100 eV）可以用非常灵敏的低温探测器，比如跃迁点传感器（Transition Edge Sensor，TES）或者测温计来测量（Cheng，2006）。一种半导体的测温计采用了中子裂变添加（Neutron Transmuted Doped，NTD）锗的方法使材料恰好处于金属和绝缘体的边界，作为理想的吸收器。另一种用于暗物质探测的仪器是原子量敏感的电离化的声子型（Z-sensitive Ionization and Phonon-based detector，ZIP）探测器。总的来讲，吸收器的大小、性质和粒子的横截面积决定了探测器被击中的概率。

跃迁点传感器是一种超导体仪器。对任何超导体，都存在一个跃迁点或者临界温度。低于这个温度时，材料是超导体，它的电阻为零。而超过这个温度时，材料则是普通材料，它的电阻不为零。在跃迁点时，电阻值变化非常大（图 11.15）。跃迁点宽度仅仅是几个毫度（milli-kelvin）。跃迁点传感器是利用低温时材料从普通材料到超导体变化的电阻特点而制成的非常灵敏的微温度计。它的相对灵敏度定义为：

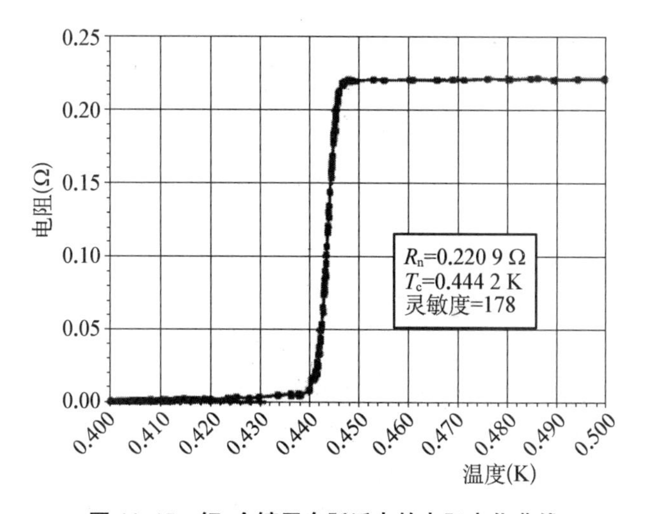

图 11.15　钼-金镀层在跃迁点的电阻变化曲线

$$\alpha = \frac{T}{R} \frac{\mathrm{d}R}{\mathrm{d}T} \tag{11.32}$$

式中 T 是温度，R 是电阻。它的能量分辨率为

$$\Delta E \approx 2.35 \sqrt{4kT^2 \frac{C}{\alpha}} \tag{11.33}$$

式中 k 是波尔兹曼常数，C 是热容，因子 2.35 是用于将标准误差换算成半极大的全部宽度（FWHM）。为了提高能量分辨率，传感器应该具有尽量低的工作温度，尽量小的热容

和很高的灵敏度。拜因福德(Benford，2000)制造了一种金铂双层薄膜，金和铂的厚度分别是 75 nm 和 40 nm。它的临界温度为 0.444 2 K。在温度 0.44 K 时，电阻和温度的灵敏度为 200。

图 11.16 是跃迁点传感器的示意图。它包括一个低温的恒温源，和恒温源相连的传热通道。和传热通道相连的是仪器主体的辐射吸收器。当暗物质进入辐射吸收器时，吸收器的温度有一个微小增量，温度增加值会使超导电阻有较大变化，从而测量出这个温度变化。

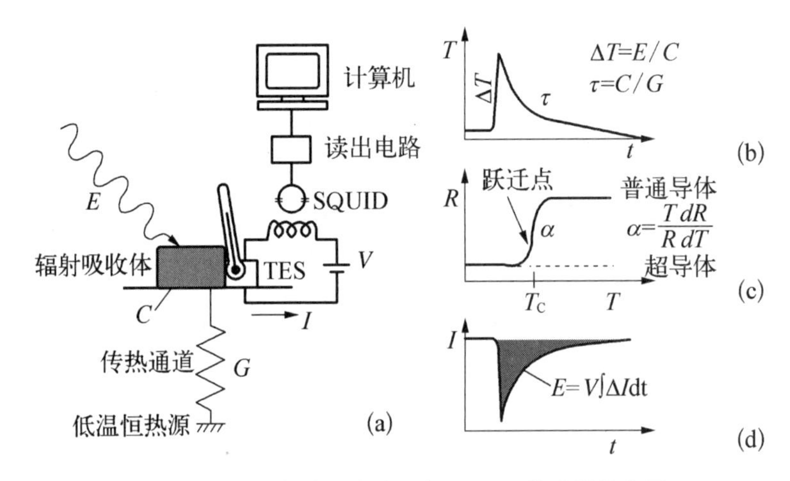

图 11.16　跃迁点传感器的示意图：(a) 传感器的布局，(b) 时间曲线，(c) 电阻值曲线，和 (d) 电流曲线(Bruijin，2004)

在正常运行中有很多因素均会在传感器中产生微小温度变化。在这些因素中宇宙线和仪器附近材料或者岩石中的放射性是主要的能量来源，装置的振动是另一个能量源。因此暗物质的低温探测器必须使用重金属，比如铜或者铅，进行很好的屏蔽，放置在很深的矿井之中。装置所使用的材料必须很纯，不含有任何的放射性。使用纯水来清洗或者长时间地放置在地下岩洞中可以保证材料较低的放射性。探测装置也必须像引力波望远镜一样有很好的防振措施。就算如此，仍然需要用不同的方法来证实所发生的效应是否来自其他的原因，比如说是不是因为康普顿散射而产生的电子回弹，而不是核的回弹。在量子力学中，一种典型的，在经典力学中被称为正交模的振动，即晶格的每个部分都以同样的频率进行的振动被称为声子，因此在测量中必须将电子和声子分离开来。

另一种消除背景信号的方法是利用信号的季节变化来发现被银河系在太阳附近俘获的冷暗物质的粒子。地球的运动和太阳在银河系中的运动有一个角度，所以被俘获的粒子在相对于接收器的速度上会有一个季节的变化(图11.17)。这就产生了所观测信号的季节变化。

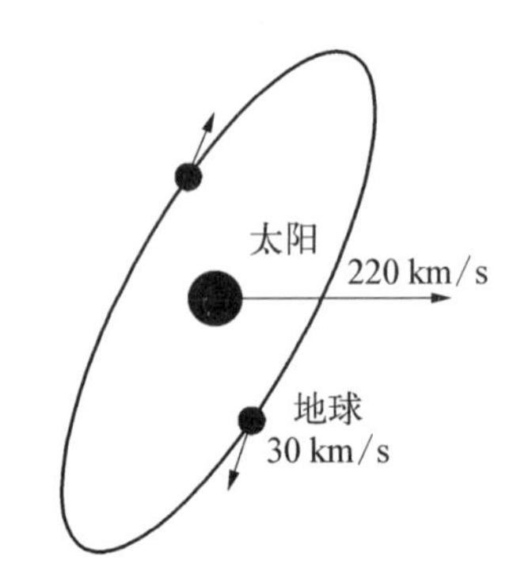

图 11.17　被俘获在太阳系中的冷暗物质和接收器之间相对速度的季节变化

探测冷暗物质的低温测温接收器也称为声子传感器。在这种传感器中，吸收器的温度一般在 20～40 mK。

11.3.5.2　闪烁和谐振腔暗物质接收器

闪烁暗物质接收器与 γ 射线或中微子探测器十分相似。它们利用了反弹的原子核的另一个特性，即离子化的特性。当原子核的一些电子被撞击散落以后，原子变成了离子，这些离子最终会俘获电子而回到正常状态。在一些材料中这个过程会产生可见光，称为闪烁光。这个闪烁光可以用光电倍增管来捕获。在这种接收器中的材料有 NaI，CsF_2，$CaWO_4$，BGO，液态或气态的氙。在一些接收器中用金属丝网形成电场来增强所产生的闪烁光。电场会使电子加速，进一步将原子离子化，并产生雪崩现象。另外声子的探测器和荧光探测器也常常用来鉴别背景噪声。

气泡室是一种将液体保持在接近沸腾的状态的容器。在这种状态下，任何微小能量的增加均会在液体中形成气泡。最典型的高灵敏度的这种接收器是位于美国洪美斯托克斯的大型地下液氙接收器。这里原来是一个深度达 1 500 米的废弃金矿。这个接收器是一个高度 3 米的大型低温容器。从外面看容器就像一个巨大的水桶。确实它的外面就是一个大水桶。水桶里装满了 7 万加仑非常纯净的水。纯净水的目的是用来隔离在矿井中所存在的任何自然放射性。而悬挂在水桶中心的才是氙气泡室。这个低温气泡室由钛合金建成，高度 1.75 米，液氙的质量是 1 吨，上部是氙气，内部温度是 160 K。

在水中悬挂着很多光电倍增管，如果是宇宙线入侵，则光电倍增管有信号。我们需要测量的是当没有宇宙线入侵时，液态氙产生闪烁的情形。这时就有可能是弱相互作用的大质量粒子的存在。因为这种粒子和物质的作用机会很少，所以它不会再引起周围的水探测器的任何反应。到目前为止，这是世界上最灵敏的暗物质探测装置。这台探测器的总造价是 1 千万美元。

现在在中国的四川锦屏正在建设一个同样的地下设施。“中国锦屏地下实验室”利用为水电站修建的锦屏山隧道建成。其垂直岩石覆盖达 2 400 米，矿井的周围全部是花岗石，这是目前世界上岩石覆盖最深的地下实验室。与其相比，位于意大利中部格兰萨索山区的欧洲地下试验室就像个游戏室。在四川藏区群山之下，粒子物理学家最头痛的宇宙线强度比格兰萨索山区要弱 200 倍，从而为实验提供了非常“干净”的环境。它超过了加拿大的岩石覆盖厚度 2 000 米的斯诺实验室，能将宇宙射线通量降到地面水平的约亿分之一。而为了让实验室变得更“干净”，工作人员还对环境进行了特殊的包装。实验室外层是 1 米厚的聚乙烯材料，用于阻拦和吸引中子；然后是 20 厘米厚的铅层，用于屏蔽外部的 γ 射线；20 厘米厚的含硼聚乙烯，用于吸收剩余的中子；10 厘米厚的高纯无氧铜，用于阻挡铅材料及外部其他材料中的 γ 射线。这些屏蔽设备几乎屏蔽掉了能够想到的一切辐射源。

探测器总的造价是 5 千万人民币。建设单位是上海交通大学的核粒子物理研究所。在这个工程的第二阶段，将采用 2.4 吨液态氙，形成世界上规模最大的，也是最灵敏的暗物质探测装置。

在天文学中，冷暗物质的探测是比较新的研究项目，它们开始于 20 世纪的 90 年代。主要的工程有英国的 UK Dark Matter Collaboration (UKDMC)，他们使用的是液态的

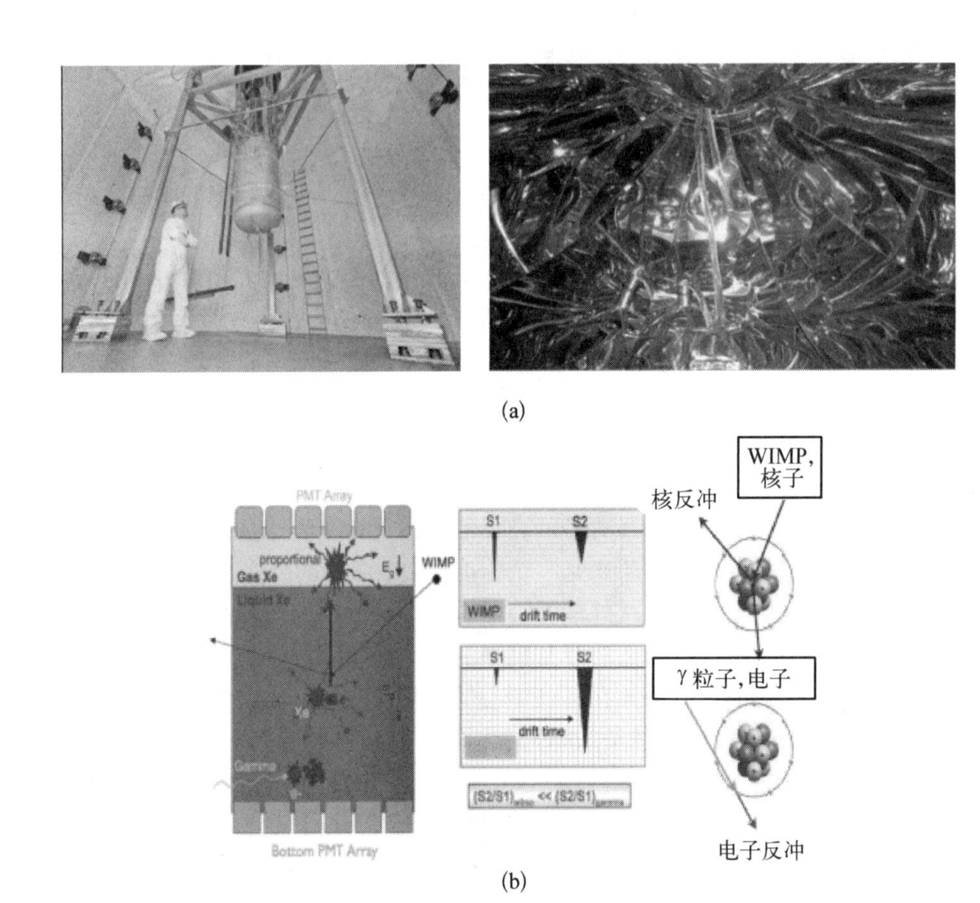

图 11.18　a:在美国南达卡塔州的大型地下氙暗物质实验装置;
b:液态和气态共存的氙探测装置的原理

氙,碘化钠晶体闪烁接收器。还有意大利和中国的 DArk MAtter (DAMA)、西班牙的 Rare Object SEarch with Bolometers UndergrounD (ROSEBUD)、加拿大和捷克的 CAnada to Search for Supersymmetric Objects (PICASSO)、美国和英国的 Directional Recoil Identification From Tracks-I (DRIFT)、法国的 Edelweiss、美国的 Cryogenic Dark Matter Search (CDMS)、意大利的 Cryogenic Rare Event Search with Superconducting Thermometers (CRESST) 和日本的 OTO Cosmo Observatory。中国正在进行的是四川锦屏地下的 CDEX 实验。表 11.2 是主要项目的情况。

表 11.2　主要的冷暗物质望远镜(Cline, 2005)

项目	国家	年代	探测器种类	材料	质量
UKDMC	UK	1997	闪烁材料	NaI	5 kg
DAMA	Italy	1998	闪烁材料	NaI	100 kg
ROSEBUD	Spain	1999	低温	AlO_2	0.05 kg
PICASSO	Canada	2000	液体颗粒	Freon	0.001

续表

项目	国家	年代	探测器种类	材料	质量
DRIFT	UK	2001	电离式	Germanium	0.16 kg
Edelweiss	France	2001	低温	Liquid xenon	1.3 kg
ZEPLIN Ⅰ	UK	2001	闪烁材料	Liquid xenon	4 kg
CDMS Ⅱ	US	2003	低温	Silicon, Ge	7 kg
ZEPLIN Ⅱ	UK	2003	闪烁材料	Liquid xenon	30 kg

11.3.5.3　轴子探测器

当探测能量在10^{-6} eV 到 10^{-2} eV 之间的轴子的时候，有一种将轴子转变成微波光子的特殊方法，这就是谐振腔探测器。在很强的磁场作用下，轴子可以转化为微波光子，可以通过谐振腔探测。整个探测装置分为两个部分：一个是转化腔，将轴子在强磁场(～8 T)的作用下转化为光子；另一个是探测腔，用于捕捉光子。在探测腔内没有任何磁场，以避免发生塞曼效应。为了去除背景噪声，这些腔体必须保持在 1.3 K 的低温环境。

英国物理学家贝克最近认为轴子可能会根据玻色-爱因斯坦理论而凝聚成超大的粒子。这时轴子运动方程非常接近于超导/电阻/超导集的特性方程，所以轴子可能会在这样的超导集上留下非常微弱的电子信号。这种探测器也可能成为暗物质轴子的望远镜。

参考文献

Abramovici, A. et al., 1992, LIGO: The laser interferometer gravitational-wave observatory, Science, Vol. 256, p325.

Benford, D.J. et al., 2000, Superconducting bolometer for submillinaeter as Tronomy, in Imaging at Radio through submillimeter wavelength, ed. Mangurn, J.G. & Radford, J.E. Astronomical Society of the pacific conf., vol 217.

Bergstrom, L. and Goobar, A., 2004, Cosmology and particle astrophysics, 2nd ed., Springer, Praxis, Berlin.

Bernardini, A. et al., 1999, Suspension of last stages for the mirrors of the Virgo interferometric gravitational wave antenna, Rev. Sci. Instrum., Vol 70, p3463.

Beyerdorf, P. T., Byer, R. L., and Fejer, M. M., 1999, The polarization Sagnac interferometer as a candidate configuration for an advanced detector, in Gravitational waves, edit. by Meshkov, S., Third Edoardo Amaldi conference, Pasadena, AIP proceeding Vol 523.

Bruijn, M. P. et al., 2004, Development of arrays of transition edge sensors for application in X-ray astronomy, proc. of 10th International Workshop on Low Temperature Detectors, eds. Editors: Flavio Gatti, Nuclear Instruments and Methods in Physics Research, volume: A 520, page: 443.

Cheng, J., 2006, Principles and applications of magnetism, Chinese science and technology press, Beijing, in Chinese.

Cline, D. B., The search for dark matter, Scientific American, March, 2003.

Cordero-Davila, A., 2000, Optical design of the fluorescence detector telescope, in Observing ultrahigh energy cosmic rays from space and earth, ed. Salazar, H., Villasenor, L., and Zepeda, A., AIP conf. proc. 566.

Cordero - Davila, A. et al., 2000, Segmented spherical corrector ring 1: computer simulation, in Observing ultrahigh energy cosmic rays from space and earth, ed. Salazar, H., Villasenor, L., and Zepeda, A., AIP conf proc. 566.

Cristinziani, M., 2002, Search for antimatter with the AMS cosmic ray detector, International Meeting on Fundamental Physics, IMFO, Spain.

De Michele, A., Weinstein, A., and Ugolini, D., 2001, The pre-stabilized laser for the LIGO Caltech 40m interferometer: stability controls and characterization, LIGO document LIGO - T010159 - 00 - R.

Evans, M. et al., 2015, Observation of parametric instability in advanced LIGO, arXiv:1502.06058, v2, [Astro-ph, IM],27 Feb,2015.

Giovannellli, F. and Sabau-Graziati, L., 2004, The impact of space experiments on our knowledge of the physics of the universe, Space Science review, Vol. 112, No. 1 - 4.

Gorham, P. W. et al., 2007, Observations of the Askaryan effect in ice, Physical Review Letters, 99, 171101.

http://www.newage.net.cn/library/books/kexue/03/%E2%80%9C%E6%B4%9E%E2%80%9D%E5%9C%A8%E8%99%9A%E6%97%A0%E7%BC%A5%E7%BC%88%E5%A4%84.htm

http://www.sciencehuman.com/party/essay/essays2004/essays200407q.htm

http://www.sciencehuman.com/party/essay/essays2004/essays200408r.htm

Green, A. C. et al., 2017, The influence of dual-recycling on parametric instabilities at Advanced LIGO, arXiv: 1704.08595v2 [gr-qc] 12, Sep 2017.

Hughes, S. A. et al., 2001, New physics and astronomy with the new gravitational-wave observatories, Proceeding of Snowmass meeting, http://lanl.arxiv.org/abs/astro-ph /0110349.

Kuroda, K. et al., 2004, Large-scale Cryogenic Gravitational wave Telescope, http://www.icrr.u-tokyo.ac.jp/gr/LCGT.pdt.

LIGO Scientific Collaboration, 2014, Advanced LIGO, LIGO-P400177-v5, LIGO.

Maggiore, M., 1999, Gravitational wave experiments and early universe cosmology, Report IFUP - TH20/99, Universita di Pisa, Italy.

Martynov, D. V. et al., 2018, The sensitivity of the advanced LIGO detector at the beginning of the Gravitational wave astronomy, arXiv:1604.00439, v3, [Astro-ph, IM], 10 Feb, 2018.

Martynov, D. V. et al., 2016, The sensitivity of the Advanced LIGO Detectors at the beginning of gravitationalwaveastronomy, 爱人 Xiv:1604.00439v1, [astro-phIM] 1, April2016.

Meshkov, S., editor, 1999, Gravitational waves, Third Edoardo Amaldi conference, Pasadena, AIP proceeding Vol 523.

National Research Council, USA, 2001, Astronomy & Astrophysics in the New Millennium.

Pizzella, G., 1997, Gravitational waves: the state of the art, in Conference proc. Vol 57, Frontier objects in astrophysics and particle physics, ed. Giovannelli, F. and Mannocchi, G., SIF, Bologna.

Plissi, M. V. et al., 1998, Aspects of the suspension system for GEO600, Rev. Sci. Instrum., Vol. 69, No. 8, p3055.

Pretzl, K., 2000, Cryrogenic calorimeter in astro and particle physics, Nucl. Instrum. Meth. A 454, 114.

Robinson, M. et al., 2003, Measurement of muon flux at 1070 meters vertical depth in Boulby underground laboratory, http://uk.arxiv.org/PS_cache/hep-ex/pdf/0306/0306014.pdf.

Rubin, V. and Ford, W. K., 1970, Rotation of the Andromeda nebula from spectroscopic survey of emission regions, Astrophy. J. 159, p379.

Salazar, H., Villasenor, L., and Zepeda, A. (editor), 2000, Observing ultrahigh energy cosmic rays from space and earth, AIP conference proceedings, Vol 566, New York.

Springer, R. W., 2000, Observing ultra high energy cosmic rays with the high resolution fly's eye detector, in Observing ultrahigh energy cosmic rays from space and earth, ed. Salazar, H., Villasenor, L., and Zepeda, A., AIP conf. proc. 566.

Taylor, J. H. and Weisberg, J. M., 1989, Further experimental tests of relativistic gravity using binary pulsars PSR 1913+16, Astrophysics J., Vol. 345, p434.

Willke, B. et al., 2006, Stabilized high power laser for advanced gravitational wave detectors, J. of Physics: Conf Series 32, 270-275.

第十二章　天文望远镜综述

本章对用于电磁波和非电磁波的各种各样的天文望远镜进行了全面总结，同时提供了详细的关于各种天文望远镜的表格。地球大气层的吸收和散射，对天文望远镜的观测有着十分不同的影响，因此空间天文望远镜在天文观测中发挥了十分重要的作用。本章同时还对与天文观测紧密相关的空间探索活动，机载侦察望远镜，侦察卫星和地面的军用天文望远镜的发展进行了介绍。通过这个介绍，读者将会对各种天文望远镜及其相关知识有一个全面了解。

12.1　引言

在各种各样的天文望远镜中，存在两个共同特点即高灵敏度和高精度。为了探测来自遥远星系的微弱信号和细微的能量水平，天文望远镜必须具有极高的灵敏度。为了精确地确定观测对象的方向、大小以及它们的发射区域的其他特点，天文望远镜必须具有极高的位置精度。在空间飞行器发明以前，地球外的宇宙是不可能直接接触的。那时，天文望远镜是天文学家研究宇宙的唯一工具。天文学家通过对电磁波和各种粒子的研究可以直接获得来自宇宙的信息。现在人造空间飞行器已经在月球和一些行星表面着陆或者在它们的边缘飞越，因此可以获得一些天体的小小样本，并且可以在很临近的区域对天体进行近距离研究。但是对于宇宙中的绝大部分，人类仍然是不可能接近的，所以在可以预见的将来，天文望远镜依然是天文学研究中最重要的工具。可以说人类探索宇宙奥秘的过程就是一个天文望远镜不断发展完善的过程，这个过程没有终点，因此人类的技术进步也就没有终点。天文望远镜的发展始终和科学技术的发展和进步密切联系，在一定程度上，天文望远镜的技术就代表着当时技术发展的最高水平。

即使使用最为先进的现代天文望远镜，天文观测仍然受到望远镜本身灵敏度的严重限制，只能够探测到一定能量水平的宇宙信息。而我们对宇宙的认识就是基于这些极为有限的信息。如果要获得更多信息，就需要不断地提高天文望远镜的灵敏度和精度。因此，新的天文望远镜工程在规模上均十分巨大，并且在技术上都十分先进，从而将天文观测的极限不断向外延伸。由于这个原因，天文学已经在所有自然科学学科中成为名副其实的大科学学科。天文望远镜的发展已经有四百多年的历史，目前新建的天文望远镜成本已经达到了数十亿美元的量级。

现存的天文望远镜绝大多数是在电磁波频谱中工作的。12.2 节是对电磁波和地球大气层相互作用的综述。12.3 节是对非电磁波或粒子观测的天文望远镜的全面介绍。

12.4 节和 12.5 节分别系统地介绍了地面和空间天文望远镜的发展。12.6 和 12.7 节简单介绍了人类的空间探测活动和侦察望远镜的发展历史。

12.2 电磁波和地球大气层

人类的天文观测已经有了数千年的历史，这种观测首先是从很狭窄的光学波段开始的。1609 年，人类发明了光学天文望远镜。现在，天文望远镜已经覆盖电磁波的几乎所有频段。早期天文观测是从海平面开始的，由于地球大气对电磁波传播的吸收和干扰，很快就从平地转移到观测条件好的高山地带。同时人类还借助于气球、飞机、火箭和卫星将天文望远镜带到大气层的上部和空间轨道上。天文望远镜也逐步发展到电磁波的其他频段。

表 12.1 列出了电磁波从高频到低频的所有频段。随着电磁波波长的变化，它们的能量水平不同，形成机制不同，它们的表现形式也不同。在电磁波的高频部分，电磁辐射可以用粒子理论来描述，而在低频区域，则可以用波动理论来描述。当电磁波频率变化的时候，它们的能量水平也会发生变化，所包含的宇宙奥秘也不一样。普朗克黑体辐射理论可以明确决定宇宙中产生电磁波辐射的天文机制所具有的温度，通过对电磁波的观测，我们可以了解整个宇宙的温度信息。

地球大气对电磁波传播所产生的影响是波长的函数，不同波长电磁波的观测必须在不同的海拔高度上进行。在波长极短的 γ 射线和超硬 X 射线波段，宇宙信息只能传到距地球 40 km 以上的轨道空间。这主要是由于大气粒子对高能电磁波产生粒子对效应和康普顿散射效应。硬 X 射线波段的电磁波只能传播到离地表 70～100 km 的上空。这主要是由于高能光子与大气中的分子及原子频繁地发生碰撞。在碰撞过程中光子被吸收，而气体分子分解为原子，原子分解为离子。由于同样原因，软 X 射线和超紫外，极紫外只能到达 150 km。在紫外线波段，能到达的高度为 50～100 km。这主要是因为大气中一些分子的离解和离子化，这些分子有氧、氮和臭氧。在可见光区间，光子能量不够，它们即使与气体分子或原子发生碰撞也不会被吸收，所以大气存在一个透明的观测窗口，但是在这个可见光波段，仍然存在散射和大气扰动，影响了望远镜效率，使光学干涉困难重重。正是在这个背景下，射电天文干涉仪经过不断变革，不断取得令人振奋的天文成果。在长波波段甚长基线干涉仪的基础上发展起来的毫米波甚长基线干涉仪成为分辨率超过光学干涉仪的成像仪器。2019 年 4 月由 8 个毫米波望远镜(阵)组成的事件视界望远镜第一次获得了一个黑洞的真实图像。

在红外波段，电磁波能到达的高度是在 5～10 km 之间。在这个波段，光子会被二氧化碳和水蒸气所吸收。在海拔高的干燥台址上存在一些红外观测窗口。这些窗口分别在 1 μm 和 4 μm 之间，以及 10 μm，20 μm 和 350 μm 等波段的附近。从毫米波到微波，到米波的射电频段，地球大气又有一个理想的观测窗口。这个窗口在长波段的截止频率会受到因太阳活动所引起的电离层状态变化的影响。在这个截止频率波段外侧的长波、甚长波波段，天文观测必须在 90～500 km 的上空进行，这是因为大气电离层会把这些低频电磁波反射回宇宙空间。

由于地球大气的影响，使得对很多波段的天文观测必须在气球、火箭和空间轨道上进行。

表 12.1　电磁波的所有频段([扩展版(Davies，1997)])

波长小于(m)	其他单位	光子能量大于	频率	名称	产生的温度(K)	天文目标
10^{-25}		80.6 EeV				
10^{-22}		80.6 PeV		超高能		
10^{-19}		80.6 TeV		极高能		正负电子湮灭
10^{-16}		80.6 GeV		γ射线		
10^{-13}		80.6 MeV		高能		
10^{-12}		8.06 MeV				宇宙线和星际气体的作用
10^{-11}		0.8 MeV		中能	10^8	
10^{-10}	0.1 nm	80.6 keV				
10^{-9}	1 nm	8.06 keV		硬X射线	10^7	双星吸积盘及银核中的气体
10^{-8}	10 nm	0.8 keV		软X射线	10^6	
10^{-7}	100 nm	80 eV		超(极)紫外		
				紫外线	10^5	白矮星，耀星，O型星
3×10^{-7}	200 nm					
4×10^{-7}	400 nm			(紫光)		
				可见光	10^4	B型星
7×10^{-7}	700 nm			(红光)		
8×10^{-7}	0.8 μm					
					10^3	星周尘壳，彗星，小行星
10^{-5}	10 μm			(近)红外		
10^{-4}	100 μm		3TH$_2$	远红外		
10^{-3}	1 mm		300 GHz	毫米波	100	背景辐射
10^{-2}	1 cm		30 GHz		10	
10^{-1}	10 cm		3 000 MHz	微波	1	
1	1 m		300 MHz			
10	10 m		30 MHz	射电波		
10^2	100 m		3 MHz			在磁场中的电子旋涡
10^3	1 km		300 kHz	长波		
10^4	≥1 km		30 kHz	甚长波		

电磁波在金属表面上所产生的电磁感应效应使得反射式系统是电磁波望远镜中，除极短和极长波长外，最主要的结构形式。通过面积很大的反射系统，可以将很大面积上的非常微弱的信号收集起来，聚焦到焦点上。然而任何望远镜都具有一定的灵敏度限制。反射式望远镜的灵敏度决定于反射面的大小。为了超越这一极限，就需要建设口径越来越大的天文望远镜。在非电磁波望远镜中，由于观测机制不同，信号极其微弱，则要求高

精度的，大体积的，十分安静的精密测量仪器。

图 12.1 显示在近百年时间范围内，电磁波段的天文观测从光学波段向其他波段发展的历史过程。在最高能量的电磁波区域的天文观测还是最近几十年所发生的事件。

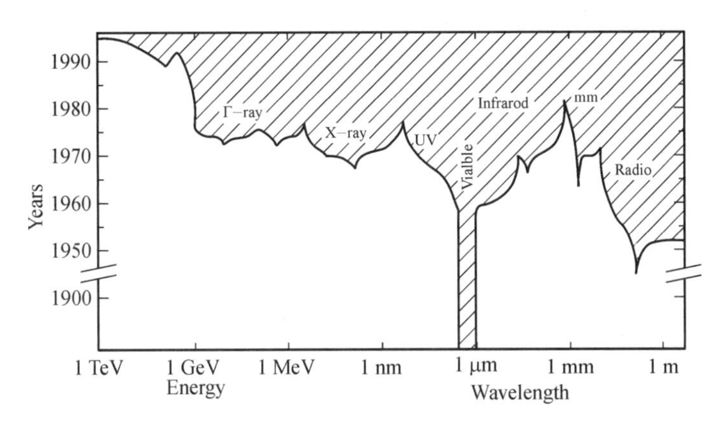

图 12.1　二十世纪天文观测中对电磁波各个频段的开发和扩展（Giovannelli，1996，updated from Lena，1988）

12.3　非电磁波望远镜

二十世纪是天文望远镜发展历史中最为重要的一百年。在此期间，天文望远镜不但在电磁波频谱从光学波段向所有的其他波段不断扩展，而且在非电磁波方面分别发展了引力波望远镜、宇宙线望远镜和暗物质望远镜，对暗能量的探测还在酝酿之中。

引力波望远镜的产生源自于二十世纪初期爱因斯坦的科学预见。爱因斯坦理论的核心是由于有质量存在所以在时空间中会产生曲率。他的这个理论已经获得天文观测的证实。天文观测表明当光线经过太阳边缘时确实会发生弯曲。在这个理论中，质量或者能量的运动会使时空间产生波纹，从而产生引力波。引力波存在的理论也已经通过对密集双星运动的观测得到证实。观测表明双星运动系统的能量损失正好等于系统所发出引力波的能量。

引力波作为一种物理场，和暗物质、黑洞、中子星等天体现象直接联系。暗物质以什么形式存在？黑洞如何产生，以及它对时空间产生什么影响？一个直径仅仅 20 km 的具有很大质量的中子星究竟是什么样子？所有这些问题很难通过对电磁波的观测来回答。但是对引力波进行观测，则可以提供这些天体特点的很多细节，包括它们的形成、位置、能量水平以及它们的运动频率。

观测引力波的努力开始于 20 世纪的 50 年代。引力波望远镜包括谐振式探测器和激光干涉仪引力波望远镜两种。由于相对很高的噪声和相对很低的信号，谐振式引力波探测器一直没有探测到真正的引力波。1990 年开始，美国集中大量人力和物力，投资 3.65 亿美元建设激光干涉仪引力波天文台（LIGO）。2005 年又进一步投资，提升引力波天文台的探测能力。在耗费 10 亿美元的巨额投资以后，终于在 2015 年 9 月，探测到两个巨大黑洞在将要合并时所发出的非常微弱的引力波信号。由于引力波的作用，激光干涉仪的两个 4 km 的臂长产生了一个很小的长度变化，这个变化量就等于一个质子尺寸的万分之一。如果用整个银河系的尺寸做比喻，这个相对长度变化还不到一个足球的大小。

最早对宇宙线的观测是赫斯(Vector Hess)在 1912 年的一次气球飞行时进行的。宇宙线主要是一些质子和很多重原子核。宇宙线粒子能量大，可能达到 10^{20} eV，相当于 16 J，这是费米实验室加速器所能够产生的最大能量的五千万倍。带有正负电荷的，以很高速度运动的宇宙线在经过恒星或者星际磁场时它的运动方向会发生改变。因此宇宙线的观测常常不能给出宇宙线源的确切方向。

关于宇宙线的一个最重要疑问就是：它们如何在宇宙空间获得如此巨大能量？目前我们只能够想象宇宙线源的可能环境，因为我们知道的所有天体，如超新星、脉冲星，甚至于黑洞都不可能将粒子加速到如此巨大的能量。而产生这种宇宙线的天体必须具有非常强的磁场或者是本身尺度非常巨大。最终来判断这种想象就必须对这种宇宙线进行实际观测。而现代天文学和粒子物理的前沿就是研究这些极高能量的宇宙线粒子。

由于大多数宇宙线不能够穿透大气底层，直接的宇宙线观测必须在高空或者轨道上进行。而宇宙线的间接观察则可以在地面、地下和海底依靠切伦科夫效应来进行。对高能量的宇宙线观测的一个困难就是宇宙线的流量和它能量的指数函数成反比。当宇宙线的能量很高时，它们的流量会很少，因此捕获它们的机会就很小。在地面有可能通过非常大的捕获面积来观测这些具有极高能量的宇宙线。现在大型的地面宇宙线望远镜设施具有很大的占地面积(6 000 km^2)和很大视场(在地平方向从 30°至 360°)。通过这样的大天文设施，天文学家可能会很快发现围绕着宇宙线极高能量的秘密。

第一种已经观测到的暗物质粒子是不带电荷的，以接近光速运行的热粒子——中微子。1930 年 Pauli 首先预见到中微子和其他粒子或原子核碰撞时具有非常小的横截面积。它很像一个没有电荷的电子，始终保持着它原来的运动方向。电子会受到电磁力和弱作用力的影响，而中微子则仅受到作用在极小距离上的弱作用力的影响。

中微子只有在距离非常小的时候会和原子核发生作用，它可以穿透整个宇宙而不留下任何痕迹。当使用有很大体积的液体并且在液体中有大量原子核的时候，有可能产生由太阳或宇宙线所产生的中微子和探测器中的原子核发生作用的情况。现代宇宙学理论表明中微子仅仅是暗物质组成的一个极小部分。对速度比光速低很多的冷暗物质的探测开始于二十世纪末。冷暗物质的探测是通过一些极其灵敏的背景噪声低的、地下的、低温冷却的、具有超导传感器的量子测量装置进行的。但是，由于噪声水平，暗物质探测依然是一个十分困难的任务。真正冷暗物质的探测仍然需要天文学家的时间和努力。

12.4 地面天文望远镜

地面和高山上的天文望远镜主要包括射电、毫米波、光学、红外和 γ 射线望远镜。在这些望远镜中除了少数极长和极短波段外，一般均为抛物面型的反射式望远镜。这种反射式天文望远镜的一个明显特点是望远镜的结构和它们的使用波长关系比较小，因此可以应用于一段较为广阔的频段范围。一些精密的射电望远镜可以用于毫米波段。同样，一些光学望远镜也可以用于红外观测。光学、红外和毫米波天文望远镜常常要安装在干燥、海拔高的山顶上。而长波段的射电望远镜则可以安装在潮湿的海平面上，不过十分灵敏的射电天文望远镜应该避开人为的无线电辐射干扰。

光学望远镜已经有了 400 年的发展过程。表 12.2 列出了主要的光学和红外望远镜。目前口径最大的单镜面的光学望远镜是 8.4 m，但是拼合镜面望远镜已经达到 10.4 m。专用的最大红外望远镜是 4.2 m 欧洲南方台可见光红外巡天望远镜。在过去的 20 多年中，出现了一批新一代的光学望远镜。它们包括凯克 1、凯克 2、南北双子座、昴星团、大双筒(LBT)、甚大望远镜(VLT)、HET、南非大望远镜(SALT)和大西班牙望远镜(GTC)。这些望远镜中，有一些是拼合镜面望远镜。

表 12.2　建成的和在建的大口径光学和红外望远镜

名称	口径(个×m)	地址	国家	建成时间
ELT	1×39.3	智利	欧南台	2025
TMT	1×30	智利	美国	2025
LAMA	66×6	智利	加拿大	?
GMT	1×22	智利	美国	2025
ATST	1×4	夏威夷	美国	2022
LSST	1×8.4	智利	美国	2022
LAMOST	1×4	中国	中国	2008
Gran Telescopio Canarias	1×10.4	西班牙	西班牙	2005
SALT	1×10	南非	美国、南非等	2003
Magellan	2×6.5	智利	美国、智利	2000,2002
LBT	2×8.4	美国	美国、意大利、德国	2004
VLT	4×8.2	智利	欧洲	1999—2001
Gemini	2×8.3	美国智利	美国、英国等	1999,2001
Subaru	1×8.4	美国	日本	1999
HET	1×9.2	美国	美国	1999
MMT	1×6.5	美国	美国	1999
Keck	2×10	美国	美国	1993,1998
Herschel	1×4.2	西班牙	英国	1986
Bolshoi	1×6	俄罗斯	俄罗斯	1976
NOAO&CTIO	2×4	美国智利	美国、智利	1973,1974
Hale	1×5	美国	美国	1949

大视场光学望远镜主要用于巡天观测。以前的大视场望远镜均是折反射的施密特望远镜。但是由于折射元件的口径限制，最大的口径是 1.34 m，它的视场是 5°×5°。2000 年美国建成了一台 2.5 m 的大视场反射望远镜(SDSS)，其视场为 3°。2009 年中国建成一台口径为 4 m 的反射式施密特望远镜(LAMOST)。美国的一台 8.4 m 的三镜面望远镜(LSST)正在建设之中，很快就会投入使用。

现在正在设计中的大型光学望远镜有 30 m 望远镜(TMT)，22 m 巨形麦哲伦望远镜(GMT)和 40 m 级欧洲极大望远镜(ELT)。

太阳望远镜是光学望远镜中的一个分支。光学太阳望远镜的口径较小，不过正在建设的是 4 m 新技术太阳望远镜(ATST)。光学太阳望远镜的一个重要问题是镜面宁静度。

射电望远镜发明于 1928 年。由于短波段接收器的研制困难，射电望远镜首先是从长波段开始发展。第二次世界大战以后，米波和厘米波射电望远镜大量新建。重要的射电天文望远镜有米尔斯十字天线、克劳斯望远镜和 Jodrell Bank 72 m 短波段射电望远镜。直径 300 m 的 Aricibo，100 m Effesberg 和 100 m Green Bank 射电望远镜是世界上口径最大的固定天线和可转动天线射电望远镜。中国建造的 500 m 固定式的望远镜已经投入使用。毫米波望远镜的研制开始于 20 世纪 70 年代。射电天文干涉仪开始于 1942 年，在 20 世纪 70 年代得到极大发展。最重要的干涉仪有甚大阵，甚长基线干涉仪和 ALMA 毫米波天线阵。表 12.3 列出了建成的大口径厘米波射电望远镜。表 12.4 列出了建成的大型毫米波射电望远镜。

表 12.3　建成的和在建的大口径厘米波射电望远镜

名称	口径(个×m)	地址	波长(cm)	分辨率(″)	备注
FAST	1×500	中国	6～90		
Arecibo	1×300	波多黎各	6～90	60	
ATCA	6×22	澳大利亚	0.3～20	0.1	
Parks	1×64	澳大利亚	1.3～90	50	
GBT	1×100	美国	0.3～150	10	
Effelsberg	1×100	德国	0.4～30	10	
GMRT	30×45	印度	0.3～20	2arcsec	
1HT	500×5	美国	3～30	3	
MERLIN	6×25～76	英国	1.3～200	0.01	
Nancay	1×35～300	法国	9～21	100	
VLBA	10×25	美国	0.4～90	10^{-4}	
VLA	27×25	美国	0.7～400	0.04	
Westerbork	14×25	荷兰	6～150	4	

表 12.4　建成的和在建的大型毫米波射电望远镜

名称	口径(个×m)	地址	波长(mm)	分辨率(″)	备注
ALMA	64×12	智利	0.3	0.003	2008
BIMA	10×6	美国	1	0.2	
IRAM	5×15	法国	1.5	0.6	
Nobeyama	1×64	日本	3	1.5	
OVRO	6×10.4	美国	1.5	0.5	
SMA	8×6	美国	0.3	0.1	2002
CSO	1×10.4	美国	0.3	7	
HHT	1×10	美国	0.3	7	
IRAM	1×30	法国	3	25	
JCMT	1×15	美国	0.3	5	
LMT	1×50	墨西哥	1.5	7	
Nobeyama	1×45	日本	3	16	
德令哈	1×13.7	中国	3	50	1986
大田	1×13.7	韩国	3	50	

地面电磁波望远镜包括γ射线切伦科夫望远镜。这种望远镜镜面的精度要求低，对天文望远镜设计的影响很小。一些γ射线切伦科夫望远镜本身就是宇宙线天文望远镜，甚至一些太阳能的发电装置经过改变也可以用于对γ射线所生成的大气簇射的观测。

表 12.5 列出了主要的引力波望远镜，仅有的一台空间引力波望远镜(LISA)的计划也包括在表中，由于经费原因，该望远镜计划已经基本搁置。

表 12.5　主要的引力波望远镜

名称	质量或长度	灵敏度	年份
ALLEGRO	2 296 kg	10^{-21}	
AURIGA	2 230 kg	2×10^{-22}	
EXPLORER	2 270 kg	6×10^{-22}	
NAUTILUS	2 260 kg	2×10^{-22}	
NIOBE	1 500 kg	8×10^{-22}	
ALIGO	2 个×4 km	10^{-20}	2015
VIRGO	3 km		2003
GEO600	600 m		2003
TAMA300	300 m		2005
AIGO	80 m		>2020
LISA	5 Mkm		

中微子望远镜和宇宙线望远镜很类似，不过中微子望远镜记录的是从地心方向飞来的粒子。中微子望远镜大多建在水下和地下。表12.6列出了主要的γ射线、宇宙线和中微子望远镜。冷暗物质望远镜是一些地下深处的非常灵敏、低温冷却的量子测量装置。

表12.6　地球上主要的γ射线、宇宙线和中微子望远镜

名称	地点	形式	面积（m）
GRANITE	Arizona，US	ACT	1×10
CAT	France	ACT	17.7 m^2
MILARGRO	Los Alamos	Water Cherenkov	723 PTMs
CLUE	La Plama	UV Cherenkov	
GAMT	UK		
CELESTE	France	Solar tower	
STACEE	Albuquerque	Solar tower	37 m^2
CAO	Ukraine		
Lebedv	Russian		
HEGRA	La Plama	EAS	200×200 m^2
MACE	India	ACT	1×21
TACTIC	India	ACT	4×3
HESS	Namibia	ACT	4×12
VERITAS	US	ACT	7×10
CANGAROO	Australia	ACT	4×10，2×3.8
ARGO	China	EAS	
INCA	Bolivia		
Pierre Auger	US/Argentina	EAS/FD	300 km^2
HiRes	US	FD	
AGASA	Japan	EAS	100 km^2
EUSO	ESO	Space FD	
SNOLAB	Canada	Neutrino	1 000 t heavy water
DEMAND	Hawaii	Neutrino	
NESTOR	Greece	Neutrino	under water
KAMIOKANDE	Japan	Neutrino	50 000 t pure water
ICEcube	South pole	Neutrino	4 200 detectors

12.5　空间天文望远镜

空间天文望远镜是从球载和机载望远镜逐步发展起来的，它们相对于地面望远镜有明显的优点。这些优点是：(1) 没有因大气吸收所带来的观测频段限制；(2) 没有大气宁静度和其他因数的影响；(3) 没有天气和气象条件的影响；(4) 没有白天和黑暗的循环；

(5) 可以工作在电磁波的几乎全部频段，仅有的限制是星际介质对极紫外(91.2 nm 到 10～1 nm)的吸收以及星际介质和行星际介质对部分射电波的吸收。空间电磁波望远镜在天文上发挥着非常重要的作用，但是非电磁波的空间望远镜由于工作面积很小，仅仅对地面、地下和水下的专用望远镜起着辅助作用。

现在球载和机载望远镜仅仅用于对红外辐射的观测。机载望远镜可以到达 15 km 的高空，而充氦气球的最大高度是 40 km。一些小型探测仪器还可以使用火箭发射升空，这些用火箭发射升空的望远镜价格便宜，虽然只有极为短暂的使用时间，但是仍然为空间 X 射线天文做出了很大贡献。空间天文望远镜又称为空间天文卫星。空间天文卫星也经历了从小型，向中型，到大型发展的过程。有一些天文卫星是专用的，有一些天文卫星可以同时装载几个功能不同的空间天文望远镜。

探测电磁波频率的空间天文望远镜有三大类：极高频率的 X 射线和 γ 射线的天文望远镜，中间波段的可见光、紫外和红外望远镜以及很低频率的射电波天文望远镜。在极高频段，爱因斯坦卫星是一个重要的空间项目，它带有 X 射线掠射望远镜。钱德拉(AXAF) 和牛顿(XMM) 也是十分重要的天文卫星。表 12.7 列出了主要的空间 X 射线和 γ 射线天文望远镜。

表 12.7　主要的 X 射线和 γ 射线空间天文望远镜

名称	发射时间	近地点(km)	远地点(km)	倾角(°)	主要功能	备注
SAS-1	1970.12	324	350	3.0	X 射线	乌乎鲁
TD-1A	1972.3	531	539	97.5	γ 射线	欧洲
Ariel5	1974.10	513	557	2.9	X 射线	欧美
COS-B	1975.8	342	99 873	90.1	γ 射线	欧洲
HEAO-1	1977.8	424	444	22.7	X 射线	美国
HEAO-2	1978.11	355	364	23.5	X 射线	爱因斯坦
HEAO-3	1979.9	424	457	43.6	γ 射线	美国
EXOSAT	1983.5	356	191 581	72.5	X 射线	欧洲
Astro-C	1987.2	510	673	31.1	X 射线	日本
ROSAT	1990.6	560	578	53	X 射线	欧美
CGRO	1991.4	445	458	28.5	γ 射线	美国
XTE	1995.12	583	565	23	X 射线	意大利
SAX	1996.4	555	605	4	X 射线	意大利
AXAF	1999.7	～10 000	～128 000		X 射线	钱德拉
XMM	1999.12	825.6	113 946		X 射线	牛顿
SWIFT	2004.11	560.1	576.3	20.55	γ 射线	

在中间波段的光学、红外波和毫米波段，哈勃望远镜是一个十分成功的空间望远镜，它有很高的指向精度和角分辨率。韦布望远镜将是下一代空间红外望远镜，它的发射时间是 2022 年。表 12.8 列出了主要的空间光学、红外和亚毫米波天文望远镜，表 12.9 列

出了空间紫外天文望远镜，表 12.10 列出了空间射电天文望远镜。空间的非电磁波望远镜的建设才刚刚开始，到目前只有少数几台望远镜。

表 12.8　主要的光学，红外和亚毫米波空间天文望远镜

名称	发射时间	近地点 (km)	远地点 (km)	倾角(°)	主要功能	备注
KAO	1970—95				0.9 m 机载	美国
SOFIA	2010				2.5 m 机载	美德
Salyut	1977.9	380	390	51.6	亚毫米波	苏联
IRAS	1983.1	896	913	99.0	0.6 m 红外	欧美
Hipparcos	1989.8	500	36 000		天体测量	欧洲
COBE	1989.11	900	900	99.0	红外天文	美国
Hubble	1990.4				光学天文	美国
ISO	1995.11	1 036	70 578	5.2	红外天文	欧洲
Kapler	2009.				光学天文	
Spitzer	2003.8				红外天文	美国

表 12.9　主要的紫外空间天文望远镜

名称	发射时间	近地点 (km)	远地点 (km)	倾角(°)	主要功能	备注
TD-1A	1972.3	531	539	97.5	巡天	欧洲
IUE	1978.10	26 221	45 336	28.4	天文	欧美
Kvant	1987.3	344	363	51.6	天文	苏联
Astro-1	1990.12	350	363	28.5	天文	美国
Astro-2	1995.3	341	360	28.5	天文	美国

表 12.10　主要的射电空间天文望远镜

名称	发射时间	近地点 (km)	远地点 (km)	倾角(°)	主要功能	备注
REA-1	1968.7	5 829	5 864	120.9	天文	美国
Explor43	1971.3	146	122 146	28.7	天文	美国
REA-2	1973.6	1 100	1 100	59.0	围绕月亮	美国
Salyut-6	1979.6	395	405	51.6	10 m 直径	苏联
VSOP	1997.2	570	21 527	31.2	8 m VLBT	日本
SWAS	1998.12	LEO	600	70	0.55×0.7	美国
WMAP	2001.6	L2			1.4×1.6 m	美国
ARISE	2008	1 000	76 800	51.5	25 m	美国
Hershel	2009.5				3.5 m	欧洲

表 12.11 是 2006 年列出的重要的空间望远镜项目计划。它们中的少数正在设计和制造,绝大多数已经被撤销。

表 12.11 计划中的空间天文望远镜项目(Stahl, 2006)

名 称	预计时间
James Webb Space Telescope (JWST)	2022
Space Interferometer Mission (SIM)	
Laser Interferometer Space Antenna (LISA)	
Terrestrial Planet Finder Coronagraph (TPF - C)	
Constellation X (ConX)	
Terrestrial Planet Finder Interferometer (TPF - I)	
Large microwave	2019
Single Aperture Far-InfraRed (SAFIR)	2022
Large Ultra-Violet Observatory (LUVO)	2024
Life Finder (LF)	2026
Black Hole Imager (BHI)	2028
Big Bang Observer (BBO)	2028
Stellar Imager (SI)	2030
Far-InfraRed Sub-mm Interferometer (FIRSI)	2032
Planet Imager (PI)	2034

现在美国仍然保存的大型空间望远镜工程仅仅只有四大项,它们分别是:(a) 系外行星成像工程(HabEx, Habitable Exoplanet Imaging Mission)。这个工程的主要目的就是对类地球行星、对热土星行星和超级地球直接成像,以发现行星生命的信息。由于恒星的光强远远大于行星的光强,要实现这个目标,必须遮挡恒星的像形成一个星冕仪,这是一种使目标恒星像变暗的方法。而另一种遮挡恒星的方法是在望远镜的前方使用星遮挡器(starshade)。在空间,这个遮挡器是一个位于望远镜前方 5 万公里处的叶轮式的独立飞行器。如果它的位置正确的话,它可以挡住恒星的光,而允许行星的光通过。这个遮挡器的叶片具有独特的形式,从而形成一个软的边缘,不阻挡来自行星的光。(b) 山猫工程(Lynx)。这是一台 X 射线空间望远镜,预计在 2028 年发射升空。它的口径是 3 米,灵敏度是现有 X 射线望远镜的 50 到 100 倍。(c) 原初空间望远镜(Origins Space Telescope)。这是一台 9.1 米、工作温度在 4 K 的红外天文望远镜。(d) 大紫外/光学/红外巡天望远镜。它的口径是 8 米或者 15 米。

12.6 人类空间探索

人类迄今为止所进行的空间探索,即对月球和行星的探索(Goebel,2008)。下一节是侦察望远镜的简单介绍。

12.6.1 月球

1957年10月苏联发射了人类历史上第一颗人造地球卫星。从此美国和苏联之间展开了相当一段时间的空间竞赛，这个空间竞赛的目标就是月球。1958到1959年之间，美国空军先后进行了5次失败的发射，分别是先驱者(Pioneer)0到4号。以后喷气推进实验室又在1961到1965年之间发射了Ranger 1到9号。这些发射只有7到9是成功的。在1966到1967年之间，美国宇航局Langley中心成功地发射了5次绕月的卫星。同时喷气推进实验室发射了7颗巡视者卫星，其中两颗撞击到月球表面。

在1959年苏联发射了三颗月球卫星，其中两颗失败，但是月球-2号击中了月球表面，而月球-3号则发回了有史以来第一幅月球背面的照片。从1963到1965年苏联连续12颗月球系列的探测器全部失败，但是探索-3号也发回了月球背面的照片。1966年月球-9和13号成功地降落在月球表面。

人类的登月活动和无人探索活动是同时进行的。1961年加加林成为有史以来第一位进入太空的宇航员，他在空中停留了108分钟。但是苏联在以后的登月活动中一直困难重重，不得不于1975年中断登月计划。

美国以阿波罗号系列飞船成功地登上了月球。这种飞船有三个舱体，它们分别是指挥舱、服务舱和登月舱。1968年和1969年初所发射的是无人的地球和月球轨道飞行器——阿波罗7号到10号。1969年7月阿波罗11号将地球上的第一个人——阿姆斯特朗——送上了月球。以后经由阿波罗11到17号，登上月球的共有11个人。美国的探月活动于1973年停止。

20世纪的90年代，一轮新的探索月球的活动又重新启动。1994年美国发射了带有CCD照相机和激光测距系统的Clementine探测器。1998年发射了月球车Lunar Prospector探测器。2003年欧洲航天局发射了小型高技术研究探测器(SMART-1)，并且于2006年撞击了月球表面。2007年日本和中国分别发射了月神一号(SELENE)和嫦娥一号(Chang'e-1)月球卫星。2008年印度发射了月船1号(Chandrayaan-1)月球卫星。嫦娥二号发射于2010年10月1日，嫦娥三号2013年12月2日发射升空，12月14日在月面着陆，2019年嫦娥四号首次到达月球背面，刷新了人类的航天记录。

月球没有大气层和电离层，因此月球表面是理想的光学和射电天文望远镜的台址。在月球背面，没有地球上嘈杂的无线电信号，所以射电望远镜可以获得宇宙起源初期遗留下来的十分微弱的信息。月球观测的一个问题是月尘污染。但是从阿波罗的数据来看这种污染的原因是月尘静电悬浮效应，可以对望远镜进行磁屏蔽。现在已经有光学和射电月球望远镜的计划，比如16 m大型月球望远镜(Large Lunar Telescope)、月球射电宇宙学望远镜阵(Lunar Array for Radio Cosmology)和史前时期月球干涉仪(Dark Ages Lunar Interferometer)。

12.6.2 水星

水星是距离太阳最近的行星。1973年美国宇航局发射了Mariner 10。这一航天器于1974和1975年两次经过距离水星仅仅327 km的位置。水星表面空间环境和成分调查和测量工程(Messenger) 于 2004 年发射,飞行器于 2005 年 8 月途经地球,2006 年 10 月和 2007 年 6 月途经金星,最后于 2008 年 1 月、2008 年 10 月和 2009 年 9 月途经水星。它总共经过水星表面达 4 000 次。2015 年 4 月在水星表面坠毁。欧洲宇航局和日本合作的 BepiColombo 空间飞行器于 2018 年 10 月发射,计划于 2025 年到达水星。

12.6.3　金星

1961 年苏联向金星发射了两个飞行器,全部失败。但是第二个飞行器实现了金星边缘的掠过飞行。这是人类飞行器首次掠过一个行星的表面。1964 年苏联又进行了三次发射。一个飞行器在将要掠过金星表面时失去联系。第二个也失去联系,但是它成功地撞击了金星表面,这是第一次人造飞行器撞击一个行星。第三个飞行器没能脱离地球轨道,最终成为一个地球轨道卫星。1967 年苏联成功发射了 Venera 4 飞行器。飞行器向金星表面投放科学仪器,仪器在距离表面 25 km 处信号中断。这是人类探测器第一次进入行星大气层。后来 1970 和 1972 年苏联发射的飞行器成功地向金星表面投放了探测器,分别获得 27 和 50 分钟的数据。1975 年苏联向金星发射着陆器,成功进行了表面软着陆,获得 53 分钟的黑白照片的信息。

1962 年 7 月美国 Mariner 1 发射失败,但是 Mariner 2 在 12 月到达金星附近。Mariner 5 和 10 分别在 1967 年 10 月和 1974 年 2 月途经金星。1978 年发射的先驱者金星卫星完成了 17 项任务,于 1992 年退出工作状态。麦哲伦在 1990 年 8 月 10 日进入金星轨道后开展了 5 年的观测工作。

2005 年欧洲航天局发射了金星快车。金星快车包含 6 个仪器,仪器于 2006 年 4 月开始工作。另外日本 2010 年发射行星 3 飞行器没有实现对金星的探索。

12.6.4　火星

1964 年美国发射了 Mariner 3 和 4 飞行器。Mariner 3 失败,但是 Mariner 4 于 1965 年 7 月 14 日经过火星。1969 年 2 月和 3 月发射的 Mariner 6 和 7 于 1969 年的 7 月 31 日和 8 月 4 日分别途经火星。在 1971 年发射的 Mariner 8 失败,但是同时发射的 Mariner 9 工作了近一年的时间,发回了大量的火星图像。1975 年 7 月 20 日和 9 月 3 日,Viking 1 和 2 到达火星。1978 年 Viking 2 停止工作,而 Viking 1 则一直工作到 1980 年 8 月。1992 年火星观测者发射失败,但是火星 Globe Surveyor 和 Pathfinder 分别在 1996 年 11 月和 12 月获得成功。其中 Pathfinder 的 Sojourner 火星车成为第一个在行星上运动的车辆。

1998 年 12 月和 1999 年 1 月火星 Climate orbiter 和极地登陆者 Polar lander 分别发射升空,它们分别工作到 2004 年 12 月和 2000 年的 3 月。火星 Surveyor 2001(Mars Odyssey) 于 2001 年 4 月 7 日发射,于 2001 年 10 月 24 日抵达火星,目前依然在火星的轨道上。

火星的两台火星车精神号(Spirit) 和机会号(Opportunity) 分别于 2003 年 6 月和 7 月发射,于 2004 年 1 月 3 日和 24 日抵达火星,两台火星车依然在工作。2005 年 8 月火星 Reconnaissance orbitor 发射升空,这颗火星卫星于 2006 年 3 月入轨,工作至 2014 年。2007 年 3 月凤凰号发射升空,于 2008 年 5 月 25 日到达火星北极。2009 年火星科学实验室发射升空。

在 1960 到 1973 年期间,苏联有着很多的对火星探索的失败经验。1988 年,Probo 2 到达火星并且一直工作到 1989 年 3 月 27 日。1998 年 7 月,日本发射了一颗火星卫星,叫做行星-B 或者 Nozomi(希望)。它于 1999 年 10 月到达火星,但是最后被太阳所俘获,在 2003 年被太阳烧毁。

在 2003 年 6 月,欧洲航天局发射了火星快车。它包括一个火星卫星和一个火星车。不过火星车于 2003 年进入火星大气层后失踪。中国原计划 2011 年发射萤火 1 号,和俄罗斯共同探索火星,现在计划仍在进行过程中。

12.6.5 木星

木星先驱者 10(Pioneer F) 发射于 1972 年 3 月 2 日,1972 年 5 月 25 日穿过火星轨道,最后于 1972 年 7 月 15 日和 1973 年 2 月 15 日两次穿过小行星带,并且在 1973 年 11 月 3 日到 12 月 3 日之间对木星进行了观测。这个空间飞行器在 1988 年 6 月 13 日经过海王星,最后飞出太阳系。1973 年 2 月,又发射了先驱者 11 号,这一飞船的经历和先驱者 10 号完全相同。

旅行者 1 号和 2 号发射于 1977 年,于 1979 年 1 月和 7 月分别到达木星。在发回木星数据后,它们飞向土星。1989 年 10 月飞行器 Galileo 从宇宙飞船上发射升空,于 2 月 19 日经过金星,然后于 1991 年 10 月 29 日经过小行星 Gaspra,于 1992 年 12 月 8 日经过地球。1994 年 7 月 13 日它释放了一个大气探测器。在 1994 年底,尽管离木星有 18 个月的距离,Galileo 仍然获得了十分难得的彗星撞击木星表面的照片。1995 年底,飞行器进入木星范围,整个探测于 2003 年 9 月 21 日结束。

12.6.6 土星、天王星、海王星和冥王星

先驱者 11 号、旅行者 1 号和 2 号在经过木星以后,分别于 1979 年 9 月 1 日、1980 年 11 月 12 日和 1981 年 8 月 25 日到达土星。真正对土星进行探索的是欧洲航天局于 1997 年 10 月发射的 Cassini。Cassini 包含有一个着陆器,叫 Huygens。着陆器于 2004 年 12 月 25 日释放,并且于 2005 年 1 月 14 日到达土星卫星 Titan 的表面。

旅行者 2 号在飞越土星以后,于 1986 年和 1989 年 1 月 24 日分别经过了天王星和海王星,它发现了海王星的十颗小卫星。到 2007 年 9 月,旅行者 1 号和 2 号分别离太阳 104 个和 84 个天文单位的距离(一个天文单位为太阳到地球的平均距离)。

新地平线是仅有的对冥王星的探索。它发射于 2006 年 1 月 19 日并于 2015 年 7 月 14 日经过冥王星。

12.6.7 小行星和彗星

大部分的小行星都位于火星和木星之间,根据 Bode-Titius 定理,小行星带正好填补了太阳和各个行星之间距离系列的空白。第一个被 Galileo 飞行器在 1991 年近距离得到照片的是小行星 951 Gaspra。1993 年 Galileo 又对小行星 243 Ida 进行了观测。

1996 年 2 月 17 日发射了专门的小行星探测器 Near Earth Asteroid Rendezvous

(NEAR)。1997年NEAR经过了小行星253 Mathilde,2000年2月14日它到达目的地Eros,成为这个小行星的卫星。2000年,Cassini对小行星2685 Masursky进行了照相。彗星探测器Stardust于1999年发射,2002年11月2日对小行星AnnaFrank进行了观测。2004年欧洲发射的彗星探测器Rosetta在2008年和2010年对小行星进行观测。日本在2003年5月9日发射了ISAS MUSES-C探测器将对位于地球和火星之间的小行星1998 SF36进行观测。另一个在2007年9月27日发射的小行星的观测器Dawn将围绕小行星Vesta和Ceres进行观测。

1998年哈雷彗星在76年以后重新回来,1985年7月2日欧洲发射了Giotto探测器,对这个彗星进行了距离为600 km的详细观测,得到了高质量的照片。探测器Vega 1和2也穿越彗星。日本的Sakigake和Suisei也对该彗星进行了观测。

1998年10月24日发射的深空1号于2001年9月22日对彗星Borrelly在22 000 km的近距离上进行了观测。1999年2月7日发射的Stardust进入到彗星Wild 2的彗体和彗尾,并且采集了样本,样本的返回仓于2006年1月15日在犹他州着陆。这是第一次对月球以外的天体进行采样并返回地球的活动。2002年7月3日发射的彗核之旅(Comet Nuclear TOUR, CONTOUR)到达了几个彗星,包括2003年11月的Encke探测。2008年8月,该探测器离开了地球轨道。2005年1月12日发射的深空撞击于2005年7月1日到4日对彗星Tempel进行了观测。它的第二个目标是2010年10月经过的Hartely彗星。2004年3月2日发射的Rosetta彗星探测器带有一个可以到达彗星表面的着陆器,在2008年9月5日和2010年7月10日分别到达彗星Steins和Lutitia。

12.7 侦察望远镜

望远镜因为具有很高的角分辨率和灵敏度,所以从一开始就直接应用于军事侦察之中。望远镜发明以后,它的发明者就出售了多台望远镜给当时军方。光学望远镜可以用来监视逼近的陆军和海军。由于地球表面曲率影响了望远镜的侦察距离,所以在早期使用了比较高的观测台。1783年热气球发明后很快就应用于侦察,但是由于受到风的影响,并且所获得的情报有时间延迟,所以气球的军事应用十分有限。1827年发明的照相术和1903年发明的飞机使得航空侦察成为可能。早在1936年,英国就已经对德国军队进行过航空侦察活动。在第二次世界大战中,轴心国和联盟国都进行了针对对方的航空照相活动。

美国在20世纪50年代应用U2高空飞机和SR-71黑鸟飞机进行了军事侦察。苏联则使用M-55飞机。当时高空照相机的镜头已经达到1 m直径。所以在古巴危机中透露出来的照片使人们大吃一惊,照片上的导弹车是一清二楚。雷达预警飞机如E-3和E-2C就是在军事上应用的机载射电望远镜。现在望远镜还使用在军用无人飞机上。

通常人造卫星上会装备各种望远镜,同时人造卫星的控制也需要使用地面望远镜。在50多年的时间内,总的人造卫星数目是4 500个,现存的卫星大约为850个。这其中,美国拥有的超过总数的一半。侦察卫星大约是卫星总数的40%。通过卫星进行地面侦察十分方便,卫星和地面的相对速度大约是8 km/s。

美国的侦察卫星是锁眼(KeyHole, KH)系列卫星。KH-1到KH-4的直径大约是0.6 m,分辨率为7～8 m。当时的胶片由C-119飞机在空中拦截。在1971到1986年之间,共进行了20次的KH-9的发射。在1976到1990年之间,共进行了10次的KH-11的发射。这些望远镜应该和哈勃望远镜有相同的口径,分辨率大约是0.15 m。1992到1999年之间,又进行了几次KH-12的发射。用于这些发射的火箭是大力神4型,它的载荷长度达到5.1～5.9 m。望远镜的直径估计为2.4～3.1 m。它们的分辨率可能是几个厘米。其中一些很可能就是拼合镜面的设计。

早在2007年这个系列中的一个卫星在秘鲁坠落,卫星上用于发电的放射性同位素Pu-238对环境产生污染,使当地的人得了神秘的疾病。2008年2月,一个代号为US139的公共汽车大小的空间望远镜失去控制,美国海军使用标准3型导弹将其摧毁。这个用于摧毁的导弹本身也配备了一个小型的用于制导的红外望远镜。

2012年6月,美国航天局下一代空间望远镜严重超出预算,进度大大延迟,美国国立侦察办公室突然宣布,将赠送两台比哈勃望远镜好的空间望远镜。这两台望远镜分别是一号和二号望远镜。它们的口径同样是2.4 m,不过它们的视场大约是哈勃望远镜的100倍。这些望远镜目前没有配置任何天文观测的照相机和光谱仪。

除了光学侦察望远镜,同样有其他波段的望远镜。据估计,直径50 m的展开式射电望远镜很早就已经在我们的上空。

1961年到1994年之间,苏联也布置了近百颗侦察望远镜卫星。其中有的仅仅只有几天寿命。总的来讲,苏联卫星的电子部分要比美国的落后。

因为有越来越多的侦察望远镜卫星,所以就出现了观测近地人造天体的队伍。早期的这种工作是由天文学家来进行的,现在常常为军队所控制。自适应光学中的激光引导星的技术就是由军方首先使用的。一个观测近地天体的望远镜是位于夏威夷的3.6 m先进光电系统望远镜。这台望远镜是在一个蓬布式的圆顶室内,圆顶可以很快地降落。它的地平快动速度是18°/s,而高度角速度是5°/s。它本身有很多的折轴焦点,可以对目标进行仔细的研究。另一个望远镜阵有4个1.8 m望远镜,可以对新的近地天体进行鉴别。

自适应光学最新应用于地面和空中的激光枪工程。美国机载激光枪包括一个直径1.5 m镀金的激光发射望远镜和一个可以补偿大气所引起的波阵面变化的变形镜面。计划中的激光枪可以摧毁正在上升中的洲际弹道导弹。它的激光系统包括指向稳定、大气波阵面变形测量和发射并摧毁敌方导弹的三个系统。

参考文献

Anderson, G., 2007, The telescope, its history, technology, and future, Princeton University Press.

Bely, P. et al., 2003, The design and construction of large astronomical telescopes, Springer.

Davies, J. K., 1997, Astronomy from space, John Wiley & Sons and Praxis, New York.

Giovannelli, F. and Sabau-graziati, L., 1996, High energy multifrequency astrophysics today, in Italian physical society conference proceedings Vol. 57, Vulcano Workshop 1996 Frontier objects in astrophysics and particle physics, ed. by Giovannelli, F. and Mannocchi, G.

Goebel, Greg., 2008, Missions to the planets, on public domain web site.

Huang，youru，1987，Observational astrophysics，Science press，Beijng.

National Research Council，2001，Astronomy and astrophysics in the new millennium，National academic press，Washington.

Lena，P.，1988，Observational astrophysics，Springer-Verlag，Berlin.

Stahl，H. P.，2006，Mirror technology road map for optical/IR/FIR space telescopes，SPIE proc. 6265，626504.

附录 1　望远镜名称的缩写

1hT，一英亩望远镜阵，One Hectare Telescope

21CMA，21 厘米射电阵，21 CM Array

AAT，英国-澳大利亚望远镜，Anglo-Australia Telescope

ACE，要素和同位素成分高级探测器，Advanced Composition Explorer

AIGO，澳大利亚干涉仪引力波天文台，Australia Interferometer Gravitational wave Observatory

AGASA，明野巨型大气簇射阵，Akeno Giant Air Shower Array

ALMA，阿塔卡玛大型毫米波天线阵，Atacama Large Millimeter Array

AMANDA，南极 μ 子和中微子探测阵，Antarctic Muon And Neutrino Detector Array

AMiBA telescope，各向异性微波背景望远镜阵，Array for Microwave Background Anisotropy telescope

AMS，阿尔法磁谱仪，Alpha Magnetic Spectrometer

ANITA，南极脉冲瞬态天线，ANtarctic Impulsive Transient Antenna

APEX，阿塔卡玛探路者实验，Atacama Pathfinder EXperiment

ARC，天体物理研究集团，Astrophysical Research Consortium

ARISE，先进空地射电干涉仪，Advanced Radio Interferometry between Space and Earth

ATA，阿伦望远镜阵，Allen Telescope Array

ASTE，阿塔卡玛亚毫米波实验望远镜，Atacama Submillimeter Telescope Experiment (Japan and Chile)

ASTP，阿波罗-苏伊士试验工程，Appolo-Soyuz Test Project

ATST，先进技术太阳望远镜，Advance Technology Solar Telescope

ATCA，澳大利亚望远镜致密阵，Australia Telescope Compact Array

AXAF，先进 X 射线天文设施，Advanced X-ray Astronomy Facility (chandra x-ray Observatory)

BAT，爆发预警望远镜，Burst Alert Telescope (in Swift)

BIMA，贝克莱-伊利诺斯-毫米波阵，Berkeley Illinois Millimeter Array

BTA，大地平式望远镜，Bolshoi Teleskop Azimultalnyi (Big Telescope Alt-azimuthal)

BATSE，伽马暴和瞬变源试验，Burst And Transient Source Experiment

CANGAROO，澳大利亚-日本联合 γ 射线天文台，Collaboration between Australia and Nippon for a GAmma Ray Observatory

CARMA，毫米波天文研究联合阵，Combined Array for Research in Millimeter-wave Astronomy

CAT，太密斯切伦科夫阵，Cherenkov Array at Themis

CERGA interferometer，地球动力学和天文学干涉仪研究中心，Centre d'Etudes et de Recherches Geodynamiques et Astronomiques interferometer

CFHT，加拿大-法国-夏威夷望远镜，Canada-France-Hawaii Telescope

CGRO，康普顿 γ 射线天文台，Compton Gamma Ray Observatory

CHARA array，高角度分辨率天文中心望远镜阵，Center for High Angular Resolution Astronomy array (6x1m)

CLUE，切伦科夫可见光紫外光试验，Cherenkov Light Ultraviolet Experiment

COAST，剑桥光学口径综合望远镜，Cambridge Optical Aperture Synthesis Telescope

COMPTEL，康普顿成像望远镜，imaging COMPton TELescope

CRTNT，宇宙线塔中微子望远镜，Cosmic Ray Tau Neutrino Telescopes

CXO，钱德拉 X 射线天文台，Chandra X-ray Observatory

DALI，黑暗时代月球干涉仪，Dark Ages Lunar Interferometer

DATE5，5 米冰穹 A 泰赫兹探索者，5 meter Dome A Terahertz Explorer

DUMAND，水下介子和中微子探测器，Deep Underwater Muon And Neutrino Detector

ELT，欧洲极大望远镜，European Extremely Large Telescope

EGRET，高能量 γ 射线试验望远镜，Energetic Gamma Ray Experiment Telescope

EUVE，极紫外探测器，Extreme UltraViolet Explorer

EUSO，极端宇宙空间天文台，Extreme Universe Space Observatory

EVLA，扩展甚大阵，Expanded Very Large Array

FASR，频率快速反应太阳射电望远镜，Frequency-Agile Solar Radiotelescope

FAST，500 米直径球面射电望远镜，5-hundred-meter-diameter aperture spherical radio telescope

FIRST，远红外和亚毫米波望远镜，Far InfraRed and Sub-millimeter Telescope (herschel space observatory)

FORTE，在轨瞬变事件快速记录仪，Fast On-orbit Recording of Transient Events

FUSE，远红外光谱探索者，Far-Ultraviolet Spectroscopic Explorer

GALEX，银河系演变探索者，GAlaxy Evolution Explorer

GBT，绿岸望远镜，Green Bank Telescope

GI2T，2 面望远镜大干涉仪，Grand Interferometre a 2 Telescopes

GLAST，γ 射线大面积空间望远镜，Gamma-Ray Large Area Space Telescope (fermi gamma ray space telescope)

GLUE，古德斯通月球超高能量中微子试验，Glodstone Lunar Ultra-high energy neutrino Experiment

GMRT，巨大米波射电望远镜，Giant Metre-wavelength Radio Telescope

GMT，大麦哲伦望远镜，Giant Magellan Telescope

GRACE，γ 射线天体物理联合试验，Gamma-Ray Astrophysics through Coordinated Experiment

GSMT，大拼合镜面望远镜，Giant Segmented Mirror Telescope

GTC，加那利大望远镜，Gran Telescope Canaries

HEAO，高能天文台，High Energy Astronomy Observatories

HESS，高能透视系统，High Energy Stereoscopic System

HET，霍比-爱布里望远镜，Hobby-Eberly Telescope

HETE，高能瞬变事件探测者，High Energy Transient Explorer

HHT，赫兹望远镜，Heinrich Hertz Telescope

HiRes，飞眼高分辨率阵，High REsolution fly's eye

HST，哈勃空间望远镜，Hubble Space Telescope

HUT，霍普金斯紫外望远镜，Hopkins Ultrviolet Telescope

IACT，切伦科夫成像望远镜，Imaging Air Cherenkov Telescope

INCA，宇宙线异常现象研究，INvestigation on Cosmic Anomalies

Integral，国际 γ 射线天体物理实验室，International gamma ray astrophysics laboratory

IOTA，红外光学望远镜阵，Infrared Optical Telescope Array

IRAS，红外天文卫星，InfraRed Astronomical Satellite

ISI，红外空间域干涉仪，Infrared Spatial Interferometer (3×1.65 m)

ISO，红外空间天文台，Infrared Space Observatory

IUE，国际紫外探索者，International Ultraviolet Explorer

IXO，国际 X 射线天文台，International X-ray Observatory

JCMT，麦克斯韦望远镜，James Clerk Maxwell Telescope

JWST，韦布空间望远镜，James Webb Space Telescope (NGST)

KAMIOKANDE，神冈核子衰变实验，KAMIOKA Nucleon Decay Experiment

LAMOST，大天区多目标光谱望远镜，Large sky Area Multi-Object Spectroscopic Telescope

KAO，柯伊伯机载天文台，Kuiper Airborne Observatory

LARC，月球宇宙学射电天线阵，Lunar Array for Radio Cosmology

LBT，大双筒望远镜，Large Binocular Telescope (columbus telescope)

LCGT，大型低温引力波天文台，Large-scale Cryogenic Gravitational wave Telescope

LCT，雷顿香南托望远镜，Leighton Chajnantor Telescope

LIGO，激光干涉仪引力波天文台，Laser Interferometer Gravitational wave Observatory

LISA，空间激光干涉仪空间探测器，Laser Interferometer Space Antenna

LMT，大毫米波望远镜，Large Millimeter Telescope

LOFAR，低频率阵，LOw Frequency ARray

LSST，大口径巡天望远镜，Large-aperture Synoptic Survey Telescope

MACE，重要大气切伦科夫望远镜试验，Major Atmospheric Cerenkov telescope Experiment

MAGIC，重要大气 γ 射线成像切伦科夫望远镜，Major Atmospheric Gamma ray Imaging Cherenkov telescope

MACRO，单极天体物理和宇宙线天文台，Monopole Astrophysics and Cosmic Ray Observatory

MERLIN，多单元射电干涉仪网，Multi-Element Radio-Linked Interferometer Network

MILAGRO，多边阿拉莫斯 γ 射线天文台，Multi Institution Los Alamos Gamma Ray Observatory

MMT，多镜面望远镜，Multiple Mirror Telescope

MROI，马格达林那天文台干涉仪，Magdalina Ridge Observatory Interferometer (10×1.4 m)

MWA，莫奇森大视场阵，Murchison Widefield Array

MUSTQUE，多单元超灵敏超高能量粒子望远镜，Multi-element-Ultra-Sensitive Telescope for Quanta of Ultra-high Energy

NESTOR，超新星和 TeV 源中微子海底试验，NEutrinos from Supernova and TeV sources Ocean Range

NTT，新技术望远镜，New Technology Telescope

NPOI，海军试验光学干涉仪，Navy Prototype Optical Interferometer

OAO，轨道天文台，Orbit Astronomy Observatory

OGO，地球物理轨道天文台，Orbit Geophysics Observatory

OHANA，纳弧度天文学夏威夷光学阵，Optical Hawaiian Array for Nano-radian Astronomy

ORFEUS，可回收的轨道极紫外光谱仪，Orbiting Retrievable Far and Extreme Ultraviolet Spectrometer

OSO，轨道太阳天文台，Orbit Solar Observatory

OSSE，定向闪烁光谱仪试验，Oriented Scintillation Spectrometer Experiment

OVLBI，轨道甚长基线干涉仪，Orbiting VLBI

OWLT，超大望远镜，Over-Whelming Large Telescope

PTI，帕那马光学干涉仪，Palomar Testbed Interferometer

RICE，冰层射电切伦科夫试验，Radio Ice Cherenkov Experiment

SalSA，冰层射电雨阵，Saltdome Shower Array

SALT，南非大望远镜，South African Large Telescope

SAS，小天文卫星，Small Astronomy Satellite

SEST，瑞典欧南台亚毫米波望远镜，Swedish-Eso Sub-millimeter Telescope

SKA，平方公里阵，Square Kilometer Array

SIM，空间干涉仪工程，Space Interferometry Mission

SIRTF，空间红外望远镜设施，Space IR Telescope Facility (spitzer space telescope)

SMA，亚毫米波阵，Sub-Millimeter Array

SMT，拼合镜面望远镜，Segmented Mirror Telescope

SOAR telescope，南方天体物理研究望远镜，SOuthern Astrophysical Research telescope

SOFIA，平流层红外天文台，Stratospheric Observatory For Infrared Astronomy

SOHO，太阳和日球层探测器，Solar and Heliospheric Observatory

SPICA，宇宙学和天体物理学空间红外望远镜，SPace Infrared telescope for Cosmology and Astrophysics

SST，斯皮策空间望远镜，Spitzer Space Telescope

STACEE，太阳塔大气切伦科夫效应试验，Solar Tower Atmospheric Cherenkov Effect Experiment

SUSI，悉尼大学恒星干涉仪，Sydney University Stellar Interferometer

SWAS，亚毫米波天文卫星，Submillimeter Wave Astronomy Satellite

Swift，γ 射线暴快速探测者，Swift gamma ray burst explorer

TA，望远镜阵，Telescope Array

TIM，墨西哥红外望远镜，Telescopio Infrarrojo Mexicano

TMT，30 米望远镜，Thirty Meter Telescope

TNG，伽利略国家望远镜，Telescopio Nazionale Galileo

TPF - C，地外行星搜索者-星冕仪，Terrestrial Planet Finder-coronagraph

TPF - I，地外行星搜索者-干涉仪，Terrestrial Planet Finder-Interferometer

UKIRT，英国红外望远镜，United Kingdom InfraRed Telescope

UIT，紫外成像望远镜，Ultraviolet Imaging Telescope

UVOT，紫外光学望远镜 UltraViolet/Optical Telescope (in Swift)

VERITAS，很高能辐射成像望远镜阵，Very Energetic Radiation Imaging Telescope Array System

VISTA，可见光，红外天文巡天望远镜，Visible and Infrared Survey Tecescope for Astronomy

VLA，甚大阵，Very Large Array

VLBA，甚长基线阵 Very Long Baseline Array

VLT(I)，甚大望远镜(干涉仪)，Very Large Telescope (Interferometer)

VSOP，空间甚长基线干涉仪天文台，VLBI Space Observatory Program (HALCA, Astro - G)

WHT，赫歇尔望远镜，Willian Herschel Telescope

WIYN，威斯康辛-印第安纳-耶鲁-国立光学天文台望远镜，Wisconsin, Indiana, Yale, and NOAO

WMAP，威尔金森微波非各向同性探测器，Wilkinson Microwave Anisotropy Probe

WSO，世界空间天文台，World Space Observatory

XMM，X 射线多镜面工程，X-ray Multi-mirror Mission (XMM - Newton)

XRS，X 射线光谱仪，X - Ray Spectrometer

XRT，X 射线望远镜，X - Ray Telescope (in Swift)

附录 2　标准单位的中、英文缩写

Symbol	Value	Name	Symbol	Value	Name
d 分	10^{-1}	deci-	da 十	10^{1}	deca
c 厘	10^{-2}	centi	h 百	10^{2}	hecto
m 毫	10^{-3}	milli	k 千	10^{3}	kilo
μ 微	10^{-6}	micro	M 兆	10^{6}	mega
n 纳	10^{-9}	nano	G 吉	10^{9}	giga
p 皮	10^{-12}	pico	T 太	10^{12}	tera
f 飞	10^{-15}	femto	P 拍	10^{15}	peta
a 托	10^{-18}	atto	E 艾	10^{18}	exa
z 仄	10^{-21}	zepto	Z 皆	10^{21}	zetta
y 幺	10^{-24}	yocto	Y 佑	10^{24}	yotta